DIE RÖNTGENDIAGNOSTIK DER WIRBELSÄULE

UND IHRE GRUNDLAGEN

VON

DR. MED. ADOLF LIECHTI †

PROFESSOR FÜR MEDIZINISCHE RADIOLOGIE
DIREKTOR DES RÖNTGENINSTITUTES DER
UNIVERSITÄT BERN

ZWEITE, NEUBEARBEITETE UND ERGÄNZTE AUFLAGE

DURCHGESEHEN VON DR. MED. A. EGGLI, BERN

MIT 234 TEXTABBILDUNGEN

SPRINGER-VERLAG WIEN GMBH

1948

ALLE RECHTE, INSBESONDERE DAS DER ÜBERSETZUNG
IN FREMDE SPRACHEN, VORBEHALTEN

COPYRIGHT 1944 AND 1948 BY SPRINGER-VERLAG WIEN
URSPRÜNGLICH ERSCHIENEN BEI SPRINGER-VERLAG VIENNA 1948
SOFTCOVER REPRINT OF THE HARDCOVER 2ND EDITION 1948

ISBN 978-3-211-80059-1   ISBN 978-3-7091-5678-0 (eBook)
DOI 10.1007/978-3-7091-5678-0

Vorwort zur zweiten Auflage.

Seit der ersten Auflage dieses Buches sind zwei Jahre verflossen, eine relativ kurze Zeit, die eine namhafte Weiterentwicklung des Gebietes der Röntgendiagnostik der Wirbelsäule und ihrer Grenzen nicht zuließ. Zudem waren die Zeitumstände derart gestaltet, daß eine Kritik von weiterher nicht zum Verfasser gelangen konnte.

Er hat deshalb die Gelegenheit benutzt, einige offensichtliche Lücken auszubessern und Bilder zu ersetzen, bzw. zu ergänzen. Da, wo es nötig wurde, ist der Text vermehrt oder ganz umgearbeitet worden, wie etwa im Kapitel über fibröse Dysplasie der Knochen, das Literaturverzeichnis ist, soweit die Literatur zugänglich war, nachgeführt.

Ich möchte hoffen, daß die neue Auflage öffentliche Kritik rufen wird, und verspreche schon heute, alle Mängel womöglich auszubessern. Ich war mir von Anfang an bewußt, daß die Bilder im großen und ganzen eher stark verkleinert sind. Trotzdem habe ich es vermieden, Röntgenbilder durch Hinweiszeichen im Bilde selbst zu verunstalten. Denn letzten Endes ist das Buch nicht für den Anfänger, sondern für denjenigen bestimmt, der sich auch in anderen Gebieten mit Röntgenbildern zu befassen hat und sich somit im Besitze der primitivsten Regeln der Kunst befindet.

Bern, im April 1946.

AD. LIECHTI.

Professor Liechti widmete der Bearbeitung der neuen Auflage seiner Monographie über die Wirbelsäule wohl seine besten Kräfte. Leider sollten es auch die letzten sein. Die schwere Krankheit, die zum Inhalt des Buches in einer so tragischen Beziehung steht, erlaubte Prof. Liechti nicht mehr, das Erscheinen der zweiten Auflage zu erleben. Die große Bescheidenheit des Verfassers verbietet mir, an dieser Stelle von seinen Verdiensten für die Entwicklung der physikalischen und medizinischen Radiologie zu sprechen.

Die mir anvertraute Durchsicht der Korrekturbogen habe ich in dankbarem Gedenken an meinen verehrten Lehrer gerne übernommen.

Das Buch wird in seiner ergänzten Form weiterhin ein wertvolles Nachschlagewerk und ein zuverlässiger Berater sein.

Bern, im Januar 1948.

A. EGGLI.

und Handbüchern zu einer gesonderten Behandlung geführt haben: Einmal gibt es Veränderungen der Knochen und Gelenke, die fast nur an der Wirbelsäule auftreten. Eine zweite, sehr große Gruppe von Erkrankungen erhält, wenn im Achsenskelet lokalisiert, ein ganz besonderes pathologisches und klinisches Gepräge. Und endlich kennen wir drittens generalisierte Krankheiten, die an der Wirbelsäule zuerst oder wenigstens frühzeitig auftreten und zudem mit dem Röntgenverfahren leicht sichtbar gemacht werden können. Ich glaube kaum, daß es pathologische Prozesse gibt, die nicht in eine dieser drei Gruppen fallen; selbst generalisierte Tumormetastasen haben eine ganz besondere Bedeutung.

Das sind die Gründe, die mich bewogen, seit anderthalbem Jahrzehnt die einzelnen Bausteine zu der vorliegenden Arbeit zusammenzutragen. Es sind auch die Gründe, die ich zur Rechtfertigung vorzubringen habe, wenn ich mein Vorhaben trotz dem Erscheinen des ausgezeichneten Buches von SIMONS nicht aufgegeben habe. Und es mögen zum Teil auch die Gründe für den Verlag gewesen sein, wenn er vor den Anstrengungen zur Herausgabe des Buches in ernstester Zeit nicht zurückgeschreckt ist.

Es ist kein Zweifel, daß die Beherrschung eines Gebietes durch die Kenntnisse von Grundlagen und Grenzgebieten in einem Maße erleichtert wird, das in keinem Verhältnis zum Aufwand steht. Ich hätte die Behandlung der Grundlagen deshalb nur ungern unterlassen und ich bin dem Verlag dankbar, daß er auch in dieser Hinsicht meinen Wünschen entgegengekommen ist. Auf seine Initiative ist auch das ausführliche Literaturverzeichnis entstanden. Es wurde versucht, darin seit 1930 eine gewisse Vollständigkeit der röntgenologischen Arbeiten zu erreichen; wenn Lücken vorliegen, bitte ich um Nachsicht!

Was die Unterteilung des großen dritten Teiles, Erkrankungen der Wirbelsäule, anbelangt, bin ich mir wohl bewußt, daß eine Vermengung verschiedener Gesichtspunkte nicht vermieden worden ist. Sie ist aber mit Absicht durchgeführt und der wohlwollende Leser wird die Tendenz, die Pathologie in den Vordergrund zu stellen, meistenorts bemerken. In den Abschnitten C und D wurden der Übersichtlichkeit wegen willkürlich die beiden vorwiegend röntgenologischen Phänomene der Porosierung und Sklerosierung als Ordnungsprinzip benutzt.

Großen Dank schulde ich Herrn Dr. HAGEN für die Durchsicht des Manuskripts und der Korrekturen. Leihbilder haben mir zur Verfügung gestellt die Herren Prof. LÜDIN, Prof. SCHINZ, Prof. DYES, Dr. BABAIANTZ, Dr. HAEFLIGER und Dr. MEINER; für ihr Entgegenkommen danke ich ihnen bestens. Ebenso gilt mein Dank dem Pathologischen Institut Bern (Prof. WEGELIN), der Anatomie Bern (Prof. BLUNTSCHLI), der Pathologisch-anatomischen Anstalt Basel (Prof. WERTHEMANN und Dr. ROULET) und dem Naturhistorischen Museum Bern (Prof. BAUMANN und Dr. KUENZI) für makroskopische und mikroskopische Präparate, die sie mir in zuvorkommender Weise zur Verfügung stellten.

Bern, im April 1944.

AD. LIECHTI.

Vorwort zur ersten Auflage.

Die Aufteilung der Röntgendiagnostik in Einzelgebiete ist nicht nur aus didaktischen Gründen eine Notwendigkeit. Praktisch weit wichtiger ist die Unterteilung nach Gesichtspunkten der Methode selbst. Von der Herstellung bis zur Registratur der Bilder steht ein geometrisches Prinzip im Vordergrund, das schließlich zwangsläufig in die Einteilung des röntgendiagnostischen Materials in Körperregionen einmündet. Dadurch wird eine anatomische Einteilung, zum Beispiel nach Organsystemen, oder eine pathologisch-anatomische Ordnung, zum Beispiel nach Krankheitsgruppen, durchkreuzt. In jedem Einzelgebiet treten dann die Prinzipien dieser Ordnungsstruktur in drei Richtungen — pathologische, ätiologische, topographische — in Wettstreit, und es ist oft schwierig, die nützlichste und übersichtlichste Ordnung zu treffen. Im allgemeinen dominiert ein Prinzip, das dem Vorgehen der topographischen Anatomie entspricht. Der didaktische Gesichtspunkt freilich verlangt meistens eine Abweichung von der Topographie und eine Rückkehr zur systematischen Einteilung nach Organsystemen. So wird das ganze Gebiet in zwei große Gruppen gegliedert — Skeletsystem und innere Organe.

Das Skelet des Stammes, die Wirbelsäule, weist als Objekt der Röntgenuntersuchung einige Besonderheiten auf. Die Wirbelsäule ist jener Teil des Skelets, der am tiefsten in große Muskelmassen eingebettet ist. Die Überschichten sind derart mächtig, daß die *röntgenologische Darstellung* der Wirbelsäule dadurch zu den schwierigsten Problemen des Röntgenverfahrens wird. *Klinisch* ist die Wirbelsäule aus den gleichen Gründen der schlechtest zugängliche Skeletteil. Das erhöht die Bedeutung der Röntgendiagnostik ganz beträchtlich und läßt die Anstrengungen als lohnend erscheinen, zumal auch bei der Wirbelsäule ihre ausschließlich mechanischen Funktionen, Stütze, Bewegung, Schutz, an die gut darstellbaren Knochen gebunden sind. *Anatomisch* steht der ausgesprochen segmentierte Bau, die Aneinanderreihung von gleichgearteten Abschnitten von Knochen und Gelenken im Vordergrund, die, zusammen mit dem aufrechten Gang, auch *mechanisch-physiologisch* eine Besonderheit darstellen. *Vergleichend-anatomisch* stellt die Haltung des Menschen interessante Probleme im Vergleich zum Vierfüßler. Die *Entwicklungsgeschichte* weist manche reizvolle Einzelheit der Entstehung des Achsenskelets von der Chorda dorsalis bis zur fertigen Wirbelsäule auf. Und endlich wollen wir daran denken, daß das im vorliegenden Buch behandelte Organ einem ganzen Tierstamm — den *Wirbeltieren* — Merkmal und Name gegeben hat.

Dies alles wäre wohl kein zureichender Grund, die Röntgendiagnostik der Wirbelsäule losgelöst vom übrigen Skeletsystem zu behandeln. Zur Rechtfertigung bedarf es weiterer Gründe, die auf *pathologisch-anatomischem* Gebiet gelegen sein müssen. Es sind jene Tatsachen, die auch zu einer gesonderten Behandlung der Wirbelsäule in pathologischen, internen und chirurgischen Lehr-

Inhaltsverzeichnis.

Seite

I. Grundlagen 1

A. Entwicklungsgeschichtliches und vergleichend Anatomisches über die Wirbelsäule 1

  1. Aus der Embryologie... 1

    a) Allgemeines 1
    b) Die Präformierung der Wirbelsäule; membranöses Achsenskelet 2
    c) Die knorpelige Wirbelsäule................................ 3
    d) Beginnende Verknöcherung................................ 5
    e) Die Entwicklung der menschlichen Wirbelsäule nach der Geburt 7

      α) Wirbelkörper und Bandscheiben 7
      β) Wirbelbogen 10

  2. Aus der vergleichenden Anatomie 11

    a) Die Chorda dorsalis als Achsenskelet...................... 13
    b) Die Verdrängung der Chorda durch die Wirbelsäule 14
    c) Die knöcherne Wirbelsäule und ihre Sonderung in einzelne Abschnitte 16
    d) Die Wirbelsäule der Säuger 18

B. Bau und Röntgenanatomie der menschlichen Wirbelsäule. 21

  1. Die starren knöchernen Elemente der Wirbelsäule; Einzelwirbel... 22
  2. Die Wirbelsäule als Ganzes 27

    a) Gelenke und Bänder 27
    b) Gefäße und Nerven 29
    c) Die Muskulatur 30
    d) Die Gesamtform der Wirbelsäule 30

  3. Die Darstellung der Wirbelsäule im klinischen Röntgenbild 34

    a) Allgemeines 34

      α) Überschicht, Objektdicke............................. 34
      β) Objekt-Film-Distanz 34
      γ) Bewegungsunschärfe 35
      δ) Unsichtbarkeit des Objekts, Projektion, Orientierung 35

    b) Aufnahmetechnik....................................... 37

      α) Halswirbelsäule 37
      β) Brustwirbelsäule.................................... 39
      γ) Lendenwirbelsäule und Kreuzbein 40

C. Physiologisches über die menschliche Wirbelsäule......... 41

  1. Allgemeines; Statik 41

    a) Stütze, Bewegung und Schutz........................... 41
    b) Die Wirbelsäule als bewegliche Achse des Stammes; funktionelle Segmentierung 42
    c) Allgemeine Form 44
    d) Aufrechter Gang 46

  2. Die Beweglichkeit der menschlichen Wirbelsäule 50

Seite

II. Fehlbildungen und Variationen der menschlichen Wirbelsäule 53

A. Fehlbildungen 54

  1. Verwachsungen 54

    a) Wirbelkörper und Bandscheiben 54

    b) Bogenteile 56

  2. Spaltbildungen... 56

    a) Wirbelkörper und Bandscheiben 56

      α) Sagittalspalten 56

      β) Frontale Spalten 57

    b) Spaltbildungen in den Bogenteilen........................... 57

      α) Sagittalspalten 57

      β) Seitliche Bogenspalten 59

      γ) Andere, seltenere Spalten 62

  3. Aplasien 63

    a) Wirbelkörper 63

      α) Seitliche Halbwirbel 63

      β) Dorsale Halbwirbel 64

      γ) Ausbleibende Verknöcherung........................... 65

    b) Aplasien am Bogenteil 66

  4. Ausgedehnte kombinierte Fehlbildungen 66

B. Variationen der Wirbelsäule... 68

  1. Variationen nach Zahl und Ordnung................................. 68

    a) Occipitocervicalgrenze....................................... 68

    b) Cervicothoracalgrenze 68

    c) Variationen an der Thoracallumbalgrenze 69

      α) Variationen im Bereiche der Rippen (Lendenrippen) 69

      β) Variationen bezüglich der Gelenke 70

    d) Variationen im Bereiche der Lumbosacralgrenze............... 70

    e) Sacrococcygealgrenze 72

    f) Variationstypen 72

  2. Variationen nach Form 73

    a) Einzelne Wirbel 73

    b) Formvariationen der Wirbelsäule als Ganzes 73

III. Erkrankungen der Wirbelsäule 74

A. Degenerative, meist mehr oder weniger auf der Wirbelsäule generalisierte, stets auf sie beschränkte Verbrauchsänderungen der Zwischenwirbelscheiben und ihrer Umgebung sowie der kleinen Gelenke, Osteochondrosen der Erwachsenen sensu ampliori 75

  1. Spondylosis deformans 79

    a) Aus der pathologischen Anatomie............................. 79

    b) Röntgendiagnostik... 80

      α) Häufigkeit 82

      β) Lokalisation.. 82

      γ) Konsekutive, symptomatische, lokalisierte deformierende Spondylose 83

    c) Klinisches 84

  2. Schwere Osteochondrose sensu strictiori 86

    a) Pathologisch-Anatomisches 86

    b) Röntgendiagnostik... 90

Seite

α) Verschmälerung des Intervertebralraumes ... 90
β) Osteosclerose der Abschlußplatten ... 91
γ) SCHMORLsche Knoten in der Wirbelkörperspongiosa ... 92
δ) Hintere Bandscheibenprolapse ... 93
ε) Gleiten geringen Ausmaßes ... 100
ζ) Spondylolisthesis ... 102

c) Klinisches ... 109

α) Allgemeines ... 109
β) Subjektive Beschwerden ... 110
γ) Objektive Befunde ... 111
δ) Schwere Osteochondrosen der Hals- und Lendenwirbelsäule ... 112

d) Reine Alterskyphose ... 113
e) Veränderungen der Wirbelsäule bei nervösen Störungen (Osteoarthropathia neuropathica) ... 115

3. Arthrosis deformans der echten Gelenke der Wirbelsäule ... 116

a) Pathologisch-Anatomisches ... 116
b) Röntgendiagnostik ... 116

α) Allgemeines ... 116
β) Arthrose der echten Gelenke der obersten zwei Wirbel ... 117
γ) Arthrosis deformans der costovertebralen Gelenke ... 117
δ) Intervertebralgelenke ... 118
ε) Abnorme Gelenke und Nearthrosen ... 121
ζ) Verkalkung der Ligamenta flava ... 123

c) Klinisches ... 124

α) Allgemeines ... 124
β) Beschwerden ... 124

B. Auf die jugendliche oder kindliche Wirbelsäule beschränkte Veränderungen von Knorpel und Knochen; Osteochondrosen der Jugendlichen und Kinder, Epiphyseonekrosen der Wirbelsäule ... 125

4. Juvenile osteochondrotische Kyphose (SCHEUERMANN) ... 125

a) Pathologisch-Anatomisches ... 126
b) Röntgendiagnostik ... 130
c) Klinisches ... 133

5. Vertebra plana osteonecrotica (CALVÉ) ... 137

a) Pathologisch-Anatomisches ... 138
b) Röntgendiagnostik ... 139
c) Klinisches ... 139
d) Anhang: Plattwirbel anderer Genese ... 140

6. Verbreitung der degenerativen Veränderungen der Wirbelsäule ... 141

a) Fossiler Mensch ... 141
b) Rezente Vertebraten ... 144
c) Fossile (quartäre) Vertebraten ... 145

C. Mit ausgesprochener Verminderung von Knochen bzw. Kalk (Osteoporose, Atrophie, Osteolyse) einhergehende, auf der Wirbelsäule generalisierte, nicht auf sie beschränkte Erkrankung des Knochensystems ... 145

7. Einfache, gleichmäßige Osteoporosen im engeren Sinne ... 149

a) Senile Porose der Wirbelsäule ... 149
b) Schmerzhafte präsenile Osteoporose der Wirbelsäule ... 152
c) Merantische Porose der Wirbelsäule ... 153
d) Anhang: Renale Osteopathie ... 153

Seite

8. Osteoporose bei innersekretorischen Störungen 155

  a) Hyperthyreosen, Morbus Basedow 155
  b) Kretinismus 155
  c) Die Wirbelsäule bei KASCHIN-BECKscher Krankheit........... 156
  d) Morbus Cushing 156
  e) Wirbelsäulenveränderungen bei primärem Hyperparathyreoidismus 157
  f) Fibröse Dysplasie der Knochen 159

9. Entkalkung bei Störungen des Vitaminstoffwechsels 160

  a) Rachitis.. 160
  b) Osteomalacie... 163
  c) Hungerosteomalacie 164
  d) Osteopathie bei Sprue 165

10. Speicherkrankheiten 165

  a) HAND-SCHÜLLER-CHRISTIANsche Erkrankung 165
  b) Morbus GAUCHER 166

D. Mit Vermehrung von Knochen bzw. Kalk (Hyperostosen, Periostosen, Osteosclerosen) einhergehende, auf der Wirbelsäule mehr oder weniger generalisierte, nicht auf sie beschränkte Systemerkrankungen des Knochens 167

11. Mit Knochenverdichtung einhergehende Erbkrankheiten 167

  a) Osteopoikilie... 167
  b) Melorrheostose (LERI)..................................... 167
  c) Seltene Osteomyelosclerosen 167
  d) Marmorknochenerkrankung (ALBERS-SCHÖNBERG) 168
  e) Generalisierte Hyperostose mit Pachydermie (UEHLINGER)..... 170
  f) Myositis ossificans progressiva 170

12. Knochenvermehrung bei Störung der inneren Sekretion 171

  Akromegalie 171

13. Osteosclerose bei Vergiftungen 171

14. Elfenbeinwirbel 172

E. Wachstumsstörungen am Skelet................................ 173

15. Chondrodystrophie 173

16. Osteogenesis imperfecta 176

  a) Osteogenesis imperfecta congenita (VROLICK) 176
  b) Osteogenesis imperfecta tarda (LOBSTEIN); Osteopsathyrosis 178

F. Veränderungen der Wirbelsäule bei Erkrankungen des blutbildenden Systems................................... 179

17. Osteosclerosen bei Blutkrankheiten 179

18. Osteolysen bei Blutkrankheiten................................. 180

G. Auf der Wirbelsäule generalisierte, nicht auf sie beschränkte Entzündungen...................................... 180

19. Spondylarthritis ankylopoetica (BECHTEREW) 180

20. Ostitis deformans (PAGET) 184

H. Lokalisierte Infektionen der Wirbelsäule.................... 185

21. Chronisch spezifische Entzündungen 185

  a) Spondylitis tuberculosa 185
  b) Spondylitis syphilitica 197

22. Andere bakterielle Infektionen 198

  a) Akute Osteomyelitis der Wirbelsäule 199
  b) Chronische Osteomyelitis und Spondylitis infectiosa 201

Seite
α) Chronische Osteomyelitis 201
β) Spondylitis infectiosa bei Typhus 203
γ) Spondylitis infectiosa bei Brucellosen 205
δ) Seltene Infektionen 206
23. Spondylitis lymphogranulomatosa 207
24. Mykosen 208
a) Aktinomykose 208
b) Sporotrichose 209
c) Blastomykosen 209
25. Echinokokken der Wirbelsäule 210
J. Tumoren der Wirbelsäule 211
26. Gutartige Tumoren 211
a) Hämangiome 211
b) Gutartige Riesenzellgeschwülste 211
c) Seltene gutartige Geschwülste der Wirbelsäule 213
27. Bösartige Primärtumoren 214
a) Osteosarkom 215
b) Myelogene Sarkome 215
α) Ewings Rundzellensarkome 215
β) Plasmocytom 215
c) Sonstige bösartige Tumoren 216
α) Chordome 216
β) Parostale Sarkome 218
28. Metastatische Tumoren 218
K. Veränderungen des Wirbelsäulenbildes durch außerhalb
gelegene Pathologica 225
29. Skeletveränderungen der Wirbelsäule bei Rückenmarkstumoren... 225
a) Sanduhrgeschwülste 225
b) Erweiterung oder Arrosion des Spinalkanals 226
30. Andere, das Nativbild der Wirbelsäule beeinflussende, bzw. in ihm
sichtbare extraspinale Substrate 227
L. Verkrümmungen der Wirbelsäule 230
31. Sekundäre Verkrümmungen der Wirbelsäule 230
a) Sekundäre Verkrümmungen, vorwiegend in der Sagittalebene.. 230
b) Angeborene Verkrümmungen durch Anomalien 231
c) Scoliosen 231
32. Primäre (konstitutionelle, statische) Verkrümmungen 232
IV. Verletzungen der Wirbelsäule 237
1. Allgemeines 237
2. Bandscheibenverletzungen 238
3. Luxationen 239
4. Isolierte Frakturen der Wirbelkörper 241
a) Infraktionen der Abschlußplatten 241
b) Kantenbrüche 241
c) Kleine Infraktionen, traumatischer Keilwirbel 241
d) Zertrümmerung der Wirbelkörper 244
5. Ausgedehnte Fraktur des ganzen Wirbels, Luxationsfraktur ... 246
6. Isolierte Brüche der Bogen und seiner Teile 247

Seite

    a) Isolierte Brüche der Bogen und Gelenkfortsätze 247
    b) Isolierte Brüche der Dornfortsätze 248
    c) Isolierte Brüche der Querfortsätze 250
7. Ausheilung von Wirbelbrüchen 250
    a) Allgemeines 250
    b) Das Röntgenbild des heilenden Wirbelbruches 251
    c) Zeitlicher Verlauf 253
8. Beziehungen der Wirbelverletzungen zu krankhaften Prozessen.... 254
    a) Lokale sekundäre Schäden 254
    b) Sekundäre (statische) Schäden............................. 255
    c) Wirbelbrüche bei krankhaften Knochenveränderungen (pathologi-
        sche Fraktur und Spontanfraktur) 256
    d) Die Fraktur als auslösende oder begünstigende Ursache von Er-
        krankungen 258

Literaturverzeichnis... 261
Sachverzeichnis 358

I. Grundlagen.

A. Entwicklungsgeschichtliches und vergleichend Anatomisches über die Wirbelsäule.

1. Aus der Embryologie.

a) Allgemeines.

Nach der Gastrulation sondert sich in einem weiteren Schritt der Entwicklung 1. vom Urdarm dorsal, a) median die *Chorda dorsalis* und b) paarig neben ihr das Mesoderm durch Abschnürung der Mesodermsäckchen und 2. vom Ektodermblatt das Medullarrohr ebenfalls durch Abschnürung der Medullarrinne. Was vom Urdarm nun noch übrigbleibt, heißt jetzt Darm, und es breitet sich das nun gebildete Mesoderm ventralwärts aus und schiebt sich zwischen Darm und Ektoderm. Das Mesodermsäckchen oder -bläschen bleibt insofern erhalten, als eine Spalte zwischen einem lateralen, unter dem Ektoderm gelegenen Blatt, und einem dem Neuralrohr, der Chorda und dem Darm anliegenden Blatt vorerst bestehen bleibt, die Coelomspalte oder Leibeshöhle.

In der Folgezeit vollziehen sich die sinnfälligsten Veränderungen des Keimes an seinem Mesoderm. So findet einmal eine Scheidung des dorsalen Mesoderms vom ventralen statt, zugleich teilt sich das Coelom in die Ursegmenthöhle und die Leibeshöhle auf. Im dorsalen Teil setzt der Vorgang der Segmentierung ein. Außerdem aber differenzieren sich die beiden Blätter des Mesoderms, und zwar in die parietale Cutislamelle, aus der später die Cutis hervorgeht, und in die innere Muskel-

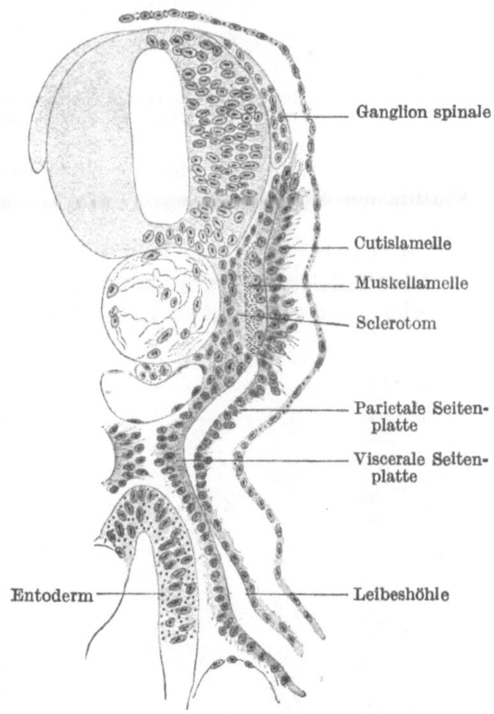

Abb. 1. Querschnitt durch den Embryo von Pristiurus mit 45 bis 46 Ursegmenten. Vergr. 1:185 (nach C. RABL).

lamelle. Diese ihrerseits hatte früher in der Nähe der Chorda, im Winkel zwischen dieser und der Aorta, eine weitere, von der ventralen Partie des dorsalen Mesoderms ausgehende Zellplatte ausgesondert, das *Sclerotom*. Dem Sclerotom liegt außen je ein Segment der Muskelplatte, ein Myotom, direkt an. Segmentierung, also Aufteilung in Somiten oder Ursegmente, erfolgt nur im dorsalen

Mesoderm; das ventrale Mesoderm dagegen bleibt unsegmentiert; die beiden Blätter schließen das ventrale Coelom, die Leibeshöhle, ein. Zwischen dem dorsalen und dem ventralen Mesoderm liegt ein Zwischenstück, aus dem später die Urnierenanlage hervorgeht. Indessen hat sich das segmentierte Mesoderm vom Zwischenstück oder Ursegmentstiel abgeschnürt. Die Abb. 1 gibt die Verhältnisse im Schnitt wieder. Es sind zwei Tatsachen noch festzustellen: 1. Die geschilderten sehr vereinfacht dargestellten Entwicklungen verlaufen nicht zeitlich nacheinander, sondern sich übergreifend, zum Teil gleichzeitig und in verschiedenen Ursegmenten in der Phase verschoben, derart, daß die weitere Entwicklung in den cranialwärts gelegenen Segmenten fortgeschrittener erscheint. 2. Die geschilderte Entwicklung gilt grundsätzlich für den ganzen Stamm der Wirbeltiere.

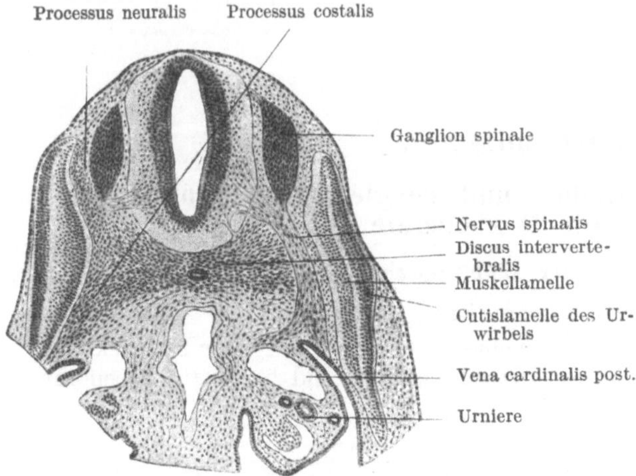

Abb. 2. Querschnitt durch ein menschliches Embryo von 7 mm Länge im Bereiche der mittleren Brustregion. Vergr. 1:54 (nach BARDEEN).

b) Die Präformierung der Wirbelsäule; membranöses Achsenskelet.

Die Stoffelemente des Skelets sind hochdifferenzierte Gewebe, Knorpel und Knochen, und zwar entwickelt sich der letztere aus dem Knorpel. Der Knorpel hinwiederum entsteht aus einem stark proliferierenden Mesoderm, welches somit die knorpeligen Skeletteile sowie auch das Perichondrium und die Bänder bildet. Man spricht deshalb von einer membranösen, mesodermalen Periode der Skeletentwicklung. Es folgt dann die Verknorpelung über den Vorknorpel, und wo nötig später die Verknöcherung des Stützgewebes. Was von der Skeletentwicklung generell gesagt werden kann, gilt naturgemäß auch für das Achsenskelet, d. h. für die Wirbelsäule mit ihren Anhängen, den Fortsätzen, den Rippen und dem Brustbein.

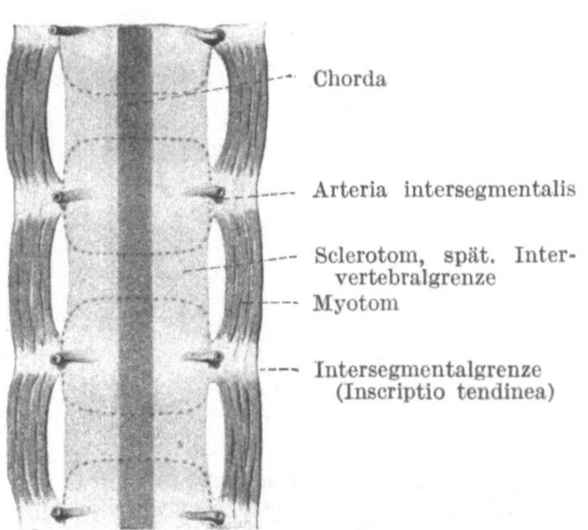

Abb. 3. Schema zur Neugliederung der Wirbelsäule. Längsschnitt. Die Sclerotome sind durch dunkle Tönung, die späteren Wirbelkörper durch gestrichelte Linien gekennzeichnet (nach BRAUS).

Betrachten wir in Abb. 2 einen Querschnitt durch einen menschlichen Embryo, so erkennen wir dorsal das Neuralrohr, darunter die Chorda dorsalis und weiter ventral davon die Aorta. Die Sclerotomzellen umgeben in dem dargestellten Stadium die Chorda vollständig. Ursprünglich treten die Sclerotome als Abkömmlinge der Ursegmente ebenfalls in segmentaler Anordnung in Erscheinung.

In den schmalen Zwischenräumen verlaufen die Intersegmentalarterien. Neben jedem Sclerotom liegt ein Myotom auf gleicher Höhe (in der Längsrichtung betrachtet). Sehr bald werden die Intersegmentalräume durch junges Bindegewebe ausgefüllt und es fließen die Sclerotome zu einem einheitlichen bindegewebigen Schlauch zusammen, der die Chorda vollständig umschließt.

Nun tritt das membranöse Achsenskelet in einen zweiten Segmentierungsprozeß ein. Das ursprüngliche Sclerotom teilt sich in eine caudale Hälfte mit dicht gelagerten Zellen und in einen cranialen Teil, der durch lockeres Gewebe gebildet wird. Diese Teilung erfolgt durch die Ursegmentspalten. Dadurch, daß sich je ein caudaler Teil mit dem cranialen Teil des folgenden Segments vereinigt, entsteht eine *Neugliederung* des Achsenskelets, die gegenüber der Gliederung in Ursegmente eine Verschiebung um eine halbe Segmenthöhe bewirkt. Die Verschiebung erfolgt tatsächlich auch gegenüber den Myotomen, die einen ähnlichen Prozeß nicht mitmachen. Dadurch spannt sich das Myotom nun zwischen zwei *primäre Wirbel* und gewinnt dadurch erst die Möglichkeit der Funktion; die endgültige Gliederung als Basis für die *funktionelle Segmentierung der Wirbelsäule* (Kap. I C) ist damit vollzogen (vgl. Abb. 3).

Zwischen den Wirbeln, also im Bereiche der Ursegmentspalten differenziert sich das embryonale Gewebe zu der *primären Zwischenwirbelscheibe*.

Schon im Stadium der Abb. 2 hatte das Sclerotom auch das Neuralrohr, die Spinalnerven und Spinalganglien vollständig umfaßt und Myotom und Cutisplatte von den genannten Teilen abgehoben. Nach oder schon während der Neugliederung werden nun 1. gegen die Chorda zu, 2. dorsal um das Neuralrohr und 3. ventral um den Darm jederseits je ein Fortsatz vorgetrieben, die aus verdichtetem Zellenmaterial bestehen. Die beidseitigen dorsalen Processus neurales verschmelzen zum *primären mesodermalen membranösen Wirbelbogen*. Die Processus chordales verschmelzen ebenfalls ventral und dorsal der Chorda zum *primären* unpaaren *Wirbelkörper*. Der ventrale Bogen ist die primäre Rippenanlage.

Die Chorda dorsalis ist beim Menschen nur eine vorübergehende Erscheinung. Ihr kommt als Körperstütze keine wesentliche Bedeutung zu; ihr Bau ist deshalb angepaßt. Bei niederen Wirbeltieren ist die Chorda ein ansehnliches Organ, das aus blasigen, großen Zellen besteht, die mit Flüssigkeit prall angefüllt sind. Die Kerne stehen peripher, und um die Chorda bildet sich eine mehr oder weniger dicke fibrilläre Scheide (vgl. S. 15). Dagegen ist die menschliche Rückensaite von relativ kleinem Querschnitt, die Zellen sind klein, und ein dünnes Häutchen begrenzt sie gegen ihre Umgebung. Sie reicht vom Dorsum sellae und Os occipitale bis zur Coccygealregion.

c) Die knorpelige Wirbelsäule.

Im Anfang des zweiten Fötalmonats tritt beim Menschen die Wirbelsäule vom Stadium membranosum in das *Stadium cartilagineum*, d. h. es beginnt die Entwicklung des knorpeligen Achsenskelets. Bei diesem Vorgang nähert sich die Form des Wirbels nach und nach im Verlaufe des zweiten Monats der endgültigen. Die knorpelige Umbildung erfolgt zuerst um die Chorda, indem zwei *paarige Vorknorpelkerne* verschmelzen. Die eigentliche Verknorpelung schreitet in cranio-caudaler Richtung entlang den Segmenten fort. Zwei paarige Knorpelkerne legen sich neben dem Neuralrohr in den Processus neurales an und umschließen so das Rückenmark allmählich von beiden Seiten. Ventral wird die Bildung zweier weiterer Knorpelkerne angedeutet. Sie bilden später die Rippen; Costalfortsätze.

Im Stadium der Verknorpelung beginnt sich auch die Chorda zu segmentieren. Im Bereiche der Wirbel wird ihr Wachstum stark gehemmt und nach und nach vollständig zurückgedrängt. Im Gegensatz dazu wird die Chorda zwischen den Wirbeln erhalten. Ihre Zellen werden aber weitgehend umgewandelt und enden in der Bildung des Nucleus pulposus der Zwischenwirbelscheiben. Schon die knorpelige Wirbelsäule ist also der Länge nach in den knorpeligen Wirbelkörper und die Zwischenwirbelscheibe gesondert. Im Schnitt parallel zur Längsachse durch die Wirbelkörper ist diese Gliederung deutlich zu erkennen.

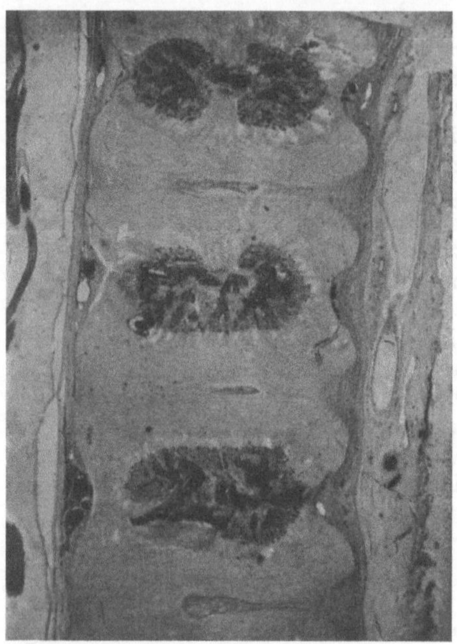

Abb. 4.   Sagittalschnitt der Wirbelsäule eines 15 cm langen menschlichen Föten. Hantelartige Anlage des Knochenkernes im oberen Wirbelkörper (dorsaler und ventraler Teil des Knochenkernes mit Isthmus). Einheitlicher ovaler Kern im untersten Wirbel. Die helle Zone der Säulenschicht ist deutlich zu erkennen. Man beachte den breiten Raum zwischen zwei Knochenkernen, der vom Wirbelkörperknorpel und von der Bandscheibenanlage mit Nucleus pulposus (Chordarest) eingenommen wird (nach JUNGHANNS).

Indessen haben sich etwa in der Mitte des zweiten Monats auch die Querfortsätze und die Gelenkfortsätze angelegt und es vereinigen sich beim 50 mm langen Embryo die knorpeligen Neuralfortsätze (Beginn im Brustteil) hinter dem Rückenmark an jener Stelle, wo die Anlage des Processus spinosus zu suchen ist. Es legen sich ferner auch schon jetzt die Gelenkhöhlen der intervertebralen Gelenke einerseits und der Gelenke zwischen Processus tiansversus, Wirbelkörper und Rippenanlage anderseits, an. Die Costovertebralgelenke bilden sich nur im Brustteil der Wirbelsäule. In den übrigen Abschnitten verschmilzt der Rest der Rippe mit dem Processus transversus. Die Entwicklung erfolgt in geschilderter Weise nur in den mittleren Teilen der Wirbelsäule.

Abweichungen kommen einmal an den ersten zwei Wirbeln vor, wo sich der erste Wirbelkörper als Dens epistrophei mit dem Körper des zweiten Halswirbels verbindet. Auch am caudalen Ende sind Abweichungen festzustellen. Sie entsprechen der späteren Form des Os sacrum. Der Neuralbogen ist recht kümmerlich ausgebildet, wogegen die Körper, und namentlich die Processus costales breit miteinander verschmelzen.

Schon zu Anfang der Verknorpelung der Wirbelsäule bildet sich die Chorda dorsalis im Bereiche des Wirbelkörpers von dessen Mitte aus allmählich zurück. Im Bereiche der Zwischenwirbelscheiben dagegen bleibt die Chorda erhalten. Sie wird nach entsprechender Umwandlung zum Nucleus pulposus (vgl. Abb. 4).

Im homogen knorpeligen und vorerst völlig gefäßlosen Wirbel bildet sich jetzt durch präparatorische Verkalkung ein *perichordaler einheitlicher Kern* von *Kalkknorpel*. Gleichzeitig wachsen von ventral und von dorsal her Gefäße in den Wirbelkörper ein. Durch diese Gefäße, oft je eine Arterie und zwei Venen, wird im Kalkknorpel der zentralen Wirbelkörperpartie ein Auflösungsprozeß ausgelöst. Er führt dazu, daß der Kalkknorpelkern — bereits von ansehnlicher Ausdehnung — an der Peripherie ungleichmäßig angenagt wird.

d) Beginnende Verknöcherung.

Durch das Einsprossen von *Gefäßen*, die zur Auflösung der präparatorischen Verkalkung führen, ist auch die Grundlage für die Verknöcherung gegeben. Sie beginnt am Anfang des dritten Fötalmonats zentral und unpaarig. Die Zahl und der Ort, wo die Gefäße den zentralen Kalkknorpelkern erreichen, sind sehr verschieden. So kommt es, daß der Ort der primären Markraumbildung zwar im großen und ganzen ventral und dorsal beginnt, aber doch zu sehr unregelmäßiger Knochenkernbildung führt. Ein zentraler Teil des Kalkknorpelkernes bleibt längere Zeit noch bestehen. Der ihn umgebende *unpaare*

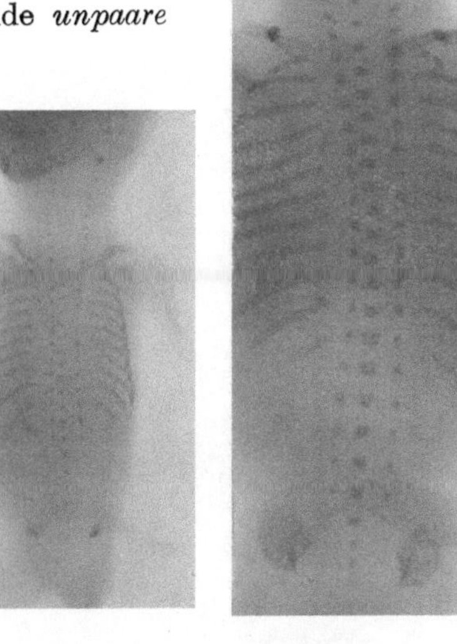

a)   b)

Abb. 5.

a) 8,5 cm langer Fötus (3. Monat) ♂. b) 17 cm langer Fötus (4. Monat) ♂. Man erkennt bei a den Beginn der punktförmigen Körperkerne an der Thoracolumbalgrenze; die ebenfalls punktförmigen Bogenkerne sind cranialwärts am größten und reichen etwa bis L₂. Bei b fehlen nur noch die lateralen Kerne des Sacrum; die vorhandenen Kerne sind größer geworden und haben von vorne gesehen viereckige Gestalt angenommen. 1/1.

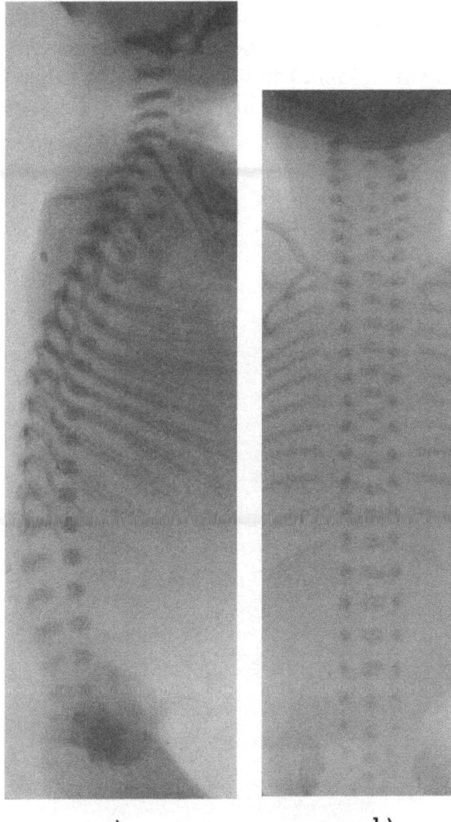

a)   b)

Abb. 6. 23 cm langer Fötus (5. Monat) ♂.
a) Seitliches, b) sagittales Röntgenbild. 1/1.

Knochenkern kann aus einem vorderen und hinteren Teil bestehen, welche durch eine mediane Brücke verbunden sind. Es entsteht dann unter Umständen der Eindruck zweier Knochenkerne. Der Kern kann durch eine seitliche Brücke Sichelform annehmen. Solange der Kalkknorpel nicht völlig aufgelöst ist, sieht man im Röntgenbild einen dichten Kern, der von einem helleren Hof umgeben ist. Er entspricht der primären Markraumbildung. Nach außen schließt eine dichtere Zone des Knochenkernes an. In der peripheren Zuwachszone findet man lange Knorpelsäulen wie bei den langen Röhrenknochen (Schinz und Töndury). Der überwiegend größte Teil des Wirbelkörpers entsteht auf die geschilderte Art durch enchondrale Verknöcherung. An jenen Stellen, wo der Knochenkern jedoch das Perichondrium erreicht, entsteht eine mehr oder weniger mächtige perichondrale Knochenschale.

Die Verknöcherung beginnt in der Gegend der Lumbosacralgrenze und schreitet von da aus cranialwärts und langsamer caudalwärts fort.

Schon vor Beginn der Verknöcherung des Wirbelkörpers, also am Ende des zweiten Fötalmonats, beginnt diejenige des ersten Wirbelbogens. Es legen sich zwei paarige Kerne in jeder Bogenhälfte an, die sich entgegenwachsen und, ähnlich wie früher die Knorpelkerne, dann dorsal den knöchernen Processus spinosus bilden. Die Verknöcherung schreitet zapfenartig in Gelenk- und Quer-

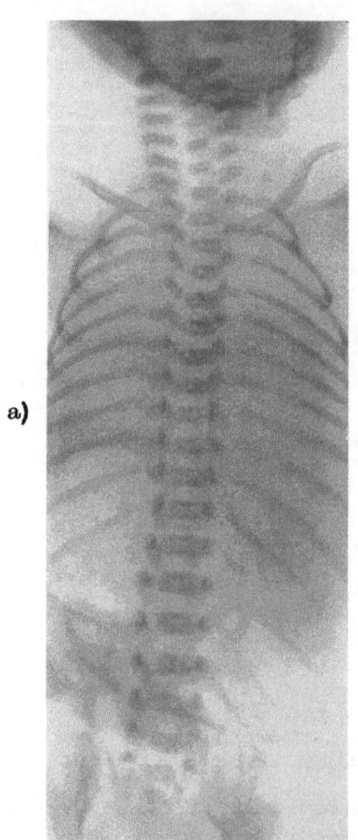

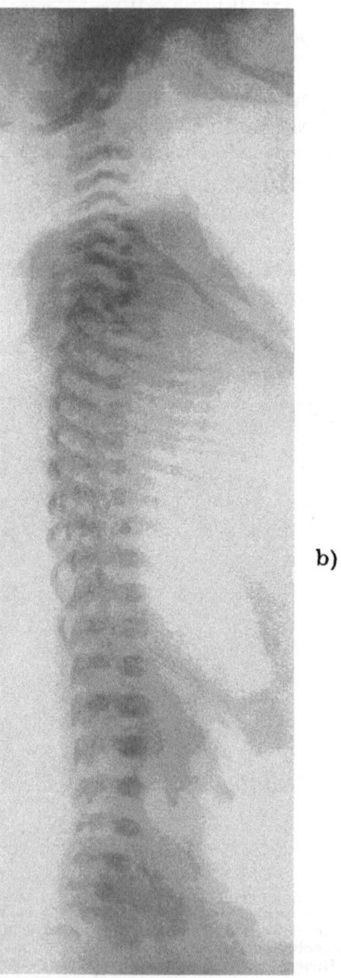

Abb. 7. 32 cm langer weiblicher Fötus (6. Monat). Die Intervertebralräume sind bereits schmäler als der Kern; in beiden Projektionen sind die Gefäßlücken als Aufhellungen zu erkennen; die lateralen Kerne sind verzweigt. a) Seitliches, b) sagittales Röntgenbild. 2/3.

fortsätze hinein. In seinem ventralen Teil wächst der Bogenkern gegen den Knochenkern des Wirbelkörpers zu; er reicht bogenförmig tief in den Körper hinein und bildet so einen Teil desselben. Die Verknöcherung der Bogenteile schreitet cranio-caudal vorwärts.

Mit der Verknöcherung beginnt die röntgenologische Nachweisbarkeit der Wirbelsäule in situ. Es soll deshalb ihre Darstellbarkeit besprochen werden. Dies geschieht wohl am übersichtlichsten durch eine Reihe von Bildern, die durch unterlegten Text erklärt werden.

e) Die Entwicklung der menschlichen Wirbelsäule nach der Geburt.

α) **Wirbelkörper und Bandscheiben.** Bei der Geburt ist der Raum zwischen den Knochenkernen der Wirbelkörper fast ebenso groß wie letztere selbst. Wir erkennen diese Verteilungsverhältnisse am besten im Röntgenbild der Neugeborenenwirbelsäule (Abb. 8). Man sieht die abgerundete Form des Knochen-

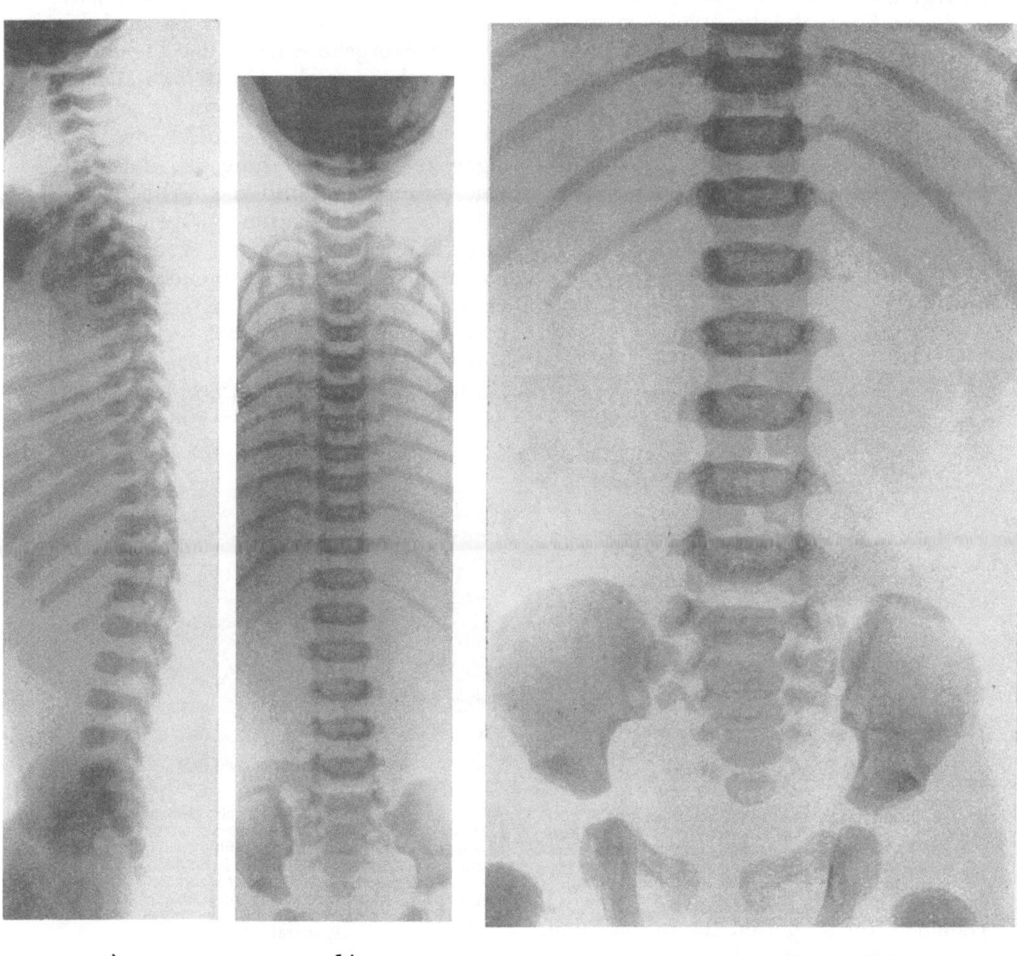

a)   b)   c)

Abb. 8. 53 cm langer Neonatus (9. Monat) ♀.
a) Seitliches, b) sagittales Röntgenbild. 1/2. c) Natürliche Größe. 1/1

kernes, ebenso wie die Aussparung für die ventralen Gefäße sehr deutlich. Der Raum zwischen zwei Kernen wird eingenommen durch verschiedene Gebilde (vgl. auch Abb. 4). Direkt an den Knochenkern schließt der hyaline Knorpel der knorpeligen Vorbildung des Wirbelkörpers an. Er bildet eine im späteren Leben an Dicke nach und nach abnehmende Knorpelplatte, die gegen den Knochen zu Säulenstruktur aufweist und sich damit als Wachstumsknorpel auszeichnet. In der Mitte des Intervertebralraumes liegt die intervertebrale Chordaanschwellung, und diese ihrerseits wird beidseits umgeben von einer Platte hyalinen Knorpels, der sich bald bei Belastung der Wirbelsäule in dichten Faserknorpel umwandelt.

Nach der Geburt nimmt der Intervertebralraum am Anfang rascher, später langsamer an Höhe ab, entsprechend der oben angeführten Differenzierung der Zwischenwirbelscheibe in den Faserknorpel (*Annulus fibrosus*) und den zentralen *Nucleus pulposus*, der durch Verflüssigung des Chordagewebes in sulzige Flüssigkeit entstanden ist. Den Abschluß der Bandscheibe gegen den Wirbelkörper besorgt nach wie vor eine jetzt dünn gewordene Platte aus hyalinem Knorpel. In dieser *Knorpelplatte* spielen sich nun in der Zeit nach dem dritten Lebensjahr wesentliche Veränderungen ab. Wir haben schon hervorgehoben, daß der Knochenkern gegen den Zwischenwirbelraum zu gewölbt erscheint (siehe Abb. 4 bis 8). Diese Wölbung bleibt vorerst grosso modo erhalten. Sie erhält nach und nach an ihrer Zirkumferenz eine mehr oder weniger kantige Abstufung, so daß der Querschnitt das Bild der Abb. 9 erhält. Der Knorpelstufe entspricht naturgemäß ein knöcherner Abdruck im Knochenkern oder umgekehrt. Der verdickte Rand der Knorpelplatte wird nach SCHMORL als knorpelige *Randleiste* bezeichnet. Ihre inneren Kanten sind nicht immer so scharf wie in der Abb. 9, sondern er-

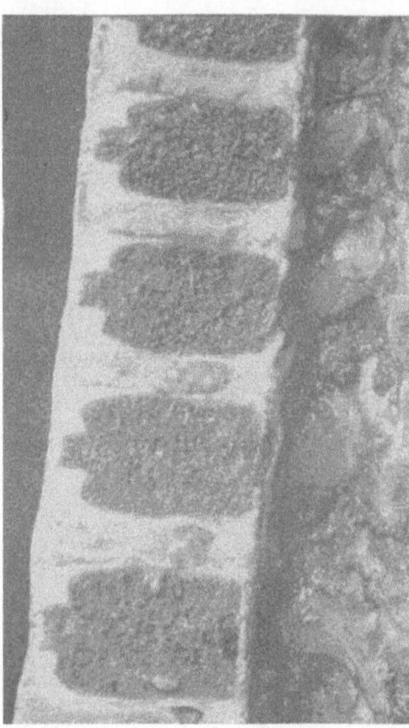

Abb. 9. Rechte Hälfte der sagittaldurchsägten Wirbelsäule eines 7jährigen Knaben. An den vorderen Kanten des Wirbelkörpers bestehen stufenförmige Aussparungen im Knochenbau, die mit der knorpeligen Randleiste ausgefüllt sind (nach JUNGHANNS).

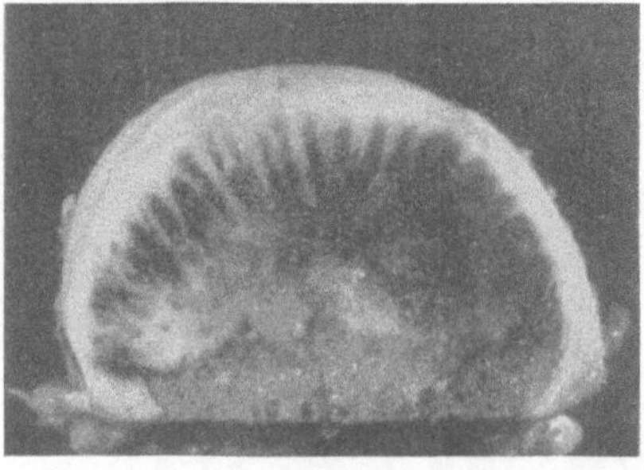

Abb. 10. Horizontalschnitt durch den jugendlichen (13jähr. ♂) Lendenwirbelkörper an der Grenze zwischen knorpeliger und knöcherner Abschlußplatte; man erkennt die Riffelung, die Randleiste ist noch nicht knöchern angelegt. Der Schnitt senkt sich von links nach rechts tiefer in den Knochen ein, deshalb sind rechts die Knochenerhebungen vollständig abgetragen. Frisches Präparat. 1/1.

scheinen im Gegenteil im Röntgenbild meist abgerundet. Die Knorpelplatte wird als zur Zwischenwirbelscheibe gehörend betrachtet, weil sie ohne sehr scharfe Grenze einen Übergang in den Faserknorpel findet. Die knorpelige Randleiste ist vorne am mächtigsten und nimmt nach hinten hufeisenartig an Höhe ab.

Schon frühzeitig, d. h. kurz nach der Geburt, also zu einer Zeit, wo die Knorpelplatte noch recht dick oder besser hoch ist, erkennt man bereits an den Abschlußplatten der angrenzenden Wirbelkörper eine im großen und ganzen radiär (Abb. 15) verlaufende Riffelung. Diese Kerbung zieht sich über die Knochenkernkanten auf die Vorder- und Seitenflächen hinüber. Sie wird im achten bis zehnten Lebensjahr besonders deutlich (Abb. 10) und man erkennt in Schnitten, wie sich der hyaline Knorpel in die Tiefe der Einkerbungen hineinsenkt. Die Oberfläche der Verbindung zwischen Knorpelplatte und Knochen wird damit vergrößert und die Möglichkeit der Verankerung besser. Im sagittalen Röntgenbild kommen bei geeigneter Projektion die Kerben zur Darstellung (Abb. 11). Nach dem Abschluß des Wachstums im 21. bis 25. Lebensjahr ist die geschilderte Riffelung nicht mehr zu sehen.

In der *knorpeligen Randleiste* beginnt bei Knaben zwischen siebenten und neunten Lebensjahr, bei Mädchen im Mittel ein Jahr früher, die Verknöcherung an mehreren Punkten; es bildet sich aus der knorpeligen die *knöcherne Randleiste*. Sie verschmilzt wieder bei Frauen früher, beim Manne im 21. bis 25. Altersjahr völlig mit dem Wirbelkörper. Diese Verschmelzung bedeutet den

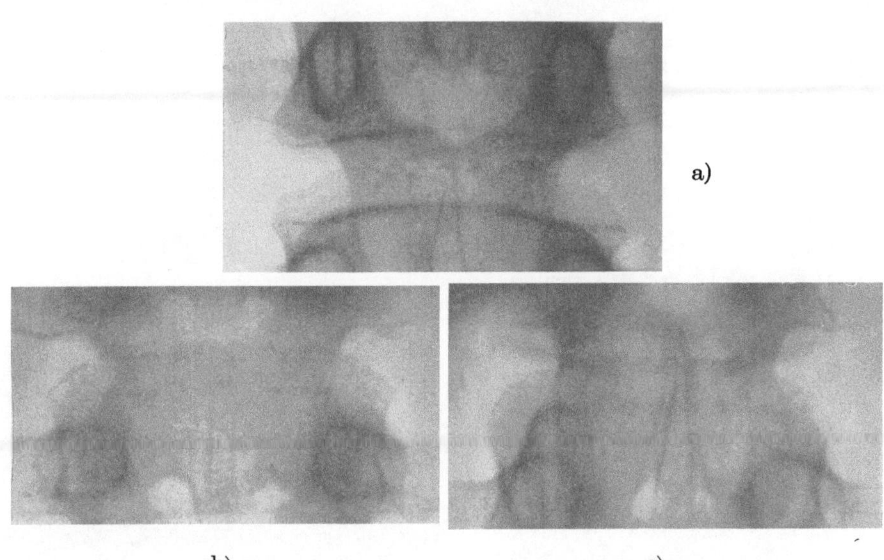

Abb. 11. Röntgenbilder oberer Lumbalwirbel, die bei geeigneter Projektion die Riffelung am vorderen oberen Rand erkennen lassen.
a) 11jähriges Mädchen, b) 14jähriger Knabe. c) 15jähriger Knabe. 1/1.

Abschluß der Entwicklung der Wirbelsäule und zugleich des Längenwachstums des Menschen. In der folgenden Bilderreihe wird die Entwicklung der Randleiste röntgenologisch wiedergegeben.

Da sich das Längenwachstum der Wirbelsäule präsacral auf 46 Stellen verteilt, ist der Wachstumsanspruch auf eine Stelle nur sehr gering und der Größe nach kaum $^1/_{15}$ des Längenwachstums, z. B. der Femur- oder der Tibiadiaphyse. Dementsprechend genügt das Wachstum zwischen Knorpelplatte und Knochenkern, zweimal für jeden Wirbelkörper, vollauf, um das erforderliche, doch recht ansehnliche Längenwachstum des Stammes zu bestreiten. Die Knorpelzellsäulen sind deshalb auch niedriger als in den Epiphysen der langen Röhrenknochen. So konnte SCHMORL auch niemals Wachstumszonen an den Knochenkernen der Randleisten selbst feststellen. Immerhin ist anzunehmen, daß unter Umständen die gesamte Knorpelplatte zur Verknöcherung gelangt, wie die Abb. 15 zeigt. Es ist dann, makroskopisch wenigstens, kein so großer Unterschied mehr mit der Wirbelsäule der Säuger festzustellen. Die Durchlöcherung der Abschlußplatten fehlt jedoch beim Tier völlig. Man vergleiche auch Kap. I A 2. Jedenfalls liegt kein Grund vor, den *Epiphysencharakter der Randleisten* zu leugnen. Der Gesamtzuwachs am Wirbelkörper (enchondral und perichondral) geht sehr sinnfällig aus der Abb. 140, S. 155, hervor, wo durch periodische Wachstumsstörungen Wachstumslinien als Verdichtungszonen ausgebildet sind.

β) **Wirbelbogen.** Die Verknöcherung der Wirbelbogen erfolgt, wie wir früher S. 5 ff. sahen, paarig durch Kernbildung in jeder Hälfte. Die beiden Knochen-

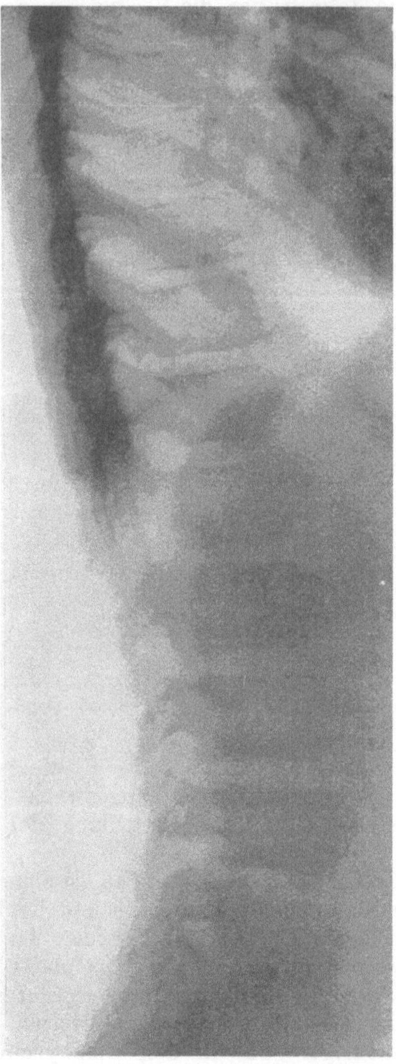

a)

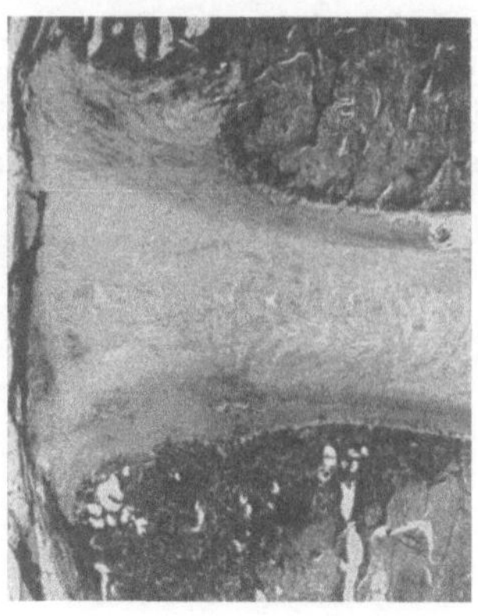

b)

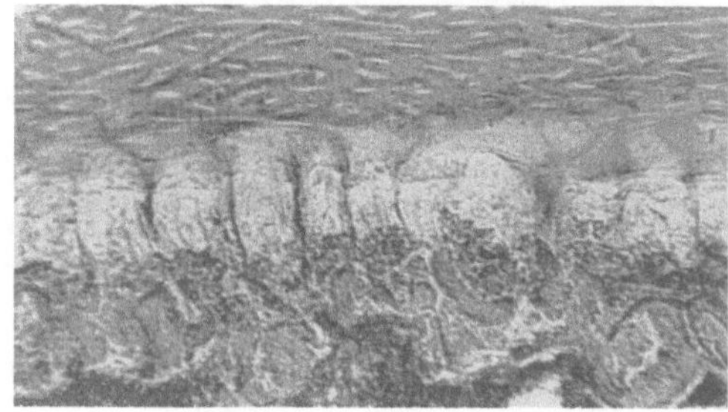

c)

Abb. 12. Die Entwicklung der Randleisten im Röntgenbild.
a) 12jähriger Knabe. Die knöchernen Randleistenkerne beginnen sich im Bereiche der unteren Brustwirbelsäule anzulegen. Die tieferen Stufen sind frei von Randleistenkernen. 1/2. b) 12jähriger Knabe. Mikroskopischer Sagittalschnitt durch den vorderen Teil der Bandscheiben (Lupenvergrößerung). Oben ist die Stufe im Knochen deutlich, unten ist keine Stufe zu sehen, aber beginnende Verknöcherung der Randleiste. Die Knorpelwucherungszone ist als schmaler heller Streifen am Rande des Knochens des Wirbelkörpers zu sehen. c) Stärkere Vergrößerung dieser Schicht. Tod an akuter Osteomyelitis purulenta des rechten Femur.

kerne umwachsen den Rückenmarkskanal, indem sie sich in vorgebildeten knorpeligen Bogen vordrängen. Sie lassen dabei drei *Knorpelfugen* vorerst noch offen: die unpaare dorsale, median in der Gegend des Processus spinosus gelegene Fuge und die zwei paarigen Knorpelfugen gegen den Körperkern zu. Bei der Geburt sind alle diese drei Fugen noch offen. Die *dorsale Fuge* schließt sich im Verlaufe des ersten und zweiten Lebensjahres. An Atlas und Kreuzbein verzögert sich der Knorpelfugenschluß bis ins vierte bis sechste Lebensjahr

(Abb. 16). Die paarigen *Bogen-Körperfugen* wölben sich tief in den Knochenkern des Wirbelkörpers hinein und sind bei der Geburt noch weit offen. Sie vereinigen sich im dritten bis sechsten Jahre. Eine nicht seltene Verzögerung soll bis zum 14. Jahre vorkommen (JUNGHANNS).

Die Bogenkerne haben schon bei der Geburt ansehnliche Knochenzapfen in die Fortsätze hineingetrieben. Das ist namentlich für die Processus articulares der Fall. Die Massae laterales und der Arcus posterior des Atlas verknöchern von den zwei üblichen Kernen des Bogens aus. Der Körperkern vereinigt sich ja als Dens mit dem Körper des Epistropheus. Der Arcus anterior des Atlas entsteht aus zwei kleinen ventralen Kernen des knorpeligen Körpers.

Im Sacrum legen sich die Körper- und Bogenteile analog den übrigen Abschnitten an. Jedoch schließen sich die drei oberen Bogen erst im siebenten bis zehnten Jahr. Eine ventrale Partie der Partes laterales entsteht aus einer Pars costalis mit besonderem Kern (vgl. Abb. 16 b). Sie vereinigen sich mit den dorsalen Kernen der Bogenhälften im dritten bis fünften Jahr. Die Körper der drei ersten Sacralwirbel verknöchern erst im 18. bis 25. Jahr vollständig. Eine Art Apophyse liegt auch hier im Bereiche der Articulatio sacroiliaca, sie legt sich in den dicken lateralen Knorpelplatten an.

Apophysen: Nebenknochenkerne entstehen im Verlaufe der Entwicklung in der Pubertät an den knorpeligen Enden der Fortsätze. Solche kappenförmige sekundäre Kerne bilden sich am Processus spinosus, an den Processus transversi und mamillares. Sie sind nach Abschluß des Längenwachstums geschlossen. Wenn sie zu lange offen bleiben, sind sie als Variationen aufzufassen (vgl. Abb. 16).

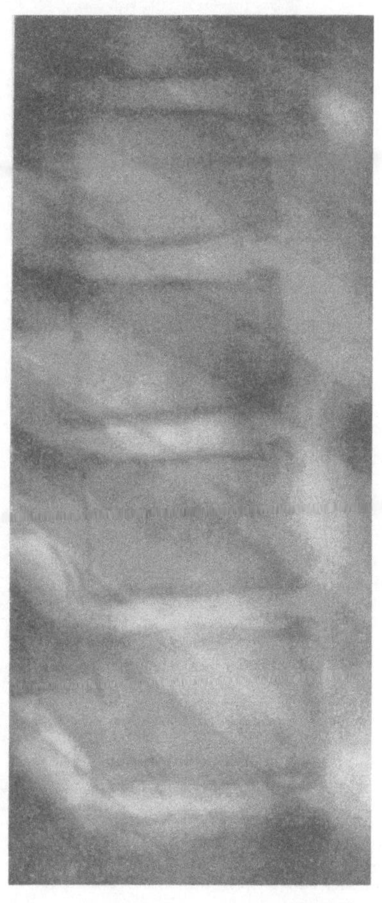

Abb. 13. Entwicklung der Randleisten im Röntgenbild. 16jähriger Knabe. 2/3. Nr. 79190.

2. Aus der vergleichenden Anatomie.

Im entwicklungsgeschichtlichen Kapitel haben wir gesehen, daß die hochentwickelte menschliche Wirbelsäule zwar im großen und ganzen aus einer einzigen Matrix, dem Sclerotomgewebe, hervorgeht, daß sie aber in ihrer Entwicklung von zwei anderen Organen weitgehend, aber auf sehr verschiedene Weise beeinflußt wird. Ich meine einerseits das dorsal gelegene, vom Ektoderm abstammende Neuralrohr und anderseits die Chorda dorsalis. Im Verlaufe der Stammesgeschichte entwickelt sich das erstere parallel zu der Wirbelsäule aufwärts; d. h. mit der Weiterentwicklung der Wirbelsäule entwickelt sich auch das Rückenmark nach der Richtung der höheren Differenzierung. Das Rückenmark

wird also vorwiegend in den höheren Stufen des Stammes für die dasselbe um-
schließende Wirbelsäule formgebend oder doch wenigstens formbeeinflussend
sein. Ganz im Gegensatz dazu spielt die ventral gelegene, vom Entoderm ausgehende Chorda dorsalis insofern eine abweichende Rolle, als sie bei den niedersten
Vertebraten, den Acraniern (Amphioxus), als vollwertiger funktioneller Ersatz

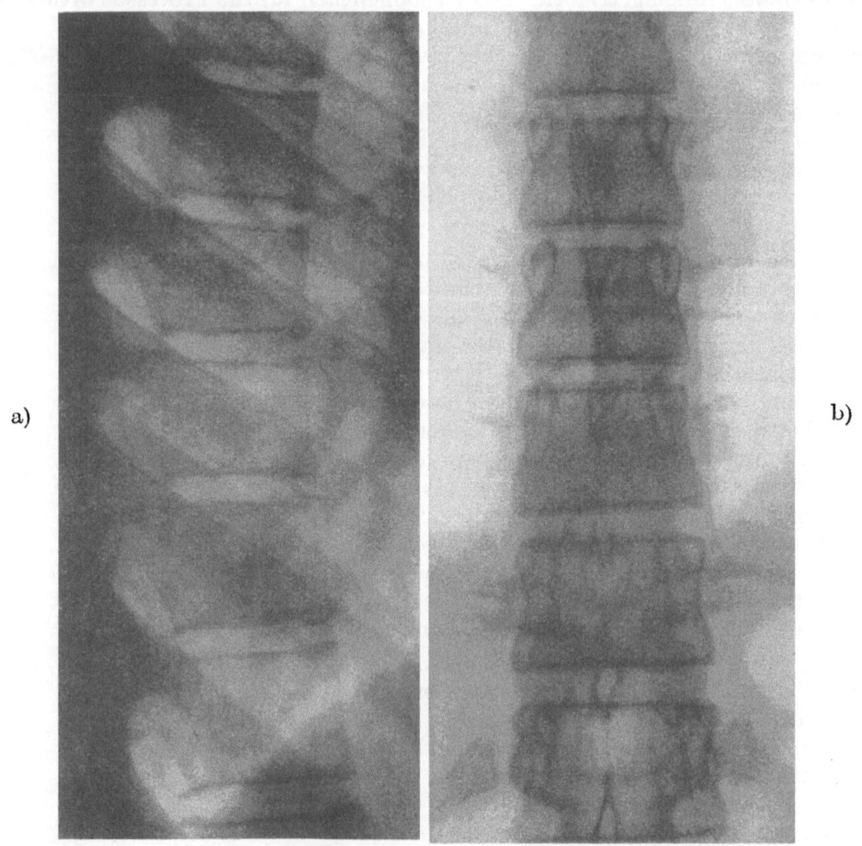

Abb. 14. Normale Brustwirbelsäule. Die knöchernen Randleisten sind noch nicht völlig verwachsen: sie sind
vorne und hinten in a) als dichte Querschnitte zu erkennen. Im Sagittalbild erscheinen sie als schmaler,
parallel zu der Abschlußplatte verlaufender Schattenstreifen. 20jähr. ♀. Die Verknöcherung ist eher etwas im
Rückstand. 1/2. Nr. 3453.

der Wirbelsäule sensu strictiori auftritt. Die Chorda wird also um so mehr
zurücktreten, je höher die Entwicklungsstufe der betrachteten Art ist. Trotzdem
sind die Beziehungen von Chorda und Sclerotom außerordentlich innige, die
gegenseitige Beeinflussung eine sehr hochgradige, so daß man die Chorda ganz
allgemein geradezu als Leitorgan der Wirbelsäulenentwicklung ansprechen kann.
    Wir wissen, daß zwischen Individualentwicklung und Stammesgeschichte
meistens weitgehende Übereinstimmung besteht, und daß sich die beiden Gebiete
der Embryologie und der vergleichenden Anatomie von jeher sehr glücklich
ergänzt und gegenseitig befruchtet haben. So erscheint es reizvoll, dieses
spiegelbildliche Geschehen hier und dort in der Geschichte des Vertebraten-
stammes zu verifizieren und zu ergänzen, und zwar gerade am stammspezifischen
Organ der Wirbelsäule.

a) Die Chorda dorsalis als Achsenskelet.

Die Chorda dorsalis trifft man in der Reihe der Tiere erstmals in der Klasse der *Tunicaten*. Sie erscheint als Gallertstrang, der von einer Zellenscheide umgeben ist und dem Tier zur Stütze dient. Bei den Appendikularien bleibt die Chorda während des ganzen Lebens, bei den Ascidien nur im Larvenstadium bestehen. Die nahe Verwandtschaft der Tunicaten mit den Wirbeltieren (Chorda dorsalis, Nervensystem) hat zu dem Versuche geführt, diese beiden Tiergruppen unter der Bezeichnung der Chordonier zusammenzufassen.

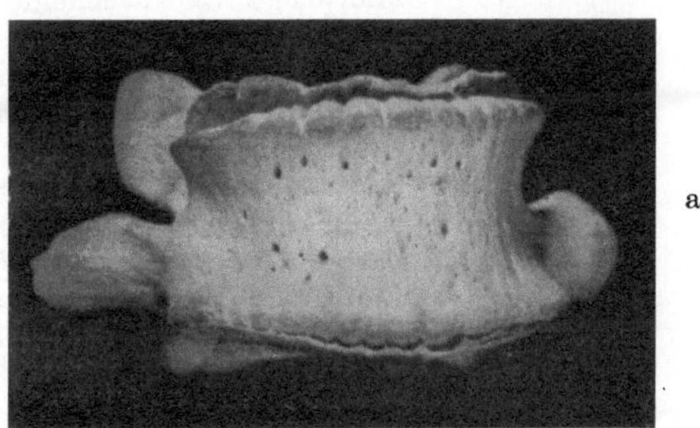

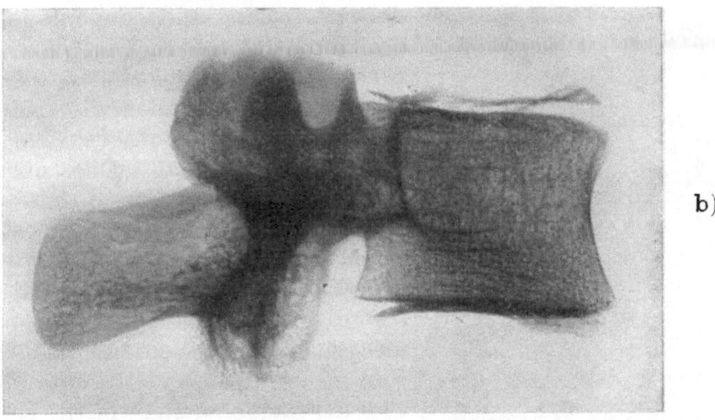

Abb. 15. 17jähr. ♀. Mikrocephalus. Die Randleiste ist als dünne Scheibe bis in das Zentrum verknöchert und hat sich vom Wirbelkörper zum Teil abgehoben. Man beachte auch die Riffelung des Körpers, die an den Kanten übergreift. (Skelet der Anatomie Bern.) 1/1.

Ähnlich wie bei den Tunicaten erscheint die Chorda unverändert als einziges Skelet bei den *Acraniern* (Amphioxus) und den *Cyclostomen*. Die Chorda des Amphioxus ist von einer einfachen Elastica umgeben und weist keinerlei Segmentierung auf. Bei den Cyclostomen findet man schon eine verdickte Chordascheide und in den dorsalen Bogen beginnt sie sich in kleinen Stücken zu bilden.

Auch bei den *Fischen* findet man zum Teil noch eine ausgedehnte und wenig reduzierte Chorda. So unterscheidet sich das Achsenskelet der *Chondrostei* („Knorpelganoiden", Störe) grundsätzlich kaum von denjenigen der Cyclostomen. Immerhin haben sich sowohl obere (dorsale) als auch untere (ventrale) Bogen gebildet, die als kräftige Spangen der langgestreckten und nicht segmentierten

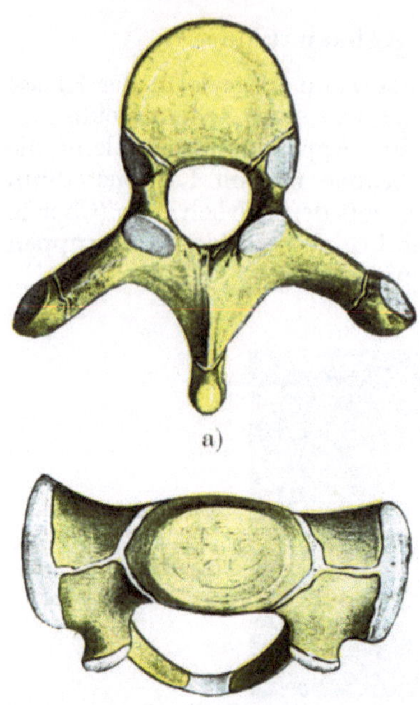

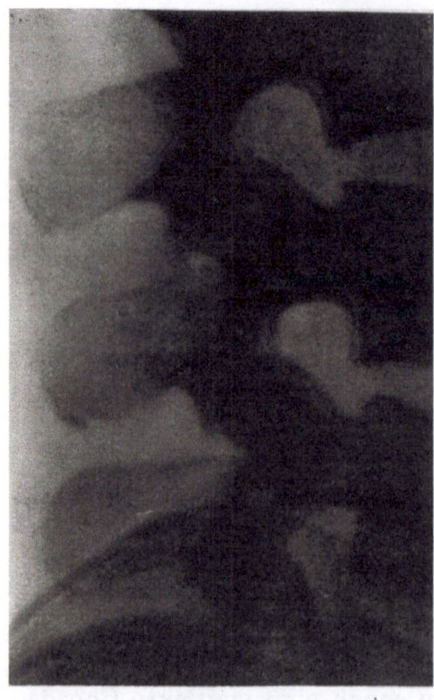

c)

Abb. 16.

a) Knorpelfugen eines Brustwirbels, b) des oberen Endes des Kreuzbeines (a und b aus FISCHEL), c) Apophysen der Lendendornen. 19jähr. ♂. 2/3. Nr. 17655.

Chorda aufsitzen. Daß neben den Hauptbogen noch Intercalarien vorkommen, die zwischen den vollständigen Bogen gelegen sind, hat keine grundsätzliche Bedeutung. Bei den rezenten *Selachiern* und *Dipneusten* dringt Knorpelgewebe vom Sclerotom her in die (sekundäre) Chordascheide ein und läßt diese somit an der Entstehung der Wirbelsäule teilhaben. Die knorpelige Chordascheide behält dabei bei der Unterordnung der Holocephalen die Form eines Ringes bei, ohne daß die Chorda nennenswert beeinflußt wird. Dorsal sitzen Knorpelbogen mit Intercalarien und ventral kurze Rippen dem Knorpelring auf. Ein eigentlicher Wirbelkörper besteht bei den *Holocephalen* noch nicht. Zur bildlichen Veranschaulichung der Verhältnisse gebe ich ein Schema von WIEDERSHEIM (Abb. 17).

Fossile Funde von Schuppen und Flossenstacheln von Fischen als Zugehörige zum Stamm der Vertebraten gehen zurück in die silurische und devonische Formation des *Palaeozoicum*. Die devonische, bzw. permische Gattung Palaeospondylus und Hypospondylus stellen die frühesten Funde von Teilen des Achsenskelets selbst dar. Hypospondylus hat große obere und zum Teil verkalkte untere Bogen. Die beiden Gattungen sollen den Cyclostomen zugehören und zusammen mit ihren rezenten Verwandten Petromyzon einen Hinweis auf die Möglichkeit der Regression in der Stammesgeschichte bedeuten (PEYER, STENSIÖ). Von Holocephalen sind verkalkte Ringe der Chordascheide nachgewiesen. Häufige Funde von verknöcherten Wirbelsäulen stammen mehr aus dem Mesozoicum (ABEL, HERTWIG, KAYSER, REMANE).

b) Die Verdrängung der Chorda durch die Wirbelsäule.

Die Entwicklung der Wirbelsäule ist in der Klasse der *Fische* sehr mannigfaltig. Es kommen neben den *Selachiern* mit rein knorpeligem Skelet auch Gattungen mit fast vollständiger Verknöcherung ihres Stützskelets vor. Und gerade die Knorpelbildung und die eventuell eintretende spätere Verknöcherung spielen eine sehr gewichtige Rolle in der Entwicklung der Wirbelsäule.

Insbesondere fällt der Beginn der Segmentierung der Chorda selbst in die Klasse der Fische. Bei den Selachiern und Chondrostei ist wohl um die Chorda dorsalis herum, also im Bereiche des Sclerotoms, die Segmentierung vollständig durchgeführt, sie hat aber vorerst die Chorda selbst

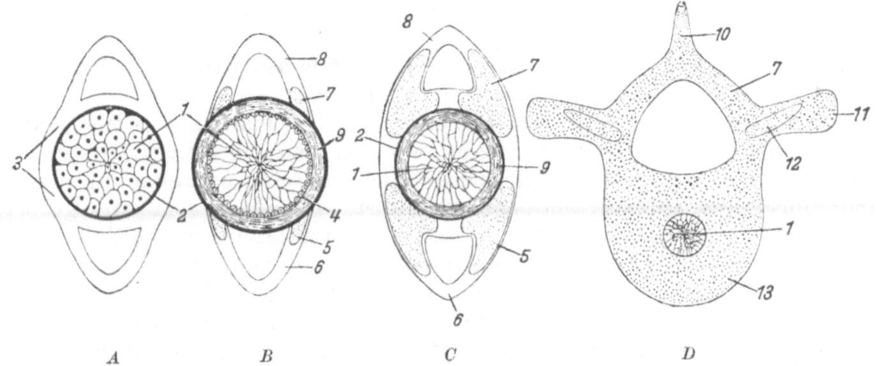

Abb. 17. Entwicklung der Chordascheiden und des knorpeligen Wirbels (Schema nach WIEDERSHEIM).
1 Chorda, *2* primäre Chordascheiden, *3* umgebendes Mesoderm, *4* epithelartig angeordnete periphere Chordazellen, *5* Anlage der ventralen Bogen, *6* ventrales Mesoderm, *7* Anlage der dorsalen Bogen, *8* dorsales Mesoderm, *9* sekundäre Chordascheide, *10* Processus spinosus, *11* Processus transversus, *12* Processus articularis, *13* knorpelige Wirbelkörper. *A* erstes Stadium, blasige Chordazellen. *B* späteres Stadium (Cyclostomen, Knorpelganoiden). Die zentralen Chordazellen sind vacuolisiert; es hat sich eine sekundäre Chordascheide gebildet. *C* Knorpelgewebe umwächst die Chorda an der Außenseite ihrer Scheiden, letztere gehen ihrem Verfall entgegen (Knochenganoiden, Teleostier, Amphibien, Amnioten). *D* vollständiger knorpeliger Rumpfwirbel.

nicht in Mitleidenschaft gezogen. Erst durch die fortschreitende Verknorpelung, besonders aber durch die Verknöcherung, wird eine Formveränderung der Rückensaite bewirkt, die einer Segmentierung entspricht. Und zwar tritt im Bereiche des nach Abb. 17 *C* sich entwickelnden, zuerst knorpeligen, später bei den Ganoiden und *Teleostiern* weitgehend knöcher-

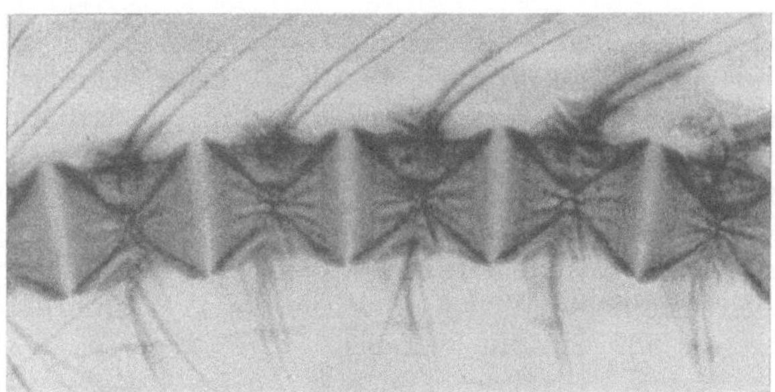

Abb. 18. Röntgenbild der Wirbelsäule eines Teleostiers (Coregonus, Felchen aus dem Thunersee). Man erkennt deutlich den verkalkten amphicölen Wirbel, in dessen Bereich die Chorda stark verengt ist, während sie zwischen den Wirbeln ansehnlichen Querschnitt aufweist. Die einzelnen Wirbel werden durch ein ringförmiges Intervertebralligament verbunden. 3/1.

nen Wirbelkörpers eine Einengung der Chorda dadurch ein, daß sie an ihrem Weiterwachstum verhindert wird. Zwischen den Wirbelkörpern dagegen kann die Chorda proportional dem übrigen Körper weiterwachsen, so daß eine perlschnurartige Form der Chorda entsteht. Die Abb. 18 zeigt ein Röntgenbild als Längsschnitt durch die Wirbelsäule eines Teleostiers. Man erkennt die Form des Wirbelkörpers daran, daß sie nach beiden Seiten ausgehöhlt erscheint. Die Chorda ist stark eingeschnürt. Sie ist deshalb nicht in der Lage, den Rosenkranz der Wirbelkörper allein zusammenzuhalten. Es bildet sich daher ein Intervertebralligament am Rande der Wirbelkörper. Diese bikonkaven, amphicölen Wirbelkörper trifft man knorpelig (beim Karpfen sind sie verknöchert) bereits bei einigen Gattungen der Selachier wenigstens unvollständig angedeutet an.

Es versteht sich von selbst, daß verschiedene Lebensansprüche durch Anpassung auch zu verschiedenen Formen führen müssen.

Wenn bei einem Teil der *Amphibien*, d. h. bei einigen *Urodelen*, ganz ähnliche Verhältnisse angetroffen werden wie bei den Teleostiern, so schließt sich bereits innerhalb dieser Unterklasse eine Weiterentwicklung an, die zu Veränderungen des Intervertebralgebietes führt. Es bilden sich dort größere Knorpelmassen innerhalb der Stelle des Intervertebralligamentes. Dadurch wird die Chorda im Intervertebralgebiet langsam verdrängt. Der Intervertebralknorpel kann so massig werden, daß er als tüchtiges Bindemittel zwischen den einzelnen Wirbelkörpern ausgebildet wird. Am Ende der Entwicklung finden wir bei den Urodelen eine sehr interessante Abwandlung, nämlich die Bildung einer Gelenkhöhle im Intervertebralknorpel; also die Ausbildung echter Gelenke. Die *Anuren* weisen stets Gelenke auf, wobei der Gelenkkopf meist am caudalen, die Pfanne am kranialen Ende des Wirbelkörpers gelegen ist.

Auch bei den *Reptilien* bleibt die Chorda im Wirbelkörper länger bestehen als intervertebral; sie verschwindet aber, mit einer Ausnahme der Ascalaboten (Gecko) mit amphicölen Wirbeln, bis zum Abschluß der Entwicklung vollständig. Alle ausgewachsenen höheren Tiere lassen also die Chorda vermissen. In der Ontogenese ist sie stets zu finden, wie wir es in Kap. I A 1 für den Menschen gesehen haben. Die Verbindung der Wirbelkörper erfolgt in der Klasse der Reptilien entweder durch Bildung echter Gelenke (Abb. 19) oder durch Ausbildung von Bandscheiben, die sich ebenfalls aus den Intervertebralknorpeln entwickeln. Die Krokodilier sind durch diese Bandscheiben ausgezeichnet.

Überhaupt ist die Krokodilswirbelsäule sehr hochstehend. Die Entwicklung der Fortsätze und die Unterteilung in die einzelnen Abschnitte sind weit fortgeschritten. Es soll bei den Krokodilen vorkommen, daß die Körperbogenepiphyse zeitlebens offensteht.

In der Klasse der Vögel geht die phylogenetische Entwicklung weiter nach der Richtung der Verstärkung des Skelets durch Verknöcherung. Die Chorda wird bei den rezenten Gattungen nicht mehr gefunden. Wohl aber weist Archäopteryx noch amphicöle Wirbel auf. Die Intervertebraljunkturen erfolgen mittels Bandscheiben auf Sattelgelenken.

c) Die knöcherne Wirbelsäule und ihre Sonderung in einzelne Abschnitte.

Die bei den *Amnioten* (Reptilien, Vögel und Säuger) sinnfällig hervortretende Sonderung der Wirbelsäule in einzelne Abschnitte beginnt schon bei den Amphibien. Je mehr das Tier vom Wasser- zum Landleben übergeht, um so größer werden die Ansprüche an seine Stütz- und Bewegungsapparate. So differenzieren sich bestimmte Regionen der Wirbelsäule: Cervical-, Thoracal-, Lumbal-, Sacral- und Caudalabschnitte unter Opferung der Gleichmäßigkeit der Gliederung des Achsenskelets.

Der *Cervicalabschnitt* der Amniotenwirbelsäule ist schon dadurch gekennzeichnet, daß er mit zwei obersten Wirbeln beginnt, die in ihrer Form von den übrigen Halswirbeln abweichen. Bei den Amnioten, also beginnend mit den Reptilien, haben sich die Körper des 1. und 2. Wirbels zum Körper und Dens des Epistro-

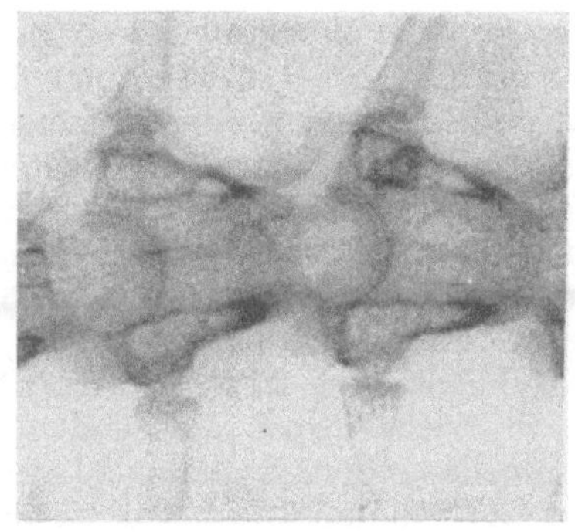

a)

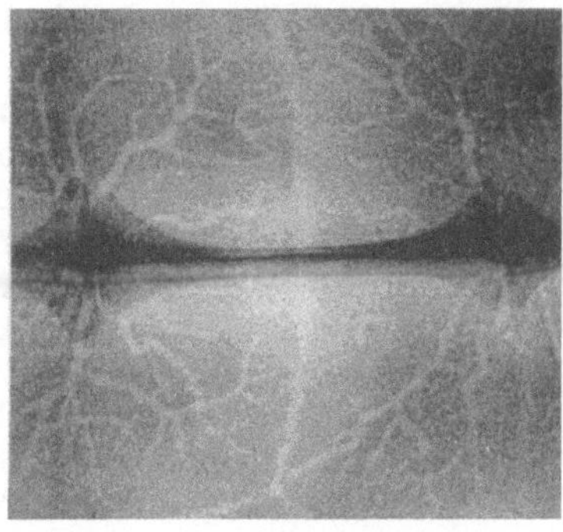

b)

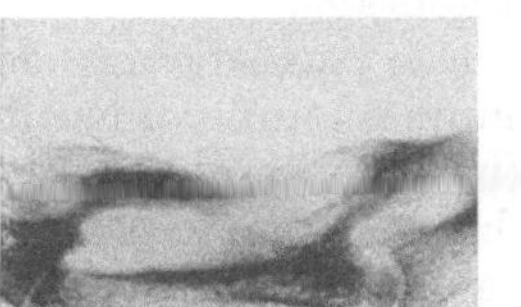

c)

Abb. 19. a) Tannzapfenechse (Trachysaurus rugosus Gray, Urodelen), Australien. Dieses echte Gelenk gestattet eine außerordentliche Beweglichkeit, namentlich in der Horizontalen. b) Schildkröte. Dünne Stäbchen als Wirbelkörper ohne Fortsätze. Das Gelenk ist eine Art Symphyse. c) Dasselbe Tier, Halswirbelsäule. Der Unterschied in der Beweglichkeit ist frappant und an ein und demselben Tier wohl maximal. Die sagittale Beweglichkeit der Hals- und Schwanzwirbelsäule ist hier ebenfalls sehr groß. Man erkennt in dem seitlichen Bild relativ massige Wirbelbogen mit langen Gelenkfortsätzen. Die Beweglichkeit entspricht derjenigen eines Kugelgelenkes.

pheus vereinigt. Es ist bemerkenswert, daß das atlanto-occipitale und atlanto-epistropheale Gelenk einzig als echte Gelenke ausgebildet sind. Der Atlas entspricht dem 4. Amphibienwirbel. Ein atlasähnlicher 1. Wirbel dieser Klasse ist also dem Amniotenatlas nicht homolog. Im Bereiche der Halswirbelsäule sind die Rippen sehr stark reduziert und bei den Säugern und Vögeln nur noch als kleine Rudimente, mit den Processus transversi verwachsen, zu erkennen; sie helfen das Foramen transversarium begrenzen. Die Säuger halten ziemlich hartnäckig an der Zahl sieben der Halswirbel fest. Sechs (ein Faultier und Manatus) oder neun (ein anderes Faultier) sind große Ausnahmen.

Der *Thoracalabschnitt* der Amnioten ist vor allem durch die veränderte Wirbelkörperform gekennzeichnet. Grundsätzlich ist die Tatsache des bloßen Vorhandenseins von Rippen nicht charakteristisch. Ich erinnere, daß ja die Rippen in den verschiedenen Gattungen der Wirbeltierreihe jeglicher Homologie entbehren. Stets aber sind es Knochenspangen, die die Rumpfhöhle mehr oder weniger weit und in verschiedenem Umfange umgreifen. Sie gehen von der Wirbelsäule aus und sind segmentär angeordnet. Im Thoracalteil nehmen sie bei Säugern ein größeres Ausmaß an. Sie bilden oft ein Sternum, das bei den höheren Klassen der Säuger in Corpus, Manubrium und Processus xyphoides zerfällt.

Im *Lendenteil* der Amniotenwirbelsäule synostosieren die stark verkürzten Rippen mit dem Processus transversi. Auch in diesem Abschnitt ist die Form des Wirbelkörpers verändert.

Der *Sacralteil* endlich ist durch die Articulation der Wirbel mit dem Becken ausgezeichnet. Die Verbindung der Wirbelkörper mit dem Os ilei erfolgt durch die Processus transversi, vermischt mit relativ ausgedehnten Rippenelementen. Bei den Amphibien trägt nur ein Sacralwirbel das Ileum, ebenso bei den Beuteltieren, Huftieren, Nagetieren und Halbaffen. Bei Carnivoren und Primaten articulieren zwei Sacralwirbel mit dem Becken. Bei vielen Edentaten ist auch das Os ischii mit der Wirbelsäule verwachsen, wodurch mehrere Wirbelkörper beansprucht werden. Mit diesen eigentlichen Sacralwirbeln verbinden sich sekundär pseudosacrale Wirbel zum Sacrum. Bei Säugern sind es in der Regel 1 bis 3, bei Vögeln verwachsen nach und nach Wirbelkörper der Lenden- und sogar der Brustregion einerseits und des Schwanzteiles anderseits, bis zu 20 pseudosacralen Wirbeln. Die Bildung des *Promontorium*, d. h. die Abknickung des 1. Sacralwirbels erscheint in der Phylogenese erstmals bei den Anthropoiden. Es ist auch beim menschlichen Embryo nur schwach ausgeprägt.

Die Ausdehnung der *Schwanzwirbelsäule* ist bei Amnioten außerordentlich vielgestaltig. Die Zahl ihrer Wirbel schwankt zwischen etwa 50 (Manis) und etwa 5 bis 6 (Primaten). Oft sind die Schwanzwirbel auf den Wirbelkörper reduziert (Homo, Affen); Säuger, die einen langen Schwanz mit spezieller Funktion besitzen (Greif- und Ruderschwanz), weisen vollkommener ausgebildete Schwanzwirbel auf.

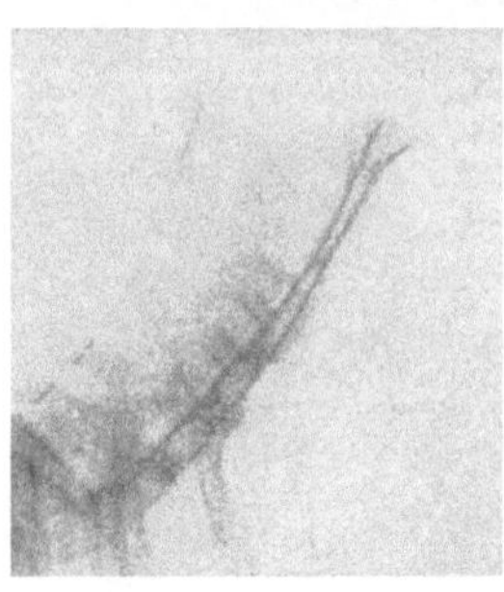

Abb. 20. *Jaculus hirtipes* (Wüstenspringmaus). Die Halswirbelsäule ist noch vollkommener verwachsen als beim Maulwurf. Beide graben sich ausgedehnte Gänge in die Erde. Die Körpergelenke sind Bandscheiben. Skelet: Naturhistor. Museum, Bern. 1/2.

d) Die Wirbelsäule der Säuger.

Wir haben die Zahlenverhältnisse der Wirbelsäulenelemente der Säuger im Zusammenhang mit den Vögeln und Reptilien oben besprochen. In diesem Abschnitt sollen noch einige Fragen herausgegriffen werden, die mir für das Verständnis des Wesens der menschlichen Wirbelsäule von Wichtigkeit scheinen.

Einmal gilt dies für die *Form* der Wirbelkörper. Es versteht sich von selbst, daß Abweichungen von einer gewissen Durchschnittsform unter allen Umständen eine bestimmte Anpassung bedeuten. So sehen wir z. B. bei Ungulaten (Huftieren) eine Formveränderung der Körper der Halswirbelsäule, indem diese opisthocöl werden, d. h. die caudale Wirbelkörperfläche wird konkav, ihr Gegenstück, die craniale Fläche, konvex gestaltet. Dabei bleibt die Zwischenwirbelscheibe in ihrer ursprünglichen Form erhalten, wie bei den nahezu ebenen Abschlußplatten. Sicherlich wird dadurch die Beweglichkeit der Halswirbelsäule erhöht.

Anderseits kommen Abwandlungen der *Halswirbelsäule* vor, die mit Einschränkung der Beweglichkeit einhergehen. So findet man bei Cetaceen (Walen) mehr oder weniger ausgedehnte Verwachsungen der Halswirbelsäule. Auch bei Edentaten (z. B. Gürteltiere) werden Verwachsungen beobachtet. In beiden Fällen ist die Beweglichkeitsverminderung ohne Bedeutung, beim Wal als Wassertier und bei Dasypus wegen der Panzerung des Rückens durch Horn- und Knorpelplatten.

Eine weitere Formabweichung zu bestimmten funktionellen Zwecken betrifft die *Fortsätze*. Bei Rodentien und einem Teil der Edentaten hat sich ein paariger Fortsatz gebildet, der nach hinten-lateral gerichtet ist, in der Nähe des Processus articularis anterior entspringt und Metapophyse genannt wird. Ein zweites Fortsatzpaar ist in der Nähe der Processus transversi zu finden (Anapophysen). Bei den genannten Säugetiergruppen nehmen diese Fortsätze eine beträchtliche Größe an in der unteren Brust- und der Lendenregion. Beim Menschen finden wir ihre Rudimente in den Processus mamillares und accessorii. Wenn erstere als Anomalie lang werden, heißen sie Processus styloidei.

Wir haben früher gesehen, daß sich beim Menschen in der zweiten Hälfte der Entwicklung an den beiden Enden der Wirbelkörper eine Art *Epiphyse*, die Randleisten (SCHMORL), anfügen. Bei den Säugern sind diese Epiphysen größere Gebilde. Während sie beim Menschen offenbar nur selten eine voll-

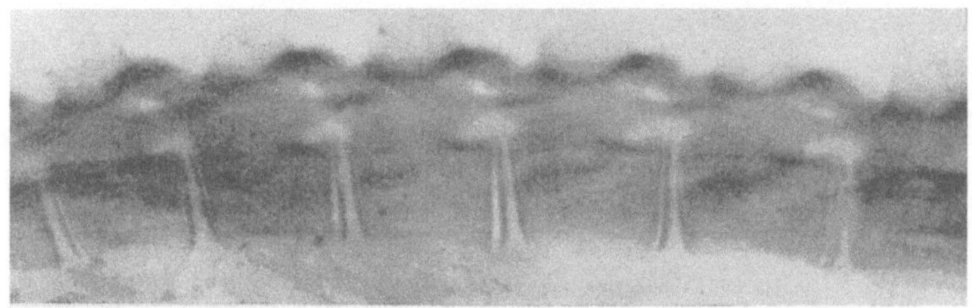

Abb. 21. Röntgenbild der Lendenwirbelsäule eines jungen Bernhardiners kurz vor dem Abschluß des Wachstums (Trockenpräparat). Die Epiphysen der cranialen Wirbel sind bereits geschlossen; die caudalen Epiphysen sind in der Verschmelzung weiter fortgeschritten als die cranialen des gleichen Wirbelkörpers. 2/3.

ständige knöcherne Platte bilden, die dann wohl nur sehr dünn ist, nimmt die Dickendimension bei Säugern, z. B. bei den gut untersuchten Haustieren, erheblich zu (YANAGISAWA). Man vergleiche die obenstehende Abb. 21 vom Hund und Abb. 22 von der Katze mit Abb. 12 bis 14 vom Menschen. Es handelt sich beim Säuger, soweit Untersuchungen vorliegen, um Epiphysen, die gegen den knöchernen Diaphysenkern eine Wachstumszone mit langen Zellsäulen aufweisen (Abb. 22). Die Epiphysenplatten führen vorwiegend kompakten Knochen (BEADLE). Nur der Gorilla zeigt ähnliche Verhältnisse wie der Mensch. Bei Walen bleiben dicke Scheiben bis ins höhere Alter erhalten. Bei 14 Tage alten Katzen ist der Epiphysenkern angedeutet, beim neugeborenen Rind dagegen schon vollständig verknöchert. Bei der Katze beginnt die Verschmelzung im sechsten Monat, beim Rind zu Anfang des dritten Jahres, um im achten Jahr vollständig zu sein. Ein ventraler schnabelförmiger Fortsatz der Epiphysen erinnert sehr an eine entsprechende Bildung der menschlichen proximalen Tibiaepiphyse. Der Epiphysenschluß erfolgt zuletzt in dem Gebiet der längsten Wirbelkörper (Lendenteil). Der Nucleus pulposus ist bei Hund und Katze im Gegensatz zum Menschen sehr scharf vom Faserring abgegrenzt.

Und zuletzt sollen noch kurz jene Merkmale erwähnt werden, die die Säugerwirbelsäule des Vierfüßlers von der Wirbelsäule des Menschen unterscheiden lassen, die also unter anderem durch den Übergang zum *aufrechten Gang* bedingt sind. Entsprechend den beiden Funktionen der Wirbelsäule, Schutz des Rückenmarkes und Stütze des Körpers, nimmt der Querschnitt der Wirbelkörper als Maß für die Stützfunktion beim Menschen von oben nach unten an Größe stetig zu, und zwar um etwa das rund Siebenfache. Beziehen wir die Wirbelkörpergrundfläche auf die Fläche des Foramen vertebrale, so erhält man sogar ein Verhältnis von 9 bis 10 für den Menschen. Die entsprechende Zahl für den Hund

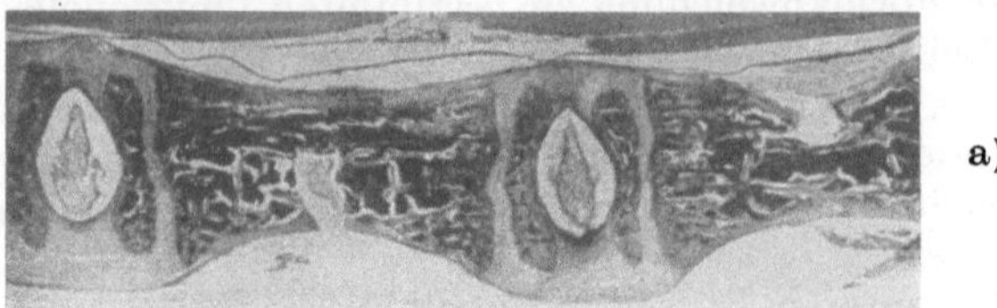

a)

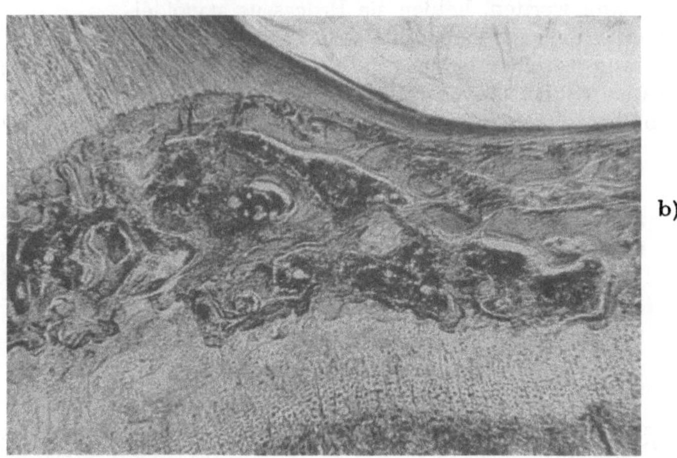

b)

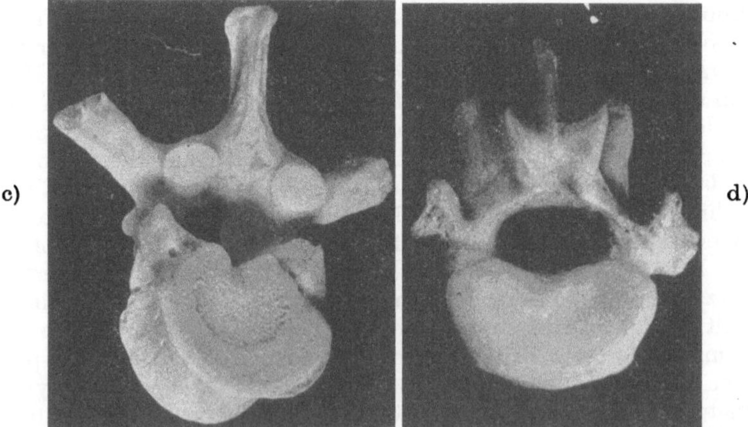

c)

d)

Abb. 22. Körper-Bandscheibenepiphysen der Säuger.
Vier Monate alte Katze; mikroskopischer Sagittalschnitt durch zwei Lendenwirbelkörper, a) Übersicht; man erkennt die Epiphysenplatten, den scharf abgesetzten sulzigen Nucleus pulposus, in der Mitte des Wirbelkörpers weite Gefäße (Lupenvergrößerung). b) Stärkere Vergrößerung. Säulenschicht gegen den Körper zu, nicht gegen die Epiphyse; scharfe Begrenzung des Gallertkernes, der nur durch eine schmale Knorpelschicht von der Epiphyse getrennt ist. c) Makroskopische Struktur der Abschlußplatte bei Gorilla (letzte Brustwirbel). Man beachte die Durchlöcherung wie beim Menschen (vgl. Abb. 31 und 40), und d) vom Hund (erster Lendenwirbel).

beträgt 1,7. Dabei ist aber zu sagen, daß beim Vierfüßler der kleinste Wirbel in der oberen Brustwirbelsäule gelegen ist; die Größe der Wirbel nimmt von da an nach oben und unten zu (vgl. die Tabelle S. 48).

Wenn auch die *Dornfortsätze* sich bei den übrigen Säugern mit verschiedener Mächtigkeit ausbilden, so ist diese Erscheinung im wesentlichen auf ihre Funktion als Ansatzstellen für Muskeln und Bänder zurückzuführen. Durch den aufrechten Gang aber ist die charakteristische Stellung der Processus spinosi bedingt, die beim Menschen alle mehr oder weniger nach hinten-unten gerichtet sind; beim Vierfüßler neigen sie sich gegen einen Wirbel der unteren Brustwirbelsäule mit geradegerichtetem Processus spinosus (antiklinischer Wirbel). Diese Stellung dürfte vornehmlich durch die Konstruktion der Wirbelsäule des Vierfüßlers als horizontal gestelltes Fachwerk gegeben sein. Beim Menschen steht das Fachwerk perpendicular. Von dem Fehlen der Lendenlordose beim Vierfüßler wird in anderem Zusammenhang noch zu sprechen sein.

B. Bau und Röntgenanatomie der menschlichen Wirbelsäule.

Die Wirbelsäule liegt eingebettet in die Muskulatur des Rückens (Erector trunci) und es sind ihr vorgelagert die ganze Masse des Thorax und des Abdomens mit allen ihren Organen, bzw. sind ihr nebengelagert Schultergürtel, seitliche Teile von Thorax und Abdomen und des Beckens. Ihre Darstellbarkeit mittels Röntgenstrahlen ist deshalb recht stark beeinträchtigt, und jeder weiß, daß die Herstellung von Wirbelsäulenaufnahmen an die technischen Mittel und Methoden die größten Anforderungen stellt. Wenn Mittel und Geschicklichkeit fehlen, muß man sich oft mit qualitativ schlechteren Bildern begnügen. So ist es meist nicht möglich, sich an Hand jedes einzelnen Bildes ohne weiteres in der Röntgenanatomie zurechtzufinden. Es gibt zwei wirksame Mittel, sich dennoch vor unliebsamen Irrtümern zu schützen. Fürs erste eine Regel: Bei nicht in jeder Hinsicht klaren und eindeutigen Abbildungen eines Wirbelsäulenabschnittes ziehe man stets eine skeletierte Wirbelsäule zu Rate. Der große Meister der Diagnostik, F. DE QUERVAIN, hat es nie unterlassen, diese Hilfe auch für einfachere Skeletteile heranzuziehen.

Das zweite Hilfsmittel ist das genaue Studium der Anatomie und Röntgenanatomie der Wirbelsäule. Wir wollen deshalb in diesem Abschnitt das Notwendige aus der normalen Anatomie wiederholen und dann versuchen, das röntgenanatomische Bild der Wirbelsäule aus seinen Einzelelementen aufzubauen. Das bedingt die Besprechung der *Osteologie* des einzelnen Wirbels, einmal weil ja ganz allgemein, und hier im besonderen, vorwiegend nur der knöcherne Teil der Wirbelsäule röntgenologisch zur Darstellung gebracht werden kann; dann aber auch, weil gerade das knöcherne Grundelement am meisten Einzelheiten, die zum Teil schlecht darstellbar sind, aufweist. Mit dem Vergleich des Lichtbildes mit dem Röntgenbild des Wirbels und der Wirbelsäule im ganzen ist naturgemäß die Anatomie bei weitem nicht halbwegs erschöpft. Im Gegenteil muß stets an jene Teile der Wirbelsäule erinnert werden, die für die Bewegung des Organs zwar außerordentlich wichtig, bzw. direkt ausschlaggebend, durch die Röntgenstrahlen aber nicht darstellbar sind: *Bänder* und *Muskeln*. Es ist endlich Sache der Röntgenanatomie, nach dem Aufbau des Organs aus seinen Einzelheiten auch aufzuzeigen, in welcher Weise sich das Röntgenbild verändert, wenn das Objekt in seiner normalen Umgebung am Lebenden aufgenommen wird. Dabei ist zu bedenken, daß auch beim Versuch einer synthetischen Röntgenanatomie ab und zu mit Nutzen der umgekehrte Weg eingeschlagen werden kann. Analytisches Vorgehen ist um so häufiger am Platz und um so wichtiger, je schlechter die anatomischen Kenntnisse, im besonderen das röntgenanatomische Wissen ist. Es gilt hier, wie in allen anderen Gebieten der Medizin, die leicht verständliche Tatsache, daß mangelnde Kenntnisse der *Grundlagen* verhindern, aus jedem Einzelfall den größtmöglichen Nutzen zu ziehen. Wer diese Kenntnisse besitzt, gewinnt in allerkürzester Frist einen gewaltigen Abstand, indem sich sein Wissen an jedem neuen Fall vertieft.

1. Die starren knöchernen Elemente der Wirbelsäule; Einzelwirbel.

Die starren, also knöchernen Bauelemente der Wirbelsäule sind zugleich die mittels Röntgenstrahlen nachweisbaren Teile; sie bilden daher nicht nur die mechanische Grundlage der Wirbelsäule, sondern auch die bildmäßige Grundlage ihrer Röntgendiagnostik. Dieses Zusammentreffen ist für den Wert der Röntgendiagnostik der Wirbelsäule von ausschlaggebender Bedeutung, wenn man an die physiologische Funktion des Organs in bezug auf Stütze und Gestalt des Körpers einerseits und in bezug auf Schutz des Rückenmarkes anderseits denkt (vgl. S. 41). Gerade durch diese Sachlage gewinnt überhaupt die Röntgendiagnostik des Skelets allgemein an Wert.

Der Wirbel besteht aus Körper und Bogenteil. Ersterer zeigt sehr einfache Form, letzterer dagegen hat vielgestaltigen Aufbau.

Der *Wirbelkörper* entspricht grosso modo einem Zylinder, dessen Höhe kürzer ist als sein größter Durchmesser; er ist durch zwei meist nahezu parallele Abschlußflächen, eine obere (Deckfläche) und eine untere (Grundfläche) begrenzt; diese Abschlußflächen sind außerhalb des Halsteiles beinahe Ebenen. An einem 3 bis 4 mm breiten Rande sind sie glatt, im etwas tiefer gelegenen Zentrum von kleinen Löchern durchsetzt. Im Bereiche der Halswirbelsäule sind die Abschlußflächen sattelförmig. Die Zylinderflächen sind in Richtung der Zylinderachse hinten wenig, vorne und seitlich mehr ausgehöhlt. Die Grundflächenform des Körperzylinders ist im Bereiche der Halswirbelsäule viereckig, der Thoracalsäule mehr dreieckig, im Lumbalteil mehr rundlich, bohnenförmig, mit dorsaler Einkerbung durch den Rückenmarkskanal (Foramen vertebrale). Die Zylindermantelflächen weisen mehrere Gefäßlöcher auf. Der Wirbelkörper trägt im Brustteil zwei Gelenkflächen; sie liegen beiderseits oben und unten-hinten in der Nähe der Bogenwurzel und sind mit Gelenkknorpel überzogen (Fovea costalis superior und inferior).

Der *Bogenteil* ist durch seine Wurzel (Radix) mit dem Körper verbunden. Die Bogenwurzel setzt sich mit einer Höhe, die etwa der Hälfte der Körperhöhe gleichkommt, oben am Wirbelkörper an; sie begrenzt so zusammen mit dem Körper und dem Seitenstück eine obere und eine untere Incisura vertebralis. Direkt an den Bogen schließt je ein Seitenstück an, das, grosso modo betrachtet, einen längsverlaufenden Stab darstellt, welcher an seinem oberen (Processus articularis superior) und unteren Ende die Gelenkflächen (Facies articularis) der Intervertebralgelenke tragen. Nach lateral entsendet das Seitenstück den Processus transversus. Im Brustteil, meist mit Ausnahme des 11. bis 12. Brustwirbels, trägt dieser am Ende eine Gelenkfläche für das Costotransversalgelenk. Die beiden Seitenstücke werden durch eine schildförmige Wirbelplatte (Schlußstück) überbrückt, das dorsalwärts den Processus spinosus trägt.

Die sattelförmigen Abschlußflächen der *Halswirbelkörper* sind nicht das einzige Merkmal, das diesen Wirbelsäulenabschnitt kennzeichnet. Mit ihnen hängt aber eine Eigentümlichkeit zusammen, die näher beschrieben werden soll, weil sie, bezogen auf ihre Bedeutung, zu wenig bekannt ist. Wenn man einen macerierten Halswirbel, etwa den vierten oder fünften, betrachtet, findet man eine starke laterale Überhöhung der oberen Abschlußflächen, die beidseitigen *Processus uncinati*. In ihrer Umgebung ist die glatte Randleistengegend verbreitert und zeigt eine etwas veränderte Oberfläche. An diesen Stellen sollen sich nach LUSCHKA u. a. echte Gelenke mit dicken Knorpelbelägen befinden, die normaler-

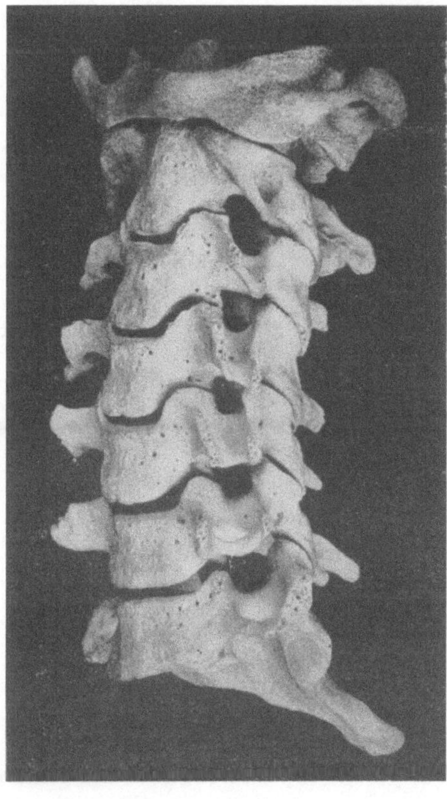

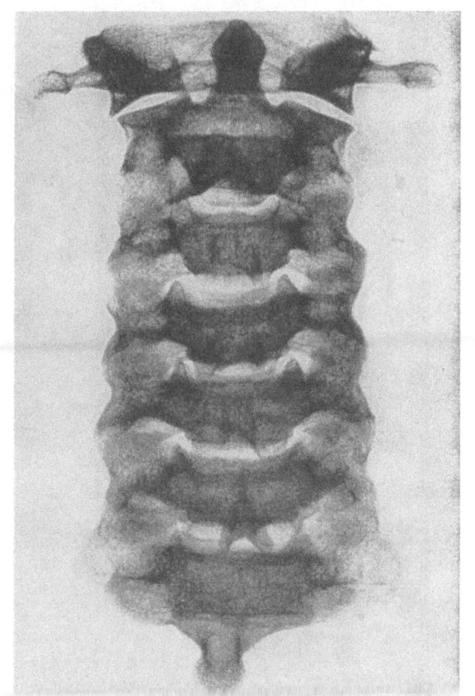

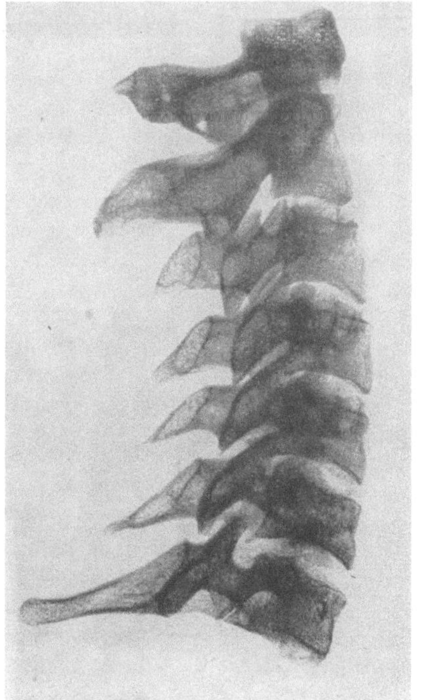

Abb. 23. Halswirbelsäule.

a) Ansicht der macerierten Halswirbelsäule von vorne links. Man erkennt die sattelförmige Gestalt der Abschlußflächen des Wirbelkörpers (Processus uncinati). Der Einblick in die Foramina intervertebralia ist frei; ebenso sind die Intervertebralgelenke der linken Seite zu sehen; vom Foramen intervertebrale führt der Sulcus nervi spinalis nach lateral-vorne, d. h. gegen den Beschauer zu; vor diesen Rinnen die Tubercula anteriora: die Foramina costotransversaria sind am Atlas und Epistropheus, sowie an den zwei untersten Wirbeln zu erkennen. **b)** Röntgenaufnahme der Halswirbelsäule von vorne. Man beachte: Sattelförmige Körperendflächen, Unübersichtlichkeit der lateralen Gebiete. **c)** Röntgenbild der Halswirbelsäule von der Seite. Man beachte: Processus articulares superiores und inferiores je über- bzw. ineinanderprojiziert; die lateralen Teile des Sattels überdecken je die oberen Abschlußplatten. 27jähr. ♂. 3/4. (Präparat des Anatomischen Instituts Bern.)

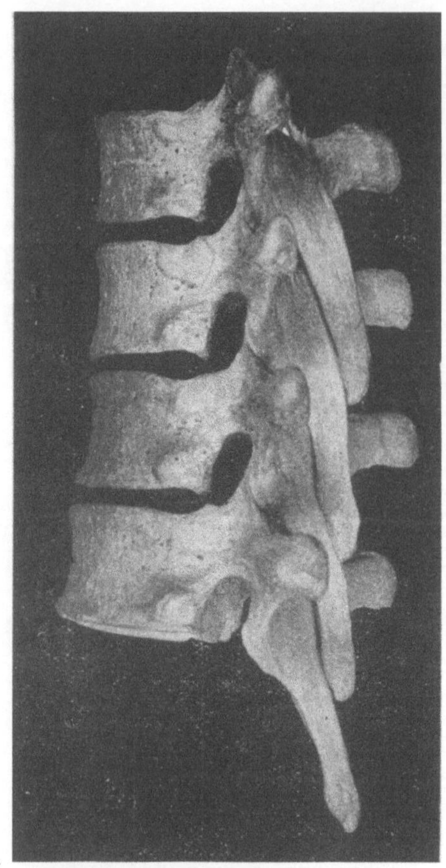

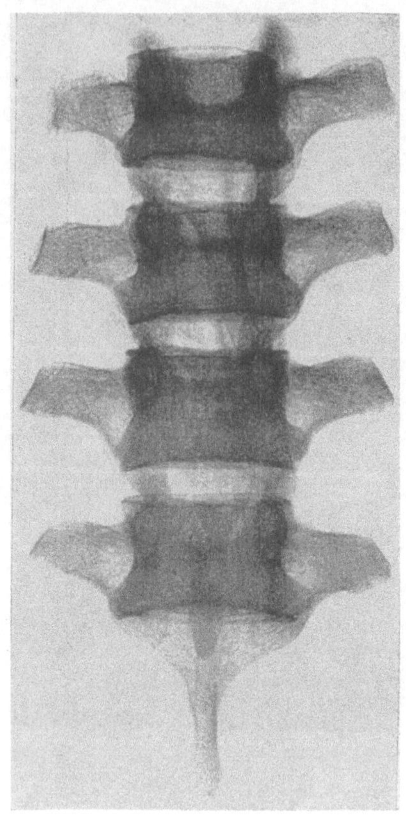

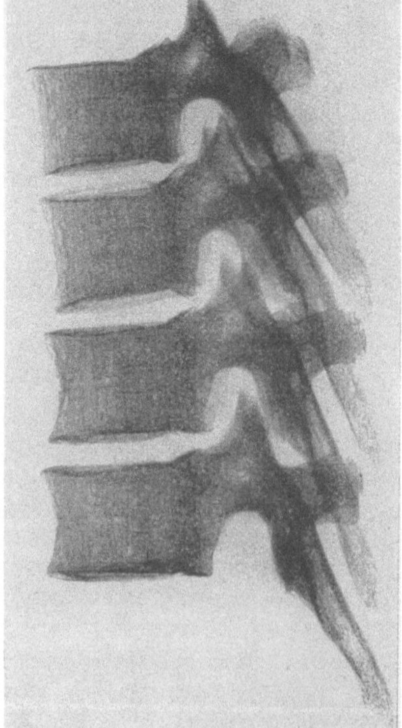

Abb. 24.

a) Stück aus der Brustwirbelsäule (5. bis 8. Brustwirbel), von der Seite und etwas von hinten. Man sieht in die Foramina intervertebralia hinein. An den Proc. transversi und an den Wirbelkörpern sind die Facies articulares costovertebrales (Foveae costales superiores et inferiores) bzw. costotransversales (Fovea costotransvers.) zu erkennen; die Reihe der Intervertebralgelenke links sind deutlich dargestellt. b) Röntgenbild des abgebildeten Stückes von vorne. Die Proc. spinosi und transversi sind isoliert zu erkennen; die längsgetroffene Wurzel des Bogens zeigt sich als dichter ovaler Schatten, von dem aus die Proc. artic. sup. nach oben und infer. nach unten ausgehen. c) Röntgenaufnahme des gleichen Stückes von der Seite. Man beachte den Verlauf des Proc. spinos. und der etwas nach hinten gestellten, ineinanderprojizierten Proc. trans., die zentralen Gefäßkanäle sind noch zu sehen. 27jähr. ♂. 3/4. (Präparat des Anatomischen Instituts Bern.)

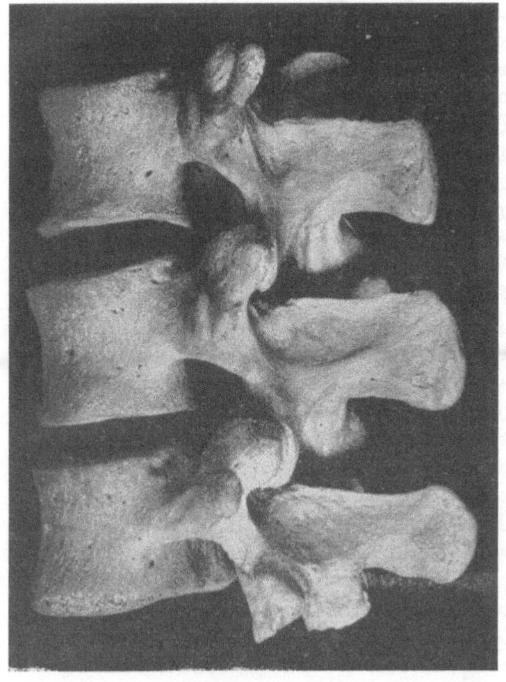

a)

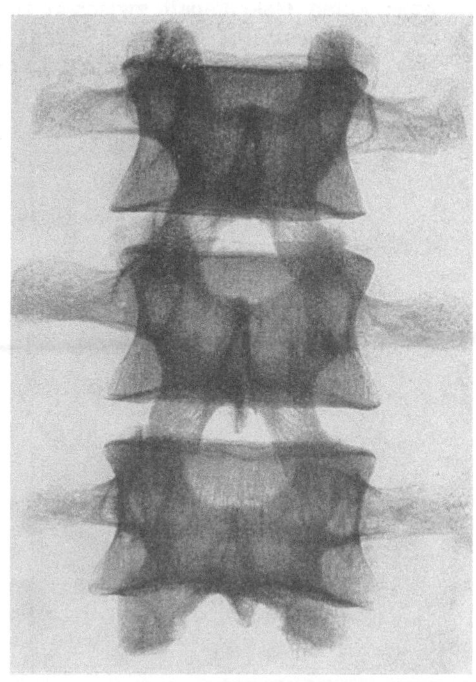

b)

Abb. 25.
a) Stück der Lendenwirbelsäule (2. bis 4. Lendenwirbel) von links und etwas von hinten. Der
oberste Wirbel läßt den Proc. mamillaris deutlich
erkennen. b) Sagittales Röntgenbild. Man erkennt wieder die Bogenwurzeln als ovale Schatten; man beachte den Verlauf des Proc. spinos.
c) Seitliches Röntgenbild des Stückes von a. Man
beachte das Ineinandergreifen der Proc. art., die
Form der Foramina intervertebralia. 27jähr. ♂. 3/4.
(Präparat des Anatomischen Instituts Bern.)

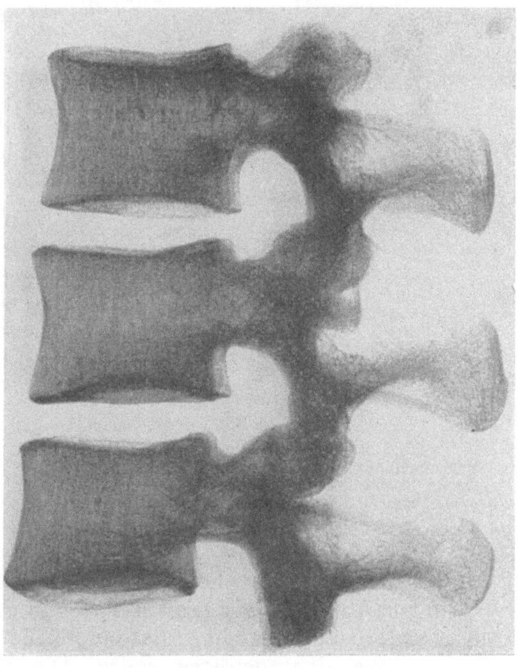

c)

weise einen Gelenkspalt zwischen sich fassen sollen. Es hat sich neuerdings aber herausgestellt, daß es sich nicht um echte Gelenke mit Kapsel und Knorpelbelag handelt (TÖNDURY). Wohl kann man Spalten (frühestens mit 9 Jahren) beobachten, wie die Abb. 74 in Kap. III A 2 zeigt. Diese Spalten sind aber eine Folge von sekundärer funktioneller Anpassung an den relativ großen Bewegungsanspruch und von frühzeitig eintretenden degenerativen Veränderungen der Bandscheiben der Halswirbelsäule. Sie gehen durch die ganze Breite der Bandscheibe durch. Die Processus spinosi der Halswirbelsäule sind an ihrem Ende, mit Ausnahme des 7. Halsdornes, gespalten. Ferner sind die Processus transversi mit den Rippenrudimenten verschmolzen zu den Processus laterales. Zwischen ihnen und dem Körper im 1. bis 6. Halswirbel ist das Foramen costotransversarium freigelassen für den Lauf der Arteria vertebralis. Das Tuberculum anterius und das Tuberculum posterius zeugen noch für die getrennte Anlage von Rippe und Processus transversus.

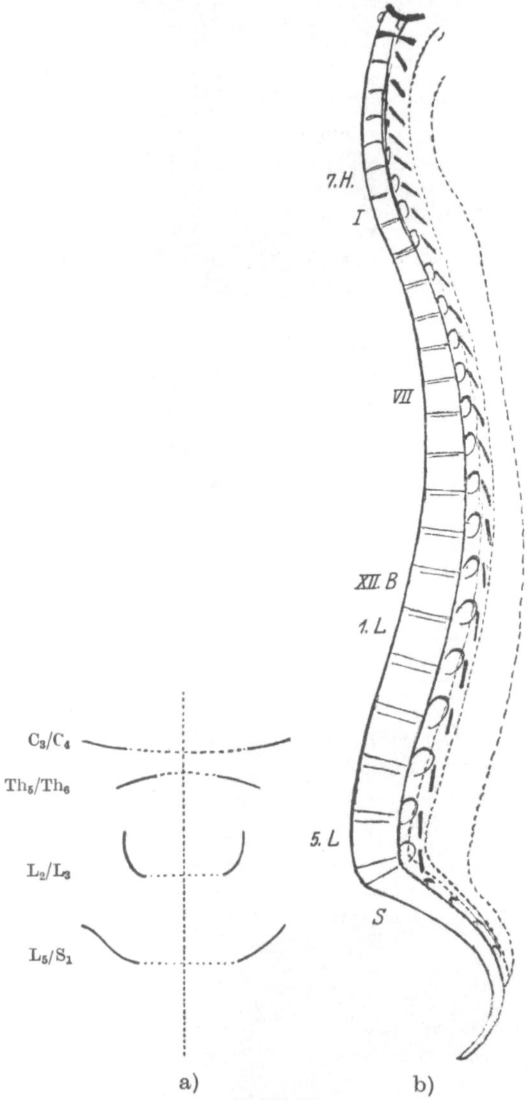

Zwischen dem 1. und 2. Halswirbel sind die Bandscheiben bei ihrer ganzen Ausdehnung durch echte Gelenke ersetzt, dementsprechend sind die Formen der Wirbel verändert. Für den Epistropheus ist der Dens charakteristisch, der Zapfen, um den herum sich der Atlas dreht. Er steht in direkter Verlängerung des Wirbelkörpers. Der Atlas hat keinen Körper; das Foramen vertebrale weist einen tiefen vorderen Teil zur Aufnahme des Dens epistrophei auf. Der vordere Bogen trägt eine Gelenkfläche für den Dens, Fovea dentis. Um das Foramen vertebrale des Atlas spannt sich ein relativ schmaler hinterer Bogen, der die beiden Massae laterales verbindet. Letztere tragen oben die Gelenkflächen für die Condylen am Occiput und unten diejenigen für den Epistropheus.

Abb. 26.

a) Quere Hauptprofile der Spalten der Intervertebralgelenke. Rechts sind die Höhen angeschrieben. Dorsal ist oben. b) Sagittalprofile der Gelenkspalten (nach STRASSER).

Die Bilder (Abb. 23, 24 und 25) zeigen den Vergleich zwischen dem Lichtbild und dem entsprechenden Röntgenbild. Die Lichtbilder sollen lediglich die Form von Abschnitten der macerierten Wirbelsäule in Erinnerung zurückrufen, und man unterlasse es nicht, Anatomiebücher nachzuschlagen, wenn die gegebene Eselsbrücke nicht genügen sollte. Die Röntgenbilder geben zuerst eine Darstellung einzelner Wirbelabschnitte. Alles Wissenswerte findet sich dort im Text.

2. Die Wirbelsäule als Ganzes.
a) Gelenke und Bänder.

Durch Aufeinanderbauen der einzelnen Wirbel entsteht die Wirbelsäule in ihrer Gesamtheit. Die Verbindungsstücke, die die Einzelelemente zusammenhalten, sind 1. die Bandscheiben; sie vereinigen die Wirbelkörper, und 2. die Intervertebralgelenke im Bereiche der Bogenreihe, 3. müssen wir noch jener Gelenke gedenken, die im Brustteil die Wirbel mit den Rippen verbinden: der Doppelgelenke der costovertebralen und costotransversalen Gelenke.

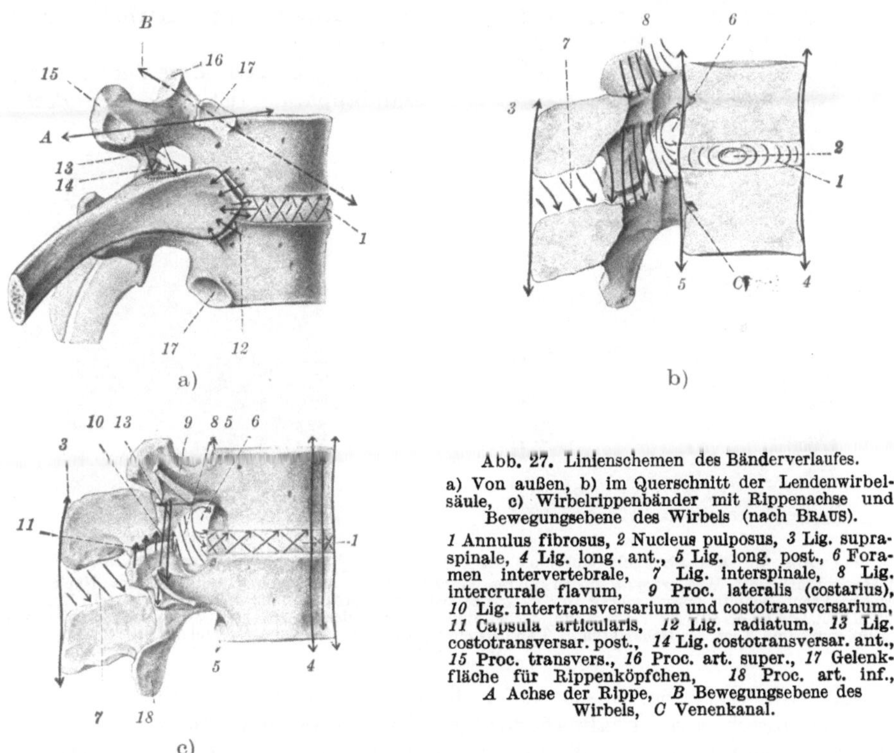

a)

b)

c)

Abb. 27. Linienschemen des Bänderverlaufes.

a) Von außen, b) im Querschnitt der Lendenwirbelsäule, c) Wirbelrippenbänder mit Rippenachse und Bewegungsebene des Wirbels (nach BRAUS).

1 Annulus fibrosus, *2* Nucleus pulposus, *3* Lig. supraspinale, *4* Lig. long. ant., *5* Lig. long. post., *6* Foramen intervertebrale, *7* Lig. interspinale, *8* Lig. intercrurale flavum, *9* Proc. lateralis (costarius), *10* Lig. intertransversarium und costotransversarium, *11* Capsula articularis, *12* Lig. radiatum, *13* Lig. costotransversar. post., *14* Lig. costotransversar. ant., *15* Proc. transvers., *16* Proc. art. super., *17* Gelenkfläche für Rippenköpfchen, *18* Proc. art. inf., *A* Achse der Rippe, *B* Bewegungsebene des Wirbels, *C* Venenkanal.

Wir wollen uns die Lage der *Intervertebralgelenke* zum Zwecke ihrer Darstellung im Röntgenbild an Hand der schematischen Zeichnungen überlegen. Betrachtet man die Abb. 26a und b, so erkennt man, daß die Querprofile sehr verschiedene Form und Richtung aufweisen. Die Sagittalprofile dagegen nehmen stetig von oben nach unten an Steilheit zu. Wir werden in Abschn. I C über die Funktion der Wirbelsäule auf diese Verhältnisse zurückzukommen haben. Hier sei lediglich noch hinzugefügt, daß die Intervertebralgelenke als Schiebegelenke bezeichnet werden. Das sind Gelenke, deren Teile sich grosso modo sich selbst parallel verschieben. Ihre Gelenkflächen sind deshalb einigermaßen eben. Jedoch sind sie weit entfernt, etwa annähernd kongruent zu sein. Im Gegenteil gehören die Wirbelgelenke (ausgenommen die Costovertebralgelenke) zu den inkongruentesten Gelenken am Menschen. Das gilt auch für die Gelenke der zwei obersten Wirbel. Oft sind zwar die Gelenkflächen auf einer Linie, oft aber nur punktförmig miteinander in Kontakt. Im jugendlichen Intervertebralgelenk von Mensch (SANTO und SCHMINCKE) und Haustier sind deshalb Füllkörper zu

finden, welche die Inkongruenzlücken ausfüllen und als Reste einer Intermediär-
schicht, der Zwischenplatte, aufzufassen sind. Solche meniscusähnliche Gebilde
fand TÖNDURY auch beim Erwachsenen. Man vergleiche hierzu auch die Abb. 107
auf S. 116.

Die drei Abb. 27 a, b, c geben schematisch die Lage und den Verlauf der
Bänder wieder. Wir wollen feststellen, daß die Weichteile grundsätzlich in normalem Zustand nicht Gegenstand der Röntgendarstellung sind; trotzdem werden
wir uns später mit ihnen beschäftigen
müssen, und es ist wichtig, sich über
den Bandapparat Klarheit zu ver-
schaffen.

Eine ganz besondere Vorrichtung des
Bandapparats ist die *Bandscheibe*,

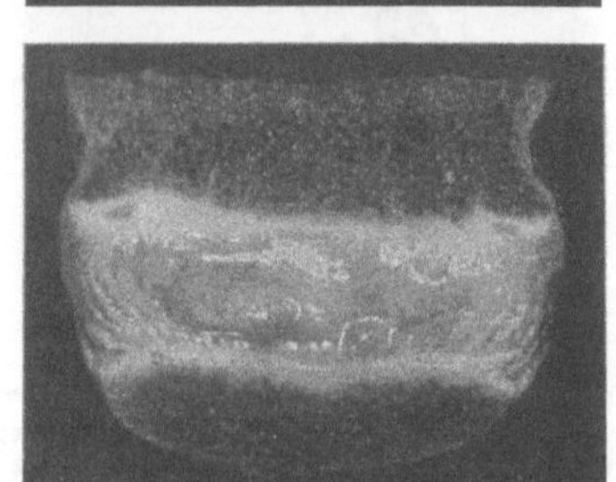

Abb. 28. Makroskopische Anatomie der Bandscheibe. 12jähr. ♂. Frisches Präparat, L₃.
a) Horizontalschnitt. Man erkennt die zirkularen Fasern und die Ausdehnung und Lage des Nucleus pulposus. b) Frontalschnitt (etwas schräg an der Grenze zwischen vorderem und mittlerem Drittel. Bogenförmig
von Randleiste zu Randleiste verlaufende, derbe, äußere Fasern des Faserringes). c) Medianer Sagittalschnitt.
Ausdehnung und Lage des Gallertkernes; Randleistentreppenstufen vorne, unten Querschnitt einer verknöcherten Randleiste.

Zwischenwirbelscheibe, Discus oder Fibrocartilago intervertebralis. Sie wird
begrenzt durch zwei hyalinknorpelige Abschlußplatten, die den knöchernen
porösen Abschlußplatten anliegen, und besteht selbst aus dichtem Faserknorpel,
dessen Fasern in gekreuzter Richtung verlaufen und von spärlichen und kleinen
Knorpelinseln durchsetzt sind. Der Faserknorpel liegt in konzentrischen Lagen
und wird gegen das Zentrum zu immer lockerer, um schließlich langsam in die
halbflüssige Gallerte des Nucleus pulposus überzugehen. Man beachte besonders
in Abb. 28 die große Ausdehnung des Gallertkernes beim Jugendlichen.

Die Bandscheibe liegt im allgemeinen senkrecht zur Achse der Wirbelkörper;
das muß so sein, wenn der Wirbelkörper, wie oben beschrieben, einen geraden
Zylinder darstellt. In der Halswirbelsäule ist der Wirbelkörperzylinder aber
schräg, so daß seine Abschlußflächen und mit ihnen die angrenzende Bandscheibe
nach vorne-unten um einige wenige Winkelgrade geneigt werden. Die Basis
des Halswirbelkörpers ist meist auch etwas größer als die Deckplatte. An der
Lumbosacralgrenze ist die Lage der Bandscheibe schwer zu beurteilen, indem
sowohl der letzte präsacrale Wirbel als auch die letzte Bandscheibe in der Gegend
des Promontoriums meistens Keilform annehmen.

Das *Ligamentum longitudinale anterius* überzieht die Vorder- und Seitenflächen der Wirbelsäule als breites Band von oben bis unten. Auf der Höhe des

Epistropheus geht es über in die Membrana atlanto-epistrophica und atlanto-occipitalis. Das starke Band ist mit dem Periost des Wirbelkörpers fest verbunden und mit dem Annulus fibrosus dicht verflochten. Nur im Bereiche der Randleiste lockert es seine Verbindung mit der Unterlage.

Sein Antagonist, das *Ligamentum longitudinale posterius*, ist viel schmächtiger, es verbreitert sich im Bereiche der Bandscheibe rautenförmig und heftet sich fest an diese an. Im Bereiche der Wirbelkörper verschmälert es sich stark und löst sich auch vom Knochen ab, indem es das in Fett eingebettete, ausgedehnte Venengeflecht hinter dem Wirbelkörper an dem Teil überdeckt, wo die Venae basivertebrales das oder die großen Gefäßlöcher des Wirbelkörpers verlassen. Es findet cranialwärts eine Fortsetzung in den Ligamenta cruciata und alare und höher in der Membrana tectoria. Als Synergisten mit dem Ligamentum longitudinale posterius fungieren die Bänder zwischen den Querfortsätzen (*Lig. intertransversaria*) und zwischen den Dornen (*Lig. interspinalia*). Letzteres verdichtet sich zu einem durchgehenden *Ligamentum supraspinale*, das sich kopfwärts von C_7 an in das verdickte, sehr elastische Ligamentum nuchae fortsetzt. An der Lendenwirbelsäule geht das Ligamentum intertransversarium von einem Processus accessorius zum andern. Daneben gibt es noch ein Band, das vom oberen Processus accessorius zum nächstunteren Processus lateralis (costalis) bzw. Rippe läuft; Ligamentum costotransversarium.

Während die Bänder zwischen den Fortsätzen vorwiegend aus straffen kollagenen Fasern bestehen, findet man im *Ligamentum nuchae* (ganz besonders beim Pferd und Rind) vorwiegend elastische Elemente. Das gleiche gilt auch für jene Tapete, die das Schlußstück des Bogens und die Processus articulares, d. h. also die hintere Begrenzung des Rückenkanals, auskleidet. Diese *Ligamenta inter-cruralia* (flava) lassen innerhalb des knöchernen Foramen intervertebrale ein Loch offen, das Gefäße und Nerven durchtreten läßt. In der Umgebung des Gefäß-Nervenbündels bis zum Rand des ligamentären Foramen intervertebrale bildet ein lockeres Bindegewebe mit Fettgewebe den Übergang. Das Röntgenbild zeigt nur das knöcherne Intervertebralloch.

Das Ligamentum longitudinale posterius und die *Ligamenta flava* umschließen den Epiduralraum, der durch ein Fett- und Bindegewebe ausgefüllt ist, in das ein Venengeflecht (Plexus venosus vertebralis internus) mit den Gefäßen (Rami spinales A. et V. intercostalis bzw. lumbalis) und Nerven (Spinalwurzeln und Ganglien) eingebettet sind. Dabei ist zu bedenken, daß nur die obersten Wurzeln horizontal verlaufend ihren Ausgang in das Foramen intervertebrale finden. Die unteren Wurzeln nehmen einen mehr oder weniger schrägen Verlauf nach unten-lateral, so daß sie auf größere Strecken im Epiduralraum liegen.

Das Tuberculum und der Hals der Rippe sind durch je ein festes Band mit dem Wirbel verbunden. Das Ligamentum radiatum heftet das Rippenende an die Wirbelkörper und die Bandscheibe, während ein Ligamentum capituli costae interarticulare im Spalt des Costovertebralgelenkes gelegen ist und vom Capitulum zu der Bandscheibe zieht.

Es soll an dieser Stelle kurz die Versorgung der Wirbelsäule mit Blut und Nerven besprochen werden.

b) Gefäße und Nerven.

Vascularisation. Die Wirbelsäule erhält ihr Blut aus den Rami spinales, die ihrerseits im Halsteil aus der A. vertebralis cervicalis, im obersten Brustteil rechts aus der A. vertebralis thoracalis und links aus dem Truncus cervico-costalis stammen. Rechts vom vierten, links vom dritten Segment an, stammt das Blut über die AA. intercostales direkt aus der Aorta; im oberen Teil durch

Vermittlung der A. subclavia. Im Bereiche der Lendenwirbelsäule gehen Rami spinales von den AA. lumbales ab. Der letzte lumbale Ramus spinalis stammt aus der A. ileolumbalis (direkt aus der A. iliaca), während im Sacralteil die A. sacralis lateralis (aus der A. iliaca durch Vermittlung der A. glutaea cranialis) die Rami spinales speist, die durch die Foramina sacralia pelvina in den Wirbelkanal gelangen.

Das *venöse Blut* des Rückenmarkes und zum Teil des Wirbelkörpers sammelt sich einmal in dem oben bereits genannten Plexus venosus vertebralis internus; er ist leiterförmig gestaltet. Ventral und dorsal finden sich je zwei längsverlaufende Blutleiter, denen wir später noch begegnen werden, und die jedem Wirbel entsprechend in querer Richtung miteinander verbunden sind. Der Abfluß durch das Foramen intervertebrale erfolgt in einem Venengeflecht, entlang der Durascheide um die Wurzeln herum, um sich im Niveau des fibrösen Foramen intervertebrale zur Vena intervertebralis zu vereinigen. Der vordere Teil des inneren Venengeflechtes nimmt namentlich die *Venae basivertebrales* auf, die unter dem Ligamentum longitudinale posterius, zwischen diesem und der Hinterfläche der Wirbelkörper, gelegen sind und auch dort den Wirbelkörper verlassen. Ein Teil des Wirbelkörperblutes fließt nach vorne ab in den *Plexus venosus vertebralis ventralis*, der über die VV. intercostales bzw. lumbales, an die V. azygos oder äquivalente Venen (V. cava inferior) angeschlossen ist. Transvertebrale Venen durchdringen den Wirbelkörper in sagittaler Richtung vollständig. Und endlich liegt ein Venengeflecht hinter den Wirbelbogen; Plexus venosus vertebralis dorsalis. Sein Blut fließt in die VV. intervertebrales.

Innervation. Unter der Synovialmembran, der Gelenkkapsel und im Bindegewebe um die Gelenke finden sich reichlich sensible Endapparate. Aber auch im Periost und in den Knochen sind solche zu finden. Der Knorpel ist frei von Nerven. Diese sensiblen Perceptionsorgane sind an den *Ramus meningeus* des vorderen Astes des Spinalnerven angeschlossen. Er erhält vom Ramus communicans auch autonome Fasern und begibt sich rückläufig durch das Foramen intervertebrale in den Rückenmarkskanal, wo er sich in dessen Wandungen verteilt.

c) Die Muskulatur.

Die starren Elemente können mit dem Röntgenverfahren dargestellt werden und es besteht deshalb in jedem Einzelfalle eine Grundlage für deren Beurteilung. Während die Bänder im Röntgenbild zwar meist nicht sichtbar sind, aber doch auch kein wesentliches Volumen darstellen, finden wir in der Muskulatur ein Element, das, für die Funktion der Wirbelsäule äußerst wichtig, den größten Teil des Rückens ausmacht, nicht mittels Röntgenstrahlen dargestellt werden kann und so endlich für das Achsenskelet eine wesentliche, und zwar eine bezüglich seiner Darstellung störende Überschicht bedeutet. Wir haben uns deshalb mit der Rückenmuskulatur noch kurz zu befassen und wollen dies dadurch tun, daß wir an Hand des Schemas der Abb. 29 die anatomischen Kenntnisse in Erinnerung zurückrufen. Wir werden da und dort auf Einzelheiten zurückgreifen müssen.

d) Die Gesamtform der Wirbelsäule.

Nach diesen Vorbereitungen gehen wir an die Darstellung der Gesamtwirbelsäule in ihrer Umgebung am Lebenden.

Die menschliche Wirbelsäule ist gegenüber allen anderen Säugern, mit Ausnahme der Primaten, durch die besondere Form der Lumbosacralgegend charakterisiert. Der aufrechte Gang des Menschen bedingt unter anderem — Aufrichtung des Beckens in den Hüftgelenken — die Bildung einer dorsal konkaven Krümmung

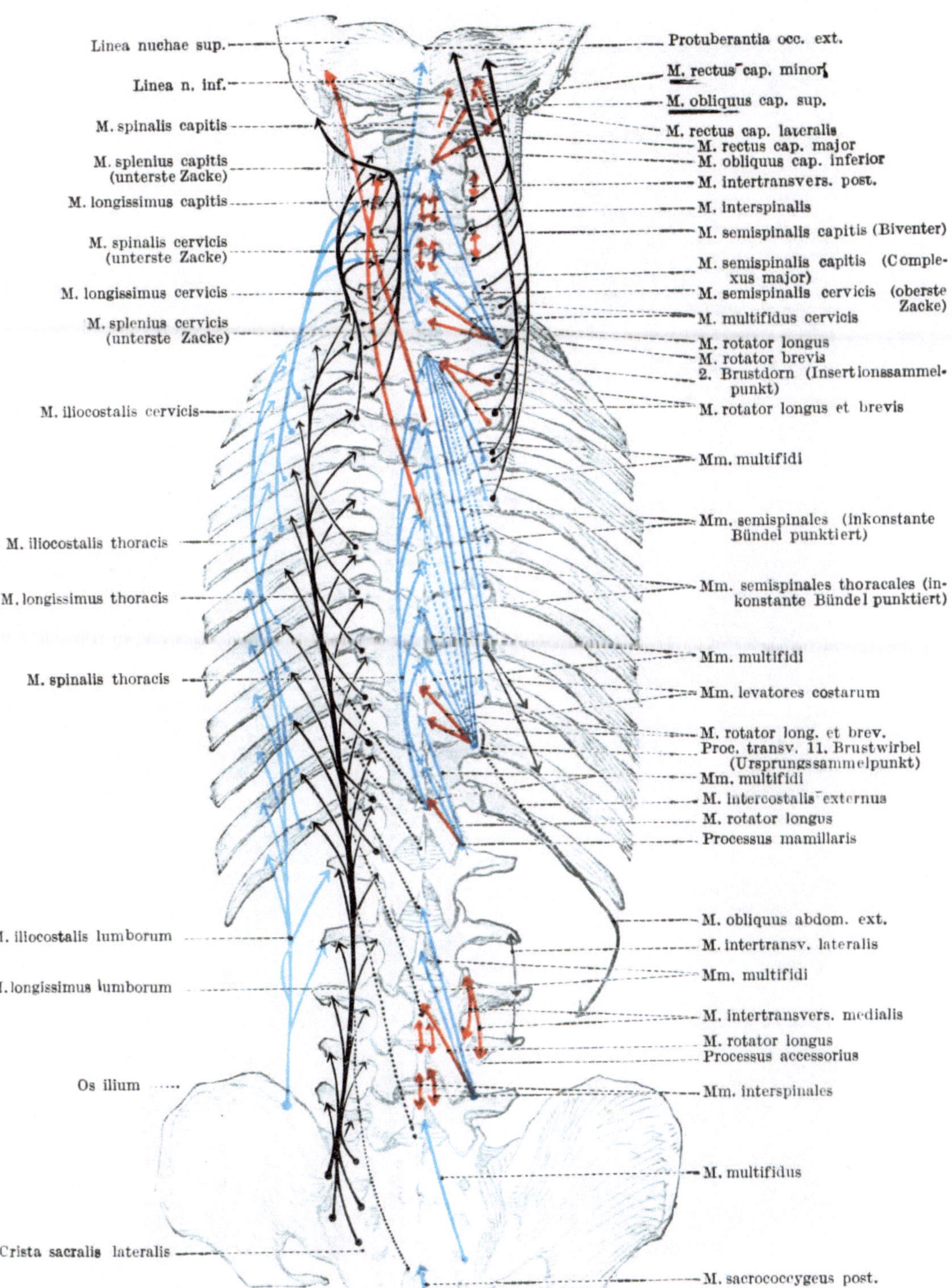

Abb. 29. Schema der tiefen Rückenmuskeln (nach BRAUS)·

Rechts: kurze Muskeln rot; Multifidus und Semispinalis thoracis et cervicis blau; Semispinalis capitis und ventrale Muskeln schwarz. Links: Spinalis und Iliocostalis blau; Splenius rot; Longissimus schwarz.

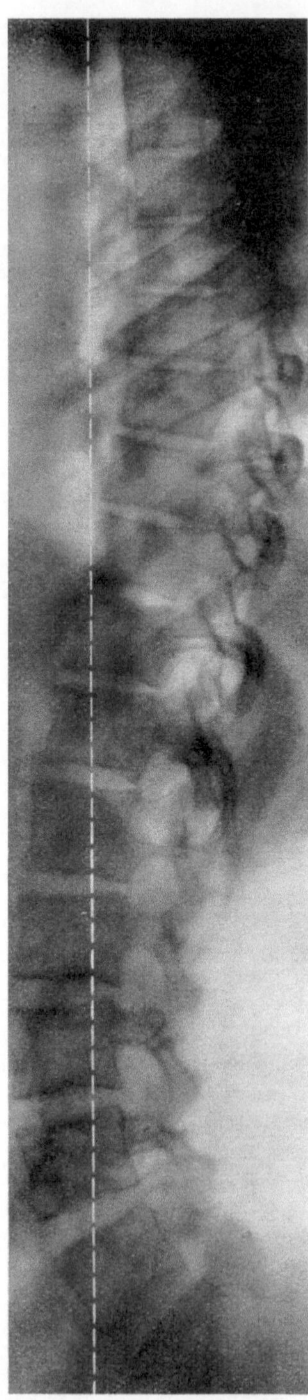

Abb. 30a. Normales Profilbild der Brust- und Lendenwirbelsäule (zusammengesetzt). 28jähr. ♂. Die gestrichelte weiße Linie entspricht dem Lot. 1/2.

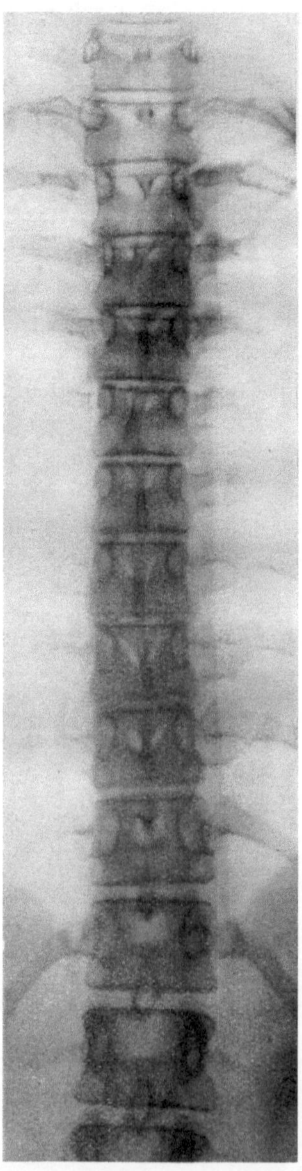

Abb. 30b. Normales Sagittalbild der Brust-Lenden-
wirbelsäule. 35jähr. ♀. Geringe physiologische Asymmetrie. 1/2. Nr. 958.

der Wirbelsäule am *Promontorium*. Diese Krümmung fehlt beim Vierfüßler; sie ist beim Fötus erst später angedeutet (Abb. 5 bis 7), nimmt nach und nach zu (Abb. 8) bis zu der Geburt, erreicht aber die endgültige Form erst, wenn das Kind sich aufrichtet. Neben der lumbosacralen Dorsalkonkavität besteht noch eine dorsale Konkavität im Halsteil der menschlichen Wirbelsäule. Im Brustteil einerseits und im Sacralteil anderseits besteht eine dorsale Konvexität, die Wirbelsäule weist also zwei vollständige Wellenzüge auf, wenn die Betrachtung von der Seite erfolgt. Die Abb. 30 a und b zeigt die Normalform der Wirbelsäule. Über nichtpathologische Abweichungen vgl. S. 71.

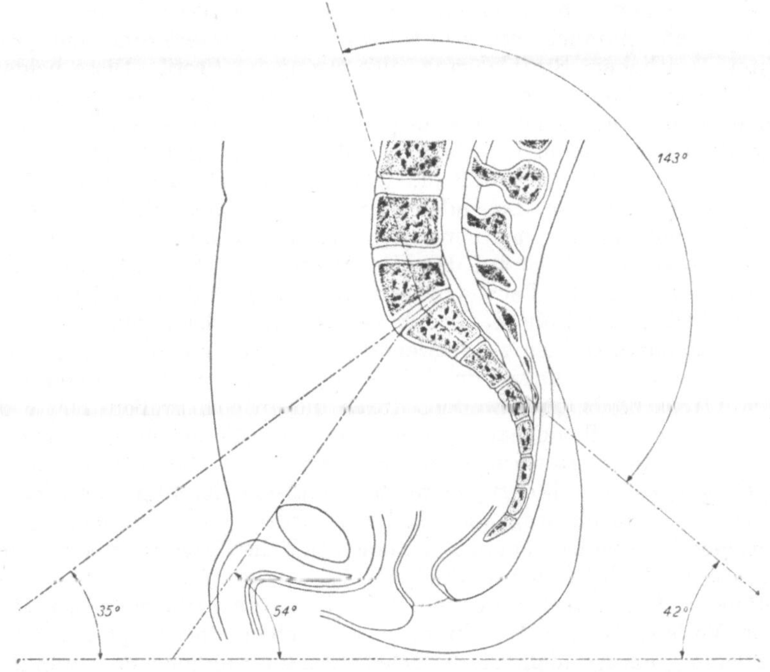

Abb. 30 c. Schema der Lumbosacralgegend. Lumbosacralwinkel = Winkel zwischen den Achsen des letzten Lenden- und ersten Sacralwirbels, etwa 143°; Beckenneigung = Neigung der Conjugata anatomica mit der Horizontalen, etwa 54°; Sacralneigung = Winkel zwischen Achse von S_1 und der Horizontalen; Neigung der letzten Bandscheibe = Winkel der Tangente an der Oberfläche von S_1 mit der Horizontalen, etwa 35°. Die Halbierende des Lumbosacralwinkels entspricht nur im Normalfall etwa der Neigung der letzten Bandscheibe.

In der Sagittalebene betrachtet, verläuft die Wirbelsäule grosso modo gestreckt. Geringe Abweichungen von der Geraden kommen jedoch bei jedem Menschen vor. Es gilt dies nicht nur für die Reihe der Dornfortsätze, die von außen sichtbar sind, sondern ganz besonders auch für die Reihe der Wirbelkörper, wie dies bei Röntgenaufnahmen bei sagittalem Strahlengang beobachtet werden kann. Es scheint, daß stets vorhandene Asymmetrien des Körpers gerade in der Wirbelsäule als feines Reagens (neben Schädel und Becken) ihren besonders sinnfälligen Ausdruck finden. Diese geringgradigen Scoliosen, die wir als normal zu betrachten gewohnt sind, führen in direkter Linie über gleichsinnige, aber ausgesprochenere Variationen zu den pathologischen, zum Teil äußerst schweren Wirbelsäulenverkrümmungen, wie sie später auf S. 230 ff. behandelt werden sollen.

Die Gesamtform der Wirbelsäule im Röntgenbild wird durch die Abb. 30a, b und c dargestellt. Der unterlegte Text weist auf alle wesentlichen Punkte hin.

Die Betrachtung der Gesamtform der Wirbelsäule führt über zu dem folgenden Abschnitt I C, wo die Funktion der Wirbelsäule kurz besprochen werden soll. Der enge Zusammenhang zwischen Form und Physiologie ergibt sich für ein Organ mit hauptsächlich mechanischen Funktionen wie die Wirbelsäule, in besonderem Maße.

Vorerst aber besprechen wir noch das wichtigste Kapitel dieses Abschnittes:

3. Die Darstellung der Wirbelsäule im klinischen Röntgenbild.

a) Allgemeines.

Die Abb. 30 a und 30 b zeigten sozusagen die gesamte Wirbelsäule in den beiden Hauptrichtungen, nämlich bei sagittalem, antero-posteriorem und bei dazu senkrechtem, seitlichem Strahlengang, also streng im Profil. Diese beiden Aufnahmerichtungen dürften die weitaus meistverwendeten sein. Man nehme einen eingehenden Vergleich dieser klinischen Aufnahmen mit den Röntgenbildern der Skeletstücke und deren Lichtbildern auf S. 23, 24 und 25 vor.

Es ist leicht zu erkennen, daß die Übersichtlichkeit der Einzelheiten beim Übergang auf das Bild am Lebenden empfindlich leidet. Dafür bestehen verschiedene Gründe, die wir mit zunehmender Bedeutung anführen wollen. Sie lassen sich alle zurückführen auf das Hinzutreten von Überschichten einerseits und auf die Bewegung des Lebenden während der Aufnahme anderseits.

α) **Überschicht, Objektdicke.** Durch Vergrößerung der Schichtdicke sind wir gezwungen, härtere Strahlen zu verwenden. Dadurch steigt die Streuung sehr stark an und setzt den Kontrast des Bildes aus doppeltem Grunde herab: erstens durch den Streuschleier und zweitens durch die an sich größere Härte der abbildenden Strahlung. Blendensysteme sind geeignet, die Streuung herabzusetzen. Bewegliche und feste Rasterblenden einerseits und Randblenden anderseits sind im Gebrauch. Am besten verwendet man eine Kombination von beiden Blendenarten. Dadurch wird die Nachweisbarkeit von Veränderungen zwar sicher verbessert. Aber es lohnt sich dennoch, sich die Frage vorzulegen, wie groß z. B. Defekte im Wirbelkörper sein müssen, bis sie dem Auge sichtbar dargestellt werden können. Dabei ist zu bedenken, daß schon gröbere pathologische Prozesse, wie sie im Verlaufe von Entzündungen einhergehen, überhaupt nicht bemerkt werden können, solange nicht die Knochenstruktur weitgehende Veränderungen erfährt. Knochendestruktion, Einschmelzung ist somit Bedingung für die Nachweisbarkeit von Spongiosaprozessen der Wirbelkörper. CHASIN, GRANSMAN und SUTRO, MIHÁLY, JAEGER (4) u. a. haben gezeigt, daß ein Herd wenigstens 1 bis 1,5 cm groß sein muß, um gesehen zu werden. Das gilt für gewöhnliche Aufnahmen. Es liegt nahe, daß mittels der *Tomographie* gegebenenfalls kleinere Herde dargestellt werden können. So hat schon 1931 ZIEDSES DES PLANTES auf Aufnahmen mit bewegter Röhre aufmerksam gemacht. Auch SORREL, DELAHAYE und THOYER-ROZAT sowie DELHERM, BERNARD, LEFEBVRE und PROUX weisen auf die Vorteile der Tomographie der Wirbelsäule hin. Das Gesagte gilt für destruierende Prozesse der Spongiosa des Wirbelkörpers. Es liegt auf der Hand, daß das Urteil erleichtert wird, sobald Knochenreaktionen (Sclerose) eintreten. Auch ist die Sichtbarkeit an kleinen Wirbelteilen eher besser (Fortsätze).

β) **Objekt-Film-Distanz.** Die Weichteile bedingen nicht nur eine Überschicht, sondern schieben sich auch zwischen dem darzustellenden Objekt und der Filmebene ein. So entfernt sich die Wirbelsäule insbesondere bei seitlichen Aufnahmen von dem Film und nähert sich dem Focus. Dadurch treten zwei Veränderungen gegenüber der Skeletaufnahme ein. Einmal büßt das Bild an Schärfe nach

Maßgabe des Verhältnisses von Focus-Objekt-Distanz zu Focus-Film-Distanz ein. Dieser Schärfeverlust ist um so kleiner, je größer die Focusdistanzen gewählt werden. Dann aber macht sich weiterhin die Divergenz der Strahlen unter Umständen unangenehm bemerkbar, dadurch, daß das Objekt (Wirbelsäule und deren Teile) vergrößert wird und bei schräger Projektion zudem noch Verzerrungen erfahren kann. Durch Vergrößerung der Aufnahmedistanz [*Fernaufnahmen*; JAEGER (2), KAUFMANN, JORDAN] läßt sich beiden Unzulänglichkeiten begegnen.

γ) **Bewegungsunschärfe.** Ein wichtiger Unterschied des Bildes vom Lebenden gegenüber demjenigen des Präparats besteht in der Bewegungsunschärfe, die bei den relativ langen Expositionszeiten eine wesentliche Rolle spielt. Ihr ist jedoch durch geeignete Fixierung meistens in genügendem Maße zu begegnen.

δ) **Unsichtbarkeit des Objekts, Projektion, Orientierung.** Dadurch, daß die Wirbelsäule tief in die Weichteile eingebettet ist, entzieht sie sich der direkten Beurteilbarkeit durch unsere Sinne. Wir sind deshalb auf die Betrachtung des Rückens, auf dessen Palpation und auf unsere anatomischen Kenntnisse angewiesen, wenn es gilt, die bei jeder Röntgenaufnahme wichtigste Vorkehrung zu treffen, nämlich die *Orientierung* des Objekts zu Film und Focus. Daß die genannten Grundlagen (Inspektion, Palpation und Anatomie) in den seltensten, zur Röntgenuntersuchung gelangenden Fällen genügen können, liegt auf der Hand.

Wir wollen aber vorerst besprechen, was wir von der Orientierung zu fordern und zu erwarten haben. In einem gegebenen Röntgenbild findet man sich um so besser zurecht, je gewohnter die einzelnen Teile des anatomisch bekannten Objekts dargestellt und gegeneinander gelagert sind. Das Bild erscheint uns anderseits um so gewohnter, je häufiger wir es vorher zu Gesicht bekommen haben. Diese Tatsache führt zwangsläufig zur Kenntnis eines *Normalbildes*. Wenn man aber von einem Normalbild eines bestimmten Organs oder einer gewissen Körperregion sprechen will, setzt dies hinwiederum voraus, daß alle äußeren Umstände der Bildentstehung gleich gelassen werden. Es sind dies: a) photographische Umstände (Strahlenhärte, Gradation des Films und der Folien, Deckung des Films, Kontrast, Schärfe) und b) geometrische Umstände (Focus-Film-Abstand, Orientierung des Objekts zu Film und Focus). Wir haben also nicht nur die Vorgänge an der Röhre und in der Dunkelkammer zu normalisieren, sondern auch die Verhältnisse der gegenseitigen Lage des Objekts zum abbildenden System; in der Photographie: Objekt zu Kamera (Objektiv = Focus; Platte = Film). Die knöcherne Wirbelsäule ist ein Organ mit einer ausgesprochenen Längsachse, die mit der Längsachse des Körpers etwa parallel gelegen ist. Die Hauptorientierung kann damit nur nach zwei Ebenen erfolgen, nämlich so, daß der Hauptstrahl senkrecht zur Frontalebene oder senkrecht zur Sagittalebene verläuft; eine Projektion in der Achse selbst (senkrecht zur senkrechten Ebene auf der Achse) kommt nicht oder kaum in Betracht. Damit sind die *Hauptprojektionen* definiert als a) seitliche Aufnahme, Profilaufnahme; Hauptstrahl in einer Frontalebene (Frontalaufnahme), möglichst senkrecht auf die Bildebene, Bildebene parallel zur Sagittalebene, und b) die Sagittalaufnahme, Aufnahme en face; Hauptstrahl in der Sagittalebene, möglichst senkrecht zur Bildebene in einer frontalen Ebene. Wegen der erheblichen Länge unseres Objekts gelingt es im allgemeinen nicht, auf relativ kurze Distanz (bis 100 cm) die ganze Wirbelsäule auf einmal darzustellen. Den oben angegebenen zwei Angaben muß deshalb noch eine weitere Angabe zugefügt werden, welche die *Höhe* definiert. Vorerst genügt es, die Wirbelsäule in vier Teile, Hals-, Brust-, Lendenwirbelsäule und Sacrum, aufzuteilen. Es liegt auf der Hand, daß die Projektion in der engeren und in der weiteren Umgebung des Hauptstrahles (oder Richtstrahles) verschieden sein muß wegen der Divergenz der Strahlen. Wir haben die Tendenz, den abbildenden Strahl möglichst für jeden Wirbelkörper annähernd in die Ebenen seiner Abschlußplatten zu legen. Das gelingt naturgemäß nur, wenn der Focus bei gekrümmter Wirbelsäule im Krümmungsmittelpunkt und bei gestreckter Wirbelsäule im Unendlichen liegt. Das will für die seitliche Aufnahme besagen, daß die Röhre für gerade gewachsene und im Stehen aufgenommene Wirbelsäulen möglichst entfernt werden soll. Wenn dies nicht möglich ist, soll der Patient seitlich auf den Tisch gelegt werden, damit sich seine Wirbelsäule durch Unterstützung auf Beckenkamm und Schultern, nach oben konkav durchbiegt, damit der Focus in den Krümmungsmittelpunkt gelegt werden kann. Bei Sagittalbildern ist es ratsam, die physiologischen Krümmungen zu benutzen. Es ist z. B. ein leichtes, die Brustwirbelsäule in Rückenlage aufzunehmen, so daß alle Intervertebralspatien möglichst tangential getroffen werden. Weniger bequem ist die Forderung im Bereiche der Wendepunkte der Wirbelsäule, an der Grenze zwischen Brust- und Lendenwirbelsäule, zu erfüllen. Bei der Lendenwirbelsäule tritt die Frage auf, ob man wirklich die Aufnahme in Bauchlage vornehmen soll, um den Focus der Röhre in den Krümmungsmittelpunkt der Lendenlordose zu bekommen. Man muß dabei bedenken, daß das Objekt sich vom Film entfernt. Ich halte es im Gegenteil für geratener, trotz der Ungunst des Krümmungssinnes den Patienten in Rückenlage zu belassen, aber gegebenenfalls dafür zu sorgen, durch Heben der Oberschenkel und Verkleinerung der Beckenneigung, WARNER-Lagerung, die Lendenlordose möglichst auszugleichen. Bei den seitlichen Aufnahmen kommen wir, wie oben anläßlich der Schärfe schon bemerkt, für die *gerade* Wirbelsäule zwangsläufig auf die Forderung der *Fernaufnahmen* (2 bis 3 m Focus-Film-Distanz).

Was wir soeben über die Projektion gesagt haben, gilt für die normal geformte Wirbelsäule. Wenn dagegen verstärkte physiologische oder gar unphysiologische Krümmungen vorliegen, muß sich die Orientierung diesen Tatsachen anpassen. Es ist deshalb sehr empfehlenswert, vor jeder Untersuchung die Inspektion und gegebenenfalls die Palpation des Patienten vorzunehmen, um möglicherweise Abweichungen von der Norm zum voraus festzustellen. Dies gelingt auch in exquisiten Fällen bis zu einem gewissen Grade. In weitaus den häufigsten Fällen dagegen entgehen Lage- und Formabweichungen dem inspizierenden Auge. Unter diesen Bedingungen wird im allgemeinen in der ersten Aufnahme die optimale Orientierung nicht gelingen, selbst wenn die Höhe der fraglichen Läsion wohlbekannt ist. Die gutgemeinten präzisen Angaben, die man von zuweisenden Ärzten ab und zu noch bekommt, und die besagen, man soll auf den soundsovielten Wirbel zentrieren, wollen also meistenteils besagen, daß man den Hauptstrahl gerade nicht auf den angegebenen Wirbel einstellen soll, weil sonst die Wahrscheinlichkeit, daß die Abschlußplatten weit übereinander projiziert sind, bedeutend größer ist als die Gegenwahrscheinlichkeit. Es bleibt dann nichts anderes übrig, als eventuell nach Übersichtsaufnahmen besondere *Verifikationen* vorzunehmen, bei denen die Orientierungsänderung bewußt und gestützt auf die vorhergehenden Aufnahmen erfolgt. Aus dem gleichen Grunde verlangen ZIMMERN und CHAVANY Verifikation von der anderen Seite. Wenn dadurch auch lange nicht immer eine optimale Projektion erzielt wird, so kann man doch aus dem Vergleich der Bildänderung mit der Orientierungsänderung wesentliche Schlüsse auf die wahre Form des Objekts ziehen. Es sei angeführt, daß durch die eben genannte Art der Verifikation weniger positive Befunde erhoben werden, als daß vielmehr Unsicherheiten sich als normale Befunde erweisen. Der umgekehrte Fall ist meiner Erfahrung nach bemerkenswert seltener.

Diese Betrachtungen gingen aus von einem Vergleich des klinischen Röntgenbildes mit den Aufnahmen von Präparaten. In diesem Zusammenhang haben wir bis jetzt vornehmlich von der Orientierung des langgestreckten Objekts in seiner Höhe gesprochen und haben in jeder Höhe (Hals-, Brust-, Lenden-, Kreuzbeinteile) zwei Hauptaufnahmerichtungen festgelegt. Es bleibt jetzt noch übrig zu besprechen, ob und wozu von diesen Hauptrichtungen abgewichen werden kann oder muß. Abweichungen können nach zwei Grundsätzen erfolgen: einmal durch Rotation der Wirbelsäule um ihre Längsachse: *Schrägaufnahmen*; und dann durch Rotation des Objekts um eine der kurzen Achsen: *exzentrische Aufnahmen*. Die Gründe, die zur Anwendung der einen oder anderen Art der Spezialaufnahmen führen, sind verschieden. Wir ordnen nach Wirbelsäulenabschnitten und benutzen die Gelegenheit, um die Aufnahmetechnik kurz zusammenzufassen.

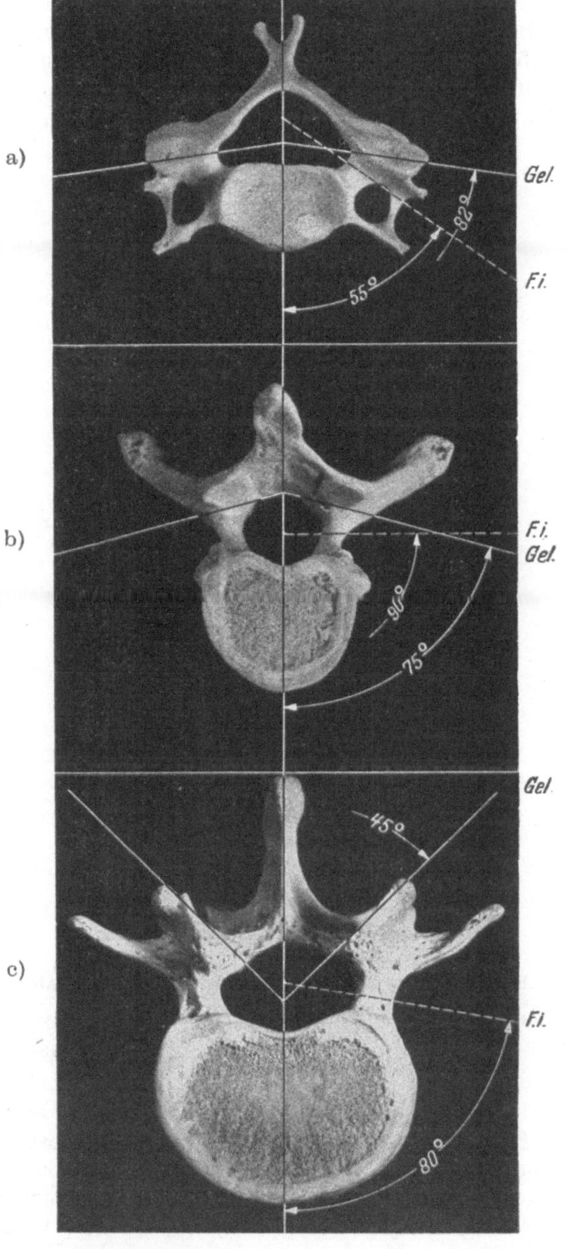

Abb. 31. Ansicht der Abschlußplatten von oben.
Winkelverhältnisse: *Gel.* = Winkel des Gelenkes zur Sagittalen; *F. i.* = Winkel der Achse des Intervertebralkanals zur Sagittalen.

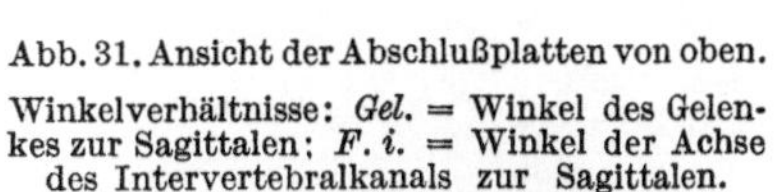

	Drehungswinkel aus der Seitenlage	
	zur tangentialen Darstellung der plattennahen Gelenke	zur axialen Darstellung des plattennahen Intervertebralkanals
a) Halswirbelsäule	10° nach vorne	35° nach vorne
b) Brustwirbelsäule ..	15° nach vorne	streng seitlich
c) Lendenwirbelsäule ..	45° nach hinten	10° nach vorne

b) Aufnahmetechnik.

α) **Halswirbelsäule.** *Hauptrichtungen:* Die Profilaufnahmen der Halswirbelsäule zeigen alle ihre Teile in gleichmäßiger Güte und Übersichtlichkeit, wenn eine Focus-Platten-Distanz von 120 cm oder mehr gewählt wird; Kassette ander Schulter des stehenden oder sitzenden Patienten parallel zur Achse der Wirbelsäule (oder schräg an Schulter und Schläfe [TILLIER]), beide Schultern durch Belastung mit Gewicht oder Oberschenkel [BARSONY und KOPPENSTEIN (6)] des Patienten maximal nach vorne und unten gezogen. Die mit einem Schulterausschnitt versehene Kassette OELECKERS oder der über der Schulter abgebogene Film (MAIER) ist kaum nötig. ERDELYI hat diese Aufnahme auch in Seitenlage auf kurze Distanz (70 cm), mit Focus auf der Höhe des Atlas, mit gutem Resultat vorgenommen.

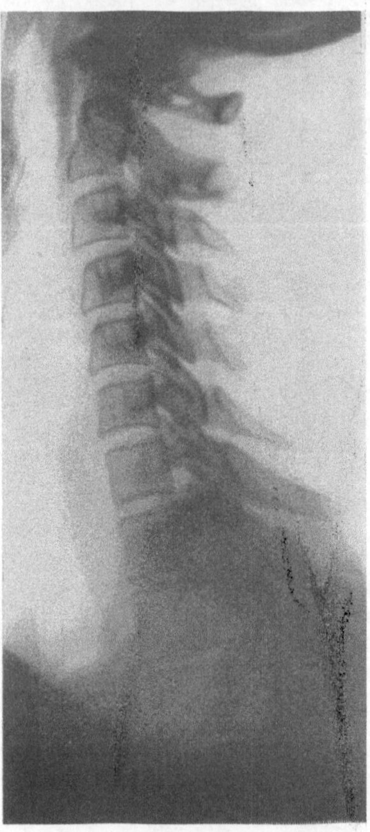

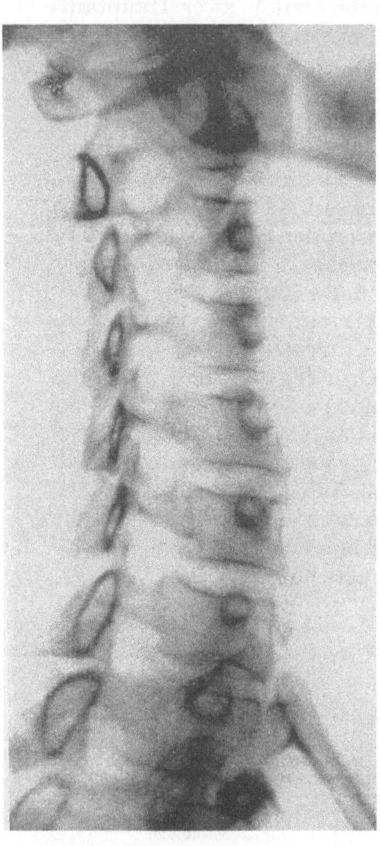

Abb. 32. Profilaufnahme der Halswirbelsäule. Normales Bild aus 180 cm Entfernung aufgenommen. Darstellung der Wirbelkörper bis zum 3. Brustwirbel. 35jähr. ♀. 2/3.

Abb. 33. Schrägaufnahme der Halswirbelsäule. Drehung des Kranken um etwa 30° gegen die Bauchlage, rechts anliegend, also Einblick in die rechtsseitigen Foramina intervertebralia und Intervertebralgelenke. 18jähr. ♀. Fernaufnahme aus 180 cm Entfernung; normale Wirbelsäule. 1/2.

Die *Sagittalaufnahme*, gegebenenfalls bei durch Schlinge gestrecktem Hals (PASCHE, LEWIN), wohl stets in antero-posteriorer Richtung, ergibt gleichzeitig gute Übersicht über die untere Hals- und obere Brustwirbelsäule. Oft ist es vorteilhaft, bis 20° von vorne-unten zu projizieren. Die obersten zwei bis drei Wirbel sind jedoch durch den Unterkiefer verdeckt; deshalb Aufnahme entweder durch den Mund oder bei während der Belichtung bewegtem Unterkiefer (PELISSIER, OTTONELLO). Man achte jedoch darauf, daß das Occiput bei zu starker Flexion des Schädels nach hinten störend in den Atlas und den Dens epistrophei hineinprojiziert wird. Bei zu starker Ventralflexion besorgt die Zahnreihe die Störung; letzteres ist besser als ersteres. In der Projektion beide Teile genügend von Atlas (und Dens) fernzuhalten, ist oft schwer. Wegen der Wichtigkeit von Densfrakturen lohnt es sich unter Umständen, Zahnfilme an die hintere Pharynxwand heranzubringen. Bei Projektion von hinten erhält man ein sehr schönes Bild des Dens und seiner Umgebung, weil die Film-Objekt-Distanz stark herabgesetzt ist (DE QUERVAIN). Der oberste Halswirbel (Atlas und Dens epistrophei) ist mit dem unteren Sacrum der einzige, der mehr oder weniger axial projiziert werden kann: starke Flexion nach hinten, Projektion in submentovertikaler (oder umgekehrter [KNIRSCH]) Richtung, wie bei den axialen Schädelaufnahmen für die Schädelbasis. Ob die Aufnahmen der Halswirbelsäule in den Hauptrichtungen im Liegen oder im Sitzen hergestellt werden, hängt mehr von dem Zustand des Patienten als von anderen Gesichtspunkten (Haltung, Projektion usw.) ab. Bei Projektion von vorne erscheinen die lateralen Teile des Atlas in den Kieferhöhlen, wenn der Schädel etwa 10° abgedreht wird (GOLDHAMMER). Bei maximaler Drehung des Schädels erscheint der Atlas fast im Profil (BARSONY und KOPPENSTEIN). FoÁ projiziert den Atlas von hinten nach vorne.

Aufnahmen in besonderen Richtungen. Die Spezialaufnahmen der *Halswirbelsäule* sind nicht besonders wichtig. Immerhin gelingt es, durch geringe Drehung des Objekts um etwa 20 bis 30° aus der Seitenlage, die Zwischenwirbellöcher axial darzustellen und dadurch besseren Einblick zu erhalten [BARSONY und KOPPENSTEIN (3), v. KOVÁCS (1)]. Die Drehung der Patienten nach vorne (mehr auf den Bauch) läßt die plattennahen Foramina, und die Drehung um 30° mehr nach dem Rücken zu (nach hinten) läßt die plattenfernen Löcher orthoröntgenograd erscheinen (Abb. 31). Gleichzeitig werden auch die gleichseitigen Intervertebralgelenke besser tangential getroffen, die Drehung kann dazu kleiner sein (10 bis 20°). Es ist wichtig zu wissen, daß ganz besonders im Bereiche der Halswirbelsäule kleine Projektionsänderungen, wie sie bei einfachen Verifikationen die Regel sind, sehr aufschlußreich sein können. Dabei wirken Richtungsabweichungen des Hauptstrahles sowohl in der sagittalen (z. B. Projektion von vorne-unten), als auch in der horizontalen Ebene gleich vorteilhaft.

β) **Brustwirbelsäule.** *Hauptrichtungen:* Die beiden Hauptaufnahmerichtungen ergeben die antero-posteriore Sagittalaufnahme und die (seitliche) Profilaufnahme. Dabei erscheint im *Sagittalbild* die untere Hals- und die gesamte Thoracalwirbelsäule bis zum Lendenteil gleichmäßig und dank der physiologischen Kyphose auch übersichtlich. Die Abschlußplatten sind meist mehr oder weniger gut tangential getroffen. Es empfiehlt sich, die Strahlung nicht zu weich zu wählen; dabei ist dann aber auf subtile Blendentechnik zu achten. Jede Randblende wirkt bedeutend qualitätsverbessernd.

Bei der *seitlichen* Darstellung ist es meist sehr schwierig, oft unmöglich, die obersten beiden Brustwirbel in streng seitlicher Richtung abzubilden (vgl. Halswirbelsäule); das Schultermassiv überdeckt beiderseits das Gebiet in transversaler Richtung. Schon der 7. Halswirbel entzieht sich gerne der Darstellbarkeit. Durch Verlagerung der Schultern nach vorne-unten [BARSONY und KOPPENSTEIN (1)] oder stark nach hinten (SGALITZER, GUTZEIT, ALBERTI) gelingt es in vielen Fällen, wenigstens Th_2 abzubilden. In anderen Fällen, wo diese Möglichkeit nicht besteht, bleibt nichts anderes übrig, als eine Schrägaufnahme mit kleinem Winkel vorzunehmen, im Liegen (PAWLOW) oder im Sitzen (MOSER). Es ist von BARSONY und WINKLER und von WEISER vorgeschlagen worden, während der seitlichen Aufnahme den Kranken atmen zu lassen. Der Vorteil ist groß, wenn es gelingt, die Wirbelsäule trotzdem zu fixieren; störende Überschichten werden mit dieser Methode weitgehend unschädlich gemacht. Es liegt auf der Hand, daß eine Voreinstellung mittels Durchleuchtung unter Umständen sehr vorteilhaft sein kann (ARKUSSKY, GALLY und BERNARD, WALK) (vgl. Abb. 31).

Schrägaufnahmen: Im Bereiche der Thoracalsäule spielt die Schrägaufnahme womöglich noch eine weniger wichtige Rolle als an der Halswirbelsäule. Hier zeigen sich die Foramina intervertebralia besser streng seitlich; man erhält also in der seitlichen Aufnahme guten Einblick in diese (Abb. 30a und 31). Eine kleine Drehung des Patienten aus der Seitenlage um etwa 10 bis 15° bewirkt dagegen eine besser tangentiale Darstellung der kleinen Gelenke. Es gilt das oben für die Foramina intervertebralia der Halswirbelsäule Gesagte: Drehung nach vorne läßt die plattennahen Gelenke tangential erscheinen und umgekehrt. Exzentrische Aufnahmen (Verschiebung der Röhre nach dem Kopf oder nach dem Becken) geben bei der Brustwirbelsäule kaum Vorteile, es wäre denn darum zu tun, irgendeine Kontur, meist diejenige der Körper, zu verifizieren. MOSER empfiehlt bei Schwerverletzten die Cervicothoracalgrenze von einer Axilla aus (Focus) caudalexzentrisch nach der gegenseitigen Supraclaviculargegend (Film) zu projizieren.

γ) **Lendenwirbelsäule und Kreuzbein.** *Hauptrichtungen:* Die Lendenwirbelsäule wird in Rückenlage in *antero-posteriorer* Strahlenrichtung in ihren oberen Abschnitten in übersichtlicher Weise dargestellt, etwa so, wie es die Präparataufnahme zeigt. Das Bild der unteren Teile der Lendenwirbelsäule erfährt naturgemäß bei der angegebenen Projektion, entsprechend der Stellung der Wirbel in der Lendenlordose, eine Deformation, die um so ungünstiger wird, je tiefer der betrachtete Wirbel liegt. Es empfiehlt sich deshalb, die Lendenlordose möglichst auszugleichen. Das geschieht am besten durch maximales Anziehen der Knie bei gespreizten Oberschenkeln (ALBERS-SCHÖNBERG, WARNER, SAMUEL, TESCHENDORF u. v. a.). Wenn es gilt, die Wirbelkörper der Lumbosacralgrenze möglichst tangential zu treffen, kann man durch caudalexzentrische Verlagerung der Röhre zudem noch etwas von unten projizieren (WILLIAMS und WIGBY). KAUFMANN gibt für den gleichen Zweck eine Technik mit Untertischröhre und Durchleuchtung an.

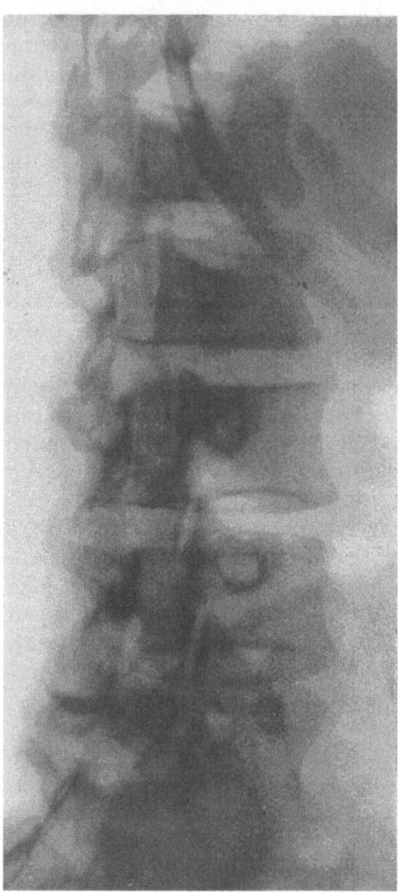

Abb. 34. Schrägaufnahme der Lendenwirbelsäule, links-anliegend, 45° nach hinten gedreht, also Einblick in die linksseitigen Intervertebralgelenke, von denen sechs sichtbar sind; am 12. Brustwirbel wechselt die Stellung der Gelenke, deshalb sind sie weiter oben nicht mehr tangential getroffen. Vor und etwas unterhalb der Gelenkspalten der runde Schattenring des axial getroffenen linken Proc. transversus. Spärliche Zeichen der Arthros. def. des letzten linken Intervertebralgelenkes: Sclerosierung gegenüber der Gegenseite, keine sicheren Randzacken. 41jähr. ♂. 2/3. Nr. 104202.

Niemals werden aber diese Sagittalaufnahmen das *seitliche Bild* ersetzen. Dabei ist die größte Sorge, durch diese stärkste Körperschicht durchzukommen. Durch zu hohe Spannung wird eventuell mehr an Streuung verloren als an Penetranz gewonnen. Dagegen ist sauberste Technik der Dunkelkammer und peinlichste Blendenanwendung absolutes Erfordernis, wenn man mehr als nur gerade das letzte Intervertebralspatium sehen will (Struktur) (vgl. Abb. 30 a).

Schrägaufnahmen: Sie spielen im Lendenabschnitt die wichtigste Rolle, insbesondere zur Darstellung der kleinen Gelenke. Durch geeignete Drehung des Patienten um seine Längsachse gelingt es meistens, die ganze Reihe der kleinen Lendenwirbelgelenke einer Seite darzustellen; dies zeigt die Abb. 34. DITMAR, DUKELSKY, HUBENY, GHORMLEY und KIRKLIN, MORTON haben sich besonders um die Einführung der Schrägaufnahmen bemüht.

Vergegenwärtigen wir uns die Lage der *Intervertebralgelenke* im Lendenteil (vgl. auch Abb. 26 a) nach dem Schema der Abb. 31. Man erkennt, daß die Querprofile fast einen Viertelkreis beschreiben. So kommt es, daß die vorderen, frontalgestellten Teile der Gelenkspalten in der antero-posterioren Sagittalaufnahme meistens dargestellt werden. Aber auch die Profilaufnahme ist geeignet, die hinteren, mehr sagittal gestellten Teile abzubilden. Dazu ist allerdings Voraussetzung, daß die Lage der Gelenke einigermaßen normal sei. Bekanntlich gibt es aber häufig Abweichungen, so daß über die Darstellbarkeit in den Hauptrichtungen nichts Bestimmtes vorausgesagt werden kann. Am sichersten und aussichtsreichsten führt aus diesen Gründen ein Bild zum Ziel, das bei Drehung um etwa 35 bis 45° aus der Seitenlage nach hinten (gegen die Rückenlage zu) überhängend und etwas von unten aufgenommen ist (Abb. 31 und unterlegter Text). Da Anomalien und Unregelmäßigkeiten häufig vorkommen, können Asymmetrien im Bereiche der Intervertebralgelenke ebenso häufig beobachtet werden. So kommt es vor, daß das Gelenk auf der einen Seite gut zu sehen ist, während es auf der anderen Seite nicht oder nicht in gleicher Weise in Erscheinung tritt. Es ist z. B. sehr wohl möglich, daß der Gelenkspalt nicht parallel, sondern divergent begrenzt ist. Und zwar kann diese Erscheinung nach Seite oder Höhe vereinzelt oder mehrfach vorkommen, ohne daß dieser Tatsache besondere pathologische Bedeutung zukäme. Es sei hier auf S. 116 verwiesen.

Kreuzbein und Steißbein selbst werden in seitlicher Richtung mit der Lendenwirbelsäule zusammen oder allein, jedenfalls mit gleicher Einstellung aufgenommen. In sagittaler Richtung empfiehlt sich das antero-posteriore Bild in WARNER-Stellung. Wenn es darauf ankommt, die Struktur des unteren Sacrums oder Steißbeines darzustellen, kann nach SABAT ein Film von Zahnfilmformat in das Rectum eingeführt und von hinten projiziert werden (GUARINI). Es gelingt auch nach NÖLKE, bei auf der Kassette sitzendem Patienten den Sacralkanal axial von oben aufzunehmen. Im seitlichen Bild sind die Ileosacralgelenke nicht zu beurteilen; im Sagittalbild sind sie schräg getroffen. Durch Drehung des Kranken kann ein tangentialer Strahleneinfall erzielt werden. Von der Rückenlage ausgehend, wird die zu untersuchende Seite um etwa 15 bis 25° gehoben und die Röhre etwa 10 bis 15° cranialwärts geneigt [v. KOVÁCS (3)]. NEMOURS-AUGUSTE geht von der Seitenlage aus und dreht ein Drittel, also etwa 30° nach vorne. Beide Lagen können gute Resultate geben trotz der Abweichung in den Winkeln. Das hängt von der Neigung der Ebenen der Ileosacralgelenke ab, die weitgehenden Änderungen unterworfen ist.

C. Physiologisches über die menschliche Wirbelsäule.

1. Allgemeines; Statik.

a) Stütze, Bewegung und Schutz.

Bei unvoreingenommener Betrachtung unseres Objekts erblickt man als hauptsächlichste Verrichtung der Wirbelsäule ihre *Stütz- und Bewegungsfunktion.* Sie charakterisiert ja auch bei den Wirbeltieren das neue physiologische Moment beim Übergang vom Hautskelet zum Achsenskelet. Der überwiegende Eindruck der Wirbelsäule als Körperstütze hat seinen Grund vor allem im pathologischen Geschehen beim Menschen, weil die Großzahl der feststellbaren krankhaften Veränderungen mit einer Beeinträchtigung der Stützfunktion einhergehen.

Daneben erfüllt aber die Wirbelsäule einen zweiten Zweck, der nicht minder wichtig erscheint, nämlich den *Schutz* des Rückenmarkes. Beide Verrichtungen, Stütze und Schutz, ergeben sich, wie in den ersten Kapiteln besprochen wurde, schon in der allerersten Anlage des Keimes durch die gegenseitige Lage von Chorda und Neuralrohr und durch ihre engen nachbarlichen Beziehungen. Zwar sind die beiden Funktionen bei manchen Vertebraten insofern getrennt, als sich dorsal der Chorda segmentierte, zur Sagittalebene symmetrische Schutzschilder anlegen können, ohne daß letztere mit der Chorda selbst kontinuierlich verbunden sind (Neurapophysen der Cyclostomen). Solange aber, und wo auch immer im Stamme der Wirbeltiere eine wirkliche Wirbelsäule besteht, da sind ihre beiden Funktionen morphologisch vereinigt.

b) Die Wirbelsäule als bewegliche Achse des Stammes; funktionelle Segmentierung.

Unter einer Achse versteht man im allgemeinen eine ideelle (Achsen der analytischen Geometrie) oder materielle (Achsen der Mechanik) Gerade, im zweiten Falle einen starren Stab, der um seine Länge drehbar ist oder um den herum sich etwas dreht. Für die Wirbelsäule gilt diese Definition in keinem Falle, weder bei den Säugern noch bei den niederen Vertebraten. Im Gegenteil ist gerade die Eigenschaft der Starrheit nie erfüllt, sondern sie ist bemerkenswert deformierbar, und zwar derart, daß der Stab sich nach verschiedenen Richtungen durchbiegen läßt. Betrachtet man eine frische jugendliche menschliche Wirbelsäule, die von ihren Bogenteilen losgelöst ist, also die Körpersäule, bestehend aus Wirbelkörpern und Bandscheiben, dann findet man eine nach allen Richtungen etwa gleichmäßige Biegsamkeit. Die frische Körpersäule verhält sich ganz ähnlich wie ihr Vorläufer, die Chorda. Ihre Beweglichkeit ist mutatis mutandis (größere Elemente) zu vergleichen mit derjenigen einer sattgestopften Wurst. Die Mechanismen, die der Biegsamkeit in den beiden Fällen zugrunde liegen, sind etwas, jedoch nicht grundsätzlich verschieden. Im Fall der Chorda handelt es sich wirklich um eine Wurst, deren Inhalt aus sulzigen Zellen besteht, die durch die derbe Chordascheide, die Wursthaut, zusammengehalten werden. So entsteht der prall elastische Körper, dessen Form lediglich durch die Hülle bestimmt wird. Die Ansprüche an die Festigkeit des Achsenskelets bei Säugern, insbesondere bei großen Tieren, sind viel größer. Deshalb müssen andere Materialien verwendet werden: Knorpel und Knochen. Wie der festere Baustoff aus dem deformierbareren hervorgeht, haben wir früher gesehen. Die Frage ist, wie trotz der Verwendung von zwar sehr festem, aber starrem Knochen die Beweglichkeit erhalten werden kann. Das gelingt nur durch Unterteilung der Achse in einzelne starre Elemente, die unter sich durch plastisches Material verbunden sind. Das führt zwangsläufig zu einer Segmentierung. Es liegt nahe, daß diese *funktionelle Segmentierung* sich an die embryologische, morphologische Segmentierung anlehnt. In der Tat entsprechen aber, wie wir früher gesehen haben, die anatomischen Elemente der Wirbelsäule erst in späteren Entwicklungsstadien den funktionellen; beide Elemente, Wirbelkörper und Bandscheibe, sind erst nach der Neugliederung der Wirbelsäule (Kap. I A) identisch. Vorher war die Möglichkeit der Funktion gar nicht gegeben, weil die Muskulatur nicht über den beweglichen Querschnitt gespannt war. Eine ähnliche Erscheinung der Segmentierung treffen wir nur noch am Rückenmark, bzw. bei seinen Wurzeln. Aber auch da findet in der Plexusbildung eine weitgehende anatomische Verflechtung der funktionellen Einheiten statt. Nicht zu reden von der Muskulatur, wo der ursprüngliche segmentale Charakter nach außen meistens vollständig verlorengeht. Die funktionelle Segmentierung ist also bei der Wirbelsäule am besten erhalten.

Mechanisch betrachtet besteht die funktionelle Segmentierung in einer gleichmäßigen und oft (beim Menschen 23mal) sich wiederholenden Abwechslung von Materialien von der verschiedensten Plastizität. Und zwar nimmt die Deformierbarkeit von fast Null im starren Knochen, über den hyalinen Knorpel der Abschlußplatte und den Faserknorpel der Bandscheibe bis zu den schleimigflüssigen Nucleus pulposus, mehr oder weniger stetig zu. Wir sind erstaunt, gerade im Achsenskelet, wo wir besondere Festigkeit erwarten, flüssigen Baustoff anzutreffen. Das ist naturgemäß nur dadurch möglich, daß die Flüssigkeit durch eine starke Haut eingeschlossen ist. Im vorliegenden Falle besteht die Umgürtung aus dem sehr derben und auch dicken Annulus fibrosus. Man vergleiche hierzu die anatomischen Angaben. Durch den beschriebenen Mechanismus wird eine ausgiebige Beweglichkeit eines freien Wirbelkörpers gegen den benachbarten freien Wirbelkörper erreicht. Es ist sehr lehrreich, die Bewegungen an einer frischen, jugendlichen Wirbelsäule zu studieren. Man hat in der Tat den Eindruck, als würden zwei Wirbelkörper auf einer zwischengelagerten Kugel sitzen. Es entsteht so die Möglichkeit der Neigung zweier benachbarter Körper gegeneinander. Die Bewegung wird eingeschränkt durch den gespannten, bzw. den gedrückten Faserring. Die Kugel ist realisiert durch den *umgürteten Nucleus pulposus*.

Neben dieser ausgiebigen Bewegungsmöglichkeit, die übrigens in situ niemals auch nur annähernd ausgenutzt wird, ist aber das Bandscheibengelenk noch geeignet, eine weitere Leistung zu vollbringen; es hält nämlich die besprochene Beweglichkeit auch unter *hohem Druck* (Schwere, Muskulatur) aufrecht. Die gesunde Bandscheibe muß nicht nur die Beweglichkeit vermitteln, sondern muß zudem fast den ganzen axialen Druck aushalten, der in senkrechter Richtung auf die Abschlußplatten einwirkt. Dazu ist die sich leicht anpassende und überallhin sich verteilende Sulze des Nucleus sehr geeignet (Öldrucklager der Technik). Die geschilderte Einrichtung wiederholt sich vom 3. Hals- bis zum letzten Lendenwirbel 23mal. Dabei summieren sich die Bewegungsexkursionen aller Bandscheiben für die Beweglichkeit der Enden des Stabes gegeneinander.

Die Vorrichtung hat noch eine letzte Eigenart; die elastisch deformierbare Zwischenwirbelscheibe ist geeignet, plötzliche axiale Drucksteigerungen, also axiale Stöße zu *puffern*. Und zwar ist auch hier die Aufteilung des Mechanismus in mehrere Einzelelemente von größtem Vorteil, indem die Drucksteigerung stufenweise längs der Wirbelsäule abgefangen wird. Es kann auf diese Weise ein Schlag unschädlich gemacht werden, dem sonst kein noch so großdimensionierter einzelner Puffermechanismus standhalten würde. Durch die örtliche Aufteilung und Ausbreitung des Puffers kann ein Schutz auf die ganze Länge der Wirbelsäule gewährleistet werden, ungeachtet des Angriffspunktes des Impulses. Die Anwendung vieler, gleichartiger hintereinandergeschalteter Grundelemente ist also auch in dieser Hinsicht eine sehr zweckmäßige Einrichtung.

Es sei mir erlaubt, darauf hinzuweisen, daß das Prinzip der Aufteilung von Gesamtleistungen in einzelne *Stufen* oder der Zusammensetzung von vielfältigen und vielgestaltigen Mechanismen durch Einzelelemente, in Natur und Technik auf allen Gebieten angewendet wird. Wir wollen nicht zu weit gehen und an die Aufteilung der Substanz in Zellen und Molekel in diesem Zusammenhang nur mit Zurückhaltung denken und zur Kenntnis nehmen, daß die Größenordnung der Elemente nicht eine grundsätzliche, aber doch wesentliche Rolle spielt. Die Aufteilung in Stufen erfolgt stets dann, wenn es sich darum handelt, mit möglichst wenig Material oder sonstigem Aufwand ein Maximum an Leistung oder Zweckmäßigkeit, oder Vielseitigkeit zu erlangen. Man denke auf dem Gebiete der Mechanik an die Kette, als primitivstes Beispiel, wo durch die Gliederung eine universelle Beweglichkeit entsteht. Bei anderen qualifizierteren Beispielen findet man eine stets wiederkehrende Eigentümlichkeit. Man kann an den stufenweisen Energieabbau des hochgespannten Wasserdampfes in der Turbine oder Dampfmaschine, oder des Wassers im Gebirge durch verschieden hochgelegene Wasserwerke denken. Auf elektrischem Gebiet könnte die stufenweise Verstärkung im Verstärker oder die Segmentierung von Isolatoren (Kondensatordurchführungen) angeführt werden. Stets handelt es sich um eine Anpassung des Mechanismus an sich ändernde Faktoren der Leistung, wohl fast immer eines Potentials; bei der Dampfturbine bzw. Dampfmaschine um die Anpassung des Rotordurchmessers bzw. der Kolbenfläche an den abnehmenden Dampfdruck. Im Falle der Kondensatordurchführung handelt es sich darum, das elektrische Feld und die isolierenden Schichten und Abstände einander anzupassen und dadurch das Feld zu stabilisieren. Beim Verstärker wiederum wird durch die Stufen eine Anpassung an die Spannungs- oder Strombedürfnisse bezweckt.

Im Falle der Wirbelsäule findet man etwas ganz Ähnliches, nämlich eine Anpassung des Organs an die Bedürfnisse 1. der Bewegung, 2. der Festigkeit und 3. der Pufferung derart, daß durch Segmentierung mit dem Minimum an Materialaufwand ein Maximum an bestimmter Leistung mit höchstmöglicher Zuverlässigkeit erzielt wird. Es empfiehlt sich indessen mit derartig verallgemeinernden Gedankengängen nicht zu weit zu gehen, indem jeder Einzelfall doch einer besonderen Lösung bedarf.

c) Allgemeine Form.

Die allgemeine Form der Wirbelsäule wurde vom anatomischen Gesichtspunkt aus schon früher betrachtet. Dabei ist die Form zweier übereinandergestellten S im Profilbild das Auffälligste, während von vorne betrachtet die Wirbelsäule mehr oder weniger gerade erscheint. Es besteht kein Zweifel, daß diese Form wiederum einem ganz bestimmten Zwecke dient. Man denke sich die einzelnen Wirbelkörper geradlinig und senkrecht übereinandergeschichtet wie die planparallelen Steine eines Baukastens. Auch wenn die Körper nicht aneinander fixiert wären, würde sich eine so aufgebaute Wirbelsäule selber tragen, wenn zudem noch für eine genügend große horizontale Unterstützungsfläche gesorgt würde. Bei dieser Anordnung würde eine in der Längsachse wirkende Kraft zuerst die Bandscheibenpuffer zusammendrücken, wenn sie aber groß ist und weiterwirkt, dann muß eine Zertrümmerung der Elemente folgen, wenn sich die völlig gestreckte Wirbelsäule nicht nach einer Richtung ausbiegen könnte. Die Biegung könnte nur eintreten, wenn eine Asymmetrie des Aufbaues vorhanden wäre, die eine Ausbuchtung um die halbe Wirbelbreite bewirken würde. Im gebogenen Zustande würden dann die beiden Enden die Möglichkeit haben, sich zu nähern, und die einwirkende Kraft würde sich damit unter Umständen erschöpfen. Es liegt deshalb im Interesse der Aufrechterhaltung der Stütz- (und Schutz-) Funktion, die genannte *Asymmetrie* schon von vornherein zu schaffen. Die Form der Wirbelsäule ist geeignet, unter dem Einfluß axialer Kräfte federnd nachzugeben; sie wird dadurch in toto zu einem federnden Puffer. Wenn die Wirbelsäule die Form des geraden Stabes verläßt und diejenige einer *Feder*, z. B. eines Doppel-S, annimmt, dann müssen die Einzelelemente um so fester gegeneinander verbunden sein, d. h. die Bandscheiben müssen fester gebaut sein, indem sie jetzt auch *scherenden Kräften* standhalten sollen. Die Bandscheibe allein wird nicht mehr genügen; es treten die Bänder und die Intervertebralgelenke in Funktion. Dies um so mehr, je stärker die Form der Wirbelsäule von dem geraden und senkrechtstehenden Stab abweicht. Und schließlich werden zum Festhalten einer geeigneten Form vor allem die Muskeln herangezogen werden müssen. Dadurch tritt ein neues Moment in den Vordergrund, die *aktive Bewegung*.

Während Knochen, Bandscheiben, Gelenke, Kapseln und Bänder als passive Bewegungsfaktoren zwar von großer Wichtigkeit sind, kann eine aktive Bewegung doch nur unter Mithilfe der Muskeln, der Motoren des tierischen Körpers, erfolgen. Nicht nur, daß durch das Hinzutreten der aktiven Bewegungsfaktoren erst eine Bewegungsmöglichkeit überhaupt geschaffen wird, sondern es tritt damit auch erst das Phänomen der *Anpassung der Spannung* eines Bewegungssystems an besondere Bedürfnisse durch gleichzeitige Erhöhung des Tonus der eingesetzten Antagonisten ein. Einzelheiten hierüber folgen später. Wir wollen an dieser Stelle jedoch besonders festhalten: Je mehr die Form der Wirbelsäule von dem geraden und senkrecht gestellten Stab abweicht, um so mehr wird die Stützleistung vom starren Knochen (übereinandergeschichtete Wirbelkörper) weg auf die elastischen Stützfaktoren (Gelenke, Bänder) und auf die Muskulatur übertragen und umgekehrt. Damit wird der Knochen auf Kosten der Gelenke, Bänder usw. und der Muskeln entlastet; die Stütze aber wird geschmeidiger und beweglicher (qualitativ besser) gestaltet.

So kommt es, daß bei einer großen Zahl von normalen Menschen die physiologischen Krümmungen beim Aufrichten von Seitenlage zum Stehen oder Sitzen oder bei Belastung durch Gewichte nicht verstärkt, sondern gestreckt werden (BÜTIKOFER). Durch diese Veränderungen will sich die Muskulatur zuungunsten des Skelets, wie oben dargelegt, entlasten. Aus dem gleichen Grunde finden wir bei den verschiedensten krankhaften Zuständen, wie z. B. bei Entzündungen oder degenerativen Veränderungen, ein *Strecken der Lendenlordose*.

Es besteht aber die Möglichkeit, die Wirbelsäule aktiv zu strecken oder zu krümmen. Die Schwerkraft hat die Tendenz, die Krümmungen zu verstärken, und zwar sowohl die kyphotischen als auch die lordotischen Krümmungen. Die große Kyphose der Brustwirbelsäule scheint dabei am meisten gefährdet zu sein in bezug auf die Möglichkeit, unerträglich verstärkt zu werden. Die Rückenmuskeln, insbesondere der mediale Trakt, d. h. vor allem das transversospinale und, soweit vorhanden, das interspinale Muskelsystem, sind nach Lage und Funktion geeignet, der Kyphosierung entgegenzuwirken. Durch ihren Tonus halten sie die Wirbelsäule aufrecht. Ventrale kleine Muskeln sind im Bereiche der Brustwirbelsäule unnötig; sie werden durch die Wirkung der Schwerkraft ersetzt. Es gibt auch keine vorderen, direkt an der Wirbelsäule angreifenden Muskeln. Ganz anders im Bereiche der nach oben und unten sich anschließenden Lordosen. Um die Verstärkung der Lordosen zu verhindern, bzw. um die Lordose zu strecken, bedarf es ventraler Muskeln. Das ist der Psoas, der direkt an den Seitenflächen der Lendenwirbelkörper 1 bis 4 und den benachbarten Bandscheiben ansetzt und dann zwar den Stamm verläßt und hauptsächlich ein Schenkelbeuger wird. Durch Übertragung von der Brustwirbelsäule her wirken die vorderen (Rectus abdominis) und seitlichen Bauchmuskeln ebenfalls im Sinne der Streckung der Lendenwirbelsäule.

Bei der Lordose der Halswirbelsäule findet man ebenfalls funktionell ventrale, d. h. streckende Muskeln. Und zwar wieder solche, die direkt an den Körpern der Wirbel ansetzen und das Gebiet von C_2 bis Th_3 überspannen (Longus colli),

und solche, die, von der Wirbelsäule weiter entfernt, von Kopf und Thorax her
auf die Halswirbelsäule wirken (vordere Halsmuskeln).

Longus colli und Psoas vorne und Teile des Erector trunci (z. B. Semispinosus)
hinten, bewirken die *Streckung der Wirbelsäule* und ihr Tonus ist maßgeblich
für die *Haltung* des Stammes. Bei manchen Tieren, vornehmlich beim Pferd,
greifen die großen Oberschenkelstrecker Semimembranosus, Semitendinosus
und Biceps femoris, zum Teil bis an die Wirbelsäule hinauf. Der Erector trunci
bestimmt auch mit den übrigen ventralen und dorsalen Muskeln des Stammes
die Druck- und Biegungskräfte, die auf die Wirbelsäule wirken, und denen
die passiven Bewegungsfaktoren Gleichgewicht halten müssen.

d) Aufrechter Gang.

Das eben Gesagte gilt für den Menschen mit dauernd aufrechter Arbeitshaltung.

Es ist von vornherein anzunehmen und auch leicht verständlich, daß der
Körper des Vierfüßlers unter anderen statischen Verhältnissen steht. Beim Tier
ist die Körperachse quer, beim aufrechten Menschen dagegen längs zur Richtung
der Schwerkraft gestellt. Das bedingt zunächst einige selbstverständliche
Änderungen, die den Gesamtkörper betreffen. Dabei steht das Verhalten des
Stammes im Vordergrund. 1. Durch die Aufrichtung zum aufrechten Gang
wird der *Aufriß* des Körpers sehr viel kleiner, es kann deshalb die Unterstützungsfläche ebenfalls verkleinert werden. Sie reduziert sich von der durch die vier
tierischen Füße umschriebene Fläche auf die der zwei, zwar längeren menschlichen
Füße. 2. Beim Übergang zum aufrechten Gang findet eine *Drehung* der unteren
Extremitäten gegenüber der Stammachse um etwa 90° statt. Dieser rechte Winkel
wird aufgebracht zu einem Teil im Hüftgelenk, der andere Teil aber wird durch
die Abknickung im Promontorium erreicht. Die beiden Erscheinungen kann man
vorerst so betrachten, wie wenn der Stamm ein starrer Körper wäre. In der Tat
beobachtet man bei oberflächlicher Betrachtung keine wesentlichen Veränderungen
des Stammes der Menschen, wenn derselbe von der perpendiculären in die
horizontale Lage übergeführt wird. Wir haben nur dafür zu sorgen, daß der
Schwerpunkt des Gesamtkörpers in die Unterstützungsfläche hineinprojiziert
wird, d. h. über die Standfläche zu liegen kommt. Die Lageänderung wird unter
der Voraussetzung der Starrheit lediglich durch die Muskeln bewerkstelligt,
die den Stamm mit den unteren Extremitäten verbinden.

Schon die Art des Aufbaues des Stammes läßt jedoch erkennen, daß es sich
nicht um einen starren Körper, wie etwa ein behauenes Stück Holz, handelt.
Die einfachste und wahrscheinlich auch die zutreffendste Vorstellung der Konstruktion des Stammes ist wohl der Vergleich mit einem *Fachwerk.* Dabei kann
man der Körpersäule die Funktion des Druckbaumes beimessen, welcher die
Druckkräfte aufnimmt. An ihm greifen die Zugkräfte, realisiert durch Bänder
und Muskeln, an. Die starren Querverbindungen werden nach hinten und nach
beiden Seiten durch die Processus spinosi bzw. transversi, nach vorne durch
die Rippen dargestellt. Die hinteren Spannseile sind gegeben in den paaren
Ligg. flava, den unpaaren Ligg. inter- und supraspinosa und dem Erector trunci.
Die seitlichen Spanner sind die Ligg. intertransversaria und der Erector trunci,
die hinteren MM. intercostarii, sowie die seitlichen Bauchmuskeln. Die vorderen
Bauchmuskeln, insbesondere der M. rectus abdominis und die vorderen Halsmuskeln stellen die vorderen Spanner des Fachwerkes dar.

Es ist bemerkenswert, daß der geschilderte Aufbau für den Menschen wie für
den Vierfüßler und auch für die niederen Vertebraten grundsätzlich in gleicher
Weise gilt. Man erkennt schon aus der großen Ähnlichkeit der Konstruktion

der Grundelemente die relativ geringe Verschiedenheit der statischen Funktion bei
Mensch und Vierfüßler. Es fällt deshalb schwer, zu glauben, daß der Übergang von
der horizontalen zur vertikalen Stellung des Körpers eine tiefgreifende Änderung
der Statik des Stammes und damit der Wirbelsäule zustande gekommen ist.

Immerhin läßt schon das Experiment der Ventralflexion des menschlichen
Körpers am Spiel der Rückenmuskeln erkennen, daß dabei physiologische
Änderungen auftreten. Die Funktionen, die dabei auftreten, sind aber größten-
teils auf den aktiven Bewegungsapparat beschränkt und bestehen in stellenweiser
Erhöhung, bzw. Herabsetzung des Tonus der Muskulatur. Alle tiefergreifenden
Veränderungen sind wahrscheinlich vorwiegend durch dynamische Eigentümlichkeiten bedingt. Jedenfalls scheint es geboten, in der Anwendung von Methoden
und Auffassungen der technischen Festigkeitslehre auf die Behandlung von
biologischen Festigkeitsfragen sehr vorsichtig zu sein, weil man bei der Anwendung von Vereinfachungs- oder Annäherungsverfahren nie weiß, wie weit
man vom tatsächlichen Zustand entfernt ist.

Es ist anzunehmen, daß es lediglich eine Frage der Übung ist, ob der Mensch
lernt, dauernd auf allen vieren zu gehen. Eine andere Frage ist es freilich umgekehrt,
ob der Vierfüßler bezüglich der Statik der Wirbelsäule die Möglichkeit hätte, dauernd
aufrecht zu gehen. Der menschliche Gang ist doch wohl eine qualifiziertere Methode,
sich fortzubewegen. Es gibt ein weiteres Zeichen, das mit einer gewissen Wahrscheinlichkeit dagegen spricht, das ist das verschiedene Verhältnis der Flächen
der Wirbelquerschnitte und der Gewichte der Wirbel im Hals- und Lendenteil.
Wenn man nämlich an Wirbelsäulen verschiedener Tiere die *Flächen* der Querschnitte der Wirbelkörper ausmißt, so findet man, daß sie vom Hals- zum Lendenteil nur um das 1,3- bis 1,8fache zunimmt, wie aus der Tabelle hervorgeht. Beim
Menschen dagegen findet man etwa den 7fachen Wert. Für das Pferd ist dieses
Verhältnis sogar kleiner als eins, was sagen will, daß der größte Lendenwirbel
kleiner ist als der größte Halswirbel (vgl. die Tabelle 1). Aus der Zusammenstellung geht weiter hervor, daß es beim Vierfüßler einen Brustwirbel gibt,
der kleiner ist als der größte Hals- und der größte Lendenwirbel, also ein Minimum
an Fläche (mit Ausschluß der ersten zwei Cervicalwirbel) aufweist. Dieses Minimum liegt bei Pferd und Ziege bei Th_8; er rückt aber in der Reihenfolge der von
links nach rechts aufgeführten Tiere stetig nach oben. Beim Bären liegt es bei Th_2.
Gorilla und Mensch haben kein solches Minimum; es wird die Wirbelkörperfläche
von C_3 bis L_4, L_5 zwar verschieden rasch, aber stetig zunehmen. Die Reihenfolge
für die Verschiebung des kleinsten Brustwirbels ist die gleiche wie diejenige für
die Vergrößerung des Verhältnisses von Lenden- zu Halswirbel. Vergleicht man
die Fläche des Wirbelkörpers mit derjenigen des Foramen intervertebrale, so
ist der Ausschlag dieser Quotienten noch viel ausgesprochener und steigt beim
Menschen gegen 10. Man könnte zwar einwenden, daß der Wirbelkanal nicht nur
das Rückenmark, sondern auch Gefäße enthalte, und daß sein Lumen auch
durch die Größe dieser Teile bestimmt werde. In der Tat gibt es Vertebraten,
bei denen das Foramen vertebrale mehr als zur Hälfte mit einem mächtigen,
neben dem Rückenmark gelegenen venösen Gefäß ausgefüllt ist, das die Vena
azygos und bei einigen Formen sogar die Cava ersetzen kann. Sie steht mit
transvertebralen und mit namentlich rechts mächtigen intervertebralen Venen
in Verbindung. Das Foramen vertebrale zeigt in solchen Fällen, wie sie bei
Faultieren (DE BURLET) und Walen (BRESCHET) oft vorkommen, deutlich die
Unregelmäßigkeit der Einbuchtungen durch Vene und Rückenmark. Beim Menschen ist aber diese Vene durch ein relativ unscheinbares Venengeflecht ersetzt,
so daß die Größe des Foramen intervertebrale wirklich grosso modo dem Querschnitt des Rückenmarkes auf der gleichen Höhe entspricht.

Tabelle 1. Verhältniszahlen von Gewicht und Endfläche der Wirbelkörper.
Erste Zeile: Relatives Gewicht (Gew.), bzw. Fläche (Fl.) des schwersten, bzw. größten
Halswirbels, bei Gorilla und Mensch des 5. Halswirbels. Zweite Zeile: Ordnungszahl
des kleinsten Brustwirbels, dessen Gewicht, bzw. Fläche 1,0 gesetzt ist. Dritte
Zeile: Relatives Gewicht und Fläche des maximalen Lendenwirbels. Letzte Zeile:
Verhältnis von Lendenwirbel zu Halswirbel.

	Pferd		Ziege		Hund		Löwe		Bär		Gorilla		Mensch	
	Gew. (WENGER)	Fl. (WENGER)	Gew. Verfasser	Fl. Verfasser	Gew. Verfasser	Fl. Verfasser	Gew. Verfasser	Fl. (H. VIRCHOW)	Gew. Verfasser	Fl. (H. VIRCHOW)	Gew. Verfasser	Fl. Verfasser	Gew. Verfasser	Fl. Verfasser
Maximaler, bzw. 5. Halswirbel	3,8	1,7	4,2	1,5	2,9	1,4	1,4	1,3	1,1	1,2	1,1	0,8	0,7	0,6
Brustwirbel, dessen Wert = 1,0 gesetzt ist	7	8	9	8	7	6	5	5	2	4	5	5	5	5
Maximaler Lendenwirbel	2,2	1,3	2,5	1,8	3,0	2,4	2,5	2,7	3,1	2,5	2,8	2,3	2,3	4,0
Lendenwirbel/Halswirbel	0,6	0,8	0,6	1,2	1,05	1,7	1,8	2,1	2,8	1,5	2,6	2,9	3,3	6,8

In diesem Zusammenhang denken wir daran, daß die Größe der Querschnitte
der Körperachse wohl ein Maß für die daselbst wirkenden Zug- und Druckkräfte abgibt, nicht aber ein Maß darstellt für Kräfte, die in anderer Richtung
wirken. Die Summe aller an einem Wirbelkörper wirkenden Kräfte dürfte sich
eher in seinem Gewicht widerspiegeln. Wir betrachten deshalb nochmals die
Tabelle 1, wo auch die Gewichte der Wirbelkörper eingetragen sind. Es zeigt
sich denn auch, daß die soeben für die Fläche angeführten Eigentümlichkeiten
zum Teil in vermehrtem Maße für die Gewichte gelten. Das Minimum im Thoracalteil der Tiere ist sehr ausgesprochen; ebenso deutlich fehlt es beim Menschen.
Es ist interessant, daß der Gorilla zwischen Bär und Mensch darinnen steht.
Er ist zwar ein ausgesprochener Vierfüßler, aber seine vorderen Extremitäten
lösen sich doch von der Unterlage und entziehen sich in bemerkenswerter Weise
der Tätigkeit der Lokomotion und des Stehens. Im Gegensatz dazu gilt für unsere
Haustiere und den Löwen: wenn schon auf den Beinen, dann auf allen vieren.
Schon für den Grabenbären scheint mir dieser Grundsatz nicht so kategorisch
gültig.

Es liegt wohl am nächsten, die angeführten Beobachtungen auf den aufrechten
Gang (Zunahme der Stützfunktion gegenüber dem Schutz) zurückzuführen.
Dabei tritt die Frage auf, ob die Zunahme der Wirbelkörperfläche und Gewicht
lediglich durch die Gewichtszunahme des zu tragenden, überstehenden Körper-
teils bedingt ist. Es ist kein Zweifel, daß diese Überlegung zum Teil das Richtige
trifft. Jedoch ist nicht anzunehmen, daß nur das *Gewicht*, d. h. die Gravitation
an sich für die Wirbelkörpervergrößerung verantwortlich ist. Vielmehr wirkt
das vermehrte Gewicht über den verstärkten Tonus, bzw. über die Vergrößerung
der für die Aufrechterhaltung des Stammes nötigen Muskelmassen im Gegensatz
zum Tier in den unteren Körperteilen. Diese Massenzunahme der Muskulatur
zeigt sich am sinnfälligsten in der Querschnittszunahme des Erector trunci,

insbesondere des lateralen Tractus (Longissimus und Iliocostalis) beckenwärts. Beim Haustier findet man grundsätzlich eine gleiche Verteilung der Muskulatur. Auch eine Zunahme der Muskelmasse cranialwärts, insbesondere durch den M. splenius und M. semispinalis capitis kommt beim Menschen und beim Vierfüßler vor. Es liegt jedoch auf der Hand, daß die Muskelmassierung an der Cervicodorsalgrenze beim Tier erheblich ausgeprägter ist. Das wird einmal sicher durch den horizontal frei getragenen Hals mit im allgemeinen schwerem Kopf an langem Hebelarm bedingt sein. Anderseits wirkt ebenso sicher auch die vordere Körperstütze in diesem Sinn, und zwar sowohl als Stütze an sich als auch als bewegungsbedürftige Extremität.

Es sei in diesem Zusammenhang auf ein weiteres Zeichen hingewiesen, das möglicherweise für die statische Bedeutung des aufrechten Ganges beim Menschen verwendet werden könnte. Ausgedehnte Untersuchungen an Ausgrabungen und an rezenten Säugern (vgl. S. 142 ff.) haben ergeben, daß die Osteochondrose, bzw. die deformierende Spondylarthrose heute und in früheren Jahrhunderten bei Mensch und Säuger eine sehr allgemein vorkommende degenerative Veränderung darstellt. Während aber auch bei ausgegrabenen alten menschlichen Wirbelsäulen SCHMORLsche Knoten häufig zu treffen sind, fehlen sie beim Vierfüßler vollkommen. Es läge nahe, diese Beobachtung auch auf den vermehrten Druck auf die Bandscheiben durch die Schwere des Körpers zurückzuführen. Diese Auffassung ist keinesfalls richtig, sonst müßten die *Knorpelknoten* von oben nach unten an Häufigkeit oder Größe zunehmen. Das ist aber nicht der Fall. Weder der Druck durch die Schwere noch durch den Muskelzug kann also für den unterschiedlichen Befund zwischen Mensch und Tier verantwortlich gemacht werden. Es mussen andere Faktoren mit im Spiele sein. Wahrscheinlich sind es die Verhältnisse um die Epiphysen bzw. Randleisten. Vergleiche das früher über die Entwicklung der Wirbelsäule Gesagte.

Aus den Betrachtungen, wie sie soeben durchgeführt wurden, geht jedenfalls nichts hervor, was die vollauf berechtigte Annahme mancher Autoren entkräften würde, daß nämlich die statischen inneren Kräfte, die im Stamm, insbesondere längs der Wirbelsäule wirken, vorwiegend durch den Zug von Bändern und Muskeln bedingt sind und daß die Kräfte durch Schwere in den Hintergrund treten (DUBOIS). Freilich müssen wir in diesem Zusammenhang auch daran denken, daß, wenigstens zeitweise, nicht einfach der *Gleichdruck* des Körpergewichtes die Belastung der Wirbelkörper darstellt, sondern die *lebendige Kraft*. Dabei wirkt bekanntlich das Quadrat der Geschwindigkeit, bzw. ihr halbes Produkt mit der Masse. Diese Wirkung tritt immer dann auf, wenn der Körper in einer Bewegung mit vertikaler Komponente plötzlich aufgehalten wird. Das kommt besonders beim Befahren von unebenen Straßen, beim Reiten, Treppabgehen usw., in weniger hohem Maße bei vielen anderen täglichen Verrichtungen vor. Die Vertikalkomponente der lebendigen Kraft dürfte im allgemeinen groß sein, sie wirkt axial auf die Wirbelsäule. Die scherende Querkomponente wird im Mittel dagegen wohl klein. Ganz anders beim Vierfüßler, wo die Hauptkraft eine Biegungsbelastung der Wirbelsäule darstellt. Es ist nun durchaus denkbar, daß diese Belastung durch Stöße, d. h. durch einen *Wechseldruck*, unter Umständen die Kräfte des Tonus der Muskeln, der Kapseln und Bänder zeitweise übersteigt. Jedenfalls spielen die Stöße eine gewisse wichtige Rolle, das kann man an dem Aufwand an Puffermechanismen erkennen, die wir oben besprochen haben und die zur Abschwächung der *Impulsbelastung* dienen.

Wenn wir aber die Stoßbelastung für den Unterschied im Auftreten von SCHMORLschen Knoten bei Mensch und Tier in Anspruch nehmen wollen, so sehen wir bald, daß dies nicht angängig ist, indem der Druck auf den Wirbelkörper bei Biegung eher größer sein kann, indem Stöße im täglichen Leben beim Tier wohl häufiger und stärker sein dürften. Es bleibt also dabei: das Fehlen von Nucleushernien in dem Wirbelkörper ist durch den soliden Abschluß derselben beim Tier bedingt.

Dagegen liegt es nahe, die Zunahme der Wirbelkörperquerschnitte und Wirbelgewichte caudalwärts beim Menschen auf die Impulsbelastung zurückzuführen. Diese Annahme ist um so einleuchtender, als im Querschnitt der Lendenwirbelsäule nicht nur die Masse der Überschicht, sondern auch — in der Nähe der einzigen Basis — die Geschwindigkeit am größten, die Pufferung am schlechtesten gefunden werden muß. Die aus allgemeinen Gesichtspunkten hervorgehenden, oben geschilderten Resultate der Statik und Dynamik bezüglich der Wirbelsäule sind eigentlich recht mager, wenn man an die formalen Konsequenzen des aufrechten Ganges (Promontorium, Geburtskanal, Kopfstellung, Sinnesorgane usw.) denkt. Wir wollen immerhin festhalten, daß die kontinuierliche Zunahme der Wirbelmassen und des Querschnittes seiner Körper in Richtung gegen das Becken zu auf diese oder jene Art eine Folge des aufrechten Ganges ist.

2. Die Beweglichkeit der menschlichen Wirbelsäule.

Wir haben früher von der erstaunlichen Beweglichkeit einer frischen, jugendlichen, von den Bogenteilen befreiten Körpersäule gesprochen und S. 42 gezeigt, daß die Neigung eines Körpers gegenüber dem Nachbarn wie auf einer Kugel nach allen Seiten hin erfolgen kann. Ersetzen wir nun die Körpersäule durch eine macerierte, aber vollständige Wirbelsäule, so beobachtet man vor allem eine erhebliche Einschränkung der Beweglichkeit. Die Herabsetzung der Beweglichkeit ist vornehmlich durch die Intervertebralgelenke bedingt, die ihrerseits von der Fülle der Bewegungen in den Bandscheiben eine gewisse Zahl verbietet und nur ganz bestimmte Bewegungen zuläßt, die durch Form und Stellung der Gelenkflächen gegeben sind.

Betrachtet man die Wirbelkörper und die Profile der Gelenke auf S. 26, so lassen sich die Achsen der verschiedenen Bewegungen: ventrale und dorsale Sagittalflexion; rechte und linke Lateralflexion und Rotation einigermaßen bestimmen.

Brustwirbelsäule. Die Flächen der beiden Gelenke liegen auf einer Kugel, deren Mittelpunkt an der Vorderfläche des unteren Wirbelkörpers, etwa in der Mitte seiner Höhe und median gelegen ist. Die Bewegungen in der Sagittalebene, *Ventral- und Dorsalflexion*, sind in der Brustwirbelsäule ausgiebig, indem sich die beiden Gelenkteile gegenseitig verschieben (Schiebegelenke). Die Kippung zweier Wirbel gegeneinander erfolgt in einer horizontalen, frontalen Achse, die im Ligamentum longitudinale anterius in Körpermitte gelegen ist. Entsprechend der zunehmend horizontalen Einstellung der Sagittalprofile nach oben liegen auch die Achsen der Dorsal- und Ventralflexion in der oberen Brustwirbelsäule je am Wirbelkörper tiefer als in dem unteren Abschnitt. Die *Rotation* ist ohne starke Scherung in der Bandscheibe nur in geringem Ausmaße möglich. Die *Lateralflexion* ist ebenfalls gering. Angepaßter ist eine Flexion mit Rotation nach der Seite der Flexion oder umgekehrt. Die Winkelmaße der Bewegungen sind in der Tabelle 2 eingetragen. Man erkennt, daß die größte sagittale Biegsamkeit in den obersten Brustwirbeln gelegen ist. Nach unten nimmt die Gesamtflexibilität ab, namentlich auf Kosten der Dorsalflexion; welch letztere in dem untersten Thoracalabschnitt wieder etwas zunimmt. Die Lateralflexion ist in der ganzen Brustwirbelsäule etwa gleichmäßig ausgiebig.

Halswirbelsäule. Die Achsen für die *Sagittalflexionen* treten am Wirbelkörper noch tiefer als im Gebiet der oberen Brustwirbelsäule, entsprechend der weit-

Tabelle 2. Winkelgrade der zwischen den einzelnen Wirbeln am Lebenden möglichen Bewegungen (nach BAKKE).

	Dorsal	Ventral	Sagittal	Lateral total		Dorsal	Ventral	Sagittal	Lateral total
C_1	0,0	11,9	11,7	1,3	Th_1	4,8	5,0	9,8	2,0
C_2	9,6	3,0	12,6	3,5	Th_2	0,8	3,7	4,5	3,5
C_3	12,3	3,1	15,4	4,8	Th_3	0,1	3,5	3,6	3,3
C_4	12,3	2,8	15,1	4,5	Th_4	0,7	4,3	5,0	3,3
C_5	16,6	3,8	20,4	5,0	Th_5	0,4	4,2	4,6	2,3
C_6	13,4	3,6	17,0	4,0	Th_6	0,9	4,2	5,1	2,5
C_7	6,2	4,0	10,2	2,8	Th_7	1,1	4,3	5,4	2,3
Th_1					Th_8	1,2	3,7	4,9	2,3
					Th_9	1,6	3,5	5,1	2,3
	70,4	32,0	102,4	25,9	Th_{10}	1,5	2,7	4,2	2,4
					Th_{11}	2,7	2,8	5,5	2,6
L_1	6,6	2,0	8,6	3,5	Th_{12}	—	—	—	3,5
L_2	8,0	3,0	11,0	4,0	L_1				
L_3	9,0	3,0	12,0	5,4					
L_4	10,2	3,7	13,9	4,7		15,8	41,9	57,7	32,3
L_5	16,4	2,2	18,6	3,4					
S_1									
	50,2	13,9	64,1	21,0					

gehenden Horizontalstellung der Intervertebralgelenke. Die Scherung bei den Sagittalbewegungen wird stärker, so daß die Wirbelkörper bei Ventralflexion dachziegelartig übereinandergeschoben werden; die Hemmung dieser Bewegung erfolgt durch die Bandscheiben. Die *Rotation* allein wird durch die weit abstehenden Intervertebralgelenke stark gehemmt. Zudem liegen die beiden Gelenke fast in einer Ebene, so daß der Rotationsmittelpunkt weit nach vorne zu liegen kommt. Auch die *Neigung nach der Seite* ist im Halsteil nur wenig ausgiebig. Eine Verquickung von Neigung und Rotation ist wie bei der Brustwirbelsäule ausgiebiger möglich. Nach der Tabelle von BAKKE (1) besteht die größte Sagittalbeweglichkeit zwischen 5. bis 6., die größte seitliche Biegung zwischen dem 3. bis 5. Halswirbel.

Lendenwirbelsäule. Die *Rotation* fehlt fast vollständig, was begreiflich erscheint, wenn man die Horizontalprofile der Abb. 26a betrachtet. Man erkennt, daß die Rotationsachse hinten etwa in der Spitze des Processus spinosus gelegen ist. Beide *Flexionsrichtungen*, die sagittale und die seitliche, sind jedoch im Lendenteil ausgiebig möglich. Die horizontalen Achsen, also die frontale und die sagittale, gehen annähernd durch den Nucleus pulposus. Trotz der Steilstellung der Gelenke tritt bei starker Ventralflexion eine Verschiebung des oberen Wirbelkörpers über den unteren nach vorne, und in umgekehrter Richtung bei Biegung nach hinten ein. Diese Erscheinung macht sich namentlich auch an der Lumbosacralgrenze sehr deutlich bemerkbar, weil die Lumbosacralgelenke im allgemeinen weniger steil (horizontaler) gestellt sind als ihre oberen Nachbarn. Die Abb. 35a zeigt Aufnahmen bei maximaler Dorsal- und Ventralflexion eines jungen Mannes.

Aus der obenstehenden Tabelle 2 ist ersichtlich, daß die sagittale Biegsamkeit zwischen 4. und 5. Lendenwirbel, die seitliche Flexibilität dagegen zwischen 2. bis 5. Lendenwirbel am größten ist.

Es ist festzustellen, daß die lumbalen Intervertebralgelenke nicht Kugelsektoren, sondern Zapfen aus Zylindersegmenten darstellen, wobei die unteren Gelenke durch die oberen des nächstunteren Wirbels umschlossen werden. Dabei wird ihr Gelenkspalt bei jeder Abweichung von der Mittellage keilförmig gestaltet, und zwar wird das keilförmige Profil bei Sagittalflexion in den vorderen und medialen Gelenkteilen in der seitlichen Aufnahme sichtbar. Bei seitlicher Flexion dagegen tritt die Keilform in den hinteren und lateralen Teilen auf; sie ist meist in der sagittalen und stets in der fast sagittalen Aufnahme zu erkennen.

Ähnliche Extremlagen, wie wir sie hier als vorübergehend unter dem Kapitel der Physiologie besprochen haben, kommen bei pathologischen Veränderungen unter Umständen dauernd vor. Man wird die Ähnlichkeit der Bilder und der

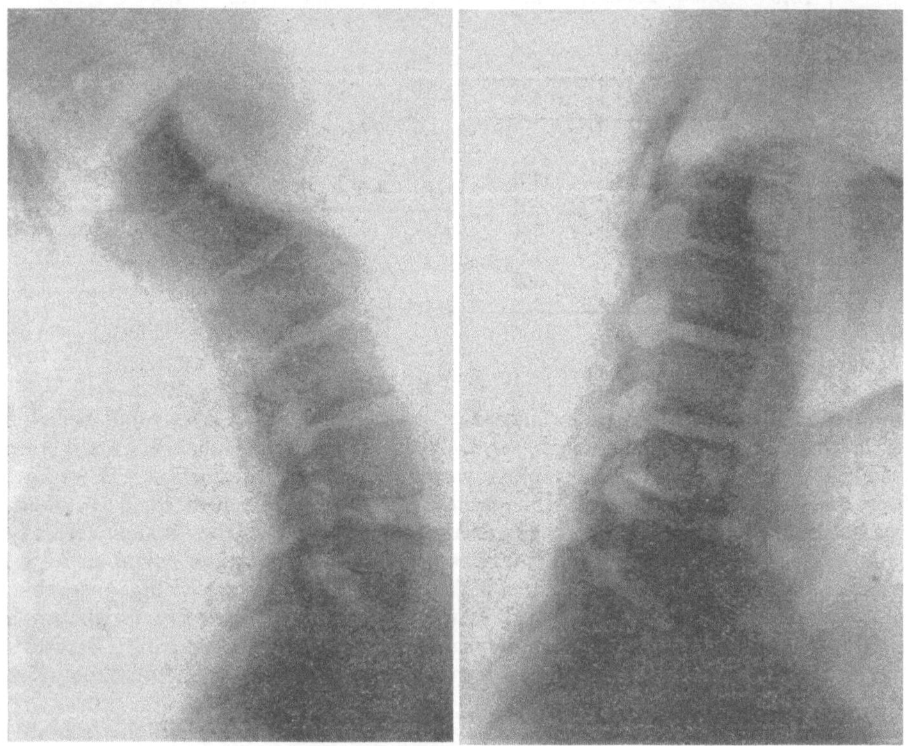

Abb. 35 a. Dorsal- (li.) und Ventral- (re.) Flexion der Lendenwirbelsäule eines 28jährigen Mannes. Man erkennt die geringfügige Verschiebung des oberen Wirbelkörpers nach hinten bei Flexion nach hinten. Die Neigung des Beckens in den Hüftgelenken ist im Bild ausgeglichen worden durch Parallelstellung der Sacrumunterfläche auf etwa 23° zur Horizontalen. Dadurch bekommt auch der sichtbare Spiegel der Magenblase im re. Bild eine Neigung zur Horizontalen. 1/2.

Überlegungen dort wiederfinden, weshalb eine gesamthafte Besprechung hier am Platze war. Die Bewegung in den echten Gelenken der zwei obersten Wirbel, im *Atlanto-Occipital-* und *Atlanto-Epistrophealgelenk* weicht zwar nicht grundsätzlich, aber im Ausmaß stark von den übrigen Bewegungen der Wirbelsäule ab. Diese Gelenke vermitteln die Neigung des Kopfes nach oben und unten (Nickbewegung) einerseits und die Drehung des Kopfes um die Längsachse der Halswirbelsäule anderseits. Die Nickbewegung erfolgt vorwiegend im oberen Gelenk. Seine schuhsohlenförmigen konkaven Gelenkflächen am Atlas bilden Segmente eines eiförmigen Rotationsellipsoids. Die Hauptbewegung, 20° nach vorne, 30° nach hinten, erfolgt um die Längsachse, die frontal oder, besser gesagt, quer zum Atlas gelegen ist und dicht hinter den Gehörgang verläuft. Die Drehung um eine kurze (sagittale) Achse (Seitwärtsneigen) ist sehr gering. Die Neigung des Kopfes nach hinten erfolgt ausschließlich im atlantooccipitalen Gelenk. Bei maximaler Neigung symmetrisch nach unten dreht sich auch der Atlas um eine transversale Achse im atlantooccipitalen Gelenk mit. Dabei gleitet der vordere Atlasbogen entlang des Dens nach unten, was anderseits zum Klaffen der oberen Gelenkpartie führt.

Die Drehbewegung des Kopfes erfolgt im Atlanto-Epistrophealgelenk um den Dens epistrophei als Achse. Die beiden oberen Gelenkflächen des Epistropheus sind sehr flache, lateral abschüssige Rollen, auf denen die unteren Gelenkflächen

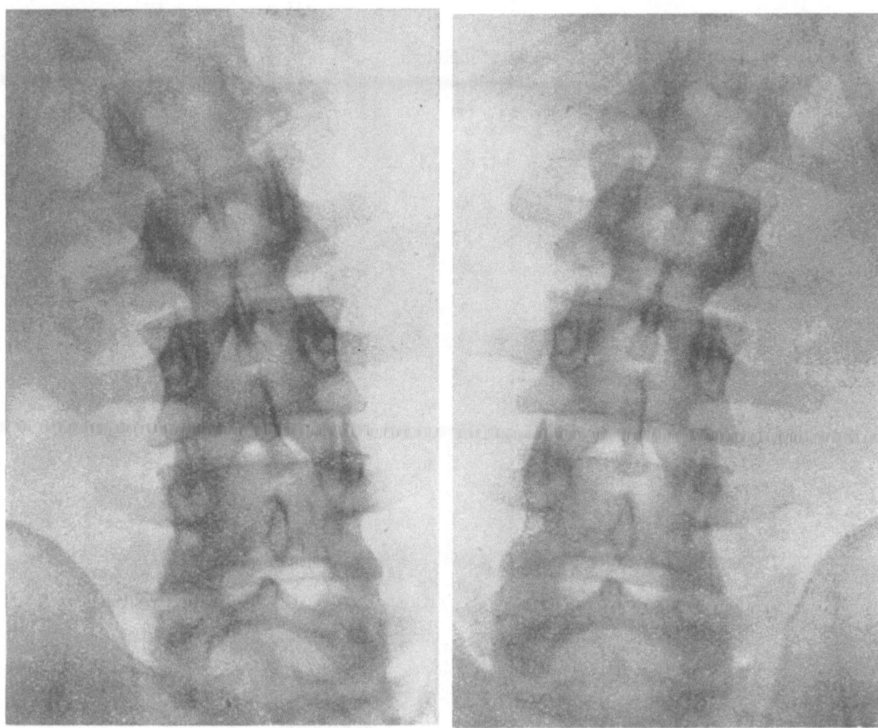

Abb. 35 b. Lateralflexion der Lendenwirbelsäule. 28jähr. ♂. Man erkennt die sehr geringen Verschiebungen der Teile der Intervertebralgelenke und deren Klaffen. 2/3.

des Atlas aufsitzen. Bei Rotation tritt der Atlas um einige Millimeter tiefer. Seine maximale Drehung beträgt etwa 60° im ganzen.

Die in diesem Kapitel beschriebenen, möglichen Bewegungen werden durch die Muskeln bewirkt, die wir früher beschrieben haben. Auf Einzelheiten der Muskeltätigkeit sei verzichtet: aus dem Schema der Abb. 29 geht das Nötigste hervor.

II. Die Fehlbildungen und Variationen der menschlichen Wirbelsäule.

Bei der Betrachtung der Fehlbildungen der menschlichen Wirbelsäule müssen wir erst unterscheiden zwischen den einfachen Variationen nach Form (Größe) und Zahl der Wirbelkörper und den eigentlichen Fehlbildungen.

A. Fehlbildungen.

Sie haben ihre causale Genese im Entwicklungsvorgang, der weiter vorne eingehend beschrieben wurde. Im vorliegenden Falle kommen im besonderen folgende Möglichkeiten der Einteilung in Betracht: Die Fehlbildung hat ihren Grund in Entwicklungsfehlern 1. der Chorda, 2. der Sclerotome, 3. der Vascularisation (JUNGHANNS). Unter 2 wäre sensu ampliori die extrachordale Segmentierung überhaupt zu verstehen. Dies wäre ein Gesichtspunkt der Einteilung der Fehlbildungen. Ein anderer Gesichtspunkt wäre die entwicklungsgeschichtliche zeitliche Tiefe

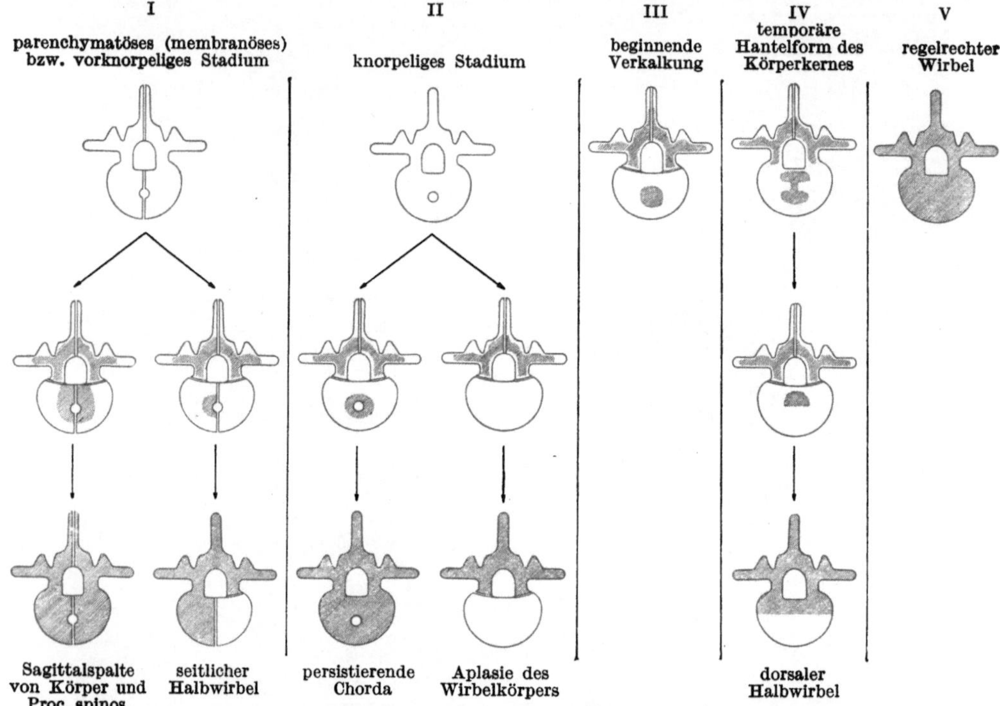

Abb. 36. Schema der Wirbelfehlbildungen.
Obere Reihe: regelrechte Entwicklung der Wirbel in den fünf Stadien I bis V dargestellt; mittlere und untere Reihe: von den Stadien I bis V abgeleitete Fehlbildungen, Knochen schraffiert. (In Anlehnung an JUNGHANNS.) Vgl. S. 2.

des Auftretens der Fehlbildung. Man könnte dann etwa von Fehlbildungen sprechen, die auf 1. die Entwicklung des membranösen, 2. des knorpeligen und 3. des knöchernen Achsenskelets zurückgehen müssen.

Um das Kapitel aber möglichst einfach zu gestalten und um an andere Darstellungen ungezwungen anzuschließen, sprechen wir 1. von Verwachsungen, 2. von Spaltbildungen und 3. von Verlagerungen. Diese rein formale und recht oberflächliche Einteilung hat den Vorteil der Verständlichkeit. In jede Gruppe können sich die Fehlbildungen wieder beziehen a) auf die Wirbelkörper und Bandscheiben und b) auf die Bogenteile. An den Kopf der Betrachtungen sei ein Schema in Anlehnung an JUNGHANNS gesetzt (Abb. 36).

1. Verwachsungen.

a) Wirbelkörper und Bandscheiben.

Angeborene Blockwirbel. Man findet nicht selten in klinischen Röntgenbildern Verwachsungen von zwei, selten von mehreren Wirbelkörpern. Dabei kann noch

ein Teil der Bandscheibe erhalten geblieben sein, meist ist vorne oder in der
Mitte des Wirbelkörpers ein Stück derselben zu erkennen; stets aber ist der
Rest stark in der Höhe verkleinert. Trotzdem ist der ganze Block oft nicht
niedriger als die Summe der benachbarten Wirbelkörper, sogar unter Umständen
mitsamt den dazwischenliegenden Bandscheiben. Eine Verbiegung der Wirbel-
säule kommt dann nicht zustande. Die Projektion des Foramen intervertebrale
ist naturgemäß nach Form und Größe verändert. Nicht selten sind nicht nur die
Wirbelkörper, sondern auch die Bogenteile mit den Processus spinosi verwachsen.
Meist werden Hals- und Lendenteil von diesen angeborenen Blockwirbeln befallen.
Selbst L_5 und S_1 können zu einem Blockwirbel verschmolzen sein.

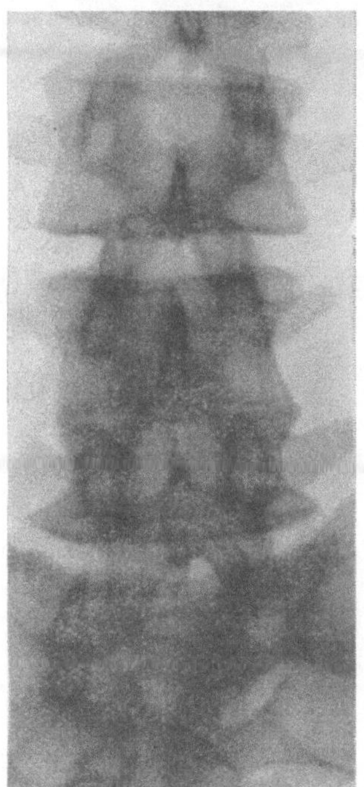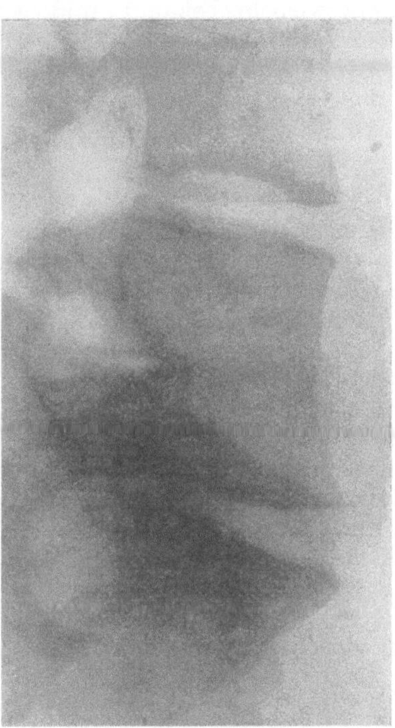

Abb. 37. Kongenitaler Block von L_4 und L_5. Die verschmolzenen Wirbelkörper sind wenig niedriger als ihre
Nachbarn, keine Keilform, Achsen nicht geknickt, Proc. spinos. und Bogenteile getrennt. Nr. 1001. 2/3.

Die Einzelheiten der Genese sind nicht bekannt. Es liegt nahe, daß es sich
beim Blockwirbel um eine Aplasie der Bandscheibe handelt, indem die Wachs-
tumsschichten des Wirbelkörpers versagen oder überhaupt nicht ordentlich angelegt sind. Es kann auch an einer genügenden Vascularisation gebrechen. Man
kann sich aber auch denken, daß bei jenen Fällen, wo der Bogen mitmacht,
die Bandscheibe sekundär verkümmert ist. Schließlich aber braucht man nicht
so weit zu suchen, da ja eine Körper- und Bogenverschmelzung (oder auch Nicht-
verschmelzung) im Sacrum normal und zeitlich und im Ausmaß recht variabel ist.

Differentialdiagnostisch tritt der erworbene Blockwirbel in Konkurrenz, ein
Block, der nach Ausheilung eines die Bandscheibe zerstörenden Prozesses zustande kam. Die Anamnese, röntgenologische Zeichen der abgelaufenen Entzündung — es sind meistens lokalisierte Infektionen — am Knochen selbst oder
in seiner Umgebung (Abszeßverkalkungen usw.), Zeichen einer stärkeren Veränderung der Form (Gibbus) und der Höhe des Blockes werden oft zu einer
Sonderung zwischen angeborenem oder erworbenem Blockwirbel führen können,

insbesondere z. B. wenn noch Bogenteile in typischer Weise verschmolzen sind (angeboren). Die differentialdiagnostische Entscheidung gelingt aber nicht immer ohne die Möglichkeit des Vergleiches mit früheren Röntgenbildern desselben Kranken aus einem anderen Stadium der Erkrankung.

b) Bogenteile.

Verwachsungen von Bogenteilen sind bei Übergangswirbeln bekannt und sollen dort bei den Variationen behandelt werden. Über Bogenverwachsungen bei angeborener Blockbildung haben wir soeben gesprochen.

2. Spaltbildungen.

a) Wirbelkörper und Bandscheiben.

α) **Sagittalspalten.** Spaltbildungen, die den Wirbelkörper betreffen, also vordere, ventrale Spalten, *Rhachischisis anterior*, sind meist sehr ausgedehnte Fehlbildungen, die dem Individuum das Leben nicht gestatten. Das ist auch verständlich, wenn man bedenkt, daß sie ihren Grund in sehr frühen Störungen des membranösen Achsenskelets haben. Die ausgedehnten Mißbildungen sind wahrscheinlich spätestens bedingt durch Spaltung der Chorda selbst; oft aber sind noch tiefer greifende und noch frühere Störungen mit im Spiele.

Es besteht aber die Möglichkeit, daß die Sagittalspaltung des Wirbelkörpers

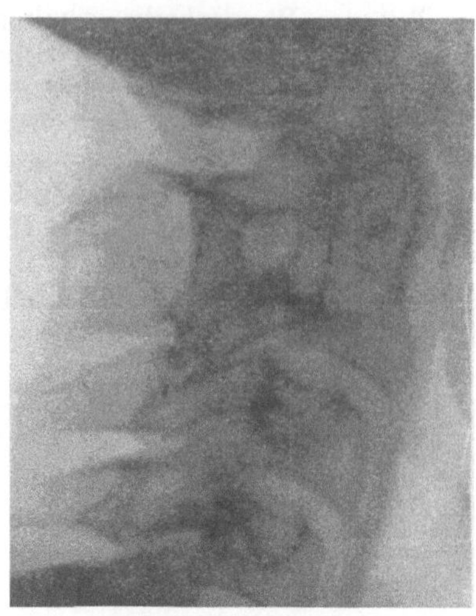

Abb. 38. Angeborener Block von C₂ und C₃ mit Reduktion von C₁. 47jähr. ♀. Völlige Verwachsung der Bogenteile. Nr. 65425.

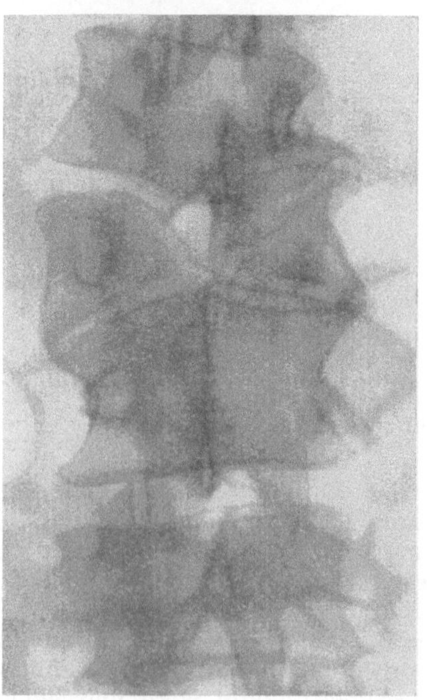

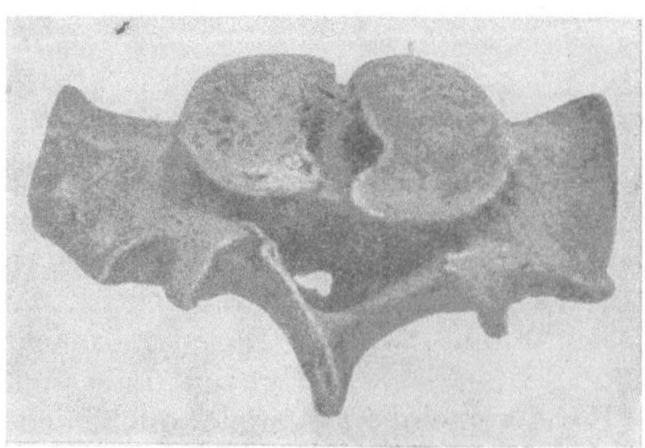

a)   b)

Abb. 39. Sagittalspalte des Wirbelkörpers.
a) Ansicht der Sagittalspalte eines lumbosacralen Übergangswirbels (nach FRETS). b) Röntgenbild eines Schmetterlingswirbels (L₃). 47jähr. ♀. (SCHINZ.)

nur an vereinzelten Wirbeln beobachtet werden kann. Es kann dann vorkommen, daß ein Teil des Inhaltes des Rückenmarkkanals in die Spalte eindringt, dies besonders in der Gegend des Kreuzbeines: *Spina bifida anterior* mit Meningocele mit oder ohne neurologische Symptome. Die Sagittalspalte zeigt jedenfalls wie die Abb. 39 a nach FRETS eine deutliche Ausbuchtung in der Chordagegend. Die beiden Wirbelkörperhälften sind lateral höher als in der Gegend der Spalte und stellen im Röntgenbild eine Form dar, die einem Schmetterling gleicht; *Schmetterlingswirbel.* Meist entsteht ein geringer Gibbus.

β) **Frontale Spalten.** Sie kommen vor, sind aber offenbar sehr selten.

b) Spaltbildungen in den Bogenteilen.

Die Spaltbildungen im **Bereiche der Wirbelbogen** sind unvergleichlich viel häufiger als im Körper. Freilich ist ihre Bedeutung auch geringer, indem kleinere Spalten überhaupt bloß als **Neben**befunde zu bewerten sind.

α) **Sagittalspalten.** Die beiden seitlichen Kerne der Wirbelbogen verschmelzen im Verlaufe des ersten Lebensjahres mit Ausnahme des

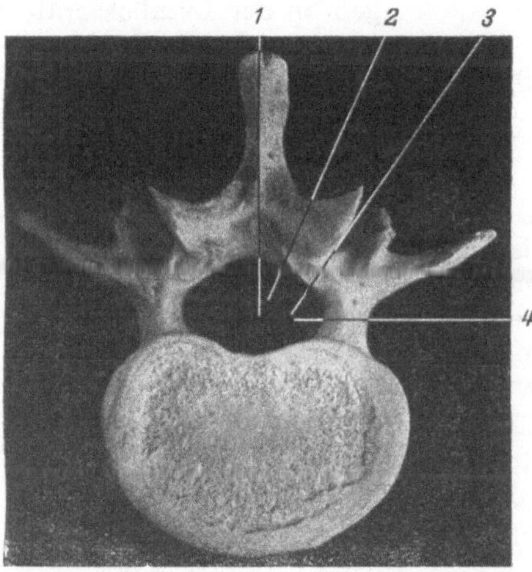

Abb. 40. Lokalisation der Wirbelbogenspalten. Vierter Lendenwirbel von unten.

1 Sagittale mediane Dornfortsatzspalte, *2* Spalte neben dem Dorn, *3* Spalte der Interarticularportion, *4* Spalte in der Bogenwurzel.

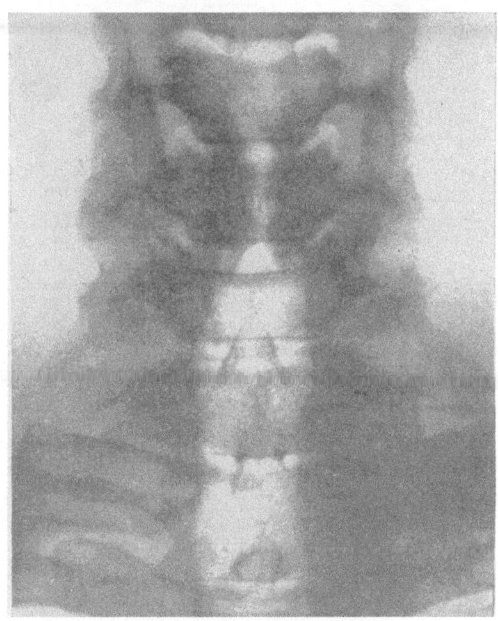

Abb. 41. Tiefgeteilte Processus spinosi der oberen Halswirbel; verkalkter Thyreoidknorpel. 40jähr. ♂. Nr. 22 866.

hinteren Atlasbogens, der erst im vierten bis fünften Jahr knöchern vereinigt wird. Ebenso schließen sich die Bogen der unteren Lendenwirbelsäule und des Sacrums erst im vierten bis sechsten Jahre. Wenn eine mediane Spalte über das genannte Alter hinaus offen bleibt, liegt eine Hemmung vor.

Aus funktionellen Gründen sind die Dornfortsätze der oberen Halswirbel an ihrem hinteren Ende oft tief gespalten, so daß Bilder entstehen, wie die Abb. 41, von denen man sich nicht täuschen lassen soll, trotz der Irrelevanz einer eventuellen Fehldiagnose.

Demgegenüber kommen regelrechte Spalten des hinteren Atlasbogens nach GEIPEL (1—5) in 3% aller Fälle bei Reihenröntgenuntersuchungen vor (Abb. 42). Naturgemäß ist im laufenden Wirbelsäulenmaterial von Röntgeninstituten die Häufigkeit der Sichtbarkeit nicht derart groß, wenn nicht besonders darauf geachtet wird. Der Grund hierfür liegt in der erschwerten Darstellbarkeit der alleroberstem Wirbel. Es gibt auch Spalten im vorderen Bogen des Atlas.

Selten sind die medianen Sagittalspalten in der Brustwirbelsäule. Der 1., ebenso der 3. und 4. Brustwirbel sind bevorzugt. Auch im Bereiche der Thoracolumbalgrenze beobachtet man Spinosusspalten.

Die Häufigkeit aller dieser Lokalisationen tritt aber erheblich zurück gegen diejenige der Gegend der Lumbosacralgrenze. Vornehmlich der letzte Lenden-wirbel, der erste Sacral-wirbel und der zweitletzte Lendenwirbel sind Trä-ger von Sagittalspalten. Wenn man ein ungefäh-res Mittel der Prozent-zahlen der Untersuchun-gen von HINTZE, GRÄSS-NER, H. MEYER (2), HEISE errechnet, so kommt man etwa auf 18% Spaltbildun-gen an der Lumbosacral-junktur für Individuen, die älter als 24 Jahre sind, die also ihr Knochen-wachstum abgeschlossen haben. Die Zahl scheint

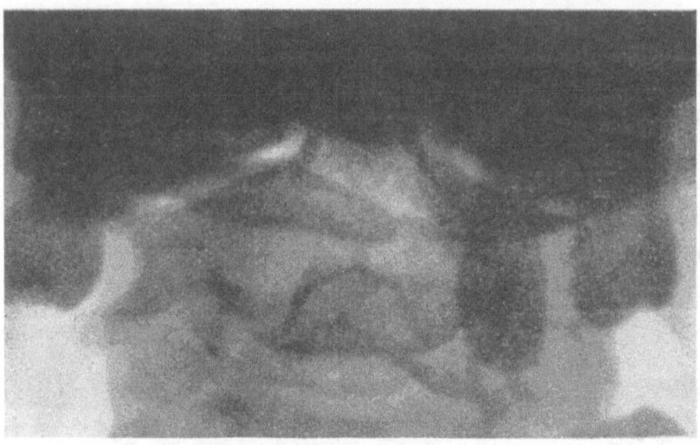

Abb. 42. Spalt. m hinteren Atlasbogen (Fall BABAIANTZ). Aufnahme durch den Mund. 1/1.

mir für den letzten Lendenwirbel eher etwas hoch, und wenn man bedenkt, wie sehr die Wahl des Materials eine Rolle spielt, ist es nicht verwunderlich, wenn eine andere Gruppe von Untersuchungen nur einige wenige Prozente gefunden hat (WILLIS, LÜBKE, BRAILSFORD). Der erste Kreuzbeinbogen ist jedoch auf irgend-eine Art, allein oder mit anderen Sacralbogen zusammen, sehr oft offen; jedoch scheint mir die Hälfte (50%) nicht erreicht zu sein, wie WILLIS angibt.

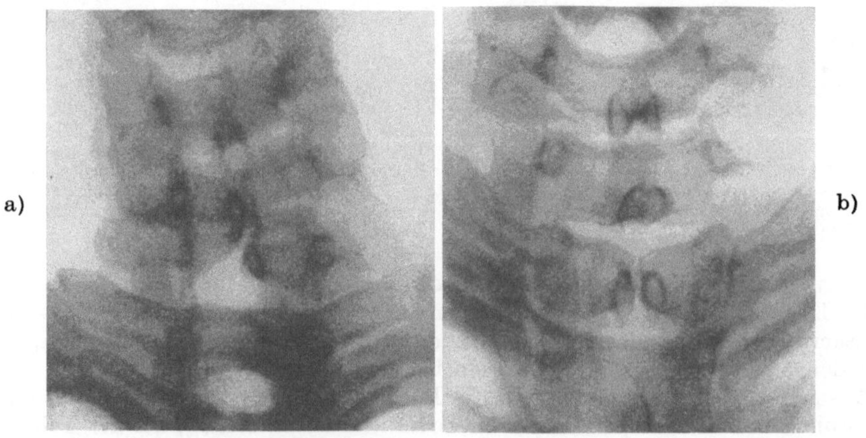

a)   b)

Abb. 43.
a) Verwachsung der Bogen C_5, C_6 mit gemeinsamem sagittalem medianem Spalt. b) Mediane Sagittalspalte des Bogens von Th_1; tiefgespaltene Proc. spinos. C_5 und C_6. Nr. 3022. 4/5.

Der Hiatus sacralis ist durch die beiden Cornua sacralia als Stümpfe des Bogenpfeilers flankiert. Er entspricht dem breit offenen Sacralbogen der untersten Sacralwirbel. Die Verschmelzung erfolgt im allgemeinen bis zu L_4. L_4 selbst darf indessen offen sein. In einigen wenigen Prozenten bleibt jedoch der ganze Hiatus sacralis offen: *Spina bifida occulta*. Dabei kann durch den

Nachweis der Spina bifida mittels Röntgenstrahlen nichts über die Wahrscheinlichkeit von klinischen Zeichen (Haarschopf, Enuresis, trophische Störungen, Klumpfüße) ausgesagt werden und anderseits sollen klinische und neuralgische Symptome bei Spina bifida occulta ohne jegliche röntgenologische Zeichen vorkommen. Über die mannigfaltigen Formen der Sagittalspalten im Bereiche des Sacrums und der unteren Lendenwirbelsäule orientiere man sich auch nach den untenstehenden Abbildungen und dem ihnen unterlegten Text.

β) **Seitliche Bogenspalten.** Wie früher gezeigt wurde, treibt sich die Grenze zwischen Wirbelbogenwurzel und Körper tief in letzteren hinein. Der Schluß des Ringes erfolgt im dritten bis sechsten Jahr. Eine Hemmungsmißbildung, die dem Offenbleiben der genannten Epiphysenlinie entsprechen würde, ist bei Wirbelsäulen Erwachsener nie gefunden worden, wohl aber kleine Knorpelinseln daselbst, die auf partielle Persistenz schließen lassen.

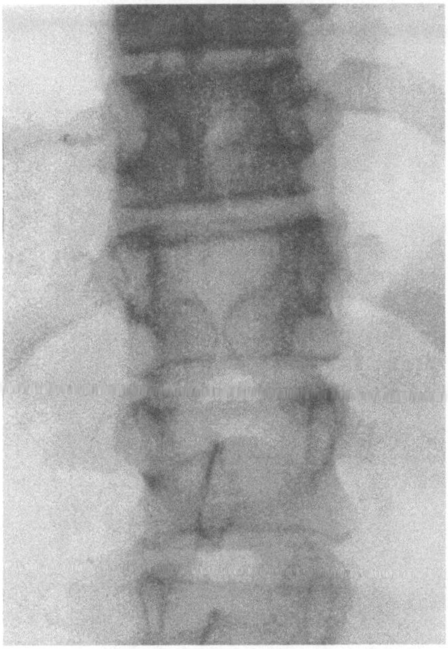

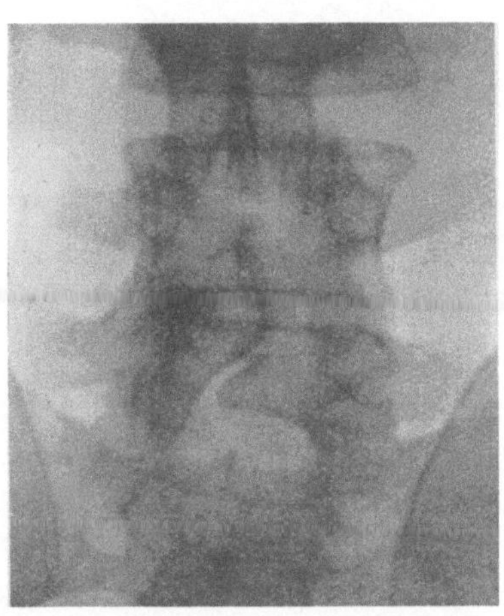

Abb. 44. Offene Bogen von Th₁₂; die Spaltbildung geht durch den Proc. spinos., der fehlt, und sitzt streng median. 18jähr. ♀.

Abb. 45. Bogenspalte in einem 5. Lendenwirbel mit Verwachsung des Bogens mit dem Bogen des oberen Nachbars; geringe Scoliose. 36jähr. ♀. Fahrradunfall, Fraktur von L₃. Nr. 54731.

Für die Röntgendiagnostik ist diese Stelle von vornherein weniger zugänglich.

Spalten in der Wirbelbogenwurzel sind vereinzelt beim Menschen von HAMMERBECK beobachtet worden. Sie scheinen jedenfalls äußerst selten zu sein (vgl. Abb. 40 *4*).

Spaltbildungen in der Interarticularportion (*Spondylolysen*) sind von großer Bedeutung, insbesondere durch ihre Beziehung zu der Spondylolisthesis.

Die Lumbosacralgrenze scheint für Fehlbildungen und Variationen besonders prädestiniert zu sein. Wir sprachen schon von den Sagittalspalten und werden uns später noch mit den Übergangswirbeln auseinanderzusetzen haben. Die Form der menschlichen Lumbosacraljunktur ist aber sowohl in der Stammesgeschichte als auch in der Ontogenese eine recht junge Erscheinung. Es wäre also wohl denkbar, daß die mechanischen Verhältnisse dieser Gegend noch nicht einem Optimum entsprechen. Denn es besteht kein Zweifel, daß vor allem statische und dynamische Eigenheiten die Gegend des Promontoriums auszeichnen, wie wir das auf S. 46ff. gesehen haben.

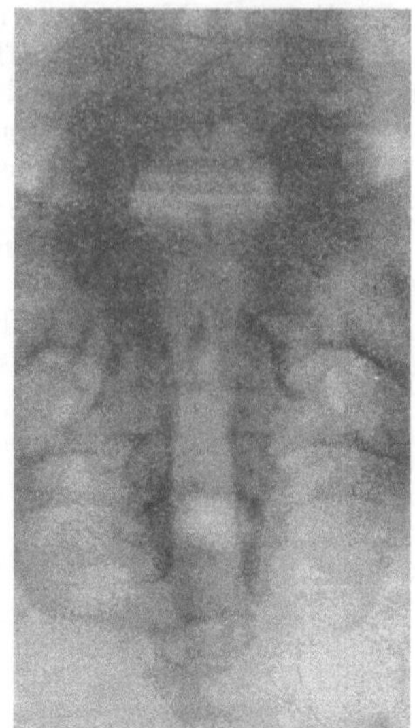

a)

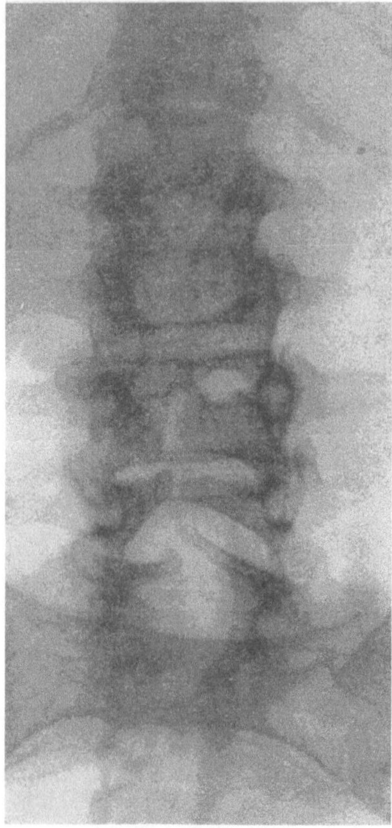

b)

Abb. 46.
a) Spina bifida. Das ganze Sacrum ist
knöchern nicht verschlossen; an Stelle
der ersten und zweiten sacralen Proc.
spin. sind zwei kleine knöcherne Dornen erhalten geblieben. Nr. 8092. b) Ausgedehnte mediane Spaltbildung der Bogen im Lumbosacralteil. Haarschopf wie
c) Atrophie der Glutealmuskulatur rechts,
Herabsetzung der rohen Kraft beider
untern Extremitäten, geringfügige Reflexstörungen, Sensibilität o. B. Fall
MEINER Krankenasyl Wald.

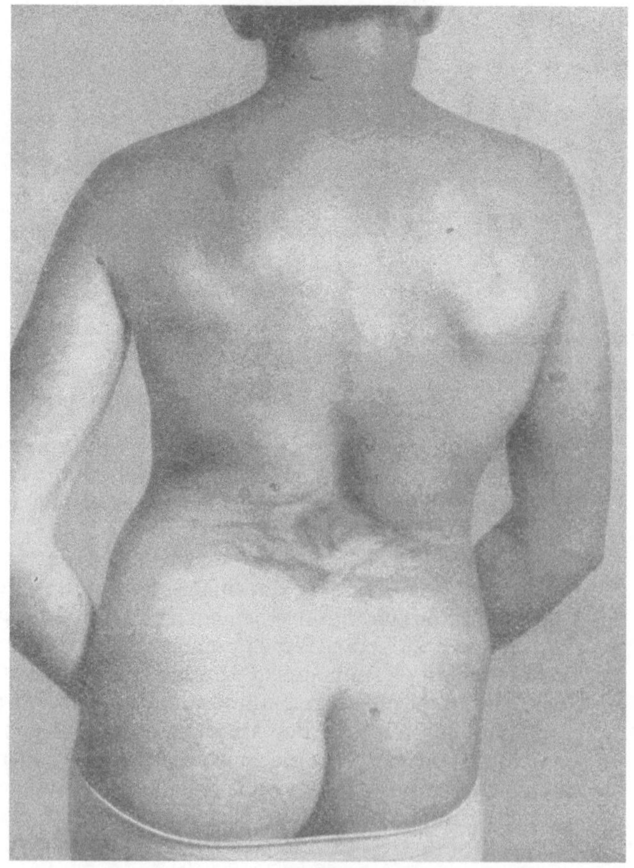

c)

In der Tat ist denn auch die Diskussion über die Genese der Spondylolyse, ob angeboren oder erworben, auch heute in gewissem Sinne noch offen. Immerhin wissen wir, daß man die Frage in der kategorischen Form gar nicht stellen darf, weil es im Einzelfalle im allgemeinen nicht gelingen wird, zwischen Spondylolysis interarticularis congenita [NEUGEBAUER (1—3)] und erworbener Spaltbildung

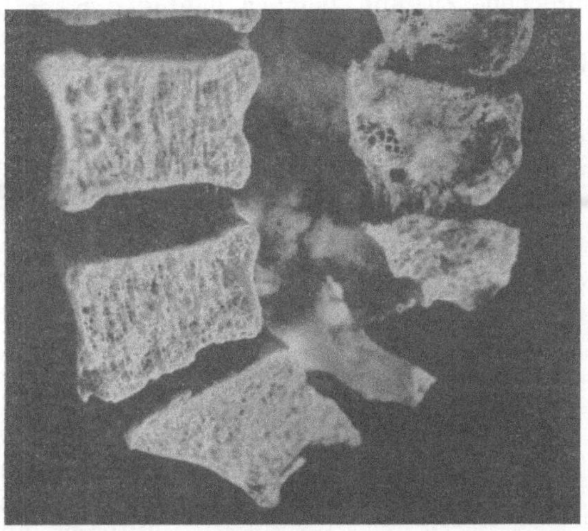

a)

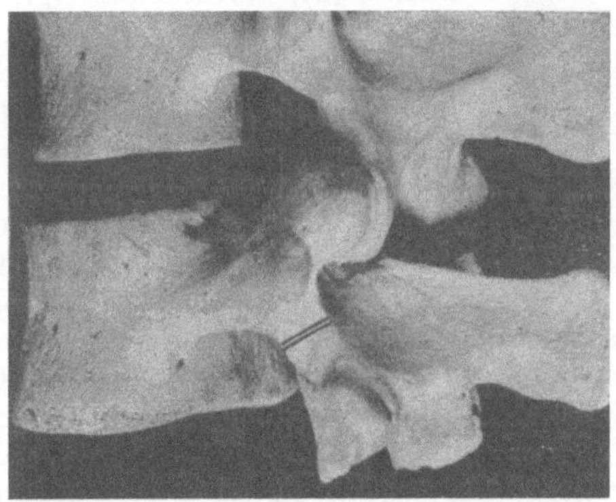

b)

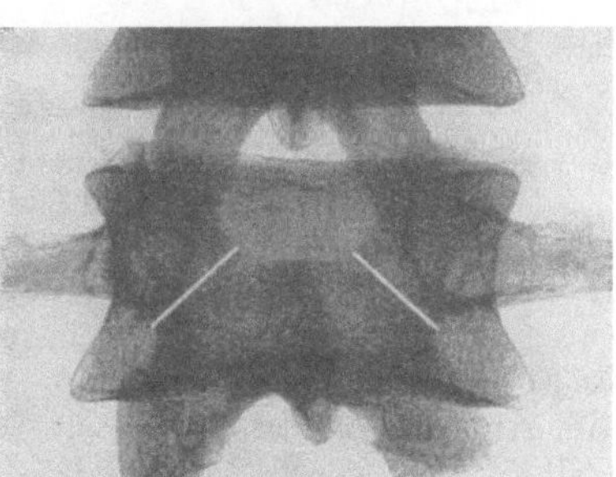

c)

Abb. 47.

a) Maceriertes Präparat einer Lendenwirbelsäule aus der SCHMORLschen Sammlung. Spalt in der Interartikularportion des L₅, in der Tiefe der median aufgesägten Wirbelsäule, zwischen Körper und Bogen, sichtbar; keine Olisthesis (JAEGER). b) Seitenansicht des 5. Lendenwirbels, Spalt in der Interartikularportion, schwarze Doppellinie. c) Projektion der Spondylolyse in der Interartikularportion, a.-p.-Röntgenaufnahme der zwei letzten Lendenwirbel.

durch Überlastung (MEYER-BURGDORFF) zu entscheiden. Darüber soll später in Kap. III, 2 berichtet werden. An dieser Stelle sei nur die angeborene Spaltbildung behandelt. Für das Folgende ist aber zu bedenken, daß wegen der Unmöglichkeit der Trennung die Spondylolysen beider Genesen, alle Spaltbildungen bezüglich ihrer Statistik an dieser Stelle zusammen besprochen werden müssen. Die Diskussion über ihre Entstehung findet sich jedoch im Abschnitt III, 2.

Die *Spondylolysis interarticularis congenita* (NEUGEBAUER) besteht in einer Spaltbildung in der Gegend zwischen Wirbelkörper und Bogenwurzel sowie dem

Processus articularis superior und Processus transversus einerseits und dem Processus articularis inferior und Processus spinosus anderseits. Abb. 47 b und c zeigt die Verhältnisse schematisch, Abb. 47 a im Lichtbild eines macerierten Wirbelsäulenpräparats.

Alle Lokalisationen und. beide Entstehungsmöglichkeiten zusammengenommen, ist der besprochene Zustand ziemlich häufig, d. h. er beträgt etwa 5% [Neugebauer (1—3), Willis, Friberg u. a.], er ist bei Männern etwas häufiger als bei Frauen. Bei den Farbigen soll der Prozentsatz niedriger sein, um beim Eskimo von Alaska erheblich anzusteigen (Stewart). Die Spondylolyse kommt vorwiegend am 5. Lendenwirbel, einseitig oder doppelseitig, vor; der 4. Lendenwirbel ist nicht selten betroffen, jedoch sind höher gelegene Spondylolysen Seltenheiten. Über zwei Drittel der von Congdon an 200 Wirbelsäulen beobachteten Spondylolysen lagen am 5. Lendenwirbel, 15 bis 30% wurden von verschiedenen Autoren am L_4 gefunden [Meyer-Burgdorf (1), Junghanns (3), W. Müller, Willis, Neugebauer (1—3) u. v. a.]. Die Mitteilungen von Abraham, Grashey, Meyerding, Suermont u. a. sprechen von Interarticularspalten am 3. Lendenwirbel. Eine Beobachtung an L_2 stammt von Reischauer und an L_1 von Keller und Sandifort.

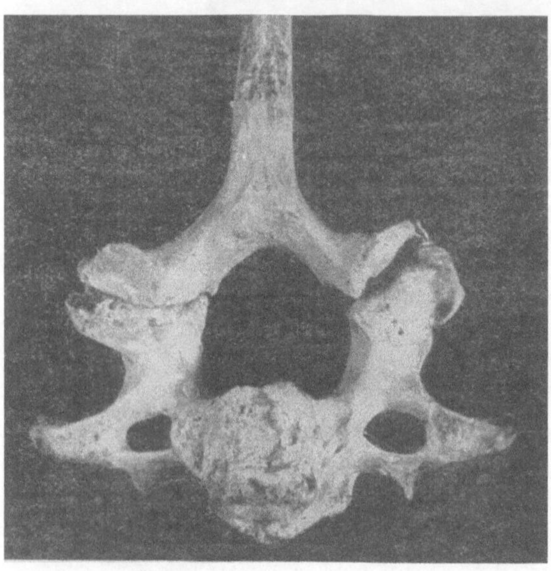

Abb. 48. Vierter Halswirbel eines Gorilla mit doppelseitiger Spaltbildung neben dem Dornfortsatz. Daneben geringfügige deformierende Spondylose der Brust- und Lendenwirbelsäule. (Präparat des Naturhistorischen Museums Bern.)

Selbst an Hals- und Brustwirbelsäule von Neugebauer (1—3) sind Spondylolysen gesehen worden. Die Abb. 48 zeigt eine Spondylolyse am 3. Halswirbel eines Gorilla beiderseits neben dem Dorn (2 der Abb. 40). Meist ist nur ein Wirbel, oft aber sind zwei oder sogar drei Wirbel beteiligt. Die Spalten treten fast immer beidseitig auf; wenn einseitig, werden sie meist rechts angetroffen.

Für die Entstehung eines Spaltes in der Interarticularportion kann verantwortlich gemacht werden: 1. angeborene Spaltbildung (Schmorl, Junghanns), 2. dauernde Druckwirkung (Meyer-Burgdorf), 3. Fraktur. Man kann die Fraktur von vornherein aus der Betrachtung an dieser Stelle weglassen, weil sie unzweifelhaft vorkommt und deshalb als solche eine besondere Erkrankung darstellt. Naturgemäß ist es notwendig, in. bestimmten Fällen die Diagnose Fraktur der Interarticularportion zu präzisieren; davon jedoch später. An dieser Stelle soll lediglich festgestellt werden, daß nach den Untersuchungen verschiedener Autoren [Junghanns (3), Friberg u. v. a.] mit Sicherheit in manchen Fällen eine congenitale Interarticularspalte angenommen werden muß. Über erworbene Spaltbildungen und ihre Bedeutung für die Entstehung der Spondylolisthesis siehe S. 102 ff.

γ) **Andere, seltenere Spalten.** An den Processus articulares inferiores kommen horizontale Spalten vor, die differentialdiagnostisch von Bedeutung sind, da sie mit Frakturen verwechselt werden können. Ihre Isoliertheit, die Lokalisation und Lage gegenüber ihrer Umgebung, die Trennungslinie, d. h. ihre Umrandung und Form, wird in den meisten Fällen die richtige Diagnose gestatten [W. Müller (3), Junghanns (2)]. Die Abb. 49 a zeigt einen vom Verfasser beobachteten Fall. Diese Spalten sind wohl stets bedeutungslos. Dasselbe gilt von den häufigeren Spalten des Processus transversi speziell der Halswirbelsäule (Abb. 49 b).

3. Aplasien.

Wir wollen in diesem Abschnitt meist ausgedehntere Fehlbildungen besprechen, die oft den Träger der Lebensfähigkeit berauben. Besonders die ausgedehnten kombinierten Fehlbildungen lassen den Föten meist nicht oder nur kurze Zeit am Leben. Daneben werden aber kleine Aplasien beobachtet die für ihren Träger keine Beeinträchtigung bedeuten.

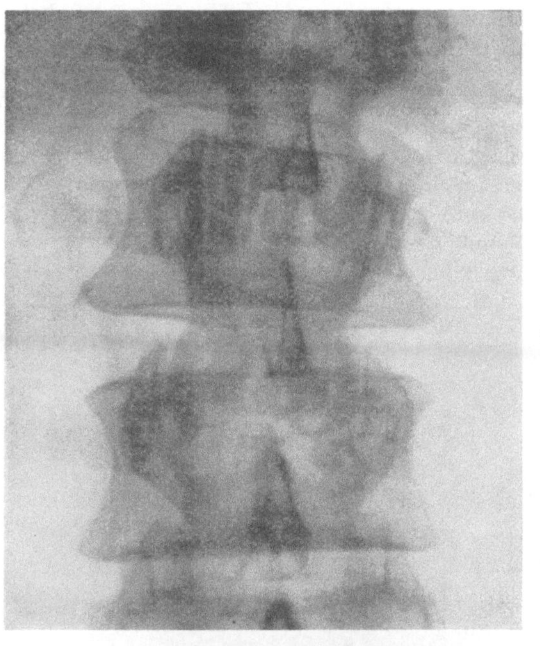

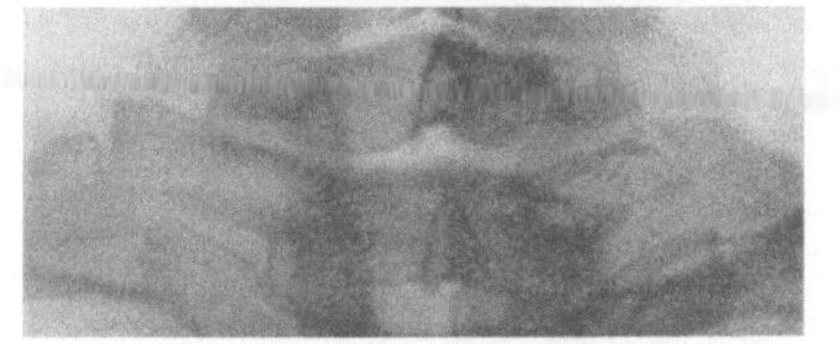

Abb. 49.
a) Spalten in den Proc. art. inf. L₁ beiderseits und L₂ links. Seichte rechts-konvexe Lumbalscoliose. 43jähr. ♂. Nr. 17525.
b) Spalte im Proc. transv. links von Th₁. Nr. 14104.

a) Wirbelkörper.

α) **Seitliche Halbwirbel.** Nach der Abb. 36 (I D) geht die Entstehung der seitlichen Halbwirbel auf den Zustand der knorpeligen Wirbelsäule zurück, wo im Wirbelkörper zwei paarige Knorpelkerne angelegt sind. Diese Art der Erklärung scheint die nächstliegende; jedoch besteht auch die Möglichkeit, daß eine regelrichtig knorpelig angelegte Wirbelkörperhälfte dadurch zu unvollständiger Entwicklung gelangt, daß aus irgendeinem Grunde die Vascularisation gestört ist. Beide Möglichkeiten sollen vorkommen. Die Wirbelkörperseite, die sich später nicht entwickelt, bleibt lange Zeit knorpelig. Der Knochenkern hat zuerst würfelförmige Gestalt, erst später nimmt er unter Belastung Keilform an. Dieser angeborene halbseitige Keilwirbel führt naturgemäß zu einer angeborenen Scoliose, die sich im Verlaufe des Wachstums

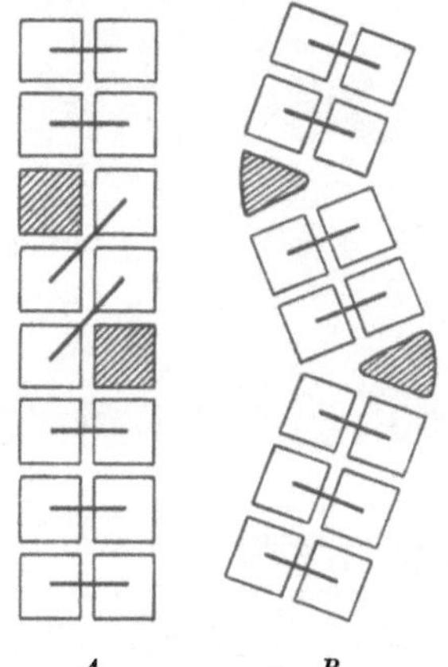

Abb. 50. Schema der hemimetameren Segmentverschiebung. Die Halbwirbel sind schraffiert; sie bilden sich allmählich zu seitlichen Keilwirbeln aus. *A* → *B* (nach Junghanns).

noch verstärken kann. Literatur siehe bei JUNGHANNS (3), W. MÜLLER (5). WILLICH.

Es sind oftmals [W. MÜLLER (6)] alternierende Keilwirbel beobachtet worden, etwa nach dem Schema der Abb. 50. Mehrere Autoren haben sich mit der Genese dieser mehrfachen und dazu alternierenden Halbwirbel beschäftigt und kommen zum Schluß, daß diese Fehlbildung durch *hemimetamere Segmentverschiebung* zustande kommt (LEHMANN-FACIUS, FELLER und STERNBERG). Abb. 51 zeigt einen einschlägigen Fall.

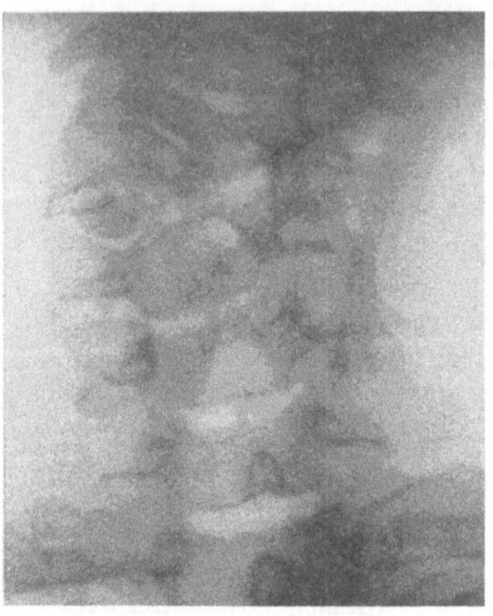

a)

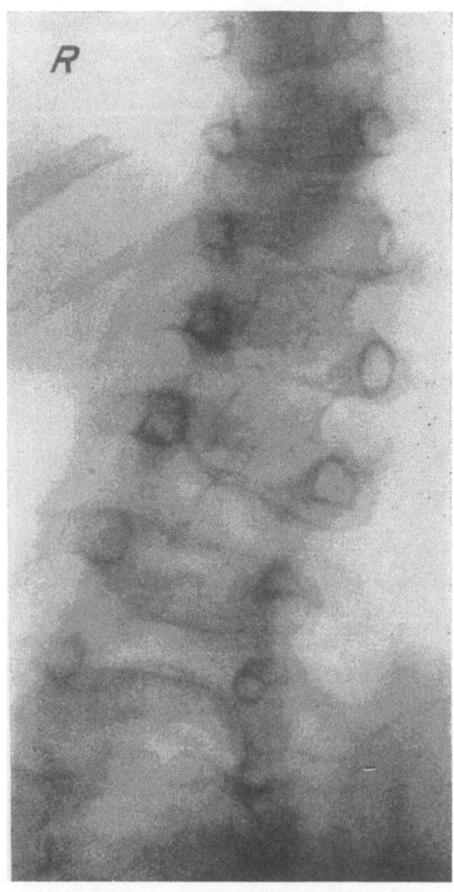

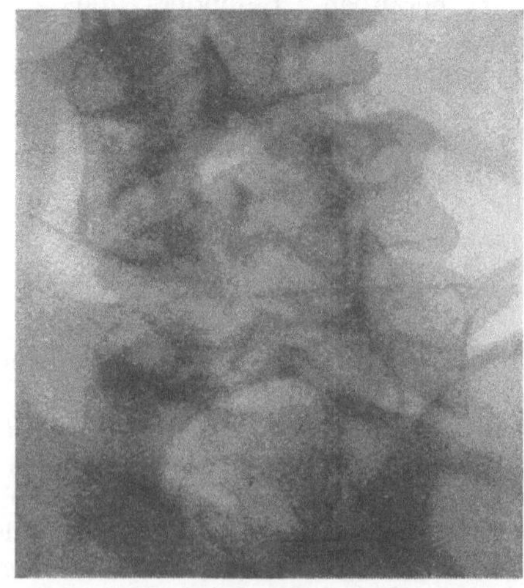

b)

Abb. 51. Segmentverschiebung; Lendenrippen. 7jähr. ♂. L₁ rechtsseitiger Halbwirbel I₁, links ist mit L₂ rechts und L₂ links mit L₃ rechts verwachsen, L₃ links: Halbwirbel. — Rückgratverkrümmung von Geburt an, die in den letzten Jahren eher etwas abgenommen hat; die Eltern wollen trotzdem wissen, was ihrem Kinde fehlt. Nr. 109 331.

Abb. 52. Seitliche Halbwirbel.
a) Der 4. Halswirbel ist ein seitlicher Halbwirbel rechts; Scoliose (Nebenbefund bei Spondylitis tbc. L₄/L₅). 22jähr. ♂. Nr. 60 648. b) Der zweitletzte Lendenwirbel ist ein linksseitiger Halbwirbel; Scoliose. 40jähr. ♂. Nr. 116 259.

β) Dorsale Halbwirbel. Das Fehlen der vorderen Hälfte eines Wirbelkörpers ist durch fehlerhafte Verknöcherung dadurch entstanden, daß offenbar die ventrale Vascularisation nicht zustande kommen konnte. Dadurch bleibt die

Verknöcherung in dieser Hälfte aus. Es bildet sich dann auf die gleiche Weise ein hinterer Halbwirbel, wie wir die seitlichen Halbwirbel entstehen sahen. Meist entsteht ein Keilwirbel, aber auch würfelförmige Halbwirbel sind beschrieben worden. Dieser Autor hat im pathologischen Material auch einen (den einzigen) vorderen Halbwirbel gefunden. Der dorsale Halbwirbel [JUNGHANNS (2)] Hemispondylus posterior (BAKKE), Hemispondylia sagittale [NOVAK (1)], Mikrospondylie (DREIFUSS) führt naturgemäß zu einer congenitalen Kyphose.

γ) **Ausbleibende Verknöcherung.** Ähnlich wie die unter β besprochenen dorsalen bzw. ventralen Halbwirbel durch mangelhafte Vascularisation

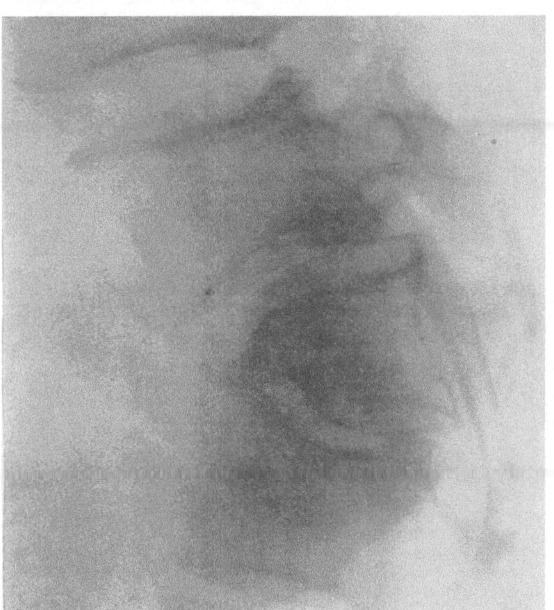

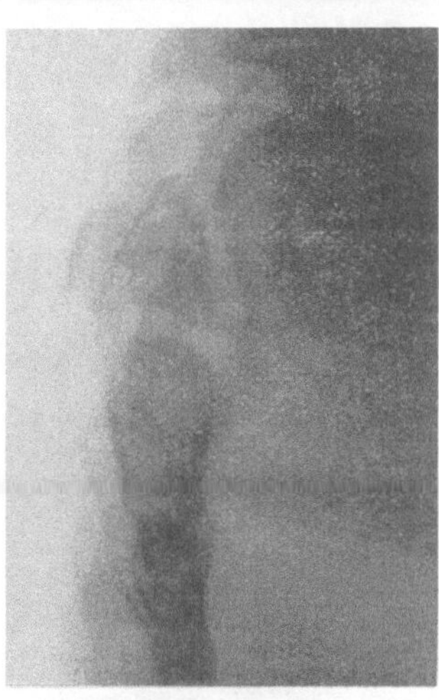

a)   b)

Abb. 53. Hinterer Halbwirbel.

a) Der erste Lendenwirbel ist keilförmig gestaltet; Gibbus, sehr gute Beweglichkeit. 46jähr. ♂. Nr. 99 888. b) Der zweite Sacralwirbel ist keilförmig, so daß ein ausgesprochener Gibbus entsteht; keine funktionellen Störungen. 5jähr. ♀. Nr. 16 442.

entstehen, ebenso kann man sich vorstellen, daß die für die Verknöcherung nötige Gefäßversorgung weder dorsal noch ventral in zureichendem Maße gelingt. Es bleibt dann die Verknöcherung des Körpers vollständig aus (Abb. 36, III A). Solche vollständige Aplasien sind von VAN SCHRICK (1), BAUER u. a. beschrieben worden (Asoma Diethclin). Sie führen in der späteren Entwicklung ebenfalls zu Kyphosen, indem der Knorpel der Beanspruchung nicht gewachsen ist, der Bogenteil aber zur Verknöcherung gelangte. Ja, es ist sogar die Regel, daß sich die knöchernen Bogenwurzeln vergrößern, einander entgegenwachsen und so einen rudimentären hinteren Keilwirbel bilden. Eine interessante Aplasie eines Wirbelkörpers hat ROBERTS beschrieben. Es handelt sich um das Ausbleiben der Verknöcherung der Dens epistrophei, die, wie früher gezeigt wurde, dem Körper des ersten Wirbels entspricht. Einen ähnlichen Fall von Aplasie der Dens beobachteten LOMBARD und LE GÉNISEL (1) nach einer Ohrfeige.

Größere Körperaplasien führen meist zur Totgeburt, besonders wenn es sich zum Teil um präsacrale Wirbel handelt. Der große Wirbelsäulendefekt bedingt naturgemäß auch weitgehende Störungen des Beckens, der Extremitäten (Sirenenbildung), des Nervensystems, der Harnwege und der unteren Darmabschnitte.

Wenn dagegen die Aplasie lediglich das Sacrum oder einen Teil desselben betrifft, kann das Individuum sich mehr oder weniger weit entwickeln. Die Störungen sind dann diejenigen der Spina bifida: Enuresis, Klumpfüße usw. [GÜNTZ, FELLER und STERNBERG (2, 4, 5), HAMSA].

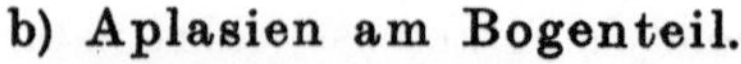

b) Aplasien am Bogenteil.

Wirbelbogen können vollständig oder teilweise fehlen. W. MÜLLER (6) beschreibt einen Fall, wo die Processus articulares inferiores am 2. Lendenwirbel fehlten. So-

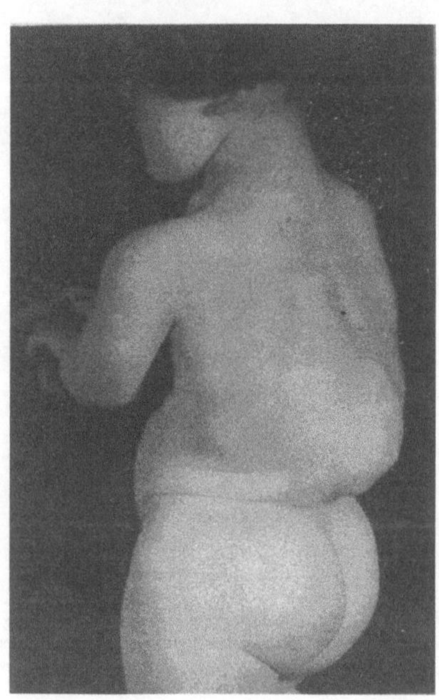

a)   b)

Abb. 54. Hochgradiger Gibbus bei zwei aufeinanderfolgenden kongenitalen hinteren Halbwirbeln (Th$_{11}$ und Th$_{12}$) 8jähr. ♀. Keine Beschwerden. Nr. 116222. 1/2.

wohl an der Brustwirbelsäule als auch namentlich in der Lumbosacralgegend sind · vollständige Defekte der Dornfortsätze bei medianen Sagittalspalten nicht selten.

4. Ausgedehnte kombinierte Fehlbildungen.

Ausgedehnte Fehlbildungen lassen ihren Träger meist nicht am Leben, sie sind als ausgedehnt stamm-mißgebildete Föten recht häufig. Die Mißbildung ist eine Kombination von Spaltbildungen, Aplasien, Verwachsungen überzähliger Segmente, hemimetameren Segmentverschiebungen in allen denkbaren Zusammenstellungen. Die Fehlbildungen brauchen nicht alle aus der gleichen Entwicklungsstufe zu stammen und sind oft so ausgedehnt, daß sie nicht einmal formal restlos geklärt werden können.

KLIPPEL-FEIL-*Syndrom.* In gewissem Sinne eine Ausnahme von dem vorher Gesagten macht eine recht ausgedehnte Fehlbildung im Bereiche der Halswirbelsäule, die 1912 von KLIPPEL und FEIL beschrieben wurde und seither unter der Bezeichnung KLIPPEL-FEIL-Syndrom bekannt ist. Der Grundtypus ist eine Spalt- und Blockbildung, die zu einer sichtbaren Verkürzung des Halses führt (Kurzhals). Es ist jedoch angebracht, nicht jede Spalte oder Blockbildung am Hals als KLIPPEL-FEIL-Syndrom zu bezeichnen, sondern dafür ein gewisses Ausmaß der Veränderung und die Vielgestaltigkeit zu verlangen [KALLIUS (1)]. Wichtig ist anderseits die Beteiligung des Nervensystems [FELLER und STERNBERG (2), ESAU] und des Os occipitale. Auch für den Kurzhals sind verschiedene Ätiologien neben der embryologischen angenommen worden, z. B. intrauterine Entzündungen (BASSOE). Die Veränderung ist angeboren und fällt äußerlich vor allem durch den Kurzhals auf. In

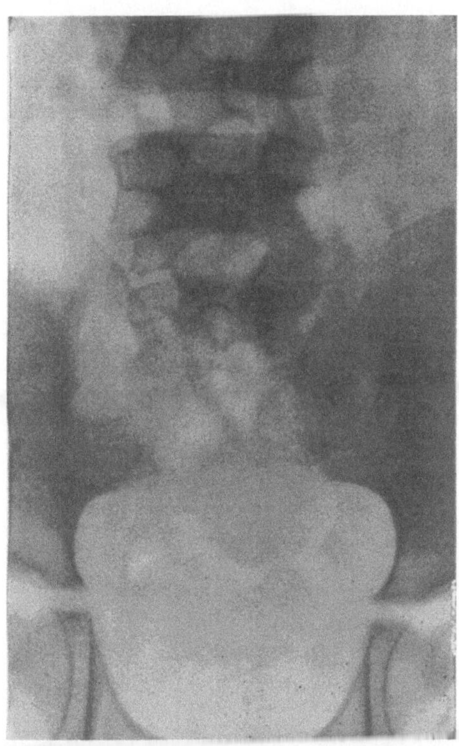

Abb. 55. Fast vollständige Aplasie des Sacrum. Der unterste freie Wirbel (S$_1$?) artikuliert nicht sicher mit den genäherten Beckenschaufeln und steht tief. Inkontinenz, Klumpfüße, Atrophie der Unterschenkelmuskulatur. 6jähr. ♂. Nr. 76439. 2/3.

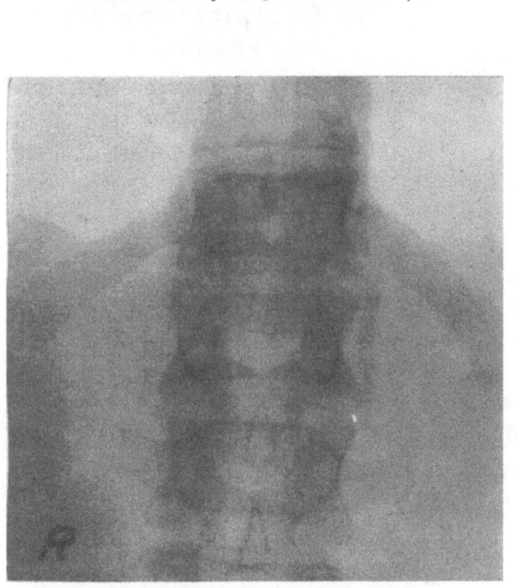

a)

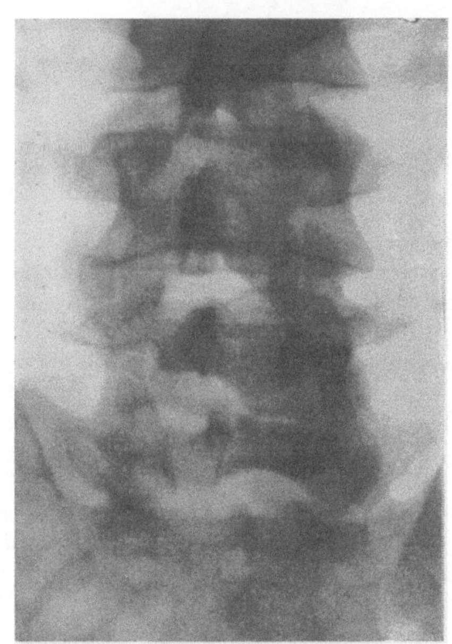

b)

Abb. 56.

a) Die Processus transversi fehlen beiderseits vollständig am ersten Lendenwirbel (von fünf Lendenwirbeln). Nr. 12421. b) Bogendefekte L$_4$ und L$_5$ rechts; L$_5$ unsymmetrischer (re.) lumbosacraler Übergangswirbel. 27jähr. ♂. (SCHINZ.)

kleinen Fällen fehlen nervöse Symptome völlig. Oft aber bestehen ausgedehnte nervöse Zeichen: Lähmungen, Paresen. Hydroencephalocelen sind beschrieben worden. Einfache, aber multiple und breite Sagittalspalten können zusammen mit anderen Fehlbildungen, wie Retinitis pigmentosa, Intelligenzstörungen, Fettsucht, Genitaldystrophie, unter dem Bilde des LAURENCE-MOON-Syndroms vorkommen. Vgl. auch später die Bemerkungen über Wirbeldeformationen bei der RECKLINGHAUSENschen Hauterkrankung und bei Dysostosis multiplex (PFAUNDLER-HURLER).

B. Variationen der Wirbelsäule.

Wir hatten früher bemerkt, daß die Wirbelsäule des Säugers Zahl und Ordnung ihrer Wirbel in der ganzen Klasse hartnäckig festhält. Das ist richtig, wenn man größere Ausschläge ins Auge faßt. Kleine Variationen nach Zahl und Ordnung kommen jedoch beim Menschen relativ häufig vor. Die normale Formel lautet 1 bis 7 cervicale, 8 bis 19 thoracale (dorsale), 20 bis 24 lumbale, 25 bis 29 sacrale und 30 bis 33 caudale Wirbel. Von dieser Norm sollen etwa 30% Abweichungen vorkommen. Als Kriterium der Abschnittszugehörigkeit dient vorwiegend die Form der Bogenteile, insbesondere der Fortsätze.

Neben den Variationen nach Zahl und Ordnung (1) haben wir auch der Variationen nach Form (2) zu gedenken.

1. Variationen nach Zahl und Ordnung.

a) Occipitocervicalgrenze.

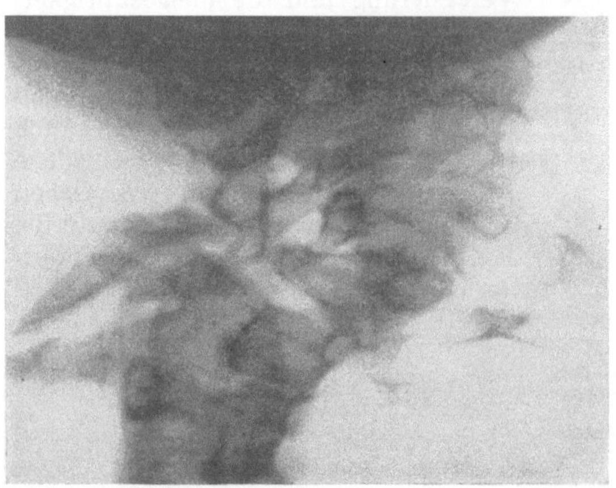

Abb. 57. Ausgedehnte kombinierte Fehlbildung der Halswirbelsäule (KLIPPEL-FEIL). Aplasien (Halbwirbel) herrschen vor. 16jähr. ♀ mit ausgesprochenem Kurzhals. Nr. 77339. 2/3.

Unter der Bezeichnung Assimilation des Atlas ist schon früher von LE DOUBLE die Verschmelzung des Atlas mit dem Os occipitale beschrieben worden. Der Atlas oder wenigstens Teile desselben treten dabei mit dem Hinterhauptbein in feste, knöcherne Verbindung. Im Röntgenbild ist die *Assimilation des Atlas* von ROSE, SCHÜLLER (1) u. a. beobachtet worden. Wir hatten früher gesehen, daß vor dem Atlas noch drei Segmente im Os occipitale vereinigt sind. Das Gegenteil der Assimilation, die *Manifestation* der Occipitalwirbel, ist am Lebenden nicht nachgewiesen.

b) Cervicothoracalgrenze.

An der Grenze zwischen Hals- und Brustwirbelsäule sind zwei Arten von Übergangswirbeln bekannt. Einmal kommen Thoracalwirbel vor, die ein *geschlossenes Foramen transversarium* ausgebildet haben, das als anatomisches Kriterium für den Cervicalwirbel gilt.

Die zweite Form des cervico-dorsalen Übergangswirbels ist klinisch unvergleichlich viel wichtiger, nämlich die *Halsrippe* [GREIL und GRUBER (1)]. Der letzte oder sogar der zweitletzte Halswirbel kann einseitig oder paarig kleinere oder längere Rippen tragen. Höher gelegene Halsrippen als an C_6 sind eine große Seltenheit (FISCHEL, SZAVOLSKI). Die Häufigkeit beträgt einige wenige

Prozent. Davon sollen allerdings gegen 10% klinisch Beschwerden verursachen [Putti (1), Meyer-Burgdorff (1), Robinson, Stone und Elliot u. v. a.].

c) Variationen an der Thoracallumbalgrenze.

Die Thoracolumbalgrenze ist doppelt gekennzeichnet: α) durch den Verlust der Rippen in der Lendenwirbelsäule und β) durch den sprunghaften Übergang der Stellung der Intervertebralgelenke von einer mehr frontalen der Thoracalwirbelsäule zu einer mehr sagittalen Einstellung der Lumbalgelenke. Dieser Umschlag erfolgt am 12. Brustwirbel, indem seine oberen Gelenke thoracalen, die unteren, gegen L_1 zu, lumbalen Charakter aufweisen. Die Variationen der Thoracolumbalgrenze sollen nach Hueck in etwa 8% vorkommen.

α) **Variationen im Bereiche der Rippen (Lendenrippen).** Wie früher gezeigt wurde, verwächst im Lumbalgebiet die Rippe als Stumpf mit dem Processus transversus. Erfolgt diese Verwachsung nicht, so entstehen Lendenrippen. Bei der weitaus größten Zahl der Fälle sitzt dem Processus transversus L_1 ein kleines,

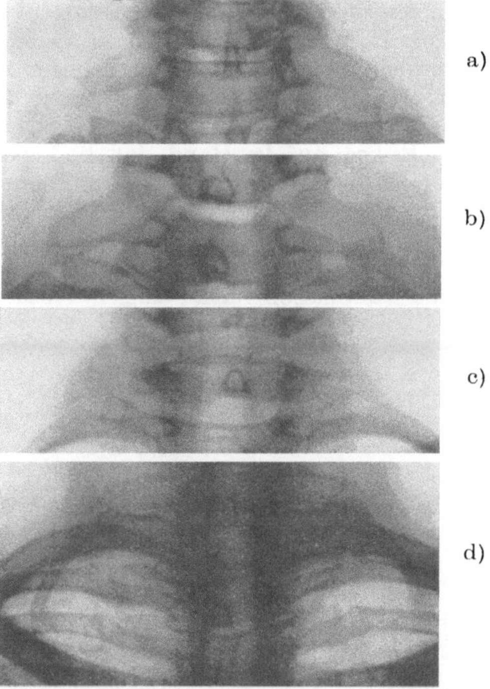

Abb. 58. Halsrippen.

a) Verlängerte Proc. transversi am 7. Halswirbel Nr. 6168. b) Verlängerte Proc. transv. mit kleinen, synostosierten Rippenstummeln. Nr. 5527. c) Mäßig verlängerte Proc. transv. mit kleinen freien Rippenrudimenten. Nr. 1881. d) Längere symmetrische Halsrippen, je einem verlängerten Proc. transv. gelenkig aufgesetzt. Nr. 73101. 2/3.

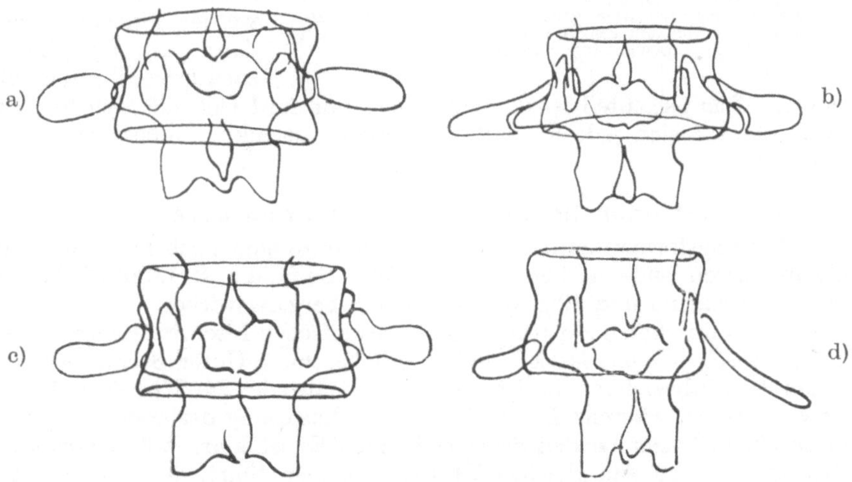

Abb. 59. Lendenrippen.

a) Kurze, dem Proc. transv. aufgesetzte Rippenrudimente ohne Hals und Kopf (Lumbalwirbel). b) Kleine Rippenstummel mit Köpfchen und Hals (Lumbalwirbel). c) Kurze Rippen eines Thoracalwirbels. d) Rippenrudiment, dem ein Fortsatz des Wirbels entgegenwächst (Thoracalwirbel). Nach Schertlein.

kurzes Rippenrudiment auf. Letzteres hat Hals und Köpfchen verloren [*lumbale
Form* H. MEYERS (1)]. Bei einer anderen Form bildet sich eine kleine Rippe aus,
die ihr Collum erhalten hat; dagegen ist der Processus transversus kaum mehr
zu erkennen. Dieser Fall entspricht der *thoracalen Form* H. MEYERS und dem
Schema b und c der Abb. 59 von SCHERTLEIN.

Es liegt auf der Hand, daß die Lendenrippen zu Fehldiagnosen mit Frakturen
der Processus transversi führen können. Oft ist die Differentialdiagnose sehr
schwierig. Andere Frakturen, Dislokationen, die Art und Form der Trennungslinie, insbesondere deren Kongruenz im Falle der Fraktur, die Begrenzung der
Trennungslinie und deren Lage werden meist zu einem Entscheid führen. Durch
eine Verifikation nach wenigen Wochen wird die Diagnose erleichtert werden,
wenn etwa aus versiche-
rungstechnischen Grün-
den eine Entscheidung
von großer Bedeutung ist.
Dabei ist zu bedenken,
daß diese Frakturen meist
nicht knöchern heilen.
Isolierte Querfortsatz-
brüche sind sehr selten.

β) **Variationen bezüg-
lich der Gelenke.** Abweichungen in den angege-
benen Stellungen der In-
tervertebralgelenke kom-
men an der Thoracolum-
balgrenze oft vor, sie sind
indessen praktisch ohne
wesentliche Bedeutung.
Im Schrägbild der Len-
denwirbelsäule sollen
sechs Gelenke sichtbar
werden. Findet man mehr,
dann ist die Lumbo-
sacralgrenze nach oben

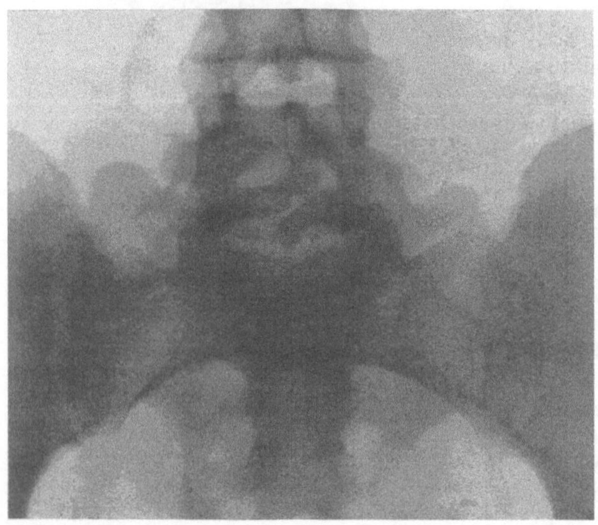

Abb. 60. Unsymmetrischer lumbosacraler Übergangswirbel. 21jähr. ♀.
Offener Bogenteil. Der Proc. transversus ist rechts zu einer Massa lateralis vergrößert, die sowohl mit dem Sacrum als auch mit der Beckenschaufel articuliert (vgl. auch Abb. 116).

verschoben. Das Gegenteil ist der Fall, wenn nur fünf Gelenke sichtbar sind.
Man vergewissere sich jedoch, daß das letzte Gelenk (lumbosacral) mitge-
zählt ist.

d) Variationen im Bereiche der Lumbosacralgrenze.

Die Übergangsformen an der Lumbosacralgrenze sind noch häufiger als diejenigen am oberen Ende der Lendenwirbelsäule. So fand z. B. LÜBKE 31% sechs-
wirbelige Kreuzbeine und 10% lumbosacrale Übergangswirbel.

In der anatomischen und pathologisch-anatomischen Literatur findet man eine
Trennung zwischen Sacralisation und Lumbalisation. Unter *Sacralisation* versteht man die Einbeziehung des letzten Lenden-, also des 24. Wirbels in den Verband des Sacrums, während *Lumbalisation* die Loslösung der ersten Kreuzbeinwirbel zu einem freien Lendenwirbel bedeutet. Es ist klar, daß Lumbalisation
und Sacralisation zu den gleichen Übergangsformen führt, deshalb gelingt die
Unterscheidung zwischen der Lumbalisation und der Sacralisation nur, wenn die
Ordnungszahl bekannt ist, d. h. wenn man weiß, ob der fragliche Wirbel der 24.
oder 25. ist. Für den Röntgendiagnostiker ist dies jedoch in der überwiegenden

Mehrzahl der Fälle nicht möglich. Zudem spielt diese Kenntnis praktisch keine Rolle für Klinik und Therapie. Wir sprechen deshalb im folgenden, JUNGHANNS folgend, lediglich von *lumbosacralen Übergangswirbeln*. Es hat sich nämlich gezeigt, daß die von BRANDT und von HOLITSCH angenommene Unterscheidungsmöglichkeit des 4. Lendenwirbels mit spitzen (nicht breiten), nach aufwärts (nicht abwärts oder horizontal) gerichteten Processus transversi, namentlich beim Vorliegen von Variationen nicht in genügender zuverlässiger Weise gilt [FRIEDL (1)].

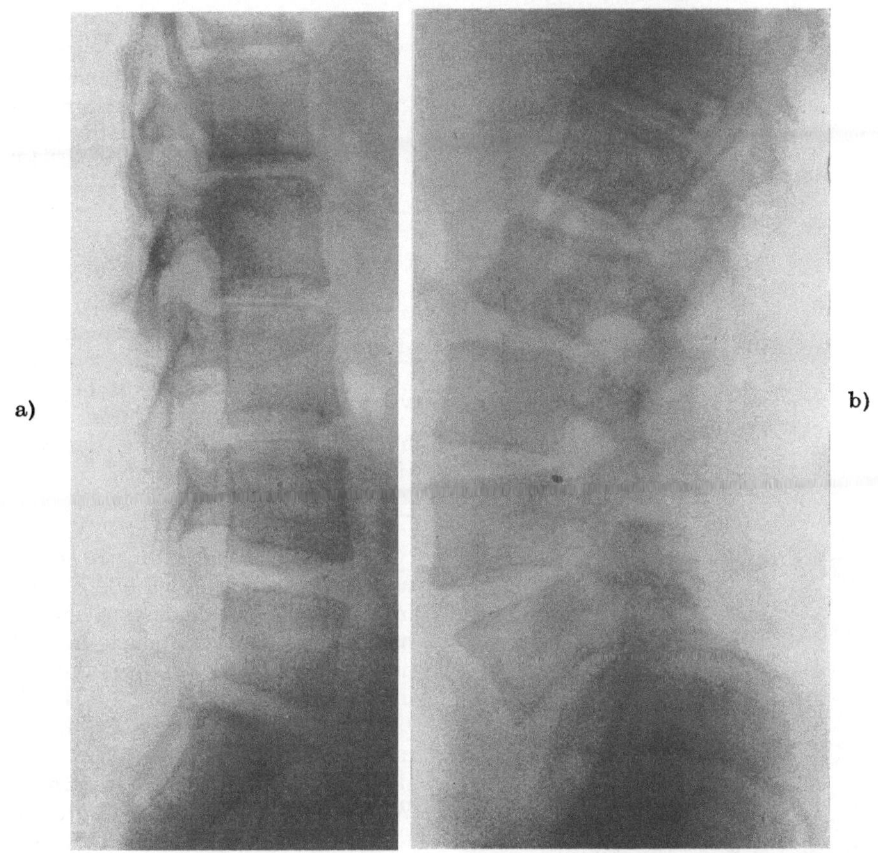

Abb. 61. Extreme Ausschläge der Variation der Lumbosacralgrenze ohne starke degenerative Veränderungen und ohne Krankheiten der Wirbelsäule.
a) Streckung der Lendenlordose, steilgestelltes Sacrum. b) Hyperlordosierung, horizontalgestelltes Sacrum. 1/2.

Winkel:	a)	b)	normal
Lumbosacralwinkel	150°	130°	143°
Sacralwinkel zur Horizontalen ...	50°	15°	40°
Winkel der letzten Bandscheibe zur Horizontalen	19°	45°	35°

Um die vielgestaltigen Formen der lumbosacralen Übergangswirbel einigermaßen zu klassieren, was in Anbetracht der klinischen Bedeutung notwendig ist, folgen wir BLUMENSAAT und CLASING unter Modifikation wie folgt: Eine erste Gruppe enthält Übergangswirbel, die sich durch deutlich verbreiterte Querfortsätze charakterisieren, ohne daß diese mit dem Sacrum oder mit der Beckenschaufel articulieren. Die zweite Gruppe umfaßt Übergangswirbel, die entweder mit der Beckenschaufel oder mit dem Sacrum oder mit beiden in Beziehung stehen, articulierte lumbosacrale Übergangswirbel. In beiden Gruppen gibt es symmetrische und unsymmetrische Formen. Die Gruppe I von BLUMENSAAT und CLASING (vollständige Lumbalisation und vollständige Sacralisation) fällt aus, weil es, wie oben angedeutet, schwierig ist, bei vollständig mit dem Sacrum verwachsenen Wirbeln zu entscheiden, ob eine Sacralisation vorliegt, wenn nicht festgestellt werden kann, ob es sich wirklich um den 24. Präsacralwirbel handelt.

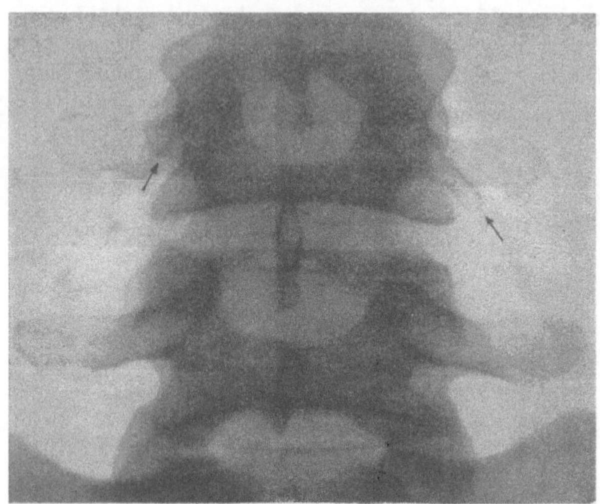

Abb. 62. Processus styloideus des 4. Lendenwirbels (Fall VELTMANN).

e) Sacrococcygealgrenze.

Die Übergangswirbel an dieser Grenze sollen etwa in 5 bis 14% vorkommen. Ihnen kommt nur für die Erkennung der Variationstypen Bedeutung zu.

f) Variationstypen.

Im allgemeinen wird man auf ein und demselben Röntgenbild nur eine, im Lumbalgebiet höchstens zwei benachbarte Grenzen beurteilen können. Es ist aber bekannt, daß Anomalien und Variationen oft in Vielzahl gefunden werden, wenn man danach sucht. So hat FRIEDL festgestellt, daß die normale Ordnung der Wirbel nach der oben erwähnten Formel nur etwa in einem Drittel der Fälle eingehalten wird; die restlichen zwei Drittel zeigen Abweichungen. Diese können an verschiedenen Grenzen sitzen. Sind sie multipel vorhanden, so sind die verschiedenen Lokalisationen stets gleichsinnig, d. h. sie sind derart gestaltet, daß die Verschiebung aller Abschnittsgrenzen etwa in einem Drittel nach oben und im letzten Drittel nach unten verschoben zu sein scheint. Äußerst selten sind alle zu einem Variationstyp gehörenden Veränderungen manifest, etwa wie folgt:

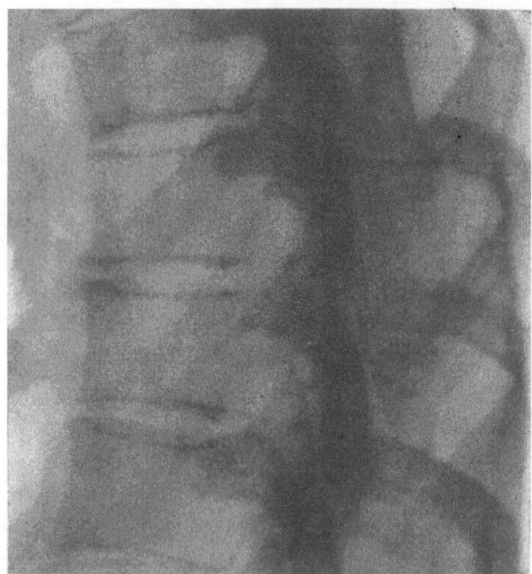

Abb. 63. Bei geringer Drehung (siehe Projektion der Rippen) werden die hinteren Ecken rechts und links neben dem Foramen vertebral belebeneinander projiziert. Bei wohlgebildeten Wirbeln und tangentialer Einstellung erscheint die nach vorne abgebildete Ecke dichter. Ihr Bild ist unten am Wirbelkörper meist deutlicher als oben. Es handelt sich nicht um Randleisten. 46jähr. ♀.
Nr. 120170. 2/3.

Caudaltyp: Assimilation des Atlas, verkürzte (Halsrippe) oder normale erste Rippe, Lendenrippe, Lumbalisation eines lumbosacralen Übergangswirbels, ein

Coccygealwirbel weniger (Sacralisation eines solchen); oder *Cranialtyp*: Manifestation eines Occipitalwirbels, Halsrippe, kurze letzte Rippe (thoracale Lendenrippe), Sacralisation eines lumbosacralen Übergangswirbels, ein Coccygealwirbel mehr. Oft sind die Variationen nur an der thoracolumbalen oder lumbosacralen Grenze vorhanden. In letzter Zeit ist festgestellt worden, daß Verschiebungen des neuromuscularen Apparats gegen das Skelet vorkommen (FREDE). Es liegt dann schließlich nahe, anzunehmen, daß jede solche Variation von Skelet, Gefäßapparat oder Nervensystem zu Beschwerden führen können, die man früher den Halsrippen allein zugeschrieben hatte und von denen man zwar wußte, daß sie auch ohne solche auftreten können. Diese Beschwerden faßt man heute unter dem Begriff des *Scalenussyndroms* zusammen (NAFFZIGER, OCHSNER und DE BAKY). Die Beschwerden entstehen durch Druck auf Nerven und Gefäße durch den Scalenus oder durch die oberste Rippe, ungeachtet ob bei der gegenseitigen Verschiebung das Skelet eine Manifestation in der einen oder anderen Richtung aufweist oder nicht [WANKE (1), JONES und TODD].

Die Symptome des Scalenussyndroms (W. BRUNNER) sind nervöse, vasculare und lokale. Die nervösen Störungen entstehen meist im Gebiet des N. ulnaris und N. cutaneus brachii et antibrachii medialis in Form von Störungen der Sensibilität und der Motilität (Atrophie der Schulter- und kleinen Handmuskeln). Die vascularen Störungen können bis zur Thrombosierung der A. subclavia fortschreiten. Es entstehen Ödeme, Cyanose, Ischämie, unter Umständen Pulsdifferenzen, RAYNAUDsches Zeichen u. a. Als lokale Symptome werden angegeben Spannung und Schmerzhaftigkeit im Gebiet der Scaleni, Strömungsgeräusch über der Subclavia. Die Beschwerden treten meisten im vierten Lebensjahrzehnt auf, wenn die Schultern tiefertreten. Sie sind kaum einmal vollständig, sondern stets in Auswahl vorhanden.

2. Variationen nach Form.

Dieser Abschnitt soll eine Vervollständigung der Kenntnisse der Variationen geben und bildet einen Übergang zwischen den Fehlbildungen und dem vorhergehenden Kapitel einerseits und dem Kapitel 1 B, normale Röntgenanatomie, anderseits. Während dort die Abweichungen eingehend besprochen wurden, die durch technische Eigentümlichkeiten in den einzelnen Aufnahmen bedingt sind, zeigen wir hier kleine Formabweichungen der einzelnen Wirbelkörper und einzelner Wirbelsäulenabschnitte.

a) Einzelne Wirbel.

Besonders hohe Wirbelkörper kommen in der Lendenwirbelsäule meistens in der Mehrzahl und bei starkem Gibbus der Brustwirbelsäule vor. Vereinzelte zu hohe Wirbelkörper sind mir nicht bekannt. Jede isolierte Herabsetzung der Höhe ist pathologisch.

Das gleiche gilt von den Bandscheiben; in der Lumbalgegend sind sie ab und zu recht hoch. Dabei muß Beachtung finden, daß der Fischwirbel den Eindruck erweckt, seine benachbarten Bandscheiben wären abnorm hoch; von diesem Irrtum muß man sich hüten; der Fischwirbel ist im Gegenteil eine pathologische Form der Wirbelkörperbandscheibengrenze. Von den oft tief gespaltenen Dornfortsätzen der Halswirbel haben wir anläßlich der Behandlung der Spaltbildungen schon gesprochen.

b) Formvariationen der Wirbelsäule als Ganzes.

Wir werden uns später mit den pathologischen Verkrümmungen der Wirbelsäule zu beschäftigen haben. Es sei festgestellt, daß kaum eine Wirbelsäule vollständig gerade ist. Dabei ist es nicht einmal nötig, daß Anomalien oder auch nur feststellbare Abnormitäten vorliegen. Kleinste Asymmetrien führen zu einer minimalen Scoliose, die man sozusagen bei jedem Individuum finden kann. Die Rechtshändigkeit oder die Haltung in der Schulbank mögen dafür verantwortlich sein. So fand Schenk bis zu 80% Scoliosen bei Schulkindern. Andere Untersucher haben mit 10% im siebenten Lebensjahr (Dubois) nur die pathologischen, echten Scoliosen einbezogen.

Betreffend die Variation in den Biegungen in der Sagittalebene verweise ich auf das Kapitel I B, wo die Form der Wirbelsäule eingehend besprochen ist. An dieser Stelle sei nur auf die Mannigfaltigkeit der Krümmung der Lendenwirbelsäule und des Sacrum in der Sagittalebene hingewiesen.

Wir haben früher gesehen (S. 33), daß die Größe des Lumbosacralwinkels ein Maß darstellt für die lumbosacrale Knickung. Der Lumbosacralwinkel enthält die Achsen des 5. Lendenwirbels und des 1. Sacralwirbels als Schenkel. Er kommt vor allem zustande durch die Keilform der letzten Bandscheibe. Ihr Winkel beträgt 16 bis 17° und ist naturgemäß nach vorne-unten offen. Der Lumbosacralwinkel beträgt im Durchschnitt 143°, ohne daß sich große Abweichungen des Geschlechtes oder des Alters ergeben. Der Spielraum beträgt 123 bis 164° (Junghanns).

Mit dem genannten Winkel sind aber die Verhältnisse an der Lumbosacralgegend keineswegs erfaßt. Vor allem scheint mir die Neigung gegen die Horizontale für die Statik der Wirbelsäule von größter Wichtigkeit. Ich habe deshalb früher den Winkel der letzten Bandscheibe zur Horizontalen eingeführt und schon anläßlich der Behandlung der Spondylolysis davon gesprochen. Ferner ist es wichtig zu wissen, wie sich die cranialwärts und caudalwärts folgenden Elemente anfügen; nach unten das Sacrum, nach oben die Lumbalsäule. Diese beiden Abschnitte stoßen in der letzten Bandscheibe aneinander und gruppieren sich also quasi um dieselbe. Es ist deshalb verständlich, daß ihr Neigungswinkel die Basis für die Richtung sowohl des Kreuzbeines als auch der Lendenwirbelsäule abgibt.

Bei der Betrachtung der so zusammengesetzten Lumbosacralgrenze ergeben sich nun zwei Abweichungen von der strengen Norm, denen gewiß eine bestimmte Bedeutung, wenn auch nicht in der Genese, so doch in der Bereitschaft zur Entstehung von Beschwerden, zukommt, das Sacrum acutum und das Sacrum arcuatum (Scherb). Trotzdem die Bezeichnungen insofern nicht ganz zutreffend sind, als nicht nur das Sacrum, sondern die ganze Lumbosacralgegend an der Erscheinung teilnimmt — *Streckung* bzw. *Hyperlordosierung* —, wollen wir die Begriffe beibehalten. Auf die Reserve sei jedoch nachdrücklich hingewiesen. Es kann auch nicht genug gesagt werden, daß die Hyperlordosierung als Variation nur ein kleiner Teil der Hyperlordosen ausmacht. Häufiger ist sie nach hyperlordosierenden oder hypophosierenden Lokalprozessen zu beobachten (vgl. Kapitel III).

Die Abb. 30 a und e zeigt die normale Form der Lumbosacralgegend, die Abb. 61 gibt die extremen Abweichungen wieder.

· III. Erkrankungen der Wirbelsäule.

Im dritten Teil sollen die Krankheiten der Wirbelsäule behandelt werden. Es handelt sich vorwiegend um Erkrankungen, die nicht für das Achsenskelet spezifisch sind, deren Erscheinungsformen aber durch die Lokalisation in bestimmter Richtung beeinflußt werden. Selbst die in den ersten Kapiteln A und B besprochenen Osteochondrosen haben ihre Äquivalente in anderen Knochen und Gelenken. So finden wir hier im allgemeinen die Wirbelsäulelokalisationen der Gruppen der Knochen- und Gelenkerkrankungen. Lediglich die genuinen Verkrümmungen bilden eine Gruppe von selbständigen Erkrankungen des Stammes, also der Wirbelsäule.

Die allgemeine Literatur zu Teil III ist im Verzeichnis gesondert angeführt.

A. Degenerative, meist mehr oder weniger auf der Wirbelsäule generalisierte, stets auf sie beschränkte Verbrauchsveränderungen der Zwischenwirbelscheiben und ihrer Umgebung sowie der kleinen Gelenke, Osteochondrosen der Erwachsenen sensu ampliori.

Es soll versucht werden, unter dem Begriff der Osteochondrose eine Gruppe von degenerativen Veränderungen der Wirbelsäule zusammenzufassen, deren Darstellung bis anhin offensichtlich jede Einheitlichkeit vermissen ließ: Die Spondylose und die schwere Osteochondrose, die beide ihre Entstehung Verlagerungen von Bandscheibengewebe verdanken. Wir sind der Ansicht, daß diese beiden Krankheitsbilder nur verschiedene Grade oder Lokalisationen der Osteochondrose darstellen. Anderseits lassen sich auch die juvenile Kyphose Scheuermann und sogar die Vertebra plana Calvé hier einreihen, wenn man annimmt, daß in beiden Fällen die Ursachen der Osteochondrose besonders frühzeitig, d. h. am Ende des Wachstumsalters (juvenile Kyphose) oder noch früher und intensiver und eventuell lokalisiert (Vertebra plana) zu wirken beginnen. Und ferner ist es angezeigt, das Äquivalent der deformierenden Spondylose, die Arthrosis deformans der kleinen Gelenke, als die eine Komponente der deformierenden Spondylarthrose ebenfalls hier zu besprechen. Es wurde deshalb die ganze Gruppe der degenerativen Erkrankungen in diesem Sinne zusammengefaßt.

Der *Begriff* der Osteochondrose stammt von Schmorl. Er verstand darunter zwar nur einen Teil der im folgenden beschriebenen, pathologisch-anatomischen Prozesse, die sich im Verlaufe des Lebens an der menschlichen Bandscheibe abspielen. Wenn wir bewußt den Begriff der Osteochondrose erweitern, so soll dies geschehen, weil wir überzeugt sind, daß einmal eine weitgehende Einheitlichkeit im substantiellen Geschehen besteht und daß gerade diese Einheitlichkeit dazu angetan ist, die heute wenig klaren Verhältnisse auf pathologisch-anatomischer Basis zu ordnen. Es ist möglich, daß der vorliegende Versuch unvollständig oder teilweise unzutreffend sein mag; es steht aber zu hoffen, daß sich Abwege bald ergänzen lassen.

Pathologisch-Anatomisches. Jedenfalls liegt kein Grund vor, nicht von der pathologischen Anatomie als Grundlage auszugehen, da doch diese in den letzten Jahren durch Schmorl und Junghanns begonnen, gefördert und, soweit mir scheint, wenigstens vorläufig abgeschlossen worden ist.

Wir haben den Bau und die Funktion des normalen jugendlichen Bandscheibengelenkes und seiner angrenzenden Teile früher kennengelernt. Die dort beschriebene außerordentliche Beweglichkeit findet durchschnittlich schon im Verlaufe des dritten Jahrzehntes eine Einschränkung, indem sich folgende *klinisch und röntgenologisch vorerst nicht faßbare Veränderungen* einstellen. Im Vordergrund steht eine Herabsetzung des Wassergehaltes der Bandscheibe, und zwar nicht nur des Gallertkernes, sondern auch des Annulus fibrosus. Der Anschnitt der Scheibe zeigt diese *Austrocknung* schon an der verminderten Feuchtigkeit der Schnittfläche; das Bandscheibengewebe quillt weniger stark über die Schnittfläche hervor. Dazu treten bald gelbe bis braune *Verfärbungen* der Bandscheiben, besonders des Gallertkernes auf. Der Farbstoff ist chemisch nicht definiert, vielleicht ist er kein Derivat des Blutfarbstoffes.

Zusammen mit der Austrocknung geht eine allmählich sich ausdehnende *Spalt-* und *Höhlenbildung*, die von dem Hohlraumsystem des Gallertkernes ihren Ausgang nehmen, vor sich. Die Spalten werden breit und können die ganze Breite und Tiefe der Bandscheibe einnehmen. Sie können so hochgradige Formen annehmen, daß es zu mehr oder weniger vollkommener *Zermürbung* des Zentrums der Bandscheibe kommt. Die äußeren Partien bleiben mit Ausnahme der senilen Kyphose besser erhalten; im Zentrum sammeln sich aber krümelige Massen der ausgetrockneten Bandscheibe an. Es soll vorkommen, daß größere sichelförmige Bandscheibenstücke in der Zerfallshöhle gefunden werden. Es kann sich auch Kalk einlagern.

Während wohl die beschriebenen Veränderungen vornehmlich das Zentrum der Bandscheibe betreffen, so kommen doch Einrisse auch im Bereiche des peripheren Annulus fibrosus und insbesondere auch in seinen äußersten Lagen vor, die von Randleiste zu Randleiste ziehen. Das ist aus zwei Gründen von grundsätzlicher Bedeutung. Einmal ist damit die Umgürtung des Nucleus pulposus gesprengt und das Gewebe der Bandscheibe hat die Möglichkeit, durch den axialen Druck peripheriewärts getrieben zu werden. Zweitens aber ist die gegenseitige Halterung beim Kippen der Wirbelkörper gegeneinander sehr stark geschwächt. Es müssen dann andere passive Bewegungselemente in die Lücke treten. Das sind vornehmlich die beiden Längsbänder, vor allem vorne das Lig. long. ant. und hinten das schmächtigere Lig. long. post., unterstützt von den Reihen der Intervertebralgelenke mit ihren Kapseln und ihren Bändern. Das Eintreten einer Art falscher Beweglichkeit und die Überlastung der Längsbänder führt, wie das SCHMORL und JUNGHANNS nachgewiesen haben, zu der Entstehung der *Spondylose* (1).

Hand in Hand mit der Austrocknung der Bandscheibe und ihrer Folgen geht ein pathologischer Vorgang am hyalinen Knorpel der knorpeligen Abschlußplatte vor sich. An den Stellen, wo früher die Gefäßverbindung zwischen Knochen und Bandscheibe bestanden hat, treten multiple kleine Degenerationsbezirke des hyalinen Knorpels auf. Auf Grund dieser *Knorpeldegeneration* können später Gefäße in die Bandscheibe einwuchern. Nach und nach kann in schweren Fällen die Knorpelplatte fast vollständig verschwinden bis auf kleine unregelmäßige Zonen der Knorpelwucherung. Es folgt dann zwangsläufig die Sclerosierung der angrenzenden Knochenpartien.

Die degenerativen Prozesse sind indessen so hochgradig geworden, daß sie *röntgenologisch sichtbar* werden. Durch die Austrocknung kommt naturgemäß eine *Verschmälerung des Intervertebralraumes* zustande, der unter Umständen im Röntgenbild in Erscheinung tritt. Oft ist zwar die Verschmälerung nicht ausgiebig genug und betrifft eine ganze Reihe von Intervertebralräumen, so daß eine sichtbare Diagnose aus dem absoluten Maß der Höhe der Bandscheibe ohne Vergleich nicht gemacht werden kann. Ebenso können *Verkalkungen der Bandscheiben* festgestellt werden und endlich setzt die noch zu besprechende Spondylosis deformans gut erkennbare Zeichen in Form von *Randzacken*. Die Degeneration der Knorpelplatte ist im Röntgenbild aus naheliegenden Gründen nicht sichtbar, jedoch ist die angrenzende *Osteosclerose* sehr deutlich zu sehen.

Wir haben oben erwähnt, daß in späteren Stadien der Osteochondrose auch Spalt- und Rißbildungen im peripheren Randleistenannulus vorkommen. Anderseits treten Degenerationen der hyalin-knorpeligen Abschlußplatte ein. Damit ist die stark deformierbare lockere bis flüssige Substanz des Nucleus pulposus freigegeben zur Verlagerung außerhalb seines ihm ursprünglich zugedachten Raumes. Dadurch kommt eine Verbreiterung der Bandscheibe vorwiegend nach vorne zustande. Der Durchtritt von Bandscheibengewebe kann aber auch nach der Spongiosa des Wirbelkörpers oder nach hinten oder schräg nach vorne oder hinten erfolgen. Am häufigsten ist der Bandscheibenprolaps in den Wirbelkörper, und zwar gerade an der Stelle des Nucleus pulposus zu finden. Daß dafür die Narbe des früheren zentralen Gefäßes oder der Chorda verantwortlich ist, liegt nahe. Auch die sog. Ossifikationslücken sind wohl Stellen verminderter mechanischer Resistenz. Durch das Vordringen des Bandscheibengewebes wird die Lücke im Knorpel erweitert, es drängt sich durch den Druck in die von Löchern durchsetzte knöcherne Abschlußplatte hinein und führt auch hier zu Lücken- und Höhlenbildungen. Diese werden erst durch Knorpel, dann durch Knochengewebe ausgekleidet. Damit werden sie röntgenologisch sichtbar. Wir haben damit das Bild der SCHMORLschen *Knorpelknötchen*, Bandscheibenprolaps, Nucleushernie, beschrieben. Wir fassen diese SCHMORL-JUNGHANNSschen Veränderungen als ein schweres Stadium der Osteochondrose auf und möchten sie im folgenden auch mit dieser Bezeichnung belegen. Dabei ist es grundsätzlich ohne Bedeutung, daß das Bandscheibengewebe auch nach hinten, bzw. nach vorne vorfallen kann. Die *schwere degenerative Osteochondrose* (2) soll also in einem zweiten Abschnitt behandelt werden.

An dieser Stelle haben wir noch ein weiteres und letztes Vorkommnis in der Ausbildung der osteochondrotischen Prozesse an der Bandscheibe und ihrer Umgebung zu besprechen, nämlich die Einwucherung fremder Gewebe: Gefäße, Bindegewebe, Knochen.

Am Ende der Entwicklung der Wirbelsäule ist die Bandscheibe gefäßlos. Eine *sekundäre Vascularisation* kommt bei osteochondrotischen Bandscheiben oft vor. Die Gefäße können durch Ossifikationslücken in relativ frühem Stadium der Krankheit eindringen. In größerem Ausmaße finden sie eine Bahn entlang von Knorpelknötchen, wobei die Gefäße in umgekehrter Richtung dem vordringenden Bandscheibengewebe aus der Spongiosa des Körpers entgegenwachsen. Meist findet man das Gallertkerngebiet betroffen. Aber auch im Annulus fibrosus sind sie als dunkle (im frischen Präparat rote), bogig begrenzte, oft multiple Stellen anzutreffen, wo dann die normale Bandscheibenstruktur aufgehoben ist.

Hand in Hand mit der Vascularisation geht auch die Einwucherung von fibrösem Gewebe. Es benutzt die erwähnten Wege mit den Gefäßen von Markräumen der Spongiosa her. Aber es kann auch von hinten aus dem Rückenmarkskanal her einwandern, wahrscheinlich auch durch Lücken im Bandscheibengewebe. Die ganze Bandscheibe, meist mit Ausschluß der Knorpelplatten, kann auf diese Weise durch fibröses Bindegewebe ersetzt werden. Die *Bandscheibenfibrose* führt zu Verschmälerung des Intervertebralraumes und schränkt naturgemäß die Beweglichkeit des Bandscheibengelenkes stark ein.

Während Gefäße und Bindegewebe der Röntgenuntersuchung nicht zugänglich sind, zeichnen sich *Knocheneinlagerungen* im Bilde leicht, unter der Voraussetzung, daß sie groß genug sind. Die Verknöcherung erfolgt meistens im Faserring, und zwar in seinen peripheren Teilen in der Nähe der Randleisten. Seltener trifft man Knochen mit Gefäßen und Bindegewebe an den oben angeführten Stellen im Zentrum der Abschlußplatten.

Wenn im hohen Alter nicht allzu hochgradige degenerative Bandscheibenveränderungen Platz gegriffen haben, sondern lediglich sich die ausgetrocknete Bandscheibe verschmälert hat und dazu noch eine gewisse Erlahmung der streckenden Muskulatur, also für die Brustwirbelsäule des Erector trunci, eingetreten ist, macht sich die Schwere insofern in vermehrtem Maße geltend, als sie durch das Gewicht des Körpers die Brustkyphose zu verstärken sucht, und zwar mit Erfolg. Die hinteren Wirbelkörperkanten werden durch die Intervertebralgelenke auseinandergehalten, während sich die vorderen Körperkanten nähern können. Durch den vermehrten Druck fällt die ohnehin abgenutzte Bandscheibe im Bereiche der festen vorderen Randleiste der Degeneration und Nekrose anheim. Die geschädigten Bandscheiben weisen im Bereiche der vorderen Randleiste sichelförmige konzentrische Risse auf. Vom hinteren Rand der Randleiste aus wuchern Gefäße und fibröses Bindegewebe in den Annulus fibrosus ein. Später tritt Verknöcherung ein, so daß die vorderen Partien der Wirbelkörper völlig durch Spongiosa synostosieren.

Diese Synostosierung bedeutet einen Endzustand der beschriebenen Vorgänge. Vorher tritt meist durch direkte Berührung der benachbarten Randleisten eine starke Osteosklerose der angrenzenden Spongiosa ein. Unter Umständen kann es zu Knochenschliff kommen. Dadurch, vornehmlich aber durch die keilförmige Gestalt der *Zwischenwirbelräume* entsteht die *Alterskyphose* (2d). Sie kann sehr hohe Grade annehmen; nie aber ist sie durch eigentliche Keilwirbelbildung bedingt wie die juvenile Kyphose.

Neben den beschriebenen Prozessen, die von den Zwischenwirbelscheiben ausgehen, verlaufen äquivalente degenerative Veränderungen der kleinen Gelenke: die *deformierende Arthrose* (3) der Intervertebralgelenke und der costovertebralen Gelenke. Die Arthrosis deformans geht von dem Gelenkknorpel aus; es handelt sich offenbar um ein Äquivalent der deformierenden Spondylose der Bandscheibengelenke. Da Spondylose und Arthrose oft zusammen auftreten, spricht man dann von Spondylarthrose. Wir glauben dennoch einen Abschnitt über Arthrosis deformans im Bereiche der Wirbelsäule abtrennen zu sollen.

Treten die oben besprochenen mikroskopischen, makroskopischen und zum Teil röntgenologisch sichtbaren Veränderungen zum Teil oder auch in ihrer Gesamtheit aus irgendeinem Grunde nicht, wie oben angenommen, nach dem Abschluß des Längenwachstums, also nicht nach dem 20. bis 25. Altersjahr, sondern vorher auf, zu einer Zeit, wo das Wachstum der Wirbelsäule noch in vollem Gange ist, dann nehmen die osteochondrotischen Prozesse entsprechend andere Formen an. Dabei braucht nicht die Rißbildung im Annulus fibrosus von ausschlaggebender Bedeutung zu sein; im Vordergrund stehen im Gegenteil die Veränderungen der Knorpelplatte. Die Schädigungen der Bandscheiben und ihrer Umgebung treffen den im jugendlichen Alter ausgedehnteren hyalinen Knorpel insbesondere dann sehr empfindlich, wenn er im Begriffe ist, die Verknöcherung der Epiphysen (Randleisten) zu vollbringen. Es liegt auf der Hand, daß dadurch die Ossifikation leicht und weitgehend gestört werden kann. So kommt es, daß in diesen Fällen durch die einfache mechanische Mehrbelastung der vorderen Wirbelkörperkanten Keilwirbel entstehen, die in ihrer Gesamtheit im unteren Brustteil zu einer Kyphose führen. Es entsteht dann das Krankheitsbild der *juvenilen Kyphose* [SCHEUERMANN (4)]. In diesem Falle sind nicht degenerative Veränderungen durch Verbrauch die Ursache der Osteochondrose, sondern Ernährungsstörungen im Sinne der aseptischen Nekrose (AXHAUSEN). Die floriden initialen Prozesse spielen sich ab, ohne daß sie vorerst im Röntgenbild das typische Bild der Osteochondrose bewirken. Es treten dann unter Umständen als erstes unsichere klinische Symptome auf. Später aber wird das Röntgenbild der Osteochondrose typisch: Verschmälerung der Zwischenwirbelräume, Unregelmäßigkeiten der sclerosierten Abschlußplatten, SCHMORLsche Knorpelknoten, Verkalkungen und dazu die Kyphose durch *Keilwirbelbildung*.

Es sei auf den Gegensatz der juvenilen Kyphose zur Alterskyphose aufmerksam gemacht, bei welcher keilförmige Intervertebralräume entstehen. Und endlich sind die genannten beiden Kyphosen nicht zu verwechseln mit der bei jeder generalisierten Porose oder Osteomalacie durch Deformation der Wirbelkörper selbst entstehenden Kyphosen. Wenn eine aseptische Nekrose im Kindesalter zu völligem Zerfall führt, entsteht die Vertebra plana osteonecrotica [CALVÉ] (5).

Die juvenile Kyphose und die Vertebra plana osteonecrotica wurden im Kapitel III B unter der Bezeichnung der Osteochondrosen der juvenilen und kindlichen Wirbelsäule als Epiphyseonekrosen der Wirbelsäule zusammengefaßt. Die Gruppe der juvenilen Osteochondrosen steht dann neben den degenerativen Osteochondrosen des Kapitels A.

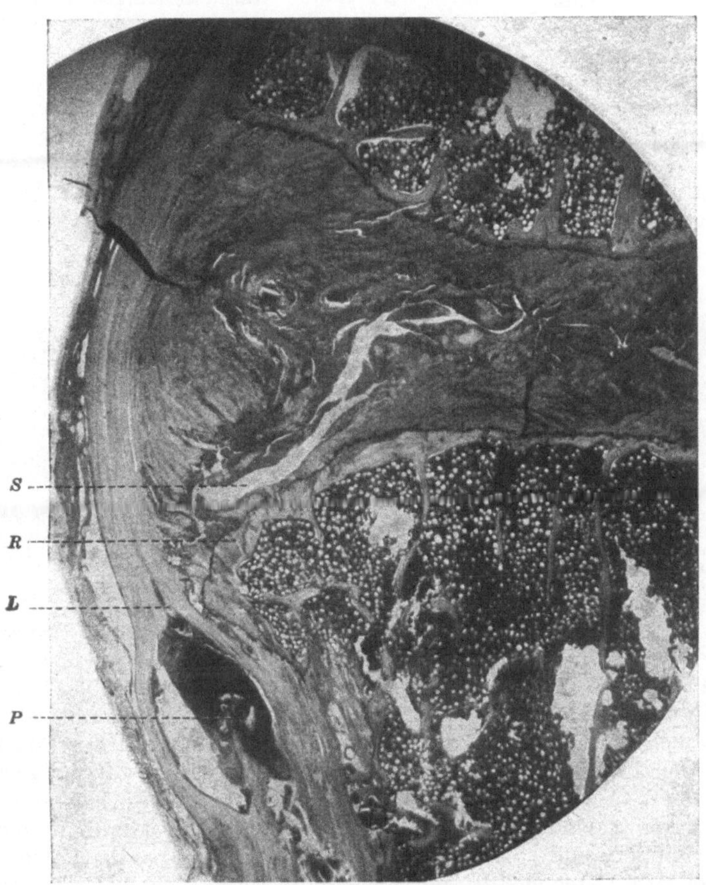

Abb. 64. Sagittalschnitt durch den vorderen Teil einer Zwischenwirbelscheibe. Riß des Randleistenannulus in der Nähe der unteren Randleiste (S), beginnende Randwulstbildung (R), Einlagerungen von verkalktem Bandscheibengewebe (P) in das vordere Längsband (L). Beginnende Spondylosis deformans (nach JUNGHANNS).

1. Spondylosis deformans.

a) Aus der pathologischen Anatomie.

Wir haben früher gesehen, wie sich die deformierende Spondylose in das Gesamtgebiet der Osteochondrose einfügt, und es wurde bei dieser Gelegenheit das Allgemeine der pathologischen Anatomie mitgeteilt. So bleibt uns hier nur noch übrig, für das oben Gesagte Belege beizubringen.

Die deformierende Spondylose ist an die Existenz einer gewissen Beweglichkeit der Bandscheibengelenke gebunden; sie beginnt makroskopisch mit der Bildung kleiner und kurzer Wülste an der vorderen oder seitlichen Zirkumferenz der Wirbelkörper, da, wo sich Körper und Randleiste trennen. Diese Wülste sind am macerierten Präparat zu sehen und zu palpieren, am Autopsiepräparat meist zu palpieren (Abb. 67). Im Röntgenbild zeichnen sie sich in der überwiegenden Mehrzahl der Fälle im Profil, nicht als Leisten, sondern als deren Querprofil, d. h. als Zacken. Nur sehr große und breite Leisten lassen sich in der Aufsicht als solche darstellen. Die Ansatzstelle ist jene Linie, wo das Lig. longitudinale anterius seine feste Bindung mit dem Wirbelkörper lockert, um auf die bewegliche Bandscheibe überzugehen. An dieser Stelle finden die ausgiebigsten Bewegungen und Zerrungen statt; deshalb entsteht der Randwulst gerade an diesem Ort. Von hochgradigen spondylotischen Wülsten gehen längsverlaufende Leisten aus, die sich am Rande der Wülste als Zacken dokumentieren; sie liegen in der Fortsetzung von Verstärkungen des Längsbandes (Abb. 64). Die Randwülste können nen sehr ausgedehnt und kräftig werden, so daß man von Spangen und Brücken

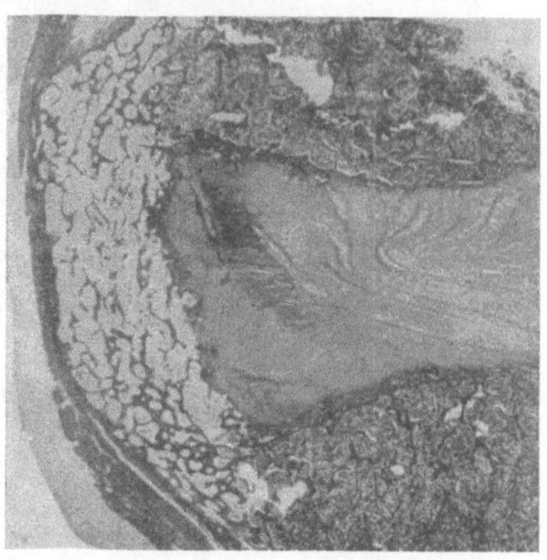

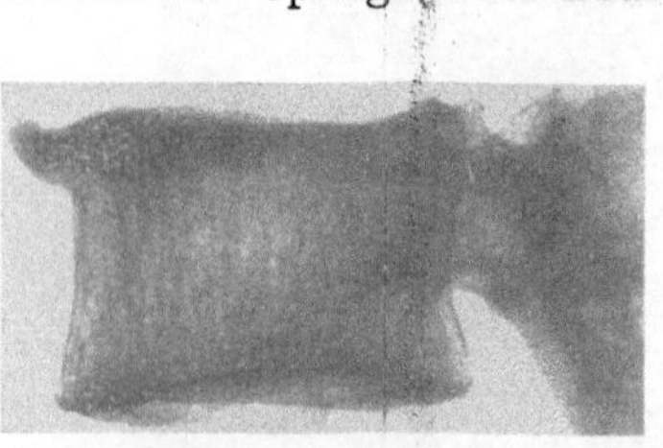

Abb. 65. Röntgenaufnahme eines spondylotischen Lendenwirbels. Mäßig große Zacken vorne, cranialwärts ist die Osteosclerose in der Umgebung der Zacke kräftig und tief; im Bereiche der unteren Deckplatte ist die Sclerose ebenfalls angedeutet. Ausgrabung Pieterlen, frühes Mittelalter. (Anthropologisches Institut Zürich.)

Abb. 66. Starke, vollständige spondylotische Brücke; ihr Knochen enthält Fettmark; die Bandscheibe ist gut erhalten (die Bewegung ist fixiert).

sprechen darf, (Abb. 66). Die Spangen können sich bis auf einen schmalen Spalt erreichen oder sogar vollständig verschmelzen. Damit ist die Beweglichkeit völlig aufgehoben und es beginnt ein langsamer Umbau der Knochenstruktur und Resorptionsprozeß der Randwülste, der nach einiger Zeit zu zuckergußartiger Synostosierung der Wirbelsäule führen kann. Zwischen den beiden benachbarten Randwülsten können sich Schaltknochen einlagern (Abb. 70), die unter Umständen ansehnliche Größe erreichen können. Es muß nachdrücklich darauf hingewiesen werden, daß die schweren Spondylosen stets mit schwereren Veränderungen der Bandscheiben verbunden sind und deshalb auch zum Teil unter den folgenden Abschnitt 2, schwere Osteochondrosen, eingereiht werden können. Das ist insbesondere dann der Fall, wenn Osteosclerose der Abschlußplatten, Verschmälerung der Intervertebralräume und eventuell Bandscheibenhernien nachweisbar sind. Man vergleiche die beigegebenen Bilder.

b) Röntgendiagnostik.

Das Röntgenbild der deformierenden Spondylose ist hinlänglich bekannt; an Stelle langer Besprechungen bringen wir zur Illustration einige Bilder und verweisen auf den unterlegten Text (Abb. 69 und 70). Als Grundlage der Diagnose diene die Definition:

Die deformierende Spondylose ist eine mehr oder weniger an der ganzen Wirbelsäule, zwar mit Prädilektionsstellen vorkommende *degenerative Verbrauchskrankheit*, die bei jedem Individuum früher oder später auftritt. Sie ist ein Teilsymptom der Osteochondrose und wird durch Rißbildung im peripheren Faserring verursacht unter der Voraussetzung, daß die Beweglichkeit im Band-

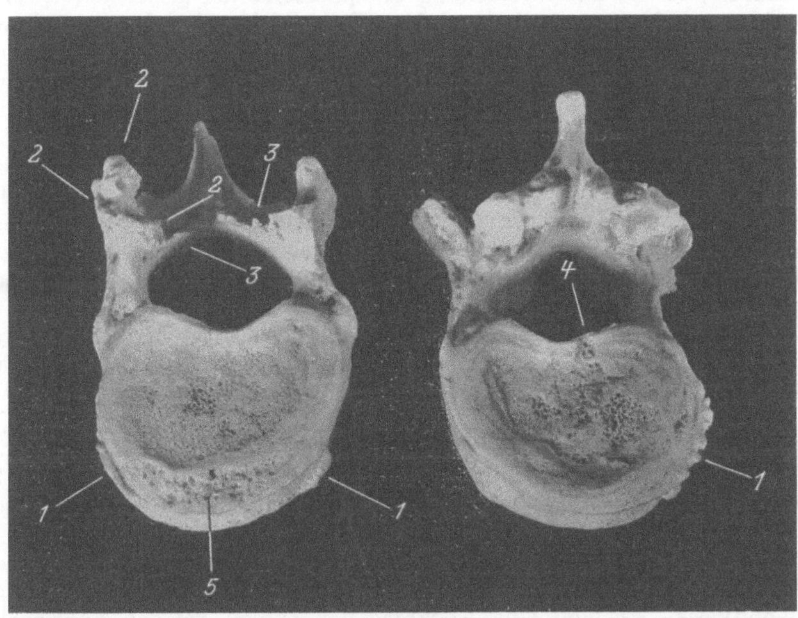

Abb. 67. Zwei aufeinanderfolgende untere Brustwirbel.

Links: Oberfläche, rechts: Unterfläche. Geringgradige spondylotische Leisten, an der Unterfläche durch Längsleisten in Zacken aufgeteilt (1); hochgradige deformierende Arthrose der Intervertebralgelenke (2). Verknöcherung des Ansatzes des Lig. flavum (3). Seichte Spongiosahernie nach hinten gerichtet (4). Knochenschliff hinter der Randleiste durch Druck des oberen Wirbels bei Alterskyphose (5). Die Wirbelkörper stammen von einer scoliotischen Wirbelsäule, dadurch ist die Asymmetrie ihrer Form und der pathologischen Veränderungen, namentlich der Arthrose, bedingt.

scheibengelenk noch einigermaßen erhalten ist. Sie bekundet sich röntgenologisch durch die bekannte Randwulstbildung und tritt ohne oder mit anderen Zeichen der Osteochondrose in Erscheinung.

Die röntgenologischen Zeichen der deformierenden Spondylose kommen *symptomatisch* auch bei anderen Krankheiten vor. Wir sprechen hier von der eigentlichen, einfachen, essentiellen Spondylose mäßigen Grades.

Die deformierende Spondylose ist meistens mit der deformierenden Arthrose der kleinen Gelenke vergesellschaftet: deformierende Spondylarthrose.

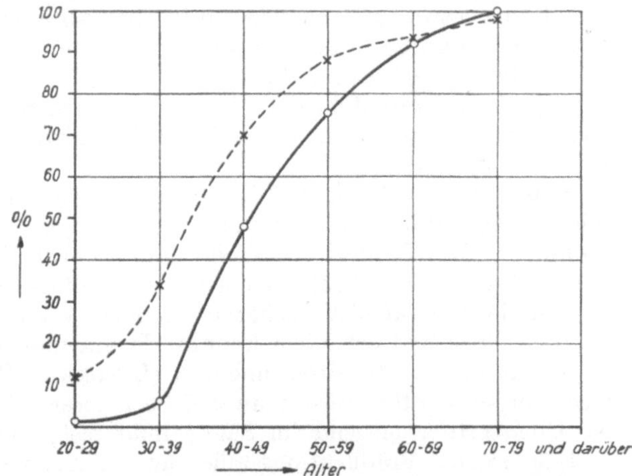

Abb. 68. Häufigkeit der Spondylosis deformans als Nebenbefund (ausgezogene Kurve) zum Vergleich die Mittelwerte von JUNGHANNS (gestrichelte Linie).

α) **Häufigkeit.** Jedermann weiß, daß die deformierende Spondylose eine sehr häufig beobachtete Veränderung ist. Von pathologisch-anatomischer Seite (JUNGHANNS) ist die Altersverteilung entsprechend der gestrichelten Linie der beigegebenen Abb. 68 angegeben worden. Es handelt sich dabei um palpatorisch an der Leiche festgestellte Randwülste. Die Zahlen sind das Mittel derjenigen für Frauen und Männer, die in der Klasse 40 bis 49 Jahre um 20% verschieden sind (60% ♀, 80% ♂). Wir selbst haben, nach den Röntgenbildern beurteilt, kleinere Prozentsätze gefunden. Sie sind in der ausgezogenen Kurve der Abb. 68 dargestellt. Der Unterschied der Zahlen in den einzelnen Altersklassen ist sicherlich durch die Methode bedingt. Es leuchtet ein, daß durch Palpation sämtliche, d. h. auch diejenigen Zacken gezählt werden, die durch die Aufnahmen in den beiden Hauptrichtungen unter Umständen nicht erfaßt werden. Anderseits ist wohl auch zu sagen, daß die Unterscheidung, ob ein Wirbelkörper eine Zacke trägt oder nicht, auch mittels der Röntgenbilder einwandfrei zu treffen ist, wenn die Zacke überhaupt dargestellt ist. GARVIN hat nach dem 50. Lebensjahr bei Männern 67%, bei Frauen 40% Spondylosen als Nebenbefund gefunden. Wir konnten nach unserem Material höchstens eine Differenz von 5% zwischen den Geschlechtern finden. Unsere oben angeführten Zahlen sind diejenigen des Gesamtmaterials. Die Prozentsätze der zufällig entdeckten Spondylosen sind rund 10% niedriger. Starke Abweichungen von den gegebenen Zahlen dürften auf unübersehbare Zufälligkeiten zurückzuführen sein; sie sollen hier nicht erörtert werden.

Größer als die Geschlechtsabhängigkeit sind die Ausschläge bei verschiedenen Berufen. So fand GANTENBERG (1, 2) bei Bergleuten eine erhebliche Steigerung der Spondylose. Er fand eine Abnahme der Zahlen bei den Fabrikarbeitern und besonders bei den Handwerkern.

β) **Lokalisation.** Es werden stets eine ganze Reihe von benachbarten Wirbeln oder sogar fast die ganze Wirbelsäule befallen. Unser röntgenologisches Material ließ erkennen, daß bei der Aufteilung der Häufigkeiten auf die verschiedenen Wirbelsäulenabschnitte keine großen Unterschiede bestehen; und zwar weder bei den jüngeren noch bei den alten Jahrgängen. Das will besagen, daß sich die Spondylose etwa gleichmäßig auf alle Abschnitte verteilt. Die Anatomen (SCHMORL) konnten feststellen, daß im dritten und vierten Jahrzehnt jene Fälle ein Maximum aufweisen, die nur in der Brustwirbelsäule spondylotische Veränderungen zeigen; d. h. daß die ersten Zeichen der Erkrankung im Brustteil entstehen zu einer Zeit, wo andere Abschnitte noch frei von Veränderungen befunden werden.

Es ist ferner auffällig, daß die bei den *Halswirbelsäulen* gezählten Spondylosen sich fast vollzählig auf die unteren Wirbel, vom 4. bis 7. Halswirbelkörper, beschränken. Die Randwülste sitzen dann zum Teil vorne seitlich und zum Teil in der Gegend der Proc. uncinati. Die Prädilektionsstelle der untersten Halswirbelsäule ist zwar nicht so hervorstechend, wie man in der täglichen Erfahrung aus dem Profilbild schließen könnte. Wenn man nämlich etwas aufmerksamer wie bis anhin auf die Proc. uncinati (LUSCHKA-„Gelenke") der mittleren Halswirbelkörper achtet, wird man bei geeigneter Einstellung oft die *Spondylose* der Uncovertebralgegend im Sagittalbild feststellen können.

Eine zweite Prädilektionsstelle für die Ausbildung der Spondylose ist die *Lumbosacralgegend*, also der letzte und eventuell vorletzte Lumbalwirbel und die Verbindung des ersteren mit dem ersten Sacralwirbel.

Das Gesagte gilt für die normal geformte Wirbelsäule. Liegen Veränderungen der Gesamtform vor, kann festgestellt werden, daß die Spondylose in der Konkavität viel ausgedehnter und hochgradiger wird.

Soweit die Lokalisation an der Wirbelsäule. Am einzelnen Wirbelkörper können sich grundsätzlich an der ganzen Zirkumferenz seiner Kanten Randwülste einstellen. Sie sitzen jedoch mit Vorliebe vorne oder etwas seitlich und auch dann mit Maximum ventral; bei funktionellen Asymmetrien kann eine Seite stark bevorzugt sein. Auch hintere, gegen den Wirbelkanal zu oder seitlichhintere im Bereiche der Bogenwurzeln, also im Bereiche des Foramen intervertebrale gelegene Randwülste kommen vor. Die Randwülste im Wirbelkanal selbst sind nach Schmorl sehr selten und sehr klein, jedenfalls nie so groß gefunden worden, daß sie Kompression des Rückenmarkes hätten verursachen können. Er nimmt an, daß es sich in den klinisch beobachteten Fällen um hintere Nucleushernien oder Verknöcherungen der Ligg. flava oder um Arthrose der Intervertebralgelenke gehandelt hat.

γ) **Konsekutive, symptomatische, lokalisierte deformierende Spondylose.** Es bleibt am Schluß dieses Kapitels noch übrig, auf Veränderungen einzugehen, die röntgenologisch gleiche Einzelsymptome hervorrufen, die aber nicht unter die gemeine Spondylose fallen, weil sie den Anforderungen der Abschnittsüberschrift A nicht entsprechen. Bei der symptomatischen Spondylose handelt es sich nicht um eine Alters- und Verbrauchskrankheit sui generis, sondern um Folgezustände irgendeiner anderen selbständigen Erkrankung oder einer Verletzung. Da der pathologische Grundzustand meist nicht auf die Wirbelsäule generalisiert ist, sondern sich auf einen oder einige wenige Wirbel beschränkt, ist auch die Spondylose eine lokalisierte, konsekutive, symptomatische Spondylose.

1. *Traumen.* Es wurde schon früher in der Einleitung die Möglichkeit vorgesehen, daß die Zerreißung des Annulus fibrosus nicht nur auf degenerativer Basis, sondern auch durch Traumen entstehen kann. Diese Möglichkeit wird zwar von verschiedener Seite mehr oder weniger kategorisch bestritten [Gaugele (1 bis 8)]. Wir gehen mit diesen Autoren einig in der Ansicht, daß es eine durch einmalige Traumen bedingte generalisierte Spondylose nicht gibt. Ich bin im Gegensatz zu Lange auch überzeugt, daß die Verschlimmerung oder Beschleunigung der Spondylose durch Trauma kaum eine wesentliche Rolle spielt.

Anderseits scheint es von vornherein selbstverständlich, daß durch traumatische Verletzung des Annulus fibrosus die Grundlage für die Entstehung einer Spondylose ebensogut gegeben ist wie durch Degeneration. Es wird behauptet, daß es sich dabei nicht um echte Zacken, sondern um Callus handle. Callus ist von Randwülsten sicher oft sehr leicht zu unterscheiden. Oft aber ist diese Unterscheidung unmöglich. Wohl setzt die Randzacke von der Randleiste entfernt an. Dieses charakteristische Zeichen gilt aber nur für beginnende Spondylosen, also für kleine Zacken, später verstreicht die Rinne zwischen Randleiste und Randwulst; das Röntgenbild versagt unter Umständen schon frühzeitig in der Differenzierung von Callus und Randwulst. Wenn wir von symptomatischer Spondylose sprechen, dann meinen wir nicht jene Zeichen, die zu Verwechslungen Anlaß geben könnten, sondern jene echten Zacken, die durch Verletzung in der Bandscheibe entstanden sind. Dabei braucht nicht einmal eine Fraktur des angrenzenden Wirbelkörpers vorzuliegen. So kann man z. B. Zacken sehen, die relativ bald nach Bogenfrakturen auftreten. Die Spondylose bleibt lokalisiert im Frakturgebiet (Hellmer), aber nicht auf den Wirbel beschränkt, an dem röntgenologisch die Fraktur nachweisbar ist (Nicolai). Es ist nicht am Platze, auf das weitschweifige Schrifttum einzugehen. Wir sind der gleichen Ansicht wie Güntz, und Lob (1, 2) hat sehr grundlegende experimentelle Resultate beigebracht, die diese Ansicht weitgehend stützen.

2. *Infektionen.* Bei Infektionen findet man oft Knochenwucherungen, die spondylotischen Zacken sehr ähnlich sind. Es sind dies namentlich jene infek-

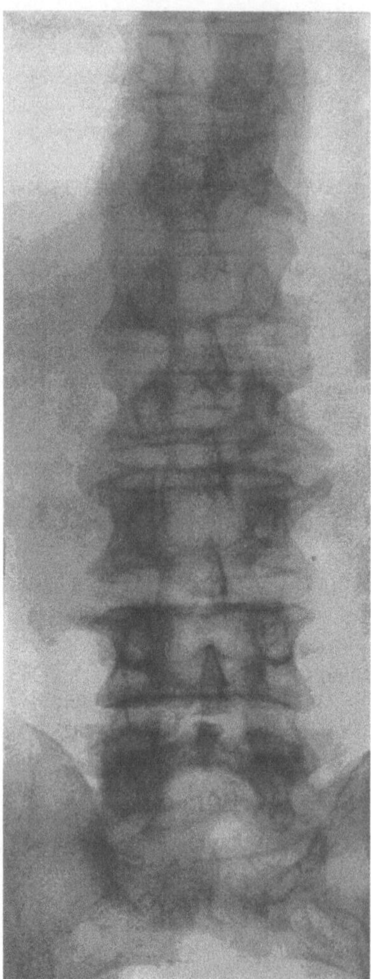

tiösen Prozesse, die der Wirbelsäule eine gewisse Beweglichkeit gelassen haben, nämlich die nichtspezifischen Spondylitiden (Typhus, Kokken, Brucellosen), also nicht die Tuberkulose. Indessen findet man auch bei Spondylitis tuberculosa kleinere oder mittelgroße Zacken meist im Bereiche sclerotischen Knochens. Sehr bald nach infektiöser Spondylitis findet man oft sehr große Zacken, die nicht selten sich zu vollständigen Brücken schließen, die fast stets als umgreifende Schale sowohl vorne als auch seitlich in Erscheinung treten. Ob die Genese hierbei mit derjenigen der spondylotischen Zacken identisch oder ob es sich nicht vielmehr, was wahrscheinlicher erscheint, um periostale Reizung durch den Infekt handelt, ist heute nicht entschieden.

3. *Tumoren.* Es ist von Interesse zu wissen, daß sehr langsam wachsende oder durch Strahlen günstig beeinflußte Tumoren ebenfalls Anlaß zur Bildung von Randzacken und Randwülsten sein können. Von unbeeinflußten Geschwülsten ist mir zwar nur das Myelom bekannt.

4. *Nervöse Störungen.* Endlich sei darauf hingewiesen, daß Nervenkrankheiten mit sensiblen und trophischen Störungen unter anderem zu spondyloseähnlichen Veränderungen führen können. Man denke an Tabes, Syringomyelie und an gewisse posttraumatische Zustände. Vgl. Kapitel III 2 c, den Abschnitt über Spondylopathia neuropathica (S. 115).

Abb. 69. Einfache, aber sehr hochgradige deformierende Spondylose der unteren Brust- und Lendenwirbelsäule mit multiplen, zum Teil sehr weit ausladenden und zum Teil dadurch (Brustwirbelsäule) den Paravertebralschatten verbreiternden, typisch geformten Zacken und Leisten; Verdunkelung des Intervertebralraumes L_2/L_3 durch vordere Leisten. Keine Verschmälerung des Intervertebralraumes, keine wesentliche Sclerose der Abschlußplatten, Arthrosis deformans einer Nearthrose zwischen den Proc. spinos. L_4/L_5. 52jähr. ♂. Nr. 1421. 2/3.

c) Klinisches.

Die sehr geringe klinische Bedeutung der eben beschriebenen genuinen deformierenden Spondylose mäßigen Grades, d. h. ohne Verschmälerung des Intervertebralraumes oder ausgedehntere Osteosclerose der Abschlußplatten oder beides zusammen eventuell vergesellschaftet mit Bandscheibenhernien, ist bekannt. Um einen zahlenmäßigen Anhaltspunkt zu bekommen, denke man an die vielen Spondylosen, die wir tagtäglich als Nebenbefunde entdecken. Wir hatten oben gezeigt, daß in unserem Material der Unterschied der Häufigkeit der Spondylosen zwischen Gesamtmaterial und nicht mit Rückenbeschwerden Behafteten in allen Altersklassen etwa 10% vom Prozentsatz der Spondylosen ausmacht. Wir fanden röntgenologisch z. B. in der Klasse des fünften Jahrzehntes für das Gesamtmaterial 53% und für die Spondylosen als Nebenbefund 48%. In dieser Klasse sind also nur 5% zu finden, die eine Spondylose aufweisen und zugleich über Rückenschmerzen klagen. Das macht 10% der Spondylosen der Altersklasse 40 bis 50 Jahre. Dabei sind lediglich die schweren Wirbelsäulenveränderungen röntgenologisch ausgeschlossen: Frakturen, Spondylitis tbc. und Spondylitis ankylopoetica. Eingeschlossen in die Kategorie der Rückenschmerzen sind jedoch anderseits alle Beschwerden muskulöser oder neurologischer Genese, die jedenfalls als Schmerzursache bekannt sind, so daß für Rückenbeschwerden durch Spondylose sicher nur noch höchstens wenige Prozente übrigbleiben. Das geht auch aus der Tatsache hervor, daß der Unterschied im sechsten Jahrzehnt nicht zunimmt, trotzdem die Zahl der Spondylosen auf 83% steigt. Daß in der Klasse des vierten Jahrzehntes der Unterschied 4% auf 10%, also 40% beträgt,

ist erklärlich durch die besondere Belastung der 30- bis 40jährigen. Die Abnahme der relativen Zahl der Spondylosen mit Rückenbeschwerden unter Zunahme der relativen Zahl der Spondylosen überhaupt spricht jedenfalls gegen den ursächlichen Zusammenhang von Spondylose und Rückenschmerzen. Und ferner ist noch zu bedenken, daß in unserer Statistik hochgradige Spondylosen über die Hälfte

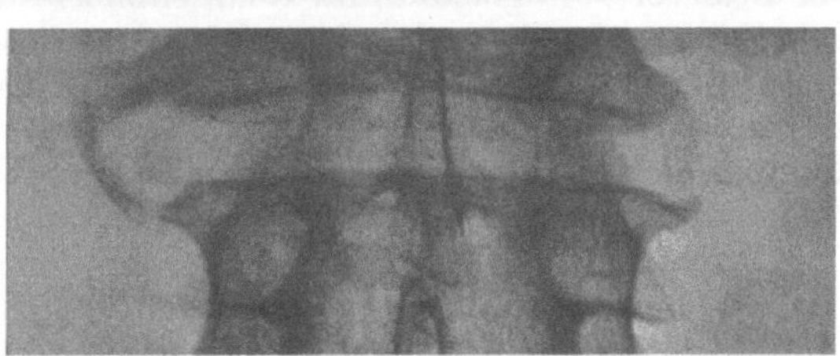

Abb. 70. Hochgradige lokalisierte deformierende Spondylose. Bandscheibe zwischen L_2 und L_3. Rechts großer Schaltknochen zwischen mäßig langen Zacken, links mittelgroße Zacken typischer Form, beginnende Verkalkung des zwischengelegenen Gewebes. 56jähr. ♂. Nr. 17 788. 4/5.

ausmachen, so daß man kaum fehlgeht, wenn man *einfache unkomplizierte (Schub) Spondylosen mäßigen Grades als Ursache von Rückenbeschwerden ausschließt.*

Zu einem gleichlautenden Resultat kommen wir, wenn wir uns überlegen, wie geringfügig die pathologisch-anatomischen Veränderungen der gefäß- und nervenlosen Bandscheibe im Beginn der anatomischen Veränderungen der Spondylose eigentlich sind: Verfärbung, Austrocknung, Rißbildung.

Gegen diese Auffassung kann ich auch in der Literatur keine Widersprüche finden. Im Gegenteil werden stets, so weit man sehen kann, mechanische Wirkungen durch die mächtigen Knochenwucherungen in Anspruch genommen; gleichviel, ob man sich die Druckwirkungen durch seitliche Wülste (der Körper oder der Intervertebralgelenke) auf die Wurzeln oder sogar auf den Grenzstrang und seine Ganglien oder durch hintere Zacken direkt auf die Medulla oder die Cauda equina verursacht denkt. Damit haben wir aber das Gebiet der Spondylose mäßigen Grades bereits verlassen und treten bereits zu den schwereren, mit röntgenologisch sichtbaren Zeichen der Osteochondrose vergesellschafteten Veränderungen über, wo die Spondylose als Neben- und Begleitbefund zu werten ist. Diese Möglichkeiten des rein mechanischen Druckes durch Osteophyten wollen wir später im Zusammenhang besprechen, nachdem wir die schwereren Osteochondrosen und die Arthrosis deformans der kleinen Gelenke kennengelernt haben werden. Es sei diesbezüglich auf S. 116 ff. verwiesen. Hier soll noch die Möglichkeit erwähnt werden, daß durch die beginnende Spondylose eine gewisse Einschränkung der Beweglichkeit zustande kommt, die ihrerseits zu statischen Beschwerden führen könnte. Indessen ist aber anzunehmen, daß die Beweglichkeitseinschränkung zu langsam und zu wenig ausgiebig eintritt, als daß eine Angleichung an die neuen statischen Verhältnisse nicht ohne weiteres zu erreichen wäre.

Wenn man also die deformierende Spondylose mäßigen Grades als Ursache sowohl von neurologischen Symptomen als auch von Rückenbeschwerden überhaupt nicht gelten läßt, und ich stehe auf diesem Standpunkt, so muß nachdrücklich angefügt werden, daß dies für die schweren Fälle jedenfalls nicht in dieser kategorischen Form gilt. Es muß aber in diesem Zusammenhang ebenso eindringlich vor der Überwertung des Röntgenbildes gewarnt werden. Es ist kein Zweifel, daß man sich vielerorts zu leicht hinreißen läßt, alle möglichen subjektiven Rückenbeschwerden, wie Müdigkeitsgefühl, „schwaches Kreuz", bis Schmerzen im Rücken und Kreuz, sowie sogar leichte neurologische Zeichen, wie Eingeschlafensein, Pelzigsein, Parästhesien usw. in den unteren Extremitäten, auf kleine Spondylosen zurückzuführen und sich zu begnügen, wenn in diesen Fällen mehrere kleine Zacken an mehreren Wirbelkörpern (mit oder ohne Beteiligung der Intervertebralgelenke) im Röntgenbild festgestellt werden können. Wenn im Bild Zeichen der Osteochondrose fehlen, ist diese Schlußfolgerung niemals erlaubt. Sie ist vornehmlich dann von besonderer Bedeutung, wenn es sich um einen versicherten Unfall handelt. In diesen Fällen ist es aber auch nicht gestattet, die Ursache der Beschwerden leichtfertig vom Unfall weg auf die deformierende Spondylose umzulegen. Damit wäre die Unfallhaftung abgewälzt und der Grund der Beschwerden wäre zu Unrecht auf einen krankhaften Prozeß übertragen, das soll heißen, daß der Röntgenbefund: einfache deformierende Spondylose mäßigen Grades *praktisch bedeutungslos* ist, und zwar sowohl hinsichtlich der Therapie als auch, was die Unfallbegutachtung anbelangt. Dies gilt, wie schon hervorgehoben, unter der Voraussetzung, daß der Spondylose keine komplizierende Erkrankung, wie etwa vom rheumatischen Schub, aufgepfropft ist.

Wir sprachen von der Bedeutungslosigkeit der kleinen Spondylosen hinsichtlich der subjektiven Zeichen. Aber auch objektiv sind, mit Ausnahme des Röntgenbefundes, keine weiteren wesentlichen oder charakteristischen Zeichen zu finden. Gerade die Beweglichkeit der Wirbelsäule ist meist, bei den initialen Fällen stets, vollständig erhalten oder derart minimal eingeschränkt, daß eine Herabminderung der Bewegungsmöglichkeit mit den klinischen Methoden der Inspektion und Palpation usw. nicht erfaßbar ist. Das will besagen, daß die Spondylose mäßigen Grades am Lebenden eine *ausschließliche Röntgendiagnose ist*. Man hört oft die an sich richtige Auffassung, daß die Intensität der Beschwerden nicht mit der Ausdehnung der röntgenologischen Zeichen parallel geht. Diese Beobachtung hat für die geringgradigen Spondylosen ganz besondere Bedeutung, indem ihnen ein praktisches klinisches Äquivalent überhaupt fehlt.

2. Schwere Osteochondrose sensu strictiori.

a) Pathologisch-Anatomisches.

Wenn die Austrocknung der Zwischenwirbelscheibe weiter fortschreitet und zu ausgedehnten Rissen und Zerstörungen geführt hat, wird zwangsläufig der Intervertebralraum verschmälert; das ist der Beginn für den weiteren Verlauf und eine Grundlage für die röntgenologische Darstellbarkeit der Osteochondrose, soweit ihre Zeichen nicht mit denjenigen der Spondylose (Randwülste) identisch sind. Durch die Verschmälerung des Intervertebralraumes nähern sich die einander zugekehrten knöchernen Abschlußplatten benachbarter Wirbelkörper. Damit beginnt die Sclerosierung. Wenn sich die Knochenteile berühren, ist die Möglichkeit zur Ankylosierung der Wirbelkörper gegeben. Eine Reihe von Bildern zeigt die Veränderungen der Bandscheiben und der Abschlußplatten (Abb. 71).

Wir haben den direkten Weg der Entwicklung der schweren Osteochondrose bis zur Ankylose oben kurz geschildert. Auf S. 79 ff. wurde unter der Bezeichnung

Spondylose eine besondere Auswirkung der Bandscheibendegeneration besprochen. Wir haben an dieser Stelle noch an zwei andere Sonderfälle zu denken: die Nucleushernien und die Gleiterscheinungen.

Nucleushernien. Es wurde schon erwähnt, daß durch die Rißbildung im Annulus fibrosus das gut deformierbare Nucleusgewebe seinen peripheren Halt verloren hat, weswegen im Verlaufe der Entwicklung der Spondylose unter anderem eine allgemeine Verbreiterung nach vorne und seitlich der Bandscheibe eintritt. Ganz ähnlich können Verlagerungen von plastischem Bandscheibengewebe an ganz bestimmten Stellen in stärkerem Maße vorkommen. Voraussetzung hierfür ist allerdings einmal, daß gut deformierbares Material in größeren Mengen vorhanden ist. Ferner müssen sich bestimmte Stellen der Umgebung dieses Materials als locus minoris resistentiae in mechanischer Hinsicht auszeichnen. Das heißt mit anderen Worten, daß das Auftreten schwächerer Stellen zu einer Zeit erfolgt, wo die Austrocknung der Bandscheibe einen gewissen Grad noch nicht überschritten hat, wo also noch schleimige Flüssigkeit vorhanden ist, die verlagert werden kann. Und endlich muß die Wirbelsäule noch beweglich sein. Das Auftreten von mechanischen Lücken kann im Faserring oder in den Abschlußplatten erfolgen. Je nachdem tritt die Nucleushernie in die Wirbelkörperspongiosa ein (Abb. 72) oder sie bahnt sich einen Weg schräg am Rand durch diese bis zu einer Seitenfläche oder durch den Annulus fibrosus. Im dritten Falle erfolgt die Hernienbildung oft nach hinten in der Medianen oder häufiger seitlich, so

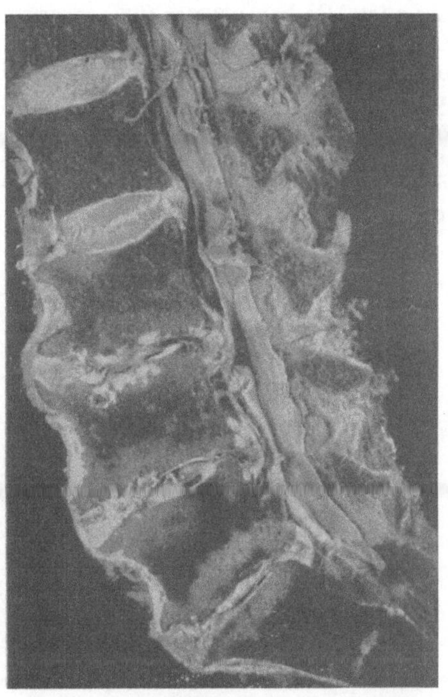

Abb. 71. Hochgradige Osteochondrose der unteren Lendenbandscheiben. Verschmälerung des Bandscheibenraumes durch Zermürbung der Bandscheibe; starke Sclerose der Abschlußplatten (hellere Stellen); Spondylosis deformans (nach JUNGHANNS).

daß die Hernien mit dem Inhalt des Foramen vertebrale oder des Foramen intervertebrale in Beziehung treten können. Oft mündet der Prolaps etwas unterhalb oder oberhalb der Bandscheibe in den Wirbelkanal, indem sich das Bandscheibengewebe zwischen der Wirbelkörperhinterwand und dem Lig. long. post. einschiebt und höher oder tiefer durch das hintere Längsband durchbricht. ANDRAE fand 15% (19% ♀ und 11,5% ♂) hintere Hernien. ARBUCKLE, SHELDEN und PUDENZ fanden von 38 hinteren Bandscheibenhernien nur 3 in der Mittellinie, 18 links und 15 rechts.

Weitaus am häufigsten, nach SCHMORL (1) in 38% (40% ♂ und 34% ♀), erfolgt jedoch die Hernienbildung, wie schon früher erwähnt, im Bereiche des Nucleus durch die Abschlußplatten hindurch in die Spongiosa des Wirbelkörpers hinein und bleibt dort stecken. Dies geschieht, wenn die zweite Bedingung erfüllt ist, d. h. wenn lokale Schädigungen der knorpeligen Abschlußplatten vorliegen. Wie wir früher gesehen haben, können Resistenzverminderungen neben traumatischen Rissen verursacht sein durch entwicklungsgeschichtliche Eigentümlichkeiten (Gefäßnarben, Ossi-

fikationslücken, Chordadurchtrittsstelle [siehe S. 128 ff.]), durch krankhafte entzündliche oder tumorartige Veränderungen, in unserem Falle aber vor allem durch
degenerative Vorgänge am Knorpel der Abschlußplatte, wie sie zu der Osteochondrose gehören. Freilich findet man weiter vorne oder weiter hinten vom Nucleus
gelegene Hernien auch ziemlich häufig. Sie hinterlassen am macerierten Knochen
rundliche oder längliche, dann meist sagittalgestellte
mehr oder minder tiefe Gruben, deren corticalis-
artige Auskleidung unter Umständen deutlich zu
sehen ist. Es kommt vor (5%, SCHMORL), daß die
Hernien schräg nach vorne oder seitlich fortschreiten und dann an der Außenfläche des Wirbelkörpers
austreten. Nucleushernien können nicht entstehen,
wenn die Bandscheibe schon vollständig ausgetrocknet ist, also in späteren Stadien der Osteochondrose,
wobei zudem die Beweglichkeit schon merklich
herabgesetzt ist. Ihre Entstehung ist an das Auf-

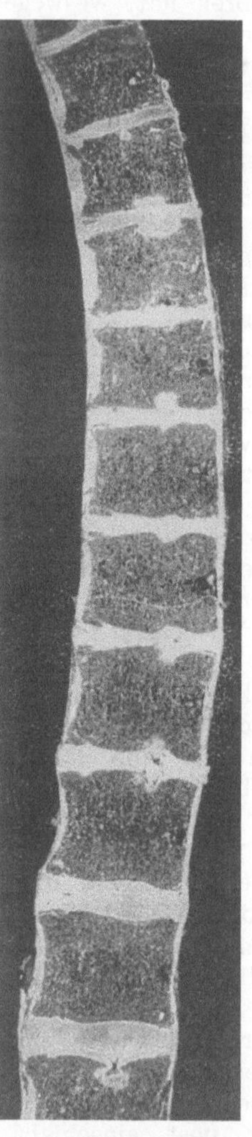

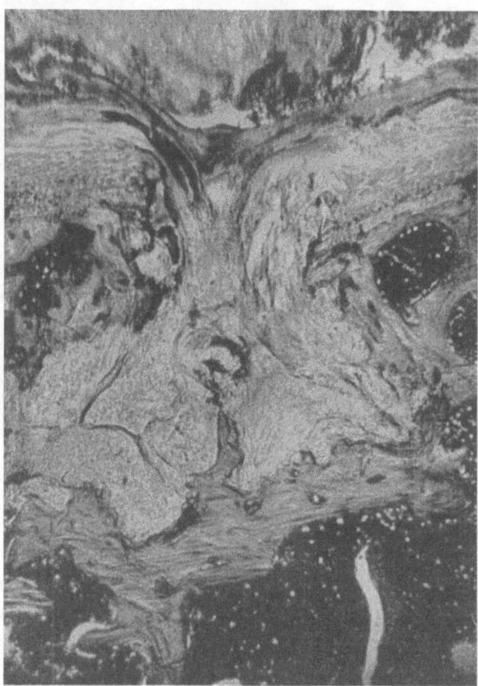

Abb. 72. Alte Spongiosahernie. Gewebe der stark degenerierten Bandscheibe (oben im Bild) ist durch die Lücke der Abschlußplatten in die
Spongiosa des Wirbelkörpers vorgedrungen; es hat sich mit einer unregelmäßigen, zum Teil recht dicken Knochenschale umgeben.

Abb. 73. Knorpelknoten in fast allen
Wirbeln in beiden Abschlußplatten;
keine Kyphose, mäßige Spondylose.
22jähr. ♂ (nach JUNGHANNS).

treten von Knorpeldegenerationen der Abschlußplatten gebunden, an eine Zeit,
wo zwar die knorpelige Abschlußplatte schon osteochondrotisch geschädigt, die
Bandscheibe aber noch nicht völlig ausgetrocknet ist.

Wirbelgleiten. Im Röntgenbild werden oft Verschiebungen von Wirbelkörpern
gegeneinander beobachtet. Dabei kann der obere Wirbel nach hinten, nach
vorne oder seitlich verlagert sein. Die starke Verlagerung des oberen Wirbels

nach vorne, die Spondylolisthesis, ist Gegenstand eines besonderen Abschnittes. Das seitliche Gleiten der Wirbelkörper, das Drehgleiten kommt vorwiegend bei Scoliosen vor und soll dort besprochen werden. In beiden Fällen müssen pathologische Prozesse in den beteiligten Bandscheiben vorliegen, sonst würden die Wirbelkörper den scherenden Kräften nicht in dem Maße nachgeben, wie dies aus den Bildern hervorgeht. Auch hier, wie bei der Bildung von Nucleushernien, können zerstörende Veränderungen neben Traumen, Tumor oder

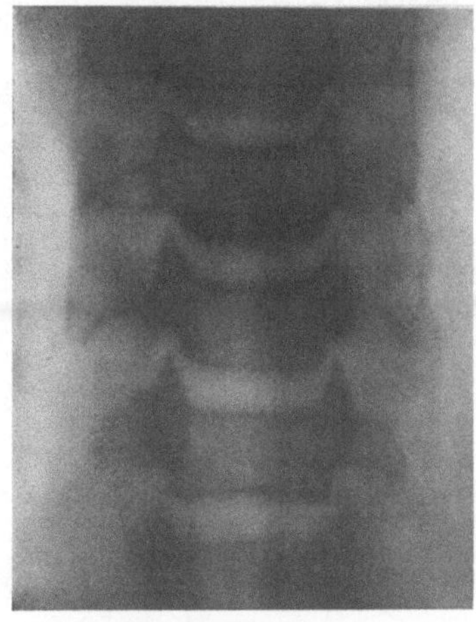

Abb. 75. Tomographische Darstellung der normalen Halswirbelsäule in sagittaler Strahlenrichtung. Man vergleiche den Text und die Abb. 74. 34jähr. ♀. Nr. 119721. 3/4.

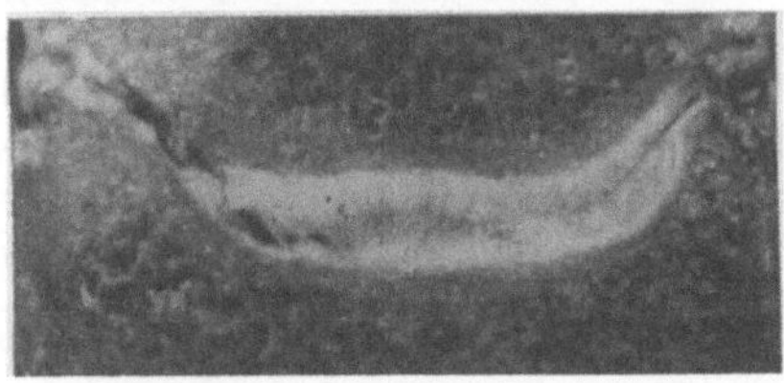

Abb. 74. Lichtbild eines Frontalschnittes durch die Bandscheibe zwischen C₄/C₅. Man erkennt die Sattelform des Intervertebralraumes; zu beiden Seiten setzt sich der untere Wirbelkörper in die Proc. uncinati fort. Durch die ganze Bandscheibe zieht ein horizontaler Spalt; rechts im Bild ist der Knorpel in der Gegend der Proc. uncinati noch erhalten, links dagegen völlig zerstört, starke Osteosclerose links. Hochgradige Osteochondrose der Halswirbelsäule.

Entzündungen, die Ursache herabgesetzter mechanischer Resistenz sein. Die Ursache kann aber auch, und das ist der Grund, warum wir hier näher darauf eingehen, in degenerativen Prozessen liegen. Ja, eine solche Gleiterscheinung, nämlich diejenige des *oberen Wirbels nach hinten*, ist sogar als direkte Folge der Osteochondrose aufzufassen. Durch die Verschmälerung des Intervertebralraumes (DE VEER) wird der obere Wirbel bei intaktem Intervertebralgelenk von diesem nach hinten geführt, entsprechend dem Verlauf der Ebenen dieses Schiebegelenkes von vorne-oben nach hinten-unten (vgl. Abb. 96). Wenn bei Verschmälerung der Bandscheibe ein Gleiten nach hinten nicht zustande kommt, dann hat das einen Grund. Und zwar ist die Ursache dieses Verhaltens gegeben im Zustand der dazugehörigen Interverte-

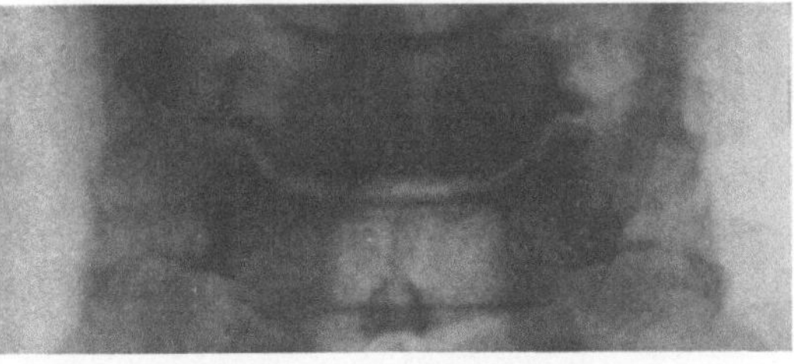

Abb. 76. Lokalisierte schwere Osteochondrose der Bandscheibe zwischen C 5—C 6. Starke Sclerosierung namentlich der Grundplatte C 5, vorwiegend im Gebiet der Processus uncinati. 49 jähr. ♂. Nr. 21725.

bralgelenke. Durch Knorpelschwund im Gelenk kann die scherende Bewegung nach hinten wieder aufgehoben werden. Es genügt unter Umständen die Zerstörung des Knorpels nur des Gelenkes einer Seite, z. B. bei geringen Scoliosen, um die Feststellung des Gleitens nach hinten im seitlichen Röntgenbild zu verhindern, weil Bewegungen senkrecht zu den Intervertebralgelenkflächen (Knorpelschwund und Knochenschliff) sich in der Richtung des Gleitens fast im vollen Betrag auswirken. Bei besonders steiler Stellung der Gelenke kann das Rückwärtsgleiten ebenfalls ausbleiben oder unmerklich werden. Das Gleiten des oberen Wirbels nach hinten ist also eine Folgeerscheinung der schweren Osteochondrose mit Bandscheibenverschmälerung. Es tritt nur bei schwerer Arthrosis deformans der Intervertebralgelenke, oder bei abnormer Steilstellung derselben nicht in Erscheinung.

b) Röntgendiagnostik.

Der Übergang von der Spondylosis deformans zur schweren Osteochondrose ist fließend in dem Sinne, daß röntgenologisch oft insbesondere stärkere Spondylosen mit mehr oder weniger sinnfälligen Zeichen der Osteochondrose vergesellschaftet sind. Anderseits finden sich in fast ausnahmslos allen Bildern der schweren Osteochondrose auch die Zeichen der Spondylose.

α) **Verschmälerung des Intervertebralraumes.** Das erste Zeichen stärkerer Degenerationen im Bereiche der Intervertebralscheibe ist die Verschmälerung des Zwischenwirbelraumes (vgl. Abb. 78 b, 81 bis 84). Sie erfolgt meist gleichmäßig; dies ist zu erwarten, wenn der Prozeß, der zur Verschmälerung führt, gleichmäßig über die ganze Band-

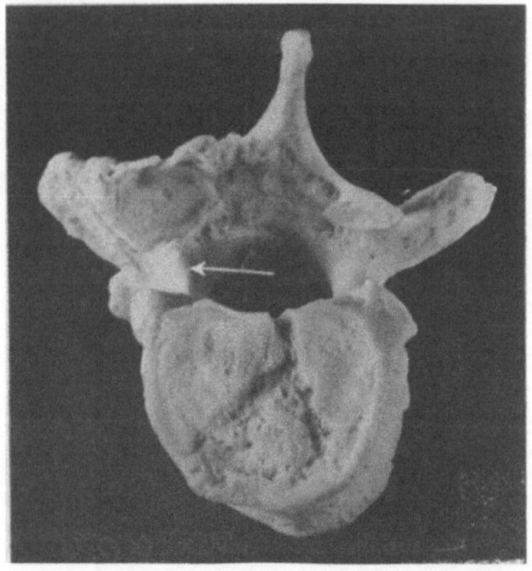

Abb. 77. Mittlerer Brustwirbelkörper von unten (maceriert). Tiefe Furchen in der Abschlußplatte; ein sagittal gestellter Teil mündet hinten in den Spinalkanal. Ausgedehnte Verknöcherung des Lig. flavum (Pfeil), die in das re. Foramen intervertebrale hineinragt.

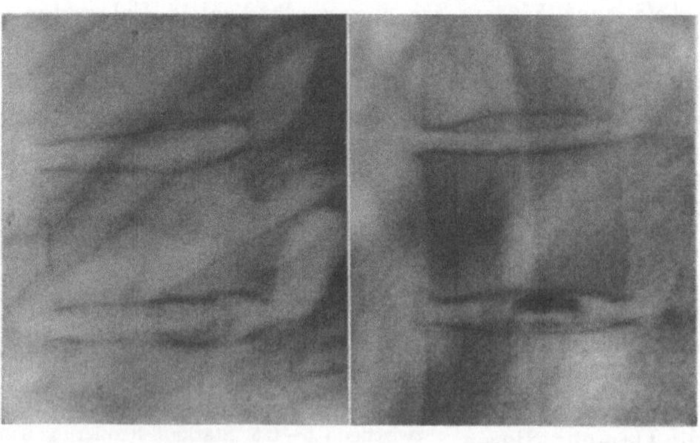

Abb. 78.
a) Isolierte periphere Verkalkung des Nucleus pulposus der Bandscheibe zwischen Th_8 und Th_9. 40jähr. ♂. Nr. 2382. b) Zentrale dichte Verkalkung des Nucleus pulposus, geringfügige Verschmälerung des Bandscheibenraumes. 48jähr. ♀. Nr. 4289. 3/4.

scheibe verteilt ist. Umgekehrt läßt sich aus einer Asymmetrie der Verschmälerung auch auf eine Einseitigkeit der Ursache schließen, insbesondere wenn eine Asymmetrie zur Sagittalebene vorliegt. Verschmälerungen der einen Seite sind übrigens oft lokalisiert und vereinzelt und sind unter Umständen nicht durch einen generalisierten Prozeß als Verbrauchskrankheit, sondern durch Entzündung bedingt. Anders verhält es sich mit Verschmälerungen, die vorne oder hinten stärker ausgeprägt sind. Es liegt auf der Hand, daß eine Höhenabnahme der Bandscheibe grundsätzlich durch die Intervertebralgelenke gehemmt werden kann, so daß von selbst eine vermehrte Abnahme vorne zustande kommt. In den kyphotischen Abschnitten der Wirbelsäule wird diese Tendenz noch verstärkt. Im Bereiche

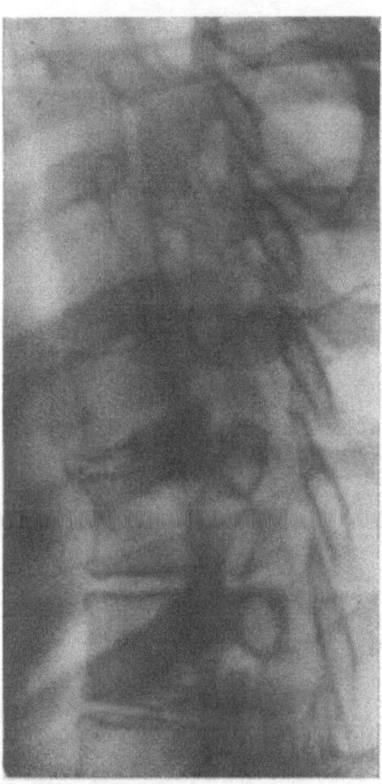

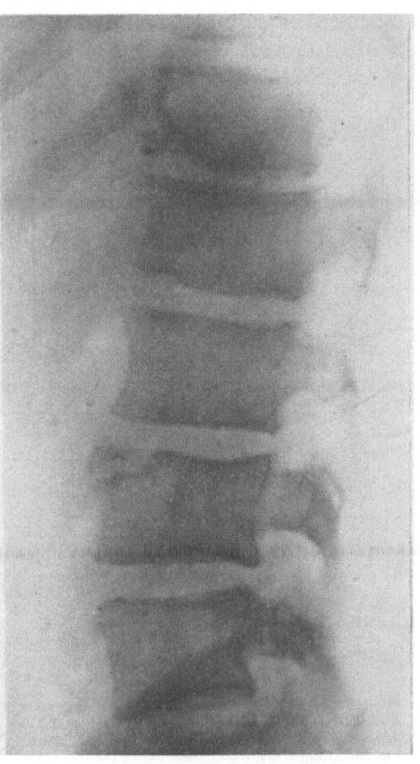

Abb. 79. Geringfügige Osteochondrose (Unregelmäßigkeit der Abschlußplatten Th₆/Th₇, Sclerose derselben, Verschmälerung des Bandscheibenraumes Th₃/Th₄ und Th₆/Th₇) mit Verkalkungen zwischen Th₃/Th₄ und Th₄/Th₅; schräge Aufnahme, die Verkalkungen sind also etwas seitlich im Annulus fibrosus unten, bzw. im Lig. long. ant. gelegen. Klinisch keine Erscheinungen von seiten der Wirbelsäule. 32jähr. ♀. Nr. 69593. 1/2.

Abb. 80. Multiple vordere schräge Bandscheibenprolapse, die an Th 12, L 1, L 3 und L 4 z. T. Kanten vollkommen losgetrennt, z. T. unregelmäßig gestaltet haben. Diese ausgedehnten Formen sind selten und wurden im Laufe von Begutachtungen als Frakturen und Epiphyseonekrosen beurteilt. Durch veränderte Projektion und durch spondylotische Prozesse können Veränderungen des Zustandes des Kantenbildes entstehen. Sie sind aber entweder nicht reell oder beziehen sich nicht auf den Grundvorgang, sondern sind sekundärer Natur. 36 jähr. ♂. (Fall Prof. Lᴜᴅɪɴ, Bürgerspital, Basel.)

der physiologischen Lordosen kann unter Umständen das Gegenteil in seltenen Fällen beobachtet werden: stärkere Höhenabnahme hinten.

In den Fällen, die wir in diesem Kapitel behandeln, d. h. bei den generalisierten Bandscheibenschäden trifft man die Verschmälerung des Zwischenwirbelraumes nie als einziges Zeichen der Osteochondrose. Obligat mit ihr vergesellschaftet ist die Spondylose. Weniger häufig findet man Verkalkungen des Nucleus pulposus oder im Faserring. Solche Verkalkungen (oder Verknöcherungen des Lig. long. ant.) treten auf, bevor ein weiteres Kardinalsymptom sichtbar wird, nämlich die

β) **Osteosclerose der Abschlußplatten.** Sie bedeutet bereits einen schwereren Grad der Osteochondrose und ist bedingt durch den gegenseitigen Druck der

Wirbelkörper aufeinander (vgl. Abb. 84 und 94). Die Knorpelplatte wird auf große
Strecken zerstört; als Reaktion auf den Druck verdichtet sich die Spongiosa derart,
daß der Prozeß im Röntgenbild sichtbar wird. Die Verdichtung des Knochenbal-
kenwerkes unter der Abschlußplatte oder unter Teilen derselben · schließt sich
meist unmittelbar an die Sclerose der Basis der Randwülste der dazugehörigen
Spondylose an. Oft begleitet ein schmaler Sclerosestreifen den Intervertebralraum;
es kommt aber auch vor, daß die Verdichtung tiefer in die Wirbelkörperspongiosa hinein reicht. Diese Beobachtung ist meist mit einer seitlichen Asymmetrie
der Verschmälerung der Bandscheibe vergesellschaftet. Eine regelmäßige, oft tief

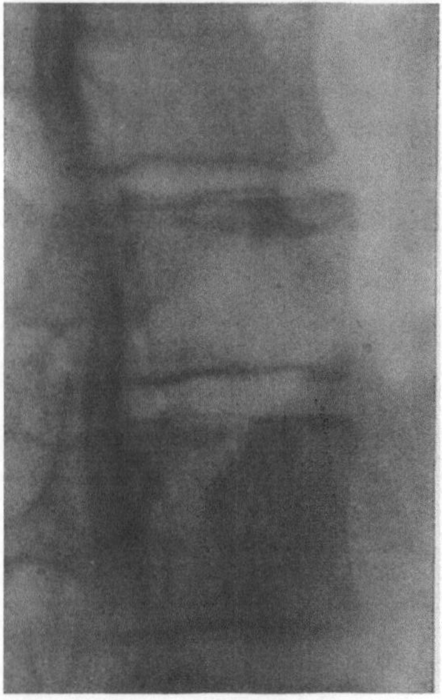

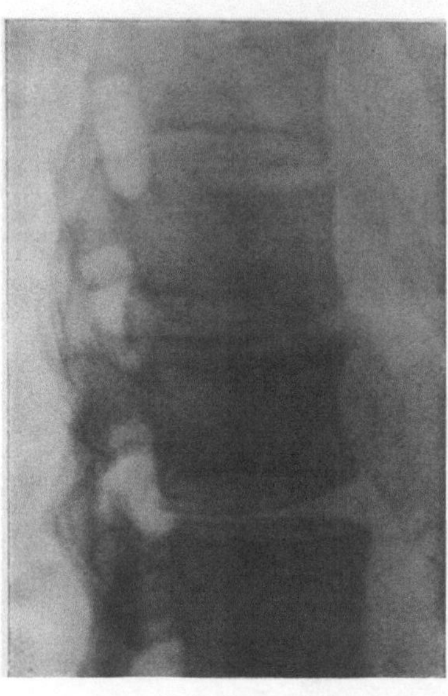

Abb. 81. Starke Verschmälerung des Intervertebralraumes Th₁₁/Th₁₂ mit tiefen und ausgedehnten
SCHMORLschen Knoten an atypischer Stelle ganz
vorne; geringfügiges Gleiten nach hinten (gut einge-
heilter Albee-span), Rückenschmerzen. 22jähr. ♀.
Osteochondrose. Nr. 5474. 3/4.

Abb. 82. Hinterer Bandscheibenprolaps zwischen L₁
und L₂; starke Verkalkung. Langsam entstehende Paraesthesien und Schmerzen im linken Bein; nach geringer
Anstrengung Parese geringen Grades. Lagerung auf dem
Brett. Besserung bis zur Symptomlosigkeit. 2/3.

in die Wirbelkörper hinein sichtbare Sclerose ist schon lange an der letzten Lendenbandscheibe bekannt. Auch die unteren Bandscheiben der Halswirbelsäule
sind Lieblingsstellen schwerer Osteochondrose mit Sclerosen. In beiden Fällen ist
die Darstellung im seitlichen Bild besonders günstig.

γ) SCHMORLsche Knoten in der Wirbelkörperspongiosa. Senkrecht in die
Wirbelkörperspongiosa eindringende Nucleushernien werden röntgenologisch erst
sichtbar, wenn sich eine knöcherne Hülle um den Knorpelknoten gebildet hat.
Ihre Lage am Wirbelkörper ist schon besprochen worden. Wir treffen sie am
häufigsten in der mittleren und unteren Brustwirbelsäule, aber auch recht oft in
der Lendenwirbelsäule, und zwar fast ausnahmslos an mehreren Wirbelkörpern.
Nicht immer liegen sie dann einander gegenüber.

Über ihre Form ist nicht viel zu sagen. Knopflochartige enge Eingänge in die
erweiterte Höhle sind selten, meist sind die Eingänge etwa so weit wie die Knoten
selbst. Seichtere Eindellungen können schwierig zu diagnostizieren sein; einmal
kann man sie übersehen oder man kann im Zweifel sein, ob es sich um eine Hernie
handelt oder lediglich um eine eingedellte Abschlußplatte, wie dies im Bereiche
der Lendenwirbelsäule vorkommen kann. Mit der Einbuchtung der ganzen

Abschlußplatte bei Porose (Fischwirbel) ist eine Verwechslung kaum möglich. Die Art der Begrenzung der Knoten ist ebenfalls nicht sehr vielgestaltig. Sie kann mehr glatt sein bei seichten oder unregelmäßig bei tieferen Knoten.

Schräg verlaufende Verlagerungen von Bandscheibengewebe, meist nach vorne, haben früher zu Fehldeutungen Anlaß gegeben. Sie wurden als nicht verschmolzene Randleisten [persistierende Wirbelkörperepiphysen HANSON, BÖHMIG und PREVOT, JANKER (2) usw.] gedeutet. Das Röntgenbild zeigt eine, meist obere, Kante vorne oder etwas lateral an der Lendenwirbelsäule abgetrennt, und in der Tat fand SCHMORL in vielen Fällen eine vollständige Trennung der Knochen, die aussehen kann wie eine Pseudarthrose. Das abgetrennte Stück ist fast immer größer als die Randleiste. Es besteht übrigens kein Zweifel, daß ein solches Bild auch nach echter Fraktur entstehen kann auf die Weise, daß die traumatische Kontinuitätstrennung als Weg für die Bandscheibengewebsverlagerung wirkt.

δ) **Hintere Bandscheibenprolapse.** Nur sehr selten wird ein hinterer Bandscheibenprolaps

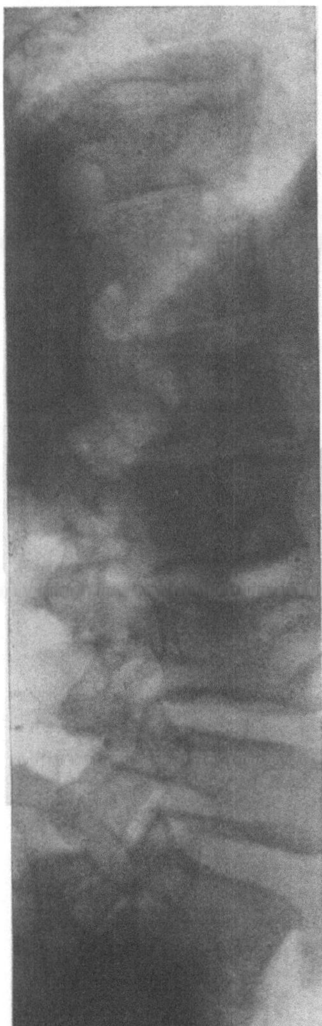

Abb. 83. Schwere, ausgedehnte Osteochondrose der unteren Brust- und Lendenwirbelsäule. Unregelmäßige, zum Teil sclerotische Abschlußplatten, tiefe SCHMORLsche Knoten an L$_1$. Unregelmäßige Verschmälerung der Bandscheibenräume. Derjenige der letzten Bandscheibe stark verschmälert. Rasche Ermüdbarkeit, Rückenschmerzen nach kleinem Trauma. Kein Anhalt für hintere Nucleushernie. 33jähr. ♂. Nr. 17989. 2/3.

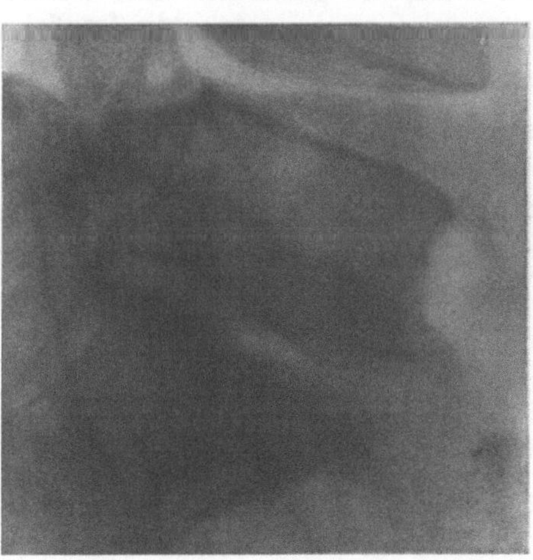

Abb. 84. Lokalisierte schwere Osteochondrose der letzten Bandscheibe. Verschmälerung des Intervertebralraumes, starke Sclerose, Spondylose mit Zacken auch gegen den Spinalkanal. Keine Olisthesis. 49jähr. ♂. Nr. 17625. 3/4.

im Nativbild sichtbar sein, nämlich in jenen wenigen Fällen, bei denen Verknöcherung besteht, was SCHMORL am Präparat bereits bekannt war (Abb. 82 und 90). Es genügt nicht, die üblichen oben beschriebenen Zeichen der Osteochondrose festzustellen, um einen Anhalt für hintere Hernie zu erhalten, dazu gehört eine mehr oder weniger charakteristische klinische Symptomatologie.

Wir sind aber auch heute noch in manchen Fällen auf die *Myelographie* angewiesen (vgl. Abb. 87 bis 89). Als Kontrastmittel dient *Jodöl* oder Luft. 4 ccm Jodöl genügen stets, 1 ccm führt kaum zum Ziel, 2 ccm sind oft zu knapp, um zu einer

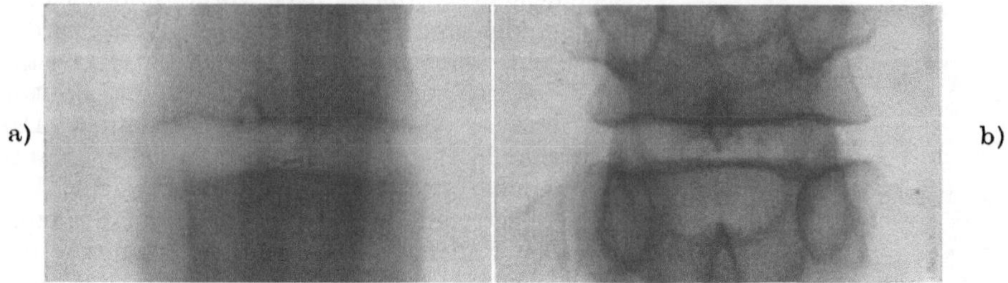

Abb. 85. Kleines SCHMORLsches Knötchen in der Schlußplatte von Th$_{12}$.
a) Tomogramm in 5 cm Tiefe. b) Summationsaufnahme. Die Hernie ist in der gewöhnlichen Aufnahme gerade erkennbar, aber nur als solche identifizierbar, wenn sie bekannt ist. Das Tomogramm läßt sie ohne weiteres erkennen. Die Vertiefung (durch Osteochondrose) an der Deckplatte von L$_1$ ist in beiden Bildern deutlich zu sehen, in Bild b wenigstens ebensogut wie in a. 3/4.

sicheren Diagnose zu kommen. Die Untersuchung erfolgt stets, mit der Durchleuchtung beginnend, auf einem Gerät, das Kopftieflage gestattet, derart, daß der Tisch bis gegen 50° geneigt werden kann. Die Durchleuchtung hat vorerst festzustellen, daß ein genügend großer kompakter Kontrastmitteltropfen sich im Sitzen im Duralsack gesammelt hat. Ferner ist es Sache der Durchleuchtung,

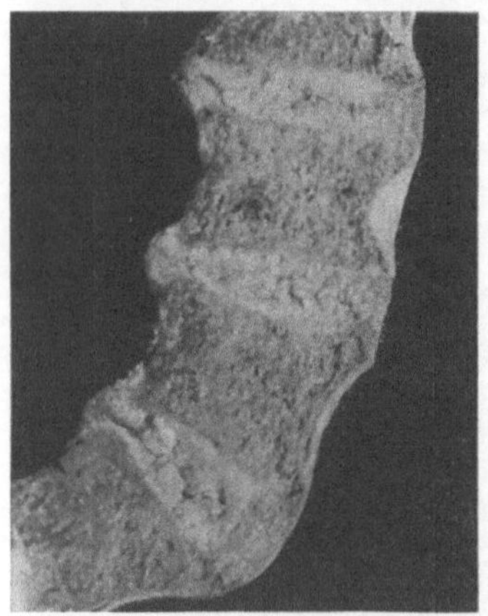

Abb. 86. Sagittaler Sägeschnitt durch die Lendenwirbelsäule eines älteren Mannes. Man beachte die starke Vorwölbung der unteren zwei Bandscheiben in den Spinalkanal. Zur Erklärung der Befunde der Jodölmyelographie.

die fragliche Gegend in Bauchlage des Patienten abzusuchen. Und zwar geschieht dies, indem der lange Tropfen durch Einstellung der Neigung langsam nach unten bzw. nach oben bewegt wird. Die Beobachtung erfolgt in sagittaler und in schräger Richtung nach rechts und links. Pathologische und unsichere Situationen werden im Bild festgehalten. Auf beste Blendentechnik ist bei Durchleuchtung und Aufnahmen streng zu achten. Die Aufnahmen werden ebenfalls in sagittaler und schräger Richtung hergestellt. Niemals darf ein Bild in horizontalem Strahlengang bei Bauchlage fehlen. Es ist unter Umständen nützlich, jedoch nicht absolut notwendig, in dieser Richtung auch durchleuchten zu können.

Am Schirm wird man im allgemeinen den zusammenhängenden langen Tropfen, der sich im Duralsack gesammelt hatte, langsam über die Wirbelkörperhinterfläche gleiten sehen. Im Lumbalgebiet, vor allem an der Lumbosacralgrenze, aber nicht nur hier, wölben sich die Bandscheiben ab und zu ziemlich stark nach hinten. Das kann man deutlich bei der Autopsie oder am frischen Präparat, weniger übersichtlich bei der Operation, beobachten. Die Vorwölbung der Bandscheiben nach hinten bewirkt eine mehr oder weniger symmetrische Verschmälerung des Kontrastmittelstreifens (Sanduhr) genau auf der Höhe der Bandscheibe. Die Begrenzung des Tropfens wird dadurch wellenförmig, mit minimaler Breite auf der Bandscheibenhöhe. In der oberen Lendenwirbelsäule

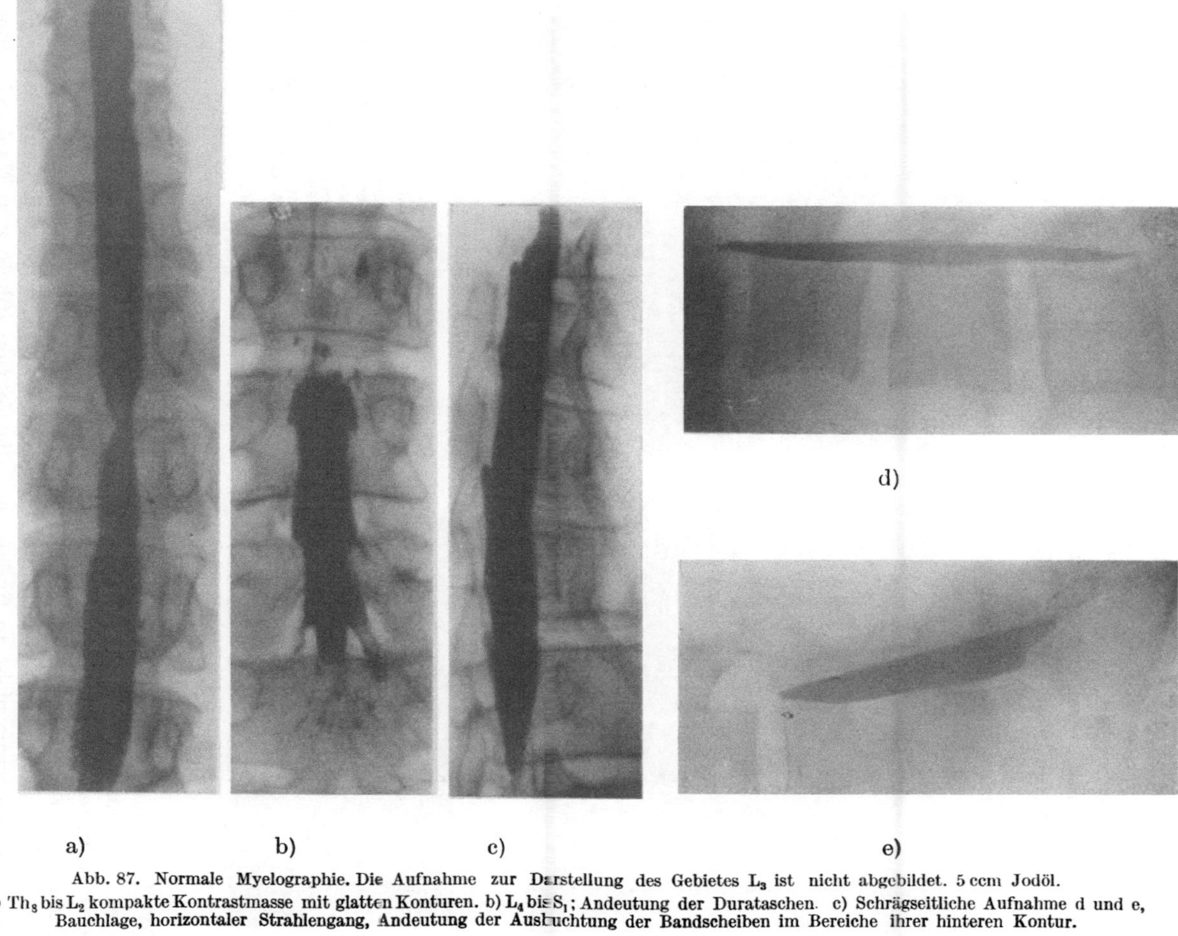

Abb. 87. Normale Myelographie. Die Aufnahme zur Darstellung des Gebietes L_3 ist nicht abgebildet. 5 ccm Jodöl.
a) Th_8 bis L_2 kompakte Kontrastmasse mit glatten Konturen. b) L_4 bis S_1; Andeutung der Durataschen. c) Schrägseitliche Aufnahme d und e, Bauchlage, horizontaler Strahlengang, Andeutung der Ausbuchtung der Bandscheiben im Bereiche ihrer hinteren Kontur.

wird der Schattenstreifen meist gerade begrenzt, weil sich die Bandscheiben kaum merklich vorwölben; das gleiche Bild kann auch unten im Bereiche von L_4 und L_5 beobachtet werden. Solange bei Verdacht auf hintere Hernie das Kontrastmittel bei genügender Menge desselben über der Bandscheibe im Zusammenhang bleibt, ist größte Vorsicht am Platze. Erst stets wiederkehrende, meist unsymmetrische Einschnürung oder vollständiger Defekt (totaler Stop) spricht für isoliert raumbeengendes Substrat im Rückenmarkskanal. Dabei muß die allfällige Asymmetrie bei Schräglage konstant bleiben, und Asymmetrien der

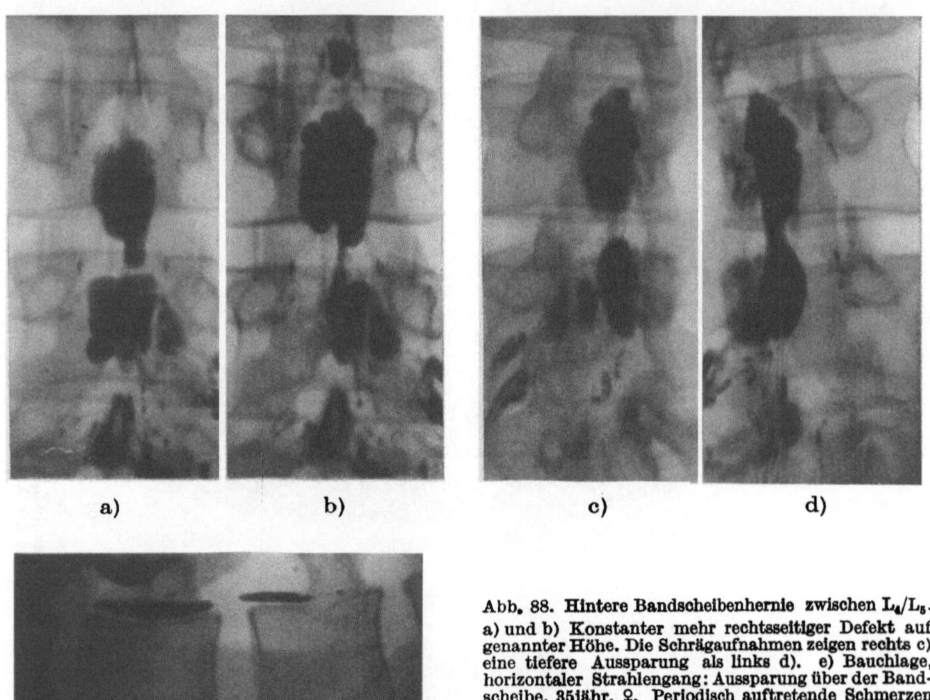

a)   b)   c)   d)

e)

Abb. 88. Hintere Bandscheibenhernie zwischen L_4/L_5. a) und b) Konstanter mehr rechtsseitiger Defekt auf genannter Höhe. Die Schrägaufnahmen zeigen rechts c) eine tiefere Aussparung als links d). e) Bauchlage, horizontaler Strahlengang: Aussparung über der Bandscheibe. 35jähr. ♀. Periodisch auftretende Schmerzen in der Lendengegend, zeitweise mit Ausstrahlung in die Beine. Operativ bestätigt, Chir. Klinik Bern, Heilung.

Wirbelsäulen müssen berücksichtigt werden. Eine eindeutige Lokalisation des Substrats muß möglich sein. Wir haben zwar auch schon Asymmetrien des Schattens angetroffen, wobei anläßlich der Laminektomie keine Hernie gefunden wurde. Dabei ist stets auch an den Fall I von SCHACHTSCHNEIDER zu denken: Die im Myelogramm festgestellte hintere Nucleushernie war bei der Laminektomie nicht zu finden, erst die Sektion führte zum Nachweis eines sehr großen Knotens. Neuerdings hat LINDBLOM darauf hingewiesen, daß die Bandscheibe oft lateral im Bereiche der Foramina intervertebralia vorgetrieben ist und dann zu Kompression des Nerven führen kann. Damit läßt sich die Diskrepanz zwischen röntgenologischem und Operationsbefund zum Teil erklären.

Die myelographische Methode ergibt nur den Nachweis eines raumbeengenden Substrats; sie sagt aber nichts aus über seine Bedeutung in bezug auf die Genese von entsprechenden Beschwerden. Genaueste Kenntnisse der normalen Verhältnisse sind unbedingt notwendig, wenn man nicht zu oft fehlgehen will.

Die Jodöl-Myelographie ist die sicherste Methode und in allen Fällen sehr aufschlußreich; jedoch führt das Kontrastmittel hie und da zu meningealen Reizerscheinungen dann, wenn große Kontrastmittelmengen im Spinalkanal belassen werden. Gewisse strenge Regeln hinsichtlich der *Indikation* sind deshalb gegeben. Es muß als Grundlage zur Myelographie vorliegen 1. die strenge klinische Indikation, d. h. die große Wahrscheinlichkeit eines positiven Befundes, bestehend in dem Vorhandensein a) ausreichend intensiver Beschwerden und b) in intermittierender und langer Dauer und Hartnäckigkeit derselben; c) Auftreten von Ischialgien; d) objektive neurologische Symptome sind nicht unbedingt nötig; 2. die Einwilligung des Patienten zur Laminektomie (oder Hemilaminektomie) im Falle der Bestätigung der Diagnose: „wahrscheinlich komprimierendes Substrat", damit wenigstens ein Großteil des Kontrastmittels anläßlich der Laminektomie entfernt werden kann. Es hat sich herausgestellt, daß Spätschädigungen bei operierten Fällen kaum vorkommen [KRAYENBÜHL (1)], BUSCH hat

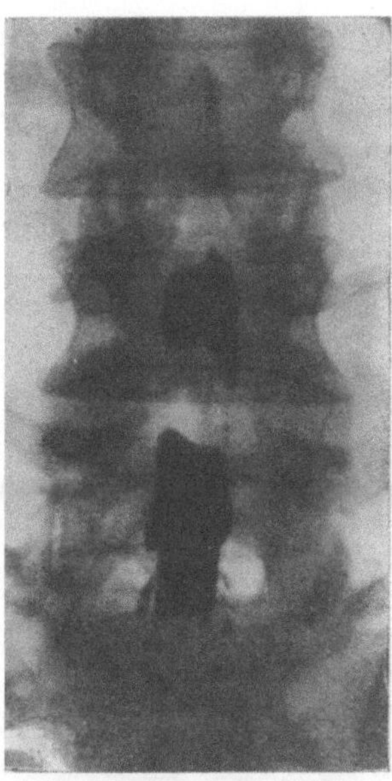

Abb. 89. Seit drei Jahren Schmerzen im Kreuz, behindert beim Bücken; starke Verschlimmerung im Anschluß an Bagatellunfall, Ischialgie beiderseits. Hintere Nucleushernie der zweitletzten Bandscheibe. Myelographie: völliger Defekt an genannter Stelle. Operativ bestätigt Nr. 95124.

bei nachoperierten Fällen oft gelbe eingedickte Ölmassen, adhärent mit dem Rückenmark, den Wurzeln oder den Meningen, gefunden, ein Beweis jedenfalls,

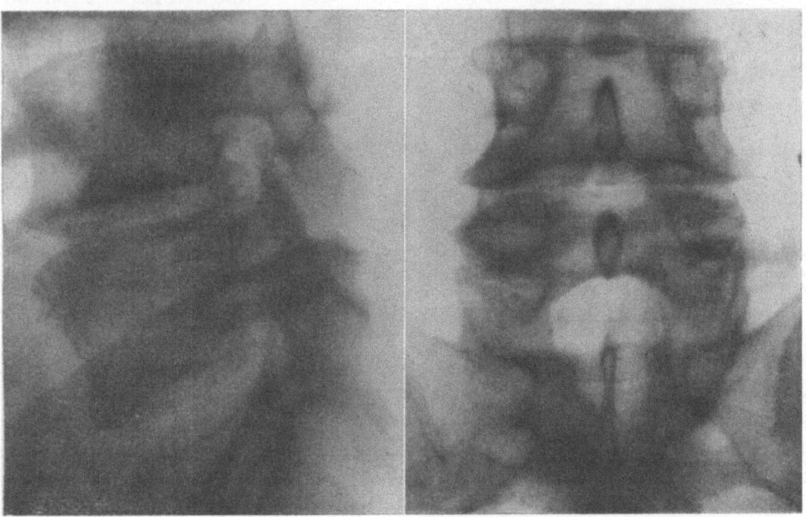

Abb. 90. Schwere Osteochondrose der zweitletzten Lendenbandscheibe (Verschmälerung des Bandscheibenraumes, Osteosclerose der Abschlußplatten). Überdruck-Luftmyelographie (BUSCH). Enddruck 300 mm/Aq. Liquor fließt spärlich ab. Der Duralsack reicht bis auf S_1/S_2 hinunter, die Luftblase spitzt sich nach oben symmetrisch zu und reicht bis wenig über die 4. Bandscheibe. Dieser Befund entspricht einem totalen Stop von Jodöl. Nativbild seitlich: Hinter dem Bandscheibenraum ein Kalkschatten, der sich in den Spinalraum vorwölbt und einer verkalkten hinteren Nucleushernie entspricht. Geringe Einengung der Luftblase auf der ganzen linken Seite. 45jähr. ♂. Operativ bestätigt, Chir. Klinik Bern. Nr. 119836.

daß Reizung der Meningen vorkommen kann. Es soll deshalb versucht werden, Ölreste durch Punktion zu entfernen. In Amerika hat die Jodöl-Myelographie das Feld behauptet. Es werden dort bei sehr zahlreichem Material und mit dem Mittel Pantopaque keine Schädigungen mehr festgestellt. Das Kontrastmittel besteht aus isomeren Äthylestern, von denen die hauptsächlichste Komponente p-Jodphenyl-undecylsäure-äthylester darstellt. Es enthält 30,5% Jod, bei einem spezifischen Gewicht von 1,26. Von diesem Mittel wurden von SCHNITKER, BOOTH und von ARBUCKLE, SHELDEN und PUDENZ 3 ccm in den letzten oder zweitletzten Intervertebralraum injiziert. Die letztgenannten Autoren veröffentlichten vor kurzem 100 Fälle. Allerdings wird darauf geachtet, daß das Kontrastmittel schon am Ende der Myelographie möglichst vollständig abgesaugt werden kann. Den Autoren gelang dies in 85% der Fälle zu über 50% des Kontrastmittels; in etwa 60% konnte das Pantopaque zu 95% entfernt werden. Es dürfte interessieren, daß 2 diagnostizierte hintere Hernien von 87 bei der Operation nicht gefunden wurden. Im Gegensatz dazu hat man bei uns eine große Abneigung und zieht die Probelaminektomie der Jodöl-Myelographie vor (KRAYENBÜHL).

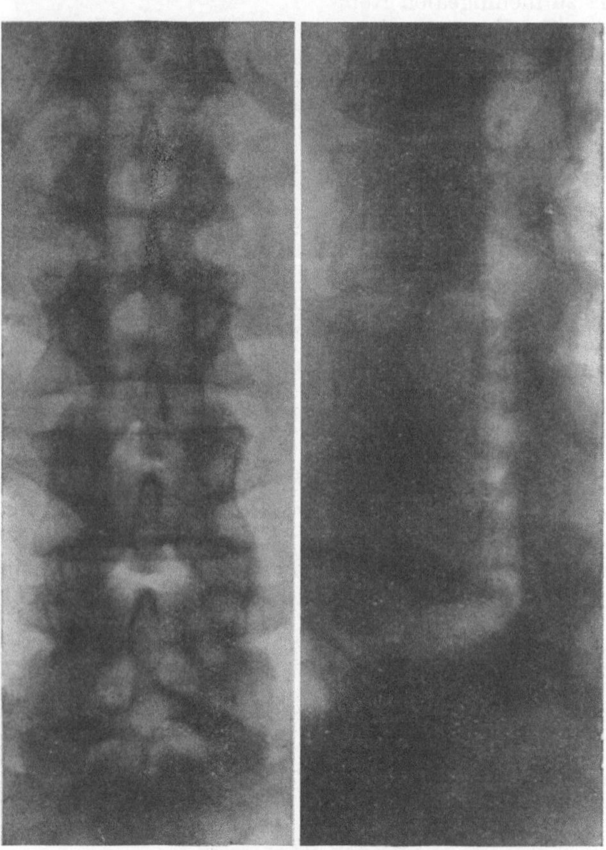

Abb. 91. Normale Luftmyelographie. 45 ccm Luft auf der Höhe von L_2/L_3 in den Subarachnoidealraum eingeblasen. Unteres Ende des Duralsackes auf der Höhe der Grundplatte von L_5. 30jähr. ♀. Nr. 107877.

Sind die Voraussetzungen zur Lipiodolmyelographie nicht gegeben, so kann vorgängig *Luft als Kontrastmittel* verwendet werden (vgl. Abb. 90 und 91). 20 bis 30 cm³ Liquor werden durch 30 bis 40 cm³ Luft von Liquordruck ersetzt. Die Untersuchung erfolgt durch Aufnahmen in Rückenlage bei horizontalem Strahlengang. Schrägaufnahmen sind auch hier unerläßlich zur Feststellung eventueller seitlich gelegener Substrate. Es gelingt mittels der Luftmyelographie in einem gewissen Prozentsatz der Fälle ins klare zu kommen. Andere Fälle müssen der Jodölmyelographie zugeführt werden.

Bessere Resultate gibt die *Überdruckluftmyelographie* (BUSCH), wobei 40 bis 50 cm³ Liquor fraktioniert abgelassen werden. Die Nachfüllung mit feuchtem Sauerstoff (oder Luft) erfolgt etwa mit einem Pneumothoraxapparat bis zu einem Überdruck von 250 bis 300 mm Wasser. Parästhesien sind dabei häufig; nie Schmerzen. Man erstellt Sagittal- und Schrägaufnahmen, eventuell Profilbilder in Rückenlage. Grundbedingung für eine gute Auswertbarkeit der Myelographie ist die Anwendung von Überdruck, wie es BUSCH beschreibt und wie es die Bezeichnung dieser Technik auch angibt. Das bedingt aber, daß der Druck auch wirklich gemessen wird. Das Maximum der Leistung

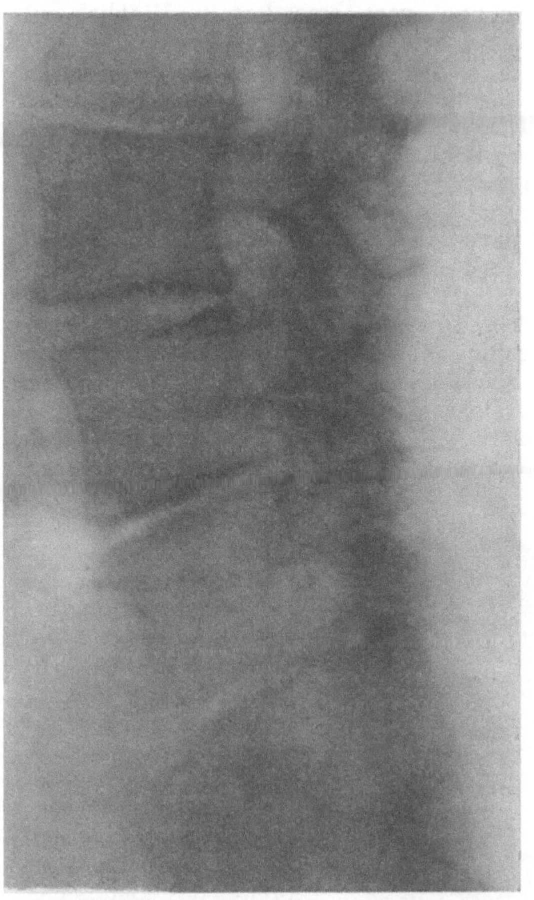

Abb. 92. Schwere, generalisierte Osteochondrose der Lendenwirbelsäule, stark verschmälerte Bandscheibenräume, Sclerose der Abschlußplatten, geringe deformierende Spondylose: bei L_2/L_3 und L_3/L_4 hintere Zacken, Gleiten zwischen L_3 und L_4 nach vorne, starke Lenden-Kreuzschmerzen zeitweise mit Ischialgien. 72jähr. ♂. Nr. 7030. 2/3.

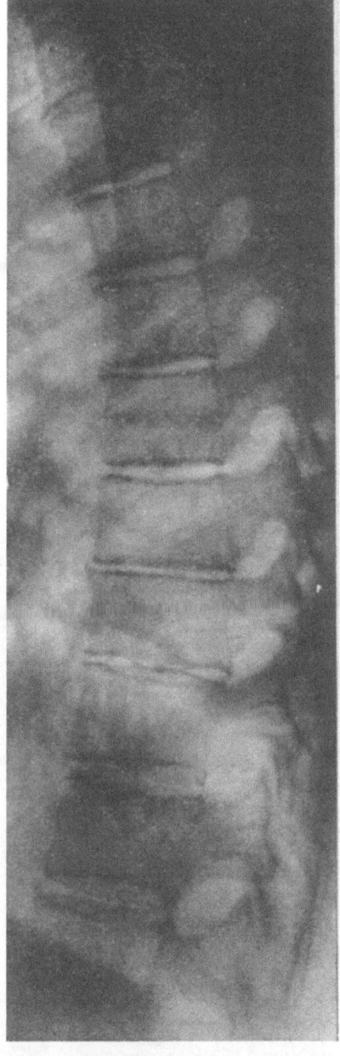

Abb. 93. Mäßig hochgradige, generalisierte Osteochondrose der Brustwirbelsäule. Unregelmäßigkeiten und Sclerose der Abschlußplatten, Verschmälerung der Intervertebralräume, wenige kleine spondylotische Zacken, wenige seichte SCHMORLsche Knoten, keine Kyphose. Rückenschmerzen; Zuweisungsdiagnose: Spondylitis tuberculosa. 43jähr. ♀. Nr. 98112. 2/3.

kann ohne diese Sicherung von der Überdruck-Myelographie nicht erwartet werden.

Die *Perabrodil-Myelographie* (KNUTSSON) zeigt große Protrusionen sehr gut, ohne zu Dauerschäden zu führen, weil es sich dabei um ein lösliches Kontrastmittel handelt. Kleine Veränderungen sind damit nicht einwandfrei sichtbar zu machen.

ε) **Gleiten geringen Ausmaßes.** Wir haben gesehen, daß Gleiterscheinungen unter anderem durch degenerative Prozesse verursacht sein können. Es liegt auf

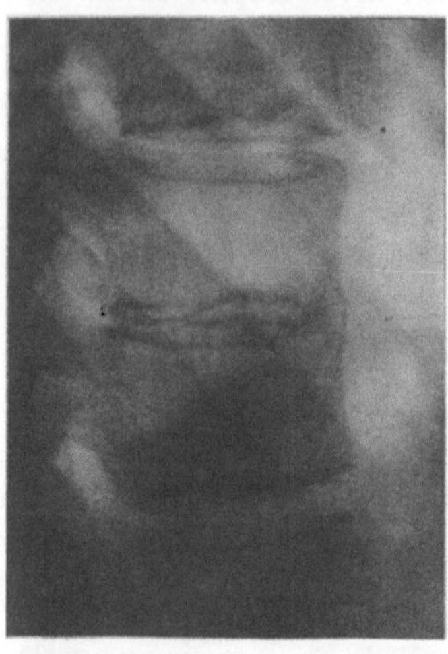

der Hand, daß grundsätzlich jede zerstörende Veränderung im Bereiche der Bandscheibe oder ihrer Umgebung, z. B. durch Osteomyelitis, Tbc., Tumor, Bruch, Tabes, um nur die häufigsten anderen Ursachen zu nennen, zu einer sehr einschneidenden Verminderung der Festigkeit des erkrankten Querschnittes der Wirbelsäule führen muß, ganz besonders im Hinblick auf die Belastung durch scherende Kräfte. Wir werden in den entsprechenden Kapiteln darauf zurückzukommen haben. Ich denke an dieser Stelle vor allem an das *Drehgleiten*, das im Röntgenbild besonders sinnfällig in Erscheinung tritt. Es handelt sich fast stets um den Lendenabschnitt. Wenn ein Wirbelkörper hier eine dauernde seitliche Krafteinwirkung erfährt, wird die Rotation entsprechend der Stellung der festen intervertebralen Gelenkverbindungen ge-

Abb. 94. Schwere Osteochondrose. Die vorderen Kanten von Th₁₁ und Th₁₂ sind synostosiert. 26jähr. ♀. Nr. 18020. 3/4.

schehen. Unter Berücksichtigung der Horizontalprofile auf S. 26 erfolgt die Drehung um eine Achse, die etwa in der Spitze des Processus spinosus liegt und vertikal verläuft. Daher die Bezeichnung Drehgleiten. Der Mechanismus des Drehgleitens erklärt die Tatsache, daß außerordentlich

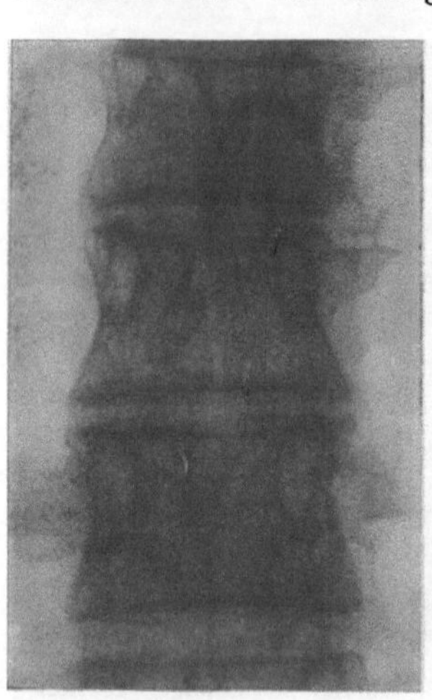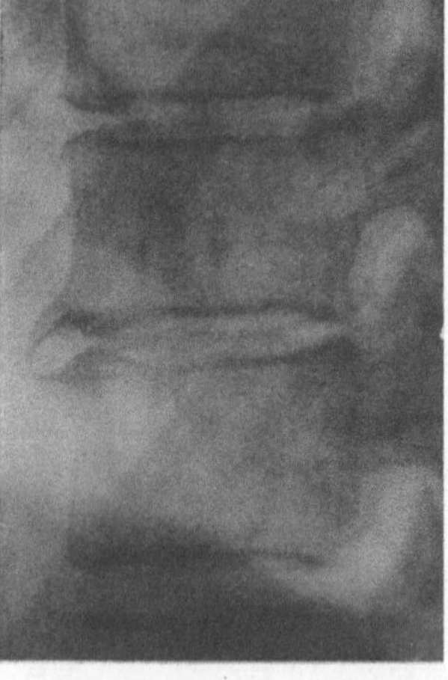

hochgradige Scoliosen nur geringe Verschiebung in der Linie der Dornfortsätze bewirken. Das Drehgleiten ist eine fast ständige Begleiterscheinung der statischen Scoliosen. Oft sind nicht die geringsten Zeichen der Osteochondrose zu erkennen. Das will lediglich besagen, daß keine spondylotische Randzacken vorliegen, wogegen die Breite des Bandscheibenraumes in den scoliotischen Teilen der Wirbelsäule im Röntgenbild nur zufallsweise beurteilt werden kann,

Abb. 95. Lokalisierte Osteochondrose der Brustwirbelsäule. Verschmälerung des Bandscheibenraumes Th₁₀/Th₁₁ mit isolierten kräftigen spondylotischen Osteophyten an beiden Wirbelkörpern kein Anhalt für entzündliche Genese oder Verletzung. 31jähr. ♀. Nr. 3257. 3/4.

dann nämlich, wenn eine Bandscheibenebene gerade einmal tangential projiziert sein sollte. Es ist aber wichtig zu wissen, daß schon das Gleiten an sich, wie z. B. in Abb. 96 eine starke Zerstörung der Zwischenwirbelscheibe voraussetzt (W. MÜLLER, IMHÄUSER, GALEAZZI u. a.). Das wird sich dann auch später erweisen, indem spondylotische osteochondrotische Symptome früher auftreten als ceteris paribus an nicht pathologisch gekrümmten Wirbelsäulen.

Bei schweren Osteochondrosen kommt Drehgleiten auch ohne Scoliose vor (NITSCHE). Es genügt dann eine physiologische Asymmetrie der Wirbelsäule. Was das *Gleiten nach hinten* anbelangt, ist zu sagen, daß man im Röntgenbild hierbei stets eine Verschiebung des oberen Wirbels nach hinten, gemessen am Verlauf der hinteren oder vorderen Wirbelkörperkanten, wahrnimmt. Der Mechanismus ist ein sehr einfacher und klarer. Er kann physiologisch durch Dorsalflexion teilweise reproduziert werden, wie Abb. 84, 88 und 96 zeigte; dazu kommt ein Bandscheibenschaden. Auf welche Weise die Verschiebung nach hinten mit der Verschmälerung des Zwischenwirbelraumes zusammenhängt und die Bedingungen, wann sie nicht zustande

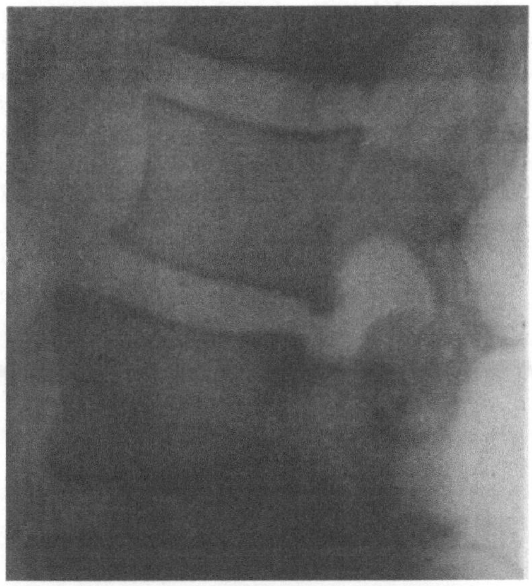

Abb. 96. Geringfügiges Gleiten von L_2 auf L_3 nach hinten bei Osteochondrose; mäßige Verschmälerung des Bandscheibenraumes, kleine spondylotische Zacke an L_2 vorne unten, sehr geringe Sclerose der Abschlußplatten, hochgradige Arthrose des dazugehörigen Gelenkes. 45jähr. ♂. Nr. 77 402. 4/5.

kommt, haben wir früher (S. 88) erörtert. Es liegt uns daran, nachdrücklich das obligate Trauma aus diesem Mechanismus auszuschalten. Die selbsttätige Assoziation von Gleiten nach hinten mit einem Trauma ist in keiner Weise berechtigt. Das schließt selbstverständlich Gleiten nach irgendeiner Richtung bei zureichenden Traumen nicht aus, im Gegenteil soll gegebenenfalls auch daran gedacht werden. Das Gleiten nach hinten beobachtet man oft in der oberen Lendenwirbelsäule, wo die Bandscheibenebene nach hinten geneigt ist.

Gleiten in geringem Ausmaß kommt auch *nach vorne* vor, wenn die deformierende Arthrose der Intervertebralgelenke zu hochgradigem Schwund des Gelenkknorpels, unter Umständen mit folgendem tieferem Knochenschliff geführt hat. Verschie-

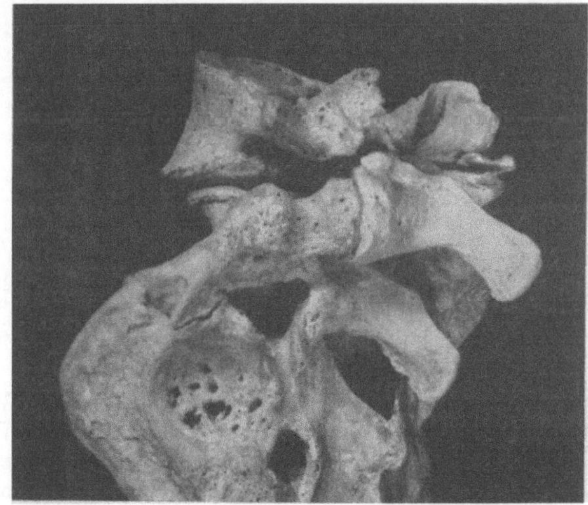

Abb. 97. Spondylolisthesis; maceriertes Präparat des Anatomischen Instituts Bern. 27jähr. ♂. Ansicht von links hinten. Die beidseitigen Spalten in den Interarticularstücken sind zu sehen; Randwülste (Spondylos. def. local.) nur an der Unterfläche des letzten Lendenwirbels und an der Oberfläche des Sacrum; def. Arthrose mäßigen Grades auch der Intervertebralgelenke L_4/L_5.

bungen aus dieser Ursache sind stets nur gering und betragen nie einen vollen Zentimeter, JUNGHANNS hat die Erscheinung *Pseudospondylolisthesis* benannt. Sie erfolgt häufig in der letzten oder zweitletzten Bandscheibe.

ζ) **Spondylolisthesis, schwere Osteochondrose der letzten Bandscheibe.** Wesentlich wichtiger als die Gleiterscheinungen geringen Ausmaßes sind jene Vorgänge im Bereiche der unteren Lendenwirbelsäule, die unter dem Begriff der Spondylolisthesis (KILIAN) zusammengefaßt sind. Sie sind gekennzeichnet durch eine Kontinuitätstrennung im *Interarticulargebiet*, also in jenem Teil des Bogens, in dem früher in Kapitel II eine angeborene Spaltbildung, die *Spondylolysis interarticularis congenita* beschrieben wurde. Durch das Auseinanderweichen der beiden Knochenteile des Fortsatzes kommt eine Vergrößerung der Sagittaldimension des Wirbels von seiner Vorderfläche bis zum dorsalen Ende des

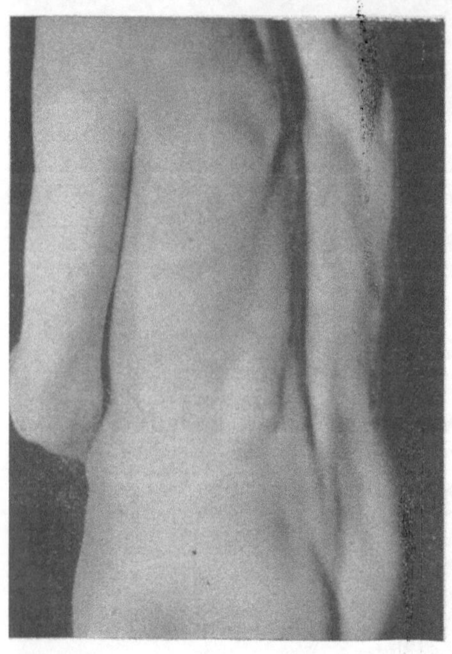
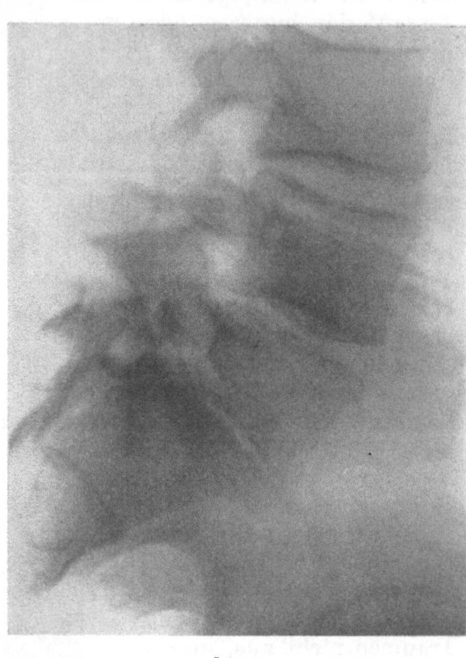

a)   b)

Abb. 98. Spondylolisthesis geringen Grades. 53jähr. ♂. Geringfügiger Skiunfall, seither Kreuzschmerzen. Außer dem charakteristischen palpatorischen und inspektorischen Befund der Lumbosacralgegend keine Zeichen für Spondylolisthesis.

a) Rückenrelief, man beachte das Zurücktreten der Sacralgegend und die Stufe in der Rückenrinne.   b) Röntgenbild; Verschiebung des L_5 auf dem Sacrum nach vorne um etwa 1 cm; beginnende Konsolenbildung; mäßige Zeichen der def. Spondylose; Intervertebralgelenke, soweit überblickbar, intakt. Die Spalte in der Interarticularportion ist deutlich zu erkennen. Nr. 101867. 3/4.

Processus spinosus zustande. Dabei gleitet der Wirbelkörper auf dem nächstunteren langsam nach vorne ab. Spaltbildung, Verlängerung des Wirbels und Gleiten sind nicht nur die pathologisch-anatomischen Erscheinungen, sondern zugleich die Grundlagen der röntgendiagnostischen Erkennbarkeit. Nachdem kongenital entstandene Spalten nachgewiesen sind und nachdem man weiß, daß viele dieser Spalten zeitlebens nie zu einer Spondylolisthesis führen, müssen wir uns vorerst an dieser Stelle mit der Frage beschäftigen, ob andere Entstehungsursachen in Frage kommen und wie sich in bejahendem Falle die Grundkrankheit zum Eintritt und zum Ausmaß einer Olisthesis verhält. Wir haben schon früher gesagt, daß als Ursachen der Spaltbildung neben Bruch möglich sind: 1. angeborene Anlage, 2. Überlastungsschaden, 3. krankhafte osteolysierende Prozesse. Zerstörung des Knochens gerade der Interarticularportion durch osteolytischen Prozeß ist sehr selten und kann wohl stets erkannt werden. Es sollen deshalb die beiden ersten Möglichkeiten besprochen werden.

Man kann viele Argumente finden, die für eine Genese durch *chronische Überlastung* der in Frage stehenden Gegend sprechen. Vorausgeschickt sei,

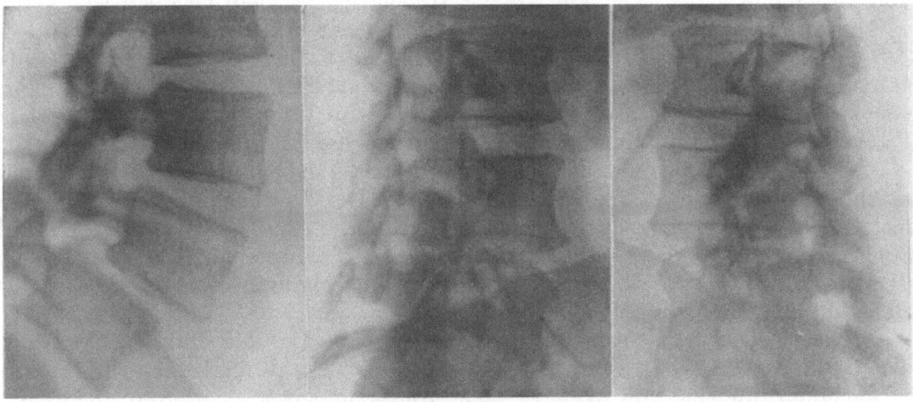

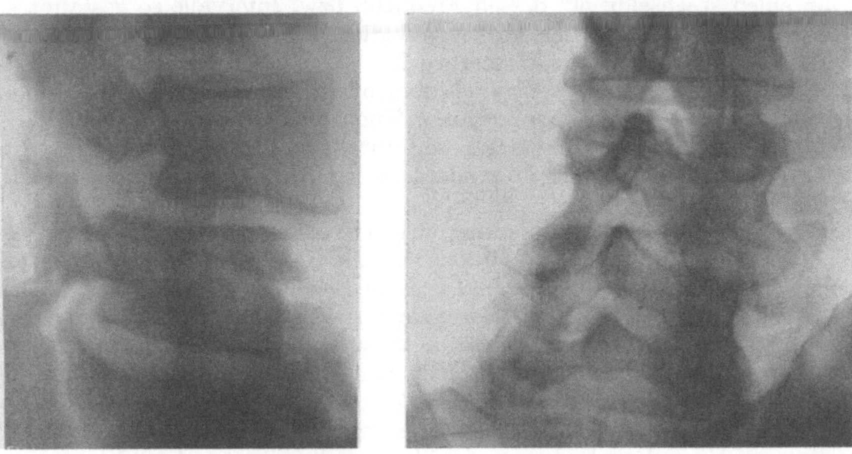

a)   b)   c)

Abb. 99. Spondylolisthesis des 4. auf dem 5. Lendenwirbel, Verschiebung um gut $^1/_3$ des Sagittaldurchmessers des Wirbelkörpers, Randwülste am unteren hinteren Rand von L_4 und am oberen hinteren Rand von L_5; Spaltbildung im Interarticularstück von L_3 ohne Gleiten. Nr. 98 991. 1/2.

a) seitlich, b) linke Gelenkreihe, c) rechte Gelenkreihe.

Abb. 100. Starkes Gleiten von L_3 auf L_4 nach vorne und links bei Zerstörung des linken Gelenkgebietes durch Metastase eines Magenkrebses (Sektion). In die Beine ausstrahlende Kreuzschmerzen, Hyper- und Paraesthesien. 41jähr. ♂. Nr. 65 520. 2/3.

daß auch hier das allgemeine, nicht nur im organischen Gebiet geltende Gesetz grundlegend ist, daß nämlich das Eintreten eines Schadens sowohl von der Leistungsfähigkeit als auch von der Belastung abhängig ist [REISCHAUER, BURCKHARDT (1)]. Und zwar ist die Chance, daß an irgendeinem System (mechanisches, elektrisches, thermisches usw.) ein Schaden eintritt, um so größer, je größer der Leistungsanspruch (Belastung, Arbeitsleistung und Dauer derselben) und je kleiner die Leistungsfähigkeit (Stärke, Dimensionierung,

Festigkeit, Widerstand, Abwehrfähigkeit) ist. Die statistische Wahrscheinlichkeit des Eintretens eines ungünstigen Ereignisses an dem betrachteten System, also die Gefährdung unseres mechanischen Systems, ist gegeben durch den Quotienten aus Belastung durch Festigkeit. Im vorliegenden Falle haben wir uns als Leistung eine mechanische Leistung, etwa Kraft × Weg × Zeit vorzustellen. Da der Weg am kurzen Hebelarm als klein gegeben ist, werden wir unser Augenmerk im wesentlichen auf die einwirkende Kraft während der Zeit zu richten haben. Dabei darf der zeitliche Verlauf der Kraft nicht außer acht gelassen werden, d. h. wir sollen uns klar darüber sein, ob wir es mit Gleichdrücken oder mit Wechseldrücken und im letzteren Falle: mit welcher Kurvenform und mit welcher Frequenz zu tun haben.

Über die Leistungsfähigkeit einer Stelle der Wirbelsäule lassen sich grundsätzlich die gleichen Überlegungen anstellen. Die Kraft ist derjenigen der Belastung entgegengerichtet gleich groß. Es ist festzustellen, daß aber allen Kräften, auch den pulsierenden, ein Gleichdruck durch Muskelzug und Gravitation überlagert ist. Die Gefährdung wird also erhöht 1. durch die Vergrößerung der Belastung. Dabei kann

a) der Druckanstieg sehr steil und hoch sein. Er überschreitet die Grenze der Belastbarkeit sehr rasch und führt zu einer Fraktur oder zu einer Fissur, je nachdem, ob Zeit und Weg zu einer röntgenologisch sichtbaren Dislokation geführt haben oder nicht. Zwischen Fraktur und Fissur besteht nur ein gradueller Unterschied. Durch die Frakturierung ist die traumatisierte Stelle der Krafteinwirkung ausgewichen, der Vorgang ist abgeschlossen.

b) Der Druck ist weniger groß, dafür länger dauernd. Meistens handelt es sich um einen Wechseldruck, dessen Frequenz bzw. Intervalle so gestaltet sind, daß sie eine Erholung von den vorher gesetzten Schäden nicht zu erreichen gestatten: Überlastungsschaden, Dauerbruch.

2. Die Gefährdung wird aber auch vergrößert durch Verminderung der Belastbarkeit bzw. Festigkeit bei kranken Knochen. Es entsteht

a) eine Spontanfraktur bei starker und kurzdauernder Gewalteinwirkung und

b) eine Umbauzone bei langdauernder, aber im Ausmaß geringfügiger relativer Überlastung.

Eine einfache Materialerschöpfung, wie etwa im kristallinen Metall, kann im Knochen nicht vorliegen, weil Größenordnung und Konstellation der Struktur in beiden Fällen ganz andere sind und weil im Belebten bekanntlich ganz andere Gesetze gelten, deren Unterschiede gegenüber dem anorganischen Baumaterial uns zum Teil bekannt sind. Warum sollte sonst die Natur mit soviel Aufwendung den kostspieligen Mechanismus des Knochenan- und -abbaues dauernd aufrechterhalten?

Bei den oben aufgestellten Möglichkeiten würden krankhafte Prozesse (3) zweifellos zu einer Herabsetzung der Festigkeit führen. Der Überlastungsschaden (2) müßte implicite durch Vergrößerung der Belastung entstehen. Auf den ersten Blick könnte man zu einer Ansicht gelangen, die auch in der Literatur weiteste Verbreitung gefunden hat und namentlich durch JUNGHANNS gestützt wird.

Ad 1: *Bedeutung der Spondylolyse.* Es ist jedoch nicht einzusehen, warum die Spondylolysis articularis congenita NEUGEBAUER eine Herabsetzung der Festigkeit der Gelenkgegend bringen sollte. Man muß sich vorstellen, daß die betrachtete Gegend auf Wechseldrücke eingerichtet sein muß. Ein Material, das elastisch etwas nachgeben kann, scheint mir an dieser Stelle viel geeigneter. Diese Fragen sind anläßlich der Behandlung der physiologischen Segmentierung der Wirbelsäule eingehend besprochen worden. Das Gesagte gilt naturgemäß vor allem für den Faserknorpel einer Symphyse. Und als das werden wir die Spondylolysis interarticularis auch aufzufassen haben. FRIBERG fand in seinem schwedischen Material von 280 Spondylolisthesisfällen 37mal Individuen unter 20 Jahren und 3mal unter 10 Jahren. Bei einem 10 Monate alten Kinde sollen alle Lendenwirbel spondylolytisch gewesen sein (BARRAUD). Diese Beobachtungen sprechen nicht gegen die oben geäußerte Ansicht. Sie beweisen auch nicht, daß bei einer gewissen Zahl von Fällen, also bei den Kindern, das Belastungsmoment nicht ausschlaggebend sei, sondern sie beweisen lediglich, daß eine zusätzliche Arbeitsbelastung für die Entstehung einer Spondylolisthesis nicht notwendig ist.

Für die Bedeutung der Spondylolysis congenita spricht zwar die Tatsache, daß bei allen über L_4 gelegenen Wirbeln die mechanischen Verhältnisse besser sind als um L_5, und dennoch kommt Spondylolisthesis daselbst vor. Und schließlich muß bedacht werden, daß mehrere Fehlbildungen am gleichen Individuum und besonders an der Lumbosacralgrenze gleichzeitig vorkommen, die die allgemeine Statik der Wirbelsäule beeinflussen könnten.

Da wir bei den wichtigen Fällen der Olisthesis im allgemeinen nichts aussagen können über die vorherige Existenz einer Spondylolyse, lohnt es sich, die Frage nach der entwicklungsgeschichtlichen Wahrscheinlichkeit des Vorliegens eines congenitalen Interarticularspaltes zu untersuchen. Freilich ist die Verknöcherung durch nur einen quasizentralen Knochenkern in jeder Bogenhälfte die Regel. Jedoch haben viele Untersucher deren zwei, einen vorderen oberen und einen hinteren unteren gefunden (BARDEEN, KEIBEL und MALL, SCHWEGEL, FARABEUF, POIRIER, CHAPRY, RAMBAUD und RENAULT, WILLIS u. a.). Es wird aber auch mitgeteilt, daß im Stadium der knorpeligen Wirbelsäule unter Umständen zwei Knorpelkerne, ein vorderer und ein hinterer, gefunden worden seien, und PUTTI (1) gibt an, daß dieser Verknorpelungsmodus für die Cetaceen die Regel darstelle. Die Annahme einer atavistischen Fehlbildung liegt dann nahe [PUTTI (2), POIRIER und LE DOUBLE]. Mediane Bogenspalten habe ich bei Cetaceen gefunden, nicht aber laterale Spalten etwa im Sinne der Interarticularspondylolyse.

Ad 2: *Überlastungsschaden.* Er würde nach dem oben Mitgeteilten gegeben sein, wenn die Belastung von außen her vergrößert oder die Festigkeit auf andere Weise als durch Spondylolyse herabgesetzt wäre. Es ist kein Zweifel, daß die Lumbosacraljunktur ganz allgemein mechanisch exponiert ist. Aber auch die *Form* der Lumbosacralgegend ist sicher von Bedeutung; W. MÜLLER und ZWERG (3), H. MEYER (1). Vor allem ist die Neigung der in Frage stehenden Bandscheibenebene wichtig. Das Gleiten kann durch eine möglichst horizontal eingestellte Ebene weitgehend verhindert werden, wogegen zunehmende Neigung gegen die Vertikale das Gleiten begünstigt. Dadurch werden aber zugleich die Intervertebralgelenke mehr belastet, weil die Gleitrichtung entlang der letzten Bandscheibe wenig vom Lot auf der Gelenkfläche abweicht. Es wird somit der Proc. articularis inferior gegen den Proc. articularis superior gerade in der Interarticularportion gebogen. Diese Biegung wird verstärkt bzw. entlastet durch Beugung des Stammes nach hinten bzw. nach vorne. Naturgemäß ist der Winkel zur Gravitation oder besser zur Horizontalen ausschlaggebend. Dieser Bandscheibenwinkel (vgl. Kap. I B, Abb. 30a und 30c sowie Kap. II, Abb. 61) läßt sich in der Profilaufnahme nicht ohne weiteres bestimmen, weil die Horizontale oder das Lot nicht bekannt sind. In Fällen, die wenig von der Norm abweichen, kann die Winkelhalbierende des Lumbosacralwinkels herangezogen werden. Es scheint von vornherein naheliegend, daß im Sinne des oben Gesagten der kleine Lumbosacralwinkel das Gleiten begünstigt. Das berechtigt aber nicht dazu, daß Wirbelsäulen mit sehr kleinen Lumbosacralwinkeln (bis zu 90° gegen 143° im Durchschnitt) mit dem Namen Präspondylolisthesis belegt werden, wie das WITHMAN getan hat. Ganz im Gegensatz dazu hat JUNGHANNS bei fünf Spondylolisthesen einen um 10° größeren Winkel zwischen der Achse von L_5 und S_1 gefunden als in seinen Normalfällen. Dieses *Aufkippen des Kreuzbeines* (BLEWETT) ist zwar eine sekundäre Kompensation der Spondylolisthesen zur Entlastung des Bandapparates, wie in Kap. I C dargelegt. Die Annahme einer Disposition zum Gleiten durch ein Sacrum acutum (SCHERB) würde somit nicht beeinträchtigt, unter der Voraussetzung, daß tatsächlich der kleine Lendenkreuzbeinwinkel einem großen Winkel der Bandscheibe gegen die Horizontale entspricht. Das scheint nun aber nach den röntgenologischen Messungen von W. MÜLLER und ZWERG (3) gerade nicht der Fall zu sein. Im Gegenteil fanden die genannten Autoren eine bemerkenswerte Konstanz des Bandscheibenwinkels gegen die Horizontale, nämlich 0° bis 39°, im Mittel 26°. 30° bis 35° sind für den Mittelwert wohl zutreffender. Und es scheint im Gegenteil eher verständlich, daß das Sacrum arcuatum (SCHERB) einen größeren Bandscheibenwinkel aufweist als das Sacrum acutum. Unsere Überlegungen stimmen damit wieder mit den Befunden von JUNGHANNS überein, der bei Spondylolisthesen einen größeren Lumbosacralwinkel fand. Freilich ist aber nach allem anzunehmen, daß diese Winkelverhältnisse die Chance zum Gleiten nur unwesentlich beeinflussen und daß die Hauptmomente einmal in den *Weichteilen*, zum zweiten aber in der Art der Belastung liegen. So mag z. B. das Körpergewicht (WILLIS) eine gewisse Rolle spielen. Nicht etwa wegen der Schwere, sondern, wie früher in Kap. I C gezeigt wurde, wegen der lebendigen Kraft bei Wechseldrücken. Die Lebensweise scheint mir deshalb um so weniger wichtig, als zwischen Stehen und Sitzen kein Unterschied in der Statik bestehen dürfte. Dagegen ist sicher die Arbeitsweise von Wichtigkeit, d. h. ob der Anwärter auf eine Spondylolisthesis seine Wirbelsäule ausgiebig Wechseldrücken aussetzt, d. h. ob er viel treppab geht, reitet usw.

Die bis anhin aufgefundenen Momente der mechanisch wenig festen Lumbosacraljunktur bestehen in ihrer mechanisch und dynamisch ungünstigen Lage an einem gefährdeten Querschnitt und in der ungünstigen Stellung des Seitenstückes als Stab, etwa senkrecht zur Gleitrichtung. Sie ist also wohl kaum geeignet, sämtliche Kräfte aufzunehmen. Und in der Tat sind ja auch noch andere Hilfsmittel vorhanden, die unbedingt ebenfalls berücksichtigt werden müssen: Bänder, Bandscheiben, Kapseln und andere Knochenteile in günstigerer Stellung (Körperreihe). Wenn also das knöcherne Zwischengelenkstück versagt, ist eigentlich das Versagen der ganzen Sacralgegend noch nicht gegeben für den Fall, daß die übrigen Organe in der Lage sind, die ihnen zufallende Mehrleistung zu bewältigen. Es scheint mir also noch andere Stellen zu geben, die für die Herabsetzung der Festigkeit als einer Voraussetzung der Entstehung eines Überlastungsschadens zuständig sind. Es sind vor allem die Bandscheibe und der restliche Bandapparat der Lumbosacraljunktur gemeint. Wir wissen anderseits, daß degenerative Veränderungen an diesen Bandapparaten unter Umständen in exzessivem Maße vorkommen können: Spondylose, deformierende Arthrose, Osteochondrose. Eine gewichtige Rolle spielt sicher die Bandscheibe. Nicht daß derselben das Schwergewicht des Halteapparats zufällt, das gilt wohl eher für die anderen Bänder und für die Muskulatur. Die Bedeutung der Bandscheibe bei der Entstehung des Gleitens liegt aber in ihrer besonderen allgemeinen Anfälligkeit (vgl. Kap. III 2). Dazu kommt, daß die letzte Zwischenwirbelscheibe 1. eine maximale Bürde zu tragen hat, 2. daß sie entsprechend ihrem Winkel zur Horizontalen einer scherenden Kraftwirkung ausgesetzt ist, 3. daß die scherende (gleitende) Kraft durch die Spondylolyse begünstigt wird, derart, daß bei rhythmischen Bewegungen ständig kleine Gleitbewegungen möglich geworden sind, nachdem ein Teil der festen gegenseitigen Halterung einmal fortgefallen ist. Für die Aufnahme dieser dauernden scherenden Bewegungen ist die Wirbelsäule nicht eingerichtet, weil sie sonst nur bei der Rotation vorkommen. Wenn man bedenkt, wie häufig die Osteochondrose, namentlich der letzten Bandscheibe, anzutreffen ist, und wie sie schon bei Spalten ohne Gleiten gehäuft beobachtet wird, ist man über ihr obligates Vorkommen bei Spondylolisthesis nicht erstaunt. Die Osteochondrose ihrerseits verstärkt die Verschlechterung der mechanischen Verhältnisse, so daß wieder eine Rückwirkung auf die Bandscheibe zustande kommt. So entsteht ein Circulus vitiosus, der das Gleiten begünstigt. Ja, nach den früheren Erörterungen (MEYER-BURG-DORFF u. a.) muß man sich ernsthaft die Frage vorlegen, ob nicht die Entstehung der *Osteochondrose* als primäres Geschehen aufzufassen ist. Dadurch würde die untere Lendenwirbelsäule geschwächt; die Spondylolyse entsteht in der Folge als Überlastungsschaden [H. MEYER (1)]. Es scheint mir diese Entstehungsweise viel naheliegender als die Genese aus der Spondylolysis interarticularis congenita. Für letztere müßte man doch einen Teil des anderen Mechanismus, nämlich die ausgedehnten degenerativen Veränderungen — zwar sekundär — in Anspruch nehmen, ohne daß man bei der Entstehung der echten Spondylolisthesis in einzelnen Fällen die Mitwirkung eines congenitalen Spaltes strikte ablehnen darf, wäre es sicher falsch, in anderen Fällen die Überlastung als Teilursache, und in einer dritten Gruppe von Fällen als alleinige Ursache anzusprechen. Damit rückt die gar nicht so seltene Erkrankung wieder mehr in das Gebiet der Verletzungen bzw. Arbeitsschäden. Je-

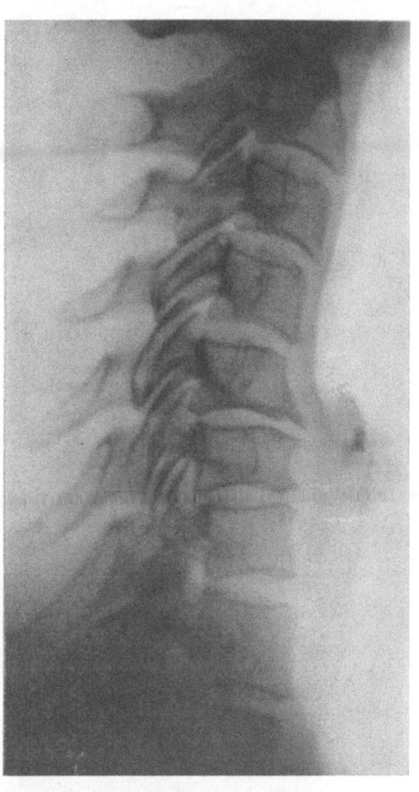

Abb. 101. Mäßig hochgradige Osteochondrose der unteren Halswirbelsäule. Abknickung bei C_4/C_5, starke Verschmälerung der Bandscheiben C_5/C_6 und C_6/C_7. Spondylarthrose daselbst. Seit knapp einem Jahr Schmerzen in den Schultern und im linken Arm mit schmerzlosen Intervallen. Keine Traumatisierung. 49jährige Frau, Konservenwägerin. Nr. 107006. 3/4.

doch wird die Spondylolisthesis durch ein Trauma nur verschlimmert. Diese Verschlimmerung der Beschwerden von 20 bis 40% — allerhöchstens 60% — soll nach 4 bis 12 bis 24 Monaten abgeklungen sein. Bei versicherungstechnischer Anerkennung als Arbeitsschaden müßten andere Ansätze zugunsten des Versicherten eingesetzt werden.

Das Ausmaß der Olisthesis ist sehr verschieden. Stets sind dabei aber die pathologisch-anatomischen Befunde gleich oder ähnlich. Der Spalt wird teils durch Callus und später teils durch Bandmassen ausgefüllt, und man erkennt in der Übergangzone tief in den Knochen eingepflanzte SHARPEYsche Fasern, die die Verbindung herstellen. Die Faserzüge zeigen oft Zerreißungen und

Blutungen, was jedenfalls für starke Beanspruchung spricht. Auch Verkalkungen und Knochenbildungen kommen vor (JUNGHANNS).

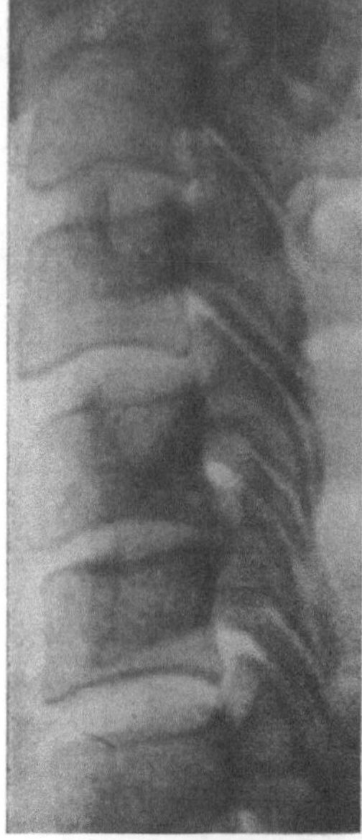
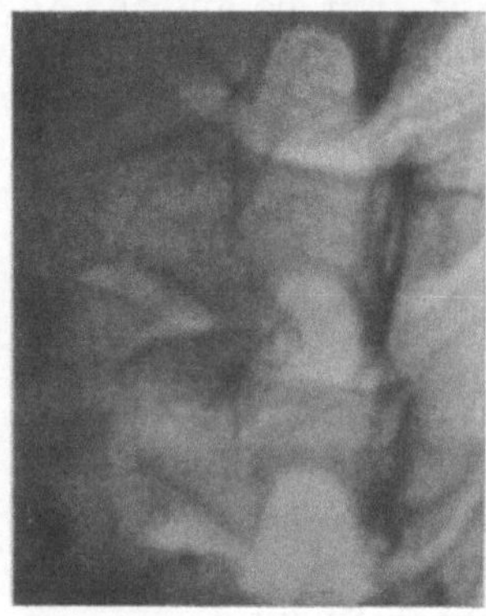
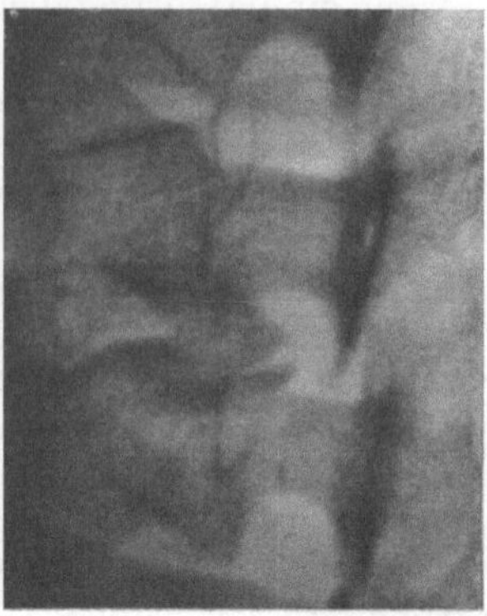

Abb. 102. Hochgradige Osteochondrose der Gegenden der Proc. uncinati beiderseits zwischen C₅ und C₆ mit Verengerung beider Intervertebrallöcher (Schrägaufnahmen); hochgradige Osteochondrose. Plötzlich einsetzende reißende Schmerzen, ausstrahlend in re. Arm und Hand, Schwellung des Handrückens rechts, Schmerzen bei Bewegungen der Arme. Nr. 101798. 1/1.

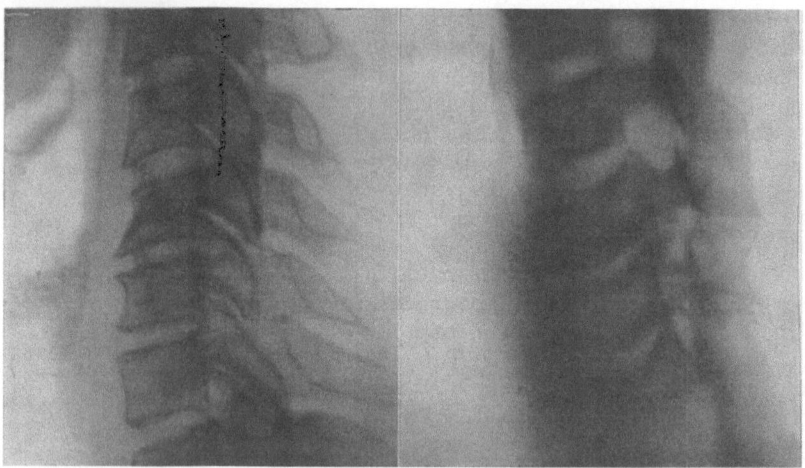

a)   b)

Abb. 103.

Osteochondrose scheinbar mäßigen Grades C₅/C₆. a) Erst die Schrägaufnahme zeigt schwere Exostosen in der Gegend der Proc. uncinati hinten, direkt in das Foramen intervertebrale hineinragend und dieses ebenso wie C₆/C₇ links stark verengend. — Schmerzen im Nacken und ausstrahlend in beide Arme, zeitweise Paraesthesien. 51jähr. ♂. Nr. 18169. b) Schrägtomogramm. 2/3.

Röntgenbild. Man findet bei etwa 0,5% der Untersuchungen der Lendenwirbelsäule Spondylolisthesen; davon 88% L₅, 11% L₄, 1% L₃; zwei- bis dreimal mehr Männer [MEYERDING (1)]. Als Basis für die Erkennung im Röntgenbild hat zu gelten 1. die Spaltbildung, 2. die Verlängerung des Wirbels und

3. das Gleiten nach vorne. Letzteres Zeichen ist naturgemäß das sinnfälligste. Der 5. Lendenwirbel kann so weit nach vorne gleiten, daß er vor dem 1. Sacralwirbel zu liegen kommt (vollständige Olisthesis). Vorher aber beginnt sich frühzeitig eine knöcherne Konsole vorne am Sacrum zu bilden. Oft ist es vorzuziehen, geringes Gleiten nach den hinteren Konturen der Wirbelkörper zu beurteilen. Dabei darf man aber nicht die Massae laterales des Sacrum mit dem Wirbelkörper verwechseln. Über den Einfluß eines Traumas kann unter Umständen der Verlauf im Röntgenbild entscheiden (WOLFF).

Schwere Cervical-Osteochondrose. Die schwere Osteochondrose der letzten Bandscheibe mit oder ohne Spondylolisthesis hat, wie gezeigt wurde, eine besondere Bedeutung. Es gibt aber noch eine zweite Lokalisation, die in klinischer Hinsicht nicht minder wichtig erscheint. Es wurde auf S. 82 bereits die auffällige Lokalisation der Spondylose in der unteren *Halswirbelsäule* hervorgehoben. In vielen Fällen besteht daselbst aber eine sehr tiefgreifende Osteochondrose, die zu hochgradigen degenerativen Veränderungen, wie Verschmälerung des Bandscheibenraumes, Osteosclerose bis zum Knochenschliff, kräftigen Randwülsten an Wirbelkörper und Intervertebralgelenken führt. Diese Randwülste liegen oft wegen der ausgiebigen Beweglichkeit im Bereiche der *Proc. uncinati* und können Kompression der Wurzeln mit entsprechenden klinischen Symptomen zur Folge haben. Die besondere Form der Bandscheiben zwischen den beiden sattelförmigen Abschlußplatten (Abb. 74) dürfte einmal der Grund für die sehr frühzeitige und besonders geartete Degeneration des Discus sein. Es bildet sich nämlich frühzeitig quer durch die Bandscheibe ein breiter Spalt, der sich bis nach lateral entlang den Proc. uncinati hinzieht (KROGHDAHL, LUSCHKA). Die besondere Beweglichkeit der Gegend der Proc. uncinati bewirkt jedoch besonders luxurierende spondylotische Osteophyten, ohne daß eigentliche engumschriebene Bandscheibenprolapse angenommen werden müssen. Auch die Arthrose der Intervertebralgelenke führt in der unteren Halswirbelsäule bis zum Knochenschliff (vgl. Abb. 101 bis 103).

c) Klinisches.

α) **Allgemeines.** Als Zusammenfassung des klinischen Abschnittes über Spondylose wurde festgestellt, daß die einfache, nicht sehr hochgradige und unkomplizierte (rheumatischer Schub) Spondylose keine klinischen Erscheinungen macht. Es ist unsere Pflicht, auch hier vorab nach dem Zusammenhang der ebenfalls verhältnismäßig häufigen röntgenologisch nachweisbaren Veränderungen der schwereren Osteochondrose mit klinischen Beschwerden zu fragen. Dazu ist vorerst festzustellen, 1. daß die osteochondrotischen Prozesse dieses Kapitels bereits die Schranke der Gefäß- und nervenfreien Bandscheiben überschritten haben. Das ist die erste Möglichkeit der Schmerzentstehung, nämlich durch direkte Reizung der zum Teil mehr oder weniger entblößten sensiblen Endapparate im Knochen, bzw. in den benachbarten Weichteilen; 2. kann Schmerzempfindung durch Druck auf die Spinalnerven zustande kommen. Das ist denkbar durch hintere spondylotische oder arthrotische Zacken, mehr aber noch durch hintere oder hinten seitliche Nucleushernien. Sie drücken unter gewissen Voraussetzungen auf die Cauda equina bzw. der Wurzel oder, wenn es sich um die seltenen Fälle der cervicalen und thoracalen Nucleushernien handelt, direkt auf das Rückenmark. 3. Es können mächtige spondylotische Zacken auf den Grenzstrang und seine sympathischen Ganglien drücken. Dieser Mechanismus der Schmerzentstehung dürfte von untergeordneter Bedeutung sein. 4. Es ist endlich daran zu denken, daß durch Bandscheibenverschmälerung die Wirbel in veränderte gegenseitige Lage gebracht werden, dadurch kann durch kompensatorische Muskeltätigkeit ein Schmerz entstehen, der aber im Muskel- und Bandapparat gelegen ist (statische Beschwerden). Es ist zwar anzunehmen, daß degenerative Krankheiten derart langsam eintreten, daß sich die Bänder und vor allem die Muskulatur an die schrittweisen, sehr langsamen Änderungen angleichen kann, ohne daß schmerzhafte Zustände mit erhöhtem Tonus oder gar Hartspann eintreten. Diese muskularen Schmerzen müssen reserviert bleiben für rasch eintretende Lageveränderungen (Frakturen, akute Entzündungen) und für muskuläre (oder ossäre) allgemeine Insuffizienzen (Senium, Lähmungen, Porose).

β) Subjektive Beschwerden. Es liegt auf der Hand, daß durch die gegenseitige direkte Berührung der Wirbelkörperknochen bedeutende Schmerzen entstehen können. Das weiß man von den deformierenden Arthrosen der anderen Gelenke bei Bildung von Knochenschliffen. Aber schon das Stadium vor der *Schliffbildung*, also die Osteosclerose, kann als Zeichen von übermäßigem gegenseitigem Druck Schmerzen verursachen. Voraussetzung ist stets ein gewisser Rest von *Beweglichkeit*.

Außergewöhnlicher Druck tritt auch bei der Bildung der SCHMORLschen Knoten beim Eindringen des Bandscheibengewebes in dessen Umgebung auf. Dies gilt jedoch nur so lange, bis der Zustand stabilisiert ist, was im allgemeinen bereits der Fall sein dürfte, wenn die Nucleushernie in der Spongiosa des Wirbelkörpers röntgenologisch sichtbar wird. Der Satz, daß die röntgenologische Ausdehnung eines Prozesses und die Beschwerden, die von ihm ausgehen, nicht parallel verlaufen, hat deshalb auch hier eine ganz besondere, aber andere Bedeutung wie bei der Spondylose. Man darf fast sagen, daß die schmerzhafte Periode wohl bereits zum großen Teil überstanden ist, wenn das Röntgenbild die Veränderung erkennen läßt.

Es kann also gar kein Zweifel sein, daß stärkere Osteochondrosen, d. h. solche, die zu erheblicher Verschmälerung des Intervertebralraumes, zu Osteosclerose der Abschlußplatten und zu SCHMORLschen Knoten führen, *erhebliche subjektive Beschwerden* hervorrufen können, solange jedenfalls der jeweilige Prozeß noch nicht zum Abschluß gekommen und solange der Wirbelsäule eine gewisse Beweglichkeit noch erhalten geblieben ist. Diese Beschwerden bestehen zwar häufig in *Schmerzen*, z. B. Schmerzen meist beim Bücken nach vorne, insbesondere beim Wiederstrecken, oder bei anderen aktiven Bewegungen, z. B. beim Schaufeln (forcierte Streckung), Mähen mit der Sense, Drehen im Bett (Rotation). Die Lokalisation von spontanen Rückenschmerzen ist wenig ausschlaggebend; meist wird vom Patienten zu tief lokalisiert, wie dies bei tiefergreifenden Prozessen (Frakturen, Spondylitis) ebenfalls stets zu beobachten ist. Oft wird über diffuse Rücken- oder Lendenschmerzen oder über Schmerzen im Knie, Ober- oder Unterschenkel geklagt. Die Zunahme der Schmerzen bei Niesen und unter Umständen beim Husten ist eine allgemeine Erscheinung, die für alle Abschnitte und fast alle schmerzauslösenden Prozesse der Wirbelsäule seine Geltung hat.

Der Patient braucht aber nicht immer gerade über Schmerzen zu klagen; oft hört man von Müdigkeit im Rücken oder von Mangel an Beweglichkeit gegenüber früher usw. Alle subjektiven Beschwerden weisen oft eine auffällige Abhängigkeit von der Wetterlage auf oder der Kranke macht die eindeutige Angabe, daß er morgens eine gewisse Zeit brauche, bis die Beschwerden soweit zurückgegangen sind, daß sie ihm ein normales Arbeiten gestatten. Es kann auch vorkommen, daß Schmerzen oder sonstige Beschwerden nur nachts, eventuell bei einer bestimmten Lage, vorhanden sind.

γ) **Objektive Befunde.** Die *Einschränkung der Beweglichkeit* der Wirbelsäule durch degenerative Erkrankungen liegt nahe; man sollte annehmen, daß dieses Zeichen eine der ersten Objektivierungen darstelle. Das ist auch der Fall; dazu ist aber zu sagen, daß kleine Einschränkungen objektiv schwer festzustellen sind, wenn sie nicht auf ganz bestimmte Gegenden beschränkt sind, derart, daß ein Vergleich möglich wird. Anderseits ist aber auch auffällig, wie außerordentlich gut wegen der Segmentierung die Beweglichkeit der Wirbelsäule bei röntgenologisch sehr hochgradigen Osteochondrosen erhalten bleibt, vor allem dann, wenn nur eine kurze Strecke der Wirbelsäule befallen ist. *Klopfschmerz* der Dornfortsätze, Spannungen in der Rückenmuskulatur, Stauchungs- und Erschütterungsschmerz können gefunden werden.

Durch stärkeren Druck, wie z. B. bei hinteren Nucleushernien, entstehen *neurologische Symptome* wie Veränderungen der Sensibilität, Paresen, Störungen der Reflexe (Fehlen eines Achillessehnenreflexes), Funktionsstörungen von Blase, Rectum und Sexualorganen, Parästhesien, Krämpfe usw. Diese Symptome gelten alle vorwiegend für die hintere Nucleushernie, kommen aber auch bei Spondylolisthesis vor. Dabei muß man sich unbedingt von der Vorstellung frei machen, daß es sich stets um kleine distinkte Prolapse handelt. Gerade in der Gegend der Proc. uncinati der Halswirbelsäule können ausgedehntere Verlagerungen von Bandscheibengewebe zu breiteren Knorpelwucherungen führen, die frühzeitig verkalken oder verknöchern und dann im Röntgenbild sichtbar werden. Sie können zu einer erheblichen Einengung des Foramen intervertebrale führen, wodurch Wurzelsymptome durch Druck ohne weiteres erklärlich werden (Abb. 102 und 103). Während sich die subjektiven Beschwerden bei *Spondylolisthesis* nicht von den Beschwerden bei schwerer Osteochondrose unterscheiden, müssen wir hier nachtragen, daß objektive, meist inspektorisch feststellbare Veränderungen beim Wirbelgleiten in Erscheinung treten. Auch bei geringen Verschiebungen, etwa von 1 cm, ist schon eine Stufe in der Rückenrinne zu sehen und zu palpieren, die dem Dornfortsatz über dem abgeglittenen Wirbelkörper entspricht. Bei stärkerem Gleiten entsteht bald der mehr oder weniger typische Watschelgang. Erst wenn der obere Wirbelkörper vor den unteren getreten ist, sinkt er wesentlich tiefer, wodurch die Rumpflänge verkürzt wird (HEINRICH und KRUPP, MERCER).

Wir wollen zusammenfassen: Von den im Röntgenbild sehr häufig festgestellten *unkomplizierten schweren Osteochondrosen* hat nur ein sehr kleiner Teil klinische Bedeutung. 1. Entweder ist das Ausmaß der Veränderungen zu gering, als daß sie durch Druck oder Bewegungseinschränkung Beschwerden verursachen könnten: Übergangsfälle zwischen einfachen Spondylosen und tiefergreifenden Osteochondrosen. 2. Oder aber die Zeit der Möglichkeit einer klinischen Bedeutung liegt viele Jahre zurück: bei den röntgenologisch sichtbaren SCHMORLschen Knoten. 3. Oder die Osteochondrose ist so weit gediehen, daß eine vollständige Unbeweglichkeit eingetreten ist. 4. Dagegen sind einige Fälle der Osteochondrose für die Entstehung von Beschwerden verschiedener Art (ossärer Druck auf Nerven, statisch) wichtig. 5. Ausschlaggebend ist die Röntgendiagnostik der hinteren Nucleushernie. 6. Alle im Kapitel III 1 und 2 besprochenen und in Kapitel III 3 noch zu besprechenden Veränderungen gewinnen für die causale Genese von klinischen Beschwerden dann ganz besondere Bedeutung, wenn sie a) durch besondere Ursache bedingt sind: Spondylose oder bzw. und Osteochondrose, durch Entzündung, durch Tumor oder durch Fraktur, oder b) wenn sie sekundär kompliziert sind: Entzündung, Ödem usw. aufgesetzt auf Spondylarthrose oder bzw. und Osteochondrose. Im Fall 6 b ist die Osteochondrose im Rahmen der übergeordneten *rheumatischen Erkrankung als Komplikation* zu betrachten.

δ) **Symptome bei schweren lokalisierten Osteochondrosen der Hals- und Lendenwirbelsäule.** Es wurde bis jetzt die klinische Symptomatologie einer generalisierten deformierenden Spondylarthrose mit mehr oder weniger tiefgreifender Osteochondrose kurz besprochen.

Die besondere Lokalisation an der Cervicalsäule und in der Gegend der Lumbosacraljunktur hat bereits in der Pathologie und in der röntgenologischen Darstellung ihren sinnfälligen Ausdruck gefunden. Nicht nur das anatomische Substrat, sondern auch die klinischen Symptome zeigen Abweichungen, so daß eine gesonderte kurze Besprechung am Platze scheint.

Cervicalosteochondrose: Sie ist den Neurologen als Brachialgie bekannt. OSTLIND fand unter seinem sehr großen Material von 4576 neurologischen Kranken 2,5% Brachialgien, die keine namhafte Geschlechtsasymmetrie aufwiesen. Zwei Drittel waren rechtsseits zu finden. Sie traten ab und zu nach Infektionskrankheiten (Grippe, Tonsillitis) auf. Jahreszeitliche Schwankungen konnten nicht beobachtet werden. Fast alle OSTLINDschen Fälle zeigten die Cervicalosteochondrose von C_5 bis C_7. Unter den 72 Kranken von FORSBERG fanden sich zwei Fälle mit HORNERschem Syndrom auf der schmerzhaften Seite.

Neben den schon oben beschriebenen Symptomen treten nun bei diesen schweren Degenerationserscheinungen der Halswirbelsäule durch Beeinflussung der Wurzeln radikuläre Symptome im Bereiche des Plexus brachialis auf. So werden hyper- und namentlich auch hypoästhetische Zonen gefunden, Abschwächung oder Aufhebung der Sehnenreflexe, Parästhesien, Störungen von seiten des Sympathicus, Muskelatrophie usw.

Schwere lumbosacrale Osteochondrose: Entsprechend der Anatomie des Wirbelkanals in der Lumbosacralgegend sind hier wahrscheinlich größere Substrate notwendig, um zu radikulären Kompressionserscheinungen zu führen. Wir werden also Ischialgien hier im wesentlichen bei hinteren Bandscheibenprolapsen, die also den Spinalkanal oder das Foramen intervertebrale erreichen, zu erwarten haben. Freilich kommen sie auch bei Verkalkungen und Verknöcherungen der Ligamenta flava vor. Zur Erläuterung der zu erwartenden Komplexität der Symptome gebe ich eine Tabelle von LOVE wieder, die das Material von 88 Patienten der Majoklinik verwertet und die Häufigkeit der Einzelsymptome darstellt.

Prozentuale Beteiligung der Symptome bei hinteren Bandscheibenhernien:

Nur Kreuzschmerz	in 3%	der	Fälle
Nächtliche Schmerzen	„ 31%	„	„
Verschlimmerung beim Husten usw.	„ 39%	„	„
Parästhesien	„ 49%	„	„
Inkontinenz der Sphinkteren	„ 8%	„	„
Lasègue positiv	„ 82%	„	„
Schmerzhaftigkeit des N. ischiadicus	„ 63%	„	„
Fehlender oder abgeschwächter Achillesreflex	„ 57%	„	„
Paresen	„ 26%	„	„
Atrophie der Muskulatur	„ 9%	„	„
Hypästhesien	„ 31%	„	„
Negative klinische Untersuchungsresultate	„ 3%	„	„
Negative klinische Untersuchungsresultate bis auf positiven Lasègue	„ 16%	„	„

Natürlich steht der Kreuzschmerz neben der Ischialgie im Vordergrund. In den meisten Fällen, nämlich in 73%, fand sich in der Anamnese ein Trauma. Schubweises Auftreten der Symptome wurde in 86% beobachtet.

Die Beschwerden sprechen auf die üblichen therapeutischen Maßnahmen schlecht oder gar nicht an. Sie weisen meistens schon eine längere Dauer auf. Im großen und ganzen kann gesagt werden, daß außerdem die Anamnese absolut uncharakteristisch ist. Auch hier ist jede Kombination von Reizzuständen, von motorischen oder sensiblen Paresen sowie Reflexstörungen und Muskelatrophie möglich. Paresen sind selten hochgradig. Hypästhesien von radikulärer Ausbreitung sind verläßlicher als sensible Reizzustände. Es ist weiter beizufügen, daß oft eine Eiweißvermehrung im Liquor beobachtet werden kann. Schmerzvermehrung bei Husten und Niesen, eventuell beim Kopfbeugen wurde bereits erwähnt. Durch Kompression der Jugularis können starke Schmerzsteigerungen in Rücken und Beinen auftreten (NAFFZIGER-Zeichen). Und endlich ist festzustellen, daß in den meisten Fällen bei der Beweglichkeitsprüfung der Lumbosacralgegend eine Einschränkung beobachtet werden kann. Oft gibt schon das seitliche Röntgenbild der verminderten Lendenlordose hierauf einen Hinweis.

d) Reine Alterskyphose.

Wir besprechen die Alterskyphose (Abb. 104 und 105) an dieser Stelle, weil sie wohl der Osteochondrose am nächsten steht, obschon immerhin ihre Genese von derjenigen der schweren Osteochondrose im engeren Sinne etwas abweicht.

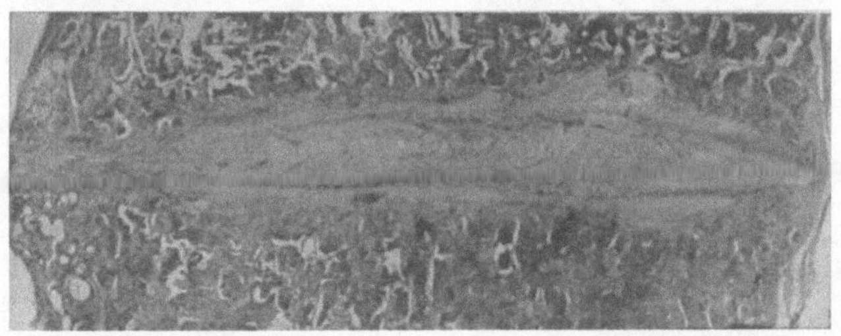

Abb. 104. Bandscheibe bei Alterskyphose; deutliche Verschmälerung der relativ gut erhaltenen Bandscheibe; geringe Spondylose vorno (links) mit wenig ausgedehnter Osteosclerose, Verbreiterung der Bandscheibe nach vorne.

Anderseits hat sie zu wenig Bedeutung, um ein eigenes Kapitel zu verdienen. Wichtig wird sie lediglich durch ihre Komplikationen. Gerade deswegen müssen wir uns aber mit ihr beschäftigen.

Die reine senile Kyphose verdankt ihre Entstehung nicht etwa einer generellen senilen Porose oder einer hochgradigen Osteochondrose oder Spondylose. Wohl verlaufen die Alterungsvorgänge an den Bandscheiben auch hier so, wie es früher beschrieben wurde. Jedoch sind diese Degenerationen gerade nicht besonders hochgradig, so daß keine Osteochondrose, bzw. stärkere Spondylose entsteht. Ausschlaggebend ist die Verminderung der Muskelkraft, namentlich der Strecker der physiologischen Krümmungen, also nicht nur des Erector trunci, der die physiologische Kyphose der Brustwirbelsäule bestimmt, sondern auch des Psoas und der Bauchmuskulatur, die die Lendenlordose beschränkt. Die Erschlaffung des Erectors charakterisiert die Formveränderung als Kyphose. Wir finden sie bei älteren Leuten und erkennen sie von außen, eventuell schon bei bekleidetem Körper an ihrer bezeichnenden Form. Die Kyphose ist allgemein gleichmäßig verstärkt, was zu einer besonderen Betonung der Krümmung der mittleren Brustwirbelsäule führt. Im Gegensatz dazu ist bei der juvenilen und porotischen Kyphose mehr die untere Brustwirbelsäule befallen, was auch äußerlich meist sinnfällig zu erkennen ist.

Die Erschlaffung der Strecker bewirkt eine Verstärkung der Kyphose. Dadurch werden die gealterten Bandscheiben vorne sehr stark gepreßt. Das führt zu konzentrischen Einrissen in der Gegend der Randleiste, am stärksten direkt hinter derselben. Die weitere Zermürbung der Bandscheiben bewirkt ausge-

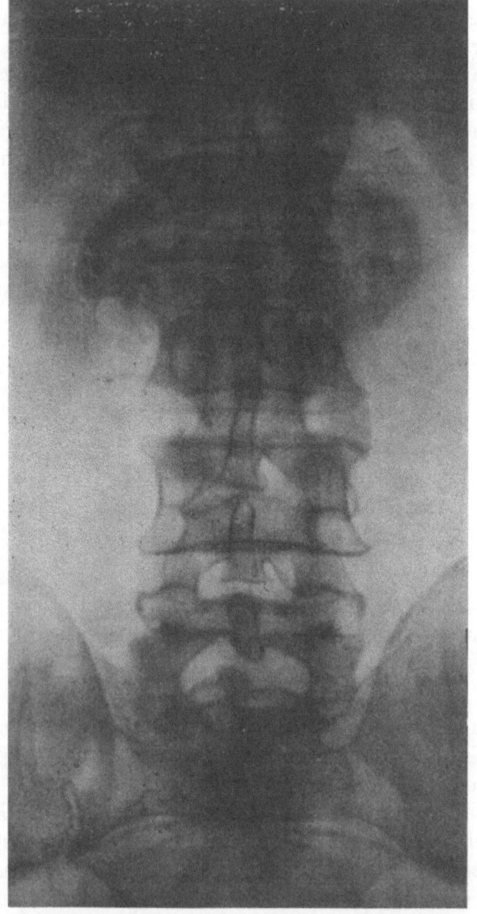

Abb. 105. Mäßig hochgradige Alterskyphose. Kyphose der mittleren Brustwirbelsäule mit Sclerose der Abschlußplatten vorne und keilförmigen Bandscheiben, kleine spondylotische Zacken, in der unteren Brustwirbelsäule zum Teil längere Zacken. Nr. 17653. 2/3.

Abb. 106. Ausgedehnte Zerstörung der drei obersten Lendenwirbel mit luxurierendem Callus, der über das Niveau des Wirbelsäuleschattens beiderseits hervortritt. Osteoarthropathie bei Tabes (nach LOEWENBERG u. WEHMER).

dehntere, meist sichelförmige Zerstörungen. Die Folge hiervon ist die keilförmige Gestaltung der Bandscheiben. Lange Zeit bleiben die Bandscheiben in ihrem hinteren Teil noch leidlich intakt, während vorne sich die Randleisten zu berühren beginnen. Es tritt jetzt Sclerosierung der Wirbelkörperränder ein, fremdes Gewebe wuchert schon bald in die Bandscheibe ein. In diesem Stadium können auch die Zeichen der Spondylose auftreten. Später tritt Verknöcherung, d. h. Synostosierung der vorderen Ränder der Wirbelkörper ein. Damit ist weitgehende

Versteifung der Wirbelsäule im veränderten Abschnitt gewährleistet. Die spondylotischen Appositionen bauen sich langsam wieder ab. Bei allen diesen Vorgängen bleibt der Wirbelkörper der Form nach erhalten, wenn eine Formveränderung aus anderen Ursachen nicht vorher eingetreten war. Im Bereiche der Lendenlordose tritt unter Umständen die Synostosierung der hinteren Ränder ein, was beweist, daß die einfache statische Krafteinwirkung ausschlaggebend ist.

Was wir beschrieben, ist die reine Alterskyphose. Wir bekommen sie selten unverfälscht zu Gesicht, weil sie entweder mit anderen Veränderungen verbunden vorkommt oder dann keine Beschwerden macht, die zu einer Röntgenuntersuchung Anlaß geben. Es scheint, daß der ganze Vorgang sich derart langsam vollzieht, daß Beschwerden nicht auftreten. Oft ist aber die senile Kyphose mit Knochenatrophie vergesellschaftet. Damit ist dann aber auch die Schmerzhaftigkeit durch diese Begleitkrankheit bedingt.

e) Veränderungen der Wirbelsäule bei nervösen Störungen (Osteoarthropathia neuropathica).

Wir besprechen Wirbelaffektionen, die durch trophoneurotische Störungen bedingt sind, anhangsweise an dieser Stelle, weil sie mit schweren Osteochrondrosen eine gewisse Ähnlichkeit aufweisen.

Als Grundursache kommt vor allem die Tabes dorsalis in Frage. Auch die Syringomyelie oder Störungen des Nervensystems nach Verletzungen können in ihrem Verlauf zu entsprechenden Osteoarthropathien führen.

Die *tabische Spondylopathie* tritt 9 bis 36 Jahre, im Durchschnitt etwa 18 Jahre nach der luischen Infektion auf. Sie wurde ab und zu vor dem ataktischen Stadium der Tabes beobachtet und wurde auch schon als erstes Zeichen der Erkrankung überhaupt gefunden.

Die tabische Osteoarthropathie soll in der Wirbelsäule ebenso häufig sein wie in den Gelenken der Extremitäten. Fast ausschließlich befällt sie die Lendenwirbelsäule. Sie tritt schleichend auf und führt zu Verkrümmungen des Rückens, ohne daß der Patient über Schmerzen klagt. Diese Tatsache unterscheidet sie von ähnlichen entzündlichen Erkrankungen der Wirbelsäule, also insbesondere auch von der Spondylitis syphilitica.

Die Veränderungen des erkrankten Wirbels im *Röntgenbild* (Abb. 106) entsprechen ganz denjenigen anderer Lokalisationen. Im Vordergrund steht eine eigentümliche Mischung von osteolytischen und osteosclerotischen Prozessen. In wenig fortgeschrittenen Fällen sind die Veränderungen der sclerotischen Komponente unter Umständen nicht von der Spondylarthrose zu unterscheiden. Durch die trophoneurotischen Störungen treten aber kleine Infraktionen auf, die ebenfalls, und im Gegensatz zu ähnlichen Erscheinungen der Osteoporosen, völlig schmerzlos verlaufen. Diese Einbrüche heilen durch Callus, der nach und nach außerordentlich luxurierende Formen annimmt und zu paravertebraler Verbreiterung des Wirbelkörpers führt. Die Bandscheiben werden nicht geschont und es entstehen große Defekte, die weitgehende Formveränderung im Gefolge haben. Durch Zerstörung des Bandapparats werden die Verbindungen unter den Wirbelkörpern gelockert, was zu ausgiebigem Gleiten Veranlassung gibt. Gleiten und Callusbildung, beides im Übermaß, sind die beiden Hauptcharakteristika für die tabische Arthropathie der Wirbelsäule.

Die Veränderungen bei *Syringomyelie* unterscheiden sich nicht von den eben besprochenen. Über Spondylitis syphilitica vgl. S. 197.

3. Arthrosis deformans der echten Gelenke der Wirbelsäule.

Unter den echten oder kleinen Wirbelgelenken versteht man 1. die echten Gelenke der obersten zwei Wirbel, 2. die costovertebralen Gelenke und 3. die Intervertebralgelenke.

a) Pathologisch-Anatomisches.

Die pathologisch-anatomischen Veränderungen der echten Wirbelgelenke unterscheiden sich in keiner Richtung von denjenigen der übrigen echten Gelenke, insbesondere der Extremitäten. Sie unterscheiden sich weder makroskopisch noch mikroskopisch; jede Einzelheit ist ohne Einschränkung übertragbar.

Die deformierende Arthrose geht ebenfalls vom Knorpel aus. Verfärbungen und Austrocknung sind auch hier die anfänglichen Erscheinungen. Es folgt dann Degeneration und Usurierung des Knorpels. Der Knorpelbelag geht nach und nach völlig in Trümmer, so daß am nackten Knochen Schliffflächen entstehen, die meist die Spongiosa freilegen. Schon vorher beginnt eine Sclerosierung der gelenknahen Spongiosa sich einzustellen. Am Rande der Gelenkflächen bilden sich Randzacken und ausgedehntere Randwülste, die ganz wie bei der Spondylose enormes Ausmaß annehmen können. Sicher spielt auch bei der deformierenden Arthrose die Beteiligung fremden Gewebes eine wesentliche Rolle

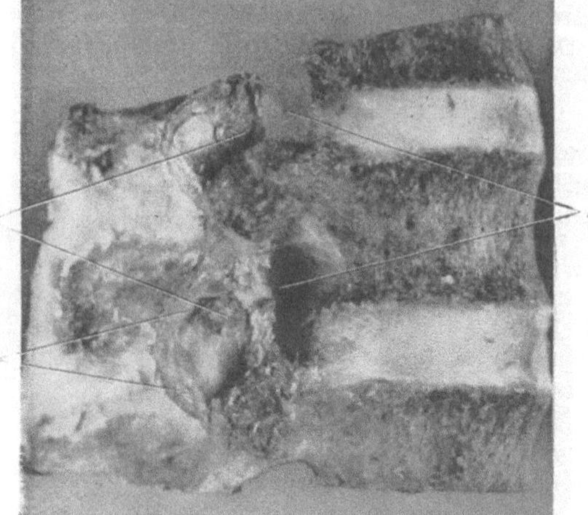

Abb. 107. Lendenwirbelsäule, Beziehungen der Foramina intervertebralia zu den Abschlußplatten und zur Bandscheibe (lateral hintere Teile), ebenso wie zu den Intervertebralgelenken, letztere sind eröffnet und lassen den glatten Gelenkknorpel ebenso wie ein von oben in das Gelenk hineinragender Einschluß (*M*), der gegen das Foramen intervertebrale (*Fi*) zu mit dem Lig. intercrurale zusammenhängt, erkennen; der Gelenkkörper geht von der Kapsel (*K*) aus (Synovialfalte?) (nach TÖNDURY).

in der Entstehung der Randwülste. Es scheint mir wichtig, daß man auch bei den echten Wirbelgelenken an die Veränderungen der Gelenkkapsel denkt, trotzdem diese entsprechend der, bezogen auf die Extremitätengelenke, kleinen Exkursionen normalerweise eine recht bescheidene Ausdehnung aufweist. Dennoch ist die Kapsel relativ geräumig. Verdickung der Kapsel ist auch hier frühzeitig zu erwarten, dadurch wird die Beweglichkeit herabgesetzt. Wucherungen (Zotten) aus fibrösem und Fettgewebe treten naturgemäß nur in geringem Maße auf. Verdickte Kapseln in Verbindung mit Stückchen degenerierten und gewucherten Knorpels können auch mit Menisken verwechselt werden.

b) Röntgendiagnostik.

α) **Allgemeines.** Die Darstellbarkeit der deformierenden Arthrose der echten Wirbelgelenke beruht auf den gleichen Zeichen wie bei den entsprechenden Veränderungen der übrigen Gelenke und übrigens auch der Bandscheibengelenke bei der deformierenden Spondylose. Die allerersten Veränderungen sind auch hier im Röntgenbild nicht sichtbar. Erst eine allgemeine oder teilweise Verschmälerung der Gelenkspalten deutet auf Knorpelschwund hin.

Später dokumentiert sich die Osteosclerose durch Verdichtung und Unregelmäßigkeit des subchondralen Gebietes. Ebenso sind Randwülste und größere Wucherungen an den Rändern der Gelenkflächen durch Verdichtungen und Unregelmäßigkeiten erkennbar. Diese allgemeinen Bemerkungen gelten für alle in Betracht kommenden Lokalisationen. Die Sinnfälligkeit, mit der die einzelnen Zeichen in Erscheinung treten, ist jedoch von Fall zu Fall sehr verschieden. Insbesondere muß auf Täuschungsmöglichkeiten hinsichtlich der Breite des Gelenkspaltes, also in Tat und Wahrheit des Abstandes der Knorpelcorticalis der beiden Gelenkteile hingewiesen werden.

β) Der deformierenden Arthrose der **echten Gelenke der obersten zwei Wirbel** scheint im Rahmen einer allgemeinen deformierenden Arthrose keine besondere Bedeutung zuzukommen. Jedenfalls kommt sie selten zu Gesicht und scheint auch klinisch ohne Bedeutung, wenn nicht lokalisierte Prozesse anderer Genese (Verletzung, Entzündung, Anomalie) vorliegen. Diese Tatsache ist wohl ausschlaggebend. Es

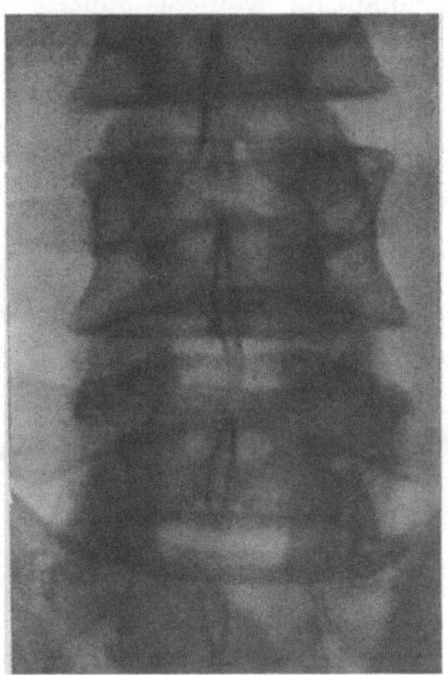

Abb. 108. Seit einem Jahr stärkere Kreuzschmerzen, namentlich beim Heben; zeitweise Ischialgien. — Isolierte Schrägstellung des vorletzten Intervertebralgelenkes links, Arthrosis deformans? 45jähr. ♂ Nr. 17272. 4/5.

ist indessen sehr wohl möglich, daß die deformierende Arthrose der Gelenke am Atlas und Epistropheus häufiger gefunden werden könnte, wenn man in entsprechender Aufnahmerichtung danach suchen würde. Die Tatsache, daß sie am macerierten Knochen kaum zu finden ist, läßt jedoch wieder keine großen Aussichten aufkommen.

γ) Die Arthrosis deformans der **costovertebralen Gelenke** (Abb. 109) ist sehr häufig. Sie ist auf Sagittalbildern der Wirbelsäule oder des Thorax teilweise ohne weiteres zu sehen und auch ohne Schwierigkeiten als solche zu erkennen. Dabei ist zwar allerdings keiner der beiden Gelenkteile optimal tangential zum Spalt getroffen. Trotzdem ist das Transversocostalgelenk recht gut überblickbar; Sclerosierung und Randwulstbildung ist vornehmlich am unteren Rand gut beurteilbar. Die Articulatio costovertebralis ist von der Wirbelsäule selbst zu stark überdeckt, sie ist kaum zu beurteilen. Die Randsclerose ist meist in der ganzen Zirkumferenz des äußeren Gelenkes zu erkennen.

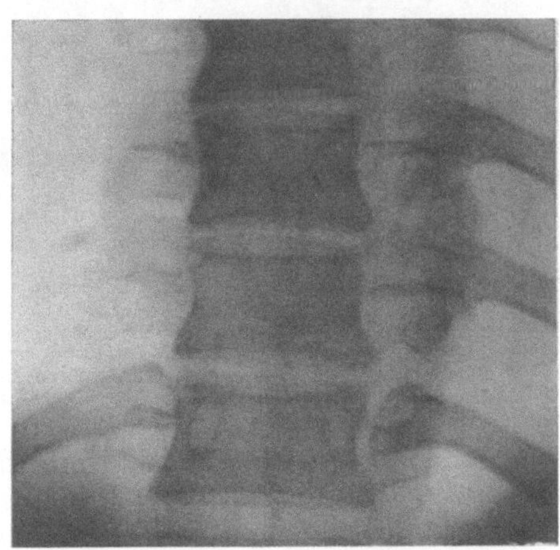

Abb. 109. Deformierende Arthrose von Rippengelenken (Th$_9$ und Th$_{10}$ links, Th$_{11}$ rechts); die übrigen Gelenke sind intakt. Keine Spondylose. Klinisch Wirbelsäule o. B. 46jähr. ♀. Nr. 68724. 2/3.

Die Arthrosis deformans der Costovertebralgelenke tritt bei älteren Leuten vom fünften Jahrzehnt an zunehmend generalisiert und dann meist auch gleichmäßig auf den ganzen Thoracalteil verteilt auf. Bei namhaften Abweichungen von der normalen Form der Wirbelsäule erscheinen lokalisierte Verstärkungen an mechanisch weniger günstig belasteten Stellen. Oft sind die oberen, ebensooft aber wieder die unteren Gelenke mehr betroffen, irgendeine Regel besteht nicht.

δ) **Intervertebralgelenke.** Die Arthrosis deformans der Intervertebralgelenke
(vgl. Abb. 110 bis 113) ist besonders bedeutungsvoll vornehmlich als Begleiterscheinung der deformierenden Spondylose. Freilich kommt ihr aber

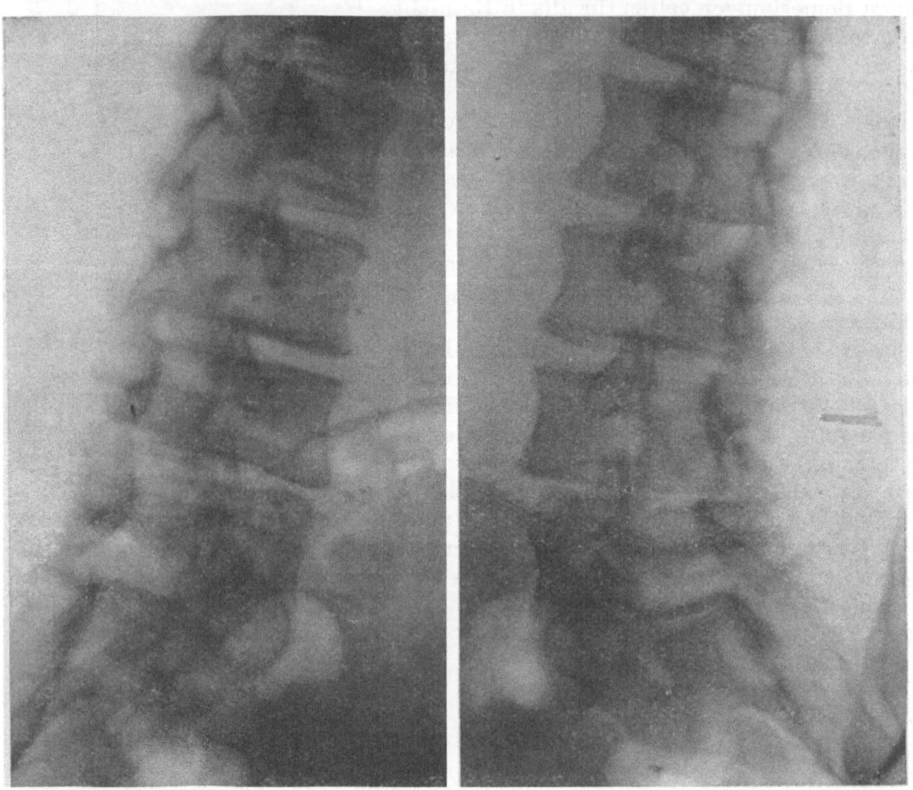

Abb. 110. Seit etw asechs Monaten Paraesthesien, zeitweise Schmerzen, später heftige Schmerzen in den unteren
Extremitäten, namentlich rechte Wade. Gehunfähigkeit; Kontraktur der Lendenmuskulatur. Ischialgie, geringe
Hyperreflexie, Sensibilitätsstörungen. Rechtskonvexe Lumbalscoliose, die durch bestimmte Rückenbewegungen
ruckartig unter starken ausstrahlenden Schmerzen gestreckt werden kann. Röntgenuntersuchung: Alle Gelenke
und Bandscheiben intakt, mit Ausnahme des linken zweitletzten Intervertebralgelenkes, wo der Processus articularis inferior L_4, ebenso wie der Processus superior L_5 zum Teil fehlen. Bei der Streckung muß daselbst eine
Subluxation zustande kommen. Nr. 110333. 3/4.

auch eine gewisse Bedeutung als alleinige degenerative Erkrankung zu,
obschon es sich dann zwar meistens um besonders lokalisierte Manifestationen bei Verletzungen, Entzündungen oder anderen selbständigen Prozessen handelt. Außerdem kommt aber sicher auch eine isolierte deformierende Arthrose vor ohne Spondylose und ohne daß besondere pathologische
Veränderungen als begünstigendes Moment gefunden werden können. Aber
auch in diesen Fällen handelt es sich meist um mehr oder weniger lokalisierte Arthrosen. Wir sind dann wohl berechtigt, eine Begünstigung
der Arthrose durch besondere Belastung, wie z. B. in der Lumbosacralgegend,
anzunehmen. Es liegt auf der Hand, daß jede Verkrümmung, pathologische und
physiologische, zu vermehrter mechanischer Belastung und damit zur Aus-

bildung einer Arthrose führen kann. Und es ist endlich zu sagen, daß bei der Lokalisation und Ausdehnung, d. h. bei der Verteilung einer bestimmten deformierenden Arthrose der kleinen Wirbelgelenke, pathologische und physiologische Zustände gemeinsam mitwirken können. Man soll sich also nachdrücklich vergegenwärtigen, daß sich die Gruppe der deformierenden Arthrosen wie folgt zusammensetzt:

1. (Essentielle) deformierende Spondylarthrose = Arthrose bei Spondylose als degenerative Alters- (Verbrauchs-) Veränderung.

2. (Essentielle) deformierende Arthrose ohne Spondylose, meist mehr oder weniger lokalisiert an Stellen physiologisch großer Belastung (physiologische Krümmungen).

3. Symptomatische Arthrose bei pathologischen Krümmungen oder nach Verletzung, Entzündung, Tumor usw., entsprechend den symptomatischen Spondylosen.

Es ist kein Zweifel, daß ein gewisser Zusammenhang zwischen Spondylose und Arthrose besteht; das dokumentiert sich in der Bezeichnung Spondylarthrose. Wir haben uns dabei vorzustellen, daß eine übergeordnete Schädlichkeit sowohl zu der einen wie zu der anderen Lokalisation einer entsprechenden Veränderung führt. Eine direkte Verknüpfung von Spondylose und Arthrose der Intervertebralgelenke besteht jedoch in diesen Fällen nicht. Das führt zu der stets wieder gemachten Beobachtung, daß das Ausmaß der einen für den Grad der anderen Prozesse nicht maßgeblich ist. Im Gegenteil bekommt man den Eindruck, daß das exzessive Ausmaß der Spondylose jedenfalls vor exzessiver Arthrose der kleinen Gelenke schützt und umgekehrt. Das ist auch verständlich, wenn man bedenkt, daß die Ausbildung hochgradiger Arthrosen an die Beweglichkeit der Gelenkteile gebunden ist. Jeder beweglichkeitseinschränkende Vorgang, also auch die Spondylose oder die Arthrose, wird demnach die Ausbildung der Arthrose bzw. der Spondylose verhindern. Für das Verhältnis der Intensitäten ist also eher das zeitliche Auftreten von Spondylose und Arthrose maßgeblich, und zwar derart, daß z. B. die Gelenke um so besser geschützt werden, je rascher die Spondylose oder besser Osteochondrose in ihr beweglichkeitsherabsetzendes Stadium eintritt.

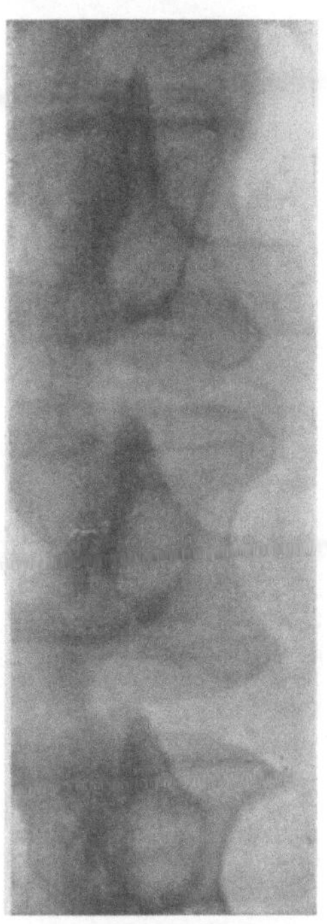

Abb. 111. Schwere Arthrosis deformans der Intervertebralgelenke L_1 bis L_4. Verschmälerung und Unregelmäßigkeit des Gelenkspaltes, Sklerose, Verschiebung der Gelenkteile. 68jähr. ♂. Nr. 18137. 1/1.

Es ist kein Zweifel, daß außerdem aber in gewissen Fällen doch eine direkte Kausalität zwischen Arthrose und Osteochondrose besteht, nämlich dann, wenn durch die Osteochondrose eine Veränderung der gegenseitigen Lage zweier Wirbelkörper zustande kommt (Abb. 108). Dabei kommen auch die Teile der Intervertebralgelenke in abnormale gegenseitige Lage. Das ist nachgewiesenermaßen ein Grund zur Beschleunigung des Auftretens der deformierenden Arthrose. Die Bandscheibenerniedrigung kann dabei grundsätzlich durch verschiedene Ursachen bedingt sein, z. B. durch generalisierte Osteochondrose, dann wird die Arthrose ausgebreitet sein; oder durch Osteochondrose an Prädilektionsstellen oder lokalisierte Verschmälerung des Intervertebralraumes, dann wird die bandscheibenbedingte Arthrose auch mehr lokalisiert sein (z. B. zwei letzte Gelenkpaare).

Die *deformierende Arthrose bei Spondylose* ist nach dem fünfzigsten Altersjahr meistens vorhanden. Sie kann aber, wie die Spondylose, auch schon im dritten Jahrzehnt gefunden werden. Gleichmäßiges Befallensein der gesamten Wirbelsäule ist äußerst selten. Die mittlere Brustwirbelsäule (Th_4—Th_5) und die Lendenwirbelsäule erweisen sich als besonders häufig, bzw. besonders stark befallen. Es ist auch schon auf eine gewisse Unregelmäßigkeit in der Verteilung der Arthrose nach der Höhe oder nach der Seite hingewiesen worden. Für abnorme Lokalisationen, wie z. B. Befallensein nur einer Seite oder eines beschränkten

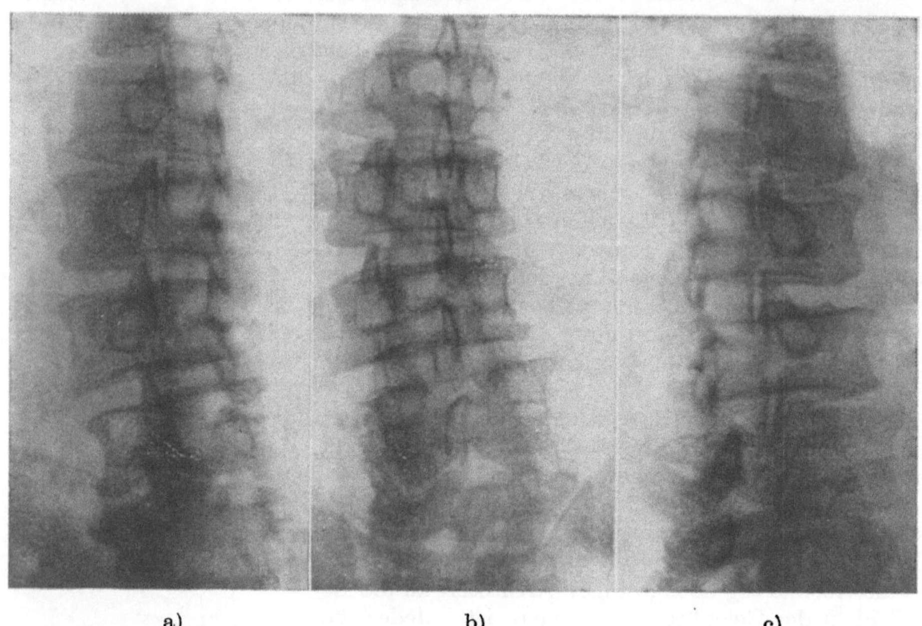

Abb. 112. Arthrosis deformans vorwiegend rechts bei rechtskonvexer Scoliose der Lendenwirbelsäule.
a) Sagittal. b) Darstellung der rechtsseitigen, c) der linken Intervertebralgelenke. Die linken Intervertebralgelenke sind völlig intakt. Rechts sind die Gelenkspalten zum Teil keilförmig, der vorletzte stark verschmälert, in der Sclerose kaum sichtbar; arthrotische Nearthrose daselbst wahrscheinlich. Nr. 105981. 2/3.

Abschnittes der Wirbelsäule sind jedoch stets Unregelmäßigkeiten in der Belastung verantwortlich zu machen. Meist handelt es sich um physiologische Krümmungen, in deren Konkavität die arthrotischen Veränderungen beobachtet werden.

Diese Beobachtungen bilden den Übergang zu den mehr oder weniger lokalisierten *Arthrosen ohne Spondylose*. Sie werden oft schon in den zwanziger Jahren gefunden und machen dann den Eindruck einer selbständigen Erkrankung. Die Stellen physiologisch stärkerer Inanspruchnahme sind naturgemäß bevorzugt: mittlere Brust- und Lendenwirbelsäule.

Die lokalisierte, *konsekutive, symptomatische deformierende Arthrose* weist nur insofern eine besondere Lokalisation auf, als die Lendenwirbelsäule öfters der Sitz von infektiösen und tuberculösen Spondylitiden ist. Oft geht der Prozeß derart weit, daß eine völlige Ankylose eintritt, namentlich nach Spondylitis tuberculosa. Dabei fällt gerade in diesen Fällen die Diskrepanz zwischen den hochgradigen Arthrosen und der fast völlig fehlenden Spondylose auf. Auch nach Frakturen sieht man völlige Ankylosen der Intervertebralgelenke. Es liegt auf der Hand, daß die Arthrose um so stärker ausfällt, je mehr der primäre Prozeß zu einer Lageveränderung der Gelenke geführt hat. Deshalb sind die

Arthrosen nach Spondylitis infectiosa eher geringeren Ausmaßes. Die sekundäre Arthrose der letzten (lumbosacralen) Intervertebralgelenke bei isolierter Osteochondrose der letzten Bandscheibe, die als besondere Prädilektionsstelle bekannt ist, kann sehr hochgradig sein.

ε) **Abnorme Gelenke und Nearthrosen.** Unter zwei verschiedenen Bedingungen kann die deformierende Arthrose oder ihr Äquivalent besondere Bedeutung erlangen: 1. Beim abnormen Gelenk und 2. im Falle von Nearthrosen.

1. Bei einigen wenigen Anomalien entstehen unter Umständen angeborene Gelenke, die wohl nach ihrer Funktion normalen Gelenken ganz ähnlich sind, nach ihrer Lage und Morphologie aber unter ganz anderen Lastverhältnissen stehen. Die Chance, daß ihre Beanspruchung nicht etwa günstiger, sondern erheblich ungünstiger ist, erscheint von vornherein, ganz allgemein gesprochen, viel größer. Vermindert belastet mögen etwa die Gelenke von kleinen Lendenrippenstummeln sein. Aber schon bei den Halsrippen sind die Fehlgelenke stärker in Anspruch genommen. Wir wollen aber von jenen Gelenken sprechen, die fast ausschließlich in dieses Kapitel gehören, die aber relativ oft zu Veränderungen führen, welche geeignet sind, auch Beschwerden zu verursachen. Wenn wir von abnormen Gelenken bei Anomalien sprechen,

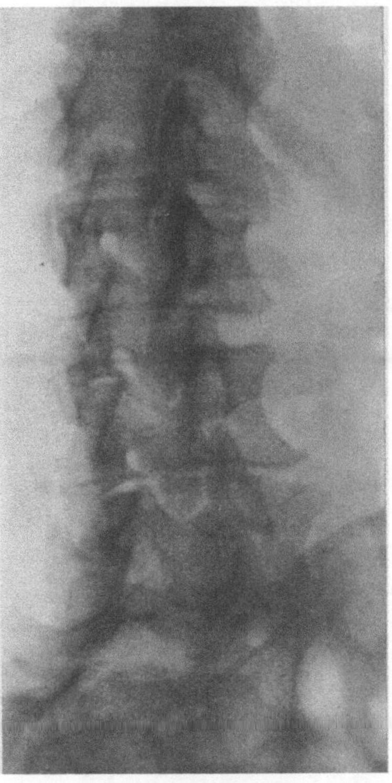

Abb. 113. Hochgradige Intervertebralarthrose. 61jähr. ♂. Keine Symptome von seiten der Wirbelsäule; op. wegen Tumor (Carcinom) der rechten Niere. Die Schrägaufnahme zeigt die rechten Intervertebralgelenke tangential. Das zweit- und drittunterste linke Gelenk hat je am unteren Wirbel eine arthrotische Nearthrose verursacht. Nr. 105602. 2/3.

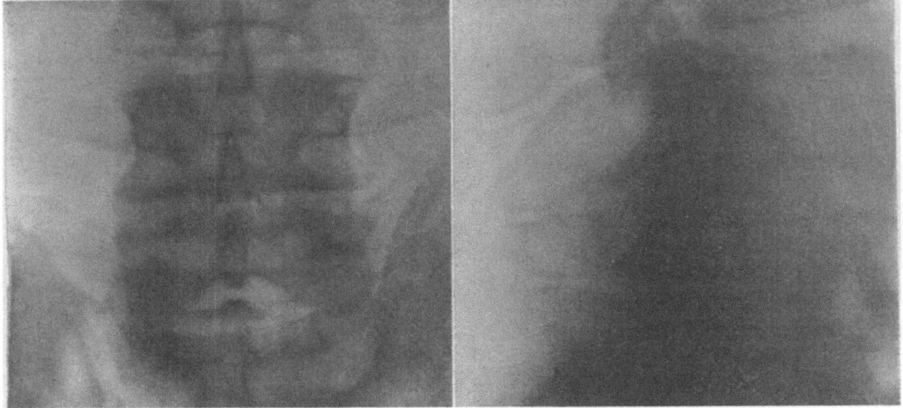

Abb. 114. Beginnende def. Arthrose von Nearthrosen zwischen den Proc. spinos. L_4/L_5 und L_7/S_1. 50jähr. ♀. Seit 15 Jahren Schmerzen im ganzen Rücken, namentlich bei Bewegung, besonders beim Bücken. Bei Bettruhe Besserung. In letzter Zeit Zunahme der Beschwerden im Kreuz. Außerdem Osteochondrose der Brustwirbelsäule. Nr. 104536. 4/5.

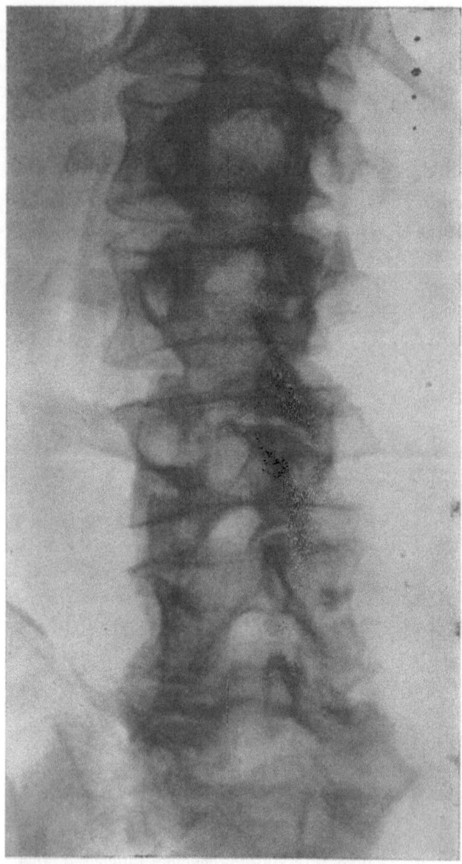

Abb. 115. Zwischen den Proc. spinos. von L_1 bis L_3 haben sich Nearthrosen ausgebildet, die sehr stark deformierend-arthrotisch verändert sind. Leichte re.-konvexe Scoliose. Daneben auch deform. Arthros. der unteren Intervertebralgelenke. Rückenschmerzen. 61jähr. ♀. Nr. 23 593. 3/4.

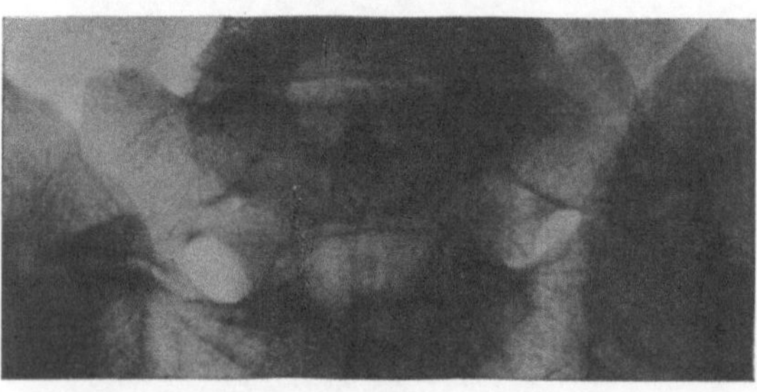

Abb. 116. Hochgradige def. Arthrose einer Nearthrose zwischen Massa lateralis re. eines symmetrischen, lumbosacralen Übergangswirbels und des Sacrum (nach BLUMENSAAT u. CLASING).

so meinen wir nicht die normalen Gelenke bei Anomalien, z. B. Intervertebralgelenke bei Halbwirbeln u. dgl., woran wir oben schon dachten. Vor allem kommen hier die abnormen Gelenke bei *lumbosacralen Übergangswirbeln* (Abb. 116) in Frage. Wie wir früher gesehen haben, kommen diese zwischen den abnormen Processus laterales mit ihresgleichen, bzw. dem Sacrum oder mit der Beckenschaufel vor. Daß diese schon im Föten angelegten Gelenke an sich keinen Grund für Beschwerden abgeben können, liegt auf der Hand. Namentlich bei asymmetrischen Übergangswirbeln besteht jedoch die Möglichkeit partieller Überlastung. Dadurch sind naturgemäß die Vorbedingungen für die Ausbildung einer frühzeitigen deformierenden Arthrose gegeben. Röntgenologisches Hauptsymptom ist wieder die Bildung von Osteophyten und Sclerose. Abnorme Gelenkbildungen kommen auch weiter oben an der Lendenwirbelsäule vor bei jenen ganz seltenen Anomalien der Verbreiterung der Processus laterales. Es haben sich dann Gelenke zwischen den Processus laterales unter sich oder mit der Beckenschaufel gebildet. Auch Rippenanomalien führen zu abnormen Gelenken, die im vorerwähnten Zusammenhang Bedeutung erlangen können.

2. *Nearthrosen* sind erworbene Gelenkbildungen an Stellen, wo früher keine Gelenke bestanden haben. An der Wirbelsäule kommen sie stets in Begleitung anderer, meist schwerer formverändernder Prozesse vor. Ich kenne sie nur zwischen den Processus spinosi der Hals- und Lendenwirbelsäule und zwischen den letzten Processus laterales und der Beckenschaufel. Die Spitze des Proc. art. inf. kann auf den unteren Wirbelkörper oder

des Proc. art. sup. auf den Proc. mamillaris anstoßen und daselbst schwere arthrotische Veränderungen setzen (KEYL). Das sind aber wohl arthrotische

Ausweitungen bestehender Gelenke und nicht eigentliche Nearthrosen. Wenn sich an Intervertebralgelenken oder an der Bandscheibe von Wirbeln mit an sich breiten Processus spinosi degenerative Prozesse mit Lageveränderungen der Wirbel gegeneinander abspielen, so nähern sich die Processus spinosi. Das genügt aber meistens nicht zur Ausbildung von Nearthrosen, sondern es muß dazu noch ein weiteres Moment treten, das die Lendenlordose verstärkt. Man findet meistens als diese letzte Ursache Haltungsveränderung durch Krankheit (Muskeln oder Nerven) oder im Senium, oder eine kyphosierende Erkrankung der oberen Wirbelsäulenabschnitte, die dann zu kompensatorischer Lordose führen; meist sind es destruierende Prozesse (Verletzung, Infekt sensu ampliori, langsam verlaufende Tumoren usw.), seltener Kyphoscoliosen sensu str. Durch die Lordosierung nähern sich die Processus spinosi, indem sie zwischen sich die Gewebe komprimieren. Erfolgt das Zusammendrücken relativ rasch, so kann dieser Vorgang an sich Ursache heftiger Schmerzen sein (vgl. Abb. 114 und 115). Im Falle langsamer Kompression wird endlich Periost und Knochen sich berühren; es kommt zu Degeneration dieser Gewebe im Sinne osteophytärer Wucherungen, d. h. es entsteht ein Zustand wie bei Arthrosis deformans. Die Röntgensymptome entsprechen auch den dort erhobenen Befunden.

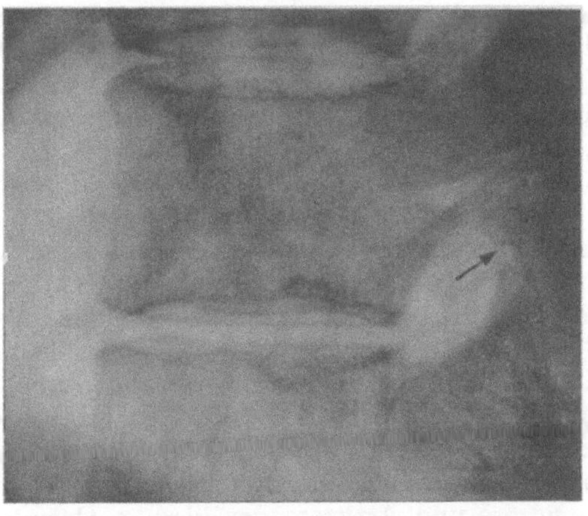

Abb. 117. Gegenüber den Spitzen der Proc. artic. super. von Th$_{12}$ sind kleine Kegel zu sehen, die vom Bogen Th$_{11}$ ausgehen und Verknöcherungen der Ligg. flava entsprechen. Daneben Osteochondrose der Bandscheibe Th$_{11}$/Th$_{12}$. Rückenschmerzen seit einigen Jahren. 46jähr. ♀. Nr. 18 407. 1/1.

ζ) **Verkalkung der Ligamenta flava.** Wie wir früher gesehen haben, ziehen die Ligamenta flava von der Vorderfläche des oberen Bogens nach dem oberen Rand des unteren Bogens. Im höheren Alter, etwa nach dem fünfzigsten Altersjahr, findet man häufig beginnende Verkalkungen der Bänder. Sie sitzen an den Ansatzstellen als scharfe Zacken, die von oben und unten gegeneinander gerichtet sind. Am macerierten Knochen (Abb. 77) sind kleine Zacken sehr gut zu sehen; für die Darstellung im Röntgenbild ermangeln sie oft einer genügenden Größe. Die Gegend der oberen Ansätze läßt sich leicht in die Foramina hineinprojizieren (BAKKE); deshalb, und weil sie initial meist größer sind als die oberen Zacken, können sie intra vitam unter Umständen leicht dargestellt werden (vgl. Abb. 117). Die unteren Zacken am oberen Rand des Bogens, meist lateral beginnend, werden von den beiden Bogenwurzeln im Seitenbild verdeckt. Die Ligamenta flava können in weiter Ausdehnung (SCHMORL, JUNGHANNS) oder gar vollständig verknöchert (POLGAR) sein. Die Beweglichkeit der Wirbelsäule kann dadurch weitgehend herabgesetzt und später völlig aufgehoben werden, ohne daß dabei andere versteifende Momente in nennenswertem Ausmaß vorlägen. Bei der Spondylitis ankylopoetica (BECHTEREW) verknöchern die Ligamente ebenfalls völlig wie die Gelenke.

Es scheint sich um einen chronisch degenerativen Vorgang zu handeln, der parallel zur Arthrose der Intervertebralgelenke abläuft. Die untere Brust- und oberste Lendenwirbelsäule zeigt oft die einzigen, jedenfalls aber die stärksten Verknöcherungen der gelben Bänder.

c) Klinisches.

α) **Allgemeines.** Wenn auch die deformierende Arthrose pathologisch-anatomisch ein absolut selbständiges Krankheitsbild darstellt, so mußte doch schon bei ihrer Besprechung darauf hingewiesen werden, daß sie in bestimmtem Verhältnis zur deformierenden Spondylose, bzw. zur Osteochondrose steht. Die Verquickung macht sich bei der Darstellung der verschieden gearteten oder doch wenigstens verschieden lokalisierten Gelenkveränderungen noch weitergehend bemerkbar. Und es ist erst recht im klinischen Gebiet eine Lostrennung der deformierenden Arthrose schlechthin kaum oder nur selten möglich, weil meistens nicht festgestellt werden kann, welche Komponente zu den Schmerzen führt. Das will besagen, daß fast alles, unter Umständen mutatis mutandis, was im Kapitel 1 c und 2 c mitgeteilt wurde, auch hier Geltung hat, sofern es sich um die reine Arthrosis deformans der Intervertebralgelenke handelt, der die wichtigste klinische Bedeutung zukommt. Insbesondere vergleiche man das Allgemeine von Kapitel 1 c. Wir haben dort gesehen, daß Schmerzen entstehen können 1. durch direkte Reizung der sensiblen Endapparate in Knochen und Bindegewebe, 2. durch Druck auf die Spinalnerven, 3. durch Druck auf den Sympathicus und 4. musculare Schmerzen bei Stellungsänderung der Wirbel.

Man muß ferner auch auseinanderhalten, daß wir es mit reinen deformierenden Arthrosen, mit Spondylarthrosen oder mit symptomatischen deformierenden Arthrosen der Intervertebralgelenke zu tun haben können. Wir sprechen also im folgenden vorerst lediglich von der Intervertebralarthrose und wollen die Gelegenheit benutzen, die Einteilung gegenüber Kapitel 2 c etwas abzuändern. Als Ordnungsprinzip wurde dort die Symptomatologie gewählt: subjektive Beschwerden, objektive Befunde. Hier wollen wir mehr vom pathologischen Standpunkte ausgehend, nach schwereren und leichteren Veränderungen einteilen, immer in dem Bewußtsein der engen Beziehungen zwischen Spondylose, Osteochondrose und Arthrose der kleinen Gelenke.

β) **Beschwerden.** Wir setzen die *beginnende deformierende Arthrose* in Parallele neben die beginnende Spondylose mit geringfügigen, eventuell sogar ohne röntgenologische Zeichen. Es ist kein Grund vorhanden, anzunehmen, daß degenerative Knorpelveränderungen oder gar kleine Randzacken und -wülste zu irgendwelchen Beschwerden oder objektiven Befunden führen sollen, obschon es zwar kein Mittel gibt, diese beginnenden Prozesse an den Intervertebralgelenken im Leben zu objektivieren. Es ist aber anzunehmen, daß Analogieschlüsse mit den Gelenken der Extremitäten Geltung haben, um so mehr als die Verhältnisse an den kleinen Wirbelgelenken eher günstiger als schlechter sind, weil die Bewegungen dank der Segmentierung um ein Vielfaches kleiner sind. Wir sprechen von der deformierenden *Arthrose sui generis* als Alters- und Verbrauchskrankheit und nicht von deren Komplikationen oder von ihr als Komplikation anderer Erkrankungen.

Die Intervertebralarthrose wird röntgenologisch erst erkennbar, wenn die drei Kardinalsymptome: Randwülste, Osteosclerose und Verschmälerung des Gelenkspaltes einzeln oder insgesamt in Erscheinung treten. Die angeführte Reihenfolge gibt zugleich die Zunahme ihrer Schwere wieder. Ausdruck der schwersten Veränderung ist der Schwund des Knorpels (Verschmälerung des Gelenkspaltes), der unter Umständen sehr ausgedehnte Formen mit tiefem Knochenschliff annehmen kann. Damit ist naturgemäß die Schmerzentstehung durch *direkte Reizung* der ossären und durch Kapselverdickung auch der subsynovialen sensiblen Nervenenden ohne weiteres gegeben. Aber auch das oft nur subjektive, oft aber objektivierbare Symptom der *Beweglichkeitseinschränkung* kann die direkte Folge der hochgradigen Arthrose sein.

Da die Intervertebralgelenke zur Bildung des knöchernen Foramen intervertebrale beitragen, sind ihre Randwülste recht geeignet, *Druck auf den Spinalnerven* auszuüben; geeigneter als z. B. hintere spondylotische Zacken (Abb. 107). Während letztere sehr selten vorkommen, trifft man mächtige arthrotische Wülste unvergleichlich viel häufiger. Man darf deshalb annehmen, daß für jene neurologischen Symptome, die in Kapitel 2 c geschildert wurden, vornehmlich die Arthrose und nicht die Osteochondrose der Bandscheibe verantwortlich ist. Eine Ausnahme hiervon machen die schweren Osteochondrosen an bestimmten Stellen, nämlich der unteren Hals- (Uncovertebralgegend) und der untersten Lendenwirbelsäule.

Wir haben uns noch mit der Entstehung von *Muskelschmerzen* zu befassen. Die deformierende Arthrose wird wohl kaum direkt zu muskularen (statischen) Beschwerden führen. Jedoch haben beide zusammen exquisit eine gemeinsame Ursache in einer relativ rasch eintretenden gegenseitigen Lageveränderung zweier oder mehrerer Wirbel, z. B. nach Fraktur, Tuberculose, Spondylitis infectiosa u. a. m. Dabei ist schwer zu sagen, in welcher Zeit die Lageveränderung zustande kommen muß oder, genauer ausgedrückt, wie groß die Änderungsgeschwindigkeit (Ausmaß pro Zeit) sein muß. Sie ist sicher von sehr vielen Faktoren abhängig. Vor allem ist die allgemeine Beweglichkeit der Wirbelsäule in Betracht zu ziehen. Bei jungen Individuen mit guter Beweglichkeit und kräftiger Muskulatur wird die Angleichung an eine neue Lage rascher und schmerzloser erfolgen als bei einer älteren degenerativ schon weitgehend (vielleicht zwar noch nicht sichtbar) veränderten Wirbelsäule. Orthopädische Maßnahmen können den Ausgleich beschleunigen. Dadurch können Änderungsgeschwindigkeiten überwunden werden, die in anderen Fällen zu Beschwerden führen würden.

Es wurde auch an die Entstehung, insbesondere von plötzlich einsetzenden Schmerzen durch *Einklemmung* von meniscusähnlichen Gebilden [Töndury (1)] gedacht. Obschon die Persistenz solcher Füllkörper als Abkömmlinge der mesenchymalen Gelenkzwischenplatte beim Erwachsenen erwiesen ist, sind Einklemmungen meines Erachtens doch unwahrscheinlich.

B. Auf die jugendliche oder kindliche Wirbelsäule beschränkte Veränderungen von Knorpel und Knochen; Osteochondrosen der Jugendlichen und Kinder, Epiphyseonekrosen der Wirbelsäule.

4. Juvenile osteochondrotische Kyphose (Scheuermann).

Die Bezeichnung juvenile Kyphose oder Adolescentenkyphose für die von Scheuermann (1) 1920/21 erstmals eingehend beschriebene, selbständige Erkrankung der jugendlichen Wirbelsäule ist beanstandet worden unter der Begründung, daß weder die Kyphose konstant sei noch die Beschwerden in der Adolescenz aufzutreten brauchen. Ich habe für den vorliegenden Abschnitt aus den vielen Synonymen: Scheuermannsche Krankheit, Berufs- oder Lehrlingskyphose, épiphysite vertébrale, Osteochondritis deformans juvenilis dorsi und den oben genannten dennoch den Ausdruck juvenile Kyphose mit der Nennung des Autors gewählt, weil sowohl das Auftreten im oder kurz vor dem Entwicklungsalter — ob beobachtet oder nicht — als auch die Kyphose (mit Ausnahme der floriden lumbalen Form) — ob diagnostiziert oder nicht — mit dem Begriff der Erkrankung untrennbar verbunden sind. Ohne diese beiden Symptome ist auch die Diagnose Morbus Scheuermann nicht berechtigt. Es soll damit naturgemäß keineswegs gesagt sein, daß sich die Krankheit in diesen beiden Zeichen erschöpft, noch darf etwa die Vorstellung aufkommen, daß das Krankheitsbild absolut fraglos charakterisiert sei. Der Ausdruck der Berufs- oder Arbeits- oder der Lehrlingskyphose stammt, mehr als Gruppenbegriff, von Schanz und geht ein Jahrzehnt weiter zurück. Die beiden Begriffe sind also nicht völlig identisch. Die anatomische Bezeichnung Osteochondritis sagt weniger zu, schon weil eine eigentliche Entzündung offenbar doch nicht vorliegt. Die Bezeichnung deformans läßt zu stark an Arthrosis deformans denken, als daß sie ohne Bedenken bei der juvenilen Kyphose Verwendung finden könnte, zumal sie bei der Spondylosis deformans in der gleichen Gruppe von Krankheiten schon einmal vorkommt. Der Tatsache, daß es sich um einen osteochondrotischen Prozeß handelt, ist wohl durch die Einordnung in die Gruppe der Osteochondrosen s. ampl. und durch den Zusatz „osteochondrotisch" Genüge getan. HAHN hat 1922 die Bezeichnung Kyphosis osteochondropathica gebraucht; er unterscheidet sie dadurch von den Kyphosen anderer Genese: statische, osteoporotische, senile, ankylopoetische, spondylarthrotische [ALBANESE (1—3)] und osteopathische (innersekretorische) Kyphose; dazu entzündliche, traumatische und congenitale Kyphose.

Die Bezeichnungen „épiphysite vertébrale" der Franzosen und „vertebral epiphysitis" der Angelsachsen scheint auf der Auffassung begründet, daß die floride juvenile Kyphose auf die knöchernen Randleisten beschränkt sei. Wenn das der Fall wäre, müßte der Name Epiphysitis strikte abgelehnt werden. Wie wir gesehen haben, handelt es sich aber um einen Irrtum, und es kann nicht geleugnet werden, daß die primären Veränderungen in einer Zone auftreten, die wir unbedingt als Äquivalent der Epiphyse aufzufassen haben. Trotzdem ist die Bezeichnung Epiphysitis aus doppeltem Grund zu verwerfen. Für das erste ist es keine Entzündung und zweitens ist die Anwendung des Begriffes der Epiphyse hier wohl zu wenig prägnant und deshalb zu verwirrlich. Jedoch scheint es mir richtig, noch die anatomische Bezeichnung „osteochondrotisch" hinzuzusetzen: juvenile, osteochondrotische Kyphose (Kyphosis juvenilis osteochondrotica).

a) Pathologisch-Anatomisches.

Ich verweise auf S. 75, wo das Grundsätzliche der anatomischen Grundlagen der Pathogenese der juvenilen Kyphose in Zusammenhang kurz dargestellt wurde.

Es ist für die SCHEUERMANNsche Wirbelsäulenerkrankung charakteristisch, daß Veränderungen, die wir auf S. 86 ff. bereits im Rahmen der Osteochondrose beim Erwachsenen besprochen haben, beim Adolescenten auftreten, lange bevor das Wachstum der Wirbelsäule seinen Abschluß gefunden hat. Die Veränderungen sind vorwiegend degenerativer Art und der Zeitpunkt ihres Auftretens läßt sich sogar noch bestimmter definieren, indem der Anfang in den meisten Fällen in das Stadium beginnender Randleistenverknöcherung fällt. Daß dadurch das ganze pathologisch-anatomische Geschehen von Grund auf beeinflußt und in ganz bestimmte Bahnen gelenkt wird, liegt auf der Hand.

Die *Grundvorgänge* spielen sich, wie früher auseinandergesetzt, an den Bandscheiben ab. Vor allem wird auch im Falle des frühzeitigen Auftretens der Knorpel betroffen, der in der Adolescenz weit größere Ausdehnung aufweist als im späteren Alter, wo der hyaline Knorpel als dünne, knorpelige Abschlußplatte die knöcherne Abschlußplatte überzieht. Die Knorpelplatte ist vor dem Abschluß des Wachstums 1. sehr viel dicker und 2. bildet sie die Treppenstufe, eine marginale Verdickung der knorpeligen Randleiste, in der sich später die knöcherne Randleiste anlegt. Wie wir früher gesehen haben, entspricht die menschliche Randleiste einer Art Epiphyse, deren Knorpel zwar Knorpelsäulen nur nach der Seite des Wirbelkörpers aufweist. Die Wachstumszone erstreckt sich aber über die ganze knorpelige Abschlußplatte. Deshalb ist es ja auch nicht berechtigt, den Randleisten ihre Bedeutung als Epiphysen abzusprechen.

Die osteochondrotischen Veränderungen unterscheiden sich nur unwesentlich von den früher beschriebenen. Immerhin steht die Knorpeldegeneration im Vordergrund, Rißbildung im Knorpel und in der Bandscheibe sind die Hauptmerkmale (erster Grad von Mau). Die Entstehung von Keilwirbeln (zweiter Grad von Mau) ist naturgemäß in der Adolescenz erheblich erleichtert. Und zwar sind zwei Möglichkeiten von vornherein gegeben. Es ist kein Zweifel, daß sie dadurch entstehen können, daß der *Druck* im Bereiche der vorderen Kante des Wirbelkörpers sich durch die physiologische Kyphosierung vergrößert. Dieses um so mehr, als die hintere Körperkante durch die Intervertebralgelenke hochgehalten werden. Auf diese Weise entstandene Keilwirbel treffen wir sehr oft und nach sehr verschiedenen Ursachen: Entzündung, Fraktur, Porose. Diesen drei Entstehungsursachen ist die Herabsetzung der Festigkeit des

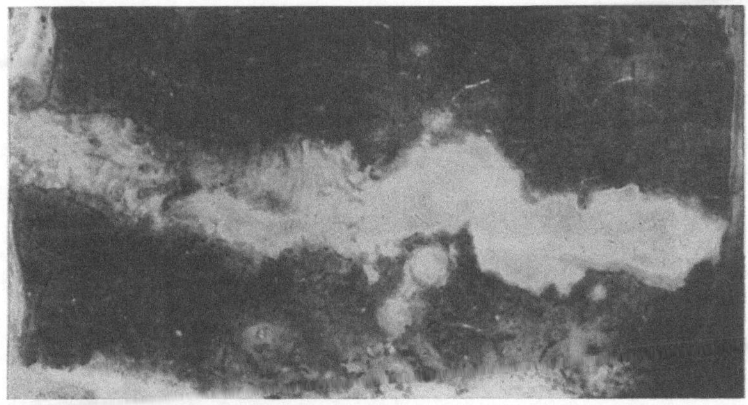

Abb. 118. Sagittalschnitt durch eine Brustbandscheibe bei ausgeheilter juveniler Kyphose. Ausgedehnte Zerstörung beider Knorpelplatten und Unregelmäßigkeit der Knochenbegrenzung; weitgehend fibröse Umwandlung (weiße, homogene Stellen) der Bandscheibe (nach Junghanns).

knöchernen Materials gemeinsam. Es ist wohl anzunehmen, daß ein ähnlicher Mechanismus hier mitspielt. Anderseits aber ist es auch naheliegend, daß die Tatsache des *Wachstums* der Wirbelsäule eine ebenso große Rolle spielt. Es wird das Wachstum an Stellen des größeren Druckes vorne hintangehalten. Daß Wirbelkörper von normaler Festigkeit auch vermehrtem Druck standhalten, dafür finden wir ein Beispiel in der reinen Alterskyphose. Ich stehe deshalb nicht an, der Wachstumskomponente bei der Entstehung des Keilwirbels bei juveniler Kyphose größere Bedeutung beizumessen als der reinen Druckkomponente.

Eine weitere Beobachtung ist ebenfalls auf den Umstand zurückzuführen, daß die Schädigung den wachsenden Körper trifft. Es fiel auf, daß die Intervertebralspatien nicht wie bei der Osteochondrose der Erwachsenen oder bei den Endausgängen des Morbus Scheuermann verschmälert, sondern normal breit oder sogar eher etwas zu breit erscheinen. Unter Berücksichtigung des guten Turgor (mangelnde Austrocknung) der jugendlichen Bandscheibe ist diese Tatsache jedoch nicht verwunderlich; selbst dann nicht, wenn, wie oft, die Veränderungen der Osteochondrose derart hochgradig sind, daß Nucleushernien in die Spongiosa des Wirbelkörpers an mehreren Wirbelkörpern entstehen. Ich habe übrigens die Erfahrung gemacht, daß man gegenüber der Beobachtung verbreiterter Zwischenwirbelräume sehr vorsichtig sein muß; ich halte eine Täuschung für leicht möglich, weil ein geringfügiges Klaffen des freien Raumes zwischen den Keilwirbeln bei juveniler Kyphose unter Umständen mißverstanden werden kann.

Diese Vorstellungen von der Wirkung des vorderen Druckes werden in keiner Weise von der Tatsache beeinträchtigt, daß der der juvenilen Kyphose zugrunde liegende Prozeß nicht etwa auf einen Teil, z. B. den vorderen Abschnitt des Wirbelkörpers oder nicht etwa nur auf die vordere Randleistengegend beschränkt ist, sondern in fast allen Fällen die ganze Fläche der knorpeligen Abschlußplatten einnimmt. Daß das der Fall ist, kann man nicht nur im Röntgenbild beobachten, sondern es führen die zwar spärlichen anatomischen und mikroskopischen Untersuchungen SCHMORL-JUNGHANNS' zu dem gleichen Resultat. Dabei gilt auch der Einwand

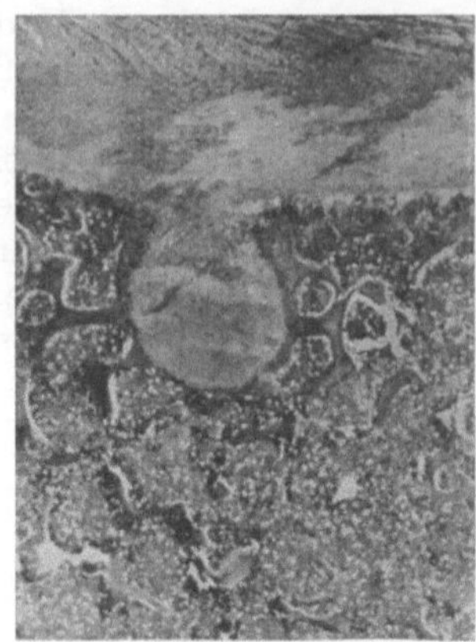

a)

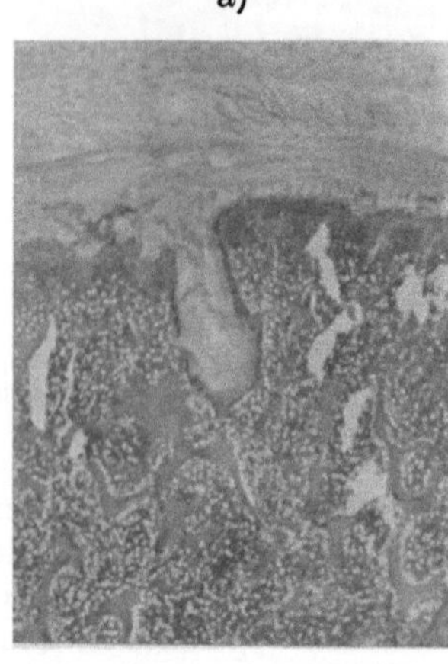

b)

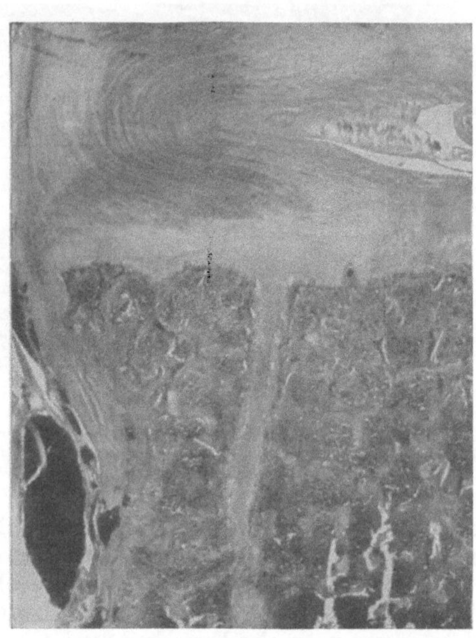

c)

Abb. 119. Schnitt durch die Bandscheibenkörpergrenze.
Prolaps von Bandscheibengewebe in die Körperspongiosa, ballonförmiger (a), bzw. zylindrischer (b) Vorfall von dünner Knochenschicht umgeben. a) 11jähr. ♂, b) 13jähr. ♀. c) Sagittalschnitt durch den vorderen Teil der Bandscheibe mit angrenzendem Wirbelkörper. Zarte Fasern des Annulus fibrosus, wenig scharf abgegrenzter Nucleus pulposus. Tief eingesenkter Knorpelzapfen, der von der hellen Knorpelsäulenschicht begleitet wird. 12jähr. ♂.

nicht, daß ganz frühe, floride Veränderungen selten zur pathologisch-anatomischen Untersuchung gekommen sind. Trotz der breiten Ausdehnung der osteochondrotischen Prozesse kann naturgemäß wegen des verstärkten Druckes vorne doch an dieser Stelle eine besonders hochgradige Auswirkung entstehen. Wir müssen uns auch nicht verwundern, daß unter Umständen Veränderungen sogar röntgenologisch nur in den vorderen Teilen der Bandscheiben, bzw. ihrer Umgebung festgestellt werden können. Diese Röntgenzeichen der Randleisten haben wir später noch zu besprechen.

Die frühesten von SCHMORL-JUNGHANNS in Präparaten festgestellten Veränderungen sind Unregelmäßigkeiten der knöchernen wie der knorpeligen Abschlußplatten, Verdünnungen oder Defekte in den Knorpelplatten, Degeneration, Auffaserung des hyalinen Knorpels. Das sind die initialen Veränderungen. Die Abschlußplatten können zum Teil später, zum Teil aber auch schon frühzeitig durchbrechen, wodurch der Weg frei wird für das Austreten von Nucleusgewebe einerseits und für das Zurückwandern von bandscheibenfremdem Gewebe in diese hinein: Gefäße, Bindegewebe, Knochen. Die Durchsetzung der Bandscheibe mit Bindegewebe führt später, wenn dieser Vorgang in größerem Ausmaß vor sich geht, zu der fibrösen Versteifung der Wirbelsäule oder von Teilen derselben. Verkalkung oder Verknöcherung des vorgefallenen Bezirkes bedingt die Sichtbarkeit mit Röntgenstrahlen; eine ausgedehnte Sclerosierung der knöchernen Abschlußplatten verstärkt die Schattentiefe der unregelmäßigen Körperbegrenzungen. Meist ist die Sclerose sogar ausgedehnter als die primären Veränderungen hätten erkennen lassen.

Durch die fortschreitende Austrocknung der Bandscheiben, ebenso wie durch die Vertiefung der Hernien wird der Intervertebralraum immer wieder schmäler. Kurz, es mündet der Endzustand der juvenilen Kyphose in das Bild der schweren, progredienten Osteochondrose ein. Eine Abweichung ist hervorzuheben, nämlich die schon erwähnte Möglichkeit der frühzeitigen fibrösen Durchwachsung der Bandscheiben, die zu frühzeitiger Versteifung führt.

Nach diesen Auseinandersetzungen besteht kein Zweifel, daß im Verlaufe der Entstehung der juvenilen Kyphose SCHMORLsche Knorpelknoten entstehen können, ähnlich wie sie an der ausgewachsenen Wirbelsäule entstehen. In letzterem Falle ist meist eine progrediente Osteochondrose die Ursache der Nucleushernien in die Spongiosa und nach hinten oder nach vorne. Es gibt auch Hernien traumatischer Genese (Abb. 219). Aber es ist niemals gestattet, die juvenile Kyphose etwa als Knorpelknötchenkrankheit zu bezeichnen. Die Knorpelknötchen dokumentieren im allgemeinen einen Reaktionsgrad der Abschlußplatten. Sie können unter den verschiedensten Bedingungen eintreten; stets aber muß ein Mißverhältnis zwischen Leistungsfähigkeit und Leistungsanspruch bestehen. Je mehr man die Möglichkeit hat, jugendliche bzw. kindliche Bandscheiben mikroskopisch zu untersuchen, um so mehr bekommt man zwar den Eindruck, daß Unregelmäßigkeiten in der Knorpel-Knochengrenze des Wirbelkörpers gar nicht so selten sind. Man findet ballon- oder zapfenförmige Einbuchtungen in die Spongiosa gerade im oder unmittelbar vor dem Alter der maximalen Häufigkeit der juvenilen Kyphose (vgl. Abb. 119). Diese Bandscheibenhernien zeigen ein etwas anderes Bild als jene, die in Begleitung der schweren Osteochondrose zu finden sind (S. 88). Einmal weisen sie eine regelmäßige Form auf und zweitens sind sie von einer Schicht von Knorpelzellsäulen begleitet. Die Beziehungen der einen Art zu der anderen sind nicht geklärt und bedürfen weiterer und ausgedehnterer pathologisch-anatomischer Untersuchungen. Nucleushernien in die Spongiosa können also Symptome erstens der juvenilen Kyphose, zweitens der progredienten Osteochondrose der Erwachsenen und drittens von Verletzungen der Bandscheibe und ihrer hyalinen Knorpelplatte durch Trauma sein. In diesem Sinne ist der Zusammenhang zwischen juveniler Kyphose und Knorpelknoten aufzufassen.

Die Beziehungen zwischen Morbus SCHEUERMANN und Osteochondrose bzw. SCHMORL-JUNGHANNSschen Veränderungen sind schon oft Gegenstand von Diskussionen und Kontroversen gewesen. ALBANESE (3) traf sicher das Richtige, wenn er von einer Kyphosis osteochondropathica Typus SCHEUERMANN und Typus SCHMORL sprach. Der erste Typus entspricht der floriden juvenilen Kyphose; der Typus SCHMORL ist unsere im Abschnitt 2 abgehandelte schwere Osteochondrose, wie sie neuerdings von SIMONS dargestellt wurde, sie schließt die Endausgänge der Scheuermannschen Krankheit ein. Auch Meyer und Rodier hatten wohl eine ähnliche Auffassung, als sie die Epiphysitis aufteilten in Morbus Scheuermann, Knorpelknotenkrankheit ohne und solche mit Kyphose. Die letztgenannte Kategorie entspricht ganz offensichtlich dem Endzustand der juvenilen Kyphose. Die Osteochondrose des Erwachsenen ohne Knorpelknoten und ohne Kyphose findet in diesem System keinen Platz. Auch Snoke hat in ungenügender Auseinanderhaltung bzw. Abtrennung des Morbus Scheuermann definiert, wie folgt: Veränderungen der Randleisten = Scheuermann, Veränderungen der Abschlußplatten = Osteochondrose. Wir möchten sagen: Osteochondrose der Entwicklungsjahre = Morbus Scheuermann (Kyphose obligat), Osteochondrose (s. str.) der Erwachsenen = Schmorl-Junghannssche Prozesse (Kyphose nicht obligat).

b) Röntgendiagnostik.

Das Röntgenbild ist für die Stellung der Diagnose der *floriden Erkrankung* ausschlaggebend, trotzdem die übrige klinische Symptomatologie manchen charakteristischen Zug aufweist. Die bezeichnenden Teilerscheinungen sind α) die Veränderungen am einzelnen Wirbelkörper, β) die Lokalisation in der Höhe und γ) der Zeitpunkt des Auftretens, der, wie bekannt, ebenfalls im Röntgenbild beurteilt werden kann.

Im allgemeinen entsteht an den Kanten der Wirbelkörper gegen den Knorpel zu, also im Bereiche der säulenförmig angeordneten Knorpelzellen (Wachstumszone) eine Treppenstufe, die, vorne am höchsten und tiefsten, nach den Seiten zu abnimmt. Diese Treppenstufe ist im seitlichen Bild am besten zu sehen. Sie ist oft sehr deutlich und tief und die Kanten erscheinen scharf. In anderen Fällen aber ist die Stufe seicht und oft gerade nur angedeutet. Diese Treppenstufe ist also nicht immer zu sehen; ihr Fehlen ist an sich noch kein Zeichen für beginnende juvenile Kyphose. Es kommt aber vor, daß schon vor dem Beginn der Verknöcherung der Randleisten, d. h. vor dem neunten bei Mädchen und vor dem zwölften Jahr bei Knaben Veränderungen auftreten (*kindlicher Morbus* Scheuermann), die bereits als initiale Zeichen der Erkrankung aufzufassen sind. Dazu gehört die unregelmäßige Begrenzung im Bereiche der knorpeligen Randleiste. Meist tritt dazu der frühzeitige Beginn der keilförmigen Deformation des Wirbelkörpers. Es kann auch zu dieser Zeit schon eine ausgedehntere Unregelmäßigkeit der Abschlußplatten vorhanden sein. In der Mehrzahl der Fälle erblickt man die ersten Zeichen zu einer Zeit, wo wenigstens einige Wirbelkörper schon sichtbar in Verkalkung bzw. Verknöcherung begriffene Randleisten aufweisen. Dann allerdings treten die Abweichungen im Bereiche der Randleisten, wie Scheuermann selbst beobachtete, weitaus am sinnfälligsten hervor. Die *knöcherne Randleiste* kann nach vorne oder nach der Mitte des Wirbelkörpers zu verlagert sein; sie kann in der Form verändert sein oder sie kann schließlich ganz fehlen. Bei der Beurteilung ist jedoch Vorsicht geboten, weil sowohl die primäre Verkalkung wie auch die Verknöcherung multipel beginnt und die verschiedenen Stücke erst später miteinander verschmelzen. Es ließe sich denken, daß eine unverkalkte Strecke gerade vorne gelegen ist, während die seitlichen sich der Beobachtung entziehen. Starke zeitliche und örtliche Verschiedenheiten in der Randleistenentwicklung sind jedoch meines Erachtens als krankhaft im Sinne der juvenilen Kyphose zu deuten. Tritt sie, wie meist, zur Zeit der Randleistenverknöcherung auf, dann sind in allen Fällen auch außerhalb der Randleisten gelegene Zeichen festzustellen. Das wichtigste Symptom ist die *Unregelmäßigkeit der Abschlußplatten.* Es kommt zwar vor, daß dies nur im vordersten Abschnitt zu beobachten ist oder doch hier am ausgeprägtesten gefunden wird. Aus dieser Tatsache heraus mag der Irrtum entstanden sein, daß es sich um eine primäre Randleistenerkrankung handle. Bei genauer Beobachtung sieht man aber, daß die veränderte Zone stets breiter ist als die Randleiste. Es kommt ja der knöchernen Randleiste selbst keine besondere Bedeutung zu, weil die Wachstumszone lediglich im Knorpel gegen den Wirbelkörper zu gelegen ist. Die oben angeführten Veränderungen der knöchernen Randleiste sind also doch wohl erst sekundär durch Prozesse entstanden, die an den hyalinen Knorpel, wahrscheinlich sogar an seine Wucherungszone gebunden sind. Das Auftreten der Keilform des Wirbelkörpers entspricht wohl einer späteren Entwicklung, indem zu ihrer Ausbildung eine gewisse Zeitdauer benötigt wird. Oft weist die ganze Wirbelsäule eine mäßige *Osteoporose* auf.

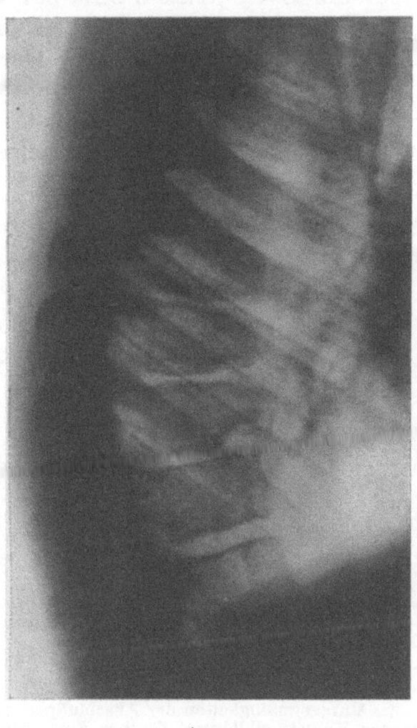 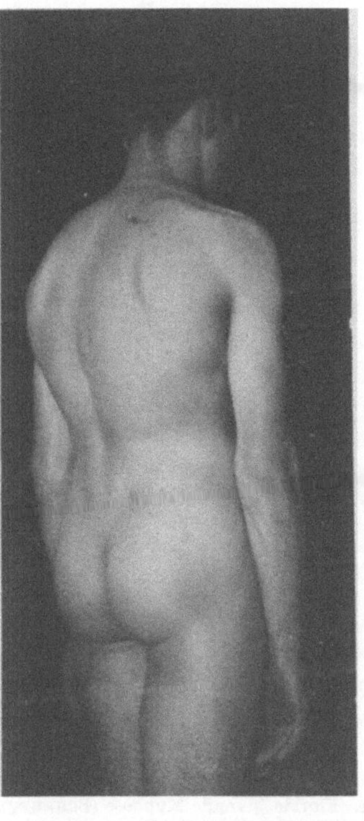

a)   b)

Abb. 120. Floride juvenile Kyphose bei 15jährigem Knaben. Defekte an den mittleren Brustwirbelkörpern, vornehmlich Gebiet der vorderen Kanten; Kyphose ohne wesentliche Beweglichkeitseinschränkung. Keine Beschwerden, höchstens Müdigkeit nach längerem Mähen mit der Sense. Bauernsohn; Schuluntersuchung. Nr. 17549. 1/2.

Von den besprochenen Veränderungen werden meist zwei bis vier, selten mehr Wirbel befallen. Einzelne Wirbel mit derartigen Veränderungen sind suspekt, einer anderen Erkrankung zuzugehören. Bevorzugt ist die untere Brustwirbelsäule, d. h. der 10. bis 11. Thoracalwirbel. Über den 3. Brust-, bzw. unter den 4. Lendenwirbel reicht die Krankheit kaum. Es gibt auch Fälle mit rein lumbaler Lokalisation der Veränderungen (Kleinberg). Die ganze Wirbelsäule wird dann gestreckt [Lindemann (1)]. Durch die Streckung der Lendenlordose gleicht sich auch die Thoracalkyphose aus, selbst wenn an der Brustwirbelsäule auch Veränderungen vorliegen.

Bei Knaben beginnt die Krankheit im 13., bei Mädchen im 11. Lebensjahr. Je etwa zwei Jahre später, also im 15. bei Knaben bzw. 13. bei Mädchen ist die

Häufigkeitsspitze zu finden. In den wenigen Jahren nachher fällt die Häufigkeit der floriden juvenilen Kyphose wieder sehr steil ab. Scheuermann hat nach dem 21. Jahr keine Erkrankung mehr gesehen; mir scheint dieser Termin erheblich zu spät. Ich habe nach dem 16. bis 17. bzw. 14. bis 15. Jahr nur mehr oder weniger ausgesprochene Endzustände der Erkrankung angetroffen.

Scheuermann fand die Krankheit in 12% der Deformitäten in einer Krüppelanstalt; 82% waren Knaben. Der Prozentsatz von 1 bis 2% gilt für jene Erkrankungen, die auf irgendeine Weise die Aufmerksamkeit der Ärzte auf sich gezogen haben, sei es, daß sie Schmerzen verursacht haben oder daß die jungen Leute ihren Angehörigen durch die beginnende Haltungsänderung aufgefallen sind. Die Möglichkeit, daß der effektive Prozentsatz um ein Mehrfaches höher ist, liegt in der Natur der Sache, zumal offenbar viele juvenile Kyphosen in der floriden Periode gar keine Beschwerden verursachen. Geringfügige Kyphosen werden von der Umgebung leicht übersehen. Die vertiefte ärztliche Beobachtung Jugendlicher wird aber mühelos die

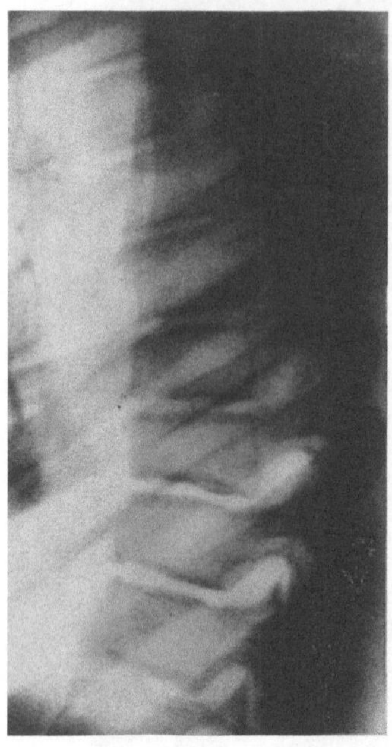

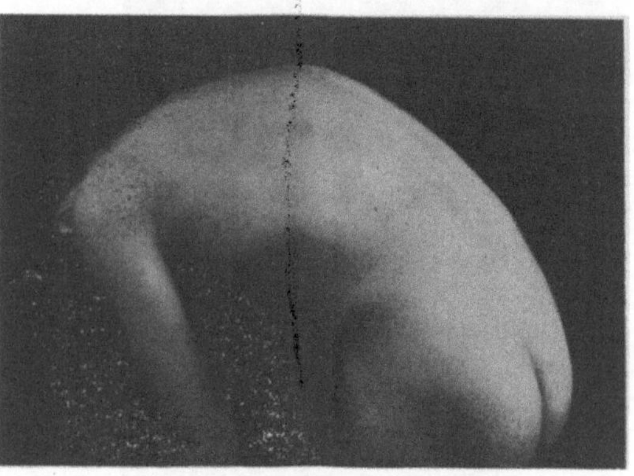

a)   b)

Abb. 121. Floride juvenile Kyphose (Scheuermann). 17jähr. ♂. Unregelmäßigkeiten der Abschlußplatten der mittleren Brustwirbelkörper, mäßige Sclerosierung, Andeutung von Keilwirbelbildung. Geringe Einschränkung der Beweglichkeit nur im Bereiche der mittleren Brustwirbelsäule bei Rückwärtsbeugung; die Kyphose ist nur bei Vorwärtsbeugung (b) deutlich zu erkennen. Coiffeur; Terpentinekzem. Nr. 93344. 1/2.

klinische Diagnose juvenile Kyphose gestatten; diese wird auch durch ein seitliches Röntgenbild bestätigt werden. Die Abb. 120 und 121 zeigen solche Fälle.

Das Röntgenbild der etwas *fortgeschritteneren* Fälle wird beherrscht durch das Einsetzen osteosclerotischer Prozesse. Die Begrenzung der Abschlußplatten beginnt sich nach und nach zu verdichten, ihre Unregelmäßigkeit tritt mehr und mehr hervor; vorher unsichtbare eventuelle Knorpelknoten zeichnen sich jetzt durch Verkalkung ihrer Schale. Der Intervertebralraum wird schmäler. Die Keilwirbel sind in diesem Stadium ausgebildet und konsolidiert. Die Gesamtkyphose bleibt vorerst deshalb konstant; sie kann später nur noch durch sekundäre osteochondrotische Prozesse verstärkt werden. Wir haben das Bild der vollendeten, ausgedehnten Osteochondrose vor uns. Schmorlsche Knoten können, wie gesagt, völlig fehlen; die Kyphose aber fehlt in älteren Fällen selten. Kleine spondylotische Zacken sind die Regel, können aber auch fehlen.

Außerordentlich hochgradige Scheuermannsche Prozesse können zu Synostosierung der vorderen Wirbelkörperkanten führen, ähnlich wie bei der Alterskyphose. Die Verknöcherung erfolgt aber bei der juvenilen Kyphose schon im jugendlichen Alter [Lindemann (1—4)]. Heidsieck sah sogar einen Fall mit vollständiger Verschmelzung der Körper.

Vom vierten Lebensjahrzehnt an tritt eine Vermischung der Röntgensymptome mit sekundären Veränderungen der schweren Osteochondrose ein, derart, daß eine Trennung kaum mehr möglich ist, wenn zudem eine Spätkyphose auf dem Boden einer Osteoporose eingetreten ist.

c) Klinisches.

Die juvenile Kyphose ist eine Erkrankung des Adolescentenalters, wie wir früher festgestellt haben. Wenn Scheuermann in seiner Klinik nur 1,2% findet, so meint er zweifellos damit Kyphosen, die irgendwie den Weg zum Arzt gefunden haben, sei es ihrer Beschwerden wegen oder wegen der Kyphosierung, die der Umgebung aufgefallen ist. Damit sind aber sicher nicht alle Fälle erfaßt.

Symptomatologie. Wenn man auf der Straße die jungen Leute betrachtet, findet man einen ansehnlichen Prozentsatz, der für juvenile Kyphose verdächtig ist. Hat man Gelegenheit, diese Mädchen oder häufiger Jünglinge zu untersuchen, so findet man einmal eine gewisse Anzahl, bei denen man sich getäuscht hat; weder die Inspektion noch die Beweglichkeitsprüfung ergibt etwas anderes als eine etwas deutlich ausgeprägte physiologische Kyphose. Es sind dann meist hochgewachsene Leute im Alter von 15 bis 18 Jahren. Weitaus der größte Teil der Jugendlichen mit durch die Kleider hindurch auffälliger Kyphose erweisen sich aber schon bei Betrachtung des Rückens als teilweise mehr oder weniger fixierte Kyphosen, die bereits nicht mehr zu den floriden Erkrankungen gezählt werden können und die wir dann bereits besser als Status nach Morbus Scheuermann zu bezeichnen haben, trotzdem das Wirbelsäulenwachstum vielleicht in manchen Fällen noch nicht beendigt ist. Diese jungen Leute sind dann meist seit wenigen Jahren der Schule entlassen, also im 16. bis 18. Altersjahr. Das Röntgenbild wird in weitaus den meisten Fällen die klinische Diagnose bestätigen.

Floride Erkrankungen in größerer Zahl zu finden ist jedoch der Schularzt in der Lage, wenn er in jenen Altersklassen, die wir oben genannt haben, danach sucht. Er entdeckt beim Turnunterricht verdächtige Kinder, wenn er sich die Übungen *Rumpfbeuge* vorwärts und rückwärts vormachen läßt. Er beobachtet dann neben der Andeutung der Kyphose das gleiche, was er auch in der Einzeluntersuchung beobachten kann, etwa das folgende: Entweder die Beweglichkeit ist in keiner Richtung herabgesetzt. Oder aber, was häufiger ist, die Vorwärtsbeugung erweist sich im Bereiche der unteren Brustwirbelsäule eher als etwas ausgiebiger, die Rückwärtsbeugung aber zeigt den ersten Ausfall, indem sie in der unteren Brustwirbelsäule nicht mehr völlig gelingt, während sie in anderen Wirbelsäulenabschnitten vielleicht noch reichlich kompensiert werden kann. Die Krümmung des Rückens zeigt meist eine gewisse Diskontinuität der unteren Brustwirbelsäule, die bei Beugung am besten sichtbar ist. Das sind meistens initiale Erkrankungen, wie sie durch die Abb. 120 und 121 dargestellt werden.

Ausgesprochenere Fälle weisen schon entschiedenere inspektorische Zeichen auf: Die Kyphose ist stärker ausgeprägt, fast stets an typischer Stelle. Außerdem beginnt frühzeitig eine *Herabsetzung der Beweglichkeit*, und zwar vor allem die Beugung nach vorne, aber auch nach rückwärts. Zuerst ist nur der erkrankte Abschnitt versteift, während in den Partien darüber und darunter sich volle Beweglichkeit erhalten hat (Zatkin). Die übrigen Bewegungen, also Seitwärtsbeugung und Rotation, werden erst viel später sichtbar beeinträchtigt.

Die *ältere juvenile Kyphose* oder besser gesagt der Zustand nach deren Ablauf kann unter Umständen später zu ganz erheblicher Ausdehnung der Beweglichkeitseinschränkung führen, allerdings vor allem dadurch, daß jetzt auch die obere Brustwirbelsäule fixiert wird. Die Rotation kann dabei auch erheblich leiden. Die Kyphose hat bis dahin zugenommen und erreicht in jenem Alter, das dem Ende des Wachstums entspricht, vorläufig ihr Maximum.

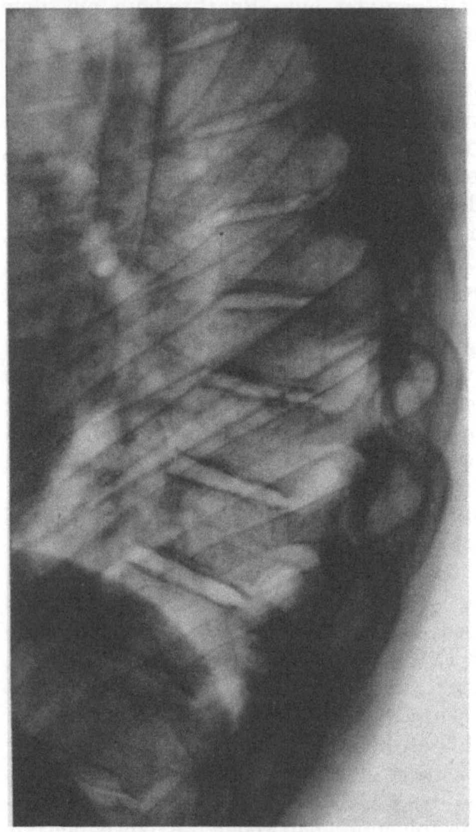

Abb. 122. Zustand nach juveniler Kyphose (SCHEUERMANN). Ausgesprochener Rundrücken bei 19jähr. ♂. Jegliche frühere oder jetzige Beschwerden irgendwelcher Art werden strikte negiert; mäßige, aber deutliche Einschränkung der Beweglichkeit der Brustwirbelsäule. Nr. 14896. 2/3.

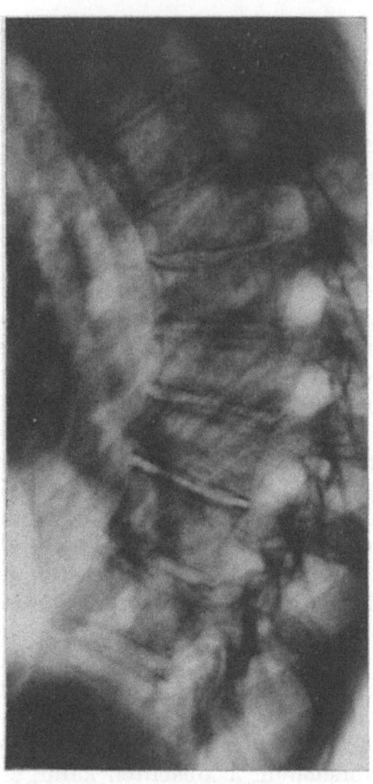

Abb. 123. Status nach Morbus SCHEUERMANN. Kyphose, Keilwirbel, Sclerose der Abschlußplatten, Verschmälerung des Bandscheibenraumes, wenige seichte SCHMORLsche Knoten, sehr kleine spondylotische Zacken. Die Kyphose hat ihr Maximum etwas höher als gewöhnlich. Klinisch: Kyphoscoliose Schmerzen im Rücken. 31jähr. ♂. Nr. 93998. 1/2.

Die *subjektiven Beschwerden* sind nach Häufigkeit und Intensität gering. Die weitaus größte Zahl der Erkrankungen verläuft absolut ohne Schmerzen oder sonstige Beschwerden. Die Jugendlichen beklagen sich etwa über rasche Ermüdbarkeit oder sogar allgemeine Schmerzen nach strenger Arbeit. Sie verschwinden meistens in Bettruhe. Die Schmerzen können auf die erkrankten Wirbel beschränkt sein (DELAHAYE).

Invalidität tritt durch die juvenile Kyphose meistens nicht ein, nicht zuletzt, weil die floriden Fälle in das schulpflichtige Alter fallen. Von den SCHEUERMANNschen Kranken hatten 60% Beschwerden. Sie suchten den Arzt ein bis zwei Jahre nach den ersten Symptomen auf. Der eigentliche Grund, warum die Patienten ärztliche Hilfe suchen, liegt meist in der Beobachtung der Kyphose durch die Eltern (EDELSTEIN). SCHEUERMANN hatte beobachtet, daß diejenigen Wirbelsäulen, die seit sechs Monaten Beschwerden machten, bereits Einschränkung der Beweglichkeit aufwiesen. Er gibt zwar an, daß es sich zum Teil möglicherweise auch um muskulare Fixation bei Schmerzzuständen handeln könnte. IHLENFELDT fand etwa die Hälfte von frischen Kyphosen ausgleichbar, die andere Hälfte fixiert.

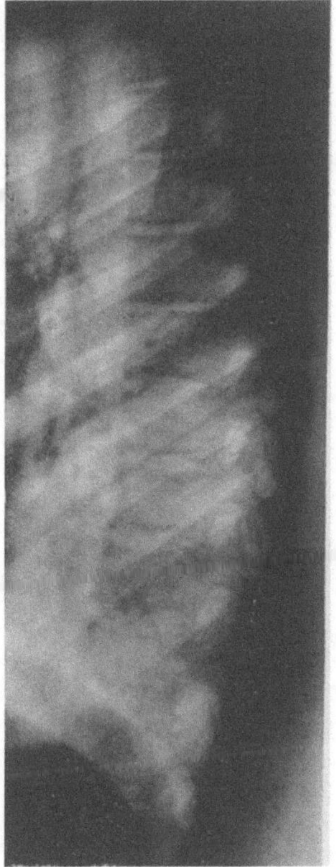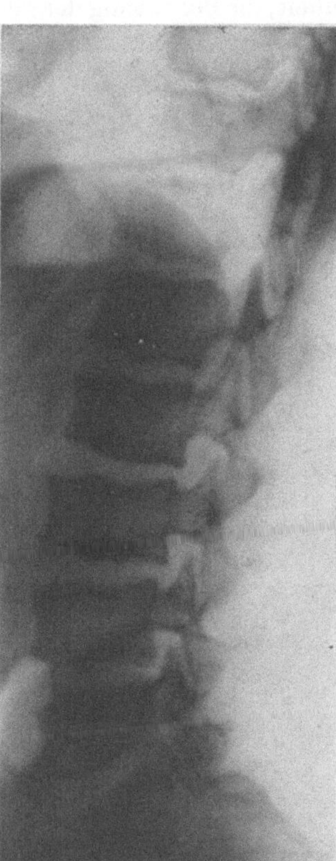

Abb. 124. Generalisierte juvenile Kyphose. 18jähr. ♂. Unregelmäßige Abschlußplatten im Bereiche der mittleren und unteren Brust- und der Lendenwirbelsäule. Zum Teil niedrige Lendenwirbel; geringe, aber deutliche Sclerose neben Defekten im Bereiche der Randleisten; noch keine Keilwirbel. Klinisch: Seit zwei Jahren beobachtet der Gymnasiast, daß er beim Sport und Turnen weniger beweglich ist als seine Kameraden; seit einem Skiunfall (Fall auf den Rücken) vor einigen Monaten rasche Ermüdbarkeit, selten Rückenschmerzen; deshalb Röntgenuntersuchung. Nr. 16997. 1/3.

Es besteht gar kein Zweifel, daß die Veränderungen der juvenilen Kyphose auch zu *skoliotischer Verkrümmung* führen können, wie z. B. im Falle von ROCHER und ROUDIL. Damit kommen wir zu den Beziehungen der juvenilen Kyphose mit den statischen Verkrümmungen der Schulzeit. Es liegt auf der Hand, daß diese beiden Erkrankungen zusammen vorkommen können, wenn man die relative Häufigkeit beider Prozesse in Betracht zieht. Die beiden Arten der Verkrümmungen werden sich dann sehr ungünstig beeinflussen [LEROY, KOCHS (1, 2), LINDEMANN (1—4)].

Ernsthaftere *Störungen neurologischer Art* sind einige wenige Male beobachtet worden. CLOWARD und BUCY beschreiben einen eigenen und neun fremde Fälle von extraduralen Cysten als Duradivertikel bei Morbus SCHEUERMANN, die zur Arrosion und Verbreiterung der Wurzelabstände (siehe ELSBERG, DYKE und BREWER, S. 226), zu Zirkulationsstörungen und Paraplegien geführt hatten. Der ursächliche Zusammenhang mit den juvenilen Kyphosen ist nicht abgeklärt, jedenfalls nicht sichergestellt. Verfasser nehmen an, daß Veränderungen der Kyphose durch die Cyste über Zirkulationsstörungen zustande kommen und glauben, daß auch beim Scheuermann ohne Cysten vasculare Veränderungen als Ursache in Frage kommen.

Ätiologie. Wir hatten schon mehrfach Gelegenheit, die Bedeutung der all-

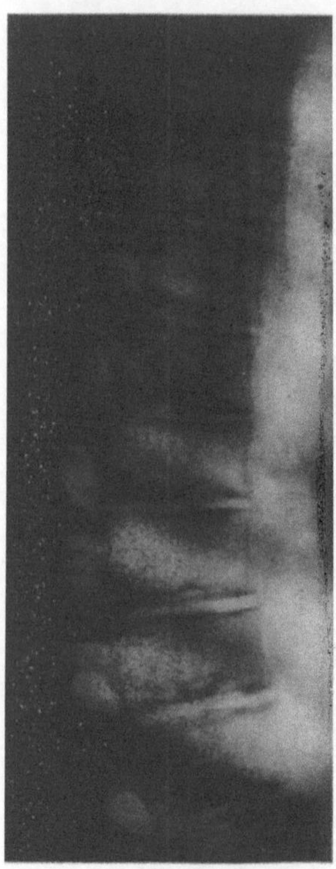

Abb. 125. Ausgedehnte schwere Osteochondrose mit SCHMORLschen Knoten. Verschmälerung der Bandscheibenräume, Osteosclerose, Unregelmäßigkeit der Abschlußplatten. Keine Keilwirbel. Rückenschmerzen seit dem sechsten Lebensjahr; Sturz bei Turnen auf den flachen Rücken, seither starke Schmerzen. Auffällig dysplastisch und vegetativ stigmatisiert. Nr. 103606. 1/2.

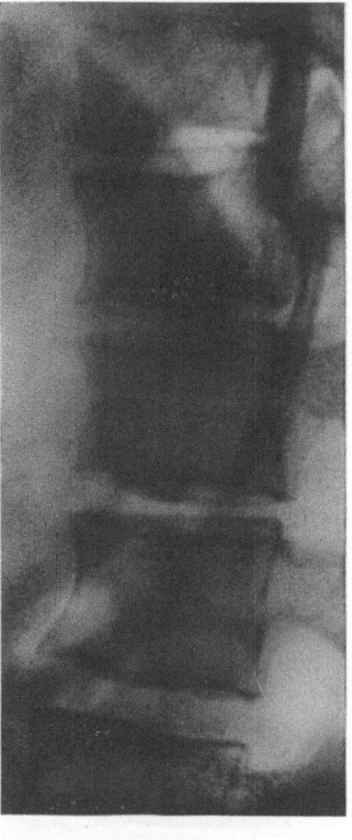

Abb. 126. Lumbale juvenile Kyphose. Starke Unregelmäßigkeit der Abschlußplatten Th_{12} bis L_2, Verschmälerung der Bandscheibenräume Th_{12}/L_1 und L_1/L_2. Rückenschmerzen, keine Thoracalkyphose. 18jähr. ♀. Nr. 116895. 2/3.

gemeinen Bedingungen für das Eintreten eines Schadens, bei dem mechanische Verhältnisse wenigstens teilweise eine Rolle spielen, hervorzuheben. Diese allgemeine Bedingung lautet: Die Chance, daß ein mechanischer oder quasi mechanischer Insult eintritt, ist um so größer, je größer die Belastung und je kleiner die Belastungsfähigkeit eines gewissen Teiles ist. Diese Regel war besonders brauchbar bei der Spondylolisthesis. EDELSTEIN hat das Prinzip auch bei der juvenilen Kyphose angewendet. Es ist aber zu sagen, daß die Darstellbarkeit der Wahrscheinlichkeit durch den Quotienten aus Last durch Belastbarkeit nur in gewissen Grenzen Geltung hat. Die eine Einschränkung im Falle der juvenilen Kyphose ist die, daß die Belastbarkeit unter allen Umständen herabgesetzt sein muß. Wäre dieser Faktor normal und wäre nur die Belastung stark erhöht, dann würde eine Fraktur entstehen. Die Veränderung der juvenilen Kyphose ist aber nicht eine Fraktur. Die Frage nach der Ätiologie ist also nicht mit der generellen Formel, die ich früher mit dem OHMschen Gesetz verglichen habe, erklärt, sondern es wird im wesentlichen nach der Ursache für die Herabsetzung der mechanischen Leistungsfähigkeit der Wirbelsäule zu forschen sein. Dem Faktor Belastung muß dann untergeordnete Bedeutung zugewiesen werden.

Die Annahme, daß es sich um eine *Entzündung* handle (AXHAUSEN), ist aus pathologisch-anatomischen Gründen [SCHMORL (1—3)] wohl abzulehnen, weil jegliche Zeichen der Entzündung fehlen. Großen Anklang findet in der Literatur eine *innersekretorische Störung* (HOETS, GUILLEMINET und PONZET, SCHAPIRA). Die Italiener denken an die Hypophyse. Sehr stark in Konkurrenz tritt die Annahme einer Ernährungsstörung, wodurch die Erkrankung von SCHEUERMANN in Beziehung zu den spontanen aseptischen (Epiphysen-) Nekrosen treten würde. Die Bedeutung von *aseptischen Nekrosen* ist von verschiedener Seite betont worden. MAU (1) hat am Tier experimentelle Beiträge geliefert, indem er eine Art Nekrosen am Rattenschwanz feststellen konnte. KOHLE ist ebenfalls der Meinung, daß der Druck auf die vordere Körperkante zu vascularen Störungen führen müsse und nicht nur zu Wachstumsunregelmäßigkeiten. Von vornherein liegt ja diese Annahme ziemlich nahe und es wären dann die Beziehungen zu den aseptischen Nekrosen anderer Stellen gegeben. DONATI und KOCH (1) haben schon früher auf die Beziehung zum Morbus Perthes hingewiesen. Neuerdings findet SAEGESSER ein auffälliges Zusammentreffen von Kyphosis und Coxa vara adolescentium.

SCHINZ, BAENSCH, FRIEDEL reihen die juvenile Kyphose zusammen mit der Vertebra plana CALVÉ in die aseptischen Nekrosen ein. Als Kronzeuge aber wirken die Fälle von generalisierter Epiphysennekrose (Hände, Füße, Hüftgelenk, Wirbelsäule, Ellenbogengelenk) von RIBBING. Die Fälle von CLOWARD und BUCY sprechen auch in diesem Sinne. Aber auch bei späteren Stadien der Revascularisation der Bandscheiben liegen Ernährungsstörungen im Zusammenhang mit Belastungsverstärkungen ziemlich nahe. Unter dem Eindruck dieser Tatsachen treten wohl die grundsätzlichen Bedenken SCHMORLS gegen die Beteiligung von Gefäßstörungen in den Hintergrund, wenn man zudem bedenkt, wie schwierig Präparate florider Zustände zu beschaffen sind. BUSATI ist überzeugt, daß seine 31 Fälle durch verschiedene Ursachen bedingt sind.

Durch praktische Erfahrungen sind wir zur Überzeugung gelangt, daß die Osteochondrose der juvenilen Kyphose der Gruppe der aseptischen Nekrosen zuzuordnen ist. Sie erscheint dann in der gleichen Linie wie andere Epiphyseonekrosen der Adoleszenz. Über die eigentliche Ursache ist damit nichts ausgesagt. Eine Beziehung zur Dystrophia adiposogenitalis, wie man das von der Epiphyseolysis Coxae geglaubt hat, besteht jedenfalls nicht.

5. Vertebra plana osteonecrotica (CALVÉ).

In der Einleitung zum Abschnitt III A wurde erwähnt, daß die Wirbelkörpererkrankung, die CALVÉ 1924 erstmals beschrieben hat, unter dem Abschnitt, der den degenerativen Prozessen der Wirbelsäule gewidmet ist, abgehandelt werden soll. Es soll dies deshalb geschehen, weil Prozesse zugrunde liegen, die die mechanische Resistenz des Knochens unzweifelhaft herabsetzen und die mit aller Wahrscheinlichkeit als osteochondrotisch bezeichnet werden dürfen. Das wäre dann richtig, wenn der Nachweis gelingen würde, daß die ersten Veränderungen sich an der Grenze von Knochen und Knorpel an diesem und an jenem abspielen. Dieser Nachweis ist bis anhin nicht gelungen. Anderseits bestehen doch wohl Beziehungen zwischen juveniler Kyphose und Vertebra plana, für welch erstere Veränderung wir am Ende des Abschnittes III 4 auf die Beziehungen zu den *aseptischen Nekrosen* hingewiesen haben. Es wurde deshalb diese Erkrankung der Wirbelsäule mit der juvenilen Kyphose zusammengefaßt in einem gemeinsamen Unterteil B.

Was die Bezeichnung anbelangt, ist zu sagen, daß auch hier Osteochondritis [PASSEBOIS, BOORSTEIN, SCHRADER, MITCHELL, BUCHMANN (1), ROEDERER, CEBBA u. v. a.] zu verwerfen ist, und zwar aus dem gleichen Grunde wie bei der juvenilen Kyphose: man findet keine Zeichen der Entzündung noch der entzündlichen Reaktion. Wir verwenden deshalb den rein morphologischen Ausdruck Vertebra plana (HARRENSTEIN) mit der näheren (pathologisch-anatomischen) Bezeichnung osteonecrotica. Dieser Zusatz zusammen mit dem Namen des ersten Beschreibers ist nötig, um die Erkrankung von anderen Erkrankungen zu unterscheiden, die ebenfalls zu einer Vertebra plana führen.

Es wäre trotzdem zu weit gegangen, wollte man die Beziehungen zu anderen aseptischen Nekrosen ernsthaft bezweifeln. Darin sind sich die neueren Bearbeiter der Erkrankung einig. NAGURA stellt die Vertebra plana direkt neben die Osteochondritis dissecans und geht so weit, auch für die CALVÉsche Erkrankung mikroskopische Spongiosafrakturen als Initium des pathologischen Geschehens anzunehmen. SCHINZ, BÄNSCH, FRIEDL reihen, wie schon oben erwähnt, die Erkrankungen nach CALVÉ und SCHEUERMANN zusammen zu den

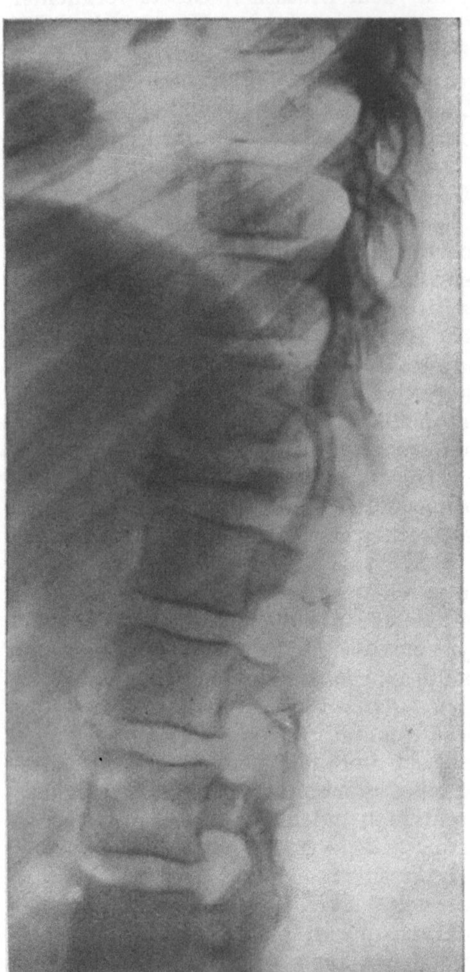

Abb. 127. Vertebra plana osteonecrotica (CALVE). Der erste Lendenwirbel ist völlig plattgedrückt; Aufnahme im Anfang der Erkrankung (nach LÖHR).

aseptischen Nekrosen der Wirbelsäule ein. Damit steht die Vertebra plana in einer Gruppe mit den Erkrankungen von PERTHES, SCHLATTER, KÖHLER, KIENBÖCK usw. Derselben Ansicht sind SCHRADER, BÜHRING, PANNER und endlich CALVÉ selbst.

a) Pathologisch-Anatomisches.

Aus den einzig vorliegenden pathologisch-anatomischen Untersuchungen von MAZZARI ersehen wir etwa folgendes. Der oder die affizierten Wirbel sind erheblich abgeplattet auf ein Fünftel bis ein Achtel der normalen Höhe der Wirbelkörper, so wie wir es von vielen röntgenologisch untersuchten Fällen her kennen. Der Fall des Autors war ein achtjähriger Knabe, der durch mehrere Behandlungen von seiner kongenitalen Lues bis zum negativen Wassermann mit fünf Jahren geheilt wurde. Ein halbes Jahr vor Spitaleintritt begannen die ersten Symptome; er blieb ein Jahr im Krankenhaus und starb an einer Diphtherie zu einer Zeit, wo der erkrankte 12. Brustwirbel im Röntgenbild schon reparative Vorgänge zeigte. MAZZARI hatte also nicht das Initialstadium erfaßt. Trotzdem fand er nestweise im neuen Knochen eingeschlossene nekrotische Knochenreste. Im übrigen entsprach der mikroskopische Befund dem röntgenologischen. Der neugebildete Knochen hatte normales Aussehen, die Bälkchen waren eher etwas dichter. Die Ossifikationszone schien funktionell absolut vollwertig zu sein, jedoch wies sie stellenweise starke Unregelmäßigkeiten auf. Die Produktion von Knochen war sehr rege. Durch den Befund von MAZZARI sind also lediglich die Nekrosen bewiesen; über ihre Ätiologie und Pathogenese wissen wir immer noch nichts Genaues.

b) Röntgendiagnostik.

Kurz nach Beginn der ersten klinischen Symptome zeichnen sich auch im Röntgenbild die ersten Veränderungen ab. Aufhellung des erkrankten Wirbelkörpers (Ostéoporose momentanée CALVÉ) dürfte das erste Zeichen sein, das aber meist nicht erfaßt oder nicht erkannt wird, weil das Stadium der einfachen *Osteoporose* sehr flüchtig ist und sich die initiale Keilwirbelbildung sofort anschließt. Innerhalb sehr kurzer Zeit, Wochen bis wenige Monate, sintert der Wirbelkörper auf eine schmale, im späteren Stadium meist mehr oder weniger planparallele Platte zusammen, die dichter erscheint als die normalen Wirbelkörper (Abb. 127). Sie tritt im seitlichen Bild auch über das Niveau der normalen Nachbarn vor. Der *Zerfall* geht derart rasch vor sich, daß die benachbarten Zwischenwirbelräume sich oft merklich verbreitern. Das gilt namentlich für die Lokalisation in der Lendenwirbelsäule. In anderen Fällen, insbesondere bei Beteiligung der Brustwirbelsäule, können die Bandscheiben auch verschmälert sein (PASSEBOIS). Dieses erste Stadium der Zerstörung trifft man meistens mit der ersten Röntgenaufnahme. Das Bild ist am Ende der destruktiven Periode absolut typisch und bedarf keiner weiteren Erläuterung.

Es schließt sich das zweite, *regenerative Stadium* an. Der erkrankte Wirbel nimmt nach und nach über lange Zeit, d. h. über mehrere, bis sieben Jahre (LINDSTRÖM) wieder an Höhe zu, erreicht aber kaum das ursprüngliche Maß. Mit der Pubertät soll der Wiederaufbau beendet sein (TÖRSTE). Immerhin kann die Wirbelhöhe in einzelnen günstigen Fällen bedeutend zunehmen. In anderen, offenbar sehr seltenen Fällen bleibt sie auf der minimalen Dicke stehen, indem ihre Konturen und die Dichte etwas regelmäßiger gestaltet werden.

c) Klinisches.

Die Krankheit ist sehr selten. MAZZARI spricht 1938 von 27 Fällen, von denen er 17 sicher anerkennt. Inzwischen sind noch ein knappes halbes Dutzend dazugekommen.

Die Vertebra plana (CALVÉ) ist eine ausgesprochene Erkrankung des Kindesalters. Der jüngste Fall hatte ein Alter von $2^{1}/_{2}$ Jahren (v. HECKER und THEWS). Das Alter des häufigsten Vorkommens liegt jedoch zwischen 4 bis 7 Jahren. Nach 12 Jahren kommt die Vertebra plana kaum vor, jedenfalls sind jene Fälle von PASSEBOIS und SCHRADER mit 12 Jahren, PANNER (14 Jahre), JANZEN (15 Jahre), BOORSTEIN (17 Jahre) und DALE (19 Jahre) nicht verbürgt (LINDSTRÖM).

Meist wird ein Wirbel, sehr selten zwei Wirbel (HANSON, SCHRADER, FAWCITT) der untersten Brust- und Lendenwirbelsäule befallen. Der eine Fall von BUCH-

MANN (2), ein fünfjähriges Mädchen, bei welchem Th_1 bis Th_8 verändert waren, ist möglicherweise anderswo einzureihen. Das gleiche gilt vom Fall MITCHELL. Und endlich hat VOKE einen Fall veröffentlicht mit generalisierten porotischen Plattwirbeln, die ein Jahr nachher normal geworden waren. Auch hier ist offenbar Vorsicht am Platze bezüglich der Diagnose. Eine nennenswerte Geschlechtsabhängigkeit der Häufigkeit scheint nicht zu bestehen. Geringe Traumen sind oft in den Anamnesen gefunden worden; sie scheinen aber nicht ausschlaggebend zu sein. Dagegen sind Begleiterkrankungen häufig: Cystische Knochenprozesse (FAWCITT), Frakturen im Bereiche der Extremitäten (RODERER), ferner vorausgehende Infektionskrankheiten: Lues (MAZZARI), Scharlach (PLATT), Varizellen, Masern (HARRENSTEIN), akute kindliche Diarrhöen (ADDISON). Die klinischen, lokalen und allgemeinen Symptome sind sehr gering.

d) Anhang: Plattwirbel anderer Genese.

Das Krankheitsbild der Vertebra plana osteonecrotica (CALVÉ) ist wohl definiert und kaum zu verwechseln, wenn die Möglichkeit besteht, den Verlauf oder wenigstens den Anfang der Erkrankung zu überblicken. Wenn aber nur *eine* Röntgenuntersuchung vorliegt und womöglich die übrige klinische Symptomatologie des Falles unbekannt bleibt, dann kann unter Umständen eine Verwechslung mit anderen röntgenmorphologisch ähnlichen Veränderungen vorkommen.

Da gibt es eine Reihe von erworbenen Plattwirbeln, um die rohe Einteilung von POLGAR beizubehalten, die ihre Entstehung grundsätzlich einer ähnlichen Ursache verdanken wie die Vertebra plana CALVÉ, nämlich einer mechanischen Insuffizienz, die zu Zerfall des Wirbelkörpers führt. Jede krankhafte Veränderung des Knochens kann dafür die Ursache abgeben.

Wir wollen in einer Tabelle zusammenstellen:

1. Angeborene Plattwirbel:

    α) kleine Wirbel, Mikrospondylie, Vertebra plana congenita simplex POLGARS (Halbwirbel usw.);

    β) sagittale Spalte im Wirbelkörper, Schmetterlingswirbel, Vertebra plana congenita larga;

    γ) generalisierte, familiäre Platyspondylia chondrodystrophica (MORQUIO) und Ähnliches.

2. Erworbene Plattwirbel:

    α) Plattwirbel bei Entzündungen, Osteomyelitis, Tuberkulose;

    β) Plattwirbel bei Knochenerkrankungen, Osteodystrophia fibrosa generalisata von RECKLINGHAUSEN, Osteogenesis imperfecta, Osteoporosen (CUSHING), Kretinismus, Speicherkrankheiten;

    γ) Plattwirbel bei Tumoren;

    δ) Plattwirbel bei Traumen.

Aus dieser Zusammenstellung haben wir α und β der ersten Gruppe schon früher auf S. 54 ff. abgehandelt. Die übrigen Plattwirbel sollen in den entsprechenden Kapiteln besprochen werden. An dieser Stelle möchte ich lediglich noch einige Beobachtungen erwähnen, die wirklich von der Vertebra plana CALVÉ nach einem einzigen Röntgenbild nicht zu unterscheiden ist.

Wenn dies vorkommt, können wir von vornherein annehmen, daß es sich um besonders hochgradige Fälle lokalisierter Erkrankungen handelt. Oft sind bestimmte Anzeichen vorhanden, die schon ohne weitere Kenntnisse eine differentialdiagnostische Schwierigkeit ahnen lassen. Die *Tumormetastase* führt zwar zu einem äußerst raschen Zerfall des Wirbelkörpers, meistens wird aber das

Wachstum des Tumors vor keinem Hindernis haltmachen, sondern auch die beiden Abschlußplatten zerstören, bevor sie sich so stark genähert haben, daß es zu dem Bild einer kompakten dichten Knochenplatte kommen kann.

Knochenkrankheiten, die sehr langsam zu Formveränderungen führen, werden die Plattwirbelform über den Keilwirbel erreichen. Und er wird die Chance, daß wir im Röntgenbild einen Keil antreffen, sehr viel größer sein. So berichtet DELLA TORRE-PIER über eine Osteomyelitis, die in das Bild einer Vertebra plana ausheilte. Typische Bilder sollen nach RASZEJA und ROST bei Osteodystrophia fibrosa generalisata vorkommen. Aber auch die Spondylitis tuberculosa und Frakturen (BLAUWKNIP) können unter Umständen zu sehr ähnlichen Bildern führen.

6. Verbreitung der degenerativen Veränderungen der Wirbelsäule.

Wir haben früher (S. 79 ff.) gesehen, daß die Spondylose eine außerordentlich häufige Veränderung der Wirbelsäule darstellt, und wir wollen festhalten, daß unter den 50jährigen mehr als 60% röntgenologisch diagnostizierte Spondylosen als Nebenbefund aufweisen (FEISTMANN). Pathologisch-anatomisch findet JUNGHANNS sogar 80% Spondylosen im Sektionsmaterial. Verfasser hat an Hand der Röntgenbilder seines Instituts ohne Rücksicht auf Alter, Geschlecht und Zuweisungsdiagnose 65% degenerative Veränderungen (Spondylose, schwere Osteochondrose, Morbus SCHEUERMANN) an den Wirbelsäulen gefunden. Bei dieser außerordentlichen Häufigkeit liegt es nahe, nach der Verbreitung bei den rezenten und fossilen Tierwirbelsäulen sowie bei den fossilen Menschen zu suchen. Im folgenden sei darüber berichtet.

a) Fossiler Mensch

Den Hinweis auf das älteste mir bekannte Vorkommnis finden wir bei BOULE und HRDLIČKA (1930), wo der Autor von dem Material der Fundstelle aus dem Moustérien, La Chapelle aux Saints in Südfrankreich (50. bis 80. Jahrtausend v. Chr.) spricht. Er hat an mehreren Wirbeln „senile marginale Exostosen" beobachtet und bildet eine ausgesprochene Cervicalspondylose ab. W. PAGE-MAY (1897) berichtet über eine offenbar sehr hochgradige generalisierte Arthrosis deformans bei einer Mumie. Das Skelet stammte aus der vierten bis fünften Dynastie (etwa 3000 v. Chr.). M. A. RUFFER und A. RIETI veröffentlichten 1912 Berichte über mehrere ägyptische Mumienskelete. Ein solches aus der zwölften Dynastie (etwa 2000 v. Chr.) wies eine deutliche Spondylose der Hals- und Lendenwirbelsäule auf. Eine andere Wirbelsäule wurde zwar als Spondylose beschrieben, es scheint sich aber eher um eine Spondylitis ankylopoetica gehandelt zu haben. Die gleichen Autoren besprechen eine Spondylose aus der Zeit Alexanders des Großen (etwa 300 v. Chr.). Aus der römischen Epoche fanden sie an acht Skeleten dreimal deformierende Arthrosen, einmal wahrscheinlich Spondylitis ankylopoetica. SCHWANKE spricht ebenfalls von BECHTEREWschen Veränderungen bei einer Mumie aus der fünften Dynastie. Die Beschreibung von P. BARTELS (1907) betraf wahrscheinlich eine Tuberkulose aus der jüngern Steinzeit (angeblich etwa 6. Jahrtausend v. Chr.) aus einem Grab bei Heidelberg; diejenige von G. E. SMITH und M. A. RUFFER ebenfalls eine Spondylitis tuberculosa der Wirbelsäule eines Skelets aus der 21. Dynastie (etwa 1000 v. Chr.).

L. R. SHORE weiß auch von Spondylarthrosen, aber auch von entzündlichen Veränderungen bei alten ägyptischen Mumien. Die VIRCHOWsche (1869) Spondylose stammt aus dem 14. bis 16. Jahrhundert. H. COENEN (1924) bildet eine hochgradige Spondylarthrose der Brustwirbelsäule ab, wobei sieben Wirbel und drei Rippen zu einem Block verbacken sind. Sie stammt aus dem klassischen

Altertum (Griechenland). Der vordere Zuckerguß besteht wie bei den heutigen Exemplaren nur rechts. Wiederum sehr altes Material von Leningrad haben ROKHLINE, ROUBACHEWA und MAIKOWA-STROGANOWA (1936) verarbeitet und publiziert. Die Skeletteile waren im Altai und in Nordkaukasien gefunden worden und werden in die ersten drei Jahrtausende v. Chr. datiert. Die Autoren haben weniger nach Spondylosen als nach SCHMORLschen Knoten gesucht und auch viele solche gefunden. Wir bilden untenstehend eine Zeichnung ab, die die Residuen einer Hernie zeigt, die nach hinten in den Wirbelkanal ausgetreten ist. Der Träger dieser Wirbelsäule soll etwa 3000 v. Chr. gelebt haben und ein persönliches Alter von 30 bis 35 Jahren besessen haben. Die Verfasser schließen aus ihren Befunden, daß die juvenile Kyphose früher häufiger vorkam als heute. Die Tatsache, daß die Wirbelsäule

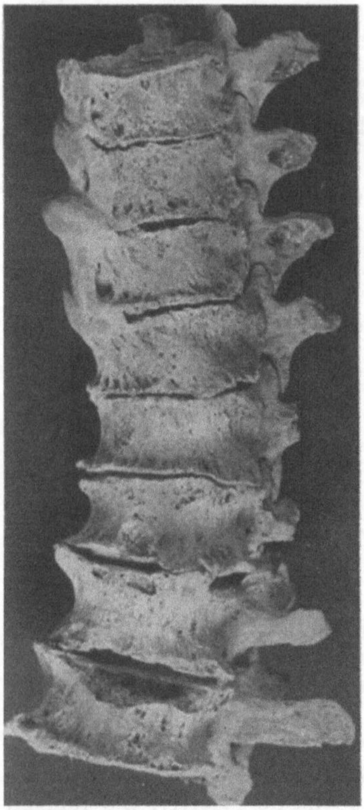

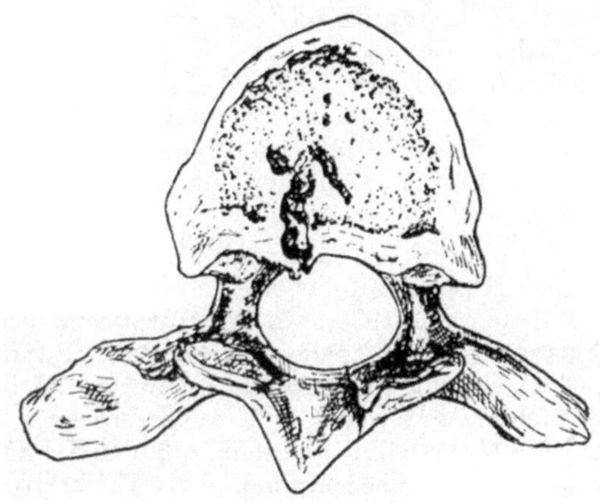

Abb. 128. Schwere Veränderungen im Sinne einer Kombination von deformierender Spondylose, teilweise mit schwerer Osteochondrose und Alterskyphose. Man erkennt Schnabelbildung im Lendenteil (untere zwei Wirbel), hochgradige Verschmälerung des vorderen Bandscheibenraumes im Brustteil ohne Keilwirbel (Alterskyphose), Zuckerguß auf der rechten Seite; in der Brustwirbelsäule kleine Randwülste, Intervertebralarthrose. Zusammenhängendes Stück aus einer Ausgrabung in Pieterlen, frühes Mittelalter. Anthropologisches Institut Zürich.

Abb. 129. Fall V von ROKHLINE, RUBACHOVA und MAIKOWA-STROGANOWA. 30- bis 35jähr.? aus dem Material von Leningrad etwa 3000 v. Chr. Unterfläche von Th₅. Tiefe Grube durch Nucleushernie; sie verläuft nach hinten und prolabiert in den Spinalkanal rechts neben der Medianlinie.

des von SCHLAGINHAUFEN 1930 beschriebenen etwa 50jährigen, in der Jugend verwilderten, sprachunfähigen Mannes aus Selun ebenfalls spondylarthrotische Zacken aufwies, ist von geringerer Bedeutung.

Das mir zugängliche Material stammt aus dem anthropologischen Institut Zürich (SCHLAGINHAUFEN) und verteilt sich auf das Neolithikum (2500 bis 7000 v. Chr.), Bronze (800 bis 2500 v. Chr.), Hallstatt (400 bis 800 v. Chr.), La Tène (50 bis 400 v. Chr.), Spät-Römisch (50 bis 500 n. Chr.) und frühes Mittelalter (5. bis 8. Jahrhundert). Ägypten ist durch eine Mumie aus Achim der 21. Dynastie (Historisches Museum Bern) vertreten. Von 97 mehr oder weniger vollständigen Wirbelsäulen fanden sich 40% Spondylosen und 20% SCHMORLsche Knoten. Viele Stücke waren naturgemäß stark zerfallen. Die makroskopische Erscheinungsform der Spondylosen und der Nucleushernien unterscheiden sich in nichts von den heutigen Formen. So konnten typische cervicale Osteochondrosen gefunden werden. Die Abb. 128 mutet absolut modern an; auf der linken Seite fehlt der Zuckerguß. Die intervertebralen Arthrosen sind

häufig. Gerade in der Halswirbel-säule sind sehr hochgradige Arthro-sen zu finden mit tiefen Knochen-schliffen. Auch die Wirbelkörper zeigen im Halsteil einige Male Schliff bis auf die Spongiosa. Einmal sah ich einen offenen Atlasbogen. Die generalisierte Spondylose herrscht bei weitem vor; jedoch sind auch isolierte, also vielleicht sekundäre Zacken und Leisten zu sehen. Auch juvenile Wirbel waren vorhanden; sie sehen genau so aus wie die rezenten macerierten Exemplare.

Kein Zweifel, die degenerati-ven Veränderungen der mensch-lichen Wirbelsäule, deformierende Spondylarthrose und Nucleus-hernien bestanden vor vielen Jahrtausenden in der gleichen Häufigkeit und Form und vor vielen Jahrzehntausenden in den genau gleichen Formen wie heute.

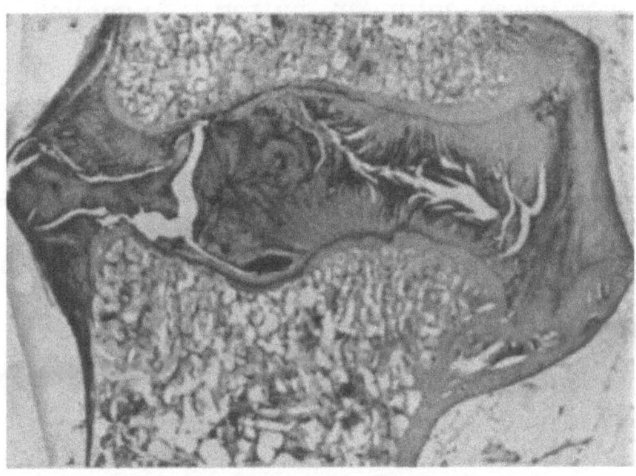

Abb. 130. Breite spondylotische Wülste vorne (rechts) na-mentlich unten bei stark degenerierter Bandscheibe, ein guter Teil des Bandscheibengewebes ist nach hinten (links) in den Spinalkanal herausgepreßt; Randsclerose. Sagittal-schnitt durch die Bandscheibengegend eines 9jähr. Schäfer-hundes. Nr. 54.

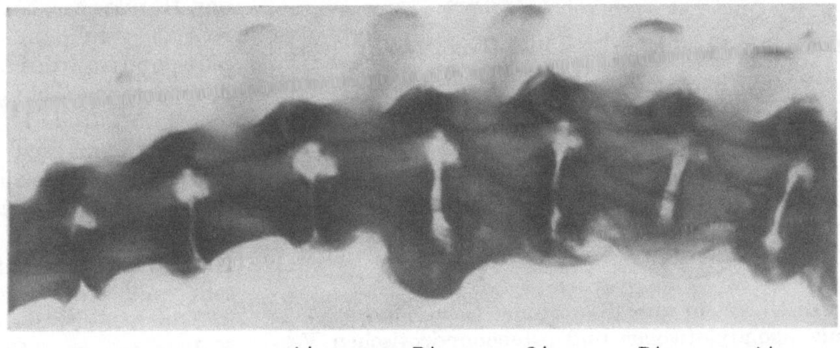

Abb. 131. Hochgradige Spondylose mit Zacken und Leisten, zum Teil mit vollständigen Brücken (B). [Sehr schwere Osteochondrose (O): Randsclerose, Verschmälerung der Bandscheibenräume. Unter den Brücken sind die Bandscheiben breit erhalten. Arthrose der Intervertebralgelenke (A). Seitliches Röntgenbild eines Präparats eines 11jährigen deutschen Schäferhundes.

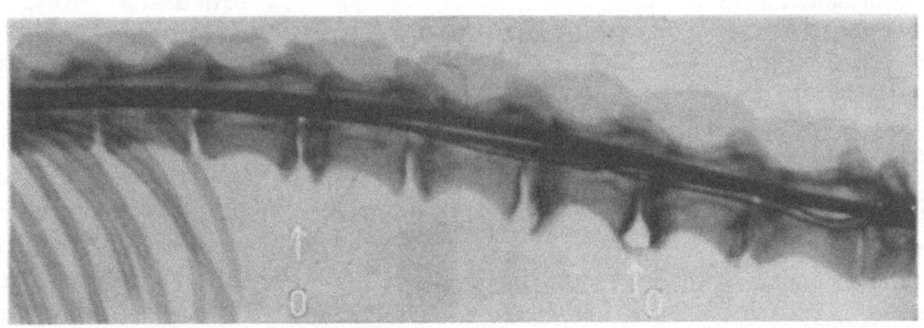

Abb. 132. Teilweise hochgradige Spondylosis deformans mit Osteochondrose (O↑); lange spondylotische Zacken an den Lendenwirbeln, Sclerose der Abschlußplatten, Verschmälerung der Intervertebralräume. *Marmotta marmotta* L., eiszeitliches Murmeltier aus der Kiesgrube Studen am Jensberg; montiertes Skelet des Naturhistorischen Museums Bern.

b) Rezente Vertebraten.

In der Röntgenliteratur finden wir bei PLATE und QUIRING die Angabe, daß sie dreimal beim Känguruh und einmal bei einem Hyänenskelet deformierende Spondylose gefunden hatten. Angeblich soll auch ein Pavian und vielleicht auch ein Schmuckhuhn solche Veränderungen gezeigt haben. Ich habe nur Säuger gefunden. Aber schon vorher hat BENEKE (1897) von tierischen Spondylosen gesprochen. Bei den Tierärzten wird die Tatsache des Vorkommens von Spondylosen erwähnt: P. COHRS und K. NIEBERLE 1931 (2), KITT 1931, P. COHRS 1929 (1) und endlich A. POMMER 1933.

Neuerdings hat SCHICK sich mit der Spondylose der kleinen Haustiere, namentlich der Hunde beschäftigt. Er hat gefunden, daß die Spondylose des Hundes der menschlichen identisch ist, und zwar sowohl im makroskopischen Bild der macerierten Wirbelsäule als auch im Röntgenbild. Die Häufigkeit ist ebenfalls sehr groß. SCHICK fand in der STUDERschen Kollektion von Skeleten rassenreiner Bernhardinerhunde des Berner Naturhistorischen Museums 40% Spondylosen. Auffällig ist die besondere Häufigkeit starker osteochondrotischer Veränderungen, die sich im Röntgenbild durch starke Sclerose der Abschlußplatten und Verschmälerung des Bandscheibenraumes kundtun. Ähnliche Befunde fand ich noch an der Yakwirbelsäule.

Tabelle 3. Übersicht über die systematische Zugehörigkeit der mit spondylotischen und osteochondrotischen Veränderungen behafteten Wirbelsäulen.

Rezente Säugetiere.

Ordo Primates.	
Gorilla gorilla beringei MTSCH.	Berg-Gorilla (Abb. 20 c)
Ordo Ungulata.	
Subordo Perissodactyla:	
Equus caballus L.	Hauspferd
Equus Zebra L.	Zebra
Subordo Ardiodactyla:	
Cervus dama L.	Damhirsch
Alces alces L.	Elch
Hyomoschus aquat. OG.	Waldmoschustier
Cephalophus sylvicultor AFZ.	Schopfantilope
Poephagus grunniens L.	Yak
Bison bison L.	Amerikanischer Bison
Bos taurus L.	Hausrind
Ordo Carnivora.	
Canis familiaris L.	Tibet-Haushund, Dtsch. Schäfer (Abb. 127 u. 128)
Ursus arctos L.	Brauner Bär
Lutra lutra L.	Fischotter
Hyaena striata ZIMM.	Gestreifte Hyäne
Felis leo L.	Löwe
Ordo Rodentia.	
Castor fiber L.	Biber
Marmotta marmotta L.	Murmeltier

Tabelle 4. Übersicht über die systematische Zugehörigkeit der mit spondylotischen und osteochondrotischen Veränderungen behafteten Wirbelsäulen.

Quartäre Säugetiere.

Ordo Ungulata.	
Subordo Perissodactyla	
Equus caballus L.	Pfahlbau-Pferd
Subordo Artiodactyla	
Sus palustris R.	Torfschwein
Megaceros giganteus BLUMENB.	Riesenhirsch
Bos primigenius L.	Urstier
Bos taurus L.	Pfahlbau-Rind
Ordo Carnivora.	
Ursus spelaeus BLUMENB.	Höhlenbär
Ordo Rodentia.	
Marmotta marmotta L.	Eiszeitl. Murmeltier (Abb. 129)
Castor fiber	Europäischer Biber

In der Tabelle 3 sind die Tierspezies in ihrer systematischen Ordnung eingetragen, bei denen deformierende Spondylose oder Osteochondrosen gefunden wurden. Das Material hat mir das Naturhistorische Museum und die Veterinärpathologie Bern zur Verfügung gestellt. Die bizarrsten Formen der Arthrose und Spondylose finden wir beim Bären.

c) Fossile (quartäre) Vertebraten.

ABEL (1929) hat schwere Spondylosen an Skeleten von Höhlenbären der Mixnitzer Höhlen gesehen. PALES berichtet 1921 ebenfalls von zehn stark spondylotisch veränderten Wirbeln von Ursus spelaeus aus dem Museum von Toulouse. Er bildet fünf Exemplare mit wirklich sehr hochgradigen Exostosen ab.

Offenbar war die Arthrosis deformans auch anderer Gelenke und die Spondylose bei Tieren aus zoologischen Gärten und Zwingern bekannt unter dem Namen der Menageriekrankheit. ABEL findet es naheliegend, daß auch der Höhlenbär von dieser Menageriekrankheit befallen wurde, da er doch zwei Drittel seines Lebens in seiner Höhle verschlafen habe. Es ist zwar aufgefallen und paßte nicht zu dieser Ansicht, daß auch der lebhaftere Höhlenlöwe, Felis spelaeus, ebenfalls Spondylosen aufweist.

Unser fossiles Material ist in der vorstehenden Tabelle 4 (S. 144) zusammengestellt, um zu zeigen, wie verbreitet auch im fossilen Tierreich die Spondylose ist. Durch die Freundlichkeit von Herrn Dr. KüENZI, Naturhistorisches Museum Bern, sah ich einen Wirbel von Hippopotamus spec. aus dem ägyptischen Tertiär mit großem spondylotischem Osteophyt (Fundort: Wadi Natron westlich Kairo). Das Alter dieser Schichten wird als Mittelpliozän angegeben, also einige Jahrmillionen vor unserer Zeitrechnung. Das dürfte der älteste Fund einer Spondylose sein.

Nachdem wir diese Fälle von spondylotischen Wirbelsäulen von Mensch und Tier, rezent und fossil, dargestellt haben, wollen wir zusammenfassen: Spondylosis deformans und Osteochondrose sind uralte Veränderungen, die vor vielen Jahrtausenden in genau den gleichen Formen auftraten wie heute. Die Osteochondrose der Tiere unterscheidet sich von derjenigen der Menschen lediglich durch den völligen Mangel an Nucleushernien in die Spongiosa. Eine Bildung, ähnlich den SCHMORLschen Knoten im Wirbelkörper habe ich beim Tier niemals gefunden; das teilt auch SCHEUERMANN 1936 mit. Dagegen kann man Bandscheibenhernien in den Spinalkanal sehen. Die Zeichen der einfachen Spondylose der Tiere unterscheidet sich nicht von derjenigen des menschlichen Skelets.

C. Mit ausgesprochener Verminderung von Knochen, bzw. Kalk (Osteoporose, Atrophie, Osteolyse) einhergehende, auf der Wirbelsäule generalisierte, nicht auf sie beschränkte Erkrankung des Knochensystems.

In diesem Abschnitt sind alle Erkrankungen des Knochens zusammengefaßt, die mit *Entkalkung* einhergehen. Eine solche Einteilung scheint angebracht im Hinblick auf die Tatsache, daß gerade die porosierenden Prozesse im Röntgenbild besonders gut zu erkennen sind. Der atrophische oder porotische Knochen unterscheidet sich meist sehr sinnfällig gegen Knochen mit normalem Kalkgehalt oder gegen den verdichteten, sclerotischen Knochen. Der folgende Abschnitt D wird sich mit den sclerotisierenden Knochenkrankheiten beschäftigen. Es handelt sich teils um Systemerkrankungen des Knochens, teils um Knochenlokalisationen von allgemeinen Erkrankungen; stets sind die Veränderungen mehr oder weniger auf der Wirbelsäule verteilt, in keinem Falle sind die Knochensymptome allein vorhanden.

Es sollen zuerst ausgesprochene, allgemeine einfache Porosen (7) behandelt werden, die durch allgemeine Veränderungen bedingt sind. Es folgt dann eine Gruppe von innersekretorischen Störungen (8): Morbus CUSHING v. RECKLING-HAUSEN und BASEDOW. Dann folgen Osteoporosen bei Avitaminosen (9): Rachitis und Osteomalacie und Hungerosteopathie. Wir haben aber die Gruppe C noch weiter gefaßt und auch jene Krankheiten hineingenommen, bei denen die Ent-kalkung durch Ersatz des Knochengewebes durch anderes Gewebe oder durch Cysten bedingt wird: Osteolyse. Es wurde deshalb in der Abschnittsübersicht nicht der Ausdruck Porose gebraucht, sondern der übergeordnete Begriff der Entkalkung (Halisterese). Das ist der Fall bei den sekundären Veränderungen der RECKLINGHAUSENschen Knochenerkrankung (Cysten, braune Tumoren). Und endlich bleibt eine kleine Gruppe von Erbkrankheiten übrig, die eben-falls mit Herabsetzung des Kalkgehaltes durch Osteolyse einhergehen: Die Speicherkrankheiten (10).

Es ist zu sagen, daß, mit Ausnahme der einfachen Porosen sensu strictiori, den allgemeinen Knochenkrankheiten der Gruppe C eine untergeordnete Bedeu-tung zukommt, weil sie, insbesondere verglichen mit den degenerativen Prozessen oder den Infektionen oder Tumoren der Wirbelsäule, relativ recht selten vor-kommen. Dementsprechend soll ihre Behandlung auch abgekürzt werden. Das darf um so mehr geschehen, als die besondere Lokalisation der krankhaften Prozesse in der Wirbelsäule, mit Ausnahme der Porose, zudem noch von geringerem Interesse ist, weil, wieder im Gegensatz zu den genannten Gruppen A, B und F, die Hauptveränderungen außerhalb der Wirbelsäule liegen. Zudem hat die all-gemeine Röntgendiagnostik dieser Erkrankungen eine ausgezeichnete Darstellung erfahren durch SCHINZ-BAENSCH-FRIEDL-UEHLINGER-HOTZ, und ich verweise auf dieses Lehrbuch der Röntgendiagnostik. Hier sollen im wesentlichen die Wirbelsäulenlokalisationen der genannten Krankheiten behandelt werden.

Bei der Knochenatrophie, Osteoporose, handelt es sich pathologisch-anatomisch um eine Verringerung der Knochensubstanz. Im Röntgenbild ist lediglich die Herabsetzung des Kalkgehaltes in der Dichteverminderung des Knochenschattens zu erkennen. Die Form des Knochens ist meist erhalten. Die Porose kann durch vermehrten Abbau oder durch verminderten Anbau zustande kommen. Der Abbau erfolgt durch Vergrößerung der HAVERSschen und VOLKMANNschen Kanäle, Rarefizierung der Spongiosa und Spongiosierung der Compacta. In der Spongiosa, also dem Hauptteil des Wirbelkörpers, nehmen die Knochen-balken an Dicke ab, sie werden schmäler und schmäler und können zum Teil einseitig ihren Zusammenhang mit den Nachbarbalken verlieren. Gerade auf diese Weise wird die Tragkraft eines Spongiosasystems erheblich herabgesetzt; sie beruht also nicht nur auf der Herabsetzung von Zahl und Mächtigkeit (Querschnitt) der Stützen und Streben, sondern drittens in der einfachen Lösung von Verbindungen von Stützen und Streben, wodurch die Festigkeit nur durch eine Strukturveränderung herbeigeführt wird, ohne daß die Menge des Materials herabgesetzt zu sein braucht. Es ist wohl so, daß wir im wesentlichen den Wirbelkörper meinen, wenn wir von der Osteoporose der Wirbelsäule sprechen. Zwar breitet sich eine generalisierte Porose zweifellos auf den gesamten Knochen aus, also auf Körper und Bogenteil mit Fortsätzen, die röntgenologische Beur-teilbarkeit ist aber am Körper weitaus am größten. Wir wollen deshalb nicht vergessen, auf eine Eigentümlichkeit des porotischen Wirbelkörpers hinzuweisen, nämlich auf die Tatsache, daß die kleinen Löcher der Knochenabschlußplatten bei der Porosierung eine Vergrößerung erfahren, die wohl von einer gewissen Bedeutung sein kann. Es liegt auf der Hand, daß dadurch die Festigkeit der ohnehin schon dünnen Kompaktaplatte erheblich herabgesetzt wird.

Die *Ursache* der Osteoporose ist recht verschieden. Wir wollen vor allem zum Zwecke der Einteilung die Feststellung machen, daß der porosierende Prozeß das ganze Skelet erfassen kann oder nur einen Teil. Wir sprechen von generalisierten Porosen der Wirbelsäule, wenn die Porose nur auf die Wirbelsäule beschränkt ist. Partielle oder lokalisierte Porosen der Wirbelsäule würden nur einen Teil derselben betreffen. Nach der Überschrift des Abschnittes C behandeln wir hier Porosen, die wenigstens die ganze Wirbelsäule einnehmen, meistens aber nicht auf sie beschränkt sind, also als auf dem Skelet generalisiert betrachtet werden müssen.

In der Knochenpathologie des übrigen Skelets spielen zwei Formen der Porose eine sehr wichtige Rolle, die *akute* SUDECKsche *Atrophie* und die *Inaktivitätsatrophie*. Es besteht gar kein Zweifel, daß die Inaktivität der Wirbelsäule ebenfalls zu einer Porosierung derselben führt. Ihr Auftreten ist aber sehr viel weniger sinnfällig als etwa an einem Extremitätenknochen. Das hat drei Gründe. Der erste liegt darin, daß alle obengenannten Ursachen für das Eintreten einer Porose mit Herabsetzung der Beweglichkeit einhergehen; das gilt für das Senium, den Marasmus, die Inanition. Wir können deshalb nicht beurteilen, wie groß die durch die Inaktivität allein bedingte Komponente dieser Porosen zu veranschlagen ist. Ferner ist zu sagen, daß alle lokalen Krankheiten, die die Wirbelsäule inaktivieren, auch die Bewegungen des ganzen Patienten wenigstens herabsetzen, wenn nicht ganz aufheben. Und endlich sei festgestellt, daß die Inaktivierung der Wirbelsäule sehr viel schwieriger ist als die Stillegung z. B. einer Extremität, weil die Hauptbelastung der Wirbel durch die innere Struktur der gesamten Wirbelsäule bedingt ist. Das will heißen, daß die Einwirkungen aus jenen Kräften zusammengesetzt sind, die den Stamm zusammenhalten, also der stammeigenen Muskulatur. Zudem ist zu bedenken, daß oft Inaktivierung der Extremitäten erfolgt, ohne daß dadurch die Wirbelsäule wesentlich entlastet wird. Selbst dann, wenn Bettlägerigkeit besteht, wird oft die Wirbelsäule nicht einmal von der Schwere des Körpers entlastet, weil der Kranke z. B. auf seinem Lager sitzen kann. Diese letzte Eigentümlichkeit wirkt neben der Herabsetzung der Bedeutung der Inaktivierung für die Entstehung einer Porose noch in einer anderen Richtung. Wenn nämlich aus anderer Ursache trotz dem Mangel einer völligen Entlastung eine generelle Porose des Skelets, z. B. im Senium, eintritt, dann entstehen an der Wirbelsäule viel ausgesprochenere Veränderungen, vorwiegend der Form, als an anderen Skeletteilen. So entsteht z. B. eine senile Kyphose gerade, weil das Achsenskelet meistens nicht wirksam entlastet werden kann. Eine wirkliche mechanische Entlastung kann nur durch (myogene oder neurogene) Herabsetzung des Tonus der Stammuskeln erfolgen, also bei Muskelerkrankungen oder bei Lähmungen. Wir werden also die einfache Inaktivitätsporose bei der Wirbelsäule zurücktreten sehen. Dafür wird aber die Deformation durch Porose unter Umständen nur an der Wirbelsäule oder hier wenigstens stärker in Erscheinung treten als anderswo. Trotzdem finden wir bei schweren Lokalerkrankungen der Wirbelsäule ausgesprochene Porose meistens der ganzen Achse; ich denke jetzt fast ausschließlich an Tuberkulosen.

Was nun die *akute* SUDECKsche *Porose* anbelangt, muß zugegeben werden, daß sie an der Wirbelsäule nicht beobachtet ist. Es wird angenommen, daß es zur Entstehung der fleckigen akuten Porose nicht nur einer Erkrankung (Verletzung, Entzündung) des gleichen oder benachbarten Knochens bedarf, sondern auch dazu noch der Inaktivierung. Wenn das richtig ist, und man hat keinen Grund, daran zu zweifeln, dann ist die Erklärung für ihr Fehlen in der Unmöglichkeit gegeben, die Wirbelsäule wirksam von Druck und Bewegung zu entlasten.

Für diese allgemeinen Knochenatrophien sind auch allgemeine Ursachen
verantwortlich. So sehen wir regelmäßig im Alter früher oder später eine
ausgesprochene Porose auftreten: senile oder präsenile Porose. Allgemeiner
Marasmus, z. B. bei Tumor oder Tuberku-
lose, führt zu einer generalisierten Porose

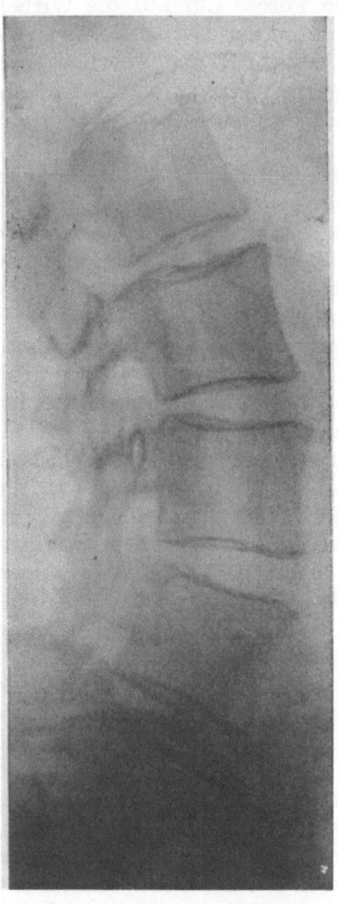

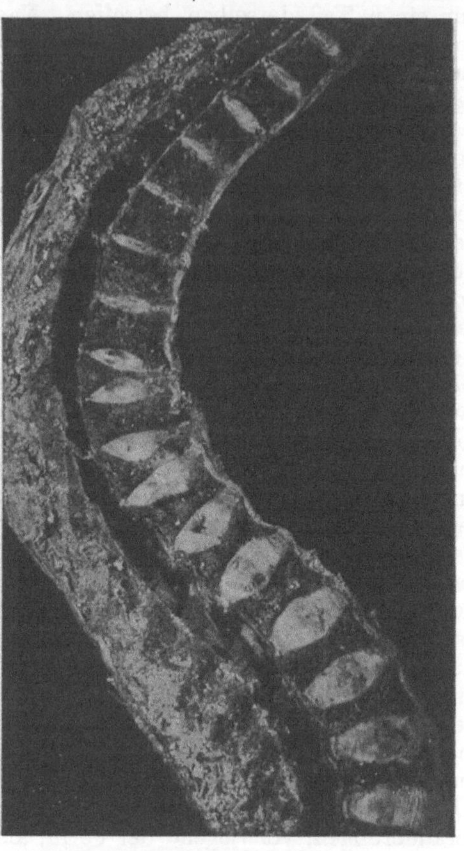

Abb. 133. Mit 33 Jahren Beginn zum Teil
heftiger, während der Menses verstärkter Beschwerden im Rücken, die jeglicher Therapie
trotzten (Hormone, Vitamine, Calcium, Bäder
usw.). Zwischen den Menses Diarrhoen, nach
der Klimax mit 46 Jahren Besserung der Darm-
beschwerden, nicht aber des Rückens. Hochgradige allgemeine Porose der Lendenwirbelsäule. Fraktur Th$_{12}$ nach geringfügigem
Trauma. Schmerzhafte präsenile Osteoporose.
50jähr. ♀. Nr. 15918. 2/3.

Abb. 134. Hochgradige, generalisierte Osteoporose: osteoporotische Kyphose der mittleren und unteren Brustwirbelsäule.
Keil und Fischwirbel in der unteren Brustwirbelsäule, Fischwirbel in der Lendenwirbelsäule (nach JUNGHANNS).

des Skelets schon in jüngeren und mittleren Jahren oder verstärkt — meist in
unkontrollierbarem Maße — die senile
Porose: marantische Porose. Auch bei lang-
dauernden Hungerzuständen können hoch-
gradige Porosen beobachtet werden: Hungeratrophie. In allen diesen Fällen
besteht eine Porose der Wirbelsäule im Rahmen der gesamten Knochenatrophie. Das gleiche gilt für die später zu beschreibenden Porosen auf
innersekretorischer Basis, wobei ein allgemeiner, regulatorischer Einfluß dahin-
fällt, und für Porosen bei Avitaminosen. Die CUSHINGsche Krankheit, die
Sprue, aber vor allem auch Rachitis und Osteomalacie, sind gute Beispiele
dieser beiden Gruppen. Auch Leberkrankheiten führen zu allgemeiner Osteoporose (MAYOR).

7. Einfache, gleichmäßige Osteoporosen im engeren Sinne.

a) Senile Porose der Wirbelsäule.

Die senile Porose der Wirbelsäule tritt als besondere Lokalisation einer generalisierten Skeletporose im siebenten, selten schon im sechsten Jahrzehnt

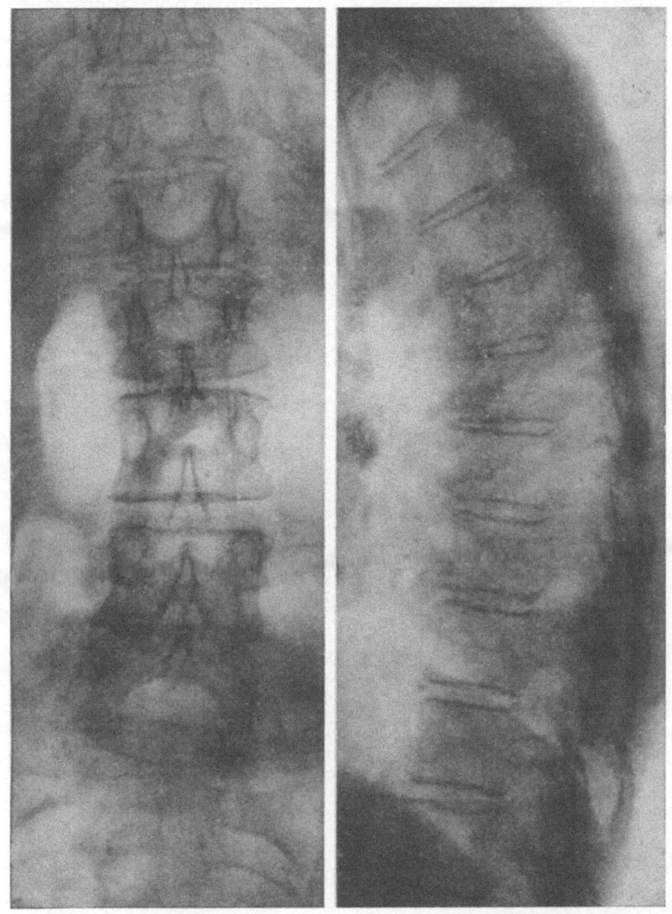

Abb. 135. Schmerzhafte, präsenile Osteoporose der Wirbelsäule und des Beckens. Etwa 60jähr. ♀. Allmählich einsetzende Rückenschmerzen bis zu völligem Verlust der Sehfähigkeit; Bettlägerigkeit. Nach Behandlung mit Vitaminen (A, C, D), Phosphor, Kalk erhebliche Besserung, so daß Patient 3 bis 4 Stunden im Tag gehen kann, zwar unter ständiger Vitaminmedikation. Keine Deformationen des Skelets. Hochgradige Osteoporose ohne Deformation der Wirbelkörper, keine Fisch- oder Keilwirbel, geringe Kyphose im Sinne der senilen Kyphose; geringe Scoliose. Nr. 13 233. 2/3.

und später auf. Frühzeitige Porosen nach dem 60. Jahr sind relativ häufig, ohne daß Schmerzhaftigkeit vorliegt; es handelt sich meistens um zufällige Befunde.

Die pathologisch-anatomische Grundlage ist im großen und ganzen durch die Befunde gegeben, wie sie oben geschildert werden. Es wurde oben geäußert, daß die einfache Porosierung im allgemeinen nicht zu Formveränderungen führt. Das gilt für alle Knochen des Skelets, nur nicht für die Wirbelsäule, und zwar aus einem Grunde, den wir schon angeführt haben. Jeder andere Knochen, vor allem derjenige der Extremitäten, kann leichter entlastet werden als die Wirbelsäule.

Deshalb treten denn auch Deformierungen der Wirbelkörper auf, sobald ein gewisser Grad von Entkalkung eingetreten ist. Durch den oben erwähnten dreifachen Weg der Festigkeitsherabsetzung des spongiösen Knochens ist dieser kritische Grad der Rarefikation relativ frühzeitig erreicht, d. h. unter Umständen zu einer Zeit, wo das Röntgenbild die Porose noch nicht sehr sinnfällig verrät. Dazu kommt die Tatsache, daß der nach allen drei Richtungen des Raumes große Spongiosablock allseitig nur von einer schmächtigen Compacta umgeben ist. Die Deformation wird in dem Sinne verlaufen, daß die Dimension in der Richtung der größten Kraft, also grosso modo in der Längsrichtung

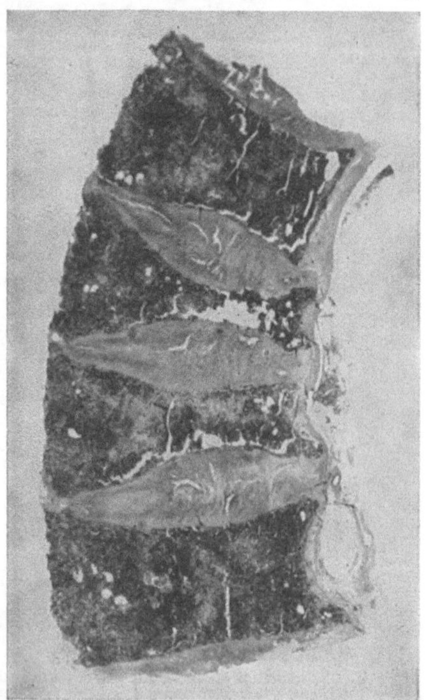

a)   b)

Abb. 136. Sehr hochgradige Osteoporose der gesamten Wirbelsäule mit Keil- und Fischwirbelbildung bei 76jähr. ♂. Mikroskopisch reine Porose, kein Osteoid.
a) Klinisches Röntgenbild. 68jähr. ♂. (Fall Alt. LÜDIN, Röntgeninstitut Univ. Basel.) 1/2.] b) Schnitt. (Dr. F. ROULET, Pathologisch-Anatomische Anstalt Basel.)

verkleinert wird; der Wirbelkörper sinkt zusammen, wenn er durch die Porose mechanisch insuffizient wird. Je nach der Art der Belastung werden eher Keilwirbel oder eher Fischwirbel entstehen.

Im Bereiche von Kyphosen, wo der Wirbelkörper namentlich vorne belastet wird, entsteht naturgemäß eher ein *Keilwirbel*, wie wir das schon bei der Besprechung der juvenilen Kyphose gesehen haben. Die vordere Höhe nimmt ab, während hinten der Wirbelkörper durch die Bogenteile gestützt wird. In der

Gegend der Lendenlordose dagegen, wo die Hauptlast nach hinten verlegt ist, entstehen eher *Fischwirbel*. Es ist zu bedenken, daß die Entlastung des vorderen Randes um so ausgiebiger erfolgt, je stärker die Lordose ausgesprochen ist, also je mehr sie sich z. B. bei kyphosierenden Prozessen kompensatorisch vertieft. Beim Fischwirbel sind beide Abschlußplatten eingedellt, so daß sie nicht mehr planparallel erscheinen, sondern sich etwa im Zentrum des Körpers nähern. Sie gleichen dann dem opistocoelen Wirbel der Fische; das hat ihnen den treffenden Namen eingetragen. Sanduhrwirbel ist ein schlechter Ausdruck. Während für die Entstehung des Keilwirbels keine Einschränkung besteht, ist die Vorbedingung für das Zustandekommen des Fischwirbels eine quellungsfähige Bandscheibe. Durch den Quellungsdruck wird nämlich die Eindellung der Abschlußplatten bewirkt. Die Gallertkernhöhle kann sich cystisch erweitern (Abb. 133). Der Fischwirbel ist deshalb mehr die Erscheinung des jugendlichen Individuums, sicher aber der gut erhaltenen Bandscheibe. Wenn diese Vorbedingung erfüllt ist, können sich Fischwirbel bis in die untere Brustwirbelsäule hinauf bilden; sie sind keineswegs nur Erscheinungen der Lendenwirbel. Es können dann Fischwirbel zudem noch Keilform annehmen.

Eine echte Hypertrophie der Bandscheiben, wie sie MOFFAT angenommen hat, scheint nach den Untersuchungen von SCHMORL nicht zu bestehen.

Ist die Bandscheibe schon stark degeneriert und deshalb nicht mehr fähig, sich auszudehnen, dann kommt eine gleichmäßige Erniedrigung des Wirbelkörpers zustande, der *abgeplattete Wirbel*. Der Ausdruck Plattwirbel soll im Zusammenhang mit den Porosen möglichst vermieden werden.

Diese Formveränderungen sind mit dem *Röntgenverfahren* sehr gut darstellbar. Aber schon bevor diese auftreten, kann die Osteoporose der Wirbelsäule im Röntgenbild festgestellt werden. Meist ist das Profilbild besser geeignet als die Sagittalaufnahme, wenn es sich darum handelt, einfach eine mehr oder weniger hochgradige Aufhellung des Schattens zu erkennen. Feinere, die Struktur betreffende Veränderungen dagegen sind besser oder früher in der vorderen Aufnahme zu sehen, weil nur ausgezeichnetste Seitenbilder Struktur der Wirbelkörper erkennen lassen. Es ist oft sogar ausgesprochen schwierig, hochgradig porotische Wirbelkörper darzustellen. Das gilt namentlich für jene Fälle, wo die zarte Umrahmung, die man an porotischen Wirbeln meistens sehen kann, fehlt. Es gibt sicherlich Porosen ohne Gestaltveränderungen der Wirbel. Sie sind selten und es ist deshalb stets geboten, in bezug auf eine technische Täuschungsmöglichkeit, besondere Vorsicht walten zu lassen (GRASHEY).

Der Zustand der Fischwirbel oder *porotischen Keilwirbel* entsteht in den meisten Fällen der einfachen senilen Porose nach und nach. In hochgradigen Fällen können aber aus Anlaß von minimalen Traumen oder von stärkeren Belastungen des täglichen Lebens kleine Infraktionen auftreten, die im Röntgenbild zwar manchmal sichtbar, meistens aber wohl unsichtbar sind. Solche kleine Infraktionen dürften auch für die Beobachtung verantwortlich sein, daß sich nicht alle Wirbelkörper gleichmäßig deformieren. Ich spreche hier lediglich von kleinen unbedeutenden Verletzungen, die aber dennoch Anlaß zu plötzlichen Beschwerden geben können. Die Bedeutung der senilen Porose für die traumatischen Verletzungen soll später berücksichtigt werden.

Es braucht nicht besonders hervorgehoben zu werden, daß die verdünnte knöcherne Abschlußplatte des porotischen Wirbelkörpers besonders geeignet ist für die Entstehung von Gewebsverlagerungen, sowie wir diese Vorgänge früher in Kapitel III, A 2 besprochen haben. Es liegt auf der Hand, daß solche Verlagerungen, wie Knorpelknotenbildung, im wesentlichen beim abgeplatteten und beim Keilwirbel vorkommen, und beim Fischwirbel, wo die Abschlußplatten dem Druck in ihrer Gesamtheit ausweichen, selten sind.

Der Keilwirbel der Brustwirbelsäule führt zu einer Kyphose: *osteoporotische Kyphose*. Sie ist naturgemäß eine Erscheinung des Alters und in ihrer äußeren Form der Alterskyphose ähnlich, aber, wie wir früher sahen, mit dieser nicht identisch. Die Alterskyphose ist durch die (keilförmigen) Bandscheiben bedingt; die osteoporotische Kyphose dagegen durch Keilwirbelbildung. Es ist nützlich, die reinliche Trennung dieser beiden Arten vorzunehmen, trotzdem man sich nicht verhehlen darf, daß die Kyphose der alten Leute wohl in der überwiegenden Mehrzahl der Fälle durch eine Kombination beider Ursachen bedingt ist (Abb. 137).

Klinisches. Die Tatsache, daß der langsam entstehende senil-porotische Extremitätenknochen nicht schmerzhaft ist, kann zwar nicht als Beweis hingenommen werden, daß auch die mit seniler Porose behaftete Wirbelsäule keine Schmerzen bereite. Dieser Schluß ist wegen der schon oft postulierten ungünstigen Entlastungsmöglichkeit der Wirbelsäule nicht gestattet. Dennoch darf man sagen, daß die unkomplizierte senile Porose der Wirbelsäule wohl sehr selten Beschwerden macht, die über Müdigkeit und schleichend beginnende, unbestimmte Schmerzen (BRANDT) herausgeht. Besser ausgedrückt: Wenn eine senil-porotische Wirbelsäule schmerzhaft ist (Rückenschmerzen, Lumbalgie, Ischias), dann findet man in der größten Mehrzahl dieser Fälle andere Veränderungen, die für die Schmerzen verantwortlich gemacht werden müssen. Oft werden es Arthrosen oder schwere Osteochondrosen sein; andere Ursachen sind aber Tumoren und Entzündungen, seltener Osteopathien, die im hohen Alter zu heftigen Rückenschmerzen führen können. Im sechsten, ja schon im ausgehenden fünften Jahrzehnt haben wir aber noch eine andere Porose zu berücksichtigen, die, wenn alle anderen Möglichkeiten ausgeschaltet sind, als Ursache von Rückenschmerzen in Betracht kommt: die schmerzhafte präsenile Osteoporose der Wirbelsäule.

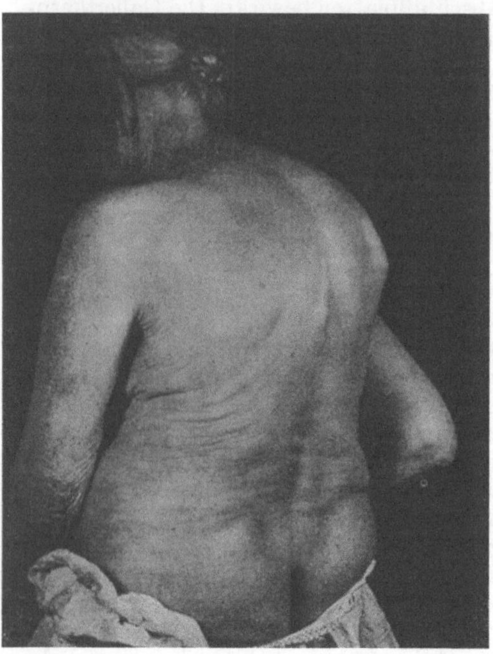

Abb. 137. Kyphose bei hochgradiger seniler Porose; Scheitelpunkt (mittlere) untere Brustwirbelsäule. 64jähr. ♀.

b) Schmerzhafte präsenile Osteoporose der Wirbelsäule.

Man beobachtet nicht selten ältere Leute mit röntgenologisch nachweisbaren Porosen der Wirbelsäule und des Beckens, wenn man Nachschau hält meist mehr oder weniger auch des übrigen Skelets, die sich in zwei Punkten von der einfachen, unter 7 a besprochenen senilen Porose unterscheiden. Einmal betrifft es meistens Frauen im sechsten Jahrzehnt, selten am Ende des fünften (POLGÁR) oder im Anfang des siebenten Jahrzehnts, oft wenige Jahre nach der Klimax; und zweitens besteht häufig sehr starke Schmerzhaftigkeit in Rücken und Lenden, Ischialgien, Gehstörungen. An Wirbelsäule und Becken sind andere Zeichen als die der Porose nicht festzustellen; es handelt sich um eine einfache allgemeine

Porose. Wenn nicht auf andere Weise im Beginn der Krankheit, so läßt sich wenigstens durch deren Verlauf eine Entkalkung durch Osteolyse bei multiplen Tumormetastasen ausschließen.

Die Franzosen (LAPEYRE, MERKLEN und JAKOB) sprechen von einer „Ostéoporose douloureuse rachidienne" und nehmen an, daß es sich um eine „forme fruste" der Osteomalacie handle (DECOURT, GALLY und GUILLAUMIN, DECOURT). Diese Autoren machen auf die Progredienz des Leidens aufmerksam. Oft tritt schubweise Verschlechterung ein. Auch im italienischen Schrifttum findet man den Hinweis auf schmerzhafte Form der Wirbelporose durch PALTRINIERI und SEGRE. Indessen soll eine Osteomalacie nicht vorliegen, jedenfalls bestehen keine Zeichen dafür; derselben Ansicht ist auch CANIGIONI (1). Es soll eine Hypocalcämie bestehen.

Wichtig für Diagnose und Ätiologie der schmerzhaften präsenilen Osteoporose der Wirbelsäule ist die Ansprechbarkeit auf therapeutische Maßnahmen. Es gibt Fälle, die auf Adrenalin (ROSENFELD), Phosphor, Kalk, Vitamin C und D, aber auch A und B und Röntgenstrahlen ausheilen oder (eventuell zeitweise) bessern. Es gibt aber auch Fälle, die namentlich in späteren Schüben jeder Therapie trotzen (MERKLEN und JACOB). Man wird wohl gut tun, sich bezüglich der Ätiologie verschiedene Möglichkeiten vorzubehalten. Mir scheint, daß ein Teil der Fälle doch Avitaminosen zuzurechnen ist, nämlich jener mit guter Ansprechbarkeit auf die Vitamintherapie. Wir hätten diese Teilgruppe dann der *Osteomalacie* zuzurechnen. Eine zweite Gruppe scheint wirklich mit Osteomalacie nichts zu tun zu haben. Indessen soll man sich klar sein, daß die Histologie entscheiden muß, und es läßt sich gerade deshalb denken, daß Übergänge von der einfachen Porose zur Osteomalacie bestehen können, ähnlich wie auch bei der Osteopathie der Sprue echte Osteomalacie und Osteoid und Osteoporose ohne Osteoid beobachtet sind.

Röntgenologisch findet man oft außerordentlich hochgradige Porosen, ab und zu sogar mit sichtbaren kleinen Infraktionen der Abschlußplatten. Es kann aber auch vorkommen, daß eine auffällige Diskrepanz besteht zwischen dem starken klinischen Befund und der geringen, stets aber unzweifelhaften Knochenatrophie der Wirbelsäule. Es ist aber der Beschreibung der Röntgenbilder nichts beizufügen (vgl. auch Kap. III, C 7a, 8 und 9).

c) Marantische Porose der Wirbelsäule.

Die senile Porose ist die Porose des Seniums; die präsenile Entkalkung findet man im sechsten Dezennium. Bei hochgradigen und lang dauernden marantischen Zuständen, wie etwa bei langsam wachsenden *Tumoren* oder mehr noch bei *Tuberkulosen*, tritt oft eine generalisierte Porose des ganzen Skelets schon bei jüngeren Individuen auf. VALLEBONA fand bei genauer Technik 56% der Tuberkulosen mit Osteoporosen.

d) Anhang: Renale Osteopathie.

In manchen Fällen von Niereninsuffizienz kann eine porosierende Osteopathie des Skelets beobachtet werden. Sie kommt mit wenigen Unterschieden in allen Lebensaltern vor: beim Kleinkind, im späteren Kindesalter, bei der zweiten Streckung und bei Erwachsenen. Die Blutcalciumwerte sind nicht oder nur unwesentlich verändert, der Phosphor kann gesteigert oder vermindert sein. Häufig werden Hyperplasien der Epithelkörperchen gefunden (*sekundärer Hyperparathyreoidismus*). Die Nierenveränderungen sind häufig entweder angeboren oder doch wenigstens auf Grund einer angeborenen Anomalie entstanden. Es handelt sich also um Erbkrankheiten, obschon später Komplikationen das ursprüngliche Bild der Niereninsuffizienz weit übertönen können.

Die renale Osteopathie steht in vielen Fällen dem Hyperparathyreoidismus,
bzw. der von RECKLINGHAUSENschen Knochenerkrankung nahe und kann unter
Umständen mit ihr verwechselt werden. Die gegenseitige Beeinflussung von
Nebenschilddrüse und Skelet ist indessen auch in der Richtung Knochen → Parathyreoidea durch ERDHEIM bekanntge-
worden. Er fand diffuse Vergrößerung
der Epithelkörperchen bei den D-Avi-
taminosen (Rachitis und Osteomalacie).
Aber auch andere porosierende oder
osteolysierende Prozesse führen zu
sekundären Hyperparathyreoidismus:

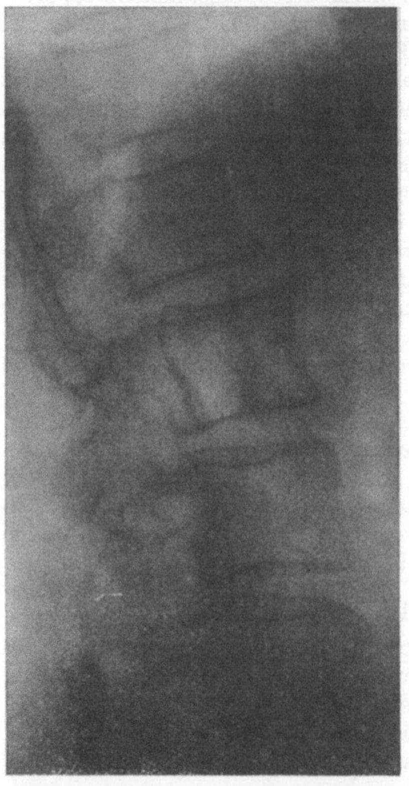

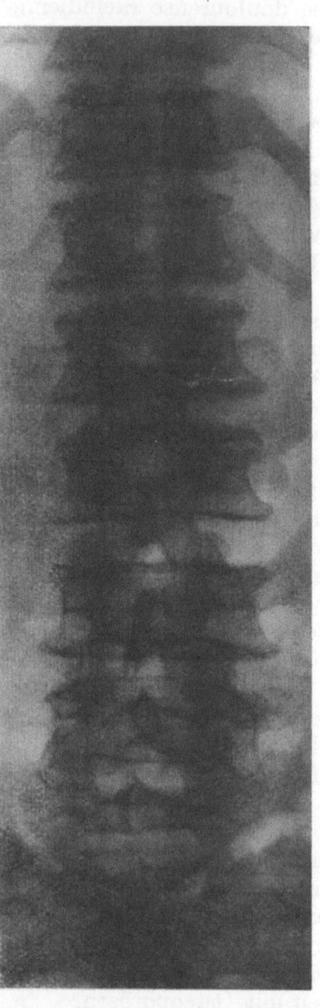

Abb. 138. Starke Porose der Wirbelsäule bei hochgradiger Osteoatrophie des ganzen Skelets mit Infraktionen im Fußskelet, heftige Schmerzen in den Extremitäten. Einige Monate nach Operation wegen
Basedow und längerer Behandlung mit Ovarialpräpa-
raten. 72jähr. ♀. Nr. 17976. 1/2.

Abb. 139. Kurze und breite Wirbel (Verhältnis von
Breite zu Höhe größer als 2,0) bei 60jährigem männli-
chem Kretinen; Osteoporose angedeutet, keine wesentlichen Verkrümmungen, Spondylose. teilweise eher
breite Bandscheibenräume (keine schwere
Osteochondrose). 2/3.

senile Porose (ASKANAZY), Sprue mit Tetanie (LICHTWITZ), Morbus CUSHING,
Myelome und Carcinosen usw.

Im Kleinkindesalter entspricht das Röntgenbild des Extremitätenskelets
ziemlich genau demjenigen der Rachitis (*renale Rachitis*): fleckige Porose und
Epiphysenveränderungen. Dasselbe gilt bei Beginn nach dem fünften Lebensjahr: ausgesprochene Porose mit Osteoidbildung; der Serumphosphor ist erhöht,
Blutcalcium etwas herabgesetzt, Acidose. Tritt die Krankheit später, d. h. in

der Pubertät auf, so ist das enchondrale Wachstum nicht wesentlich gestört — die Zeichen der Rachitis fehlen also zum Teil. Die renale Osteopathie im infantilen und juvenilen Alter führt meist zum *renalen Zwergwuchs* (oder Minderwuchs). Soweit ich sehen kann, ist bei kindlicher renaler Osteopathie die *Wirbelsäule* kaum derart stark befallen, daß die Entkalkung im Röntgenbild sichtbar wird.

Etwa ein Fünftel der chronischen Nierenerkrankungen mit Insuffizienz Erwachsener weisen eine langsame, durch die Acidose bedingte mikroskopische Osteoatrophie auf, die aber röntgenologisch nicht sichtbar ist (UEHLINGER; vgl. S. 157).

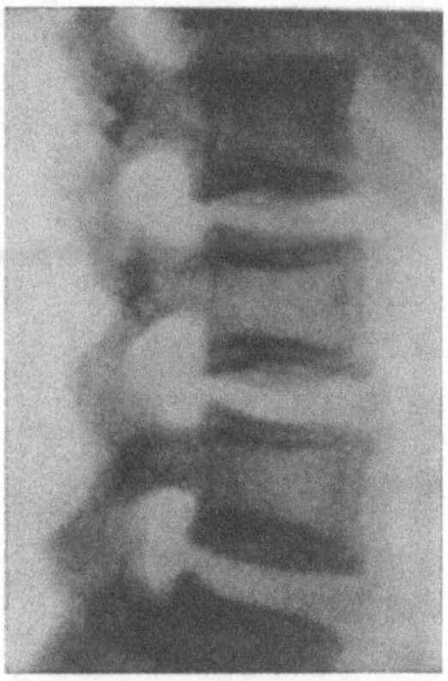

8. Osteoporose bei innersekretorischen Störungen.

Bei gewissen innersekretorischen Störungen fällt offenbar ein Regulationsmechanismus des Kalkstoffwechsels, bzw. des Knochenumbaues aus; dadurch können allgemeine Osteoporosen entstehen. Wir finden jedenfalls in diesem Kapitel sehr hochgradige Osteoporosen.

a) Hyperthyreosen, Morbus Basedow.

Bei Hyperthyreosen ist mikroskopisch stets Atrophie des Knochens feststellbar (UEHLINGER). Oft läßt sich die Porose aber auch röntgenologisch erkennen. Die Entkalkung betrifft aber vor allem das Extremitätenskelet. MARX fand in 20% der Thyreotoxikosen röntgenologisch feststellbare Porose des Handskelets. Es wird angenommen, daß sie durch Acidose bedingt ist (ASKANAZY). Vgl. Abb. 138.

Abb. 140. 20jähriger Soldat ohne jegliche subjektive oder objektive Krankheitszeichen. Wachstumslinien parallel zu den Abschlußplatten und Vorderflächen aller Wirbelkörper. Man beachte die geringe Wachstumsintensität parallel zu der Hinterfläche. Wahrscheinlich: zeitweise Hypofunktion der Schilddrüse (Autor), differentialdiagnostisch: Vergiftungen (Phosphor, Blei, Bismut), beginnender, milder Marmorknochen, Lues congenita, Möller-Barlow, Remissionslinien bei Spätrachitis oder Osteomalacie; ferner akute oder chronische Infektionskrankheiten, Inanition, Ernährungsstörungen, Störung des Vitaminstoffwechsels, innersekretorische Störungen (nach STAMMEL).

b) Kretinismus.

Die meist endemische, endokrine Entwicklungsstörung, wie sie die Grundlage des Kretinismus bildet, führt neben Störungen des Zentralnervensystems (Intelligenz, Gehör usw.) auch zu Störungen des Skelets; das Längenwachstum ist herabgesetzt durch mangelhafte enchondrale Verknöcherung (kurze Zellsäulen); es entsteht *Zwergwuchs*.

Im Rahmen dieser athyreotischen oder dysthyreotischen allgemeinen Skeletstörung ist auch die *Wirbelsäule* beteiligt. Die Entstehung der knöchernen Randleisten, namentlich aber deren Schluß ist wie die anderen Epiphysen erheblich verspätet. So kommt es, daß die kindliche und sogar die juvenile Kretinenwirbelsäule zwischen den niedrigen und breiten porotischen Wirbelkörpern verbreiterte Bandscheibenräume aufweisen, insbesondere dann, wenn die Randleisten noch nicht verknöchert sind. Kräftige Randleisten können bis tief in das dritte Lebensjahrzehnt noch sichtbar bleiben. Bei älteren Kretinen mit geschlossenen Epiphysen ist die Erhöhung der Bandscheibe nicht mehr auffällig. Im Gegenteil treten relativ frühzeitig spondylotische, bzw. osteochondrotische Veränderungen auf, die wieder eine Verschmälerung des Bandscheibenraumes im Röntgenbild zur Folge haben. Der normale Lendenwirbelkörper ist stets weniger breit als die doppelte Höhe, beim Kretin steigt das Verhältnis bis gegen 2,6. Verkrümmungen geringen oder mittleren Ausmaßes sind häufig.

c) Die Wirbelsäule bei Kaschin-Beckscher Krankheit.

Es handelt sich wahrscheinlich um eine pluriglanduläre innersekretorische Störung mit Beteiligung von Hypophyse, Thyreoidea und Ovar. Wahrscheinlich

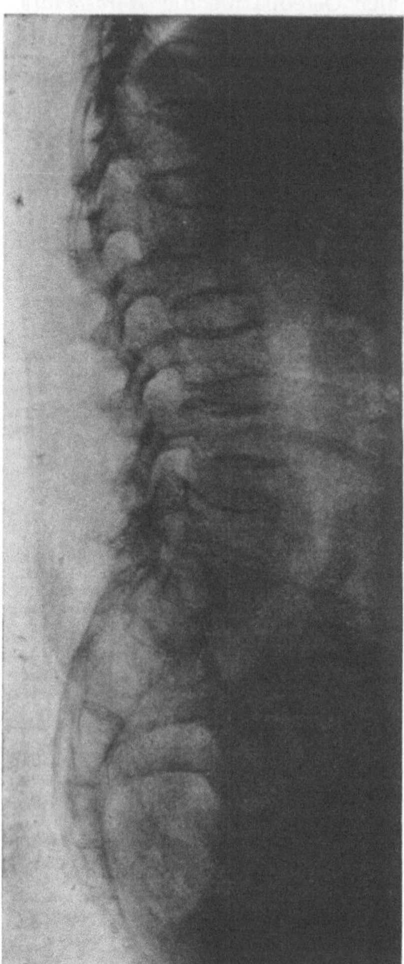

spielt aber auch eine gewisse Mangelernährung eine Rolle. Goldstein und Nikiforow nehmen eine Beziehung zum Kretinismus an. Die Krankheit ist im Transbaikalgebiet endemisch und macht sich schon im Kindesalter an den Gelenken bemerkbar. Beginnt sie zwar an den kleinen Gelenken, so werden doch nach und nach alle oder die meisten Gelenke befallen. Es besteht eine chronische Osteoarthrose, die Gelenkprozesse bewirkt.

Die *Wirbelsäule* erfährt verschiedene Veränderungen je nach dem Alter. Die kindliche Wirbelsäule zeigt bei Osteoarthrosis Kaschin-Beck ausgesprochene Plattwirbel, ähnlich wie bei Chondrodystrophie. Eine starke Kypholordose ist bereits beim Kind angedeutet. Beim *Erwachsenen* besteht eine ausgesprochene Porose. Starke Osteochondrose bewirkt später weitgehenden Untergang der Bandscheiben. Das Wirbelsäulenbild ist demjenigen bei Kretinismus sehr ähnlich.

d) Morbus Cushing.

Das basophile Adenom der Hypophyse mit Hyperplasie der Nebennierenrinde führt zu einem Symptomenkomplex, der seit 1932 unter dem Begriff der Cushingschen Krankheit bekannt ist. Fettsucht des Stammes und Gesichtes, Hypogenitalismus, Albuminurie mit arteriellem Hochdruck, hämorrhagische Diathese sind die Hauptsymptome. 70% der Kranken sind Frauen. Die Vergrößerung der Hypophysenloge ist fakultativ. Jedoch besteht in 73% (Jonas) eine sehr hochgradige *Osteoporose der Wirbelsäule* (Osteopo-

Abb. 141. Sehr hochgradige Osteoporose mit Fischwirbelbildung bei Morbus Cushing. 27jähr. ♀. Exitus an akuter Pancreatitis. (Fall W. Brunner.)

rotische Fettsucht Askanazy). Die Rippen nehmen oft teil an der Porose, so daß Spontanfrakturen derselben gelegentlich beobachtet werden können. Die Krankheit tritt nach dem Abschluß des Knochenwachstums meist im dritten Jahrzehnt auf. Cushing, Askanazy und Rutishauser, Jamin, Forconi. Osteoporose des Extremitätenskelets ist sehr selten. Die Porosierung des Knochens erfolgt schubweise. Eine Störung des Mineralstoffwechsels bekundet sich durch Erhöhung von Calcium und Phosphor im Blut, Nierensteine sind häufig. Eine Beziehung zu den Epithelkörperchen scheint in manchen Fällen erwiesen (sekundärer Hyperparathyreoidismus).

e) Wirbelsäulenveränderungen bei primärem Hyperparathyreoidismus.

Die Hyperfunktion der adenomatösen hyperplastischen *Nebenschilddrüse* führt zu einer allgemeinen Erkrankung, die sich in einer Störung des Mineralstoffwechsels äußert. Das Blutcalcium ist bis zu 23 mg% erhöht, der Phosphorwert erniedrigt. Dabei findet eine starke Ausschwemmung von Calcium und Phosphor durch die Nieren statt, so daß das Skeletsystem an diesen Elementen verarmt. Neben Skeletveränderungen findet man Allgemeinsymptome, wie Schwäche, Reizbarkeit, Erbrechen und Nierenerkrankungen (Nephrolithiasis, Kalkmetastasen) bzw. Nierenfunktionsstörungen (Polyurie, Hyposthenurie, Polydypsie).

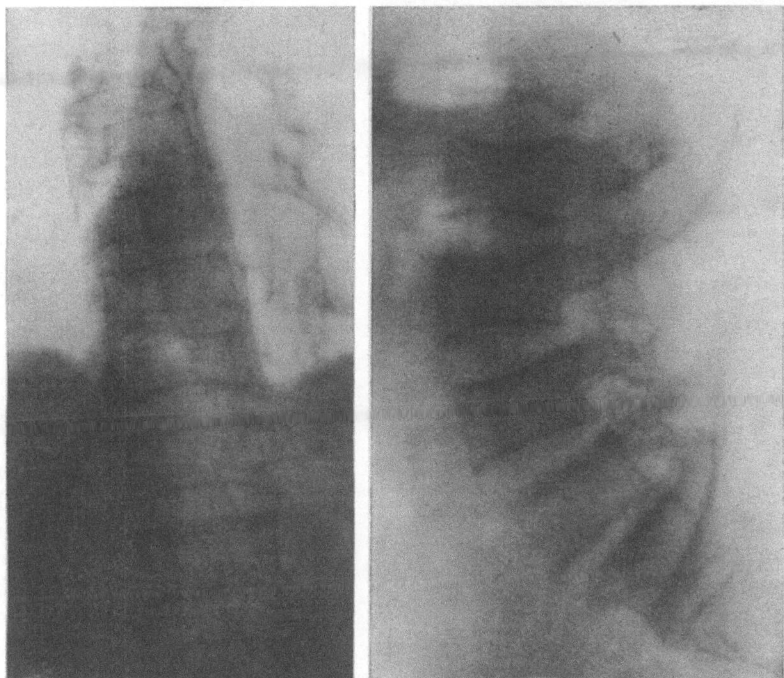

Abb. 142. Seit vier Jahren zunehmende, in letzter Zeit unerträgliche Schmerzen in Rücken, Hüften und Füßen. Zeichen der chronischen Nephritis, Hypercalcaemie (17 mg%), Phosphor 2,6 mg%, Nephrocalcinose; Entfernung eines Adenoms der Parathyreoidea. Hochgradige Osteoporose des ganzen Skelets, besonders der Wirbelsäule, keine Sclerose, keine Cysten, Fischwirbel. 35jähr. ♂. Osteoporose bei Hyperporathyreoidismus. (Fall 1 von WERNLY.) Nr. 93 063. 1/2.

Die Nierensteinbildung hat die gleiche Ursache wie bei Morbus Cushing oder bei ausgedehnten Inaktivitäts-Osteoporosen infolge schwerer Frakturen (Wirbelsäulen) oder ausgedehnter knochenzerstörender Prozesse, wie etwa Osteomyelitis oder Carcinose. Sie entstehen wie die Kalkablagerungen in den Weichteilen (Nieren, Haut, Gefäße) durch erhöhte Konzentrierung der Kalksalze. Wir beschäftigen uns hier lediglich mit den nicht absolut obligaten Skeletsymptomen jener Erkrankung, die man deswegen als primären Hyperparathyreoidismus bezeichnet, weil er durch das Adenom der Nebenschilddrüsen, bzw. die Überfunktion derselben als Grundleiden verursacht ist.

Diese Knochensymptome kennen wir unter dem Bild der *Osteodystrophia fibrosa generalisata* (VON RECKLINGHAUSEN). Sie ist selten, ihr klassisches Bild ist in gegen 400 Fällen bekannt. Von diesen 400 Erkrankungen (HASELHOFER) sind allerdings eine stattliche Zahl fragliche Fälle. Im Vordergrund und im Anfang der generalisierten Skeletveränderungen steht — und das kann nicht nachdrücklich genug gesagt werden — die *Entkalkung* des gesamten Skeletsystems. Sie ist im *Röntgenbild* besonders gut zur Darstellung zu bringen. Durch eine besondere büschelförmige Stellung der Spongiosabalken, die von dem bekannten, mehr oder weniger trajektoriellen Verlauf abweicht, verschwindet die Spongiosastruktur, sogar besonders frühzeitig, eher jedenfalls als bei der einfachen Osteoporose, sogar eher als bei der Osteomalacie. Grundsätzlich wird kein Teil des Skelets verschont. Man gelangte jedoch zu dem Eindruck, daß jene Stellen am stärksten befallen werden, die auch durch Stillegung des Körpers nicht völlig von Druck und Bewegung entlastet werden können. Das sind Wirbelsäule, Becken, kleine Röhrenknochen.

Durch die hochgradige Osteoporose wird der Knochen weich. Es entstehen Einbrüche mit Blutungen und später bilden sich *Knochencysten* und Riesenzelltumoren. Erst im späteren Verlauf tritt stellenweise reaktive *Sclerosierung* mit Bildung von Fasermark und Osteosclerose ein; sie führt zu feinsträhniger oder feinporiger Struktur, die namentlich im Extremitätenknochen deutlich zu erkennen

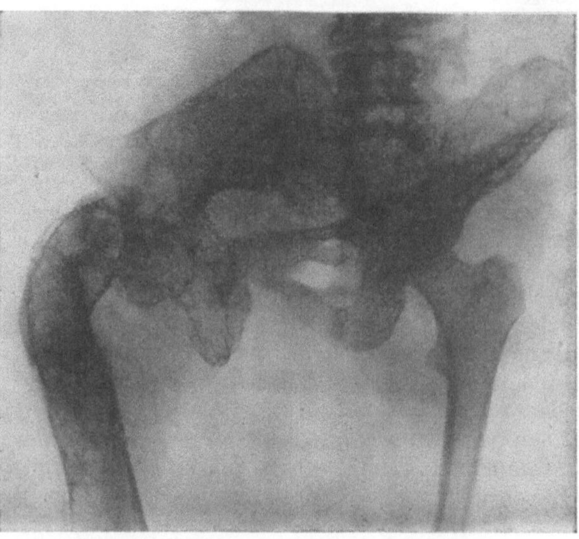

a)

b)

Abb. 143. Erniedrigung von Th₉ und Th₁₂, der komprimierte Wirbelkörper tritt nach vorne und hinten (auch seitlich) über das Niveau der normalen Wirbel vor; zum Teil Entkalkung, Andeutung von streifiger Zeichnung, Konturen verdichtet (Rahmenbildung); die Veränderungen sitzen auch im Bogen, die Struktur der ganzen neunten Rippe ist völlig zerstört; auch der Bogenteil von Th₁₂ zeigt die gleichen Veränderungen. Außerdem Verkrümmung des rechten Oberschenkels mit entsprechenden Zeichen auch im Schädel, Becken, linker Ellenbogenknochen. Die erkrankten Knochen sind schmerzhaft. Beginn mit etwa sieben Jahren, langsame stetige Zunahme, mit 14 Jahren Probeexcision aus dem Femur: Ostitis fibrosa; mit 19 Jahren Entfernung eines Epithelkörperchens ohne Erfolg; vom 15. bis 25. Jahr keine wesentliche Zunahme der Veränderungen mehr (Ellenbogen). Serumphosphatose leicht erhöht. Fibröse Dysplasie der Knochen (JAFFE-LICHTENSTEIN). Nr. 98055.

a) 1/2. b) 1/3.

ist, indem hier auch die Grenze der Compacta unscharf wird. Damit ist das klassische Bild der VON RECKLINGHAUSENschen Knochenkrankheit erst vollständig. Diese Vollständigkeit ist aber keineswegs obligat, und gerade die Wirbelsäule läßt Cysten und *Riesenzelltumoren* im Röntgenbild stets vermissen. Die *Blutungen* aber, die der Pathologe im Achsenskelet oft findet, sind nicht darstellbar und tragen nur dazu bei, die Strukturlosigkeit des Knochens, insbesondere des Wirbelkörpers noch zu erhöhen (HASLHOFER). Vgl. Tabelle 5.

f) Fibröse Dysplasie der Knochen.

Aus unbekannter Ätiologie, wahrscheinlich durch eine innersekretorische Störung (die Amerikaner sprechen von der Hypophyse), wandelt sich im kindlichen oder jugendlichen Alter das Zellmark in zellarmes fibröses Mark um. Hauptlokalisation ist der Oberschenkel, die Tibia, kurz, die langen Röhrenknochen, d. h. deren Meta- und Diaphysen. Aber auch die platten Knochen können beteiligt sein. Die Knochen werden aufgetrieben, deformiert, spontanfrakturiert, die Corticalis wird stark verdünnt.

Es handelt sich also um eine *myelogene* Knochenerkrankung. Sie wurde 1938 durch JAFFE und LICHTENSTEIN endgültig von der RECKLINGHAUSENschen Osteodystrophia fibrosa generalisata abgetrennt. Die beiden Autoren haben Kranke beschrieben, die sämtlich nur mit Knochenveränderungen behaftet waren. 1937 haben aber ALBRIGHT und Mitarbeiter Fälle dargestellt, die außerdem noch Hautveränderungen in Form von milchkaffeefarbenen kleineren bis sehr großen Flecken

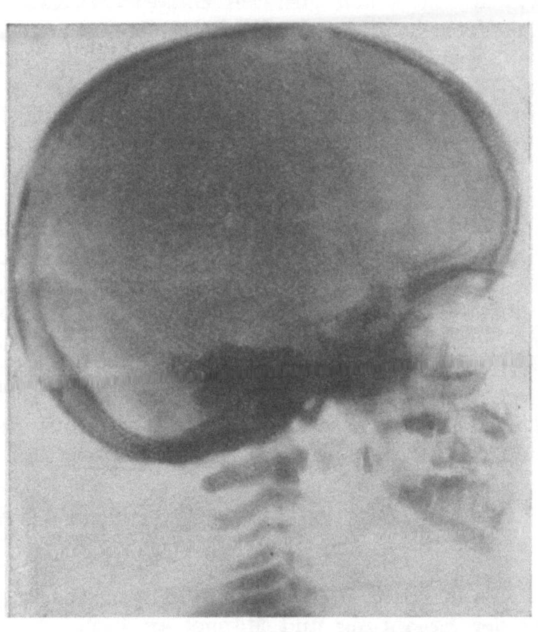

Abb. 144.
Abb. 144. Leontiasis ossea, wahrscheinlich einzige Lokalisation bei fibröser Dysplasie der Knochen in der Schädelbasis und in den beiden obersten Halswirbeln.
4jähr. ♂. Hydrocephalus, Idiotie, Dystrophie. Blut o. B. Liquordruck erhöht, sonst o. B.

und innersekretorische Störungen — bei Mädchen als Pubertas praecox, bei Knaben in weniger auffälliger Weise dokumentiert — aufwiesen. Man spricht also von der Gruppe JAFFE-LICHTENSTEIN, wenn nur extraossäre Symptome vorliegen, und von einer zweiten Gruppe: *Albrights Syndrom*, wenn extraossäre krankhafte Zeichen manifest sind. Es ist aber wahrscheinlich, daß noch weitere Gruppen unterschieden werden müssen. Z. B. haben COHEN und DOUADY einen Fall beschrieben mit Veränderungen des Knochens zusammen mit Hautfibromen und Neurinomen entlang oberflächlicher peripherer Nerven. So scheint nach MAROTTOLI und RUTTISHAUSER-FERRERO ein kontinuierlicher Übergang zur RECKLINGHAUSENschen Neurofibromatose zu bestehen. Es wird sich also bald die Auffassung festigen, daß eine innersekretorische Störung, bei der die Hypophyse im Vordergrund stehen dürfte, das eine Mal zur Neurofibromatose, das andere Mal zu einer Osteofibromatose, fibröser Dysplasie der Knochen, oder ein drittes Mal zu einer Übergangsstufe dieser beiden Krankheiten führt.

Außer der Lokalisation an den langen Röhrenknochen kommen, wie zu erwarten, auch Veränderungen am Schädel vor, und zwar in zwei Formen: An der Schädelbasis und im Gesichtsschädel treten kondensierende Sklerosen auf, die man früher unter die echte Leontiasis ossea faciei (VIRCHOW) und unter die Hyperostosis interna cranii (STEWART-MOREL) gezählt hat. Ferner beobachtet man Auftreibungen der Schädelkapsel und des Unterkiefers, die bis anhin schwer zu deuten waren. Ob die Hyperostosis interna cranii auch hier eingereiht werden soll, ist noch nicht entschieden. Interessant ist, daß an der Wirbelsäule ebenfalls nicht nur auftreibende Vorgänge, wie in Abb. 143a, sondern auch eburneierende wie in den beiden obersten Halswirbeln des Kindes der Abb. 144 vorkommen. Die Veränderungen der Wirbelsäule sind sehr selten und beschränken sich neben den abgebildeten auf drei Fälle von BRADFIELD, McCUNE und Mitarbeitern und von ALBRIGHT und Mitarbeitern. Der Fall des ersteren, ein Negerknabe, weist übrigens lediglich eine schwere Kyphoskoliose auf. Beim letztgenannten Fall (6) war ein Wirbel zusammengesunken.

Die wesentliche Aufgabe der Röntgenuntersuchung dürfte sein, den Patienten vor der Exzision von Nebenschilddrüsen zu schützen, an welchen keine Tumoren bestehen. Auftreibung und Deformation der Knochen, grobsträhnige Struktur, das Fehlen großer Cysten und Riesenzelltumoren, namentlich aber Beginn im jugendlichen Alter, Fehlen einer starken Hypercalcämie und Hyperphosphatasämie und das Fehlen der Hyperplasie der Epithelkörperchen, sind Zeichen, die meistens die Abgrenzung gegen die RECKLINGHAUSENsche Erkrankung gestatten werden. Die ersten Fälle der Literatur stammen von BERGMANN (1925) und von WACKELEY (1927). Zum Schlusse sei die Tabelle 5 (S. 161) der engeren Differentialdiagnose von UEHLINGER (1) hier eingefügt. Literatur bei UEHLINGER und Verfasser.

9. Entkalkung bei Störungen des Vitamin-Stoffwechsels.

a) Rachitis.

Es handelt sich um eine Allgemeinerkrankung, verursacht durch Fehler in der Ernährung und Mangel an Licht, Luft und Sonne. Die hervorragende Ursache ist das Fehlen oder die Herabsetzung des Vitamin D. Zwar ist die Krankheit nicht auf das Skelet beschränkt, tritt aber an diesem System am sinnfälligsten in Erscheinung: Craniotabes, Rosenkranz, Verdickungen der Epiphysen, Verbiegungen der Diaphysen. Als Grund aller dieser Veränderungen ist die mangelhafte Knochengewebsbildung anzusehen. Statt des normal kalkhaltigen Gewebes bildet sich kalkarmes oder kalkfreies Osteoid. Aber schon bei der präparatorischen Verkalkung macht sich die Krankheit bemerkbar. Die Zone der Kalkknorpelbildung wird zuerst verbreitert, unregelmäßig, eventuell lückenhaft. In mehreren Fällen verschwindet die präparatorische Verkalkung völlig. Die Distanz der Metaphyse vom Epiphysenkern wird dadurch größer, die Spongiosabalken lassen das verkalkte Ende der Metaphyse wie ausgefranst erscheinen. Der kleine Epiphysenkern ist ebenfalls unscharf begrenzt. Eine erhebliche Verbreiterung der Epiphysenplatte kommt später durch das Fehlen der Verkalkung des während des floriden Stadiums entstandenen Knochens zustande.

Durch die Belastung der Röhrenknochen erhält die Epiphysenplatte die bekannte Becherform. Daneben besteht eine mehr oder weniger hochgradige

Tabelle 5. Differentialdiagnose (nach UEHLINGER).

Krankheit	Fibröse Dysplasie der Knochen	Ostitis deformans Paget	Osteodystrophia fibrosa general. Recklinghausen	Marmorknochenkrankheit
Lokalisationstypus	monostisch, polyostisch, monomel, unilateral, bilateral	monostisch, oligostisch, polyostisch	generalisiert	meist generalisiert
Lieblingslokalisation	lange Röhrenknochen und zugeordnete Abschnitte des Schulter- und Beckengürtels Wirbelsäule sehr selten	Schädel, Lendenwirbelsäule, Kreuzbein, Bekken, Femur, Tibia	alle Knochen, Wirbelsäule: Osteoporose obligat	alle Knochen, Wirbelsäule obligat
Histologie	breitfaserige Markfibrose mit Faserknochen, myelogene Compactaspongiosierung und Atrophie	Mosaikstruktur feinfaserige Markfibrose	dissez. Knochenumbau, feinfaserige Markfibrose, Cysten, gutartige Riesenzellgeschwülste	Osteosclerose
Alter im Krankheitsbeginn	5 bis 15 Jahre (Jugendalter)	hohes Alter	Erwachsene (30 bis 55 Jahre)	congenital
Geschlecht	♀ > ♂	♀ = ♂	♀ > ♂	♀ = ♂
Krankheitserscheinungen	Femurspontanfrakturen, gelegentlich endokrine Störungen Übergang in Neurofibromatose	Gliederschmerzen, Kyphose, Spontanfrakturen	Spontanfrakturen, Nierensteine, Epithelkörperchenadenom	Brüchigkeit der Knochen, Osteoscl., Anämie, Leucopenie, Kalkmetastase
Serum-Calcium	obere Grenze, selten leicht erhöht	normal oder wenig erhöht	stark erhöht	normal oder erhöht
Serum-Phosphor	normal	normal oder wenig erhöht	niedrig	erhöht
Serum-Phosphatase	obere Grenze, meistens wenig erhöht	sehr hoch	hoch	normal
Endokrine Organe	Fakultativ: Pubertas praecox. Pigmentflecken	normal	Epithelkörperchenadenom	?
Verlauf	langsam progredient, Spontanstillstand i. Adoleszentenalter	langsam progredient	rascher progredient	langsam progredient,
Röntgenbild	fibrocystischer Umbau der platten Knochen, exzentr. Schaftatrophie, Schaftverbiegung und bedeutende Ausweitung des Markraumes der langen Röhrenknochen	atrophische Sclerose der Spongiosa, echte Hypertrophie und Verbiegung der langen Röhrenknochen	diffuse Osteoporose aller Knochen, Cysten ohne wesentliche Knochenausweitung, Spontanfrakturen, Nierensteine	sehr dichte Sclerose
Ätiologie	myelogene Entwicklungsstörung	Chronische nichteitrige Osteomyelitis ?	endokrine Skeleterkrankung (Hyperparathyreoidismus)	Erbkrankheit

Auflockerung der·Spongiosa, deren Röntgenbild nicht von demjenigen der einfachen Osteoporose zu unterscheiden ist, trotzdem bei der Rachitis das Knochengewebe weitgehend durch Osteoid ersetzt ist. Umbauzonen sind nicht selten. Es kommen auch (meist Grünholz-) Frakturen vor. Die Erweichung des Knochens durch das Osteoid schafft die Möglichkeit der Verbiegung. Osteophytäre Auflagerungen sind nur bei schweren Fällen beobachtet.

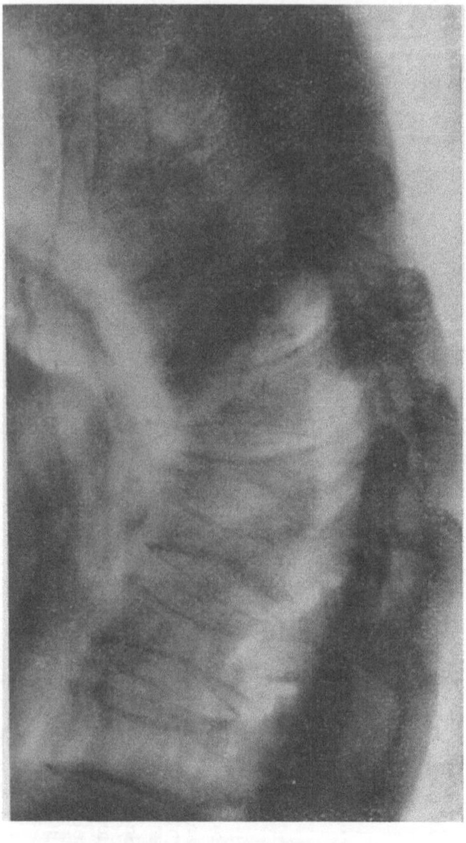

Die *frühe Form* der Rachitis entsteht bei Kindern im 2. bis 4. Lebensjahr. Nur selten bleibt ein Fall bis nach dem 2. Lebensjahr noch florid. Die D-avitaminotische Störung kann aber in der Periode der zweiten Streckung vor und in der Pubertät, d. h. zwischen 12. und 18. Jahre, in seltenen Fällen manifest werden.

Bei dieser *Spätrachitis* findet man dasselbe histologische Bild wie bei der Frührachitis. Verdickung der Epiphysengegenden, X- oder O-Beine, Plattfüße, eventuell Druckempfindlichkeit der Knochen sind die objektiven Hauptsymptome. Die rasche Ermüdbarkeit führt den Kranken meist zum Arzt. Röntgenologisch werden die Epiphysen ausschlaggebend sein, sie verhalten sich mutatis mutandis gleich wie beim Kind. Das höhere Alter des jugendlichen Patienten ist in bezug auf die Epiphysen naturgemäß in Rechnung zu setzen. Umbauzonen sind relativ häufig. Diese allgemeinen Bemerkungen mögen genügen.

Die Grundlage der rachitischen Veränderungen an der *Wirbelsäule* bilden *röntgenologisch* die Entkalkung und in mechanischer Hinsicht die Erweichung des erkrankten Knochens.

Abb. 145. Außerordentlich hochgradige Osteoporose der Wirbelsäule; Entkalkung, Fischwirbel, Keilwirbel, zum Teil mit kleinen Infraktionen der Abschlußplatten (Th₉ unten). Sehr starke, teilweise plötzlich einsetzende Schmerzen im Kreuz (!) nach Arbeit, Besserung bei Ruhe in horizontaler Lage; Kyphose, Klopfempfindlichkeit, maximal über Th₁₁; Achsenstoßschmerz. Besserung auf Androstin, Vitamin A, B, C, D und Calcium. Osteomalacie. 60jähr. ♂. Nr. 105491. 1/2.

Meistens sind Zeichen am Einzelwirbel nicht zu erkennen, wenn man von der Entkalkung absieht. Immerhin kommen Platt- und Fischwirbel (OPPENHEIMER) vor (rachitischer Fischwirbel), die nicht unbedingt zu einer Verkrümmung der Wirbelsäule, nicht einmal zu einer Kyphose oder Kypholordose führen müssen. Im Gegenteil, stärkere Verkrümmungen der rachitischen Wirbelsäule sind eher selten, es entstehen Kyphoscoliosen mit oder ohne Torsion. Sie nehmen ihr volles Ausmaß erst nach Ablauf der floriden Periode, oft zur Zeit der Pubertät, an. Im floriden Zustand ist die Verkrümmung stets sehr gering (SCHMIDT). Die spätere Verschlimmerung vollzieht sich aber in einigen Fällen doch offenbar auf der Basis geringer Verkrümmungen, die ihrerseits ihre

Ursache in geringfügigen Formveränderungen des rachitisch-erweichten Einzel-
wirbels haben. Schede nimmt als Grund hierfür rachitische Prozesse in
der Fuge zwischen Körper- und Bogenkern an (vgl. Kap. III L). Die Aus-
beute an Röntgenveränderungen der Wirbel-
säule des florid-rachitischen Kindes ist also
nicht sehr groß: Entkalkung (Platt- und
Fischwirbel), die sich später ausgleicht, und
in vereinzelten Fällen *Anlage für spätere Verkrümmungen.* Die hochgradigsten Kyphoscoliosen folgen der schweren, oft rezidivierenden
Spätrachitis. Es sind das dann auch jene
Fälle, bei denen mehr oder weniger ausgesprochener rachitischer Zwergwuchs beobachtet
wird (vgl. S. 232 ff.).

b) Osteomalacie.

Die Osteomalacie, die D-Hypovitaminose
der Erwachsenen, befällt vorwiegend das weib-
liche Geschlecht während (*puerperale Osteomalacie*) oder außerhalb der Schwangerschaft.
Sie hat Beziehungen zur inneren Sekretion
der Ovarien und der Hypophyse und wahrscheinlich noch zu anderen Erkrankungen, die
nicht restlos geklärt sind. Zudem sind Hyperplasien der Nebenschilddrüsen beobachtet. Wie
bei der Rachitis wird auch hier an Stelle des
normalen Knochengewebes kalkarmes *Osteoid*
gebildet. Da auch die Knochenapposition
vermindert ist, tritt ausgesprochene Atrophie
ein. Alle die eindrücklichen Veränderungen
an der Epiphyse fehlen naturgemäß. Blut-
kalk nicht verändert, Phosphorwerte etwas
erniedrigt, Phosphatase stark erhöht.

Für das *Röntgenverfahren* bleibt also
nur der Nachweis der Entkalkung. Die
Spongiosa wird durch die Anlagerung von
Osteoid verwischt, ausradiert; die Corticalis
wird verschmälert. Die Entkalkung führt im
Anfang zu Knochenbrüchigkeit und später
oft zu Deformationen. Beide Prozesse sind
Gegenstand der Röntgenuntersuchung. Die
osteomalacische Halisterese läßt sich im
Röntgenbild nicht von der einfachen Osteoporose unterscheiden. Die Differentialdiagnose

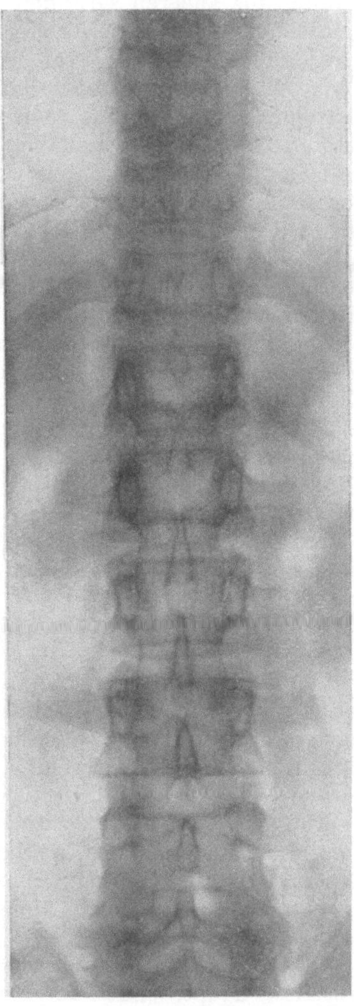

Abb. 146. Mäßig hochgradige allgemeine
Osteoatrophie, namentlich von Becken und
Oberschenkel bei MILKMANNs Syndrom (Fall
HOPF, Zieglerspital Bern). Junge Frau.
Nr. 26831. 1/2.

stützt sich auf klinische Zeichen. Der osteomalacische Knochen ist druck-
empfindlich (Thorax, Schädel, Wirbelsäule vor allem), was bei der reinen Atrophie
fast ganz fehlt. Der wichtigste Punkt scheint indessen der Behandlungserfolg
durch Vitamin D und Phosphor bei der Osteomalacie zu sein.

Bei der Beurteilung der Veränderungen an der *Wirbelsäule* ist zu bedenken,
daß die Herabsetzung der Tragkraft des Knochens erst nach Abschluß des
Längenwachstums eintritt. Das hat zur Folge, daß die Deformation der Wirbelsäule im wesentlichen in der Sagittalebene erfolgt (MEULENGRACHT und MEYER).

HEDW. KREUZER fand bogenförmige Kyphosen bis zur ausgesprochenen Gibbusbildung. Scoliosen kommen rein aus malacischer Erweichung sehr selten vor. Trotzdem mag die osteomalacische Wirbelsäule, wie MAXWELL beobachten konnte, aus anderen Gründen oft kyphoscoliotisch sein. Da die malacischen Knochenveränderungen vorwiegend in der Nähe der Abschlußplatten gelegen sind, wird die Entstehung von *Fischwirbeln* besonders begünstigt. Schwerere *Verbiegungen* von Thorax- und Beckenskelet jedoch sind häufig. Die an den Extremitätenknochen oft beobachteten Infraktionen sind im Bereiche der Wirbelsäule nur in schweren Fällen sichtbar.

Über die Beziehungen der Osteomalacie zu einer präsenilen, schmerzhaften Porose des Stammskelets haben wir früher (Kap. III C 7 b) bereits gesprochen. Hier soll noch einer ausgedehnteren Porose gedacht werden, die zu Umbauzonen an Oberschenkel und Becken führt und die ebenfalls, jedenfalls in der Mehrzahl der Fälle, auf Vitamin D, Calcium- und Phosphortherapie sehr gut anspricht: das MILKMANN-*Syndrom* (LÜDIN u. a.). Mehrere Berner Fälle (HOPF) zeigten neben der hochgradigen Porose von Becken und Oberschenkel auch eine ebenso hochgradige Atrophie der Wirbelsäule (Abb. 146). Sie reagierten übrigens alle auf die angegebene Therapie prompt. Jedoch waren Rückenschmerzen nie besonders hervorgetreten, sei es, daß sie von den lokalen Beschwerden übertönt oder durch Becken- bzw. Oberschenkelbefund erklärt wurden. Bei Cadmiumvergiftung (Akkumulatorenfabrikation) sind neuerdings von LAFITTE und GROS ähnliche Befunde mit starken ausstrahlenden Schmerzen in den Lenden und Beinen erhoben worden.

Die MILKMANN-Gruppe ist wahrscheinlich ätiologisch nicht einheitlich, sondern wird sich bald in die entkalkenden Krankheitsgruppen aufteilen lassen (HEROLD).

c) Hungerosteomalacie.

EDELMANN, PORGES und WAGNER (1919), EISLER und HASS (1921) u. a. haben nach dem ersten Weltkrieg eine Hungerkrankheit beschrieben, die mit hochgradiger Osteoporose einhergeht. Es handelt sich histologisch um eine Osteomalacie oder Spätrachitis, indem ausgesprochene Osteoidsäume angelegt werden. Die Ursache liegt nicht nur in der quantitativen Herabsetzung der Nahrung, sondern wohl vorwiegend in ihrem qualitativen Minderwert. So heilt denn die Hungerosteopathie bei vollwertiger Ernährung rasch. Die Zeit der Pubertät ist für die Entstehung der Hungerosteomalacie besonders kritisch (EDELMANN). Aber auch Menschen in höheren und mittleren Altersklassen werden häufig befallen.

Die gehäuften Beobachtungen, die am Ende und kurz nach dem ersten Weltkrieg hauptsächlich im Rheinland und in Wien gemacht wurden, haben heute wieder eine erschreckende Bedeutung erlangt. Es haben STEFKO und SCHNEIDER 1928 von derselben Malacieform unter dem russischen Stamm der Ostjaken, die seit 100 Jahren unter sehr schlechten Bedingungen leben, berichtet. Vor kurzem hat sich namentlich GSELL mit der Hungerosteomalacie beschäftigt.

Die malacischen Veränderungen durch Hunger sind vornehmlich und zuerst auf die *Wirbelsäule* lokalisiert. Sie sind daselbst oft auch sehr hochgradig und führen dann zu ausgedehnten Einbrüchen (BOHNE). Es entstehen totale Kyphosen mäßigen Grades sehr rasch in wenigen Wochen. Der Einzelwirbel wird zum Fisch-, Platt- oder Keilwirbel. Es bestehen Kreuzschmerzen, Schmerzen in den Oberschenkeln, Druckempfindlichkeit der Wirbelsäule, des Thorax, des Beckens und des Schädels; kurz, auch klinisch das typische Bild der *Malacie*. Ex juvantibus bestätigt die gute Wirkung von Kalk, Phosphor, Adrenalin, UV die Diagnose.

d) Osteopathie bei Sprue.

Die *infantile Sprue* (HEUBNER-HERTER) ist eine Störung der Fett- und Kohlehydratresorption, die zu einer starken Beeinträchtigung der Entwicklung in bezug auf Größe und Gewicht führt. Sie kann schon im Säuglingsalter beginnen und am Ende des ersten Jahres das Bild eines ausgebildeten intestinalen Infantilismus darbieten (HERTER). Oder sie kann sich später an eine harmlose Darmstörung anschließen. Es sind Kinder in schlechtem Ernährungszustand mit aufgetriebenem Bauch. Die Untersuchung des Stuhles zeigt, daß die Fett- und Kohlehydratverdauung unvollständig erfolgt. Die Krankheit verläuft in Schüben und ist begleitet von einer Anämie, ähnlich der Perniciosa. Die Röntgenologie bezieht sich auf den Darm und das Knochensystem.

Die *röntgenologisch* nachweisbaren Knochenveränderungen sind charakterisiert durch eine hochgradige Osteoporose, die durch verminderten Knochenanbau bei normalem Abbau zustande kommt. Die Atrophie des Knochens betrifft wohl das ganze Skelet, tritt aber an den langen Röhrenknochen besonders sinnfällig in Erscheinung: Entkalkung, Verdünnung der Corticalis, Spontanfrakturenbildung.

Die Porose der *Wirbelsäule* ist deutlich, tritt aber merkbar weniger hervor, weil die Entwicklung der Wirbelsäule vom Wachstum eines langen Knochens doch erheblich abweicht. Es scheint übrigens die Lokalisation der Atrophie in der Wirbelsäule im Komplex der HERTER-HEUBNERschen Erkrankung von untergeordneter Bedeutung zu sein.

Die *Erwachsenen-Sprue* kennzeichnet sich durch starke Abmagerung bei Darmstörungen (Fettstühle) hypochromer Anämie, eventuell Pigmentierungen, Adynamie, Tetanie. Es treten Hypocalcämie (SCHERER) und Hypophosphatämie auf. Osteoporose kann dabei vorhanden sein. Als Grund der Entkalkung wird teils mangelhafte Resorption des Calciums (offenbar weil an Fettsäuren gebunden), teils verminderte Aufnahmefähigkeit des Vitamins C angesprochen. In schwereren Fällen, meistens bei Frauen, treten breite Osteoidsäume auf wie bei Osteomalacie, wodurch die Beziehung zur Störung des Vitaminstoffwechsels gegeben ist. Der Knochen (Becken) ist druckschmerzhaft und deformiert sich in diesen Fällen, während bei der einfachen Porose der Knochen keine Deformation erfährt und zu Spontanfrakturen neigt (HANSEN und v. STAA). Die *Wirbelsäule* porosiert im Rahmen einer allgemeinen Osteoporose. Eine besondere Bedeutung kommt der Entkalkung der Wirbelsäule insofern zu, als sie in einigen Fällen zu erheblichen Deformationen im Sinne der Kyphoscoliose führt.

Die *tropische Sprue* verhält sich offenbar ähnlich wie die einheimische, trotzdem die Veränderungen des Bewegungsapparats nicht so gut beobachtet sind.

10. Speicherkrankheiten.

Es handelt sich, wenn sie primär auftreten, um Erbkrankheiten, die mit Störungen des Lipoidstoffwechsels (Lipoidosen) einhergehen. Ihnen allen ist gemeinsam die Speicherung eines Lipoides in eigenen großen Zellen, die meist dem Reticuloendothel entstammen. Je nach der Art des gespeicherten Lipoids entstehen klinisch verschiedene Krankheitsbilder.

a) HAND-SCHÜLLER-CHRISTIANsche Erkrankung.

Sie ist eine chronisch verlaufende Lipoidose des Kindesalters, bei welcher Cholesterin gespeichert wird. Sie tritt nicht familiär auf, eine bestimmte Rasse ist nicht bevorzugt. Das Cholesterin wird in Reticulumzellen gespeichert. Im Vordergrund steht die Lokalisation im Schädel (Landkartenschädel). Daneben besteht Diabetes insipidus und Exophthalmus.

Die *Wirbelsäule* ist weniger häufig als Schädel, Kiefer und Beckenschaufeln, aber doch oft befallen. Durch die lipoidzellige Hyperplasie des Knochenmarkes wird die Spongiosa lysiert. Der Wirbelkörper hellt sich im Röntgenbild auf. Später kann er unter Ausdehnung der lipoidzelligen Infiltration und unter Rückbildung des Knochens seine Form verändern; er wird komprimiert zum Keil- oder Plattwirbel. Bei einem Fall von LYON waren mehrere Brust- und Lendenwirbel zusammengedrückt.

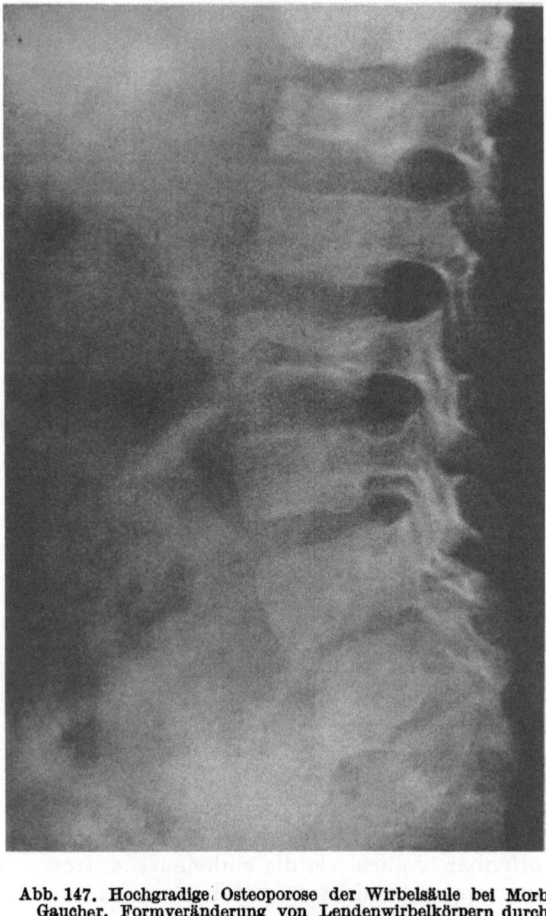

Unter dem Namen *generalisierte Xanthomatose* der Knochen ist eine Cholesterinlipoidose beschrieben worden, die sich überwiegend an die Knochen hält: Das Cholesterin wird im Reticuloendothel des Knochenmarkes gespeichert, und es entstehen größere osteolytische cystenähnliche Herde. Nach LAGAREWA ist die Wirbelsäule in 11% beteiligt, Becken 52%, Femur und Gesichtsschädel je 26%, Schädelkapsel 100%, Unterkiefer 22%, Rippen 15%. Es handelt sich um ein Krankheitsbild, das mit der SCHÜLLERschen Lipoidose identisch ist. In einem Fall von ANSPACH war bei einem fünfjährigen Kinde Th_{10} zum Plattwirbel komprimiert wie bei Vertebra plana CALVÉ. Es entstand dadurch eine spitzwinklige Kyphose. Im GRÜNWALDschen 9. Fall beschränkt sich das Lipoidgranulom auf die Bogenteile von Th_9 und Th_{10}. Es handelte sich um einen 45jährigen Mann mit

Abb. 147. Hochgradige Osteoporose der Wirbelsäule bei Morbus Gaucher. Formveränderung von Lendenwirbelkörpern durch Einbruch. 3jähr. ♀ (nach JUNGHAGEN).

Querläsion, Hypercholesterinämie, sonst o. B.; Operation führte zur Heilung.

Ossäre Infiltrate sind bei der Lecithinspeicherung (Morbus NIEMANN-PICK) nicht von Bedeutung.

b) Morbus Gaucher.

Auch die Speicherung von Kerasin ist eine Erbkrankheit, die besonders bei der jüdischen Rasse vorkommt. Im Vordergrund stehen Leber- und Milzvergrößerung, ebenso wie Vergrößerung der inneren Lymphknoten.

Der Knochen ist weniger oft erkrankt, immerhin kommen Infiltrate von GAUCHER-Zellen im Knochenmark vor, und zwar in einem Ausmaß, das die Darstellung im *Röntgenbild* unter Umständen gestattet.

Die *Wirbelsäule* ist ebenfalls ab und zu so befallen, daß die Osteolyse im Bild sichtbar wird. Ein oder mehrere Wirbelkörper können komprimiert werden. PICK hat zwei solche Fälle beobachtet. Beim Fall JUNGHAGEN bestand allgemeine hochgradige Osteoporose des ganzen Skelets, auch der Wirbelsäule. Diese zeigte zum Teil Einbrüche der Wirbelkörper, besonders im Lendenteil (3jähr. Mädchen).

D. Mit Vermehrung von Knochen bzw. Kalk (Hyperostosen, Periostosen, Osteosclerosen) einhergehende, auf der Wirbelsäule mehr oder weniger generalisierte, nicht auf sie beschränkte Systemerkrankungen des Knochens.

Die mittels des Röntgenverfahrens festgestellte Knochenverdichtung ist durch Vermehrung von Kalksalzen verursacht. Daher spielt die Art der kleineren Strukturen keine Rolle, Molekül und mikroskopische Verteilung ist ohne Bedeutung; wichtig ist lediglich das Kalziumatom, bzw. seine Dichte. Die röntgenologische Dichte ist trotzdem eine Funktion von der Dichte des Knochens selbst. Osteosclerose kommt zustande durch vermehrten Anbau oder durch verminderten Abbau. Zwischen diesen beiden Möglichkeiten kann nicht entschieden werden. Im folgenden Abschnitt sollen Knochenverdichtungen behandelt werden die dieses Symptom in ausgesprochenem Maß aufweisen. Die Osteosclerosen können lokalisiert oder generalisiert sein.

11. Mit Knochenverdichtung einhergehende Erbkrankheiten.

a) Osteopoikilie.

Das ist eine seltene mesenchymale Mutation, die sich wahrscheinlich dominant vererbt und zu einer Vielzahl von kleineren rundlichen, ovalen oder stiftförmigen Knochenverdichtungen führt. Es handelt sich um Herde lamellären, knorpellosen Knochens, die nach SCHMORL vom Knochenmark ausgehen. Sie liegen in der Spongiosa, ab und zu der Compacta innen aufsitzend. Ihre Lieblingslokalisation sind die Röhrenknochen. Oft halten sich die Flecke im Röntgenbild an die Trajektorien. Der Schädel ist kaum befallen. Die Osteopoikilie ist schon bald nach der Geburt beobachtet worden (KEYSER, HEILBRONN). Die einzelnen Herde verschwinden langsam und es bilden sich neue.

Die präsacrale Wirbelsäule wird sehr selten und ihre Wirbelkörper kaum befallen; dagegen sind einige Flecken in den Fortsätzen gefunden worden. Im Sacrum ist die Krankheit öfters lokalisiert, die Massae laterales sind bevorzugt.

Die Osteopoikilie scheint trotz der Beobachtung von SVAB, der einen Diabetes, oder neuerdings HOMITHKY, der eine Anämie in Gesellschaft mit Osteopoikilie fand, völlig bedeutungslos. Dies gilt sicher in bezug auf die *Wirbelsäule*. Immerhin soll man, um Verwechslungen zu vermeiden, die Variante kennen.

b) Melorrheostose (LERI).

Eine Wirbelsäulenlokalisation dieser eigentümlichen, sehr seltenen (UEHLINGER kennt 1939 knapp 50 Fälle), streng auf eine Extremität beschränkten endostalen und periostalen Sclerose als Anomalie ist nicht sicher bekannt. Eine einseitige, zuckergußartige Auflagerung der Lendenwirbelsäule von WOYTEK scheint in der Form der Melorrheostose ähnlich zu sein, ist aber trotz der gleichzeitigen Sclerose an Rippen und Schädelbasis nicht mit dieser zu identifizieren.

c) Seltene Osteomyelosclerosen.

Die *tubuläre Osteosclerose* ist ebenfalls eine lokalisierte, fleckige Sclerose, die von APITZ (1) auch in der Wirbelsäule neben Femur, Humerus, Rippen, Schädel gefunden wurden. Es handelt sich um eine harmlose Sclerosierung, die in röhrchen-

förmiger Anordnung auftritt. Letzthin hat WIENBECK eine endangitische Osteo-
myelosclerose beschrieben, die er mit der Endangitis obliterans (WINIWARTER-
BUERGER) in Beziehung bringt. Die Osteosclerose war fast ausschließlich in
der Wirbelsäule lokalisiert.

d) Marmorknochenerkrankung (ALBERS-SCHÖNBERG).

Die Wirbelsäulenveränderungen treten bei dieser recessiv vererbten familiären
(McPEAK) Erbkrankheit weit mehr in den Vordergrund als bei der Osteopoikilie

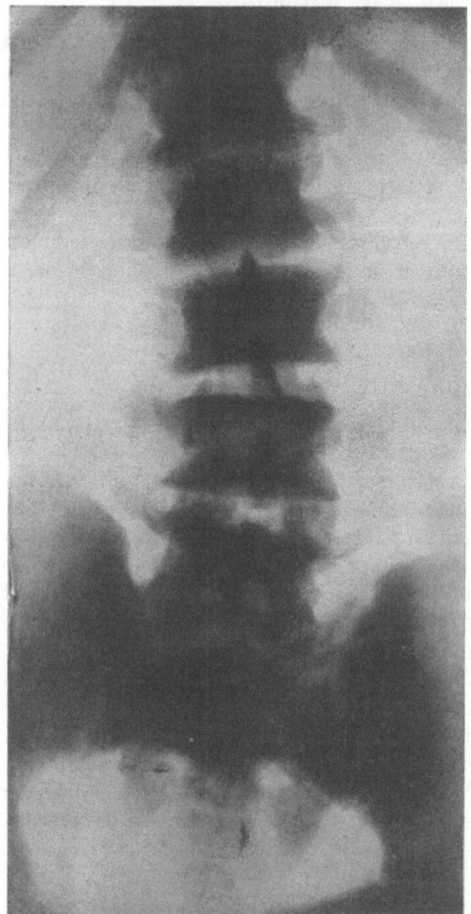

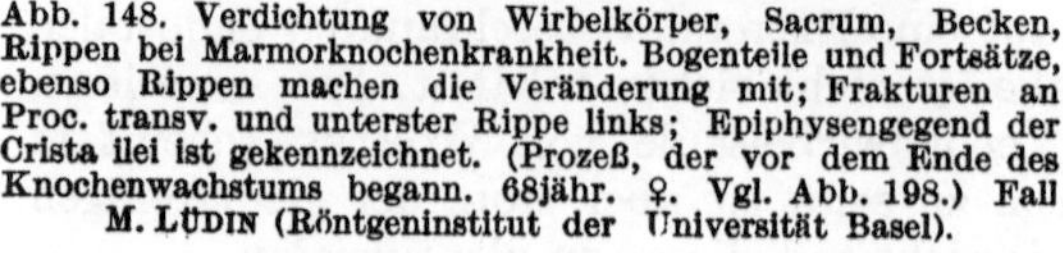

Abb. 148. Verdichtung von Wirbelkörper, Sacrum, Becken,
Rippen bei Marmorknochenkrankheit. Bogenteile und Fortsätze,
ebenso Rippen machen die Veränderung mit; Frakturen an
Proc. transv. und unterster Rippe links; Epiphysengegend der
Crista ilei ist gekennzeichnet. (Prozeß, der vor dem Ende des
Knochenwachstums begann. 68jähr. ♀. Vgl. Abb. 198.) Fall
     M. LÜDIN (Röntgeninstitut der Universität Basel).

Abb. 149. Generalisierte, sehr hochgradige
Verdichtung auch der Wirbelsäule (Körper,
Fortsätze, Rippen) bei Marmorknochenerkrankung. Ausgesprochene Fadenspulenform
der Wirbelkörper mit zentraler Aufhellung
in der Gegend der Gefäße. Fraktur des
Oberschenkels mit nachfolgender Amputa-
tion, Anämie von 48/80 Hgl. mit Aniso- und
Poikilocytose, Knochen nicht druckempfind-
lich. 33jähr. ♂.

oder der Melorrheostose in dem Sinne, daß
kaum ein Fall bekannt ist ohne Beteiligung
der Wirbelsäule. Die Krankheit ist charakterisiert durch *generalisierte* hochgradige
Osteosclerose, Brüchigkeit der Knochen und Blutveränderungen (Anämie,
Leukopenie).

Je nach dem Alter des Auftretens der Anämie bzw. der Verdichtung des Knochens tritt dessen Brüchigkeit mehr in den Hintergrund. Das gilt für das Kindesalter. Seh- und Hörstörungen, Hydrocephalus, Idiotie, Osteomyelitis, Caries der Zähne, Verkrümmung der Extremitäten (ALBRECHT und GEISER), Wachstumsstörungen, Verzögerung der Epiphysenverknöcherung, das sind Symptome, die sekundär hinzutreten können. Die Ausscheidung von Phosphor und Kalk kann vermindert sein (KOPYLOW und RUNOWA), Kalkmetastasierung kommt vor (PÉHU, POLICARD und DUFOUR). Es besteht eine endostale Sclerose; unter starker Reduktion der Markräume wird lamellärer Knochen gebildet. Eine Periostose liegt nicht vor. Dagegen ist die enchondrale Ossifikation gestört; auf Grund dieser Störung entstehen die flaschenförmigen Verdickungen der Enden der Diaphysen. Diese Formveränderung wird um so ausgesprochener, je früher die Knochenmanifestation beginnt. In vielen Fällen der infantilen Erkrankung sind Wachstumszonen zu erkennen. Dabei entsprechen die helleren Zonen den Zeiten beschleunigten Wachstums.

Die Osteosclerosen können intrauterin entstehen (LOREY und REYE). Der Fall von GRASSER hatte ein Alter von 62 Jahren; er wies keine Frakturen auf. Meistens führt aber eine Spontanfraktur (oder ein osteomyelitischer Prozeß) zur Entdeckung der Krankheit im jugendlichen und im höheren Alter.

Wie schon hervorgehoben, fehlen die Veränderungen an der *Wirbelsäule* kaum einmal;

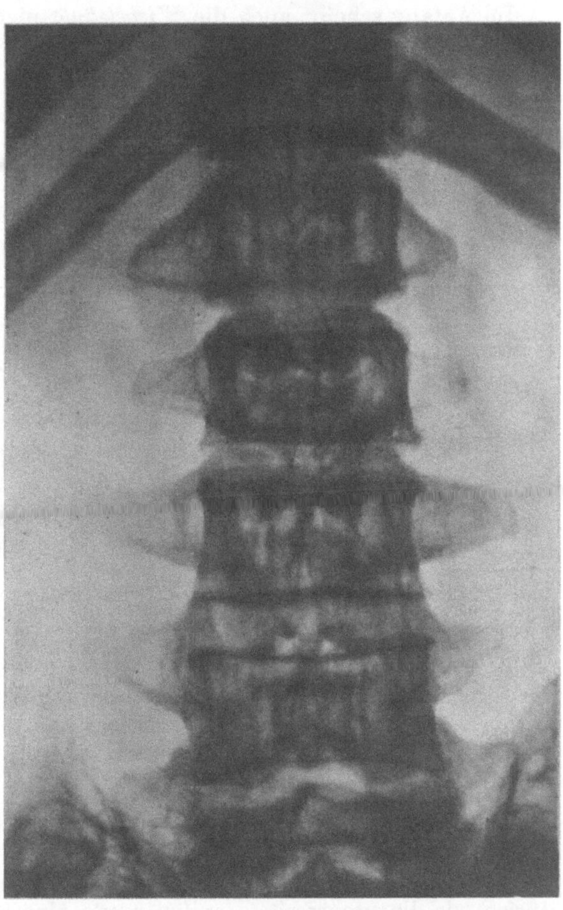

Abb. 150. Generalisierte Hyperostose mit Pachydermie (nach UEHLINGER).

sie entsprechen genau denjenigen der Extremitätenknochen, insbesondere was die Wachstumszonen anbelangt. Bei Erwachsenen steht die sehr starke homogene Verdichtung im Vordergrund; dabei sind oft die Abschlußplatten besonders dicht; der Wirbelkörper zeigt eine horizontale Einschnürung in der Mitte (Fadenspulenform). Plattwirbel sind bei älteren Patienten häufig. Die Differentialdiagnose ist am schwierigsten gegen generalisierte osteoplastische Carcinose, wie sie etwa beim Krebs der Prostata vorkommen kann. Ein zwar nicht sicheres Unterscheidungsmerkmal ist die Tatsache, daß die Epiphyse der Cristae iliacae beim Marmorknochenkranken entweder noch offen steht oder sich doch wenigstens in der Dichte von der übrigen Beckenschaufel unterscheidet (MERRIL, McPEAK). Vgl. Tabelle 5, S. 161.

e) Generalisierte Hyperostose mit Pachydermie (Uehlinger).

Die Erkrankung kommt familiär vor, z. B. bei Brüdern, und hat ihren Grund wahrscheinlich in einer mesenchymalen Mutation. Die innere Sekretion scheint nicht beteiligt zu sein. Etwa zur Zeit der Pubertät treten nur bei Männern an den Extremitäten (Unterschenkel, Unterarme) Verdickungen auf (akromegaloide Osteose). Sie kommen durch mächtige Auflagerungen der Knochen durch Periostose und Endostose zustande. Die Endphalangen bleiben frei.

Im Anfang scheint auch die *Wirbelsäule* nicht in Mitleidenschaft gezogen zu sein. Später aber, wenn die Hyperostosen zum Teil gigantische Formen angenommen haben, wird auch die Wirbelsäule von ihnen ergriffen. Die Spongiosa wandelt sich um in große, vertikalverlaufende grobe Balken. Dadurch nimmt das *Röntgenbild* einen Aspekt an, wie die Abb. 150 von Uehlinger (2) zeigt. Im Vordergrund steht die vertikale grobbalkige Zeichnung entsprechend den groben Strähnen, die in anderen Knochen, z. B. dem Becken, den Trajektorien folgen. Außerdem verkalken die Bänder der Wirbelsäule in sehr hohem Maße; so die Ligg. supraspinosa und interspinosa, ebenso wie das Lig. flavum. Diese Tatsache beherrscht das makroskopische Präparat und macht es denjenigen

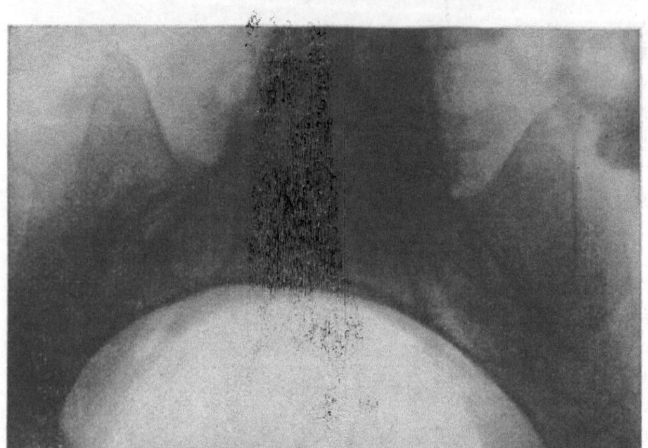

Abb. 151. Teilweise völlige Verknöcherung der Ileosacralgelenke und der kleinen Gelenke bei Myositis ossificans progressiva. Die mächtigen Verknöcherungen der Muskeln sind hier nicht dargestellt. 43jähr. ♀. Fall Schinz, Röntgeninstitut der Universität Zürich. 2/3.

der Giftsclerosen (Fluor) ähnlich. Offenbar schützt sie im Anfang die Bandscheiben vor degenerativen Prozessen (Spondylose und Osteochondrose). Später aber verschmälert sich der Bandscheibenraum bis zu völliger Obliteration und Blockbildung der Wirbelkörper.

f) Myositis ossificans progressiva.

Am Schlusse des Kapitels über die knochenverdichtenden Erbkrankheiten dürfen wir die progressive, ossifizierende Myositis nicht vergessen. Es handelt sich um eine ererbte, angeborene hochgradige Verknöcherung der willkürlichen Muskulatur, ihrer Sehnen sowie der Fascien und Bänder. Die Veränderungen beginnen intrauterin oder im frühen Kindesalter und führen meist bis zum 25. Lebensjahr zu völliger Versteifung durch knöcherne Überbrückung der Gelenke. Dabei verlieren die Knochen ihren Kalk, der sich nach den muskulären Verknöcherungen verschoben hat.

An der *Wirbelsäule* sind die Veränderungen durch die Verknöcherung der Bänder und Synostosierung der intervertebralen und costovertebralen Gelenke charakterisiert. Das führt zu einem Bilde wie bei Bechterewscher Erkrankung; die Wirbelsäule gleicht einem Bambusstab. Die Bandscheiben sind stark verschmälert, die Wirbelkörper hochgradig porotisch [Uehlinger (2)].

12. Knochenvermehrung bei Störung der inneren Sekretion.

Akromegalie.

Die Hyperplasie oder das eosinophile Adenom des Hypophysenvorderlappens führt allgemein zu Zellvermehrung. Am stärksten kommt diese Hormonwirkung zum Ausdruck in der Vergrößerung der Hände und Füße, des Gesichtes, des Colons usw.

Die *Wirbelsäule* ist in schwereren Fällen mitbeteiligt. Es finden sich Knochenauflagerungen vorne und seitlich an den Wirbelkörpern. Der Wirbelkörper wird dadurch breiter und tiefer. Die Bandscheibe vergrößert sich ebenfalls. Der Befund der Wirbelsäule tritt naturgemäß an Bedeutung zurück [ERDHEIM (1)].

Die Tatsache, daß bei osteoporosierenden Störungen der inneren Sekretion gelegentlich auch lokalisierte Vermehrung von Knochen oder Kalk beobachtet werden kann, haben wir früher hervorgehoben. Es soll ganz besonders an dieser Stelle auf das klassische Bild der v. RECKLINGHAUSEN*schen Knochenerkrankung* hingewiesen werden, wo in späteren Stadien ganz besonders bei gewissen Formen sehr sinnfällige Osteosclerose eintritt (vgl. Kap. III 8).

13. Osteosclerosen bei Vergiftungen.

, Phosphor, Strontium und Fluor führen zu generalisierten Knochenveränderungen, die in einer zum Teil sehr hochgradigen Osteosclerose bestehen.

Die *Phosphornekrosen* der Kiefer waren früher zu Zeiten der Phosphorzündhölzer noch recht häufig (WEGNER). Man bemerkte bald, daß die Phosphordämpfe nicht nur direkt auf die nekrotisierenden Kiefer, sondern auf den ganzen Knochen wirken. Die zum Teil hochgradige Osteosclerose ist als Reaktion aufzufassen und in ihrem Rahmen ist auch die Wirbelsäule beteiligt. Eine wesentliche Bedeutung kommt der Phosphorsclerose heute nicht mehr zu; um so bedeutungsloser ist die Sclerose der Wirbelsäule.

Die Sclerose durch *Strontium* ist ebenfalls praktisch wenig wichtig, weil die Strontiumvergiftung nur aus dem Experiment, vorwiegend am wachsenden Knochen, bekannt ist (KORSAKOW, LEHNERDT, OEHME).

Wichtiger dagegen scheint mir die *Osteosclerose* und hochgradige Verkalkung bei *Fluorvergiftung* der Kryolitharbeiter, oder durch Trinken fluorhaltigen Wassers (Indien [SHORT]), in der Nähe von Superphosphatfabriken (KLOTZ).

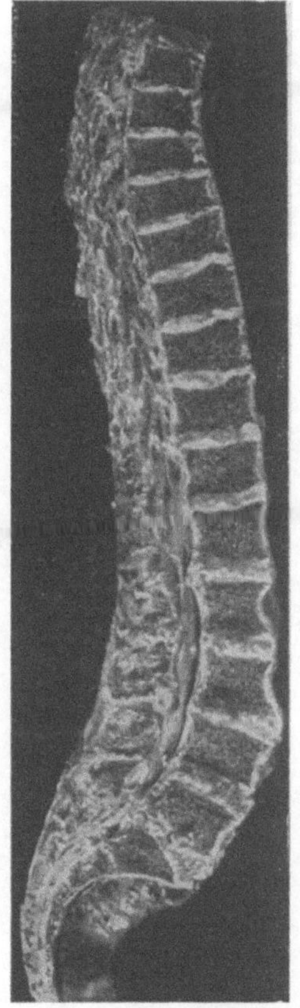

Abb. 152. Sägeschnitt durch Wirbelsäule eines Acromegalen (nach ERDHEIM).

Kryolith ist ein Doppelsalz, Natrium-Aluminiumfluorid, und wird unter anderem in Island und Nordamerika abgebaut und in Kopenhagen umgeschlagen. WILKIE fand etwa 40% Osteosclerosen unter der im Kryolithstaub tätigen Arbeiterschaft. Nausea, Erbrechen, leichte Anämie sind die hauptsächlichsten klinischen Symptome. Oft liegt auch eine Silikose vor, weil der Kryolithstaub noch Quarzsand enthält.

Die Sclerose des Knochens wird sehr hochgradig und beginnt im Skelet des Stammes: *Wirbelsäule* und Becken. Neben der Sclerosierung findet auch weitgehende Verkalkung statt, perivascular zum Teil im Markraum als Klumpen und Tropfen. Auch das Periost, die Kapseln und die Muskelansätze verkalken oft spitznadelförmig. Die Wirbelsäule kann einen dichten Zuckergußmantel erhalten [Roholm (2), vgl. Abb. 154].

14. Elfenbeinwirbel.

Unter der Bezeichnung Elfenbeinwirbel werden ganz verschiedene Veränderungen zusammengefaßt, deren gemeinsames Merkmal es ist, einen bis einige

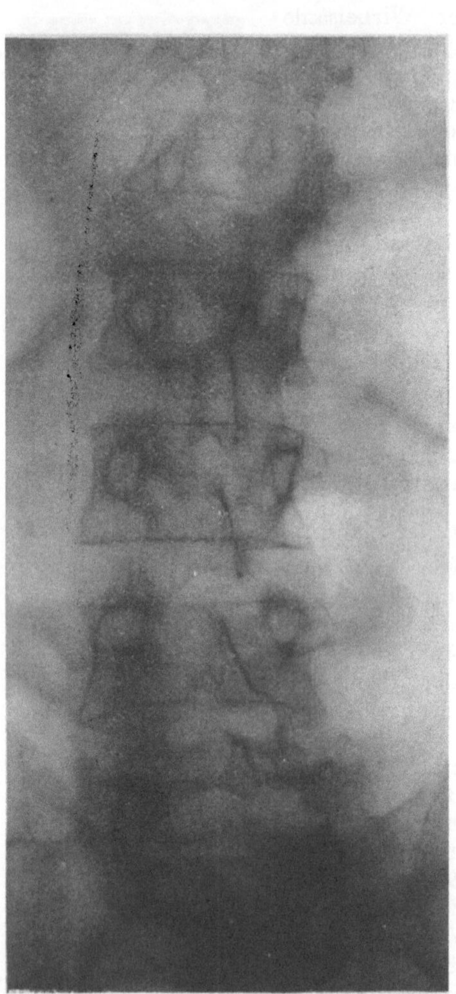

Abb. 153. Mäßig hochgradige Osteoporose der gesamten Wirbelsäule bei einheimischer Sprue. Mikroskopisch: Sehr schmale Osteoidsäume. 56 jähr. ♂. Nr. 140325.

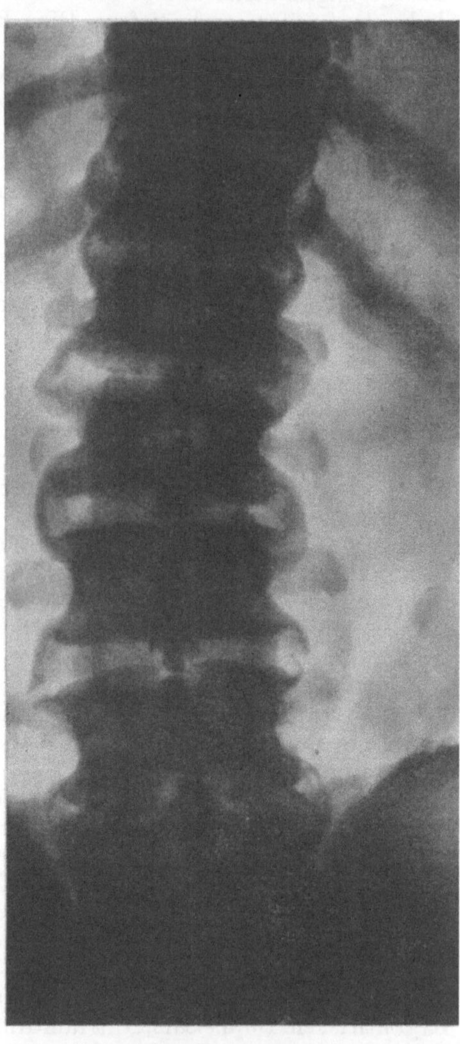

Abb. 154. Hochgradige Osteosclerose bei Fluorvergiftung (nach Roholm).

wenige Wirbel meist isoliert sehr dicht und vollständig zu sclerosieren, so daß ein Bild wie bei der Marmorkrankheit entstehen kann. Elfenbeinwirbel ist ein übrigens schlechter röntgenologischer Begriff. Wir wollen uns naturgemäß nicht lange dabei aufhalten. In den einschlägigen Kapiteln wird auf die Bezeichnung verwiesen. An dieser Stelle wollen wir nur aufzählen, wie sich der röntgenologische Sammelbegriff zusammensetzt. Es sind die beiden Gruppen der Entzündungen und Tumoren vertreten.

Die *Ostitis deformans Paget* befällt meist mehrere Wirbel; die Sclerose ist nicht immer so dicht wie beim Marmorknochen (KONJETZNY, BARSONY und SCHULHOF, GRILLI). Dabei sind oft die Lendenwirbel verändert. Relativ häufig ist das *Lymphogranulom* vertreten. Über Fälle berichten HULTÉN, VALENTI, DUBOIS-TRÉPAGNE u. a. (vgl. Abschnitt III 20).

Auch *Tuberkulose* (COSTANTINI, MARILL und CONNIOT, BARSONY und SCHULHOF) und osteosclerosierende *Lues* (LE GENISSEL) sind ebenfalls als Ursache von Elfenbeinwirbeln bekanntgegeben, ebenso chronisch verlaufende *Typhusspondylitis*.

Am häufigsten jedoch sind wohl osteoplastische *Krebsmetastasen* für isolierte Elfenbeinwirbel verantwortlich zu machen. Davon melden DELHERM und MOREL-KAHN u. v. a. Wie wir früher gesehen haben, führt die fibröse Dysplasie der Knochen nicht nur zu osteoporotischen, sondern im Halsteil auch zu eburneierenden Veränderungen der Wirbel (Abb. 153).

Es ist verständlich, daß in vielen Fällen die Ursache nicht ermittelt werden konnte, so bei OCHSNER und MOSER (6. Halswirbel), GIORDANO, CADO, DUBOIS-TRÉPAGNE. Letzterer beobachtete bei einer 32jährigen Frau einen elfenbeinernen L_4, der nach drei Jahren wieder normale Dichte für Röntgenstrahlen aufwies.

E. Wachstumsstörungen am Skelet.

15. Chondrodystrophie.

Die Chondrodystrophie, Achondroplasie (PARROT) ist eine Erbkrankheit. Sie führt durch eine angeborene Störung des Wachstums des knorpelig vorgebildeten Skelets zu Zwergwuchs, von dem namentlich die Extremitäten betroffen werden. Dabei ist auf Grund einer mesenchymalen Mutation das epiphysäre Wachstum herabgesetzt oder zeitweise völlig aufgehoben; das periostale Knochenwachstum ist nicht gestört. Die Knorpelwucherungszone ist stark verschmälert; die Zellsäulen sind kurz (einige wenige Zellen); die Zellen selbst sind zum Teil degeneriert. Die Ossifikationszonen der primären Markräume sind dagegen intakt. Durch Ossifikation entlang von Knorpelgefäßen, die mit den Gefäßen der Markräume in Kommunikation treten, wird die Ossifikationsgrenze unregelmäßig. Die vorliegende Wachstumsstörung bewirkt vor allem starke Verkürzung der Röhrenknochen. Dabei geht die periostale Verknöcherung unverändert weiter. Das Periost faltet sich an der Grenze zwischen Knorpel und Wucherungszone oder zwischen derselben und Knochen ein (Perioststreifen). Die starke Herabsetzung der enchondralen Knochenentwicklung führt aber auch zur Manifestation an Becken- und Schädelbasis. Die symmetrischen Veränderungen beginnen im zweiten bis dritten Embryonalmonat und sind bei der Geburt voll ausgebildet. Grundsätzlich werden die veränderten Proportionen nach Abschluß des Wachstums beibehalten. Die Krankheit ist auf das Skelet beschränkt, alle anderen Organe und Systeme, insbesondere auch die innere Sekretion ist intakt.

Bei der folgenden Betrachtung der Veränderungen der *Wirbelsäule* müssen wir die Zustände des infantilen und erwachsenen Chondrodystrophikers unterscheiden.

a) *Infantile Chondrodystrophie.* Die meisten Chondrodystrophiker werden tot geboren oder sterben in den allerersten Monaten nach der Geburt. Zwar ist beim chondrodystrophischen Neugeborenen der Stamm kaum oder sehr wenig gegenüber der Norm verkürzt. Trotzdem sind die Veränderungen an den einzelnen Wirbelkörpern deutlich und entsprechen dem oben von den Extremitätenknochen Gesagten (KNÖTZKE). Die Knochenkerne sind klein, unregelmäßig, zackig (DIETRICH, KAUFMANN). Das läßt sich im Röntgenbild sehr sinnfällig (vgl. Abb. 155), insbesondere an der Lendenwirbelsäule und am Sacrum nachweisen. Ausgedehnte Chordareste werden oft gefunden.

b) Beim *erwachsenen Chondrodystrophiker* sind röntgenologisch am Einzelwirbel kaum mehr Veränderungen zu erkennen. Immerhin fällt in manchen Fällen auf, daß die Wirbelkörper eine gewisse Unregelmäßigkeit nach Höhe und Form aufweisen (vgl. Abb. 156). Auch sind geringe Verschiebungen aus der Flucht der Konturen zu beobachten. Pathologisch-anatomisch kennt man eine Verengerung des Wirbelkanals einschließlich des Foramen occipitale magnum. Sie kommt zum Teil durch die Wachstumshemmung (BREUS und KOLISKO), zum Teil durch frühen Schluß der Epiphysen (DIETERLE) zwischen Körper- und Bogenteilen zustande. Die Verengerung des Rückenmarkskanals geht naturgemäß auf die Entwicklungsjahre zurück und wird sogar als Grund für den Tod der Neugeborenen angenommen. Die

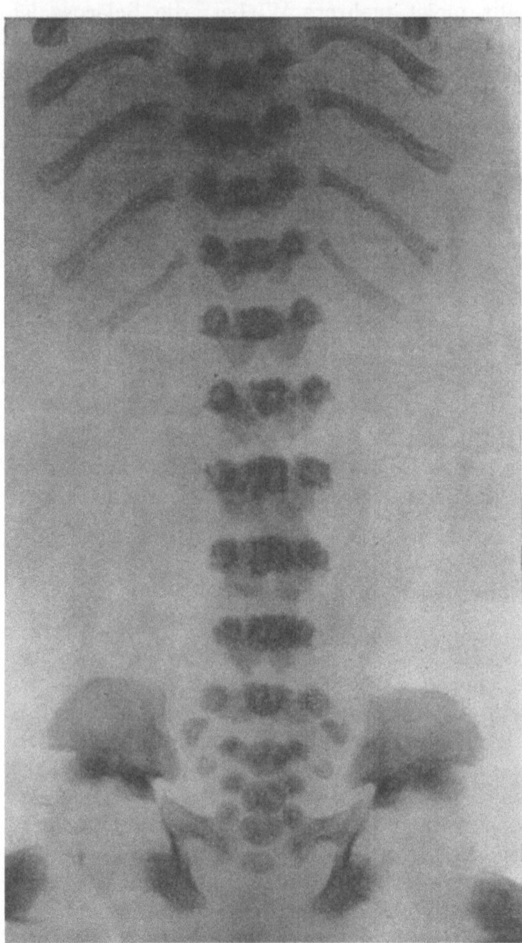

Abb. 155. Chondrodystrophischer, totgeborener Fötus. Vgl. den gleichaltrigen normalen Neonaten der Abb. 8 c. Alle Knochenkerne, insbesondere der Wirbelkörper, kleiner und zackig begrenzt, Rippen stark verkürzt, Femurdiaphysenende typisch verändert. Die Veränderungen der Wirbelsäule zeigen ihr Maximum im unteren Lendenteil. 1/1.

Wirbelsäule in toto zeigt ausgesprochene Hyperlordosierung (Sacrum arcuatum) mit tiefer Kyphose (SPIELER), was bei den veränderten mechanischen Verhältnissen ebenso erklärlich ist wie Kyphoscoliosen stärkeren Ausmaßes. Entkalkung liegt weder am Skelet des Stammes noch der Extremitäten vor.

Ohne auf Einzelheiten der Lokalisationen außerhalb der Wirbelsäule einzugehen, sei nur noch die Bemerkung gestattet, daß die Chondrodystrophie außer in seltenen Sonderformen auch vergesellschaftet mit anderen Erbschäden auftritt. Enchondrome, kartilaginäre Exostosen, Hautangiome (VIVIANI), Knochenanomalien können mit Chondrodystrophie kombiniert sein. Wir wollen aber an dieser Stelle noch auf eine Erkrankung hinweisen, bei welcher die Wirbelsäule im Vordergrund steht. Ich denke an die generalisierte familiäre *Platyspondylia chondrodystrophica* (MORQUIO-SILVERSKIÖLD). Es ist kein Zweifel, daß eine Reihe von Fällen der generalisierten Platyspondylie eine enchondrale Ossifikationsstörung darstellen, die — wenigstens in einzelnen Punkten — ganz und gar der Chondrodystrophie entsprechen. Das gilt vornehmlich für die Vorgänge an der Wirbelsäule. Wir würden nach den Befunden am Kind gerade eine allgemeine Höhenabnahme der Wirbelkörper erwarten und sind eher erstaunt, daß an der Erwachsenenwirbelsäule nicht mehr Zeichen des Erbleidens zu finden sind.

Wir zögern deshalb nicht, den größten Teil der Fälle von generalisierter Platyspondylie in die Chondrodystrophie einzureihen. Dieser Ansicht ist CAMPELL, WEILL, MARZIANI, dafür spricht der Fall von BRAILSFORD (1—2), namentlich aber ein neuer Fall von JAUBERT DE BEAUJEU und MATERI. Die letzteren Autoren berichten über einen vierjährigen typischen Chondrodystrophiker mit Plattwirbeln von Th_5 an abwärts. MORQUIO hat 1929 eine familiäre (vier Kinder von fünf waren befallen) Form von Platyspondylie beschrieben, die mit starker relativer Verkürzung des Rumpfes, genua valga, Plattfüßen, schlaffen Gelenken, trockener Haut, einhergeht. UEHLINGER spricht in diesem Sinne von Achondroplasia atypica (Typus MORQUIO-SILVERSKIÖLD). Es handelt sich um eine unvollständige Chondrodystrophie mit charakteristischer Verkürzung des Rumpfes durch Plattwirbel, relativer Verkürzung der Ulna und der Fibula mit schweren Epiphysenstörungen des Humeruskopfes und des Schenkelkopfes. Eine gewisse Ähnlichkeit mit der KASCHIN-BECKschen Erkrankung ist nicht zu verkennen. Die Krankheit ist bei der Geburt nicht manifest. Die Fälle der oben zitierten Autoren dürften wohl hier einzuordnen sein, trotzdem einige Unstimmigkeiten noch vorliegen. So behaupten manche Autoren ihre Selbständigkeit: DREYFUS (Platyspondylia generalisata vera aut

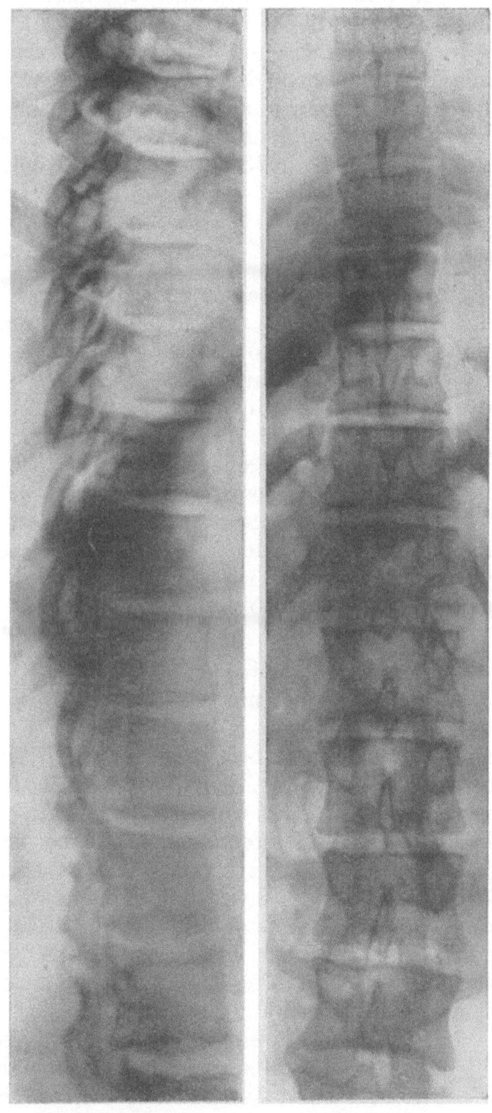

Abb. 156. 115 cm große chondrodystrophische Zwergin. Daneben gesund. Unregelmäßigkeit der Gesamtform der Wirbelkörper, namentlich in der Lendenwirbelsäule. Die Gesamtform der Wirbelsäule ist gestreckt mit geringfügigen, seitlichen Ausbiegungen. Nr. 101357. 1/2.

spuria), W. Müller (angeborener Wirbelsäulenzwergwuchs), Ruggles, Guérin et Lachapèle (Platybrachyspondylie), Nilsonne. Aber gerade die von Dreyfus besprochenen Fälle lassen sich ohne Zwang in die Chondrodystrophie einreihen.

Der Chondrodystrophiker ist dank seiner veränderten mechanischen Verhältnisse um die Wirbelsäule und dank deren Hyperlordosierung wohl ausgesprochen zu statischen Rückenschmerzen disponiert. Das gleiche gilt wohl für alle Erkrankungen, die zu Platyspondylie führen. Man sollte dem Zeichen der Rückenschmerzen nicht zu viel Bedeutung beimessen und die Abgrenzung einer Platyspondylia dolens ist wohl nicht berechtigt. 14 Fälle der 16 von Dreyfus sind zwischen 3 und 13 Jahren wegen Rückenschmerzen zum Arzt geführt worden.

Über Plattwirbel vergleiche auch Kapitel III 5.

16. Osteogenesis imperfecta.

Wie der Name sagt, handelt es sich um angeborene Wachstumsstörungen des Knochensystems, wobei eine unvollkommene Tätigkeit der knochenbildenden Substanz vorliegt. Je nachdem ob diese Veränderung vorwiegend die enostale Spongiosabildung oder mehr die periostale Compacta betrifft, entsteht die Osteogenesis imperfecta congenita Vrolick oder die Osteopsathyrosis (Osteogenesis imperfecta tarda) Lobstein. Von verschiedener Seite sind diese beiden Typen pathogenetisch identifiziert worden, Looser, Bauer, Zurhelle, Bierring, Fuss. Bessere Einsicht in das klinische Verhalten verdanken wir vor allem Glanzmann, nachdem schon v. Recklinghausen, Wieland und neuerdings Lenz den Unitarismus bestritten haben. Von pathologisch-anatomischer Seite ist kürzlich durch Uehlinger ein entscheidender Beitrag geleistet worden (Voegelin).

a) Osteogenesis imperfecta congenita (Vrolick).

Es handelt sich um eine Störung der Knochensubstanzbildung, vorwiegend der Endostfunktion. Die Tätigkeit der Osteoblasten ist stark herabgesetzt oder völlig aufgehoben. Der Knochen ist nicht fähig, normale Knochenspongiosa herzustellen, während der osteoklastische Abbau in normaler oder leicht gesteigerter Intensität vor sich geht. Auf diese Art wird der primäre Knochen bald bis aufs äußerste reduziert. Dabei ist die enchondrale Verknöcherung der Epiphysen sozusagen intakt; die Knorpelwucherungszone ist in Ordnung. Die Zellsäulen der Epiphysen sind regelmäßig und normal läng; die Markraumbildung erfolgt auf normale Weise. Mit dem Knochengewebe verschwindet naturgemäß auch der Kalk. Osteoides Gewebe fehlt im Gegensatz zu Rachitis und Osteomalacie fast ganz. Der so gebildete Knochen ist weich, besitzt keine Widerstandsfähigkeit und bricht deshalb leicht ein, auch der Röhrenknochen mit seiner außerordentlich dünnen Corticalis und sehr stark aufgelockerten Spongiosa.

Die meisten Föten sind nicht lebensfähig oder sterben in den ersten Tagen, Wochen oder Monaten. Selten bleiben sie länger am Leben: ein bis mehrere bis höchstens zehn Jahre. Die Krankheit ist gekennzeichnet durch die Weichheit und Brüchigkeit der kindlichen Knochen. Die deformierten und stark verkürzten, plumpen Röhrenknochen weisen eine sehr große Zahl von Spontanfrakturen auf, die zum Teil durch Callus wieder vereinigt sind. Diese Verhältnisse sind der Darstellung mittels der *Röntgenstrahlen* gut zugänglich. Dies gilt vor allem für die Extremitätenknochen. Hochgradige Entkalkung (im Gegensatz zur Chondrodystrophie) und Auflockerung bis völliges Fehlen der Spongiosa, die nur in Überschiebungszonen frischer Frakturen oder im Callus etwas dichter erscheint, fast völliges Fehlen der Corticalis und winkelige Deformation mit Mikromelie sind die Kardinalpunkte. Blaue Scleren werden gemeldet, niemals Schwerhörigkeit und familiäres Auftreten.

Es läge nahe, daß die *Wirbelsäule* hierbei nicht unbeteiligt bleibt. Wenn man aber nach Formveränderungen der Wirbelkörper sucht, so wird man an mäßig hochgradigen Fällen sehr wenig beobachten. Veränderungen fehlen auch an jenen Stellen, wo die Frakturen fehlen, z. B.

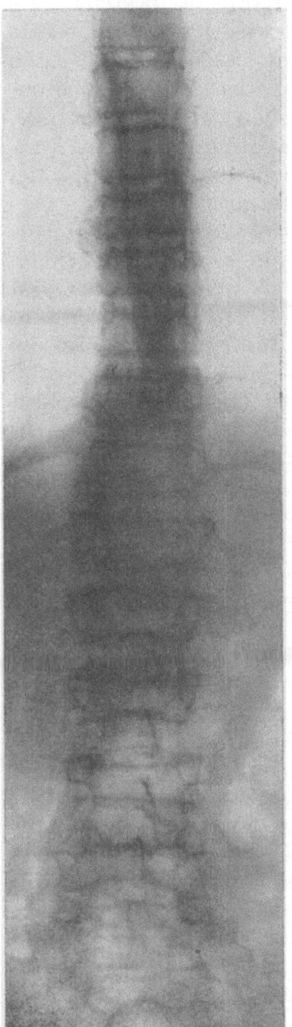

Abb. 157. Sehr hochgradige Osteoporose der Wirbelsäule eines 10jähr ♀. Verschmälerung der Wirbelkörper, Fischwirbelbildung, namentlich im Lendenteil, spärliche Infraktionen an den Abschlußplatten. Die Osteoatrophie ist auf das ganze Skelet generalisiert, multiple Frakturen der Extremitäten mit gutem Callus, blaue Scleren; Phosphatase im Serum erhöht, K und Ca unverändert. Osteopsathyrose (LOBSTEIN). Fall FUNK. Nr. 91257. 1/2.

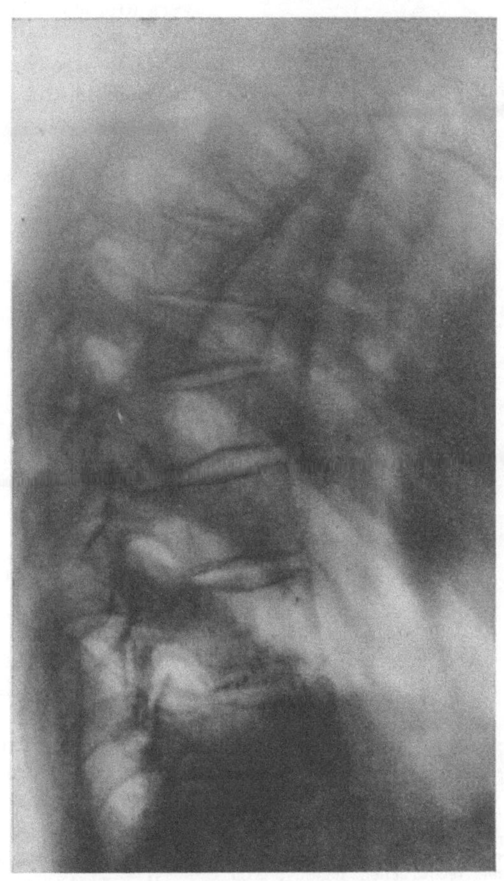

Abb. 158. Alte Kompressionsfrakturen Th_4 und Th_5 bei hochgradig porotischer Wirbelsäule. Daneben viele Frakturen von Rippen und Extremitäten im Anfang des dritten Lebensjahrzehnts, meist bei Raufhändeln erworben. Kleine Statur, ausgesprochene blaue Scleren und Schwerhörigkeit. In der Familie mehrere Fälle von Osteogenesis imperfecta tarda. 33jähr. ♂. Nr. 2020. 1/2.

oft an den kurzen Röhrenknochen von Fuß und Hand sowie an Schulter und Becken. Diese sind dann nach Form und Größe völlig normal und weisen normale Proportion auf. Während aber an den kurzen Röhrenknochen die Halisterese deutlich festgestellt werden kann, vermissen wir in vielen Fällen die Entkalkung der Wirbelkörperkerne fast gänzlich (UEHLINGER, GLANZMANN).

b) Osteogenesis imperfecta tarda, Typus LOBSTEIN;
Osteopsathyrosis.

Auch beim Typus LOBSTEIN der Osteogenesis imperfecta besteht eine Ossifikationsstörung. Während beim Typus VROLICK vorwiegend die endostale Spongiosabildung gehemmt ist, hat hier die periostale Knochenbildung der langen Röhrenknochen gelitten. Es entstehen zwar normal lange, aber übermäßig schlanke Röhrenknochen (unverändertes Epiphysenwachstum). Der Schädel ist verknöchert, kaum deformiert.

Die Osteopsathyrose wird meistens im 1. bis 21. Lebensjahr manifest, und zwar hauptsächlich durch Knochenveränderungen, blaue Scleren und Otosclerose, welche drei Zeichen nicht gemeinsam vorzukommen brauchen. Röntgenologisch ist die Erkrankung jedoch schon bei der Geburt oder sogar bereits intrauterin zu erkennen und gegen die Osteogenesis imperfecta congenita abzugrenzen. Das zeigt der Fall UEHLINGER, der auch mikroskopisch untersucht ist. Die Prozesse am Knochen sind charakterisiert durch multiple Spontanfrakturen und Deformationen. Die Frakturen heilen in normaler Zeit, oft zwar etwas verzögert mit geringem Callus. Lediglich durch den Zug der Muskeln entstehen im psathyrotischen Knochen zum Teil sehr hochgradige Verbiegungen ohne Fraktur. Zur Verkrüppelung tragen jedoch wesentlich die in schlechten Stellungen geheilten Frakturen bei (Tibia). Die Erkrankung bessert sich meist mit dem Abschluß des Längenwachstums. Typisch für die Osteopsathyrose ist ihr dominanter Erbgang. RIESEMANN und YATER fanden z. B. in sieben Familien über 6 Generationen 91 Befallene unter 255 Familienmitgliedern. Ähnliche Beobachtungen stammen von Amerikanern SPURWAY, COCKAYNE, COLONNA, CONRAD und DAVENPORT, COULON u. v. a.

Im *Röntgenbild* sind nachweisbar die Calli alter Brüche, Verbiegungen (Oberschenkel, Tibia), eventuell frische Frakturen, Entkalkung der bruchfreien Knochen, Verdünnung der Compacta, eventuell Umbauzonen, vor allem aber die übermäßig schlanke Gestalt der langen Röhrenknochen. Die unteren Extremitäten sind bevorzugt.

Im Bereiche der *Wirbelsäule* (Abb. 157 bis 159) findet man oft hochgradige Kyphoscoliosen, besonders in schweren Fällen. Sie kommen durch entsprechende Veränderungen der Einzelwirbel zustande. Die Kyphose entsteht durch Deformationen der Wirbelkörper im Sinne des Keilwirbels wie bei porotischer Kyphose anderer Genese. Aber auch Fisch- und Plattwirbel sind beobachtet (ZANDER bei achtjährigem Knaben). Wir finden also die Zeichen der entkalkten Wirbelsäule. DEUTSCH sah eine

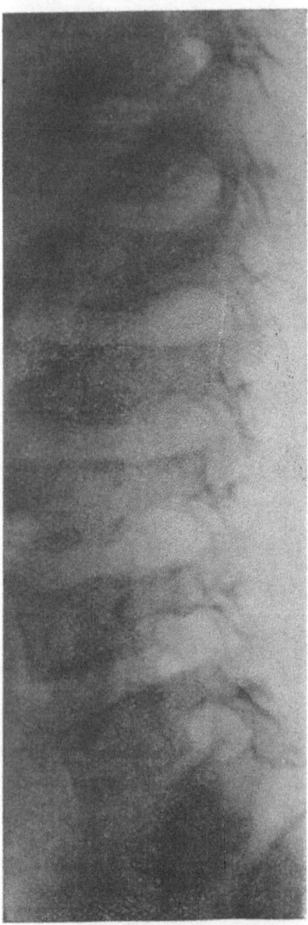

Abb. 159. Osteopsathyrose (LOBSTEIN). Nach leichten Traumen, mehrere Frakturen der Extremitäten, hat nie recht gehen gelernt; von 11 Geschwistdid weisen die meisten Knochenbrüchigkeit und blaue Scleren oder beides auf. 4jähr. ♂. Ausgesprochene Osteoporose auch der Wirbelsäule, die Extremitätenknochen sind normal lang, aber übermäßig grazil; durch unregelmäßige, stückweise Anordnung von Wachstumslinien entsteht strähnige Struktur der Wirbelkörper; sie sind im ganzen etwas unregelmäßig; die Bogen sind an der Porosierung beteiligt. Nr. 114 084. 3/4.

Querläsion des Rückenmarkes bei hochgradiger Porose und multiplen Frakturen einer osteopsathyrotischen Wirbelsäule. GRASHEY berichtet über Spondylolisthesis bei 45jährigem Osteopsathyrotiker. Daß Scoliosen entstehen, liegt wohl in jenen Fällen auf der Hand, die im Kindesalter ihren Anfang nehmen. CHONT fand Wirbelveränderungen in vier Fällen von zehn, zum Teil porotische Kyphoscoliosen, eine sehr schwere Porose mit Fischwirbeln und Infraktionen. Der Autor ist noch nicht überzeugt, daß die Dualisten recht haben.

F. Veränderungen der Wirbelsäule bei Erkrankungen des blutbildenden Systems.

Leukämien können bisweilen zu osteolytischen, Anämien (und Leukämien) oft zu osteosclerosierenden Vorgängen im Knochen führen.

17. Osteosclerosen bei Blutkrankheiten.

Mehr oder weniger ausgedehnte Osteosclerosen sind bei verschiedenen Gruppen von Blutkrankheiten zu finden. Wir folgen H. B. SCHMIDT.

a) Die Gruppe der *Leukämien und Pseudoleukämien*. Zuerst HEUCK, später aber auch andere, wie WOLF, JORES, ASSMANN (2), ASKANAZY, berichten von Blutkrankheiten mit Osteosclerose bei eindeutigen Leukämien oder Pseudoleukämien.

b) Die *hämorrhagische Aleukie* [ASSMANN (1)], MUIR.

c) Die *Anämien* (SCHMIDT).

d) Die *Polycythämie* (HIRSCH).

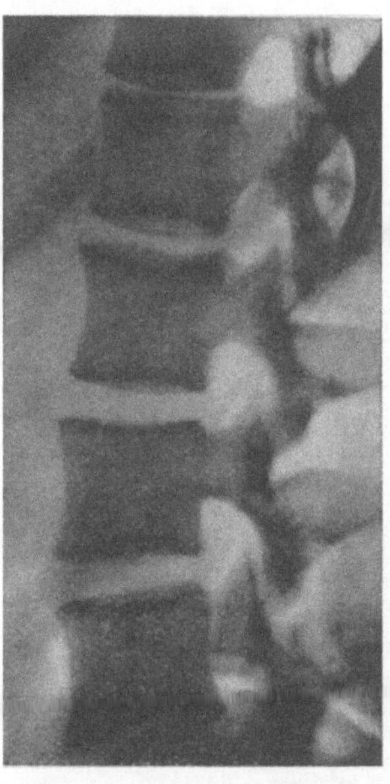

Abb. 160. Sclerosierung der Wirbelsäule bei osteosclerotischer Anämie. Allgemeine Sclerose der Wirbelkörper mit Betonung der Abschlußplatten, zarte Flecken in der allgemeinen Sclerose; fleckige Sclerose der Wirbelbogen und Rippen. Keine Formveränderung. 41jähr. ♀ (nach OVERGAARD).

Entsprechend der Vielgestaltigkeit der Markveränderungen sind auch die mikroskopischen Befunde am Knochenmark sehr verschieden. Neben normalem und myeloisch bzw. lymphatisch umgewandeltem Mark findet sich zellarmes und reines Fasermark.

Allen obengenannten Gruppen ist jedoch die zum Teil sehr hochgradige Osteosclerose, die bis zur völligen Eburneierung geht, gemeinsam, die sowohl im histologischen als auch im Röntgenbild zu erkennen ist. Vorwiegend befallen sind die Knochen des Stammes: Sternum, Claviculae, Rippen, Wirbelsäule und Becken. Wenn schon den älteren Fällen nur die pathologisch-anatomische Untersuchung zugrunde liegt, so findet man in letzter Zeit ab und zu, wenn immer noch selten, klinische Röntgenbilder (KARSHNER, OVERGAARD). Die *Wirbelsäule* spielt eine wichtige Rolle, gerade weil sie sozusagen stets und frühzeitig befallen zu sein scheint.

Es ist fraglich, ob diese Sclerosen ohne weiteres von der Marmorknochenkrankheit abgetrennt werden können, das gilt namentlich von den sclerotischen Anämien. Vorerst gibt es wesentliche Unterschiede: Morbus Albers-Schönberg ist eine Erbkrankheit, die meist angeboren ist; die osteosclerotischen Blutkrankheiten betreffen mit wenigen Ausnahmen Erwachsene. Die Knochenbrüchigkeit fehlt bei der Sclerose bei Blutkrankheiten. Die Osteosclerose bei Albers-Schönberg wäre also als primär osteogen, bei den Blutkrankheiten dagegen als primär myelogen aufzufassen (Abb. 160).

18. Osteolysen bei Blutkrankheiten.

Neben den erwähnten Blutkrankheiten, die zu ausgesprochener und hochgradiger Osteosclerose führen, sieht man

a) bei den allermeisten *Leukämien* mit klarem Blutbefund einen gerade gegenteiligen Prozeß sich einstellen. Die Knochen der Extremitäten, aber auch diejenigen des Stammes fallen einem entkalkenden Vorgang anheim, von dem die *Wirbelsäule* nicht verschont bleibt. Es handelt sich um eine Osteolyse durch Wucherung des leukämischen Gewebes [MELCHIOR, LYON (2), PETRASSI, TRUSEN].

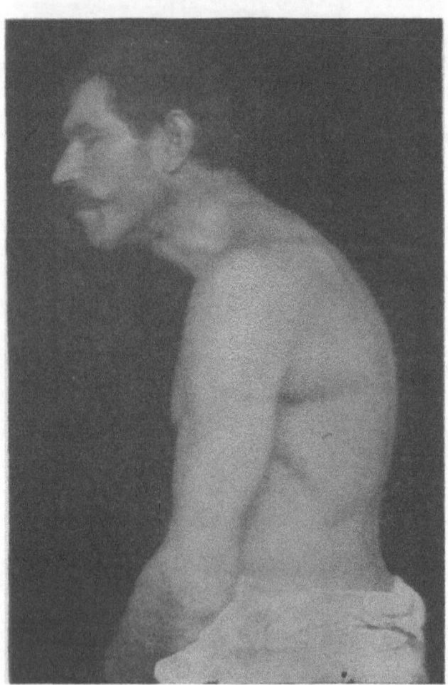

Abb. 161. Kyphose und Versteifung infolge BECHTEREWscher Erkrankung (nach ASSMANN).

Es ist übrigens hervorzuheben, daß sclerotische und lytische Prozesse nebeneinander vorkommen, und zwar so, daß die Osteosclerose, quasi als Narbe, dem entkalkenden Prozeß folgt (PASCHLAU).

b) Zu den entkalkenden Blutkrankheiten haben wir auch die *ererbten Anämien* zu zählen, vorwiegend die Sichelzellenanämie; sie führen oft zu charakteristischen, zum Teil fleckigen Osteolysen und Osteoporosen der Röhrenknochen, nicht selten (BRANDAN) mit Auftreibungen. Der Fall von DANFORD, MARR und ELSEY wies dagegen ausgesprochene Sclerose auf.

G. Auf der Wirbelsäule generalisierte, nicht auf sie beschränkte Entzündungen.

In diesem Abschnitt sollen zwei generalisierte, entzündliche Erkrankungen besprochen werden, die beide nicht auf die Wirbelsäule beschränkt sind. Die BECHTEREWsche Krankheit (19) setzt sogar Veränderungen außerhalb des Knochens, während die Ostitis [PAGET (20)], soweit bekannt, eine ausgesprochene Knochenkrankheit darstellt.

19. Spondylarthritis ankylopoetica (BECHTEREW).

Die Spondylarthritis ankylopoetica ist die chronische Polyarthritis der Wirbelsäule. Sie ist dank ihrer Lokalisation gegenüber anderen Gelenken vornehmlich durch zwei Besonderheiten gekennzeichnet: Der entzündliche Prozeß führt regelmäßig zu Ankylosen, und die Beteiligung von Kapseln und Bändern an der Versteifung ist besonders hervorragend [FRÄNKEL (1, 2)].

Veränderungen an der Wirbelsäule: Die Erkrankung beginnt in den kleinen Gelenken der Wirbelsäule und ihren Äquivalenten: Intervertebralgelenken, Ileosacralgelenken, Costovertebralgelenken und später auch in den Bandscheibengelenken. Es treten bald Hyperämie und entzündliche Infiltrate auf (Synovitis); durch fibröse Umwandlung, später durch Spongiosierung entsteht langsam, aber relativ frühzeitig, zuerst fibröse, dann knöcherne Ankylosierung. An diesem Verknöcherungsprozeß nehmen Kapseln und Bänder frühzeitig teil [GÜNTZ (1), BACHMANN (3)]. Es verknöchern die Ligg. interspinosa, supraspinosa und intertransversaria. Die Gliederung der Reihe der Intervertebralgelenke wird aufgehoben und an ihrer Stelle erscheint links und rechts je ein dichter starrer Knochenstab, der auch im Röntgenbild verhältnismäßig bald zu erkennen ist. Die Veränderungen (zum Teil Porose, zum Teil Osteosclerose), die später zu Verknöcherung der Ileosacralgelenke führen, sind häufig das erste röntgenologische Zeichen [FRITZ (1, 2), ODESSKY, PROTAR und HERBERT, HOPPE, GOLDING]. Der Zustand der Beweglichkeitseinschränkung scheint in allen Wirbelsäulen-abschnitten etwa gleichmäßig fortzuschreiten. Vorweg geht die·Einschränkung der respiratorischen Thoraxbeweglichkeit durch Ankylose der Rippengelenke und Knorpel (LEISTER, VONTZ, TEMPELAAR).

Zeitlich etwas verschoben, aber noch frühzeitig stellt sich stellenweise die Verknöcherung des Lig. longitudinale anterius ein. Durch das Fortschreiten dieser

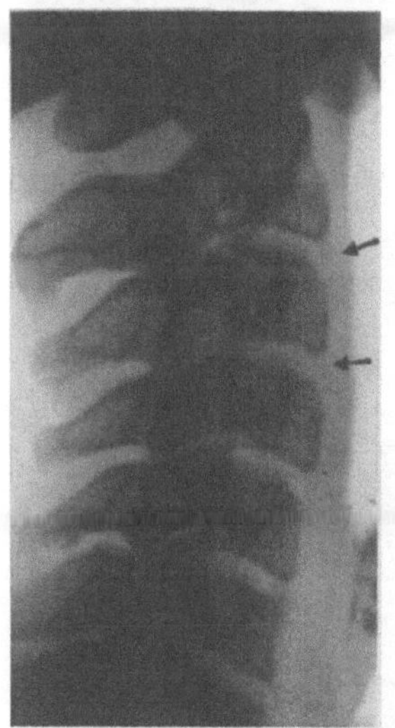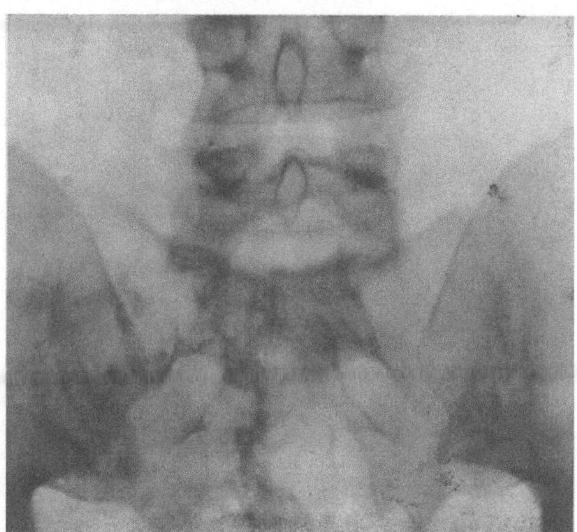

Abb. 162. Kleine Verkalkungen vorne am 2. und 3. Halswirbel unten als beginnende Verknöcherung des Ligamentum longitudinale anterius. Verwaschene Struktur im Bereiche der Ileosacralgelenke mit Sclerose, namentlich in den unteren Partien und links. Oberer Teil des rechten Ileosacralgelenks scheint intakt zu sein. Unten sind die Ileosacralgelenke beiderseits völlig verknöchert. 27jähriger Mann, seit ein bis zwei Jahren zunehmende Steifigkeit im Rücken, unbeständige Beschwerden. Spondylitis ankylopoetica. (Fall ETTER.) Nr. M. V. 2080.

Verknöcherung bildet sich aus der Wirbelkörperreihe nach und nach ein starrer Bambusstab. Die Bandscheiben werden noch lange Zeit verschont und liegen unversehrt zwischen den Wirbeln. Später verknöchert auch die Bandscheibe. Die Brustwirbelsäule kyphosiert meistens, manchmal auch erst sehr spät. In manchen Frühfällen ist aber im Gegenteil die Wirbelsäule gestreckt. Die Beweglichkeit in den Gelenken um den Atlas bleibt oft noch lange erhalten, während im Verlaufe der Jahre die übrige Wirbelsäule schon längst völlig starr geworden ist. Mit Ausnahme der tragenden Teile fallen die Knochen einer hochgradigen Atrophie anheim. Stehen bleiben die Hülle des großen unpaaren Bambusstabes und die Stäbe der Gelenkreihen. Ein dritter medianer dunkler Streifen entsteht durch Verknöcherung der Ligg. interspinosa und supraspinosa. Der Bambusstab des Morbus Bechterew ist glatt und regelmäßig und weist nicht die bizarren Formen des Zuckergusses bei Spondylarthrose auf (siehe Kap. III A 2).

Gelenkveränderungen außerhalb der Wirbelsäule. Außer den Ileosacralgelenken macht oft die Symphyse mit; etwa in einem Fünftel bis einem Viertel der Fälle sind Schulter oder Hüftgelenke beteiligt. In schwereren Fällen ankylosieren sogar Knie und Fuß und Ellenbogen, sogar die kleinen Gelenke der Hände und Füße. Die Sternoclaviculargelenke sind oft beteiligt, seltener die Kiefer- und Kehlkopfgelenke.

Klinisches. *Beginn.* Der Beginn der BECHTEREWschen Erkrankung fällt in das 20. bis 40. Altersjahr. Sie schließt sich mit ihrem sehr chronischen Verlauf an eine akute Polyarthritis oder an andere polyarthritische Manifestationen an, oder aber sie etabliert sich sehr langsam ohnedies von selbst. Die ersten subjektiven Symptome sind durchaus unbestimmt und bestehen in Rücken-

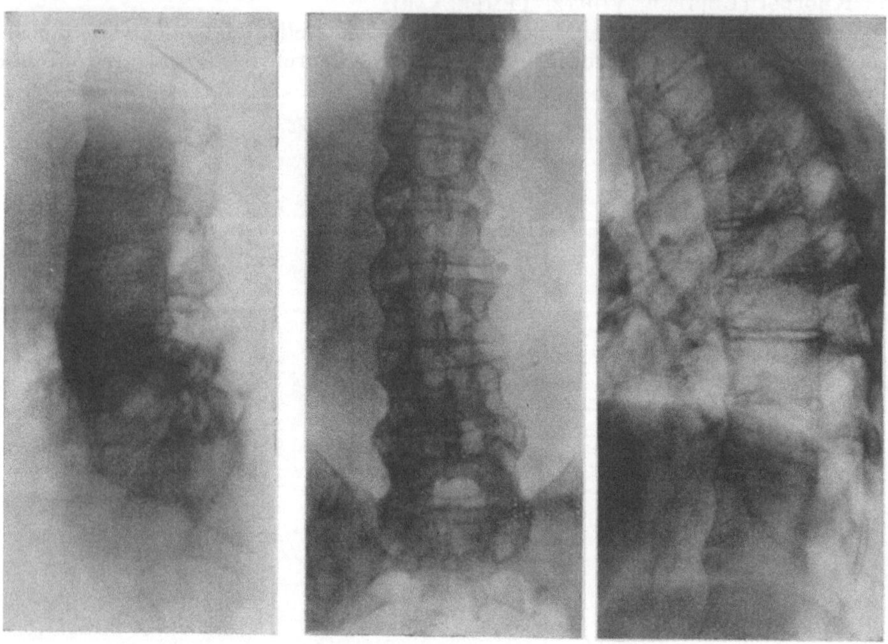

Abb. 163. Seit zwei bis drei Jahren leichte Behinderung durch zunehmende Steifigkeit im Rücken. Vor 18 Jahren Prostatitis mit nachfolgendem heftigem Rheumatismus; vor drei bis vier Jahren drei Schübe von Iritis. Ausgesprochenes Bild der Spondylitis ankylopoetica. Ankylosierung der Intervertebralgelenke der Lendenwirbelsäule und zum Teil der Ileosacralgelenke. Kleine Gelenke der B. W. S. frei, Verknöcherung der Bänder aller Wirbelkörper; allgemeine Osteoporose; Bandscheiben erhalten. Senkung 18 mm in der ersten Stunde. 51jähr. ♂. Nr. 17131. 1/3.

beschwerden. Aufmerksame Patienten bemerken frühzeitig eine Herabsetzung der Beweglichkeit des Rückens, besonders beim Bücken. Eine gewisse Konstanz besitzt ein etwas späteres Zeichen, nämlich ischialgische Schmerzen. Das sind meist die ersten Beschwerden, die unter Umständen den Kranken zum Arzt führen. Alle früheren Symptome findet man erst bei sorgfältiger Aufnahme der Anamnese.

Als objektive Frühzeichen haben zu gelten: Herabsetzung der respiratorischen Beweglichkeit des Thorax, Erhöhung der Blutkörperchensenkungsgeschwindigkeit, röntgenologisch: Veränderungen der Ileosacralgelenke.

Verlauf: Von den ersten Symptomen bis zur Stellung der Diagnose vergeht stets mehr als eines, meistens aber viele, bis 20 Jahre. Der weitere Verlauf erfolgt in Schüben nach kleineren oder längeren Intervallen. Die Stärke der Steigerung aller Krankheitszeichen ist sehr verschieden. Jahrelange Intervalle kommen vor und können fast frei von Beschwerden sein.

Im *Schub* werden nicht selten Schmerzhaftigkeit der Tubera ischii, der Fersen und der Adduktoren festgestellt. Der stärkere Schub läßt auch eine allgemeine

Hyperreflexie sowie fibrilläre Muskelzuckungen auf der Innenseite von Fuß, Unterschenkel und übrigens auch Oberschenkel erkennen. Bis zur völligen Verknöcherung der Wirbelsäule sind ab und zu Niesen und Husten derart schmerzhaft, daß der Patient es mit allen Mitteln (Klemmen des Nasenrückens) zu verhindern sucht [ELTZE (1), KREBS (1)].

Durch die Wirkung der rheumatischen Noxe können Herz und Nieren in Mitleidenschaft gezogen werden. Von verschiedenen Seiten [ELTZE (2)] werden

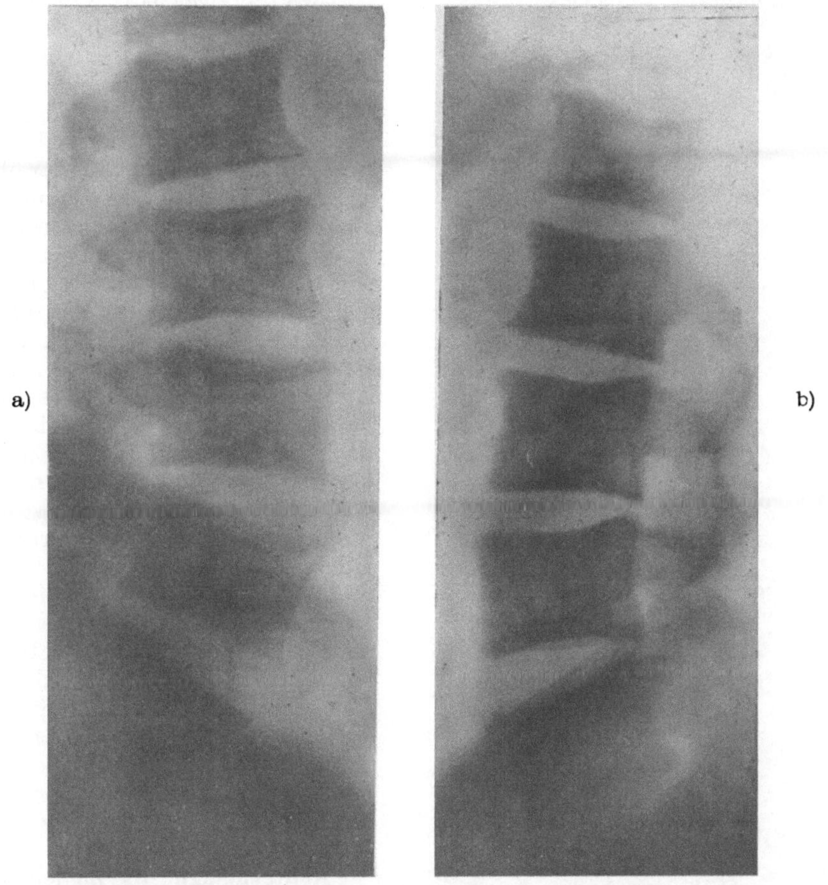

Abb. 164. Ausgedehnte Veränderungen der Wirbelsäule bei Ostitis fibrosa PAGET.
a) Unregelmäßige, fleckige Osteolysen mit stellenweisen Osteosclerosen in Flächenform; b) vier Jahre später, Andeutung der grobsträhnigen Struktur und deutlicher Rahmenzeichnung. 67jähr. ♂. (Fall Ha. LÜDIN, Röntgeninstitut der Universität Basel.)

häufige Darmstörungen gemeldet; es würde sich vielleicht lohnen, diesem Zusammenhang nachzugehen. Manche Autoren haben eine rheumatische Iritis als Begleiterkrankung gefunden (KUNZ, KRAUPA, SMALTINO, HÖHNE, SCHLEY).

Alle die mannigfaltigen Symptome sind durch das Leiden als primär chronischer Gelenkrheumatismus zu erklären und ihre weitere Darstellung erübrigt sich an dieser Stelle.

Ausgang: Die Dauer der Erkrankung ist sehr verschieden. Es gibt chronisch verlaufende Erkrankungen, die sich über viele Jahrzehnte hinziehen. Daneben gibt es aber auch bösartige Formen, die rasch und zu vollständiger Ankylose führen (SINDING-LARSEN); es kann aber auch eine scheinbar gutartige Erkrankung plötzlich in einen akuten Schub übergehen. Es kann absolute´ Steifigkeit eintreten; der Tod ist meist ein Herztod, eventuell tritt er bei einer interkurrenten Erkrankung ein.

Die Spondylarthritis ankylopoetica wird von den Pathologen in etwa 2% der Wirbelsäulen gefunden. Davon weisen drei Viertel Verknöcherung der Ileosacralgelenke auf; 60% haben ankylosierte Costovertebralgelenke; 85% verliefen schleichend. Unter den Erkrankten fand BACHMANN nur 6% Frauen. Andere Autoren beobachteten nur Männer; jedoch gibt es sicher auch Fälle beim weiblichen Geschlecht (KRONER). Aus der überwiegenden Mehrzahl der männlichen Patienten sowie aus der Beobachtung bei einem Eunuchen (RATNER) wurde an innersekretorische Störung gedacht (DE GAETANO), die für die exquisite Syndesmophilie der Infektion verantwortlich´ wäre. Andere Autoren (HALL und JASINSKY) haben Besserung bzw. Stillstand nach Entfernung von Epithelkörperchen gesehen. Röntgentherapie wird sehr empfohlen.

Die Frage nach dem primären Infektionsherd ist in vielen Fällen nicht geklärt, vor allem in den chronisch verlaufenden Fällen ohne feststellbaren initialen Infekt. FISCHER und VONTZ fanden in 17% chronische Tonsillitis, in 11% Zahngranulome. Solche focale Infektion mag für Frühfälle vielleicht wichtig sein, später sind die entzündeten Gelenke als Herde aufzufassen.

Röntgendiagnostik: Zu den Frühzeichen: Ischialgie, beschleunigte Senkung der Erythrocyten, herabgesetzte Atemexkursionen, gehört ein Röntgenzeichen: Veränderung der Ileosacralgelenke. Der röntgenologische Aspekt der Krankheit liegt nach dem Gesagten auf der Hand und braucht nicht näher besprochen zu werden (vgl. Bildtexte).

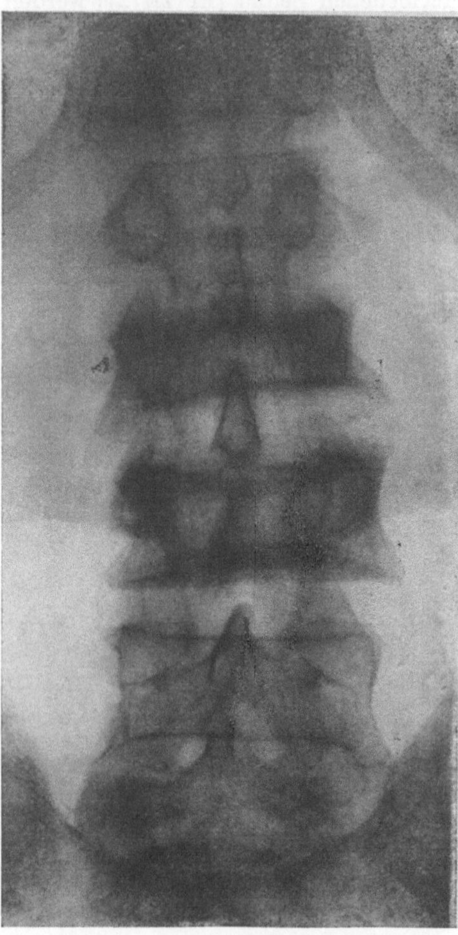

Abb. 165. Ostitis deformans PAGET. Rahmenförmige Sclerose von L₂ und L₃, hochgradige Osteolyse von L₄, L₅ und L₅ sind deformiert. 69jähr. ♂. (Fall A. F. LÜDIN, Röntgeninstitut der Universität Basel.)

20. Ostitis deformans (PAGET).

Bei der Ostitis deformans (PAGET) handelt es sich um eine chronische Ostitis mit sehr herabgesetzten Entzündungszeichen (RÖSSLE). Diese erstmals von LOOSER geäußerte Ansicht ist im Laufe der letzten Jahre durch die Arbeiten von HASLHOFER und ERDHEIM, ebenso wie RÖSSLE, MARESCH,

Eppinger über die seröse Entzündungsform bestätigt worden durch Auffindung von serösen Exsudaten, bzw. entzündlichem Ödem und periarteriellen Infiltraten spärlicher Rundzellen. Ebenso soll die charakteristische Mosaikstruktur für entzündlichen Prozeß sprechen. Es handelt sich also um eine exquisit chronisch verlaufende Osteomyelitis, wobei dem exsudativen Stadium ein fibröses folgt: stellenweise Umwandlung in Fasermark, Narbe.

Die Erkrankung ist im *Skelet* generalisiert; sie ist zwar im zweiten Jahrzehnt beobachtet, tritt aber doch meistens nach dem 40. Altersjahr auf. Schmorl fand in seinem großen Sektionsmaterial 3% der Erkrankung. Am häufigsten befallen ist das Sacrum in 56%, die übrige Wirbelsäule ist in 50% der Fälle erkrankt, wobei über die Hälfte im Lendenabschnitt zu finden sind. In gehörigem Abstand folgt der rechte Oberschenkel mit 30%.

Charakteristisch für die Ostitis deformans ist die Vergröberung der Knochenstruktur, die bis zur *Grobsträhnigkeit* fortschreitet. Das gleiche gilt auch für die Veränderungen der *Wirbelkörper*. Vorgeschrittene Fälle zeigen grobe, meist vertikal verlaufende Balken, die sich parallel zu den Konturen besonders verdichten und dann als Rahmen erscheinen. Dieser Rahmen kann alle vier Seiten oder auch nur die Deckplatten begleiten. Bei frischeren Fällen ist die Struktur weniger grobbalkig, und es kommt vor, daß die Verdichtung ziemlich homogen erscheint (Elfenbeinwirbel). Die veränderten Wirbelkörper weisen oft eine Veränderung der Gesamtform auf: entweder eine Verkleinerung, Platt- oder Fischwirbel, oder eine allgemeine Vergrößerung, aber nicht wie bei der Osteofibrosis deformans eine Auftreibung (wie aufgeblasen). Die spondylotischen Osteophyten sind an dem sclerosierenden Prozeß mitbeteiligt. Selten ist die ganze Wirbelsäule befallen, meist nur einige Wirbel, aber dann oft einschließlich der Wirbelbogen. Mehrere Wirbel können durch Verschmelzung über spondylotische Leisten oder Bandscheibenverknöcherungen zu einem Block zusammenverwachsen. Es tritt später unter Umständen eine erhebliche Kyphosierung ein (Abb. 164 und 165).

Im Bereiche des Extremitätenskelets verläuft die Krankheit grundsätzlich gleich. Deformationen, Einbrüche, Verkürzungen sind die Hauptzeichen. Wir haben noch beizufügen, daß auf dem Boden der Ostitis Paget Sarcome entstehen können. Nach Chierici werden solche in 2 bis 10% der Paget-Fälle beobachtet, und zwar an denselben Stellen, die ohnehin oft von Sarcomen heimgesucht werden (Metaphysen der langen Röhrenknochen). Sie befallen meist Männer im sechsten und siebenten Jahrzehnt und verlaufen sehr bösartig (Turnay). Vgl. Tabelle 5, S. 161.

H. Lokalisierte Infektionen der Wirbelsäule.

21. Chronisch spezifische Entzündungen.

a) Spondylitis tuberculosa.

Die Knochentuberkulose entsteht wohl außerordentlich selten primär (z. B. bei Schußverletzungen). Der Lymphweg ist für die Wirbelsäule diskutiert worden (Tendeloo), scheint aber kaum in Betracht zu kommen. Die Ausbreitung per continuitatem z. B. von Gelenken aus kommt vor. Dieser Weg ist auch bei der Infektion einzelner Wirbelkörper von Senkungsabszessen her oft begangen.

Die weit überwiegende Mehrzahl der Knochentuberkulosen, also auch der tuberkulösen Spondylitis, kommt durch Metastasierung auf dem Blutwege zustande. Dabei braucht nicht jede Metastase sich zu einer Tuberkulose zu entwickeln. Sie kann latent bleiben und unter Umständen später angehen, wie Knochenmarkbefunde bei Tuberkulosen der Lungen lehren.

Damit ist die *Häufigkeitsverteilung* in den verschiedenen Altersklassen erklärlich, indem die Chance zur Infektion des Knochens in jenem Alter am größten ist, wo die Bacillämie am häufigsten vorkommt. Die meisten Erkrankungen fallen auf das Kindesalter, und zwar in die ersten fünf Lebensjahre. Auf das erste Jahrzehnt fallen gegen die Hälfte der Spondylitisfälle, auf die zwei ersten Jahrzehnte gegen 70%. Das restliche Drittel verteilt sich an Häufigkeit abnehmend auf Patienten über 20 Jahre, wobei das dritte Jahrzehnt das Hauptkontingent stellt. Kein Alter ist verschont (VULPIUS, CLAIRMONT, SCHÜLLER).

Mit der Art der Metastasierung von einem primären visceralen Herd hängt wohl auch die Tatsache zusammen, daß sie gerne in ausgedehnt spongiosierte Knochen erfolgt. So ist die Spondylitis die häufigste Knochentuberkulose und nach RINONAPOLI mit 20% aller Tuberkulosen auch die häufigste extrapulmonale Tuberkulose. Am häufigsten befallen ist die untere Brust- (Th_9 bis Th_{11}) und die obere Lendenwirbelsäule. Die Lumbosacralgrenze selbst (Th_{12} und L_1) weist ein relatives Minimum der Häufigkeit auf. Die Halswirbelsäule ist selten betroffen und die Erkrankung beschränkt sich dann auf C_6 und C_7, bzw. auf den Epistropheus. Lenden- und Brustwirbelsäule sind etwa gleich häufig erkrankt. Das männliche Geschlecht ist etwas häufiger befallen.

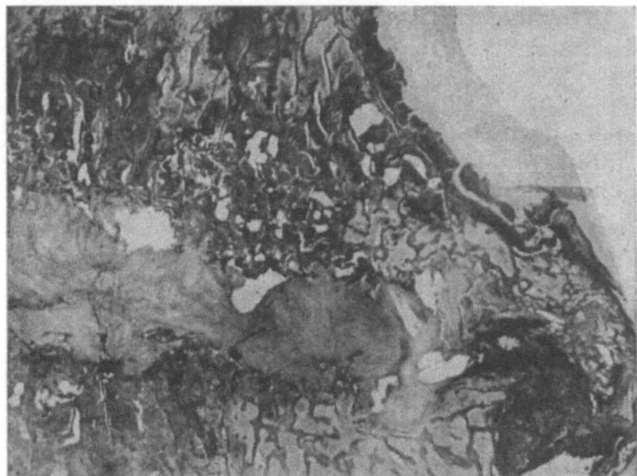

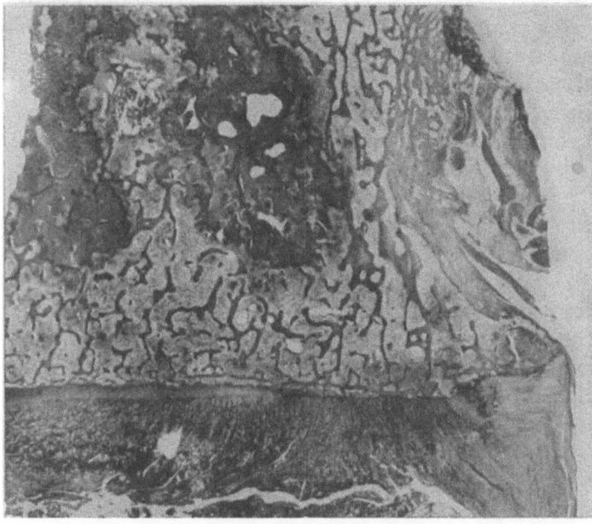

Abb. 166. Spondylitis tuberculosa; mikroskopischer Schnitt (sagittal) durch zwei Lendenwirbel, Senkungsabszeß. Käseherde (dunkle Stellen) mit noch deutlich erhaltenen Bälkchen, ausgedehnte Stellen von Fasermark im unteren Wirbel, daselbst vorne Osteosclerose, am oberen Wirbel stark ausladende Zacke. Die untere Bandscheibe ist intakt, die obere weitgehend zerstört, zum Teil durch Bindegewebe ersetzt. 66jähr. ♀.

Der *erste Herd* sitzt im Wirbelkörper meistens vorne und in der Nähe der Bandscheibe. Die Bogenteile sind selten erkrankt [JUDD, NOVAK (1) HURIEZ und ANDERSON]. Für die Lokalisation und das spätere Fortschreiten der Tuberkulose sind wahrscheinlich besondere Verhältnisse der Vascularisation oder der mechanischen Belastung oder beide Momente zusammen verantwortlich. Der

erste metastatische Herd kann verkäsen, und zwar vorerst, ohne daß die
Spongiosa zerstört oder entkalkt zu werden braucht, oder er kann sich in

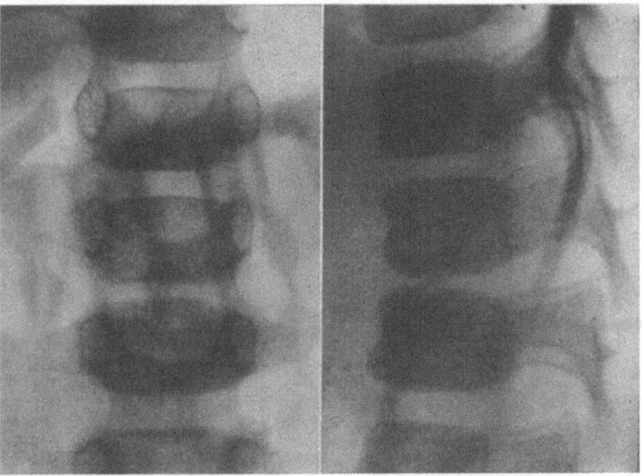

Abb. 167. Während des Heilstättenaufenthaltes wegen Hilusdrüsentuberkulose entwickeln sich in den letzten
zwei Wochen steife Haltung und Rückenschmerzen, Senkung 24 (vor 3 Wochen 5). Verschmälerung des Intervertebralraumes L_1/L_2 ohne Verbreiterung der Paravertebralschatten; zwei Wochen später tomographischer Nachweis eines Knochenherdes. Die Spondylitis tbc. dürfte höchstens 6 Wochen alt sein. 4jähr. ♂ (Fall S. K.
Dr. HÄFLIGER, Zürcherische Heilstätte Wald.) 3/4.

tuberkulöses Granulationsgewebe umwandeln. Der Prozeß schreitet meist
gegen die Bandscheibe zu weiter, die später der Zerstörung anheimfällt
(Abb. 166). Beim Kind ist die Bandscheibe noch vascularisiert; die primäre

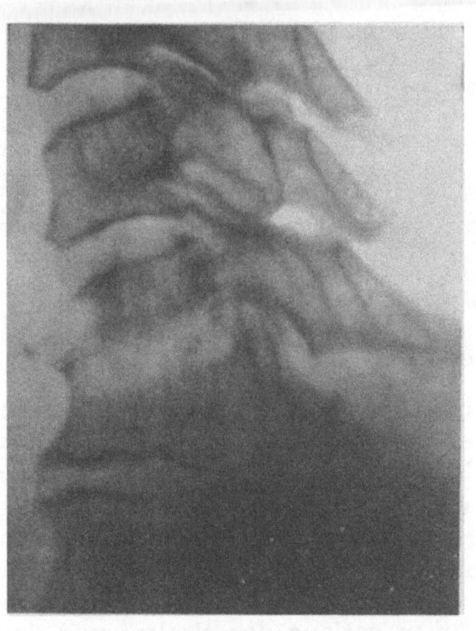

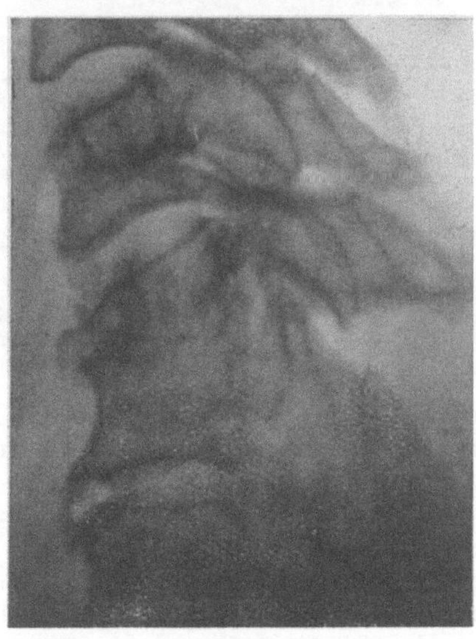

a)   b)

Abb. 168. Zerstörung von C_6 und C_7 bei Spondylitis tuberculosa. (Fall LÜDIN, Röntgeninstitut Bürgerspital Basel.) 4/5.
a) Neun Monate nach der Diagnose hat sich schon ein Block gebildet, b) Heilung.

Metastasierung ist dann denkbar und wahrscheinlich. Die Caries folgt dem
Weg des kleinsten Widerstandes, d. h. häufig über den Nucleus pulposus,
während der Annulus fibrosus im Anfang respektiert wird. Von der Band-

scheibe aus wird der benachbarte Wirbelkörper ergriffen. Der erste Herd sitzt selten zentral; das Fortschreiten der Zerstörung erfolgt selten nach hinten gegen den Spinalkanal zu. Dagegen erreicht die Caries bald das vordere Längsband. Multiple Herdbildung in der Wirbelsäule ist beim Kind nicht so selten und macht im Gesamten etwa 6% aus.

Nachdem die Grenzen des Wirbelkörpers erreicht sind, ist die Möglichkeit der Ausbreitung per continuitatem vorhanden. So kommt es vor, daß der krankhafte Prozeß unter dem vorderen Längsband sich ausbreitet und entferntere Wirbelkörper vorne arrodiert.

Abszesse. Anderseits kann jetzt auch die Bildung eines vorderen oder seitlichen Abszesses beginnen. Er breitet sich in der Richtung des kleinsten Widerstan-

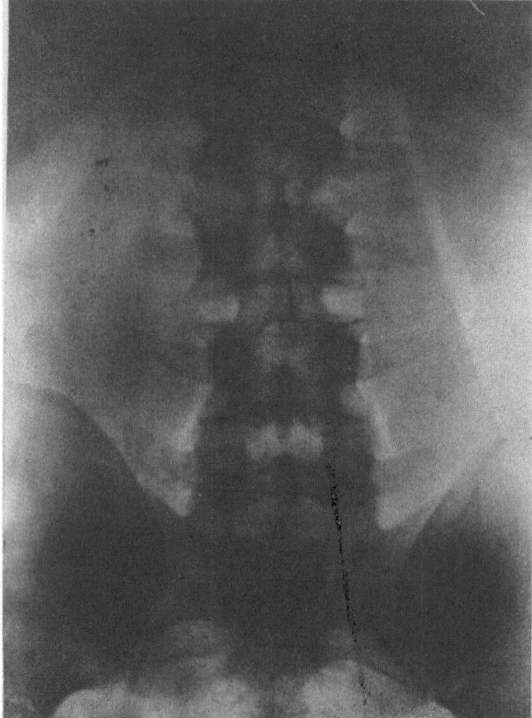

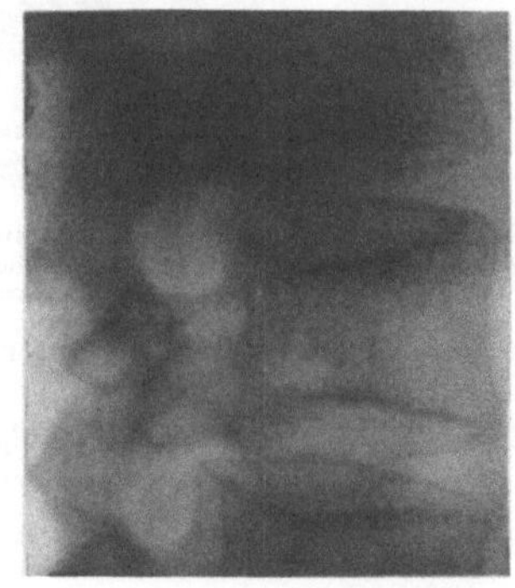

Abb. 169. Seit zwei Monaten ischiasähnliche Schmerzen im rechten Oberschenkel, dazu stetig zunehmende Schwellung in der rechten Lendengegend. Keine neurologischen Symptome. Großer Psoasabszeß rechts, ausgehend vom 3. Lendenwirbel. Nur in der seitlichen Aufnahme eine kleine Kaverne in L₃ hinten unten. Nr. 62678. 1/2.

des aus und wird zum *Senkungsabszeß*. Im allgemeinen wird er sich entlang den Interstitien nach unten senken. So senkt sich der Abszeß der oberen Halswirbel, bzw. des Atlanto-Occipitalgelenkes hinter dem Pharynx — Pharynxfisteln kommen nach NEW und DECKER bei Tuberkulose vor — und hinter dem Oesophagus, um weiter seitlich am Hals in der Parotisgegend unter der Haut zu erscheinen. Von hier kann er noch weiter dem M. sternocleidomastoideus entlang bis in die Axillae weiterdringen; ins hintere Mediastinum gelangt er nicht. Abszesse, die von den unteren Halswirbeln ausgehen, können entlang den Scaleni und dem Sternocleido in die Supraclaviculargrube und Axilla gelangen. Oder aber sie folgen selten den Gefäßen in den Brustraum und schlagen den gleichen Pfad ein wie die Abszesse der über dem Zwerchfell gelegenen Brustwirbelkörper. Diese bleiben meist im hinteren Mediastinum stecken. Bei entsprechender Ausdehnung erreichen sie aber das Abdomen und sogar entlang dem Psoas durch die Lacuna musculorum die Leistenbeuge. Sie können aber, gerade wenn ihr Ursprung dicht über dem Diaphragma liegt, durch dasselbe aufgehalten werden. Es kommt dann vor, daß der Senkungsabszeß ansteigt, sogar bis in den Hals (DI NEPI). Besitzt ein solcher Abszeß einen interspinalen Anteil, so entsteht durch Punktion eine Entlastung, und es können die Kompressionssymptome erheblich bessern [RICHARD (1)]. Folgt der Abszeß der A. iliaca interna, so gelangt er in das kleine Becken und erreicht von da aus die Haut am Damm oder in der Analgegend oder

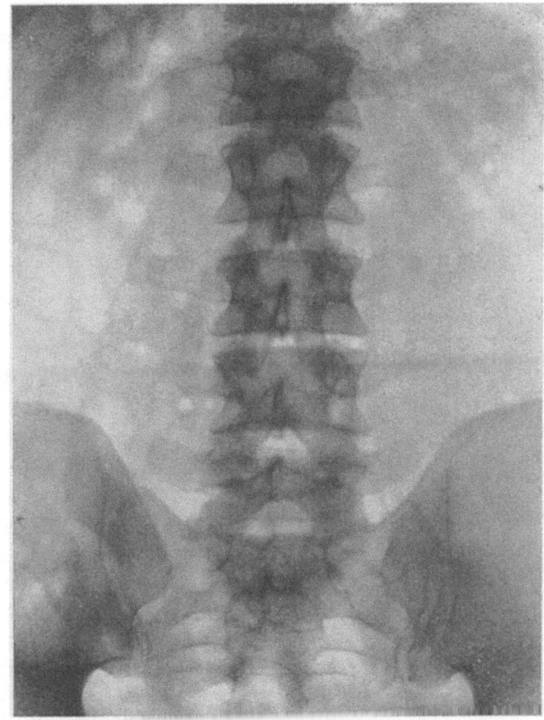

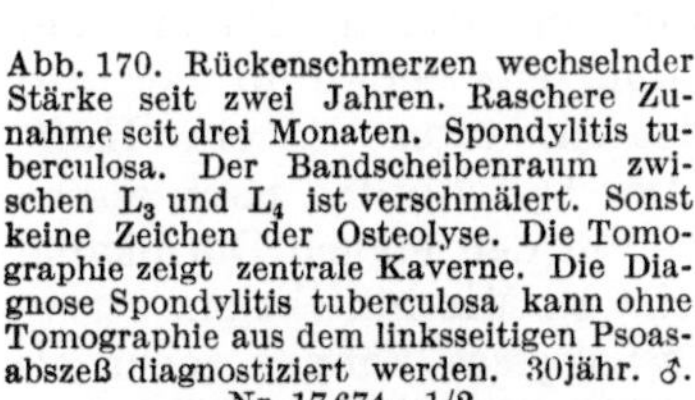

Abb. 170. Rückenschmerzen wechselnder Stärke seit zwei Jahren. Raschere Zunahme seit drei Monaten. Spondylitis tuberculosa. Der Bandscheibenraum zwischen L_3 und L_4 ist verschmälert. Sonst keine Zeichen der Osteolyse. Die Tomographie zeigt zentrale Kaverne. Die Diagnose Spondylitis tuberculosa kann ohne Tomographie aus dem linksseitigen Psoasabszeß diagnostiziert werden. 30jähr. ♂. Nr. 17674. 1/2.

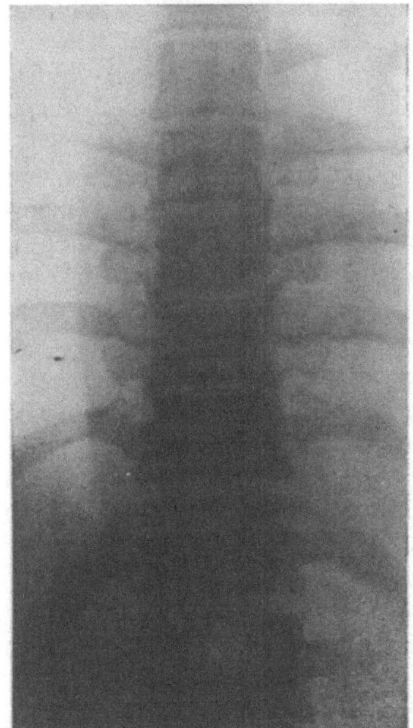

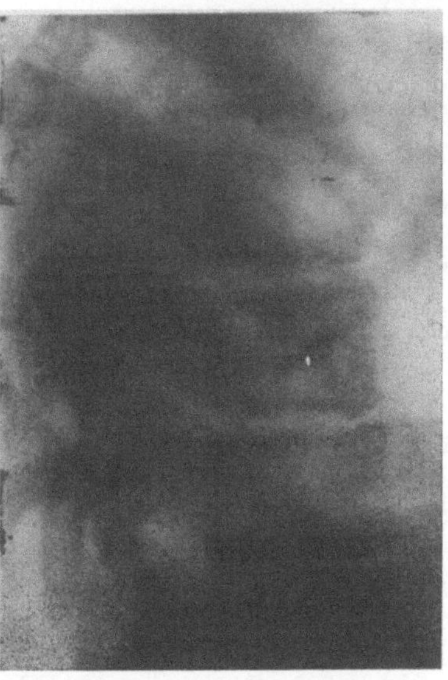

Abb. 171. Spondylitis tuberculosa Th_{10}/Th_{11}. 20jähr. ♀. Verschmälerung des Bandscheibenraumes ohne sichtbare Form- oder Größenveränderung der benachbarten Wirbelkörper; großer, bis Th_6 aufsteigender Senkungsabszeß, kein Psoasabszeß, geringfügige Porose der Wirbelkörper mit Ausnahme von Th_{10} und Th_{11}; keine sicheren Defekte. Nr. 65631. 1/2.

entlang dem Ischiadicus den Oberschenkel, wo er meist unter dem Glutaealrand in Erscheinung tritt, oder sogar bis in die Kniekehle hinuntersteigt. Die Spondylitis der Lendenwirbelsäule führt meist zu dem eben erwähnten Psoasabszeß, seltener zu einem Abszeß, der in der Lendengegend oder im Bereiche der Adduktoren gelegen ist. Der Abszeß der Brustwirbel kann sich auch seitlich entlang einer Rippe ausdehnen. Das ist der Fall, wenn der Bogen befallen ist.

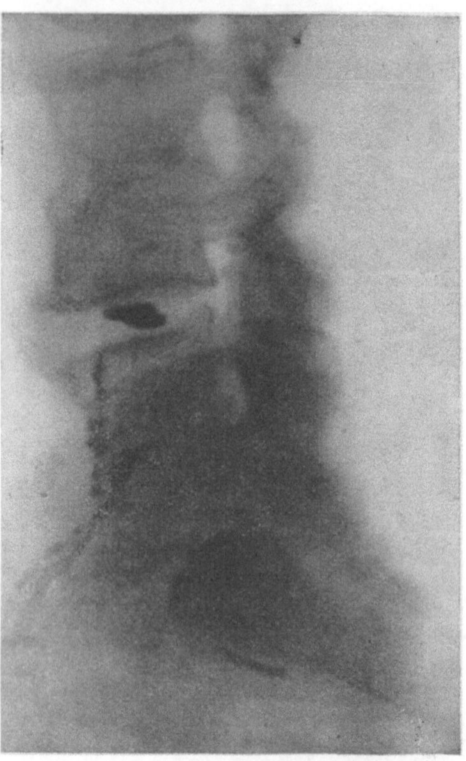

Abb. 172. Alte Spondylitis tuberculosa der vier letzten Lendenwirbelkörper und des oberen Sacrum. Seit längerer Zeit fast völlig beschwerdefrei trotz inguinaler Fistel. Lipiodolfüllung, das Kontrastmittel dringt in die Räume der letzten drei Bandscheiben ein; L_3/L_4 ist scheinbar solide überbrückt, im Innern findet sich aber eine größere Höhle, ebenso in L_5/S_1, der Abszeß zieht sich an der Unterfläche des Sacrum nach unten hinten. 36jähr. ♂. Nr. 13196.

Die Größe des Abszesses hängt in keiner Weise von der Ausdehnung der Knochenzerstörung ab, weil die Abszeßwand ebenfalls Eiter liefert (FREUND, TREGUBOW). Trotzdem kann Abnahme der Ausdehnung des Abszesses als günstiges, Zunahme als schlechtes Zeichen gewertet werden. Durch den Abszeß können mannigfache Komplikationen verursacht werden: Verlagerung und Kompression von Trachea und Oesophagus, Perforation in Magen, Darm oder Peritoneum, sehr selten in Pericard oder Pleuren, öfter in ein Hüftgelenk. Der Durchbruch nach außen ebenso wie in den Magen-Darmkanal führt meist zu Mischinfektion.

Röntgenologisch können mehr als 80% der Abszesse diagnostiziert werden. Die fehlenden 20% gehören meistens der Gruppe der Psoasabszesse an. Die Pathologen finden in allen Fällen Abszesse oder deren Residuen.

Der ausgedehnte Abszeß ist ein Zeichen der fortgeschrittenen Wirbeltuberkulose. Das trifft auch für ein weiteres Symptom zu, für die Zerstörung von Knochen und *Formveränderungen* der Wirbelkörper und der Gesamtwirbelsäule. Durch die Erweichung der Knochensubstanz tritt *keilförmige Deformation* des befallenen Wirbelkörpers ein. Diese ihrerseits bewirkt insbesondere bei starker Keilbildung das wichtige äußere Zeichen des *Gibbus*. Durch Veränderung der statischen Verhältnisse führt er zu deformierender Arthrose der Intervertebralgelenke.

In einem gewissen Teil der Fälle entstehen *Lähmungen*. Die Angaben hierüber sind naturgemäß sehr verschieden; etwa ein Zehntel dürfte den Durchschnitt annähernd treffen. Bei Kindern ist die Häufigkeit der Lähmungen größer (etwa ein Drittel); ebenso ist sie prozentual in der Halswirbelsäule am größten, bei der Lendenwirbelsäule am geringsten; VULPIUS gibt 17%, 12% (BWS.) bzw. 7% an. Die Lähmungen kommen weniger rein mechanisch durch Kompression des Rückenmarkes an der Stelle der Abknickung als durch Abszesse bzw. Granulationen im vorderen Epiduralraum zustande. Dabei dürften Zirkulationsstörungen die direkten Ursachen darstellen; die Entstehung einer Myelitis scheint eine große Seltenheit zu sein.

Die *Heilung* der Spondylitis tuberculosa erfolgt sehr langsam durch Ersatz des Knochens auf dem Boden fibröser Umwandlung (Sclerose).

Klinische Zeichen: Bei Rücken-, Brust- oder Leibschmerzen, eventuell rheumatischen Aspektes, soll an Spondylitis gedacht werden, besonders wenn zeitweilig neuralgische Symptome vorliegen. Die Beschwerden bessern in Ruhe. Diese subjektiven Zeichen erhalten ihre volle Bedeutung durch den weiteren Untersuchungsbefund in lokaler und allgemeiner Hinsicht: Schmerzhaftigkeit der aktiven Bewegungen mit Herabsetzung der allgemeinen oder lokalen Beweglichkeit, Unregelmäßigkeiten im Rückenrelief [Dellensymptom KOFMANN (1)], Druck- und Klopfschmerzhaftigkeit, Wurzelsymptome, Achsendruckschmerz, Schmerzen beim Niesen, Abszeßsymptome, Blutveränderungen (Senkung, Leucocytose), bei Kindern Immunreaktionen, neurologischer Status, Allgemeinzeichen (Gewichtsabnahme, Fieber, Nachtschweiß usw.), andere tuberkulöse Lokalisationen (urogenital, Gonitis) Man vergesse aber nicht, daß fortgeschrittene Tuberkulosen völlig ohne jegliche Beschwerden, quasi als Zufallsbefunde, z. B. bei Thoraxuntersuchungen, gefunden werden.

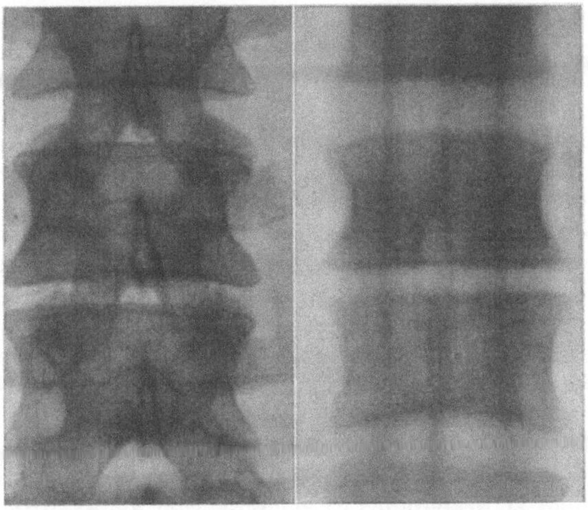

Röntgendiagnostik. Die ersten sicheren, insbesondere lokalen Zeichen der Spondylitis tuberculosa zeigt das Röntgenbild. Trotzdem ist die Röntgendiagnose keineswegs eine Frühdiagnose, sondern stets eine mehr oder weniger ausgesprochene Spätdiagnose; immerhin ist ausschlaggebend, sehr oft die erste, meistens die erste sicher lokalisierende Methode. Das ist zu erwarten, wenn man bedenkt, wie sehr langsam die Tuberkulose des Knochens im allgemeinen verläuft und daß schwere Veränderungen, wie die käsige Einschmelzung des Knochenmarkes, lange Zeit ohne Porosierung des Knochens und ohne Entkalkung einhergehen kann. Grundsätzlich ist die Darstellung im gewöhnlichen Röntgenbild erst möglich, wenn lokale Kalkverminderung oder Formveränderungen (der Wirbelkörper oder der Bandscheiben) eingetreten sind. Es wurde früher festgestellt, daß Einschmelzungen in der Strahlenrichtung wenigstens 1,5 cm messen müssen, bevor sie im Bild sichtbar werden. Die röntgenologisch diagnostizierte Spondylitis tuberculosa ist wahrscheinlich fünf Monate, mindestens aber dreieinhalb Monate alt (MENGIS). Ich kenne einen Fall, bei dem wir erst neun Monate nach der ersten Röntgenuntersuchung wegen Spondylitisverdacht eine Kaverne ohne Abszeß im gewöhnlichen Röntgenbild feststellen konnten, trotz präziser klinischer Lokalisation. Die klinische Lokalisation darf sich niemals auf die subjektiven Beschwerden

Abb. 173. Rückenschmerzen wechselnder Stärke seit zwei Jahren. Raschere Zunahme seit drei Monaten. Spondylitis tuberculosa. Der Bandscheibenraum zwischen L_3 und L_4 ist verschmälert. Sonst keine Zeichen der Osteolyse. Die Tomographie zeigt zentrale Kaverne. Die Diagnose Spondylitis tuberculosa kann ohne Tomographie aus dem linksseitigen Psoasabszeß diagnostiziert werden. 30jähr. ♂. Nr. 17 674.

stützen; diese können völlig falsch lokalisiert werden. Man denke an die wichtige Regel, daß die Beschwerden fast immer zu tief (Kniegelenk) angegeben werden; man suche deshalb höher (SCHUBERTH).

Die *ersten Röntgenzeichen* sind Verbreiterung des Paravertebralschattens, Verschmälerung des Bandscheibenraumes, Einschmelzungen (SCHMID u. v. a.). Man würde erwarten, daß die Einschmelzung das erste sichtbare Zeichen der Spondylitis wäre, das ist aber nicht der Fall. Im Gegenteil, es ist das letzte röntgenologische Initialsymptom. Wichtiger sind die beiden anderen Zeichen, vor allem die *Verschmälerung des Bandscheibenraumes* (Abb. 167). Sie entsteht zum Teil durch frühzeitigen Zerfall der Bandscheibe durch Einwuchern von Granulationsgewebe [MORASCA (1), STRUKOW (1)]. Da dies aber, meistens namentlich bei zentralerer Lage des Herdes, erst später erfolgt, muß einem zweiten Mechanismus größere Bedeutung beigemessen werden. Es scheint mir kein Zweifel, daß die isolierte Verschmälerung des Bandscheibenraumes in jenen Fällen, wo nur gerade dieses Zeichen sichtbar ist, durch Einbruch der intakten Bandscheibe in eine abschlußplattennahe Zerfallshöhle erfolgt, wie im Falle von SCHÄR. Intervertebralraumverschmälerungen findet man auch bei Spondylitis infectiosa und vor allem bei Osteochondrose, mit oder ohne Nucleushernien. Die Osteochondrose wird sich im allgemeinen abgrenzen lassen, vor allem durch den Begleitbefund der Sclerose der Abschlußplatten oder anderer kleinerer Zeichen der deformierenden Spondylose oder Arthrose. Eine Ausnahme hiervon machen nur jene sehr seltenen Fälle von hinteren Nucleushernien ohne jegliche Zeichen von degenerativen Veränderungen. Dieser Befund kann mit den ersten Zeichen der Spondylitis konkurrieren. Über die Differentialdiagnose der Spondylitiden verweise ich auf später.

Die *Verbreiterung des Paravertebralschattens* als Ausdruck des *beginnenden Abszesses* (noch nicht Senkungsabszesses) ist im Brustabschnitt im allgemeinen leicht zu erkennen. Er zeichnet sich als eventuell sehr geringfügige Vorwölbung des normalen Begleitschattens der Wirbelsäule. Dieser ist normalerweise links meist etwas breiter als rechts und verliert sich dicht unter dem Zwerchfell. Die Vorwölbung sitzt links oder rechts oder beiderseits auf der Höhe des oder der erkrankten Wirbel und zeigt Spindelform. Ob es sich stets um einen Abszeß oder im Anfang lediglich um entzündliches Ödem handelt ist ohne Bedeutung.

Solche lokalisierte Ausbuchtungen sind stets pathologisch, aber selbstredend für die Spondylitis tuberculosa nicht pathognomonisch. *Differentialdiagnostisch* kommt Abszeß bei anderen Infektionen (Spondylitis infectiosa), Hämatom nach Fraktur und endlich Zusammenbruch des Wirbelkörpers überhaupt in Frage. Bei der Spondylitis infectiosa wird der Verlauf ausschlaggebend sein, die Verbreiterung des Paravertebralschattens läßt sich nicht von derjenigen der Tuberkulose unterscheiden. Das *Hämatom* gehört zu einer Fraktur, d. h. zu einem Trauma. Bei Zerstörungen der Wirbelkörper (Tumoren, Vertebra plana, Speicherkrankheiten, Infektionen) entsteht die Verbreiterung des Begleitschattens durch seitliches Herauspressen des morschen Gewebes. Auch bei stark ausladenden spondylotischen Zacken kommt Verbreiterung des Paravertebralschattens vor.

Das Gesagte gilt für den Brustabschnitt; ausschlaggebend ist die Sagittalaufnahme. An der Halswirbelsäule sind im a.-p.-Bild ähnliche Zeichen nicht vorhanden. In der Frontalaufnahme ist eine Verbreiterung des Raumes zwischen dem vorderen Schattenrand der Wirbelsäule und des Pharynx und der Trachea sichtbar. Differentialdiagnostisch kommt für dieses Symptom in Frage: Spondylitis syphilitica, benigne Tumoren (aberrierende Struma, Teratome usw.) u. v. a.

Im Lendenabschnitt ist die Beurteilbarkeit *kleiner Abszesse* stark herabgesetzt (Abb. 170). Am besten sind sie zu sehen, wenn sie von dem untersten Brust-

bzw. obersten Lendenwirbelkörper herrühren. Sie bewirken dann eine kurze spindelförmige Vorwölbung des obersten Abschnittes des Psoas. Im Bereiche des unteren Ileopsoas sind kleine Abszesse nicht zu sehen.

 Der *Einschmelzungsherd* (Abb. 169 und 173) selbst ist, wie schon erwähnt, erst relativ spät zu erkennen, trotzdem er als direkte Ursache der beiden Frühsymptome sicher schon vorher da war (HELLSTADIUS). In fraglichen Fällen empfiehlt sich unbedingt die Anwendung der Tomographie (WILLEMIN). Mit dem Schichtverfahren lassen sich kleinere Herde leicht darstellen. Es wird namentlich in jenen Fällen von Nutzen sein, wo ein mehr zentral gelegener Herd erst spät zu Abszeßbildung oder Bandscheibenverschmälerung führt. In den meisten Fällen wird die Tomographie zwar ein sinnfälliges Bild der Herde liefern, nicht aber zur Sicherung der Diagnose notwendig sein.

Der weitere Verlauf im Röntgenbild entspricht dem pathologisch-anatomischen Geschehen. Am eindrücklichsten ist das Fortschreiten der Zerstörungen (Abb. 171 und 172) vorerst ohne jede sclerosierende Reaktion. Ohne orthopädische Behandlung tritt bald die Keilwirbeldeformation ein. Wird diese durch therapeutische Maßnahmen verhindert, entstehen unter Umständen große klaffende Defekte. Erst nach langer Zeit tritt langsam Sclerosierung und später Ersatz durch normal strukturierte Spongiosa ein. Während dieser Umwandlung entstehen die verschiedensten Bilder durch Abwechslung von Sclerose und Defekt; auch cystische Bilder kommen vor (BROCHER, DUCREY).

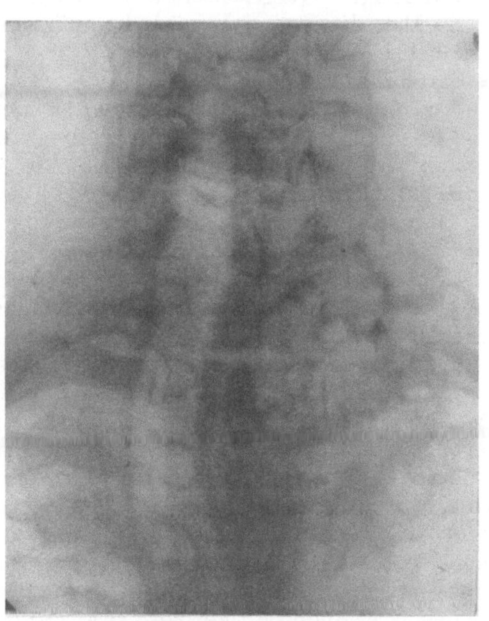

Abb. 174. Spondylitis C$_6$/C$_7$, Senkungsabszeß mit ausgedehnten Verkalkungen und Verdrängung der Trachea nach rechts. 60jähr. ♂. Nr. 110060. 2/3.

Meistens ist die Bandscheibe völlig zerstört, sie kann aber auch durch Bindegewebe ersetzt und dann sichtbar sein. Bei geeigneter Behandlung synostosieren dann als Endausgang der Heilung zwei oder drei (kaum mehr [HARRENSTEIN und HUET]) Wirbel zu einem *Block.* Der mehr oder weniger gerade Block ist der günstigste Ausgang. Es kann aber die Keilform zweier oder mehrerer Wirbelkörper auch bestehen bleiben; das bedingt einen bleibenden Gibbus. Mit der Annahme der Ausheilung einer Spondylitis tuberculosa sei man nach dem Röntgenbild sehr vorsichtig. So spät die initiale Spondylitis im Bild zu erkennen ist, so schlecht lassen sich Restherde am Ende der Erkrankung beurteilen. Nur völlig gleichmäßige Spongiosazeichnung, bei der die sclerotischen Partien verschwunden sein sollen [PEROLLI (1), SCHEEL], ist ein einigermaßen sicheres Heilungszeichen. Beim Erwachsenen über 20 Jahren dauert die Krankheit im Mittel über vier Jahre, nie unter zwei Jahren (BUSINGER, GROSS).

Im späteren Verlauf hat sich auch der Abszeß vergrößert (Abb. 171) und entsprechend den früher besprochenen Gesichtspunkten ausgebreitet; man kann ihn dann als *Senkungsabszeß* bezeichnen. Im Thoraxgebiet kann sein Schatten verwechselt werden mit Strumen, Tumoren des Mediastinums, der Hili und der Lungen, Echinokokken, weniger mit Teilen des Herzens. Im Lendengebiet entwickelt sich der kleine unsichtbare zum großen diagnostizierbaren Psoasabszeß. Er tut sich durch Ausbuchtungen oder allgemeine Verbreiterungen des Ileopsoas auf einer oder auf beiden Seiten kund. Ganz große Abszesse können auch durch diffuse Verschattungen oder Verdrängungen im unteren Abdomen oder im kleinen Becken in Erscheinung treten. Der Abszeß kann verkalken und kann dann im Vergleich mit anderen Verkalkungen im Abdomen diagnostische Schwierigkeiten bereiten.

Die Spondylitis ist sehr häufig mit anderen Tuberkulosen und oft mit anderen Erkrankungen vergesellschaftet. Über die *Komplikationen der Spondylitis* sowie über die Spondylitis als komplizierende zweite Krankheit ist in den einschlägigen Werken der inneren Medizin, der Chirurgie und Gynäkologie und Geburtshilfe nachzuschlagen.

Von untergeordneter Bedeutung ist die Tatsache, daß die Caries häufig mit den an sich zahlreichen degenerativen Veränderungen der Wirbelsäule, wie Spondylose, Arthrose und Osteochondrose, gleichzeitig beobachtet wird. Es wird eine Unterscheidung stets und in allen Fällen möglich sein.

Dagegen soll wenigstens erwähnt werden, daß Kombinationen von Spondylitis tuberculosa mit juveniler Kyphose vorkommen (SALVATORI, HANSON). Dabei ist es kaum möglich, die Röntgenzeichen einer aufgesetzten Tuberkulose von den Veränderungen einer ausgedehnteren juvenilen Kyphose im Anfang zu unterscheiden. Der Verlauf, namentlich das Auftreten von sekundären Zeichen, wird den Ausschlag geben und die Diagnose erst später gestatten.

Das gleiche gilt auch in hohem Maße von der Kombination Spondylitis und *Fraktur*. Es liegt auf der Hand, daß das veränderte Knochengewebe erheblich verminderte mechanische Festigkeit aufweist. Infraktionen oder, je nach Gewalt, größere Frakturen sind deshalb von vornherein bei Spondylitis zu erwarten. Vom Einbruch der Deckplatte in die initiale Caverne haben wir schon oben gesprochen. Solche Spontaninfraktionen kommen sicher ab und zu vor. Sie gehören zum Verlauf der Zerstörung und haben wohl keine besondere Bedeutung, trotzdem sie — sicher sehr selten — auch im Röntgenbild in Erscheinung treten können. Der Spondylitiker wird zwar vor Insulten geschützt. Sollte seine Wirbelsäule trotzdem ein ernsthaftes Trauma treffen, kann dies unter Umständen deletär wirken. Eine eventuelle Verschiebung und Formveränderung wird sich aber in dem erkrankten Gewebe an der Stelle abspielen, wo die Reduktion des Knochens am weitesten fortgeschritten ist. An diesen Stellen wird eine Fraktur im eigentlichen Sinne nicht entstehen. Daneben verläuft die Zone maximaler Krafteinwirkungen durch stehengebliebene Knochenpfeiler oder bei Spondylitis in Heilung durch sclerotische Regenerate. An diesen Stellen wären die Voraussetzungen für die Sichtbarkeit von Frakturen gegeben. Diese Vorkommnisse sind aber äußerst selten (JAEGER, PEZZATO u. a.).

Jedenfalls ist die andere Möglichkeit, daß die Tuberkulose als zweite Krankheit im Gefolge eines Traumas und durch dieses ausgelöst auftritt, sehr viel wichtiger. In der Literatur sind mehrere Fälle beschrieben, bei denen ein Kausalzusammenhang Trauma → Tuberkulose angenommen wird. Über die Entscheidung im Einzelfalle lese man in der Unfalliteratur nach; die Röntgenuntersuchung wird selten und nur in besonderen Glücksfällen ausschlaggebend sein (vgl. auch Abschnitt IV).

Zeitliches: Dazu ist zu sagen: MENGIS hat bei einer Gruppe von Fällen (Eidgenössische Militärversicherung), deren Röntgenbilder noch keine Zeichen der Spondylitis aufwiesen, bereits klinische Zeichen gefunden, die sich später als Spondylitissymptome erwiesen (Stadium 0, stummes Stadium, Latenzzeit). Die Symptome konnten minimal 2 Monate, im Mittel 3 Monate und im Maximum 6 Monate zurückverfolgt werden. Ich setze deshalb in der untenstehenden Tabelle 6 als Minimalzahl der ersten Krankheitszeichen (Stadium 1 von MENGIS) 2 Monate plus $1^1/_2$ Monate für die stumme Zeit gleich $3^1/_2$ Monate ein. MENGIS bringt für das Stadium 1 die Zahlen 0—5—12 Monate, weil es Fälle gibt, bei denen vor der ersten Röntgenuntersuchung keine charakteristischen klinischen Symptome vorlagen, wo aber bei dieser Gelegenheit bereits eine Spondylitis tuberculosa im 1. Stadium angetroffen wird. Ja sogar hat der Autor für das Stadium 2 und 3 ebenfalls analoge Fälle gefunden, was durch die Zahl Null in Klammern angedeutet wird. Das will sagen, daß bei der ersten Röntgenuntersuchung eine schwere Spondylitis mit weitgehender Zerstörung und meistens auch mit Senkungsabszeß gefunden werden kann, ohne daß klinische Symptome weiter zurück zu verfolgen sind. MÄDER-UEHLINGER haben letzthin eine kleine Anzahl Fälle untersucht, die für die Altersschätzung besonders geeignet waren, weil die Streuverhältnisse zum Teil klinisch und pathologisch-anatomisch besonders klar waren. Sie kommen auf eine Minimalzeit, vom Termin der Streuung bis zur röntgenologischen bzw. klinischen Diagnose, von $3^1/_2$ Monaten.

Trotz allen Schwierigkeiten wurde unter großen Bedenken und deshalb unter Vorbehalt die Tabelle 6 aus folgenden Gründen zusammengestellt. 1. Soll versucht werden, für die Minimaltermine gewisse Anhaltspunkte zu geben. 2. Soll die Tabelle die Tatsache der außerordentlichen Streuung der Einzelsymptome, bzw. Symptomenkomplexe vermitteln.

Tabelle 6. Zeitlicher Verlauf der Spondylitis tuberculosa Erwachsener.* Die erste Zahl gibt den Frühesttermin nach der Streuung an; die mittlere Zahl entspricht einem Mittel nach MENGIS und die letzte Zahl einem mutmaßlichen Maximum.

1. Initiale Röntgensymptome (Verschmälerung des Bandscheibenraumes, Verbreiterung des Paravertebralschattens), Stadium 1	$3^1/_2$—5—12 Monate
2. Beginn der sichtbaren Einschmelzung	6—9—18 Monate
3. Beginn der Deformation der Wirbelkörper, Stadium 2.	8—14 Monate—mehrere Jahre
4. Hochgradige Zerstörung und oder durchtretender Senkungsabszeß, Stadium 3.	1—2—mehrere Jahre

Differentialdiagnose: Es wurden früher die differentialdiagnostischen Erwägungen hinsichtlich der einzelnen initialen Teilsymptome besprochen, und es sei ausdrücklich hervorgehoben, daß kein einziges derselben für Tuberkulose typisch ist. Ja man kann nicht einmal sagen, daß die isolierte *Verschmälerung des Bandscheibenraumes* mit Wahrscheinlichkeit für Tuberkulose spreche; jeder Prozeß, der entweder 1. den Wirbel bandscheibennah, lokalisiert zerstört oder 2. die Bandscheibe verändert, führt zu diesem Zeichen. Zu 1: Infektionen s. ampl., Tumoren, Speicherkrankheiten; zu 2: Infektionen (Tuberkulose metastatisch beim Kind, per continuitatem beim Erwachsenen) Osteochondrosen. Es ist kein Zweifel, daß beim Erwachsenen die Degenerationen und nichttuberkulösen Entzündungen im Vordergrund stehen; beim Kind dürfte die Tuberkulose die hauptsächlichste Ursache für die Bandscheibenverschmälerung sein.

Bilder, die dem kleinen *Abszeß* ähnlich sehen, sind früher erwähnt worden. Der große Senkungsabszeß ist dagegen als solcher meistens zu erkennen und gegen andere Gewebsvermehrungen abzugrenzen. Dagegen kann nicht ohne weiteres entschieden werden, ob seine Ursache eine Tuberkulose oder eine andere Infektion ist. In Betracht kommen besonders Brucellosen (Maltafieber) und Mykosen.

---

* Bei Kindern ist der Verlauf etwa doppelt so rasch.

Und endlich ist die *Zerstörung* im Röntgenbild erst recht nicht typisch, namentlich nicht die Kavernen an der Grenze der Sichtbarkeit. In späteren Stadien, wo die Zerstörung im Vordergrund steht und die Formveränderungen häufig sind, vereinfacht sich die Differentialdiagnose. Das Vorhandensein des großen Abszesses, die scheckige Zeichnung der großen Defekte (teilweise Sclerose), das Betroffensein der Bandscheibe und meistens zweier Wirbelkörper lassen oft die Unterscheidung gegenüber den röntgenologisch ähnlichsten Erkrankungen, Tumor (PAVLOVSKY) und Fraktur, ziehen. Gegenüber dem Tumor wird der Verlauf bald den Ausschlag geben.

Weitaus am wichtigsten ist die Unterscheidung von *Tuberkulose und Bruch.* Man sollte zwar meinen, daß die Anamnese und die bildmäßigen allgemeinen Frakturzeichen, wie Randstufe, Überschiebungszone und Formveränderung, ohne Beteiligung der Bandscheibe zur Abgrenzung von frischen Fällen genügen sollten. Das wird auch meistens der Fall sein. In der Literatur sind aber mehrere Fälle bekanntgegeben, die zeigen, daß im Einzelfalle die Entscheidung gerade bei den therapeutisch wichtigen frischen Erkrankungen unter Umständen nicht so leicht getroffen werden kann (MANTOVANI u. a.). Anderseits wissen wir auch, daß in den Heilungsausgängen oft die Fraktur nicht von der Spondylitis unterschieden werden kann. Diesen ausgeheilten Fällen fehlt aber die Wichtigkeit, deshalb beschäftigen sie uns hier nicht weiter. Von besonders tragischen Folgen eines Irrtums berichtete kürzlich LANG. Im Röntgenbild wurde eine alte, offenbar vor zwei Jahren anläßlich eines Rückentraumas entstandene Fraktur von L_3 mit Spondylose diagnostiziert. Plötzliche Ischias war die Veranlassung der Röntgenuntersuchung; Myelographie wegen Verdacht auf Nucleushernie wurde als positiv befunden und Laminektomie angeschlossen. Ein etwa erbsengroßer, prallelastischer Tumor auf der Höhe der Bandscheibe von L_3 wurde angegangen und es entleerte sich dickflüssiger, gelblicher Eiter. Sektion: Spondylitis tuberculosa L_3 und L_4 mit Senkungsabszeß. Die Spondylitis war offenbar röntgenologisch nicht zu diagnostizieren, wahrscheinlich aus dem schon erwähnten Grunde, weil der Psoasabszeß nicht zu sehen war.

Die Ähnlichkeit von Fraktur und Spondylitis im floriden Stadium ist gegeben in den gemeinsamen Zeichen des Keilwirbels, unter Umständen des Gibbus und namentlich der Verdichtungen, die hier reaktive Sclerose, dort aber die Überschiebungszone der Mikrofragmente bedeuten. Immerhin ist die Sclerose unregelmäßiger, die Überschiebungszone (Trümmerzone) dagegen irgendwie mechanisch systematisiert und oft mit der marginalen Stufe im Zusammenhang stehend. Keilwirbel ohne Strukturveränderungen sind unter allen Umständen mit äußerster Vorsicht zu beurteilen und mit dem Gesamtbild der Klinik zu vergleichen.

Die Differentialdiagnose gegenüber der *Spondylitis infectiosa* hat namentlich im Anfang der Erkrankungen Bedeutung. Wie schon hervorgehoben, gilt als gemeinsames Zeichen die frühzeitige Verschmälerung des Bandscheibenraumes. Bei der Spondylitis infectiosa erfolgt die Verschmälerung oft unsymmetrisch, so daß die Bandscheibe sich dreieckig oder trapezförmig projiziert; es entsteht dann eine Abknickung der Wirbelsäule nach der Seite. Zwar findet man oft Aufhellungen der marginalen Teile des Wirbelkörpers auch bei Spondylitis tuberculosa, wenn man sich die Mühe nimmt, darnach zu suchen; doch tritt dieses Symptom bei unspezifischer, akuter oder subakuter Spondylitis früher und sinnfälliger in Erscheinung. Und endlich wird das sehr frühzeitige Auftreten von mehr oder weniger ausgedehnten und hohen Spangen und Brücken die Tuberkulose in den Hintergrund treten lassen. Eigentliche Abszesse kommen zwar auch vor, sind aber recht selten.

Aus später zu erörternden Gründen spielt die Differentialdiagnose gegenüber *Osteomyelitis* (WAITZEL) keine große Rolle.

Wenn man die früheren, nur auf das Röntgenbild sich stützenden Diagnosen Spondylitis tuberculosa heute einer Nachprüfung unterzieht, dann wird man ähnliche Beobachtungen machen können wie HERLYN; er fand über 30% seiner früheren Annahmen falsch. Es handelte sich um: Lues, unspezifische Spondylitis, kongenitale Blockbildungen, Spondylarthrosis deformans, juvenile Kyphose.

Dank besserer Kenntnisse werden wir derart häufige Fehler heute vermeiden können. NIESSEN-LIE fand letzthin unter den Bildern der chronischen Entzündungen der Wirbelsäule nur 60% Tuberkulosen, 20% waren Anomalien, Brüche, Tumoren, Osteochondrosen, 4% Osteomyelitis und 16% unsichere Diagnosen.

Die Tuberkulose der Ileosacralgelenke.

Sie kommt selten vor dem 18. Lebensjahr vor, hat also eine andere Altersverteilung als die Spondylitis tuberculosa. Aber auch die Symptomatologie ist naturgemäß etwas verändert. Ischialgien sind häufig, etwa in der Hälfte der Fälle, festzustellen (DRECHSEL); allgemeine Rücken- oder Kreuzschmerzen, Psoaskontraktur wie bei der Spondylitis. Dazu aber findet man häufig Hinken und Schmerzhaftigkeit beim Druck auf die Gegend der Ileosacralgelenkgegend oder seitlich auf das Becken.

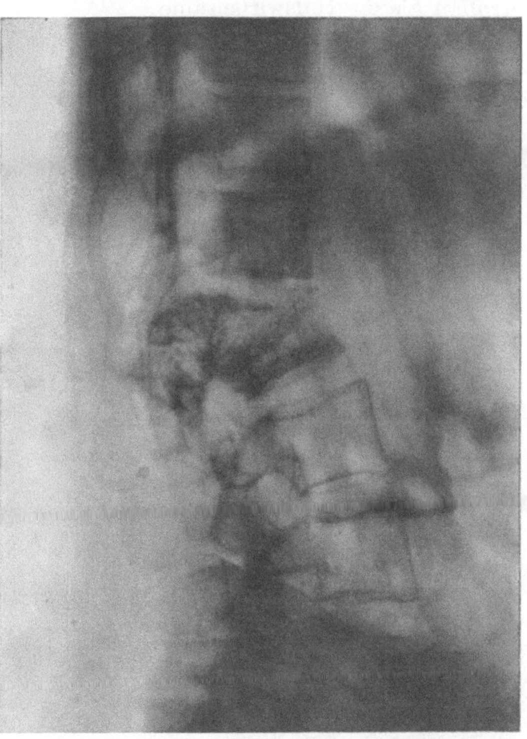

Abb. 175. Spondylitis syphilitica. L_1 und L_2 teilweise zerstört; starke Osteolyse neben verdichteten Bezirken, der Bogenteil ist beteiligt. Ähnliches Bild wie bei Spondylitis tbc. Geringe Verbreiterung der Paravertebral-, bzw. oberen Psoasschatten. 62jähr. ♀ (nach SPRUNG).

Röntgenologisch findet man zuerst Porosierung der Gelenkteile, später Defekte, anschließend Sclerosen und eventuell Obliteration des Gelenkes durch Synostosierung. In Zweifelsfällen sind stets Schrägaufnahmen, die das eine Gelenk tangential treffen, zu Rate zu ziehen. Bei Jugendlichen sei man bezüglich der osteolytischen Defekte sehr vorsichtig. Die Ileosacralgelenke sind bis zum Abschluß des Wachstums unregelmäßig weit. Im Stadium der Sclerosierung kann der Sulcus paraglenoidalis zu Mißdeutungen Anlaß geben. Zu weitgehenden Zerstörungen im Bereiche der Ileosacralfugen führt auch das Lymphogranulom (CASUCCIO), wobei die Erkrankung auf das Gelenk übergreift. Diese Form der Infektion kommt auch bei Tuberkulose vor [RICHARD DELAHAYE und CALVÉ (1), D'AMATO].

b) Spondylitis syphilitica.

Sie ist im ganzen und vornehmlich heute in unseren Gegenden sehr selten. Pathologisch-anatomisch sichergestellte Fälle sind wenige über 100 bekannt.

Frangenheim hat ausführlich 1928 über die Knochensyphilis berichtet. Die Spondylitis kommt bei angeborener und bei erworbener Syphilis in späteren Stadien vor. Am häufigsten betrifft sie die Halswirbelsäule und ist auf einen, höchstens zwei, selten mehrere Wirbel beschränkt. Zur Entdeckung führen meist retropharyngeale Prozesse. Es kommen jedoch auch diffuse Erkrankungen vor. Die Brustwirbelsäule ist fünfmal, die Lendenwirbelsäule zehnmal weniger betroffen als die Halswirbelsäule.

Es handelt sich meistens um eine Osteoperiostitis gummosa der Wirbelkörper, kaum einmal der Bogenteile. Sie

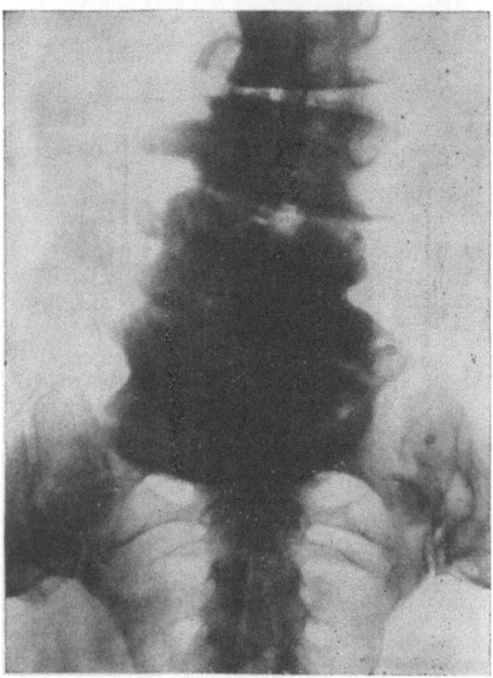

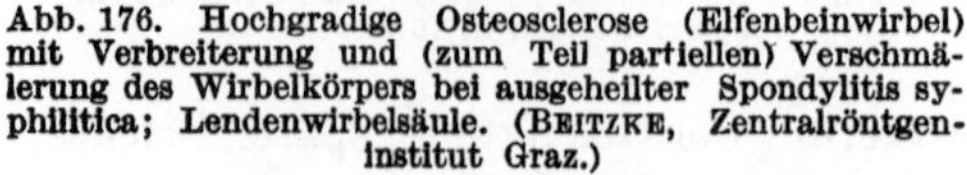

Abb. 176. Hochgradige Osteosclerose (Elfenbeinwirbel) mit Verbreiterung und (zum Teil partiellen) Verschmälerung des Wirbelkörpers bei ausgeheilter Spondylitis syphilitica; Lendenwirbelsäule. (Beitzke, Zentralröntgeninstitut Graz.)

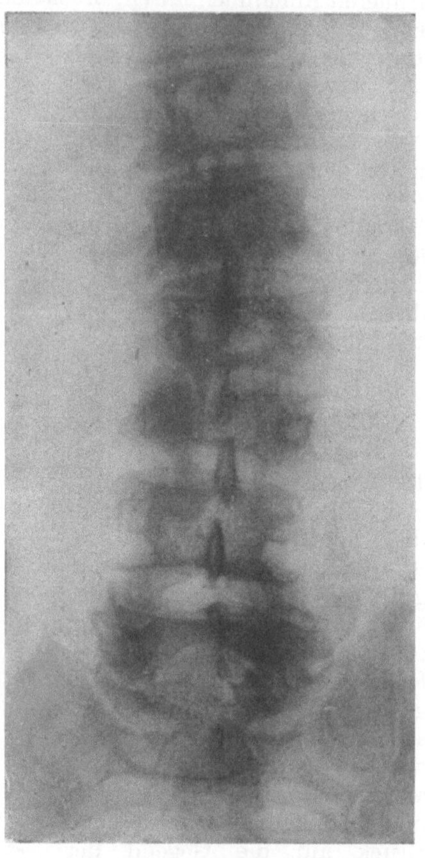

Abb. 177. Ausgedehnte Osteomyelitis der Lendenwirbelsäule nach Otitis media rechts mit Verdacht auf Mastoiditis. In der Rekonvaleszenz rasch zunehmende Schmerzen im Kreuz, die nach einer Woche unausstehlich werden und in die Muskulatur lokalisiert werden. Teilweise Zerstörungen des 1. bis 3. Lendenwirbels, Sclerosierung von Th_{12} an abwärts einschließlich des oberen Sacrum links. Nr. 63378. 1/2.

führt zur Zerstörung der Wirbelkörper, zu Keilwirbel- und Gibbusbildung, wie die Tuberkulose. In der Umgebung der floriden Prozesse oder nach Heilung derselben entsteht eine intensive Sclerosierung. Abszesse sind nicht bekannt. Etwa zwei Drittel der Fälle heilen unter spezifischer Behandlung aus.

Bei Verdacht auf Spondylitis syphilitica hat man also im *Röntgenbild* nach Zerstörung, wie bei Tuberkulose, oder nach Sclerosen, oder nach beiden Zeichen gleichzeitig zu fahnden.

22. Andere bakterielle Infektionen.

Als Ursache nichttuberkulöser bzw. nichtsyphilitischer Infektionen kommen die meisten Erreger in Frage. Wenn im folgenden die Osteomyelitis von der

Spondylitis infectiosa abgetrennt wird, so geschieht es aus klinischen Gründen. Man versteht darunter seit den Untersuchungen von QUINCKE und von FRÄNKEL die eitrige Osteomyelitis der Wirbelsäule, verursacht durch Staphylo-, seltener durch Streptokokken. Die akuten Fälle sind prognostisch sehr ernst und gehen meist mit einer Septicämie einher. Demgegenüber verlaufen die Fälle von Spondylitis infectiosa meist günstiger, mehr oder weniger chronisch, selten akut, und treten im Verlaufe oder nach Infektionskrankheiten aller Art auf. Trotzdem die pyogene Infektion der Wirbelsäule auch eine Spondylitis infectiosa ist, und trotzdem der Spondylitis infectiosa auch eine Osteomyelitis zugrunde liegt und deshalb in mancher Hinsicht Überschneidungen vorkommen, hat sich diese Einteilung eingebürgert, und sie hat sich auch als zweckmäßig erwiesen.

a) Akute Osteomyelitis der Wirbelsäule.

Staphylococcus aureus ist der hauptsächlichste Erreger. In seltenen Fällen sind Streptokokken gefunden worden [STERNBERG (1), ein Fall von HARBIN und EPTON]. Die Erkrankung ist prognostisch ernster als die akute Osteomyelitis der langen Röhrenknochen; 50% der Fälle verlaufen tödlich, meist bei schwerer Septicämie. Oft, d. h. fast bei jedem zweiten Fall, sind die Meningen bzw. das Rückenmark beteiligt. Die Infektion erfolgt von Furunkeln, infizierten Haut- oder Schleimhautwunden (Fischgräten), Abszessen und Phlegmonen aller Art, Tonsillitis, Panaritien, Abort usw. aus. Erwachsene bis 40 Jahre werden bevorzugt.

Am häufigsten ist die Lenden- und die untere Brustwirbelsäule, oft aber auch die Halswirbelsäule befallen; die obersten Wirbel werden nicht verschont. Meistens wird der Körper, seltener die Bogenteile betroffen. Immerhin ist der Beginn im Bogen oder in einem Fortsatz nicht so selten wie etwa bei der Tuberkulose. Oft erkranken mehrere Wirbel rasch nacheinander por continuitatem.

Röntgendiagnostik. Oft sterben die Kranken, bevor im Röntgenbild ein Zeichen der Infektion sichtbar hat werden können. Vor zwei bis drei Wochen ist die Röntgenuntersuchung negativ. ESAU hat als Frühsymptom die Verbreiterung der paravertebralen Begleitschatten erwähnt. Es handelt sich in frühen Stadien um ein entzündliches Ödem, später unter Umständen um einen Abszeßschatten. Der Ödemschatten ist symmetrisch, d. h. er breitet sich nach oben und nach unten gleichmäßig aus und erscheint beidseitig neben der Wirbelsäule. Wenn die Osteomyelitis, bzw. die Sepsis nicht zum Tode führt, werden nach zwei bis drei Wochen die ersten Zeichen der Zerstörung sichtbar (Abb. 177). Der ganze Wirbel oder Teile desselben verlieren die Knochenstruktur; die Bandscheibe ist am Zerstörungsprozeß mitbeteiligt. Ihr Raum wird deshalb gleichmäßig, oder auch nur einseitig, oder vorne verschmälert. Die sichtbaren Knochenreaktionen können relativ frühzeitig auftreten. So sieht man rasche und frühzeitige Sclerosierung, die in einigen Fällen bis zu völliger Eburneation führt. Es resultieren dann unter Umständen ganze *Elfenbeinwirbel.* In anderen Fällen ist die Sclerosierung nur unvollständig. Auch die Bildung entzündlicher Knochenspangen und -brücken läßt oft nicht lange auf sich warten. Bei der Heilung wird die sehr starke Porose regeneriert zu Knochen mit normalem Kalkgehalt und normaler Strukturzeichnung. Dabei kann die Bandscheibe ganz oder zum Teil verschwinden und zwei Wirbelkörper zum Teil synostosieren oder gänzlich zu einem Block verschmelzen. In anderen Fällen bleibt Eburneierung zeitlebens bestehen.

Bei der akuten Osteomyelitis kommen, wie zu erwarten, *Abszesse* vor. Zwar bewirkt sie oft phlegmonöse Infiltrate im Bereiche der Rückenmuskulatur, die ihrerseits zu Abszessen führen, die sich — nicht nur bei Herden im Bogen — nach hinten öffnen. Diese fortgeleitete Weichteilentzündung ist meist das erste Zeichen, das auf die Osteomyelitis an bestimmter Stelle hinweist. Vorher bestanden

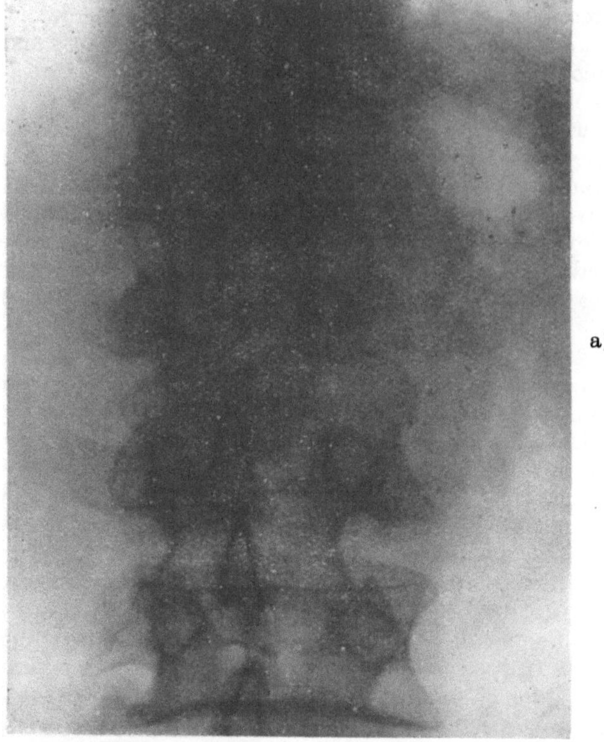

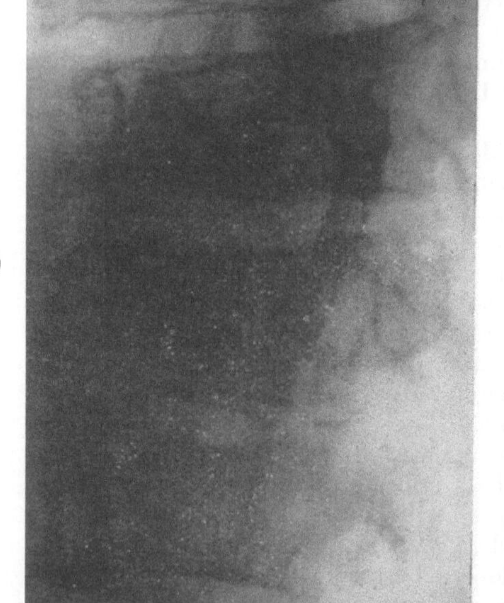

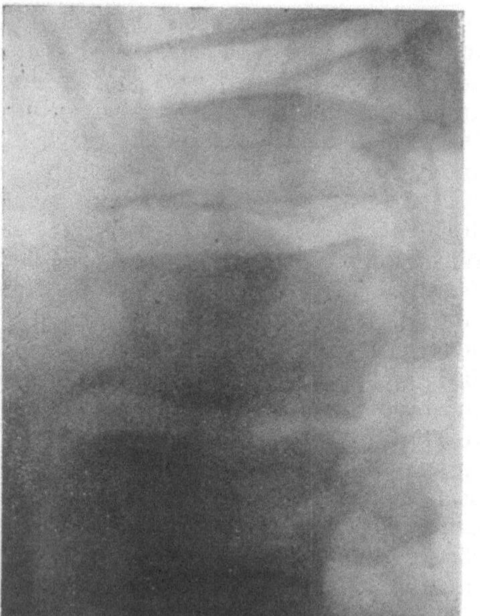

Abb. 178. Osteomyelitis L_1 und L_2. Im Verlauf eines Panaritium entsteht Lymphangitis und Septicaemie (Blut-kulturen: Staphylococcus aureus haemolyticus). Bald Kreuzschmerzen.

a) Etwa sechs Wochen nach Krankheitsbeginn: deutliche Vorwölbung des linken Paravertebralschattens, sonst noch keine sicheren Zeichen eines vertebralen Prozesses. b) $2^1/_2$ Wochen später: noch keine Lokalsymptome an den Wirbelkörpern, schwere Osteochondrose. c) $2^1/_2$ Wochen später: die untere spondylotische Spange an L_1 ist verschwunden, Defekt an der Deckplatte von L_2. 54jähr. $\male$. Nr. 115506. 3/4.

mehr Allgemeinsymptome der Septicämie (Fieber, Schlaflosigkeit, Durchfälle, Leucocytose), und selbst die Schmerzen im Rücken sind diffus und lassen im Anfang eine Lokalisation nicht zu. Später treten lanzinierende Schmerzen an Ort und Stelle, Steifigkeit, Starrheit der Muskulatur, auf (CARSON). Außer hinteren Phlegmonen und Abszessen entstehen solche naturgemäß auch vorne und neben den Wirbelkörpern. So spielt der Psoasabszeß auch hier eine wichtige Rolle.

Die eben geschilderten klinischen und Röntgenzeichen haben vornehmlich auch Geltung für die *subakute Osteomyelitis* der Wirbelsäule. Das ist jene Form, die zwar akut und unter Umständen bedrohlich beginnt, dann aber sekundär

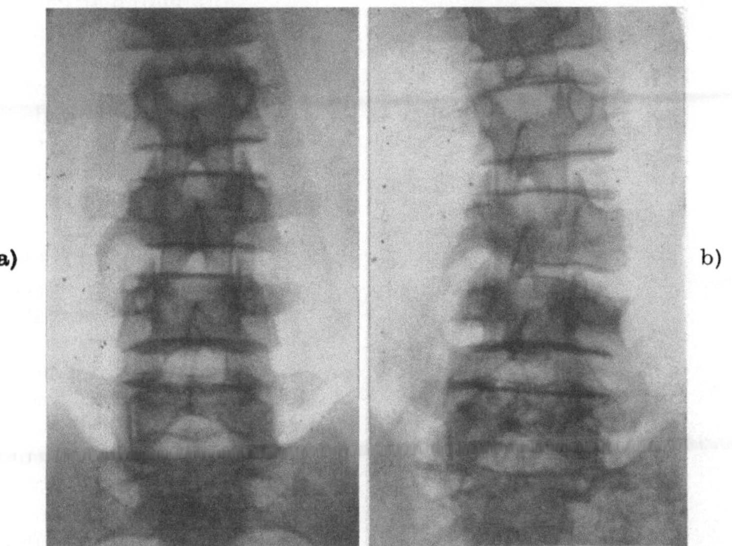

Abb. 179. Mäßig rasch einsetzende, oft heftige Schmerzen in der Lendengegend mit Ausstrahlung in die Beine. Kleine, marginale Defekte lateral beiderseits rechts mit isolierter mächtiger Spange am L₄ unten, vorerst ohne Verschmälerung des Bandscheibenraumes (a). Nach drei Monaten (b) Bandscheibe ungleichmäßig verschmälert (re > li), Defekte größer; allgemeine Porose, beginnende Sclerosierung, klinisch im Bett beschwerdefrei; rasche Heilung schließt sich an. Senkung 18 mm, Leucoc. 9000, Agglutination auf Typhus, Bang, Paratyphus sowie Pirquet negativ. In der näheren Anamnese Angina. Spondylitis infectiosa nach Angina. 13jähr. ♀. Nr. L. 53. 2/3.

chronisch wird und meist in Heilung ausgeht. Diese Form steht zwischen der akuten und der im folgenden beschriebenen chronischen Form darin.

b) Chronische Osteomyelitis und Spondylitis infectiosa.

Der Verlauf der lokalen Veränderung der chronischen Osteomyelitis der Wirbelsäule unterscheidet sich kaum vom Verlauf der Spondylitis infectiosa. Es werden deshalb diese beiden Erkrankungsgruppen hier zusammengenommen. Die Erreger der chronischen Osteomyelitis sind die gleichen wie diejenigen der akuten, nämlich pyogene Mikroben. Im Gegensatz dazu tritt die Spondylitis infectiosa im Anschluß an spezifische Infektionskrankheiten auf.

α) **Chronische Osteomyelitis.** Es handelt sich einerseits um chronisch gewordene, zwar mehr oder weniger akut beginnende, aber stets benigne verlaufende, oder anderseits um primär chronische, oft rezidivierende Infektionen der Wirbelsäule, vorwiegend durch Staphylococcus aureus, seltener durch Streptokokken. Bac. pyocyaneus (KUSUNOKI), Bac. Proteus (SUSSMAN), Pneumokokken (SELVAGGI, MILCH und LAPPIDUS) und Meningokokken (BILLINGTON) sind große Seltenheiten. Der klinische Aspekt gestattet in einigen Fällen anfänglich eine

Unterscheidung von der Tuberkulose nicht. Der gute Verlauf, die Beschwerde-
freiheit schon nach mehreren Monaten, statt Jahren, und die Befragung des
Röntgenbildes werden aber doch über kurz oder lang zu der richtigen Diagnose
verhelfen, wenn nur an die Möglichkeit gedacht wird. Die Tatsache des Rezidi-
vierens wird ebenfalls gegen Tuberkulose zu verwerten sein.

Im *Röntgenbild* (Abb. 178) ist meistens eine Veränderung der Bandscheibe oder
ihrer nächsten Umgebung zu erkennen. Durch die subcorticale Metastasierung wird
zuerst ein bandscheiben-
naher Bezirk zerstört. Er ist
oft marginal gelegen; ist er
zudem noch seitlich, dann
kann frühzeitig eine seitliche Abknickung der Wir-
belsäule zustande kommen.
Oft tritt die Verschmälerung
des Intervertebralraumes
sehr früh und bevor Zer-
störungen am Wirbelkör-
per sichtbar werden ein.
Die initiale Verschmälerung
kommt sicher teilweise durch
Einbruch einer relativ gut
erhaltenen Bandscheibe in
die morsche Spongiosa zu-
stande, ähnlich wie wir es
schon bei den entsprechenden Tuberkulosefällen ge-
zeigt haben. Die Verschmälerung durch Zerstörung der
Bandscheibe selbst soll freilich nicht geleugnet, aber
für jene Fälle reserviert werden, wo die Verschmälerung
erst später erfolgt.

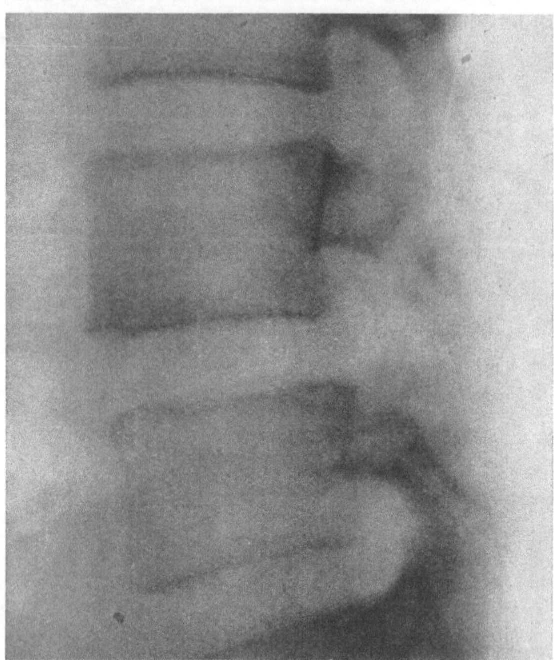

Abb. 180. 40jähr. ♂. 5 Jahre nach schwerem Automobil-Zusammen-
stoß. Zeitweise Schmerzen in der Lendenwirbelsäule mit sponcaner
Besserung. Die seitliche Lendenwirbelsäule zeigte in der Interarticularportion wolkige, vorwiegend osteolytische, kaum sklerosie-
rende Prozesse. Geringfügige Spondylolisthesis (Bild). 4 Monate später
operative Freilegung der Bogenpartie: krümelige, erweichte Masse.
Ostgomyelitis purulenta subacuta. Fall Dr. ETTER. Kantonspital
Luzern.

Die Reaktion des Kno-
chens tritt sehr frühzeitig
ein, in wenigen Monaten
entstehen mächtige Brücken

(Abb. 179). Zwei Monate dürften ausreichen, um große Zacken im Röntgenbild
sichtbar werden zu lassen. Das gleiche gilt für die Osteosclerose im Bereiche der
Abschlußplatten. Abszesse sind bei den langsam verlaufenden, namentlich bei
den rezidivierenden Fällen häufig. Diese Tatsache trägt dazu bei, das Bild
der chronischen Osteomyelitis demjenigen der Tuherkulose ähnlich zu gestalten
(vgl. Abb. 181).

Das Gesagte gilt für die Prozesse der Wirbelkörper, im Bogenteil ist die Osteomyelitis chronica sehr selten. LOBEN berichtet über einen Fall des Proc. transversus L_4. Die bevorzugte Lokalisation ist auch hier die untere Brust- und
Lendenwirbelsäule, wobei allerdings die Halswirbelsäule, vor allem auch die
obersten Halswirbel nicht verschont werden (z. B. nach Tonsillektomie; ODEL-
BERG-JOHNSON). Als nicht zu vernachlässigende Lokalisation ist endlich noch
die *Sacroileitis* zu nennen, die auch infolge pyogener Erreger beobachtet wurde.
Die Veränderungen im Röntgenbild entsprechen der chronischen Osteomyelitis

bzw. der Spondylitis infectiosa: im Anfang Zerstörung, Verwischung der Struktur, später sclerotische Reaktion des Knochens. Nicht selten wird die Entzündung der Ileosacralgelenke nach puerperaler Infektion beobachtet.

Meist bei Kindern im ersten Jahrzehnt kann man in seltenen Fällen sieben bis zehn Tage nach Angina, Pharyngitis, Mastoiditis oder Lymphadenitis bei Torticollis eine Verlagerung des Atlas sehen (LISON); JONES hat über 16 solche Fälle von spontaner hyperämischer Dislokation des Atlas berichtet.

β) **Spondylitis infectiosa bei Typhus.** Die Spondylitis infectiosa ist besonders gut und frühzeitig durch QUINCKE und FRÄNKEL gerade am Beispiel des Typhus (Paratyphus, Flecktyphus) untersucht worden. FRÄNKEL hat schon auf die interessante Tatsache hingewiesen, daß gerade im Wirbelkörper sehr häufig metastatische osteomyelitische Herde beobachtet werden können, die als Beweise der typhösen Septicämie anzusehen sind. Diese *Metastasen* sind derart häufig, daß anzunehmen ist, daß weitaus die Mehrzahl nicht angehen und sich wieder zurückbilden bzw. vernarben. Brustbein und Wirbelkörper stehen an zweiter Stelle in bezug auf die Häufigkeit von osteoarticulären Prozessen nach Typhus. Der Lieblingssitz ist Femur und Tibia (BELLUCCI). Etwa 2% aller Typhusfälle führen zu Knochenherden. Von allen Spondylitis-typhosa-Erkrankungen sind 56% in die Lendenwirbelsäule, 12,5% in die Brust-, 4% in die Halswirbelsäule lokalisiert. 3% sitzen im Sacrum; stärker beteiligt sind die Lumbosacralgrenze (11%) und die Thoracolumbalgrenze (13,5%) (BRUDER). Fast immer sind die Wirbelkörper, selten die Bogen ergriffen (ZAMBONI).

Die Erkrankung der Wirbelsäule tritt meist kurz nach der Entfieberung in der Rekonvaleszenz auf. Es kommt aber auch vor, daß Rückenbeschwerden viele Jahre nach überstandenem Typhus als erstes Zeichen einer Spondylitis typhosa auftreten. In einem Falle von WAGENFELD entstand 15 Jahre nach scheinbar völliger Ausheilung einer Spondylitis typhosa L_3/L_4 ein Abszeß mit Reinkultur von Typhusbacillen. Nach so langen Zeiten läßt sich der Zusammenhang mit der Grundkrankheit oft nicht mehr feststellen.

In den günstigsten Fällen dauert die Wirbelerkrankung mehrere Tage; ihre Dauer kann aber auch Jahre, im Mittel etwa fünf Monate betragen. Wie bei der chronischen Osteomyelitis bestehen zuerst diffuse Rückenschmerzen; erst später läßt sich an Hand der Klopf-, Druck- und spontanen Schmerzhaftigkeit eine Lokalisation vornehmen. Die Diagnose wird bakteriologisch oder serologisch entschieden.

Die *Röntgenuntersuchung* (Abb. 182) erfaßt weitaus in den meisten, vor allem in den leichteren Fällen, ein Stadium, wo bereits die entzündlichen Randwülste und Brücken mit oder ohne Osteosclerose deutlich zu erkennen sind. Sozusagen alle Beobachter geben an, daß die Verschmälerung des Bandscheibenraumes nicht nur ein fast obligates, sondern auch ein sehr frühzeitiges Zeichen darstellt (LYON u. v. a.). Das scheint mit der Angabe von SCHMORL in Widerspruch zu stehen, der oft bei Spondylitis infectiosa intakte Bandscheiben gefunden hat. Zur Überbrückung dieser Diskrepanz verweise ich auf den oben schon geäußerten Mechanismus der Bandscheibenverschmälerung durch Einpressen von Discusgewebe in die in ihrer Festigkeit herabgesetzte entzündliche Spongiosa. Das kann naturgemäß unter der reflektorisch erhöhten Spannung der Rückenmuskulatur besonders ausgiebig und besonders frühzeitig geschehen. Es scheint mir sehr wohl erklärlich, daß der Pathologe post mortem oder sogar der Röntgenologe nach Entspannung diese Art der Bandscheibenverschmälerung nicht wieder findet. Es sei auf die Beobachtung von LERICHE und JUNG hingewiesen, die durch Anästhesierung eine Bandscheibenverschmälerung im Röntgenbild verschwinden

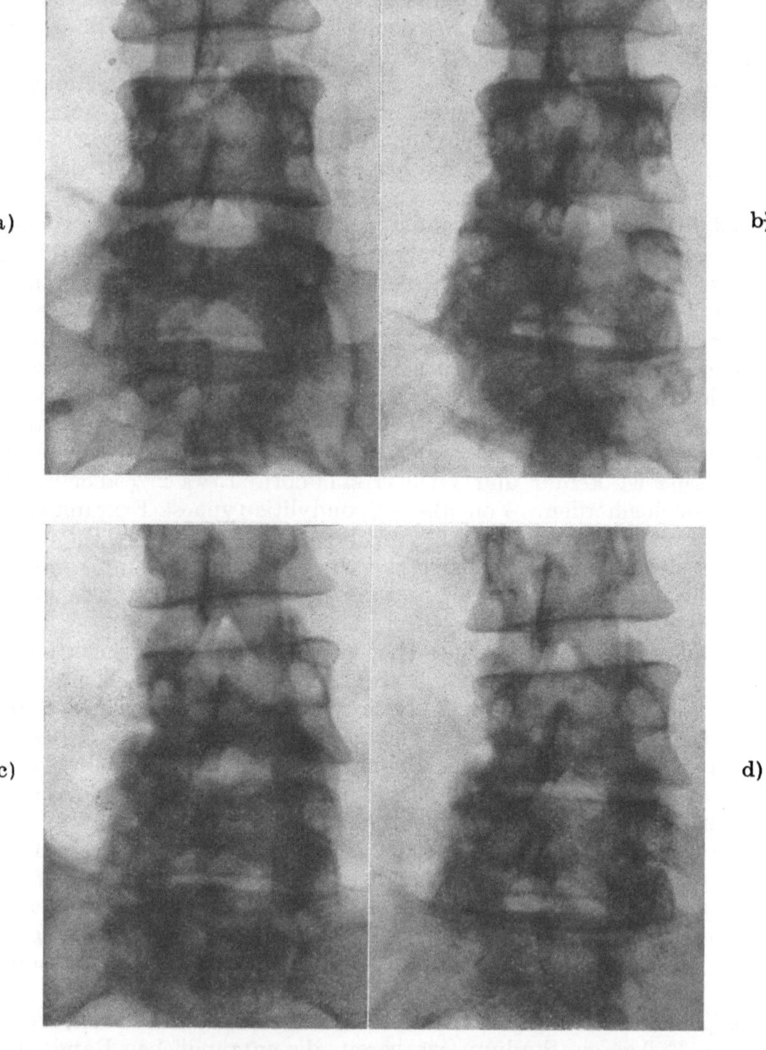

Abb. 181. Nichtspezifische Spondylitis L_5. 40jähr. ♀. Beginn mit Fieber und Schüttelfrost nach geringfügigem
Katarrh der oberen Luftwege etwa sechs Wochen vor dem Datum des Bildes a:
Meningismus, heftige Schmerzen im Kreuz.
a) 11. 7. Asymmetrie der vorletzten Bandscheibe im Sinne der Verschmälerung rechts, seitl. Bild o. B.　b) 19.8.
Prozeß schreitet fort und hat zur Zerstörung des rechten oberen Teiles des 5. Lendenwirbelkörpers geführt.
c) 17. 10. Weitgehende Zerstörung mit reaktiver Sclerose des Knochens. d) Seitl. Bild am 17. 10. e) 23. 11. Klin.:
sozusagen Heilung, röntg.: Lokalisierung der Sclerose, der Wirbelkörper ist wieder gezeichnet. 2/3.

sahen. Le Fort und Ingelrans berichten über etwas Ähnliches nach Excision
eines frakturierten Processus transversus.

Abszesse sind bei Spondylitis durch Typhus und Paratyphus sehr selten,
kommen aber vor, wie z. B. der oben angeführte Spätabszeß zeigt. Eine geringe
Achsenabweichung ist im Anfang oft zu sehen, ein eigentlicher Gibbus ist selten.
Die Heilung erfolgt durch Konsolidierung, durch vordere, seitliche oder auch
hintere (Polgar) Brücken unter mehr oder weniger starker Verschmälerung
des Bandscheibenraumes, meist mit teilweiser starker Sclerosierung. Blockbildung unter völligem Verlust der Bandscheibe kommt vor. Das Röntgen-

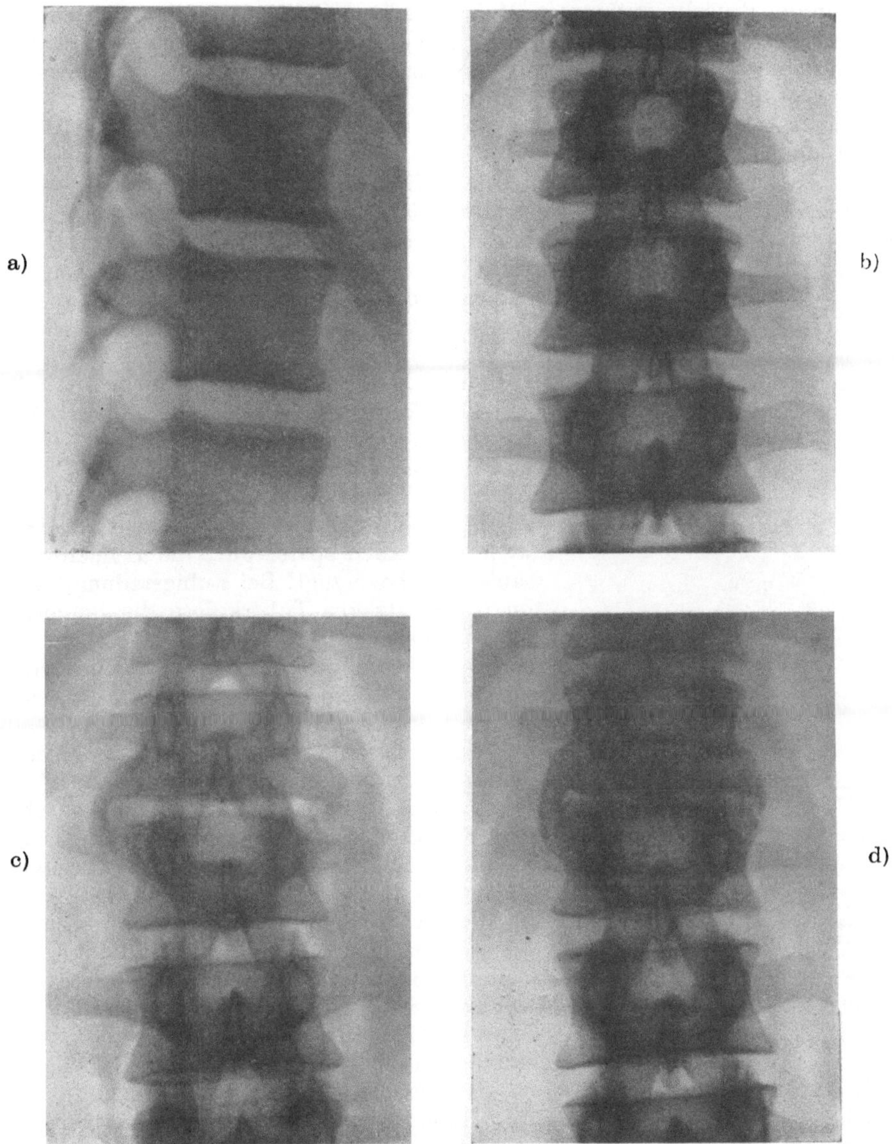

Abb. 182. Spondylitis typhosa.
a) 16. 9. 37. Sehr geringe Vorwölbung des Psoasschattens links, sonst kein Anhalt für pathologische Veränderungen an L_1 und L_2. b) $4^1/_2$ Monate später, hochgradige Verschmälerung des Bandscheibenraumes mit mächtigen Brücken und Spangen. c) Endzustand. 20jähr. ♂. Typhus. Rückenschmerzen in der Rekonvaleszenz beginnend kurz vor dem ersten Bild am 16. 9. 37. 1. 5. 38 75% arbeitsfähig. Nr. Bl. 2061. 2/3.

bild sagt selbstredend nichts aus über die eventuelle Beteiligung der Meningen oder des Rückenmarkes. WANG und MILTNER berichten über einen Fall von *Sacroileitis* typhosa.

γ) **Spondylitis infectiosa bei Brucellosen.** Der Erreger des Maltafiebers, Febris undulans melitensis, das Bact. melitense (BRUCE) und der Erreger der BANG-Infektion, des seuchenhaften Verwerfens der Rinder, der Bac. abortus (BANG), sind bakteriologisch und serologisch verwandt. Sie werden unter der

Bezeichnung Brucella zusammengefaßt. Die zur Gruppe gehörige Brucella suis ist von untergeordneter Bedeutung. Die durch sie hervorgerufenen Erkrankungen bei Mensch und Tier nennt man Brucellosen: Brucellosis melitensis und Brucellosis abortus (BANG).

Die Brucellen des Maltafiebers sowie diejenigen des BANGschen Wechselfiebers können beide zu Spondylitis infectiosa führen.

Die *Melitensis-Brucellose* hat in den Mittelmeerländern, in Afrika, Amerika und Asien große Bedeutung. Relativ oft findet Metastasierung des stark infektiösen Erregers in die Wirbelsäule statt. 1928 wurden von ZUCCOLA 14 Fälle beschrieben. Es entsteht dort die Spondylitis infectiosa, die sich von der Spondylitis typhosa kaum unterscheidet. Es ist zwar zu sagen, daß Abszesse sehr häufig vorkommen; sie können sich genau verhalten wie tuberkulöse *Abszesse* (Mal de Pott melitococcique der Franzosen). Je nach der Virulenz und der Reaktion werden kalte und lauwarme Abszesse unterschieden LYON (2). Die Spondylitis tritt meist in der zweiten bis dritten Fieberwelle oder auch später auf; die Lendenwirbelsäule wird bevorzugt. Bei Ruhigstellung bleiben im Gegensatz zur Tuberkulose die Schmerzen oft bestehen (PUIG). Der Verlauf im *Röntgenbild* — Verschmälerung des Bandscheibenraumes — Porose — Defekte — Recalcifikation — Spangenbildung — Spongiosabildung — wickelt sich in Monaten ab; er hinkt dem klinischen Verlauf naturgemäß beträchtlich nach, im Anfang weniger, später immer mehr. Neurologische Symptome sind selten und mehr vorübergehend. Die Ileosacralgelenke sind oft beteiligt (MARIETTA u. a.).

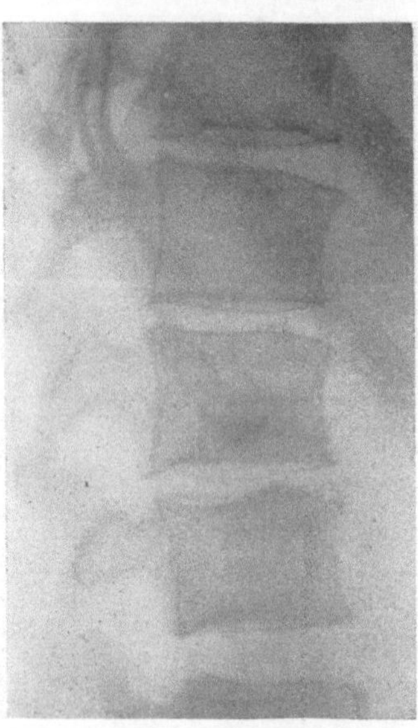

Abb. 183. Spondylitis infectiosa Bang. 32jähr. Arzt. Plötzliche sehr heftige Lendenschmerzen, ausstrahlend in beide Beine. Langsame Besserung, so daß nach zwei Monaten die Arbeit wieder allmählich aufgenommen werden kann. Nach sechs Monaten 85% arbeitsfähig. Anamnestisch und serologisch ist die Diagnose leicht zu stellen. Verschmälerung des Bandscheibenraumes zwischen L₂ und L₃; zum Teil tiefe Sclerose der Abschlußplatten, Achsenabweichung, beginnende spondylotische Zacken vorne an L₂. 1/2.

Bei der *Bang-Brucellose* waren verschiedene Komplikationen, wie Endocarditis, Colitis, Lungeninfiltrate u. a., schon bekannt. 1928 wurde wohl der erste Fall von Spondylitis Bang von JENSEN mitgeteilt; die richtige Diagnose wurde zufällig entdeckt. In gewissen Gegenden Rußlands ist die BANGsche Krankheit des Menschen endemisch; ROKHLINE fand dort in einem Drittel der Fälle von Spondylitis die Beteiligung der Ileosacralgelenke. Im übrigen gilt alles über die Spondylitis melitensis Gesagte auch hier; indessen scheint die Abszeßbildung weniger häufig zu sein. Abb. 183 zeigt vorwiegend tiefe Sclerose der Abschlußplattengegend, daneben kommen auch Formen wie in Abb. 179 und 182 vor.

δ) Seltene Infektionen. Am Schlusse dieses Kapitels bleibt noch übrig festzustellen, daß Spondylitiden auch bei anderen Infektionskrankheiten vorkommen können. So haben einige Beobachter eine Spondylitis infectiosa nach Grippe (SCHANZ, CONIGLIO), nach Masern (SCHRAMM), Malaria, Scharlach und Pocken, oder auch nach fieberhafter Erkrankung unbekannter Genese (GOTTLIEB) beschrieben. Sehr selten ist die Arthritis von Intervertebralgelenken bei Gonorrhoe; LEWITH und JAROS haben dies dreimal unter 13000 Fällen beobachten können. Eine Spondylitis gonorrhoica scheint noch seltener zu sein (LUCCA).

23. Spondylitis lymphogranulomatosa.

Die Lymphogranulomatose (HODGKIN) ist eine spezifische Infektionskrankheit, deren Ursache mit aller Wahrscheinlichkeit nicht mit derjenigen der Tuberkulose identisch ist, obschon diese beiden Erkrankungen relativ häufig zusammen manifest vorkommen. Die Hauptlokalisation liegt in den Lymphknoten, primär in den cervicalen Lymphknoten bei Infektion durch die Tonsillen, oder in den abdominalen bei Infekt durch den Darm. Die Ausbreitung erfolgt auf dem Lymphwege von einer Region zur anderen, auf dem Blutwege und durch Kontakt.

In etwa 40 bis 50% der Fälle ist der Knochen beteiligt. Unter diesen Knochenlymphogranulomatosen findet man die Hauptlokalisation mit 63% in der Wirbelsäule; die zweithäufigste Knochenlokalisation, das Brustbein, weist schon eine Befalleneinschance von einem Drittel auf gegenüber der Wirbelsäule. Das sind Zahlen der Pathologen (UEHLINGER). Von den Wirbelsäulenerkrankungen sind aber nur etwa die Hälfte röntgenologisch nachweisbar.

Die Metastasierung in der Wirbelsäule erfolgt vorwiegend per continuitatem

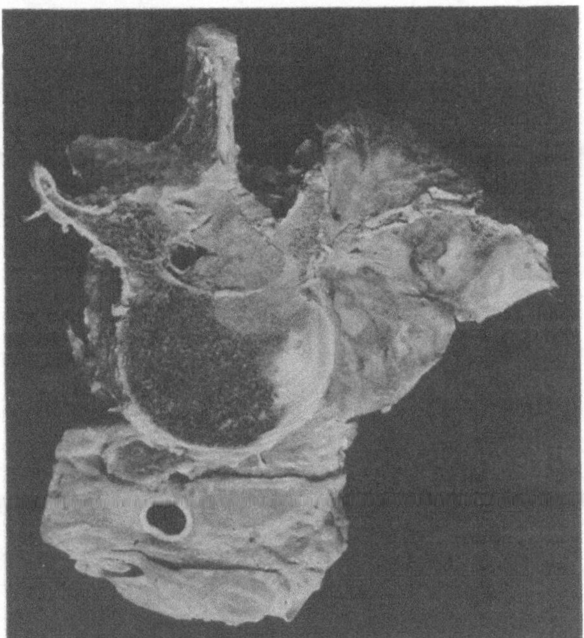

Abb. 181. Lymphogranulom (nach UEHLINGER).

hauptsächlich von den erkrankten Cervical- oder Abdominallymphknoten aus. Demzufolge findet man in der Verteilung der Häufigkeit zwei Maxima im Cervicodorsal- und im Lumbalabschnitt des Rückgrates. Die Arrosion der Wirbelkörper und ihres Periosts erfolgt von vorne oder von der Seite her und der Knochen wird allmählich völlig von Granulomgewebe durchwuchert. Die Bandscheibe wird dabei geschont und bleibt meist lange Zeit intakt. Das Knochenmark wird verdrängt, es entsteht herdförmige, osteolytische Ausradierung der Struktur. Man sieht jetzt im Röntgenbild nichts als einen völlig oder teilweise osteolytischen Wirbelkörper wie bei Tumormetastase; die Gesamtform ist vorerst noch nicht verändert. Durch die Verminderung der Festigkeit kann der Wirbelkörper einsinken. Es entstehen Keil-, Fisch- oder Plattwirbel, je nach der Ordnungszahl der erkrankten Wirbel und je nach Ausbreitung des krankhaften Gewebes. Meistens sind mehrere Wirbel befallen. Ein spitzwinkeliger Gibbus entsteht nicht oder sehr selten und dann spät. Zeichen von seiten der Wurzeln des Rückenmarkes entstehen hingegen häufig frühzeitig, also nicht durch Deformation des Wirbelkörpers, sondern durch Einwuchern des Granulomgewebes in den Spinalkanal und um die Scheiden der Spinalwurzeln.

Die andere Form der Metastasenbildung erfolgt mehr diffus und multipel an je mehreren Orten mehrerer Wirbel. Dementsprechend unterscheidet sich diese Form der Ausbreitung von der Kontaktinfektion. Die Infektion des Knochens erfolgt in das rote Mark der platten Knochen und der Wirbelkörper. Knochenmark und Spongiosa werden verdrängt und es entsteht das Bild der allgemeinen diffusen Osteoporose mehrerer ganzer Wirbelkörper (vgl. die Abb. 184 bis 187).

Bei jeder Lokalisation kann in nicht zu seltenen Fällen Osteosclerose eintreten. Die Spongiosabalken werden plump, das Mark geht, wie oft, zum Teil in Fasermark über. Die Sclerosierung kann derart dicht sein, daß es zur Ausbildung von Elfenbeinwirbeln kommen kann (siehe S. 172).

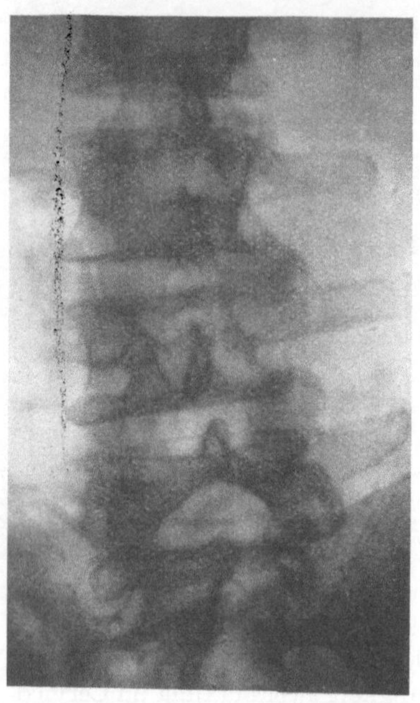
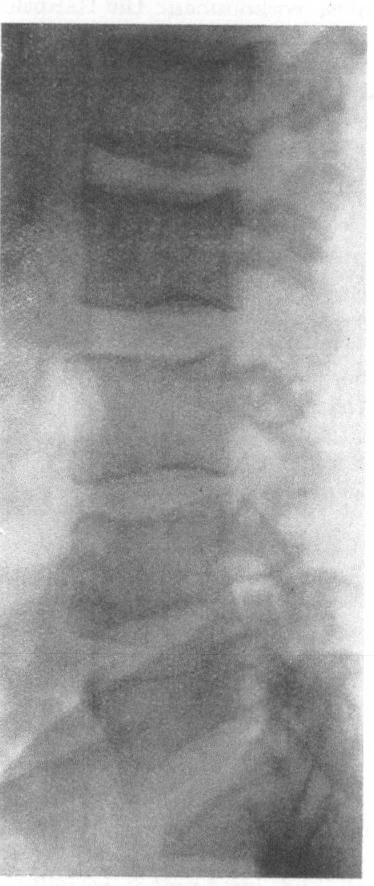

Abb. 185. Lymphogranulom. Die Zerstörung des 4. Lendenwirbels links und auch wenig vorne erfolgte offenbar durch Einwucherung von außen (abdominale Drüsen). Schmerzen in der Kreuzgegend, Klopfempfindlichkeit in der unteren Lendenwirbelsäule; starke Druckschmerzhaftigkeit neben der Lendenwirbelsäule; Reflexe Sensibilität o. B. 43jähr. ♂. Nr. 110795. 2/3.

Senkungsabszesse gibt es beim Lymphogranulom der Wirbelsäule naturgemäß nicht; jedoch findet man im Bild oft Verbreitung des Paravertebralschattens durch die Massen von Granulationsgewebe.

24. Mykosen.

a) Aktinomykose.

Die Aktinomykose der *Knochen* ist nicht gerade häufig; sie kommt etwa in einem Fünftel bis einem Viertel der Fälle vor. Dabei ist die *Wirbelsäule* in über einem Drittel der Knochenaktinomykosen befallen (Abb. 188). Diese Lokalisation steht somit an der Spitze der Häufigkeit. Primäre Infektion beobachtet man nur beim Unterkiefer, in welchen der Strahlenpilz durch cariöse Zähne eindringt. Metastasen auf dem Blutwege scheinen selten. Die

Erkrankung der Wirbelsäule erfolgt durch Eindringen der Infektion durch das Periost. Die häufigsten Veränderungen findet man in der Brustwirbel-säule, deren Wirbelkörper von den Lungen und dem Oesophagus her ergriffen werden. Die Eintrittspforte für die Aktinomykose der Halswirbel-säule ist im Bereiche der Weichteile des Halses, für die Lendenwirbelsäule im Verdauungstraktus zu suchen.

Das Hauptzeichen der Aktinomy-kose ist die Zerstörung des Knochens durch das Granulationsgewebe, das zur Einschmelzung des Skelets führt. Davon zu unterscheiden sind un-spezifische, reaktive, hyperostotische Vorgänge im Bereiche der Arrosionen im schwartigen, von Fisteln durch-zogenen aktinomykotischen Abszeß [BEITZKE (2)].

Im *Röntgenbild* hat man also vornehmlich nach Zerstörungen der Wirbelkörper, eventuell nach reak-tiven Hyperostosen zu suchen.

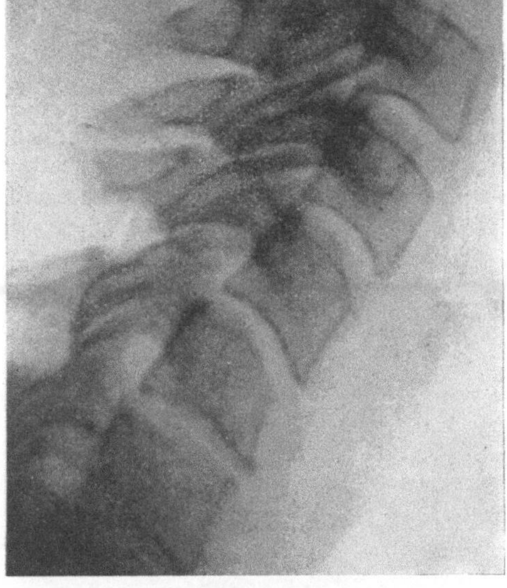

Abb. 186. 28 Jahre alte ♀. Lymphogranulom. Der ent-zündliche Prozeß ist vom Retro-oesophagealraum in den 6. u. 7. Cervikalkörper hinein gewuchert. Nr. 137 955.

b) Sporotrichose.

Das Vorkommen der Sporotrichose der Knochen ist bekannt. Indessen fehlt die natürliche Lokalisation in der Wirbel-säule. DE BEURMANN, GOUGEROT und VAUCHER konnten Sporotrichose der Wirbel-säule experimentell an der Ratte erzeugen.

c) Blastomykosen.

Von DEMME und MUMME und HEINRICHS ist ein primärer *Hefe-tumor* der unteren Brust- und oberen Lenden-wirbelsäule bei einem 60jährigen Mann be-schrieben.

Mehrere Fälle sind aus der BUSSE-BUSCH-KE-Gruppe bekannt. BUSSE hat einen Herd in einer Rippe entdeckt, BREWER und WOOD fanden Arrosionen von Fortsätzen, und endlich beschreibt SEILER eine

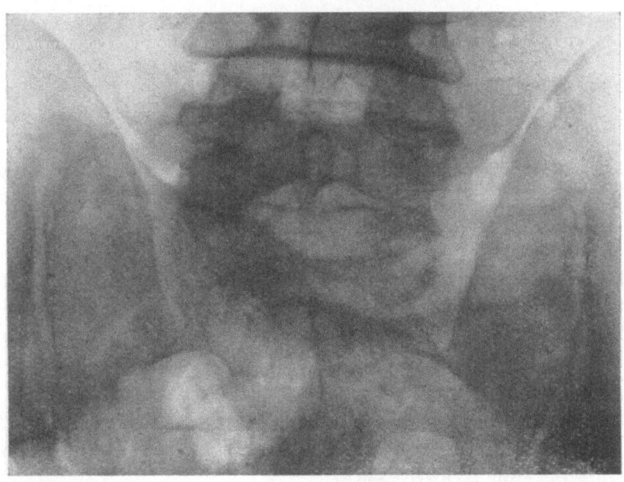

Abb. 187. Großer Defekt im Sacrum und L₅ links durch einwucherndes Lymphogranulom der Abdominaldrüsen. 35jähr. ♂. Nr. 117 995. 2/3.

völlige Zerstörung des vierten Lendenwirbels. Abszesse waren stets vorhanden.

Mehrere Fälle von Spondylitis blastomycotica sind aus der Gruppe GILCHRIST bekannt. Sie betreffen die Halswirbelsäule ebenso wie die Brust- und Lendenwirbelsäule; stets waren Abszesse vorhanden. Einmal ist die Zerstörung bis zur Gibbusbildung (LE COUNT und MYERS) vorgeschritten; dabei war auch die Bandscheibe an der Zerstörung beteiligt (BROWN, IRONS und GRAHAM u. a.). *Röntgenologisch* muß sich die Erkrankung wie die Tuberkulose verhalten.

25. Echinokokken der Wirbelsäule.

Der Echinococcus, wuchert ähnlich wie Mykosen und Lymphogranulom von Nachbarorganen auf die Wirbelsäule (v. WOERDEN). Zweifellos kommen aber auch Fälle von primärer Erkrankung vor. Die Larve erreicht die Wirbel-

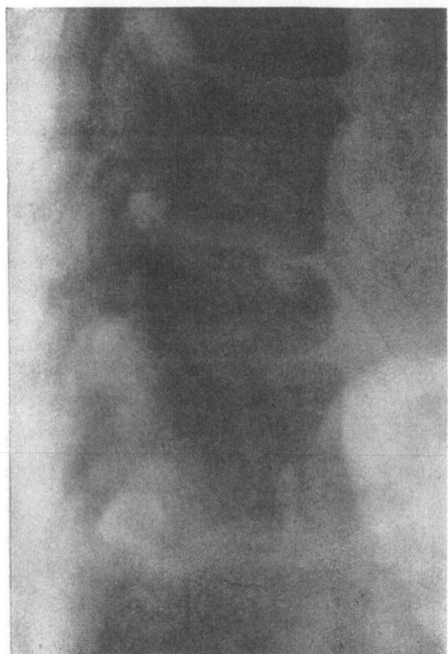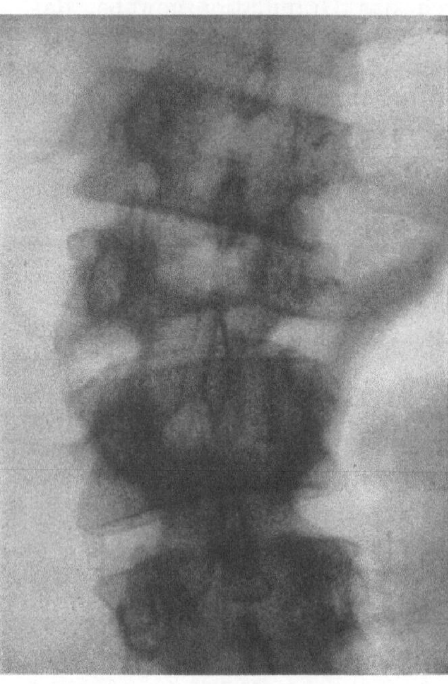

Abb. 188. Weitgehende Zerstörung von L_3 und Arrosion von Th_{12} und L_2 an der rechten Seite bei Aktinomykose der rechten Niere (Infektionsweg unbekannt). Keine sichtbare sclerosierende Reaktion des Knochens. Fistelgang vom rechten Nierenlager nach hinten. 42jähr. ♂. Nr. 117300*. 2/3.

säule nach Perforation des Darmes auf dem Blutwege. Meistens handelt es sich um die alveolare Form, die den Knochen, d. h. die Spongiosa der Wirbelkörper kleincystisch durchsetzt und zur Zerstörung des Knochens führt. Die Bandscheiben werden meistens, im Gegensatz zur Tuberkulose, sehr lange geschont. Dagegen wuchert der Echinococcus, der sich wie ein bösartiger Tumor verhält, in den Spinalkanal ein und bewirkt Kompression des Rückenmarkes, bzw. der Wurzeln. Er bleibt zwar meistens extradural. So entstehen frühzeitig Erscheinungen der Kompression.

Der *Knochen* ist sehr selten vom Echinococcus befallen (POZZAN). Die *Wirbelsäule* steht nach dem Becken an zweiter Stelle der Häufigkeit des Knochenechinococcus. Fast immer ist die Brustwirbelsäule befallen. Die Bogenteile und Rippen sind aber oft in Mitleidenschaft gezogen.

Im *Röntgenbild* steht die vacuolige Zerstörung des Knochens im Vordergrund

(Abb. 189). Die Knochenreaktion ist wenig reichlich, die allgemeine Porose gering. Die Beteiligung der Rippen und namentlich der Querfortsätze ist differentialdiagnostisch gegen Tuberkulose verwertbar; ebenso das frühzeitige Auftreten von Kompressionserscheinungen. Abszesse sind beobachtet (GRISEL und DÉVÉ). Meistens ist bis anhin die Diagnose erst bei der Operation oder auf dem Sektionstisch gestellt worden.

J. Tumoren der Wirbelsäule.

26. Gutartige Tumoren.

a) Hämangiome.

Die Pathologen finden bei Sektionen der Wirbelsäule eine recht große Zahl von Hämangiomen. JUNGHANNS (1) sichtete das große Material des SCHMORLschen Instituts und fand 10,7% aller Wirbelsäulen mit einem oder mehreren, im Mittel knapp 1,5 Hämangiomen. Die Frauen sind häufiger befallen als die Männer, 12,5% und 9%. Vor dem 30. Altersjahr fand er nur 4%, nach 60 Jahren 14%; die Häufigkeit nimmt also mit dem Alter erheblich zu. An der Spitze steht die Brustwirbelsäule; sie enthält etwa 60%, die Lendenwirbelsäule 30%, Halswirbelsäule und Sacrum je etwa 5%. Die Tumoren sitzen meistens zentral, selten an der Peripherie der Wirbelkörper. Nicht selten sind die Bogenteile und sogar die Fortsätze und Rippen beteiligt.

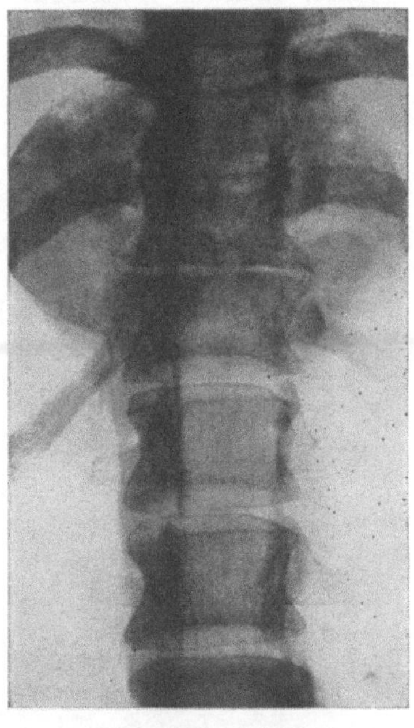

Abb. 189. Echinococcus hydatidosus der Wirbelsäule, Th_{10} bis Th_{12}. Röntgenbild des Präparats. Weitgehende teils cystische Zerstörung von Th_{11} und Th_{12}. Die Blase drang in den Spinalkanal vor und führte zur Kompression des Rückenmarkes (nach POPOW u. UMEROW).

Weitaus die meisten Angiome machen keine klinischen Symptome. Wenn sie jedoch eine gewisse Größe erreichen, so kann durch Vorwölbung der Hinterwand ein Druck auf das Rückenmark ausgeübt werden. Durch Anschwellungen in den Bogen kann auch Kompression der Wurzeln erfolgen. Völliger Einbruch des Wirbelkörpers kommt selten vor.

Das *Röntgenbild* der Wirbelhämangiome (Abb. 190) ist ziemlich charakteristisch. Seine Grundlage ist das pathologische Geschehen. Durch das cavernöse Hämangiom gehen die Spongiosabalken zum Teil zugrunde. An ihrer Stelle entstehen sehr grobe Balken, die die Festigkeit des Wirbelkörpers aufrechterhalten und deshalb in seinem Bereiche vorwiegend längsgestellt sind. So entsteht das bekannte grobbalkige Bild. Im Bereiche der Bogen ist die Struktur mehr grobblasig. Große Tumoren führen zu Aufblähung des ganzen Wirbelkörpers, ähnlich wie bei der JAFFÉ-LICHTENSTEIN-UEHLINGERschen Knochenerkrankung.

b) Gutartige Riesenzellgeschwülste.

Es handelt sich um cystische Knochengeschwülste, deren Substrat aus Spindelzellen mit eingestreuten Riesenzellen und fibrösem Stroma besteht. Die Schnittfläche erscheint durch ausgetretenen Blutfarbstoff braun: *Brauner Tumor*, Osteodystrophia fibrosa localisata. Sie sind im Knochen von einer neugebildeten Knochenschale umgeben. Sie treten mit Vorliebe zwischen 12 und 30 Jahren (RUGGERI), seltener später oder früher (HELLNER) auf. Kein

Teil des Skelets ist verschont; die meisten Geschwülste finden sich in der Knie-
gegend.

Aber auch die *Wirbelsäule* kann etwa in 3% der Fälle (COTTON) Träger von
cystischen, benignen Riesenzellgeschwülsten sein. Sie sitzen meistens in der

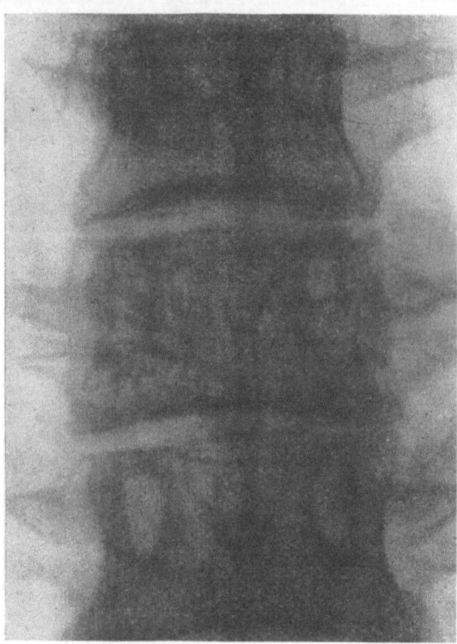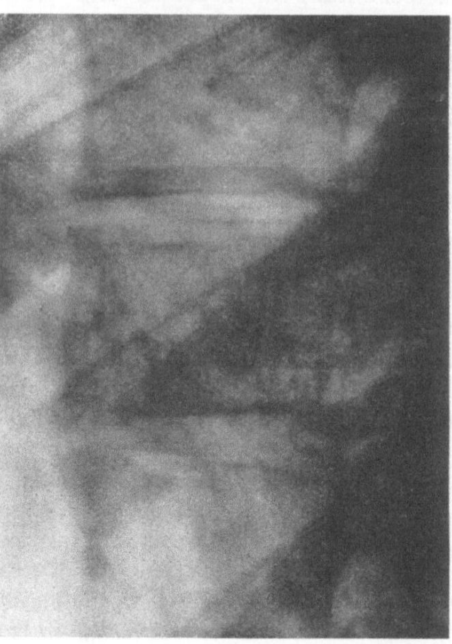

Abb. 190. Hämangiom des Wirbelkörpers Th₉. 21jähr. ♂. Nach angestrengter Arbeit traten in wenigen Tagen
Unsicherheit im Gang, Kältegefühl und Paraesthesien in den Beinen auf. Objektiv: spastisch-ataktischer Gang,
Herabsetzung der Berührungs- und Schmerzempfindung; Funktion von Blase und Rectum normal; Babinski +.
Op. verifiziert. Nr. 93871. 1/1.

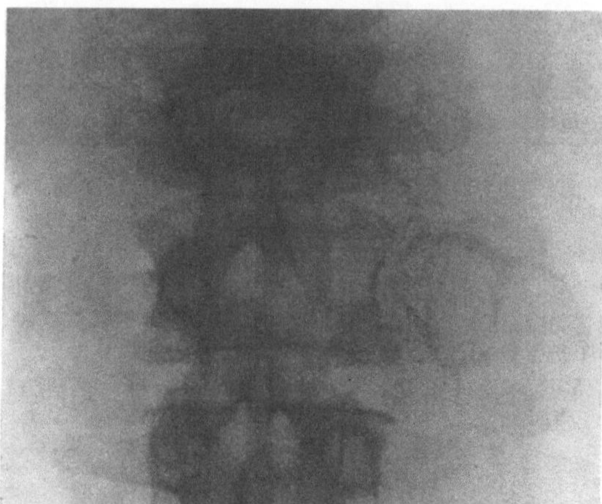

Abb. 191. Vom Proc. transvers. L₃ links geht ein cystischer
Tumor aus, der den Knochen zum größten Teil ersetzt und
stark auftreibt. Op.: brauner Tumor. 23jähr. ♂. Nr. S 1001. 2/3.

Lenden- oder Halswirbelsäule
und haben in der Hälfte der
Fälle zwei oder mehr benachbarte Wirbel befallen. Wenn
sie im Wirbelkörper lokalisiert
sind, können sie zu Formveränderungen der Wirbel und
Gibbusbildung, oft nach kleineren Traumen, führen. Oft
sitzen sie aber in den Bogenteilen und Fortsätzen (STRAS-
SER) wie in Abb. 191. Klinisch
bewirken sie Kompressionserscheinungen, Steifigkeit und
Schmerzen im Rücken.

Im *Röntgenbild* sieht man
meist vielkammerige Cysten,
die den Knochen auftreiben.
Die Knochenschale bildet die
Begrenzung der Cyste. Eine sichere Unterscheidung gegenüber dem Sarkom ist
im Anfang selten möglich (AECKERLE). Aber auch fleckige Bilder sind bekannt.

c) Seltene gutartige Geschwülste der Wirbelsäule.

Die folgenden gutartigen Tumoren sind in der Wirbelsäule sehr selten und besitzen zudem meistens eine untergeordnete Bedeutung.

Vereinzelter *Enosteome* wurde schon früher auf S. 167 gedacht. Es handelt sich um äußerst seltene, meist kleine, meist in den Bogenteilen, seltener im Wirbelkörper sitzende Knochenverdichtungen in der Spongiosa, die klinisch keine Bedeutung haben (JUNGHANNS).

Von BORRA und REVIGLIO, FROSCH, STERNBERG wurden *Exostosen* beschrieben, die von der Wirbelsäule ausgingen und zu klinischen Symptomen geführt hatten, Rückensteifigkeit, Schmerzen, Hyperreflexie, spastische Paraplegie u. a.

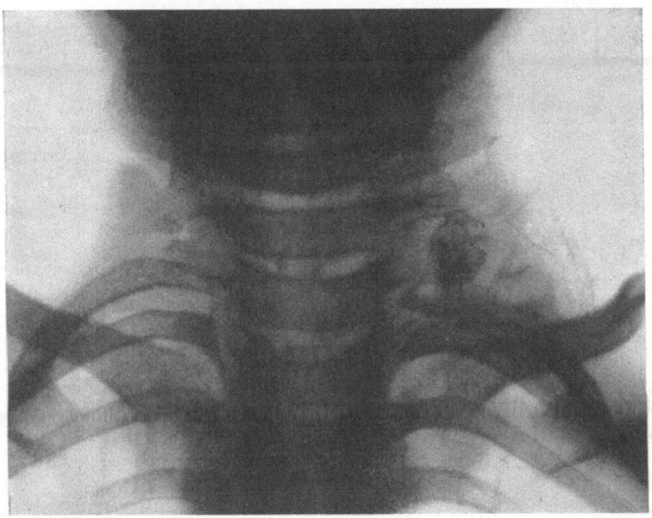

Abb. 192. Chondrom, ausgehend vom Proc. transv. C_7 und Th_1, bzw. von der ersten Rippe links. 6jähr. ♀.

Die ebenfalls sehr seltenen *Lipome* haben weder klinisch noch röntgenologisch Bedeutung. Im Bereiche der Spongiosa finden sich Fettmarkinseln, die zur Auflösung der Bälkchen führen, ohne daß diese aber durch größere Balken ersetzt werden, wie etwa beim Hämangiom. Die Lipome werden nicht so groß, daß sie im Röntgenbild sichtbar werden.

Von MARZAGALLI ist ein *Osteidosteom* (JAFFÉ, LICHTENSTEIN) in L_2 beschrieben worden. Von JAFFÉ neuerdings eine ganze Reihe, einmal im Bogen eines Lendenwirbels.

Solitäre *Chondrome* bzw. *Osteochondrome* sind verschiedentlich beobachtet worden. Sie gehen von der Brustwirbelsäule aus (PEYCELON und AUFRÈRE, PAULIAN und BISTRICEANO, MAY, FELSEN) oder sitzen an der Halswirbelsäule (TANTURRI [Fibrochondrom von C_5], DESJACQUES [Proc. transv. C_4]) oder an der Lendenwirbelsäule (LEINER [ausgehend vom Lig. intertransversarium L_2]) (vgl. auch Abb. 192). Selten ist das Sacrum beteiligt. EIKENBARY fand daselbst ein Osteochondrom bei 17jährigem Knaben.

Fibrome sind im Knochen selten, in der Wirbelsäule äußerst selten. OELECKER berichtet von einem Fall im Bereiche von S_2 ohne wesentlichen klinischen Befund. Fibromyxome rezidivieren gerne und können maligne degenerieren.

Endlich sei noch des Falles einer *Dermoidcyste* im Sacrum von ROEDERER und CHARLIER gedacht.

Die größte Seltenheit der *Amyloidtumoren* ohne allgemeine Amyloidosis ist an der Wirbelsäule einmal von MANDL beschrieben.

27. Bösartige Primärtumoren.

Tabelle 7. Primäre Knochengeschwülste und verwandte Erkrankungen.

Einteilung		Differentialdiagnose
Gutartige Verwandte	Bösartige Tumoren	
a) *Vom Knochen ausgehend*		
Osteom, Fibrom, Callus, Entzündungen (Paget, Lues, Tbc.) Chondrom Osteocartilaginäre Exostose	1. Osteoblastisches Sarkom 2. Myxochondrosarkom 3. Chondroblastisches Sarkom 4. Osteolytisches Sarkom	Alle Verwandte der osteogenen Sarkome, gutartige und bösartige parostale Tumoren. Sclerosierende, gemischte und lysierende Gruppe
Amyloidtumor, gutartige Riesenzelltumoren Primäre Knochencysten Osteoidosteom		Verwandte. Osteomyelitis, Verwandte der parostalen Tumoren, Gruppe des Schaftsarkoms
b) *Vom Knochenmark ausgehend*		
Retothelsarkom Anämien, Myelosen Eosinophiles Granulom	5. EWING-Sarkom	
Endotheliosen, fibröse Dysplasie des Knochens (JAFFÉ-LICHTENSTEIN, ALBRIGHT)	6. Plasmocytom	Alle exquisit lysierenden Knochenerkrankungen
c) *Sonstige Erkrankungen*		
Angiome	7. Hämangioendotheliome	
Clivus-Ecchordosen Fibrome, Myxome, Lipome Periostale Exostosen	8. Chordome 9. Parostale Sarkome 10. Tumoren der Kiefer	Wie 1 bis 3

Die beigedruckte Tabelle gibt eine Übersicht über die Einteilung der bösartigen Knochentumoren überhaupt. Man findet in einer mittleren Kolonne die bösartigen Tumoren von 1 bis 10 numeriert. Ungefähr auf gleicher Höhe sind in der linken Kolonne die gutartigen Verwandten eingetragen, wobei naturgemäß einem Tumor nicht bestimmt gutartige Zustände zugeordnet werden können. Es sind deshalb unter Umständen starke Verschiebungen der Ausdrücke der beiden Kolonnen zustande gekommen. Wie man sieht, können die Knochentumoren eingeteilt werden a) in solche, die vom Knochen ausgehen, b) in solche, die vom Knochenmark ausgehen. Es bleibt dann eine Restgruppe c) übrig, die in den beiden ersten Gruppen nicht untergebracht werden kann, wie z. B. das bösartige Hämangioendotheliom, die Chordome und parostalen Sarkome, welche drei Typen gerade bei der Wirbelsäule eine wesentliche Rolle spielen.

Bösartige Primärtumoren der Wirbelsäule sind selten.

a) Osteosarkom.

Vom Knochen ausgehende Sarkome sind sehr selten und machen 1 bis 2% aller Sarkome im Knochen aus (CHRISTENSEN). Sie gehen meistens von dem Wirbelkörper aus und führen zu relativ rascher Zerstörung des Knochens. Der Wirbelkörper sintert in der Folge zusammen, wobei der Schatten im Röntgenbild wieder dichter werden kann, ähnlich wie bei der Entstehung der Vertebra plana. Aber nicht alle primären Sarkome führen lediglich zur Osteolyse; fleckige Bilder (KIENBOECK, BONOMINI) oder gar Elfenbeinwirbel durch osteoblastische Vorgänge (BREITLÄNDER) sind beobachtet. Die Bandscheiben bleiben lange erhalten. Mit Vorliebe werden Individuen von 10 bis 30 Jahren befallen; die Lendenwirbelsäule ist bevorzugt, andere Wirbelsäulenabschnitte werden aber nicht verschont, Sacrum (MILONE). Es handelt sich meistens um osteoblastische oder osteolytische Sarkome. Die anderen Arten der Gruppe sind sehr selten.

Das primäre Sarkom der Wirbelsäule führt frühzeitig zu Kompressionserscheinungen am Rückenmark, die meistens zur Entdeckung der Tumoren führt. Die Verbreiterung des Paravertebralschattens gehört zum Bild; sie ist kürzer und weniger symmetrisch und unregelmäßiger als der Abszeßschatten bei Tuberkulose.

b) Myelogene Sarkome.

α) EWINGS Rundzellensarkome scheinen primär nicht in der Wirbelsäule vorzukommen, Sekundärgeschwülste dieser Art sind jedoch bekannt. Wenn, wie häufig, das Sacrum Sitz von Tumoren ist, stehen Urogenitalstörungen im Vordergrund. Männer sind doppelt so oft befallen wie Frauen.

Das *Röntgenbild* unterscheidet sich kaum von demjenigen der anderen primären oder sekundären Wirbelsäulentumoren; sie können jedoch auch zu einer Verdichtung führen wie in Abb. 205.

β) Plasmocytom. Das Plasmocytom oder plasmocelluläre Myelom ist ein Tumor. Die Kontroversen der letzten Jahrzehnte, ob Neoplasma oder nicht, sind in genanntem Sinne entschieden. Von amerikanischer Seite sind mehrere Fälle von primärem solitärem Plasmocytom bekannt geworden. Schon früher sind von ROSSELLET und DECKER und von WALTHART vereinzelte Fälle mitgeteilt worden. Die Frage, ob es sich um primäre oder metastatische Tumoren handelt, ist deshalb von Wichtigkeit, weil im ersten Falle erhebliche, vorwiegend radio-therapeutische Erfolge erzielt werden können. Retrospektiv wird der Fall der Abb. 194b als primäres und die beigesetzte Abbildung links der Halswirbelsäule als Metastasen aufgefaßt. Die Metastasierung erfolgt sehr rasch.

Myelome sind Tumoren des höheren Alters; das Häufigkeitsmaximum liegt zwischen 55 und 60 Jahren, 80% der Erkrankungen liegen zwischen dem 40. und 70. Altersjahr (SIMONS). Bis zum 24. Jahr ist das Myelom äußerst selten, aber es sind auch kindliche Fälle bekannt, z. B. von ZÄH (6jähriger Knabe).

Das Myelom geht vom Knochenmark aus und befällt vorwiegend die *Wirbelsäule* und die Rippen. Brustbein und Schädeldach stehen an zweiter Stelle. Männer erkranken doppelt so häufig wie Frauen.

Im *Röntgenbild* (Abb. 193) zeichnet sich das Myelom aus durch ausgesprochene Osteolyse; Sclerosen sind nicht bekannt. Die einzelnen kleinen Aufhellungen sind im Anfang mehr oder weniger scharf begrenzt und einzeln zu erkennen. Später konfluieren die Herde, um endlich einer allgemeinen und hochgradigen Entkalkung Platz zu machen. Dieser röntgenologische Befund ist meistens in der ganzen Wirbelsäule realisiert und auch in den Rippen, dem

Sacrum und den angrenzenden Teilen des Beckens zu erkennen. Es kann aber auch vorkommen, daß im Bild scheinbar nur einer oder zwei Wirbelkörper ergriffen sind. In ihnen treten dann die Zeichen der Zerstörung in starkem Maße auf; es entstehen lokalisierte Plattwirbel, Keilwirbel oder mindestens Fischwirbel. Es handelt sich dann um den Primärtumor oder um große Metastasen. In diesen Fällen ist dann die generalisierte Aussaat erst später oder nur in einem anderen Abschnitt der Wirbelsäule sichtbar, wie etwa im Fall der Abb. 194, der auch in anderer Hinsicht eine Seltenheit darstellt. Der Verlauf der Zerstörung war hier offenbar derart langsam, daß Brückenbildungen entstehen konnten.

Differentialdiagnostisch ist zu sagen, daß in manchen Fällen eine Unterscheidung zwischen Myelom und einfacher seniler oder schmerzhafter präseniler Porose nicht möglich ist. Die Verteilung der osteolytischen Prozesse, Blutbefund, Sternalpunktat, [BENCE-JONESsche Proteinurie und vornehmlich die eiweißchemischen Veränderungen des Serums wird meistens Klarheit schaffen, trotzdem andere klinische Zeichen, wie Schmerzen und Steifigkeit im Rücken, Kompressionserscheinungen von Rückenmark und Wurzeln (Herpes zoster) und viele andere Symptome in keiner Weise pathognomonisch sein können.

c) Sonstige bösartige Tumoren.

α) **Chordome.** Mit Ausnahme der Ecchordosen (benigne Clivuschordome) verhalten sie sich ganz ähnlich wie die Sarkome. Grundsätzlich können sie als Abkömmlinge der Chorda dorsalis (nicht des Nucleus pulposus) im ganzen Bereiche der Wirbelsäule vorkommen; sie bevorzugen jedoch das obere und untere Ende der embryonalen Chorda und

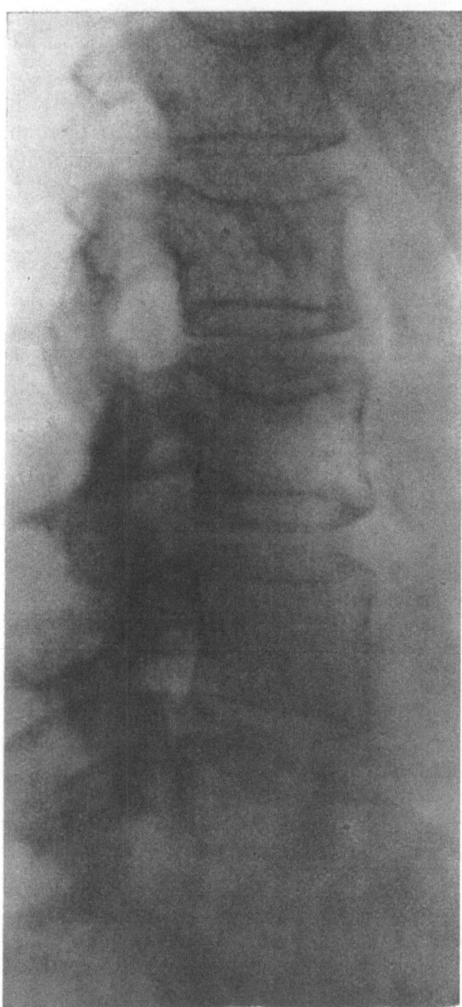

Abb. 193. Myelomatose der gesamten Wirbelsäule. Weitgehende Zerstörung der Spongiosa der Lendenwirbel, die Corticalis ist meist stehengeblieben und teilweise eingebrochen und geheilt (L₁ und L₂); keine Auftreibung; wabige Struktur im Wirbelkörper. 26jähr. ♀. (Fall H. E. LÜDIN, Röntgeninstitut der Universität Basel.) 2/3.

werden vorwiegend in der Spheno-occipitalgegend und coccygeal gefunden. So stellte MABREY von 150 Chordomen 87 sakrale, 47 in der obersten Chordaregion und nur 14 an der freien Wirbelsäule fest. Sie sitzen dann oft an der Halswirbelsäule. Es sind primitive Tumoren, die ausgedehnte Zerstörungen an den befallenen Knochen hervorrufen. Trotz ihrer Seltenheit soll man gegebenenfalls an sie denken, namentlich auch an ihre Beziehungen zu

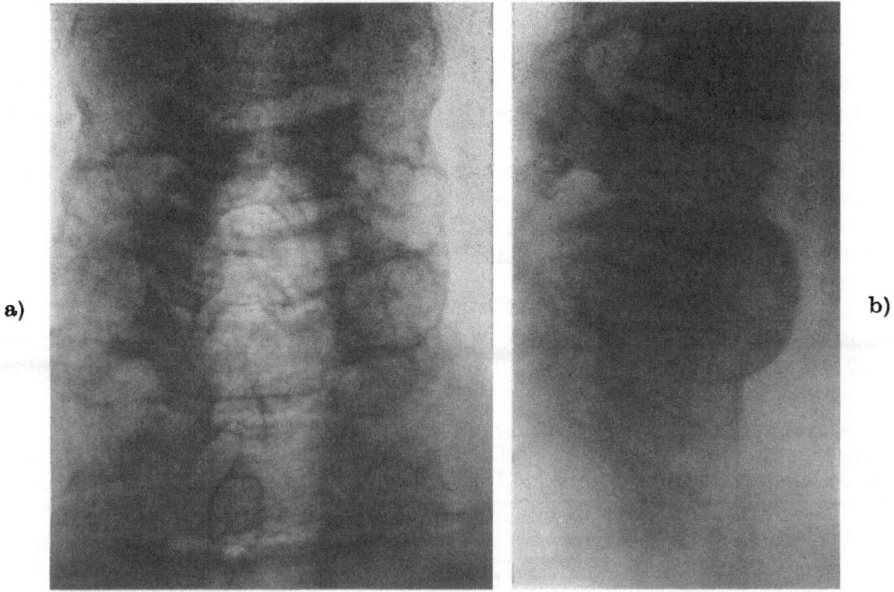

Abb. 194.
Ausgedehntes Myelom, in multiplen Herden, namentlich im Bereiche der Halswirbelsäule (a). b) Völlige Zerstörung des 4. Lendenwirbels durch Myelom mit kräftiger, vorderer und zum Teil seitlicher Brücke zwischen L₃ und L₅. Das Myelom ist wohl der einzige Tumor, dessen geringes Wachstumstempo diese Überbrückung gestattet. Nr. 55218. 2/3.

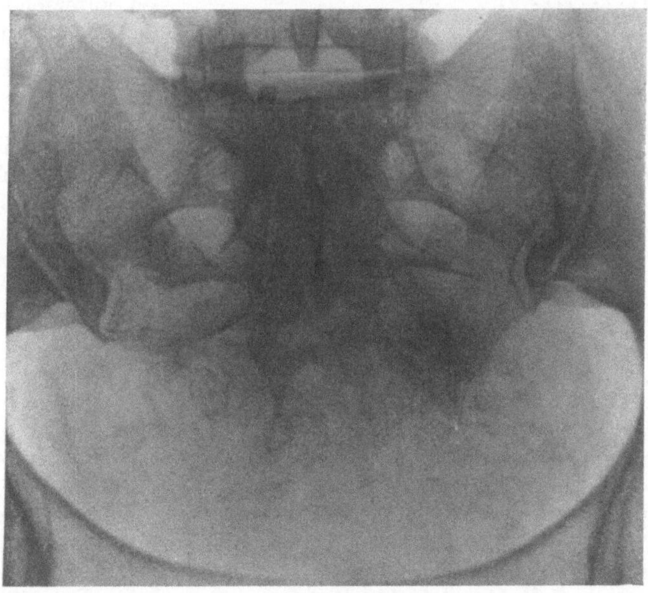

Abb. 195. Das untere Sacrum und Os coccygis ist völlig zerstört durch einen großen Tumor, Chordom. Vereinzelte kalkdichte Flecke sind weit in der Umgebung des Knochens, im ganzen Bereich des Tumors zerstreut. 41jähr. ♀. Nr. 92. 3/4.

geburtshilflich-gynäkologischen Komplikationen (BONDREAUX; OWEN, HERSHEY, GURDIJAN; JOYCE; GRAUER, FLETSCHER, WOLTMAN, ADSON), Abb. 195.

β) **Parostale Sarkome.** Neben den Osteosarkomen kommen in der Umgebung des Knochen Sarkome vor — meist periostale *Fibrosarkome* —, die von den Bändern und dem benachbarten Bindegewebe ausgehen. Sie bleiben oft lange abgekapselt, durchwuchern den Knochen nicht, sondern arrodieren ihn nur. Die hinteren Längsbänder sind als Ausgangspunkt bevorzugt; Kompressionserscheinungen sind also zu erwarten. Die Prognose ist aber merklich besser als bei den Sarkomen der ersten Gruppe, indem sie in vielen Fällen operabel sein können und dann nicht rezidivieren und metastasieren.

28. Metastatische Tumoren.

SCHMORL fand in 4,5% aller sezierten Wirbelsäulen Tumormetastasen, ebenso bei 17,5% aller Tumorträger. Die Tabelle 8 zeigt im einzelnen die Häufigkeit der Metastasierung.

Tabelle 8. Häufigkeit der Metastasierung bösartiger Geschwülste in das Skelet und in die Wirbelsäule (in Anlehnung an JUNGHANNS und SCHOPPER).

Carcinome	Skelet-metastasen	Wirbel-metastasen
	in Prozent	
Mamma	78	67
Prostata	75	65
Niere	65	35
Lungen und Bronchien	38	32
Schilddrüse	50	25
Blase	30	25
Magen	16	10
Rectum	15	10
Uterus	12	10
Hypernephrom	12	8
Pancreas	12	8
Obere Luftwege	5	5
Gallenwege	8	4
Oesophagus	10	2,5
Darm	4	2
Hoden	3	—
Samenblase	—	—
Penis	—	0
Vagina	—	—
Leber	—	—
Haut	—	—
Sarkome	35	31

Ein wesentlicher Häufigkeitsunterschied nach dem Geschlecht besteht mit wenigen Ausnahmen nicht, es wurden deshalb die JUNGHANNSschen Zahlen als Mittel für beide Geschlechter zusammengenommen.

In der Häufigkeit der metastatischen Carcinome lassen sich folgende Gruppen unterscheiden:

1. Sehr häufig metastasierende Tumoren: Mamma, Prostata.

2. Häufig metastasierende Tumoren: Niere, Lungen und Bronchien, Schilddrüse, Blase, Sarkome.

3. Seltener metastasierende Tumoren: Magen, Rectum, Uterus, Hypernephrom, Pancreas, obere Luftwege, Gallenwege, Oesophagus, Darm.

4. Sehr selten metastasierende Tumoren: Leber, Samenblase, Penis, Vagina, Haut.

Das Skelet stellt neben allen anderen Organen das *erste Blutfilter* dar für Primärtumoren im Einzugsgebiet der Pulmonalis. Für Tumoren im Bereiche der V. cava dagegen ist der Knochen erst das *zweite Filter* nach den Lungen. Und schließlich erreichen Metastasen aus Tumoren des Magen-Darm-Tractus vom unteren Oesophagus bis zum Rectum über die V. porta zuerst die Leber (erstes Filter), dann die Lungen (zweites Filter) und erst dann das Skelet als *drittes Filter* (WALTHER). Oberschenkel, Becken, Wirbelsäule und Rippen, also vorwiegend das Stammskelet, sind Lieblingssitz der Knochenmetastasen von nicht im Knochen autochthonen Primärtumoren überhaupt (Geschickter und Copeland). Fast alle

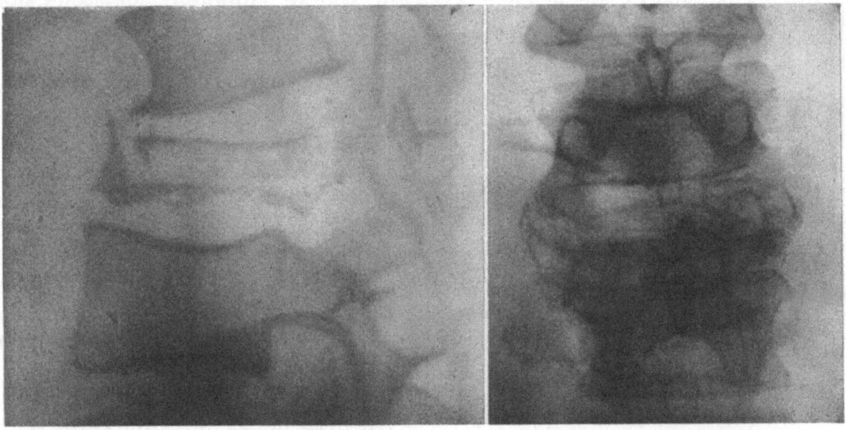

Abb. 196. Völlige Zerstörung des 2. Lendenwirbels (Körper und Bogenteile) durch Tumormetastase. Abplattung des Wirbelkörpers mit Verbreiterung desselben; Gibbusbildung. Klinisch: Zuerst diffuse, später immer mehr in der Kreuzgegend lokalisierte Rückenschmerzen. Nach zwei Jahren Lähmung beider Beine, Incontinentia alvi et urinae. Sektion: Neurinom eines Ganglioms auf der Höhe des 2. Lendenwirbelkörpers und Einbruch in den Knochen, Zerstörung desselben und folgender Kompression des Rückenmarks. 68jähr. ♂. Nr. 73497. 2/3.

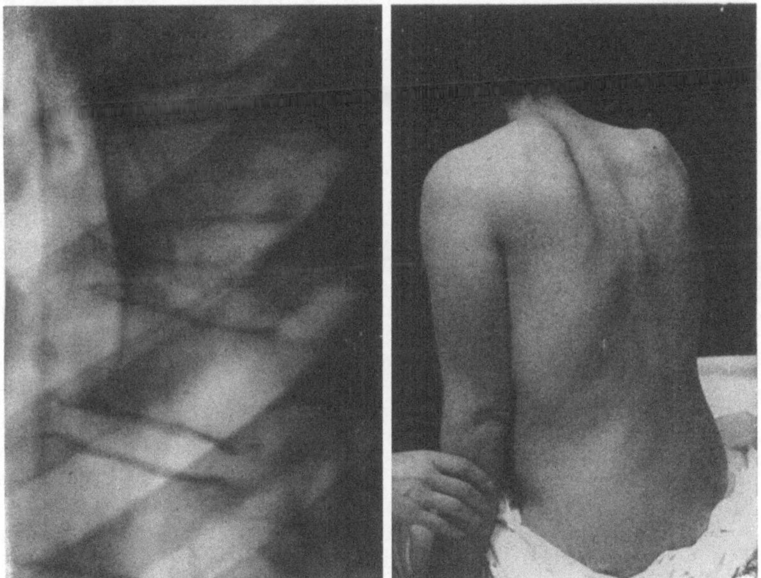

Abb. 197. Zerstörung von Th₇ durch Metastase eines Brustkrebses. Seit vier Monaten zunehmende, in letzter Zeit sehr heftige Schmerzen im Rücken; Besserung der Schmerzen beim Liegen; Paraesthesien im rechten Unterschenkel. Th₇ fast völlig zerstört und zusammengedrückt, dadurch wird das restliche Material des Wirbelkörpers trotz der Zerstörung noch ziemlich dicht gezeichnet (ähnlich wie Vertebra plana osteonecrotica). Die Wirbelsäule wird steif und möglichst gerade gehalten, so daß der Gibbus weitgehend ausgeglichen wird. Bestätigung durch Autopsie. 39jähr. ♀. 2/3.

im Skelet metastasierenden Tumoren führen auch zu Tochtergeschwülsten in der Wirbelsäule. Von den sehr häufig in der Wirbelsäule metastasierenden Carcinomen der Mamma und der Prostata findet man die weitaus größte Zahl von Ablegern,

d. h. etwa drei Viertel in der Lendenwirbelsäule, nur ein knappes Fünftel und ein knappes Zwanzigstel in der Brust- bzw. Halswirbelsäule. Dieses Häufigkeitsverhältnis gilt auch etwas weniger kraß für andere Tumoren. Meistens sind die Wirbelkörper, oft aber auch die Bogenteile betroffen. Das Mammacarcinom zeigt das Maximum der Aussaat im fünften, der Prostatakrebs im siebenten Jahrzehnt (SUTHERLAND, DECKER und CILLEY).

Krebsmetastasen können in den beiden Grundformen der osteolytischen (osteoklastischen) oder osteoplastischen Form auftreten. Beide Arten können in der gleichen Wirbelsäule oder gar im gleichen Wirbel gemischt vorkommen. Bei der osteolytischen Metastase wird der Knochen schon relativ frühzeitig durch das wuchernde Krebsgewebe zerstört. Das Ausmaß der Zerstörung kann sehr verschieden sein, zwischen sehr kleinen, röntgenologisch nicht oder noch nicht sichtbaren Herden und der völligen Zerstörung mehrerer Wirbel gibt es alle Übergänge. Handelt es sich um einen langsam wachsenden Primärtumor, wobei anzunehmen ist, daß sich seine Ableger in bezug auf Wachstumsgeschwindigkeit gleichsinnig verhalten, dann besteht die Möglichkeit, daß dem Knochen Zeit zur Reaktion belassen wird. Es tritt dann Sclerosierung ein; d. h. es bildet sich eine osteoplastische Metastase. Offenbar ist die Wachstumsgeschwindigkeit nicht der einzige Faktor, der darüber entscheidet, ob eine osteolytische oder osteoklastische Metastase entsteht. Die Akten scheinen über diese Frage nicht geschlossen zu sein. Erwähnt sei noch, daß Metastasen ausgedehnte periostotische Osteophyten verursachen können (*Osteophytosis carcinomatosa* [SCHMORL u. a.]).

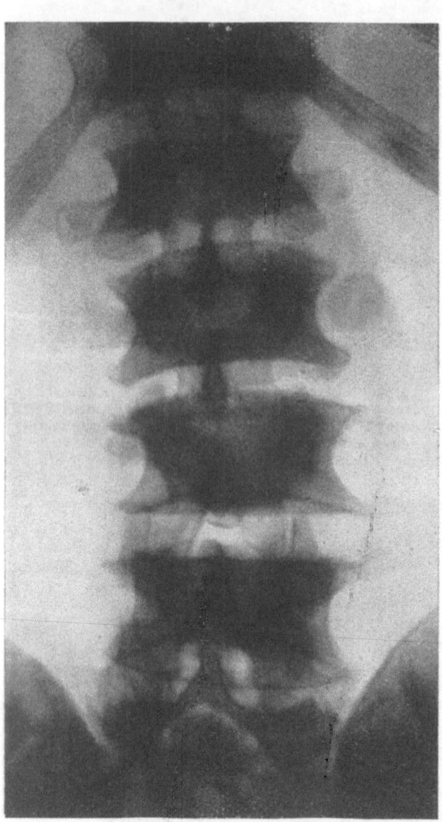

Abb. 198. Ausgedehnte osteosclerosierende Metastasierung eines Prostatacarcinoms, Proc. transv. und Rippen relativ hell, Cristaränder nicht ausgeprägt, keine Frakturen. Die meisten Wirbelkörper und Proc. spinos. sind in fast ihrer ganzen Ausdehnung homogen und stark verdichtet (vgl. Abb. 148). 72jähr. ♂. (Fall F. von LÜDIN, Röntgeninstitut der Universität Basel.) 2/3.

Die größte absolute Zahl von Skeletmetastasen stammen vom *Brustkrebs*. Gegen 80% sind osteolytisch (LENZ). Die rein osteoplastischen oder gemischten Metastasen sind häufig von Skirrhen verursacht. WINTER vertritt die Ansicht, daß die beiden Arten der Metastasen lediglich verschiedene Stadien darstellen. Jedenfalls konnte auch HELLNER den Übergang einer anfangs rein osteolytischen Carcinose in eine gemischt klastisch-plastische Carcinose beobachten. Dieser Übergang ist anderseits bei Mamma-Ca-Metastasen stets durch *Röntgenbestrahlung* zu erreichen. Die Bestrahlung führt zum Teil zur Rückbildung der Metastasen, wobei der Knochen sclerosiert. Zum Teil wird wohl durch die Röntgentherapie lediglich die Wachstumsgeschwindigkeit herabgesetzt. Dadurch wird dem Knochen mehr Zeit zur sclerotischen Reaktion belassen. Die Röntgenbehandlung soll in jedem Fall von metastatischem Mammacarcinom versucht werden. Die unerträglichen, meist durch nichts zu mildernden Schmerzen nehmen meistens sofort ab. Selbst bei ausgedehnten Carcinosen kann in vielen Fällen das Leben mehrere Jahre verlängert oder erträglicher gestaltet werden. Das gilt vor allem und in ausgesprochenem Maße von der Tumorlokalisation in der Wirbelsäule (Abb. 203).

Alle Arten von Mammacarcinomen metastasieren, jedoch überwiegt der Skirrhus mit 58% (SABRAZÉS, COPELAND).

Die Metastasen des *Prostatacarcinoms* sind in ihrer überwiegenden Mehrzahl rein osteoplastisch oder fleckig-gemischt. Reine osteolytische Ableger sind

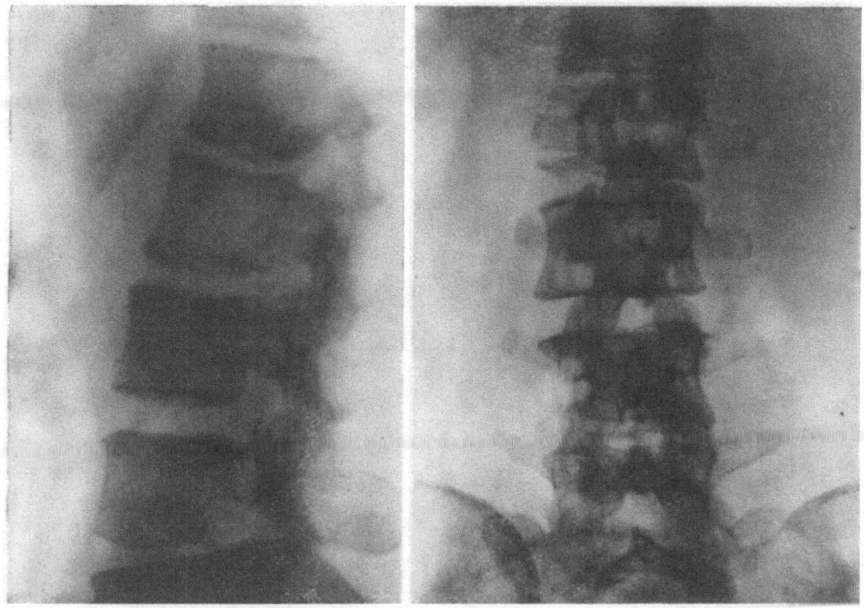

Abb. 199. Multiple Metastasen bei Plattenepithelcarcinom des Gaumens. Im a.-p.-Bild Auftreibung und Sprengung von L₂ rechts durch defektbildende Metastasen, Defekt an L₄ rechtsmarginal. Seitl. Bild: Man beachte die wenig aufdringlichen Defekte an L₁ hinten oben L₂ und L₄. Nr. 62497. 1/2.

sehr selten und rühren meist von medullaren Krebsen her. Dabei sind die Metastasen weniger distinkt als vielmehr diffus in den Knochen verteilt mit mehr oder weniger generalisierter sclerosierender Reaktion. So entstehen *Röntgenbilder*, die zum Verwechseln denjenigen der Osteopetrose oder anderen ausgesprochen sclerotischen Knochenkrankheiten, wie Blutkrankheiten, Vergiftungen, gleichen können. Bemerkenswert ist beim Prostatatumor eine ausgesprochene Osteophytose mit Lieblingssitz an den Rauhigkeiten der Muskelansätze am Knochen. Es können an der Wirbelsäule ebenso wie an Becken oder Oberschenkel lange Nadeln entstehen, ähnlich wie wir das bei der Fluorvergiftung gesehen haben. Spontanfrakturen sind bei den knochenbildenden Metastasen verhältnismäßig selten.

Von malignen *Hodengeschwülsten* sind 3,5% Knochenmetastasen in der Wirbelsäule und in anderen Skeletteilen von GREILING beobachtet worden.

Als Empfänger von Metastasen von epithelialen Tumoren der *Schilddrüsen* steht die Wirbelsäule nach dem Schädel an zweiter Stelle mit einer Häufigkeit von 21% (BÉRARD und DUNET). Die Tochtergeschwülste sind fast immer osteoklastisch oder schalig-cystisch. Oft werden die Metastasen, ähnlich wie bei den Tumoren der Niere vor dem Primärtumor festgestellt.

Die *Lungen-* und *Bronchial*-Carcinome metastasieren vorwiegend oder sogar nur in die Wirbelsäule. Die Metastasen werden zwar im Leben selten entdeckt, offenbar weil der Primärtumor klinisch im Vordergrund steht und weil die Ableger ziemlich langsam wachsen. Es handelt sreh zwar meistens um osteolytische Metastasen, jedoch kommen gerade in dieser Gruppe recht häufig gemischt klastisch-plastische Tumoren vor.

Die epithelialen Tumoren der *Niere* siedeln sich mit Vorliebe in der Wirbelsäule und im Femur (und Schädel) an.

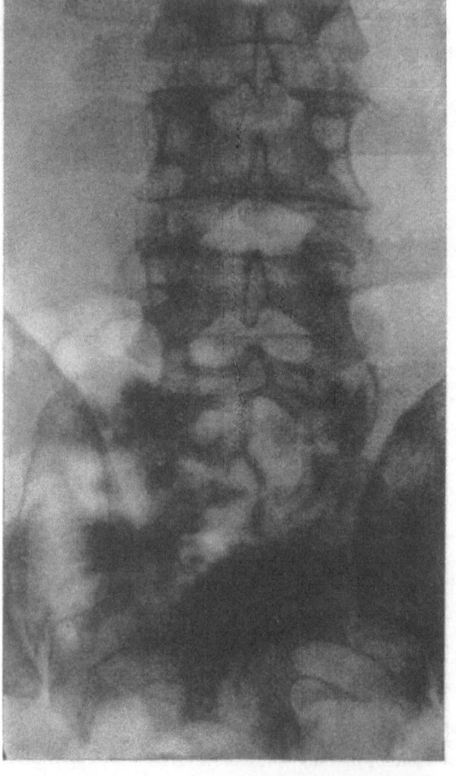

Abb. 200. Zerstörung im Bereiche von L_5 und S_1, zum Teil kondensierender Prozeß; Endotheliom der Dura. Anfangs Kreuzschmerzen, beginnend mit Überheben, später Ischialgien, Druckempfindlichkeit der Lendengegend Miktionsstörungen, Impotenz, Reithosenanästhesie, Mastdarmstörungen, starke Muskelatrophie. Diagnose durch Op. 39jähr. ♂. Nr. 10119. 2/3.

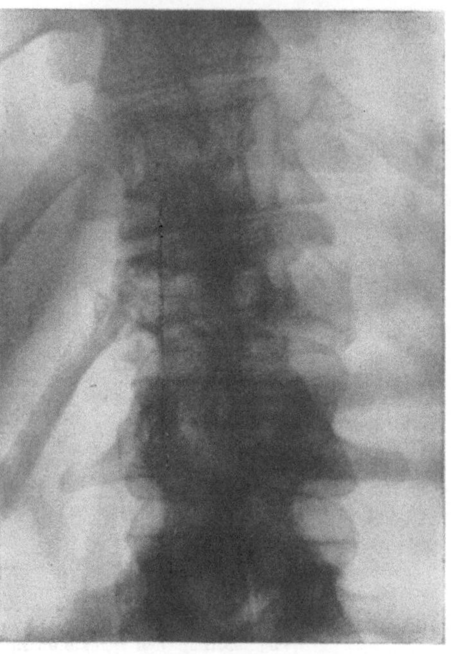

Abb. 201. Wabige Zerstörung der beiden letzten Brustwirbel: Metastasen eines Sarkoms des Unterschenkels. Neurologische Zeichen der Kompression. 35jähr. ♀. Nr. 79114. 2/3.

Sie sind ausgesprochen osteolytisch, zum Teil cystisch-schalig. Osteoplastische Metastasen sind in der Wirbelsäule zwar bekannt (NATHAN), aber eine große Seltenheit. COPELAND fand auch nach Bestrahlung keinerlei sclerosierende Reaktion. In dieser Gruppe kommen vereinzelte Metastasen verhältnismäßig oft vor, und auch hier wird häufig der Ableger vor dem Primärtumor entdeckt.

Metastasierende *Blasencarcinome* sind beim Mann häufiger als bei der Frau. Die an sich wohl seltenen primären Lebercarcinome metastasieren relativ häufig im Knochensystem und auch unter Befallensein der Wirbelsäule (BERSCH).

Alle übrigen Tumoren sind selten und führen kaum zu ausgedehnten Metastasierungen, sondern erzeugen vereinzelte oder einige wenige Ableger.

Das *Röntgenbild* der Metastasen in der Wirbelsäule kann recht verschieden sein, je nach Ausdehnung und Häufigkeit der Zahl der Metastasen. Man kann folgende Gruppen unterscheiden:

1. *Generalisierte Knochenmetastasen.* Hierfür ist das Mammacarcinom berüchtigt, wie wir früher schon sahen. Dabei ist gerade die Wirbelsäule Lieblingssitz.

2. *Multiple Metastasen.* Zu dieser Gruppe gehören alle metastasierenden Tumoren fakultativ.

3. *Solitäre Metastasen.* Bevorzugt von Schilddrüsentumoren und Hypernephromen. Es kann dann Verwechslung mit Spondylitis tuberculosa vorkommen (ROEDELIUS und KAUTZ). Oft sind Metastasen im Röntgenbild nur scheinbar solitär; die Sektion deckt noch mehrere andere Ableger auf.

Sehr weitgehend wird das Röntgenbild auch durch die Art der Metastasen beeinflußt. Osteolytische Tumoren führen zu einer allmählichen Zerstörung,

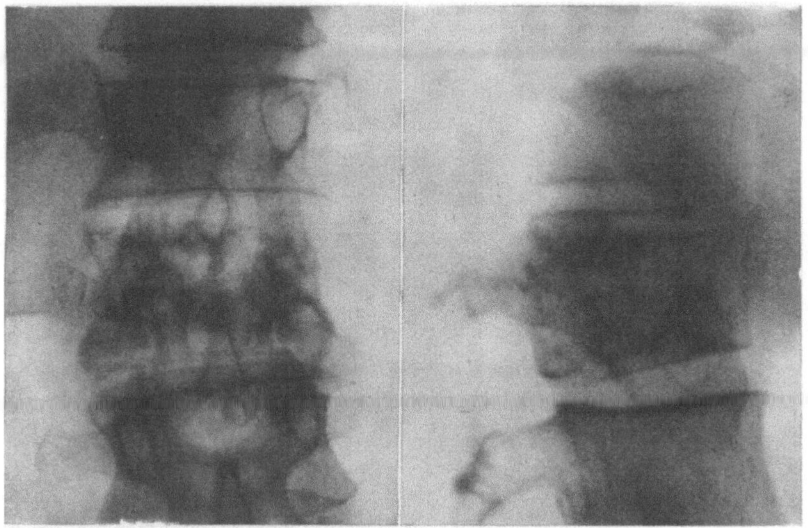

Abb. 202. Primäres Hämangioendotheliom in L_1. Der ganze Wirbel einschließlich Bogenteile ist teils zerstört, teils durch fleckig sclerotisches Knochengewebe ersetzt; geringe Keilbildung, Verschmälerung des oberen Bandscheibenraumes; beginnender Gibbus. 57jähr. ♂. (Fall M. LÜDIN, Röntgeninstitut der Universität Basel.) 2/3.

die unter Umständen in der Folge Formveränderungen der Wirbelkörper bewirken können. Durch Einbruch kann ein Gibbus entstehen wie bei vielen anderen zerstörenden Erkrankungen oder Anomalien der Wirbelkörper.

Für die Erkennung solitärer Metastasen sind zwei Dinge wichtig. Fast in allen Fällen werden die Bandscheiben sehr lange geschont. Es sind jedoch auch Einbrüche des Krebsgewebes in die Bandscheibe mikroskopisch nachgewiesen (SCHOPPER, SCHOLLZ u. a.). Ferner kann man oft eine Verbreiterung der Paravertebralschatten feststellen, die dann ebenfalls spindelige Form annehmen können, ähnlich wie bei der Tuberkulose oder besser wie bei der Osteomyelitis. Es handelt sich um paravertebrale Geschwulstmassen (ŠVÁB).

Die generalisierten Metastasen der Wirbelsäule können ein Bild ergeben wie bei Myelom. Die einzelnen kleinen Metastasen sind im Anfang gegeneinander abgegrenzt, später konfluieren sie und ergeben unter Umständen ein Bild, das von der einfachen hochgradigen Porose wie bei Osteomalacie schwer oder nicht zu unterscheiden ist. Differentialdiagnostisch schwierig kann auch die allgemeine Sclerosierung bei Prostatacarcinom sein, vor allem, wenn sie zu keiner nennenswerten Formveränderung geführt hat. Die Abgrenzung gegen Osteopetrose oder andere ausgesprochene Sclerosen (Vergiftungen) kann dann aus dem Röntgen-

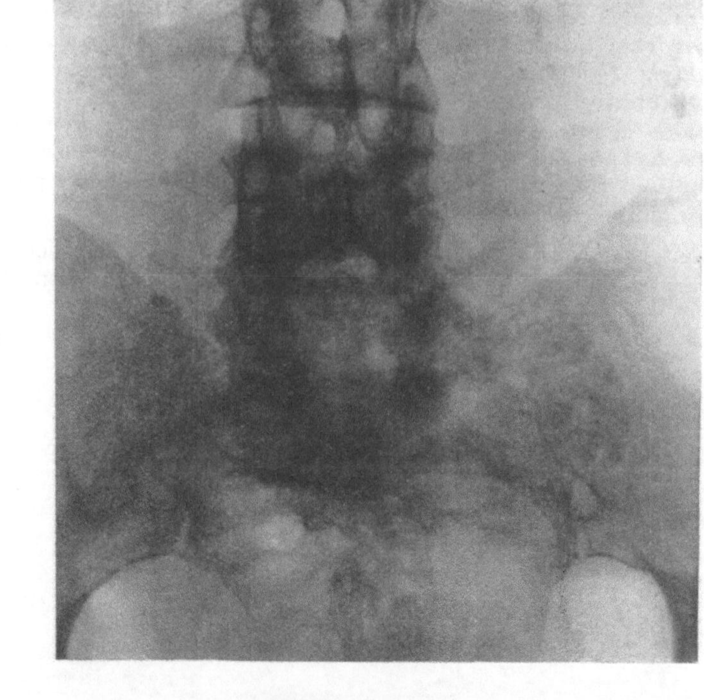

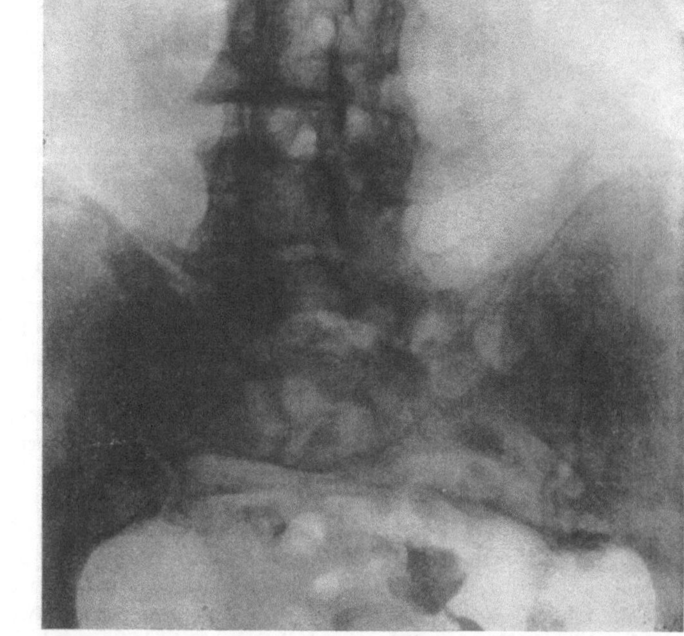

Abb. 203. Ausgedehnte Carcinose der Wirbelsäule und des Sacrum.

a) Weitgehende Zerstörung im Bogenteil L_5. b) Nach ausgiebiger Strahlenbehandlung starke Sclerosierung, Ersatz des Bogenteiles L . Hausfrau, die vor der Behandlung nicht mehr gehen konnte und nachher noch $2^1/_2$ Jahre die Haushaltung besorgte. Nr. 995. 2/3.

bild sehr erschwert sein. Ja, es kann vorkommen, daß diese Unterscheidung auch klinisch nicht gelingt, weil der Lokalbefund an der Prostata im Stich läßt. Vereinzelte sclerotische Metastasen können von verschiedenen anderen Primärtumoren herstammen. Sogar Hypernephrommetastasen können osteoplastisch sein (NATHAN).

K. Veränderungen des Wirbelsäulebildes durch außerhalb gelegene Pathologica.

29. Skeletveränderungen der Wirbelsäule bei Rückenmarkstumoren.

In diesem Kapitel sollen Skeletveränderungen besprochen werden, die im Nativbild der Wirbelsäule zu erkennen sind und welche ihre Ursache in pathologischen Prozessen des Wirbelkanals haben, oder die doch wenigstens ursprünglich vom Rückenmark oder seinen Häuten ausgegangen sind. Zur Untersuchung gehört neben dem Nativbild in einem Teil der Fälle die Myelographie zur Höhenlokalisation der Veränderung; darauf soll nicht näher eingegangen werden. Die Anwendung der Myelographie zur Erkennung von vertebralen Prozessen wurde anläßlich der Besprechung der hinteren Bandscheibenhernien in Kapitel I A 2 abgehandelt.

Meistens sind es Tumoren, die als Ursache von Skeletveränderungen im Röntgenbild in Frage kommen. Sie äußern sich auf zwei Arten: a) durch Erweiterung von Intervertebrallöchern (Sanduhrgeschwülste), b) durch Erweiterung des Spinalkanals oder Arrosion im Bereiche der Bogenteile.

a) Sanduhrgeschwülste.

Auf S. 236 begegnen wir der einen Art der Sanduhrgeschwülste, dem Neurinom, nochmals. Es handelt sich um Tumoren, die einen intraspinalen Anteil besitzen, der mit einem außerhalb des Spinalkanals gelegenen Teil durch eine dünne Brücke im Foramen intervertebrale verbunden ist. Meistens nimmt zwar der Tumor seinen Ursprung im Wirbelkanal und wuchert dann durch das

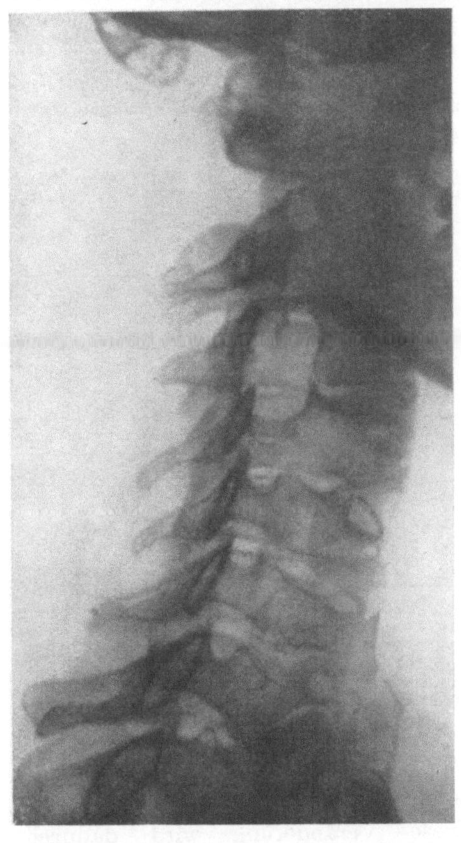

Abb. 204. Sehr stark ausgeweitete Foramina intervertebralia C₃/C₄ bei Neurom von der Wurzel ausgehend, Lähmung durch Kompression. Op. THEWS.

Foramen nach außen; es kann aber auch umgekehrt vorkommen, daß das volumenvergrößernde Substrat von außen nach innen wächst. Durch Expansion kann der Tumor eine ansehnliche Größe erreichen und dabei das Foramen intervertebrale ausweiten. Diese Ausweitung ist bei geeigneter Aufnahmetechnik leicht darzustellen. Im allgemeinen wird eine Aufnahmerichtung axial zum Foramen zum Ziele führen.

GULECKE (1, 2) fand Fibrome, Fibrosarkome, Enchondrome, Neurinome. SCHMORL macht darauf aufmerksam, daß auch lymphogranulomatöse Granulome zum Sanduhrtumoren werden können. Aber auch Metastasen können diese Wachstumsform annehmen.

b) Erweiterung oder Arrosion des Spinalkanals.

ELSBERG und DYKE wiesen darauf hin, daß Tumoren des Spinalkanals zu

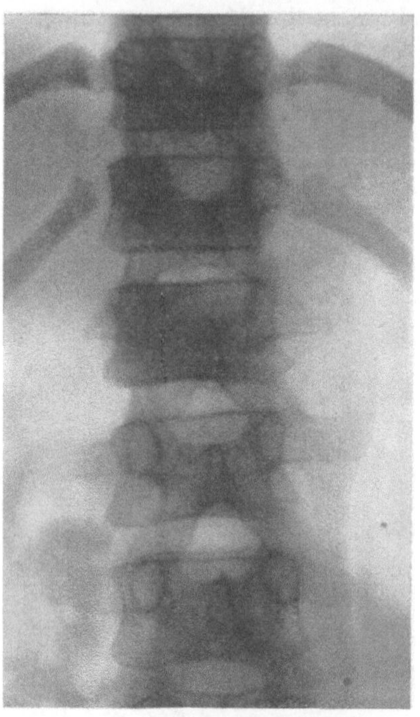

Abb. 205. Homogene Verdichtung des ersten Lendenwirbels, Verbreiterung des Paravertebralschattens bei Ewing-Sarkom. 8jähr. ♀. (Fall LÜDIN, Universitätsröntgeninstitut Basel.) 2/3.

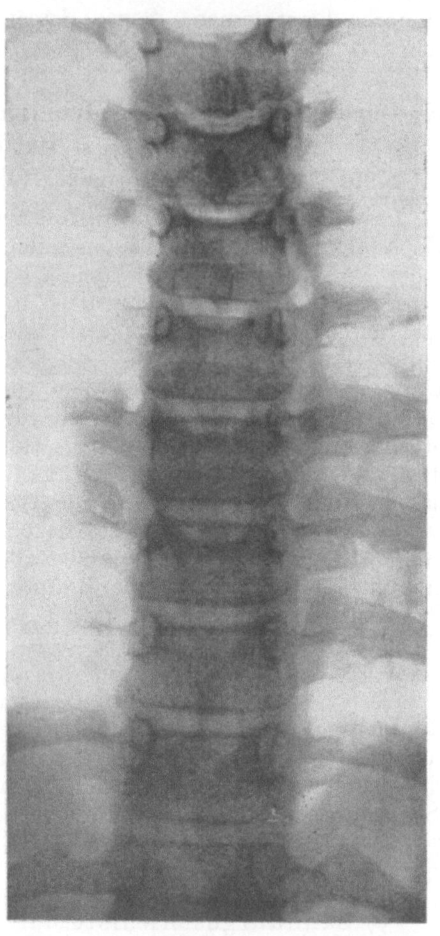

Abb. 206. Der Abstand der Brückenpfeiler von Th$_7$ beträgt 18,5 mm gegen 16,5 mm und 17 mm der beiden Nachbarn. Rechts ist das Oval des Brückenpfeilers kaum mehr sichtbar, links stark verkleinert. Rechts paravertebral scharfbegrenzter, weichteildichter Schatten. Raumbeengendes Substrat des Spinalkanals auf der Höhe von Th$_7$, möglicherweise Knopflochtumor. Op.: Extramedulläres Rundzellensarkom, das einerseits die Dura durchwachsen und anderseits in die paravertebrale Muskulatur eingewuchert war. 8jähr. Mädchen. (Fall 2525 von Prof. DYES, Röntg.-Abtlg. Chir. Univers.-Klinik Würzburg.) 2/3.

mehr oder weniger ausgedehnter Erweiterung desselben führen können. Diese Veränderung wird dadurch im Röntgenbild manifest, daß im Bereiche des Tumors der Abstand der im Sagittalbild sichtbaren Bogenwurzeln voneinander vergrößert wird. Das regelmäßige Oval der axial projizierten Bogenwurzel verändert dabei seine Form und Größe oder auch nur seine Sichtbarkeit im Bild. Die mediale Kontur kann verwaschen sein oder völlig fehlen bei Arrosion durch Druck. Für kleine Ausschläge stellt man am besten eine Kurve aus den Distanzen in Abhängigkeit von der Ordnungszahl des Wirbels her. Eine Unstetigkeit kann dann leicht festgestellt werden.

Nach RUSKEN soll das Zeichen von ELSBERG und DYKE in 10% der intramedullaren und in 30% der extramedullaren Tumoren vorhanden sein. Die Autoren selbst fanden 42%; BUSCH und SCHEUERMANN 57% und endlich B. SCHMID 64% positive Anzeige. CARDILLO konnte die Brauchbarkeit des Symptoms nicht bestätigen. STEFAN macht darauf aufmerksam, daß der positive Befund von ELSBERG und DYKE absolut für ein raumbeengendes Substrat im Spinalkanal beweisend sei.

Im Bereiche des Sacrum findet man ebenfalls intraspinale Tumoren. Es sind nach CAMP und GOOD meisten-

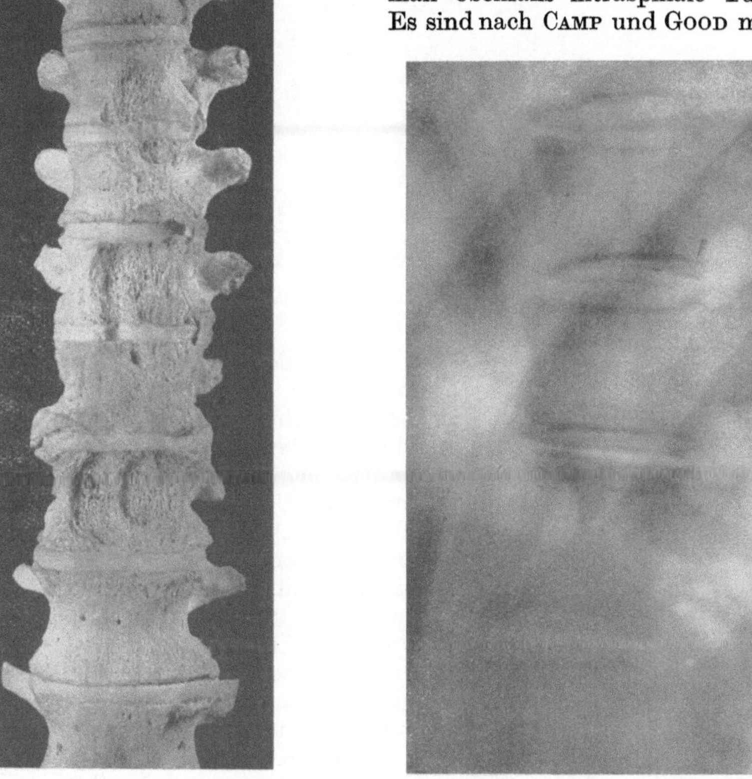

a)   b)

Abb. 207. Arrosion der Brustwirbelsäule durch Aneurysma der Aorta descendens. 67jähr. ♂. (Fall ST. A. LÜDIN, Röntgeninstitut der Universität Basel.) 3/4.
a) Präparat. b) Klinisches Röntgenbild.

teils Ependymzellengliome, die zu Usurierung des Knochens führen. Durch die viellappigen Tumoren können pseudocystische Bilder entstehen.

30. Andere, das Nativbild der Wirbelsäule beeinflussende, bzw. in ihm sichtbare extraspinale Substrate.

Ähnlich wie bei den intraspinalen pathologischen Prozessen des Kapitels III K 29 handelt es sich auch hier meist um Tumoren oder tumorähnliche Gebilde, die zur Arrosion der Wirbelsäule von außen führen können. Die infiltrierend sich ausbreitenden Erkrankungen aus der Gruppe der Entzündungen haben wir dort behandelt; ich denke an die Aktinomykose, das Lymphogranulom u. a. Die Fibrosarkome wurden bei den Tumoren der Wirbelsäule untergebracht, weil sie doch wohl meistens vom Bindegewebe der Wirbelsäule selbst ausgehen. Hier sollen noch einige Erscheinungen Erwähnung finden, welche die Wirbelsäule beeinflussen, aber weiter weg ihren Ursprung nehmen.

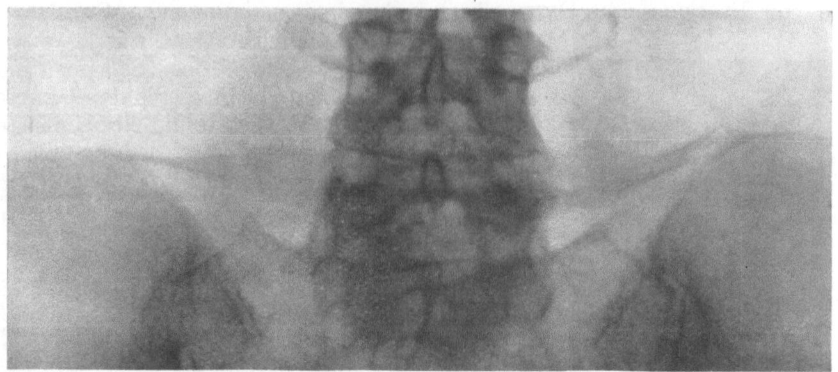

Abb. 208. Verkalkung der Ligg. ileo-lumbalia. 53jähr. ♀. Nr. 3994.

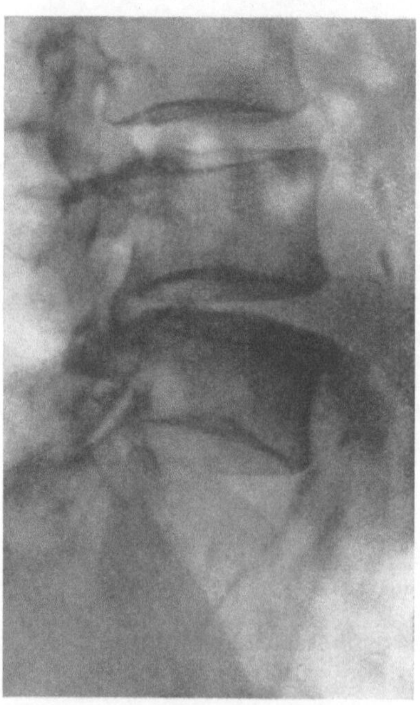

Abb. 209. Verkalkungen im seitlichen Röntgenbild der Lendenwirbelsäule; Verkalkungen der Aorta und der A. iliacae. Nebenbefund bei Nachkontrolle einer alten Fraktur (Abscherung der Deckplatte) von L₄. 62jähr. ♂. Nr. 17675. 1/2.

Unter den *Tumoren* sind von CAMP und GOOD je im sacralen Gebiet Teratome erwähnt worden, die zu Arrosionen führten. Aber auch andere Tumoren, insbesondere der Genitalien der Frau, können sich durch Usur oder später sogar durch Infiltration des Sacrum manifestieren. Weiter oben im Bereiche des Lenden-, Brust- und Halsabschnittes sind es oft Lymphosarkome, die das Wirbelskelet beeinflussen können (PICCHIO). Die Brustwirbelsäule kann durch Tumoren des Mediastinums oder seiner Organe, des Oesophagus, dann durch Pharynx- und Lungentumoren verändert werden.

Außerdem sind in der Brustwirbelsäule sehr ausgedehnte und tiefe Arrosionen durch *Aortenaneurysmen* beobachtet worden (D'ISTRIA, HUBENY und DELANO u. a.).

Verkalkungen. Abnorme Verkalkungen sind an Bändern und Muskelansätzen der Wirbelsäule selbst und in den Organen ihrer Umgebung zu finden. Über Bänderverkalkungen wurde in den entsprechenden Kapiteln gesprochen. Zur Ergänzung sei noch beigefügt was folgt.

Verkalkungen des *Lig. nuchae* sind selten. Sie könnten mit Apophysen der Proc. spinos. verwechselt werden, wenn diese letzteren nicht Vorkommnisse der Adoleszenz wären, während Verkalkungen meistens erst im höheren Alter auftreten. Oft bestehen Beziehungen zu degenerativen oder entzündlichen Veränderungen.

Die Verkalkung des *Lig. iléolumbale* ist sehr selten; differentialdiagnostisch kommt Übergangswirbel in Frage. Die Verkalkung betrifft die oberen Teile des Bandes, die von den Proc. transversi des 5., teilweise auch des 2. Lendenwirbels ausgehen und nach der Crista iliaca ziehen. Auch das Lig. sacrospinosum und das Lig. sacrotuberosum können einmal Verkalkungen enthalten (ŠVÁB).

Die meisten Täuschungen durch *Verkalkungen von außerhalb gelegenen Organen* kommen im Bereiche der Halswirbelsäule vor. Verkalkungen der Kehlkopfknorpel sind oft Veranlassung zu Fehldiagnosen gewesen. Im a.-p.-Bild können sie deformierende Arthrose vortäuschen. Auch im Frontalbild besteht diese Möglichkeit, indem außerhalb gelegene Verkalkungen spondylotischen Zacken ähnlich sehen können. Kleine Absprengungen sind auch schon fälschlicherweise wegen Verkalkungen von Kehlkopfknorpel oder von Lymphdrüsen diagnostiziert worden. In den Bildern der Brustwirbelsäule erscheinen Verkalkungen der Lungen, der Lymphknoten, der Aorta, des Herzens (Klappen, Pericard) und von pathologischen Substraten des Mediastinum. Meistens wird es nicht schwer sein, die Beteiligung der Wirbelsäule auszuschließen. Höchstens können Verkalkungen von Senkungsabszessen zur Erörterung kommen.

Die Unterscheidung von Abszeßverkalkungen und Aortenverkalkungen kann im Lendenteil auf den ersten Blick etwas Schwierigkeiten machen. Die Fahndung nach anderen Zeichen der Spondylitis wird aber bald

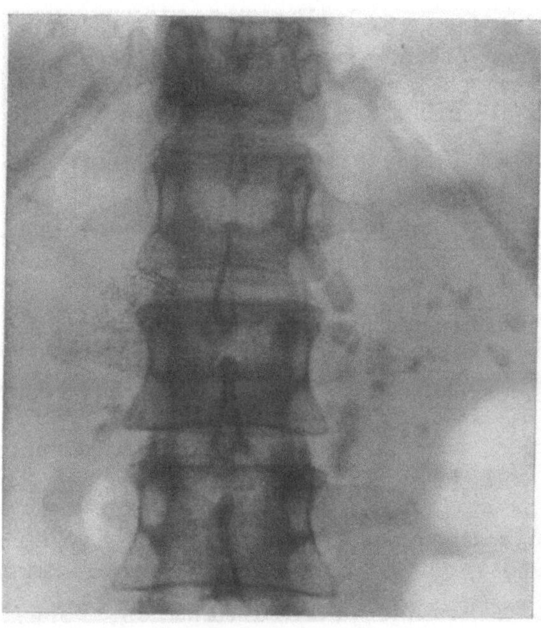

Abb. 210. Floride Spondylitis tbc. Th$_{10}$/Th$_{11}$. Pankreassteine (links lateral); Verkalkungen eines Senkungsabszesses (links paravertebral)? 36jähr. ♀. Nr. 102946. 2/3.

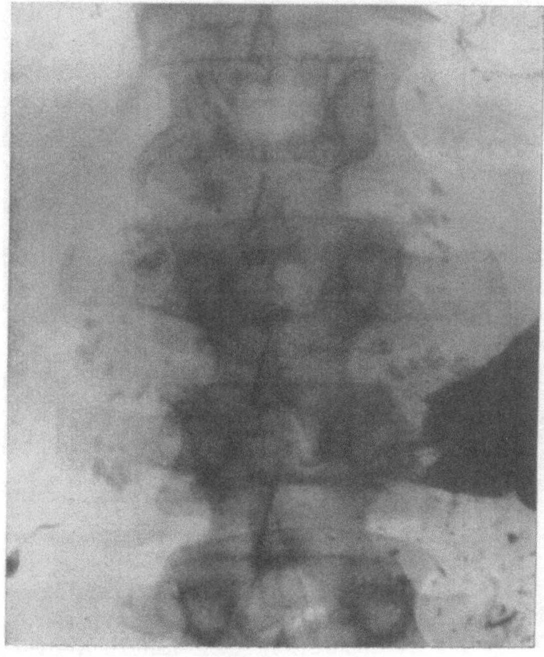

Abb. 211. Multiple Verkalkungen beiderseits neben der oberen Lendenwirbelsäule; Verkalkungen eines Senkungsabszesses nach geheilter Spondylitis tbc. der Brustwirbelsäule; Zufallsbefund bei Magenuntersuchungen. 44jähr. ♂. Nr. 84628. 2/3.

Aufschluß geben. Verkalkungen bzw. Konkremente von Nieren, Pancreas, Gallenblase, Leber, Lymphdrüsen, Milz, Mesenterium, Blase, Genitalien der Frau (Teratome u. a.), zeichnen sich in den Bildern der Lendenwirbelsäule und des Sacrum, und man hat sich unter Umständen mit ihnen auseinanderzusetzen.

L. Verkrümmungen der Wirbelsäule.

Das Schrifttum über die Verkrümmungen der Wirbelsäule ist sehr groß. Es soll versucht werden, hier die Hauptpunkte dieses Gebietes, wenigstens soweit sie für die Röntgendiagnostik interessant sind, darzustellen. Die Grundlagen für die eine Gruppe von Verkrümmungen sind in früheren Kapiteln besprochen worden. Es handelt sich um sekundäre, teils angeborene, teils erworbene Veränderungen, deren Ursache klinisch zu erkennen ist. Eine zweite Gruppe, die manche völlig unabgeklärte Probleme in sich birgt, umfaßt primäre Verkrümmungen, bei denen eine direkte Ursache nicht sichtbar ist; es sind meist Scoliosen.

31. Sekundäre Verkrümmungen der Wirbelsäule.

Nachdem die Einzelveränderungen früher besprochen worden waren, können die Auseinandersetzungen über die Wirbelsäule als Ganzes abgekürzt werden. Es sollen berücksichtigt werden a) die Kyphosen durch krankhafte Veränderungen und Verletzungen, b) die angeborenen Verkrümmungen und c) Scoliosen.

a) Sekundäre Verkrümmungen, vorwiegend in der Sagittalebene.

Die Kyphose als Folge eines krankhaften Prozesses ist sehr häufig, häufiger jedenfalls als etwa die primären Verkrümmungen, obschon sie selbst den Patienten seltener zum Arzt führen als letztere. Wir beschränken uns auf eine Zusammenstellung.

1. Sagittalverbiegung bei allgemeinen Erkrankungen der Wirbelkörper ̓oder Bandscheiben.
   a) Alterskyphose;
   b) Osteoporotische Kyphose bei seniler und präseniler Osteoporose, innersekretorischer Porose (CUSHING, RECKLINGHAUSEN), Avitaminosen (Osteomalacie, MILKMANN, Sprue usw.);
   c) bei juveniler Kyphose;
   d) bei allgemeinen Entzündungen (BECHTEREW, PAGET).
2. Sagittalverbiegung bei Zerstörungen einzelner Wirbel bei
   a) Spondylitiden;
   b) Tumoren;
   c) Speicherkrankheiten.
3. Sagittalverbiegung bei symmetrischen Muskelerkrankungen (Progressive Muskelatrophie usw.).
4. Sagittalverbiegung, bei Nervenkrankheiten, Syringomyelie, Tabes, postencephalitischem Parkinsonismus.
5. Sagittalverbiegung nach Verletzungen und operativen Eingriffen (Laminektomie, Rippenresektion).

In der größten Mehrzahl der Fälle der Gruppe a 1, a 3 und a 4 werden die physiologischen Sagittalbiegungen verstärkt, und zwar meistens die Brustkyphose. Dabei entsteht aber eine Hyperlordosierung der Lendenwirbel auf dem Wege der Kompensation. Lokalisierte Keilwirbel dagegen können zur Streckung der Lendenlordose und somit auch zum Ausgleich der Thoracalkyphose führen. Es sei hier auf die Extreme der physiologischen Krümmungen hingewiesen, die in gewissen Fällen schwer von den pathologischen Verkrümmungen abzutrennen sind.

b) Angeborene Verkrümmungen durch Anomalien.

Ihre Grundlagen sind im Teil II besprochen worden. Es handelt sich um Kyphosen bei hinteren Halbwirbeln, Scoliosen bei seitlichen Halbwirbeln und bei lumbosacralen Übergangswirbeln. Stets liegt dieser Art von Verkrümmungen eine Anomalie des Knochens zugrunde. Im Gegensatz zu den Deformationen der Gruppe 1 a besteht hier eine lokalisierte Krümmung im Bereiche eines oder einiger weniger Wirbel. Das haben die angeborenen Verkrümmungen mit der Gruppe 1 b, lokalisierte Kyphosen bei Zerstörungen, gemeinsam. Die Abknickung kann sehr hochgradig sein und zu einem regelrechten Gibbus führen. Ja, in gewissen Fällen kann die Krümmung in der Sagittalebene mehr als 90° betragen.

c) Scoliosen.

Meistens weist die Kypholordose auch eine mehr oder weniger ausgesprochene seitliche Komponente (Scoliose) auf. Das trifft namentlich für jene Fälle zu, wo ein generalisierter kyphosierender Prozeß sich an einer leicht scoliotischen Wirbelsäule abspielt. Die lokalisierten Veränderungen liegen häufig nicht absolut symmetrisch zur Sagittalebene, damit ist naturgemäß die Möglichkeit einer seitlichen Verbiegung gegeben. Wenn die Achsenabweichung geringgradig ist, entsteht auch nur eine kleine Haltungsveränderung, die später nach

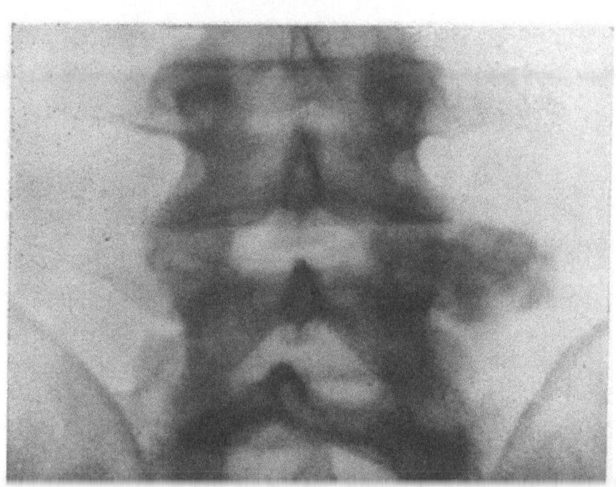

Abb. 212. Traubenförmig verkalkte Abdominaldrüse; keine Veränderung des Proc. transvers. Zufallsbefund. 30jähr. ♂. Nr. 18696. 2/3.

Heilung der primären Erkrankung leicht kompensiert wird. Jede Kyphosierung wird zu einer kompensatorischen Lordosierung und umgekehrt, jede Streckung der Sagittalkrümmung in einem Abschnitt wird zu einer Streckung in einem anderen Abschnitt, und jede Lordosierung zu einer kompensatorischen Gegenlordose führen. Nach einer gewissen Zeit wird die Formveränderung zwar mehr oder weniger fixiert; die Deformation wird aber im allgemeinen zum Stillstand kommen. Es kann aber vorkommen, daß sich nach einer geeigneten Erkrankung eine unaufhaltsame Verbiegung anschließt. Man muß dann annehmen, daß die lokalisierte Veränderung nur als Auslösung für eine primäre (konstitutionelle) Verbiegung gewirkt hat. Begünstigende Bedingung ist dann aber wohl, daß es sich um Individuen vor dem Abschluß des Längenwachstums handelt. Darüber soll im Kapitel 32 gesprochen werden.

Als Ursachen für die Entstehung von Scoliosen kommen in Frage: Störungen der Sagittalsymmetrie

1. durch außerhalb der Wirbelsäule gelegene Veränderungen, wie:

a) Verkürzung einer unteren Extremität, die Schiefstellung des Beckens verursacht;

b) operative Veränderungen im Bereiche des Thorax (Thoracoplastik);

c) Asymmetrierung des Thorax (Pneumothorax, Lungenschrumpfung, Hautschrumpfung, Zwerchfellähmung) und des Abdomens;

d) bestimmte asymmetrierende Arbeitsbedingungen (Schulbank, Stehruder der Gondolieri);

e) nervöse Störungen, die zu Asymmetrien gegen die Sagittalebene führen (Kinderlähmung);

2. durch Veränderungen der Wirbelsäule wie unter Gruppe 1, b bis e.

32. Primäre (konstitutionelle, statische) Verkrümmungen.

Außer den soeben besprochenen Verbiegungen gibt es solche, bei denen ein sichtbarer Grund nicht zu finden ist. Diese Verkrümmungen sind konstitutionell bedingt, wobei allerdings zu sagen ist, daß sie eines auslösenden Moments bedürfen, um manifest zu werden. Sie können sehr hochgradig werden und außerordentliche Beschwerden verursachen. Es handelt sich meist um Scoliosen oder Kyphoscoliosen, die bei Kindern und Jugendlichen, jedenfalls vor dem Abschluß des Wachstums entstehen.

Die Deformationen des Abschnittes 31 sind dadurch entstanden, daß die Körperreihe eine Verkürzung erfahren hat. Man kann sich in anderen Fällen die formale Genese so denken, daß die Bogenreihe verkürzt wird, bzw. die Körpersäule relativ rascher wächst. Dadurch wird diese zu lang und sie muß ausweichen. So stellt sich die konstitutionelle Scoliose ein. Die Wirbelkörper sind besonders kräftig gestaltet; im Anfang findet sich keine Spur von Osteochondrose oder deformierender Spondylose. Nach und nach tritt zu der einfachen Verkrümmung noch die Torsion, d. h. die Rotation einzelner Wirbel um eine vertikale Achse, die durch

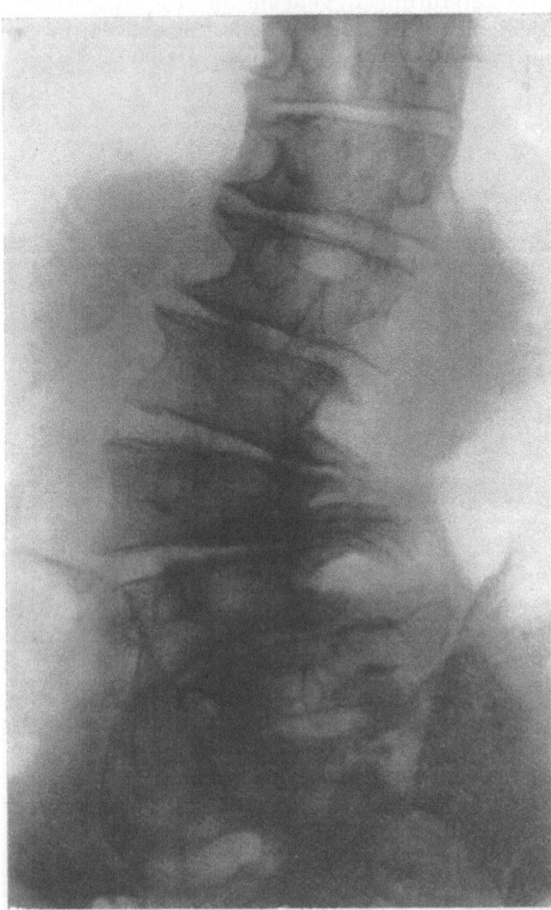

Abb. 213. Linkskonvexe, mäßig hochgradige Scoliose mit sehr starker Spondylose und Osteochondrose in den Konkavitäten; starke Arthrose der konkavseitigen Intervertebralgelenke. 66jähr. ♂. Nr. 107500.

die Proc. spin. geht, hinzu. Das raschere Wachstum der Körpersäule gegenüber den Gelenkreihen könnte als Kompensation des Wachstums aufgefaßt werden, oder man kann annehmen, daß die Gelenkreihe durch die Belastung verkürzt werde [W. MÜLLER (1)]. Ob dieser Theorie von HEUER Wirklichkeitswert beizumessen ist, kann nicht entschieden werden. Ein gewisser heuristischer Wert kann jedenfalls nicht geleugnet werden. Stets aber wird die Frage offen bleiben, ob das Längenwachstum der Körper als Ursache oder als Folge der Verkrümmung anzusehen sei. Die Vergrößerung der Wirbelkörperhöhe ist eine stets wieder beobachtete Tatsache. Es gibt Fälle aus der Gruppe L 31, wo wir mit Sicherheit annehmen dürfen, daß sie die Folge eines lokalisierten Defektes (Spondylitis, hinterer Halbwirbel) darstellt. Ob es nicht auch Fälle gibt, wo die vermehrte immanente Wachstumstendenz der Wirbelkörper als Ursache für die Entstehung der Scoliose angesehen werden kann, läßt sich, wie gesagt, nicht entscheiden.

Mit Sicherheit kann man jedoch annehmen, daß das früher anläßlich der

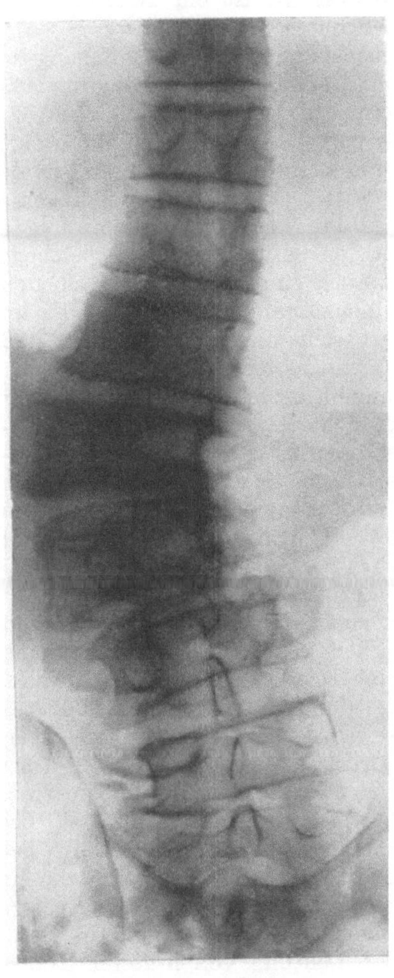

Abb. 214. Drehgleiten bei Scoliose. Das seitliche Gleiten von diesem Ausmaß kann nicht ohne wesentliche Schädigung der Bandscheiben einhergehen. Linkskonvexe Scoliose der oberen Lendenwirbelsäule. Mäßig hochgradige sekundäre Spondylose. 47jähr. ♂. Nr. 106230.

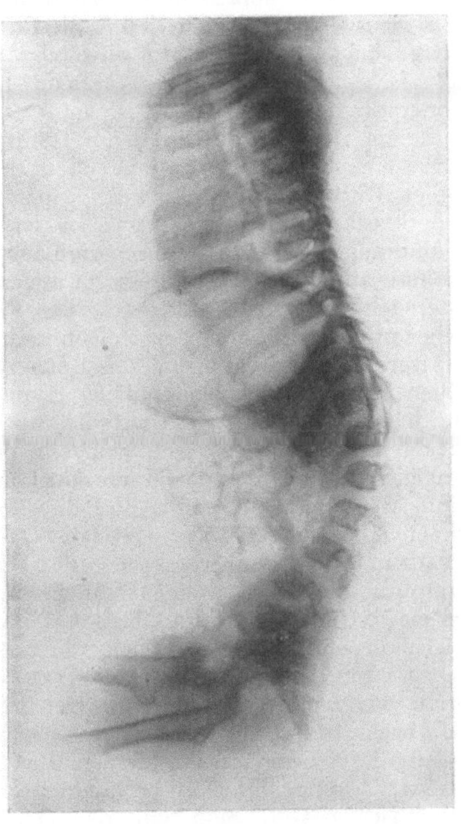

Abb. 215. 16 Monate altes, chondrodystrophisches ♀ mit kyphotischem Sitzbuckel in der Lumbosacralgegend. Nr. 106322.

Behandlung der Spondylolisthesis eingehend besprochene Gesetz von dem Einfluß der mechanischen Belastung auch hier gilt. Die Chance, ob eine statische Scoliose eintritt, ist um so größer, je stärker die konstitutionelle Minderwertigkeit und je größer die mechanische Belastung ist.

Im allgemeinen trifft man in der belebten Natur dynamische (mechanische, chemische) Systeme, die in weiten Grenzen als Regulationsmechanismen (stabilisierte Systeme) aufzufassen sind. Das will besagen, daß, wenn Kräfte eine Störung verursachen, diese derart verläuft, daß sie in zunehmendem Maß Gegenkräfte weckt, die die Störung beseitigen wollen (stabile Gleichgewichte). Ist dies nicht oder nur in äußerst engen Grenzen der Fall, und löst die Störkraft Reaktionen aus, die diese unterstützen, dann haben wir es mit einem kippenden System (labile Gleichgewichte) zu tun. Ein solches *mechanisches Kippsystem* scheint die Wirbelsäule des konstitutionellen Scoliotikers zu sein. Wenn einmal ein gewisses Maß der Verkrümmung überschritten ist, ist ein Redressement nicht mehr möglich, im Gegenteil, es wird die Scoliose progredient.

DUBOIS fand bei Schülern im zehnten Lebensjahr 10% Verbiegungen, im 16. Lebensjahr noch 7,5%. Im vorschulpflichtigen Alter kann sich eine Deformation an einen *Sitzbuckel* anschließen (Abb. 208). Er entsteht, wenn das Kind zu sitzen beginnt, in der Thoracolumbalgegend und stellt vorerst eine reine Kyphose dar. Sie streckt sich meistens bald und die Entwicklung kann im weiteren auf normale Weise vonstatten gehen. In einzelnen Fällen tritt aber zu der Kyphose eine *scoliotische Komponente* mit Torsion hinzu. Häufig treten Verkrümmungen aber erst in den Schuljahren auf. Im Anfang läßt sich die Verbiegung ausgleichen; in diesem Zustand kann man im Röntgenbild auch eine merklich verschieden starke Krümmung finden, je nachdem die Röntgenaufnahme im Liegen oder im Stehen (Sitzen) hergestellt wird. Später fixiert sich die Scoliose derart, daß eine Streckung nicht mehr möglich ist; eine nennenswerte Veränderung der Krümmung entsteht dann durch die Lageänderung nicht mehr. Die Prüfung einer Skoliose auf Fixierung ist aber im allgemeinen nicht Gegenstand der Röntgenuntersuchung, weil die Erfassung der Formveränderung auf andere Weise einfacher und aufschlußreicher erfolgen kann. Als Hilfsmittel dient uns seit langem eine vereinfachte Ausführung des BEELYschen Stäbchencyrtometers. In gewissen Fällen hat eine sitzbuckelähnliche Kyphose insofern nichts mit dem Sitzen zu tun, indem sie zu einer Zeit auftritt, wo das Kind noch nicht sitzt. Dieser Sitzbuckel mechanisch-genetisch von dem echten abzutrennen, ist wohl nicht angängig, indem ja auch der innere Muskelzug zu einer ähnlichen Kyphose führen kann, wenn man annimmt, daß die Tragfähigkeit des Achsenskelets in ganz erheblichem Maße herabgesetzt ist. Das scheint bei der Dysostosis multiplex (PFAUNDLER-HURLER) Gargoylism der Engländer der Fall zu sein. Als obligates Symptom besteht eine eigentümliche Kyphose an der Stelle des Sitzbuckels, wie sie die Abb. 216 zeigt. Man hat den Eindruck, daß die obere Hälfte des Wirbelkörpers durch den Druck von oben vorne nach hinten verschoben wird. Im späteren Alter (LIEBNAM, BREITER) erhalten sich ein oder mehrere Wirbel genau wie hintere Halbwirbel. Der isolierte kongenitale hintere Halbwirbel des Abschnittes II dürfte aber in manchen Fällen abzugrenzen sein, weil in diesen Fällen die Nebensymptome fehlen dürften. Sie bestehen in der „regenspeierartigen" Physiognomie in progredienten Trübungen der Cornea und in Ossifikationsrückstand. Man wird demnach bei der Deutung von hinteren Halbwirbeln doch nach ihrer Entstehung forschen müssen.

Der Scheitel der primären Scoliose liegt fast immer in der unteren Brustwirbelsäule. Nach FARKAS ist er in zwei Dritteln der Fälle auf der Höhe von Th_8 und Th_9 zu finden.

Durch die abnorme einseitige Belastung der einzelnen Wirbel treten frühzeitige degenerative Veränderungen der Bandscheiben ein, wie sie früher in Kapitel III A beschrieben wurden. Man gewinnt den Eindruck, daß es sich daher um sekundäre Veränderungen handelt. Einige Autoren haben dagegen die Ansicht geäußert, daß die *Osteochondrosen* primär den Grund für die Verkrümmung abgeben; das scheint indessen für die echte Scoliose keine Geltung zu haben. Jedoch ist zu sagen, daß das seitliche Gleiten, wie es vornehmlich bei den Scoliosen beobachtet wird, nicht ohne schweren Bandscheibenschaden eintreten kann. Die gleitenden Wirbelkörper stellen stets den Scheitel der seitlichen Krümmung dar, sie werden wie ein Keil aus dem Verband herausgedrückt. Das geschieht in einem Maß, das weit über das hinausgeht, was der freien Beweglichkeit des Bandscheibengelenkes entspricht (vgl. die Bemerkungen über das Gleiten auf S. 97). Dort wurde ebenfalls die enge Beziehung der Osteochondrose mit dem Gleiten hervorgehoben; die Verteilung von Ursache und Wirkung ist jedoch allerdings meistens umgekehrt wie bei den Scoliosen. In beiden Fällen, also sowohl wenn die Osteochondrose als Ursache als auch wenn sie als Folge des Gleitens aufzufassen ist, wird durch sie ein Zustand geschaffen, der zur Konsolidierung der Wirbelsäule führt. Diese Konsolidierungsvorgänge zeichnen sich jedoch erst sehr spät im Röntgenbild, indem die spondylotische Schnabel-, Leisten- und Brückenbildung nur einen gewissen Endzustand aller Verstärkungen im Bereiche der Wirbelverbindungen darstellt. Jedenfalls geht es nicht an, aus der Abwesenheit von Zeichen der Spondylose bzw. Osteochondrose schließen zu wollen, daß der Abschluß der Deformation noch nicht eingetreten ist. Sogar der positive Schluß, daß Konsolidierung vorliege, wenn weitgehende Spondylose zu sehen ist, ist nicht ohne weiteres erlaubt. Auch in diesem Zustand sind Bewegungen im Sinne der Verstärkung der Verkrümmung noch möglich. Erst breite Ankylosen geben diesen röntgenologischen Beweis der Verfestigung. Glücklicherweise ist aber in den meisten Fällen der Endzustand der Deformation viel eher erreicht in einem Stadium, wo überhaupt noch keine degenerativen Veränderungen zu sehen sind. Die Feststellung dieses Zustandes erfolgt aber mit klinischen Methoden.

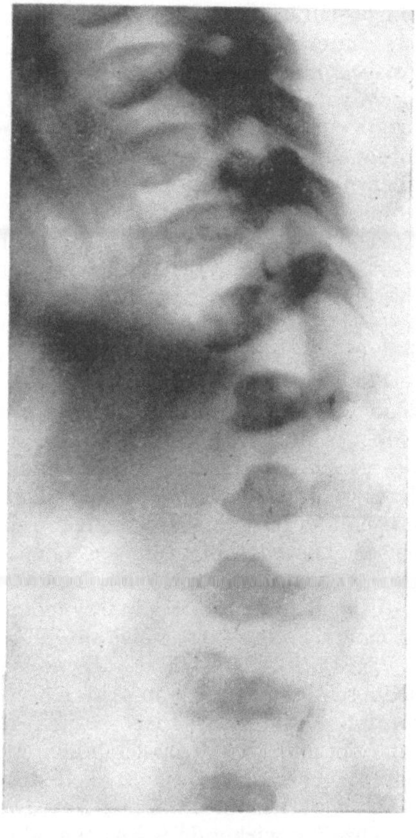

Der Wert der Röntgenuntersuchung ist also, alles zusammengenommen, beschränkt auf die anfängliche *Differentialdiagnose* der Ursache der Verbiegung. Die primäre, statische, essentielle Scoliose bildet sich auf Grund einer *ererbten Anlage.*

Abb. 216. Wirbelsäulenveränderung bei Dysostosis multiplex (PFAUNDLER-HURLER). Der Wirbelkörper ist deformiert, und zwar maximal auf der Höhe des Sitzbuckels. Man hat den Eindruck, daß die obere Hälfte durch Druck verkleinert und nach hinten verschoben wird. Die beiden Gefäßkanäle sind nicht zu erkennen. In spätern Stadien bietet der Wirbelkörper seitlich genau das Bild des hintern Halbwirbels. 9 Monate altes ♀, Ossifikationsrückstand. Verbreiteter Nasenrücken, Cornealtrübungen. Hypertrichose. Plumpe Phalangen. Uhrglas-Fingernägel (Fall Prof. TOBLER). Nr. 21972.

Letztere kann so stark sein, daß die normale Belastung der Wirbelsäule genügt, um die Deformation manifest werden zu lassen. Das sind jene Fälle, von denen gesagt wird, daß keine allgemeine Ursache zu finden sei.

In anderen Fällen ist aber eine krankhafte Mitursache auf irgendeine Weise und in irgendeinem Stadium zu finden. Früher ist vielfach die *Rachitis* angeschuldigt worden. In letzter Zeit gewinnt man aber den Eindruck, daß eine Spätrachitis wohl in seltenen Fällen für eine Scoliose verantwortlich zu machen ist. Sicher muß man sich von der Vorstellung befreien, daß bei jeder ungeklärten

Scoliose eine Rachitis mit im Spiele sein soll. Wir können aber die Rachitis als Vertreter der Gruppe der *osteoporosierenden Erkrankungen*, vorwiegend derjenigen, die vor dem Abschluß des Längenwachstums auftreten, ansehen. Es wurde schon hervorgehoben, daß jede generalisierte Osteoporose in jedem Alter zu einer Scoliose führen kann, wenn sie sich an einer seitlich unsymmetrischen Wirbelsäule abspielt. Dieser Mechanismus müßte für die Rachitis, aber auch für innersekretorische Störungen (Hyperparathyreoidismus, Kretinismus) in Anspruch genommen werden.

Wahrscheinlich gilt er auch für die Scoliose bei *Neurofibromatose* (v. Recklinghausen). Die Neurofibromatose ist eine hereditäre Systemerkrankung als mesenchymale Mißbildung, die sich an den Scheiden der Haut- und Hirnnerven, ebenso wie des autonomen Systems abspielt. Die multiplen Geschwülste, Neurinome, haben fibrösen, derben oder weicheren, oft gar myxomatösen Charakter.

Die Röntgenologie der Neurofibromatose beschränkt sich naturgemäß auf Veränderungen des Knochens. Da findet man konkomitierende Mißbildungen (Vigano) am Knochen: Defekte verschiedener langer Knochen (Fibula, Rippen), unter Umständen vergesellschaftet mit entsprechenden Defekten der Muskulatur, Exostosen, Spaltbildungen in den Wirbeln.

Neben diesen fakultativen Veränderungen sind aber Beeinflussungen des Knochens bekannt, die direkt durch die Prozesse an den Nerven bedingt sind. Neben teilweisen, z. B. halbseitigen Hyper- und Hypoplasien (z. B. Hypoplasien bei elephantiastischer Haut des Schädels) kommen mehr oder weniger ausgedehnte Druckusuren am Knochen vor. Und drittens, und das ist der Grund, warum wir uns mit einer ursprünglich fast rein dermatologischen Erkrankung zu befassen haben, bestehen oft ausgesprochene Osteoporosen, und zwar gerade der Wirbelsäule, verbunden mit Verkrümmungen.

Die *Wirbelsäulenveränderungen* sind relativ selten und treten nicht ganz in einem Zehntel der Fälle auf. Es entsteht in der Kindheit eine oft sehr starke *Kyphoscoliose*, wobei die Kyphose, im Gegensatz zur gewöhnlichen Kyphoscoliose der Kinder, im Anfang vorherrscht. Trotzdem sind später Torsionen häufig. Diese mehr oder weniger charakteristische Gibbusbildung (Michaelis) mit Torsion hat wahrscheinlich als primäre Ursache die hochgradige Porose der Wirbelsäule, die zum Teil durch Zusammensinken der Wirbelkörper entsteht. Querläsionen kommen vor. Die Komponente der Scoliose ist wohl durch die gleichzeitig wirkende Schwäche oder Ungleichmäßigkeit der Muskulatur bedingt.

In diesen Fällen liegt eine einfache allgemeine Porose vor. Eine andere Gruppe von Wirbelsäulenveränderungen ist durch lokalisierte Usuren durch *Neurinome* wie an den Extremitäten bedingt. Diese Lokalprozesse sind bei den gutartigen (Knopfloch-) Geschwülsten besprochen worden.

Wachstumsförderungen oder -hemmungen, wie an den Extremitäten (Exostosen), sind im Bereiche der Wirbelsäule nicht festzustellen. Es ist aber zu sagen, daß Wirbelsäulenverkrümmungen durch Asymmetrien in den unteren Extremitäten durch Vermittlung des Beckens bewirkt werden können.

Die Kyphoscoliose bei Neurofibromatose hat wohl, wie gesagt, ihren Hauptgrund in der *Osteoporose*; wir haben aber nervöse Störungen bereits in Erwägung gezogen. Damit kommt man neuerdings auf die *Bedeutung der Muskulatur* für die Entstehung der primären statischen Scoliose. So gewinnen wir den Anschluß und einen gewissen Übergang zu den sekundären Scoliosen. Stets aber nehmen wir für die hier behandelten primären Scoliosen eine vorbestehende *Anlage* in Anspruch und zweifeln nicht, daß im Falle der Verkrümmung bei Neurofibromatose sehr wohl die Möglichkeit besteht, daß diese Anlage neben muskularen oder neurogenen Asymmetrien zur Sagittalebene bestehen. Es liegt dann wohl sehr nahe anzunehmen, daß beide Momente nicht kausal unter sich, sondern durch eine übergeordnete gemeinsame Ursache — quasi im Dreieck — verbunden sind. Diese Annahme ist um so berechtigter, als wir ja bei der RECKLINGHAUSENschen Neurofibromatose auch andere Anomalien antreffen.

Eine häufigere Ursache von Verunstaltungen der Wirbelsäule scheinen *allgemein schwächende Krankheiten*, wie vor allem akute und chronische Infektionskrankheiten, zu sein. Sie wirken wohl über eine allgemeine Herabsetzung der Leistungsfähigkeit, also auch der mechanischen Belastbarkeit. Sie stellen einen vorübergehenden Eingriff in die Kraft des Körpers dar und müssen wohl als auslösendes Moment betrachtet werden, das die immanente Tendenz zur Scoliosebildung zum Kippen bringt und die Verbiegung manifest werden läßt.

IV. Verletzungen der Wirbelsäule.

1. Allgemeines.

Dank der schon früher hervorgehobenen Tatsache, daß die knöcherne Wirbelsäule tief in Muskelmassen eingebettet liegt, ist sie vor äußeren Krafteinwirkungen weitgehend geschützt. So ist auch die relative Seltenheit der Wirbelverletzungen zu erklären. Die Angaben über ihre Häufigkeit schwanken zwischen 2,5% (JAKI) und etwa 6% (GILES) aller Skeletverletzungen überhaupt. Anderseits sind die indirekten, namentlich aber die körpereigenen Verletzungen am Stamm, und damit an der Wirbelsäule, dank der massiven Muskulatur eher häufiger. Weitaus am häufigsten sind die Körperbrüche mit etwa 95%, 5% sind Luxationen. Gut ein Fünftel betrifft den 1. Lendenwirbel; es folgt L_2 und Th_{12}. Bogenbrüche machen nur 1% aus; dabei sind in der Hälfte der Fälle die Gelenkfortsätze beteiligt. Die Querfortsätze dagegen sind in 18% beteiligt, rechts doppelt so häufig wie links. 4% Dornfrakturen meist an C_2, L_3 und L_1 (STOCK).

Eine lokalisierte direkte Einwirkung äußerer Kräfte in Form der Scherung ist unmittelbar nur über die Proc. spinosi möglich. Dagegen ist die Achse mehr der indirekten Gesamtbeeinflussung ausgesetzt, und zwar durch Biegung oder Rotation. Nach dem Verletzungsmechanismus kann man also einteilen in

1. Biegungsverletzungen durch Flexion;
2. Biegungsverletzungen durch Hyperextension;
3. Reine Kompressionsverletzungen (sind kaum zu erwarten);
4. Verletzungen durch Rotation;
5. Verletzungen durch Scherung (BÖHLER).

Anderseits kann man die Verletzungen der Wirbelsäule einteilen nach Ausmaß und Form, etwa wie folgt:

1. Isolierte Verletzungen der Bänder;
2. Luxationen;
3. Isolierte Frakturen des Wirbelkörpers;
4. Luxationsfrakturen von Körper und Bogen;
5. Isolierte Fortsatzfrakturen.

Bandscheibenverletzungen und Luxationen können zusammengefaßt werden unter die Verletzungen der Bänder ohne Beteiligung des Knochens. Die übrigen Verletzungsarten gehen mit Frakturen einher; sie sind deswegen der Röntgenuntersuchung besonders gut direkt zugänglich. Es sei bemerkt, daß wir für die Bandverletzung strikte das Fehlen einer Knochenverletzung fordern, nicht aber umgekehrt für die Fraktur verlangen, daß Weichteilverletzungen der Bänder völlig fehlen. Im Gegenteil wissen wir, daß bei Frakturen meistens Bandscheibenschäden vorliegen. Damit bedeutet grosso modo die obige Unterscheidung eine Stufenfolge fortschreitender Schwere der Verletzung. Grosso modo nur, weil eine Spongiosafraktur eines Wirbelkörpers unter Umständen sehr viel leichter verlaufen kann als eine Luxation ohne Knochenverletzung.

2. Bandscheibenverletzungen.

Wir sprechen von anatomisch reinen Bandscheibenverletzungen. Es ist von vornherein anzunehmen, daß kleine Verletzungen der Bandscheibe auf traumatischer Grundlage zustande kommen können. Dabei ist aber auf die Schwierigkeit des Nachweises solcher Verletzungen hinzuweisen, die etwa in Rissen, vornehmlich des Annulus fibrosus bestehen mögen. Nicht nur klinisch und röntgenologisch wird der Nachweis nie gelingen, sondern es muß auch anatomisch äußerst schwierig sein, traumatische Risse von den verbreitetsten degenerativen Veränderungen zu unterscheiden, zumal das Zeichen der Blutung bei normalen Bandscheiben nicht herangezogen werden kann. Degenerative Bandscheiben freilich können sekundär wieder vascularisiert sein, so daß Blutungen in die Bandscheibe in diesem Falle möglich sind. Es ist auch nicht anzunehmen, daß solche Bandscheibenverletzungen häufig sind, noch daß sie praktisch eine nennenswerte Bedeutung haben. Es sei auf das früher in Kap. III A 2 Gesagte hingewiesen. Das gilt selbst dann, wenn eine traumatische Zerreißung des Faserringes, ähnlich wie bei der Degeneration die Bildung spondylotischer Zacken zur Folge hätte. Solche Fälle sind mit Sicherheit bekannt, und die Wichtigkeit ihrer Feststellung liegt nicht in der Tatsache der *posttraumatischen Spondylose* an sich, sondern darin, daß durch sie eine Traumatisierung der Wirbelsäule bewiesen werden kann. Wir denken nicht nur an jene Fälle, wo einige Zeit nach einem Trauma eine lokalisierte, einige wenige Wirbel einnehmende Spondylose entsteht, ohne daß unmittelbar nach dem Unfall Zeichen von Verletzungen überhaupt hatten wahrgenommen werden können. Gewiß sind auch jene posttraumatischen Spondylosen, die sich nach sichtbaren Wirbelfrakturen an benachbarten, scheinbar nicht traumatisierten Wirbeln bilden (FEASTER), zu erwähnen. In diesen Fällen sind die der Spondylose zugrunde liegenden, vielleicht isolierten Bandscheibenverletzungen naturgemäß von geringer Bedeutung (GÖCKE, GRÄFF, CACE, BANKS and COMPERE).

Bei der Genese der Spondylose kommt der Verlagerung von Bandscheibengewebe in die Nähe des vorderen Längsbandes eine wichtige Bedeutung zu. Wir haben in diesem Zusammenhang auch an die Verlagerung von Nucleusmasse nach hinten zu denken. Es ist kein Zweifel, daß anläßlich eines Traumas ebensogut eine Verletzung des hinteren Annulus fibrosus entstehen kann. Damit ist aber eine traumatische Grundlage für die *hintere Bandscheibenhernie* durch Zerreißung der Bandscheibe gegeben und wir kommen zu der Frage der Beziehung zum Unfall. Ein Unfall kann aber auch durch Kompression der Bandscheibe allein zu einer hinteren Hernie führen, indem beim Vorliegen von degenerativen Prozessen ein Austreten erleichtert wird. Wir verweisen auf Kap. III A 2 und erinnern uns, daß viele sichere hintere Prolapse nach leichtem Trauma entstanden sind.

Die Bandscheibenverletzung wird namentlich da erleichtert, wo krankhafte Veränderungen dazu prädisponieren. Von der hinteren Nucleushernie bei Osteochondrose haben wir soeben gesprochen; die Spondylolisthesis und das kleine Gleiten im Bereiche des Lendenteils (siehe S. 91 ff.) gehören ebenfalls hierher. In beiden Fällen ist die degenerierte Bandscheibe unter besonders hoher mechanischer Beanspruchung. Ob jedoch das Bild der schweren, lokalisierten Osteochondrose ohne SCHMORLsche Knoten, aber mit starker Sclerose und Verschmälerung des Bandscheibenraumes eine reine Folge einer traumatischen Bandscheibenverletzung ist (SIMMONDS) glaube ich bezweifeln zu müssen. Mit aller Wahrscheinlichkeit müssen degenerative oder entzündliche Prozesse wenigstens mithelfen.

Zum Schlusse muß man noch bedenken, daß isolierte Bandscheibenverletzungen auch bei dauernden oder zeitlich beschränkten Luxationen vorkommen müssen, ungeachtet, ob diese spontan oder durch Eingriff reponiert werden.

3. Luxationen.

Reine Luxationen sind fast vollständig auf die Halswirbelsäule beschränkt. Das hat seinen Grund in der Lage der Intervertebralgelenke, deren Querprofile (siehe S. 26) hier mehr horizontal verlaufen. Dadurch kann sich eine scherende Kraftkomponente, wie etwa bei Biegung der Halswirbelsäule nach vorne, direkt auswirken, ohne daß durch die Überhöhung, die bei der Verlagerung eines oberen Wirbels auf dem unteren in den kleinen Gelenken auftritt, ein wesentlicher axialer Zug im Faserring entsteht. In der axialen Richtung ist der Faserring sehr stark, er wird also das Auseinanderweichen der Wirbelkörper hinten verhindern und es kommt dann, wenn die Gewalt groß genug ist, zum Bruch im Bogengebiet; *Luxationsfraktur*. Sie ist eine häufige Verletzungsform der Brust- und Lendenwirbelsäule.

Im *Halsteil* kann die *reine Luxation* beobachtet werden (Abb. 217). Eine stärkere Biegung führt schon in physiologischen Grenzen zu einer gelinden Luxationsstellung, indem der obere Wirbelkörper auf dem unteren nach vorne gleitet. Das kommt namentlich in der oberen Halswirbelsäule (C_2 bis C_4) vor. Die Bandscheibe wird dabei wohl stark gezerrt, aber nicht zerrissen. Die Luxation bedingt aber eine Verletzung der Bandscheibe und Zerreißungen der Kapseln und Bänder der kleinen Gelenke, unter Umständen auch der Ligg. inter- und supraspinalia. Eine völlige Reposition gelingt oft nicht und es bleibt die Luxationsstellung zeitlebens in geringem Maße erhalten, ohne daß wesentliche Beschwerden bestehen.

Es liegt auf der Hand, daß auch in der Entstehung der Luxation der Halswirbelsäule osteochondrotische Veränderungen eine wesentliche Rolle spielen können. So wird die ihrer Elastizität beraubte Bandscheibe eher einreißen und zudem weniger fähig sein, die ursprüngliche Lage wiederherzustellen. Es ist übrigens festzustellen, daß die *Osteochondrose* allein in der oberen Halswirbelsäule zu einer gewissen *Subluxationsstellung* geringen Ausmaßes führen kann. Sie ist mehr oder weniger fixiert und braucht nichts mit Unfall zu tun zu haben. Im Zweifelsfalle ist freilich wichtig, daß die Zeichen der Cervicalosteochondrose wenigstens in der unteren Halswirbelsäule (C_4 bis C_7), meistens auch in der Uneovertebralgegend, röntgenologisch nachgewiesen werden können.

Die Luxation ist die typische Biegungsverletzung der Halswirbelsäule. Bezogen auf die Intervertebralgelenke kann sie vollständig oder unvollständig (Subluxation, reitende Luxation) sein, je nachdem die Gelenkflächen völlig getrennt sind oder sich teilweise noch berühren. Erfolgt die Biegung in der Sagittalebene, entsteht eine doppelseitige, symmetrische Luxation. Erfolgt sie mit seitlicher Komponente, kann eine seitliche Verschiebung der kleinen Gelenke, und eventuell der Wirbelkörper, dazukommen. Besteht eine rotatorische Kraft, kann unter Umständen nur ein Gelenk unter Rotation luxieren. Solche einseitige Rotationsluxationen sind auch ohne eigentliches Trauma bekannt beim Gähnen, plötzlichem oder langsamem Drehen des Kopfes, z. B. beim Nachblicken eines fliegenden Balles usw. STIMSON und SWENSON haben 27 Fälle dieser Art im Alter von 6 bis 40 Jahren beschrieben. Sogar durch den Willen des Trägers sind solche Luxationen schon erreicht worden (BRAV). DAHL berichtet

von einem Diskuswerfer, der unter heftigen Schmerzen längere Zeit nicht aus der
extremen Rotation zurückdrehen konnte. In diesem Zusammenhang verweise
ich auf den Fall von DuBois, der schon früher erwähnt wurde. Dabei konnte
wegen des Fehlens eines Gelenkfortsatzes willentlich eine einseitige Luxation
in der Lendenwirbelsäule bewerkstelligt werden.

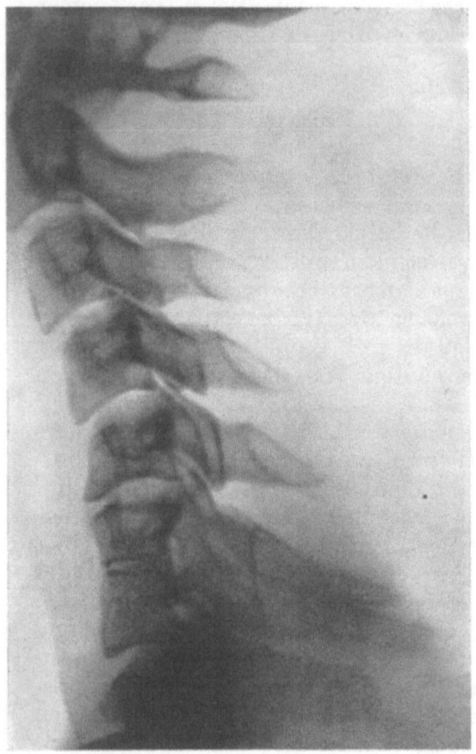

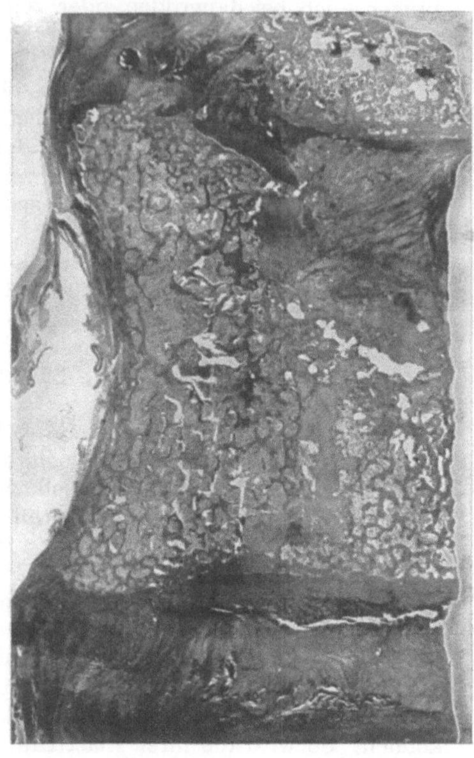

Abb. 217. Fall aus dem Handstand auf den Nacken.
Beweglichkeitseinschränkung (Unmöglichkeit der Dorsalflexion). Mäßig starke Luxation zwischen C₄/C₅ ohne
Zeichen von Frakturen. Als Nebenbefund: Blockbildung
C₆ und C₇. Der Bandscheibenraum ist nur hinten nicht
mehr zu erkennen. Die Bogenteile sind genähert und
meistenteils verschmolzen. Keine Anhaltspunkte für
frühere Erkrankungen der Halswirbelsäule. Wahrscheinlich congenitaler Block. Junger Mann. Nr. 104001.

Abb. 218. Geheilte Fraktur von Th₁₁ und Th₁₂. Von
Th₁₁ her (oben) ist die Deckplatte eingedrückt worden.
Ein guter Teil der Bandscheibe war in die Spongiosa
von Th₁₂ hineingetrieben. Dieses ganze Gebiet ist jetzt
durch Bindegewebe ersetzt (oben rechts). Die vordere
untere Kante von Th₁₁ steht hinter der Vorderfläche von
Th₁₂. Vertikalspaltung des ganzen Wirbelkörpers, teilweise Osteosclerose. Untere Bandscheibe geringfügig degeneriert, wenig verletzt. 57jähr. ♂. Nr. 172.

Der Aspekt des *Röntgenbildes* der Luxation ist einfach und bekannt. Die
Verhältnisse werden namentlich im Profilbild deutlich. Die Sagittalaufnahme
läßt seitliche Verschiebungen ebenso wie das Klaffen der Proc. spinosi besser
erkennen. Die genaue Feststellung des Ausmaßes der beidseitigen Subluxationen
und der Symmetrie kann Schwierigkeiten bereiten, die mit Schrägaufnahmen
beseitigt werden können. Man erkundigt sich am besten nach der Form der beiden
Foramina intervertebralia.

Luxationen im Gebiete des Atlas sind eher selten. Immerhin kommen sie
sowohl gegen das Occiput als auch gegen den Epistropheus symmetrisch und
unsymmetrisch (RANKIN) vor. Atlanto-occipitale Luxationen sind nach hinten
und nach vorne beobachtet (ALBERTI, GIANOTTI, KAHN and YGLÉSIAS, SCHWARZ
and WIGTON, REICH).

An dieser Stelle seien noch die seltenen *nichttraumatischen atlanto-epistrophealen Luxationsstellungen bei Entzündungen in der Halsgegend* erwähnt. Sie gehen mit vorübergehendem schmerzhaftem Schiefhals einher und entstehen während oder nach einer mehr oder weniger akuten Entzündung der Tonsillen oder im Nasenrachenraum vorwiegend bei Kindern. Diese Luxations- oder meistens wohl Subluxationsstellungen sind auch im Röntgenbild als unsymmetrische Verschiebung des Atlas auf dem zweiten Halswirbel zu erkennen. Dabei hebt sich der hintere Bogen und der vordere entfernt sich vom Dens des C_2 (GRISEL, LISON, STEELE, JONES, WOLTMANN und MEYERDING).

4. Isolierte Frakturen der Wirbelkörper.

a) Infraktionen der Abschlußplatten.

Im Röntgenbild sind Infraktionen der Abschlußplatten meistens bei porosierenden Erkrankungen der Wirbelsäule zu finden. Ich denke an allgemeine Tumorosteolysen. Es handelt sich dann um Spontanfrakturen, die sicher sehr viel häufiger sind als das Röntgenbild ahnen läßt. Aber auch an der normalen Wirbelsäule können Deckplatten einbrechen, wenn sie einer Gewalteinwirkung von genügender Größe ausgesetzt sind. Die übermäßige Biegung ist geeignet, die nötige Überlastung zu bewirken. Dabei können die Infraktionen auf die Abschlußplatten beschränkt sein und dann lediglich mit Verletzungen der Bandscheiben einhergehen. Konsekutive, also dann traumatische Knorpelknoten kommen vor, wie die Abb. 219 zeigt.

b) Kantenbrüche.

Größere Kräfte bewirken ausgedehntere Kontinuitätstrennungen. Häufig wird durch Biegung die obere Kante abgeschoren, derart, daß eine Frakturebene von der Abschlußplatte her in die Vorderfläche verläuft und so ein keilförmiges Stück (Orangenschnitz) lostrennt und mehr oder weniger nach vorne verschiebt. Das geschieht oft an mehreren Wirbeln der unteren Brust- und Lendenwirbelsäule. Eine Bandscheibenverletzung ist auch hier stets vorhanden (HETZAR, DYES, SCHMIDT, MOUCHET et NADAL).

c) Kleine Infraktionen, traumatischer Keilwirbel.

Anderseits kann durch eine forcierte Biegung eine reine Infraktion der Spongiosa geringer Ausdehnung eintreten. Sie kann so gering sein, daß sie im Röntgenbild schwer oder nicht zu sehen ist. Eine kleine *Stufe* an der Vorderfläche ist oft das einzige Zeichen. Sitzt die Stufe etwas seitlich, d. h. ist sie weder für den frontalen noch für den sagittalen Strahlengang seitenständig, dann fällt das wichtige Zeichen der frischen Fraktur, die Randstufe überhaupt aus. Bei kleinen Brüchen fehlt manchmal auch das Symptom der *Überschiebungszone*. Diese Verdichtungszone ist naturgemäß um so deutlicher, je dicker sie in der Strahlenrichtung getroffen wird. Sie fehlt indessen bei schwereren, nicht allzu ausgedehnten Zerstörungen nie. Sie steht in gewisser räumlicher Beziehung zu der Randstufe, wenn eine solche sichtbar ist. Diese Lagebeziehung ist im Zweifelsfalle wichtig.

Jeder stärkere Spongiosabruch führt zu einer Formveränderung des Wirbelkörpers. Der *traumatische Keilwirbel* kann zu differentialdiagnostischen Erwägungen gegenüber Keilwirbeln anderer Genese Veranlassung geben. Das Vorliegen oder Fehlen von Randstufe und Verdichtungszonen durch Überschiebung wird wohl in den meisten Fällen eine Entscheidung gegen frische Fraktur gestatten. In älteren Fällen ist dies oft nicht mehr möglich. Bei der reinen Spongiosafraktur

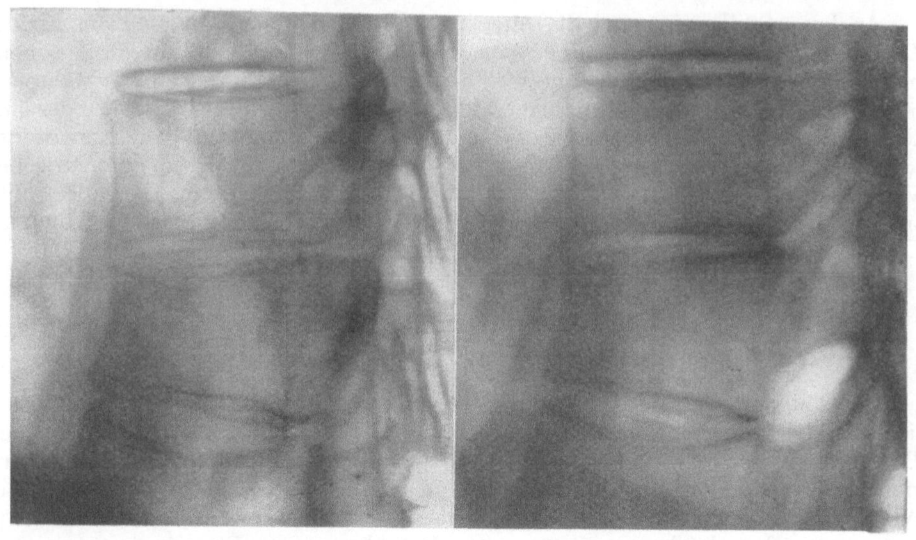

a)   b)

Abb. 219. Infraktion der Deckplatte von Th$_{10}$ nach Unfall; man erkennt eine deutliche Stufe. Diese Stufe eröffnet die Spongiosa und es tritt Bandscheibengewebe ein. 13 Monate später besteht das Bild des Knorpelknotens (b). Keilwirbel, geringe Porose. 66jähr. ♀. Nr. 20122. 4/5.

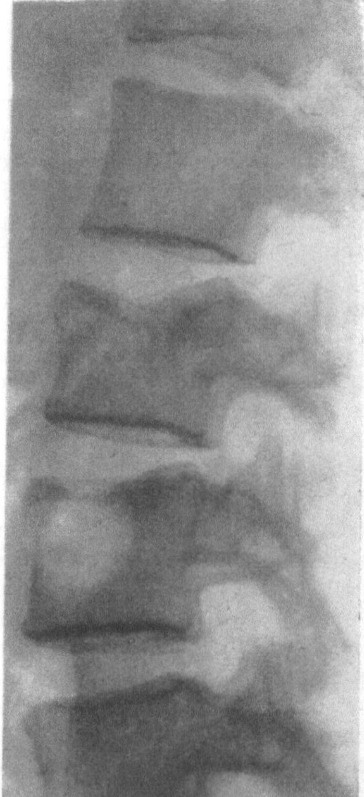

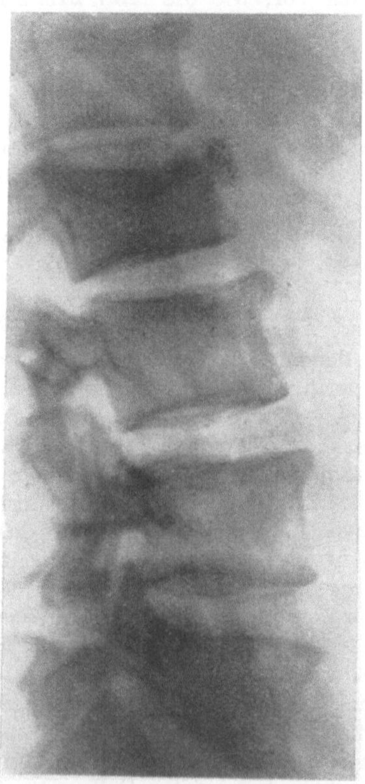

Abb. 220. Pat. fiel vor sechs Wochen eine steile Böschung hinunter. Frakturen der vorderen oberen Kanten von L$_2$ und L$_3$ und der hinteren unteren Kante von Th$_{12}$ mit Einbruch der Grundplatte. Die vorderen Stufen an L$_2$ und L$_3$ sind zum Teil schon im Verstreichen begriffen. 50jähr. ♂. Nr. 113579. 3/4.

Abb. 221. Sprung aus dem Fenster des zweiten Stockes vor sechs Wochen. Multiple Frakturen von Wirbelkörpern L$_1$ bis L$_4$ durch Kompression und Beugung. Maximale Wirkung auf L$_2$. An L$_1$, L$_3$ und L$_4$ nur Bruch der oberen vorderen Kanten. Beginnender Callus. 20jähr. ♀. Nr. 110355. 3/4.

des Wirbelkörpers bleiben die Bandscheiben intakt, eine Verschmälerung des Bandscheibenraumes ist deshalb nicht zu beobachten. Die Tatsache kann in dieser
Gruppe von Brüchen — aber nur in dieser — diagnostisch verwertet werden, z. B.
gegenüber Entzündungen und deren Folgen (ROSTOCK, ELLMER, BURCKHARDT).

Die obersten zwei Halswirbel bedeuten naturgemäß für die Körperfraktur einige Besonderheiten. Einmal beschränken sie sich fast vollständig
auf den *Bruch des Dens epistrophei*, der anderseits trotz seiner Kleinheit unter
Umständen deletäre Wirkungen (Verletzung des Rückenmarkes) haben kann
(vgl. Abb. 226 und 227). Die Densfraktur ist oft isoliert vorhanden (HATCHETTE,

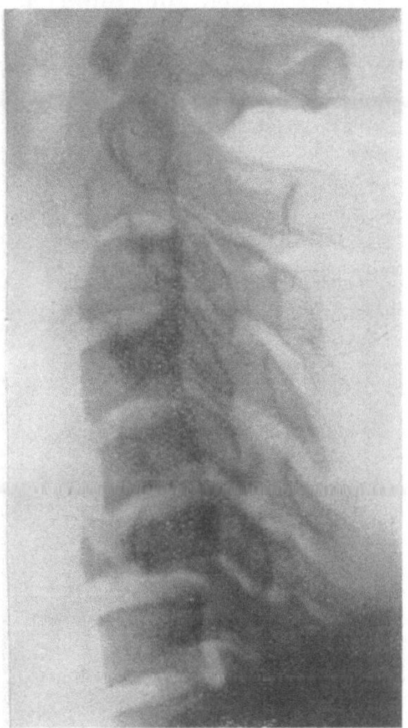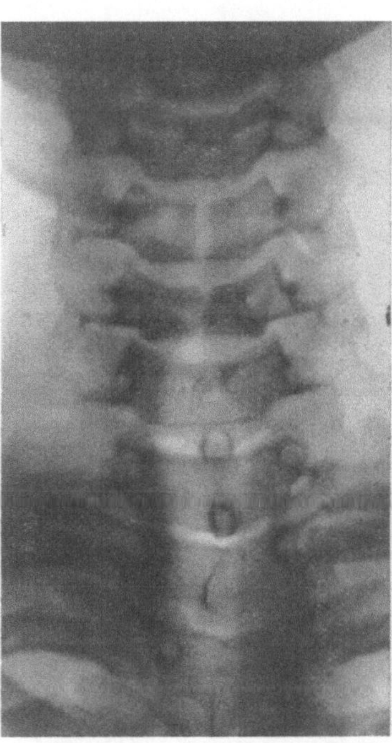

Abb. 222. Stieß beim Kopfsprung mit dem Kopf auf den Grund. Zertrümmerung der Körper C_4 bis C_6. Relativ
seltene Sagittalspaltung von C_4 und C_5. Der Körper von C_6 ist komprimiert und geborsten. Fast reine Kompressionsfraktur. Exitus am zweiten Tag. 22jähr. ♂. Nr. 99499.

HAGENAUER, MOLTENI). Oft macht der Atlasbogen mit; der Bruch des Atlasbogens ist kaum ohne Densfraktur bekannt (MÜNZ, WAGNER, SAUER, PLANT).

Ausgesprochene traumatische Keilwirbel können durch die *Frakturen durch
tetanischen Muskelzug* bei Tetanus, Epilepsie, Strychninkrämpfen und bei den
Konvulsionsbehandlungen durch Medikamente und im Elektroschock entstehen. Meistens sind die mittleren Brustwirbel (Th_4 bis Th_2) betroffen (CHASIN,
CLARENZ, GÜNTZ). Bei Erwachsenen soll das Maximum der Frakturen etwas
tiefer liegen (ROBERG). Beim Tetanusfall von CLIMESCO, SARBU et ROMAN war
die Halswirbelsäule frakturiert; zweimal die Lendenwirbelsäule (ANDROP). Die
Keilwirbel führen naturgemäß zu einer Kyphose (Abb. 223). Es ist die Frage
aufgeworfen worden, ob nicht eine Schädigung des Knochens mit im Spiele
sein könnte (PUSCH). Jedoch wird allgemein angenommen, daß der Muskelzug
allein genügt für die Entstehung von Verletzungen der Wirbelsäule.

Frakturen sollen bei schwerer Epilepsie sehr häufig sein; MOORE, WINKEL-
MANN und SOHS-COHAR sprechen von 90%.

Bei medikamentösem Schock melden die Amerikaner hohe Frakturzahlen (PEARSON und OSTRUM); 44% Wirbelfrakturen (BENNET and FITZPATRIK), 47% Frakturen überhaupt (KRAUSE and LANGSAM). Die Heilung ist nicht gestört. Später tritt sekundäre deformierende Spondylose ein. Von Interesse ist die Beobachtung von Frakturen beider Proc. transvers. von L_2 durch MEILI bei Schockbehandlung.

d) Zertrümmerung der Wirbelkörper.

Während die bis anhin besprochenen Brüche geringere Ausdehnung aufweisen und deshalb nicht nur von einer weniger starken Krafteinwirkung zeugen, sondern auch in ihren praktischen Auswirkungen weniger Bedeutung haben, so ist die Zertrümmerung des Wirbelkörpers, wenn auch isoliert, so doch durchaus geeignet, dem Verunfallten größeren Schaden zuzufügen, Tod oder schweren, bleibenden Nach-

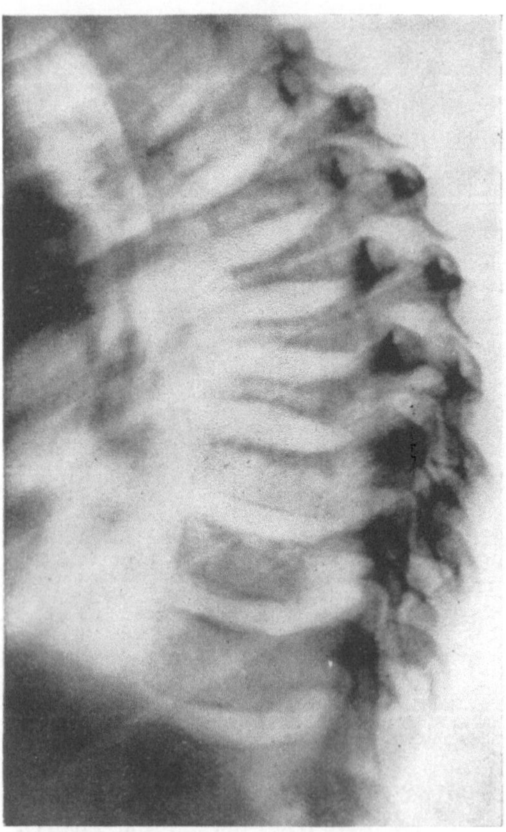

Abb. 223. Multiple schwere Frakturen bei Tetanus. Keil- und Plattwirbel, die zu einer Kyphose führen. 7jähr. ♂. Nr. 130 039.

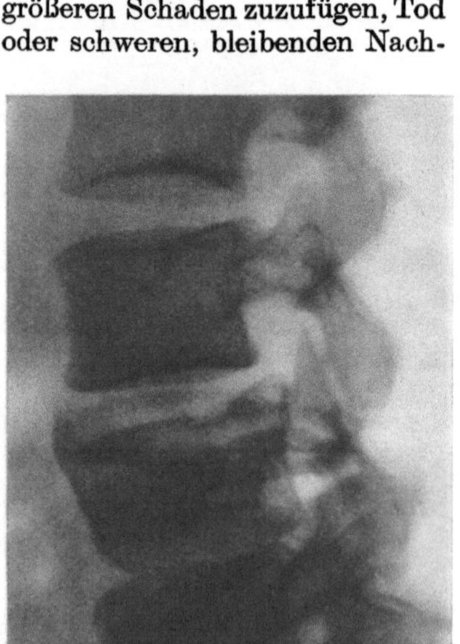

Abb. 224. Berstung von L_4 durch Kompression bei Fall aufs Gesäß. Der ganze Wirbelkörper ist, namentlich in sagittaler Richtung, nach hinten verbreitert. Kompression des Rückenmarkes. 40jähr. ♂. Nr. 106 665.

teil. Damit soll jedoch keineswegs den kleineren Verletzungen ihre Bedeutung abgesprochen werden, im Gegenteil, es soll festgestellt werden, daß jede Wirbelverletzung ein ernstes Ereignis darstellt, und daß scheinbar kleinere Verletzungen ausnahmsweise zu sehr schweren Folgen führen können.

Die Zertrümmerung schließt in sich 1. ausgedehnterer Spongiosabruch, zusammen mit 2. Verletzung wenigstens einer Abschlußplatte und 3. Verletzung einer Bandscheibe (vgl. Abb. 113 bis 118). Der Biegungsbruch mit erheblicher Krafteinwirkung führt meistens zu einer Zertrümmerung einer oder mehrerer Körper der Brust- oder Lendenwirbelsäule. Oft drückt der obere Wirbelkörper ein mehr oder weniger tief reichendes, dreieckiges Stück der oberen Körperhälfte ab. Die Deckplatte wird dabei eingedrückt und in die Spongiosa verlagert. Die Bandscheibe geht mit und wird zudem durch die Fraktur tief in den Körper hineingepreßt. Bei dieser Gelegenheit soll man sich die *Bedeutung der Bandscheibe* vergegenwärtigen. Diese schützt zwar bei kleineren Gewalteinwirkungen lange Zeit den Knochen durch ihre besonderen Eigenschaften, die wir früher besprochen haben: Pufferwirkung, Ausgleich der axialen Kraftkomponenten. Bei Erhöhung des Druckes kann dieser durch die elastische Bandscheibe vorübergehend aufgenommen werden. Ist die Krafteinwirkung aber doch zu stark, als daß der Knochen standhalten könnte, dann wird im Moment des Bruches die aufgespeicherte

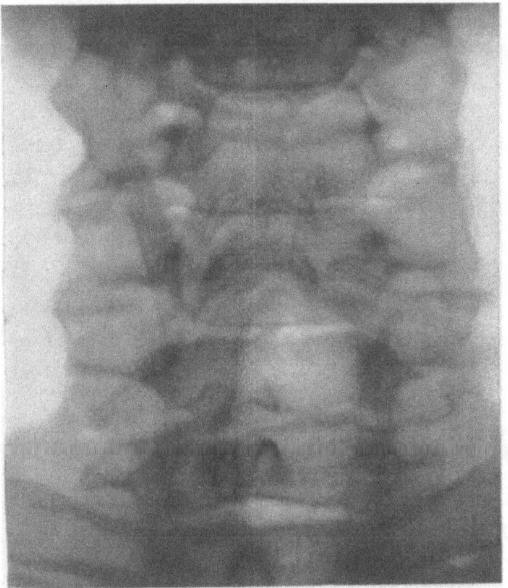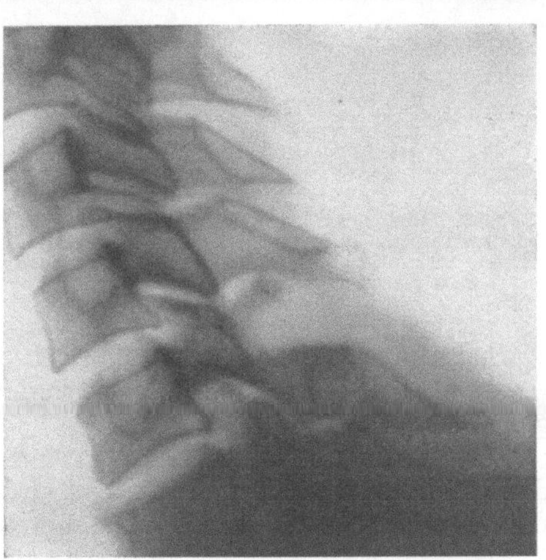

Abb. 225. Fall auf den Rücken in stark gebeugter Haltung des Kopfes vor acht Monaten. Horizontalspaltung des Proc. spinos. C_6. Geringer Rest der Subluxationsstellung C_5/C_6. Keine Körperfraktur. 34jähr. ♂. Nr. 99 986.

elastische Kraft frei. Sie wird dazu verwendet, die eingeleitete Zerstörung noch auszudehnen. Diese *Sprengwirkung* der Bandscheibe (LOB) ist bei allen größeren Frakturen der Wirbelkörper deutlich zu erkennen. Freilich ist sie an die Elastizität des Discus gebunden. Ausgedehntere Zertrümmerungen sind folglich bei Brüchen der untersten Brust- und Lendenwirbelsäule zu erwarten. Während also bei guterhaltener Bandscheibe eine Fraktur durch kleinere Gewalten nicht zustande kommt, sondern lediglich durch starke Kräfte, dann aber sehr ausgedehnt, findet man im anderen Falle Brüche aller Abstufungen.

Die Zertrümmerung von Wirbelkörpern bewirkt die Bildung von Keilwirbeln.

Die *Überstreckung* führt naturgemäß mit Vorliebe zu Bogenbrüchen, in seltenen Fällen kann aber auch nur der Körper in Mitleidenschaft gezogen sein (DEUTICKE). Wenn der Bogen und die Gelenkgegend standhält, werden durch die gestreckte Bandscheibe kleinere oder größere Stücke aus den Randteilen der Abschlußplatten ausgerissen. Von einer Zertrümmerung kann dabei allerdings nicht die Rede sein.

Ausgedehnte Zertrümmerungen der *zwei obersten Halswirbel* kommen etwa bei Autounfällen vor. Sie können bei Kollisionen mit großer Geschwindigkeit zusammen mit Verletzung der Schädelbasis verlaufen.

5. Ausgedehnte Fraktur des ganzen Wirbels, Luxationsfraktur.

Schwere Gewalteinwirkungen im Sinne der Biegung oder der Überstreckung, besonders mit scherender Querkomponente, wie etwa bei Prellungen, Verschüttungen, oder seltener schwere Torsionen, führen zu ausgedehnteren Brüchen mit Beteiligung von Körper und Bogen oft mehrerer Wirbel, mit oder ohne Luxation. Die Bedingungen für den Eintritt einer schweren ausgedehnten Fraktur ist naturgemäß generell das *schwere Trauma*.

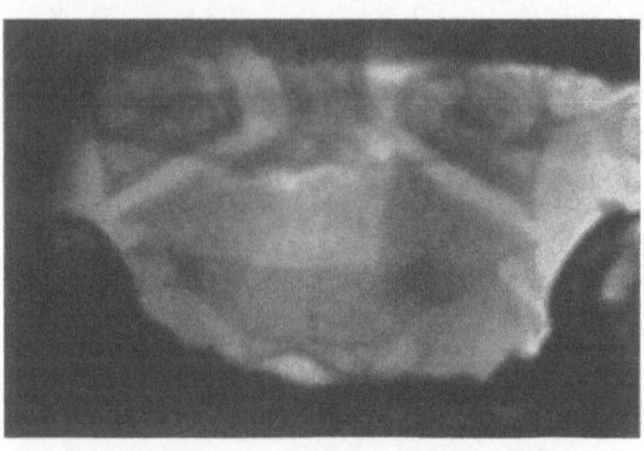

Abb. 226. Fraktur der Basis des Dens epistrophei, geringe Abknickung seiner Achse in der Frontalebene ohne sagittale Dislokation. Vom fahrenden Zug erfaßt und zur Seite geschleudert. 20jähr. ♂. Nr. 117167.

Darunter ist eine Gewalteinwirkung zu verstehen, die einmal die mechanische Widerstandskraft der Wirbelsäule übersteigt, außerdem aber zu einer Verschiebung der Teile an der Bruchstelle führt, die einen gewissen Dislokationsweg überschreitet. Sehr großen Gewalten, die über einen kleinen Weg wirken, tritt die Wirbelsäule mit ihren elastischen Mechanismen entgegen, indem sie einfach ausweicht, während sich das Trauma mit geringer Arbeitsleistung am menschlichen Körper bald erschöpft. Die ausgedehnte Fraktur des gesamten Wirbels kommt deshalb vornehmlich bei Traumen zustande, die zu großer Arbeitsleistung führen, d. h. bei Einklemmungen, insbesondere bei Verschüttungen (AVELLAN).

Die Frakturen dieser Gruppe sind gekennzeichnet durch die Kombination der Verletzung 1. des Körpers, meist einschließlich der Bandscheibe, 2. des Bogens, meist einschließlich der Gelenke und deren Bänder; 3. gehört meistens dazu

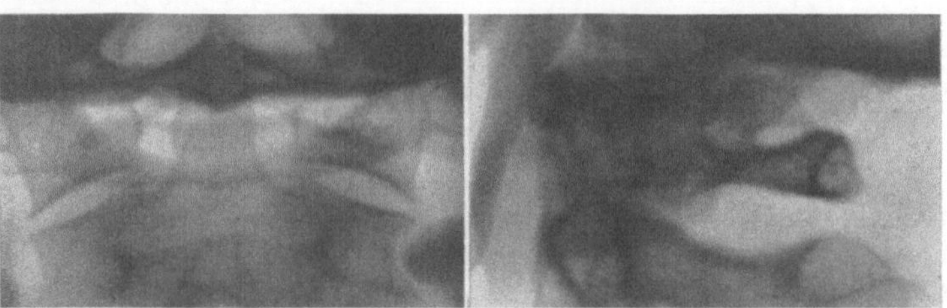

Abb. 227. Sturz auf den Hinterkopf vom Heuwagen zirka 3 m tief. Abbruch der Spitze des Dens mit Dislokation der Spitze nach hinten (vgl. seitl. Bild). 30jähr. ♂. Nr. 89767.

eine Luxation oder Subluxation im Bereiche der Bandscheiben- und der Intervertebralgelenke; 4. sind oft ein oder mehrere freie Fortsätze gebrochen.

Die schwere Zertrümmerung des Wirbelkörpers kann die großen venösen Gefäße in Mitleidenschaft ziehen und dadurch die Ernährung des Knochens gefährden (LOB). Eine weitere Eigentümlichkeit mit besonderer Bedeutung besteht bei Vorhandensein eines Fragments der hinteren-oberen Kante des Wirbelkörpers. Dieses Fragment kann eine Kompression oder Verletzung des Markes bewirken (BÖHLER).

Die Bogenfraktur bei ausgedehnter Wirbelverletzung kann von unten her nach oben-hinten, oder von oben her nach hinten-unten in den Bogen verlaufen.

Im ersteren Falle trifft sie mit Vorliebe die Interarticularportion. Dadurch wird der gegenseitige knöcherne Halt zweier benachbarter Wirbel gelöst und das Gleiten in der Bandscheibe (Subluxation) nach vorne erleichtert. Man vergleiche hierzu auch das Kap. II 2 b und III 2 d. Wenn die Bogenfraktur in eine obere Körperfraktur einmündet, dann wird oft der Dornfortsatz gespalten. Im Falle des Bruches des Zwischengelenkstückes bleibt der ganze Dorn hinten im Niveau der unteren Dornfortsatzspitzen. Die Fraktur kann einseitig oder doppelseitig die Bogen- und Gelenkteile betreffen. Im Falle der Einseitigkeit kann die andere Seite eine Luxation aufweisen (vgl. das Schema der Abb. 228).

Die Beteiligung der umgebenden Weichteile ist stets beträchtlich. Vor allem werden die Bänder in Mitleidenschaft gezogen: die Lig. flava, die Lig. supra- und interspinalia, das Lig. long. post. und die Begrenzung der Foramina intervertebralia und endlich die Kapseln der Gelenke verletzter Gelenkfortsätze.

Die ausgedehnten Brüche dieser Gruppe betreffen vorwiegend die untere Brust- und Lendenwirbelsäule. Es sind hier einige halbschematische Bilder nach HEURITSCH wiedergegeben (Abb. 230 bis 233).

Über das *Röntgenbild* ist zu sagen, daß zwar das seitliche Bild meist besseren Aufschluß über die große Linie der Verletzung abgibt. Aber auch das Sagittalbild darf in keinem Falle unterlassen werden. Es zeigt nicht nur die seitliche Ausdehnung der Körperverletzungen, sondern auch Einzelheiten

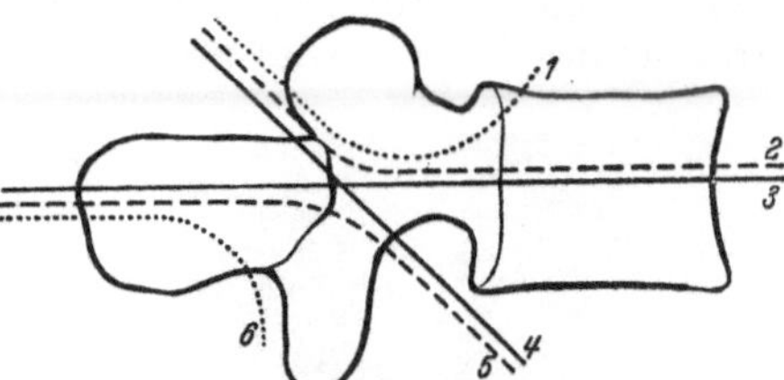

Abb. 228. Schema der Wirbelbrüche mit Beteiligung des Bogens, Ansicht vom Schnitt (nach HEURITSCH).

1 Oberer Gelenkfortsatz mit oberem Anteil der Bogenwurzel (Abb. 222), *2* id. mit Übergang in Fraktur des Körpers, *3* durchgehender, horizontaler Querbruch (Abb. 224), *4* Interarticularportion (Abb. 221), *5* unterer Rand des Dorns mit unterem Gelenkfortsatz (Abb. 223), *6* unterer Dornfortsatzrand.

der Frakturen der Bogenteile. Und vor allem sollen, wenn immer möglich, auch die Vorteile der Schrägbilder ausgenutzt werden. Sie sind praktisch immer möglich, wenn es gelingt, den Verletzten zur Profilaufnahme in Seitenlage zu bringen. Auch wenn horizontaler Strahlengang zum seitlichen Bild verwendet werden muß, kann eine Drehung von 10° bis 30° bereits sehr nützlich sein.

6. Isolierte Brüche der Bogen und seiner Teile.

Wir haben zu unterscheiden zwischen isolierten Frakturen der hinteren Schlußstücke und Gelenkfortsätze, der Querfortsätze und der Dornfortsätze.

a) Isolierte Brüche der Bogen und Gelenkfortsätze.

Wir haben oben gesehen, daß Frakturen der hinteren Schlußstücke, der Zwischengelenkstücke und seltener der Gelenkfortsätze selbst im Rahmen ausgedehnter vollständiger Frakturen der Wirbel, mit oder ohne Luxationen verhältnismäßig häufig vorkommen. Außerhalb jener großen Unfallereignisse, die sich auch entsprechend am Achsenskelet auswirken, sind aber Brüche, also isolierte Verletzungen des Knochens der genannten Teile, entweder sehr selten oder gar nicht bekannt.

So z. B. sind keine sicheren isolierten Frakturen der Gelenkfortsätze beobachtet worden. Freilich sind solche an den unteren Proc. articulares einseitig oder doppelseitig beschrieben worden, oder häufiger, es werden uns solche von Kollegen vorgezeigt. Es handelt sich aber dabei stets um Spaltbildungen als kongenitale Anomalie. Man vergleiche den Abschnitt II. Diese Ansicht scheint auch in der Literatur weiteste Verbreitung zu haben (BÜSCHNER, BURCHARD, BAILEY, MOCKH). STEINER möchte immerhin für die oberen Gelenkfortsätze die Möglichkeit einer isolierten Fraktur nicht ganz ausschließen, und MAINOLDI ist ebenfalls unsicher. Ausgenommen sind naturgemäß Schußverletzungen (MARCES).

Anderseits sind sichere isolierte Bogenfrakturen an anderen Stellen des Bogens, z. B. an der *Interartikularportion*, festgestellt (STEINER). In dem Fall von EISELS-BERG und GOLD wurden die Bogen Th_{12} und L_1 auseinandergerissen unter Riß der Ligg. flava und Abriß der Proc. spinosi et transversi. Offenbar hat starke Beugung stattgefunden. Man kann sich sehr wohl denken, daß hierbei die knöcherne Bogenpartie nachgibt und spaltet, während ein Körperbruch ausbleibt. Von besonderer Bedeutung ist die Interartikularportion der untersten Lendenwirbel, namentlich hinsichtlich der Differentialdiagnose gegen einen *Ermüdungsschaden*, bzw. gegenüber dem Komplex der *Spondylolisthesis* (MEYER-BURGDORFF). Wir haben hierauf schon bei der Besprechung der vollausgebildeten Wirbelfraktur des Lendenteiles gesprochen und verweisen auf das dort Erwähnte.

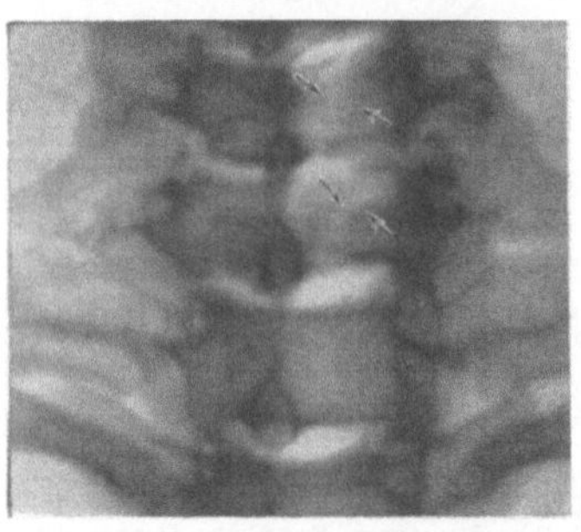

Abb. 229. Frakturen des Bogens C_6 und C_7 neben dem Proc. spinos. bei Kompressionsfrakturen der Körper C_6 und C_7. Sturz vom Baum auf den Kopf. Tod am dritten Tag. Fall 1 von HELLNER.

Es bleibt noch die Stelle des hinteren Schlußschildes neben dem Proc. spinosus. Hier ist, so weit ich sehen kann, klinisch eine Fraktur selten beobachtet, trotzdem die Voraussetzungen für ihre Darstellbarkeit relativ günstig sind (SIMONS, HELLNER).

b) Isolierte Brüche der Dornfortsätze.

Die Dornen der Hals- und Brustwirbelsäule sind direkten Traumen zugänglich. Es ist leicht denkbar, daß eine Kante (Balken, Treppenstufe u. v. a.) direkt auf den Proc. spinos. trifft und zu einer Fraktur führt. ALBANESE berichtet über einen solchen Fall durch Sturz an C_6 bis Th_1. Selbstverständlich findet man die meisten Dornenverletzungen im Rahmen mit anderen ausgedehnten Brüchen.

Größer ist die Gruppe der isolierten Dornfrakturen durch Muskelzug. Durch hochgradige porosierende Vorgänge bei Allgemeinerkrankungen oder durch Osteolysen bei Tumoren oder Entzündungen kann ein Abriß der Dornen oder auch der Querfortsätze sehr erleichtert oder überhaupt erst ermöglichst werden (WAGNER).

Das Hauptkontingent der indirekten isolierten Dornfortsatzbrüche liefert der *Schleuderbruch*, Schipperkrankheit, Clay-shoveler's fracture. Er tritt am häufigsten an C_7 und Th_1, seltener an anderen Wirbeldornen, nicht über C_6 und nicht unter Th_4 (REISNER), bei schweren Erdarbeiten, besonders beim Schippen, ein. Ausgesprochen gehäuft wurde die Verletzung beim Ausheben des Neckarkanals von BOFINGER beobachtet. Der Arbeiter steht im tiefen Graben und schaufelt womöglich feuchte lehmige Erde durch *Schleuderbewegung* an die Oberfläche. Besonders wenn das Schaufelgut am Gerät kleben bleibt (W. HOFF-MANN, LÖNNERBLAD, HALL and KELLER), verspürt der Arbeiter plötzlich im Moment, wo die Geschwindigkeit der beladenen Schaufel abgebremst wird, einen schmerzhaften Knacks zwischen den Schulterblättern. Die Betroffenen sind zur Hälfte unter 30 Jahre alt und verteilen sich gleichmäßig auf gelernte und ungelernte Arbeiter. Das Unfallereignis tritt nicht am ersten, sondern am 20. bis 45. Tag der Arbeitsaufnahme ein (MATHER). Bei der einen Gruppe der Verletzten tritt das Ereignis unvermutet ein, bei einem anderen Typ sind deutlich vorbestehende Schmerzen beobachtet worden. Daraus hat man auf Ermüdung des Knochens geschlossen und die Schleuderfraktur in die Überlastungsfrakturen eingereiht. Der Abriß erfolgt durch Aktion der M. M. Rhomboidei und Serrati posterior, superior und anterior; wahrscheinlich ist auch der M. trapezius mit

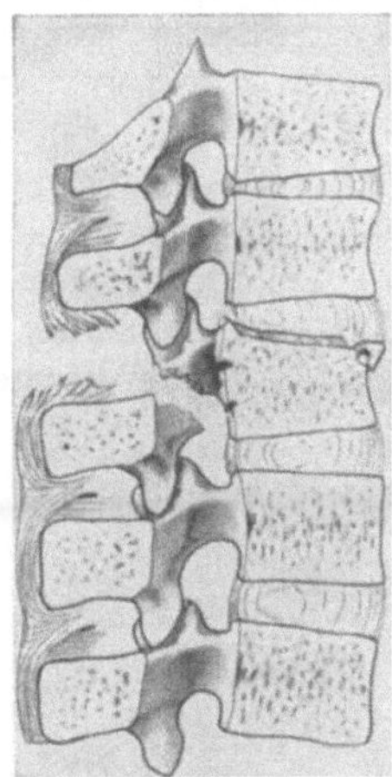

Abb. 230. Kompressions-Biegungsbruch des Wirbelkörpers mit Fraktur der Interarticularportion und Zerreißung der interspinalen Bänder. Medianschnitt, schematisch (nach HEURITSCH).

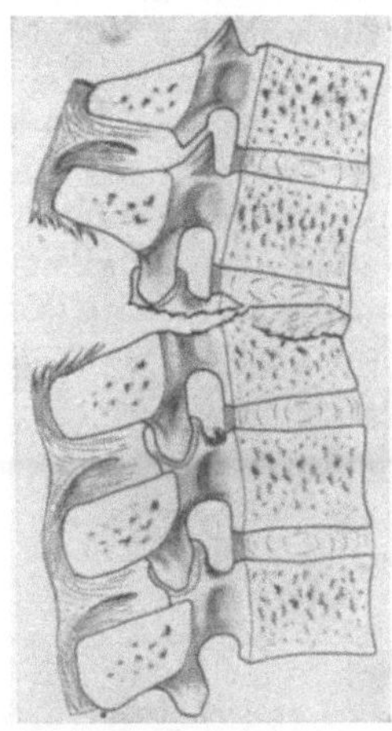

Abb. 231. Infraktion des Körpers mit Bruch des Proc. art. sup. und Abriß der hinteren oberen Kante des Körpers. Zerreißung der interspinalen Bänder, Biegung (nach HEURITSCH).

im Spiel. Nach 4 bis 6 Wochen ist die Verletzung geheilt. Ein Drittel der Frakturen heilen nicht knöchern, sondern fibrös.

Aber die Schleuderfraktur kommt nicht nur beim Schaufeln zustande, sondern auch beim Mähen, Heben und namentlich bei unkoordinierten Bewegungen

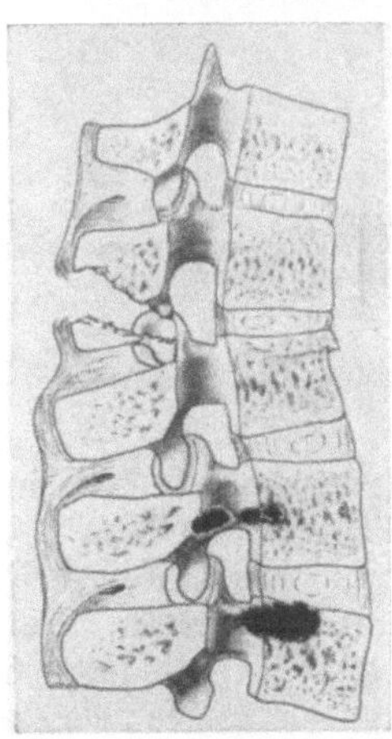

Abb. 232. Infraktion durch Biegung des Wirbelkörpers mit Abriß des unteren Randes des Dorns und des Proc. art. inf. Medianschnitt, schematisch (nach HEURITSCH).

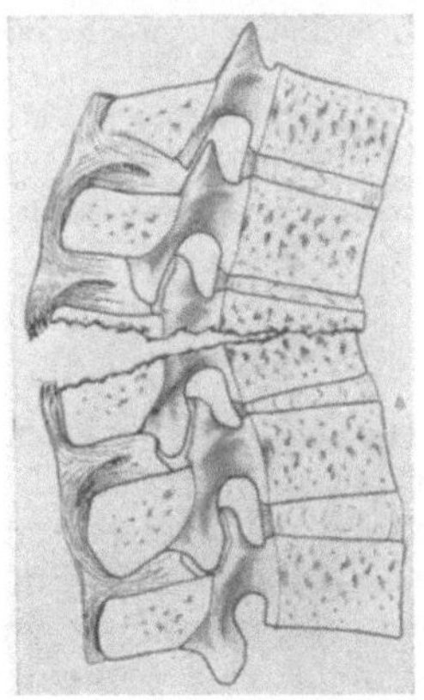

Abb. 233. Horizontaler Querbruch durch Körper, Bogenwurzel und Dorn durch Biegung. Medianschnitt, schematisch (nach HEURITSCH).

durch Überraschung; z. B. als der Spund sich nicht herausziehen lassen wollte, als ein 26jähriger Mann daran zog (SANDAHL), oder bei raschen Drehungen usw. Das Überraschungsmoment scheint übrigens auch beim Schippen eine gewisse Rolle zu spielen, z. B. wenn der Lehm unerwartet sich nicht von der Schaufel löst.

c) Isolierte Brüche der Querfortsätze.

Sie kommen ebenfalls durch direkte Gewalteinwirkung stumpfer Gegenstände oder bei Prellungen und Verschüttungen, durch Stein- oder Lawinenschlag zustande. Sie kommen äußerst selten in der Brustwirbelsäule vor (SCHIESSL). Häufiger hingegen entstehen die Brüche einer oder mehrerer der Proc. transversi meistens der Lendenwirbelsäule durch Muskelzug. Sie sind zwar selten isoliert, sondern als Begleitfrakturen ausgedehnter Verletzungen aufzufassen. Der Abriß erfolgt durch den M. quadratus lumborum und M. longissimus dorsi. Die Arbeitsunfähigkeit dauert länger als bei den Dornfortsatzbrüchen, nämlich etwa 2 bis 3 Monate (TORELLI, ERNST und RÖMMELT, MOLINEUS, PEČIRKA, SCHIESSL, WEIDMANN, WINTERSTEIN u. a.). Auch Proc. styloidei können einmal brechen (ALBANESE).

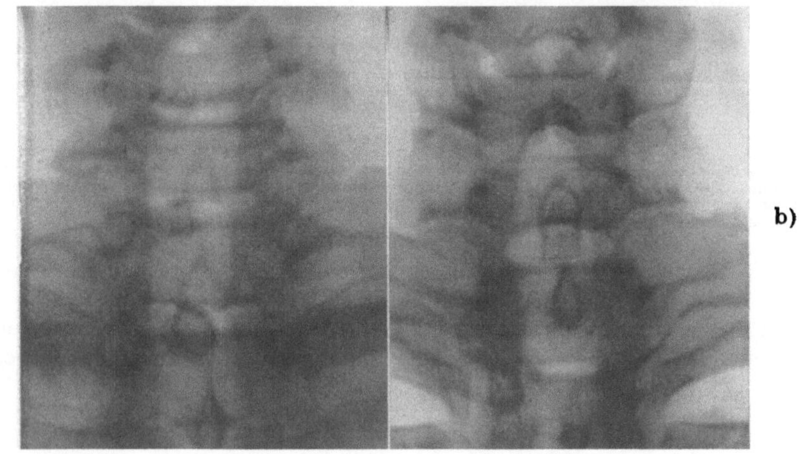

Abb. 234. Isolierte Frakturen der Dornfortsätze.
a) Gestern verspürte Pat. beim Sandschaufeln auf erhöht stehendem Lastwagen plötzlich ruckartigen Schmerz in der Halswirbelsäule; frische Brüche von C_7 und Th_1. 54jähr. ♂. Nr. 85 826. b) Wollte beim Turnen den Medizinball fangen und fiel dabei auf den Rücken; Fraktur C_7. 25jähr. ♂. Nr. 88 400. 2/3.

7. Ausheilung von Wirbelbrüchen.

a) Allgemeines.

Zum Zeitpunkt der Verletzung des Knochens tritt ein: 1. Kontinuitätstrennung der betroffenen Gewebe, Knochenbälkchen, Rinde und Knochenmark; 2. Blutungen aus dem verletzten Gewebe (Knochen und Mark), die sich diffus im Gebiet des Bruches mehr oder weniger herdförmig ausbreiten. Bei hochgradigen Verletzungen können sich die Blutungen auch in vorgebildeten Spalten paravertebral mehr oder weniger weit in die Umgebung ausbreiten; sie stammen dann wohl meistens aus Gefäßen der Weichteile.

In diesem Zustand beginnen die Reaktionen der Heilung. Sie setzen bald, d. h. einige wenige Wochen nach dem Unfall, als nekrotisierende Vorgänge im Knochenmark ein; die Zellgrenzen verschwinden, die Kerne verlieren ihre Färbbarkeit. Etwa gleichzeitig tritt der Anbau neuen Knochens ein. Durch Osteoblasten wird osteoides Gewebe gebildet, das später in kalkhaltigen Knochen umgewandelt wird. Im Bereiche der Spongiosa entsteht einerseits *enostaler Callus*. Vom Periost aus entwickelt sich anderseits *periostaler Callus*. Ersterer repariert die Spongiosaverletzung, letzterer die Frakturen in den Flächen der

Rinde. Es ist festzustellen, daß Menge und Ausdehnung des Callus sehr gering
sind, jedenfalls sehr viel kleiner als man es bei Frakturen der Extremitätenknochen zu sehen gewohnt ist. Der beschriebene Callus kann naturgemäß im
Röntgenbild nur in sehr beschränktem Maße beobachtet werden. Man kann
wohl sagen, daß nur der Periostcallus im Bereiche von Frakturstufen der Corticalis in geeignetem Zeitpunkt in seiner Entstehung gesehen werden kann.

Meistens beginnt der Abbau in der Nähe der Trennungsflächen frühzeitig,
jedenfalls zu einer Zeit, wo der neue kalkhaltige Knochen noch nicht in namhaftem
Maße gebildet ist. Das macht sich in einer relativ frühzeitig einsetzenden, röntgenologisch sichtbaren *Porosierung der Frakturstellen* bemerkbar. Außerdem
tritt eine allgemeine Osteoatrophie der weiteren Umgebung des Wirbelkörpers
oder sogar seiner Nachbarn auf; Jaeger (vgl. Abb. 218).

Mit dieser Callusbildung hat die Entstehung von spondylotischen Zacken,
Spangen und Brücken nichts zu tun. Wir kommen damit zur Besprechung über

die Rolle der Bandscheibe.

Wenn durch eine Verletzung des Annulus fibrosus, insbesondere seiner
peripheren Teile, dem innenliegenden Bandscheibengewebe der Weg freigemacht
wird, so daß es in die Nähe der Bänder gelangen kann, dann ist die Ursache
gegeben für die Entstehung von Spangen (Lob). Die Genese der *posttraumatischen
spondylotischen Zacken, Leisten* und *Spangen* entspricht genau derjenigen der
degenerativen Spondylosis deformans. Die Ätiologie jedoch ist in beiden Fällen
grundverschieden, Verletzung einerseits und degenerativer Verbrauch anderseits.
Die spondylotische Zacke bildet sich am Rand des Knochens um gewucherten
Knorpel herum. Hellner beobachtete posttraumatische Spondylosen in 77%
der verletzten Wirbelsäulen, 23% waren jünger als 40 Jahre. Nie entstand eine
generalisierte deformierende Spondylose wie bei der primären Spondylose.
Letztere ist nie Unfallfolge (Gütig und Herzog, Schröder, Segre).

Das ist die eine Beziehung der Bandscheibe zu der Verletzung. Während die
posttraumatische Spondylose bereits bei isolierten Verletzungen der Bandscheibe
zu finden ist, gewinnt das verlagerte Bandscheibengewebe eine andere Bedeutung,
wenn es in den frakturierten Wirbelkörper hineingetrieben wird. In diesem Falle
verhindert es eine eigentliche Verknöcherung des Defektes durch Callus. Das
Discusgewebe wandelt sich im Laufe der Zeit in Bindegewebe um und füllt so
den Raum mit nicht kontrastgebendem Gewebe aus. Auf diese Verhältnisse
haben manche Autoren, zuletzt Schmorl und namentlich Lob hingewiesen. Sie
sind für das Verständnis des Röntgenbildes des heilenden Wirbelbruches von
Bedeutung.

b) Das Röntgenbild des heilenden Wirbelbruches.

Durch die kurze Beschreibung des anatomischen Geschehens ist die Phäno-
menologie der Röntgenaufnahme eigentlich gegeben. Wir wollen trotzdem
einige Punkte noch gesondert erwähnen.

Die röntgenologischen Zeichen der Fraktur sind, ganz generell, Einzelsymptome
der Dislokation: 1. Dislokation der Fragmente gegeneinander, namentlich im
Gebiete der Spongiosa, *Überschiebungszone* (Trümmerfeldzone); 2. Dislokation
der Fragmente auseinander; a) Frakturspalt, diastatische *Frakturlinie* in der
Aufsicht; b) *Treppenstufe* der tangential abgebildeten Corticalis. Da eine ausgesprochene Längsachse beim menschlichen Wirbel fehlt, kann man von Dislokation schlechthin sprechen; es ist damit die Latusverschiebung gemeint,
trotzdem kleinere oder größere Verdrehungen (ad axin) ebenfalls meistens
vorkommen.

Bei der reinen Körperfraktur wird als erstes Zeichen der Heilung ein Ausgleich der Treppenstufen durch Auftreten von Periostcallus zu sehen sein, sofern überhaupt eine Stufe vorlag. Fast gleichzeitig, manchmal vorher, oft aber auch später, soll sich die Verdichtung der Überschiebungszone aufhellen. In einigen Fällen läßt dieses letztere Zeichen sehr lange auf sich warten. Wahrscheinlich dann, wenn eine allgemeine Porose frühzeitig und rasch eintritt. Voraussetzung ist auch hier, daß eine Überschiebungszone besteht und zudem noch sichtbar ist.

In jenen wenig häufigen Fällen, wo eine diastatische Frakturspalte zu erkennen ist, kann es vorkommen, daß der oben geschilderte Abbau in seiner Umgebung eine sichtbare *Verbreiterung der Spalten* bewirkt. Dieses Zeichen kann unter Umständen als allererstes Reaktionszeichen auftreten. Ja, es kann sogar in geeigneten Fällen erst die ausreichende Grundlage für die sichere Diagnose der Fraktur abgeben.

Ein Teil der innerhalb des Wirbelkörpers sichtbaren Spalten, die ja meistens mehr oder weniger klaffen, schließt sich im Verlaufe der Heilung durch enostalen oder periostalen Callus vollständig. Die ursprüngliche Knochenstruktur wird dann wieder hergestellt. Man kann sich wohl vorstellen, daß die mechanischen Bedingungen ungünstiger sind als vorher; man wird stellenweise auftretende Sclerose wohl hierauf zurückführen können. Ein anderer Teil dieser Spalten wird aber im Röntgenbild offen bleiben, d. h. sich nicht knöchern ausgleichen. Das ist dann und an jenen Stellen der Fall, wenn Bandscheibengewebe interponiert ist. Das ist vorwiegend bei Abscherungen mit Kantenbrüchen besonders deutlich zu beobachten. Es bleibt dann der ursprünglich gesetzte Spalt einfach ohne wesentliche Veränderung bestehen. Bei tieferen Einbrüchen der Abschlußplatten, bei denen stets erhebliche Mengen fremden Gewebes in die Spongiosa eingesprengt wird, bleibt dann eine größere mehr oder weniger tiefe Mulde offen. Ihre Begrenzung gleicht sich freilich im Verlauf der Heilung aus, derart, daß die ursprünglich zackige Begrenzung verschwindet. Bei weitgehenden Zerstörungen können sich die Ausläufer der beiden Bandscheiben erreichen, so daß ein durchgehender Doppeltrichter entsteht.

Wir sprachen bis jetzt von den Wirbelkörpern; sie sind die Hauptträger der Last und ihre Wiederherstellung steht im Zentrum der Forderung einer zweckmäßigen Heilung. Immerhin sind Verletzungen der Bogenteile nicht ohne Bedeutung. Ihre Ausdehnung ist jedoch viel kleiner und ebenso die zu ersetzende Substanz. Das Interesse der Frakturheilung im Bogen tritt deshalb vor derjenigen der Körper zurück. Daß ein großer Teil der Fortsatzbrüche nicht knöchern, sondern fibrös heilt, wurde oben schon mitgeteilt.

Differentialdiagnose. Erörterungen über die Differentialdiagnose der *frischen Fraktur* erübrigen sich nach dem Gesagten; die besprochenen Röntgenzeichen zusammen mit der Anamnese werden stets zur richtigen Deutung der Röntgenbefunde führen. Es ist zu sagen, daß die Anwesenheit einer Verbreiterung des Paravertebralschattens nicht gegen Fraktur spricht. Eine solche kürzere oder längere spindelige Verbreiterung kann auch durch ein *Hämatom* bedingt sein (EISELSBERG und GOLD). Sehr viel schwieriger ist dagegen die Erkennung von *geheilten Brüchen*, und besonders die Unterscheidung der traumatischen Keilwirbel von Keilwirbeln anderer Genese. In manchen Fällen ist es völlig unmöglich, nach dem Röntgenbild eine Entscheidung zu treffen. Das gilt vor allem für isolierte Körperbrüche. Weiterreichende Mitverletzungen etwa der Bogen geben ab und zu eine Hilfe, wenn Dislokationen festgestellt werden können, die durch Zerstörung etwa bei Tuberkulose nicht erklärlich wären. Oder umgekehrt, wenn ausgedehnte Sclerosen, Spangen und Deformationen vorliegen, die nicht den Gesetzen der Frakturentstehung entsprechen würden (ALTSCHUL).

Ganz besonders schwierig ist die richtige Erfassung von zufällig entdeckten Keilwirbeln, wenn etwa das Trauma lange zurückliegt und vom Kranken nicht mehr erwähnt wird. Das kann bei der Häufigkeit von *unerkannten Wirbelfrakturen* sehr wohl vorkommen. Wichtig ist, daß man in allen solchen Fällen an die symptomlos verlaufende oder unerkannte Fraktur denkt, obschon angenommen wird, daß auch symptomlos verlaufende Tuberkulosen vorkommen. Eine relativ große Zahl dieser Fälle ist bedeutungslos; die Fraktur bleibt ein Nebenbefund. Diese Tatsache hat ja auch zu der Empfehlung geführt, in solchen Fällen dem Patienten eine Fraktur nicht zu melden, und dies auch bei Versicherten mit geringem frischem Bruch zu unterlassen. Ich halte wenigstens letzteres aus ethischen Gründen unter keinen Umständen erlaubt.

c) Zeitlicher Verlauf.

Es wäre äußerst wichtig, zum Zwecke der Unfallbegutachtung Anhaltspunkte für den zeitlichen Ablauf der Verletzungen zu besitzen, insbesondere um gestützt darauf Altersschätzungen von Frakturen zu begründen. Es lag naturgemäß nahe, die mittels dem Röntgenverfahren erhältlichen Veränderungen als Grundlage zu benutzen; jedoch hat es sich aber herausgestellt, daß die Brauchbarkeit des Röntgenbildes nur sehr beschränkt ist. Im allgemeinen wird es sich zwar nicht darum handeln, das Alter eines im Bild dargestellten Prozesses zu bestimmen, sondern es wird die Frage auftreten: kann die Veränderung ein durch ein bestimmtes Unfalldatum gegebenes Alter haben oder nicht. Diese Fragestellung nach kritischen Daten erleichtert zwar die Beantwortung erheblich. Trotzdem bestehen noch sehr große Schwierigkeiten, ja in vielen Fällen sogar die Unmöglichkeit einer zuverlässigen Schätzung, weil die individuellen Streuungen zu groß sind.

In der folgenden Tabelle 9 sind die zeitlichen Verhältnisse zusammengestellt (JAEGER, LOB, ELLMER, MARTIN, Verfasser).

Tabelle 9. Zeitlicher Verlauf der makroskopischen Ausheilungsvorgänge nach Wirbelfraktur.

1. Callus	
Beginn (anatomisch)	am Ende des 1. Monats
Sichtbarkeit durch beginnende Glättung der Randstufen (röntgenologisch)	1 bis 2 Monate
Vollendung des Callus	3 „ 10 „
2. Abbau im Bruchgebiet	$^1/_2$ „ $1^1/_2$ „
3. Vollendung des statischen Umbaues, Ende der Veränderung der Gesamtform der Wirbelsäule	wenige Jahre
4. Überschiebungszonen	
Verdichtung (Eintritt allgemeiner Porose)	1 bis 3 Monate
verstrichen	6 „ 15 „
5. Traumatische Spondylose	
Beginn (anatomisch)	1 bis 2 „
Sichtbarkeit (röntgenologisch)	2 „ 10 „
Vollendet	6 „ 12 „

1. *Callus:* Im Röntgenbild ist lediglich der in Verkalkung begriffene Periostcallus der Corticalisstufe zu erkennen, er bekundet sich durch Glättung der Stufe. Der enostale Callus, bzw. der Abschluß der Ausheilungsvorgänge in der Spongiosa lassen sich aus der Tatsache schließen, daß die Struktur wieder normal geworden

ist. Ausgesprochene Sclerosen sind selten und stets als accessorische Prozesse zu werten, sie gehören nie oder nur sehr vorübergehend zur Bruchheilung, sind also für die Altersbestimmung einer Verletzung nicht brauchbar.

2. Der *Abbau* im nahen Bereiche der Bruchspalten ist das erste röntgenologische Zeichen einer Reaktion auf die Verletzung. Sie tritt in den ersten Wochen auf und wird durch den Beginn der Osteoidverkalkung, also den Wiederanbau, abgelöst. Die Sichtbarkeit dieses initialen Abbaues ist nicht obligat.

3. Die *Vollendung des statischen Umbaues* tritt erst während weniger Jahre ein. In dieser Zeit gleicht sich eine *Achsenabweichung* optimal aus (JAEGER). Die konsekutiven sekundären statischen Veränderungen, wie vornehmlich die deformierende Arthrose der kleinen Gelenke, treten dagegen erst später, nach mehreren Jahren, auf.

Formveränderungen von Wirbelkörpern, die sich auf Grund der Zerstörungen ausbilden, beginnen unmittelbar nach der Verletzung und sind nach Vollendung des Callus, d. h. nach 3 bis 10 Monaten, abgeschlossen. Sie geht etwa parallel mit der

4. *allgemeinen Porose*, die zu einer vorübergehenden *Verstärkung der Überschiebungszonen* führen kann, weil in diesem Gebiet die Zirkulation schlechter ist als in der unverletzten Umgebung.

5. Die *traumatische Spondylose* ist ein Zeichen der Bandscheibenverletzung. Wenn die Voraussetzungen gegeben sind, beginnt eine Ausbildung bald nach dem Unfallereignis, wird aber frühestens nach 2 Monaten im Röntgenbild sichtbar. Spondylotische Exostosen, die erst nach dem 10. Monat in Erscheinung treten, sind kaum mit der Verletzung in direktem Zusammenhang. In jenen Fällen, wo sie beobachtet werden, muß gegebenenfalls die Frage entschieden werden, ob es sich um statische Spätschäden handelt. Die spondylotischen Zacken schließen ihr Wachstum relativ frühzeitig ab. Eine nennenswerte Zunahme wird nach 1 Jahr kaum mehr eintreten. Dabei ist es gleichgültig, ob die Exostose groß oder klein ist oder ob sich sogar geschlossene Brücken gebildet haben.

8. Beziehungen der Wirbelverletzungen zu krankhaften Prozessen.

a) Lokale sekundäre Schäden.

Die *sekundäre posttraumatische Spondylose* wurde oben als Heilungsvorgang besprochen. Wir haben hier nur noch einige Gesichtspunkte hervorzuheben, auf die vielleicht früher zu wenig deutlich hingewiesen werden konnte. 1. Eine *primäre generalisierte*, degenerative Spondylosis deformans wird durch ein Trauma a) nicht hervorgerufen, b) wird ihre im Röntgenbild sichtbare anatomische Grundlage nicht verstärkt, c) sie wird nicht von einem indolenten, in einen dolenten Zustand übergeführt. 2. a) Die *sekundäre lokalisierte*, posttraumatische Spondylose ist die Folge von Verletzungen der zugehörigen Bandscheiben. b) Freilich geht Größe und Ausdehnung der Osteophyten parallel zur Ausdehnung der Verletzungen, daraus darf jedoch kein Schluß auf die Stärke der Beschwerden gezogen werden. 3. Dagegen ist die Traumatisierung der Wirbelsäule geeignet, auf dem Boden einer *schweren Osteochondrose*, besonders an bestimmten Stellen (z. B. Halswirbelsäule und unterste Lendenwirbelsäule), Beschwerden hervorzurufen oder zu steigern; das geschieht vornehmlich über *statische sekundäre Schäden*, ähnlich wie sie später als direkte Frakturfolgen geschildert sind.

Die KÜMMELsche *posttraumatische Spondylitis*. Nach KÜMMEL-VERNEUL kann posttraumatisch ohne oder mit kleiner Fraktur, nach kürzerem oder längerem symptomfreiem Intervall eine Zerstörung eines oder mehrerer Wirbelkörper eintreten. Da die Beurteilung der Wirbelsäule nach dem Trauma sehr schwierig ist, wird die Existenz einer posttraumatischen Spondylitis im deutschen Schrifttum teilweise bestritten. Bei den Angelsachsen und Franzosen findet man mehr Zustimmung. In der Tat haben sich manche Fälle von Morbus Kümmel als Frakturen (HOSFORD, BLANC, O'BRIEN) mit starker Zerstörung, als Tuberkulosen (HEILIGTAG, BELOT, ROEDERER) und Tumoren und Infektionen (Mykosen usw.) erwiesen. Dabei kannte man meist nicht einmal den Zustand des Wirbels unmittelbar nach dem Trauma; so konnte z. B. die Frage nicht abgeklärt werden, ob z. B. die Spondylitis tuberculosa durch das Trauma verursacht war oder nicht. Anderseits ist nicht einzusehen, warum gerade in der Spongiosa des Wirbelkörpers nicht *traumatische aseptische* Nekrosen entstehen sollen, wie etwa im Naviculare manus oder im Schenkelhals (LERICHE u. a.). ZWEIFEL beschreibt einen einschlägigen Fall eines Jugendlichen, wo an Th_{12} 3 Monate nach Sturz aus 4 m Höhe ein an die Randleiste angrenzender Defekt entstand, der ein Jahr später ausgeheilt war. Unter allen Umständen soll die Bezeichnung KÜMMEL-VERNEULsche Krankheit (lieber nicht Spondylitis traumatica) nur auf jene wenigen Fälle Anwendung finden, von denen die Frakturen, Entzündungen, juvenilen Kyphosen und Tumoren sorgfältig abgetrennt worden sind. Das ist schon angezeigt wegen des durchaus unterschiedlichen therapeutischen Verhaltens. Es müssen auch jene Fälle ausgeschieden werden, deren Intervall mehr als ein Jahr, wie etwa bei BLAINE, SCHREINER, beträgt. Von CARDIS and OLVER werden sehr kurze Intervalle von Tagen und Wochen angegeben. Bei Jugendlichen soll die Beurteilung sehr zurückhaltend sein wegen der Möglichkeit der Verwechslung mit juveniler Kyphose. Dies um so mehr, als die Fraktur bei Morbus SCHEUERMANN ohne jegliche Komplikation ausheilt (CURNY, BASENGHI). Wir glauben gerne, daß das Alter von 25 bis 50 Jahren für die Entstehung einer KÜMMELschen Krankheit besonders geeignet ist (FROELICH et MOUCHET). Die Hauptlokalisation der einwandfreien Fälle ist die Brust- und Lendenwirbelsäule. Oft sind die frakturierten Wirbel benachbarter Körper betroffen (MAGENDIE). Meist entsteht ein Gibbus (RIGLER, SOLCARD, SOREL u. v. a.).

b) Sekundäre (statische) Schäden.

Sie sind überall da möglich, wo durch die Fraktur eine dauernde Formveränderung der Wirbelsäule entstanden ist. Sie können entweder die Weichteile oder das Skelet betreffen.

Statische Spätschäden der Weichteile. Es bestehen Schmerzen im Rücken oder Beinen (Knie), meistens bei Belastung, rasche Ermüdbarkeit bei Arbeiten im Stehen oder vornehmlich bei gebückter Haltung usw., die vorwiegend in die Muskulatur lokalisiert werden. Es handelt sich um eine Insuffizienz der Weichteile, die den neuen statischen Verhältnissen nicht mehr gewachsen sind, obschon die Formveränderung nur geringes Ausmaß aufweist. Meistens sind es Deformierungen, die direkt oder indirekt zur Verstärkung der normalen Krümmungen führen, also Kyphosen der Brustwirbelsäule, die ausgesprochene muskuläre Spätschäden zur Folge haben. Indessen sind diese nur sehr bedingt Gegenstand der Röntgenuntersuchung, sie sollen deshalb hier nur der Vollständigkeit halber erwähnt werden.

Röntgenologisch wichtiger sind die *sekundären Schäden am Skelet* außerhalb des Bruchgebietes. Sie treten oft sehr spät, d. h. nach einem oder sogar nach mehreren Jahren auf und sind im allgemeinen im Röntgenbild darstellbar.

Die *posttraumatische Spondylose* ist früher besprochen worden. Sie ist zwar die Folge von Bandscheibenverletzungen und gehört deshalb nicht in dieses Kapitel. Sie sei jedoch erwähnt als Übergang zu den folgenden Prozessen, mit denen sie in gewissem Sinne als verwandt aufzufassen ist. Übrigens sind alle

Lokalisationen schon früher in den Kapiteln des Abschnittes III A besprochen worden und es genügt, an dieser Stelle darauf hinzuweisen.

Posttraumatische Arthrosis deformans der kleinen Gelenke außerhalb des Bruchgebietes. Wir haben früher gesehen, daß jede Formveränderung der Wirbelsäule, Kyphose, Lordose und Scoliose durch Verschiebung der Intervertebralgelenke aus ihrer normalen Mittellage zu einer starken mechanischen Belastung des Knorpels führt. Dadurch entsteht relativ frühzeitig eine deformierende Arthrose, die später sichtbar werden kann, wenn geeignete aufnahmetechnische Vorkehrungen getroffen werden. Dabei ist die einschränkende Feststellung zu machen, daß nicht jede Vorschiebung zu deformierender Arthrose führt, sondern nur jene, die zugleich eine stärkere oder schwächere Inkongruenz der Gelenkflächen zur Folge haben. Das sind vor allem die seitlichen Bewegungen und Zwangslagen und die Verschiebungen der Gelenkteile gegeneinander. Letzteres ist namentlich realisiert bei allen lordosierenden Bewegungen. So kommt es, daß nach kyphosierender Brustwirbelfraktur, die sich nicht völlig aufrichten konnte, eine kompensierende Hyperlordosierung im Verlaufe von wenigen Jahren zu einer sehr hochgradigen Intervertebralarthrose führen kann, oder eine solche der untersten Gelenkpaare verstärkt, und zudem die oberen Gelenke, einseitig oder doppelseitig, verändern kann. Es liegt auf der Hand, daß jeder kyphosierende Prozeß, Entzündung, Tumor usw., den gleichen Mechanismus ausüben kann.

Nearthrosen. Gerade bei der Hyperlordosierung, z. B. eben durch kyphosierende Fraktur, können sich in seltenen Fällen die Proc. spinosi der Lendenwirbel derart nähern, daß nach und nach durch knöcherne Berührung eine Nearthrose entsteht. Diese sind stets schmerzhaft, namentlich zur Zeit ihrer Entstehung. Neben den Nearthrosen der Proc. spinosi sind solche an den Enden der Proc. articulares inferiores auf dem Grund der oberen Gelenkfortsätze, bzw. der Bogenteile bekannt und ziemlich häufig. Dislocierte Proc. transversi der untersten Lendenwirbelsäule können mit der Beckenschaufel artikulieren und hier an sich oder durch deformierende Arthrose starke Schmerzen verursachen. Auch zwischen den Proc. transversi oder bei Anomalien sind Nearthrosen beobachtet worden, die auf Veränderungen der Gesamtform empfindlich sein können.

c) Wirbelbrüche bei krankhaften Knochenveränderungen (pathologische Fraktur und Spontanfraktur).

Der Wirbelbruch bei vorbestehender krankhafter Veränderung des Achsenskelets ist wohl nicht so selten wie man glauben könnte; trotzdem scheint mir die Bedeutung des Zusammentreffens eher untergeordnet. Jedenfalls ist sie nicht zu vergleichen mit der Bedeutung der pathologischen Fraktur der Extremitäten.

Am bedeutendsten scheinen mir jene Fälle, wo durch eine *generalisierte Knochenerkrankung* (etwa auf hypovitaminotischer, innersekretorischer oder erblicher Grundlage) die Tragfähigkeit der Wirbelsäule vermindert ist und so Veranlassung von Frakturen werden kann, die bei normalem Knochen nicht eingetreten wären. Solche Erkrankungen haben wir in den Abschnitten III C und D zu suchen, vor allem werden sie der Gruppe der Porosen angehören.

So sahen wir multiple Brüche nach geringfügigen Traumen bei einem Fall von Osteopsathyrose (S. 177). Die Ausheilung erfolgte in jeder Hinsicht normal. Die größte Bedeutung muß aber in dieser Beziehung jenen Krankheiten zugeschrieben werden, deren Beteiligung des Achsenskelets dem Kranken nicht bekannt ist. Es kann in solchen Fällen die komplizierende Fraktur weit einschneidendere Folgen haben als die Grundkrankheit. Ich denke vor allem an die Gruppe der einfachen Porosen. Auf S. 148 wurde ein Bruch bei präseniler, schmerzhafter Porose dargestellt, wo sich die Hausfrau durch einfaches Ausgleiten im Zimmer eine Fraktur eines Wirbelkörpers zuzog. MOFFAT berichtet über vier Fälle, wo bei Anomalien des Calciumstoffwechsels beim Bücken, beim Turnen oder beim Heben eines Kranken fast immer in der unteren Brustwirbelsäule Frakturen entstanden (JAEGER, MULL, STRAUSS). Versicherungstechnisch hat die senile Porose unberechtigt Bedeutung erlangt, indem in manchen Ländern die senile Porose bei Unfällen mit Wirbelfraktur im Gefolge, als vorbestehende Krankheit, und somit als Grund für eine Reduktion der Versicherungsleistung aufgefaßt wird.

Über die Beziehungen der *generalisierten Spondylosis deformans als vorbestehende Krankheit* ist viel geschrieben worden. Es sei zum voraus festgestellt, daß die deformierende Spondylose als degenerative Verbrauchsveränderung nichts zu tun hat mit der traumatischen Spondylose. Die röntgenologisch feststellbare Zackenbildung ist ein Symptom; seine Pathogenese ist wohl in beiden Fällen gleichartig: Riß im Annulus fibrosus und Verlagerung von Bandscheibengewebe. Die Ätiologie dagegen ist grundverschieden. Das eine Mal liegt eine Verletzung, das andere Mal ein degenerativer Vorgang, ein drittes Mal direkt oder indirekt wahrscheinlich entzündliche Zerstörungen vor. Dementsprechend ist auch Lokalisation und Verlauf gänzlich verschieden: im Falle der essentiellen deformierenden Arthrose generalisierte, sehr langsame, über Jahrzehnte sich ausdehnende Entstehung, im Falle der traumatischen Spondylose Entstehung in 2—12 Monaten nur im Gebiete der Verletzungen.

Es kann kein Zweifel bestehen, daß durch ein Trauma eine generalisierte Spondylose nicht entstehen kann ohne generalisierte traumatische Bandscheibenverletzungen. Bedeutungsvoller scheint die Frage, ob die vorbestehende Spondylosis deformans auf den Verlauf der Verletzung einen Einfluß ausübt. Nach dem früher im Kap. III 1 Gesagten, muß ein solcher Einfluß unbedingt bestritten werden: Das Vorliegen einer deformierenden Spondylose ist irrelevant in bezug auf den Verlauf und auf die versicherungstechnische Beurteilung. Das Gesagte gilt für die einfache Spondylose, nicht aber für die *schwere Osteochondrose* (vgl. Kap. III 2). Es liegt im Gegenteil auf der Hand, daß die schwer osteochondrotische Wirbelsäule von einem Trauma schwerer getroffen wird als eine völlig gesunde. Nicht etwa tritt ein Bruch eher oder ausgedehnter ein, weil der Knochen brüchiger ist, darüber entscheiden andere Faktoren, den Knochen betreffend. Zwei andere Momente scheinen wichtiger zu sein. Einmal ist sicher, daß die degenerative Bandscheibe anfälliger ist, d. h. die osteochondrotische Bandscheibe wird eher und ausgedehnter der Verletzung anheimfallen als die gesunde. Dann aber, und das scheint mir das wichtigste zu sein, ist die Wirbelsäule mit schwerer Osteochondrose nicht oder doch schlechter und langsamer befähigt, sich den neuen statischen und dynamischen Anforderungen anzupassen. So kommt es, daß eine solche Wirbelsäule unter Umständen durch ein relativ kleines Trauma schwer getroffen wird, ohne daß Frakturen festzustellen wären. Wir müssen dann mehr oder weniger ausgedehnte Verletzungen am Bandapparat annehmen, und gehen damit wohl auch nicht fehl. Unter diesen Verletzungen haben wir uns vorzustellen: 1. reine Bandscheibenverletzungen mit Verlagerung von Faserknorpel, wobei die Verlagerung in den Spinalkanal eine besondere Rolle spielt, die früher im Kap. III 2 d abgehandelt wurde; 2. Bandscheibenverletzungen mit kleinen unsichtbaren Einbrüchen in die Abschlußplatten. Die osteochondrotische Wirbelsäule verhält sich dem Trauma gegenüber ähnlich wie das osteochondrotische Extremitätengelenk.

Wenn die *Osteoatrophie* sehr hochgradig ist, genügt unter Umständen die Belastung allein, um Brüche, vornehmlich der Wirbelkörper, zu verursachen. Es handelt sich dann entweder um reine Spongiosabrüche, die im Bild nicht zu erkennen sind, und sich nur durch die Deformierung des Wirbelkörpers zum Fischwirbel kundtun. Seltener sind die Rindenbrüche entweder als Einbrüche der Abschlußplatten oder als Infraktionen der Vorder- und Seitenwände. Die Bruchheilung ist auch in diesen Fällen mehr oder weniger erhalten und gehorcht den oben gegebenen Regeln. Danach entsteht kein Callus, wenn sich Bandscheibengewebe in die Bruchlücken einschiebt. Nur in schweren Fällen bleibt die Heilung aus oder ist stark verzögert. Über diese Spontanfrakturen ist früher in den entsprechenden Kapiteln berichtet worden.

Auf *Spontanfrakturen bei lokalisierten Zerstörungen* von Wirbelkörpern soll weiter nicht eingegangen werden. Sie kommen sicherlich vor. Dabei muß die Frage aufgeworfen werden, inwieweit die Bezeichnung Bruch berechtigt ist, wenn man bedenkt, wie weitgehend die Zerstörung meistens schon gediehen ist, wenn der Zusammenbruch erfolgt. Über den plötzlichen Einbruch spondylitisch veränderter Wirbelkörper wurde früher (S. 194) gesprochen.

Es soll dieses Kapitel nicht beendet werden, ohne noch auf die Möglichkeit hingewiesen zu haben, daß es sehr wohl denkbar ist, daß vorbestehende Krankheit und Fraktur an der gleichen Wirbelsäule völlig unabhängig voneinander verlaufen und sich gegenseitig nicht beeinflussen. Ganz abgesehen von den Anomalien denke ich z. B. an die Fraktur bei juveniler Kyphose SCHEUERMANN (Lyon), bei BECHTEREWscher Krankheit, STIASNY. Auch andere Kombinationen sind wohl denkbar.

d) Die Fraktur als auslösende oder begünstigende Ursache von Erkrankungen.

Wir haben oben schon von den sekundären Veränderungen an Muskeln und Gelenken gesprochen, die zum Teil als Spätschäden auftreten. Das sind direkte Folgen der Wirbelbrüche. Es soll jetzt noch auf einige Beziehungen zwischen Fraktur und Krankheit hingewiesen werden, wobei die Fraktur oder das Trauma als auslösendes oder begünstigendes Moment von meist schwerem Charakter bei der Entstehung wirkt. Wir sprechen nicht von allgemeinen Komplikationen, wie Pneumonie, Infarkt usw.

In diesem Zusammenhang sei jedoch auf die Entstehung von Kalkmetastasen in den Nieren durch Abbau von Kalksalzen im ausgedehnten Frakturgebiet hingewiesen (ANNOVAZZI u. a.).

Von größerer Bedeutung sind die Kausalbeziehungen zu den *Infektionen*. Dabei bestehen drei Möglichkeiten: 1. Durch eine Verletzung werden Keime, banale oder spezifische, in den gesunden Körper hineingebracht: *Inoculation*. Das kann an der Wirbelsäule etwa durch eine Schußverletzung geschehen. 2. Körpereigene Keime können durch eine Verletzung zur Ansiedlung an einer bis anhin gesunden Stelle veranlaßt werden. Hierbei bestehen wieder zwei Möglichkeiten: a) Durch die Verletzung wird eine erkrankte Stelle getroffen, wodurch entweder eine Verschlimmerung an Ort und Stelle oder eine allgemeine Aussaat verursacht werden kann. b) Das Trauma trifft eine gesunde Stelle und präpariert diese zur metastatischen Ansiedlung von Keimen (oder Tumorzellen): *Kontusionsinfekt*. Die Tatsache der Verschlimmerung, bzw. allgemeinen Aussaat von Infektionserregern ist bekannt. Die Röntgendiagnostik wird in solchen Fällen nicht viel leisten können, wir enthalten uns deshalb weiterer Betrachtungen. Bei seltenen Fällen der Möglichkeit 2b kann jedoch das Röntgenverfahren ausschlaggebend sein.

Man kann sich sehr wohl denken, daß durch einen Bruch alle jene pathologischen Vorgänge begünstigt werden, die mit der Durchblutung im Zusammenhang stehen. Ob dabei die herabgesetzte Abwehr oder die Stase im Bereiche verletzter Gefäße die Hauptrolle spielt, möge dahingestellt bleiben. Der angenommene Mechanismus setzt jedenfalls eine Entstehung der Erkrankung aus der Blutbahn voraus: Metastasierung von infektiösem oder neoplastischem Material.

Dabei ist die Begünstigung der Festsetzung von Tumormetastasen im verletzten Gebiet mangels therapeutischer Möglichkeiten wohl ohne praktische Bedeutung. Ganz anders die bacilläre Metastase. Es wurde früher (Kap. III 19 und III 21) berichtet, daß verschiedene Keime häufige Ableger im spongiösen Knochen setzen können, die aber nicht angehen, sondern unter Narbenbildung ausheilen. Es scheint ganz selbstverständlich, daß in diesem Falle eine hämatogene Metastase im verletzten Gebiet eine sehr viel größere Chance hat anzugehen als zu vernarben. So kann unter Umständen posttraumatisch unter geeigneten Bedingungen eine Spondylitis entstehen, die sonst nicht zur Entwicklung gekommen wäre.

Das Gesagte gilt in hervorragendem Maße für die *Spondylitis infectiosa*, bzw. die akute und chronische Osteomyelitis. Dazu ist vorerst noch folgendes zu sagen: Zur Begünstigung einer Metastase sind naturgemäß nicht nur ausgedehnte Frakturen, sondern ebensogut sehr kleine Verletzungen im gefäßversorgten Gebiet geeignet, Verletzungen jedenfalls, die im Röntgenbild längst keine Zeichen zu setzen brauchen. Dann aber haben wir in letzter Zeit eine ganze Anzahl Syndrome der Spondylitis infectiosa (Bandscheibenverschmälerung, Randzackenbildung, mit oder ohne Osteolysen, Osteosclerose) entstehen sehen, von denen man die Ätiologie kennt. Vgl. z. B. den Fall der Abb. 182 (Typhus). In manchen Fällen aber wissen wir nichts über die Entstehung; der Befund kann zu fällig erhoben werden. In einigen Fällen wird dann ein Trauma in der Anamnese gefunden oder aber es steht eine unsichtbare Wirbelverletzung von vornherein in Diskussion. Es liegt dann nahe, eine Bandscheibenverletzung od. dgl. anzunehmen. Anderseits kann aber die Möglichkeit einer *posttraumatischen Spondylitis infectiosa* mit bekannter oder wahrscheinlicher Infektion (z. B. Angina) oder auch ohne eine solche nicht von der Hand gewiesen werden. Es wäre wohl nützlich, in geeigneten derartigen Fällen, wo die röntgenologischen Zeichen der Spondylitis infectiosa gefunden werden, der Anamnese in der angedeuteten Richtung interessiert nachzugehen, trotzdem oft im Zeitpunkt der Entdeckung kein praktisches klinisches Interesse mehr vorliegt. Naturgemäß darf man sich nicht verleiten lassen, etwa in jenen Fällen eine Beziehung zwischen Spondylitis und Trauma zu konstruieren, wo ein geringes Trauma durch erstmaliges Auftretenlassen von Schmerzen auf eine Spondylitis hinweist. Die zeitlichen Verhältnisse werden eine Entscheidung stets erlauben. Bei der Unfallbegutachtung wird in jedem Falle die Präexistenz einer Infektion entsprechend gewürdigt werden müssen.

Alles soeben über die Osteomyelitis, bzw. vornehmlich über die Spondylitis infectiosa Gesagte gilt mutatis mutandis auch für die *Spondylitis tuberculosa*. Auch hier sprechen wir von den Kontusionstuberkulosen und erwähnen Inoculationstuberkulosen und Verschlimmerungen durch Traumatisierung einer Spondylitis tuberculosa nur der Vollständigkeit wegen.

Die Ansiedlung von im Blut kreisenden Kochschen Bacillen in vorher gesunden Verletzungsbezirken muß angenommen werden, trotz der widersprechenden tierexperimentellen Ergebnisse und trotz der klinischen Erfahrung, daß kaum einmal bei der sehr großen Zahl von Knochenverletzungen eine aufgesetzte Tuberkulose beobachtet wird. Jedenfalls sind diese Fälle der Wirbelsäule äußerst selten.

Röntgenuntersuchung. Das Röntgenbild an sich entspricht naturgemäß bei posttraumatischen Metastasen in allen Punkten dem Bild der Fraktur, bzw. dem Bild der Spondylitis (bzw. demjenigen der Metastasen). Der Röntgenverlauf jedoch muß sich an bestimmte Zeiten halten. Die ausgelöste Spondylitis nimmt ihren Anfang bei der Verletzung, d. h. zu einer Zeit, bevor weitgehende Reparationen stattgefunden haben. Deshalb soll das Manifestwerden der Zeichen sich an die folgende Tabelle 10 halten.

Tabelle 10.

Auftreten nach dem Trauma	frühestens	spätestens
Akute Osteomyelitis	1 Tag (klinisch)	4 Tage (klinisch)
Chronische Osteomyelitis und Spondylitis infectiosa	1 Woche	4 Wochen
Spondylitis tuberculosa	6 Wochen	6 Monate

Literaturverzeichnis.

I. Grundlagen.

A. Entwicklungsgeschichtliches und vergleichend Anatomisches über die Wirbelsäule.

ABEL, O.: Paläobiologie der Wirbeltiere, 1913. — ALEXANDER, B.: Die Entwicklung der knöchernen Wirbelsäule. Fschr. Röntgenstr., Erg.-B. 13 (1906).

BEADLE, O.: Vergleichende Untersuchungen über die Wirbelkörperepiphysen beim Menschen und beim Tier. Beitr. path. Anat. 88 (1931). — BÖHMIG, R.: Blutgefäßversorgung der Wirbelbandscheiben, das Verhalten des intervertebralen Chordasegmentes und die Bedeutung beider für die Bandscheibendegenerationen. Arch. klin. Chir. 158 (1938). — BOLK, L., E. GÖPPERT, E. KALLIUS und W. LUBOSCH: Handbuch der vergleichenden Anatomie der Wirbeltiere IV. Berlin u. Wien: Urban u. Schwarzenberg, 1936. — BRAILSFORD, J. F.: The Radiology of Bones and Joints, 3. Aufl. Churchill London, 1945. — BROMANN, J.: Normale und abnormale Entwicklung des Menschen. Wiesbaden, 1911. — BRONN: Klassen und Ordnungen des Tierreiches, B VI, Abt. V (1874—1900)

CIULLA, UGO: Sullo sviluppo dell'angolo sacro-vertebrale. Fol. gyn. Genova (1936). — CLEAVES, E. N.: Adolescent sacroiliac joints: Their normal developpment and their appearence in epiphysitis. Amer. J. Roentgenolog. 38, 450 (1937).

DARIAUX: Radiographie de face de la colonne cervicale en incidence antérieure. J. Radiol. (Belg.) 25 (1942). — DELAHAYE, A.: Quelques détails de l'ossification vertébrale précisés par la radiographie. J. Radiol. (Belg.) 8, 167 (1924). — DYES: Die Wirbelsäule im Wachstumsalter. Fschr. Röntgenstr. 44 (1921).

FISCHEL, A.: Lehrbuch der Entwicklung des Menschen. Berlin: Springer, 1929. — FRORIEP: Zur Entwicklungsgeschichte der Wirbelsäule. Arch. Anat. u. Physiol., Anat. Abt. 1883, 177—184; 1886, 69—150.

GEGENBAUR, K.: Vergleichende Anatomie der Wirbeltiere. Leipzig: Engelmann, 1898.

HANSON, R. (1): On the developpment of spinal vertebrae, as seen on skiagrams from late foetal life to the age of fourteen. Acta radiol. (Schwd.) 5, 112 (1926). — (2): Einige Röntgenstudien über „Normal-Rücken" während der Wachstumsjahre. Fschr. Röntgenstr. 39, 1079 (1929). — HARTMANN, K.: Zur Pathologie der bilateralen Wirbelkörperfehlbildungen und zur normalen Entwicklung der Wirbelkörper. Fschr. Röntgenstr. 55, 531 (1937). — HEINRICH, A. und G. STÄDTER: Die Änderungen im Röntgenbild der menschlichen Wirbelsäule während des Lebens. Z. Altersforsch. 2, 134 (1940). — HERTWIG, R.: Lehrbuch der Zoologie, 5. Aufl. Jena: Fischer, 1931.

JANKER: Persistierender Apophysen der Querfortsätze der Wirbelsäule. Röntgenprax. 2, 501 (1930). — JONATA, R. (1): L'ossificazione della colonna vertebrale nel feto umano. Ateneo parm. 11, 7, 77 (1935). — (2): Ricerche radiografiche sull'ossificazione della colonna vertebrale nel feto umano. Ann. Radiol. e Fisica med. 9, 463 (1935). — JUNGHANNS, H. (1): Offene Fragen aus dem Gebiet der Wirbelsäulenentwicklung und der Wirbelsäulenfehlbildungen. Z. Anat. u. Entw.gesch. 1936, 106. — (2): Die Zwischenwirbelscheiben im Röntgenbild. Ihre Umbildung während des Wachstums und ihre krankhaften Veränderungen. Fschr. Röntgenstr. 43, 275 (1931). — (3): Handbuch der speziellen pathologischen Anatomie, Bd. 9, 4. Teil (1939). — (4): Die Randleisten der Wirbelkörper. Fschr. Röntgenstr. 42, 333 (1930).

KAYSER, E.: Lehrbuch der Geologie II, 5. Aufl. Stuttgart: Enke, 1913.

LAMBERTZ: Die Entwicklung des menschlichen Knochengerüsts während des fötalen Lebens, dargestellt an Röntgenbildern. Fschr. Röntgenstr., Erg.-Bd. 1 (1900). — LÖHR, RICH.: Epiphysenkerne der Massae laterales des Kreuzbeines. Röntgenprax. 7, 642 (1935). — LOSSEN, H.: Chorda dorsalis im Röntgenbild. Anat. Anz. 73, 168 (1931).

MACGOWAN, I. J. B. A.: Ossification of the vertebral body. Lancet 1939 I, 258, 261. — MALCOLMSON, P. H.: Radiologic study of the developpment of the spine, and pathologic changes of the intervertebral disc. Radiology (Am.) 25, 98 (1935). — MAYER-BURGDORFF und KLOSE-GERLICH: Arch. klin. Chir. 1935, 182.

NAO, N. (1): Untersuchungen über die Entwicklung des Epiphysenkernes des Wirbelkörpers. Fukuoka-Ikwadaigaku Zasshi 1930, 23. — (2): Untersuchungen über die Ossifikationslücke in der Entwicklungszone des Wirbelkörpers. Fukuoka-Ikwadaigaku-Zasshi 1930, 23. — NICOLETTI, F.: I nuclei di ossificazione della colonna vertebrale alla nascita e la loro importanza in medicina legale. Monit. zool. ital., Suppl. 102 (1932). — NUVOLI, U. e G. TATA: Studio radiologico sull'ossificazione della colonna vertebrale nel feto umano. Ann. Radiol. e Fisica med. 9, 507 (1935).

PEYER, B.: Schriftliche Mitteilung.

RUCKENSTEINER: Die normale Entwicklung des Knochensystems im Röntgenbild. Radiol. Praktika 15. Leipzig: Thieme, 1931.

SCHAFFER, J.: S.ber. Akad. Wiss., Abt. 3, 1910, 119. — SCHAJOWICZ, F.: Contributo alla strettura microscopica e alla patologia dei dischi intervertebrali nei giovanni. Clin. Org. Morrim. 24, 5 (1938). — SCHAUINSLAND: Die Entwicklung der Wirbelsäule nebst Rippen und Brustbein. O. Hertwigs Handbuch der Entwicklungslehre 3 (1906). — SCHINZ, H. R. und G. TÖNDURY: Die Frühossifikation der Wirbelkörper. Fschr. Röntgenstr. 66, 253 (1942). — STENSIÖ, E. angeführt nach A. RÉMANE in BOLK, GÖPPERT, KALLIUS, LUBOSCH: Handbuch der vergleichenden Anatomie der Wirbeltiere IV. Berlin u. Wien: Urban u. Schwarzenberg, 1936. — STRASSER, H.: Lehrbuch der Muskel- und Gelenkmechanik. Berlin: Springer, 1908.

WIEDERSHEIM, R.: Vergleichende Anatomie der Wirbeltiere. Jena: Fischer, 1909.

YANAGISAWA, R.: Vergleichende röntgenologische Untersuchungen über die Wirbelkörperepiphyse beim Menschen und Säugetier. Diss. Bern, 1939.

B. Bau und Röntgenanatomie der menschlichen Wirbelsäule.

ALBERTI: Tecnica radiografica per la proezione esattamente laterale delle prime vertebre dorsali. Radiol. med. 13, 3 (1926). — ANNOVAZZI, G. e G. GIRANDI: I processi mammillari nell'immagine Röntgen. Riv. Radiol. e Fisica med., 5, Festschr. Busi 1, 641 (1931). — ARKUSSKY, J.: Über eine vereinfachte Methode der Röntgenaufnahme der oberen Halswirbel. Zugleich ein Beitrag zur Spina bifida des Atlas. Röntgenprax. 3, 953 (1931).

BÁRSONY, TH. und E. KOPPENSTEIN (1): Das Frontalbild der Brustwirbelsäule als Wegweiser in der Diagnostik gewisser pulmonaler und paravertebraler Prozesse. Röntgenprax. 4, 106 (1932). — (2): Neues Verfahren zur Aufnahme der oberen Brustwirbel. Orv. Hetil. (Ung.) Jg. 71 (1927). — (3): Eine neue Methode zur Röntgenuntersuchung der oberen Brustwirbelsäule (frontale Aufnahme). Fschr. Röntgenstr. 36, 338 (1927). — (4): Ein Hilfsmittel zur Röntgenuntersuchung der Halswirbelsäule und der obersten Brustwirbel. Bruns' Beitr. 159, 170 (1934). — (5): Beitrag zur sagittalen Darstellung der unteren Halswirbel und der oberen Brustwirbelsäule im Röntgenbild. Die cervicodorsale Einblickaufnahme. Bruns' Beitr. 157, 166 (1933). — (6): Beitrag zur Aufnahmetechnik der Halswirbelsäule. Darstellung der Foramina intervertebralia. Röntgenprax. 1, 245 (1929). — (7): Eine neue Methode zur Röntgenuntersuchung der Halswirbelsäule. Fschr. Röntgenstr. 35, 593 (1926). — (8): Röntgenaufnahmetechnik der unteren Halswirbel und oberen Rückenwirbel. Orv. Hetil. (Ung.) Jg. 71, Nr. 22 (1927). — BÁRSONY, TH, und O. SCHULHOF (1): Das Kanalsystem des Kreuzbeins im Röntgenbilde. Sacrumstudien. Röntgenprax. 3, 648 (1931). — (2): Die Pars lateralis des Kreuzbeins im Röntgenbilde. Sacrumstudien IV. Röntgenprax. 4, 293 (1932). — (3): Kasuistische Beiträge zur Diagnostik der Lumbosacroiliacalgegend. Durch die „Einblickaufnahme" geklärte Fälle. Bruns' Beitr. **156**, 43 (1932). — (4): Wie liegt das Sacroiliacalgelenk im Röntgenbilde? Sacrumstudien I. Röntgenprax. **3**, 313 (1931). — (5): Die Aufnahmetechnik zur sagittalen Darstellung des lumbosacroiliacalen Gebietes im Röntgenbilde. Röntgenprax. **4**, 594 (1932). — (6): Das „Mittelkonglomerat" des Kreuzbeins. Sacrumstudien. Röntgenprax. **3**, 972 (1931). — BÁRSONY, TH. und K. WINKLER (1): Beiträge zur Röntgenologie der Wirbelsäule. I. Die „elektive" Profil-Röntgenaufnahme der Brustwirbelsäule. Röntgenprax. **9**, 601 (1937). — (2): Beiträge zur Röntgenologie der Wirbelsäule. II. Die „elektive" Aufnahme des lumbosacroiliacalen Gebietes. Röntgenprax. **10**, 384 (1938). — BAUMANN, E.: Über scheinbare horizontale Halbierung von Wirbelkörpern im Röntgenbilde. Schweiz. med. Wschr. **1930 I**, 267. — BEVILACQUA, L.: L'indagine radiologica delle artodie vertebrali nella colonna cervicale. Arch. Radiol. (It.) **10**, 182 (1934). — BRAILSFORD, J. F.: Clasticity of Bone. Brit. J. Surg. **32**, 345 (1945). — BRANDT, K.: Über die konstante Form der Lendenwirbelquerfortsätze 3 und 4. Arch. orthop. Chir. **34**, 445 (1934). — BRAILSFORD, J. F.: Radiographic tetection of myelocele of the unborn foetus. Lancet **1938 I**, 1106. — BRAUS, H.: Anatomie des Menschen, Bd. I, 2. Aufl. Berlin: Springer, 1929.

CASUCCIO, C. (1): Topografia della sacroiliaca e sua importanza clinica. Chir. Org. Movim. **24**, 83 (1938). — (2): Studio anatomico e radiografico sull'articolazione sacro-iliaca normale nell'adulto. Chir. Org. Movim. **20**, 353 (1934). — CHASIN, A.: Die Dimensionen der destruktiven Veränderungen in den Wirbelkörpern, röntgenographisch bestimmt werden können. Fschr. Röntgenstr. **37**, H. 4 (1928). — COMPERE, E. and D. C. KEYES: Roentgenological studies of the intervertebral disc. A discussion of the embryology anatomy, physiology clinical and experimental pathology. Amer. J. Roentgenol. **29**, 774 (1933).

DANKÖ, L.: Eine neue röntgenographische Darstellungsmethode des Atlas und des Epistropheus. Fschr. Röntgenstr. **65** (1942). — DARIAUX: Radiographie de face de la colonne cervicale en incidence antérieure. J. Radiol. (Belg.) **25**, 20 (1942). — DELHERM, L., J. BERNARD, J. LEFEBRE et Ch. PROUX: Coupes radiographiques de la colonne vertébrale. Bull. Soc. franç. Électrotechn. et Radiol. **47**, 258 (1938). — DIETHELM, L.: Die Frühossifikation der Wirbelkörper. Fschr. Röntgenstr. **68**, 16 (1943). — DITMAR, O. (1): Fschr. Röntgenstr. **39**, 864 (1929). — (2): Weitere Mitteilungen über Schrägaufnahmen von Knochen und Gelenken. Röntgenprax. **2**, 1022 (1930). — (3): Röntgenstudien zur Mechano-Pathologie der Wirbelsäule. Z. orthop. Chir. **55**, 509 (1931). — DUKELSKY, R.: Die Röntgenographie des lumbosacralen Abschnittes der Wirbelsäule in Dreiviertelstellung. Vestn. Rentgenol. **8**, 345 (1930). — DYES, O.: Sagittalbild der Wirbelsäule. Münch. med. Wschr. **1931 II**, 2148.

ERDELYI, J. (1): Neues Verfahren zur seitlichen Aufnahme der Halswirbel. Röntgenprax. **1**, 138 (1929). — (2): Magy. Röntgen Közl. **3**, 1 und deutsche Zusammenfassung 31.

FAWCETT, E.: A note on the identification of the lumbar vertebrae of man. J. Anat. (Brit.) **66**, 384 (1932). — FOÁ, A.: Contributo alla technica radiographica della colonna vertebrale. Med. contemp. (It.) **3**, 467 (1937). — FREEDMAN, A. O.: Anatomical note on a possible source of error in X-rays findings of the normal vertebral column. Canad. med. Assoc. J. **16**, Nr. 1 (1926).

GALLY et BERNARD: Technique particulière pour la radiographie de profil de la colonne cervicale. Bull. Soc. Radiol. méd. France **17**, 288 (1929). — GERIN, C.: Rilievi sull'esplorazione radiologica della colonna cervicale. Riv. Radiol. e Fisica med. **4**, 417 (1932). — GHORMLEY, R. and B. KIRKLIN: The oblique view for the articular facets in lumbosacral backache and sciatic pain. Amer. J. Roentgenol. **31**, 173 (1934). — GIRAUDI, G. (1): Studio radiologico sull'osso sacro. Radiol. med. **23**, 147 (1936). — (2): I „sulci paraglenoidales" (praeauricolares) dell'osso ileo e dell'osso sacro. Radiol. med. **19**, 1079 (1932). — GOLDHAMMER, K.: Beitrag zur röntgenographischen Darstellung des Atlas und der Pars lateralis occipitis. Fschr. Röntgenstr. **35**, H. 3 (1926). — GRANSMAN, R. J. and CH. J. SUTRO: Comparative radiologic and anatomic study of vertebral columns. Amer. J. Surg., N. S. **30**, 551 (1935). — GRASHEY: Processus transversus der Halswirbelsäule. Röntgenprax. **5**, 314 (1933). — GUARINI, C.: La radiografia del coccige. Arch. Radiol. (It.) **13**, 228 (1937). — GRAZIANSKY, W: Zur Frage über frühe und abnorme Verknöcherung der Wirbelkranheiten bei Kranken mit Tbc. Spondylitis. Röntgenprax. **5**, 329 (1933) — GUTZEIT: Aufnahmetechnik der oberen Brustwirbelsäule in frontaler Richtung. Fschr. Röntgenstr. **37** H. 3, S. 400 (1928).

HAMMERBECK, W.: Pseudocysten im Röntgenbild der Wirbelsäule. Fschr. Röntgenstr. **44**, 359 (1931). — HARRENSTEIN, R. J.: Über einige vom diagnostischen Gesichtspunkt aus irreführende Variationen in der Entwicklung der Wirbelsäule. Z. orthop. Chir. **49**, H. 4 (1928). — HARTTUNG, H. (1): Berichtigung zu meiner Arbeit „Über Veränderungen im Lendenkreuzbeinwinkel". Bruns' Beitr. **152**, 431 (1931). — (2): Zur Technik der Röntgenaufnahme der Lendenwirbelsäule. Zbl. Chir. **1931**, 799. — (3): Technisches zur Röntgenaufnahme des Lenden-Kreuzbeinwinkels. Zbl. Chir. **1931**, 453. — HELLMER, H.: Some views on the technique of Roentgen examination of the spine. Acta orthop. scand. (Dän.) **6**, 275 (1935). — HUBENY, M. J.: The oblique projection in examination of the Lumbar spine. Radiology (Am.) **16**, 720 (1931). — HUNT, A. D., E. P. PENDERGRASS and G. W. WAGONER: Study of the Relative Importance of the Cortex and Spongiosa in the Production of the Roentgenogram of the Normal Vertebral Body. Amer. J. Roentgenol. **53**, 40 (1945).

JAEGER, W. (1): Beobachtungen über den Achsenverlauf der Wirbelsäule. Fschr. Röntgenstr. **47**, 299 (1933). — (2): Über Fernaufnahmen der Wirbelsäule. Röntgenprax. **4**, 193 (1932). — (3): Téléradiographie de la colonne vertébrale et ses résultats. Bull. Soc. Radiol. méd. France **20**, 495 (1932). — (4): Über die Technik der Wirbelaufnahmen. Schweiz. med. Wschr. **1933**, 1292. — JAKOB, M.: Die Bedeutung von Wirbelkörperdefekten in der Röntgendiagnostik der Wirbelsäule. Fschr. Röntgenstr. **54**, 525 (1936). — JORDAN, H.: Roentgen analysis of the spine, with description of some new technical instruments. Radiology (Am.) **28**, 714 (1932). — JUNGHANNS, H. (1): Die anatomischen Besonderheiten des fünften Lendenwirbels und der letzten Lendenbandscheibe. Arch. orthop. Chir. **33**, 260 (1933). — (2): Pathologie der Wirbelsäule. In Henke-Lubarsch Handbuch der pathol. Anatomie Bd. 9/4. Berlin: Springer, 1939.

KAUFMANN, W.: Aufnahmetechnisches über den 5. Lendenwirbel und das Kreuzbein, sowie vorläufige Mitteilungen über exakt einblendbare Bucky-Fernaufnahmen. Röntgenprax. **5**, 536 (1933). — KLOIBER, H.: Fehlerquelle bei Röntgenaufnahme der Wirbelsäule. Fschr. Röntgenstr. **35**, H. 3 (1926). — KNIRSCH, E.: Eine Hilfsmethode zur röntgenologischen Darstellung des Dens epistrophei. Chirurg **8**, 694 (1936). — KNUTSSON, FOLKE: Volum- und Formvariationen des Wirbelkanals bei Lordosierung bzw. Kyphosierung und ihre Bedeutung für die myelographische Diagnostik. Acta radiol. (Schwd.) **23**, 431 (1942). — KOVÁCS, A. (1): Röntgendarstellung und Diagnostik der cervicalen Zwischenwirbellöcher. Röntgenprax. **10**, 479 (1938). — (2): Die sacroiliacale Spaltenaufnahme. Röntgenprax. **7**, 763 (1935). — (3): Praktische Bewertung der Schrägaufnahmen in der Wirbelsäulenröntgenologie. Röntgenprax. **13**, 287 (1941).

LACHAPÈLE, A. P.: Un moyen simple pour faciliter la lecture des radiographies vertébrales obliques de la région lumbo-sacrée. Bull. Soc. electro-radiol. France **27**, 175 (1939). — LAQUERRIÈRE, A. et D. LEONARD: Deux curieuses radiographies de la colonne vertébrale. J. Radiol. (Belg.) **17**, 377 (1933). — LAUBER, H. S.: Vorgetäuschte Fractur des 5. und 6. Halswirbels. Zbl. Chir. **1936**, 244. — LEWIN, Ph.: Head sling traction technic in cervical spine roentgenography. Amer. J. Surg. N. S. **1930**, 434. — LEWIS, R. W.: Certain aspects of roentgenology of the spine from orthopedic view point. Amer. J. Roentgenol. **33**, 491 (1935). — LYON, E.: Über horizontale Aufhellungen in den Röntgenbildern von Wirbelkörpern. Zbl. Chir. **1932**, 1845.

MANDRUZZATO, F.: Anatomia radiografica normale delle due prime vertebre cervicali. Chir. Org. Movim. **13**, 229 (1929). — MARCUS, H.: Die Darstellung der Brustkorb- und Wirbelsäulenformen. Angabe eines neuen Zeichenapparates. Arch. orthop. Chir. **34**, 24 (1933). — MASCHERPA, F.: Technica radiologica per l'esame della colonna vertebrale, S. 51. Milano: Rag. Santo Vanasia, 1932. — MIHÁLY, JAK.: Röntgendiagnostische Bedeutung der Wirbelkörperdefekte. Magy. Röntgen Közl. **10**, 64 (1936). — MITCHELL, G. A. G.: The lumbosacraljunction. J. Bone Surg. (Am.)

16, 233 (1934). — MORTON, S. A.: The value of the oblique view in the radiographic examination of the lumbar spine. Radiology (Am.) 29, 568 (1937). — MOSENTHAL: Die Bedeutung der seitlichen Wirbelsäulenaufnahmen für die Erkennung von Erkrankungen und Verletzungen. Chirurg 2, 314 (1930). — MOSER, LEONIE: Schonende Aufnahmetechnik zur seitlichen Darstellung der unteren Hals- und oberen Brustwirbelsäule. Röntgenprax. 9, 488 (1937).

NEMOURS, AUGUSTE: À propos de la radiographie de l'articulation sacro-iliaque. Bull. Soc. Radiol. méd. France 25, 181 (1937). — NIEDNER, F.: Zur Kenntnis der normalen und pathologischen Anatomie der Wirbelkörperrandleiste. Fschr. Röntgenstr. 46, 628 (1932). — NÖLKE, W.: Axiale Aufnahme zur Darstellung des Sacralkanalquerschnittes und des Beckens. Röntgenprax. 2, 742 (1930).

OPPENHEIM, A.: The apophyseal intervertebral articulations roentgenologically considered. Radiology (Am.) 30, 724 (1938). — OTTONELLO: Nuovo metodo per la radiografia della colonna cervicale completa in proiezione sagittale ventro-dorsale. Riv. Radiol. e Fisica med. 2, 291 (1930). — OTTONELLO et PÉLISSIER: Au sujet de la radiographie de face de la colonne cervicale dans son ensemble. Technique nouvelle. Bull. Soc. Radiol. méd. France 20, 183 (1932).

PAWLOW, M. K.: Zur Frage über die seitliche Strahlenrichtung bei den Aufnahmen der unteren Hals- und oberen Brustwirbel. Röntgenprax. 1, 285 (1929). — PEARSON, GERTRUDE: Technic for the use of a small come in check radiograph of the spine. Radiology (Am.) 24, 601 (1935). — PÉLISSIER, G.: Radiographie de face de la colonne cervicale dans son ensemble. Technique nouvelle. Bull. Soc. Radiol. méd. France 19, 360 (1931). — PEROTTI, D.: Su alcune formazioni lacunari osservabili radiograficamente nei corpi vertebrali. Arch. Radiol. (It.) 9, 552 (1933). — PFAHLER, G. E.: A head-holding device for the examination of the cervical spine. Amer. J. Roentgenol. 22, 71 (1929). — PITZEN, P.: Horizontale Aufhellungen in den Wirbelkörpern. Röntgenprax. 2, 1123 (1930). — SMITH, A. DE F.: Posterior diplacement of the 5 lumbar vertebra: An optical illusion. Amer. J. Roentgenol. 34, 93 (1935).

RATHKE: Zur normalen und pathologischen Anatomie der Halswirbelsäule. Dtsch Z. Chir. 242, 122 (1933). — REGENSBURGER, K.: Ein Beitrag zur Ätiologie des Kreuzschmerzes. Med. Klin. 1939 I, 459. — RUBASCHEWA, A.: Über den Processus lateralis der Lendenwirbel und speziell über den Processus styloideus (im Röntgenbild). Fschr. Röntgenstr. 47, 183 (1933).

SABAT, B.: Die Röntgenographie interclunalis des Steißbeins. Polski Przegl. radjol. 4, 259 (1929). — SAMUEL, M.: Technisches zur Röntgenaufnahme des Lenden-Kreuzbeinwinkels. Bemerkung zur Arbeit von HARTTUNG im Zbl. Chir. 1931, Nr. 8. Zbl. Chir ·1932, 661. — SANTO, E. und SCHMINCKE: Zur normalen und pathologischen Anatomie der Halswirbelsäule. Zbl. Path. 55, 369 (1932). — SAVES: Appareil simple pour radiographie en position oblique de la colonne dorsale. Arch. Méd. nav. 117, Nr. 4 (1927). — SCHANZ, A.: Zur Anatomie und Physiologie der Wirbelsäule. Z. orthop. Chirurg. 55, 549 (1931). — SCHMINK, S.: Zur normalen und pathologischen Anatomie der Halswirbelsäule. Zbl. Path. 55, 369 (1932). H.: — SCHMITT, Vorgetäuschte Keilwirbel. Röntgenprax. 10, 609 (1938). — SCHMORL: Über bisher nur wenig beachtete Eigenschaften ausgewachsener und kindlicher Wirbel. Arch. klin. Chir. 150, H. 3 (1928). — SEDDA, G. M.: Studio radiografico dell'estremita inferiore dei solchi paraglenoidali dell'ileo e del sacro. Studi Sassaresi 12, 575 (1934). — SGALITZER, M.: Zur Technik der Röntgenuntersuchung der vier obersten Brustwirbel in seitlicher Richtung. Fschr. Röntgenstr. 40, 267 (1929). — SNAPPER, J.: Medical Clinics on Bone Deaseases. A Text and Atlas. New York Interscience Publishers, 1943. — SORREL, E. et A. DELAHAYE et P. THOYER-ROGAT: Tomographie de la colonne vertébrale. Mém. Acad. Chir., Par. 65, 638 (1939). — SOURICE: Le rayon horizontal. Arch. Électr. méd. etc. 40, 441 (1932). — STÜCK, F.: Bemerkung zu der Arbeit von Dr. HARTTUNG in diesem Zbl. Nr. 8 (1931). Technisches zur Röntgenaufnahme des Lenden-Kreuzbeinwinkels. Zbl. Chir. 1931, 1320. — STOLTE, K.: Studien über den runden Rücken und über die Trichterbrust. Mschr. Kinderhk. 75, 358 (1938). — STRASSER, H.: Lehrbuch der Muskel- und Gelenkmechanik. Berlin: Springer, 1908.

TENEFF, S.: Aproposito del „sacro ruotato". Boll. Soc. piemont. Ostetr. 6, 247 (1936). — THOMA, ED.: Die Zwischenwirbellöcher im Röntgenbild, ihre normale und pathologische Anatomie. Z. orthop. Chir. **55**, 115 (1931). — TILLIER: Position de choix pour l'examen de la colonne cervicale de profil. Bull. Soc. Radiol. méd. France **21**, 619 (1933). — TODD, T., WINGATE and IDELL PYLE: A quantitative study of the vertebral column by direct and roentgenoscopic methods. Amer. J. physic. Anthrop. **12**, 321 (1928). — TÖNDURY, G. (1): Beitrag zur Kenntnis der kleinen Wirbelgelenke. Z. Anat. u. Entw.gesch. **110**, 568 (1940).

WALK, S.: Über die Röntgendiagnose der Spondylosis deformans mittels Durchleuchtung. Dtsch. med. Wschr. **1938 II**, 1802. — WARNER: Unfallhk. **82** (1930/4). — WEINBREN, M.: Tomography of the spine and the sternum. Brit. J. Radiol. **13**, 325 (1940). — WEISER, M.: Tomographie ohne Tomographen. Bemerkung zum Artikel BÁRSONY-WINKLER: Die elektive Profil-Röntgenaufnahme der Brustwirbelsäule. Röntgenprax. **10**, 28 (1938). — WILLIAMS, P. C. and P. E. WIGBY: A technic for the roentgen examination of the lumbo-sacral articulation. Amer. J. Roentgenol. **33**, 511 (1935).

ZIEDSES DES PLANTES: Eine besondere Methode der Aufnahme von Röntgenphotos von Schädel und Wirbelsäule. Ndld. Tdsch. Geneesk. **1931 II**, 5218. — ZIMMERN, A. et CHAVANY: Nécessité du double profil vertébral en spondylographie. Presse méd. **1934 I**, 836.

C. Physiologisches über die menschliche Wirbelsäule.

v. ARX, M.: Ursachen und Folgen des Lendenknicks. Z. Geburtsh. **79**, 187 (1915).

BAKKE, S. (1): Röntgenologische Beobachtungen über die Bewegungen der Wirbelsäule. Acta radiol. (Schwd.), Suppl. **13**, 75 (1913). — (2): Weitere röntgenologische Beobachtungen über die Bewegungen der Wirbelsäule. Verh. 4. internat. Kongr. Radiol. **1934**, 197. — BRESCHET, G.: Essai sur les veines du rachis. Paris, 1819. — DE BURLET, H. M.: Über durchbohrte Wirbelkörper fossiler und recenter Edentaten. Morph. Jb. **51**, 557 (1922).

DITMAR, O. (1): Röntgenstudien zur Mechanologie der Wirbelsäule. Z. orthop. Chir. **55**, 321 (1931). — (2): Die sagittal- und lateralflexorische Bewegung der menschlichen Lendenwirbelsäule im Röntgenbild. Zur Mechanologie der Wirbelsäule. I. Mitt. Z. Anat. **92**, 644 (1930). — (3): Beobachtungen an den Gelenkfortsätzen der Lendenwirbel bei sagittal- und lateralflexorischer Bewegung. Zur Mechanologie der Wirbelsäule. II. Mitt. Z. Anat. **93**, 477 (1930). — DUBOIS, M.: Prinzipielle Fragen aus der Pathologie und Therapie der sagittalen und frontalen Verkrümmungen der Wirbelsäule. Schweiz. med. Wschr. **1925**, 867, 890.

EBNARD, S. F.: Motion in the vertebral colonne. Amer. J. Roentgenol. **42**, 91 (1939).

FICK, R.: Handbuch der Anatomie und Mechanik der Gelenke. Jena: G. Fischer, 1911. — FRANCESCHELLI, N.: Sistema articolare intersomatico della rachide e sue funzioni. Boll. Accad. med. Roma **60**, 63 (1934).

HEUER, F.: Die Vor- und Rückwärtsbeugung der normalen Wirbelsäule unter besonderer Berücksichtigung der Änderung, die der Bewegungsumfang der einzelnen Wirbelsäule erleidet. Z. orthop. Chir. **52**, 374 (1929).

MÜLLER, W.: Pathologische Physiologie der Wirbelsäule. Angeborene konstitutionelle und funktionelle Veränderungen, VII, 319 S. Leipzig: J. Barth, 1932.

NOVOGRODSKY, M.: Die Bewegungsmöglichkeit in der menschlichen Wirbelsäule. Diss. Bern, 1911.

RATOH, D. and B. M. F. KOBAYOSHI: The X-ray. researches concerning movements of the vertebral colum. Rep. 1. Scripta Soc. radiol. jap. **7**, 505 (1939).

VERAGUTH, O.: Zur Physiologie der Rückgratmuskeln. Schweiz. med. Wschr. **71**, 416 (1940). — VIRCHOW, H. (1): Die Wirbelsäule des Löwen. S.ber. Ges. naturf. Freunde Berl. 1907. — (2): Die Wirbelsäule des Bären. S.ber. Ges. naturf. Freunde Berl. 1910.

WEBER, Gebr.: Mechanik der menschlichen Gehwerkzeuge. W. Webers Werke, Bd. 6. Berlin, 1894. — WENGER, F.: Beitrag zur Anatomie, Statik und Mechanik der Wirbelsäule des Pferdes. Diss. Bern, 1915. — WITZLEB, H.: Die Lage der Rippenachsen an der Brustwirbelsäule in ihrer Abhängigkeit von den Krümmungen der Wirbelsäule und dem Bau der einzelnen Wirbel. Z. orthop. Chir. **58**, 309 (1933).

II. Die Fehlbildung und Variationen der menschlichen Wirbelsäule.

ABALOS, J. B. und BIANCARDI: Diagnose und chirurgische Behandlung der Halsrippen. Rev. méd. Rosario, Jg. 16, Nr. 8 (1926) (Span.). — ABRAHAM, H. A.: Über Wirbelgleiten. Diss. Frankfurt a. M., 1934. — ADOLPHI: Über die Variationen des Brustkorbes und der Wirbelsäule des Menschen. Morph. Jb. **33**, 1095. — AICHEL: Über Lendenwirbel und lumbodorsale Übergangswirbel. Verh. anat. Ges., Anat. Anz. **55** (1922). — ALBANESE, A.: Sulle deviazioni del sacro nel piano sagittale (sacrum acutum, sacrum arcuatum). Arch. Ortop. (It.) **48**, 529 (1932). — ALBO, M. und A. B. MAISONNAVE: Gelenkchondromatosen zusammen mit Knochenmißbildungen: Osteogene Exostose und Knochenfissur des Wirbels (L_5 und S_1). Rev. Ortop. **4**, 265 (1935) (Span.). — ALESIO, C.: Sindrome urinaria da spina bifida. Atti Soc. ital. Ur. **1933**, 190. — ALEXANDROW, A.: Anomalien des lumbosacralen Abschnittes der Wirbelsäule bei Frauen und ihre klinische Bedeutung. Akus. Ginek **1936**, Nr. 3, 321 (Russ.). — ALKHOWSKY, M. E.: Quelques particularités constitutionnelles de la région lombosacré de la colonne vertébrale. Vestn. Roentgenol. **21**, 352 (1938) (Russ.). — ALMÁSSY, G.: Über einen Fall von Kompressionssymptome verursachender überzähliger Halswirbel. Röntgenprax. **13**, 262 (1941). — AMYOT, R.: Sciatique et sacralisation de la 5ème vertèbre lombaire. Un. méd. Canada **65**, 326 (1936). — ANDERSEN, E.: Über Anomalien der Wirbelsäule und der Rippen. Fschr. Röntgenstr. **34**, 4 (1926). — ANDERSON, W., WILLIS and CATHEART: Congenital skeletal deformities of the spine and ribs. Arch. Pediatr. (Am.) **49**, 827 (1932). — ANDRASSY: Kongenitale Mißbildung einer Darmbeinschaufel mit Keilwirbelkörperbildung der Lendenwirbelsäule. Z. orthop. Chir. **47**, 264 (1926). — ANTON, G.: Über die Bedeutung der Synostose des ersten Halswirbels mit dem Hinterhaupte bei Epilepsien. Dtsch. Z. Nervenhk. **89** (1926). — ARCELIN, F.: Curieuse lecture d'une radiographie de sacralisation lombaire. Bull. Soc. méd. France **25**, 636 (1937). — ARGÜELLES, R.: Angeborene Wirbelsynostose. Rev. Cir. Barcelona **9**, 465 (1935). — ASCHER: Über eine typische Erscheinungsform der Spin. bif. occ. Arch. orthop. Chir. **23**, 716 (1925). — ASSEN, J. VAN (1): Totale Sakralisation eines Lendenwirbels. Ndld. Tschr. Geneesk, Jg. 71. (Holl.). — (2): Angeborene Kyphose. Acta chir. scand. (Dän.) **67**, 14 (1930).

BABBINI: Sakralisation des 5. Lendenwirbels. Rev. méd. Rosario 19, 547, C. O. 50, 327. — BACCAGLINI, M.: Abbozzo costale in corrispondenza della IIa vertebra lombare. Nuntius radiol. **9**, 264 (1941). — BAEZA, E.: Lumbosacrale Spina bifida und Sakralisation, ihre Bedeutung bei den Schmerzzuständen der Glutäal- und Lumbosacralgegend. Rev. Cir. Barcelona **11**, 433 (1936) (Span.). — BAKKE, S. V.: Mißbildungen und Entwicklungsstörungen in der Wirbelsäule. Bergen: J. W. Eider, 1935. — BALLIF, L., A. MORUZI et M. FERDMANN: Spina bifida grave opéré et considérablement amélioré. Bull. Soc. roum. Neur. etc. **15**, 65 (1934). — BÁRSONY, TH. und KATHERINE WINKLER (1): Fehlen der Dornfortsätze am Übergang zwischen Brust- und Lendenwirbelsäule. Acta radiol. (Schwd.) **16**, 563 (1935). — (2): Kreuzbeincysten Sacrumstudien, V. Röntgenprax. **7**, 505 (1935). — BARUCH, R.: Kongenitale Halswirbelsynostose (KLIPPEL-FEILsches Syndrom) mit spastischer Tetraplegie. Z. Neurol. **139**, 462 (1932). — BASSOE, P.: The KLIPPEL-FEIL syndrome. Internat. Chir. **4**, Ser. 41, 189 (1931). — BAUER, H.: Über angeborene Wirbelsäulenmißbildungen, insbesondere angeborene Kyphosen. Z. orthop. Chir. **58**, 354 (1932). — BAUMANN, G.: Absence of the cervical spine. KLIPPEL-FEIL syndrome. J. amer. med. Assoc. **98**, 129 (1932). — BECK, A.: Sacralisation des 5. Lendenwirbels als Ursache von Kreuzschmerzen. Zbl. Chir. **1933**, 728. — BECK, OTTO: Kritischer Beitrag zur Spin. bifid. occ. Z. orthop. Chir. **43**, 21 (1924). — BECKER, HERM.: Eine klinisch und anatomisch ungewöhnliche Beobachtung einer Atlasassimilation mit localer Impression, ihre Bedeutung für die Zuordnung dieser Mißbildung. Arch. Psychiatr. **111**, 139 (1940). — BENASSI, G. (1): Morfologia radiografica della regione lombo-sacroiliaca. Riv. Radiol. e Fisica med. **6**, Festschr. Busi 2, 401 (1931). — (2): Rachischisi e spondylolistesi. Riv. Radiol. e Fisica med. I, N. S. **1**, 275 (1934). — BERMOND, M.: À proposito di quattro casi di sesta vertebra lombare soprannumeria. Radiol. med. **18**, 18 (1931). — BERTELSMANN, R.: Zbl. Cir. **1925**, 1298; Chirurg 9, 464 (1937). — BESDZIEK, ILSE: Zur Kenntnis der angeborenen Mißbildungen des Skelets. Mschr. Kinderhk.

76, 303 (1938). — Bezi, J.: Assimilitation of Atlas and compression of medulla. The clinical significance and pathology of torticollis and localised chronic arthritis deformans of the spine. Arch. Path. (Am.) **12**, 333 (1931). — Biancalana, L.: Sulla sindrome di Klippel e Feil. Ann. ital. chir. **10**, 129 (1931). — Bizarro, A. A.: Brevicollis. Lancet **1938** II, 828. — Blair, Davis and Kissock: Brit. J. Surg. **22**, 406 (1934). — Blankoff: Un cas de malformation vertébrale. Sur élévation congénitale de l'omoplate. Arch. franco-belge Chir. (Belg.) **30**, 632 (1927). — Blumensaat, C. und C. Clasing: Anatomie und Klinik der lumbosacralen Übergangswirbel (Sakralisation und Lumbalisation). Erg. Chir. u. Orthop. **25**, 1 (1932). — Boehm, W.: Über Halsrippen und Thoraxanomalien. Z. Tbk. **62**, 405 (1931). — Böhm, D.: Angeborener Entwicklungsfehler des Rumpfskelettes. Berl. klin. Wschr. **1913**, Nr. 42, 1946. — Böhm, W.: Zur Ätiologie des angeborenen Schiefhalses. Z. orthop. Chir. **47**, Beih., S. 366 (1926). — Böhm, M. (1): Die Varietäten der Wirbelsäule. Röntgenprax. **5**, 81 (1933). — (2): Über die Formen der Wirbelsäule. Berl. klin. Wschr. **1909**, Nr. 11. — (3): Die numerische Variation des menschlichen Rumpfskeletts. Stuttgart: F. Enke, 1907. — (4): Variationen des Rumpfskeletts und ihre klinischen Erscheinungen. Z. Chir. **1931**, Nr. 7. — Bolk: Zur Frage der Assimilation des Atlas am Schädel beim Menschen. Anat. Anz. **28**, 497 (1906). — Bong, A.: Über Entwicklungsfehler an der Grenze des Hals- und Brustteiles der Wirbelsäule. Polski Przegl. radjol. **5**, 341, n. franz. Zusammenfassung 277 (1938). — Brack, E.: Über das Kreuzbein. Virchows Arch. **272**, 295 (1929). — Brackett, E. G.: Significance of anomalies of the iliolumbo-sacral punction with reference to injury. Z. orthop. Chir. **56**, 583 (1932). — Braibanti, D.: Neartrosi fra apofisi trasversa della IV lombare e cresta iliaca. Ateneo perm. **13**, 229 (1941). — Brailsford, J.: Dislocation of the lumbar vertebrae. Brit. J. Radiol. **2**, 344 (1929). — Brailsfort: Deformitäten der Lendenwirbel und des Kreuzbeins. Brit. J. Surg. **16**, 562; C. O. **46**, 763. — Bramwell, E. and Dykes: Edinbgh med. J. **27**, 65 (1921). — Brandt, H.: Das Krankheitsbild der Fischwirbel, Beitr. klin. Chir. **164**, 354 (1936). — Brauer, L. Eine Besonderheit am röntgenologischen Bilde des paravertebralen Abschnittes der mittleren Rippe. Klin. Wschr. **1928** II, 1793. — Braun, Chr.: Angeborene Anomalien der Wirbelsäule, insbesondere Wirbelkörperreihe. Frankf. Z. Path. **46**, 163 (1933). — Braun, Joh.: Über Scoliosis ischiadica mit 5 Fällen bei Sakralisation und Lumbalisation. Diss. Leipzig, 1935. — Bréchot, A.: Incontinence dite essentielle d'urine et malformations spino-durales. Progr. méd. (Fr.), Jg. 54, Nr. 2 (1926). — Brickner, M.W.: Ann. Surg. **85**, 858 (1927). — Brinon-Cherbuliez, J. P.: Dystrophie vertébro-costale généralisée. Bull. Soc. Radiol. méd. France **25**, 635 (1937). — Brocher, J. E. W. (1): Unvollständige Blockwirbelbildung in der oberen Brustwirbelsäule. Röntgenprax. **8**, 380 (1936). — (2): Unvollständige Blockwirbelbildung in der oberen Lendenwirbelsäule. Röntgenprax. **8**, 380 (1936). — Brofeldt, S. A.: Die klinische Bedeutung der Sakralisation. Orvasképzés (Ung.) **29**, 305 (1939). — Bromer, R. S.: Significant skeletal changes in low back and sciatic pacer. Roentgenologie observations. Radiology (Am.) **33**, 688 (1939). — Brunin: A propos d'un cas d'anomalies multiples des ségments inférieur de la colonne vertébrale. Une VI lombaire sacraliforme mais non synostosée. Spina bifida de cette vertèbre et des cinq sacrées. Arch. Biol. (Fr.) **42**, 41 (1931). — Brunner, W.: Das Skalenussyndrom. Z. Unf.med. u. Ber.krkh. **35**, 56 (1941). — Budde: Die Bedeutung des Canalis neurentericus für die normale Genese der Rachischis anterior. Beitr. path. Anat. **1912**, 52. — Bülow-Hansen, V.: Congenital synostosis of the columna. Acta orthop. scand. (Dän.) **1**, 292 (1930); ref. C. O. **53**, 572. — Burns, B. H.: Prespondylolesthesis. Proc. roy. Soc. med., Lond. **28**, 1033 (1935). — Bustos, F.: Sakralisation des 5. Lendenwirbels. Sem. med. (Arg.), Jg. 33, Nr. 3 (1926). — Buto, D.: Über einige Formverhältnisse bei den Sacralisationsvorgängen im Japaner-Kreuzbein. Fol. anat. jap. W. **1932**, 93. — Buto, D.: Die Formverhältnisse der 6 wirbeligen Kreuzbeine bei den Japanern. Fol. anat. jap. W. **1932**, 10, 93. — Bystroro, A. P.: Morphologische Untersuchungen über die Occipitalregion und die ersten Halswirbel der Säugetiere und des Menschen. II. Mitt. Die Assimilation des Atlas und deren phylogenetische Bedeutung. Z. Anat. **102**, 307 (1933).

Calef, C.: Malformazioni congenite della colonna vertebrale e malattie dell'apparato urinario. Ornad. Radiol. **4**, 165 (1933). — Calligherakis, C. et Crontiris:

Sur une anomalie rare de la colonne cervicale. J. Radiol. (Belg.) **16**, 387 (1932). — CAMINITI, S.: La costola cervicale. Osp. maggiore, Jg. 14, Nr. 5 (1926). — CANIGIANI, TH.: Zur Diagnose und Differentialdiagnose der KLIPPEL-FEILschen Wirbelsäulenanomalie. Fschr. Röntgenstr. **54**, 296 (1936). — CARANDO, Q.: Schisi dell'arco anteriore della prima vertebra in un caso di acromegalia. Diar. radiol., Jg. 6, Nr. 3 (1927). — CARDONA, L.: Disturbi paralitici e profici da spina bifida occulta. Arch. Radiol. (It.) **4**, 685 (1928). — CASTRONOVO, E.: Agenisia del sacro e malformazioni dell'apparato urinario. Riv. Radiol. e Fisica med. **5**, Festschr. Busi P. 1, 200 (1931). — CATALDO, CARLO: Rara anomalia congenita del rachide. Arch. ned. e Chir. **3**, 99 (1934). — CATALIOTTI, F.: Su di un raro caso di anomalia congenita del rachide. Chir. Org. Movim. **18**, 616 (1933). — CERVIÁ, D. und JOSÉ DE LA ROSA: Beitrag zum Studium der Anomalien der dorsalen Rippen. Rev. exper. Tbc. **9**, 773 (1940). — CHAMBERLAIN, W. E.: Basilar impression (Platybonia). Yale J. Biol. a. Med. (Am.) **11**, 487 (1939). — CHERFILS, J.: Côtes cervicales bilatérales dont l'une a plusieurs articulations. Bull. Soc. Radiol. méd. France, Jg. 14 (1926). — CHIARI: Ankylotische Verbindung der Occipitovertebralgelenke. Wien. klin. Wschr. 1899, 38. — CIACCIA, S.: Su di un caso di costola lombare. Rass. internaz. Clin. e Ter., Jg. 6, Nr. 12 (1926). — CISLAGHI, F.: Contributi allo studio della patologia tel nevnato. 1. Su di un caso di spina bifida con malformazioni multiple. Med. ital. **21**, 116 (1940). — CLEMMESEN, V.: Congenital cervical synortosis (KLIPPEL-FEIL's syndrome). Four cases. Acta radiol. (Schwd.) **17**, 480 (1936). — COHN, B. N. E.: Painful Shoulder Due to Lesions of the Cervical Spine. Amer. J. Surg. **66**, 269 (1944). — CONGDON, R. T.: Spondylolisthesis and vertebral anomalies on skelettons of American origues. J. Bone Surg. (Am.) **14**, 511 (1932). — COOPERSTOCK, M. and E. R. ELZINGA: An unusual congenital anomaly of the spine and ribs. J. Pediatr. (Am.) **11**, 475 (1937). — CORREIA: Häufigkeit der Okzipitalisation des Atlas. C. O. **41**, 715. — COUTTS, W. E., T. BANDERAS et F. CANTIN: Contricution à l'étude des syndromes rénaux causés par l'existence de six vertèbres lombaires. J. Ur. (Fr.) **44**, 467 (1937). — CRAIG and KNEPPER: Ann. Surg. **105**, 556 (1937). — CRAMER: Beitrag zur Kasuistik der angeborenen Skoliose. Arch. orthop. Chir. **5** (1907). — CRAMER, F. and F. J. MCGOWAN: Role of the Nucleus Pulposus in the Pathogenesis of So-Called Recoil Injuries of the Spinal Cord. Surg. etc. **79**, 516 (1944). — CUMMING, J.: Lumbar rib of unrecorded type. Brit. med. J. Nr. 3393 (1926). — CUNNINGHAM, D. I.: The mamillary and accessory processes as persistent epiphyses. J. Anat. a. Physiol. **12**, 85 (1878). — CUSHWAY, W., B. CAND and R. J. MAYER: Rontine examination of the spine for industrial employees. J. amer. med. Assoc. **92**, 701 (1929).

DELCROIX, ED. DE HAENE: Quelques aspects cliniques de l'anarchie vertébrale? Scalpel (Belg.) **1931** I, 1. — DELCHEF, M.: A propos de la sacralisation de la V lombaire. Rev. Orthop. (Fr.) **15**, 700 (1928); C. O. **46**, 115. — DEMELER, W.: Über familiäre Mißbildungen der Wirbelsäule. Diss. Münster, 1933. — DIETHELM, L: Zur Kenntnis der Entwicklungsgeschichte der Wirbelsäule und der Wirbelkörperfehlbildungen. Fschr. Röntgenstr. **68**, 53 (1943. — DITTRICH, R. J. (1): Lumbosacral spina bifida occulta. Surg. etc. **53**, 378 (1931). — (2): Roentgenologic aspects of spina bifida occulta. Amer. J. Roentgenol. **39**, 937 (1938). — DONALDSON, S. W.: Congenital abnormal vertebrae. Report of three cases. Amer. J. Roentgenol. **20**, 544 (1928). — DOUB: The rôle of ligamentous calsifikation in lower back pain. Amer. J. Roentgenol. **12**, 168 (1924). — DOUBLE, LE: Traité des variations de la colonne vertébrale de l'homme et de leur signification au point de vue de l'Anthropologie zoologique. Paris, 1912. — DREHMANN (1): Über angeborene Wirbeldefekte. Zbl. Chir., Jg. 53, Nr. 44 (1926). — (2): Zur Ätiologie der sogenannten Halsrippenskoliose. Z. orthop. Chir. **16** (1906). — (3): Demonstration zur angeborenen Skoliose. Orthop. Kongr. 1912. — DREHMANN, G.: Über angeborene Wirbeldefekte. Bruns' Beitr. **139**, H. 1 (1927). — DREHMANN, FR.: Die angeborene Kyphose. Bruns' Beitr. **165**, 595 (1937). — DREIFUSS: Ein Fall von angeborener Skoliose. Fschr. Röntgenstr. **2**, H. 3 (1907). — DUBAN, R. et G. SOLEIL: Bloc vertébral lombaire par trouble de la néosegmentation de VAN EBNER. Preuve radiologique grâce aux incidences obliques. Bull. Soc. Électric. Radiol. méd. France **27**, 168 (1939). — DUCLOS, H.: Soudure congénitale de deux vertèbres cervicales. Bull. Soc. Électric. Radiol. méd. France **26**,

165 (1938). — Ducroquet, R.: Deux cas de gibbosité d'origine congenitale simulant le mal de Pott. Bull. Soc. Pédiatr. Par. 27, 113 (1929). — Ducroquet, R. et Glotz: Évolution radiologique de la scoliose congénitale par hémivertèbre. Bull. Soc. Pédiatr. Par. 28, 296 (1930). — Dufour, H. et Couturat: Deux cas de sacralisation de la 5ème vertèbre lombaire avec symptômes cliniques des membres inférieurs et absence de la 12ème côte. Bull. Soc. méd. Hôp. Par., Jg. 43, Nr. 21 (1927). — Dumont, A.: Spina bifida occulta douloureux. Laminectomie, Guérison. J. Soc. belge chir. 1938, Nr. 8, 286.

Ebermaier, C. (1): Über ein seltenes klinisches Symptom bei Blockbildung in der Halswirbelsäule. Röntgenprax. 10, 667 (1938). — (2): Zur Frage der sozialversicherungsrechtlichen Bedeutung der Klippel-Feilschen Erkrankung. Röntgenprax. 11, 327 (1939). — Eckstein: Anatomische Untersuchungen über den Zusammenhang zwischen Halsrippen und Skoliose. Z. orthop. Chir. 20, 177 (1908). — Ehrlich: Die Abnormitäten und Varietäten der Wirbelsäule und ihre Bedeutung für den Gutachter. H. Unfallhk. 1931, H. 8, 71. — Eichler, P.: Zur Diagnose der Spina bifida anterior. Fschr. Röntgenstr. 36, H. 4 (1927). — Elowson, S. (1): Torticolis congenital causé par des déformation vertèbres. Acta orthop. scand. (Dän.) 1930, 75. — (2): Ein Fall mit Klippel-Feil-Syndrom. Acta cir. scand. (Dän.) 67, 326 (1930). — Els: Anomalien der Regio sacrolumbalis im Röntgenbild und ihre klinischen Folgeerscheinungen. Beitr. klin. Chir. 1915, 95. — Elsner: Angeborene Skoliosen. Orthop. Kongr. 1922. — Engel, Gretel: Über die Häufigkeit einiger Varietäten im Röntgenbild der Halswirbelsäule, 39 S. Diss. Bonn, 1932. — Engländer, O.: Über spaltförmige Defekte bzw. persistierende Knorpelfugen im vorderen Atlasbogen. Fschr. Röntgenstr. 49, 403 (1934). — Epps, Clarence van and Dapney Kérr: Familial lumbosacral syringomyelia. Radiology (Am.) 35, 100 (1940). — Erb: Seltene Spaltbildungen an der unteren Brustwirbelsäule. Zbl. Chir. 1930, 234. — Erkes: Zur Kasuistik seltener kongenitaler Thoraxdeformitäten. Dtsch. Z. Chir. 114, 239 (1912). — Esau: Hydroencephalocele occipitalis, Spina bifida mit koordinierten Wirbelmißbildungen. Arch. klin. Chir. 171, 445 (1932). — Ettore, E.: Sulla imagine fessurale anteriore del corpo vertebrale nella radiografia di profilo. Atti Soc. lomb. Sci. med. e biol. 17, 9 (1928).

Falk (1): Entwicklung der Halsrippen. Berl. klin. Wschr. 27, 715 (1919). — (2): Fötale Entwicklungsstörungen am Becken und an der Wirbelsäule als Ursache von Deformitäten, insbesondere von Skoliosen und angeborener Hüftlukration. Z. orthop. Chir. 31, 547 (1913). — (3): Angeborene Wirbelsäulenverkrümmungen. Studien z. Path. d. Entw. 2 (1914). — Farmer, H. L.: Accesory articular processes in the lumbar spina. Amer. J. Roentgenol. 36, 763 (1936). — Feci, L.: Dimostrazione radiografica sul vivente di spina bifida dell'arco posteriore dell'atlante. Osp. Bergamo 3, 357 (1934). — Feil: Sacralisation de la Vᵉ lombaire et névralgie sciatique. Progr. méd. 1921, Nr. 13, 133. — Feffer, A. und H. Sternberg (1): Zur Kenntnis der Fehlbildungen der Wirbelsäule. 1. Die Wirbelkörperspalte und ihre formale Genese. Virchows Arch. 272, 613 (1929). — (2): Zur Kenntnis der Fehlbildungen der Wirbelsäule. III. Mitt. Über den vollständigen Mangel der unteren Wirbelsäulenabschnitte und seine Bedeutung für die formale Genese der Defektbildungen des hinteren Körperendes. Virchows Arch. 280, 649 (1931). — (3): Zur Kenntnis der Fehlbildungen der Wirbelsäule, I—IV. Virchows Arch. 272, 903 (1929); 278, 566 (1930); 280, 649 (1931); 285, 112 (1932). — (4): Über Sirenenbildungen. Frankf. Z. Path. 47, 97 (1934). — (5): Zur Kenntnis der Fehlbildungen der Wirbelsäule. VI. Weitere Untersuchungen über Defektbildungen der hinteren Körperenden. Z. Anat. 108, 283 (1938). — Ferguson, A.: A groove for the hypogastric vessels. J. Bone Surg. (Am.) 13, 568 (1931). — Feuereisen, W.: Über neurologische Symptome bei Mißbildungen der Wirbelsäule. Nervenarzt 5, 237 (1932). — Fischel: Über Anomalien des Knochensystems, insbesondere des Extremitätenskeletts. Anat. Hefte 40, H. 120, S. I (1910). — Fischer, E.: Die Vererbung von Wirbelsäulenvarietäten beim Menschen (nach Untersuchungen von Dr. Kühne). Verh. Ges. phys. Anthrop. 5, 5 (1931). — Fischer, H.: Zur Spina bifida occulta cervicalis. Z. ärztl. Fortbild., Jg. 29, Nr. 13 (1927). — Fischer: Der letzte Lendenwirbel. Fschr. Röntgenstr. 18, 346 (1911/12). - Foggie, W. E.: A case of congenital short neek showing the Klippel-Feil syndrome. Edinbgh med. J. Nr. 1, 42, 421 (1935). — Fraikin et Burill: Anomalies des vertèbres lombaires.

1. Anomalies de forme: Déformation des corps vertébraux en „corne de rhinocéros“.
2. Anomalies de nombre: Présence d'une 6. vertèbre lombaire. Bull Soc. Radiol. Méd.
France, Jg. 15, Nr. 141 (1927). — François, J.: De la laminectomie lombosacrée
dans certaine rétentions et incontinences d'urine due au spina bifida occulta. J. Ur.
(Fr.) 21, Nr. 2 (1926). — Franquet, R.: Thérapeutique d'une paraplégie chez un
enfant atteint de syndrome de Klippel-Feil. Bull. Soc. méd. Hôp. Par. III, 53,
1054 (1937). — Fraser, J.: Spina bifida. Edinbgh med. J. 36, 284 (1929). — Frede,
M.: Z. Morph. u. Anthrop. 33, 96 (1934). — Frets (1): Das menschliche Sakrum.
Morph. Jb. 48 (1914). — (2): Studien über die Variabilität der Wirbelsäule. Morph.
Jb. 43, 449 (1911). — Frey, H. (1): Zur Frage der Variationen der Wirbelsäule als
Ursache klinischer Erscheinungen. Zbl. Chir. 1939, 2898. — (2): Untersuchungen
über das Rumpfskelett. Morphl. Jb. 62, 355 (1929). — Friberg, Sten.: Studies on
Spondylolisthesis. Acta chir. scand. (Schwd.) 82, Suppl.-H. 55 (1939). — Friedl, E.
(1): Ist die Form der Lendenwirbelquerfortsätze 3 und 4 constant (Brandt)?. Arch.
orthop. Chir. 37, 471 (1937). — (2): Einige Bemerkungen zum Wirbelgleiten und zur
Wirbelverschiebung. Röntgenprax. 7, 374 (1935). — Friedmann, L. J. and Ch.
Stein: Variation in position of the normal coccyx. Radiology (Am.) 31, 438 (1938).
— v. Frisch: Zur kongenitalen Skoliose. Arch. klin. Chir. 84, 298 (1907). — Fuchs,
G.: Ein Fall von Blockbildung in der Lendenwirbelsäule. Röntgenprax. 10, 104
(1938). — Fusari, A. (1) Coste cervicali e scoliosi congenita. Boll. Soc. piemont. Chir.
2, 213 (1932). — (2): (Angeborene Skoliosen.) Sulla scoliosi congenita. Ortop. e
Traumatol. Appar. mot. 4, 379 (1932). — Fulton, W. S. and W. K. Kalbfleisch:
Accessory articular processes of the lumbarvertebrae. Arch. Surg. (Am.) 29, 42
(1934). — Funck-Brentano, P.: „Spina bifida“ chez l'adulte sans symptomatologie
nerveuse. Mém. Acad. Chir., Par. 62, 614 (1936).

Gallant und Koebig: Operative Behandlung von Abnormitäten des 5. Lendenwirbels. California Med. 23, 1162 (1925); C. O. 33, 470. — Gaucher et C. Roederer:
Les hiatus sacro-iliaques. Bull. Soc. Radiol. méd. France 20, 417 (1937). — Gau-
derchau, Favreul, Charbonnel et Rion: Spina bifida occulta avec syndrome
syringomyélique. Bull. Soc. Radiol. méd. France 25, 693 (1937). — Gazzotti, L. J.:
Apofisi spinose succenturiate dolorose. Ortop. e traumatol. Appar. mot. 6, 137 (1934).
— Geipel, P. (1): Zur Kenntnis der Spina bifida des Atlas. Fschr. Röntgenstr. 42,
583 (1930). — (2): Zur Kenntnis der Spaltbildung des Atlas und Epistropheus. II. Teil.
Fschr. Röntgenstr. 46, 373 (1932). — (3): Zur Kenntnis der Spaltbildung des Atlas
und Epistropheus. III. Teil. Fschr. Röntgenstr. 52, 533 (1935). — (4): Doppelte
Spaltbildung des Atlas. Med. Klin. 1936 II, 1302, 1337. — (5): Zur Kenntnis der
Spaltbildung des Atlas und Epistropheus. III. Teil. Fschr. Röntgenstr. 52, 533
(1935). — Genz: Bildungsanomalien am Skelett besonders der Wirbelsäule und Unfall. Med. Welt 1932, 1061. — Ghiulamila: Angeborener Mangel eines Rückenwirbel-
körpers mit nachfolgender Kyphose. Z. orthop. Chir. 18, 177 (1907). — Giles,
Roy, G.: Vertebral anomalies. Radiology (Am.) 17, 1262 (1931). — Giraudi, G. (1):
Contributo anatomico e radiologico alla conoscenza delle articolazioni sacro-iliache
acessorie. Radiol. med. 23, 987 (1936). — (2): Le cosidetta „epifisi margenali“ o
punti complementari tardivi d'ossificazione delle parti latrali dell'osso sacro. Arch.
Ortop. (It.) 53, 481 (1937). — Girdlestone, G. R. and Thurstan Holland: A rare
ossification in the lumbosacral region. Brit. J. Radiol. 6, 621 (1933). — Gobeau:
A propos de la sacralisation douloureuse de la V. vertèbre. lomb. J. Radiol. (Belg.)
10, 89 (1921). — Göcke: Über Gelenkbildungen an den Seitenfortsätzen des 1. Lendenwirbels. Arch. klin. Chir. 1924, 128. — Golonsko, R. (1): Das Symptom der Cervico-
brachialgie bei Spaltung des Halswirbelbogens. Fschr. Röntgenstr. 38, 716 (1928).
— (2): Rhachischisis der Halswirbelsäule und deren Zusammenhang mit dem Cervico-
brachial-Symptom. Vestn. Rentgenol. (Russ.) 6, 337 (1928). — Gordon, J.: Le
„sacrum bascule“ cause des pseudo-lumbago, pseudo sciatiques, pseudo-rhumatismes
vertebraux. Presse méd. 1932 I, 669. — Gottstein: Über angeborene Skoliose. Z.
orthop. Chir. 18. 345 (1907). — Gozzano, M.: A case of cervicodorsal spina bifida occulta
with trophic an sensory disturbances and cervicel hypertrichosis. Arch. Neur. (Am.)
15, Nr 6 (1926). — Graberger, G.: Beitrag zur Kenntnis der akzessorischen Knochenkerne in den Querfortsätzen der Brustwirbelsäule sowie über die Persistenz solcher

Kerne in den Querfortsätzen des ersten Brustwirbels. Acta radiol. (Schwd.) 12, 77
(1931). — GRAF, P.: Zur chirurgischen Behandlung der Sacralisation des V. Lendenwirbels. Zbl. Chir. 1933, 721. — GRASHEY, R.: Spaltbildung im unteren Gelenkfortsatz des 2. Lendenwirbels. Röntgenprax. 1933, 387. — GRÄSSNER: Der röntgenologische Nachweis der Spina bifida occulta. Festschr. z. Feier d. 10jähr. Bestehens d.
Akad. f. prakt. Med. zu Köln, S. 355. 1915. — GRASSMÜCK, A.: Eine seltene Anomalie
im Bereich der Lendenwirbelsäule. Zbl. Chir. 1941, 68. Jg. — GRAWITZ: Beitrag zur
Lehre von der basalen Impression des Schädels. Virchows Arch. 80 (1880). — GRA-
ZIANI, A.: Su di una anomalia di sviluppo dell'appofisi trasversa della prima vertebra
dorsale. Radiol. med. 24, 889 (1937). — GRECO: Diverticoli vesicali o schisi sacro-
lombari. Bull. Soc. med.-chir. Catania 1, 90 (1933). — GREIL: Theorie und Entstehung der Spina bifida, Syringomyelie und Sirenenbildung. Virchows Arch. 253,
45 (1924). — GRISEL et APERT: Les synostoises occipito-atloidiennes congenitale.
Presse med. 1933 I, 397. — GROSS, A.: Über Blockbildung an der Wirbelsäule nebst
einem Beitrag einer Blockbildung an der Lendenwirbelsäule. Röntgenprax. 10, 463
(1938). — GROSS, SIDNY, W. and E. SACHS: Spina bifida and cranium bifidum. A
study of one hundreet end three cases. Arch. Surg. (Am.) 28, 874 (1934). — GRUBER,
J. B.: Vorweisungen zur Frage der totalen Wirbelsäulenspaltung mit und ohne
Darmektopie. Zbl. Path. 66, Erg.-H., 339 (1937). — GRUBER, W. (1): Varietäten
an Wirbeln und Rippen. Virchows Arch. 67 (1876). — (2): Hinterer Abschnitt der
rechtsseitigen Bogenhälfte am 5. Halswirbel und der linksseitigen Bogenhälfte am
6. Halswirbel. Besondere artikulierende Knochen. Virchows Arch. 67, 330 (1876).
— GUILLAIN et MOLLERAT: Rev. neur. (Fr.) 38, 436 (1932). — GUILLEMINET, M.:
Agénésie vertébrale du sacrum et du coccyx. Lyon chir. 35, 369 (1938). — GUNDER-
MANN: Über eine häufige Anomalie der unteren Brustwirbelsäule. Münch. med.
Wschr. 1913, Nr. 34, 1878. — GÜNTZ, E.: Eine seltene Mißbildung des Lenden-Kreuz-
beinüberganges. Röntgenprax. 6, 224 (1934).

HACKENBROCH (1): Beitrag zur Kasuistik der angeborenen Rückgratsverkrümmung als intrauterine Belastungsdeformität. Arch. orthop. Chir. 20, 566 (1922). —
(2): Zur Kasuistik, Pathologie und Therapie der Spina bifida occulta und ihrer Folgezustände. Münch. med. Wschr. 1922, Nr. 22, 1089. — HADDA: Der totale angeborene
Rippendefekt. Z. orthop. Chir. 31, 176 (1913). — HADLEY, H. G.: A case of fusion
of the third and fourth lumbar vertebral. Rad. 36, 108 (1041); 36, 117 (1941). —
HAFFNER: Eineiige Zwillinge mit symmetrischer Wirbelsäule. Deformität Keilwirbel.
Acta radiol. (Schwd.) 17, 529 (1936). — HAMMERBECK, V.: Angeborene Spaltbildung
an den Bogenwurzeln des vierten Lendenwirbels. Fschr. Röntgenstr. 54, 144 (1936).
— HAMSA, V. R.: Congenital absence of the sacrum. Arch. Surg. (Am.) 30, 657 (1935).
— HANSON, R. (1): Some anomalies, deformities and diseased conditions of the vertebrae
during their different stages of development, elucidated by anatomical and radiological
findings. Acta chir. scand. (Schwd.) 60, H. 4/5 (1926). — (2): Ein Fall von diagnostisch
interessanter Spina bifida anterior thoracalis. Röntgenprax. 1, 233 (1929). — HARREN-
STEIN, R. J. (1): Über einzelne in diagnostischer Hinsicht irreführende Variationen in
der Entwicklung der Wirbelsäule. Ndld. Tschr. Geneesk. 1928 II, 4011. — (2):
Angeborene Kyphose mit Gibbus infolge Wirbelmißbildung. Z. orthop. Chir. 52,
333 (1929). — (3): Über Variationen im Bau des Beckens und ihre Bedeutung für den
Unterschied in Lendenlordose beim Menschen. Z. orthop. Chir. 57, 378 (1932). —
HARRIS, H. A.: Ossification in the lumbo-sacral region. Brit. J. Radiol. 6, 685 (1933).
— HARTMANN, KARL: Zur Pathologie der bilateralen Wirbelkörperfehlbildungen und
zur normalen Entwicklung der Wirbelkörper. Fschr. Röntgenstr. 55, 531 (1937). —
HAYEK: Morph. Jb. 60, H. 2/3 (1928). — HEIDECKER, HANNS (1): KLIPPEL-FEILsches
Krankheitsbild. Bruns' Beitr. 144, 303 (1928). — (2): SPRENGELsche Deformität.
Bruns' Beitr. 144, 291 (1928). — HEIDSIECK, E.: Der Nervus abturatorius bei Sacrali-
sation des 5. Lendenwirbels. Z. orthop. Chir. 63, 163 (1935). — HEINZMANN: Ano-
malien der Kreuzwirbelsäule und des Kreuzbeines. Z. ärztl. Fortbild. 36, 485 (1939).
— HEISE, H.: Über Anomalien der Lendenwirbelsäule. Chir. Klin. Univ. Rostock,
Dtsch. Z. Chir. 227, 349 (1930). — HEMPEL, H. C.: Spina bifida cystica — Klinik,
Therapie und bevölkerungspolitische Bedeutung. Mschr. Kinderhk. 91, 82 (1942).
— HENRY: Quelques recherches anatomiques sur la sacralisation de la cinquième

lombaire. Arch. Med. belg. **89**, 97 (1936). — HEUSCHEN, C. und HEUSSER:
Chirurg **9**, 266 (1937). — HEURITSCH, J.: Zwei Fälle von Hemmungsbildungen
an der Brust-Lendenwirbelgrenze. Röntgenprax. **6**, 160 (1934). — HILL, TH.:
Persistierende Apophysen am ersten Kreuzbeinwirbel. Beitrag zur Röntgenanomalie
der Wirbelsäule. Röntgenprax. **12**, 292 (1940). — HINTZE: Die Fontanella lumbosacralis und ihr Verhältnis zur Spina bifida occulta. Arch. klin. Chir. **119**, 410 (1922).
— HIPPE, H. und K. HAHLE: Über die Beziehungen zwischen der Spina bifida occulta
und Harnapparat. Röntgenprax. **9**, 195 (1937). — HIPPS, H. E.: Fissure formation
in articular facets of the lumbar spina. J. Bone Surg. (Am.) **21**, 289 (1939). — HIRSCH,
R.: Zur Frage der Sakralisation. Fschr. Röntgenstr. **44**, 215 (1931). — HIRSCH-
BERGER: Beitrag zur Lehre der angeborenen Skoliosen. Z. orthop. Chir. **7**, 129
(1900). — HOHMANN, G.: Die Sacralisation des 5. Lendenwirbels. Z. ärztl. Fortbild.
35, 667 (1938). — HOLITSCH, R.: Typische „Anomalien" an dem V. Hals- und IV.
Lendenwirbel. Fschr. Röntgenstr. **42**, Kongr.-H., S. 60 (1930). — HOLL: Über
die richtige Deutung der Querfortsätze der Lendenwirbel und die Entwicklung
der Wirbelsäule des Menschen. S.ber. Akad. Wiss. Wien, Abt. I 1882. — HOLZ-
APFEL: Spin. bif. sacr. aut. Dtsch. med. Wschr. 1925, Nr. 33, 1368. — HUECK,
H. (1): Über Anomalien der Lendenwirbelsäule, insbesondere die verschiedenen
Formen der Lendenrippe. Arch. klin. Chir. **162**, Kongr.-Ber., S. 58 (1930). —
(2): Anomalien der Lendenwirbelsäule. Münch. med. Wschr. 1929, 2156. — (3):
Ein Fall von eigenartiger Synostose der Lendenwirbelsäule. Arch. orthop. Chir. **29**,
128 (1930).

INGBER, E. (1): Sopra la possibilità di diagnosticare radiologicamente unioni atlo-
occipitali di natura differente. Red. med. Be. **15**, Nr. 6 (1928). — (2): Un caso tipico
di deformità die Madelung bilaterale e con comitante reperto radiologico di sacralizzazione genina et assintomatica del 5. métamero lombare. Quad. radiol. **5**, 251 (1934).
— INGEBRIGSTEN, R. (1) Sacralisation des 5. Lendenwirbels. Acta chir. scand. (Schwd.)
65, 283 (1929). — (2): Zur pathologischen Bedeutung der asymmetrischen Sacralisation des V. Lendenwirbels. Zbl. Chir. **1933**, 2368. — INGELRANS, PIERRE et J.
PIQUET: Syndrome de KLIPPEL-FEIL accompagné de malformations multiples. Rev.
Orthop. (Fr.) **15**, Nr. 4, 297 (1928). — IRSIGLER, F. J.: Über Dornfortsatzmißbil-
dungen. Arch. orthop. Chir. **38**, 593 (1938).

JACHENS, M.: Seltene Mißbildungen der Wirbelsäule und ihre Fehldiagnosen.
Arch. Kinderhk. **100**, 98 (1933). — JACOBSOHN: Das Halsrippensyndrom und seine
chirurgische Behandlung. Arch. klin. Chir. **161**, 398 (1930). — JAMINA: Angeborene
Mißbildungen der Wirbelspalten. Pediatria **1930**, IV. — JANKER, R. (1): Persistierende Apophysen der Querfortsätze der Wirbelsäule, des Beckenkammes und des
Trochanter minor. Röntgenprax. **2**, 501 (1930). — (2): Eine anatomische Variante
am Querfortsatz des Atlas. Röntgenprax. **7**, 399 (1935). — JANBERT DE BEAUJEU
et BLOCH: Un cas de syndrome de KLIPPEL-FEIL. Acta radiol. (Schwd.) **12**, 140
(1931). — JANKOVIĆ, S. und J. ALFANDARI: Spina bifida occulta. Izv. jugoslav.
radiol. Saston **1936**, 105. — JANSEN: Anatomische Runzelung und Zusammenrollung
der Fruchtachse bei angeborenen Mißbildungen. Orthop.-Kongr. 1930, S. 40. —
JANSON: Ein Beitrag zur klinischen Bedeutung von Kreuzbein- und Steißbeindefekten.
Röntgenprax. **8**, 451 (1937). — JARCHO, S. and P. M. LEVIN: Hereditary malformation
of the vertebral bodies. Bull. Hopkins Hosp., Baltim. **62**, 216 (1938). — JAROSCHY, W.
(1): Chronisches Trophödem und Spina bifida occulta. Bruns' Beitr. **152**, 632 (1931).
— (2): Wirbelsäulenmißbildung. Fschr. Röntgenstr. **53**, 179 (1936). — JEANBRAN, E.:
Voussure lombaire simulant phlegmon périnéphretique chronique et due à un hémivertèbre lombaire supplémentaire. Proc.-verb. 37. Congr. franç. sacral. **1938**, 604.
— JOACHIMSTAL: Über angeborene Wirbel- und Rippenanomalien. Z. orthop. Chir.
25, 14 (1910). — JONES, A. W.: The role of anatomy in the radiological study of the
spine. Canad. med. Assoc. J. **34**, 265 (1936). — JONSSON, E.: Die Pseudospondyl-
olisthese und ihre Entstehung. Z. Rheumaforsch. **5**, 76 (1942). — JOST, DORA: Eine
angeborene Wirbelsäulenanomalie mit Schulterblatthochstand, die sogenannte
„SPRENGELsche Deformität". Kinderärztl. Prax. **5**, 58 (1934). — JOVIČIC, D. M.:
Spina bifida occulta. Izv. jugoslav. radiol. Saston **1936**, 115. — JUNGHANNS, H. (1):
Der Lumbosacralwinkel. Dtsch. Z. Chir. **213**, 322 (1929). — (2): Dorsale Halbwirbel

als Ursache für angeborene Kyphosen. Röntgenprax. 5, 561 (1933). — (3): Die Fehlbildungen der Wirbelsäule. Arch. orthop. Chir. 38, 1 (1937).

KABDEBÓ, J.: Über einen Fall mit seltenen Entwicklungsanomalien am Halse. Chir. Abt. Zbl. Chir. 1933, 2601. — KALLIUS, H. U. (1): Die Mißbildungen der Halswirbelsäule, insbesondere über das KLIPPEL-FEILsche Syndrom. Arch. orthop. Chir. 29, 440 (1931). — (2): Systematik und Klinik der Halswirbelsäulenmißbildungen. Verh. 25. orthop. Kongr. 1930, S. 70. — (3): Zur Klassifizierung von Wirbelsäulenmißbildungen. Arch. orthop. Chir. 31, 287 (1932). — KARLIN, J. W.: Incidence of spina bifida occulta in children with and without ennuresis. Amer. J. Dis. Childr. 49, 125 (1935). — KAUFFMANN: Zur Kasuistik der kongenitalen Skoliose. Z. orthop. Chir. 31, 81 (1913). — KAYSER: Zur Frage der kongenitalen Skoliose. Beitr. klin. Chir. 68, H. 2 (1910). — KELLER, E.: Spondylolisthesis des 1. Kreuzbeinwirbels. Chirurg 9, 216 (1937). — KERMAUNER: Ein Fall von Spina bifida anterior mit vorderer Wirbelspalte. Z. Heilk. 27 (1906). — KIENBÖCK, R.: Über Fußerkrankungen bei versteckter Rückenmarksmißbildung. Fschr. Röntgenstr. 42, 567 (1930). — (2): Mißbildungen der Halswirbelsäule. Bruns' Beitr. 171, 508 (1941). — KIENBÖCK, R. und A. ZIMMER: Angeborener partieller Kreuz- und Steißbeindefekt. Röntgenprax. 7, 111 (1935). — KIMMERLE, A.: Mitteilung über einen eigenartigen Befund am Atlas. Röntgenprax. 2, 479 (1930). — KLAPP: Über phylogenetische Rückbildung der unteren Rippen nebst ihrer klinischen Bedeutung. Arch. klin. Chir. 1921, 116. — KLEINER, G.: Cysten im Kreuzbein. Spina bifida sacralis incompleta anterior et posterior. Beitr. path. Anat. 86, 407 (1931). — KLEINSCHMIDT: Z. Chir. 1912, 645. — KLIONER, L.: Die angeborenen Deformationen der Wirbelsäule, ihre klinische Bedeutung und ihr Einfluß auf die Arbeitsfähigkeit. Klin. Med. 15, 229 (1934) (russ.). — KNAPPER: Hemivertebra lumbalis. Ndld. Tschr. Geneesk. 1936, 1583. — KNUTSSON, F.: Die Asymmetrie in der Höhe des Wirbelkörpers bei Sakralisation. Nord. med. Tskr. (Schwd.) 1937, 1547. — KOBAJOSHI, L.: A case of the defect of processus articularis vertebrae. Bull. nav. med. Assoc. (Jap.) 29, Nr. 9 (1940). — KOLLMANN: Varianten am Os occipitale. Anat. Anz. 1907, 30. — KOPITS: Schöner Fall von Kurzhals. Orv. Hetil. (Ung.) 1930, Nr. 9. — KORVIN, H.: Wirbelkörperspalte am 5. Lendenwirbel (Schmetterlingswirbel). Röntgenprax. 5, 389 (1933). — KOSYREW: Erfahrungen über operative Behandlung der Spaltbildungen des Schädels und der Wirbelsäule. Arch. klin. Chir. 137, 131 (1925). — KRAUSE, G. R. (1): Persistence of the notochord. Amer. J. Roentgenol. 44, 719 (1940). — (2): Über angebliche Zervikalskoliose und ihre Beziehungen zur Halsrippe. Fschr. Röntgenstr. 10, H. 6 (1906/07). — KREMSER, K.: Ein Beitrag zur Kasuistik der Wirbelsäulenanomalien (Keilwirbelbildung). Röntgenprax. 1, 755 (1929). — KREUZ: Angeborene Skoliosen. Z. orthop. Chir. 44, 133 (1924). — KUFFERATH, W.: Ein Beitrag zu den Anomalien des Halsskeletts beim angeborenen Schiefhals. Chirurg 5, 743 (1933). — KÜHNE, K.: Die Vererbung der Variationen der menschlichen Wirbelsäule. Z. Morph. u. Anthrop. 30, 1 (1932); 34, 191 (1934). — KÜMMEL: Die Mißbildungen der Extremitäten durch Defekt, Verwachsung, Überzahl. Bibliogr. inn. Med. 1895. — KUNZE, FR.: Über Spaltbildungen der hinteren Wirbelbögen. Diss. Königsberg, 1934. — KYLL, DAVID: Spontaneous cure of spina bifida with congenital dislocation of the lumbar spine. Brit. med. J. 1932, Nr. 3727, 1076

LAGROF, F. et L. COHEN-SOLAL: Les formes douloureuses du spina-bifida occulta lombosacré et leur traitement. En particulier à propos d'une observation de sciatique chez un adulte porteur spina-bifida occulta, guéri par laminectomie. Rev. Orthop. etc. (Fr.) 21, 193 (1934). — LAIGNEL-LAVASTINE, M. R. SCHWOB et R. BONNARD: Scoliose congénitale par pièce osseuse vertébrale surnuméraire entre D 10 et D 11. Bull. Soc. med. Hôp. Par. III s., 50, 1612 (1934). — LANCE: Syndrome de KLIPPEL-FEIL (brièveté congénitale du cou). Bull. Soc. Pédiatr. Par. 31, 133 (1933). — LANDWEHR, H.: Der Spondylose-„Rheumatismus" aus angeborenen Bedingungen. Klin. Wschr. 1936 I, 59. — LANERI, G.: Rilievi radiologici sulla frequenza del foramen arteriae vertebralis nei radiogrammi del patto cervicale. Nuntius radiol. (It.) 9, 221 (1941). — LANG, F.: Seltene Spaltbildungen an den Gelenkfortsätzen der Lendenwirbelsäule. Mschr. Unfallhk. 43, 569 (1936). — LANGERHANS: Über Atlasankylosen. Virchows Arch. 1890, 121. — LAVELLE, J.: Congenital malformation of the cervical spine. Brit. J. Radiol. 12, 96 (1939). — LAWRENCE, W. S. and W. D. ANDERSON: A rare developmental abnormity of the atlas. Radiology (Am.) 28, 55 (1937). — LEBEDEFF: Über die Entstehung der Anenzephalie und Spina bifida bei Vögeln und Menschen. Virchows Arch. 1881, 86. — LECHELLE, P., A. THÉONARD et H. MIGNOT: Dysostose cléido-cranienne avec malformations vertébrales multiples et troubles nerveux. Caractère familia des malformations. Bull. Soc. méd. Hôp. Par. III s., 52, 1526 (1936). — LE COCQ, E.: Anomalies of the lumbo-sacral spine. Amer. J. Surg., N. S. 29, 113 (1921). — LEDAUX et CAILLODS: La sacralisation de la V. vert. lomb. Presse méd. 22, 118 (1933). — LEDDA, G. M.: Apofini stiloidi della colonna lombare. Studi sanare 12, 553 (1934). — LEDOUX-LEBARD, R., S. NEMOURS-AUGUSTE et S. DE SÈZE: 50 cas de sciatiques rebelles soumis à l'épreuve du lipiodol. Rappel technique Résultats. Conclusions générales. Bull. Soc. méd. Hôp. Par., III s, 58, 241 (1942). — LE GOFF, P.: Vertèbre dorsale surnuméraire. Amyatrophie correspondante guérie par radiothérapie. Bull. Soc. Radiol. méd. France 23, 165 (1935). — LEHMANN, E.: Spina bifida und obere Harnwege. J. ur. chir. 33, 406 (1931). — LEHMANN-FACIUS: Die Entstehung der Wirbelsäulenverkrümmungen bei Rachischisis. Frankf. Z. Puth. 33, 478; C. O. 36, 350. — LEMMERZ, A. H.: Beitrag zur Klinik und Röntgenbild des KLIPPEL-FEILschen Syndroms. Med. Welt 1938, 339. — LÉRI: La sacralisation, etc. Bull. Soc. méd. Hôp. Par. 37, 1241 (1921. — LEUK, ROB.: Zur Differentialdiagnose zwischen der angeborenen und der erworbenen Synostose der Halswirbel. Röntgenprax. 7, 250 (1935). — LEVEUF, J. (1): Classifications des „spina bifida“. Paris méd. 1934 II, 345. — (2): Études sur le spina bifida. Paris: Masson, 1937. — LIEK, E.: Anatomische Abweichungen im Bereiche der unteren Wirbelsäule. Münch. med. Wschr. 1928 II, 1448. — LIEPELT: Schwangerschaft und Geburtsverlauf bei Spina bifida und Paraplégie der unteren Extremitäten. Arch. Gynäk. 164, 88 (1937). — LIGHTWOOD, R.: Mediastinal dermoid and spina bifida. Proc. Soc. Med., Lond. 26, 157 (1932). — LINDEMANN: Zur Kasuistik der angeborenen Kyphosen. Arch. orthop. Chir. 30, 27 (1931). — LINDENBOOM, G. A.: Angeborene Blockwirbelbildung. Ndld. Tschr. Geneesk. 1938, 721. — LINDGREEN, S.: Acta chir. scand. (Schwd.) 79, 81 (1930). — LITTEN, F.: Über Spaltbildungen an den Gelenkfortsätzen der Wirbelsäule. Röntgenprax. 4, 1039 (1932). — LOHMÜLLER, W.: Zur Frage angeborener Wirbelsynostosen und primärer angeborener Skoliosen. Dtsch. Z. Chir. 242, 714 (1934). — LOHR, R.: Mißbildung oder spondylitische Spannungen der Lendenwirbelsäule? Röntgenprax. 10, 761 (1938). — LOMBARD, P. et LE GÉNISEL (1): Cyphoses congénitales. Rev. Orthop. etc. (Fr.) 25, 532 (1938). — (2): Luxation congénitale de l'atlas par malformation axoïdienne. Rev. Orthop. (Fr.) 26, 135 (1939). — LOSSEN, H.: Bildungsabweichung am 5. Lendenwirbel. Röntgenprax. 5, 636 (1933). — LOUBAT, C. et FISCHER: Un cas de diminution des vertèbres cervicales (syndrome de KLIPPEL-FEIL) associée à d'autres malformations congénitales. Presse méd., Jg. 35, Nr. 66 (1927). — LÜBKE, P.: Das Kreuzbein und die Lumbosacralgegend. Eine Statistik über angeborene und erworbene Veränderungen an 200 pathologisch-anatomisch untersuchten Fällen. Arch. klin. Chir. 163, 707 (1931). — LUCCA, E.: Contributo clinico alla studio della sindrome di KLIPPEL e FEIL con torace cervicale. Boll. Soc. piemont. Chir. 5, 1095 (1935). — LÜTHI, G.: Zur praktischen Bedeutung der Spina bifida sacralis anterior. Zbl. Chir. 1937, 15.

MAASS, H.: Ein Fall von angeborener Skoliose. Z. orthop. Chir. 11 (1903). — MAINOLDI, P. (1): Anomalie vertebrali alla giunzione dorso-lombare e anomalie „combinate“. Riv. Radiol. e Fisica med. 5, Festschr. Busi Ptl. 1, 339 (1931). — (2): Rilievi statistici interno alla concomitanza di anomalie vertebrali e malattia dei visceri addominali. Riv. Radiol. e Fisica med. 1, 432 (1929). — MALUGANI, P. C.: Un caso di emispondilo cervicale. Riv. Radiol. Fisica med. 1, Suppl.-H. 71 (1929). — MANDRUZZATO, F.: Anomale articolazione vertebrale. Riv. Radiol. e Fisica med. 1, Suppl.-H. 73 (1929). — DE MARCHI, C.: Nuclei iuxta-apofisari inferiori nel tratto lombare del rachide. Chir. Org. Movim. 25, 35 (1939). — MARCONI, J.: Malformazioni degli arti inferiori da spina bifida occulta. Chir. Org. Movim. 20, 401 (1934). — MARDERSTEIG, K.: Zur Frage der persistierenden Wirbelkörperapophysen. Fschr. Röntgenstr. 46, 441 (1932). — MARIQUE, P. et M. E. MEYERS-PALGEN: Le bloc vertébral lombaire. Rev. Orthop. (Fr.) 22, 315 (1935). — MARQUARDT, W.: Ein Beitrag zur Frage der Vererbbarkeit schwerster Wirbelsäulenmißbildungen. Arch. orthop. Chir. 38, 382 (1937).

— MARTILLOTTI, F.: Su di un compleno caso di malformazione congenita della colonna vertebrale. Pediatr. Riv. 44, 441 (1936). — MARTIN, J. M.: Anomalies of the spinal column and pelvis. South. med. J. (Am.) 22, 348 (1929). — MARTIUS, H. (1): Sakralisation des 5. Lendenwirbels als Ursache von Rückenschmerzen. Münch. med. Wschr., Jg. 75, Nr. 8 (1928). — (2): Umbauformen und andere Anomalien der unteren Wirbelsäule und ihre pathogenetische Bedeutung. Arch. Gynäk. 139, 581 (1930). — MASCHERPA, F.: Su di un raro reperto radiografico della prima vertebra cervicale. Riv. Radiol. e Fisica med. 4, 433 (1932). — MATHES: Über Assimilationsbecken und deren Stellung im System. Arch. klin. Chir. 1918, 110. — MAUCLAIRE: Quelques cas de sacralisation de la 5. lomb. Presse méd. 28, 749 (1920). — MAYORAL, A.: Congenital malformation of the transverse processes of the first dorsal vertebra. Radiology (Am.) 35, 82 (1940). — McCARROLL, H. R.: Spina bifida urinary incontinence. Surgery (Am.) 64, 721 (1937). — MEISENER, R.: Unleichseitiger Übergangswirbel, jahrelang als Wirbelbruch mißdeutet. Dtsch. L.ger.med. 20, 348 (1933). — MELLER und GOTTLIEB: Kongenitale Mißbildung der Halswirbelsäule. Fschr. Röntgenstr. 46, 338 (1932). — MERIO, P. und E. RISAK: KLIPPEL-FEILsches Syndrom, basilare Impression und endokrine Erkrankungen. Z. klin. Med. 126, 455 (1936). — MERK, H., O. LESTER and A. SMITH: Spina bifida occulta. Its relation to dilatations of the upper urinary pact and urinary infections in childhood. Radiology (Am.) 12, 193 (1929). — MERLINI, A.: Sulla spina bifida. Contributo istopatologico e clinico. Pedriatria (Arch.) 2, H. 1 (1926). — MÉSZÖLY, P.: Über die Röntgenuntersuchung der Entwicklungsunregelmäßigkeiten des Rückgrates und der Rippen im Kindesalter. Magy. Röntgen Közl. 4, 40 (1930) n. dtsch. Zusammenfassung (ung.). — MEYER, H. (1): Fraktur oder Lendenrippe. Mschr. Unfallhk. 36, 145; C. O. 48, 384. — (2): Die Bedeutung der Spaltbildung im knöchernen Wirbelkanal in der Ätiologie orthopädischer Leiden. Z. orthop. Chir. 46, Beil.-H. S. 107. — MEYER-BORSTEL, H. (1): Die verschiedenen Assimilationsformen des 5. Lendenwirbels im Röntgenbild und die pathogenetische Bedeutung der einseitig-gelenkigen Sakralisation. Fschr. Röntgenstr. 44, 363 (1931). — (2): Die verschiedenen Sacralisationsformen des 5. Lendenwirbels in ihren Beziehungen zu Kreuzschmerzen. Bruns' Beitr. 153, 12 (1931). — MEYER-BURGDORFF, H. (1): Örtlich konstitutionell bedingte Wirbelsäulenveränderung. Fschr. Röntgenstr. 44, Kongr.-H. 11, 47. — MEYER-BURGDORFF, H. und J. KLOSE-GERLICH: Hemmungsbildungen im Ablauf der Wirbelsäulenverknöcherung. Arch. klin. Chir. 182, 220 (1935). — MEYERDING, H. W.: Diagnosis and roentgenologic evidence in spondylolisthesis. Radiology (Am.) 20, 108 (1933). — MEYEROWITZ: Über Skoliose bei Halsrippen. Beitr. klin. Chir. 46, 46 (1905). — MEZZARI, A.: Varietà anatomica della deformità di Sprengel. Radiol. med. 15, 904 (1928). — MICHELETTI, G.: Apofisi stiloidi della colonna lombare. Riv. Radiol. e Fisica med., 2. Suppl., Nr. 1, 28 (1930). — MIRANDA, G.: La sindrome di KLIPPEL-FEIL. Bull. Accad. lancis, Roma 6, 74 (1933). — MIRTO, D.: Rapporti fra rachischisi ed impotenza funzionale virile. Arch. Radiol. (It.) 6, 112 (1930). — MITCHELL, G. A. J.: The significance of lumbosacral transitional vertebrae. Brit. J. Surg. 24, 147 (1936). — MITCHELL, H. J.: The KLIPPELFEIL syndrome (congenital webbed neck). Arch. Dis. Childh. 9, 213 (1934). — MIYAKA, H.: Röntgenbefunde bei sacraler Lumbalisation. Arch. jap. Chir. 11, 470 (1934). — MOLEN, H. J. VAN DER: Zwei Fälle von Rippenanomalien, der eine mit Spina bifida kombiniert. Mschr. Kindergeneesk. 6, 209 (1937). — MONDOLFO, SILV.: Sulla cura chirurgica della sindrome dolore da emisacralizzazione della quinta vertebra lombare. Arch. ital. Chir. 47, 561 (1937). — MONTEMARTINI, G.: La sacralizzazione della quinte vertebra lombare. Quad. radiol. Nr. 2, 293 (1938). — MOORE: Sakralisation des 5. Lendenwirbels. J. Bone Surg. (Am.) 7, 271 (1925); C. O. 32, 173. — MORALES, JUAN und L. SALVADOR GALLARDO: Zwei interessante Fälle von Spina bifida occulta. Medicina (Sp.) 9, 453 (1935). — MOROSI, G.: Sacrum acutum, sacrum arcuatum. Riv. ital. Ginec. 22, 511 (1939). — MOSENTHAL: Angeborene Kyphose. Die Bedeutung seitlicher Röntgenaufnahmen der Wirbelsäule zur Erkennung von Veränderungen an derselben. Z. orthop. Chir. 53, 111 (1930). — MÜLLER, A.: Sakralisation des 5. Lendenwirbels als Ursache von Rückenschmerzen. Münch. med. Wschr. 75, Nr. 16 (1928). — MÜLLER, W.: Angeborene Wirbelblockbildungen an der Lendenwirbelsäule auf Grund von Längsverschiebungen der Wirbelanlagen. Bruns' Beitr. 152, 1 (1931). — (2):

Über die Beziehungen zwischen intrauterinen Wirbelsäulenverbiegungen und Defektbildungen am Wirbelkörper. Arch. orthop. Chir. **20**, 345 (1938). — (3): Spaltbildungen an Gelenk und Dornfortsätzen der Wirbelsäule auf der Basis von Umbauzonen. Fschr. Röntgenstr. **44**, 644 (1931). — (4): Beobachtungen aus dem Gebiet der Wirbelsäulenanomalien. Zbl. Chir. **1931**, 2833. — (5): Die angeborene Gibbusbildung mit Wirbelkörperspaltung an der unteren Brustwirbelsäule. Arch. orthop. Chir. **30**, 319 (1931). — (6): Über eine bemerkenswerte Form von Wirbelsäulenmißbildung (völliges Fehlen von Gelenkfortsätzen). Münch. med. Wschr. **1932 I**, 356. — (7): Über Wirbelkörperspalten und andere angeborene Mißbildungen der Wirbelsäule. Zbl. Chir. **1933**, 2403. — (8): Untersuchungen zur Biologie der Wirbelsäulenmißbildungen. Dtsch. Z. Chir. **242**, 94 (1935). — Muscatello: Die angeborenen Spalten des Schädels und der Wirbelsäule. Arch. klin. Chir. **47**, 162 (1894). — Muzil, M.: Di una eccezionale anomalia delle apofisi trasversarie destre delle vertebre lombari. Riv. Radiol. e Fisica med. **7**, 457 (1933).

Naffziger, H. C.: Surg. Gyn.-3 a. Obstetr. **64**, 119 (1937). — Nagel, A.: Über angeborene und erworbene Synostosen der Wirbelsäule. Diss. Münster, 1935. — Nägeli: Beitr. klin. Chir. **99**, 128 (1916). — Nagy, Mich.: Operativ geheilter Fall der von einer Halsrippe verursachten, symptomatischen Raynaudschen Krankheit. Mschr. Psychiatr. **91**, 300 (1935). — Neck, M.: Côtes cervicales et lombaires douloureuses. Arch. franco-belg. Chir. Jg. 29, Nr. 2 (1926). — van Neek (1): Ein Fall von Sakralisation des 5. Lendenwirbels. Arch. franco-belg. Chir. **28**, 505 (1925); C. O. **33**, 578. — (2): Technik des operativen Eingriffes bei der Sakralisation des 5. Lendenwirbels. Arch. franco-belg. Chir. **29**, 861; C. O. **39**, 174. — Neubert, R. (1): Spina bifida occulta und Skoliose. Z. orthop. Chir. **60**, 157 (1933). — (2): Spina bifida occulta und Skoliose. Diss. Leipzig, 1934. — Neugebauer, F. L. (1): Zur Entwicklungsgeschichte des spondylolisthetischen Beckens und seiner Diagnose. Diss. Dorpat, 1881. — (2): Ätiologie der sogenannten Spondylolisthesis. Arch. Gynäk. **20**, 133 (1882). — (3): Ein zweiter Fall von sogenannter Spondylolisthesis am vorletzten Lendenwirbel. Arch. Gynäk. **21**, 196 (1883). — Nicolis, N.: Un caso di malformazioni multiple congenitale della colonna vertebrale. Radiol. med. **13**, Nr. 4 (1936). — Nicotra, A.: Apofisi stiloidi nelle vertebre umane. Chir. Org. Movim. **13**, 468 (1929). — Niehols, B. A. and E. L. Shiflett (1): Ununited anomalous epiphyses of the inferior articular processes of the lumbar vertebrae. J. Bone Surg. (Am.) **15**, 591 (1933). — (2): A supernumerary rib arising from the second lumbar vertebra. Amer. J. Roentgenolog. **32**, 196 (1934). — Niehus, H.: Beitrag zur Entstehung des angeborenen Keilwirbels. Diss. Münster, 1930. — Nilsonne, H.: Zwei Fälle von Klippel-Feils Syndrom. Hygiea (Schwd.) **88**, H. 21 (1926). — Nissler, K.: Über nicht krankhafte spalt- bzw. lochartige Aufhellungen im Röntgenbild der Wirbelsäule. 20 S. Diss. Frankfurt a. M., 1933. — Nöller, Ferd.: Über Spaltbildungen an den Gelenkfortsätzen der Lendenwirbelsäule. Arch. klin. Chir. **191**, 703 (1938). — Novak, C. (1): Emispondilia sagittale. Arch. med. Chir. **1**, 79 (1932). — (2): Hemispondylia sagittale. Ref. Z. org. Chir. **63**, 478 (1933). — (3): Contributo allo studio della scoliosi congenita da emivertebra. Arch. Med. e Chir. **7**, 377 (1938). — Novák, Erna: Abnormitäten und Frakturen der Querfortsätze der Lendenwirbelsäule. Orvostépgés, 25. Sonderh., **2**, 1 H. (1935). — Nové, Josserand et Rendu: La sacralisation de la V. lombaire. Presse méd. **28**, 514 (1920). — Nuvoli, U. e V. Fanano: Alterazini congenite e funzionali dell'apparato urogenitale e malformazioni della colonna vertebrale. Radiol. med. **18**, 1312 (1931).

Ochsner and de Bakey: Amer. J. Surg. **28**, 669 (1935). — Odén, O.: Three cases of anomals of the bodies of the vertebrae in the cervical region. Acta radiol. (Schwd.) **15**, 69 (1934). — Oehlecker: Eine kongenitale Verkrümmung der Wirbelsäule infolge Spaltung von Wirbelkörpern. Beitr. klin. Chir. **61**, 570 (1909). — Oettinger, E. N.: Zwei angeborene Wirbelsäulenveränderungen. Röntgenprax. **4**, 969 (1932). — O'Keilly, A.: Malformation of the lower spine. J. Bone Surg. (Am.) **1925**, 947. — Okonek, G.: Spätschädigungen des Knochenmarks bei angeborenen Kyphoskoliosen. Zbl. Neurochir. **2**, 39 (1937). — Oleaga Alarcón, F.: Die Knochenanomalien des lumbosakralen Segments. Rev. Orthop. (Sp.) **5**, 181 (1935). — Olivier: Contribution à l'étude de la sacralisation de la cinquième vertèbre lombaire. Bull.

Acad. Med., Par. 3, 124 (1941). — OLLAND, MARGA: Veränderungen des 5. Lendenwirbels. Diss. Brun, 1932. — OPPENHEIMER, A.: Longitudinal fissures in the vertebral articular processes. J. Bone Surg. (Am.) 23 (1941). — ORTENDORFF, A.: Über Wirbelkörperspalten. Diss. Königsberg, 1934. — OSTEN-SACKEN: Zur Frage über die klinische Bedeutung der lateralen Wirbelspalten. C. O. 32, 583 (1925). — OVERTON, L. M. and RALPH K. GHORMLEY: Congenital fusion of the spine. J. Bone Surg. (Am.) 16, 929 (1934). — OWEN, L. RHYS: Pseudofractures of transverse processus. Brit. med. J. 1, 1103 (1913).

PACETTO, G.: La costa soprannumeraria e l'ipertrofia trasversaria delle vertebre cervicali. Arch. ital. Chir. 20, H. 4 (1928). — PALMIERI, G. e C. PALMIERI: Sulla cosidetta „Apofisi articulare accessoria lombare". Riv. Radiol. e Fisica med. II N. s., 1, 74 (1934). — PAN, N.: Fusion of cervical vertebrae. J. Anat. a. Physiol. 66, 426 (1932). — PARISEL: Luxation congénitale de la hanche et spina bifida occulta. Arch. franco-belg. chir. 30, 243 (1927). — PARTSCH, F. (1): Beitrag zum Krankheitsbild der kongenitalen Halswirbelsynostosen (Kurzhals). Arch. orthop. u. Unfallchir. 24, H. 2 (1926). — (2): Kongenitale Halswirbelsynostose mit Spina bifida cervicalis. Münch. med. Wschr. 1926, Nr. 1. — PEABODY, CH.: Congenital malformation of spine. J. Bone Surg. (Am.) 9 (1927). — PELLEGRINI, A. J.: Processi stiloidei delle vertebre lombari. Chir. Org. Movim. 13, 526 (1929). — PELLEGRINI, O.: Rare alterazioni neurodistrofiche in un caso di spina bifida occulta. Arch. Ortop. (It.) 51, 55 (1935). — PENDEL: Z. orthop. Chir. 10, 23 (1902). — PERROT, AD. et L. BABAIANTZ (1): Quelques considération sur le syndrome de KLIPPEL-FEIL. (Les hommes sans cou.) J. Radiol. 17, 670 (1933). — (2): Les malformations congénitales de la colonne vertébrale et les scolioses consécutives. (A propos d'un cas personnel.) Rev. méd. Suisse rom. 53, 545 (1933). — PERUSSIA, F. (1): Contributo allo studi radiologico delle anomalie congenite del rachide. Chir. Org. Movim. 10, H. 6 (1926). — (2): Contributo allo studio radiologico delle anomalie congenite del rachide. Radiol. med. 13, Nr. 3 (1926). — PETER, K.: Neue experimentelle Untersuchungen über die Größe der Variabilität und ihre biologische Bedeutung. Arch. Entw.mechan. 31, (1911). — PHILIPP, E.: Röntgenologische und anatomische Untersuchungen zum Kapitel des Kreuzschmerzes mit besonderer Berücksichtigung der Sakralisation. Z. Geburtsh. 102, 233 (1932). — PICCININO, G.: Disturbi vesicali e sessuali e dismorfie della colonna vertebrale lombosacrale. Arch. Radiol. (It.) 2, H. 4 (1926). — POLITZER, G.: Keilwirbel. Fschr. Röntgenstr. 41, 788 (1930). — PORTU, P. E.: Spina bifida occulta. Arch. lat.-amer. Pediatr. (Arg.) 21, 48 (1927). — PRIETO, E. und A. RICCI: Angeborene Dystrophien Anomalien der Wirbelsäule. Arch. Hosp. Niñ. Rio, Sant. Ch. 2, 93 (1931). — PUTTI, V.: Die angeborenen Deformitäten der Wirbelsäule. Fschr. Röntgenstr. 15, 65 (1910); 14, 285 (1909). — PUTTI, V. e F. MANDIUZZATO: I processi stiloidei delle vertebre lombari. Radiol. med. 15, 1000 (1928). — PUTTI e MENDRUCCATO: Spießartige Fortsätze der Lendenwirbel. Z. sovrem. chir. 4, 23 u. franz. Zusammenfassung 24 (1929). — PUTTI, V. e O. SCAGLIETTI (4): Technika dell'apofisectomia nella sacralizzazione della quinta vertebra lombare. Chir. Org. Movim. 17, 32 (1932). — PYTEL, A. und ŠAJEVIČ: Die KLIPPEL-FEILsche Krankheit. Vestn. Rentg. 8, 45 u. dtsch. Zusammenfassung 112 (1930). — PYTEL und SCHAJEWITSCH: Beitrag zur Frage der KLIPPEL-FEILschen Krankheit. Röntgenprax. 1, 64 (1929).

RANEY BEVERLY, R.: Isthmus Defects of the Fifth Lumbar Vertebra. South. med. J. (Am.) 38, 166 (1945). — RANZI: Über angeborene Thoraxdefekte. Mitt. Grenzgeb. Med. u. Chir. 16, 562 (1906). — RECCANDTE, A.: Contribution à l'étude des anomalies du développement du rachis. Rev. Orthop. etc. (Fr.) 18, 674 (1931). — RECHTMAN, A. M. and M. TH. HORWITZ: Congenital synostosis of the cervico-thoracic vertebrae (the KLIPPEL-FEIL Syndrome). Amer. J. Roentgenolog. 43, 66 (1940). — v. RECKLINGHAUSEN: Untersuchungen über die Spina bifida. Virchows Arch. 105, 243, 296 (1886). — REGENSBURGER, K.: Über Spaltbildungen und freie Knochenschatten an den Gelenkfortsätzen der Lendenwirbelsäule. Bruns' Beitr. 167, 622 (1938). — REISNER, A. (1): Vollkommene Spaltbildung am 5. Lendenwirbelkörper. Röntgenprax. 3, 937 (1931). — (2): Die Verknöcherung des Ligamentum ileolumbale und ileosacrale. Röntgenprax. 3, 1026 (1931). — (3): Unfallfolge oder Entwicklungsstörung der obersten Halswirbel? Röntgenprax. 5, 157 (1933). — (4): Kreuzschmerzen und lombosacraler Übergangswirbel. Fschr. Röntgenstr. 48, Kongr.-H. 46 (1933). — REISCHAUER, F.: Zur Frage der Spondylysis. Beitr. klin. Chir. 162, 64 (1935). — RENANDER, A. (1): Entwicklungsstörungen der Wirbel. Acta radiol. (Schwd.) Nr. 588 (1929). — (2): Anomales roentgenologi-cally observed of the cranio vertebral region. Acta radiol. (Schwd.) 10, 502 (1929). — RENDICH, R. A. and S. W. WESTING: Accessory articular process of the lumbovertebrae and its differentiation from fracture. Amer. J. Roentgenol. 29, 156 (1933). — REPASS, F. G.: Cleidocranial Dysostosis-Report of Case. Virgin. med. Mthl. 72, 121 (1945). — REYNOLDS, R. J.: A case of occult tail. Brit. J. Radiol. 5, 457 (1932). — RICHES, E. W.: The anatomy of cervical rib. With a report of a case. Brit. J. Surg. 16, 235 (1928). — RINDFLEISCH: Die angeborene Spaltung des Wirbelsäulenkörpers. Virchows Arch. 27, 137 (1863). — RINVIK, R.: A Case of the KLIPPEL-FEIL Syndrome (Congenital Synostosis of the Cervical Vertebrae). Acta pediatr. (Schwd.) 31, 417 (1944). — RIOSALIDO (1): Über die schmerzhafte Sakralisation des letzten Lendenwirbels. Progr. Clin. 31, 166 (1925); C. O. 32, 173. — (2): Lumbalisation des I. Sakralwirbels. Med. ibera. 2, 153 (1928); C. O. 45, 381. — ROBERTS, SUMNER MEADE: Congenital absence of the odontoid process resulting in dislocation of the atlas on the axis. J. Bone Surg. (Am.) 15, 988 (1933). — ROBINSON, S., STONE jr. and H. ELLIOT: Cervical ribs. West. J. Surg. (Am.) 43, 295 (1935). — ROCCAVILLA: Les syndrômes nerveux liés aux hétéromorph. rég. du rachis. Rev. neur. 28, 39 (1921). — ROCHER, H. L. et L. POUYANNE: Un cas de cyphose congénitale par malformation vertébrale. Chir. Narz. Ruchů (Ool.) 7, 5 (1934). — ROCHER, H. L. et ROUDIL (1): Malformation du sacrococcy. Étude anatomoclinique et essai de classification. Rev. Chir. (Fr.) 50, 299 (1931). — (2): Contribution à l'étude des malformations du sacrococcy, II. Bord. chir. Nr. 4, 315 (1931). — ROEDERER, C.: Un cas de faux syndrome de KLIPPEL-FEIL. Bull. Soc. Pédiatr. Par. 31, 255 (1933). — ROEDERER et HUGUET: Cas d'anomalies vertébrales multiples. Bull. Soc. Radiol. méd. France 16, Nr. 149 (1928). — ROEDERER, C. et LAGROT: Le diagnostic radiologique du spina bifida occulta lombo-sacré. J. Radiol. Électrol. 10, Nr. 6 (1926). — ROEDERER et SERRAND: Une forme rare d'anomalie vertébrale congénitale. Bull. Soc. Radiol. méd. France 24, 188 (1936). — ROHDE: Seltene Röntgenbefunde an der oberen Wirbelsäule und ihre Abgrenzung gegen Verletzungsfolgen. Arch. klin. Chir. 186, 123 (1936). — ROHRBACH, A.: Die Bedeutung der Sakralisation des 5. Lendenwirbels. Münch. med. Wschr. 1929 I, 592. — ROUDIL, G.: Le diagnostic de la scoliose par malformation de la cinquième vertèbre lombaire, Arch. Électr. méd. etc. 35, Nr. 528 (1927). — ROSE: Entwicklungsstörungen am Knochenherd in der Gegend des Atlanto-occipital-Gelenkes. Virchows Arch. 241, 428 (1923). — ROSENBERG, EMIL (1): Die verschiedenen Formen der Wirbelsäule des Menschen und ihre Bedeutung. Jena: G. Fischer, 1920. — (2): Über die Entwicklung der Wirbelsäule. Morph. Jb. 1, H. 1 (1876). — (3): Über eine primitive Form der Wirbelsäule des Menschen. Anat. Anz. 13. Erg.-Heft. — ROSTOCK: Beitrag zur Kasuistik des geschwänzten Menschen. Beitr. klin. Chir. 138, 657 (1927). — ROTERING, FRANZ: Ein ungewöhnlicher Fall von Wirbelsäulenmißbildung. Diss. Münster i. W., 1939. — RÖVEKAMP, TH.: Eigenartige Sacralisation der gesamten Lendenwirbelsäule. Röntgenprax. 7, 542 (1935). — ROWOLD, P.: Kreuz- und Rückenschmerzen unter besonderer Berücksichtigung ihres Auftretens bei Sacralisation nnd Lumbalisation. Frankfurt a. M. Diss. 36, 116 (1940). — ROZOVA-MACHINA, Z.: Ein Fall kombinierter Wirbelsäulenanomalie (Platyspondylie nach PUTTI). Ortop. e Traumat. Appar. mot. 5, 72 (1931); Ref. Z. org. Chir. 57, 245 (1932).

SALLERAS, J.: Enurese infolge verborgener Spina bifida. Rev. argent. Ur. 6, 399 (1937). — v. SALIS: Über Schaltwirbel und Lähmung. Z. orthop. Chir. 47, 275 (1926). — SALVAT ESPASA, M.: Ein Fall von Agenesie des Kreuzbeins. Rev. méd. Barcelona 9, 547 (1928). — SANCHEZ, JR. BENIGNO: Über zwei Fälle von Spina bifida. Arch. Med. infant., Hsp. Garcia, Hab. 2, 234, dtsch. Zusammenfassung 248 (1933). — SANTORO, A.: Su alcuni aspetti radiografici determinati dall'estremità inferiore dei solchi paraglenoidali dell'ilco del sacro. Arch. Radiol. (It.) 7, 254 (1931). — SARPYENER, M. ACHMED: Spina bifida occulta und Steine in den Harnwegen. Wien. med. Wschr. 1940 II, 823. — SARRONY, H. T. et COHEN-SOLAL: Anomalies vertébrales.

Bull. Soc. Électro radiol. méd. France 27, 299 (1939). — Savès, M.: Scoliose congénitale par hémiatrophie de la deuxième vertèbre lombaire. Ref. Z. Org. Chir. 68, 637 (1934). — Savitsch, E. de et van Huffelen: Sur l'ostéoarthropathie et l'osteoporose du myélocèle. Presse méd. 1938 I, 133. — Scaglietti, O. (1): Indicazioni cliniche alla cura chirurgica della sacralizzazione dolorosa della V^a lombare e considerazioni sui risultati. Chir. Org. Movim. 18, 506 (1933). — (2): Ricerche anatomiche sulle sacralizzazione della V^a lombare. Chir. Org. Movim. 17, 333 (1932). — Schawlowski': Über einige seltene Variationen an der Wirbelsäule beim Menschen. Anat. Anz. 20, Nr. 13, S. 14. — Scherb, R.: Spondylolisthesis. Z. orthop. Chir. 50, 304 (1929). — Scherf: Spinabifida occulta der Lendenwirbelsäule. Z. ärztl. Fortbild. 24, Nr. 21 (1927). — Schertlein, A.: Über die häufigsten Anomalien an der Brustlendenwirbelsäulengrenze Fschr. Röntgenstr. 38, 478 (1928). — Schiffner: Über die Architektur des Schädelgrundes in der Norm und bei der Assimilation des Atlas. Virchows Arch. 74 (1878). — Schinz: Variationen der Halswirbelsäule und der angrenzenden Gebiete. Fschr. Röntgenstr. 31, 583 (1923/24). — Schmidt, H.: Über angeborene Wirbelsäulenverbildung mit Lähmungserscheinungen. Mschr. Kinderhk. 59, 241 (1934). — Schmitt, D.: Formveränderungen der Halswirbelsäule unter besonderer Berücksichtigung des „Klippel-Feilschen Syndroms". 24 S. Diss. Köln, 1932. — Schmitt, H.: Über Muskelatrophien an den distalen Extremitäten bei angeborenen Mißbildungen des Wirbelskelets. 23 S. Diss. Münster i. W., 1931. — Schmorl, G.: Beitrag zur Kenntnis der Spondylolisthese. Dtsch. Z. Chir. 237, 422 (1932). — Schoen, R.: Über die Spina bifida occulta lumbosacralis und über ihre Häufigkeit innerhalb der Bevölkerung des hiesigen Bezirks. Diss. Münster i. W., 1939. — Schrader: Zur klinischen und unfallmedizinischen Bedeutung der Sacralisation und Lumbalisation. Arch. orthop. Chir. 30, 351 (1931). — Schrick, F. G. van (1): Die Wirbelblockbildung. Z. orthop. Chir. 57, 35 (1932). — (2): Die angeborene Kyphose. Z. orthop. Chir. 56, 238 (1933). — Schröder, C. H. und Hillenbrand: Die Bedeutung der Spina bifida occulta für die Erbanlage der Lippen-Kiefer-Gaumen-Spalte. Arch. klin. Chir. 203, 328 (1942). — Schüller (1): Die Schädelbasis im Röntgenbild. Arch. u. Atlas, Erg.-Bd. II d. Fschr. Röntgenstr. (1905). — (2): Die Sakralisation des 5. Lendenwirbels mit besonderer Berücksichtigung ihrer klinischen Bewertung. Beitr. klin. Chir. 131, 281 (1924). — Schuppler, H.: Zwei Fälle von Spina bifida occulta des 1. Brustwirbels. Röntgenprax. 5, 856 (1933). — Schwarze, R.: Zur Frage des Klippel-Feilschen Fehlers der Wirbelsäule. Arch. orthop. u. Unfallchir. 41 (1941). — Sedláčková, E. und L. Nolicer: Spina bifida sacralis occulta. Čas. Lék. česk. 66, Nr. 36 (1927). — Sein, A. J.: Spina bifida occulta als Mitursache eines Betriebsunfalles. Rev. Asoc. méd. argent. 48, 425 (1934). — Serck-Hanssen, T.: Cervical ribs combined with other anomalies of the vertebral columne as a family condition. Acte chir. Scand. (Schwd.) 76, 551 (1935). — Sereghy, M.: Eine sonderbare kongenitale Mißbildung (Schmetterlingform) des 3. Lumbalwirbels. Ein Beitrag zur Frage der Entwicklung der Wirbelkörper. Fschr. Röntgenstr. 36, H. 2 (1927). — Sévérino, A.: Anomalie congenite multiple della colonna vertebrale e dello scheletro toracico. Boll. Soc. ital. Pediatr. 4, 119 (1935). — Shain, J.: Multiple congenital rib and spina deformities. Report of a case. J. Pediatr. (Am.) 3, 870 (1933). — Sick: Über Synostose des Atlantookzipitalgelenkes und die dabei beobachteten Veränderungen des Epistropheus. Virchows Arch. 246, 448 (1923). — Siebert: Beitrag zur Lehre von der kongenitalen Skoliose. Z. orthop. Chir. 28, 415 (1911). — Simon, P.: Eine seltene Anomalie der Halswirbelsäule (Klippel-Feil). Zbl. Chir. 54, Nr. 50, 3247 (1927). — Simon, W. V.: Die Verknöcherung des Ligamentum iliolumbale. Acta chir. scand. (Schwd.) 67, 767 (1930). — Skinner, E. H.: Anatomical and postural variations of the lumbosacral spine. Radiology (Am.) 9, Nr. 6 (1927). — Sommer: Zur Kasuistik der 'Atlas-Synostose. Virchows Arch. 94 (1883). — Sorge, F.: Der fünfte Lendenwirbel. Eine anatomisch-röntgenologische Studie. Arch. orthop. Chir. 32, 72 (1932). — Sorrel, E., Legrand-Lambling et Nabert: Deux cas d'agénésie des disques et des corps vertébraux dorsaux. Bull. Soc. Pédiatr. Par. 33, 557 (1935). — Spanner: Untersuchungen zur Genese der Rachischisis ant. und post. mit Berücksichtigung der Kraniorachisis. Z. Anat. u. Entw.gesch. 85, 324 (1928). —

Speranski: Die Entstehung der Spina bifida occulta im sakralen Abschnitt der menschlichen Wirbelsäule. Z. Anat. u. Entw.gesch., Abt. I, 78, (1926). — Staffieri, D.: Costole cervicali. Osservazioni cliniche e classificazione. Bull. atti reale accad. med. Roma 53, H. 6/7 (1927). — Stefani, F.: Particolare struttura anatomica in un casi di sindroma dolorosa da emisacralizzazione. Chir. Org. Movim. 24, 176 (1932). — Sternberg, H. (1): Defekte und Entwicklungsstörungen des caudalen Wirbelsäulenabschnittes. Arch. orthop. Chir. 30, 20 (1931). — (2): Die angeborene Kyphose und der angeborene Gibbus, ihre anatomischen Grundlagen und ihre Genese. Arch. orthop. Chir. 31, 465 (1932). — (3): Zur Prognose angeborener Skoliose. Arch. orthop. Chir. 31, 479 (1932). — Stewart, T. D.: Spondylolisthesis without separate neural Arch. J. Bone Surg. (Am.) 17, 640 (1934). — Stieve (1): Über die Variabilität der menschlichen Wirbelsäule. Anat. Anz. 56 (1923). — (2): Bilaterale Asymmetrien im Bau des menschlichen Rumpfskeletts. Z. Anat. u. Entw.gesch. 60, 307 (1921). — Stohr, R.: Die Sakralisation des 5. Lendenwirbels als Ursache von Kreuz- und Rückenschmerzen. Mschr. Unfallhk. 36, 153 (1929). — Stopford and Telford: Brit. J. Surg. 18, 557 (1931). — Streissler: Die Halsrippen. Erg. Chir. u. Orthop. 1913. — Struthers: Variations of the vertebrae and ribs in Man. J. Anat. a. Physiol. 9, 17 (1875). — Suremont, W. F.: Über Spondylolisthese. Ref. Z. Org. Chir. 74, 245 (1932). — Surraco, L.: Harninkontinenz infolge Überlaufens bei jungen Leuten und ihre Beziehung zur Spina bifida occulta. Neue Behandlungsmethode. Rev. méd. lat.-amer. (Arg.) 13 (1886). — Swatschnikow: Über die Assimilation des Atlas und die Manifestation des Okzipitalwirbels beim Menschen. Arch. Anat. u. Physiol. 1906, 153. — Szavolski: cit. nach W. Müller.

Tallerman, K. H.: Klippel-Feil syndrom. Proc. roy. Soc. Med. 31, 1162 (1938). — Tapie, J., Villemur et Lyon: Syndrome sympathique cervico-brachial. Manifestation tardive d'un spina bifida occulta. Gaz. hôp. civ. et milit. 99, Nr. 96 (1926). — Thiele, W.: Über die Assimilationswirbel des Lenden-Kreuzbein-Abschnittes und ihre klinische Bedeutung. 59 S. Diss. 1933. — Tillier, G., H. Tillier et Fulconis: Spondyligène et sacraliothéoio d'origine viaisemblablement congénitale. Bull. Soc. Radiol. méd. France 24, 218 (1936). — Tillier, R.: Le spina-bifida occulta cervicodorsal. Bull Soc. Radiol. méd. France 20, 368 (1932). — Todd, T. W.: Ann. Surg. 75, 105 (1922). — Tomesku: Kongenitale Mißbildung des Schädels und der Wirbelsäule. Dtsch. Z. Chir. 205, 368 (1927). — Torelli, G. (1): Sul nucleo complementare di ossificazione delle apofisi trasverse delle prime dorsali e della tuberosità costale. Ann. Radiol. e Fisica med. 11, 509 (1937). — (2): La spina bifida occulta cervicodorsale. Radiol. med. 25, 7 (1938). — Torobin und Jalus: Zur Kasuistik der Spina bifida im Bereiche der Brustwirbelsäule und der mit ihr verbundenen Trophoneurosen. Röntgenprax. 3, 622 (1931). — Towbrin, V. L. und Jalin: Zur Kasuistik der Spina bifida im Bereiche der Brustwirbelsäule und der mit ihr verbundenen Trophoneurosen. Röntgenprax. 3, 622 (1931). — Tretter, H.: Über einen Fall von Halsrippe. Med. Klin. 1929 II, 1059. — Turnbull, A.: Case of patency of the spinous processes simulating appendicitis. Glasgow med. J. 107 (1927). — Turner: Fehlerhafte Entwicklung als Ursache von Deformation der Wirbelsäule. Ortop. i. Treomatol. 3, 9; C. O. 50, 509. — Turpin, R. et F. Coste: La polyostéochondrite. Presse méd. 1941 II, 1136.

Usadel: Deformitäten und Anomalien der menschlichen Wirbelsäule. Fschr. Röntgenstr. 35, H. 1 (1926).

Valentin (1): Klinische Beiträge zum Wesen der Mißbildungen. Arch. orthop. Chir. 28, 385 (1930). — (2): Die Variationen im Aufbau der Wirbelsäule und ihre röntgenologische Bedeutung. K.-B. der Fschr. Röntgenstr. 40, 534 (1929). — Valentin, B. und W. Putichar: Dysontogenetische Blockwirbel- und Gibbusbildung. (Klinische und anatomische Untersuchungen.) Z. Orthop. 64, 338 (1936). — Varela de Seigas, E.: Zum Studium der Wirbelmißbildungen. An. Hosp. S. José y S. Adela, Madr. 3, 305 (1932). — Vasilèva, V.: Lumbo-ischialgisches Syndrom und Wirbelsäulendeformation. Nov. Chir. 9, 174 (1929). — Venezian, E.: Considerazioni su di un caso costale cervicale. Bull. atti reale accad. med. Roma 53, H. 5 (1927). — Vešiu, Sl.: Röntgenbefunde an der Wirbelsäule bei einigen schmerzhaften Syndromen. Radiol. Glasnik serbekroat 1/2, 56 (1938). — Villàcian, Rebollo: Schmerzhafte Sakralisation des 5. Lendenwirbels und Spina bifida des gleichen Wirbelsäulenteils. Rev. espań. Med. y Cir. 11, Nr. 115 (1928). — VINOGRADOV, V.: Zur Frage der Röntgendiagnostik und Symptomatologie der Halsrippen. Sibir. Arch. Med. 4, 570 (1929). — VOGEL: Ein Fall von angeborener Skoliose, zugleich und angeborene Hüftluxation. Z. orthop. Chir. 1904, 421. — VOLKMANN, J.: Über den Processus styloides der Wirbel. Zbl. Chir. 1934, 1340. — VOLTZ: Über congenital vollkommene Synostose der Wirbelsäule in Verbindung mit Wachstumsanomalien der Extremitätenknochen. Mitt. Grenzgeb. Med. u. Chir. 16, 61 (1906).

WAGNER, L. C.: Congenital defects of the lumbosacral joints with associated nerve symptoms. A study of twelve different typs with operativ repair. Amer. J. Surg., 27, Nr. 1, 311 (1935). — WAINDRUCH, S. A.: Dislocation des V. Lendenwirbels dorsalwärts. Röntgenprax. 2, 665 (1930). — WALTER, H.: Angeborene Synostose der Lendenwirbelsäule. Arch. orthop. Chir. 29, 255 (1931). — WALTER, V.: Angeborene Wirbelmißbildungen. Arch. klin. Chir. 162, Kongr.-Bd., 61 (1930). — WANKE, R. (1): Arch. klin. Chir. 189, 513 (1937). — (2): Erg. Chir. u. Orthop. 33, 158 (1941). — WARNER, F.: Studien zur Pathologie des Lumbosakralgebietes. Hefte z. Unfallhk. 1929, H. 4. — WASERTREGER: Cas opéré de sacralisation de la 1. lombaire. Rev. neur. (Fr.) Jg. 35, 1, Nr. 2 (1928). — WEHNER, G.: Ein Fall von angeborener Wirbelsäulenanomalie. Z. orthop. Chir. 43, 123 (1924). — WEIL, S.: Ungewöhnlicher Fall von Wirbelsäulenmißbildung mit Zweiteilung des Wirbelkanals. Arch. klin. Chir. 170, 100 (1932). — WEISS, O.: Über die Anatomie des Übergangswirbels an der Grenze von Lendenwirbelsäule und Kreuzbein und ihre klinische Bedeutung. Z. Anat. 92, 533 (1930). — WENINGER, A.: Über eine seltene Entwicklungsanomalie des Halses (KLIPPER-FEIL-Syndrom). Arch. Gynäk. 159, 725 (1935). — WERENSKIOLD, B.: Über einen Fall von Wirbelmißbildungen. Keilwirbel, Spinalwirbel. Acta radiol. (Schwd.) 18, 775 (1937). — WIERZEJEWSKY, J.: Über angeborene knöcherne Veränderungen der Wirbelsäule. Z. orthop. Chir. 50, 603 (1928). — WILLIAMS, P. C.: Anomalies of the lumbosacral spine. Radiology (Am.) 30, 361 (1938). — WILLEMIN, F.: Spondyloptose par agénésir de la base sacrée. J. Radiol. 21, (Belg.) 57 (1937). — WILLEMIN, F. et M. CANTAGRILL: Anomalies des apophyses articulaires vertébrales. J. Radiol. (Belg.) 22, 490 (1938). — WILLICH: Wirbelsäulenerkrankungen bei angeborenen Wirbelmißbildungen. Arch. klin. Chir. 162, 60 (1930). — WILLIS, TH.: An analysis of vertebral anomalies. Amer. J. Surg. 6, 163 (1929). — WISE, J. M.: An unusual congenital anomaly of the spine. Radiology (Am.) 29, 497 (1937). — WUSTMANN, O.: Blockwirbelbildung der Lendenwirbelsäule. Dtsch. Z. Chir. 231, 43 (1931).

YAMABE, A. and T. W. YUM: A case of Spina bifida diagnoild during pregnancy. Jap. J. Obstetr. 19, 119 (1936).

ZANOLI, R.: Cifosi congenite. Arch. Med. e Chir. 5, 3 (1936). — ZELIGS, J. M.: Congenital absence of the sacrum. Arch. Surg. (Am.) 41 (1940). — ZIMMER, E. A.: Die röntgenologische Untersuchung der Atlasspaltbildung. Acta radiol. (Schwd.) 18, 842 (1937). — ZUR VERTH, M. (1): Sakralisation und Kreuzschmerz. Arch. klin. Chir. 142, Kongr.-Ber., 56 (1930). — (2): Sakralisation als Krankheit. Med. Welt 1930, Nr. 35, 1243.

III. Erkrankungen der Wirbelsäule.

ALBRECHT: Ätiologie und Diagnose der statischen Kreuzschmerzen bei der Frau. Radiol. Rdsch. 1, 35 (1932). — ALLENDE, G.: Röntgendiagnostik und Behandlung einiger Wirbelsäulenaffektionen. Rev. med. Córdoba (Arg.) 17, 295 (1929); 18, 24 (1930). — AYERS, CH.: Lumbosakrale Schmerzen. New Engld J. Med. 1929, 592. — BELDEN, W. W.: Knochenkrankheiten. Radiology (Am.) 11 4, 281. (1928).

BÖHLER, L.: Eine einfache Methode zur Bestimmung der Beweglichkeit der Wirbelsäule. Münch. med. Wschr. 1933 II, 1826. — BRAILSFORD, J.: Radiographie investigation of lumbar and sciatic pain. Brit. med. J. 1932, Nr. 3748, 877. — BÜCHERT: Die Erkrankungen der Wirbelsäule. Z. ärztl. Fortbild. 1930 1, 11.

COENEN, H.: Die zentralen Knochenerkrankungen. Med. Klin. 1929 13, S. 510; 14, S. 554; 15, S. 596.

EGGERS, G. W. N.: A plea for conservatisme in fusing operations on the spine and pelois. Amer. J. Surg., N. s. 42, 595 (1938). — ENGELHARD: Beurteilung von

Wirbelkörperdeformierungen. Med. Klin. **1930 II**, 1340. — ERBEN, S.: Muskelrheumatismus. Brit. klin. med. Chir. 1898, H. 19.

GRIER, G. W.: The significance of wedgeshoped deformity of the body of the vertebra. Radiology (Am.) **25**, 159 (1935). — GÜNTZ, ED.: Schmerzen und Leistungsstörungen bei Erkrankungen der Wirbelsäule. Stuttgart: Ferd. Enke, 1937.

HALLBOCK, H.: The diagnosis and treatement of low bac with sciatic. Surg. Clin. N. Amer. **17**, 251 (1937). — HARTTUNG, H.: Über Veränderungen im Lendenkreuzbeinwinkel. Bruns' Beitr. **150**, 269 (1930). — HEINEMANN-GRÜDER und A. PYSZKIEWIEZ: Zur Nomenklatur der Wirbelsäulenerkrankungen. Dtsch. med. Wschr. **1933 I**, 805. — HOLFELDER, H.: Über Begutachtung von Wirbelschäden. Röntgenprax. **2**, 865 (1930). — HÖNCK, E.: Inflammation of the appendix. Its influence on the pelvic organs and the vertebral column (pain in the small of the back, lumbosacral syndrome). Amer. J. Surg., N. s. **8**, 872 (1930). — HUBENZ, M.: Bachache, roentgenologically considered. Illinois med. J. **56**, 245 (1929).

JUNGMANN, M.: (Kreuzschmerzen, Senkrumpf.) Kreuzschmerzen bei statisch-dynamischer Dekompensation und ihre Behandlung. Wien. klin. Wschr. **41**, 248 (1928).

KIENBÖCK, R. (1): Über die seltenen Krankheiten. Wien. klin. Wschr. **1929**, Nr. 16, 548. — (2): Die Krankheiten der Wirbelsäule im Röntgenbild. Wien. klin. Wschr. **1931 I**, 232. — (3): Zur Röntgendiagnose der Wirbelsäulenerkrankungen. Röntgenprax. **6**, 221 (1934). — (4): Röntgendiagnostik der Knochen- und Gelenkkrankheiten. Heft 4: Degenerative Wirbelsäulenerkrankungen. Berlin-Wien: Urban u. Schwarzenberg, 1936. — (5): Schmerzhafte Dorsal-Kyphose. Röntgenprax. **12**, 45 (1940).

LIAUTARD: Les aspects pathologiques radiographiques de la colonne vertébrale. Ind. méd. chir. **58**, Nr. 2059 (1926). — LIECHTI, A.: Röntgendiagnostik der Erkrankungen der Wirbelsäule (exklusive Tuberkulose und Trauma). Schweiz. med. Wschr. **1933 II**, 1270. — LURJE, S.: Lumbo-ischialgien und lumbosakraler Anteil der Wirbelsäule. Russkoja Klinika **8**, Nr. 41.

MESSEL, D.: Die Frühdiagnose der Wirbelsäulenerkrankungen. (Physiotherapeutisches Institut des Gouvernements Moskau.) Vrač. Dělo **1928** 11, 1488—1494. — MODONESI, F.: Contrattura miomerica spinale e suo valore patogenico e clinico. Boll. Sci. med. **103**, 231 (1931).

PALMIERI, G.: Classificazione di alcune dismorfie dei corpi vertebrali nella scorta di documenti radiografici etc. Radiol. med. **29** (1942).

REISNER, A.: Unterscheidungsmerkmale normaler, entzündlicher und posttraumatischer Zustände an der Wirbelsäule. Fschr. Röntgenstr. **44**, 726 (1931). — ROEDERER, C. et CHOFFAT: Un cas difficile de diagnostic vertébrale rétrospectif. Bull. Soc. Électr. méd. France **26**, 13 (1938).

SAMSON, J. ED.: Syndrome douloureux lombo-sacré. Un. méd. Canada **67**, 1267 (1938). — SAMUEL, M.: Über die Kreuzschmerzen bei der Frau. Münch. med. Wschr. **1932 I**, 667. — SCHÄFER, W.: Die Knochenerkrankungen bei Kreuzschmerzen, insbesondere bei der Frau. Fschr. Röntgenstr. **37**, H. 4 (1928). — SCHRICK, F. G. VAN: Fehldiagnosen bei müdem und krankem Rücken. Dtsch. med. Wschr. **1934 II**, 1833. — SUTHERLAND, CH. G.: Röntgenographische Merkmale von Knochenerkrankungen. J. amer. med. Assoc. **1929** 93/26, 2024.

TESCHENDORF: Röntgenologie der Wirbelsäule. Zbl. Chir. **1930**, 245.

WAINGERT, S.: Ischias, Lumbago und die Pathologie des lumbosakralen Abschnittes der Wirbelsäule. Vrač. Dělo **1928** 11/17, 1323—1328. — WILHELM, R.: Der Kreuzschmerz, seine Ursachen und Behandlung. Org. Chir. **28**, 197 (1935).

1. Spondylosis deformans.

ALBRECHT: Zur Klinik der Osteoarthropethia ileosacralis. Zbhl. Gynäk. **51**, Nr. 34 (1927). — ALKHOVSKY, M. E.: Alterserscheinungen im lumbo-sacralen Gebiet. Vestn. Rentgenol. **18**, 113 (1937).

BARRÉ et RIFF: „Le vertige qui fait entendre", de Lermoyez. Étude des fonctions vestibulaires à propos d'un cas typique. Rôle possible de l'irritation du nerf vertébral par arthrite cervicale. Rev. Oto-Neuro-Ocul. (Fr.) **4**, Nr. 7 (1926). — BELDEN, W.: WEBSTER, fifth: lumbar vertebra roentgenologically demonstrated. Radiology

(Am.) **16**, 905 (1931). — BELLUCI, B.: Le osteoartropatie croniche della colonna vertebrale del punto di vista radiologico. Arch. Radiol. (It.) **2**, H. 4 (1926). — BENASSI, E.: Ossificazioni locali del legamento vertebrale comune. Radiol. med. **27**, 471 (1940). — BENEKE, RUD.: Pathologisch-anatomische Grundanschauungen zur Lehre von den chronischen Gelenkleiden. Fschr. Röntgenstr. **33**, 843 (1925). — BERENT, F.: Beiträge zur Pathologie der Kreuzdarmbeinfugen. Arch. orthop. Chir. **32**, 642 (1933). — BISGARD, J. and DEWEY: Arthritis of the cervical spine. Some neurologie manifestations. J. amer. med. Assoc. **98**, 1961 (1932). — BLÜHBAUM, T.: Zur Genese der isolierten Spondylitis deformans cervicalis. Fschr. Röntgenstr. **56**, Beih. 2, 13 (1937). — BOCKELMANN, O. und L. KREUZ: Die pathologischen Veränderungen des Lendenwirbelsäulen-Kreuzbeingebietes und ihre Beziehungen zum Kreuzschmerz der Frau. Ein Beitrag zur gynäkologischen Orthopädie. Arch. Gynäk. **151**, 220 (1932). — BROCHER, J. E. W.: Lumbago und Ischias. Eine pathologische Studie. Z. klin. Med. **130**, 575 (1936). — BURCKHARDT, H. (1): Spondylitis deformans und Unfall. Z. orthop. Chir. **60**, 96 (1934). — (2): Über Spondylitis (Spondylosis) deformans. Med. Klin. **1934** II, 1349.

CROSS, R. STUART: Bachache from the radiological aspect with special reference to the demonstration of the earlier, more acute stages of spondylosis deformans. Med. J. Austral. **2** (1926).

DAGLIOTTI, A. M.: Considerazioni sulla patogenesi e sulla diagnosi di alcune algie di origine vertebrale. Boll. Soc. piemont. Chir. **4**, 186 (1934). — DOUB, H. P.: Chronic arthritis of the spine. Radiology (Am.) **22**, 147 (1934). — DUNCAN, W.: The signification of the radiologic findings in low back pain. A review of 500 cases. Radiology (Am.) **20**, 282 (1933). — DUNCAN, W. and D. W. COUGHLAN: Disease of the sacro-iliac joint. A study of 400 cases. Surg. Chir. N. Amer. **15**, 937 (1935).

ELLIOTT, G.: A contribution to spinal osteoarthritis involving the cervical region. J. Bone Surg. (Am.) **8**, Nr. 1 (1926). — EWALD, P. (1) Spondylitis deformans und Unfall. Münch. med. Wschr. **1929** I, 829. — (2): Spondylosis deformans und Unfall. Z. orthop. Chir. **58**, 86 (1932).

FALK, P.: Das Krankheitsbild der Spondylitis deformans der Halswirbelsäule. Arch. Ohrenhk. **150**, 1 (1941). — FEDERSCHMIDT, F.: Über rheumatische Versteifung der Wirbelsäule. Bruns' Beitr. **162**, 350 (1935). — FEILING, A.: Calcification of spinal ligaments? with nervons symptoms. Proc. Soc. Med., Lond. **25**, 41 (1931). — FEISTMANN-LUTTERBECK, E.: Die Altersverteilung der Spondylosis deformans nach dem Röntgenbild und ihre Bedeutung für die Unfallbegutachtung. Röntgeninst. Univ. Bern. Radiol. clin. (Basel) **9**, 55 (1940). — FISCHER, A. W. und E. FENSTER: Über das Alter von Randzacken und Spangen an den Wirbelkörpern. Mschr. Unfallhk. **45**, 259 (1938). — FORESTIER, J., R. COLIEZ et P. ROBERT: Étude radiologique de pièces sèches de rhumatisme vertébrale. Bull. Soc. Radiol. méd. France **23**, 612 (1935). — FORESTIER, J. et J. MEZGER: La clef du diagnostic précoce de la spondyloarthrite est dans la radiographie des articulations sacroiliaque. Presse méd. **1939** II, 1247. — FRENSSEN, C.: Traumatische Spondylosis. Bemerkungen zu der Arbeit von GAUGELE. Zbl. Chir. **102** (1941). — FRIBERG, STEN.: Die Kombination Lumbago-Ischias, Diagnose und Behandlung. Nord. med. Tskr. (Schwd.) **1939**, 3885. — FUCHS, G.: Eine eigenartige Spangenbildung in der Lendenwirbelsäule. Radiol. clin. (Basel) **9**, 183 (1940).

GAGNA, F. e SERRA: Spondilosi deformante e spondilosi anchilosante. Ornad. rad., N. s. **6**, 309 (1941). — GANTENBERG, R. (1): Die Bedeutung der deformierenden Prozesse der Wirbelsäule, unter besonderer Berücksichtigung der Verhältnisse bei den Bergarbeitern. Fschr. Röntgenstr. **39**, 650 (1929). — (2): Zur klinischen Bedeutung deformierender Prozesse der Wirbelsäule. Fschr. Röntgenstr. **42**, 740 (1930). — GASPERO, H.: Über die Affektionen des Ileosacralgelenkes. Z. physik. u. diät. Ther. **53** (1927). — GAUGELE, R. (1): Das klinische Bild der deformierenden Prozesse an der Wirbelsäule. Z. orthop. Chir. **49**, Beil., S. 100 (1928). — (2): Spondylitis deformans und Trauma. Z. orthop. Chir. **51**, 74 (1929). — (3): Spondylitis deformans und Unfall. Z. orthop. Chir. **58**, 436 (1933). — (4): Bemerkungen zu der Arbeit von GÜNTZ-Frankfurt über Spondylosis deformans und Unfall. Z. orthop. Chir. **59**, 454 (1933). — (5): Über den Zusammenhang zwischen Spondylosis deformans und Unfall.

Z. orthop. Chir. **60**, 346 (1933). — (6): Die deformierende Spondylose. Med. Chir. **1934 II**, 116. — (7): Traumatische Spondylosis deformans. Zbl. Chir. **1940**, 1344. — (8): Traumatische Spondylosis deformans? Zbl. Chir. **1941**, 220. — GIUNTINI, L.: Radiologica e clinica nelle spondylopatie meno comuni. Riv. Radiol. e Fisica med. II, N. s. **4**, 234 (1937). — GOLJANITZKI, J. A.: Die gewerblichen Erkrankungen des Kreuzbein-Lendenabschnitts der Wirbelsäule und ihre chirurgische Behandlung. Arch. orthop. u. Unfallchir. **26**, H. 1 (1928). — GOTTE: Über eine Form der Spondylarthropathie der Halswirbelsäule mit radiculären Störungen. Fschr. Röntgenstr. **46**, 691 (1932). — GRADOJEVIĆ, B.: Die Röntgendiagnose der Gelenkerkrankungen der Wirbelsäule. Jgv. 2. jugoslav. rad. Sastan. 121 (1936). — GRASHEY, R.: Umschriebene Arthrosis deformans der Halswirbelsäule. Röntgenprax. **6**, 199 (1934). — GROH, H.: Zur chirurgischen Differentialdiagnose der Ischias. Arch. klin. Chir. **200**, Kongr.-Ber., 627 (1940). — GUNTHER, L.: The radicular syndrome in hypertrophic osteo-arthritis of spine. California med. **29**, 152 (1928). — GUNTHER, L. and W. J. KERR: The radicular syndrome in hypertrophic osteo-arthritis of the spine. An analysis of thirty cases. Arch. int. Med. (Am.) **43**, 212 (1929). — GÜNTZ, E.: Spondylosis deformans und Unfall. (Zugleich eine Erwiderung zu der gleichnamigen Arbeit von GAUGELE in Bd. 58, H. 3 dieser Zeitschrift.) Z. orthop. Chir. **60**, 412 (1933). — GYÖRGYI, G. (1): Beitrag zur Pathogenese der Spondylosis deformans. Die rechtsseitige knöcherne Verbindung der Lendenwirbelquerfortsätze. Magy. Röntgen Közl. **10**, 73 (1936). — (2): Beitrag zur Pathogenese der Spondylosis deformans. (Rechtsseitige knöcherne Verbindung der Lendenwirbelquerfortsätze.) Röntgenprax. **8**, 687 (1936).

HARMS: Merkwürdige Spangenbildung am 3. und 4. Lendenwirbel. Röntgenprax. **9**, 713 (1937). — HELLMER, H.: Röntgendiagnostik der Wirbelsäulenerkrankungen und soziale Medizin. Nord. med. Tskr. (Schwd.) **1933**, 171. — HOLBROOK, CH.: Headache due to arthritis of the cervical spine. South. med. J. **20**, Nr. 3 (1927). — HOLMGREN, G. and H. HELLMER: Fall von Spondylosis deformans in der Halswirbelsäule mit Einbuchtung der Ösophagus- und Trachealwand. Acta oto-laryng. (Schwd.) **22**, 180 (1935). — HUBENZ, M. J.: Radiculitis. Radiology (Am.) **20**, 331 (1933).

JACOBOVICI, L. et E. JIANO: Crochets vertébraux signe d'affection paravertébrale. Rev. Orthop. etc. (Fr.) **21**, 113 (1934). — JAEGER: Beobachtungen über den Achsenverlauf der Wirbelsäule. Fschr. Röntgenstr. **47**, 299 (1933). — JANKER, R.: Verkalkungen im vorderen Längsband der Halswirbelsäule. Arch. orthop. Chir. **31**, 500 (1932). — JONNY, J.: Pelvic osteoarthropathy of pregnancy. Proc. Soc. Med., Lond. **32**, 1591 (1939). — JUNGHAGEN, SVEN.: Spondylitis deformans mit medullären Symptomen. Acta radiol. (Schwd.) **10**, 533 (1929). — JUNGHANNS, H.: Altersveränderungen der menschlichen Wirbelsäule. III. Häufigkeit und anatomisches Bild der Spondylosis deformans. Arch. klin. Chir. **166**, 120 (1931).

KIENBÖCK, R. (1): Über die tropho-statische Osteoarthrose der Lumbosakralgegend. Med. Klin. **1929 I**, 817, 860. — (2): Über Kreuzschmerzen bei versteckter Skoliose. (Skoliotische Lumbosacral-Arthrose.) Arch. orthop. Chir. **28**, 609 (1930). — (3): Über die trophostatischen Osteoarthrose der Sacroiliacalgelenke. Z. orthop. Chir. **52**, 614 (1930). (4): Über chronische Erkrankungen der Wirbelsäule. Radiol. Rdsch. **1**, 42 (1932). — (5): Über deformierende Arthrose der Halswirbelsäule. Bruns' Beitr. **157**, 449 (1933). — KIEBÖCK, R. und MEISELS: Über hypertrophische Ossisdesmose. Z. orthop. Chir. **55**, 89 (1931). — KIENBÖCK, R. und SELKA: Über die hypertrophische Ossisdesmose. Fschr. Röntgensr. **43**, 460 (1931). — KLIONER, J.: Zur Frage der Ätiologie der Spondylitis deforma. Véstn. Rentgenol. **6**, 311 (1928); **6**/4, 313—320 (1928). — KNUTSSON, FOLKE: The vacuum phenomenon in the intervertebral discs. Acta radiol. (Schwd.) **23**, 173 (1942). — KOVATSITS, J.: Röntgendiagnostik der chronisch-rheumatischen Gelenkerkrankungen. 32 S. Diss. Berlin, 1931. — KREBS, W.: Das Röntgenbild der Osteoarthritis deformans. Fschr. Röntgenstr. **25**, 355 (1917). — KÜMMEL, r. und KAUTZ: Krankhafte röntgenologische Zufälligkeitsbefunde an der Wirbelsäule bei Nierenübersichtsaufnahmen in Zusammenhang mit der Begutachtung nach Unfällen. Zbl. Chir. **1931**, 1133. — KUSS, H.: Spondylitis deformans und Unfall. Zu dem gleichnamigen Aufsatz von EWALD in Münch. med. Wschr. Nr. 20 (1929). Münch. med. Wschr. **1929 II**, 1383.

LANG, F. J.: Über die chronische deformierende Entzündung der Wirbelsäule (Spondylitis deformans). Wien. klin. Wschr. 1934 I, 360. — LANGE, M.: Die Wirbelgelenke. Stuttgart: F. Enke, 1934. — LANGENSKIÖLD, F.: Über die Lockerung des Sacroiliacalgelenkes. Acta chir. scand. (Schwd.) 67, 535 (1930). — LAMBERTZ, K.: Spondylosis deformans als Folge angeborener Wirbelsäulenmißbildung. Röntgenprax. 12, 150 (1940). — LAUBER, H. J. und CH. RAMM: Über röntgenologische Veränderungen an der Wirbelsäule ohne klinischen Befund. Dtsch. Z. Chir. 214, 329 (1929). — LAWACZEK: Aussprache zu GANTENBERG in der Sitzung der Rhein-Westphälischen Röntgen-Gesellschaft vom 17. November 1928. Ref. Fschr. Röntgenstr. 39, 919 (1929). — LIEOU YONG-CHOEN: Hinterer zervikaler sympathischer Symptomenkomplex und chronische zervikale Arthritis. Presse méd. 82, 1306 (1928). — LOB, A. (1): Die Zusammenhänge zwischen den Verletzungen der Bandscheiben und der Spondylosis deformans im Tierversuch, I. Dtsch. Z. Chir. 240, 421 (1933); 243, 283 (1934); 248 (1937). — (2): Traumatische Spondylosis deformans. Zbl. Chir. 1940, 2153. — LONERO, G.: Le alterazioni vertebrali nei cocchieri die mestiere. Rass. Med. appl. Lav. industr. 7, 103 (1936). — LÖW, A.: Zur Symptomatologie der Spondylarthrose, zugleich ein Beitrag zur Pathogenese der Neuralgie. Med. Klin. 1937, Nr. 26/27. — LUCCA, E.: Contributo alla studio delle spondilartrosi con manifestazioni dolorose lombari et ischialgiche. Med. contemp. (It.) 1, 679 (1935). — LYON, E.: Spondylosis deformans, Arthrosis deformans der kleinen Wirbelgelenke und Nervensystem. Fschr. Röntgenstr. 48, 46 (1933).

MASSART, R.: Les arthrites sacrées. Rec. Chir. (Fr.) 53, 248 (1934). — MAY, C.: Spondylosis deformans und Unfall. Bemerkungen zu den Arbeiten von GAUGELE und GÜNTZ. Z. orthop. Chir. 58, 60; 59, 16 (1933). — MAY, E., CH. DELRAY et J. FELD: Cellulite en bande et rheumatisme vertébrae. Presse méd. 1942 II, 437. — MEYER, H.: Der fünfte Lendenwirbel. Chirurg 1930 1, 1. — MILKO, W.: Die Frage der Entschädigung bei Spondylitis deformans. Verh. 6. intern. Kongr. „Gewerbl. Unfälle u. Berufskrankh." 425 (1931). — MORTON, S. A.: Localized hypertrophic changes in the cervical spine with compression of the spinal cord or of its roots. J. Bone Surg. (Am.) 18, 893 (1936). — MOSHER, H.: Exostoses of the cervical vertebrae as a cause for difficulty in swallowing. Laryngoscope 36, Nr. 3 (1926). — MÜLLER, W.: Über Wirbelveränderungen bei Störungen der Hypophysenfunktion. Bruns' Beitr. 148 4, 493 (1930).

NEERGARD, K.: Beitrag zur Klinik der Arthronosis deformans und den rheumatischen Wirbelsäulenerkrankungen. Schweiz. med. Wschr. 1933 II, 1204. — NICOLAI, L.: Beitrag zur Frage der traumatischen Spondylosis deformans. Zbl. Chir. 1938, 991.

OBER, G.: Über „Spondylosis deformans" der Halswirbelsäule. Dtsch. Z. Chir. 246, 666 (1936). — OPPENHEIMER, A. and E. L. TURNER: Discogenetic disease of the cervical spine with segmental neuritis. Amer. J. Roentgenol. 37, 484 (1937). — ORLANDINI, A.: Spondylo artrite cronica della IIIa IVa Va vertebra cervicale diagnosticata colla ipo-faringoscopia diretta. Bull. Mal. Orecch. ecc. 55, 161 (1937). — OULMANN, L.: Alopecia areata associated with osteoarthritis of the cervical vertebrae. Med. J. a. Rec. (Am.) 127, Nr. 6 (1928).

PAINTER, CH.: The origin and spread of the sacro-iliac idea and its menace. Bost. med. J. 194, Nr. 14 (1926). — PAKOZDY, K.: Über chronische Arthropathie der Lendenwirbelsäule. Orv. Hetil. (Ung.) 1928 II, 1440. — PELS LEUSDEN, F.: Zur Frage der Spondylosis deformans traumatica. Zbl. Chir. 1941, 98. — PERIS, W.: Spondylitis deformans und Unfall. Münch. med. Wschr. 1929 II, 2168. — PINES, L.: Zur Frage der Lumbo-Sacralgien. (Über Sacroileitis und Ostitis condensans ilei BÁRSONY.) Dtsch. Z. Nervenhk. 126, 113 (1932). — PLATE, E.: Über die Anfangsstadien der Spondylitis deformans. Fschr. Röntgenstr. 16, 346 (1910). — PLESMANN, K.: Zur Lokalisation der Spondyloapathia deformans. Z. orthop. Chir. 53, 242 (1930). — PODKAMINSKY, N. A.: Beiträge zur pathologischen Arbeitsphysiologie. IV. Mitteilung. Ist die deformierende Spondylitis als Berufskrankheit anzusehen? Arch. Physiol. 6, 353 (1933). — POKROVSKY, S.: Über deformierende Spondylitis. Vestnik rentgen. i radioligie 4 (1926).

RENANDEAUX, ROEDERER et QUIVY: Lumbarthrie rhumatismale chez une ancienne pottique méconnue. Bull. Soc. Radiol. méd. France 22, 213 (1934). — ROGERS,

M. H. and E. N. Cleares: The adolescent sacro-iliac joint syndrome. J. Bone Surg. (Am.) 17, 759 (1935). — Rollo, S.: Periostosi, iperostosi e osteofiti marginale nella patologica del rachide. Chir. Org. Movim. 21, 493 (1936). — Rydén, A.: Spondylitis deformans of the cervical spine as a cause of so-called brachial neuralgia and other neuralgiform pains. A contribution specially to the question of treatement. Acta orthop. scand. (Dän.) 5, 49 (1934).

Segre, M.: Sulla importanze della esplorazione radiologica della colonna cervicale nei disturbi di sense e di moto del plesso brachiale. Ann. Radiol. e Fisica med. 8, 346 (1934). — Seifert, E. und Schmidt-Kehl: Zur Entstehungsweise der Spondylosis deformans. Arch. orthop. Chir. 32, 350 (1932). — Sémb, C. und J. Frimann-Dahl: Krankheitsbild von Sacro-Iliacal-Gelenken. Norsk. Mag. Laegevidensk. (Norw.) 98, 720 (1937). — Schanz, A. (1): Über Spondylitis deformans und Arthritis deformans. Arch. klin. Chir. 139, H. 2/3 (1926). — (2): Zur Kenntnis der Spondylitis deformans. Z. orthop. Chir. 53, 42 (1930). — Schereschewsky, S.: Röntgenbefunde bei neuralgischen und ischiadischen Beschwerden. Fschr. Röntgenstr. 39, 139 (1929). — Schingnitz, D.: Randzacken der Wirbelsäule. Arch. orthop. Chir. 32, 356 (1932). — Schmorl, G.: Zur Kenntnis der Spondylitis deformans. Z. orthop. Chir. 55, 222 (1931). — Schrader: Experimentelle Untersuchungen zur Spondylosis deformans. Z. orthop. Chir. 62, Beil.-H. 4, 117 (1935). — Scott, G.: Spondylitis deformans adolescens. Brit. J. Radiol. 5, 652 (1932). — Shore, L. R.: Polyspondylitis marginalis osteophytica. Brit. J. Surg. 22, 850 (1935). — Sibek, J.: Kreuzschmerzen und Retroflexion des Uterus. Českosl. Gynaek. 4, 165 (1939). — Simonds, M.: Über Spondylitis deformans und antylonierende Spondylitis. Fschr. Röntgenstr. 7, 51 (1903). — Spitzenberger, Otto: Arthritische Randzackenbildung an der Halswirbelsäule als Ursache von Schluckbeschwerden. Röntgenprax. 8, 159 (1936). — Strauss, H.: Über chronische Ileo-Sakralarthritis als Ursache hartnäckiger Kreuzschmerzen. Z. physikal. u. diät. Ther. 31, H. 4 (1926).

Tammann, H.: Über die Wundheilungen im Bereiche der Zwischenwirbelscheiben. Arch. orthop. Chir. 34, 356 (1934). — Tapia, M und F. T. Valdivieso: Zur infolt tiösen Ätiologie der Spondylarthrose. An. Med. int. 1, 657 (1932). — Tscherepnina, M. und M. Michajhoff: Über deformierende Prozesse in den Epiphysen der Wirbel. Fschr. Röntgenstr. 45, 92 (1932).

Uebermuth, H.: Die Bedeutung der Altersveränderungen der menschlichen Bandscheiben für die Pathologie der Wirbelsäule. Arch. klin. Chir. 156 3, 567 (1929).

Veil, W. H.: Rheumatismus als Allgemeinerkrankung. Klin. Wschr. 12, 1713 (1933).

Wahl, F. A.: Neue Gesichtspunkte zur Mechanik der Articulation sacroiliaca und ihrer Bedeutung für die beckenerweiternden Operationen. Arch. Gynäk. 151, 593 (1932). — Wiethe, C.: Spondylarthritis der Halswirbelsäule als Ursache von Schluckbeschwerden. Z. Laryng. usw. 24, 54 (1933). — Willich: Wirbelsäulenerkrankungen bei angeborenen Wirbelmißbildungen. Arch. klin. Chir., Kongr.-Ber. 60 (1930). — Willis, Th. A.: Sacro-iliac arthritis. Surg. etc. 57, 147 (1933). — Wynen, W.: Die Bedeutung der Bandscheiben für die Differentialdiagnose bei traumatischen, entzündlichen und kongenitalen Wirbelerkrankungen. Beitr. klin. Chir. 142, 322 (1928).

Zeno, L.: Chronischer Wirbelsäulenrheumatismus. Rev. med. lat.-amer. (Arg.) 12, Nr. 144, n. franz. Zusammenfassung (1927). — Zöllner, F.: Untersuchungen über die Erscheinungsformen der Arthritis deformans in den Sacro-Iliacalgelenken. Virchows Arch. 277, 817 (1930).

2. (Schwere) Osteochondrose sensu strictiori.

Aars, N. N.: Spondylolistesis. Med. Rev. (Norw.) 45, 177 (1928). — Abraham, H. A.: Über Wirbelgleiten (Spondylolistesis) unter Zugrundelegung von 23 Beobachtungen der Röntgenabteilung der chirurgischen Universitätsklinik zu Frankfurt am Main. 24 Seiten. Diss. Frankfurt a. M., 1934. — Ach: Spondylolistesis. Arch. klin. Chir. 163, 640 (1931). — Adson, A.: Bandscheibenzerreißung mit Prolaps des Nucleus pulposus in den Wirbelkanal als Ursache rezidiver Ischias. Chirurg 12, 501 (1940). — Alajouanine, Th., Thurel et H. Weeli: Radiagnostic de la hernie intrarachidienne des derniers disques intervertébraux. Mém. Acad. Chir., Par. 67, 323 (1941). — Albee, F. (1): Spondylolisthesis. J. Bone Surg. (Am.) 9 (1927). —

288 Literaturverzeichnis.

(2): The autogenous bone graft in spondylisthesis. Radiology (Am.) 11, 340 (1928). — D'AMATO, G.: Su alcune particulari e poco note alterazioni dei corpi vertebrali e dei dischi intervertebrali. Riv. Radiol. e Fisica med. 1, 567 (1929). — ANDRAE: Über Knorpelknötchen am hinteren Ende der Wirbelbandscheiben des Spinalkanals. Beitr. path. Anat. 82, 464 (1929). — ANLLERSEN, E.: A case of multiple cartilaginous exostoses with introspinal localisation. Acta psychiatr. (Dän.) 17 (1942). — ARBUCKLE, R. K., C. H. SHELDEN and R. H. PUDENZ: Pantopaque Myelographie: Correlation of Roentgenologie and Neurologic Findings. Radiology (Am.) 45, 356 (1945). — ARLABOSSE: Un nouveau cas de calcification du nucléus pulposus. Bull. Soc. Radiol. méd. France 19, 402 (1931). — ASBURY, E.: Spondylolisthesis. A defimte cause of some cases of bachache. Radiology (Am.) 49, Nr. 8 (1927). — ASSEN, J. VAN: Spondylolisthesis. Ndld. Tschr. Geneesk., Jg. 70, Nr. 5 (1926). — AYERS, CH.: Lumbosacral bachache. Bost. med. J. 196, Nr. 1 (1927).

BADGLEY, C. E.: Clinical and röntgenologic study of low back poder with sciatrie radiation. A. discucal aspects. Amer. J. Roentgenol. 37, 454 (1937). — BARBILIAN, N.: Einige Betrachtungen über die Pathologie des Nucleus pulposus. Rev. San. mil. (Rum.) 36, 337 (1937). — BARDEEN, CH. R.: The development of the thoracic vertebrae in man. Amer. J. Anat. 4, 162 (1904). — BARR, J. S., O. HAMPTON and W. S. MIXTER: Paver low in the back and "sciatica", due to lesions of the autervertebral disk. J. amer. med. Assoc. 109, 1265 (1937). — BARR, J. S.: The relationship of the intervertebral disk to back strain and peripheral pain (sciatica). Surg. 4, 1 (1938). — BARRAND, B.: Über Spondylolisthesis. Diss. Bern, 1944. — BARRÉ, J. A.: Arachnoidits und multiple Sklerose. Par. méd. 19, 40, 297 (1929). — BARRÉ, J. A. und ANDLAUER: Eine Arachnoiditis unter dem Symptomenbilde einer multiplen Sklerose. Presse méd. 63, 1029 (1929). — BÁRSONY, TH. (1): Über eine typische Form der lumbosacralen Osteochondropathie. Fschr. Röntgenstr. 38, H. 1, S. 92 (1928). — (2): Über eine typische Form der lumbosacralen Osteochondropathie. Orv. Hetil. (Ung.) 1928 II, 1049. — BÁRSONY, TH. und E. KOPPENSTEIN (1): Erkrankungen der Cartilago intervertebralis. Fschr. Röntgenstr. 38, 917 (1928). — BÁRSONY, TH. und E. KOPPENSTEIN (2): Calcinosis intervertebralis. Fschr. Röntgenstr. 41, 211 (1930). — BÄRTSCHI, W.: Die Diagnose lumbaler Bandscheibenprolapse und verwandter Zustände. Schweiz. med. Wschr. 23, 729 (1942). — BEAULIEU, F., TH. DE MARTEL und J. SOLOMON: Paraplegie mit Zeichen einer Rückenmarkskompression ohne Tumor, vollkommene Heilung nach Laminektomie und Röntgentherapie. Rev. neur. (Fr.) 1929, 36 II/5, S. 575. — BEDINA, J.: Unsere Erfahrungen in der Feststellung und Behandlung des Intervertebralplattenvorfalles in den Vertebralkanal. Rozhl. Chir. a Gynaek. (Tsch.) 20, 717 (1941). — BELOT, J. et R. NADAL: Le glissement vertébral. Verh. 4. internat. Kongr. Radiol. 2, 184 (1934). — BENASSI, G.: Remarques sur la sacralisation de la cinquième pièce lombaire et sur la lombalisation de la première pièce sacrée. Anthropologie (Fr.) 37, Nr. 12 (1927). — BLEWETT, JOHN: Cases of spondylolisthesis of unusual interest. Brit. J. Radiol. 13, 416 (1940). — BLUME, W.: Ein Fall von Spondylolisthesis congenita, gleichzeitig ein Beitrag zur Kenntnis der Ätiologie der Spondylosisthesis. Z. Anat. 101, 719 (1933). — BÖHMIG, R. und PRÉVOT: Vergleichende Untersuchungen zur Pathologie und Röntgenologie der Wirbelsäule. Fschr. Röntgenstr. 43, 541 (1931). — BOOTH, G. T. and M. T. SCHNITKER: Pantopaque Myelography for Protruded Disks of the lumbar Spine. Radiology (Am.) 45, 370 (1945). — BRACK, E. (1): Anatomisches über die Beziehungen zwischen Kreuzbein und Nervensystem. Z. Neur. 1929, 122/3/4, S. 618. — (2): Knorpelknötchen der Wirbelsäule und Unfall. Mschr. Unfallhk. 1929, 36/8, S. 356. — BRAILSFORD, J. (1): Spondylolistesis. Brit. J. Radiol. 6, 666 (1933). — (2) Investigation of Sciatica and Lumbago Radiological Aspect. Brit. J. Radiol. 17, 308 (1944). — BRANDES, K.: Über die Bedeutung der SCHMORLschen Knorpelknötchen und ihren röntgenologischen Nachweis. Dtsch. Z. Chir. 231, 361 (1931). — BRANDIS, W.: Zur Entstehung der Spondylolisthesis. Med. klin. 1930 I, 821. — BRETON, M.: Verkalkung des Pulpakerns der Intervertebralscheibe. J. Radiol. (Fr.) 1929 (Mai). — BROCHER, J. E. W. (1): La dislocation vertébrale dorsale dans la région sacrolombaire. Helvet. med. Acta 7, 100 (1940). — (2): La sciatique d'origine vertébrale et nerveuse. Helvet. med. Acta 7, 355 (1940). — (3): La déchirure du disque intervertébral lombaire et ses conséquences cliniques (lumbago, sciatique). Praxis **31**, 27 (1942). — BROWN, H. A.: Low back pain with special reference to dislocation of the ligamentum flavum. West. J. Surg. (Am.) **45**, 527 (1937). — BRUNNER, A.: Spondylolithesis und Unfall. Z. Unfallmed. u. Berufskrkh. **2**, 101 (1944). — BUCKLEY, C. W.: Spondylitis: Osteoarthritis: Lumbo-sacral and sacrailiac. strain. Brit. med. J. Nr. 3934, S. 1119 (1936). — BUISSON, M.: Un caso di ernie discali intraspongiose multiple. Boll. Soc. piemont. Chir. **4**, 245 (1934). — BUNTS, A. T.: Surgical aspects of ruptured intervertebral disc. Radiology (Am.) **36**, 604 (1941). — BURCKHARDT, H. (1): Spondylolisthesis. Dtsch. Z. Chir. **232**, Festschr. HELFERICH, S. 25 (1931). — (2): Die unspezifischen chronischen Erkrankungen der Wirbelsäule. 77. S., 22 Abb. Stuttgart: F. Enke, 1932. — BURCKHARDT, E.: Spondylolisthesis. Schweiz. med. Wschr. **1940 II**, 1093. — BURNS, B. H.: Two cases of spondylolisthesis. Proc. Soc. Med., Lond. **25**, 5271 (1932). — BUSCH, E.: Luftmyelographie zur Diagnose des lumbalen Discusprolapses und der ligamentären Wurzelkompression. Acta radiol. (Schwd.) **22**, 556 (1941).

CALVÉ, J. and M. GALLAND (1): The intervertebral nucleus pulposus; its anatomy, its physiology, its pathology. J. Bone Surg. (Am.) **12**, 555 (1930). — (2): Étude clinique de 24 cas de hernies nucléaires vertébrales et de 3 epiphysites. Rev. Orthop. etc. (Fr.) **17**, 723 (1930). — CAPENER, N.: Spondylolisthesis. Brit. J. Surg. **19**, 374 (1932). — CASSINIS, G.: Spondylolisthesi. Boll. Soc. piemont. Chir. **6**, 241 (1936). — CHANDLER, FREMONT, A.: Lesions of the isthums (pars interarticularis) of the Laminae of the lower lumbar vertebral and their relations to spondylolisthesis. Surg. etc. **53**, 273 (1931). — CHAPRY, zit. nach FICK, R.: Mechanik der Gelenke. — CONGDON, R.: Spondylolisthesis and vertebral anomalies in skeletons of american aborigines. With clinical notes on spondylolisthesis. J. Bone Surg. (Am.) **14**, 511 (1932). — COSTE, F. et M. MORIN: Spondylose et spondylolisthesis. Bull. Soc. méd. Hôp. Par., III. s., **51**, 385 (1935). — COSTE, F., BARNAUD et RUEL: Sue le diagnostic radiologique de la sciatique discale. Bull. Soc. méd. Hôp. Par., III. s., **57** (1941). — CRONZON, O., LEDOUX-LEBHARD et CHRISTOPHE: Algies radiculaires thoraciques diffuses par hernies intraspongieuses multiples du disque intervertébral. Bull. Soc. méd. Hôp. Par., III. s., **50**, 737 (1934).

DANDY, W. E.: Vortäuschung eines Rückenmarkstumors durch ein von der Zwischenwirbelscheibe stammendes loses Knorpelstück. Arch. Surg. (Am.) **1929**, 19/4, S. 660. — DAVIS, L., H. A. HAVEN und T. T. STONE: Die Wirkung von Jodöl-injektionen im subarachnoidalen Rückenmarksraum. J. amer. med. Assoc. **1930**, 94/11, S. 772. — DECKER, P.: Hernie traumatique des disques intervertébraux. Praxis (Schweiz) **31**, 17 (1942). — DIESL, F.: Ein Beitrag zur Spondylolisthesis. Z. orthop. Chir. **51**, 264 (1929). — DIETERICH, H.: Klinische Beobachtungen über Knorpelknötchen der Wirbelsäule. Mitt. Grenzgeb. Med. u. Chir. **42**, 578 (1932). — DITTRICH, K. v. (1): Der röntgenologische Nachweis von Knorpelknötchen im Wirbel. Z. orthop. Chir. **51**, Beil.-H., 295 (1929). — (2): Der röntgenologische Nachweis von Knorpelknötchen im Wirbel. Verh. dtsch. orthop. Ges., 23. Kongr. Sept. 1938, Prag. — DITTRICH, K. v. und S. TAPFER: Über Spondylolisthesis. Zbl. Gynäk. **1935**, 850. — LE DOUBLE: Traité des variations de la colonne vertébrale de l'homme. Paris: Masson, 1912. — DUBOIS, M.: Unfallfolgen bei pathologisch veränderter Wirbelsäule. Z. Unfallmed. u. Berufskrkh. **2**, 107 (1944). — DUCLOS, M. H.: Spondylolyse et spondylolisthesis de la III vertèbre lombaire. Bull. Soc. Électr. Radiol. méd. France **27**, 135 (1939).

EHRLICH: Wirbelgleiten und Unfall. Arch. orthop. Chir. **32**, 638 (1933). — EICHLAM, K.: Zur Kenntnis der Spondylolisthesis. Zbl. Chir. **1934**, 555.

FALDINI, G. (1): Osservazioni clinico-radiol. sopra la spondylolistesi. Boll. sci. med. Bologna 4 (1926). — (2): Osservazioni cliniche e radiografiche sopra la spondilolistesi e la spondilolisi. Chir. Org. Movim. **12**, 545 (1928). — FARABEUF, M.: Spondylolisthésis. Soc. Chir. (Fr.) **11**, 413 (1885). — FLEISCHNER: Zur Frage der Pseudospondylolisthesis. Fschr. Röntgenstr. **48**, 249 (1933). — FORESTIER, J.: Aktuelle Technik der spinalen Hohlräume mit Lipidol. Radiology (Am.) **1928**, 11/6, S. 481. — FREEDMANN, E.: The behavior of the intervertebral disc in certain spine lesions. Radiology (Am.) **22**, 219 (1934). — FRIBERG, STEN.: Studies on spondylolisthesis. Acta chir. scand. (Schwd.) **82**, Suppl.-H., 55 (1939). — FRIEDL, E.: Einige

Bemerkungen zum Wirbelgleiten (Spondylolisthesis) und zur Wirbelverschiebung. Röntgenprax. **7**, 374 (1935). — Foá, A.: Su di un particolare caso di calcificazione di un disco intervertebrale. Boll. Soc. piemont. Chir. **4**, 234 (1934).

Galeazzi, R. (1): Sulla strutture dei dischi vertebrali e loro patalogia. Arch. Ortop. (It.) **51**, 217 (1935). — (2): Lo scivolamento latrale rotatorio dei corpi vertebrali scoliosi quale causa di lombarscialgie. Ist. Lombardo, Rend. II. s., **69**, 1089 (1936). — Garavano, P.: Le spondylolistésis. Rev. sudamer. Méd. et Chir. **1**, 417 (1930). — Gellmann, M.: Injury to intervertebral discs during spinal puncture. J. Bone Surg. (Am.) **22**, 980 (1940). — Gerlach, G.: Eine topographische Studie zur röntgenologischen Darstellung der Spaltbildung in der Portio interarticularis des Lendenwirbels am Lebenden. Z. orthop. Chir. **58**, 465 (1933). — Gimplinger, E.: Spondylosis deformans der Halswirbelsäule als Schluckhindernis. Wien. klin. Wschr. **1941 II**, 995. — Giongo, F.: Verkalkungen des Nucleus pulposus. Fschr. Röntgenstr. **37**, 873 (1928). — Glasewald, H.: Gedanken und Bemerkungen über Spondylolisthesis und Präspondylolisthesis. Arch. orthop. Unfallchir. **24**, H. 4 (1927). — Glorieux, P. (1): Les hernies nucléaires postérieures dans les fractures de colonne. Verh. 4. internat. Kongreß Radiol. **2**, 188 (1934). — (2): La hernie post. du ménisque intervertébral, Bd. IV. Paris: Masson, 1937. — Graf, G. J. and W. B. Hamby: Roentgenographic Demonstration by Tantalum Powder of Sinuses Resulting from Extraction of Intervertebral Disc Protrusions. Amer. J. Roentgenol. **53**, 157 (1945). — Grashey, R.: 1. Spaltbildungen im unteren Gelenkfortsatz. 2. Lendenwirbel. Röntgenprax. **5**, 387 (1933). — Guilleminet, M.: Le spondylolisthésis. Rev. Orthop. (Fr.) **23**, 385 (1936). — Guilleminet, M. et M. Latarjet: Spondylolisthésis et spondylolyse. Lyon chir. **33**, 371 (1936). — Güntz, Ed. (1): Versteifung der Wirbelsäule durch Fibrose der Zwischenwirbelscheiben. Mitt. Grenzgeb. Med. u. Chir. **42**, 490 (1931). — (2): Abnorme Geradehaltung der Brustwirbelsäule bei Veränderungen der Zwischenwirbelscheiben. Z. orthop. Chir. **58**, 66 (1932). — (3): Haltungsveränderungen der Wirbelsäule bei Erkrankungen der Zwischenwirbelscheiben und ihre Beziehungen zu Rückenschmerzen. Röntgenprax. **8**, 73 (1936). — (4): Schmerzen und Leistungsstörungen bei Erkrankungen der Wirbelsäule. Z. Orthop. **67**, Beil.-H. Stuttgart: F. Enke, 1937.

Hábler, G.: Beitrag zur traumatischen Entstehung von Knorpelknötchen. Röntgenprax. **10**, 153 (1938). — Hadley, L. A. (1): Apophyseal subluxation. Disturbances in and about the intervertebral foramen causing back pain. J. Bone Surg. (Am.) **18**, 428 (1936). — (2): Pathologie conditions of the spine. Painful disturbances of the intervertebral foramina. J. amer. med. Assoc. **110**, 275 (1938). — Hamby, W.: The interlaminal removal of protrusions of the intervertebral disc in the fourth and fifth lumber interspaces. Surg. etc. **710**, 344 (1940). — Hampton, A. O. and J. M. Robinson: The roentgenographie demanstrution of rupture of the intervertebral disc inter the spinal canal ofter the injection of lipiodal. Amer. J. Roentgenol. **36**, 782 (1936). — Haeberlin, P.: Beitrag zu den traumatischen Hernien der Wirbelsäule. Z. Unfallmed. u. Berufskrkh. 1/2, 93 (1943). — Haenisch: Über die Kreuzbeingegend, einschließlich der Übergänge zu Lendenwirbelsäule und Becken. Ärztl. V. Hamburg, 19. März 1929. V. B. in Fschr. Röntgenstr. **1929**, 39/5, S. 912, 913. — Hanson, R.: Einige Röntgenstudien über den Normalrücken während der Wachstumsjahre. Fschr. Röntgenstr. **39**, 1079 (1929). — Harrenstein, V.: Kasuistischer Beitrag zur Verkalkung des Nucleus pulposus der Zwischenwirbelscheibe. Fschr. Röntgenstr. **35**, H. 4 (1937). — Heinrich, H. und K. Krupp: Über d. neurol. Sympt. bei d. Spondylolisthesis. Nervenarzt **11**, 63 (1938). — Held, H. J.: Zur Frage der Zwischenwirbelscheibenverkalkung. Ein röntgenologisch-klinischer Beitrag. Dtsch. Z. Chir. **242**, 675 (1934). — Held, E. et J. E. W. Brocher: Les „maux de rins" d'origine orthopédique en ginécologie. Helvet. med. Acta **6**, 33 (1939). — Hellner, H. (1): Spondylolisthesis, traumatische Sub- bzw. Totalluxation in der Lumbosakralregion und sogenannte Präspondylolisthesis. Fschr. Röntgenstr. **41**, 527 (1930). — (2): Die Bewertung der einzelnen Wirbelveränderungen für die Diagnose. Münch. med. Wschr. **1931 II**, 1511. — (3): Röntgenologische Beobachtungen über Ossifikationsstörungen im Limbus vertebrae (die sogenannten persistierenden Wirbelkörperepiphysen). Acta radiol. (Schwd.) **13**, 483 (1932). — (4):

Ein Fall von Verlagerung von Bandscheibengewebe nach hinten. Acta radiol. (Schwd.) 14, 165 (1933). — HENNES, H.: Der nichtentzündliche Wirbelsäulenrheumatismus, seine Erkennung und Beurteilung. Med. Welt 1937, 1676. — HENRY, MYRON: Traumatic spondylolisthesis. Minnesota Med. 9, Nr. 7 (1926). — HETZAR, W.: Die ventrale Wirbelsäulenfractur (Randleistenabsprengungen) und ihre Beziehung zur Adoleszenten-Kyphose. Bruns' Beitr. 166, 345 (1937). — HILDEBRANDT, A.: Über Osteochondrosis im Bereich der Wirbelsäule. Fschr. Röntgenstr. 47, 551 (1933). — HODGES, F. J. and W. S. PECK: Clinical and roentgenological study of low back pain with sciatic radiation. B. Roentgenological Aspects. Amer. J. Roentgenol. 37, 461 (1937). — HOHMANN, G.: Über Verschiebung von Wirbeln. Z. ärztl. Fortbild. 35, 616 (1938). — HORSCH, F. W.: Seitliches Wirbelgleiten. 30 S. Diss. Frankfurt a. M., 1938. — HUBER, E.: Spondylolisthesis als Unfallfolge. Mschr. Unfallhk. 38, 301 (1931).

ILES, A. J. H.: Labour obstructed by spondylolisthesis. Brit. J. Radiol. 8, 659 (1935). — IMBODEN, H.: A very unusual case of spondylolisthesis. Acta radiol. (Schwd.) 6, H. 1/6 (1926). — IMHAUSER, G.: Zur Frage des Drehgleitens der Wirbelsäule. Arch. orthop. Chir. 40, 473 (1940).

JAEGER, W. (1): Über die Spondylolisthesis. Fschr. Röntgenstr. 52, 107 (1935). — (2): Spondylolisthesis und Unfall, erläutert an einem Gutachten. Z. Unfallmed. 31, 178 (1937). — JANKER, R. (1): Die Epiphysen der Wirbelkörper und ihre Veränderungen. Persistierende Wirbelkörperepiphysen. Fschr. Röntgenstr. 41, 597 (1930). — (2): Persistierende Apophysen der Wirbelsäule. Fschr. Röntgenstr. 44, 519 (1931). — JANSSEN, K.: Beitrag zur Kasuistik und Ätiologie der Spondylolisthesis. Röntgenprax. 5, 742 (1933). — JAROSCHY, W. (1): Die Spondylolisthesis im Röntgenbild. Fschr. Röntgenstr. 34, H. 3 (1926). — (2): Spondylolisthesis lumbosacralis. Bruns' Beitr. 138 (1926). — JENKINS, J. A.: Spondylolisthesis. Brit. J. Surg. 24, 80 (1936). — JENTZER: A propos de la pathologie des disques intervertébrales. Praxis 31, 33 (1942). — JIANN, A. et T. FIRICA: Considération sur l'examen lipiodolé rachidienne à l'occasion d'un cas de fracture du rachis. Hernie nucléaire postérieure. Rev. Chir. (Fr.) 18, 305 (1040). — JOHNSON, H.: Herniation of the Intervertebral disc with refered sciatic symptoms. J. Bone Surg. (Am.) 22, 708 (1940). — JOHNSTONE, R. W. and ALTA THOMPSON: Spondylolisthesis. With record of spontaneous delivery in a severe case. Edinbgh med. J., N. S. 42, Transact. r. obstch. Soc. 29 (1935). — JOISTEN, CH. (1): Zur Kenntnis der Spondylolisthesis. Zbl. Chir. 1929, 2312. — (2): Über persistierende Apophysen an der Lendenwirbelsäule. Arch. orthop. Chir. 28, 622 (1930). — JONCKHEERE, E. et R. LECLERQ: La Spondylolyse étiologie méconnue de sciatalgie rebelle. J. Chir. etc. 557, Nr. 8/9 (1935). — JONES, W. A.: The role of anatomy in the radiological study of the spine. Canad. med. Assoc. J. 34, 265 (1936). — JUNGHAGEN, S.: Spondylitis deformans mit medullären Symptomen. Acta radiol. (Schwd.) 10, 533 (1929). — JUNGHANNS, H. (1): Über Wirbelgleiten, Spondylolisthesis. Wirbelverschiebung nach hinten und nach der Seite. Arch. klin. Chir. 159, 423 (1930). — (2): Die Spondylolisthese im Röntgenbild. Fschr. Röntgenstr. 41, 239 (1930). — (3): Spondylolisthesis, Pseudospondylisthesis und Wirbelverschiebung nach hinten. Bruns' Beitr. 151, 376 (1931). — (4): Gibt es „persistierende Wirbelkörperepiphysen"? Pathol.-anatom. Bemerkungen zu den Arbeiten von HAVSON JANKER, MICHAJLOW und TSCHEREPNINA. Fschr. Röntgenstr. 42, 704 (1930). — (5): Spondylolisthesen ohne Spalt im Zwischengelenkstück (Pseudosponylolisthesen). Arch. orthop. Chir. 29, 118 (1930). — (6): Die Mitbeteiligung der Wirbelkörper bei Erkrankungen der Zwischenwirbelscheiben. Arch. klin. Chir. 173, Kongr.-Ber., 75 (1932). — (7): Die Zwischenwirbelscheiben (Übersichtsreferat). Chirurg 6, 213 (1934). — (8): Zusammenvorkommen von angeborenen Spaltbildungen im Zwischengelenkstück und im Dornfortsatz des gleichen Wirbels. Arch. orthop. Chir. 37, 123 (1936).

KEIBEL-MALL: Handbuch der Entwicklungsgeschichte des Menschen. Leipzig: S. Hirzel, 1920. — KELLER, E.: Spondylolisthesis des ersten Kreuzbeinwirbels. Chirurg 9, 216 (1937). — KERMAUNER, T.: Kreuzschmerzen bei der Frau. Wien. klin. Wschr. Jg. 40, Nr. 1 (1927). — KIENBÖCK, R. (1): Über die trophostatische Osteoarthrose der Lumbosakralgegend. Med. Klin. 1929/21, 818; 1929/22, 860. — (2): Über Kreuzschmerzen und Ischias. Wien. med. Wschr. 1932 II, 1508. — (3): Über die trophostatische Ostearthrose der Sakroiliakalgelenke. Z. orthop. Chir. 1930, 52/4 S. 614. —

(4): Über degenerative Wirbelsäulenkrankheiten. Wien. klin. Wschr. **1935 I**, 671. — KIRCHHOFF, H.: Spondylolisthesis und Geburtsverlauf (an Hand eines Falles von Spontangeburt bei ausgeprägtem spondylolisthetischem Becken). Zbl. Gynäk. **1935**, 1813. — KLAR: Spondylolisthesis und Präspondylolisthesis. Verh. dtsch. orthop. Ges. **310** (1931). — KLEIBERG, S. (1): Spondylolisthesis with a report of four cases. Amer. J. Surg., N. S. **10**, 521 (1930). — (2): Spondylolisthesis and prespondylolisthesis. Arch. Surg. (Am.) **27**, 565 (1933). — (3): Prespondylolisthesis. Its roentgenographic appearance and clinical significance. J. Bone Surg. (Am.) **15**, 872 (1933). — (4): Spondylolisthesis in an infant. J. Bone Surg. (Am.) **16**, 441 (1934). — (5): Spondylolisthesis. Internat. Chir. **3**, Ser. 43, 216 (1933). — KLEINHAUS, E.: Ein Fall von Spondylolisthesis. Fschr. Röntgenstr. **37**, H. 3 (1928). — KLOSE-GERLICH, J.: Die angeborenen seitlichen Wirbelspalten in der Lenden-Kreuzbeinregion. Z. orthop. Chir. **63**, 31 (1935). — KNUTSSON, F.: Experiences with epidural contrast investigation of the lumbo-sacral canal in disc prolapse (Perabredil). Acta radiol. (Schwd.) **22**, 694 (1941). — KOPITS, J.: Ein sehr schwerer Fall von Spondylolisthesis. Arch. orthop. Chir. **34**, 609 (1934). — KOTULLA, B.: Zur Ätiologie der Spondylisthese. Diss. Frankfurt a. M., 1939. — KRABBE, KNUD: Spondylitis deformans und Rückenmarkskompression. Bibliothek Laeger, Jg. 119 (Dän.). — KRAYENBÜHL, H. (1): Gibt es Dauerschäden nach Lipiodal-Myelographie? Z. Unfallmed. u. Berufskrkh. **34**, 165 (1940). — (2): Zur Diagnose und Differentialdiagnose der intervertebralen Discushernie. Praxis **31**, 19 (1942). — KROGDAHL, T. und O. FORGERSEN: Die „Unco-Vertebralgelenke" und die „Arthrosis deformans unco-vertebralis". Acta radiol. (Schwd.) **21**, 231 (1940). — KRONENBERGER, F.: Calcinosis intervertebralis. Röntgenprax. **1**, 898 (1929).

LACHAPÈLE, A. P.: A propos de glissements vertébraux. Bull. Soc. Électr. Radiol. méd. France **27**, 176 (1939). — LAIGNEL-LAVASTINE et J. RAVIER: Cénestopathie pure diffuse chez une malade à lombalisation douloureuse de la première sacrée avec spondylolisthesis. Encéphale Jg. 22, Nr. 9 (1927). — LASTHAUS, M.: Die Kahnbeinnekrose als Preßluftschaden. Zbl. Chir. **1942**, 1351. — LECOMTE, G.: Epidurales Lipiodol und sein Nutzen für die Kontrolle ausgedehnter epiduraler Anästhesie. Liège méd. 1929, 22/3, S. 70. — LEDOUX-LEBARD, R., S. NEMOURS-AUGUSTE et S. DE SÉGE: 50 Cas de secalique rebelles soumis à l'épreuve du lipiodol. Rappel technique. Bull. Soc. méd. Hôp. Par., III. s., **58**, 241 (1942). — LEMMERZ, A. H.: Unregelmäßige Verknöcherung im unteren Wirbelsäulenabschnitt und ihre Bedeutung für die Pathogenese des Kreuzschmerzes. Röntgenprax. **10**, 598 (1938). — LENARDUZZI, G.: Sul distacco parcellose dei bordi anteriori dei corpi vertebrali. Atti e 1. Congr. ital. Radiol. med. Pte. 2,. 42 (1936). — LERICHE, R., BARRÉ und DRAGANESCO: Intramedullärer zystischer Tumor bei intra- und extraduralem Stillstand des Lipiodols. Rev. neur. (Fr.) **1929**, 36 I/2, S. 368. — LEROY, M.: Anomalie vertébrale et trouble radiculaires. J. belge Neur. **38**, 520 (1938). — LINDBLOM, K.: Eine anatomische Studie über lumbale Zwischenwirbelscheibenprotrusionen und Zwischenwirbelscheibenbrüche in die Foramina intervert. hinein. Acta radiol (Schwd.) **22**, 711 (1941). — LINDEMANN R.: Bandscheibenveränderungen unklarer Ursache an jugendlichen Wirbelsäulen. Z. orthop. Chir. **55**, Beil.-H., 281 (1932). — LINDGREEN, E.: Über die Röntgendiagnose des Bandscheibenprolapses. Radiol. clin. (Basel) **10**, 337 (1941). — LO MONACO, G.: Calcificatione del nucleo polporo intervertebrale. Radiol. med. **25**, 850 (1938). — LOVE, J. G.: Protruded intervertebral disks with a note regarding hypertrophy of ligamenta flava. J. amer. med. Assoc. **113**, 2029 (1939). — LOVE, J. G., C. P. SYMONDS, C. GOLDING, J. M. BANKART and R. OLLERENSHAW: Discussion on prolapsed intervertebral dics protruded intervertebral disc. Proc. Soc. Med., Lond. **32**, 1697 (1939). — LUCCA, G. DE: Su di una forma non ancora descritta di calcificazione intervertebrale. Arch. Radiol. (It.) **14**, 399 (1939). — LUSSKIN, H.: Calcified intervertebral disk. A case report. Amer. J. Surg. **3**, Nr. 2 (1927). — LYON, E. (1): Die Krankheiten der Zwischenwirbelscheiben. Arch. orthop. u. Unfallchir. **26**, H. 2 (1928). — (2): Über Kalkknötchen in der Zwischenwirbelscheibe. Fschr. Röntgenstr. **39**, 76 (1929). — (3): Die Wirbelsäulengicht. Arch. Verdgskrkh. 1929, 46/1/2, S. 88. — (4): Über Kalkknötchen in den Wirbeln. Röntgenprax. **2**, 1067 (1930). — (5): Beiträge zur Klinik der Bandscheibenverkalkung und Verknöcherung. Arch. orthop. Chir. **28**, 717 (1930). — (6): Kalkablagerungen in der Zwischenwirbelscheibe im Kindesalter. Z. Kinderhk. **53**, 570 (1932).

MALKIN, S. A. (1): Spondylolisthesis of the 4th lumbar vertebra with a crush fracture of the 2nd and sacralisation of the 5th. Proc. Soc. Med., Lond. 27, 575 (1934). — (2): Fusion of lumbar vertebrae. Proc. Soc. Med., Lond. 28, 1030 (1935). — MARTEL, TH. DE, CL. VONCENT, M. DAVID und P. PUECH: Die Vorteile einer Kombination der manometrischen und der Lipiodolprobe für die Diagnostik von Rückenmarkstumoren. Rev. neur. (Fr.) 1929, 36/II, S. 76. — MARTENS, G.: Das Verhalten der Zwischenwirbelscheiben bei Skoliose. Arch. orthop. Chir. 34, 429 (1934). — MAU, C. (1): Der röntgenologische Nachweis der traumatischen Knorpelknötchenbildung am Wirbelkörper. Zbl. Chir., Jg. 55, Nr. 7, S. 386 (1928). — (2): Beitrag zu der Frage: Gibt es persistierende Wirbelkörperepiphysen? Röntgenprax. 4, 649 (1932). — MAURICE, G.: Le disque intervertébral. Physiologie-pathologie et indications thérapeutiques. Préface de Posteur Vallery-Radot. XII, 195 u. 45 Abb. Paris: Masson, 1933. — MAXWELL, H.: Spondylolisthesis in males. Mil. Surgeon (Am.) 60, Nr. 4 (1927). — MEISELS, E. (1): Fall von spondylolisthetischem Becken. Wien. klin. Wschr. Jg. 39, Nr. 46 (1926). — (2): Spondylolisthetisches Becken bei einem Manne. Fschr. Röntgenstr. 35 (1927). — (3): Die Spondylolisthesis des Beckens bei Männern. Beil. z. Polski Przegl. chir. 5 (1926). — MERCER, W.: Spondylolisthesis. With a description of a new method of operative treatment and notes of ten cases. Edinbgh. med. J. 1936, Nr. 43, 545. — MESCHAN, J.: Spondylolisthesis: A Commentary on Etiology, and an Improved Method of Roentgenographic Mensuration and Detection of Instability. Amer. J. Roentgenol. 53, 230 (1945). — MEYER, G.: Un cas curieux de spondylolisthesis juvenile indolore. Rev. méd. Suisse rom. 53, 777 (1933). — MEYER, H. (1): Spondylolisthesis und Unfall. Arch. orthop. Chir. 29, 109 (1930). — (2): Untersuchungen zur Ätiologie der Spondylolisthesis. Zbl. Chir. 1930, 2619. — MEYER-BURGDORFF, H. (1): Untersuchungen über das Wirbelgleiten, 136 S. Leipzig: G. Thieme, 1931. — (2): Untersuchungen zur Ätiologie des Wirbelgleitens. Bruns' Beitr. 151, 386 (1931). — (3): Gibt es ein traumatisch entstandenes Wirbelgleiten? Arch. orthop. Chir. 31, 486 (1932). — (4): Neuere Ergebnisse der Ursachenforschungen des Wirbelgleitens. Verh. 4. internat. Kongr. Radiol. 2, 195 (1931). — (5). Über die Veränderungen der Bandscheiben beim Wirbelgleiten. Z. orthop. Chir. 62, Beil.-H., 10 (1935). — MEYER-BURGDORFF, H. und H. SANDMANN: Die Bedeutung der präsacralen Bandscheibe für die Spondylolisthesis. Dtsch. Z. Chir. 245, 173 (1935). — MEYER, M. und D. SICHEL: Traits clairs verticaux et horizontaux dans plusieurs corps vertébraux. Bull. Soc. Radiol. méd. France 20, 577 (1932). — MEYERDING, H. (1): Spondylolisthesis. Surg. etc. 54, 371 (1932). — (2): Diagnosis and roentgenologic evidence in spondylolisthesis. Radiology (Am.) 20, 108 (1933). — MJAKOTNYCH, J.: Zur Diagnose und konservativen Behandlung der Spondylolisthese. Sovet. Chir. (Russ.) 1, 420 (1932). — MICHAJLOW, M. und TSCHEREPNINA: Über die Wirbelknorpelinseln und deren Röntgenbild. Fschr. Röntgenstr. 40, 1061 (1929). — MITCHELL, G. A. J.: The radiographic appearances spondylolisthesis. Brit. J. Radiol. 6, 513 (1935). — MIXTER, W. J.: Rupture of the lumbar intervertebral disk. An etiologic factors for socalled sciatic persist. Ann. Surg. 106, 777 (1937). — MOCQUOT, P. et J. J. HERBERT: Spondylolisthésis latent chez un homme atteint d'arthrite déformante de la hanche et d'autres déformations articulaires. Rev. Orthop. etc. (Fr.) 25, 518 (1934). — MOONEY, A. C. (1): Hernia of the nucleus pulposus. Brit. J. Radiol. 7, 46 (1934). — (2): Intervertebral disc changes. Brit. J. Radiol. 10, 389 (1937). — MORASCA, L.: Contributo allo studio della degenerazione primitiva del disco. Arch. Med. e Chir. 5, 369 (1936). — MOREL et C. ROEDERER: Une nouvelle observation du nucléus pulposus calcifié. Bull. Soc. Radiol. méd. France 30, 114 (1932). — MORSIER, G. DE (1): Une cause fréquente de lumbago et de sciatique: La dislocation traumatique des disques intervertébraux lombaires avec hernie nucléaire postérieure. Rev. méd. Suisse rom. 60, 999 (1940). — (2): Sciatique et Hernie du disque intervertébral. Les discopathies lombaires avec prolapsus. Praxis 31, 30 (1942). — (3): Pathogénie des sciatiques et des brachialgies. Schweiz. med. Wsch. 23, 249 (1942). — (4): Pathogenic des sciatiques et des brachialgies. Schweiz. med. Wschr. 23, 277 (1942). — MOSBERG, GERTRUD: Beiträge zur Spondylolisthesis. Arch. Kindergeneesk. (Holl.) 4, 187 (1935). — MOUCHET, A. et C. ROEDERER (1): Le spondylolisthésis. Rev. Orthop. (Fr.) 14, Nr. 6 (1927). — (2): Le spondylolisthésis. Presse méd. 1931 I, 569. — MOUCHET, A. (1): Hernie intra-spongieuse du disque intervertébral et accident du travail. Ann. Méd. lég. etc. **20**, 253 (1940). — (2): Sciatique et chirurgie on la mise au tombeau de la sciatique essentielle, Arte „rhumatismale". Paris méd. 1941 I, 229. — MÜLLER, E.: Das klinische und röntgenologische Bild der Spondylolisthesis. (Neue Beiträge.) 40 S. Diss. Freiburg i. Br., 1932. — MÜLLER, W.: Das röntgenologische Bild und die klinische Bedeutung der sogenannten Knorpelknötchen der Wirbelsäule. Bruns' Beitr. **145**, 191 (1928). — MÜLLER, W. und ZWERG: Röntgenologisch-metrische Untersuchungen über Form und Stellung des Kreuzbeins mit Beobachtungen über die Entstehung der Spondylolisthesis. Bruns' Beitr. **149**, 155 (1930). — MÜLLER, W. (1): Weitere Beobachtungen über das Drehgleiten an skoliotischen Lendenwirbelsäulen älterer Leute und seine Bedeutung für die Unfallbegutachtung. Arch. orthop. Chir. **33**, 1 (1933). — (2): Umbauzonen an den Dornfortsätzen kyphotischer Wirbelsäulen als Ursache von Schmerzzuständen. Fschr. Röntgenstr. **48**, 639 (1933). — MÜLLER, W. und W. HETZAR: Familiäre generalisierte Osteochondritis dissecans zahlreicher Gelenke und der Wirbelsäule. Dtsch. Z. Chir. **241**, 795 (1933). — MÜLLER, W.: Die PERTHESsche Krankheit als Erscheinungsform der Ermüdungs- und Abnutzungsreaktion des Skeletts und ihre Abgrenzung gegenüber den verschiedenen Epiphysenstörungen. Fortschrittl. **63**, 247 (1941). — MUÑOZ, ARBAT, J. und P. PINLACKS: Intervertebrale Calcinose. Rev. Cir. Barcelona **11**, 22 (1936).

NEFF, G.: Discussionsbemerkungen hinterer Bandscheibenprolaps. Z. Unf.med. Ber.krk.heiten **35**, 253 (1941). — NICOTRA, A.: La calcificazione del nucleo polposo dei dischi intervertebrale. Radiol. med. (It.) **16**, 977 (1929). — NIEDNER: Schaltknochen in den Zwischenwirbelscheiben. Fschr. Röntgenstr. **47**, 70 (1933). — NITSCHE, F.: Drehgleiten der nichtskoliotischen Wirbelsäule. Arch. orthop. Chir. **36**, 86 (1935). — NORDMANN, O.: „Die Kreuzschmerzen" als Symptom chirurgischer Erkrankungen. Med. Klin. 1930/16, 573. — NORMEAT, W. B.: Use of a New Contrast Medium (Visco-Rayopake) in the Female Generative Tract. Amer. J. Obst. u. Gynec. **49**, 253 (1945).

OLIVECRONA, H.: The operative procedure in intervertebral disk protrusions. Acta radiol. (Schwd.) **22**, 743 (1941). — OPPENHEIMER, A.: Narrowing of the intervertebral foramina as a cause of pseudorhumatic pain. Ann. Surg. **106**, 428 (1937). — OTTO, ED.: Bandscheibenprolaps zwischen 1. und 2. Lendenwirbel mit den Erscheinungen einer Querschnittsmyelitis. Ein Beitrag zur Kenntnis der traumatischen Bandscheibenprolapse. Mschr. Unfallhk. **45**, 573 (1938). — OVERGAARD, K.: On SCHMORL's cartilage islands. Acta radiol. (Schwd.) **19**, 1103 (1938).

PAKOZDY, C.: Chronische Arthropathie der Lendenwirbelsäule. Policlinico, Sez. prat. 1939, 36/38, S. 1347. — PALTRINIERI, M.: Analogie fra degenerazione del disco intervertebrale e meniscite del ginocchio. Chir. Org. Movim. **23**, 161 (1937). — PANNHORST, R.: Rückenschmerzen und Spondylolisthesis im Wehrdienst. Dtsch. med. Wschr. 1942 I. — PARKS, H. and O. S. STAPLES: Two Cases of Morvan's Syndrome of Uncertain Cause. Arch. int. Med. (Am.) **75**, 75 (1945). — PEET, M. M. and D. H. ECHALS: Herniation of the nucleus pulposus. A cause of compression of the spinal corde. Arch. Neur. (Am.) **32**, 924 (1934). — PEGORARO, C.: Contribute clinico allo studio della spondilolistesi. Riv. Chir. med. **35**, 696 (1934). — PEIPER: Untersuchungen zu einer Reliefdiagnostik des erkrankten Rückenmarks und seiner Häute. Verh. Dtsch. Ges. Chir. Arch. klin. Chir. 1929/157, S. 52; siehe Arbeit des Verfassers in Fschr. Röntgenstr. 1929, 40/1, S. 1. — PEIPERT, HERBERT: Die Entwicklung der Myelographie. Orig. in Röntgenprax. 1929, 1/1, S. 27—32; Fortsetz. u. Schluß Röntgenprax. 1929, 1/2, S. 54—75. — PEROTTI, D.: Contributo allo studio del significato di alcune, particolari alterazioni dei corpi vertebrali. Radiol. med. **17**, 932 (1930). — PICCININO, G.: Algie da alterazioni ossee lombo-sacrali. Rass. internaz. Chir. e Ter., Jg. 7 (1926). — PICOT, M.: Contribution à l'étude du spondylolisthésis. J. Radiol. et Électrol. **11**, Nr. 8 (1927). — PODKAMINSKY, N. A.: Röntgendiagnostik der Erkrankungen der Zwischenwirbelscheiben. Arch. klin. Chir. **182**, 352 (1935). — POIRIER, cit. nach R. FICK: Mechanik der Gelenke. — POLAIN, M.: Calcinore intervertébrale. J. belge Radiol. **25**, 308 (1936). — POLGAR, FRANZ: Über interkranielle Wirbelverkalkung. Fschr. Röntgenstr. **40**, 292 (1929). — PUNSEPP, L.: Myelopunktion und Endomyelographie. Rass. internaz. Clin. 1928, 9/8, S. 670. —

PUTTI, V. (1): Aspetti clinici della degenerazione del disco intervertebrale. Chir. Org. Movim. 18, 1 (1933). — (2): Die Ischias scoliotica, ein Reflex. Wien. med. Wschr. 1940 II. — PUTSCHAR, W. (1): Zur Kenntnis der Knorpelinseln in den Wirbelkörpern. Beitr. path. Anat. 79, H. 1 (1927). — (2): Über Knorpelinseln in den Wirbelkörpern. Zbl. Path. 40, Erg.-H. S. 262 (1927).

RAAF, JOHN: Our Changing ideas concerning protrusion of intervertebral discs. Amer. J. Surg. 51, 803 (1941). — RAMBAND et RENAULD: Developpement des os. Paris: F. Chamerot, 1864. — RATHCKE, L. (1): Über Kalkablagerungen in den Zwischenwirbelscheiben. Fschr. Röntgenstr. 46, 66 (1932). — (2): Unsere heutigen Kenntnisse von der Spondylolisthese. Dtsch. med. Wschr. 1937 II, 1228. — REGENSBURGER, K.: Ergebnisse von Röntgenuntersuchungen der Lendenwirbelbögen. (Ein Beitrag zur Frage der Spaltbildungen an den Zwischengelenkstücken und Gelenkfortsätzen der Lendenwirbel.) Arch. klin. Chir., Kongr.-Ber. 189, 695 (1927). — REINHOLD, P.: Le spondylolisthesis acquis et le spondylolisthésis traumatique. Schweiz. Z. Unfallmed. 25, 197 (1931). — REISCHAUER, F.: Zur Frage der Spondylolysis. Bruns' Beitr. 162, 64 (1935). — REITAU, H.: On movements of fluid inside the cerebraspinal space. Acta radiol. (Schwd.) 22, 762 (1941). — RIBADEAU-DUMAS, L. und HEUYER: Zervikale Spondylose traumatischen Ursprungs. Presse méd. 1929/41, S. 671. — RICARD, A., J. DECHAUME und P. CROIZAT: Rückenmarkskompression durch eine posttraumatische, hypertrophische Pachymeningitis. Lyon méd. 1929, 144/30, S. 93. — RIETEMA, L. P. und S. KEIJSER: Calcinosis intervertebralis. Acta radiol. (Schwd.) 9, 606 (1928). — ROBINSON, J. MAURICE: Retropulsion of the lumba intervertebral dises as a cause of low back pain with unilateral „sciatic radiation". Roentgenologic diagnosis, with special referend to iodolography. Amer. J. Surg., N. S. 49, 710 (1940). — ROCHER, H. L., JAGUES et G. ROUDIL: Deux cas de spondylolisthésis. Arch. Électr. méd. etc. 38, 103 (1930). — ROCHER, H. L. et G. ROUDIL: Calcification des nucleus pulposus de D 9 et D 10, D 10 et D 11, chez une jeune femme atteinte d'un mal de Pott lombaire (L 3 et L 4). Bull Soc. Radiol. méd. France 20, 237 (1932). — ROEDERER, C. et PIERRE GLORIEUX: La spondylolyse, ses causes et ses conséquences. (La scoliose par spondylolyse.) Presse méd. 1933 II, 1550. — ROEDERER et CHÉRIGIÉ (2): A propos d'un cas de spondylolisthésis chez un enfant. Bull. Soc. Radiol. méd. France 24, 629 (1936). — ROEDERER, GAUCHER et JÉSOVER: Méniscite avec calcification d'un nucléus et becs de perroquet. Bull Soc. franç. Électrother. et Radiol. 26, 225 (1938). — ROS CODORNIER, A. H.: Pathologie der Lenden-Kreuzbeingegend. Cir. ortop. y Traumat. (Sp.) 1, 101 (1936). — ROSE, G. und ANNA V. MENTZINGEN (1): Knorpelknoten im Wirbelkorper und Trauma. Chirurg 2, 418 (1930). — (2): Schattengebende Herde in der Wirbelbandscheibe. Chirurg 2, 19 (1930). — ROSENTHAL, H.: Über die Bedeutung kleiner, an den Wirbelkanten gelegener Knochenschatten. Dtsch. Z. Chir. 251, 463 (1939). — RÖVEKAMP, TH.: Die Verkalkung der Zwischenwirbelscheiben und ihre klinische Bedeutung. Röntgenprax. 2, 186 (1930). — ROWIG, G.: Zwischenwirbelscheibenprolaps. Nordisk Med. 1942. — RUBINO, A.: Sindromi neurologiche da ernia del nucleo polposo. Riv. Neur. 10, 491 (1937). — RUHNAN, A.: Über Spondylolisthesis. 51 S. Diss. Königsberg i. Pr., 1932. — RYDÉN, A.: Zwei Fälle von Spondylolisthesis. Acta chir. scand. (Schwd.) 67, 697 (1930).

SAI, G.: Eccondrosi del disco intervertebrale (nodulo posteriore di SCHMORL) visibile alla radiografia. Riv. Neur. 6, 177 (1933). — SALVATORI, G. B.: Contributo allo studio delle casi dette epifisi persistenti di JANKER. Atti N. Congr. ital. Radiol. med. 2, 28 (1934). — SALVI DEL PERO, C.: Su di un caso di spondylisthesis. Bull. Soc. piemont. Chir. 6, 216 (1936). — SCHACHTSCHNEIDER, H.: Der hintere Bandscheibenprolaps in seinen klinischen Auswirkungen. Fschr. Röntgenstr. 54, 107 (1936). — SCHAER, H.: Über Spondylolisthesis. Bruns' Beitr. 155, 287 (1932). — SCHANZ, A.: Zur Kenntnis der Spondylitis deformans. Z. orthop. Chir. 53, 42 (1930). — SCHANZ, F. E.: Wirbelkörpergleiten und Unfall. Arch. klin. Chir. 188, 279 (1937). — SCHAPIRA, C. (1): Contributo clinico e radiologico alla studio delle affezioni localizzate del disco intervertebrale. Chir. Org. Movim. 18, 545 (1933). — (2): Sindromi lomboischialgiche e degenerazione primitiva del disco intervertebrale. Chir. Org. Movim. 23, 371 (1938). — SCHEID, FR. und MALLUCHE: Beitrag zur Frage der traumatischen Entstehung einer Spondylolisthesis. Dtsch. Mil.arzt 6, 136 (1941). — SCHERB:

Spondylolisthesis, Sacrum acutum etc. als häufige Ursache von Kreuzschmerzen. Z. orthop. Chir. **50**, 304 (1929). — SCHERSCHEWSKY, S.: Die Bedeutung der Röntgenuntersuchung für die Erkennung beginnender deformierender Prozesse an der Wirbelsäule (Spondylitis deformans und Spondylarthritis chronica ankylopretica). Z. physik. Ther. **35**, 238 (1928). — SCHLEIPEN, C.: Über Wirbelsäulenbeschwerden bei schief stehendem Dornfortsatz. Arch. klin. Chir. **175**, 66 (1933). — SCHMARJEWITSCH, N.: Zur Frage von der Spondylolysis. Z. orthop. Chir. **55**, 378 (1931). — SCHMORL, G. (1): Über Knorpelknötchen an den Wirbelbandscheiben. Fschr. Röntgenstr. **38**, 265 (1928). — (2): Über Knorpelknoten an der Hinterfläche der Wirbelbandscheiben. Orig. in Fschr. Röntgenstr. **1929**, 40/4, S. 629—634. — (3): Verkalkung der Bandscheiben der Wirbelsäule nebst Bemerkungen über das Verhalten der Bandscheiben bei infektiöser Spondylitis. Fschr. Röntgenstr. **40**, 18 (1929). — (4): Beiträge zur pathologischen Anatomie der Wirbelbandscheiben und ihre Beziehungen zu den Wirbelkörpern. Arch. orthop. Chir. **29**, 389 (1931). — (5) Über die pathologische Anatomie der Wirbelbandscheiben. Bruns' Beitr. **151**, 360 (1931). — (6): Über Verlagerung von Bandscheiben und ihre Folgen. Arch. klin. Chir. **172**, 240 (1932). — (7): Beitrag zur Kenntnis der Spondylolisthese. Dtsch. Z. Chir. **237**, 422 (1932). — SCHROEDE: Ein Fall von Knorpelknötchen. Röntgenprax. **5**, 515 (1933). — SCHÜRMANN, J.: Zur Nomenklatur der Veränderungen an der Lumbosakralgrenze. Z. Unfallmed. u. Berufskrkh. **3**, 233 (1944). — SCHULZE, K.: Ein Beitrag zur Frage der Verlagerung von Bandscheibengewebe. Röntgenprax. **9**, 461 (1937). — SEMPÉ, P.: Sacrums anormaux. Sacrolisthésis. Lombarisation. Sacrum basculé. J. Radiol. (Belg.) **21**, 145 (1937). — SÈZE, S. DE (1): Réflexions sur la problem pathologénique de la sciatique dite essentielle. Presse méd. **1941**, 222. — (2): Étude radiologique des disques intervertébraux lombaires L 4—L 5 et L 5—S. 1. Bull. Soc. méd. Hôp. Par., III. s., 57 (1941). — (3): A propos de trois cas nouveaux de nevralgies sciatiques, par hernie discale postérieure. Rev. neur. (Fr.) **72**, 763 (1941). — SÈZE, S. DE, R. LEDOUX-LETARD et S. NEMOURS-AUGUSTE: Le diagnostic radiologique de la hernie discale postérieure lombaire. Bull. Soc. med. Hôp. Par., III. s., 57 (1941). — SHERWOOD, K. K. and S. U. BERENS: Displacements of nucleus pulposus. West. J. Surg (Am.) **45**, 646 (1937). — SICARD, A. (1): Le rôle de la hernie discale postérieure dans la sacralisation douloureuse. Mém. Acad. Chir., Par. **67**, 256 (1941). — (2): Hernie intrarachidienne des disques intervertébraux. Mém. Acad. Chir., Par. **67**, 314 (1941). — (3): Le rôle de la hernie discale postérieure dans la sacralisation douloureuse. Rev. Orthop. (Fr.) **27**, 192 (1941). — SIMONS, B.: Die klinische Bedeutung der Zwischenwirbelscheibenschädigungen. Arch. orthop. Chir. **35**, 43 (1934). — SISEFSKY, M.: Spondylolisthesis and conditions resembling it. Acta orthop. scand. (Dän.) **4**, 234 (1933). — SOLCARD et BADELON: Étude anatomique d'un cas de spondylolisthésis révélé très tardivement. Rev. Orthop. (Fr.) **25**, 42 (1938). — SPURLING, R. G. and G. M. WYATT: Pantopaque: Notes on Absorption Following Myelographie. Surgery (Am.) **16**, 561 (1944). — STEFKO: Zur Anthropologie der Wirbelsäule. Z. Morph. u. Anthrop. **26**, 391 (1927). — STEINER, G. (1): Über Knorpelknötchen der Wirbelsäule am Lebenden. Med. Klin. **1931 II**, 1526. — (2): Zwischenwirbelscheibe und Röntgenbild am Lebenden. Fschr. Röntgenstr. **53**, 180 (1936). — STRANG, H.: Die klinische und röntgenologische Bedeutung von SCHMORLschen Knorpelknötchen im Wirbel. 32 S. Diss. Köln, 1931. — STREIGNART, E. (1): A propos d'un cas de spondylisthésis. Rev. Orthop. (Fr.) **22**, 233 (1935). — (2): A propos d'un nouveau cas de spondylolisthésis. Rev. Orthop. (Fr.) **23**, 325 (1936).

TENEFF, ST. (1): Sindromi sciatiche in lesioni del disco intervertebrale. Boll. Soc. piemont. Chir. **4**, 207 (1934). — (2): Un caso die ernia intraspongiosa del disco intervertebrale. Boll. Soc. piemont. Chir. **4**, 220 (1934). — TILLIER, H. et BRÉCHET: Spondylolisthésis avec pertubations régionales du métabalisme calcique. Bull. Soc. Radiol. méd. France **25**, 138 (1937). — TÖNNIS, W.: Chirurg **1940**, 119. — TURNER, H.: Die Spondylolisthésis und ihre Bedeutung für die statische Insuffizienz der Wirbelsäule. Z. orthop. Chir. **51**, 23 (1929). — TURNER, H. und MARKELLOW: Die Röntgendiagnostik der Spondylolisis im Lichte experimenteller Forschung am Kadaver. Acta chir. scand. (Schwd.) **67**, 914 (1930).

UEBERMUTH, H. (1): Über die Altersveränderungen der menschlichen Zwischenscheibe und ihre Beziehung zu den chronischen Gelenkleiden der Wirbelsäule. Berichte über die Verhandlung der Sächsischen Akademie der Wissenschaften zu Leipzig 1929,1/III, S. 111. — (2): Röntgenologische Untersuchungen zur Pathologie der weiblichen Wirbelsäule und deren Beziehung zu gynäkologischen Kreuzschmerzen. Zbl. Gynäk. 1932, 787. — (3): Eine neue Erklärung für einige Formen des Kreuzschmerzes. Zbl. Gynäk. 1932, 2799.

VERAGUTH, O. und P. SCHNYDER: Nichtspezifische chronische spinale Peripachymeningitis. Rev. neur. (Fr.) 1929, 361/2, S. 197. — VEER, A. DE: Wirbelverschiebungen nach hinten unter dem Bilde schwerer Ischias. Röntgenprax. 7, 27 (1935). — VINCENT, CL. und M. DAVID: Über die Diagnostik der Rückenmarkskompression durch Neubildungen. Presse méd. 1929/36, S. 585. — VITEK, J.: Die Endomyelographie nach ohne Operation erfolgter Lipiodolinjektion in die syringomyelitischen Taschen. Brux. méd. 1929, 9/11, S. 313.

WALLGREN, G.: Über die Spondylolisthesis. Acta orthop. scand. (Schwd.) 4, 23 (1933). — WALSH, M. N.: Clinical and neurological aspects of low back and sciatic pain. Radiology 33, 681 (1939). — WARNER, F.: Studien zur Pathologie des Lumbosakralgebietes. Unfallhk. 1930/4, S. 121. — WEENS, H. ST.: Calcification of the Intervertebral Discs in Childhood. J. Pediatr. (Am.) 26, 178 (1945). — WEGENER, E. (1): Spondylolisthesis. Klin. Wschr., Jg. 6, Nr. 13 (1927). — (2): Spondylisthesis und Präspondylolisthesis. Arch. orthop. u. Unfallchir. 26, H. 1 (1928). — WERTHEMANN, A. und F. RINTELEN: Hinterer SCHMORLscher Knoten durch Sektion bestätigt. Z. Neur. 142, 200 (1932). — WERTHEMANN, H. und W. SCHOLZ: Der Überlastungsschaden der 1. Rippe. Röntgenprax. 11, 322 (1939). — WETTE: Spondylolysis oder Variationsform des 5. Zwischengelenkstückes? Unfallfolge. Mschr. Unfallhk. 43, 249 (1936). — WHITMANN, R.: LEGG-PERTHESsche Krankheit. Amer. J. Surg. 5, 385 (1928). — WICHTL, OTTO: Über Erniedrigung der letzten Lendenbandscheibe und das Vorkommen lumbosacraler Übergangsbandscheiben. Fschr. Röntgenstr. 62, 229 (1940). — WILHELM, R.: Über Spondylolisthesis bzw. Präspondylolisthesis. Arch. orthop. u. Unfallchir. 24, H. 2 (1926). — WILLIAMS, P.: Reduced lumbosacral joint space. Its relation to sciatic irritations. J. amer. med. Assoc. 99, 1677 (1932). — WILLIS, TH.: Bachache. An anatomical consideration. J. Bone Surg. (Am.) 14, 267 (1932). — WOLFF, G.: Spondylolisthesis und Unfall. Z. orthop. Chir. 61, 132 (1934). — WUNDERLICH, H.: Spondylolisthesis und Sportunfallbegutachtung. Arzt u. Sport (Sonderbeilage zu Dtsch. med. Wschr.) 12, 1 (1936).

YEOMAN, W.: Die Beziehungen des Sakroiliakalgelenks zur Ischias. Lancet 1928, 215/22, S. 1119.

ZAREMBA, SUL.: Ein Fall von wahrscheinlicher Entartung einer Zwischenwirbelscheibe. Chir. Narz. Ruchu (Pol.) 8, 187 (1935). — ZEITLIN, A.: Die Röntgendiagnostik der Veränderungen im Sakroiliakalgelenk bei Lumbo-Sakralgie. Věstn. Rentgenol. (russ.) 1928, 6/5, S. 427—437. — ZLAFF, S.: Klinische Beobachtungen einiger Zwischenwirbelscheibenveränderungen. Hinterer Knorpelknötchen (Ekchondrom) am Lebenden röntgenologisch diagnostiziert. Fal. neuropath. esten. 15/16, 429 (1936). — ZUMFELDE, H.: Mitteilung zweier Fälle von Spondylolisthesis, bei einer Zweitgebärenden und bei Spondylose rhizomélique eines Mannes. Diss. Münster i. W., 1935.

2 e. Veränderungen der Wirbelsäule bei nervösen Störungen
(Osteoarthropathie neuropathica).

ABADI, J.: Les osteoarthropathies vertébrales dans le tabes. Nouvelle sconographie de la Salpêtrière, T. 13 (1900). — ALAJOUANINE, TH. et R. THUREL: Les ostéo-arthropathies vertébrales tabétiques. Presse méd. 1934 II, 1862. — ANDRÉ-THOMAS, SCHAEFFER et HUE: Spondylite traumatique avec ostéoporose étendu du rachis chez un tabétique. Presse méd. 1933 I, 985.

BOCCHI, L.: Osteoartropatia vertebrale sintoma rivelatore di tabe. Chir. Org. Movim. 20, 431 (1934). — BREITLÄNDER: Beitrag zur Kenntnis der tabischen Osteoarthropathie der Wirbelsäule mit Spondylolisthesis. Arch. klin. Chir. 139, H. 2 (1926).

CAMPAILLA, G.: Dolore e alterazioni radiologiche della colonna lombare nella sclerosi a placche. Gi. Psichiatr. 63, 275 (1935). — CAMPLANI, M.: Ulteriore contributo alla conoscenza delle alterazioni scheletriche nella tabe dorsale. Radiol. med. 17, 1048 (1930).

DIEZ, J. und J. MICHANS: Die tabische Osteoarthropathie der Wirbelsäule und ihre chirurgische Behandlung. Arch. Conf. Médicos Hosp. Ramos Meja, B. Air. (sp.) 1929.

FRANK, K.: Über tabische Osteoarthropathien der Wirbelsäule. Zbl. Grenzgeb. Med. u. Chir. 7, Nr. 15, 16, 17, S. 561, 575, 623—638, 658—666 (1904).

GARVEY, JOHN and R. L. GLASS (1): Tabetic spinal osteoarthropathy. Radiology 8, Nr. 2 (1927). — (2): Tabetic spinal osteoarthropathy. With report of four addional cases. Amer. J. Syph. 12, Nr. 2 (1928).

HAENEL, H.: Osteoarthropathia vertebralis. Neur. Zbl., Jg. 28, S. 20—23 (1909). — HERNDON, R.: Three cases of tabetic. Charcot's spine. J. Bone Surg. (Am.) 9, Nr. 4 (1927).

KIMMERLE, A.: Über einen Fall von Spondylitis syphilitica. Fschr. Röntgenstr. 37, 67 (1928). — KRABBE, K. H. et P. A. SCHWALBE-HANSEN: Les spondylités nécrotisantes chez les tabétiques. Acta psychiatr. (Dän.) 10, 317 (1935).

LACHS, F.: Beitrag zur Kenntnis tabischer Arthropathien der Wirbelsäule. Dtsch. Z. Nervenhk. 127, 116 (1932). — LESSNER, M.: Spondylitis luetica. Klin. Wschr., Jg. 2, Nr. 14, S. 638—640 (1923). — LOEWENBERG, RICHARD DETLEV und MAX WEHMER: Über Wirbelarthropathie und Amyotrophie bei Tabes dorsalis. Fschr. Röntgenstr. 40, 492 (1929). — LYON, E.: Spondylitis deformans tabica. Med. Klin., Jg. 23, Nr. 41, S. 1574 (1927).

MANKOWSKY, B. und CZERNY: Tabetische Osteoarthropathien der Wirbelsäule. Arch. Psychiatr. (D.) 83 (1928).

PAPE, RUDOLF: Über die Differentialdiagnose tabischer Wirbelveränderungen. Fschr. Röntgenstr. 39, 1066 (1929). — PARACHU, L. M.: Tabische Osteoarthropathie der Wirbelsäule. Rev. argent. Neur. etc. (sp.) 1, 40 (1935).

RODRIGUEZ, B. und D. V. MOSQUERA: Die Wirbelsäule bei Tabes. Beitrag zum Studium der Osteoarthropathien der Wirbelsäule. An. Fac. Med. Montev. (sp.) 24, 617 (1939).

SALVADERI, J. B.: Contribution à l'étude des arthropathies tabétiques de la colonne vertébrale. Nouv. iconographie Salpêtrière 23, 416 (1910). — SCHNYDER, P.: Zur Osteoarthropathia vertebrarum bei Tabes dorsalis. Schweiz. med. Wschr. 24, 624 (1929). — SCHÜRPF, A.: Übersicht über die heutigen Kenntnisse von den Wirbelaffektionen bei Tabes dorsalis unter Berücksichtigung der Lokalisation und der klinischen Symptomatologie. 50 S. Diss. Basel, 1940. — SPRUNG, H. B.: Spondylitis, Spondylopathia, Spondylolisthesis bei luischer Erkrankung. Dtsch. Z. Chir. 249, 632 (1938).

TESTA, G. F. (1): Osteo-artropatia vertebrale. Quad. radiol. 5, 328 (1934). — (2): Osteo-artropatica tabetica vertebrale. Atti Congr. 11. Ital. 2, 52 (1934).

ZIESCHÉ, H.: Über syphilitische Wirbelentzündung. Mitt. Grenzgeb. Med. u. Chir. 22, 357—389 (1911).

3. Arthrosis deformans der echten Gelenke der Wirbelsäule.

BAASTRUP, CH. (1): Proc. spin. vert. lumb. und einige zwischen diesen liegende Gelenkbildungen mit pathologischen Prozessen in dieser Region. Fschr. Röntgenstr. 48, 430 (1933). — (2): On the spinons processes of the lumbar vertebrae and the soft tissues between them, and on pathological changes in that region. Acta radiol. (Schwd.) 14, 52 (1933). — (3): Sur le processus spineuse, surtout dans la partie lombaire de la colonne. Verh. 4. internat. Kongr. Radiol. 2, 190 (1934). — (4): Über „Lumbago" und krankhafte Veränderungen der Dornfortsätze der Lendenwirbel und des ersten Sacralwirbels und der dazwischenliegenden Weichteile. Nord. med. Tidskr. (Dän.) 1935, 852. — (5): Le „lumbago" et les affections radiologiques des apophyses épineuses des vertèbres lombaires de la première vertèbre sacrée et des parties interépineuses. J. Radiol. (Belg.) 19, 78 (1936). — (6): The diagnosis and Roentgen treatement of certain forms of lumbago. Acta radiol. (Schwd.) 21, 151 (1940). — BAKKE, S. N.: Spondylosis ossificans ligamentosa, localicata. Fschr. Röntgenstr. 53, 411 (1936). — BARCELO, P.: Über die Arthritis deformans Wirbelrippengelenke. Wien. klin. Wschr. 1935 I, 139. — BERTÓS, VL.: Röntgenbefunde bei Ischias. Bratislav. lék. Listy (tschech.), Jg. 7, Nr. 2, S. 82 (1927). — BÉZI, ISTVAN: Assimilation of Atlas and compression of medulla. Arch. Path. (Am.) 12, 333 (1932). — BIDOLI, E.: L'artrite costo-vertebrale. Radiol. med. 19, 406 (1932). — BRAILSFORD. J. F.: Dislocations of the lumbosacral region. Brit. J. Radiol. (N. ser.) 2, 344 (1929).

DEVJATOW, N.: Zur Frage der Deformation der Rippen-Wirbelgelenke im Röntgenbilde. Věstn. Rentgenol. 8, 445, nach dtsch. Zusammenfassung, 476 (1930). — DICKSON, W. E.: Carnegie. Thickened Ligamenta flava in low backache and sciatica. Lancet 1940 I, 1113.

EVANS, W.: Abnormalities of the vertebral body. Amer. J. Roentgenol. 27, 801 (1932).

GIUNTOLI, L.: Articolazione sopranumeraria intertrasversaria del rachide lombare. Radiol. med. 28, 630 (1941). — GOTTLIEB, A.: Arthritis deformans der Fußgelenke. Med. J. a. Rec. (Am.) 1929, 130/8, S. 434. — GRAHAM, R. V.: Einige Prinzipien hinsichtlich der Diagnose und Behandlung fokaler Infektionen mit besonderer Beziehung zur Arthritis. Med. J. Austral. 1929, 16, II/19, S. 665. — GÜNTZ, E.: Die Erkrankungen der Zwischenwirbelgelenke. Arch. orthop. Chir. 34, 333 (1934).

HADLEY, L. A.: Subluxation of the apophyscal articulations with baux impingement as a cause of back pain. Amer. J. Roentgenol. 33, 209 (1935). — HEIGL, R.: Röntgenbefunde bei Blutergelenken. Orig. in Fschr. Röntgenstr. 1929, 39/1, S. 107 bis 110. — HOHMANN, G. und E. GÜNTZ: Einseitige entzündliche Knochenveränderungen an einzelnen Gelenkfortsätzen der Lendenwirbelsäule als Ursache schwerer Bewegungsstörungen. Z. Orthop. 66, 115 (1937). — HOHMANN, G.: Über Arthrtis deformans der Sprung- und übrigen Fußwurzelgelenke. Z. orthop. Chir. 50 (1928). — HORWITZ, TH. and R. MANGES SMITH: An anatomical, pathological and roentgenolical study of the intervertebral joints of the lumbar spine and of the sacroiliac joints. Amer. J. Roentgenol. 43, 173 (1940).

JUNGHANNS, H.: Klinische Bedeutung der Nebenknochenkerne an Dornfortsätzen der Lendenwirbelsäule. Röntgenprax. 10, 571 (1938).

KEYL: Neue Erkenntnisse in der Pathologie der Lendenwirbel-Kreuzbeingegend. Z. Orthop. 66, Beil.-H., 237 (1937). — KOPSTEIN, G.: Knochenbefunde bei Kreuzschmerzen. Fschr. Röntgenstr. 56, Beih. 2, 14 (1937). — KROGDAIIL, T. und O. TORGESSEN: Deformierende Arthrose in den Uncovertebralgelenken der Halswirbelsäule. Nord. med. Tskr. (Schwd.) 1940, 1347, nach dtsch. Zusammenfassung, 1350 (schwed.). — KUHUS, J. G.: Developmental changer in the vertebral articular facets. Radiology (Am.) 25, 498 (1935).

LANGE M. (1): Veränderungen an den kleinen Wirbelgelenken, eine bisher wenig beachtete Ursache von Rückenschmerzen. Münch. med. Wschr. 1933 II, 1134. — (2): Die Wirbelngelenke. Die röntgenologische Darstellbarkeit ihrer krankhaften Veränderungen und ihre Beziehungen zu den verschiedenen Erkrankungen der Wirbelsäule. Zugleich ein Beitrag zur Pathologie und Klinik der gesamten Wirbelsäule. 121, 59 (1934 VI). Stuttgart: F. Enke, 1934. — (3): Veränderungen an den kleinen Wirbelgelenken als Ursache rheumatischer Schmerzen. Z. orthop. Chir. 60, 91 (1934). — LEUBNER, H.: Die Arthritis deformans der kleinen Wirbelgelenke. Z. Orthop. 65, 42 (1936). — LÖHR, R.: Nearthrose zwischen Lenden- und Kreuzbeinwirbeldornfortsatz. Röntgenprax. 10, 357 (1938).

MANNHEIM, A.: Experimentelle Arthritis deformans. Arch. klin. Chir. 156, H. 1/2, S. 334 (1929). — MANNHEIM, H.: Weitere Beobachtungen freier Körper in Zwischenwirbelgelenken. Zbl. Chir. 1933, 1332. — MAYER, M.: Heredofamiliäres Auftreten chronischer Gelenkerkrankungen. Wien. Arch. inn. Med. 16, H. 1, S. 97 (1928). — MIXTER, W. J.: Ann. Surg. 106, 777 (1937). — MOČULSKIJ, S.: Die Arthritis der Rippen-Wirbel-Gelenke. Mit Aussprache. Moskauer Röntgen. Ges., 15. Januar 1929 (Verh.-Ber. in Fschr. Röntgenstr. 40, H. 5, S. 857 [1929]). — MORANDI, GIULIO: Vizio di differenziazione dorso-lombare a metamerizzazione sacrale. Radiol. med. 29, 70 (1942). — MORUZI, A. et BRIESE: Rôle du ligament jaune dans les troubles constatés chez une sacralisation de la cinquième vertèbre lombaire. Bull. Soc. roum. Neur. etc. 15, 68 (1934).

OPPENHEIMER, A. (1): Diseases affecting the intervertebral foramina. Radiology 28, 582 (1937). — (2): Diseases of the apophyseal (intervertebral) articulations. J. Bone Surg. (Am.) 20, 285 (1938). — (3): The apophyseal intervertebral joints.

Surgery (Am.) 8, 699 (1940). — (4): Les affections dites rhumatismales du rachis. Radiol. clin. (Basel) 9, 201 (1940).

Parlavecchio, A.: Calcificazione diffusa dei dischi intervertebrali. Atti Accad. Iancis Roma 12, 703 (1941). — Polgar, F.: Über interkranielle Wirbelverkalkungen. Fschr. Röntgenstr. 40, 292 (1929).

Ratner, J.: Zur Frage der endokrinen Arthriden (Eunuchoidismus und Morbus Bechterewi). Mitt. Grenzgeb. Med. u. Chir. 41, H. 3, S. 402 (1929).

Schmorl-Junghanns: Die gesunde und kranke Wirbelsäule im Röntgenbild. Leipzig: Thieme, 1932. — Shanks, S. C.: Röntgenologie bei rheumatischen und verwandten Zuständen. Brit. J. Actinother. 4, H. 10, S. 215 (1930). — Shore, L. R.: On the osteo-arthritis in the dorsal intervertebral joints. A study in morbid anatomy. Brit. J. Surg. 22, 833 (1935). — Simons, B.: Über Osteopathia deformans des Os naviculare pedis. Z. orthop. Chir. 1930, 52/4, S. 564. — Sonntag: Über Arthritis deformans und Unfall. Dtsch. Z. Chir. 223, H. 4/5 (1930). — Stehr, L.: Lendenlordose und Kreuzschmerzen. Arch. orthop. Chir. 38, 514 (1937). — Storek, H.: Anatomische Grundlagen für Beschwerden im Abschnitt Kreuzbein-Lendenwirbelsäule. Fschr. Röntgenstr. 52, Kongr.-H., 51 (1935).

Thoma, E.: Die Zwischenwirbellöcher im Röntgenbild, ihre normale und pathologische Anatomie. Z. orthop. Chir. 55, 115 (1931). — Thomson, J. A.: Röntgenuntersuchungen der Osteoarthritis. Proc. Soc. Med., Lond. 1929, 22/8, S. 1119.

Valls, J.: Neue Auffassungen über Ätiologie und Therapie der Ischias. (Die Wirbelarthritis als Ursache.) Rev. ot. etc. y Cir. neur. (Arg.) 1, Nr. 3 (1927). (sp.)

Zanoli, R.: Sulla cara chirurgica dell'artrite apofisaria di Putti. Atti Soc. lomb. Chir. 4, 249 (1936). — Zollinger, F.: Beiträge zur Frage der traumatischen Entstehung der Arthritis deformans. Arch. orthop. Chir. 1929, 27/2, S. 166.

B. Auf die jugendliche oder kindliche Wirbelsäule beschränkte Veränderungen von Knorpel und Knochen; Osteochondrosen der Jugendlichen und Kinder. Epiphysennekrosen der Wirbelsäule.

4. Juvenile osteochondrotische Kyphose (Scheuermann).

Afanasjew, M.: Ein Fall von Osteochondritis deformans juvenilis des 11. Brust- und 2. Lendenwirbels. Věstn, Rentgenol. 6, 463—466 (russ.) (1928). — Albanese, A. (1): L'ipofisi nella patogenis della cifosi dorsale giovenile. Arch. Ortop. (It.) 46, 713 (1930). — (2): Ostepatia funzionale ed alterazioni dei dischi intervertebrali nella cifosi dorsale giovaniche. Atti Soc. lomb. Sci. med. e biol. 19, 9 (1930). — (3): Le cifosi dell'adolescenza. Arch. Ortop. (It.) 52, 189 (1936). — Axhausen, G.: Über den Abgrenzungsvorgang am epiphysären Knochen (Osteochondritis dissecans König). Virchows Arch. 252, 458 (1924).

Baastad, W. F.: Scheuermannsche Kyphose und Militärdiensttauglichkeit. Norsk. Tskr. kl. med. (norw.) 40, 81 (1936). — Babaiantz, L.: Hernies nucléaires et épiphysites vertébrales. Verh. 4. internat. Kongr. Radiol. 2, 187 (1934). — Balestra, G.: Über die Coxa plana. Arch. Radiol. (It.) 5, 767 (1929). — Barr, J. S.: Kongenitale Coxa vara. Arch. Surg. (Am.) 18, 1909 (1929). — Boerema, J. (1): Über Kyphosis adolescentium. Arch. klin. Chir. 166, 737 (1931). — (2): Antwort an Herrn Prof. Schmorl. Arch. klin. Chir. 168, 807 (1932). — Boorstein, S. W.: Entwicklungskrankheiten der Knochen. Med. J. a. Rec. (Am.) 131, 17, 77 (1930). — Buchmann, J. (1): The relationship between vertebral epiphysitis and spinal deformity. Arch. Surg. (Am.) 13 (1926). — (2): Eine Übersicht über die Osteochondritis-formen. Surg. etc. 49, 447 (1929). — Busati: Über Adoleszenten-Kyphose. VIII. Kongreß der Ital. Rad. Ges. in Florenz. Ref. Bericht von Alberti, Fschr. Röntgenstr. 39, 1124 (1929).

Calchi Novati, G.: Su di un caso di cifosi dorsalen degli adolescenti (Scheuermann) con sindrome psichica di Citelli. Arch, Radiol. (It.) 7, 1146 (1931). — Calef, C.: Über die Osgood-Schlattersche Krankheit. Ann. ital. Chir. 8, 1159 (1929). — Carter, F.: Perthessche Krankheit. Med. J. Austral. 17/I, 217 (1930). — Cave, P.: Köhlersche Erkrankung des 2. Metatarsophalangealgelenks. Brit.

med. J. 683, 3562 (1929). — CIACCIA, S.: Über Osteoarthritis deformans juvenilis des Hüftgelenks. Arch. Ortop. (It.) 44, 497 (1928). — CLOWARD, R. B. and P. C. BUCY: Spinal extradural cyst and Kyphosis dorsalis juvenilis. Amer. J. Roentgenol. 38, 681 (1937). — CORDES, E.: Über die Entstehung der subchondralen Osteonekrosen. Bruns' Beitr. 149, 28 (1930).

DELAHAYE, A.: L'épiphisite vertébrale de l'adolescent. Signes, diagnostic et traitement. Bull. méd. 1936, 73. — D'ISTRIA, A.: Su di un caso di cifosi dorsale inferiore dell'adolescenza. Arch. Radiol. (It.) 4, 579 (1928). — DONATI, M.: Su la cifosi dorsale inferiore degli adolescenti (con note sul processo di ossificazione delle vertebre). Arch. ital. Chir. 18, 560 (1927). — DURANTE, L.: Beitrag zur Kenntnis der juvenilen metaepiphysären Dystrophie des Kalkaneus. Chir. Org. Movim. 14, 491 (1930).

ECKARDT, F.: Über das klinische Bild der SCHEUERMANNschen Krankheit. Osteochondritis deformans juvenilis dorsi. Arch. Kinderhk. 98, 81 (1932). — EDELSTEIN, J. M.: Adolescent kyphosis. Brit. J. Surg. 22, 119 (1934). — EURÉN, R.: Ein Fall von Epiphysennekrose bei geheilter Callusfractur. Acta chir. scand. (Schwd.) 69, 8 (1931).

FREIJKA, B.: Kyphosis adolescentium. J. Bone Surg. (Am.) 14, 545 (1932).

GANGLER, I.: Über das Auftreten von Erweichungsherden im Schlüsselbeinkopf, eine typische Erkrankung. Chirurg 18, 849 (1929). — GRAHAM, R. V.: PERTHESsche Krankheit. Med. J. Austral. 16/II, 548 (1929). — GRAZ, A. L.: Some of the deforming bone diseases of adolescence. Amer. J. Roentgenol. 23, 485 (1930). — GUILLEMINET et F. PONZET: Pincement du disque dans l'épiphysite vertébrale. Forme localisée. Lyon Chir. 34, 486 (1937).

HAHN, O.: Kyphosis osteochondropathica. Klin. Wschr. 1, Nr. 22, 1098 (1922). — HANSON, R.: Einige Röntgenstudien über „Normalrücken" während der Wachstumsjahre. Fschr. Röntgenstr. 39, 1079 (1929). — HAUSER, E. D. W.: Zwei Fälle von KÖHLERscher Krankheit. Amer. J. Dis. Childr. 37, 1233 (1929). — HAWLEY, G. W. und A. S. GRISWOLD: LARSEN-JOHANNSSONsche Krankheit der Patella. Surg. etc. 47, 68 (1928). — HEIDSIECK: Jugendkyphosen mit Wirbelverschmelzung. Z. Orthop. 69, Beil.-H., 369 (1939). — HELLNER, HANS: Spondylolisthesis, traumatische Sub- bzw. Totalluxation in der Lumbosakralregion und sogenannte Präspondylolisthesis. Orig. in Fschr. Röntgenstr. 41, 527—549 (1930). — HOETS, JOHN: Osteochondritis. Austral. a. N. Zeald J. Surg. 5, 275 (1936). — HÖXTER: Die Epiphysenlösung als Ursache der Coxa vara. Z. orthop. Chir. 52, 81 (1929).

IHLENFELDT, G.: Beitrag zur SCHEUERMANNschen Erkrankung. Ein Fall mit besonders schwerer röntgenologisch nachweisbarer Schädigung der Brustwirbelsäule. Dtsch. Z. Chir. 254, 48 (1940). — IRWIN, S. T.: Trennung der oberen Epiphyse des Femurs. Ir. J. med. Sci. 6, 71 (1929).

JAKOB, F.: Die Osteochondritis def. juvenilis (sogen. asept. Epiphysenekrosen. Schweiz. med. Wschr. 1941, 152. — JUNGHANNS, H. (1): Altersveränderungen der menschlichen Wirbelsäule (mit besonderer Berücksichtigung der Röntgenbefunde). Arch. klin. Chir. 165, 303 (1931). — (2): Altersveränderungen der menschlichen Wirbelsäule (mit besonderer Berücksichtigung der Röntgenbefunde). II. Die Alterskyphose. Arch. klin. Chir. 166, 106 (1931). — (3): Anatomische Grundlagen und Röntgenbilder der Adoleszenten-, Alters- und osteoporotischen Kyphosen. Röntgenprax. 9, 97 (1932).

KAISER, H. (1): Über familiäres Auftreten von Osteochondritis deformans coxae (PERTHES). Wien. Arch. inn. Med. 16, 61 (1928). — (2): Weiterer Beitrag zur Kenntnis familiärer doppelseitiger Hüftgelenksaffektionen. Med. Klin. 15, 551 (1930). — KLEINBERG, SL.: Lumbar vertebral epiphysitis. Arch. Surg. (Am.) 30, 991 (1935). — KOCHS, J. (1): Über adoleszente Rückgratverkrümmungen. Arch. orthop. u. Unfallchir. 24, H. 1 (1926). — (2): Schule, Pupertät und Rückgratverkrümmung. Klin. Wschr., Jg. 5, Nr. 34 (1926). — KOHLE, H.: Zur Genese der Adolescentenkyphose. 16 S. Diss. Münster, 1931.

LAROYENNE und BOUYSSET: Schwere Form von doppelseitiger Coxa vara adolescentium. Lyon méd. 144, 3 (1929). — LEMMERZ, A. H.: Beitrag zur Kenntnis der SCHEUERMANNschen Krankheit in Kombination mit chronisch-schleichendem Wirbelsäulenrheumatismus. Röntgenprax. 11, 342 (1939). — LEROY, P.: Cyphose chez un adolescent avec ossification des disques intervertébraux. Rev. Orthop. etc. (Fr.) 21, 55 (1939). — LINDEMANN, K. (1): Über eine eigenartige Form der Wirbelsynostose bei Kyphose im Wachstumsalter. Röntgenprax. 3, 267 (1931). — (2): Rundrücken und Adoleszentenkyphose. Z. orthop. Chir. 55, 76 (1931). — (3): Die lumbale Kyphose im Adoleszentenalter. Z. orthop. Chir. 58, 54 (1932). — (4): Bandscheibenverknöcherungen bei juvenilen Kyphosen. Verh. orthop. Ges., 30. Kongr. Stuttgart: F. Enke, 1936. Z. Orthop. 64, Beil.-H., 143 (1936). — LÖHR, W.: Die Vertebra plana osteonecrotica (CALVÉ). Chirurg 1933, H. 15. — LUCHESSE, G.: Zu einem Falle doppelseitiger KÖHLERscher Erkrankung des tarsalen Skapoids. Policlinico, Sez. chir. 36, 485 (1929). — LYON, E. und G. MARUM: Krankheiten der Wirbelkörperepiphysen. Fschr. Röntgenstr. 44, 498 (1931).

MANARA, A.: I nuclei epifisari della colonna vertebrale e le loro alterazioni. Atti ss. Congr. ital. Radiol. med. Pte. 2, 25 (1934). — MAU, C. (1): Tierexperimentelle Studien zur Frage der pathologischen Anatomie der Adoleszentenkyphose. Z. orthop. Chir. 51, 106 (1929). — (2): Nochmals zur Frage der Pathogenese bzw. pathologischen Anatomie der Adoleszentenkyphose. Z. orthop. Chir. 55, 62 (1931). — MEYER, M. et P. RODIER: Essai de classification des affections de l'épiphyse vertébrale. Paris méd. 1933 II, 545. — MOFFAT, B. W.: KÖHLERsche Krankheit der Patella. J. Bone Surg. (Am.) 11, 579 (1929). — MOUCHET, A. (1): Metatarsale Epiphysitis. J. Bone Surg. (Am.) 11, 87 (1929). — (2): Osteochondritis der Hüfte. Presse méd. 86, 1399 (1929). — MÜHLBRADT: Über Spätfolgen nach PERTHESscher Krankheit. Dtsch. Z. Chir. 213, 243 (1929).

NIEDNER, FRANZ: Zur Kenntnis der normalen und pathologischen Anatomie der Wirbelkörperrandleiste. Fschr. Röntgenstr. 46, 628 (1932).

OBERNIEDERMAYR: Zur Therapie der Chondropathia patellae. Verh. dtsch. Ges. Chir., Arch. klin. Chir. 157, 186 (1929). Ref. Fschr. Röntgenstr. 39, 1120 (1929). — ODIŠARIA, S. (1): Zur Frage der OSGOOD-SCHLATTERschen Krankheit (Röntgendiagnostik und Ätiologie). Vrač. Dělo 2, 866—870 (russ.) (1928). — (2): Über die OSGOOD-SCHLATTERsche Erkrankung. Vrač. Dělo 11, 866 (russ.) (1928).

PANNER, H. J.: Eine eigenartige, der CALVÉ-PERTHESsschen Hüfterkrankung ähnliche Affektion des Capitulum humeri. Acta Radiol. (Schwd.) 10/3, 234 (1929). — PHEMISTER, D. B.: Aseptische Knochennekrosen bei Frakturen, Transplantationen und Gefäßverschluß. Z. orthop. Chir. 55, 161 (1931). — PEIRSON, E. L.: Osteochondritis der Symphysis pubis. Surg. etc. 49, 834 (1929). — POLACCO, E.: Über die sogenannte Osteochondritis dissecans eines Femurkondylus. Gi. Accad. Med. Torino 92, 184 (1929).

RIBBING, S.: Familiäre multiple Epiphysenveränderungen und ossale aseptische Nekrosen. Läk. sör. Sörh. W. S. 39, 433 (1934) und Suplem. 34, Acta radiol. Heleingfore, 1937. — ROCHER, H. L.: Doppelseitige Coxa vara adolescentium. J. Méd. Bord. etc. 106, 351 (1929). — ROCHER, H. L. und R. GUÉRIN: Doppelseitige Coxa vara adolescentium und Patella bipartita. J. Méd. Bord. etc. 106, 354 (1929). — ROCHER, H. L. et G. ROUDIL: Hernies nucléaires et épiphysites vertébrales dans la cyphose des adolescents. Bull. Soc. Radiol. méd. France 20, 235 (1932).

SAEGESSER, M.: Kyphosis und Coxa vara adolescentium. Münch. med. Wschr. 1940, 1141. — SAUER, WALTER: Zur Pathogenese der KÖHLERschen Erkrankung des Os naviculare tarsi. Orig. in Fschr. Röntgenstr. 40, 679—685 (1929). — SCHAPIRA, G.: Contributo allo studio del quadro radiografico della cifosi degli adolescenti. Chir. Org. Movim. 20, 473 (1934). — SCHEUERMANN, H. (1): Cyphosis dorsalis juvenilis. Z. orthop. Chir. 1921, Nr. 40. — (2): Die Röntgendiagnose von Wirbelerkrankungen (insbesondere die Differentialdiagnose bei keilförmigen Wirbeln). Ugeskr. Laeg. (Dän.) Jg. 89, Nr. 30 (1927). — (3): Zur Röntgensymptomatologie der juvenilen Osteochondritis dorsi. Fschr. Röntgenstr. 44, 233 (1931). — (4): Kyphosis juvenilis (SCHEUERMANNsche Krankheit). Fschr. Röntgenstr. 53, 1 (1936). — SCHMORL, G. (1): Die Pathogenese der juvenilen Kyphose. Fschr. Röntgenstr. 41, 359 (1930). — (2): Bemerkungen zu der Arbeit von MAU zur Frage der Pathogenese bzw. der pathologischen Anatomie der Adoleszentenkyphose. Z. orthop. Chir. 55, 274 (1931). — (3): Kyphosis adolescentium. Bemerkungen zu der gleichnamigen Arbeit von

Boerema in Bd. Üb., H. 4, S. 737 dieses Archivs. Arch. klin. Chir. 168, 806 (1932). — Schmorl-Junghanns: Die gesunde und kranke Wirbelsäule im Röntgenbild. Leipzig: Thieme, 1932. — Simons, B.: Röntgendiagnostik der Wirbelsäule. Jena: Fischer, 1939. — Smith, L. A.: Die Adoleszentenepiphysitis mit besonderer Berücksichtigung ihrer Ätiologie. Amer. J. Roentgenol. 22, 127 (1929). — Snoke, P. O.: Vertebral epiphysitis and osteochondritis. J. Bone Surg. (Am.) 15, 963 (1933). — Sommer, R.: Zur nichttraumatischen Teilung der Kniescheibe (Patella partita). Bruns' Beitr. 148, 1 (1929). — Sorrel, E.: Infantile Osteochondritis deformans des oberen Femurendes im Alter von 10 Jahren und Revision derselben im Alter von $21^1/_2$ Jahren. Bull. Soc. nat. Chir. 56, 143 (1930). — Špišič, B.: Über den kongenitalen Charakter juveniler Osteochondritiden des Hüftgelenks. Z. orthop. Chir. 32, 60 (1929). Stammel, C. A.: — Juvenile Osteochondrosis. Radiology (Am.) 35, 413 (1940).

Taft, R. B.: Die Osgood-Schlattersche Krankheit. Radiology (Am.) 12/5, 414 (1929). — Trimmer, H.: Das Röntgenbild der Epiphysis vertebralis adolescentium und der Kyphis dorsalis adolescentium. Ndld. Tschr. Geneesk., Jg. 70 (1926).

Wakeley, C. P. G.: Köhlersche Krankheit mit maulbeerförmigen oberen Femurepiphysen. Proc. Soc. Med., Lond. 23, 600 (1930). — Whitmann, R.: Legg-Perthessche Krankheit. Amer. J. Surg. 5, 385 (1928). — Winter, H.: Die Perthessche Krankheit im Lichte neuer Stoffwechseluntersuchungen. Z. orthop. Chir. 52, 592 (1930). — Wölfer, H.: Kyphosis dorsalis adolescentium (Osteochondritis deformans juvenilis). Bruns' Beitr., 154 233 (1931).

Zarenko, P.: Zur Klinik der Osteochondroarthropathia necroticans vom Köhlerschen Typus. Arch. orthop. Chir. 27, 11 (1929). — Zatkin, S.: Zur Frage über die Scheuermannsche Krankheit. Orig. in Fschr. Röntgenstr. 39, 657 (1929). — Zur Verth: Endstadium der Adoleszentenkyphose, Kümmersche Wirbelerkrankung und Unfall. Mschr. Unfallhk. 41, 578 (1934).

5. Vertebra plana osteonecrotica (Calvé).

Addison, O. L.: Calvésche Krankheit des 8. Dorsalwirbels. Proc. Soc. Med., Lond. 22, 1461 (1929). — Alcorn, J. M. und M. O'Reilly: Osteochondritis der Wirbelkörper. Med. J. Austral. 16 II, 230 (1929).

Banomicini, Br.: Un caso di „Vertebrae planae" multiple. Atti Soc. med.-chir. Padova. ecc. 15, 157 (1937). — Blauwknip, H.: Über eine eigenartige Wirbelerkrankung bei einem Kinde, wahrscheinlich traumatischen Ursprungs. Ndld. Tschr. Geneesk. (holl.) 1928 II, 4806. — Boorstein, S.: Osteochondritis of the spine. J. Bone Surg. (Am.) 9, 629 (1927). — Buchmann, J. (1): Osteochondritis of the vertebral body. J. Bone Surg. (Am.) 9, Nr. 1 (1927). — (2): Platyspondyly. Arch. Surg. (Am.) 34, 23 (1937). — Bühring, Rudolf: Beitrag zur erworbenen, nicht infektiösen Plattwirbelbildung des Kindesalters (Vertebra plana Calvé). 14 S. Diss. Kiel, 1934.

Calvé, J.: Osteo-chondrite vertébrale infantile. Bull. Soc. Pédiatr. Par. 25, Nr. 10 (1927). — Cebba, J.: Un nuovo caso di osteochondrite vertebrale infantile. Atti s. s. Congr. ital. 2, 41 (1934).

Dale, Alex.: Osteochondritis of the vertebral body (Calvé's disease). Brit. J. Surg. 25, 457 (1937). — Della Torre e Pier Luigi: Ostemielite vertebrale a guarzione spontanea con esito in „vertebra plana". Osp. Bergamo 3, 349 (1934). — Dents, H.: Über den Grad des Wiederaufbaues bei der Vertebra plana Calvé. Zbl. Chir. 1938, 338. — Dreyfus, R.: Über ein neues mit allgemeiner wahrer oder scheinbarer Breitwirbligkeit (Platyspondylia vera aut spuria generalisata) einhergehendes Syndrom. Jb. Kinderhk. 150, 42 (1937).

Fawcitt, R.: Osteochondritis vertebralis (Calvé) associated with pathological chanches in other bones. Brit. J. Radiol. 13, 172 (1940). — Federschmidt (1): Demonstration einer Vertebra plana Calvé. Z. orthop. Chir. 58, Beil.-H., 138 (1933). — (2): Das Röntgenbild der Vertebra plana Calvé und seine Deutung. Röntgenprax. 5, 801 (1933).

Guérin, R. et A. P. Lachapèle: Chondrodystrophie avec élargissement et diminution de hauteur des vertèbres (Platybrachyspondylie). Rev. Orthop. (Fr.) 25, 23 (1938).

HANSON, R.: Ein Fall von Vertebra plana, der verschiedene Entwicklungsphasen dieses Leidens beleuchtet. Acta chir. scand. (Schwd.) **67**, 461 (1930). — HARRENSTEIN, R. J.: Eine eigenartige Krankheit der Wirbelsäule beim Kinde, die sich bisher unter dem Krankheitsbild der tuberkulösen Spondylitis versteckt hat. Ndld. Tschr. Geneesk. (holl.), Jg. 70 (1926). — HECKER, H. VON und K. THEWS: Ein weiterer Fall von Vertebra plana (CALVÉ). Röntgenprax. **11**, 300 (1939).

JANZEN, E.: Un cas de „Vertèbra plana" (CALVÉ) avec symptômes neurologiques. Rev. neur. (Fr.) **37**/I, 568 (1930).

KUHLMANN, F.: Vertebra plana. Amer. J. Roentgenol. **46**, 203 (1941).

LANCE: Étude sur les platyspondylies. Platyspondylies localisées. Platyspondylies généralisées. Bull. Soc. nat. Chir. **53**, Nr. 4 (1927). — LINDSTRÖM, N.: Vertebra plana CALVÉ. Acta orthop. scand. (Dän.) **6**, 208 (1935). — LÖHR, W.: Die Vertebra plana osteonecrotica (CALVÉ). Chirurg **5**, 569 (1933).

MARZIONI, R.: Über die sogenannten Platyspondylien. Z. orthop. Chir. **56**, 446 (1932). — MAUCLAIRE: Un cas de platyspondylie. Bull. Soc. nat. Chir. **53** (1927). — MAZZARI, A.: Über die CALVÉsche Vertebra plana (infantile Pseudospondylitis). Fschr. Röntgenstr. **57**, 275 (1938). — MITCHELL, J.: Vertebral osteochondritis. Arch. Surg. (Am.) **25**, 544 (1932). — MOREAU, J.: Les platyspondylies. Arch. franco-belg. Chir. (Belg.), Jg. 29, Nr. 10 (1926). — MORQUIO, L.: Sur une forme de dystrophie familiale. Bull. Soc. Pédiatr. Par. **27**, 145 (1929).

NAGURA, S.: Die Ätiologie und das Wesen der sogenannten Vertebra plana. Z. orthop. Chir. **71**, 213 (1940). — NILSONNE, H.: Eigentümliche Wirbelkörperveränderungen mit familiärem Auftreten. Acta chir. scand. (Dän.) **62**, H. 5/6 (1927).

PANNER, H. J.: (1) A case of vertebra plana (CALVÉ). Acta radiol. (Schwd.) **8**, H. 6 (1927). — (2): A case of vertebra plana (CALVÉ). Internat. Chir. **1**, ser. 38, S. 21 (1928). — PASSEBOIS, P.: Osteochondrite vertébrale infantile. J. Radiol. (Belg.) **23**, 397 (1939). — POLGÁR, F.: Über Plattwirbel (Präsenile Osteoporose, Platyspondylie). Röntgenprax. **3**, 346 (1931).

RASZEJA, F.: Einige kritische Bemerkungen über das Wesen der Osteochondritis vertebralis infantilis (CALVÉ). Polski przegl. chir. **5**, H. 2 (1926) (poln.). — ROEDERER, C.: Un cas d'ostéochondrite vertébrale associé à une fragilité osseuse congénitale. Bull. Soc. Pédiatr. Par. **34**, 311 (1936). — ROST, H.: Platyspondylie und Vertebra brevis. Z. Orthop. **72**, 14 (1941) Leipzig. — RUGGLES, H. E.: Dwarfism due to discordered epiphyseal developement. Amer. J. Roentgenol. **25**, 91 (1931).

SCHRADER, R.: Osteochondritis der Wirbel. Zbl. Chir. **1931**, 335. — SCHÜLLER, J.: Über die sogenannte Vertebra plana. Dtsch. med. Wschr. **1938** I, 264. — SUNDT, H.: Vertebra plana-CALVÉ. Eine Übersicht und zwei kasuistische Mitteilungen. Acta chir. scand. (Schwd.) **76**, 501 (1935).

TÖRSTE, H.: Beobachtungen der Ausheilungsvorgänge bei einem Fall von Vertebra plana osteonecrotica (CALVÉ). Zbl. Chir. **30**, 228 (1908).

VOKE, E. L.: The Roentgen diagnosis of osteochondritis deformans vertebrae. Amer. J. Roentgenol. **36**, 768 (1937).

WEIL (1): Generalisierte Platyspondylie. Verh. orthop. Ges., 23. Kongr., Sept. 1928, Prag. — (2): Generalisierte Platyspondylie. Z. orthop. Chir. **51**, Beil.-H., 195 (1929).

YVIN, M.: Platyspondylie généralisé avec ostéopoecilie localisée. Rev. Orthop. (Fr.) **22**, 683 (1935).

6. Verbreitung der degenerativen Veränderungen der Wirbelsäule.

ABEL, O.: Palaeobiologie und Stammesgeschichte. Jena: Fischer, 1929.

BARDELEBEN, AD.: Lehrbuch der Chirurgie und Operationslehre, Bd. 4, S. 533, 549. Berlin, 1866. — BARTELS, PAUL: Tuberkulose in der jüngeren Steinzeit. Arch. Anthrop., N. F. **6**, 243 (1907). — BÄUMLER, CHRIST.: Über chronische ankylosierende Entzündung der Wirbelsäule. Dtsch. Z. Nervenhk. **12**, 178 (1898). — BEADLE, O.: Vergleichende Untersuchungen über die Wirbelkörperepiphysen beim Menschen und beim Tier. Beitr. path. Anat. **88**, 101 (1933). — BECHTEREW, W. (1): Steifigkeit der Wirbelsäule und ihre Verkrümmung als besondere Erkrankungsform. Neur. Zbl. **12**, 432 (1893). — (2): Von der Verwachsung und Steifigkeit der Wirbelsäule. Dtsch.

Z. Nervenhk. 2, 234 (1897). — (3): Über ankylosierende Entzündung der Wirbelsäule und der großen Extremitätengelenke. Dtsch. Z. Nervenhk. 15, 39 (1899). — (4): Neue Beobachtungen und pathologisch-anatomische Untersuchungen über Steifigkeit der Wirbelsäule. Dtsch. Z. Nervenhk. 15, 52 (1899). — BENEKE, RUD.: Zur Lehre von der Spondylitis deformans. Beitr. wiss. Med., Festschr. z. 69. Vers. dtsch. Naturforsch. u. Ärzte. Braunschweig, 1897. — BLUNTSCHLI, H.: Beziehungen zwischen Form und Funktion der Primatenwirbelsäule. Morph. Jb. 44, 489 (1912). — BOULE: Ann. paléont. 7, 106 (1912). — BRAILI, F., E. KOKEN und M. SCHLONER: Grundzüge der Palaeontologie (Palaeogeologie) von K. W. v. ZITTEL, 2. Aufl. München-Berlin: Oldenbourg, 1911. — BRAUN, J.: Klinische und anatomische Beiträge der Kenntnis der Spondylitis deformans als einer der häufigsten Ursachen namentlich der Spinalirritation. S. 46. Hanover, 1875. — BRESCHET, G. (1): Essai sur les venes du rachis. Paris, 1819. — (2): Historie anat. et physiol. d'un organ de nature vasculaire, découvert dans les cétacés. Paris: Bechet jeune, 1836. — BURLE, H. M. DE: Über durchbohrte Wirbelkörper fossiler und recenter Edentaten, zugleich ein Beitrag zur Entwicklung des Venensystems der Faultiere. Sonderabdruck aus dem Morph. Jb. 51, 555 (1922).

CARANTO, Q.: Contributo radiologico allo studio dell'osso odontoide. Diar. radiol. (It.), Jg. 6, Nr. 5 (1927). — COENEN, H.: Spondylitis deformans im klassischen Altertum. Zbl. Chir. 51, 259 (1924). — COHRS, P.: Abteilung XXIV. Gebiete in JOESTS Handbuch der spez. patholog. Anatomie der Haustiere, Bd. V. Berlin, 1939. — COHRS, P. und K. NIEBERLE: Lehrbuch der speziellen pathologischen Anatomie der Haustiere. Jena, 1931.

FRASER, F. C.: Radiography in zoological research. Brit. J. Radiol. 12, 432 (1939).

GRAMANN: Über die chronische Steifigkeit der Wirbelsäule. Mitt. Grenzgeb. Med. u. Chir. 41, 637 (1928—1930). — GRIX, ERNST: Beiträge zur Kenntnis der Halswirbelsäule der Ungulaten. Inaugural-Diss. 1900. — GROTHAUS, W.: Die Geschichte der Erkrankungen der Wirbelsäule. Diss. Düsseldorf. Inst. Gesch. Med. 33, 50 (1939). — GURLT, E.: Beiträge zur vergleichenden pathologischen Anatomie der Gelenkkrankheiten, S. 152, 182. Berlin, 1853.

HOCHSTETTER, F.: Ein Beitrag zur vergleichenden Anatomie des Venensystems der Edentaten. Morph. Jb. 25 (1897). — HRDLIČKA, ALEŠ: The skeletal remains of early man. Washington Smithsonian Institution. Smithsonian miscellaneous collections 83 (1930).

KITT: Lehrbuch der pathologischen Anatomie der Haustiere. 1931. —KÜPFER, M. und H. R. SCHINZ: Beiträge zur Kenntnis der Skelettbildung bei domestizierten Säugetieren auf Grund röntgenologischer Untersuchung. Denkschr. Schweiz. Naturforsch. Gese. 59 (1923).

LÄGER, M.: Die Entzündung der Wirbelbeine, ihre Arten und ihr Ausgang in Knochenfraß und Kongestionsabszeß. Erlangen, 1831. — LARREY, JEAN D.: Medizinisch-chirurgische Denkwürdigkeiten aus seinen Feldzügen, S. 267. Leipzig, 1819. — LIECHTI, A.: Über die Verbreitung degenerativer Veränderungen der Wirbelsäule. Radiol. clin. 11, 193 (1942).

MASSARO, A. F.: Vertebra Plana (Calvé). Radiology (Am.) 45, 284 (1945).

PAGE-MAY, W.: Rheumatoid, Arthritis (Osteoitis deformans) affecting bones 5500 years old. Brit. med. J. 11, 1631 (1897). — PALES, L.: La paleopathologie au museum de Toulouse. Bull. Soc. Hist. Nat. Toulouse 61, 135 (1931). — PLATE, E. und QUIRING: Über das Vorkommen von Spondylitis deformans im Tierreich. Fschr. Röntgenstr. 15, 214 (1910). — PLATNER, J. L.: Gründliche Einleitung in die Chirurgie, S. 303. Leipzig, 1748. — POMMER, ALOIS: Die Spondylitis deformans und Spondylitis ankylopoetica. Wien. ärztl. Mschr. 20, 129 (1933). — POTT, J.: Bemerkungen über diejenige Art von Lähmung der unteren Gliedmaßen, welche man häufig bei einer Krümmung des Rückgrates findet und als eine Wirkung derselben angesehen zu werden pflegt. (Aus dem Englischen.) S. 7. Leipzig, 1786.

RECHE, O.: Über Form und Funktion der Halswirbelsäule der Wale. Jenerische Z. Naturwiss. 40, 149 (1905). — ROKHLINE, D. G., A. ROUBACHEWA et MAIKOWA-STROGANOWA: La cyphose des adolescents. Recherche paléopathologique. J. Radiol. (Belg.) 20, 246 (1936). — ROUX, W. (1): Gesammelte Abhandlungen über Entwicklungsmechanik der Organismen, Bd. 1. Leipzig, 1895. — (2): Die vier kausalen

Hauptperioden der Ontogenese, sowie das doppelte Bestimmtsein der organischen Gestaltungen. Mitt. naturf. Ges. Halle, 1 (1911). — RUFFER, M. A. and A. RIETI: On Osseous Lesions in Ancient Egyptians. J. Path. a. Bacter. 16, 12 (1912).

SCHICK: Über die deformierende Spondylose der kleinen Haustiere. Diss. Bern, 1941. — SCHIRMER, R.: Vergleichende Anatomie der Rumpfwirbel von Hase, Kaninchen, Katze, Hund etc. Öst. Wschr. Tierhk. 1913, 5 — SCHLAGINHAUFEN, O.: Das Skelett des Johannes Seluner. Jb. St. Gallische nat.-wiss. Ges. 65, 323 (1930). — SCHMORL-JUNGHANNS: Die gesunde und kranke Wirbelsäule im Röntgenbild. Leipzig, 1932. — SCHWANKE, W.: Wirbelsäulenversteifung. Fschr. Röntgenstr. 33, 1 (1925). — SENATOR, H.: Arthritis deformans. Handbuch der spez. Pathologie und Therapie von ZIESMEN, S. 146. Leipzig, 1875. — SHORE, L. R.: Some examples of disease of the vertebral columne found in skeletons of ancient Egypt: A contribution to palaeopatology. Brit. J. Surg. 24, 256 (1936). — SIMMONDS, M. (1): Über Spondylitis deformans und ankylosierende Spondylitis, S. 58. Hamburg, 1903. — (2): Über Spondylitis deformans und ankylosierende Spondylitis. Fschr. Röntgenstr. 7, 51 (1903/04). — SMITH, G. E. und M. A. RUFFER: POTTsche Krankheit an einer ägyptischen Mumie aus der Zeit der 21. Dynastie (um 1000 v. Chr.). Gießen, 1910.

VIRCHOW, HANS: Wirbelsäule und Rotatoren der Bären. Arch. Anat. usw. 1913, 41. — VIRCHOW, R.: Zur Geschichte der Arthritis deformans. Arch. path. Anat. u. Phys. u. klin. Med. 47 (1869).

WENGER, FR.: Beitrag zur Anatomie, Statik und Mechanik der Wirbelsäule des Pferdes, S. 323. Aus dem vet.-anat. Inst. Univ. Bern. 1915.

ZSCHOKKE, E.: Weitere Untersuchungen über das Verhältnis der Knochenbildung zur Statik und Mechanik des Vertebratenskelettes. Preisschr. Zürich, 1892.

C. Mit ausgesprochener Verminderung von Knochen, bzw. Kalk (Osteoporose, Atrophie, Osteolyse) einhergehende, auf der Wirbelsäule generalisierte, nicht auf sie beschränkte Erkrankung des Knochensystems.

7. Einfache, gleichmäßige Osteoporosen im engeren Sinne.

ALBRIGHT, F., T. G. DRALEE and H. W. SULKEWITSCH: Bull. Hopkins Hosp., Baltim. 60, 6 (1937). — APERT, E.: Les altérations osseuses dans les néphrites atrophiques infantiles. Vaccisme rénal, Pseudorachitisme, rénal. Presse méd. 577 (1928). — ASKANAZY, M.: Schweiz. med. Jb. 107 (1932).

BARON, A. und TH. BÁRSONY: Zentraleingedellte Wirbelkörper. Eine eigenartige reziproke Modellierung der axialen Wirbelsäulenelemente. Fschr. Röntgenstr. 36, H. 2 (1927). — BRANDT, H.: Das Krankheitsbild der Fischwirbel. Bruns' Beitr. 164, 354 (1936).

CANIGIONI, TH. (1): Ein Fall von porotischer Kyphose mit schweren Wirbelveränderungen. Röntgenprax. 12, 392 (1940). — (2): Porotische Kyphose mit Spondylolisthese nach Spontanbruch. Röntgenprax. 13, 229 (1941). — CHIARI, H.: (Senile Atrophie.) Virchows Arch. 210, 425 (1912).

DECOURT, J.: Les formes frustes de l'ostéomalacie vertébrale. Bull. Soc. med. Hôp. Par., III. s., 49, 1474 (1933). — DECOURT, J., L. GALLY et CH. O. GUILLAUMIN: L'ostéoporose rachidienne douloureuse, forme fruste d'ostéomalacie, et son traitement par l'ergosterol irradié. Bull. Soc. méd. Hôp. Par., III. s., 48, 486 (1932). — DUKEN, J.: Beitrag zur Kenntnis der malacischen Erkrankungen des kindlichen Skeletsystems. Z. Kinderhk. 46, 136 (1928).

ERDHEIM, J.: Zur normalen und pathologischen Histologie der Glandula thyreoidea, parathyreoidea und Hypophysis. Beitr. path. Anat. 33, 158 (1903).

FLORESCO, AL.: Einige Betrachtungen über posttraumatische schmerzhafte Osteoporosen. Presse méd. 104, 1661 (1928).

GRASHEY: Knochenschwund im Röntgenbilde. Verh. dtsch. orthop. Ges., 23. Kongr., Sept. 1928, Prag. — GYÖRGY, P.: Über renale Rachitis und renalen Zwergwuchs. Jb. Kinderhk. 120, 253, 266 (1928).

HALLHOFER, L. und R. P. CUSTER: Knochenveränderungen bei Acidose. Virchows Arch. 289, 332 (1933). — HAMMER, H.: Zur Frage der Atrophie der Knochen nach Fixationen der Gelenke im Gipsverband. (In der Aussprache zum Vortrage L. BÖHLER

„Röntgendiagnostik im Dienste der Unfallchirurgie".) Wiener Röntgen-Ges., 7. Mai 1929; Verh.-Ber. in Fschr. Röntgenstr. **40,** 311 (1929). — HAMPERL, H. und R. WALLIS: Über renale Rachitis und renalen Zwergwuchs. Virchows Arch. **288,** 119 (1933); Erg. inn. Med. **45,** 589 (1933).

IMHÄUSER, V. (1): Pathologisch-anatomische und röntgenologische Betrachtungen über die Osteoporose der Wirbelsäule mit Demonstrationen. Fschr. Röntgenstr. **53,** 91 (1936). — (2): Die Osteoporose der Wirbelsäule als selbständiges Krankheitsbild, ihre klinische und unfallrechtliche Bedeutung. Dtsch. med. Wschr. **62,** 677 (1936/I).

JAEGER, W.: Altersosteoporose und Wirbelfrakturen. Z. Unfallmed. **29,** 81 (1935). — JUNGHANNS, H.: Altersveränderungen der menschlichen Wirbelsäule, I und II. Arch. klin. Chir. **165,** 303 (1931); **166,** 106 (1931).

KAIJSER, R.: Sur le rachitisme rénal. Aperçu général à l'occasion d'une Observation. Uppsala Läk.-för. Förh., N. F. **47,** 371 (1942). — KATASE, A.: Der Einfluß der Ernährung auf die Konstitution des Organismus. Berlin u. Wien: Urban & Schwarzenberg, 1931. — KIENBÖCK, ROB.: Osteomalacie, Osteoporose, Osteopsathyrose, porotische Kyphose. Fschr. Röntgenstr. **62,** 159 (1940). — KOLEPKE: Zwei Fälle von multipler Neurofibromatose mit Verkrümmungen der Wirbelsäule. Z. orthop. Chir. **29,** 367 (1911). — KURTZAHN: Spontanfaktur bei seniler Osteomalazie. Dtsch. Z. Chir. **218,** 401 (1929).

LAPEYRE: Formes douloureuses d'ostéoporose rachidienne et d'ostéoporose du bassin. Bull. Soc. Radiol. méd. France **21,** 155 (1933). — LICHTWITZ, L.: Pathologie der Funktionen und Regulationen. Leiden, 1936.

MACLEAN, C. FRANKLIN and W. BLOOM: Calcification an ossification. Arch. Path. (Am.) **32,** 315 (1941). — MARKHOFF, N. (1): Die myelogene Osteopathie. Helvet. med. Acta **6,** 5598 (1939). — (2): Die myelogene Osteopathie. Die normalen und pathologischen Beziehungen von Knochenmark zum Knochen. Erg. inn. Med. **61,** 132 (1941). — MAYOR, G.: Les ostéodystrophies hépatogènes. Schweiz. med. Wschr. **1942,** 1042. — MERKLEN, P. et A. JAKOB: Un cas d'ostéoporose vertébrale. Bull. Soc. méd. Hôp. Par. III. s., **51,** 1450 (1935). — MICHAELIS, L.: Über Wirbelsäulenveränderungen bei Neurofibromatose. Bruns' Beitr. **150,** 574 (1930). — MOFFAT, BARCLAY: Enlargement of the intervertebral disc associated with decalcification of the vertebral body: a compensatory hypertrophy. J. Bone Surg. (Am.) **15,** 679 (1933). — MONEY, R. A.: Osteoporose der Hand im Anschluß an eine Verletzung. Med. J. Austral. **161,** 459 (1929).

NATHANSON, L. and A. LEWITAN: Deformities and fractures of the vertebrae as a result of senile and presenile osteoporosis. Amer. J. Roentgenol. **46,** 197 (1941). — NIELSEN, HOLGER: Einige Formen von Osteomalacie. Nord. Med. (Schwd.) **1941,** 243.

OPPENHEIMER, A.: A peculior systematic disease of the spinal columne (Platyspondylia aortosklerotica). J. Bone Surg. (Am.) **19,** 1007 (1937).

PALTRINIERI, G.: Le spondilodistrofie alisteresiche. Radiol. e Fisica med. II, N. S. **4,** 203 (1937). — PLATT, R. and T. K. OWEN: Renal Dwarfism associated with calcification of arteries and skin. Lancet **227/2,** 135 (1934). — POLGÁR, F.: Zur Kenntnis der osteoporotischen Wirbelerkrankungen. Fschr. Röntgenstr. **56,** 208 (1937).

RAVAULT, GRABER und LÉGER: Die schmerzhafte Osteoporose der Wirbelsäule. J. méd. Lyon **11** (1939). — REVIGLIO, G. M.: Alcune case distrofie della colonna vertebrale. Atti 11. Congr. Ital. **2,** 26 (1934). — ROSENFELD, W.: Über die Forme fruste der Osteomalazie. Med. Klin. **12,** 421 (1930).

SCHMIDT, M. B.: Atrophie und Hypertrophie des Knochens. In Henke-Lubarsch Handbuch 9/3, S. 1. Berlin: Springer, 1937. — SEGRE, G.: Experimentelle Untersuchungen über die SUDECKsche Knochenatrophie. Chir. Org. Movim. **13,** 1 (1928). — SEGRE, M.: Forme dolorose di alisteresi localizzate alle vertebre lombari ed al bacino. Radiol. e Fisica med. II, N. S. **4,** 133 (1937).

TAMMANN: Die Vitosterinschädigung (Vigantol) der Frakturheilung. Arch. klin. Chir., Kongr.-H., **167,** 70 (1939). — TEALL, C. G.: A radiol. Study of bone Changes in Renal Infantilism. Proc. Soc. Med., Lond. **21,** 718 (1927/28).

UEHLINGER in Lehrbuch der Röntgendiagnostik I von Schinz-Baensch-Friedel, 4. Aufl. Leipzig: G. Thieme, 1939.

VALLEBONA, A.: Röntgenologische Untersuchungen über die Demineralisation der Knochen bei der Lungentuberkulose. Riforma med. 51, 1656 (1928). — VIGANO, A.: Alterazioni vertebrali nella neurofibromatosi. Arch. Ortop. (It.) 51, 563 (1935).

WILLICH, C. TH.: Über akute traumatische Knochenatrophie. Arch. klin. Chir. 158, 19 (1930).

Vgl. auch Literaturverzeichnis zu Kap. III 8.

8. Osteoporose bei innersekretorischen Störungen.

ALBERTI, O. und A. BIANCHINI: Die jugendlichen Osteodystrophien. Die Osteodystrophien der Erwachsenen. Aussprache über Osteodystrophien. Ital. Radiol.-Ges., Kongreß 14.—16. Mai 1928. Fschr. Röntgenstr. 39, 1124 (1929). — ALBREIGHT, F., P. C. BAIRD, O. COPE and E. BLOOMBERG: Studies on physiology of parathyreoid glands, renal complications of hyperparathyreodism. Amer. J. med. Sci. 187, 49 (1934). — ASKANAZI und KUTISHAUSER. CUSHINGsche Krankheit. Virchows Arch. 291, 653 (1933). — ASSMANN, H.: Erkrankungen der Knochen, Gelenke und Muskel. In Bergmann und Stähelins Handbuch 6/1, S. 632. Berlin: Springer, 1941.

BACHMANN, R.: Autoplastik bei Ostitis fibrosa generalisata. Arch. klin. Chir. 202, 524 (1941) und Amer. J. Roentgenol. 30, 571 (1933). — BALLIN, M. and P. F. MORSE: Parathyreodisme. Amer. J. Surg. 12, 403 (1931). — BERGMANN, H.: Arch. klin. Chir. 136, 308 (1925). — BOLAFFI, R.: Contributo alla conascenza delle fratture spontanee in grevidanga. Ginecologica 3, 593 (1937). — BOYD, J. D., J. E. MILGRAM und G. STEARNS: Klinischer Hyperparathyreoidismus. J. amer. med. Assoc. 93, 684 (1929). — BRADFIELD, E. W. C.: Brit. J. Surg. 19, 192 (1931). — BRUNNER, W.: Pathogenese der Pankreatitis und Infektionsresistenz bei der CUSHINGschen Krankheit. Dtsch. Z. Chir. 249, 188 (1938).

CAMP, J. D. and H. C. OCHSNER: Osseous changes in hyperparathyreoidism. Radiology (Am.) 17, 63 (1931). — CELLINA, M. ed A. BRONZINI: L'osteopatia ipertireoidea. Arch. Pat. e Clin. med. 23, 56 (1942). — COLLAZO, J. A. und J. S. RODRIGUEZ: Hypervitaminose A. II. Exophthalmus und Spontanfrakturen. Klin. Wschr. 1933 II, 1768. — CORNIL, L. und P. MICHON: Die spinalen Formen der RECKLINGHAUSENschen Krankheit. Encéphale 24, 765 (1929). — CUSHING: Arch. int. Med. (Am.) 51, 487 (1933). — CHURCHILL, E. D. and O. COPE: Parathyreoid tumors associated with hyperparathyreoidism. Surg. etc. 58, 255 (1934).

DENSTAD, T.: Polyostotic fibrous dysplasia. Acta radiol. (Schwd.) 21, 143 (1940). — DRESSER, R.: Ostitis fibrosa cystica, associated with parathyroid overactivity. Amer. J. Roentgenol. 30, 596 (1933). — DOMBROVSKI, A.: Veränderungen der Knochen bei der RECKLINGHAUSENschen Krankheit. Věstn. Rentgenol. (russ.) 6, 253—256 (1928). — DRESSER, R.: Ostitis fibrosa cystica, associated with parathyreoid overactivity. Amer. J. Roentgenol. 30, 596 (1933).

FECI, L.: RECKLINGHAUSENsche Knochenerkrankungen. Chir. Org. Movim. 13, 285 (1929). — FOREONI: CUSHINGsche Krankheit. Arch. ital. Anat. e Istol. pat. 1935, 6. — FROMME, A.: Über die Osteodystrophia fibrosa (O. f.) und ihre Beziehungen zum Sarkom. Verh. dtsch. Ges. Chir., 52. Tagung. Arch. klin. Chir. 152, 601 (1928). Mit Aussprache. Bericht s. Fschr. Röntgenstr. 37, 910 (1928).

GARLOCK, S. J.: Differentialdiagnosis of hyperparathyreoidism with special reference to polyostatic dysplasia (LICHTENSTEIN-JAFFE). Ann. Surg. 108, 347 (1938). — GEISSENDÖRFER, R.: Beitrag zur Osteodystrophia fibrosa generalisata. Zbl. Chir. 1941, 2258. — GOLD, E.: Über die Bedeutung der Epithelkörpervergrößerung bei der Ostitis fibrosa generalisata RECKLINGHAUSEN. Mitt. Grenzgeb. Med. u. Chir. 41, 63 (1928). — GOLDSTEIN, DN. und P. NIKIFOROW: Über die sogenannte KASCHIN-BECKsche Krankheit. Fschr. Röntgenstr. 43, 321 (1931). — GOTTLIEB, F. et M. SCHLACHTER: Ostéose tyroidienne avec fracture spontané dans un cas de maladie de BASEDOW. Presse méd. 1937 I, 277. — GRONSFELD, W.: Über einen Fall von Dystrophia adiposogenitalis mit allgemeiner Osteoporose durch Hypophysenerkrankung. Z. orthop. Chir. 52, 102 (1929).

HANDRON, C. J.: Hyperparathyreoidism. N. Y. J. Med. 38, 1449 (1938). — HANNON, R. R., E. SCHORR, W. S. McCLELLAN and E. F. DUBOIS: Hyperactivity of parathyreoid bodies. J. clin. Invest. (Am.) 8, 215 (1930). — HASLHOFER, L.: Die

ENGEL-RECKLINGHAUSENsche Krankheit. In Henke-Lubarsch Handbuch 9/3, S. 342. Berlin: Springer, 1937. Literatur! — HELLNER: Juvenile manostische tumorbildende Osteodystrophia fibrosa mit seltener Lokalisation, S. 140. 1927. — HENDERSON, W. R.: Sexual dysfunction in adenomas of the pituitory body. Endocrinology (Am.) 15, 111 (1931). — HIRSCH, J. S. (1): Generalisierte Ostitis fibrosa. Radiology (Am.) 12, 505. — (2): Generalisierte Ostitis fibrosa. Radiology (Am.) 13, 44. — HOFFMEISTER, W.: Osteodystrophia fibrosa. Dtsch. Z. Chir. 217, 123 (1929). — HOLL, E.: Durch Unterlassen der Röntgenaufnahme erschwerte Beurteilung des Zusammenhanges zwischen Unfall und Krankheit bei einem Fall von Ostitis fibrosa. Röntgenprax. 1, 459—462 (1929). — HORWITZ, T. and A. CATAROW: Polyostotic fibrous dysplasia. Arch. int. Med. (Am.) 64, 280 (1939). — HUNTER, D. (1): Hyperfunktion eines Nebenschilddrüsentumors in einem Falle sehr ausgedehnter Ostitis fibrosa. Proc. Soc. Med., Lond. 23, 227 (1929). — (2): Goulstonian lectures (studies calcium and phosphorus metabolism). Lancet 1 (1930).

JAFFE, L.: Ann. Surg. (Am.) 1938, 108. — JAKOB, M.: Die Ostitis fibrosa. Rinasc. med. 6, 501 (1929). — JAMIN: CUSHINGsche Krankheit. Münch. med. Wschr. 1934 I, 1045, 1083. — JONAS: Kongr.zbl. inn. Med. 86, 454 (1936). — JUSTIN-BESANÇON, L.: L'osteopathie de famine. Paris méd. 1942 II, 259.

KAESTNER, H.: Zur Ostitis fibrosa. Zbl. Chir. 14, 862 (1929). — KIENBÖCK, R.: Über die sogenannte „Ostitis fibrosa" („Osteodystrophia fibrosa"). Orig. in Fschr. Röntgenstr. 41, 34—38 (1930). — KIENBÖCK, R. und E. MARKOVITS: Ein Fall von Ostitis fibrosa cystica generalisata. Orig. in Fschr. Röntgenstr. 41, 904—919 (1930). — KINZEL, H.: Ostitis fibrosa der Wirbelsäule. Arch. klin. Chir. 170, 106 (1932). — KOCHER, T.: Zur klinischen Beurteilung der bösartigen Geschwülste der Schilddrüse. Dtsch. Z. Chir. 91, 197 (1908). — KOREMAN, P. J. und D. J. STEENHUIS: Spaltförmige Veränderung von Knochengewebe und Schädigung durch Überlastung (schleichende Fraktur, Zeitbruch, Einbruch, Ermüdungsbruch, Marschfraktur, MILKMAN-Syndrom). Ndld. Tschr. Geneesk. 699 (1942). — K. KORNBLUM: Polyostotic, fibrous dysplasia. Amer. J. Roentgenol. 46, 145 (1941). — KROGIUS, A.: Ein Fall von Ostitis fibrosa mit multiplen fibromyxomatösen Muskeltumoren. Acta chir. scand. (Schwd.) 64, 465 (1928). — KROHN, K. H.: Wirbelveränderungen bei Ostitis fibrosa generalisata (RECKLINGHAUSEN). Röntgenprax. 9, 780 (1937).

LAHEY, F. H. and G. E. HAGGART: Hyperparathyreoidism. Surg., Gynec, a. Obst. 60, 1033 (1935). — LICHTENSTEIN, L.: Polyostotic dysplasia. Arch. Surg. (Am.) 36, 874 (1938). — LINDEN, O.: Case of ostitis fibrosa generalisata with vell-marked tendency to spontaneous cure. Acta radiol. (Schwd.) 15, 202 (1934).

MAGENDIE und PHILIP: Ein Fall von RECKLINGHAUSENscher Krankheit. J. Méd. Bord. 106, 397 (1929). — MARKOVITS, E.: Ein Fall von Ostitis fibrosa cystica generalisata. Magy. Röntgen. Közl. III/12 (1929). — MARÓTTOLI, O.: RECKLINGHAUSENsche Knochenerkrankung mit Lokalisation in einem Glied. An. Cir. (span.) 3, 420 (1937). — MARTIN, C. et E. RUTISHAUSER: Hyperparathyreoidisme primitive et secondaire. Praxis 31, 501 (1942). — MARX, H.: Innere Sekretion. In Bergmann und Stähelins Handbuch 6/1, S. 1. 1941. — MAYOR, G.: Les ostéodystrophies hépatogènes Schweiz. med. Wschr. 2, 1042 (1942). — MERRITT, E. A. and E. M. MCPEAK: Roentgentherapy of hyperparathyreoidism. Amer. J. Roentgenol. 32, 72 (1934). — MEYER-BORSTEL, H. (1): Über Ostitis (Osteodystrophia) fibrosa. Bruns' Beitr. 148 III, 437 (1929). — (2): Über Ostitis (Osteodystrophia) fibrosa. Bruns' Beitr. 148 II, 510 (1930). — MILKMANN, L. A.: Pseudofractures Chungerosteopathy, renal rickets, osteomalacid. Amer. J. Roentgenol. 24, 29 (1930). — MOEHLIG, R. C.: Pituitory adenomas. Amer. J. Roentgenol. 30, 765 (1933). — MOEHLIG, R. C. and SCHREIBER: Polyostotic fibrous dysplasia. Amer. J. Roentgenol. 44, 17 (1940). — MÜLLER, WALTER: Über Wirbelveränderungen bei Störungen der Hypophysenfunktion. Beitr. klin. Chir. 148, 493 (1930).

OSTER, WANDA: Über die Osteodystrophia fibrosa der Halswirbelsäule nebst einem kurzen Überblick über den heutigen Stand unserer Kenntnisse von dieser Knochenerkrankung. Diss. Köln, 1935.

PATRIKIOS, J.: Sur un cas de maladie de RECKLINGHAUSEN avec spina bifida occulta cervical, tétraplégie et hypertrichose de la nuque. Rev. neur. (Fr.) 69, 765

(1938). — POTTER, P. C. und J. E. McWHORTER: v. RECKLINGHAUSENS Krankheit. Ann. Surg. (Am.) **90**, 397 (1929).

RANDERATH: 1. Mikroskopische Demonstrationen zur Knochentuberkulose. 2. Pathologisch-anatomische Untersuchungen über die Tuberkulose des Knochensystems. 1. Z. Tbk. usw. **63**, 156 (1931); 2. Beitr. Klin. Tbk. **79**, 201 (1932). — REBANDI, FED.: Osteodistrofia fibro-cistica localizzata alla colonna vertebrale. Arch. Med. e Chir. **4**, 53 (1935). — REGNIER: Ein Fall von Ostitis fibrosa generalisata RECKLINGHAUSEN. KIENBÖCK: Über die ENGEL-RECKLINGHAUSENsche Knochenkrankheit. Wiener Röntgen-Ges., 6. Nov. 1928; Verh.-Ber. in Fschr. Röntgenstr. **39**, 696—699 (1929). — RICHARDSON, E. P., J. C. AUB and W. BAUER: Parathyreoidectomy in osteomalacia. Ann. Surg. (Am.) **90**, 730 (1929). — RIZZI, R.: Experimentelle Untersuchungen über Knochendystrophien. Arch. Ortop. (It.) **44**, 716 (1928). — ROBB, Z. MILTON: Polyostotic fibrous dystrophy of masteoid complicated by acente mastoiditis. Ann. Ot. etc. (Am.) **50**, 330 (1941). — RUBENFELD, S.: Hyperparathyreoidism. Amer. J. Roentgenol. **46**, 224 (1941).

SABETAYEFF: Über Osteoporose und den Kalkstoffwechsel bei Hypertyreosen. Diss. Zürich, 1940. — SALINGER, HANS: Über LOOSERsche Umbauzonen mit besonderer Berücksichtigung ihres Vorkommens bei Osteodystrophia fibrosa. Orig. in Fschr. Röntgenstr. **39**, 1049—1059 (1929). — SCHÜLLER: Dyostosis hypophysaria. Brit. J. Radiol. **31**, 156 (1926). — SLAUK und DONALIES: Beitrag zur Kenntnis der Ostitis fibrosa. Med. Klin. **13**, 463 (1930). — SOMMER, F.: RECKLINGHAUSENsche Knochenkrankheit. Solitäre Erkrankung am Becken. Röntgenprax. **13**, 450 (1941). — SOSMANN, C.: Ein Fall zur Diagnosenstellung. Amer. J. Roentgenol. **21**, 467 (1929). — STRADA, F.: Le paratiroidi nell'osteomalacia e nell'osteoporose senile. Pathologica **1**, 423 (1909).

UEHLINGER, E. (1): In Lehrbuch der Röntgendiagnostik I von Schinz-Baensch-Friedl. Leipzig: G. Thieme, 1939. — (2): Osteofibrosis deformans juvenilis (Polyostotische fibröse Dysplasie JAFFÉ-LICHTENSTEIN). Virchows Arch. **306**, 255 (1940).

VERGER, H., P. DELMAS-MARSALET und P. BROUSTET: RECKLINGHAUSENsche Osteofibrosis cystica und Kalkmangel. J. Méd. Bord. **106**, 673 (1929). — VOLKMANN, K. (1): Ostitis fibrosa oder Sarkom. Bruns' Beitr. **149**, 10 (1930). — (2): Ist die Ostitis fibrosa eine Erkrankung des ganzen oder partiellen osteogenetischen Systems? Zbl. Chir. **49**, 3074 (1929).

WAKELEY, C. P. G.: Fibrocystic desease of the Femora. Proc. roy. med. Soc., Lond., **21**, 267 (1927). — WEILL-HALLÉ, B. et N. K. KOANG: Deux cas de fractures multiples, spontanées chez le nourisson. Bull. Soc. Pédiatr. Par. **29**, 144 (1931). — WERNLY, M.: Über Hyperparathyreoidismus und Niereninsuffizienz. Z. Klin. Med. **140**, 226 (1942). — WILLICH, C. TH. (1): Spontane Ausheilungsvorgänge bei generalisierter Osteodystrophia fibrosa. Bruns' Beitr. **146**, 103 (1929). — (2): Über den Verlauf der sogenannten Ostitis (Osteodystrophia) fibrosa localisata. Verh. Dtsch. Ges. Chir., 52. Tagung. Arch. klin. Chir. **152**, 582 (1928). Mit Aussprache. Ber. s. Fschr. Röntgenstr. **37**, 910 (1928). — WINTER, H.: Über einen Fall von Ostitis fibrosa generalisata ohne Epithelkörperchentumor. Zbl. Chir. **42**, 2647 (1929). — WISSING, EGON: Sarkom bei Osteodystrophia fibrosa. Fschr. Röntgenstr. **40**, 457—462 (1929). — WOHL, M. G., J. R. MOORE and B. R. YONG: Basophilic adenomas (bituitory basophilisme). Radiology (Am.) **24**, 53 (1935).

9. Entkalkung bei Störungen des Vitaminstoffwechsels.

ADAMS, C. O., E. L. COMPERE and J. JEROME: Regional fibrocystic Disease. Surg. etc. **71**, 22 (1940). — ADLER, K. J.: Congenitale Osteodystrophia juvenilis cystica localisata. Röntgenprax. **13**, 258 (1941). — ALBRIGHT, F., A. M. BUTLER, A. Q. HAMPTON and PATRICIA SMITH: Syndrome Characterized by Osteitis Fibrosa Disseminata, Areas of Pigmentation and Endocrine Dysfunction with Precocious Puberty in Femalis: Report of Five Cases. New Engld J. Med. **216**, 727, April 29 (1937). — ALBRIGHT, F., B. SCOVILLE and H. W. SULKOWITCH: Ostitis fibrosa disseminata. Endocrinology (Am.) **22**, 411 (1938). — ARMELIN, G.: Les distrophies osseuses de la neuro-fibromatose. Thèse, Paris, 1932. — ARNOLD, O. H., F. HAMPERL, K.

Holtz, Junkermann, II. Marx: Über die Wirkung des Follikelhormons auf Knochenmark und Blut bei Hunden. Naunyn-Schmiedebergs Arch. 186, 1 (1937). — Ashton, L. P.: Thèse of Recklinghausen's Disease (multiple fibromatose) with spontaneus fractures. Brist. med.-chir. J. 47, 219 (1930).

Barbey, H.: Ostéopathie aviaire par carence. Les formes et ses modalités de guérison etc. Schweiz. Z. Path. 4, 121 (1941). — Bauer: Neuro-Fibromatose. In Handb. Erb. Biol. Bauer, Hanhard, Lange und Just IV/2, innere Krankheiten, S. 11. Springer, 1940. — Bendandi, G.: Osteodistrophia fibroso cistica unilaterale. Clin. chir. (It.), N. S. 14, 803 (1938). — Bergmann, E.: Ostitis fibrosa und ihre Ausgänge. Arch. klin. Chir. 136, 308 (1925). — Bergmann, E.: Von der lokalisierten zur generalisierten Ostitis fibrosa. Arch. klin. Chir. 141, 673 (1926). — Bodansky, H. and H. J. Jaffe: Arch. int. Med. (Am.) 45, 88 (1939). — Bohne, O.: Über die Sanduhrform der Wirbel. Z. orthop. Chir. 50, 764 (1928). — Borak, S. und B. Doll: Halbseitige Recklinghausensche Knochenkrankheit mit Pubertas praecox. Wien. klin. Wschr. 1934 I, 540. — Borak, J. und W. Goldschmidt: Die Differentialdiagnose cystischer und solider Knochengeschwülste auf osteographischem Wege. Arch. klin. Chir. 175, 78 (1933). — Bradfield, E. W. C.: A case of generalized fibrocystic disease of the bones. Brit. J. Surg. 19, 192 (1931/32). — Brooks, B. and E. P. Lehmann: The bone changes in Recklinghausen neurofibromatosis. Surg. etc. 38, 587 (1924). — Bürgstein, H.: Neurofibromatose Recklinghausen der linken Gesichtshälfte mit Knochenveränderungen am Schädel. Dtsch. Z. Chir. 257, 322 (1943). — Burchard, H.: Zur Diagnose der chondromatösen, fibrösen und cystischen Degenerativen des Knochens. Fschr. Röntgenstr. 29, 113 (1912). — Burger, R. E. and E. P. Lehmann: Leontiasis Ossea complicated by Marjolin's Ulcer: Observation. Surgery (Am.) 16, 542 (1944).

Camp, J. D.: Diskussionsbemerkung zu Pugh. Radiology (Am.) 44, 555 (1945). — Chan Duc, Nyngen et J. Bernard: Osteome éburné de l'ethmoid. Rev. d'Otol. etc. 61, 50 (1940). — Childrey, J.: Osteome of the sinuses frontal and the sphenoid bone, report of 15 cases. Arch. Otolaryng. (Am.) 30, 63 (1939). — Cohen, R. et D. Donady: Coexistence des deux maladies de Recklinghausen chez un sujet. Presse méd. 1936, 2063. — Colemann, M.: Ossitis fibrose disseminata. Brit. J. Surg. 26, 705 (1939). — Colson, Z. W.: Frontal osteoma. Laryngoscope (Am.) 43, 677 (1933). — Compere, E. L. and Garrison Monroe: Osteodystrophy of unknown etiology etc. Surg. etc. 1938, 203. — Cottard, A.: Pseudarthrose congenitale de jambe et Neurofibromatose. Thèse, Paris, 1938. — Cushing, H.: On the meningiomas arising from the olfactory groove. Lancet 1927, 1329.

Davis, Sogal: Intracranial tumors roentgenologically considered. Ann. Roentg., Vol. 14. New York: P. D. Hoeber, 1933. — Denstad, T.: Polyostotic fibrous Dysplasie. Acta radiol. (Schwd.) 21, 143 (1940). — Desgouttes et Martin: Un cas de fracture spontanée du tibia gauche au cours d'une maladie de Recklinghausen. Lyon chir. 1921. — O'Donovan, D. R., F. Duff, T. D. O'Farrell and J. Mac Grathi: Polyostotic fibrous dysplasia. Ir. J. med. Sci. 1944, 498.

Edelmann, Ad.: Über häufiges Auftreten von Osteomalacie. Wien. klin. Wschr. 32, Nr. 4, 82 (1919). — Eichholtz, P. C. und J. G. Ojemann: Osteodystrophia fibrosa Recklinghausen bei dem Hunde. Ndld. Tschr. Geneesk. 1941, 2218. — Eisler, Fr.: Röntgenbefunde bei malacischer Knochenerkrankung. Wien. klin. Wschr. 32, 605 (1919). — Eisler und Hass: Ein gehäuft auftretendes typisches Krankheitsbild der Wirbelsäule. Wien. klin. Wschr. 1921, Nr. 6, 55. — Ellermann: Case of monstrous osteoma of the skull. Acta psychiatr. (Dän.) 17, 139 (1942). — Ersner, M. S. and M. Saltzmann: Osteoma of the sinuses. Laryngoscope (Am.) 48, 291 (1938). — Etter, L. E. and J. W. Hurst: Polyostotic Fibrous Dysplasia. Radiology (Am.) 41, 70 (1943).

Falconer, M. A., C. L. Cope and A. H. T. Robb-Smith: Fibrous Dysplasia of Bone with Endocrine Disorders and Cutaneous Pigmentation (Albright's Disease). Quart. J. Med. 11, 121 (1942). — Ferrero, C.: Osteofibromatose cystique (Maladie de Jaffe-Lichtenstein). Thèse, Genève, 1942. — Fetisoff, A. G.: Pathogenesis of osteomas of nasal accessory sinuses. Ann. Oto-Laryng. (Fr.) 38, 404 (1929). — Flournoy, H.: Délire de persécution et hyperostose frontale interne (Syndrome de

STEWART-MORELL). Arch. suiss. Neur. **53**, 302 (1944). — FRANCESCHETTI, A. und R. MACH: La Dystrophie Myotonique ou Maladie de STEINERT. Helvet. med. Acta **11**, 887 (1944). — FRANGENHEIM, P.: Knochenveränderungen am Schädelskelett bei der Neurofibromatose von RECKLINGHAUSEN. Dtsch. Z. Chir. **225**, 373 (1930). — FREUND, E.: Osteodystrophia fibrosa unilateralis. Arch. Surg. (Am.) **28**, 849 (1934). — FREUND, E. and C. B. MEFFERT: On the different forms of non generalized fibrous osteodystrophic. Surg. etc. **62**, 541 (1936). — FROMME, A.: Über die Osteodystrophia fibrosa und ihre Beziehungen zum Sarkom. Arch. klin. Chir. **152**, 601 (1928). — FURST, N. J. and R. SHAPIRO: Polyostotic Fibrous Dysplasia, Review of the Literature with Two Additional Cases. Radiology (Am.) **40**, 501 (1943).

GAUPP, VERA: Pubertas praecox bei Osteodystrophia fibrosa. Mschr. Kinderhk. **53**, 312 (1932). — GAGEL, O.: Neuro-Fibromatose. Handb. Neurol. BUNKE und FÖRSTER Bd. XVI, S. 289. Springer-Verlag, 1936. — GATEWOOD, W. L. and N. SETTEL: Osteoma of frontal sinus. Arch. Otolaryng. (Am.) **22**, 154 (1935). — GERULANOS, W.: Ein Beitrag zur Osteodystrophia fibrosa localisata. Dtsch. Z. Chir. **295**, 265 (1930). — GESCHICKTER, C. und H. WILDENBORN: Über Riesenzellentumoren der Knochen. Arch. klin. Chir. **172**, 694 (1933). — GHORMLEY, R. and J. J. HINCHEY: Use of Aluminium Acetate in Treatment of Malasic Diseases of Bone. J. Bone & Joint Surg. (Am.) **26**, 811 (1944). — GOLDHAMER: Osteodystrophia fibrosa unilateralis. Fschr. **49**, 456 (1934). — GOUGEROT, H. et BURNIER: Maladie de RECKLINGHAUSEN, familiale coexistence de la maladie osseuse de PAGET etc. Arch. derm.-syphiligr. Hôp. St. Louis, Par. (1935 VI). — GOORMAGTHIGH, W. et C. HOOFT: Considération sur le rachitisme tardif. Rev. belge Sci. méd. **13**, 281 (1941). — GRENET, H., R. ISAAC-GEORGE DUCROQUET, M. MACÉ: Formes frustes pigmentaire et osseuse de la neurofibromatose. Presse méd. **1934**.

HAMBURGER, L. P. and J. W. NACHLAS: Leontiasis ossea asa manifestation of PAGET's disease. Arch. Surg. (Am.) **12**, 727 (1926). — HANSEN, K. und H. v. STAA: Die einheimische Sprue. Leipzig: G. Thieme, 1936. — HELFET, A. J.: A New Conception of Parathyroid Function and Its Clinical Application, a Preliminary Report on the Results of Treatment of Generalized Fibrocystic and allied Bone Diseases and of Rheumatoid Arthritis by Aluminium Acetate. Brit. J. Surg. **27**, 651 (1940). — HERTER: Intestinaler Infantilismus. Leipzig, 1909. — HOPF, M.: Über das MILKMANNsche Syndrom. Radiol. clin. **9**, 74 (1940). — HORWITZ, T. and A. CANTAROW: Polyostotic Fibrous Dysplasia. Report of a Case. Arch. int. Med. (Am.) **64**, 280 (1939). — HUMMEL, R.: 2 Fälle von Ostitis deformans PAGET. Röntgenprax. **6**, 513 (1934).

IVIMEY: Bone dystrophy with characteristics of leontiasis ossea osteitis def. and osteitis fibr. cystica in a child usw. Amer. J. Dis. Childr. **38**, 348 (1929).

JUSTIN BESANÇON, L.: L'osteopathie de famine. Paris. méd. II, 259 (1942).

KASSAY, D.: Ein operierter Fall von Osteoma orbitale. Acta oto-laryng. (Schwd.) **29**, 348 (1941). — KIENBÖCK, R.: Leontiasis ossea faciei, VIRCHOW. Bruns' Beitr. **171**, 25 (1940). — KREUZER, HEDWIG: Über Osteomalacie der Wirbelsäule. Z. orthop. Chir. **51**, 463 (1929).

LACHOWICZ, A.: Leontiasis ossea. Polski Przegl. otolaryng. **13**, 79 (1938). — LAFITTE, A. et A. GROS: Les lésions osseuses de l'intoxication chronique par le cadmium. Presse méd. **1942** I, 399. — LANG, E. J.: Osteodystrophia fibrosa der Kieferknochen und Epulis. Setzt sich mit dem Chemismus auseinander. Arch. klin. Chir. **172**, 673 (1933). — LAPEYRE, J. L.: Un cas de Leontiasis ossea. Lyon chir. **34**, 172 (1937). — LEAVENWORD, R. O.: Osteoma of frontal sinus. Laryngoscope (Am.) **40**, 885 (1930). — LERICHE und JUNG: 20 Opérations parathyréodienne dans diverses affections. Rev. Chir. (Fr.) **5**, (1933). — LESSLER, H.: Beiträge zur Röntgendiagnostik der Hyperostosen des Schädels. Fschr. Röntgenstr. **62**, 389 (1940). — LICHTENSTEIN, LOUIS: Polyostotic Fibrous Dysplasia. Arch. Surg. (Am.) **36**, 874 (1938). — LICHTENSTEIN, L. and H. L. JAFFE: Fibrous Dysplasia of bone, a condition affecting one, several or many bones. The graver cases of which may present abnormal pigmentation. Arch. Path. (Am.) **33**, 777 (1942). — LÜDIN, M.: MILKMANNsche Krankheit. Schweiz. med. Wschr. **35**, 64 (1941/II). — LÜSCHER, E.: Osteome und Hyperostosen des Oberkiefers. Schweiz. med. Wschr. **75**, 924 (1945).

MAROTTOLI, O.: RECKLINGHAUSENsche Knochenerkrankung mit Lokalisation in einem Glied. An. Cir. (Arg.) **3**, 420 (1937). — MARX, J.: Über die Pathogenese der Ostitis (Osteodystrophie) fibrosa generalisata. Arch. klin. Chir. **172**, 112 (1933). — MATHERS, R. P. and D. F. CAPELL: Osteoclasdoma of frontal bone in hyperparathyreoidism. J. Laryng. a. Ot. **53**, 656 (1938). — MAXWELL, J. P.: Studien über Osteomalacie. Proc. Soc. Med., Lond. **23**, 639 (1930). — McCUNE, J., DONOVAN and HILDE BRUCH: Osteodystrophia fibrosa. Report of a case in which the condition was combined with precocious puberty, pathologic pigmentation of the skin and hyperthyreoidism with a review of the literature. Amer. J. Dis. Childr. **54**, 806 (1937). — MELAN, E.: Chirurgia digli osteomi delle cavita pneumatiche perifacciali. Arch. ital. Chir. **48**, 1 (1938). — MEISELS, E.: Die virile und nicht puerperale Osteomalacie und M. Basedowii. Fschr. Röntgenstr. **43**, 735 (1931). — MELLER, H.: Zur Kenntnis der Osteodystrophia fibrosa des Schläfenbeins. Mschr. Ohrenhk. **71**, 1213 (1937). — MEULENGRACHT, E. and A. R. MEYER: Osteomalacia of the spinal columne. Acta orthop. scand. (Dän.) **92**, 584 (1937). — MEYERDING, H. W.: Chronic sclerosing Osteitis (Sclerosing non-suppurature Osteomyelitis of GARRE). S. Clin. Nordamerika **24**, 762 (1944). — MEYER-BORSTEL, H.: Über Ostitis (Osteodystrophia) fibrosa. 1. und 2. Teil. Bruns' Beitr. **148**, 436, 510 (1930). — MILKMANN, L. A.: Multiple spontaneous osteopatic symmetrical fractures. Amer. J. Roentgenol. **32**, 622 (1934). — MOEHLIG, R. C. and F. SCHREIBER: Polyostic Fibrous Dysplasia. Amer. J. Roentgenol. **44**, 17 (1940). — MOLL, K.: Über generalisierte und zirkumskripte Ostitis fibrosa mit Tumoren und Cysten. Bruns' Beitr. **118**, 433 (1920). — MONDOR, H. R., DUCROGUET, L. LÉGER et G. LAURENCE: Sur un cas d'ostéite fibrocystique unilatérale avec pigmentation et puberté précoce. J. Chir. (Fr.) **53**, 593 (1939). — MONZARDO, ENRICO: Contributo allo studio delle distrofic ossea neurofibromatosi cutanea. Acta med. patavina **3**, 227 (1942). — MOORE, S. A.: Metabolic craniopathy. Amer. J. Roentgenol. **35**, 30 (1936). — MOREL, F.: L'hyperostose frontale interne. Syndrome de l'hyperostose frontale interne avec adiposité et troubles cérébraux. Schweiz. med. Wschr. **67**, 1235 (1937). Genève, 1929. — MORGAGNI (1): De sedibus et causis morborum. Liber II, Ep. 27. Padua, 1765. — (2): Adversaria anatomica. Animadversio VI. Padua, 1719.

NELLER, J. L.: Osteitis Fibrosa Cystica (ALBRIGHT). Amer. J. Dis. Childr. **61**, 590 (1941).

OPPENHEIMER, A.: Rickets of the spinal columne. Radiol. clin. **8**, 332 (1939). — OTT, W. O.: Osteoma of frontal bone. Amer. J. Surg. **97**, 314 (1933).

PORGES, O. und R. WAGNER: Über eine eigenartige Hungerkrankheit. Wien. klin. Wschr. **1919**, Nr. 15, 32, 385. — PRISEL und WAGNER: Ostitis fibrosa cystica generalisata. Z. Kinderhk. **53**, 146 (1932). — PAGNIEZ, PLICHET et FAUVET: Sur un cas ostéite fibrocystique de localisation et d'évolution anormale. Bull. Soc. méd. Hôp. Par. **54**, 733 (1938). — PATTERSON, N. and H. CAIRUS: Observation on treatment of orbital osteoma. Brit. J. Ophthalm. **15**, 458 (1931). — PENDE, W.: Über eine wenig bekannte Krankheit: Die hyperostotische Endokraniose. Med. Klin. **1940** I, 134. — PERLBERG, H. J. and KRÜGER: Osteoma of the skull. Amer. J. Roentgenol. **41**, 587 (1939). — PHÉMISTER, B. DALLAS and KEITH: Fibrous osteoma of the jaws. Internat. J. Orthodont. (Am.) **23**, 912 (1937). — PUGH, D. G.: Fibrous Dysplasia of the skull: a probable explanation for Leontiasis ossea. Radiology (Am.) **45**, 548 (1945).

RAFFAELI, M.: Studio radiologico e anatomo-pathologico su di un caso di Leontiasis i ossea. Quad. radiol., N. S. **5**, 285 (1940). — REICH: Über senile Osteomalacie. Mitt. Grenzgeb. Med. u. Chir. **24**, (1912). — ROBB, J. MILTON: Polyostotic fibrous dystrophy of mastoid complicated by acute mastoiditis. Ann. Ot. etc. (Am.) **50**, 330 (1941). — ROBSON, R., S. W. TODD and M. B. CAMB: Fibrocystic disease of bone. With skin pigmentation and endocrinedysfunction. Lancet **236**, 377 (1939 I). — ROSENDAHL, T.: Some cranial changes in RECKLINGHAUSEN's Neuro-fibromatosis. Acta radiol. (Schwd.) **19**, 372 (1938).

SCHEDE, F.: Die Frühbehandlung der Skoliose. Z. orthop. Chir. **56**, 569 (1932). — SCHERER, ELSE: Ein Fall von einheimischer Sprue. Klin. Wschr. **8**, 1625 (1929). — SCHLESINGER, H.: Zur Kenntnis der gehäuften osteomalazieähnlichen Zustände in Wien. Wien. klin. Wschr. **32**, 245 (1919). — SCHMIDT, M. B.: Atrophie und Hypertrophie des Knochens einschließlich der Osteosklerose. HENKE-LUBARSCH, Handbuch, Bd. 9/3. Berlin: Springer-Verlag, 1937. — SCHNEIDER, E.: Zur Kenntnis der Schädelosteome und der Hyperostosis frontalis. Med. Klin. Nr. 15 (1936); **32**, 487 (1936). — SCHOLDER, B. M.: Syndrome of precocious puberty, fibrocystic bone disease and pigmentation of the skin. Ann. int. Med. (Am.) **22**, 105 (1945). — SCHOLTZ, A.: Über das Osteom der Stirnhöhle. Röntgenprax. **13**, 213 (1941). — SCHWARTZ, CH. and WADSWORTH: Kranial Osteomas. From a roentgenologic view point. Amer. J. Orthodont. a. Surg. **26**, 1199 (1940). — SECRETAN, J. P.: A propos d'ostéite fibrocystique localisée à l'ethmoide. Acta oto-laryng. (Schwd.) **29**, 360 (1941). — SETTELEN, O.: Osteome der Oberkieferhöhle. Schweiz. med. Wschr. **1935**, 625. — SOMMER, F.: RECKLINGHAUSENsche Knochenkrankheit. Solitäre Erkrankung am Becken. Röntgenprax. **13**, 450 (1941). — SPIESS, H.: Über Osteome der Nasennebenhöhlen. Diss. Basel, 1940. — SCHÜLLER, W.: Über einen Fall schwerster, nicht puerperalen Osteomalacie. Frankf. Z. Path. **37**, 270 (1929). — STALMANN, A.: Nerven-, Haut- und Knochenveränderungen bei der Neurofibromatosis RECKLINGHAUSEN und ihre entstehungsgeschichtlichen Zusammenhänge. Virchows Arch. **289**, 96 (1933). — STAUFFER, ARBUCKLE and AEGERTER: Bone and Joint Surg. **23**, 323 (1941). — STEFKO, W. H. und SCHNEIDER: Pathologisch-anatomische röntgenologische Untersuchungen über die Veränderung der Wirbelsäule bei chronischer Unterernährung und anderen ungünstigen äußeren Einwirkungen. Anthropol. Inst. I. Univ.- u. Röntgenkabinett, Moskau. Fschr. Röntgenstr.f**37**, H. 2 (1928). — STERNBERG, W. H. and V. JOSEPH: Amer. J. Dis. Childr. **63**, 748 (1942). — SVÁB, V.: Osteodystrophia fibrosa cystica generalisata. Röntgenologische Studie an zwei Fällen. Fschr. Röntgenstr. **55**, 450 (1937).

UELINGER, E.: Osteofibrosis deformans juvenilis. (Polyostotische fibröse Dysplasie JAFFE-LICHTENSTEIN.) Virchows Arch. **306**, 255 (1940).

WILLICH, C. TH.: Über den Verlauf der sog. Ostitis (Osteodystrophia) fibrosa localisata. Arch. klin. Chir. **152**, 582 (1928).

10. Speicherkrankheiten.

ANSPACH, W. E.: Xanthomatosis with involvement of a vertebral body. Amer. J. Dis. Childr. **48**, 346 (1934).

BEATTY, S. R., OWEN and MACKOY: SCHÜLLER-CHRISTIAN's disease. Radiology (Am.) **37**, 229 (1941). — BÜRGI, U.: Über einen Fall von solitärem Amyloidtumor. Frankf. Z. Path. **50**, 410 (1937).

FISCHER, A. W. (1): Das Röntgenbild der Knochen in der Diagnose des Morbus Gaucher. Fschr. Röntgenstr. **37**, 158 (1928). — (2): Zur Pathologie und Chirurgie der GAUCHERschen Krankheit. Beitr. klin. Chir. **141**, 290 (1927). — FREUND, M. and MAURICE L. RIPPS: HAND-SCHÜLLER-CHRISTIANS disease. A case in which lymphadenopath was a predominant feature. Amer. J. Dis. Childr. **61**, 759 (1941). — FRIMAN-DAHL, J. and R. FORSBERG: Roentgen treatement of Xanthomatosis. Acta radiol. (Schwd.) **14**, 506 (1933).

GERSTEL, G.: Über die HAND-SCHÜLLER-CHRISTIANsche Krankheit auf Grund gänzlicher Durchuntersuchung des Knochengerüstes. Virchows Arch. **294**, 278 (1934). — GRÜNWALD: Über ein solitäres Xanthom der Wirbelsäule. Z. Nervenhk. **1933**, 243.

HERZENBERG, H.: Die Skelettform der NIEMANN-PICKschen Erkrankung. Virchows Arch. **269**, 614 (1928). — HOFFMANN, S. J. und M. J. MAKLER: GAUCHERS Krankheit. Amer. J. Dis. Childr. **38**, 475 (1929).

JANSSON: Zur Kenntnis der Skelettveränderungen bei der SCHÜLLERschen Krankheit. Acta radiol. (Schwd.) **16** (1935). — JUNGHAGEN, S.: Röntgenologische Skelettveränderungen bei Morbus Gaucher. Acta radiol. (Schwd.) **5**, 506 (1926).

LAZAREWA, A.: Die Knochenform der Xanthomatosis. Fschr. Röntgenstr. **45**, 692 (1932). — LYON, E.: Primäre angeborene Lipoidstoffwechselstörungen und Wirbelsäule. Arch. orthop. Chir. **32**, 341 (1932).

MANDL, F.: Amyloidtumor. Virchows Arch. **253**, 639 (1924). — MILCH, H. und M. POMERANZ: Knochenveränderungen bei der GAUCHERschen Splenomegalie. Amer. J. Surg. **89**, 552 (1929).

PICK, L.: Die Skelettform des Morbus Gaucher. Veröff. Kriegs.- u. Konstit.path. 4, H. 3. Jena, 1927.

ROWLAND, R. S.: Xanthomatosis and the reticulo-endothelial system. Correlation of an unidentified group of cases described as defects in membranous bones etc. Arch. int. Med. (Am.) 42, 611 (1928).

SCHOTTE, M.: Über eine Systemerkrankung des Skeletts. Klin. Wschr. 9, 1826 (1930 II). — SCHÜLLER, A.: Über eigenartige Schädeldefekte Jugendlicher. Fschr. Röntgenstr. 23, 12 (1916). — SCHULZ, WERMBTER und PUHL: Eigentümliche granulomartige Systemerkrankung des hämatopoetischen Apparates. Virchows Arch. 252, 59 (1924). — SNAPPER and PARISEL: Xantomatosis generalisata ossium. Quart. J. Med. 2, 407 (1933). — SVENNINGSEN, O. K.: Generalisierte Xanthomatosis. Acta radiol. (Schwd.) 14, 491 (1933).

TESCHENDORF, J.: Die HAND-SCHÜLLER-CHRISTIANsche Krankheit. Erg. med. Strahlenforsch. 7, 43 (1936). — THOMPSON, KEEGAN and DUNN: Defects of membranous bones, Exophthalmos and Diabetes insipidus. Arch. int. Med. (Am.) 36, 650 (1925).

WINKLER: An GAUCHERsche Krankheit anschließende Knochenveränderungen. Fschr. Röntgenstr. 39 (1934).

D. Mit Vermehrung von Knochen, bzw. Kalk (Hyperostosen, Periostosen, Osteosklerosen) einhergehende, auf der Wirbelsäule mehr oder weniger generalisierte, nicht auf sie beschränkte Systemerkrankungen des Knochens.

11. Mit Knochenverdichtung einhergehende Erbkrankheiten.

ALBERS-SCHÖNBERG: Eine seltene, bisher nicht gekannte Strukturanomalie des Skelettes. Fschr. Röntgenstr. 23, 174 (1915/16). — ALBRECHT, A. und O. GEISER: Beitrag zur Marmorknochenkrankheit. Ann. Paediatr. 153, 84 (1939). — ALTER, N. M., M. C. PEASE and A. G. DE SANETIS: ALBERS-SCHÖNBERGs Desease, marble Bones. Arch. Path. (Am.) 11, 509 (1931). — ANDERSON, H. E.: Pregnancy complicated by osteopetrosis. J. Bone Surg. (Am.) 20, 481 (1938). — ANDRIEN: Die juxtaartikulären Ostitiden. Presse méd. 86, 1391 (1929). — APITZ, K.: Über tubuläre Sklerose des Skeletts. Virchows Arch. 305, 216 (1940).

BADE, H.: Ein Fall von Mélorhéostose. Röntgenprax. 14, 305 (1942). — BAUER, K. H.: Gibt es eine lokalisierte Form der Marmorknochenkrankheit? Zbl. Chir. 37, 2327 (1929). — BECKEN, S.: Dtsch. Arch. med. 187, 117 (1941). — BÉNARD, M. und A. ROVASCS: Fschr. Röntgenstr. 62, 316 (1940). — BERNARD, P. M.: Klinische und röntgenologische Studie der gutartigen kondensierenden Ostitis. Presse méd. 79, 1285 (1929). — BOGAERT, L. VAN: J. Neur. (Belg.) 28, 502 (1928).

CLIFTON, W. M., A. A. FRANK and S. FREEMAN: Osteopetrosis (Marble Bones). Amer. J. Dis. Childr. 56, 1020 (1938).

DITTRICH, R.: Zur Frage der Knochenrückbildung. Fschr. Röntgenstr. 39, 421 (1929).

ELLINGER, E.: Ein Fall von echter Marmorknochenerkrankung. Röntgenprax. 1, 816 (1929). — ERBSEN, H.: Die Osteopoikilie. Erg. Strahlenforsch. 7, 137 (1936).

FREUND, E.: Amer. J. Roentgenol. 39, 216 (1938). — FRIEDRICH, N.: Virchows Arch. 43, 83 (1868). — FROELICH, R.: Ein neuer Fall von Eburnisierung der Tibia. Presse md. 63, 1028 (1929). — FUNSTEIN und KOTSCHIEW: Über die Osteopoikilie. Fschr. Roentgenstr. 54, 595 (1936).

GERSTEL, G.: Über die infantile Form der Marmorknochenkrankheit auf Grund vollständiger Untersuchung des Knochengerüstes. Z. Path. 51, 23 (1937). — GLUCH, BERNHARD: Über einen Fall von Osteopoikilie. Orig. in Röntgenprax. 1, 505—507 (1929). — GOLDSCHLAG, F.: Über eine Kombination von Trophödem Meige mit Mélorheostose Léri. Derm. Wschr. 89, 1761 (1929). — GOLLÉ, L. Bachydermie, pligaturé avec Bachyperiostose des extrémités. Thèse Paris Vigot Frères, 1935. — GRASSER, C. H.: Ein Fall von Marmorknochenkrankheit mit abweichendem Blutbefund. Radiol. Rdsch. 7 (1938).

HEILBRONN: 50. Tagung der Holländ. Ges. für Electrologie und Röntgenologie. Acta radiol. (Schwd.) 5, 374 (1926). — HEINE, J.: Beitrag zur Marmorknochenkrankheit.

Fschr. Röntgenstr. 64, 121 (1941). — HOLLY, L. E.: Osteopoikilosis. Amer. J. Roentgenol. 36, 512 (1936). — HOMITZKI, P.: Über Osteopoikilie. Herdförmige Spongiosasklerose. Arch. klin. Chir. 199, 76 (1940).

KADRNKA, S. et HIRLEMANN: Ostéopoicilie à caractère familial et Syphilis congénitale. Rev. Orthop. (Fr.) 20, Nr. 1 (1933). — KARSHNER, R. G.: Osteopetrosis. Amer. J. Roentgenol. 16, 405 (1926). — KEMKES, H.: Über einen Fall seltener Erkrankung der Knochen einer Extremität. Arch. klin. Chir. 156, 268 (1929). — KEYSER: 50. Holländische Versammlung der Gesellschaft für Electrologie und Röntgenologie. Acta radiol. (Schwd.) 5, 374 (1926). — KIENLE, H.: Über seltene Verdichtungen in der Spongiosa. Ein neuer Fall von Osteopoikilie. Diss. Freib. i. Br., 56 S., 1942. — KOPYLOW, M. B. und M. F. RUNOWA: Ein Beitrag zur Kenntnis der Marmorknochenkrankheit. Fschr. Röntgenstr. 40, 1042 (1929). — KRAUS, E. J. und A. WALTER: Zur Kenntnis der ALBERS-SCHÖNBERGschen Krankheit. Med. Klin. 21, 19 (1925).

LAMB, F. H. and R. L. JACKSON: Osteopetrosis (marble bone disease). Amer. J. clin. Path. 8, 255 (1938). — LAUTERBURG, W.: Beitrag zur Kenntnis der Marmorknochenkrankheit. Schweiz. med. Wschr. 1926, 441. — LÉRI, A., LOISELEUR und J. A. LIÈVRE: Ein Fall von Melorheostose. Presse méd. 24, 392 (1929). — LINDBOM, AKE: Zwei neue Fälle mit streifenförmiger Osteopoikilie. (Voorhoeve.) Acta radiol. (Schwd.) 23, 297 (1942). — LOREY, A. und REYE: Über Marmorknochen. Fschr. Röntgenstr. 30, 35 (1923).

MAGRUDEN, L. F.: Myositis ossificans progressiva. Amer. J. Roentgenol. 15 (1926). — MAIR, W. F.: Myositis ossificans progressiva. Edinbgh. med. J. 39, 13—69 (1932). — MAKRYCOSTAS, K.: Über das Wirbelangiom, -lipom und -osteom. Virchows Arch. 265, 259 (1927). — MANKOWSKY, B. J., HEINISMANN und L. CZERNY: Fschr. Röntgenstr. 50, 542 (1934). — MASCHERPA, F.: Sulla osteopecilia. Un nuovo caso di osteopecilia a strie. Radiol. med. 18, 1014 (1931). — McCUNE, D. J. and C. BRADLEY: Osteopetrosis in an infant. Amer. J. Dis. Childr. 48, 949 (1934). — McPEAK, N. C.: Osteopetrosis. Amer. J. Roentgenol. 36, 816 (1936). — MEISELS, E. (1): Ein neuer Fall von Mélorheostosis. Presse méd. 92, 1466 (1928). — (2): Das Krankheitsbild der LÉRIschen Mélorheostose. Orig. in Röntgenprax. 1, 680—689 (1929). — MERRIL, A. S.: Ein Fall von „Marmorknochenerkrankung" mit pathologischen Frakturen. Amer. J. Roentgenol. 21, 361 (1929). — MÜLLER, W.: Beitr. klin. Chir. 150, 616 (1930). — MÜLLER ALBERTI, W.: Ein Beitrag zum Krankheitsbild der Melorheostose. Z. Orthop. 72, 199 (1941).

NEWCOMENT: Spoted bones. Amer. J. Roentgenol. 22, 460 (1929). — NUSSEY, A. M.: Osteopetrosis. Arch. Dis. Childh. 13, 261 (1938).

PÉHU, M., POLICARD und DUFOUR (1): Ein Fall allgemeiner Osteopetrose bei einem 6jährigen Kinde. Presse méd. 40, 657 (1929). — (2): Über den histologisch-pathologischen Mechanismus in einem Falle von Marmorkrankheit. Presse méd. 58, 949 (1929).

RENDU, A.: Ein Fall von eburnisiertem Femur. Presse méd. 86, 1394 (1929).

SCHMORL, G.: Anatomische Befunde bei einem Falle von Osteopoikilie. Fschr. Röntgenstr. 44, 1 (1931). — SGALITZER, M.: Über Röntgenbehandlung eines Falles von Myositis ossificans progressiva. Fschr. Röntgenstr. 54, 304 (1936). — SICARD, GALLY et HAGENAU: Ostéites condensantes coxales et vertébro-coxales. Presse méd., Jg. 34, Nr. 21 (1926). — STEENHUIS, D. J.: About a special case of ostitis condensans disseminata. Acta radiol. (Schwd.) 5, 373 (1926). — STEHR, LUDWIG: Pathogenese und Klinik der Osteosklerosen. Arch. orthop. u. Unfallchir. 41, 156 (1941). — STEPHAN, E.: Dtsch. Arch. med. 182, 183 (1938). — STERNSTRÖM, B.: Über Marmorskelette. Acta radiol. (Schwd.) 17, 140 (1936). — SVAB, V.: Apropos de l'ostéopoecilie héréditaire. J. Radiol. et Électrol. 16, 405 (1932).

TOBLER: Über Osteoarthropathia pneumique. Diss. Zürich, 1939.

UEHLINGER, E. (1): Myositis ossificans progressiva. Erg. Strahlenforsch. 7, 175 (1936). — (2): Hyperostosis generalisata mit Pachydermie. Virchows Arch. 308, 396 (1941).

VECCHIONE, F.: La osteosi eburneizzante monomelica è sempre monomelica? Chir. Org. Movim. 27, 98 (1942). — VIDGOFF, B. and G. J. BRACHER: Osteopetrosis. Amer. J. Roentgenol. 44, 197 (1940).

WINDHOLZ, F.: Über familiäre Osteopoikilie und Dermatofibrosis lenticularis disseminata. Fschr. Röntgenstr. 45, 566 (1932). — WORTIS, H.: Osteopetrosis (marble bone). Amer. J. Dis. Childr. 52, 1148 (1936). — WOYTEK, G.: Über einen eigenartigen hyperostotischen, vornehmlich an der Lendenwirbelsäule lokalisierten Knochenprozeß. Melorheostose (LÉRI). Dtsch. Z. Chir. 239, 565 (1933).

ZWERG, G. und W. LAUBMANN: Die ALBERS-SCHÖNBERGsche Marmorkrankheit. Erg. Strahlenforsch. 7, 95 (1936).

12. Knochenvermehrung bei Störung der inneren Sekretion.

CHESTER, W. and ED. CHESTER: The vertebral column in acromegaly. Amer. J. Roentgenol. 44, 552 (1940). — CURSCHMANN, H.: Über regressive Knochenveränderungen bei Akromegalie. Fschr. Röntgenstr. 9, 83 (1905). — CUSHING, H. and L. M. DAVIDOFF: Pathological Findings in Fous autopsied Casis of Acromegaly. Monogr. Rockefeller Inst. Med. Res. 1927, 1022.

ERDHEIM, J. (1): Über Wirbelsäulenveränderungen bei Akromegalie. Virchows Arch. 281, 197 (1931). — (2): Die pathologisch-anatomischen Grundlagen der hypophysären Skelettveränderungen. (Zwergwuchs, Typus FRÖHLICH, Akromegalie, Rassenwuchs.) Fschr. Röntgenstr. 52, 234 (1935).

LANGEN, C. D. DE and RAINAL: Osseous changes in Acromegaly. Geneesk. Tschr. Ndld.-Indië 72, 807 (1932).

MARIE, P. et G. MARINESCO: Sur l'anatomie pathologique de l'acromégalie. Arch. Med. expér. et anat. path. 3, 539 (1891). — MÜLLER, W. (1): Wirbelveränderungen bei Hypophysenstörungen. Zbl. Chir. 1929, 2862. — (2): Über Wirbelveränderungen bei Störungen der Hypophysenfunktion. Bruns' Beitr. 148, 493 (1930).

PALTRINIERI, G.: Aspetti radiologici del rachide tipo ERDHEIM con e senza sindrome acromegalica. Spondylopatie dispituitarie. Radiol. e Fisica med. II, N. S. 5, 1 (1938).

RECKLINGHAUSEN, F. v.: Über die Akromegalie. Arch. path. Anat. 119, 36 (1890).

SCAGLIETTI, O. e GUIDO DAGNINI: Sul quadro radiografica delle alterazioni acromegaliche dei corpi vertebrali secondo ERDHEIM. Radiol. e Fisica med. I, N. S. 2, 251 (1935).

VIRCHOW, R.: Ein Fall und ein Skelett von Akromegalie. Berl. klin. Wschr. 26, 81 (1889).

13. Sklerosen bei Vergiftungen.

BIANCHINI, LUIGI e A. CAGNA: Rilievi radiografici sulle alterazioni ossec negli avvelenamenti cronici. Nuntius radiol. (It.) 8, 209 (1940). — BISHOP, P. A.: Amer. J. Roentgenol. 35, 577 (1936). — BRAILSFORD, J. F.: Brit. J. Surg. 16, 562 (1929).

CACCURI, S.: Sulle osteopatie da fluoro. Riforma med. 1942, 684. — CAFFEY, J.: Clinical and experimental lead perisening and roentgenologic and anatomic changes in growing bone. Radiology (Am.) 17, 957 (1931).

KLOTZ, M.: Über einen eigentümlichen Fall von Periostitis hyperplastica ungeklärter Ursache (Fluorschädigung) bei einem Säugling. Arch. Kinderhk. 1939, 117. — KORSAKOW: Strontiumsklerose. Internat. Zoologenkongr. Moskau 1892.

LEHNERDT: Strontiumsklerose. Beitr. path. Anat. 46, 468 (1909).

MOLLER, P. FLEMMING and V. GUDJONSSON: Acta radiol. (Schwd.) 13, 269 (1932).

MOLLER, P. FLEMMING: Brit. J. Radiol. 12, 13 (1939). — MOLLER, P. FLEMMING and V. GUDJONSSON: Acta radiol. (Schwd.) 13, 269 (1932).

OEHME: Strontiumvergiftung. Beitr. path. Anat. 49, 248 (1910).

PARK, E. A., D. JACKSON and L. KAJDI: Shadows produced by load in x-ray pictures of growing skeleton. Amer. J. Dis. Childr. 41, 485 (1931). — PHEMISTER, D. B : Effect of phosphorus on growing normal and disead bone. J. Amer. med. Assoc. 70, 1737 (1931).

RODGERS, T. S., J. R. PECK and M. H. JUPE: Lead poisoning in Children. Lancet 2, 129 (1934). — ROHOLM, K. (1): Fluorine Intoxication. London: H. K. Levis, 1937. — (2): Fluoraschädigungen. Arb. med. 1937. — (3): Fluorvergiftung. Erg. inn. Med.

57, 822 (1939). — RUTISHAUSER: Experimentelle Studien über die bei chronischer Bleivergiftung vorkommenden Knochenveränderungen. Arch. Gewerbepath. 1932, 3. SHORT: Indian J. med. Res. 1937, 25. VOGT, E. C. A.: Roentgen Signe of plumbism. Amer. J. Roentgenol. 24, 550 (1930). WEGNER, G.: Phosphornekrose. Virchows Arch. 55, 11 (1872). — WILKIE, JOHN: Two cases of fluorine osteosklerosis. Brit. J. Radiol. 13, 213 (1940).

14. Elfenbeinwirbel.

BÁRSONY, TH. und O. SCHULHOF: Der Elfenbeinwirbel. Fschr. Röntgenstr. 42, 597 (1930). — BENDA, R. et ORINSTEIN: Un cas de trois vertèbres opaques chez un tuberculeuse pulmonaire. Bull. Soc. med. Hôp. Par. 56, 313 (1940). — BOTTAGLIA, M.: La vertebra d'avorio. Contributo casistico. Policlinico Sez. prat. 1933, 1567.

CADO: Radiographie d'un rachis lombaire (de face) présentant une image de „vertèbre d'ivoire" (3 lombaire). Bull. Soc. Radiol. méd. France 19, 55 (1931). — CONSTANTINI, MARILL und COUNIOT: Elfenbeinwirbel als Symptom einer tuberkulösen Spondylitis. Presse méd. 33, 559 (1930).

DELHERM et MOREL-KAHN (1): A propos des „vertèbres d'ivoire". Bull. Soc. Radiol. med. France 16, 208 (1928). — (2): Elfenbeinwirbel. J. Radiol. (Fr.) 13, 11 (1929). — DUBOIS-TRÉPAGNE: Contribution à l'étude de la vertèbre d'ivoire. Relation de deux observations personnelles. J. belge Radiol. 22, 452 (1933).

LE GÉNISSEL: Un cas d'ostéite condensante vertébrale. Bull. Soc. Radiol. méd. France 19, 403 (1931). — GIORDANO, G.: Osservazioni su alcuni cosi di vertebra eburnea. Atti 11. Congr. ital. 2, 7 (1934). — GRILLI, A.: Colonna vertebrale totale di avorio. Atti 11. Congr. ital. 2, 8 (1934).

HULTÉN, ALLE: Ein Fall von „Elfenbeinwirbel" bei Lymphogranulomatose. Acta radiol. (Schwd.) 8, H. 3, S. 245 (1927).

KONJETZNY, G. E.: Über isolierte Marmorknochenbildung im I. Lendenwirbel. Zbl. Chir. 1929, 2331.

OCHSNER, H. C. und MOSER: Ivory vertebra. Amer. J. Roentgenol. 29, 635 (1933).

SICARD, HAGENAU et LICHTWITZ: Vertèbres opaques et ostéites cöndensantes coxales et vertébro coxales. Rev. neur. (Fr.) Jg. 33, Bd. 1, Nr. 3 (1926).

VALENTI, A.: Sopra un caso di „vertebra d'avorio" in un paziente affetto da linfogranulomatosi. Diar. radiol. (It.) 8, 154 (1929).

WENTWORTH, E. T.: Typhus-Ostitis. J. Bone Surg. (Am.) 11, 540 (1929).

E. Wachstumsstörungen am Skelett.
15. Chondrodystrophie.

ASHBY, W. R., R. M. STEWART and J. H. WATKIN: Chondro-osteodystrophy of the Hurler type (gargoylism). Brain 60, 149 (1937).

BARNET, E. J.: Morquios disease. J. Pediatr. (Am.) 2, 651 (1933). — BOORSTEIN, S. W. und H. HIRSCH: Dyschondroplasie. Amer. J. Surg. 6, 194 (1929). — BRAILSFORD, J. F. (1): Chondroosteodystrophie. Roentgenographie and clinical features of a child with dislocation of vertebrae. Amer. J. Surg. 7, 404 (1929). — (2): Chondro-osteo-dystrophy. Roentgenographic and clinical features of a child with dislocation of vertebrae. Brit. J. Radiol. 4, 83 (1931). — (3): The Radiology of bones and joints. Baltimore, 1935. — BREUS und KOLLISK: Die pathologischen Beckenformen. Leipzig u. Wien, 1900. — BRUZZONE, LUIGI: Sopra un caso di platispondilia dolorosa. Gi. Accad. Med. Torino 103, Pte 1 (1940). — BURKE, G. R.: Hereditäre deformierende Chondrodysplasie. J. Bone Surg. (Am.) 11, 570 (1929).

CAMPBELL, D.: Über eine typische Form des Zwergwuchses infolge gestörter enchondraler Ossification und die Frage ihrer Verwandtschaft mit der Chondrodystrophie. Surg. etc. 51, 381 (1930); Röntgenprax. 1931, 751. — CHASKINA, Z. W. und J. W. CHOROSCH: Ein Fall von Chondrodystrophie bei einer erwachsenen Frau. Kasaner Röntgen- u. Radium-Ges., 3. April 1929; Verh.-Ber. in Fschr. Röntgenstr. 40, 309 (1929). — CRAWFORD, T. A.: A case of Marquios disease. Arch. Dis. Childh. 14, 70 (1939).

DAVIS, D. B. and F. P. CURRIER: Marquios disease. J. Amer. Med. Assoc. 102, 2173 (1934). — DIETERLE, TH.: Athyreosis. Untersuchungen über Thyreoaplasie, Chondrodystrophie und Osteogenesis imperfecta. Virchows Arch. 1906, 184. — DIETRICH: In Henke-Lubarsch Handbuch 9/1, S. 166. Berlin: Springer, 1937. — DREIFUS, R.: Über ein neues mit allgemeiner wahrer oder scheinbarer Breitwirbligkeit einhergehendes Syndrom. Jb. Kinderhk. 150, 42 (1937).

ELLIS, R. W. B., W. SHELDON and N. B. CAPON: Gargoylism. Quart. J. Med. 5, 119 (1936).

FREEMAN, J.: Mosquio's disease. Amer. J. Dis. Childr. 55, 343 (1938).

GOLDING, F. C.: Chondro-osteo-dystrophy. Brit. J. Radiol. 8, 457 (1935). — GUÉRIN, R. et A. P. LACHAPÈLE: Chondrodystrophie avec élargissement et diminution de hauteur des vertèbres (Platybrachyspondylie). Rev. Orthop. (Fr.) 25, 23 (1938).

HÄSSLER, E.: Das Krankheitsbild der Dyostosis enchondralis. Mschr. Kinderhk. 68, 254 (1937). — HIRSCH, J. S.: Generalized osteochondrodystrophy, eccentro-chondroplastic form. J. Bone Surg. (Am.) 19, 297 (1937). — HUBENY, M. I. and J. D. PERCY: Dyostosis multiplex. Amer. J. Roentgenol. 46, 336 (1941). — HUBER, J., J. A. LIEVRE and Mme NERET: Acrocéphalie ou dyostose cranio-faciale fruste chez deux jumeaux. Bull. Soc. méd. Hôp. Par. 54, 595 (1938). — HURLER, G.: Über einen Typ multipler Abartungen, vorwiegend am Skelettsystem. Z. Kinderhk. 24, 220 (1929).

JAKOBSEN, A. W.: Hereditary osteochondrodystrophia deformans. J. amer. med. Assoc. 113, 121 (1939). — JAUBERT DE BEAUJEU, A. et MATERI: Un cas de platy-brachyspondylie chez un jeune musulman tunisien. J. Radiol. (Fr.) 24, 206 (1941).

KAUFMANN E.: Monographie über die sogenannte fötale Rachitis oder Chondro-dystrophie. Berlin: Reimer, 1892. — KNÖTZKE, F.: Bemerkungen zur Wirbelsäule des Chondrodystrophen. Beitr. path. Anat. 84, 547 (1929). — KRESSLER, R. J. and E. E. AEGERTER: Hurlei's syndrome (Gargoylism). J. Pediatr. (Am.) 12, 579 (1938).

LANGE, F.: Über atypische Chondrodystrophie und über eine angeborene Wachs-tumsstörung des Knochensystems usw. Z. orthop. Clin 61, 253 (1031). — LÉRI, A. und J. WEILL: Eine kongenitale und symmetrische Affektion, die Dyschondro-stenose. Presse méd. 1, 9 (1930). — LÉRI, A., CH. FLAUDIN und ARNAUDET: Ein neuer Fall von Dyschondromatose. Presse méd. 23, 391 (1930). — LIEBENAU, L.: Beitrag zur Dyostosis multiplex. Z. Kinderhk. 59, 91 (1937). — LIEBMANN, ST.: Chondrodystrophia foetalis. Mschr. Geburtsh. 83, 419 (1929). — LIÈVRE, J. A.: La classification des dystrophies osseuses et l'ostéose parathyroidienne. Presse méd. 40, 234 (1932).

MARIANTSCHICK, L. P.: Über die Knochendystrophie. Arch. klin. Chir. 168, 349 (1931). — MARGIONI, R.: Über die sogenannten Platyspondylien. Z. orthop. Chir. 56, 446 (1932). — McFARLAND, J.: Hereditäre deformierende Chondrodysplasie. Surg. etc. 48, 268 (1929). — MESZ, N., J. FLIEDERBAUM und B. MARKUSZEWICZ: Zwei Fälle von Achondroplasie. Polski Przegl. radjol. 4/3 u. 4. — MEZER, H. F. and J. BRENNE-MANN: A rene osseous dystrophy. Amer. J. Dis. Childh. 43, 123 (1932). — MOR-QUIO, L. (1): Sur une forme de dystrophie osseuse familiale. Arch. Méd. Enf. 32, 129 (1929). — (2): Sur une forme de dystrophie familiale. Bull. Soc. Pédiatr. Par. 27, 145 (1929). — MOURIQUAND, G., P. SEDALLIAN und LAGÈZE: Ein Fall von Dyschondro-plasie. Presse méd. 45, 740 (1929).

NILSONNE, H.: Eigentümliche Wirbelkörperveränderungen mit familiärem Auf-treten. Acta chir. scand. (Schwd.) 62, H. 5/6 (1927).

PATEL und CARCASSONNE: Achondroplasie und reine Zwergbildung. Presse méd. 24, 394 (1929). — PUTNAM and PELHAN: Zitiert nach ELLIS, SHELDON and CAPRON l. c.

REILLY, W. A.: Dysostosis multiplex. Endocrinology (Am.) 22, 616 (1938). — ROLLIER, S.: Zur Kasuistik der Chondrodystrophie. Moskauer Röntgen-Ges., 11. Dez. 1928; Verh.-Ber. in Fschr. Röntgenstr. 39, 1131, 1132 (1929). — RUGGLES, H. E.: Dwarfisme due to discorered epiphyseal development. Amer. J. Roentgenol. 25, 91 (1931).

SCOTT, J. W.: Zwei Fälle von Chondrodystrophie. Proc. Soc. Med., Lond. 22, 1519 (1929). — SEAR, H. R.: Knochendystrophien. Med. J. Austral. 16/II, 518 (1929). — SPIELER, F.: Chondrodystrophie und dorsolumbale arkuäre Kyphose.

Wien. **26**, Nr. 1 (1927). — SUMMERFELDT, P. and A. BROWN: Morquio's disease. Arch. Dis. Childh. **11**, 221 (1936).

UEHLINGER, H.: In Lehrbuch der Röntgendiagnostik von Schin-Baensch-Friedl. Leipzig: G. Thieme, 1939. — ULLRICH, O.: Nachtrag zur Arbeit „Über die Dysostosis multiplex (Typus HURLER) usw.". Z. Kinderhk. **55**, 470 (1933).

VELASCO, M.: Die fetale Chondrodystrophie. Med. españ. **4**, 218 (1940). — VIVIANI, R.: Dyschondroplasie. Radiol. med. **16**, 737 (1929).

WEIL: Generalisierte Platyspondylie. Z. orthop. Chir. **51**, Beil.-H., 195 (1929).

16. Osteogenesis imperfecta.

BAUER, K. H.: Über Osteogenesis imperfecta. Dtsch. Z. Chir. **154**, 166 (1920). — BAUTZ, W.: Über einen Fall von Osteogenesis imperfecta tarda mit gleichzeitiger habitueller Schultergelenksluxation beiderseits. Zbl. Chir. **1941**, 1726. — BETTMANN: Elfjährige Beobachtung und therapeutische Versuche bei einem Fall von echter Osteopsathyrosis. Arch. orthop. Chir. **26**, 634 (1928). — BIERRING: Acta chir. scand. (Schwd.) **70**, 481 (1933); vgl. auch Lit. zu III B 5.

CHONT, L. K.: Osteogenesis imperfecta. Report of twelve cases. Amer. J. Roentgenol. **45**, 850 (1941). — CLÉMENT, ROB.: Dystrophie ostéo-chondrale polyépiphysaire. Presse méd. **1941 II**, 1340. — COCKAQUE, E. A.: Hereditary blue sclerotics and buttle bones. Ophthalm. **12**, 271 (1914). — COLONNA, H. S.: Osteogenesis imperfecta. Report of nine cases. Amer. J. Surg. **15**, 336 (1932). — CONRAD, H. S. and C. B. DAVENPOST: Arch. Surg. **13** 523 (1926). — CONLOW, F. A.: Five generations of blue scleratics and anociated osteoporbies. Bost. med. J. **169**, 16 (1913).

DEUTSCH, L.: Kompressionsmyelitis bei idiopathischer Osteopsathyrose. Wien. klin. Wschr. **1935 II**, 990.

FUGAZZOLA, F.: Malformazioni schelettriche multiple in un caso di osteogenesi imperfetta tarda. Arch. Radiol. (It.) **16**, 560 (1940). — FUNK, P.: Beitrag zur Kenntnis der Osteopsathyrose (Typus LOBSTEIN). Schweiz. med. Wschr. **70**, 473 (1940). — FUSS, H.: Die erbliche Osteopsathyrose. Dtsch. Z. Chir. **245**, 279 (1935).

GLANZMANN, E.: Osteogenesis imperfecta (Typus VROLICK) und Osteopsathyrosis idiopathica (Typus LOBSTEIN). Schweiz. med. Wschr. **1936**, 1122. — GRASHEY, R.: Wirbelfraktur und Spondylolisthesis bei Osteopsathyrosis. Röntgenprax. **6**, 197 (1934).

KRAMER, S.: Osteogenesis imperfecta congenita et tarda. Erg. inn. Med. **56**, 516 (1939).

LE FORT, R.: Ein Fall periostaler Dysplasie. Presse méd. **63**, 1028 (1929). — LENZ, F.: Menschliche Erblehre und Rassenhygiene. München, 1936. — LESNÉ, E., J. HUTINEL und DREYFUS-SÉE: Die LOBSTEINsche Krankheit bei einem Säugling. Presse méd. **64**, 1043 (1929). — LOBSTEIN: Lehrbuch der path. Anatomie **2**, 179 (1834). — LOOSER, E.: Osteogenesis imperfecta congenita et tarda. Mitt. Grenzgeb. Med. u. Chir. **15**, 161 (1906).

PRUSSAK, L. und N. MESZ: Zwei Fälle idiopathischer Osteopsathyrose. Rev. neur. (Fr.) **36**/II, 601 (1929).

RIESENMANN, F. R. and W. M. YATER: Osteogenesis imperfecta. Its incidence and manifestations in seven families. Arch. int. Med. (Am.) **67**, 950 (1941).

VELASCO MATESANZ, L.: Die fetale Chondrodystrophie. Medicina (Sp.) **4**, 218 (1940). — VOEGELIN, M.: Zur pathologischen Anatomie Osteogenesis imperfecta (Typus LOBSTEIN). Rad. Clin. **12**, 397 (1943). — VROLICK: Tabulae ad illustrandam embryogenesin hamisuis et mammarium. Amstelodami, 1845.

ZANDER, G.: Case of osteogenesis imperfecta tarda with platyspondylosis. Acta radiol. (Schwd.) **21**, 53 (1940). Ref. **31**, 664 (1940). — ZURHELLE, E.: Osteogenesis imperfecta bei Mutter und Kind. Z. Geburtsh. **74**, 942 (1913).

F. In der Wirbelsäule lokalisierte Erkrankungen des blutbildenden Systems.

17. Osteosklerosen bei Blutkrankheiten.

18. Osteolysen bei Blutkrankheiten.

APITZ, K.: Über tubuläre Sklerose des Skelets. Virchows Arch. **305**, 216 (1939). — ARNETH, J.: Qualitative Blutbefunde bei der Marmorknochenerkrankung. I. Bei allgemeiner Knochencarcinose; II. sowie bei der carcinomtösen „Myeloischen Reaktion" des Knochenmarks. III. Erithroleukämie, akute und chronische Erithroblastose, Kryptoerithroblastose IV. Dtsch. Arch. klin. Med. 188, 225 (1941). — ASKANAZI, M.: Handbuch der speziellen Pathologie und Anatomie 1/2, 891 (1927). — ASSMANN, H. (1): Beiträge zur osteosklerotischen Anämie. Beitr. path. Anat. 1907, 41. — (2): Lymphatische Leucämie mit diffuser Osteosklerose. Ref. Klin. Wschr. 1936, 909.

BINDER, L. und O. RIEDL: Beiträge zur Diagnostik der osteosklerotischen Anämie. Münch. med. Wschr. 1942 I, 519. — BRANDAN, G. M.: Sickle-cell Anemia. Arch. int. Med. 50 635 (1932).

CLAIRMONT und SCHINZ: Arch. klin. Chir. 1924, 132.

DANFORD, E. A., R. MARR and E. C. ELSEY: Sickle-cell Anemia with un usnal bone changes. Amer. J. Roentgenol. 35, 223 (1941).

ENGELMANN, G.: Ein Fall von Osteopathia hyperostotica (sklerosans) multiplex infantilis. Fschr. Röntgenstr. 39, 1101 (1929).

GRÜMAN, A. G.: Roentgenologie bone changes in sickle-cell and erythroblastic anemia. Amer. J. Roentgenol. 34, 297 (1935). — GUI, L.: Osteocondrodistrofia sistemica dell'accrescimento. Arch. Ortop. (It.) 56, 405 (1941).

HAECK, G.: Zwei Fälle von Leukämie mit eigentümlichem Blut- bzw. Knochenmarksbefund. Virchows Arch. 78, 475 (1879). — HIRSCH, E.: Polycytaemie. Arch. Path. (Am.) 19, 91 (1935).

JORES, A.: Ein Fall von aleucameischer Myelose mit Osteosklerose des gesamten Skelettsystems. Virchows Arch. 265, 845 (1927).

KARSHNER, R. G.: Röntgenstudien an den Knochen bei gewissen Erkrankungen des Blutes und des hämatopoetischen Systems. Amer. J. Roentgenol. 20, 433 (1928). — KIBBY, SIDNEY: Melorheostosis, with report of a case. Radiology (Am.) 37, 62 (1941). — KOPLOW, M. B. und M. F. RUNOVA: Ein Beitrag zur Kenntnis der Marmorknochenkrankheit. Fschr. Röntgenstr. 40, 1042 (1929). — KORNBLUM, R.: Polyostotic fibrous dyplasia, Amer. J Roentgenol. 16, 145 (1941).

LYON, E. (1): Die Wirbelsäulengicht. Arch. Verdgskrkh. 46, 88 (1929). — (2): Leukämie und Wirbelsäule. Acta radiol. (Schwd.) 17, 506 (1936).

MANDEVILLE, J. B.: Radiology (Am.) 1930, 15. — MAVROS, A.: Aleukämische, besser „nichtleukämische" Myelose mit Osteosklerose. Fol. haemat. (D.) 43, 323 (1931). — MELCHIOR, E.: Spondylopathia leucaemica. Zbl. Chir. 49, 1737 (1922/II). — MENDL, K. and O. SAXL: Bone changes in Leukemia. Amer. J. Roentgenol. 44, 31 (1940). — MUIR: Hämorrhagische Aleukie. Brit. med. J. 1909, 909.

NEUMANN, E.: Über leukämische Knochenaffektionen. Berl. klin. Wschr. 17, 281 (1880).

OVERGAARD, R.: Ein Fall von osteosklerotischer Anämie. Acta Radiol. (Schwd.) 17, 51 (1936).

PASCHLAU, G.: Leukämische Knochenveränderungen im Röntgenbild. Klin. Wschr. 13, 1430 (1934). — PETRASSI, G.: Zerstörungsvorgänge am Skelett im Verlauf leukämischer Erkrankungen. Beitr. path. Anat. 86, 643 (1931).

ROSE, C. B.: Some unusual x-ray findings in skulls. Radiology 13, 508 (2929).

SCHMIDT, M. B.: Atrophie und Hypertrophie des Knochens. In Henke-Lubarsch Handbuch 9/3.

TRUSEN, M.: Spontanfractur bei einem Kinde mit lymphatischer Leukämie. Mschr. Kinderhk. 50, 45 (1931).

WALDLE, L. TH.: Radiology (Am.) 1932, 18. — WOLF, CH.: Zieglers Beitr. 89, 151 (1932).

ZADEK, J.: Osteosklerotische Anämie. Klin. Wschr. 7, 1848 (1928).

G. Auf der Wirbelsäule generalisierte, nicht auf sie beschränkte Entzündungen.

19. Spondylarthritis ankylopoetica (BECHTEREW).

ASTI, L.: Sopra un caso di spondilosi rizomelica. Osp. maggiore, Jg. 14, Nr. 12 (1926).

BABUDIERI, B. e J. CEBBA: Un caso di enchilosi della colonna cervicale dopo reumatisme articulare acuto. Chir. Org. Movim. 19, 499 (1934). — BACHMANN, A.: Ein Beitrag zur Spondyloarthritis ankylopoetica. Fschr. Röntgenstr. 42, 500 (1930). — BELL, JOSEPH: The Roentgen-ray examination in individuals suffering from low back and sciatic pain, with examples of some lesions in which errors in diagnosis may readily be made. Radiology (Am.) 35, 449 (1940). — BENASSI, E. und RIZZATTI: La spondylosis rizomelica. Riv. Pat. neur. 38, 1 (1931). — BENNETT, GEORGE and G. BERKHEIMER: Malignant degeneration in a case of multiple benign exostoses. Surgery (Am.) 10, 781 (1941). — BITTENCOURT, J.: A propos d'un cas de spondylose rhizomélique. Rev. sudamér. Med. et Chir. (Fr.) 1, 787 (1930). — BROCHER, J. E. W.: Verkalkung des hinteren Wirbelsäulenlängsbandes bei primär chronischer Polyarthritis. Röntgenprax. 11, 16 (1939). — BUCKLEY, CH.: Spondylitis deformans. Brit. med. J. Nr. 3677, S. 1108 (1931). — BUXTON, ST. J. D.: Case of Charcots disease of the spine. Proc. Soc. Med., Lond. 19, Nr. 4 (1926).

CANIGIONI, TH.: „Morbus Bechterew". Ein Beitrag zur Kenntnis der exsudativsynostosierenden Form der Gelenktuberkulose mit Wirbelsäulenversteifung. Bruns' Beitr. 171, 547 (1941). — CASTRONOVO, E.: Intorno a due casi di spondilosi rizomelica. Riv. Pat. nerv. 33, H. 2 (1928). — CREVELD, S. VAN and GRUNBAUM: Renal rickets and cystinuria. Acta paediatr. (Schwd.) 29, 183 (1942). — CROSETTI, L.: Rilievi clinici e ricerche sul ricambio organico nella spondilosi rizomelica. Osp. maggiore 20, 389 (1932). —CZUNFT, V.: Wirbelsäulenversteifungen. Magy. Röntgen. Közl., Jg. 1 Nr. 1/2 (ung.) (1926).

D'AMATO, L.: Singolare caso di anchilosi della colonna vertebrale. Riforma med. 1932, 975. — DEBRAY, CH., J. FELD et E. MAY: Cellulite en bande et rhumatisme vertébral. Presse méd. II, 437 (1942). — DEKKERS, H. J. N.: Spondylosis rhizomelia (Spondylarthritis ankylopoetica) einhergehend mit Arthritis der peripheren Gelenke. Ndld. Tschr. Geneesk. 35, 547 (1942).

EASTWOOD, S.: MARIE's Spondylitis deformans with achylia gastrica. Proc. Soc. Med., Lond. 21, Nr. 1 (1927). — EHRLICH, K. (1): Die chronische Wirbelsäulenversteifung. Unfallhk. 4, 82 (1930). — (2): Zur Frage des Fortschreitens der sogenannten BECHTEREWschen Krankheit in der Wirbelsäule. Röntgenprax. 3, 766 (1931). — (3): Entgegnung zu vorstehender Erwiderung. (Krebs Röntgenprax. 3, 1136 [12, 316].) Röntgenprax. 3, 1136 (1931). — (4): Die dunklen Streifen im Röntgenbilde des Bechterew. Röntgenprax. 5, 347 (1933). — EHRMANN, R. und TATERKA: Über einseitige Wirbelsäulenversteifungen. Klin. Wschr., Jg. 6 (1927). — ELTZE, M. (1): Die Begutachtung der Spondylarthritis ancylopoetica (BECHTEREW) nach neueren Anschauungen vom Krankheitsgeschehen. Dtsch. med. Wschr. 1940 II, 997. — (2): Die Spondyloarthritis ankylopoetica (BECHTEREW) unter Berücksichtigung der Anfangsstadien, der atypischen Formen und der Formes frustes. Med. Klin. 1940 II, 1125. — ENGEL, H.: STRÜMPELLsche Erkrankung der Wirbelsäule mit völliger Verknöcherung fast aller Körpergelenke. Dtsch. med. Wschr. 1935 I, 752. — EVANS jr., A. WILLIAM: Pathologic dislocations at the atlanto-axial joint: an unusual complication of rheumatic. Radiology (Am.) 3, 7 (1941).

FISCHER, A. und O. VONTZ: Klinik der Spondylarthritis ankylopoetica. Mitt. Grenzgeb. Med. u. Chir. 42, 586 (1932). — FLETCHER, E. Ankylosing Spondylitis. Lancet 1, 754 (1944). — FRAENKEL, EUG. (1): Über chronische ankylosierende Wirbelsäulenversteifung. Fschr. Röntgenstr. 7, 62 (1903). — (2): Über chronische ankylosierende Wirbelsäulenversteifung. Fschr. Röntgenstr. 7, 171 (1907). — FRANCESCHELLI, W.: Lombalgie sciatalgie vertebrali da lesioni primitive o prevalenti dell'articolazione discale intersomatica. Arch. Ortop. (It.) 1942, 57. — FRITZ, H. (1): Zur Begutachtung der Spondylitis ankylopoetica (BECHTEREW). Ärztl. Sachverst.ztg 41, 157 (1935). — (2): Spondylitis ankylopoetica. Ther. Gegenw. 78, 457 (1937).

GAETANO, L. DE: Spondilosi rizomelica e artroplastiche coxofemorali. Riforma med. 1938, 43. — GAGNA, F. e GIACOMO SERRA: Spondilosi deformante e spondilosi anchilosante. Quad. radiol., N. S. 6, 309 (1941). — GIRAUDI, G.: Die Spondylarthritis ankylopoetica (FRAENKEL). Radiol. med. 16, 153 (1929). — GOLDING, F. C.: Spondylitis ankylopoetica (Spondylitis ossificans ligamentosa). Brit. J. Surg. 23, 484 (1936). — GORDON, A.: Chronic articular rheumatism of the vertebral followed by a progressive degenerative state of the spinal cord. Ann. int. Med. (Am.) 1, Nr. 10 (1928). — GRADOYÉVITCH: Le diagnostic radiologique des maladies ankylosantes du rachis. J. belge Radiol. 26, 332 (1937). — GRAMANN, H.: Über die chronische Steifigkeit der Wirbelsäule. Mitt. Grenzgeb. Med. u. Chir. 41, 637 (1930). — GRECO, G.: Spondiliti anchilosante dolorosa. Paratiroidektomia. Guarigione milaterale. Riv. Chir. 2, 391 (1936). — GÜNTZ, E. (1): Beitrag zur pathologischen Anatomie der Spondylarthritis ankylopoetica. Fschr. Röntgenstr. 47, 683 (1933). — (2): Die Frühdiagnose der Spondylarthritis ankylopoetica (BECHTEREW). Z. orthop. Chir. 60, Beil.-H., 118 (1934).

HALL, E.: Ankylosing spondylitis and polyarthritis (BECHTEREW, STRÜMPELL-MARIE, and related types). Amer. J. Roentgenol. 30, 608 (1933). — HEALEY, C. W.: A case of spondylitis deformans with myositis ossificans. Lancet 212, Nr. 4 (1927). — HEINEMANN-GRÜDER: Betrachtungen zur Frage der ankylosierenden Spondylitis. Arch. klin. Chir. 145, 527 (1927). — HENNES, H. (1): Die Diagnose der Spondylarthritis ankylopoetica (Morbus Bechterew) und ihre differentialdiagnostischen Schwierigkeiten. 50 S. Diss. Bonn, 1933. — (2): Die Diagnose der Spondylarthritis ankylopoetica (Morbus Bechterew). Med. Welt 1935, 336. — HIPPE: Becken bei Bechterew. Röntgenprax. 11, 384 (1939). — HÖHNE, CHRIST.: Spondylitis ankylopoetica BECHTEREW. Arch. orthop. Chir. 35, 277 (1935).

ILLER, MARIA: Veränderungen an der Symphyse und am Sitzbein bei der BECHTEREWschen Erkrankung. Röntgenprax. 11, 542 (1939).

JASIENSKY, G.: Quatre cas de spondylose rhizomélique traités par le procédé de Leriche. Rev. Chir. (Fr.) 52, 761 (1934). — JAUSION, H.: Sur un cas de spondylose rhizomélique et la pluralité de ses causes. Par. méd., Jg. 17, Nr. 4 (1927).

KIENBÖCK, R. (1): Über infektiöse Polyarthritis und BECHTEREWsche Wirbelsäulenversteifung. Wien. med. Wschr. 1930 I, 626. — (2): Über die synoviale Form des sogenannten chronischen Gelenkrheumatismus einschließlich BECHTEREWsche Wirbelsäulenerkrankung. Wien. klin. Wschr. 1936 I, 16. — KLINGE, FR.: Rheumatische Erkrankungen der Knochen und Gelenke und der Rheumatismus. In Henke-Lubarsch Handbuch 9/2. Berlin, 1934. — KOCH, C. E.: Zur Frühdiagnose der Spondylarthritis ankylopoetica. Fschr. Röntgenstr. 53, 418 (1936). — KRAUPA, E.: Iritis und Spondylarthritis ankylopoetica. Klin. Mbl. Augenhk. 91, 493 (1933). — KREBS, W. (1): Zur Frage der sogenannten rheumatischen Erkrankungen der Wirbelsäule. Dtsch. med. Wschr. 1930 I, 220. — (2): Erwiderung auf den Aufsatz EHRLICHS im Heft 16 der „Röntgenpraxis" 3. Jg. Zur Frage des Fortschreitens der sogenannten BECHTEREWschen Erkrankung in der Wirbelsäule. Röntgenprax. 3, 1136 (1931). — KREBS, W. (3): Das Röntgenbild des Beckens bei der BECHTEREWschen Krankheit. Fschr. Röntgenstr. 50, 537 (1934). — (4): Die BECHTEREWsche Krankheit. Th. Steinkopff, 1938. — KREBS, W. und O. VONTZ: Entstehung und Verlauf der Spondylitis ankylopoetica (BECHTEREW). Dtsch. med. Wschr. 1934 I, 100. — KRONER: Über Spondylarthritis ankylopoetica. Dtsch. med. Wschr. 1933 I, 732. — KUNZ, E.: Über das Vorkommen von Iritis bei chronisch-entzündlicher Wirbelsäulenversteifung (Spondylarthritis ankylopoetica). Klin. Mbl. Augenhk. 91, 153 (1933).

LEISTER, R.: Zur Klinik der Spondylarthritis ankylopoetica (BECHTEREW) unter Berücksichtigung benigner Krankheitsformen (formes frustes). 31 S. Diss. Frankfurt a. M., 1938. — LINDSTEDT, F.: Étude sur le diagnostic de la spondylarthritis ankylopoetica. (A propos d'un fait observé au stade précoce de l'affection.) Acta med. scand. (Schwd.) 75, 76 (1931). — LUNEDEI, A.: La rachireostosi. Über einen Fall von „Gußförmiger Hyperstose" der Wirbelsäule mit Zeichen von starkem Hirndruck und meningealer Haemorrhagie. Riv. Clin. med. 36, 763 (1935). — LYON, S.: La spondylose rhizomélique. Presse méd. 1935 II, 1349.

MEISS, W. C.: Ein Fall von Spondylitis ankylopoetica ohne röntgenologischen Befund. Mschr. Unfallhk. 40, 562 (1933).

NENCINI, G.: Spondilosi rizomelica, spondilartrite deformante osteofitica, spondilite tifica e spondilite melitococcia. Studio radiologico. Prato, Arti grafiche Nutini, 47 S. 1934.

ODESSKY, L.: Zur Kasuistik der Spondylitis ankylopoetica. Röntgenprax. 3, 544 (1931).

PAMPARI, DINO: La protrusione del disco intervertebrale e l'ipertrofia del legamento giallo. Clinica 7, 194 (1941). — PIFFAULT und BARREAU (1): Spondylosis rhizomelica. Presse méd. 88, 1430 (1929). — (2): Radiographies du rachis. Bull. Soc. Radiol. méd. France 17, 252 (1929). — PROTAR et A. HUBERT: A propos d'un cas de spondylose rhizomélique. Bull. Soc. Électroradiol. méd. France 27, 562 (1939).

RAMOND, L.: Variations sur une ankylose du rachis. Presse méd. 1940 II, 963. — RATNER, J.: Zur Frage der endokrinen Arthritiden (Eunuchoidismus und Morbus Bechterew). Mitt. Grenzgeb. Med. u. Chir. 41, 402 (1929). — REISBERMAN, R.: KAHLERsche Krankheit. Ndld. Tschr. Geneesk. 35, 645 (1942).

SALVATORI, G. B.: Contributo allo studio radiologico e clinico dei risultati lontani della simpaticectomia nella spondilartrosi anchilosante. Atti, 11. Congr. Ital. 2, 92 (1934). — SCHLEY, H.: Über den Wert der Röntgenuntersuchung der Wirbelsäule bei Erkrankungen der Regenbogenhaut. Klin. Mbl. Augenhk. 98, 780 (1937). — SCHWANKE, W.: Wirbelsäulenversteifung. Fschr. Röntgenstr. 33, 1 (1925). — SICKENDICK, A.: Was wird aus den Bechterew-Kranken? 47 S. Diss. Münster i. W., 1941. — SINDING-LARSEN, CH.: A contribution to the diagnosis in diseases of the vertebral column. Acta radiol. (Schwd.) 5, H. 2 (1926). — SMALTINO, M.: Complicazioni oculari nella spondilosi rizomelica. Boll. Ocul. 13, 1619 (1934). — STOCKMAN, R.: Ossifying spondylitis. Edinbgh. med. J. 33, Nr. 20 (1926). — SWYNGHEDAUW et E. GAUDIER (1): Spondylosis rhizomelica. Presse méd. 7, 114 (1927). — (2): Un cas de spondylose rhizomélique. Arch. franco-belg. Chir. (Belg.) 30, 855 (1927).

TEMPELAAR, H. C. G.: Spondylosis rhizomelica. Ndld. Tschr. Geneesk. (holl.) 1936, 1798. — THALHEIMER, E. und GERSLON-COHEN: Chondrodystrophy. Prenatal diagnosis possible. Radiology (Am.) 35, 495 (1940).

VONTZ, O.: Röntgendiagnostik der Spondylarthritis ankylopoetica (BECHTEREW). Dtsch. med. Wschr. 1937 II, 1558.

WEIL, MATHIEU-PIERRE: Le diagnostic précoce de la spondylose rhizomélique. Bull. Soc. méd. Hôp. Par. 56, 741 (1941). — WEISSENBACH, R. J., L. PERLÈS, F. FRANCON et P. TÉMINE: Spondylose ankylosante et mal de POTT. Bull. méd. 1940, 201. — WERTHEMANN, A. und F. RINTELEN (1): Über „spastische Spinalparalyse" bei Kompression des Rückenmarkes durch ein im Verlauf von Spondylitis ankylopoetica verknöchertes hinteres SCHMORLsches Knorpelknötchen. Z. Neur. 142, 200 (1932). — (2): Kompression des Rückenmarkes durch ein im Verlauf von Spondylitis ankylopoetica verknöchertes hinteres SCHMORLsches Knorpelknötchen. Schweiz. med. Wschr. 1933 I, 172. — WOLFF, GERH.: Zur Diagnose und Beurteilung der sogenannten BECHTEREWschen Erkrankung. Z. orthop. Chir. 63, 133 (1935). — WOLFF-EISNER, A.: Über die BECHTEREW-STRÜMPELLsche Erkrankung, mit besonderer Berücksichtigung der Frage der Kriegsdienstbeschädigung. Med. Klin. 1931 I, 801.

ZISKIND, E., SOMMERFELD and E. ZISKIND: The neurologie aspects of ankylosing spondylitis. Bull. Los Angeles neur. Soc. 2, 185 (1937).

20. Ostitis deformans (PAGET).

ABEL: Knochenmetastasen und Ostitis deformans PAGET. Röntgenprax. 14, 310 (1942). — ALBERTINI, A. v.: Bemerkungen zur sarkomatösen Entartung bei Ostitis deformans. Fschr. Röntgenstr. 41, 443 (1930). — ALESSI, D.: Compressione midollare in un caso di malattia di PAGET. Riforma med. 1938, 538. — ALLIONI, B.: PAGET vertebrale e stati paget-oidi vertebrali. Quad. radiol. 6, 195 (1935).

BASTIAN, G.: Beitrag zur Frage der atypischen Knochenveränderungen bei Ostitis chronica deformans PAGET. Orig. in Röntgenprax. 2, 569—573 (1930). — BULLO, E.: Aspetti radiologici e diagnosi differenziale del morbo di PAGET della colonna vertebrale. Radiol. med. 27, 700 (1940). — BURGERHOUT, H.: Chronisch hereditärer hämolytischer Ikterus und PAGETsche Knochenerkrankung, in einer Familie auftretend. Ndld. Tschr. Geneesk. 1942, 2215.

CALIGARIS, E.: Beitrag zum Studium der PAGETschen Knochenkrankheit. Arch. Ortop. (It.) 44, 859 (1928). — CANIGIONI, THOMAS: Über PAGETsche Knochenkrankheit. Fschr. Röntgenstr. 64, 228 (1941). — CHIERICI, R.: Su due casi di associatione PAGET-Sarcoma. Nuntius radiol. (It.) 10, 161 (1942).

EISLER, F.: Ein seltener Fall von PAGETscher Knochenerkrankung. Fschr. Röntgenstr. **29**, 311 (1929). — ENGEL, A.: Ein Fall von PAGETs Knochenkrankheit. Acta med. scand. (Schwd.) **69**, 425 (1928). — ERDHEIM, J. (1): Über die Genese der PAGETschen Knochenerkrankung. Beitr. path. Anat. **96**, 1 (1935). — (2): Die pathologisch-anatomischen Grundlagen der hypophysären Skelettveränderungen (Zwergwuchs, Typus Fröhlich, Akromegalie, Riesenwuchs). Fschr. Röntgenstr. **52**, 234 (1935).

FENKNÉR: Ein Fall „PAGETscher Knochenerkrankung". Arch. klin. Chir. **156**, 408 (1929).

HALLERMANN, W.: Zur Kenntnis der Ostitis deformans PAGET der Wirbelsäule. Fschr. Röntgenstr. **40**, 999 (1929). — HASLHOFER: Die PAGETsche Knochenkrankheit. In Henke-Lubarsch Handbuch der spez. pathologischen Anatomie und Histologie 9/3, S. 551. Berlin: Springer, 1937. — HUMMEL, R.: Erwiderung zu obigen Bemerkungen. Röntgenprax. **6**, 685 (1934).

IVIMEY, M. (1): Ein Fall typischer juveniler PAGETscher Krankheit. J. nerv. Dis. **68**, 602 (1928). — (2): Knochendysrophie mit den Merkmalen der Leontiasis ossea, der Ostitis deformans und der Ostitis fibrosa cystica. Amer. J. Dis. Childr. **38**, 348 (1929).

KIENBÖCK, R. (1): Bemerkungen zu O. RUMMERT (Düsseldorf): Ostitis deformans PAGET und Diabetes insipidus. Fschr. Röntgenstr. **50**, 181 (1934). — (2): Bemerkungen zum Artikel von Dr. HUMMEL: Zwei Fälle von Ostitis deformans PAGET juvenilis. Röntgenprax. **6**, 685 (1934).

LASERRE, CH. et CLAVÉ: Maladie de PAGET révélé par une talagie. J. med Bord. etc. **117**, 245 (1940). — LOOSER: Über Ostitis deformans und mit ihr angeblich verwandte Knochenerkrankungen. Schweiz. med. Wschr. **1926**.

MALLET, L., L. GASNE et J. LEFEBRE: Maladie osseuse de PAGET et tumeurs amyéloplaxes. Paris méd. **1941 I**, 169. — MARESCH, R.: Zur Pathologie der Entzündung. Wien. klin. Wschr. **1935 II**, 1202. — MORLOCK, H. V.: Ostitis deformans mit Kompressionsparaplegie. Proc. Soc. Med., Lond. **23**, 28 (1929). — MOUCHET, A.: Maladie de PAGET héréditaire à localisation vertébrale. Mém. Acad. Chir., Par. **67**, 184 (1941).

PAGET, J.: On a form of chronic inflammation of bones (Osteitis deformans). Med.-chir. Trans., Lond. **60**, 37 (1877). — PETERSMA, J. P.: Querschnittsläsion des Rückenmarks bei PAGETscher Krankheit. Geneesk. Bl. (holl.) **1938**, 3572. — PIC, A. und PATEL: PAGETsche Knochenkrankheit. Lyon méd. **145**, 52 (1930). — PRUSSIA, G.: Contributo allo studio sulla patogenesi della osteite deformante di PAGET. Ann. ital. Chir. **20**, 145 (1941).

RÖSSLE, R.: Über Grenzformen der Entzündung und über die serösen Organentzündungen im besonderen. Klin. Wschr. **1931 I**, 769. — RUMMERT: Erwiderung auf die Bemerkungen von Prof. KIENBÖCK. Fschr. Röntgenstr. **50**, 181 (1934).

SCHMORL, G.: Über Ostitis deformans PAGET. Virchows Arch. **283** (1932). — SCHNEYER, J.: Über Gelenkveränderungen bei Ostitis deformans (PAGET). Med. Klin. **9**, 311 (1930). — SEGALE, G. C.: Ostitis deformans PAGET mit Sarkom des Humerus. Arch. ital. Chir. **22**, 482 (1928). — STÖHR, FR.: Über Sarkombildung bei Ostitis deformans PAGET. Wien. med. Wschr. **39**, 1231 (1929).

TURNAY, O.: Ein Fall von carcinomatös entarteter PAGETscher Krankheit. Magy. Röntgen. Közl. **16**, 83 (1942).

WEISS, KONRAD: Die Osteoporosis circumscripta SCHÜLLER. Eine seltene, aber typische Erscheinungsform der PAGETschen Knochenerkrankung. Orig. in Fschr. Röntgenstr. **41**, 16 (1930). — WOYTEK, G. (1): Über Spätveränderungen bei der Osteodystrophia deformans der Wirbelsäule. Arch. klin. Chir., Kongr.-Bd. **1936**, 186. — (2): Zur Spätsymptomatologie der Osteodystrophia deformans PAGET der Wirbelsäule. Schweiz. med. Wschr. **1938 I**, 446.

H. Lokalisierte Infektionen der Wirbelsäule.

21. Chronisch spezifische Entzündungen.

ABERNETHY, CHRISTINE: Two cases of syphilitic spondylitis. Brit. med. J. **1931**, Nr. 3677, S. 1112. — ADAMS, Z. B.: Tuberculosis of the spine. A study of one hundred cases. J. Bone Surg. (Am.) **16**, 200 (1934). — ADAMS, Z. B. and J. S. DECKER: Unusual locations of tuberculous lesions in the spine. J. Bone Surg. (Am.) **19**,

719 (1937). — ANDERSON, RANDOLPH: Isolated tuberculosis of the spinous process of a vertebra. J. Bone Surg. (Am.) 22, 741 (1940). — ASPRAY, J.: Case of luetic osteoarthritis involving frist and second cervical vertebrae, with partial destruction of odontoid process. Radiology (Am.) 8, Nr. (1927).

BACCAGLINI, M.: Su di un aspetto radiologico degli estremi anteriori dei corpi vertebrali dorsali vicini a focolai pottici. Nuntius radiol. (It.) 9, 240 (1941). — BEAUJEU, A. et DE JAUBERT: Un nouveau cas de mal de POTT avec productions ostéophytique. Arch. Électr. méd. etc., Jg. 35 (1927). — BELOT, J. et F. LEPENNETIER: Altérations de la colonne vertébrale par mal de POTT. Traumatisme et anomalies de développement. Pour aider au diagnostic différentiel. Bull Soc. Radiol. méd. France, Jg. 14, Nr. 134 (1926). — BÉRARD, F. et EYRAUD: Sur 22 cas d'opérations d'Albee chez l'enfant et l'adolescent. Lyon Chir. 35, 729 (1938). — BERGER: Lues III der Wirbelsäule. Derm. Z. 47, H. 5/6 (1926). — BERGMANN, K.: Zwei Fälle von Skoliose mit Paraplegie. Acta chir. scand. (Schwd.) 64, 222 (1928). — BÉRIEL, L. und J. ROUSSET: Schwierigkeiten der Diagnostik bei einigen Formen des Malum Pottii. Presse méd. 95, 1549 (1929). — BIDOLI, E.: Contributo allo studi di una forma di artrite vertebrale di natura probabilemente tubercolore. Atti 11. Congr. Ital. 2, 90 (1934). — BOEREMA, J.: Über die Prognose der Spondylitis tuberculosa. Z. orthop. Chir. 60, 350 (1933). — BREITSOHL, H.: Spondylitis luetica. Diss. Königsberg, 1935. — BROCHER, J.: Die Differentialdiagnose der Wirbelsäulentuberkulose. Leipzig: G. Thieme, 1941. — BROGLIO, R.: Sulla spondilite sifilitica. Gi. med. Alto Adige 3, 67 (1931). — BUFNOIR, C. M.: Les faux maux de POTT de l'adulte. Bull. méd., Jg. 40, Nr. 45 (1926). — BUSINGER, O.: Beitrag zum Verlauf und Prognose der Tuberkulose der Wirbelsäule auf Grund von 108 Fällen der Eidg. Militärversicherung aus den Jahren 1902—1927. Schweiz. med. Wschr., Jg. 58, Nr. 14, S. 355 (1928). — BÜSSEN, W.: Differentialdiagnostische Schwierigkeiten zwischen Spondylitis tuberculosa und unspezifischer Erkrankung der Zwischenwirbelscheiben. Dtsch. Z. Chir. 240, 464 (1933).

CACVÉ, J. et M. GALLAND: Ostéites vertébrales centrosomatiques et mal de POTT; les aspects „en dent creuse". Presse méd. 1927, Nr. 35, 91. — CASUCCIO, C.: Difficoltà diagnostiche in alcune lesioni della sacro-iliaca. Boll. Sci. med. 111, 14 (1939). — CATO, E. T.: The treatement of spinal caries ba the Albee operation. Austral. a. N. Zeald J. Surg. 6, 361 (1937). — CEBBA, J.: Rilievi statistici intorno alla concomitanza di anomalie vertebrali e tuberculosi vertebrale. Atti 11. Congr. Ital. 2, 57 (1934). — CHIARI, O. v.: Zum malem Potti suboccipitale im Kindesalter. Röntgenprax. 10, 77 (1938). — CLAIRMONT, WINTERSTEIN und DIECUTZA: Die Chirurgie der Knochentuberkulose. Berlin: Karger, 1931. — CLAVELIN, CH.: Au sujet des formes cliniques du mal de POTT de l'adulte. Bull méd., Jg. 40, Nr. 45 (1926). — CLEVELAND, M.: Tuberculosis of the spine. A clinical study of 203 patients from Sea View and St. Luke's Hospital. Amer. Rev. Tbc. 41, 215 (1940). — COLLIN, E.: Spondylitis vert. lumb. 5 et vert. sacralit. Verh. dän. radiol. Ges. 1925, Hosp.tid. (Dän.) Jg. 70, Nr. 18, S. 34 (1927). — COMPERE, ED. L. and M. GARRISON: Correlation of pathologic and roentgenologic findings in tuberculosis and pyogenic infections of the vertebrae. The fate of the intervertebral disk. Amer. Surg. 104, 1038 (1936). — COQUELET, O.: Maux de POTT avec abcès sans signes radiologiques. Scalpel (Belg.) 1931 I, 627.

DAHM, M.: Schattenbildung im hinteren Mittelraum und Wirbelerkrankung. Röntgenprax. 12, 312 (1940). — D'AMATO, G.: Röntgenbilder der tuberkulösen Erkrankung des Sakroiliakalgelenks. Rass. internaz. Clin. 10, 23 (1929). — DECOURT, J. et L. GALLY: Mal de POTT traumatique. Bull. Soc. méd. Hôp. Par., III. s., 46, 1523 (1930). — DELEHEF, J.: A propos du diagnostic et du traitement du mal de POTT et de la coxalgie chez l'adulte. Rev. belge Tbc. 30, 287 (1939). — DIATCHENKO, V. A.: Contribution au roentgénodiagnostic de l'affection syphilitique de la colonne vertébrale. Dermat. 1940, Nr. 2/3, 45 (russ.). — DONEGANI, S.: Un caso di tuberculosi del dente dell'epistrofeo. Atti 1. Conv. Piemont, Fisiol. 1939, 152. — DOUB, H. P. and C. E. BADGLEY: Tuberculosis of the intervertebral articulations. Amer. J. Roentgenol. 25, 299 (1931). — (2): The Roentgen signs of tuberculosis of the vertebral body. Amer. J. Roentgenol. 27, 827 (1932). — DRECHSEL, K.: Zur Klinik der Entzündung der Articulatio-sacro-iliaca. 26 S. Dresden: Risse-Verlag, 1934. — DUCREZ, E.: Cystische Wirbelsäulentuberkulose. Röntgenprax. 12, 461 (1940).

FERNANDEZ GALLEGO, L.: Einige klinische und differentialdiagnostische Gesichtspunkte zum Malum Pottii beim Erwachsenen. Med. y Cir. Guerra 4, 21 (1941). — FINCK, V.: Die Enderfolge der Behandlung der Wirbeltuberkulose. Z. orthop. Chir. **60**, Beil.-H., 343 (1934). — FISHER, A.: Tuberculosis of the spine. Surg. clin. N. Amer. **6**, Nr. 2 (1926). — FOX, TH., M. S. BURMAN and S. SINBERG: An unusual case of tuberculosis of the spine. Amer. Rev. Tbc. **39**, 828 (1939). — FRANGENHEIM, P.: Die Syphilis der Knochen. Jadassohns Handbuch der Haut- u. Geschlechtskrankheiten 17/3, S. 168. Berlin: Springer, 1928. — FREUND, E.: Zur Klinik und Radiographie der Spondylitis tuberculosa. Arch. klin. Chir. **159**, 434 (1930). — FRUCHAUD, H. et BAUGAS: Mal de POTT ayant détruit la totalité de la colonne lombaire. Greffe d'Albee, Resultat biologique. Mém. Acad. Chir. **63**, 53 (1937). — FRUGONI, C.: Malum Pottii suboccipitale. Minerva med. **21**, I, 222 (1930).

GALLAND, M. et H. DE LAS CASA (1): Lumbo-Sakral-Dynamik. J. Radiol. (Belg.) **1929**, 10. — (2): La dynamique lombo-sacrée. Étude pratique de radiologie technique et clinique. (Le mal de POTT lombo-sacré.) J. Radiol. (Belg.) **13**, 529 (1929). — GHORMLEY, R. and J. BRADLEY: Prognostic signe in de X-rays of tuberculous spines in children. J. Bone Surg. (Am.) **10**, 796 (1928). — GIUNTINI, L. e ALARICO SALOTTI: Accenni all'applicazione del metode morfodinamico nella patologia vertebrale. Nuntius radiol. (It.) **9**, 202 (1941). — GLAUBERSOHN, S.: Syphilitische Spondylitis. Russky vestnik. dermat. **5**, Nr. 2, S. 163 (russ.). — GOLD, E.: Über posttraumatische Wirbeltuberkulose. Mschr. Unfallhk. **38**, 200 (1931). — GOLD, E. und H. STERBERG: Über das gemeinsame Vorkommen von Skoliose und Spondylitis tuberculosa. Arch. orthop. Chir. **35**, 292 (1935). — GRASHEY, R.: Wie alt ist die Spondylitis? Röntgenprax. **5**, 105 (1933). — GRAZIANSKY, W.: Zur Frage über frühe und abnorme Verknöcherung der Wirbelkörperrandleiste bei Kranken mit tuberkulöser Spondylitis. Röntgenprax. 5, 329 (1933). — GRILLI, A.: Su due casi di spondilite luetica. Atti 11. Congr. Ital. **2**, 58 (1934). — GROH, H.: Spontanheilung von Wirbeltuberkulose. Zbl. Chir. 1786 (1941). — GROSS, E.: Über Heilungsformen der Spondylitis tuborouloaa mit booondoror Borüokoiohtigung der funktionellen und kosmetischen Resultate. Arch. orthop. Chir. **32**, 490 (1932).

HADDA: Spondylitis tuberculosa. Zbl. Chir., Jg. 54, Nr. 33 (1927). — HAENISCH: Über die Kreuzbeingegend, einschließlich der Übergänge zu Lendenwirbelsäule und Becken. Ärztl. V. Hamburg, 19. März 1929; Verh.-Ber. in Fschr. Röntgenstr. **39**, 912 (1929). — HAHN und DEYCKE: Knochensyphilis im Röntgenbild. Fschr. Röntgenstr., Erg.-Bd. 14 (1907). — HANSON, ROB.: Über tuberkulöse Spondylitis bei Fällen von Kyphosis dorsalis juvenilis sive adolescentium. Acta chir. scand. (Schwd.) **78**, 297 (1936). — HARRENSTEIET: R. J. und G. J. HUET: „Blockbildung" bei tuberkulöser Spondylitis. Ndld. Tschr. Geneesk. **1937**, 1002. — HARRIS, R. J. and H. S. COULTHARD: End reltats of treatment of POTT's diseose. J. Bone Surg. (Am.) **22**, 862 (1940). — HEILBRONN, L. G.: Differential diagnosis between tumor and tuberculosis of the spine. Acta radiol. (Schwd.) **5**, H. 4 (1926). — HELLENDALL, H. (1): Unterbrechung der Schwangerschaft bei großem Sekungsabsceß nach Wirbelsäulentuberkulose. Zbl. Gynäk. **1933**, 620. — (2): Zur Röntgendiagnostik der Wirbelsäule und des Beckens (bei Tuberkulose und Carcinom) und ihre Beziehungen zur Gynäkologie und Geburtshilfe. Zbl. Gynäk. **1937**, 1350. — HELLSTADIUS, A.: Über die Entwicklung des tuberkulösen Prozesses und die Entstehung verschiedener Ausheilungsformen bei Tuberkulose der Wirbelkörper sowie einige damit zusammenhängende Verhältnisse. Acta orthop. scand. (Dän.) **8**, 1 (1937). — HEMPRICS, RUD.: Über Zusammenhänge zwischen Spondylitis Tbc. und Urogenitaltuberkulose. Dtsch. Z. Chir. **254**, 181 (1940). — HERLYN, K. E.: Über Fehldiagnose bei Spondylitis unter Berücksichtigung atypischen Sitzes, der Blockwirbelbildung und der Spondylitis luica. Fschr. Röntgenstr. **51**, 521 (1935). — HILDEBRAND, W.: Schwierigkeiten bei der Diagnostik der Tuberkulose der Articulatio-sacroiliaca und des 5. Lendenwirbels. Z. Orthop. **65**, 340 (1936). — HOLTA, O.: Hemangioma of the cervical vertebra with fracture and compression myelomalacia. Acta radiol. (Schwd.) **36**, 364 (1942). — HORN: Beitrag zur Diagnose der Spondylitis luetica. Röntgenprax. **4**, 31 (1932). — HURIEZ, CL. et M. LAMBRET: La tuberculose vertébrale postérieure. Gaz. Hôp. **279**, 319 (1931 I).

INGEBRANS, P.: Mal de POTT cervical ancien simulant un syndrome de KLIPPEL-

Feil's chez un enfant. Arch. franco-belg. Chir. (Belg.), Jg. 30, Nr. 6, S. 510 (1927).

Jaeger, W.: Spondylitis tuberculosa mit durch Trauma bedingter Infektion. Schweiz. Z. Unfallmed. 28, 63 (1934). — Janas, At.: Modo di guarigione della spondylite tubercolare nell'adulto. Chir. Org. Movilm. 19, 560 (1935). — Jaulin et Limouzi (1): Les difficultés du diagnostic du mal de Pott. Arch. Électr. med. etc. Jg. 34, Nr. 521 (1926). — (2): Des difficultés du diagnostic du mal de Pott. J. Radiol. et Électrol. 10 (1926). — (3): Des difficultés de diagnostic du mal de Pott. J. belge Radiol. 15 (1926). — Jessner, Max: Spondylarthritis cervicalis syphilitica. Klin. Wschr., Jg. 6, Nr. 9 (1927). — Joisten, Chr.: Über Pachymeningitis dorsalis hypertrophica. Münch. med. Wschr., Jg. 74, Nr. 7 (1927). — Jovin, L.: Ein Fall von erworbener Pseudo-Pottscher Wirbelsynostose. Röntgenprax. 13, 465 (1941). — Judd, A.: Tuberculosis of the lateral lumbar vertebral mass. Ann. Surg. 111, 331 (1940).

Kaneda, H. und F. Imamura: Untersuchung des primären Herdes der Wirbelcaries mittels Thorotrastinfusion in den Senkungsabsceß. Mitt. med. Akad. Rioto 31, 1125 (1941). — Kimmerle, A.: Über einen Fall von Spondylitis syphilitica. Fschr. Röntgenstr. 37, H. 1 (1928). — Kofmann, S. (1): Beitrag zur frühen Diagnostik der Spondylitis tuberculosa. Arch. orthop. Chir. 30, 308 (1931).— (2): Über die Diagnose der Spondylitis tuberculosa im antegibbären Stadium (Spondilitis sine gibbo). Z. orthop. Chir. 60, 163 (1933). — (3): Bemerkungen zu dem Vortrage von Dr. v. Fink: „Die Enderfolge der Behandlung der Wirbeltuberkulose" auf dem 28. Kongreß der Deutschen Orthop. Gesellschaft. Z. orthop. Chir. 62, 196 (1934). — Konschegg, Th.: Die Tuberkulose der Knochen. In Henke-Lubarsch Handbuch Bd. 9/II, S. 377. — Krüger, W.: Ein Beitrag zum Krankheitsbild der Osteochondritis syphilitica bei Lues congenita tarda. Dtsch. Z. Chir. 249, 79 (1938).

Lamy, L., P. Bourgeois et H. Thiel: Le diagnostic radiologique du mal de Pott par la méthode des radiographies en coupe mince. Presse méd. 1938 II, 1087. — Lance, M.: Les ossifications ligamentaires dans le mal de Pott. Par. méd., Jg. 18, Nr. 29 (1928). — Lang, F.: Discussionsbemerkungen zur Frage der Discushernien, Wirbelverschiebung und Myelographie. Z. Unfallmed. u. Ber.krkh. 35, 251 (1941). — Laquerrierre: Ce qu'il faut connaître de l'épiphysite vertébrale pour ne pas le confondre avec un mal de Pott. Un. méd. Canada 64, 614 (1935). — Laureati, L.: Tuberkulöse Karies eines Wirbels, der schon kongenital deformiert gewesen ist. Riv. Radiol. e Fisica med. 1, 333 (1929). — Lindemann, K.: Wert und Bedeutung der Röntgenuntersuchung für die klin. Beurteilung der Wirbeltuberkulose in ihrem Verlauf. Dtsch. Z. Chir. 237, 234 (1932). — Logrocino, J.: Artritismo apofisario che insorge nel corso di spondiliti tubercolari. Chir. Org. Movim. 25, 165 (1939). — Lyon, E. (1): Über horizontale Verdichtungen in den Wirbelkörpern. Fschr. Röntgenstr. 45, 592 (1932). — (2): Ostitis deformans Paget and hyperthyreose. Schweiz. med. Wschr. 1942 II, 592.

Mäder, B.: Zur Frühdiagnose und Altersbestimmung der Spondylitis tuberculosa. Diss. Zürich, 1943. — Mancini, G.: Evoluzione degli ascessi mediastinici da Morbo di Pott col trattamento climatoterapico. Chir. Org. Movim. 18, 587 (1933). — Mantovani, P.: Alcune considerazioni sul morbo di Pott latente nell'adulto. Riv. Pat. e Clin. Tbc. 15, 306 (1941). — Marconi, S.: Ascessi pottici e loro rapporti coll'apparato urinario. Quad. radiol., N. S. 5, 216 (1940). — Marx, H.: Beitrag zur Kenntnis der Abscesse bei Spondylitis tuberculosa. Prakt. Tbk.bl. 1929, Beil.-H. 9, 140. — May, E., Decourt et M. Willm: Syphilis vertébrale avec aspect radiologique pseudo-angiomateuse. Bull. Soc. méd. Hôp. Par. III. s., 48, 1053 (1932). — Mengis, E.: Über Spondylitis tuberculosa. Diss. Bern, 1938. — Messel, D.: Zur Diagnostik der Erkrankungen der Wirbelsäule. Moskovskij medicinskiy jurnal, J. 1926, Nr. 4 (russ.). — Mezzari, A.: Ascesso presacro-gluteo bilaterale comunicante d'origine vertebrale. Radiol. med. 14, Nr. 11 (1927). — Moccia, Gaetano: Innesto lingo o innesto corto nella cura chirurgica del morbo di Pott. Policlinico, Sez. Chir. 48, 389 (1941). — Montgomery, L.: Syphilitic periostitis of the cervical vertebral and right clavicle. Canad. med. Assoc. J. 16, Nr. 5 (1926). — Morasca, Luigi (1): La lesione del disco nella tubercolosi vertebrale. Röntgenologische Studien zum Nachweis der Wirbeltuberkulose in einem früheren

Arch. Med. e Chir. 2, Nr. 3, 11 (1933). — (2): Osteofita marginale sintoma iniziale di spondilite. Arch. Med. e Chir. 2, Nr. 5, 93 (1933). — (3): Sopra una singolare sindrome: Tubercolosi costo-pleuro-vertebale. Arch. Med. e Chir. 5, 25 (1936). — MOREAU: Mal de Pott latent. Rev. Orthop. 26, 681.

NEPI, A. DI: Sul decorso di alcuni ascessi ossifluenti da carie vertebrale. Ortop. e Traumat. Appar. mot. 8, 232 (1936). — NEW, G. and W. DECKER: Pharyngeal sinus with cervical POTT's disease: Report of six cases. Surg. Clin. N. Amer. 6, Nr. 5 (1926). — NIESSEN-LIE, H. S.: (1): Differentialdiagnose der chronischen Entzündungen in der Wirbelsäule und im Becken. Nord. Med. (Schwd.) 1941, 3403. — (2): Spondylolisthese und Tbc. Spondylitis. Nord. Med. (Schwd.) 1941, 2431. — NITSCHE F.: Zur Behandlung der Spondylitis tuberculosa. (Auf Grund 10jähriger Erfahrungen mit der FINCKschen Methode.) Z. orthop. Chir. 61, 27 (1934). — NOVAK, C. (1): Tubercolosis degli archi vertebrali. Arch. Med. e Chir. 1, Nr. 3, 25 (1932), — (2): Spondiliti latero-marginali. Arch. Med. e Chir. 2, Nr. 3 61 (1933). — NUTTER, J. A.: An Albee operation after 20 years. Canad. med. Assoc. J. 38, 270 (1938).

ORY: Aspect en „dent creuse" de deux vertèbres dorsales. Origine non-pottique. Arch. franco-belg. Chir. (Belg.), Jg. 30, Nr. 3, S. 246 (1927).

PAISSEAU, G., E. SORREL et NGUYEN RHAC VIEN: Mal de POTT sous-occipital chez un nourrisson vacciné au B. C. G. Bull. Soc. med. Hôp. Par., III. s., 57, 328 (1941). — PALEOTTI, G. S.: Contributo radiologico nelle sacro-ileiti. Quad. radiol. 7, 372 (1936). — PALTRINIERI, M.: Tubercolosi vertebrale a focolai multipli. Chir. Org. Movim. 19, 590 (1935). — PAPADOPOULOS: Sur un cas de spondylite chronique. Tuberculose ou syphilis. Lyon chir. 23, Nr. 4 (1926). — PAVLOVSKY, A.: Radiologische Differentialdiagnose zwischen Malum Potti und neoplastischen Wirbelsäulenmetastasen. Arch. Conf. Médicos Hosp. Rumas Mejia, B.-Air. 11, 31 (1929) (span.). — PERERA, A.: Beginnende Formen und multiple Formen der Wirbelsäulentuberkulose. Progr. Chir. 38, 817 (1930) (span.). — PEROTTI, D. (1): Sul restringimento del disco intervertebrale negli stadi iniziali del Male di POTT. Arch. Radiol. (It.) 9, 251 (1933). — (2): Segni radiologici dei processi riparativi nella spondilite tubercolose. Atti 11. Congr. Ital. 2, 54 (1934). — PETTER, CH. and J. P. MEDELMANN: An atypical case of tuberculosis of the spine. J. amer. med. Assoc. 102, 1378 (1934). — PEZZATO, F.: Tubercolosi costovertebrale generalizzata pseudoneoplastica. Med. contemp. (It.) 2, 117 (1936). — PICK, L.: Über Ausgangsstadien der Osteochrondritis syphilitica im Kindesalter. Klin. Wschr., Jg. 6, Nr. 16 (1927). — PIGORINI, L.: Reperti toracici rari e di difficile interpretazione dovuti ad ascesso ossifluente da spondilite tubercolare. Atti 11. Congr. Ital. 2, 53 (1934). — PITZEN, P. (1): Die Frühdiagnose und Behandlung der tuberkulösen Spondylitis. Berl. Klin., Jg. 34, H. 371 (1927. — (2): Erwiderung auf die Arbeit von E. GOLD und H. STERNBERG: Über das gemeinsame Vorkommen von Skoliose und Spondylitis tuberculosa (ds. Arch. 35, 292). Arch. orthop. Chir. 35, 688 (1935). — PREUSCHOFF, P.: Partielle Schlucklähmung bei Spondylitits tuberculosa cervicalis im Röntgenbild. Röntgenprax. 6, 355 (1934).

QUIRIN: Die Frühdiagnose der tuberkulösen Spondylitis. Tuberkulose, Jg. 6, Nr. 1 (1926).

RAGOLSKY, H.: Tuberkulose der Wirbelsäule mit besonderer Beziehung zur Fusion der Wirbelkörper. New Engld J. Med. 200, 608 (1929). — RATTI, A.: Il processo di riparazione della tubercolosi nel controllo dell'esame radiologico. Quad. radiol. 7, 57 (1936). — REBUSTELLO, E.: Localizzazione di morbe del POTT in una vertebra sopranumeraria. Riv. Chir. 3, 481 (1937). — REINHARD, W.: Über einen Fall von Spontanheilung einer Cervicalspondylitis. Zbl. Chir. 1941, 390. — RICHARD A. Ombres mediostinales d'origine pottique et déductions thérapeutiques. Rev. Orthop. (Fr.) 27, 270 (1941). — RICHARD, A. DELAHAYE et CALVET: Remarques cliniques et thérapeutiques sur la sacrocoxalgie. Rev Orthop. etc. (Fr.) 20, 97 (1933). — — RIGLER, L., UDE and HANSON: Paravertebral abscess. An early Roentgen sign of tuberculous sponylitis. Radiography 15, 471 (1930). — RINONAPOLI, G. (1): Localizzazioni tubercolari multiple della colonna vertebrale. Arch. Med. e Chir. 2, 109 (1933). — (2): La tubercolosi vertebrali. (Studio statistica-clinica su 761 casi.) Arch. Med. e Chir. 3, 755 (1934). — ROEDERER, C.: Quelques considérations sur le mal de POTT. Bull. méd., Jg. 40, Nr. 45 (1926). — ROUILLARD, J. et J. CALMELS: Hérédo-syphilis tardiva à manifestations multiples: Osteo-arthropathies, insuffisance thyro-ovarienne, néphite hypertensive, signe d'Argyl-Robertson. Existence de deux côtes cervicales. Bull. Soc. méd. Hôp. Par., Jg. 42, Nr. 19 (1926). — RUMMELHARD, K.: Über 178 Fälle von Spondylitis tuberculosa aus den Jahren 1907—1927. Arch. klin. Chir. 160, 771 (1930). — RUSSI, F.: La sifilide vertébrale. Rinasc. med., Jg. 4, Nr. 18 (1927).

SAIDMAN, J. et G. CASTELLANI: Mal de POTT et tuberculose rénale. Ann. Inst. Actinol., Par. 11, 57 (1937). — SALVATORI, G. B.: Contributo allo studio dei rapporti tra Morbo Pott e malattia di SCHEUERMANN. Atti 11. Congr. Ital. 2, 39 (1934). — SANTORO, M.: Calcificazioni paravertebrali e spondilite. Ascesso freddi calcificato. Arch. Radiol. (It.) 5, 1014 (1927). — SARROSTE: Cinq sacro-coxalgies de l'adulte traitées par l'enchevillement sacro-iliaque. Bull Soc. nat. Chir. 61, 565 (1935). — SCHÄR, H.: Das Symptom der verschmälerten Zwischenbandscheibe. Schweiz. med. Wschr. 70, 849 (1940). — SCHEEL, AXEL: Osteosklerose bei tuberkulöser Spondylitis. Nord. Med. (Schwd.) 1939, 1831 (norw.). — SCHILLER, V. und W. ALTSCHUL: Erfahrungen über Wirbeltuberkulose. Röntgenprax. 5, 481 (1933). — SCHMID, H.: Die beginnende Wirbeltuberkulose im Röntgenbild. Schweiz. med. Wschr. 1933 II, 1355. — SCHUBERTH, A.: Zur Lokalisation der tuberkulösen Wirbelsäulenerkrankung. Münch. med. Wschr. 1928 II, 1756. — SCHÜLLER, JOS.: Die Wirbeltuberkulose. Med. Klin. 1942 I, 207. — SCHULTZ, O. E.: Spondylitis gummosa. Sbornik praci., Jg. 2, Nr. 4, S. 342 (1927), n. franz. Zusammenfassung. — SEVER, J. W.: Abszesse bei der Wirbeltuberkulose. J. amer. med. Assoc. 92, 1822 (1929). — SGALITZER, M. (1): Stadium. Fschr. Röntgenstr. 40, 761 (1929). — (2): Röntgendiagnostik gutartiger Formen tuberkulöser Wirbelerkrankung (Spondylitis tuberculosa benigna). Wien. klin. Wschr. 16, 562 (1929). — (3): Röntgenographic diagnosis of vertebral syphilis. Radiology 37, 75 (1941). —SGMAN, A.: A case of syphilitic spondylitis in the cervical vertebral. Forh. nord. derm. For. (Dän.) 1929, 214. — SINAKEVIC, N.: Über Syphilis der Wirbelsäule. Vestn. Chir. 1929, H. 54, 137. — SINDING-LARSEN (1): Kasuistische Beiträge zur Diagnose der Krankheiten in der Rückenwirbelsäule und in dem Hüftgelenk. Acta orthop. scand. (Dän.) 1, 40 (1930). — (2): Zur Diagnose der Spondylitis tuberculosa im prädeformen Stadium. Acta orthop. scand. (Dän.) 1, 123 (1930). — SORREL, E. et SORREL-DÉJERINE: Paraplégie pottique. Laminectomie sans résultat. Guérison progressive de la paraplégie après évolution normale. Mém. Acad. Chir. 62, 592 (1936). — STANOJEVIĆ, B.: Über einen Fall von Arthritis sacroiliaca syphilitica bilateralis. Med. Klin. 9, 348 (1929). — STEBLOW, G. M. und T. G. OSSETINSKY: Zur Frage über die berufliche Ischias. Z. Neur. 121, 792 (1929). — STRASSER, A. (1): I segni radiologici iniziali della spondylite tubercolare. Arch. Med. e Chir. 7, 111 (1938). — (2): Fistola bronchiale in spondilite dorsale. Arch. Med. e Chir. 7, 443 (1938). — STRUKOW, A. (1): Veränderungen der Zwischenwirbelscheiben bei tuberkulöser Spondylitis. Tuberkulose 15, 330 (1935). — (2): Zur Pathogenese der tuberkulösen Spondylitis. Studio tbc. Prag 2, 119 (1937) (tschech.). — SWETT, P. G., BENETT and DANA M. STREET: POTT's disease: The initial lesion the relative frequency of extension by contignity, the nature and type of bealing, the rôle of the abscess, and the merits of operative and non-operative treatment. J. Bone Surg. (Am.) 22, 878 (1940). — SWIFT, W. E. (1): The treatment of tuberculosis of the spine by spinal fusion. J. Pediatr. (Am.) 13, 248 (1938). — (2): Endresultats of the spine-fusion operation for tuberculosis of the spine. J. Bone Surg. (Am.) 22, 815 (1940).

TENDELOO: In Handbuch der Tuberkulose von Blumenfeld, Brauer und Schröder. Leipzig, 1914. — THRAP-MEYER, H.: Spondylitis tuberculosa multiplex. Acta orthop. scand. (Dän.) 4, 154 (1933). — TOBLER: Über Ostéoarthropathie hypertrophiante pneumique. Diss. Zürich, 1939. — TREGUBOW, S.: Das Schicksal der Senkungsabscesse. Z. orthop. Chir. 57, 500 (1932). — TRUMBLE, H. C.: Tuberculosis of the spine: Early diagnosis and treatment. Med. J. Austral. 2, Nr. 8 (1926). — TUGEND-REICH, G. und S. SCHERESCHEWSKY: Röntgenbefunde bei neuralgischen und ischiadischen Beschwerden. Fschr. Röntgenstr. 39, 139 (1929).

URBAN, V.: L'osteosintesi vertebrale per spondilite tubercolare verificata a distanza dell'intervento. Arch. ital. Chir. 58, 416 (1940). — URECHIA, C. J.: Malum

Pottii mit Tachykardie und Schwindel in der horizontalen Lage. Presse méd. **39**, 642 (1929).

VACCHELLI, S.: Coxiti secondarie ad ascesso ossifluente da spondilite lombare. Chir. Org. Movim. **20**, 257 (1934). — VULPIUS und VANTANEOLI: Zur Statistik der Spondilitis. Arch. klin. Chir. **58**, 218 (1899).

WAITZEL, J. D.: Ein Beitrag zur Differentialdiagnose zwischen der Spondylitis tuberculosa und der primär chronischen Osteomyelitis der Wirbelsäule. Diss. Basel, 1938. — WEIL, M. P. et C. ROEDERER: Contribution à l'étude du rhumatisme tuberculeux en marge du mal de POTT. Une forme d'arthrite vertébrale de nature probablement bacillaire. Presse méd. **1933 II**, 1926. — WESTERMARK, N. und G. FORSSMAN: The Röntgendiagnosis of tuberculosis spondylitis. Acta radiol. **19**, 207 (1938). — WILLEMIN, F.: Mal de POTT a double foyer centro-somatique. Étude plonigraphique. Bull. Soc. franç. Radiol. **47**, 205 (1938). — WULFSOHN, H.: Ostitis und Periostitis gummosa der Halswirbelsäule. Dtsch. med. Wschr. **1929 I**, 186. — WYNEN, W. (1): Die Bedeutung der Bandscheibe für die Differentialdiagnose bei traumatischen, entzündlichen und kongenitalen Wirbelerkrankungen. Bruns' Beitr. **142**, H. 2 (1928). — (2): Die Bedeutung der Bandscheibe für die Differentialdiagnose bei traumatischen, entzündlichen und kongenitalen Wirbelerkrankungen. Fschr. Röntgenstr. **37**, H. 2 (1928).

YVIN: Mal de POTT et ostéite vertébrale centosomatique. Bull. Soc. franç. Électrother. et Radiol. **46**, 17 (1937).

ZANGHERI, C: Sulla rara via di migrazione di un ascesso ossifluente di origine vertebrale. Radiol. med. **19**, 865 (1932).

22. Andere bakterielle Infektionen.

ALVI, V.: Su di un caso di teratoma in adulto simulante una spina bifida. Rinasc. med. **8**, 174 (1931). — ANGELELLI, O.: Über einen Fall multipler Osteomyelitis. Riforma med. **42**, 839 (1929). — ANNOVAZZI, G.: Comportamento dei dischi intervertebrali della spondilite tifica. Riv. Radiol. e Fisica med. **7**, 73 (1933). — ANOUFRIEW, A.: Sacroilleitis puerperalis sinistra. Akus. i. Ginek. **12**, 27 (1940). — ARENDT, J.: Spondylitis typhosa im Röntgenbild. Röntgenprax. **2**, 1080 (1930). — ARMANET, M.: L'ostéomyelite subaigue du corps vertébral. Rev. Orthop. (Fr.) **37**, 55 (1941).

BADE, H.: Die Spondylitis infectiosa und ihre Abgrenzung gegenüber der Osteomyelitis, der Tuberkulose der Wirbelsäule und degenerativen Erkrankungen der Bandscheiben. Röntgenprax. **11**, 461 (1939). — BAENSCH: Über die infektiösen und tumorbedingten Erkrankungen der Wirbelsäule. Fschr. Röntgenstr. **44**, Kongr.-H. 27, 47 (1931). — BARGI, L.: Spondylitis brucellaris. Ref. Z. org. Chir. **82**, 180 (1937). — BARTSCH, J.: Spondylitis als Komplikation bei Morbus Bang. Fschr. Röntgenstr. **54**, 410 (1936). — BELLUCCI, B.: Beitrag zum röntgenologischen und klinischen Studium der osteoartikulären Erkrankungen nach Typhus. Radiol. med. **15**, 1180 (1928). — BENASSI, E.: Sull'aspetto radiologico e sulla fisioterapia delle artriti e spondiliti da febbre ondulante. Radiol. med. **23**, 686 (1936). — BETSHOLTZ, T.: Septische Spondylitis bei Fremdkörperperforation. Bericht über einen Fall. Arch. Ohr- usw. Hk. **141**, 14 (1936). — BOHART, W. H.: Anatomische Abweichungen und Anomalien der Wirbelsäule und ihre Beziehungen zur Prognose und Dauer der Arbeitsunfähigkeit. J. amer. med. Assoc. **92**, 698 (1929). — BOTREAU, ROUSSEL et HUARD: Spondylite et arthrite sacro-iliaque melitococciques avec abscès fessiers bilatérans ayant simulé des abscès froids ossifluents. Z. org. Chir. **57**, 622 (1932). — BOWEN, A. and CH. L. MAC GEHEE: Typhoid spine. Radiology **27**, 357 (1936). — BRILL, N. and D. E. SILBERMAN: Pyogenic osteomyelitis of the spine, mediastinal abscess and compression of the spinal cord. J. amer. med. Assoc. **110**, 2001 (1938). — BROCHER, J. E. W. und J. PARHAMI: Spondylitis bei Morbus Bang. Röntgenprax. **14**, 135 (1942). — BRUDER, K. H.: Über die Spondylitis typhosa. Diss. Münster i. W., 1934. — BUKA, A.: Chronic panostitis. Involving atlas axis and third cervical vertebra. Amer. J. Surg., N. S. **8**, 1280 (1930).

CANIGIONI, TH.: Wirbelentzündung im Anschluß an phlegmonöse Hautverletzung. Röntgenprax. **12**, 143 (1940). — CANIGLIO, GIUSEPPE: Spondylite da Influenza. Chir. Org. Movim. **26**, 192 (1940). — CARLETON, D.: Nichttuberkulöse Spondylitis. New

Engld J. Med. **200**, 320 (1929). — CARNOT: Mal de POTT staphylococcique de l'adulte. Paris méd. **1939**, 513. — CARSON, H.: Acute osteomyelitis of the spine. Brit. J. Surg. **18**, 400 (1931). — CARSTENS, J. H. G.: Spondylitis acuta septica nach Nabelinfektion. Mschr. Kinder-Geneesk. **2**, 538 (1933) (holl.). — CHANDLER, FREMONT A.: Pneumococcic infection of the sacro iliac joint complicating pregnancy. Treated by radical resection of the ilium. J. amer. med. Assoc. **101**, 114 (1933). — CHIARI, H.: Die eitrigen Gelenkentzündungen. In Henke-Lubarsch Handbuch 9/2. Berlin, 1934. — CHRISTIDI, J., FAGARASANI et CALITZA: Un cas d'ostéomyélite aiguë de la colonne vertébrale. Lyon Chir. **32**, 356 (1935). — CESARINI, M.: Contributo allo studio dell'osseomielite vertebrale con ascesso ossifluente. Atti 11. Congr. Ital. **2**, 96 (1934). — CLERICI, C.: Sulla spondilite de febbre ondulante. Gi. Clin. med. **13**, 2 (1932). — CUSHWAY, B. C. und H. J. MAIER: Systematische Untersuchungen der Wirbelsäule bei Industriearbeitern. J. amer. med. Assoc. **92**, 701 (1929).

DENGLER, S.: Über einen folgenschweren Spätzustand nach einer Spondylitis infectiosa. Z. orthop. Chir. **62**, 241 (1934). — DUCLOS, H.: Un cas d'ostéo-arthrite vertébrale d'origine mélitococcique. Bull. Soc. Électrol. radiol. med. France **26**, 10 (1938).

ESAU: Frühzeitige Röntgendiagnose bei der akuten Wirbelosteomyelitis (paravertebrale Schattenstreifen). Dtsch. Z. Chir. **239**, 615 (1933).

FLEMMING, CECIL: Chronic staphylococcal osteomyelitis of the spine. Proc. Soc. Med., Lond. **28**, 897 (1935). — FRÄNKEL, E.: Über Erkrankungen des roten Knochenmarks besonders der Wirbel und Rippen bei Infektionskrankheiten. Mitt. Grenzgeb. Med. u. Chir. **12**, 419 (1903); **11**, 1 (1903).

GLOGNER, E.: Spondylitis deformans nach Spondylitis infectiosa. 16 S. Diss. Hamburg, 1932. — GOTTLIEB, F.: La maladie dissociée du disque intervertébral. Rev. Orthop. (It.) **25**, 519 (1938). — GRUED, A. und H. SKRZYPECKI: Spondilitis typhosa. Chir. Narg. Ruchu **10**, 85 (1937) (poln.). — GUILLEMIN, A. und L. MATHIEU: Typhöse Spondylitis. Bull Soc. nat. Chir. **55**, 1411 (1929).

HARBIN, M. and J. W. EPTON: Osteomyelitis of the spine. Amer. J. Surg., N. S. **22**, 244 (1933). — HASELHORST, G.: Über Spondylitis typhosa. Bruns' Beitr. **138** (1926). — HEINEMANN-GRÜDER, C.: Zur Frage metatastischer Rückgratserkrankungen. Bruns' Beitr. **160**, 561 (1934). — HENRY, M.: Acute osteomyelitis of the spine. J. Bone Surg. (Am.) **11**, 536 (1929). — HOLMBERG, L.: Septic spondylitis. Report of seven cases. Acta chir. scand. (Schwd.) **84**, 479 (1941). — HÖRMANN, J.: Ein Fall von akuter Osteomyelitis des Atlas. Zbl. Chir. **1931**, 1379. — HUBRICH, R.: Akute primäre eitrige Osteomyelitis der Wirbelsäule. Zbl. Chir. **1929**, 2054.

JENSEN, J. P.: Spondylitis durch BANGschen Abortbacillus verursacht. Hosp.tid. (Dän.), Jg. 71, Nr. 24, S. 637 (1928). — JONES, R. W.: Spontaneous hyperaemic dislocation of the atlas. Proc. Soc. Med., Lond. **25**, 586 (1932).

KALINA, L.: Osteomyelitis vertebrarum pneumococcica. Chir. Narz. Ruchu **5**, 105 (1932) (poln.). — KÄSTNER, H.: Seltenere Lokalisationen der Osteomyelitis (Wirbelsäule, Schulterblatt). Arch. klin. Chir. **153**, 750 (1928). — KENNON, R.: Infektiöse Osteomyelitis. Surg. etc. **47**, 44 (1928). — KLAR, M.: Blockwirbelbildung als Folgeerscheinung der Chondritis intervertebralis infectiosa. Röntgenprax. **5**, 206 (1933). — KUHN, A.: Ein Fall von Spondylitis typhosa. Röntgenprax. **4**, 712 (1932). — KULOWSKI, JAC.: Pyogenic osteomyelitis of the spine. An analysis and discussion of 102 cases. J. Bone Surg. (Am.) **18**, 343 (1936). — KULOWSKY and WINKE: Undulant fever spondylitis. Report of a case, due to Brucella melitensis, bovina variety etc. Ref. Z. org. Chir. **61**, 582 (1933). — KUSUNOKI, T.: Über einen Fall von Pyocyaneus Osteomyelitis der Wirbelsäule im Anschluß an Pyelonephritis. Z. Urol. **32**, 699 (1938). — KUWAHATA, H.: Neue experimentelle Untersuchungen über die Entstehung der akuten eitrigen Osteomyelitis. Dtsch. Z. Chir. **222**, 374 (1930).

LAGROF et SOLAL: L'ostéomyélite des apophyses épineuses. Rev. Orthop. (Fr.) **19**, 311 (1932). — LANCE: Un cas de maladie d'un disque intervertébral d'origine coli-bacillaire. Bull. Soc. Pédiatr. Par. **38**, 23 (1941). — LE FORT, R. und P. INGELRANS: Abgeschwächte Formen von Wirbelosteomyelitis. Bull. Soc. nat. Chir. **54**, 1445 (1928). — LEIBOVICI, R.: L'ostéomyélite vertébrale. J. Chir. (Fr.) **32**, 648 (1928). — LENNER, S.: Über die Osteomyelitis der Wirbelsäule. Bruns' Beitr. **155**, 223 (1932).

— L'Episcopo, J. B.: Pathological dislocation of the sacro-iliac joint. J. Bone Surg. (Am.) 18, 524 (1936). — Leriche, R. et A. Jung: Mécanisme de l'effacement du disque intervertébral dans certaines maladies du rachis, dans le mal de Pott en particulier. Clin. Chir. A. Univ. Strassbourg, Presse méd. 1931 I, 561. — Lewith, R. und M. Jarås: Über einen Fall von Spondylarthritis atlanto-occipitalis gonorrhoica acuta. Derm. Z. 72, 82 (1935). — Lison: Torticolis nasopharyngiens et luxations cervicales spontanées. J. belge Radiol. 21, 225 (1932). — Lob, A.: Über einen Fall von spondylitischem Schiefhals nach isolierter Osteomyelitis des Epistropheus. Z. orthop. Chir. 52, 107 (1929). — Loben, F.: Rezidivierende Osteomyelitis an den Querfortsätzen des 4. Lendenwirbels. Münch. med. Wschr. 1933 II, 1622. — Love, J. G. and F. P.: Sacrococcyqeal teratoma in the adult. Arch. Surg. (Am.) 37, 949 (1938). — Lucca, E.: Lesione del disco intervertebrale da infezione gonococcica. Bull. Soc. piemont. Chir. 4, 225 (1934). — Lyon, E. (1): Das Verhalten der Bandscheiben bei typhöser Spondylitis. Fschr. Röntgenstr. 40, 635 (1929). — (2): Über Spondylitis infectiosa. Schweiz. med. Wschr. 71, 200 (1941).

Mallet-Guy: Ostéomyélite aiguë à staphylocoques du corps des deux premiers vertèbres lombaires. Forme bénigne juxtaméniscale de l'adulte. Lyon Chir. 29, 95 (1932). — Mallet-Guy, P. et R. Gaillard: Ostéomyélite altoido-axeoidienne fistulisée dans le pharinx. Intervention. Guérison. Lyon chir. 29, 93 (1932). — Marietta, S. U.: Involvement of the spinal meninges and of bone in undulant fever simulating tuberculosis. Amer. Rev. Tbc. 32, 257 (1935). — McNictt, J. R.: Röntgendiagnosis of osteomyelitis of the vertebrae. Amer. J. Roentgenol. 39, 52 (1938). — Middeldorpf, R.: Spondylitis infectiosa mit Blockwirbelbildung. Klin. Wschr. 1934 I, 475. — Milch, H. and P. W. Lapidus: Pneumokokkenspondylitis. J. Bone Surg. (Am.) 11, 292 (1929). — Montagne, M. J.: Un groupe intéressant de „faux maux de Pott". Les spondylites infectieuses et les spondylites de croissance. Bull. Soc. Sci. méd. et biol. Montpellier etc., Jg. 7, H. 11 (1926).

Odelberg-Johnson, G.: A case of cervical spondylarthritis after tonsillectomy. Acta orthop. scand. (Dan.) 2, 302 (1932). — O'Donnell, Th, J.: Osteomyelitis of spine. Report of a case of unusual localisation. Amer. J. Surg., N. S. 35, 575 (1937). — Oehlecker, F. (1): Die chronische Osteomyelitis der Wirbelsäule in neurologischer Beziehung. Dtsch. Z. Nervenhk. 117/119, Nonne-Festschrift, 343 (1931). — (2): Über Klinik und Unfallbegutachtung der chronischen Osteomyelitis der Wirbelsäule. Chirurg 4, 473 (1932). — Oppikofer, E. jr.: Osteomyelitis des 2. und 3. Halswirbels nach Adenotomie. Z. Hals- usw. Hk. 35, 325 (1934).

Palagi, P.: Le localizzazioni vertebrali nella febbre ondulante. Chir. Org. Movim. 20, 31 (1934). — Pellegrini, O.: Einige Fälle seltener Lokalisation der akuten Osteomyelitis. Arch. Ortop. (It.) 45, 487 (1929). — Penta, P.: Sopra un caso di spondilite da brucellosi. Riv. neur. (It.) 9, 345 (1936). — Pincherle, P. (1): La sacro-ileite a la sua importenza in ginecologia. Ann. Ostetr., Jg. 49, Nr. 2 (1927). — (2): La sacroileite. Radiol. med. 14, Nr. 3 (1927). — Pokrowsky, S. A.: Spondylitis infectiosa. Dtsch. med. Wschr., Jg. 54, Nr. 23 (1928). — Polgár, F.: Über interarkuelle Wirbelverkalkung. Fschr. Röntgenstr. 40, 292 (1929). — Pouzet und P. Sédallian: Posttyphöse Ostitis der Ulna. Lyon méd. 144, 153 (1929). — Pozzi, G.: La spondiloartrite tifica. Arch. Ortop. (It.) 46, 953 (1930). — Pratesi, F.: Wirbelsäulenschädigung bei Brucillose. Ref. Z. org. Chir. 80, 105 (1936). — Puhl, H.: Über Spondylitis infectiosa. Dtsch. Z. Chir. 228, 172 (1930). — Puig, R.: Sur un cas d'ostéo-arthrite vertébrale mélitococcique. Bull. Soc. méd. Hôp. Par., III. s., 54, 478 (1938). — Puig, R. et H. Duclos: Deux observations d'ostéo-arthrite vertébrale melitococcique. Bull. Soc. méd. France 25, 525 (1937).

Quincke: Dtsch. Arch. klin. Med. 1888, 42.

Radt, P.: Über chronische Osteomyelitis der Wirbelsäule und des Kreuzbeins. Mitt. Grenzgeb. Med. u. Chir. 41, 389 (1929). — Raszeja, F.: Beiträge zur chronischen Wirbelosteomyelitis. Z. Orthop. 66, Beil.-H., 260 (1937). — Rawak, F. und R. Braun: Muskelatrophie bei Melitensisaffektion der Wirbelsäule. Klin. Wschr. 1931 I, 776. — Redell, G.: Spondilitis als Komplikation von Febris undulans Bang. Acta chir. scand. (Schwd.) 69, 87 (1931). — Rimbaud, L. et P. Lamarque (1): Mal de Pott mélitococcique. Bull. Soc. med. Hôp. Par., III. s., 49, 700 (1933). — (2): Mal de Pott mélitococcique. Bull. Soc. Radiol. méd. France **23**, 500 (1935). — (3): Mal de POTT mélitococcique. Arch. Électr. méd. etc. **43**, 467 (1935). — ROKHLINE, D. J.: Affections brucelleuses, le radiodiagnostic et la radiothérapie des arthrites brucelleuses en particulier. Vestn. Rentgenol. **25**, 82 (1941). — RUMMEL, H.: Über eine seltene, auch röntgenologisch bemerkenswerte Ursache von Kreuzschmerz (Spangenbildung durch Spondylitis typhosa). Fschr. Röntgenstr. **38**, 348 (1928).

SANDSTRÖM, O.: Multiple Spondylitis bei Febris undulans Bang. Acta radiol. (Schwd.) **18**, 253 (1937). — SCHANZ, A.: Über Grippe — Spondylitis. Z. tschech. orthop. Ges., Jg. 2, Nr. 5 (1927). — SCHMORL, G.: Verkalkung der Bandscheiben der Wirbelsäule nebst Bemerkungen über das Verhalten der Bandscheiben bei infektiöser Spondylitis. Fschr. Röntgenstr. **40**, 18 (1929). — SCHÖNBURG, E.: Spondylitis infectiosa infolge Phlegmone am Bein nach Granatsplitterverwundung. Mschr. Unfallhk. **41**, 575 (1934). — SCHRAMM, G.: Die entzündliche Lordose. (Einseitige entzündliche Knochenveränderungen an einzelnen Gelenkfortsätzen der Lendenwirbelsäule als Ursache schwerer Bewegungsstörungen.) Z. Orthop. **71**, 172 (1940). — SCOTT, S. G.: Chronic infection of the sacro-iliac joints as a possible cause of spondylitis adolescens. Brit. J. Radiol. **9**, 126 (1936). — SELIG, SETH.: Bacillus proteus osteomyelitis of the spine. J. Bone Surg. (Am.) **16**, 189 (1934). — SELIG, SETH. and B. ELIOSTOPH: Restoration of bony density and contour following extreme atrophy and collapse of the fifth and sis eth cervical vertebrae. J. Bone Surg. (Am.) **14**, 417 (1932). — SELVAGGI, GENNARO: L'osteomielite vertebrale (Contributo clinico). Ann. ital. Chir. **12**, 675 (1933). — SENNINGS, JOHN: Acute osteomyelitis of the vertebrae. Ann. Surg. (Am.) **94**, 142 (1931). — SIROLLI, M.: Su di un caso di osteomielite acuta vertebrale. Riforma med. **1938**, 1878. — SMITH and A. DE FOREST: A benign form of osteomyelitis of the spine. J. amer. med. Assoc. **101**, 335 (1933). — STERNBERG, H. (1): Über Wirbelsäulenosteomyelitis und Spondylitis infectiosa. Wien. klin. Wschr. **1933 II**, 1372. — (2): Über Röntgenbefunde bei Osteomyelitis der Wirbelsäule und Spondylitis infectiosa. Fschr. Röntgenstr. **49**, 32 (1934). — (3): Über Wirbelsäulenosteomyelitis und Spondylitis infectiosa. Wien. klin. Wschr. **1934 I**, 492. — SUSSMAN, M.: Chronic osteomyelitis of the spine. Acta radiol. (Schwd.) **14**, 43 (1933). — SWART, H. A.: Typhoid spine. J. Bone Surg. **20**, 473 (1938).

TAVERNIER, L.: Primäre Osteomyelitis der Rippen. Presse méd. **96**, 1537 (1928). — TURNER, CH.: Acute infective Osteomyelitis of the spine. Brit. J. Surg. **26**, 71 (1938).

UHLENBRUCH, A.: Über die Osteomyelitis der Wirbelsäule. 41 S. Diss. Königsberg i. Pr., 1931. — ULRICH: Spangenbildung der Wirbelsäule durch Fremdkörperabsceß. Münch. med. Wschr. **1936 II**, 2049.

VIALLET et MARCHIONI: Sur un cas de spondylite typhique. Bull. Soc. Électr. Radiol. méd. France **27**, 300 (1939).

WADSTEIN, L.: Three cases of septic osteomyelitis of the spine. Acta orthop. scand. (Dän.) **6**, 250 (1935). — WAGENFELD, E.: Beobachtungen über einen seltenen Fall von Spätabsceß bei Spondylitis typhosa und seine Darstellung im Röntgenraumbild. Röntgenprax. **7**, 672 (1935). — WANG, L. K. und L. J. MILTNER: Typhoid spine. Chir. med. J. **46**, H. 1 (1932). — WHITMAN, A. and R. LEWIS: Non-tuberculous infections of the spine. J. Bone Surg. (Am.) **16**, 587 (1934). — WOLDENBERG, S. C.: Spondylitis of unknown etiology simulating typhoid spine. Illionois med. J. **50**, Nr. 6 (1926).

ZAFFAGNINI, A.: Die akute Osteomyelitis des Os pubis. Chir. Org. Movim. **13**, 333 (1929). — ZAMBONI, G.: Osteomielite degli archi vertebrali della II—III—IV lombare da paratifo A. Ann. ital. Chir., Jg. 5, H. 5 (1926). — ZANOLI, R.: L'osteomielite vertebrale. Chir. Org. Movim. **14**, 673 (1930). — ZEITLIN, A.: Röntgendiagnostik der iliosakralen Gelenkveränderungen bei Lumbosakralgien. Vestn. Rentgenol. **6**, 427 (1928) (russ.). — ZUCCOLA: Due case di spondilite melittococcica. Gazz. osp. e chir., Jg. 49, Nr. 2 (1928).

23. Spondylitis lymphogranulomatosa.

BILLANT: Deux cas de maladie de HODGKIN avec lésions vertébrales. Bull. Soc. Électroradiol. méd. France **27**, 615 (1939). — BODECHTEL, G. und H. U. GUIZETTI:

Die Veränderungen der Wirbelsäule bei der Lymphogranulomatose und ihre Beziehungen zu neurologischen Symptomen. Z. Neur. **149**, 191 (1933).

CAMPLANI, M.: Un caso di spondylopatia in corso di linfogranuloma di Sternberg. Radiol. med. **25**, 391 (1938).

FLEISCHNER: Lymphogranulomatose der Wirbelsäule. Fschr. Röntgenstr. **48**, 256 (1933).

GRUDZINSKY, Z.: Lymphogranulome vertébral. J. Radiol. Électrol. **12**, H. 6 (1928).

HARE, D. C. and ELIZABETH LEPPER: Two cases of lymphogranulomatosis maligna, one with involvement of the vertebral periosteum. Lancet **1932 I**, 334.

KUCKUCK, W.: Lymphogranulomatose der Wirbelsäule. Röntgenprax. **3**, 190 (1931).

LEMIERRE, A. et P. ANGIER: Localisations vertébrales au cours d'une lymphogranulomatose maligne. Luxation de la colonne cervicale avec brusque compression de la Moelle. Ann. Anat. path. **8**, 916 (1931).

MARCHAL, G. L., MALLET et L. FRESSINAUD: Sur quelques cas de maladie de HODGKIN à localisations osseuses. Sang. **14**, 361 (1941).

POSSATI, ALB.: Imagine radiografica del linfogranuloma vertebrale. Atti 11. Congr. Ital. **2**, 21 (1934).

RAVETTA e CATTANEO: Contributo allo studio delle lesioni ossee nel linfogranuloma maligno. Haematologica (It.) **24**, 883 (1942). — ROSH, R.: Vertebral involvement in HODGKIN's disease. Report of three cases. Radiology (Am.) **26**, 454 (1936).

STÄNDTNER, F.: Lymphogranulomatose in der Wirbelsäule. Dtsch. med. Wschr. **1933 II**, 1564.

TEENSTRA, C. P. H.: Malignes Granulom von HODGKIN mit im Vordergrund stehenden Skelettveränderungen. Ndld. Tschr. Geneesk. **1938**, 391. — TETZNER, E.: Lymphogranulomatose in der Wirbelsäule. Frankf. Z. Path. **42**, 545 (1931).

UEHLINGER, ERWIN: Über Knochenlymphogranulomatose. Virchows Arch. **288**, 36 (1933).

WIEDMER, O.: Über die Lymphogranulomatose der Wirbelsäule. Virchows Arch. **289**, 386 (1933).

24. Mykosen.

ALLENBACH, E., M. ZIMMER, A. SARTORY et J. MEYER: Mycoses vertébrales. Rev. Orthop. (Fr.) **23**, 586 (1936). — ARCHER, V. W. and W. A. BARKER: The therapy of actinomycosis. With case showing lumbar spino involvement. Amer. J. Roentgenol. **30**, 508 (1933).

BEITZKE, H. (1): Seltene Mykosen der Knochen und Gelenke in Henke-Lubarsch Handbuch 9/2. Berlin, 1934. — (2): Aktinomykose der Knochen in Henke-Lubarsch Handbuch 9/2, S. 539 (1934. Literatur. — (3): Erkrankungen der Knochen und Gelenke. Seltene Mykosen der Knochen und Gelenke usw. Virchows Arch. **296**, 358 (1935). — DE BEURMANN, GONGEROT et VOUCHER: Note sur les sporotrichoses généralisées et expérimentales. Bull. Soc. méd. Hôp. Par. **25**, 718 (1908); **24**, 1000 (1907). — BOSTROEM: Untersuchungen über die Aktinomykose des Menschen. Beitr. path. Anat. **9**, 1 (1891). — BREWER and WOOD: Blastomycosis of the spine. Ann. Surg. (Am.) **48**, 192 (1908). — BROWN: Coccidioidal granuloma etc. J. amer. med. Assoc. **48**, 743 (1907). — BUSCHKE und JOSEPH: Blastomykose. Jadassohns Handbuch Bd. 11, S. 825 (1928). Literatur. — BUSSE: Über Saccharomyces hominis. Virchows Arch. **140**, 23 (1895). — LE COUNT et MEYERS: Systemic Blastomycosis. J. infect. Dis. (Am.) **4**, 187 (1907).

DEMME und MUMME: Blastomykose des Zentralnervensystems. Dtsch. Z. Nervenhk. **127**, 1 (1932). — DONALICS: Die Aktinomykose des Menschen. Diss. Halle, 1894.

FLYNN, R. and A. D. GILLIES: Actinomycosis of the vertebral column. Austral. a. N. Zeald J. Surg. **8**, 193 (1938).

GRÄSSNER: Die Aktinomykose der Knochen. Diss. Hamburg, 1929.

HENCK, E.: Fall von Aktinomykose der Wirbelsäule. Münch. med. Wschr. **1892**, 419. — HEUSER, C.: Un cas d'actinomycose de la colonne vertébrale chez un enfant. Bull. Radiol. méd. France, Jg. 15, Nr. 139 (1927).

INGHAM, SL. D.: Coccidioidal granuloma of the spine with compression of the spinal cord. Bull. Los Angeles neur. Soc. 1, 41 (1936). — IRONS and GRAHAM: Generalized blastomycosis. J. infect. Dis. (Am.) 3, 666 (1906).

JONES, D.: Localized infection caused by yeast-like fungi. With special reference to the spinal involvement. Surg. etc. 50, 972 (1930).

LE COUNT and MYRS: Systemic blastomycosis. J. infect. Dis. (Am.) 4, 187 (1907). — LE GENISSEL et P. GOINARD: Diagnostic radiologique de l'echinococcose rachidienne. J. Radiol. (Fr.) 15, 203 (1931).

NAMIKAWA, S., T. INAGAKI und K. TSUKADA: Ein Fall von Aktinomykose der Wirbelsäule. Mitt. med. Akad. Kyoto (Jap.) 19, 201 (1937).

PONFICK: Die Aktinomykose des Menschen. Festschr. f. VIRCHOW. Berlin, 1882.

SARTORY, A., R. SARTORY and J. MEYER: Un cas d'actinomycose vertébrale primaire due à un actinomyces nouveau „Actinomyces penicilloides" u. sp. Bull. Acad. méd. Par., III. s., 115, 112 (1936). — SEILER: Beitrag zur Klinik der Blastomykose. Beitr. klin. Chir. 156, 609 (1932). — SIMPSON, W., A. MCINTOSH: Actinomycosis of the vertebrae. Arch. Surg. (Am.) 14, Nr. 6 (1927). — SUGA, Y: Über einen Sektionsfall von Wirbelaktinomykose. Okayama-Igakkai-Zasshi (Jap.) 48, 749 (1936).

TABB, J. and J. T. TUCKER: Actinomycosis of the spine. Amer. J. Roentgenol. 29, 628 (1933).

WERTHEMANN: Über die Generalisation der Aktinomykose. Virchows Arch. 255, 719 (1935).

25. Echinococcen der Wirbelsäule.

ARNAUD, M.: A propos d'un kysté hydiatique du rachis. Bull. Soc. nat. Chir. Par. 60, 746 (1934).

BENHAMOU und GOINARD: Intraspinale Hydatidenzyste in pseudopottscher Form. Rev. neur. (Fr.) 36 I, 46 (1929). — BORCHARDT, M. und M. ROTHMANN: Zur Kenntnis der Echinokokken der Wirbelsäule und des Rückenmarkes. Arch. klin. Chir. 1909, 88. — BROESAMLNEN, O.: Echinokokkus der Lendenwirbel mit Läsion der Cauda equina. Münch. med. Wschr. 1918.

CASTEX, M., A. F. CAMANER und A. BATTRO: Echinokokkus der Wirbelsäule. Prensa med. argent., Jg. 14, Nr. 5 (1927) (span.). — CONSTANTINI und AZONLAY: Echinokokkuszyste der Wirbelsäule. Ref. Z. org. Chir. 66, 439 (1934).

DENKS, H.: Über den Grad des Wiederaufbaues bei der Vertébra plana Calv. Zbl. Chir. 1938, 338. — DÉVÉ, F.: De l'échinocoque secondaire. Paris, 1901.

GRISEL, P. et F. DÉVÉ: L'abcès ossifluent hydatique d'origine vertébrale. Le mal de POTT hydatique. Rev. Chir. (Fr.) 48, 375 (1929). — GUIDOTTI, C.: Su di un caso di cisti d'echinococco della colonna vertebrale di difficile interpretazione radiologica. Arch. Radiol. (It.) 14, 304 (1938).

KRSTITSCH, D.: Sur une forme extraordinaire de l'échinocoque multiloculaire des os. Diss. Genf, 1908.

LEBON, E., CURTILLET et POROT: Un cas d'échinococcose vertébrocostale. Bull. Soc, Électro-Radiol. méd. France 27, 496 (1939). — LE GÉNISSEL et P. GOINARD: Diagnostic radiologique de l'échinococcose rachidienne. J. belge Radiol. 19, 278 (1930).

POPOW, N. A. und B. T. UMEROW: Echinococcus der Wirbelsäule und des Rückenmarks. Dtsch. Z. Nervenhk. 137, 187 (1935). — POZZAN, A.: Contributo alla conoscenza dell'echinococcosi vertebrale. Chir. Org. Movim. 19, 507 (1934).

ROCHER, H. L.: Kyste hydatique du rachis. Rev. Orthop. etc. (Fr.) 16, 138 (1929). — ROGERS, J. S. Y. and G. R. TUDHOPE: Hydatid cyst of the spinal canal successfully treated by operation. Arch. Dis. Childh. 13, 269 (1938).

SCHRÖDER, A.: Echinokokkus vertebralis. Ref. Z. org. Chir. 64, 218 (1933). — STOYANOFF, P.: Über einen Fall von Ecchinococcus der Wirbelsäule. Verh. bulg. chir. Ges. 1, 196 (1935) (bulgar.).

WEBER, L. A. und R. PATERSON TOLEDO: Primärer Wirbelechinococcus. Rev. Ortop (Span.) 4, 246 (1935). — WOERDEN, J. VAN: Echinokokkus der Wirbelsäule. Dtsch. Z. Chir. 206 (1927).

J. Tumoren der Wirbelsäule.

26. Gutartige Tumoren.

ADSON, A.: Osteitis fibrosa cystica of the spine. Surg. etc. 46, Nr. 5 (1928). — AECKERLE, E.: Zur Frage des solitären Riesenzellentumors und des echten Sarkoms der Wirbelsäule. Diss. Hamburg, 1939. — ALAJOUANINE und PETIT-DUTAILLIS: Kompression der Cauda equina durch einen Tumor der Zwischenwirbelscheibe. Exstirpation, Heilung. Bull. Soc. nat. Chir. 55, 937 (1929). — ALPERS, B. J. and H. PANCOAST: Haemangioma of the vertebrae. Surg. etc. 55, 374 (1932). — ANTONI, NILS: Tumoren der Wirbelsäule einschließlich des epiduralen Spinalraums. Handbuch der Neurologie von Bumke u. Foerster. Berlin, 1936.

BAILEY, P. und P. C. BUCY: Kavernöses Hämangiom der Wirbel. J. amer. med. Assoc. 92, 1748 (1929). — BAUMEISTER, A.: Das Knochenhämangiom. Diss. Münster i. W., 1939. — BECKER: Zur Frage der Ostitis fibrosa localisata. Chirurg 19, 881 (1929). — BERTELOTTI, M.: Ostitis fibrosa und Ostitis fibrocystica. Minerva med. 9, II/34, S. 281 (1929). — BLOODGOOD, J. C., CH. F. GESCHICKTER und M. M. COPELAND: Fibröse Ostitis und Riesenzellentumor. Arch. Surg. (Am.) 19, 169 (1929). — BONDREAUX, J.: Les tumeurs primitives du rachis. Chir. du corps vertébral. Paris: Vigot, 1936. — BORIANI, G.: Tre casi di „angioma vertebrale". Boll. Sci. med. 111, 98 (1939). — BORRA, V. e REVIGLIO: Un caso di esostosi osteogenetiche multiple con grave compressione midollare. Riv. Clin. pediatr. 30, 1000 (1932). — BOWER, J. and L. DAVIS: The management of giant cell sarcoma of the vertebrae. Report of case with cure after five years. Arch. Surg. (Am.) 21, 313 (1930). — BUCY und CAPP: Primäre Knochenhämangiome. Amer. J. Roentgenol. 1930, 13. — BUTLER, P. F.: Ein Fall von Riesenzellentumor im Navikulare des Fußes. Amer. J. Roentgenol. 21, 470 (1929).

CAMURATI, M.: Riesenzellentumor der Halswirbelsäule. Chir. Org. Movim. 11, 581 (1928). — CARDILLO, F.: I tumori delle colonne vertebrale. Caratteri clinici e radiologici. Radiol. e Fisica med. I, N. S. 2, 17 (1935). — CLAVELIN et GAUTHIER: Un cas d'angiome vertébral. Rev. Chir. (Fr.) 51, 308 (1932). — COLEY, W. B. und B. L. COLEY: Die verallgemeinerte Form der Ostitis fibrosa cystica. Amer. J. Surg. 6, 602 (1929). — COTTON, A.: Giant cell tumor of the spine. With report of a case. Amer. J. Roentgenol. 20, 18 (1928).

DAHS, W.: Ein Beitrag zur lokalisierten Ostitis fibrosa. Dtsch. Z. Chir. 212, 384 (1928). — DESJACQUES, M.: A propos d'un cas de chondrome de la colonne cervicale. Lyon chir. 24, Nr. 1 (1927). — DITTRICH, R. J.: Solitary cystic fibroma of the cauda equina, calcification of intervertebral disc, and congenital malformation of vertebra. Amer. J. Surg., N. S. 7, 840 (1929).

EHNI, G. and J. G. LOVE: Intraspinal Lipomas. Report of Cases, Review of the Literature, and Clinical and Pathologic Study. Arch. Neur. u. Psychiat. (Am.) 53, 1 (1945). — EIKENBARY, C. F.: Primärer Tumor des Kreuzbeins. J. Bone Surg. (Am.) 10, 200 (1928).

FEHR, A.: Das Corticalis-Osteoid. Schweiz. med. Wschr. 23, 1298 (1942). — FELSEN, J.: Chondrom der Wirbelsäule mit transversaler Myelitis. Arch. int. Med. (Am.) 41, 737 (1928). — FLEISCHER, F.: Angiome der Wirbelsäule. Mitt. Ges. inn. Med. u. Kinderhk. Wien 33, 46 (1934). — FLÖRCKEN, H.: Ein selten großes Chondrom der Lendengegend und seine Behandlung. Z. Krebsforsch. 35, 354 (1932). — FRANK, E. und G. FUCHS: Ein Fall von Wirbelangiom. Radiol. clin. (Basel). — FRIEDRICH und KNORR: Ostitis fibrosa localisata (sog. brauner Tumor) mit Nachweis von Aktinomyzeten. Dtsch. Z. Chir. 212, 367 (1928). — FRIEDRICH, H.: Über Lymphogranulomatose (HODGKIN) des Knochens. Fschr. Röntgenstr. 41, 206 (1930). — FROSCH: Über eine seltene Entstehungsart der Skoliose. Arch. orthop. Chir. 29, 467 (1931). — FUMAROLA, G. und C. ENDERLE: Haemangioma vertebrale. (Klinischer, radiologischer und histologischer Beitrag.) Z. Neur. 150, 411 (1934).

GAÁL, A.: Zur Diagnose des Wirbel-Hämangioms. Röntgenprax. 6, 195 (1934). — GATTI, C. A. e GATTI CASAZZA: Diagnosi radiologica di emangioma vertebrale. Atti Soc. lomb. Chir. 5, 1172 (1937). — GOLD, E.: Die Chirurgie der Wirbelsäule. Dtsch. Chir. 54, Stuttgart: F. Enke, 1933. — GREENBERG, B. B. and A. J. SCHEIN:

Solitary Eosinophilie Granuloma of Bone. Amer. J. Surg. **67**, 547 (1945). — GRIEP, K.: Wirbelangiom und Unfall. Röntgenprax. **14**, 26, 35, 207 (1942). — GULEKE, N.: Zur Diagnose der Sanduhrgeschwülste der Wirbelsäule, nebst Bemerkungen über deren Entstehung. Arch. klin. Chir. **161**, 710 (1930).

HACKENBROCH, M.: Beitrag zur Kenntnis der Geschwulstbildungen im Lumbosakralkanal bei Spina bifida occulta. Med. Klin. **1936** II, 1179. — HARMON, P. H.: Osteoid Osteoma of Mid-Shaft Region of Femur. Case Report. Amer. J. Surg. **66**, 128 (1944). — HEANEY, F., STRONG and P. H. WHITAKER: Haemangioma of the spine. Brit. med. J. Nr. 3799, 775 (1933). — HELLNER, H.: Die lokalisierte Osteodystrophia der Wirbelsäule. Bruns' Beitr. **144**, 42 (1928). — HEUER, G. J.: Die sogenannten Sanduhrtumoren der Wirbelsäule. Arch. Surg. (Am.) **18**, 935 (1929). — HOLTA, O.: Hemangioma of the Cervical Vertebra with Fracture and Myelomalacia. Acta radiol. (Schwd.) **23**, 423 (1942). — HORMANN, H.: Zur Klinik und pathologischen Anatomie des Haemangioma cavernosum der Wirbelsäule. Zbl. Chir. **1939**, 2697.

IRELAND, J.: Hemangioma of the vertebra. Amer. J. Roentgenol. **28**, 372 (1932).

JACOBOVICI, S.: L'angiome vertebral. Rev. Orthop. (Fr.) **26**, 5 (1939). — JAFFE, H. and L. LICHTENSTEIN: Osteoid-osteoma: Further experience with this benign tumor of bone. J. Bone Surg. (Am.) **22**, 645 (1940). — JENKINSON, E. L., A. F. HUNTS and E. W. ROBERTS: Giant cell tumor of the vertebrae. Amer. J. Roentgenol. **40**, 344 (1938). — JUNGHANNS, H. (1): Über die Häufigkeit gutartiger Geschwülste in den Wirbelkörpern. Arch. klin. Chir. **169**, 204 (1932). — (2): Hämangiom des 3. Brustwirbelkörpers mit Rückenmarkkompression. Laminektomie. Heilung. Arch. klin. Chir. **169**, 321 (1932).

KONGSMARK und H. LANGEBEK: Ein Fall von einem primären Tumor in Vertebra lumbalis IV. 45 S. Diss. Kiel, 1932. — KOPÁRI, J.: Zwei Fälle von Wirbelhämangiom. Magy. Röntgen Közl. **14**, n. deutscher Zusammenfassung, 54 (1940). — KORTZEBORN, A.: Laminektomie bei Angioma racemosum des Rückenmarkes (Spättod an Schimmelpilzaneurysma einer Hirnarterie). Zbl. Chir. **14**, 868 (1929).

LAMY et LEPENNETIER: Malformation vertébrale post-traumatique d'aspect ostéomalacique. Bull. Soc. Radiol. méd. France **17**, 268 (1929). — LAMY, L. et L. WEISSMANN: L'angiome vertébrale. Rev. Orthop. (Fr.) **23**, 121 (1936). — LEINER, W.: Über ein paravertebrales Enchodrom der Rückenmuskulatur. Dtsch. Z. Chir. **230**, 161 (1931). — LIÈVRE, J. A.: Les angiomes vertébraux. Presse méd. **1934** II, 1571. — LINDSAY, M. R. and E. H. CROSBY: Giant cell tumor of the second cervical vertebra. A case report. J. Bone Surg. (Am.) **15**, 702 (1933). — LITTEN, F.: Beitrag zur Kenntnis der primären Geschwülste der Wirbelsäule (Hämangiom). Röntgenprax. **4**, 1035 (1932). — LIVINGSTON, S. K.: Primary hemangioma of the third lumbar vertebra. Case report. Amer. J. Roentgenol. **33**, 381 (1935). — LUPACIOLU, G.: Sulla diagnosi radiologica dell'emangioma vertebrale. Ann. Radiol. e Fisica med. **9**, 238 (1935).

MACFARLANE, J. A. and E. A. LINELL: Benign giant.cell tumor of third cervical vertebra: a case report. Brit. J. Surg. **21**, 513 (1934). — MAKRYCOSTAS, K. (1): Über das Wirbelangiom, -lipom und -osteom. Virchows Arch. path. Anat. u. Physiol. **265** (1927). — (2): Über die praktische, klinische Bedeutung des Wirbelangioms. Arch. klin. Chir. **155**, 663 (1929). — MANDL, F.: Virchows Arch. **253**, 639 (1924). — MARZAGALLI, G.: Osteoma osteoide delle 2ª vertebra lombare. Arch. Med. e Chir. **7**, 505 (1938)· — MATOLESY, T. v.: Über Geschwülste der Wirbelsäule. Arch. klin. Chir. **187**, 97 (1936). — MAY, R.: Chondroma of the vertebrae. Amer. J. Roentgenol. **17** (1927). — MEVES, F.: Zur Diagnostik und Operation der Wirbelhämangiome. Chirurg **10**, 44 (1938). — MEYERDING, H. W.: Osteogenic sarcoma of the lower end of the femur; sarcoma of the tifia, giant-cell tumor of the spine; recurring osteomyelitis of the tibia etc. Surg. Clin. N. Amer. **11**, 775 (1931). — MICHON, P., GRÉGOIRE et J. LAFONT: A propos du diagnostic de compression médullaire par hémangiome vertébral. Rev. neur. (Fr.) **63**, 565 (1935). — MILCH, H.: Giant cell tumor of the spine. Amer. J. Canc. **21**, 363 (1934). — MOSSESSIAN, ZARÉ: Un cas d'hémangiome de la colonne vertébrale. Avec une brève revue de la litterature. J. Radiol. (Fr.) **17**, 363 (1933). — MURPHY, G. W.: Giant cell tumor of the spine. With report of a case. Amer. J. Roentgenol. **34**, 386 (1935).

NEMOURS-AUGUSTE: Un cas d'hémangiome vertébral. Trouvaille radiologique. Bull. Soc. Radiol. méd. France 22, 565 (1934). — NERI, V. e V. PUTTI: Intervento in due casi di angioma vertebrale. Riforma med. 1940, 3. — NOCHODKIN, F.: Zur Frage der Röntgendiagnostik der Hämangiome der Wirbelsäule. Nov. chir. Arch. — NOVAK, C.: Emangioma vertebrale. Arch. Med. e Chir. 5, 379 (1936).

OEHLECKER, F.: Eine weitgehende Zerstörung des Kreuzbeins durch ein Fibrom, ohne wesentliche Nervenausfallerscheinungen. Dtsch. Z. Nervenhk. 117/119, NONNE-Festschr., 331 (1931). — OTTONELLO, P.: Quadro radiografica di emangioma della XI vertebra dorsale. Atti 11. Congr. Ital. 2, 4 (1934).

PALTRINIERI, M.: L'angioma vertebrale. Chir. Org. Movim. 23, 14 (1937). — PAULIAN, D. et J. BISTRICEANO: Chondrome ossifiant extraduremérieu du rachis dorsal inférieur, avec paraplégie spastique consécutive. Étude anatome-clinique. Rev. neur. (Fr.) 65, 989 (1936). — PEYCELOU et AUFRÈRE: Chondrome de l'apophyse épineuse de la première vertèbre lombaire ayant simulé un mal de POTT. Rev. ortop. (Fr.) 23, 153 (1936). — PICCININO, G.: Emangioma della colonna vertebrale. Radiol. e Fisica med. II, N. S. 1, 180 (1934). — PITTONI, E.: Röntgendiagnostik eines Enchondroms des rechten Querfortsatzes des 1. Lendenwirbels. Riforma med. 44, 1208 (1928). — PORRO, V.: L'emangioma vertebrale. Arch. Radiol. (It.) 11, 143 (1935). — PUTSCHAR, W.: Über Gefäßgeschwülste in der Wirbelsäule. Z. Kreislaufforsch. 16, 495 (1929).

REISNER, A.: Ein röntgenologisch festgestelltes Hämangiom der Wirbelsäule. Röntgenprax. 3, 900 (1931). — RISAK, E.: Die Klinik der angiomatösen Wirbelsäulengeschwülste. Mitt. Ges. inn. Med. Wien 35, 7 (1936). — ROEDERER, C. (1): Un cas probable d'angiome vertébral. Bull. Soc. méd. Hôp. Paris, III. s., 49, 450 (1933). — (2): L'angiome vertébral. Paris méd. 1933 I, 544. — ROEDERER, C. et CHARLIER: Un cas rare d'anomalie du sacrum. Bull. Soc. Radiol. méd. France 17, 290 (1929). — RUGGERI, F.: Osteite fibro-cystica localizzata al tratto lombare della colonna vertebrale. Boll. accad. med. Roma 60, 121 (1934). — RUPPERT, V.: Zur Differentialdiagnose destruierender Wirbelprozesse: Kavernöses Hämangiom des 9. Brustwirbels. Röntgenprax. 11, 358 (1939).

SANDAHL, C.: Beitrag zur Kenntnis des allgemeinen Vorkommens des Hämangioms in der Wirbelsäule. Acta chir. scand. (Schwd.) 69, 63 (1931). — SANTOS, J.: Giant cell tumor of the spine. Ann. Surg. 91, 37 (1930). — SAUPE, E. (1): Über Knochenveränderungen bei Lymphogranulomatose. Röntgenprax. 2, 397 (1930). — (2): Destruktion des Os pubis durch ein Lymphangiom. Röntgenprax. 2, 469 (1930). — SCHEEL, AXEL: Über Wirbelhämangiome mit besonderer Berücksichtigung von Komplikationen und Röntgendiagnostik. Nord. Med. (Schwd.) 1939, 854. — SCHEID, V. und L. BURKHARDT: Zur Kenntnis des Wirbelhämangioms mit Rückenmarkskompression. Nervenarzt 11, 19 (1938). — SCHERRER, E.: Beitrag zur Kasuistik der Wirbelangiome mit Kompression des Rückenmarks (Hämangiom des 7. Brustwirbels mit hochgradiger Aufblähung des Wirbelbogens). Beitr. path. Anat. 10, 521 (1933). — SCHINZ, H. R. und E. UEHLINGER: Zur Diagnose, Differentialdiagnose, Prognose und Therapie der primären Geschwülste und Cysten des Knochensystems. Erg. med. Strahlenforsch. 5 (1931). — SCHUMANN, G. und R. FINSTERBUSCH: Langjährige Beobachtungen der gutartigen Riesenzellengeschwülste der Knochen und Knochenzysten. Arch. klin. Chir. 202, 269 (1940). — SECCO, C.: Emangiome vertebrale. Riforma med. 1941. — SMERCHINICH, G.: Emangiome vertebrale. Quad. radiol. 5, 349 (1934). — SPRING, K.: Klinik und Diagnostik der Osteodystrophia fibrosa localisata der Kiefer. Dtsch. Zahn- usw. Hk. 75, 18 (1929). — STEHR, L.: Das Wirbel-Hämangiom. Fschr. Röntgenstr. 62, 179 (1940). — STERNBERG, H.: Über eine kartilaginäre Exostose am Dornfortsatz des zweiten Lendenwirbels. Z. orthop. Chir. 61, 200 (1934). — STRASSER, A.: Osteo-distrofia fibro-cistica vertebrale. Arch. Med. e Chir. 6, 113 (1937). — STROPENI, L.: Humerus varus infolge spontaner Ruptur einer metaphysären Knochenzyste. Chir. Org. Movim. 12, 531 (1928).

TANTURRI, D.: Su di un rarissimo tumore del collo (fibrocondroma petrificum e scarsamente ossificans) con punto di origine vertebrale e con rapporti laringei ed esofagei in una bambina. Rass. ital. Otol. 7, 3 (1933). — THIEMKE: Über Knochenzysten. Z. Chir. 213, 217 (1929). — TROISIER, JEAN, M. BARIDY et O. MONOD: Les neurinomes intrathoraciques. Presse méd. 1941 II, 1129. — TURANO, L.: Di un aspetto radiografico raro di vertebra dorsale. Arch. Radiol. (It.) 6, 75 (1930).

UIBERALL, H.: Über lokalisierte Ostitis fibrosa der Wirbelsäule. Dtsch. Z. Chir. 215, 108 (1929).

VÉGH, JOS. (1): Über Riesenzellengeschwülste, auf Grund eines am Dornfortsatz des VI. Halswirbels beobachteten Falles. Magy. Röntgen Közl. 10, 35 (1936). — (2): Über die Riesenzellengeschwulst gelegentlich der Beobachtung eines Falles mit dem Sitz in dem Dornfortsatz des VI. Halswirbels. Fschr. Röntgenstr. 55, 595 (1937).

WAGNER, W.: Das Wirbelhämangiom in der Begutachtung. Wien. med. Wschr. 1941, 537. — WEISS, W.: Zur Behandlung der Spina bifida occulta. Zbl. Chir. 1935, 2295. — WILLARD, D. P. and J. R. NICHOLSON: Giant cell tumor of the cervical spine. Ann. Surg. 107, 298 (1938).

ZANOLI, R. (1): Perithelioma vertebrale. Chir. Org. Movim. 12, 509 (1928). — (2): Tumor à myéloplaxes der Lendenwirbelsäule. Chir. Org. Movim. 13, 87 (1928). — ZAWADOWSKI, W. et J. JARZYMSKI: Hemangiomes caverneux vertébraux avec syndrome de compression médullaire. J. belge Neur. 37, 583 (1937). — ZDANSKY, E.: Zwei seltene Fälle von Knochenhämangiom. Fschr. Röntgenstr. 54, 263 (1936).

27. Bösartige Primärtumoren.

ABEL, W.: Scheinbar solitäres Myelom. Röntgenprax. 13, 224 (1941). — ALDER, A.: Zur Diagnostik des multiplen Myeloms. Praxis 19 (1936).

BELLA, F.: Sarcoma vertebrale primitivo. Radiol. med. 19, 410 (1932). — BÉRIEL, L. und CHRISTY: Rückenmarkskompression durch einen Tumor, der ein Malum Pottii vorgetäuscht hatte. Lyon méd. 144, 769 (1929). — BONOMINI, B.: Due casi di sarcoma primitiva della colonna vertebrale. Atti 11. Congr. Ital. 2, 6 (1934). — BOUDREAUX, J.: Les tumeurs primitives du rachis. J. Chir. (Fr.) 48, 352 (1936). — BREITLÄNDER: Zentrales osteoplastisches Sarkom eines Wirbels im Röntgenbild. Fschr. Röntgenstr. 34, H. 4 (1926). — BUSSER, F. et L. BUGAUT: Plasmocytosarcome de la douzième vertèbre dorsale. Ann. Anat. et path. 14, 423 (1937).

CHRISTENSEN, ERNA und E. BUSCH: Die extraduralen Knochengeschwülste des Spinalkanals. Acta psychiatr. (Dän.) 12, 481 (1937).

DAVISON, CH. and B. H. BALSER: Myeloma and its neurol complications. Arch. Surg. (Am.) 35, 913 (1937). — DRESSER und DUMAS: Ein ungewöhnlicher Fall von Knochensarkom. Amer. J. Roentgenol. 13/1 (1930). — DUBOUCHER, H., A. BLONDEAU et A. ABOULKER: Une Image rare de destruction osseuse lombo-sacrée. Bull. Soc. Radiol. méd. France 23, 469 (1935). — DURMAN, D.: Myeloma of the spine. Ann. Surg. 88, 975 (1928).

EDLING, NILS: Aneurysm of an intercostal artery with simultaneus sarcomatons destruction of an adjacent, dorsal vertebra. Acta radiol. (Schwd.) 22, 411 (1941). — ELLERMANN, M. et G. E. SCHROEDER: Une observation de myélome de la colonne vertébrale avec crampes épileptiformes. Rev. neur. (Fr.) 41, I, 524 (1934). — EVANS und LEUCUTIA: Der Wert der Röntgentherapie bei primären bösartigen Knochentumoren und Riesenzellengeschwülsten. Amer. J. Roentgenol. 20, 303 (1928).

FARR, CH.: Sarcoma of cervical vertebra. Ann. Surg. 95, 936 (1932). — FOERSTER, O.: Thyreogene intrarhachideale Geschwülste. Zbl. Neurochir. 4, 198 (1939). — FLETSCHER, WOLTMAN and ADSON: Sacroeoecygealchordomas, Arch. Neur. 33, 283 (1935).

GERBER, J.: Zur Kenntnis der Sakralchordome. Arch. klin. Chir. 159, 248 (1930). — GÉRY und BAUER: EWINGsches Sarkom der Wirbelsäule. Presse méd. 32, 546 (1930). — GRADOYÉVITCH, BORIVOYÉ: Scoliose douloureuse causée par un sarcome primitif à myéloplaxes de la colonne vertébrale. J. Med. Bord. etc. 1939, 116.

HANSSON, C. J.: Chordoma in a thoracic vertebra. Acta radiol. (Schwd.) 22, 592 (1941). — HSIEH, C. K. and H. H. HSIEH: Roentgenologic study of sacrococcygeal chordoma. Radiology 27, 101 (1936). — HUGUENIN, R. R., R. TRUHAUT et J. L. MILLOT: Accidents évolutifs d'un plasmesarcome vertébrale: Valeur diagnostique de l'albuminurie des BENEC-JONES. Bull. Assoc. franç. Étude Canc. 25, 360 (1936).

JOYCE, D. M.: Chordoma of the second and third cervical vertebrae. Surg. Chir. N. Amer. 13, 85 (1933).

KIENBÖCK, R.: Über Wirbelsarkome. Bruns' Beitr. 171, 497 (1941). — KÖHL-MEIER, W.: Primär multiples polymorphzelliges Reticulosarkom des Knochens. Virchows Arch. 1941, 308.

LUCCIONI, C.: Nach vorne entwickeltes sakro-kokzygeales Teratom, das einen Blasenstein vortäuschte. Arch. Radiol. (It.) 5, 393 (1929). — LYON, E.: Multiple Myelome und Wirbelsäule. Fschr. Röntgenstr. 46, 174 (1932).

MABREY, R. E.: Chordoma: A study of 150 cases. Amer. J. Canc. 25, 501 (1935). — MARQUIS, W. JAMES: The correlation of the Roentgen and blood examinations in multiple myeloma. Amer. J. Roentgenol. 44, 858 (1940). — MIGNON: Seltener Halstumor. Röntgenprax. 2, 899 (1930). — MILONE, G.: Un caso di sarcoma del sacro. Contributo anatomo-clinico. Rinasc. med., Jg. 3, Nr. 1 (1926). — MÜLLER, W. und GERTRAUDE PICH: Beitrag zur Differentialdiagnose primärer und sekundärer Wirbelgewächse. Fschr. Röntgenstr. 58, 136 (1938).

OWEN, CL., L. W. HERSHEY and E. S. GURDIJAN: Chordoma dorsalis of the cervical spine. Amer. J. Canc. 16, 830 (1932).

PICCHIO, C. (1): Usura di corpi vertebrali da tumore linfoghiandolore (Linfosarcoma). Atti 11. Congr. Ital. 2, 3 (1934). — (2): I Tumori del sacro dal punto di vista radiologico. Radiol. med. 22, 737 (1935). — POMERANZ, M.: Medullary sarcoma of vertebra (Ewing type tumor) with cystic lesion in rib. Amer. J. Roentgenol. 30, 468 (1933).

RICHARDS, V. and D. KING: Chordoma. Surgery (Am.) 8, 409 (1940). — ROHR-HIRSCH, P.: Primäres Sarkom der Wirbelsäule. Kasuistischer Beitrag. Röntgenprax. 3, 208 (1931). — ROTHMANN, A.: Ein Fall von osteogenem Sarkom der Wirbelsäule. Zbl. Pathol. 71, Erg.-H., 499 (1939). — RUBINSTEIN, M. A.: Multiple Myeloma in a Fifteen-Year Old Boy. N. Y. J. Med. 44, 2491 (1944).

SANTI, E.: Contributo clinico allo studio dei tumori a mieloplasi delle vertebre. Arch. Ortop. (It.) 56, 136 (1941). — SANTOS, J. V.: Riesenzellentumor der Wirbelsäule. Ann. Surg. 90, 37 (1930). — SCHAJOWICZ, F.: Über die Degeneration und die bösartige Form der Riesenzellentumoren. Rev. Ortop. 10, 349 (1941). — SIMONS, B.: Röntgendiagnostik der Wirbelsäule. Jena: G. Fischer, 1939. — SPILLER, U.: Multiples Myelom, Spondylarthritis deformans und senile Osteoporose an der Wirbelsäule. Fschr. Röntgenstr. 42, 291 (1930).

WICHTL, O. (1): Das primäre Wirbelsarkom und seine Differentialdiagnose. Fschr. Röntgenstr. 59, 353 (1939). — (2): Zur Kenntnis des primären Wirbelsarkoms. Fschr. Röntgenstr. 64, 1 (1941). — WILLIS, R.: Sacral chordoma with widespread metastases. J. Path. (Am.) 30, 1035 (1930).

ZÄH, K.: Über Myelom im kindlichen Alter. Virchows Arch. 283, 310 (1932). — ZANOLI, R.: Peritelioma vertebrale. Chir. Org. Movim. 12, 509 (1928).

28. Metastatische Tumoren.

BARCLAY, J. B.: Two unusual gastro-intestinal cases. Brit. J. Radiol. 13, 273 (1940). — BELOT, J., LEPENNETIER et PIERRON: Lesions neoplasiques de la colonne vertébrale. Bull. Soc. Radiol. méd. France, Jg. 14 (1926). — BÉRAREL et CH. DUNET: Cancer thyroidien. Paris, 1924. — BERSCH, E.: Über primäre epitheliale Lebergeschwülste etc. Virchows Arch. 251, 297. — BORAK, J.: Zur Frühdiagnostik der Wirbelmetastasen. Fschr. 56, Beih. 2, 8 (1937).

CARTER, L.: Spinal metastasis from breast carcinoma. Canadian med. Assoc. J. 16, Nr. 1 (1926). — COPELAND, M. M.: Bone metastases. A study of 334 cases. Radiology (Am.) 16, 198 (1931).

DELNEN: Métastase sur une vertèbre cervicale d'un néoplasme de la chorioide. Bull. Soc. Radiol. méd. France 24, 288 (1936). — DICKSON, W. E. C. and T. R. HILL: Malignant adenoma of the prostate with secondary growths in the vertebral column simulating POTT's diseose. Brit. J. Surg. 21, 677 (1934). — DUFOUR, P. et L. BADINAUD: A propos d'un cas de vertèbre d'ivoire. Bull. Soc. Radiol. méd. France 25, 387 (1937).

GASBARRINI, A.: Neoplasma vertebrale secondario ad adenoma maligno della tiroide. Gi. Clin. med. 14, 985 (1933). — GESCHICKTER, CH. F. and M. M. COPELAND:

Tumoren of bone. Mode of metastasis. Amer. J. Canc. 1931, 542. — GOTTHARDT: Ca-Metastasen in der Wirbelsäule. Fschr. Röntgenstr. 35, H. 1 (1926). — GREILING, E.: Beitrag zur Kenntnis der Metastasen bei Hodentumoren. Diss. Marburg, 1927.

HENNES, H.: Die Diagnose des Wirbelsäulencarcinoms. Med. Welt 1933, 400.

JOLY: Radiographie d'une metastase cancéreuse de la colonne cervicale. Bull. Soc. Radiol. méd. France, Jg. 15 (1927). — JUNGHANNS, H.: Pathologie der Wirbelsäule. In Henke-Lubarsch Handbuch 9/4. Berlin: Springer, 1939.

KOLETZKO, G.: Carcinommetastasen in der Wirbelsäule. Diss. Münster i. W., 1937.

LAIGNEL-LAVASTINE, J., LEFEBVRE et COCHEMÉ: Métastases vertébrales d'un néoplasme du sein: Intérêt de la planigraphie. Bull. Soc. franç. Électrothér. et Radiol. 47, 225 (1938). — LANGERON et DESPLAIS: Une observation de vertèbre opaque. Bull. Soc. Radiol. méd. France 16, 210 (1928). — Le diagnostic radiologique du cancer vertébral. J. Praticiens, Jg. 40, Nr. 7 (1926). — LENZ, M. and J. R. FREID: Metastases to the skeleton, brain and spinal cord from cancer of the breast and the effect of radiotherapy. Ann. Surg. 93, 278 (1931). — LEWIN, E. et A. GUNSETT: Vertèbre d'ivoire, métastase d'une lymphangite cancéreuse primaire du poumon. Verh. 4. internat. Kongr. Radiol. 2, 191 (1934. — LIVINGSTON, F. K.: Osteoplastik Metastasis in papillary carcinoma of the bladder. Amer. J. Roentgenol. 36, 312 (1936).

MARILL, F. G., R. RAYMOND et A. HUGUENIN: Remarques à propos d'un cancer vertébral. Bull. Soc. Électrothér. et Radiol. méd. France 26, 170 (1938). — MATTEUCCI, EUG.: Sciatica e sincondrosi sacra-iliaca. Atti 11. Congr. Ital. Radiol. med. Pte. 2, 47 (1934).

NATHAN, W.: Hypernephrommetastase unter dem Bilde eines Elfenbeinwirbels. Röntgenprax. 3, 954 (1931).

OVERHOF, K.: Über gleichzeitiges Vorkommen osteoplastischer und osteoklastischer Prozesse an der Wirbelsäule. Röntgenprax. 7, 318 (1935).

PEROTTI, D.: Metastasi carcinomatosa isolata del disco intervertebrale. Radiol. e Fisica med., II., N. S. 3, 49 (1936). — PERUSSIA, FELICE: L'evoluzione delle metastasi cancerigne del rachide nel quadro radiologico. Radiol. e Fisica med., I., N. S. 2, 171 (1935).

RÖDELIUS, E. und F. KAUTZ: Hypernephrommetastasen in der Wirbelsäule unter dem Bilde einer Spondylitis tuberculosa. Fschr. Röntgenstr. 35, H. 3 (1926).

SABRAZÈS, J., G. JEANNENEY et R. MATHEY-CORNAT: Les tumeurs des os. Paris: Masson & Cie., 1932. — SCHLESINGER, H.: Die Diagnose und Therapie der carcinomatösen Wirbelmetastasen. Wien. klin. Wschr., Jg. 41, Nr. 6, S. 205 (1928). — SCHMORL, G.: Über Krebsmetastasen im Knochensystem und sarkomatösen Degeneration derartiger Metastasen. Zbl. Path. 19, 405 (1908). — SCHOLTZ, A.: Zur Kenntnis der Wirbelveränderungen bei Carcinose. Mitt. Grenzgeb. Med. u. Chir. 42, 178 (1930). — SCHOPPER, W.: Metastatische Knochengeschwülste. In Henke-Lubarsch Handb. 9/4. Berlin: Springer, 1939. — SICARD, HAGUENAU et LICHWITZ: Vertèbres opaques. Encéphale, Jg. 21, Nr. 2 (1926). — SIMPSON, W.: Diffuse vertebral metastasis of prostatic carcinoma withont bony changes. Amer. J. Roentgenol. 15, Nr. 6 (1926). — SUTHERLAND, CH. G., F. H. DECKER and E. J. L. CILLEG: Metastatik malignant lesions in bone. Amer. J. Canc. 16, 1457 (1932). — ŠVÁB, VÁCLAV: Paravertebralen Absceß vortäuschende Schattenbilder bei Carcinommetastase der Wirbelsäule. Röntgenprax. 4, 1002 (1932).

TRACHSLER, W.: Über einen Fall von primärem Samenblasencarcinom mit Metastasen in der Wirbelsäule bei klinisch fraglicher KÜMMELscher Krankheit infolge von Trauma. Z. Krebsforsch. 41, 382 (1934).

VOSBURGH, R. and JEROME ALDERMAN: Testicular teratoma metastasizing to the spine. J. Bone Surg. (Am.) 23, 701 (1941).

WALTHER, H. E.: Untersuchungen über Krebsmetastasen. Z. Krebsforsch. 46, 313 (1937). — WINTER, ST.: Metastatische Krebsveränderungen im Knochensystem. Polsky Przegl. Chir. 12, 650 (1933).

ZEMGULYS, J.: Krebsmetastasen im Knochensystem mit besonderer Berücksichtigung der Wirbelsäule und der Osteophytosis carcinomatosa. Z. Krebsforsch. 34, 266 (1931).

K. Veränderungen des Wirbelsäulebildes durch außerhalb gelegene Pathologica.

29. Skelettveränderungen der Wirbelsäule bei Rückenmarkstumoren.

30. Andere, das Nativbild der Wirbelsäule beeinflussende, bzw. in ihm sichtbare extraspinale Substrate.

ANTONI, NILS: Tumoren der Wirbelsäule einschließlich des epiduralen Spinalraumes. Handbuch der Neurologie Bumke-Foerster. Berlin: Springer, 1936.

BÉRIEL, L. und L. ROUSSET: Ein intraspinaler Riesenzellentumor mit Kompression der Cauda equina. Lyon méd. 144, 739 (1929). — BUSCH, E. und H. SCHEUERMANN: Die Röntgendiagnose der Rückenmarksgeschwülste. Fschr. Röntgenstr. 53, 107 (1936).

CAMP, J. D. and C. A. GOOD jr.: The roentgenologie diagnosis of tumors involving the sacrum. Radiology (Am.) 31, 398 (1938). — CARDILLO, FURIO: Le alterazioni radiografiche della colonna nei tumori endorachidiani. Radiol med. 22, 563 (1935).

D'Istria, A.: Usure vertebrali da aneurisma. Radiol. med. 17, 1 (1930).

ELSBERG, CH. A.: Probleme in der Diagnose und Lokalisation von Rückenmarkstumoren. Arch. Neur. (Am.) 22, 949 (1929).

GORTAN, M.: Röntgenuntersuchung der Rückenmarkstumoren. Policlinico, Sez. prat. 35, 2164 (1928). — GULEKE, M. (1): Über Wachstumseigenheiten best. Tumoren des Wirbelkanals. Beitr. klin. Chir. 102, 273 (1916). — (2): Über eine zu den Sanduhrgeschwülsten der Wirbelsäule gehörige Gruppe von Wirbelsarkomen. Arch. klin. Chir. 119, 833 (1922); 161, 710 (1930).

HEYMANN, E.: Die Verwendung von Kontrastöl zur Erkennung chirurgischer Rückenmarkerkrankungen. Chirurg 17, 774 (1929). — HUBENY, MAUD and P. J. DELANO: Paraplegie from erosion of vertebral columne by large thoracic aneurysen. Radiology (Am.) 32, 171 (1939).

JENKINS, J.: An intradural and sacrococcygeal tumor. Austral. a. N. Zeald J. Surg. 4, 63 (1934).

PICCIIIO, C.: Usure vertebrali da tumori paraostali. Radiol. e Fisica med. II., N. S. 2, 40 (1935).

RUSKEN, W.: Knochenveränderungen der Wirbelsäule bei Rückenmarkstumoren. Mschr. Psychiatr. 96, 257 (1937). — RUSSÓ, F.: Myelogramm eines Rückenmarkstumors. V. ung. Röntgenärzte, 28. März 1928; Verh.-Ber. in Fschr. Röntgenstr. 39, 715 (1929).

SCHMID, B.: Zur Frage der röntgenologisch faßbaren Veränderungen an der Wirbelsäule bei Ruckenmarkstumoren. Fschr. Röntgenstr. 57, 299 (1938). — SCHMORL, G.: Über Krebsmetastasen im Knochensystem. Verh. Dtsch. Path. Ges., 12. Tagung, Kiel (1908) 89. — SIMON, W. N.: Die Verknöcherung des Ligamentum ilio-lumbale. Acta chir. scand. (Schwd.) 67, 767 (1930). — SMITT, W. G. S. und W. SMIT: Caudasyndrome bei präsacralen Tumoren. Dtsch. Z. Nervenhk. 131, 91 (1933). — STEFAN, H. (1): Über Wirbelbogenveränderungen bei Rückenmarkstumoren im Röntgenbild. Z. Neur. 151, 683 (1934). — (2): Wirbelbogenveränderungen bei Rückenmarkstumoren. Dtsch. Z. Nervenhk. 139, 96 (1936). — ŠVÁB, V.: Beitrag zur hypertrophischen Ossidesmose. Röntgenprax. 5, 437 (1933).

L. Verkrümmungen der Wirbelsäule.

31. Sekundäre Verkrümmungen der Wirbelsäule.

32. Primäre (konstitutionelle, statische) Verkrümmungen.

ALBANESE, A. (1): Rapporti fra scoliosi ed alterazioni vertebrali del tratto lombosacrale. Arch. Ortop. (It.) 44, H. 2, 291 (1928). — (2): Rilievi metrici, grafici e radiografici delle asimetrie pelviche nelle scoliosi. Chir. Org. Movim. 20, 305 (1934). — ALBEE, F. H. and A. KUSHNER: The ALBEE spine fusion operation in the treatement of scoliosis. Surgery (Am.) 66, 797 (1938).

BARGELLINI, D.: Scoliosi congenita con sindrome di compressione midollare. Arch. Ortop. (It.) 56, 261 (1941). — BÁRSONY, TH.: Das Röntgenbild der circumscripten Steifheit der Halswirbelsäule. Röntgenprax. 1, 731 (1929). — BECK, H.: Röntgenuntersuchungen zur funktionellen Behandlung der Skoliose. Z. orthop. Chir. **55**, Beil.-H., 160 (1932). — BISGARD, J. DEWEY: Thoracogenic scoliosis. Influence of thoracic disease and thoracic operations on the spine. Arch. Surg. (Am.) **29**, 417 (1934). — BLOCK: Schenkelhalsverbiegung als Kompensation bei Skoliose der Wirbelsäule. Verh. dtsch. orthop. Ges. **1931**, 307. — BLUMENSAAT, C. und F. WESTMANN: Die nephrogene Skoliose. Bruns' Beitr. **149**, 508 (1930). — BOEMINGHAUS, H.: Lordotische Verkrümmung der Wirbelsäule im Bereich des Kreuz- und Steißbeins. Arch. klin. Chir. **158**, 158 (1930). — BORCHARDT, M.: Kyphoskoliose und Rückenmark. Schweiz. med. Wschr. **1934** II, 613. — BREITER: Beitrag zur Dysostosis multiplex. Kinderärztl. Prax. **1942**, 61. — BUTTE, F. L.: Scoliosis treated by the weding jacket. Selection of the area to be fused. J. Bone Surg. (Am.) **20**, 1 (1938).

CALVETTI, P.: Su alcuni casi di scoliosi congenita. Arch. Ortop. (It.) **56**, 455 (1941). — CARTY, JOHN: The diagnostic significance of lateral curvature of the spine caused by muscular spasm. Bost. med. J. **195** (1926). — CLEVELAND, M.: Lateral curvatur of the spine following thoracoplaty in children. J. thorar. Surgery (Am.) **6**, 545 (1937). — COLONNA, P. and FREDERIC VON SAAL: A study of paralytic scoliosis based on five hundred cases of poliomyelitis. J. Bone Surg. (Am.) **23**, 335 (1941). — CYRIAX, E.: Primary mal-rotations in the Lumbar portion of the vertebral column. Lancet **1932** II, 390.

D'ISTRIA, A.: Die Skoliosen. Eine Übersicht über die neuesten Anschauungen von der Skoliose mit besonderer Berücksichtigung der röntgenologischen Befunde. Riforma med. **45**, 1486 (1939). — DROSDOWA, A. W.: Zur Röntgendiagnostik der Rotationsverschiebung des Atlas. Vestn. Rentgenol. **13**, 309 (1934) (russ.).

EISELSBERG, A.: Über eine bemerkenswerte Gestaltveränderung der Wirbelsäule nach einer ausgedehnten Laminektomie wegen Rückenmarktumor. Arch. orthop. Chir. **28**, 132 (1930).

FARKAS, A.: Physiological scoliosis. J. Bone Surg. (Am.) **23**, 607 (1941). — FENKNER: Betrachtungen über die Entstehung der Wirbelsäulenverbiegungen und ihr Verhältnis zur Spätrachitis. Arch. klin. Chir. **155**, 88 (1929). — FROSTELL, GUNNAR: Über sagittale Kurvaturen der Wirbelsäule vom morphologischen Gesichtspunkt. Mitteilung aus einer später erscheinenden Arbeit über Haltungsinsuffizienz. Acta chir. scand. (Schwd.) **67**, 403 (1930).

GIRAUDI, G.: Contributo roentgenologico allo studio della „scoliosi nefrogene". Arch. ital. Ur. **11**, 638 (1934). — GRISEL, P. et B. TEDESCO: Les déplacements de l'atlas dans le torticolis nasopharyngien. Verh. 4. internat. Kongr. Radiol. **2**, 189 (1934). — GROBELSKY, M. (1): Druckschädigung des Rückenmarks bei Seitenverkrümmungen der Wirbelsäule. Chir. Narz. Ruchu (Pol.) **4**, 29 (1931). — (2): Kompressionslähmung des Rückenmarks bei Skoliose. Z. orthop. Chir. **57**, 220 (1932). — GRÜN, R.: Zur Kenntnis der Arachnoiditis adhaesiva circumscripta besonders bei spätrachitischer Deformierung der Wirbelsäule. Z. Neur. **138**, 428 (1932). — GÜNTZ: Rückenschmerzen in ihren Beziehungen zu Haltungsveränderungen der Wirbelsäule. Z. Orthop. **66**, Beil.-H., 245 (1937).

HARRENSTEIN, R. J. (1): Das Entstehen von Skoliose infolge einseitiger Zwerchfellähmung. Z. orthop. Chir. **56**, 92 (1932). — (2): Weiteres über die Frühskoliose und ihre Behandlung. Z. orthop. Chir. **59**, 1 (1933). — (3): Sur la scoliose des nourrissons et des jeunes enfants. Rev. Orthop. (Fr.) **23**, 289 (1936). — HEUER: Eine Nachlese zum Skoliosenproblem. Arch. orthop. Chir. **30**, 1 (1931). — HEYMAN, C. H.: Spinalcord compression associated with scoliosis. Report of case. J. Bone Surg. (Am.) **19**, 1081 (1937). —HORWITZ, TH.: Structural deformities of the spine following bilateral laminectomy. Amer. J. Roentgenol. **46**, 836 (1941).

JEANDIN et TRIAL: Usure des corps vertébraux par compression tumorale. J. Radiol. (Fr.) **21**, 308 (1937). — JUNGMANN, M.: Dynamische Dekompensation. Wien. klin. Wschr. **1929**, 24.

KLEINBERG, S.: Structural scoliosis secondary to springomyelia. Report of three cases. J. Bone Surg. (Am.) **15**, 779 (1933).

LACKUM, H., VON LE ROY and A. DE F. SMITH: Removal of vertebral bodies in the treatment of scoliosis. Surg. etc. **57**, 250 (1933). — LAMY, M. und LEPENNETIER: Wirbelmißbildungen von osteomalazischem Aussehen nach einem Trauma. Presse méd. 98, 1596 (1929). — LIEBENAM: Beitrag zur Dysostosis multiplex. Z. Kinderhk. 59, 91 (1938). — LINDEMANN, KURT (1): Das Drehgleiten bei Skoliosen. Arch. orthop. Chir. 34, 601 (1934). — (2): Entstehung der Adoleszentenskoliose. Z. orthop. Chir. 62, Beil.-H., 141 (1935). — LOESCHKE: Thoraxformen bei Kyphose und Skoliose der Wirbelsäule. Z. orthop. Chir. 58, Beil.-H., 108 (1933).

MARTENS, G. (1): Quellung der Zwischenwirbelscheiben und Skoliosenentstehung. Arch. orthop. Chir. 32, 369 (1932). — (2): Das Verhalten der Zwischenwirbelscheiben bei Skoliose. Arch. orthop. Chir. 34, 429 (1934). — MEYER-BURGDORFF, H.: Umbildung der Lendenwirbelsäule bei statischen Deformitäten. Verh. dtsch. orthop. Ges. 1931, 322. — MOSER, H.: Neuere Methoden zur Messung von Wirbelsäulenverkrümmungen. Z. orthop. Chir. 60, 241 (1933). — MÜLLER, W. (1): Spontane, seitliche Wirbelkörperverschiebungen. Das Drehgleiten von Lendenwirbel bei Skoliosen der älteren Leute. Z. orthop. Chir. 55, 351 (1931). — (2): Wirbelverschiebungen nach der Seite. Fschr. Röntgenstr. 44, Kongr.-H., 42, 47 (1931). — (3): Die Diagnose der funktionellen Wirbelsäulenstörungen. Dtsch. med. Wschr. 1934 I, 513.

PORT, K. (1): Die Pathologie und Therapie der Skoliose auf Grund von Röntgenstudien. Arch. orthop. u. Unfallchir. 26, H. 3, 379 (1928). — (2): Die Verwendung der stereoskopischen Röntgenphotographie zum Studium der Skoliose. Z. Orthop. 64, 105 (1935). — PREZZOLINI, M.: Studio sulla ezio-patogenesi della scoliosi sciatica. Gi. Clin. med. 21, 1301 (1940). — PUSCH, G.: Die Rolle der Knochenerkrankung in der Entstehung der Wirbelsäulenverkrümmungen. Forderungen zu ihrer Verhütung. Z. orthop. Chir. 60, 461 (1939).

RINTELEN, ADELHEID: Röntgenbeobachtungen an dem Skoliosenmaterial des König Ludwig-Hauses aus den Jahren 1927—1930. 16 S. Diss. Würzburg, 1930. — ROEDERER, C. et M. D'INTIGNANO: Les lésions radiologiques de la scoliose au début. Bull. Soc. Radiol. med. France 23, 593 (1935).

SCHEDE, F. (1): Die Frühbehandlung der Skoliose. Z. orthop. Chir. 56, 569 (1932). — (2): Zur Operation der Skoliose. Arch. klin. Chir. 172, 775 (1933). — SCHRICK, F. G. VAN (1): Körper und Bogenreihe. Ein Beitrag zum Skoliosenproblem. Z. orthop. Chir. 53, 470 (1931). — (2): Rachitische Veränderungen an den Körperbogenepiphysen bei entstehender Skoliose. Z. orthop. Chir. 58, Beil.-H., 187 (1933). — SCHÜLLER, J.: Beitrag zur Klinik der Rückenmarksschädigungen bei Kyphoskoliosen. Münch. med. Wschr. 1934 II, 1503. — SCHULTHESS, W. (1): Über die sogenannte konkavseitige Torsion der Wirbelsäule. Schädelasymmetrie bei kongenitaler Skoliose. Orthopäd. Chirurgie 19, 67 (1907). — (2): Züricher Schule u. Rückgratsverkrümmung. Verh. Dtsch. Ges. Orthopäd. Chirurgie 9, 443 (1910). — (3): Über eine Form von Berufsskoliose. Z. orthop. Chir. 22, 90 (1910). — SMITH, A. D., F. L. BUTTE and A. B. FERGUSON: Treatment of scoliosis by the wedging jacket and spine fusion. J. Bone Surg. (Am.) 20, 825 (1938). — SONKMANN, A. M.: Beitrag zur Frage: Frühskoliose und Rachitis. Z. orthop. Chir. 60, 238 (1933). — SPIRA, E.: Die HEUERsche Theorie der Skoliosenentstehung. Z. orthop. Chir. 57, 19 (1932). — STERNBERG, H.: Zur Prognose angeborener Skoliosen. (Ein Nachtrag zur gleichnamigen Arbeit in diesem Archiv, Bd. 31.) Arch. orthop. Chir. 33, 307 (1933).

YOSHIOKA, T.: Über die empyematische Skoliose und ihr ätiologisches Moment. Arch. jap. Chir. Kyoto 17, 692 (1940).

ZANETTI, S.: Colecistopatie e scoliosi vertebrale. Radiol. med. 21, 1126 (1934).

IV. Verletzungen der Wirbelsäule.

ADAMS, W.: Fractured lumbar spine with milatral dislocation. Brit. J. Surg. 25, 632 (1938). — ALBANESE, A. (1): Sulla fratture dei processi spinosi delle vertebre. Arch. Ortop. (It.) 48, 639 (1932). — (2): Frattura di un processo stiloide lombare. Arch. Ortop. (It.) 52, 715 (1937). — (3): Innesti ossei vertebrali per indicazioni non comuni. Arch. Ortop. (It.) 56, 585 (1941). — ALBERTI, O.: In tema di traumatologia delle prime vertebre cervicali. Radiol. med. 13, Nr. 2 (1926). — ALTSCHUL, W. (1): Die indirekten Verletzungen der Wirbelsäule. Arch. klin. Chir. 148 (1927). — (2): Differentialdiagnostische Rückschlüsse bei Wirbelveränderungen. Fschr. Röntgenstr. 53, 180 (1936). — D'AMATO, G.: Sulla torso-lussazione con uncinamente dell'atlante sull'epistrofeo. Radiol. med. 14, Nr. 2 (1927). — ANARDI, T.: Atrofia renale e frattura della prima vertebra lombare. Ann. Radiol. e Fisica med. 11, 83 (1937). — ANDROP, S.: Vertebral compression fracture sustained during convulsions. Arch. Surg. (Am.) 42, 550 (1941). — ANNOVAZZI, G. (1): Contributo allo studio delle fratture isolate dei processi trasversi delle vertebre lombari. Arch. Ortop. (It.) 45, 278 (1929). — (2): Lesioni traumatiche della colonna vertebrale e calcosi renale post-traumatiche. Arch. ital. Chir. 60, 605 (1941). — ASCARELLI, A.: Contributo allo studio radiologico dell lussazioni della colonna cervicale normale e patologica. Arch. Radiol. (It.) 14, 249 (1938). — ASCHAN, P. E.: Über Wirbelsäulenbrüche. Finska lätares ällskapets Handb. 68, Nr. 11 (1926) (schwed.). — AVELLAN, W.: Zwei Fälle von Totalluxationsfraktur der Wirbelsäule mit großer Dislokation, aber ohne Verletzung des Rückenmarks. Acta chir. scand. (Schwd.) 68, 203 (1932).

BADO, J. L.: Das Ausgleiten des 5. Lendenwirbels nach hinten. Rev. Ortop. (Span.) 5, 358 (1936). — BAILEY, W.: Anomalies and fractures of the vertebral articular processes. J. amer. med. Assoc. 108, 266 (1937). — BÄR, HANS: Nochmals zur Frage der Behandlung der Querfortsatzbrüche der Lendenwirbelsäule und ihrem Verlauf. Mschr. Unfallhk. 48, 497 (1941). — BARON, SÁNDOR und BÁRSONY: In der Mitte eingebrochene Wirbel. Gyogyászat (Ung.), Jg. 67, Nr. 41 (1927). — BASENGHI, F.: Un nuovo caso di spondilite traumatica di KÜMMEL controllato radiograficamente. Policlinico, Sez. prat., Jg. 33 (1926). — BAUKS, S. W. and E. L. COMPERE: Lesions of the intervertebral disk as related tu bachache and sciatic pain. Surg. Clin. N. Amer. 19, 43 (1939). — BAUMECKER, H. (1): Begutachtung der traumatischen Halswirbel-schädigungen. Arch. orthop. Chir. 35, 40 (1934). — (2): Traumatische Schädigungen der Halswirbelsäule und ihre Spätergebnisse. Münch. med. Wschr. 1935 I, 127. — BAYER, L.: Zur Frage der Querfortsatzfraktur. Münch. med. Wschr. 1940 II, 1394. — BECKER, F. (1): Steißbeinverletzungen. Bruns' Beitr. 153, 512 (1931). — (2): Traumatische Luxation des Steißbeines nach hinten durch Skiunfall. Beitrag zur Kenntnis der seltenen Formen von Steißbeinverletzungen. Zbl. Chir. 1937, 2877. — BELL, L.: Movable bullets in the spinal canal. J. Bone Surg. (Am.) 9, Nr. 4 (1927). — BELOT, J.: Un cas difficile d'expertise médico-légale. Diagnostic rectifié par l'examen radiologique. Bull. Soc. Radiol. méd. France 18, 66 (1930). — BENNET jr., B. T. and CH. P. FITZPATRIK: Fractures of the spine complicating metralzol therapie. J. amer. med. Assoc. 112, 2240 (1939). — BENTZON, P.: Querbrüche des Kreuzbeines nach verhältnismäßig kleinen Verletzungen. Bibliothek f. Laeger, Jg. 119, März-H. (1927) (dän.). — BERRETTA, M.: Frattura scomposta delle prime vertebre cervicali senza sintomi midollari. Atti Soc. lomb. Chir. 5, 1527 (1937). — BLAINE, E.: Spondylitis traumatica tarda (KÜMMEL's discase). Radiology (Am.) 15, 551 (1930). — BLANC, F. J.: Traumatische Spondylitis. Act. Soc. Cir. Madr. 3, 67 (1934). — BLOOM, F. A.: Sacro-iliac fusion. J. Bone Surg. (Am.) 19, 704 (1937). — BLÜMEL, P.: Wirbelbruch oder Adolescentenkyphose? Münch. med. Wschr. 1942 I, 562. — BLUNK, CÄCILIE: Über die Atlasluxation. Bruns' Beitr. 162, 285 (1935). — BOEMINGHAUS, H.: Über isolierte Abrißfraktur an den Querfortsätzen der Lendenwirbel durch Muskelzug. Arch. klin. Chir. 142, H. 4 (1928). — BOESCH, PETER FRIEDEL: Muskelzugfrakturen der Wirbelkörper. Helvet. med. Acta 9, 51 (1942). — BOFINGER (1): Über Dornfort-satzbrüche und deren eigenartige Ursache. Münch. med. Wschr. 1933 I, 146. — (2): Dornfortsatzbrüche. Dtsch. med. Wschr. 1934 I, 173. — (3): Dornfortsatzbrüche. Münch. med. Wschr. 1934 I, 491. — (4): Dornfortsatzbrüche. Vertrauensarzt u. Krk.kassa 4, 49 (1936). — BÖHLER, L. (1): Typische Veränderungen der Wirbelkörper, Bögen, Gelenk-, Quer- und Dornfortsätze bei Wirbelbrüchen. Verh. 4. internat. Kongr. Radiol. 2, 182 (1934). — (2): Wirbelbrüche und Wirbelverrenkungen. I. Gesetzmäßige Brüche und Verschiebungen der Bögen, Gelenk-, Quer- und Dornfortsätze bei Wirbel-brüchen. Chirurg 7, 444 (1935). — (3): Wirbelbrüche und Wirbelverrenkungen. VII. Entstehung und Behandlung der Querfortsatzbrüche. Angeborene Lendenrippen. Chirurg 8, 121 (1936). — BOIDI-TROTTI, G. (1): Le fratture isolate unilaterali delle apofisi trasverse delle vertebre lombari. Riv. Radiol. e Fisica med. 6. Festschr. Busi Pte. 2, 611 (1931). — (2): Reperti radiologici nelle sindromi dolorose posttrauma-tiche alla colonna lombare. Atti 11. Congr. ital. Radiol. med. Pte. 2, 46 (1934). — BONNAMOUR, S. und H. JARRICOT: Eine verkannte Fraktur des dritten linken Lendenwirbelquerfortsatzes. Lyon méd. **144**, 756 (1929). — Borgmann, D.: Über den Arbeitsschaden des Dornfortsatzes. Chirurg **9**, 579 (1937). — Boriani, G.: Una tipica e rara frattura vertebrale del tratto dorso lombare. Radiol. e Fisica med. II, N. S. 2, 103 (1935). — Boss, W. (1): Über einen Fall von Abbruch des Proc. spinosus des 1. Brustwirbels infolge Muskelzuges. Breslauer Röntgenvereinigung, 26. Juni 1929; Verh.-Ber. in Fschr. Röntgenstr. **40**, 695 (1929). — (2): Über den Bruch des Wirbeldornfortsatzes durch Muskelzug. Bruns' Beitr. **146**, 194 (1929). — Bowman, W. and Lowell S. Gvin: Traumatic lesions of the spine. Amer. J. Roentgenol. **16**, Nr. 2 (1926). — Brack, E.: Das anatomische Substrat der versicherungsrechtlichen Beurteilung von Wirbelsäulen-Unfallschäden. Med. Welt **1934**, 1221. — Brailsford, J.: Roentgenography of the spine. Amer. J. Roentgenol. **18** (1927). — v. Bramann: Isolierter Vertikalbruch des Kreuzbeins. Mschr. Unfallhk. **2**, 64 (1930). — Brandt, G.: Schleichende Frakturen. Erg. Chir. **33**, 1 (1941). — Brav, E. A.: Voluntary dislocation of nech. Unilateral rotatory subluxation of the atlas. Amer. J. Surg., N. S. (Am.) **32**, 144 (1936). — Breig, R.: Sind Kompressionsfrakturen der Wirbelkörper reponierbar? Zbl. Chir. **1932**, 2880. — Brillonet et Viel: Trois cas de lésions traumatiques de la colonne cervicale, dont un cas de fracture méconnue de l'apophyse odontoide. Bull. Soc. franç. Électrothér. et Radiol. **26**, 234 (1938). — Brink: Röntgendiagnostische Irrtümer bei Beurteilung von Wirbelbildern und ihre Auswirkung in der Unfallbegutachtung. Mschr. Unfallhk. **40**, 220 (1933). — Brinkmann, E.: Die Begutachtung der Querfortsatzbrüche. Zbl. Chir. **1935**, 804. — Brocher, S. E. W.: Traumatische Wirbelverschiebungen in der Lumbosakralgegend. Fschr. Röntgenstr. **57**, 523 (1938). — Brooker, Th. Prewitt (1): Dislocations of the cervical spine. Some predisposing causes. J. amer. med. Assoc. **104**, 902 (1936). — (2): Fractures and dislocations of the cervical spine. First aid and transportation. J. amer. med. Assoc. **109**, 6 (1937). — Brooksher jr.: Costo vertebral dislocation of the twelfth rib. J. amer. med. Assoc. **100**, 816 (1933). — Brühl, E. (Gräfin): Neurologie der Verletzungen der obersten Halswirbelsäulen. Diss. Freiburg, 1935. — Burckhardt, H.: Zur Diagnostik der Wirbelsäulenerkrankungen mit besonderer Berücksichtigung des Traumas. Bruns' Beitr. **149**, 171 (1930). — Burman, M. S. and S. Sinberg: Fracture of the posterior arch of the atlas. J. amer. med. Assoc. **114**, 1996 (1940). — Büscher, Burchard: Bruch des Wirbelgelenkfortsatzes oder isolierter Knochenkern. Fschr. Röntgenstr. **64**, 94 (1941).

Cace, M.: Un caso di frattura isolata del disco intervertebrale. Arch. Radiol. (It.) **14**, 450 (1939). — Calzavara, Dom.: Frattura del dente dell'epistrofeo con lussazione del gruppo dente-atlante. Arch. ital. Chir. **1937**, 705. — Canavero, G.: Sulla frattura della apofisi trasverse delle vertebre lombari. Chir. Org. Movim. **13**, 322 (1929). — Cardis, J. and R. H. Olver: Kümmel's diseose. Brit. J. Surg. **15**, 616 (1928). — Charbonnel, M. et A. Sicard: Traitement des fractures fermées et recentes du rachis. Proc.-verb. etc. Congr. français Chir. **1939**, 39. — Chasin, A.: Über Veränderungen in der Wirbelsäule nach Tetanus. Fschr. Röntgenstr. **46**, 427 (1932). — Chavannaz, J.: Die isolierten Frakturen der lumbalen Querfortsätze. Rev. Chir. (Fr.) 48/1, 40—92; 2, 121—195 (1929). — Cherfils, J.: Au sujet d'une lésion vertébrale constatée à la suite d'un traumatisme. Bull. Soc. Radiol. méd. France, Jg. 16, Nr. 146 (1928). — Chesterman, J. T.: Spontaneous subluxation of the atlante-axial joint. Lancet **1936** I, 539. — Chierici, R.: Contributo alla conoscenza della frattura isolata della apofisi trasverse vertebrali. Ann. Radiol. e Fisica med. **10**, 83 (1936). — Chizzola, G.: L'importanza della radiologica nella studio delle lesioni traumatiche delle colonna vertebrale. Atti 11. Congr. ital. Radiol. med. Pte. 2, 83 (1934). — Chlumsky, V.: Habituelle Subluxation des Kopfes. Zbl. Chir. **2**, 69 (1929). — Christopher, F.: Compression fractures of the spine. Late results in conservative treatment of uncomplicated cases. Amer. J. Surg., N. S. **9**, 424 (1930). — Christopner, F. and H. R. Reichman: Costovertebral dislocation of the first and second ribs. J. amer. med. Assoc. **104**, 546 (1935). — Clarenz, F. M.: Beobachtungen über 40 Fälle von Tetanus aus der chirurgischen Universitätsklinik zu Gießen nebst Beitrag zur Frage der Wirbelsäulenveränderungen im Anschluß an Wundstarrkrampf und einer Statistik der Tetanustodesfälle der Provinz Oberhessen von 1923—1932. Diss. Gießen, 1935. — Clark, W.: Fractures and dislocations of the cervical portion of the spine, with a review of eigthy-nine cases. Arch. Surg. (Am.) 42, 537 (1941). — CLAVEL et FAURE: A propos d'une luxation atloide-axoidienne. Bull. Soc. Radiol. méd. France 25, 506 (1937). — CLÉMESCO, V., P. SARBU et ST. ROMAN: La Synostose vertébrale posttétanique chez l'adulte. Rev. Orthop. etc. (Fr.) 26, 558 (1939). — COLE, J. P.: Dislocation and fracture-dislocation of lower cervical vertebral. Arch. Surg. (Am.) 35, 528 (1937). — COLLE, G.: Contributo alla conoscenza della frattura dei processi laterali delle vertebre lombari. Arch. ital. Chir. 15 (1926). — COLOSIMO, C.: Le fratture dei processi spinosi vertebrali all'esame Roentgen. Ann. Radiol. diagn. (It.) 14, 192 (1940). — CORRET, PIERRE: Fracture des cinq apophyses transverses lombaires. Diastasis sacrolombaire. Rev. Orthop. etc. (Fr.) 18, 135 (1931). — COSSU, D. (1): Contributo allo studio radiologico delle lesioni traumatiche della colonna vertebrale. Atti 11. Congr. Ital. 2, 73 (1934). — (2): Aspetti radio-morfologici delle lesione del processo spinoso vertebrale. Ann. Radiol. diagn. (It.) 13, 133 (1939). — COUTTS, M. B.: Atlanto-epistropheal subluxations. Arch. Surg. (Am.) 29, 297 (1934). — CREMA, C.: Sulla lesioni traumatiche della colonna cervicale. Radiol. e Fisica med. II, N. S. 2, 147 (1935). — CRUTCHFIELD, W. G.: Treatment of injuries of the cervical spine. J. Bone Surg. (Am.) 20, 696 (1938). — CUNY, J.: Ein Fall KÜMMELscher Krankheit. Bull. Soc. nat. Chir. 55, 733 (1929).

DAHL, B.: Fracture de torsion de la colonne vertébrale chez une lanceur de disque. Action nivellatrice du ligament vertébral commun antérieur sur des vertèbres ankylosées. Acta orthop. scand. (Dän.) 1, 245 (1930). — DARBOIS und GOBEL: Multiple Frakturen der Querfortsätze der Lendenwirbelsäule. Arch. Électr. méd. etc., Juli, Nr. 548, S. 241 (1929). — DARBOIS und SOLAL: Multiple Frakturen der Querfortsätze der Lendenwirbel. Presse méd. 38, 626 (1929). — DAVIES, A. G.: Frakturen der Wirbelsäule. J. Bone Surg. (Am.) 11, 133 (1929). — DAVIS, A.: Fractures of the spine. Amer. J. Surg. S. 15, 325 (1932). — DAVIS, G. and H. C. VORIS: Spinal cord injury. Arch. Surg. (Am.) 20, 145 (1930). — DAVIS, K. S.: Blood vessel marking in the dorsal vertebral simulating fracture. Radiology (Am.) 29, 695 (1937). — DEMMER: Verletzung der Querfortsätze der Lendenwirbelsäule durch indirekte Gewalteinwirkung. Vortrag i. d. Fr. Verein. d. Chir. Wiens, 10. Mai 1928. Bericht. Wien. med. Wschr. 48, 1530 (1928). — DERRA, E. und NADERMANN: Parossale Verkalkungen an den Beinen bei Paraplegikern nach Wirbelbrüchen. Zbl. Chir. 1942, 758. — DESAIVE, P.: Syndrome de Kümmell-Verneuil et radiothérapie. J. belge Radiol. 25, 114 (1936). — DESPLAS, B.: Fracture luxation axoido-cervicale anterieur. Mém. Acad. Chir., Par. 64, 504 (1938). — DEUTICKE, P. (1): Ein Fall einer Totalquerfraktur (Extensionsfractur) des 3. Lendenwirbels. Dtsch. Z. Chir. 240, 778 (1933). — (2): Zur Behandlung von Wirbelverletzungen mit Querschnittläsion. Zbl. Chir. 1936, 11. — DOGLIOTTI, A. M.: Voluminoso aneurisma aortico penetrato e rotto nello speco vertebrale con paraplegia da compressione. Atti e mem. Soc. rom. Chir. 2, 7 (1939). — DOHAN, N.: Lumbago traumatica. Wien. med. Wschr. 1910, Nr. 17. — DONATI, M. e M. LAPIDARI: Frattura della colonna vertebrale. Arch. Soc. ital. Chir. 1936, Sonderabdruck, 142 S. — DUBORY: Fracture de l'atlas. Bull. Soc. Électroradiol. méd. France 27, 491 (1939). — DUNLOPP, J.: Fractures of the spine. Amer. J. Surg., N. S. 39, 568 (1937). — DUNLOP, J. and C. H. PARKER: The treatment of compressed and impacted fractures of the bodies of the vertebrae. Radiology (Am.) 17, 228 (1931). — DÜRCK, H.: Über Epistropheus-Brüche. Beitr. path. Anat. 82, 353 (1930). — DYES, O. (1): Die Randleistenfractur des Wirbels. Arch. orthop. Chir. 32, 297 (1932). — (2): Heilungsvorgänge nach Wirbelfrakturen. Münch. med. Wschr. 1933 I, 147.

EBHARDT, K.: Über das Endergebnis der nichterkannten Wirbelsäulenbrüche. Arch. orthop. Chir. 39, 13 (1938). — EHRLICH, W.: Röntgenologische Ergebnisse der Wirbelbruchbehandlung. Dtsch. Z. Chir. 253, 125 (1940). — EICKENBARY, C. F.: Kompressionsfrakturen der Wirbel. J. amer. med. Assoc. 22, 1694 (1938). — EISELSBERG, A. und GOLD (1): Über eine ungewöhnliche Form von Wirbelbruch. Dtsch. Z. Chir. 232, Festschr. HELFWRICH, 19 (1931). — (2): Über das paravertebrale intramediastinale Hämatom bei Wirbelbrüchen. Dtsch. Z. Chir. 233, 329 (1931). — ELLMER, G. (1): Beiträge zur Röntgendiagnostik der Wirbelsäule. Chirug 7, 308 (1930). — (2): Zur Beurteilung von Wirbelsäulenverletzungen. (Über sekundäre Spondylosis deformans.) Chirurg 5, 47 (1933). — ERNST, M. und RÖMMELT: Über traumatische und pathologische Querfortsatzbrüche der Lendenwirbelsäule. Dtsch. Z. Chir. **237**, 580 (1932). — ETTORE, E.: Ricerche sperimentali sulle fratture del corpo vertebrale. Chir. Org. Movim. **17**, 89 (1932).

FEASTER, O.: Delayed appearance of deformity in vertebral body fractures. J. amer. med. Assoc. **102**, 598 (1934). — FEKETE, A. VON: Läsion des Sakroiliacalgelenkes im Wochenbett. Zbl. Gynäk., Jg. 50, Nr. 37 (1926). — FENKNER: Seitliches Abgleiten der Wirbelsäule nach Trauma. Arch. klin. Chir. **161**, 475 (1930). — FERRETTI, L.: Rilievi radiologici sulle fratture delle apofisi trasverse delle vertebre lombari. Arch. Radiol. (It.) **11**, 47 (1935). — FISCHER, A. W.: Über die gutachtliche Beurteilung von Schäden der Wirbelsäule. Zbl. Chir. **1930**, 102. — FOCKE: Über die Umformung des 5. Lendenwirbels nach Wirbelfraktur. Arch. orthop. Chir. **32**, 636 (1933). — FRANKE, O.: La maladie de Kümmel-Verneuil. Lyon chir. **27**, 431 (1930). — FRIEDMAN, L. and A. TIBER: Simple rotary luxation of the atlas. Amer. J. Surg., N. S. **19**, 104 (1933). — FROELICH et A. MOUCHET: Spondylite traumatique (Maladie de Kümmell-Verneuil). J. Chir. (Fr.) **36**, 601 (1930). — FUOAZZOLA, F.: Lesioni rachidee e sindromi dolorose. Quad. radiol., N. S. **4**, 226 (1939). — FUMAGALLI, C. R. (1): Die isolierten Frakturen der Lendenwirbelquerfortsätze. Arch. Ortop. (It.) **45**, 432 (1929). — (2): Le fratture del rachide. Arch. Ortop. (It.) **46**, 7 (1930). — FUSS, H.: Überlastungsschäden an den Knochen unter besonderer Berücksichtigung der „Schipperkrankheit". Med. Klin. **1941** II, 1219.

GAJZÁGÓ, E.: Über eine Spondylolisthese traumatischen Ursprungs. Mschr. Geburtsh. **95**, 54 (1933). — GALDAN, D.: Fractures isolées des apophyses transverses des vertèbres lombaires. J. Radiol. et Électrol. **11** (1927). — GALLI, R.: Una rara lesione rachidea Scoppio isolato di un disco intervertebrale. Studio ed osservatione clinica. Chir. Org. Movim. **15**, 575 (1931). — GAUGELE (1): Wirbelcallus und Spondylosis deformans. Z. orthop. Chir. **55**, Beil.-H., 247 (1932). — (2): Zur Frage der traumatischen Spondylosis deformans. Arch. orthop. Chir. **36**, 514 (1936). — GERLACH, G.: Experimentelle Untersuchungen über symmetrische Fracturen der Wirbelsäule. Arch. orthop. Chir. **33**, 404 (1933). — GHERLINZONI, G.: Sul meccanismo di produzione delle fratture delle apofisi trasverse lombari. Chir. Org. Movim. **24**, 255 (1939). — GIANOTTI, MARIO: Lussazione patologica anteriore dell'atlante. Boll. Soc. piemont. Chir. **3**, 100 (1933). — GILES, R. G.: Fractures of the spine. Radiology (Am.) **27**, 182 (1936). — GLORIEUX, P. (1): Les traumatismes rachidiens. J. belge Radiol. **21**, 259 (1932). — (2): Quelques notions générales sur le diagnostic et l'évolution des fractures et entorses du rachis. Bull. Soc. Radiol. méd. France **21**, 646 (1933). — (3): La physiologie pathologique et les diverses formes de fractures de la colonne. Fschr. **53**, 422 (1936). — GÖCKE, C. (1): Das Verhalten der Bandscheiben bei Wirbelverletzungen. Verh. 6. internat. Kongr. gewerbl. Unfälle u. Berufskrkh. **1931**, 443. — (2): Das Verhalten der Bandscheiben bei Wirbelverletzungen. Arch. orthop. Chir. **31**, 42 (1932). — (3): Das Verhalten der Bandscheiben bei Wirbelverletzungen. Z. orthop. Chir. **55**, Beil.-H., 291 (1932). — GOLJANIYZKIJ, L.: Berufsverletzungen des Lumbosakralteils der Wirbelsäule bei Heben von Lasten und ihre chirurgische Behandlung. Novaja Chir. **2**, Nr. 1 (1926) (russ.). — GOSHARRINI, A.: Neoplasma vertebrale secondario ad adenoma. Maligno della tiroide. Gi. Clin. med. **14**, 985 (1933). — GOURDON, J. (1): Subluxation von Halswirbeln, die seit 8 Jahren besteht. J. Méd. Bord. **106**, 302 (1929). — (2) Posttraumatische Wirbelerkrankungen mit verzögerter Entwicklung. J. Méd. Bord. **106**, 596 (1929). — (3): Vertikale Fraktur des 4. Lendenwirbelkörpers. J. Méd. Bord. **107**, 136 (1930). — GRÄFF, S.: Bandscheibe und Trauma. Arch. orthop. u. Unfallchir. **41**, 78 (1941). — GRASHEY, R. (1): Unfallpraxis. Röntgenprax. **5**, 389 (1933). — (2): Fraktur des 2. Brustwirbeldornfortsatzes. Fraktur des 4. Brustwirbelkörpers vorgetäuscht (Skoliose). Röntgenprax. **7**, 116 (1935). — (3): Bruch des dens epistrophei; os odontis. Röntgenprax. **13**, 353 (1941). — GRIMAULT, L.: Zehn Fälle isolierter Frakturen der Lendenwirbelquerfortsätze. Bull. Soc. nat. Chir. **54**, 1356 (1928). — GRISEL, P.: Enukleation des Atlas und nasopharyngealer Tortikollis. Presse méd. **4**, 50 (1930). — GUILLEMIN, A.: Traumatische Spondylitis. Bull. Soc. nat. Chir. **55**, 1316 (1929). — GULEKE, N.: Über die doppelten Brüche der Wirbelsäule. Chirurg **20**, 907 (1929). — GÜNTZ, E. (1): Vorgetäuschte Fraktur des 1. Lendenwirbels. Röntgenprax. **10**, 51 (1938). — (2): Die Bedeutung der Rückenstreckmuskulatur für die Entstehung von Wirbelkörperbrüchen durch Muskelzug im Starrkrampf. Arch. orthop. u. Unfallchir. 41, 64 (1941). — GURDJIAN, E. S.: Roentgenologic finding in a series of seventy-two cases of traumatic myelitis due fracture of the spine. Amer. J. Roentgenol. 25, 65 (1931). — GÜTIG, C. und A. HERZOG (1): Die Kriterien bei der Beurteilung von Verletzungen der Wirbelsäule im Röntgenbild. Bruns' Beitr. 157, 513 (1933). — (2): Zur Begutachtung von Verletzungen der Wirbel und des Schädels. Fschr. Röntgenstr. 53, 180 (1936).

HAASE, W.: Die Arthrosis deformans nach Unfall, ihre Prognose und Behandlung. Med. Welt 1941, 763. — HALL, R. D. and McKELLAR: Clay-shoveler's fracture. J. Bone Surg. (Am.) 22, 63 (1940). — HÄMÄLÄINEN, M.: Über Kompressionsbrüche der Wirbelsäule. Duodecim (Fld) 42, Nr. 10 (1926). — HAMMOND, R.: Die Bedeutung der anscheinend kleinen Traumen der Wirbelsäule. J. amer. med. Assoc. 91, 1607 (1928). — HANCKEN, W.: Wirbeldornfortsatzbrüche durch Muskelzug. Röntgenprax. 4, 672 (1932). — HANKE, H.: Über die Heilung schwerer, nichtreponierter Verletzungen der Brustwirbelsäule (Totalluxation und Luxationsfractur). Bruns' Beitr. 159, 148 (1934). — HATCHETTE, ST.: Isolated fracture of the atlas. Radiology (Am.) 36, 233 (1941). — HAUMANN, W.: Die Wirbelbrüche und ihre Endergebnisse, 180 S. Stuttgart: F. Enke, 1930. — HEIGL, R.: Bruch des 12. Brustwirbels; Verbiegung der verkalkten Aorta descendens (Lues). Röntgenprax. 3, 833 (1931). — HEILIGTAG, F. (1): Verwechslung zwischen Spondylitis tuberculosa und KÜMMELscher Krankheit bei der Unfallbegutachtung. Mschr. Unfallhk. u. Versich.med., Jg. 34, Nr. 7 (1927). — (2): Ist die KÜMMELsche Krankheit als ein selbständiges Krankheitsbild an der Wirbelsäule oder nur als ein Symptom zu bewerten? Münch. Med. Wschr. 1928 II, 1965. — HELLNER, H. (1): Wirbelfrakturen und Spondylitis deformans. Verh. dtsch. orthop. Ges. 1931, 328. — (2): Wirbelfrakturen und Spondylitis deformans. Arch. orthop. Chir. 29, 417 (1931). — (3): Die Wirbelbogenbrüche. Arch. orthop. Chir. 35, 40 (1934). — HENNES, H. und H. WOLF: Wirbelquerfortsatzfrakturen ohne Beschwerden. Röntgenprax. 7, 108 (1935). — HERMODSSON, J.: Über Spondylolisthesis und traumatische Wirbelverschiebung. Nord. Med. (Schwd.) 1941, 2901. — HERZOG, A.: Zur Bewertung von Kreuzbeinfrakturen. Chirurg 4, 111 (1932). — HETZAR: Die ventrale Wirbelkantenfractur (Randleistenabsprengung) und ihre Beziehungen zur Adolescenten-Kyphose. Bruns' Beitr. 166, 345 (1937). — HEUBLEIN, G. W.: Roentgen Diagnosis of Traumatic Lesions of the Cervical Spine. J. amer med. Assoc. 126, 950 (1944). — HEURITSCH, JOS. (1): Das Wirbelrohr. Aufbau, Funktion und Bruchform. Arch. orthop. Chir. 35, 330 (1935). — (2): Interessanter Entstehungsmechanismus eines Wirbelbruches und Bemerkungen über die Behandlung schwerer Wirbelbrüche. Röntgenprax. 8, 591 (1936). — HICKEY, P.: X-ray clinic on lesions of the vertebrae. Ann. of chir. Med. (Am.) 5, Nr. 1 (1926). — HOFFMANN, W.: Häufung von Dornfortsatzabrissen bei Schipp-Arbeiten. Zbl. Gewerbehyg., N. F. 12, 179 (1935). — HOGENAUER, FR.: Über einen Fall von Fractura dentis epistrophei. Wien. med. Wschr. 1935 II, 804. — HOLFELDER, H.: Über Begutachtung von Wirbelschäden. Röntgenprax. 2, 865 (1930). — HOSFORD, J. P.: KÜMMELL's disease. Lancet 1936 I, 249.

IMHÄUSER, G.: Über einen Fall schwerer, atypischer Luxationsfraktur der Brustwirbelsäule ohne Nebenverletzungen. Z. Orthop. 71, 200 (1940). — INTROINI, L.: Isolierte Fraktur der Querapophysen der Lendenwirbelsäule. Rev. méd. Rosario 19, 147 (1929). — ISELIN, H. (1): Inwiefern darf nach Wirbelsäulentrauma die KÜMMELsche Krankheit unsere Behandlung und unfallmedizinische Beurteilung bestimmen? Zur Spondylitis traumatica. Schweiz. med. Wschr., Jg. 58, Nr. 26, S. 645 (1928). — (2): Die Wirbelsäulenversteifungen und Deformationen vom Standpunkt des Röntgenologen, Chirurgen und Unfallmediziners aus betrachtet. Schweiz. med. Wschr. 1934 I, 457.

JACKSON, R.: Simple uncomplicated rotary dislocation of the atlas. Surg. etc. 45, Nr. 2 (1927). — JAEGER, W. (1): Considérations radiologiques sur les traumatisme des vertèbres. Bull. Soc. Radiol. méd. France 22, 229 (1934). — (2): Nebenverletzungen bei Wirbelbrüchen. Verh. 4. internat. Kongr. Radiol. 2, 183 (1934). — (3): Über die verschiedenen Formen der Wirbelfrakturen. Fschr. Röntgenstr. 53, 178 (1936). — (4): Versuch einer Altersbestimmung von Wirbelfrakturen. Schweiz. med. Wschr. 1941, 179. — (5): Wirbelbrüche ohne Unfallereignis. Schweiz. med. Wschr. 1942 II —

JÁKI, J.: Beiträge zur Lehre von den Wirbelsäulenverletzungen. Arch. orthop. Chir. 28, 640 (1930). — JÁKI, GYULA: Die Verletzungen der Wirbelsäule. Orvosképzés (Ung.) 26, 562 (1936). — JANKER, R.: Fraktur oder Rippenrudiment am II. und III. Lendenwirbel. Zbl. Chir. 1934, 2778. — JIMENO-VIDAL: Die Bogenbrüche des 2. Halswirbels. Arch. klin. Chir. 1942, 203. — JOHNSON jr., R. W.: Posterior luxations of the lumbosacral joint. J. Bone Surg. (Am.) 16, 867 (1934). — JORNS, G.: Chronische Osteomyelitis der Wirbelsäule als Unfallfolge. Arch. orthop. Chir. 34, 451 (1934). KAHN, E. A. and L. YGLENÀS: Progressive atlanto-axial dislocation. J. amer. med. Assoc. 105, 348 (1935). — KAMMERHUBER, F.: Über intra partum entstehende Schädigungen des Ileosacralgelenkes (an Hand eines beobachteten Falles). Mschr. Geburtsh. 95, 373 (1933). — KASPAR, M.: Ist die Dornfortsatzfraktur der unteren Hals- und oberen Brustwirbelsäule Unfallfolge? Zbl. Chir. 1940, 898. — KERBY, J.: Anomalies, diseases and injuries of the spine. California a. west. med. 25, Nr. 2 (1926). — KERN, F. und H. E. BÜTTNER: Spätfolgen nach alter Halswirbelluxation. Röntgenprax. 12, 395 (1940). — KIENBÖCK, R.: Über die Verletzungen im Bereiche der obersten Halswirbel und die Formen der Kopfverrenkung. Nachtrag zur Arbeit gleichen Namens in dieser Zeitschrift Bd. 26, 1918. Fschr. Röntgenstr. 36, H. 6 (1927). — KIENBÖCK, R. und O. BRAUSEWETTER: Lendenwirbelgelenkfortsatzbruch bei alter SCHEUERMANNschen Adolescenten-kyphose. Röntgenprax. 6, 622 (1934). — KINGREEN: Die Röntgenuntersuchung isolierter Wirbelsäulenfrakturen. Dtsch. med. Wschr. 31, 1302 (1929). — KLEINBERG, S.: Unilateral subluxation of the lumbosacral joint. J. Bone Surg. (Am.) 14, 384 (1932). — KLEINHAUS, E.: Luxationsfraktur des 2. Halswirbels — eine Fehldiagnose. Röntgenprax. 3, 836 (1931). — KONDIENKO, J. M.: Concerning some pathophysiological peculiarities of the function of the vertebral column. Mechanism of fractures of the transverse processes of the lumbar vertebrae. Amer. J. Roentgenol. 35, 468 (1936). — KRAMAROFF, J.: La technique des radiographies de la Vᵉ vertèbre lombaire chez les malades présentant des lésions ou des changements patholog. de la région sacrolombaire. Ortop. i. Travmat. 14, Nr. 2, 40 (1940) (russ.). — KRAUSE, GEORGE and CH. L. LANGSAM: Fracturos of the vertebrae following metrazol therapy. Radiology (Am.) 36, 725 (1941). — KRAUSE, G. and R. SCHERB: Fracture of both femoral necks and of thoracic vertebrae following a metrazol convulsion. Radiology (Am.) 36, 740 (1941). — KRAUSS, F.: Steißbeinfraktur oder Luxation? Zbl. Chir. 1932, 1752. — KÜMMEL sen., H. (1): Die posttraumatische Wirbelerkrankung, sog. KÜMMELsche Krankheit. Mschr. Unfallhk. u. Versich.med., Jg. 35, Nr. 3, S. 65 (1928). — (2): Der heutige Standpunkt der posttraumatischen Wirbelerkrankung (KÜMMELsche Krankheit). Arch. orthop. u. Unfallchir. 26, H. 3, S. 471 (1928). — KUX, E.: Zur Histopathologie der posttraumatischen (KÜMMELschen) Wirbelerkrankung. Arch. orthop. Chir. 34, 18 (1933). LAESECKE, M.: Über Halswirbelbrüche. Dtsch. Z. Chir. 236, 329 (1932). — LAGOMARSINO, E. H. und H. DAL Lago (1): Die Brüche des dens epistropheus. Rev. Ortop. y Traumat. (Arg.) 8, 182 (1938). — (2): Die Fractur der Apophysis odontoides. Rev. San.mil. (Arg.) 37, 864 (1938). — LANCE, PIERRE: Les fractures isolées des apophyses épincases cervico-dorsales. Rev. Orthop. (Fr.) 27, 201 (1941). — LANG, FR.: Zur Frage der Begutachtung von Wirbelsäulenverletzten. Dtsch. Z. Chir. 244, 279 (1935). — LANGE, MAX: Fehldiagnosen bei der Begutachtung eines Wirbelbruches. Münch. med. Wschr. 1932 II, 1076. — LASAGNA, R.: Fraktur des Epistropheuszahnes mit Luxation des Atlas nach vorne ohne medulläre Symptome. Chir. Org. Movim. 14, 499 (1930). — LAUBER, H. und CHR. RAMM: Zur Kritik der Diagnose des Rückenmuskelrheumatismus. Münch. med. Wschr. 1929 II, 1638. — LAWSON, J.: Lateral dislocation of the vertebra. Report of three cases. J. Bone Surg. (Am.) 14, 387 (1932). — LEMAITRE, F.: Die Bedeutung der seitlichen Röntgenbilder bei der Untersuchung der Wirbelfrakturen. Presse méd. 3, 41 (1929). — LEOTTA, N.: Le fratture isolati per schieacciamento di corpi vertebrali. Riforma med. 1935, 1203. — LEPEUPLE, E. et H. PARNEIX: Un cas de fracture isolée de l'apophyse odontoide de l'axis. Rev. Orthop. (Fr.) 24, 166 (1937). — LERICHE, R.: Sur la nature de la maladie de KÜMMEL. Lyon chir. 27, 27—38 (1930). — LESER, A. J. und C. MAYER: Über Wirbelbrüche und ihre Behandlung. Arch. klin. Chir. 190, 523 (1937). — LÉVY, W.: Beitrag zu den Frakturen der Querfortsätze der Halswirbelsäule, der Rippen und des os cuboideum. Dtsch. Z. Chir. **233**, 82 (1931). — LINDBOM, AKE: Zwei neue Fälle mit streifenförmiger Osteopoikilie (Voorhoeve). Acta radiol. (Schwd.) **1942**, 23. — LINOW, F. (1): Ein Beitrag zur Kasuistik seltener Verletzungsfälle. Isolierter Querfortsatzbruch an der Hals- und Brustwirbelsäule. Mschr. Unfallhk. **12**, 550 (1929). — (2): Kompressionsbruch des 12. Brust- und 1. Lendenwirbels bei selten stark ausgeprägten alten Formveränderungen der Wirbelsäule. Mschr. Unfallhk. **40**, 417 (1933). — LIPPENS, A.: Hiérolisthésis et spondylolisthésis traumatiques. Presse méd. **1934** I, 622. — LOB, A.: Die Wirbelsäulenverletzungen und ihre Ausheilung. Leipzig: G. Thieme, 1941. — LÖHE, H. und D. NITSCHKE: Ungewöhnlicher Sitz multipler Spontanfrakturen bei Tabes dorsalis. Derm. Z. **58**, 150 (1930). — LÖHR, RICH.: Wundstarrkrampf und Blockwirbel. Bruns' Beitr. **169**, 1 (1939). — LOMBARD, P. et C. SOLAL: Sacralistésis transitaire. Rev. Orthop. (Fr.) **22**, 669 (1935). — LÖNNERBLAD, L.: Über Dornfortsatzfractur durch Muskelzug, insbesondere über sog. Schleuderbruch. Acta chir. scand. (Schwd.) **73**, 285 (1933). — LOSSEN, H. (1): Irrtümer bei der Begutachtung von Wirbelsäulenverletzungen. Mschr. Unfallhk. **38**, 70 (1931). — (2): Endzustand eines komplizierten Schußbruches von Lendenwirbelquerfortsätzen. Zbl. Chir. **1934**, 2611. — (3): Über einen Fall von beiderseitiger Luxation des 4. Halswirbels nach vorne. Röntgenprax. **10**, 267 (1938). — LOTSY, G. O.: Langsam entstehende temporäre Paraplegie bei einem mit frischer Wirbel- und Schenkelhalsfraktur herumgehenden Tabiker. Fschr. Röntgenstr. **34**, H. 5 (1926). — LUDWIG, H.((1): Über die isolierten Fracturen der Dorn- und Querfortsätze der Wirbelsäule. Diss. Leipzig, 1935. — (2): Zur Begutachtung der Wirbelquerfortsatzfrakturen. Mschr. Unfallhk. **42**, 449 (1935). — (3): Über die isolierten Frakturen der Dorn- und Querfortsätze der Wirbelsäule. Mschr. Unfallhk. **43**, 295 (1936). — LUPACIOLU, G.: Fratture nel rachide cervicale all'indagine radiologica. Radiol. med. (It.) **22**, 529 (1935). — LUSSO, JONA: Diagnosi radiologica in una lesione. Diar. radiol. (It.) **7**, 153 (1928). — LYON, E.: Über Brüche von Epiphysen der Lendenwirbelkörper im Jünglingsalter. Fschr. Röntgenstr. **38**, 376 (1928).

MACKH, E.: Teilweise und vollständige Verrenkungen und Brüche der Halswirbelsäule und ihre Spätergebnisse. Dtsch. Z. Chir. **241**, 695 (1933). — MAGENDIE, J.: Symptomenkomplex von Kümmell-Verneuil und KÜMMELLsche Krankheit. Gaz. Hôp. **103**, 195 (1930). — MAGNUS, G. (1): Die Behandlung und Begutachtung von Wirbelbrüchen. Münch. med. Wschr. **1929** I, 527. — (2): Die Querfortsatzbrüche der Lendenwirbelsäule. Verh. Dtsch. Ges. Chir., 52. Tagung. Arch. klin. Chir. **152**, 910; S.ber. Fschr. Röntgenstr. **37**, 910 (1928). — (3): Demonstration seltener Verletzungen des knöchernen Brustkorbes. Dtsch. Ges. Chir., 53. Vers. 3.—6. April 1929. Kongr.-ber. Fschr. Röntgenstr. **39**, 1120 (1929). — (4): Die Frage der Erwerbsbeschränkung nach Wirbelsäulenverletzungen. Fschr. Röntgenstr. **44**, Kongr.-H. 36, 47 (1931). — (5): Die Behandlung und Begutachtung des Wirbelbruches. Arch. orthop. Chir. **29**, 277 (1931). — (6): Zur Behandlung der Wirbelbrüche. Arch. klin. Chir. **191**, 547 (1938). — MAINOLDI, P.: Fratture e pseudofratture delle apofisi articolari lombari. Radiol. e Fisica med., N. S. **1**, 70 (1934). — MANNHEIM, H.: Freier Körper in einem Zwischenwirbelgelenk nach Trauma. Mschr. Unfallhk. **37**, 67 (1930). — MANNINI, R.: Su di un caso di ischialgia sintomatica di frattura indiretta di un'apofisi trasversa della V vertebra lombare. Policlinico, Sez. prat. **1930** II, 1280. — MARCER, ENZO: Frattura di apofisi articolari vertebrali con risentimento radicolare. Ateneo parm. **13**, 163 (1941). — MARÓTTOLI, O. R. (1): Die orthopädische Behandlung komplizierter Wirbelsäulenbrüche. An. Cir. (Arg.) **3**, 411 (1937). — (2): RECKLINGHAUSENsche Knochenerkrankung mit Lokalisation in einem Glied. An. Cir. (Arg.) **3**, 420 (1937). — MARTIN, E. (1): Les fractures parcellaires et les fissures traumatiques des colonnes vertébrales atteintes de spondylose. J. med. Lyon **9**, 647 (1928). — (2): Absprengung von Knochenteilen und traumatische Fissuren bei spondylotischen Wirbelsäulen. J. méd. Lyon **213**, 647 (1928). — MATHES, H. und G.: Dornfortsatzabrisse, eine typische Verletzung bei schweren Erdarbeiten. Chirurg **7**, 665 (1935). — MAUCLAIRE: Nécessité de la radiographie chez les accidents du travail, ayant un lumbago prolongé. Ann. Méd. lég. etc. **14**, 818 (1934). — McWORTER, G. L.: Atlasfrakturen. J. Bone Surg. (Am.) **11**, 286 (1929). — MEDELMAN, J. P.: Fractures of the sacrum, their incidenel in fracture of the pelvis. Amer. J. Roentgenol. **42**, 100

(1939). — Meili, H.: Muskelzugfrakturen der Wirbelsäule und anderer Skelet-komplikationen bei Insulin und vor allem bei Cardiazol-Shokbehandlungen. Diss. Zürich, 1940. — Memmi, Renato: Su gli esili di lesioni traumatiche del corpo verte-brale della articolazione inter scematica. Ortop. e Traumatol. Appar. mot. 7, 589 (1935). — Mensor, Cherrill Coleman: Injuries to the accessory processes of the spinal vertebrae. J. Bone Surg. (Am.) 19, 381 (1927). — Merlini, A.: Sulla frattura delle apofisi costi formi lombari. Chir. Org. Movim. 20, 199 (1934). — Metge, E.: Dornfortsatzabrisse. Röntgenprax. 6, 97 (1934). — Meyer, H. (1): Fraktur oder Lendenrippe. Mschr. Unfallhk. 36, 145 (1929). — (2): Der fünfte Lendenwirbel. Chirurg 2, 1 (1930). — Meyer-Burgdorff: Traumatisch-statische Veränderungen der Lumbo-Sacralregion und ihre röntgenologische Erfassung. Zbl. Gynäk. 1932, 2796. — Michaelis: Wirbelsäule und Aortenaneurysma. Z. orthop. Chir. 55, Beil.-H., 277 (1932). — Michel, G., M. Mutel et R. Rousseaux: Les traumatismes fermés du rachis. VII, 330 S. und 83 Abb. Paris: Masson et Cie., 1933. — Moffat, B. W.: Pathologic fracture of the spine associated with disorders of calcium metabolism. Arch. Surg. (Am.) 28, 1095 (1934). — Molineus, G.: Ein seltenes Endergebnis nach dem Abbruch mehrerer Querfortsätze im Bereich der Lendenwirbelsäule. Zbl. Chir. 1934, 1401. — Molteni, M. (1): La frattura isolatta del dente dell'epistrofeo. Arch. Ortop. (It.) 55, 55 (1939). — (2): Ulteriori osservazioni su un caso di frattura isolata del dente dell'epistrofeo. Osp. maggiore 1941, 29. — Monnier, Marcel: Les syn-dromes radiculalgiques cervico-brachial et lombo-sacré d'origine vertébrale. Schweiz. med. Wschr. 1941 II, 1480. — Moore, M., Winkelmann and L. Solis-Cohen: Asymptomatic vertebral fractures in epilepsy. J. nerv. Dis. (Am.) 94, 309 (1941). — Mosenthal: Die Bedeutung der seitlichen Wirbelsäulenaufnahmen für die Er-kennung von Erkrankungen und Verletzungen. Chirurg 7, 314 (1930). — Mouchet, A. (1): Maladie de Kümmel-Verneuil ou maladie post-traumatique de la colonne vertébrale de Kümmel. Presse méd. 1929 I, 195. — (2): Le sacrolisthésis. Rev. Orthop. (Fr.) 22, 97 (1935) — Mouchet, A. et R. Nadal: Entorse vertébrale lombaire. J. Radiol. (Belg.) 15, 565 (1931). — Mull, W.: Kompressionsfraktur der Lendenwirbelsäule durch geringfügiges Trauma. Dtsch. Chir. 196, H. 4/5 (1926). — Munro, A. H. G.: Interlocked articular processes complicating fractur-dislocation of the spine. Brit. J. Surg. 25, 621 (1938). — Münz, W.: Seltene Frakturen der beiden obersten Halswirbel. Diss. Freiburg, 1933. — Musinu, Giov.: Frattura dell'apofisi odontoide dell'epistrofeo con sublussazione dell'atlante. Riv. Chir. 7, 125 (1941). — Mutschler, Hans: Ermüdungsfrakturen eines Brustwirbels. Dtsch. Mil.arzt 1941, 6693.

Nagy, G.: Über Gibbusbildung bei Tetanus. Z. klin. Med. 127, 434 (1934). — Neff, G. (1): Diagnostische, therapeutische und begutachtliche Bemerkungen zu einer selbsterlebten Wirbelsäulenfraktur. Z. Unfallmed. u. Berufskrkh. 33, 10 (1939). — (2): Über die Behandlung von Wirbelbrüchen mit Lähmung. Z. Unfallmed. u. Berufskrkh. 34, 231 (1940). — Nochodkin, A. F.: Zur Frage der Röntgendiagnostik der Hämangiome der Wirbelsäule. Nov. Chir. Arch. 44, 323 (1939) (russ.). — Notger v. Oettingen, E.: Die Erkennung der Wirbelbogenfractur im Röntgenbild. Dtsch. Z. Chir. 241, 471 (1933). — Novák, E. (1): Über seltenere Ski-Verletzungen der Wirbel-säule. Orvosképzés (Ung.) 25, Sonderh. 2, 159 (1935). — (2): Abnormitäten und Brüche der Querfortsätze der Lendenwirbelsäule. Orvosképzés (Ung.) 25, Sonderh. 2, 161 (1935). — Nussbaum, J.: Querfortsatzfraktur oder Lendenrippe. Zbl. Chir. 1931, 3074.

O'Brien, F.: Unrecognized vertebral fracture os. Kümmel's disease (syndrome). Radiology (Am.) 17, 661 (1931). — Ody: Ein Fall von Kümmell-Verneuilscher Krankheit. Bull. Soc. nat. Chir. 54, 1106 (1928). — Oller, A. et J. Bravo: La maladie Kümmel comme accident de travail. Verh. 6. internat. Kongr. gewerbl. Unfälle u. Berufskrkh. 1931, 400. — Orton, H. Boylern: Anterior dislocation of the atlas as a cause for inability to swallow solid foods. Laryngoscope (Am.) 36, Nr. 3 (1926). — Ott, Th. (1): Unsere Erfahrungen über die Entstehung und den Verlauf der isolierten Querfortsatzfrakturen der Lendenwirbelsäule. Bruns' Beitr. 144, 605 (1928). — (2): Frakturen der Wirbelkörper. Bruns' Beitr. 147, 434 (1929). — Otto, E.: Wirbelverletzung und goldenes Sportabzeichen. Röntgenprax. 5, 698 (1933).

PACINI, D.: Fratture isolate dei processi spinosi delle vertebre. Ortop. e Traumatol. Appar. mat. 6, 524 (1934). — PALTRINIERI, M.: Cifosi da tetano. Chir. Org. Movim. 26, 130 (1940). — PEARSON, MANUEL M. and HERMAN W. OSTRUM: Fracture of the spine after metrazol convulsive therapy and other convulsive states. Amer. J. Roentgenol. 44, 726 (1940). — PEASE, CH. N.: Injuries to the vertebrae and intervertebral disk following lumbar puncture. Amer. J. Dis. Childr. 49, 849 (1935). — PEČIRKA, J.: Frakturen des Querfortsatzes der Lendenwirbel. Rozhl. Chir. a. Gynaek., Jg. 5, H. 5 (1927). — PETRIDIS, P.: Ein Fall von KÜMMELLscher Krankheit. Bull. Soc. nat. Chir. 55, 705 (1929). — PETTE, H.: Über ein typisches Wurzelsyndrom bei Kompressionsfraktur des 3. Lendenwirbels. Z. Neur. 106, H. 3 (1926). — PHILIPP, E.: Typische Geburtsverletzung des Sacroiliacalgelenks. Röntgenprax. 6, 291 (1934). — PIZORINI, L.: Contributo allo studio del quadro radiologico da lesione posttraumatica isolata del disco intervertebrale. Quad. radiol., N. S. 2, 321 (1938). — PLANT, H. F. (1): Fracture of the atlas or developmental abnormality? Radiology (Am.) 29, 227 (1937). — (2): Fractures of the atlas resulting from automobile accidents. Amer. J. Roentgenol. 40, 867 (1938). — POKORNY, LILY: Wirbelsäulenveränderungen nach Tetanus. Röntgenprax. 9, 813 (1937). — POLATRIR, PH., MURRAY, MEYER etc.: Vertebral fractures of convulsions. J. amer. med. Assoc. 115, 433 (1940). — POMMÉ, B. et R. MAROT: Subluxation en avant de la cinquième vertèbre cervicale et des susjacentes. Ecrasement partiel de la sixième. Ann. Méd. lég. etc. 14, 635 (1934). — PRINI, J. und B. A. MORENO: Paratraumatische Osteoarthritis der Wirbelsäule. Das KÜMMELL-VERNEUILsche Krankheitsbild. Boll. Inst. Clin. quir. Univ. B. Air. 13, 554 (1937). — PUSCH, G.: Zur Frage der Wirbelkörperkompression durch Tetanus. Z. orthop. Chir. 48, H. 3 (1927). — PUSCHEL, A.: Wirbelfrakturen nach leichtem Trauma und ihre Röntgendiagnose. Arch. klin. Chir. 143 (1926). — PUTTI, V. (1): Artrite vertebrale e trauma. Riforma med. 1930 I, 999. — (2): Pseudoartrosi vertebrale e cosi detta malattia di KÜMMEL. Riforma med. 1940. — PUTZU, F.: Sulle fratture ambulatorie del rachide. Chir. Org. Movim. 17, 405 (1932). — PUUSEPP, L.: Lésions traumatiques fermées de la colonne vertébrale et de la moelle épinière. Rev. neur. a. psychiatr. (Fr.), Jg. 23, Nr. 5 (1926).

RABUSCO, A. D. et B. SUZAN: La cyphose tétanique. Rev. Orthop. (Fr.) 24, 578 (1937). — RANKIN, J. O.: Rotary dislocation of atlas an axis. Amer. J. Surg., N. S. 32, 27 (1936). — REED, E.: A case of complete dislocation between the fifth and sixth cervical vertebrae, without fracture. J. Bone Surg. (Am.) 15, 235 (1933). — REDDINGINS, T.: Wirbelstörungen bei Tetanus. Ndld. Tschr. Geneesk. 1937, 466. — REICH, R. S.: Posterior dislocation of the first cervical vertebra with fracture of the odontoid process. Surgery 3, 416 (1938). — REISNER, A. (1): Differentialdiagnose zwischen Wirbelverletzung und Wirbelerkrankung. Fschr. Röntgenstr. 44, Kongr.-H., 39, 47 (1931). — (2): Dornfortsatzabriß? Ein in verschiedener Hinsicht bemerkenswerter Röntgenbefund anläßlich einer Begutachtung. Arch. orthop. Chir. 30, 344 (1931). — (3): Wirbeldornfortsatzbrüche durch Muskelzug. Röntgenprax. 4, 287 (1932). — RICARD: Posttraumatische Erkrankung der Wirbelsäule. Presse méd. 59, 963 (1929). — RIGLER, L.: KÜMMELL's disease. With report of a roentgenologically proced case. Amer. J. Roentgenol. 25, 749 (1931). — ROBERG jr., O. TH.: Spinal deformity following tetanus and its relation to juvenil kyphosis. J. Bone Surg. (Am.) 19, 603 (1937). — ROBERT, P. et R. MERKLEN: Lombalgie post-traumatique lesions radiographiques. Bull. Soc. Radiol. méd. France 21, 282 (1933). — ROEDERER, C. (1): Quelques traumatismes vertébraux. Bull. Soc. Radiol. méd. France 16, 237 (1928). — (2): Quarante-quatre cas de traumatisme vertébraux. Combien de KÜMMEL. Arch. franco-belg. Chir. (Belg.) 32, 578 (1930). — ROHDÉ: Seltene Röntgenbefunde an der oberen Wirbelsäule und ihre Abgrenzung gegen Verletzungsfolgen. Arch. klin. Chir. 186, Kongr.ber. 1936, 123. — ROLLO, S.: Lussazioni e sublussazioni dell'atlante postreumatiche. (Clin. Ortop. Univ. Nap.) Chir. Org. Movim. 26, 151 (1940). — ROSTOCK, P. (1): Das Verhalten der Zwischenwirbelscheibe bei Wirbelfraktur und Wirbeltuberkulose. Dtsch. Z. Chir. 212, 261 (1928). — (2): Die traumatischen Erkrankungen der Wirbelsäule. Bruns' Beitr. 159, 313 (1934). — RUGE, E. (1): Die geschlossenen Verletzungen der Wirbelsäule. Erg. Chir. 26, 63 (1933). — (2): Die Wirbelsäule in der Unfallkunde. 154 S. Berlin: F. C. W. Vogel, 1934. — RUPP:

Compression fractures of the dorsal vertebrae resulting from a convulsion occuring during the course of insulin shock therapy. J. nerv. Dis. (Am.) 1940, 92. — RYERSON, E. W. and F. CHRISTOPHER: Dislocation of cervical vertebrae: Operative correlation. J. amer. med. Assoc. 108, 468 (1937).

SANDAHL, C.: Über indirekte isolierte Frakturen an den Proc. spinosi der unteren Hals- und oberen Brustwirbelsäule. Acta chir. scand. (Schwd.) 68, 171 (1931). — SANER, H.: Über einen Fall von Spätluxation des Atlas bei Fractur des Zahnfortsatzes des Epistropheus. Diss. Jena, 1937. — SAUSER-HALL, PIERRE: Convulsivothérapie et fractures vertebrales multiples. Rev. méd. Suisse rom. 62, 343 (1942). — SCHANZ, A.: Zur Beurteilung u. zur Behandlung des Wirbelbruches. Arch. klin. Chir. 163, 292 (1930). — SCHAPIRA, C.: Sulle fratture della colonna vertebrale. Arch. Ortop. (It.) 52, 465 (1936). — SCHERTLEIN, A.: Isolierte kostovertebrale Luxation der ersten Rippe. (Eine bisher noch nicht beobachtete Verletzung.) Fschr. Röntgenstr. 39, 482 (1929). — SCHIESSL, M.: Querfortsatzbrüche der Wirbel. Dtsch. Z. Chir. 196, H. 4/5 (1926). — SCHLEIPEN, C.: Zur Behandlung und Beurteilung des Wirbelbruches. Dtsch. Z. Chir. 238, 618 (1933). — SCHMIDT, F.: Über Verletzungen der vorderen Wirbelsäulenkanten. Z. orthop. Chir. 63, 87 (1935). — SCHMIDT, K. H.: Inspirationshemmung bei Brustwirbelfrakturen. Arch. orthop. Chir. 36, 569 (1936). — SCHMIEDEN, V.: Die operative Chirurgie der Wirbelsäule. Arch. klin. Chir. 162, Kongr.ber. 388, 90 (1930). — SCHMIEDEN, V. und L. MAHLER (1): Erfahrungen bei Begutachtung von Wirbelsäulenbrüchen. Chirurg 3, 1 (1931). — (2): Die Verletzungen der Wirbelsäule. Stuttgart: F. Enke, 1935. — SCHMITT: Entzündlicher Prozeß in der Spitze des Dornfortsatzes des 7. Halswirbels. Röntgenprax. 13, 320 (1941). — SCHMORL, G.: Zur Kenntnis der Wirbelkörperepiphyse und der an ihr vorkommenden Verletzungen. Arch. klin. Chir. 153, 35 (1928). — SCHOTTE, R.: Contribution à l'étude des fractures de la colonne vertébrale. Un procédé de mise en lordose. Presse méd. 1935 I, 395. — SCHREINER, K.: Spondylitis traumatica (KÜMMEL). Münch. med. Wschr. 1933 I, 604. — SCHRICK, F. G. VAN: Der Einbruch des HAHNschen Kanals als Ursache des kyphotischen Wirbels. Fschr. Röntgenstr. 47, 517 (1933). — SCHRÖDER, W. (1): Über Unfallverletzungen der altersveränderten Wirbelsäule. Arch. orthop. Chir. 39, 532 (1939). — (2): Schipperkrankheit und Dornfortsatzfehlbildungen. Röntgenprax. 1942, 14. — SCHULZE, K.: Dornfortsatzabbrüche. Vertrauensarzt u. Krk.kasse 4, 8 (1936). — SCHWARZ, G. A. and R. S. WIGTON: Fracture-dislocations in the region of the atlas and axis, with consideration of delayed neurological manifestations and some roentgenographic features. Radiology (Am.) 28, 601 (1937). — SEGRE, G.: Artriti post-traumatiche della colonna vertebrale. Boll. Soc. piemont. Chir. 2, 1383 (1932). — SGALITZER, MAX: Über Röntgenbehandlung eines Falles von Myositis ossific aus multiplex progressiva. Fschr. Röntgenstr. 54, 304 (1936). — SILLEVIS SMITT, W.: Spondylolisthesis mit neurologischen Erscheinungen. Ndld. Tschr. Geneesk. 1941, 4172. — SINBERG, SAMUEL E. and MICHAEL S. BURMAN: Fracture of the posterior arch of the atlas. J. amer. med. Assoc. 114, 1996 (1940). — SINDING-LARSEN: Traumatische Spondylitis. Norsk Mag. Laegevidensk. (Norw.), Jg. 87. — SMITH, S. W.: KÜMMELLs Krankheit. Brit. med. J. 3602, 102 (1930). — SOLCARD, M.: Un cas de maladie de KÜMMELL-VERNEUIL. Rev. Orthop. etc. (Fr.) 20, 319 (1933). — SORREL, E.: A propos d'un cas de lesion post-traumatique de la colonne vertébrale (mal de POTT, fracture méconue, ou maladie de VERNEUIL-KÜMMEL). Bull. Soc. nat. Chir. 53, Nr. 22 (1927). — SOTO-HALL, R.: Recurrence in dislocation of the cervical spine. J. Bone Surg. (Am.) 17, 902 (1935). — STAMM, CHRISTOPH: Über Dornfortsatzbrüche der unteren Hals- und der oberen Brustwirbelkörper. Mschr. Unfallhk. 43, 176 (1936). — SPAMPINATO, C.: Contributo alla conoscenza delle lussazioni e sublussazioni delle vertebre cervicali. Policlinico, Sez. Chir. 44, 95 (1937). — STÄUDTNER, FR.: Lymphogranulomatose in der Wirbelsäule. Dtsch. med. Wschr. 1933 II, 1564. — STEELE, G. H.: Spontaneous dislocation of the atlas. Lancet 1937 I, 441. — STEINER, G.: Isolated fractures of the vertebral arch. Amer. J. Roentgenol. 39, 43 (1938). — STEINMANN, F. und WAEGNER: Unfall und Berufsschädigungen der Wirbelsäule beim Lastentragen. Schweiz. med. Wschr. 1927 I, 73. — STIMSON, B. and P. C. SWENSON: Unilateral dislocations of cervical vertebrae without associated fracture. Surg. etc. 58, 1007 (1934). — STIMSON, BARBARA and P. C. SWENSON: Unilateral subluxation of the cervical vertebrae without associated fracture. J. amer. med. Assoc. **104**, 1578 (1935). — STIOSNY, H.: Fraktur der Halswirbelsäule bei Spondylarthritis ankylopoetica (BECHTEREW). Zbl. Chir. **1933**, 998. — STOCK, F.: Über Wirbelfrakturen und Luxationen. 64 S. Diss. Leipzig, 1931. — STOTZ, W. und K. O. HERRMANN: Wirbelbruch oder Osteoporose? Mschr. Unfallhk. **45**, 568 (1938). — STRASSER, A.: Pseudo-spondilite. Arch. Med. e Chir. **2**, 31 (1933). — STRAUSS, L. (1): Indirekter Halswirbelsäulenbruch. Fraktur durch Muskelzug. Arch. orthop. Chir. **30**, 531 (1931). — (2) Wirbelbruch und seine Beziehungen zu Lues und perniziöser Anämie. Bruns' Beitr. **153**, 238 (1931).

TAGARIELLO, P.: Le fratture isolate delle apofisi trasverse vertebrali con speciale riguardo a quelle del segmento lombare. Chir. Org. Movim. **23**, 229 (1938). — TAYLOR, A. S.: Dislokationsfrakturen der Halswirbelsäule. Ann. Surg. (Am.) **90**, 321 (1929). — TAYLOR, W. A.: Fractures of the spine. Surg. Clin. N. Amer. **10**, 1187 (1930). — THOMSON, J. E. M.: „He's got a back" (Über Rückenschmerzen). Amer. J. Surg., N. S. **20**, 77 (1933). — TITONE, M.: Contributo alla conoscenza delle sublussazione vertebrali. Radiol. e Fisica med. II, N. S. **2**, 61 (1935). — TIXIER, CH. CLAVEL und ROUSSELIN: KÜMMELL-VERNEUILsche Krankheit. Lyon méd. **145**, 143 (1930). — TORELLI, G.: Sulle fratture isolate delle apofisi trasverse dorsali. Riv. Radiol. e Fisica med. **5**, Festschr. Busi Pte. 1, 883 (1931). — TOSCHI, G.: Isolierte Frakturen der Lendenwirbelquerfortsätze. Chir. Org. Movim. **14** 285 (1929). — TRIVELLI, L.: Cifosi da tetano. Arch. Ortop. (It.) **56**, 571 (1941). — TROEDSSON, B. S.: Lumbosacral derangement and its manipulative treatment. Arch. physic. Ther. (Am.) **18**, 10, 25 (1937). — TUGENDREICH, G. und S. SCHERESCHEWSKY: (Vortr. SCHERESCHEWSKY.) Röntgenbefunde bei neuralgischen und ischiadischen Beschwerden. In der Aussprache: W. ALEXANDER, LEVY-DORN, MOSENTHAL, TUGENDREICH, KIRSCHMANN, HINTZE, SCHERESCHEWSKY. Röntgenvereinigung zu Berlin und A. V. f. Strahlenkunde, 25. Oktober 1928; Verh.-Ber. in Fschr. Röntgenstr. **39**, 139—142 (1929).

ÜBERMUTH, H.: Keilwirbel und Unfall. Zbl. Chir. **1942**, 373. — Umfrage über die Begutachtung von Unfallschäden an der Wirbelsäule. Med. Klin. **1930 II**, 1659, 1698, 1739.

VALLS, J. und E. VALLS: Isolierte Brüche infolge von Verknocherungsstörungen der Gelenkapophysen der Wirbel. Rev. Orthop. (Fr.) **7**, 46 (1937). — VEYRASSAT, J. und F. ODY: Lumbago. Rev. méd. Suisse rom. **48**, 868, 977 (1928). — (2): Differentialdiagnostik traumatischer und rheumatischer Lumbago. Rev. méd. Suisse rom. **49**, 313 (1929). — VIETTI, M.: Ein neues röntgenologisches Zeichen bei Luxation des Atlas nach hinten. Radiol. med. (It.) **16**, 807 (1929). — VIGANÓ, A.: Alterazioni vertebrali da tetano. Arch. Ortop. (It.) **51**, 359 (1935). — VOGT, A.: Wirbelverschiebung nach hinten (L 5—S 1), traumatisch entstanden. Acta radiol. (Schwd.) **18**, 227 (1937). — VOLKMANN, J.: Über Brüche der Wirbeldornfortsätze. Med. Klin. **1935 II**, 1593.

WAEGNER, K.: Die „Lumbago-traumatica" als Fehldiagnose. Schweiz. med. Wschr., Jg. 58, Nr. 25, S. 631 (1928). — WAGNER, R.: Röntgendiagnostische Irrtümer bei Beurteilung von Wirbelbildern und ihre Auswirkung in der Unfallbegutachtung. Ärztl. Sachverst.ztg. **44**, 127 (1938). — WAGNER, W. (1): Über Frakturen durch Muskelzug. Arch. klin. Chir. **171**, 503 (1932). — (2): Beitrag zu den Verletzungen des Atlas. Bruns' Beitr. **169**, 38 (1939). — WARNER, FR.: Der fünfte Lendenwirbel. Arch. orthop. Chir. **33**, 279 (1933). — WEGENER, E.: Über einige seltenere Wirbelsäulenerkrankungen mit vorhergegangenen Traumen unter besonderer Berücksichtigung ihrer Diagnose. Mschr. Unfallhk. u. Versich.med., Jg. 33, Nr. 10 (1928). — WEHNER, G.: Beitrag zur Verletzung der Wirbelsäule. Mschr. Unfallhk. **36**, 254 (1929). — WEIDMANN, W.: Nachuntersuchungen von Querfortsatzfrakturen. 47 S. Diss. Zürich, 1933. — WEISZ, M.: Wirbelbruch infolge Stoßens des fahrenden Autos. Med. Klin. **1931 I**, 127. — WERNER, RUDOLF: Altersveränderungen der Wirbelsäule und Unfallverletzungen und deren Behandlung. Med. Klin. **1941 II**, 1078. — WILLIAMS, C. C.: Lesions of the lumbosacral spine I. Acute tramatic destruction of the lumbosacral intervertebral disc. J. Bone Surg. (Am.) **19**, 343 (1937). — WILLIS, TH. A.: Backword diplacement of the fifth lumbar vertebra: An optical illusion. J. Bone Surg. (Am.) **17**, 347 (1935). — WINTERSTEIN, O.: Über Querfortsatzfrakturen. Schweiz. Z. Unfallmed. **28**, 57 (1934). — WOLTMANN, H. W. et H. W. MEYERDING: Spontaneous hypermic dislocation of the atlo-axoid: Report of case.

Surg. Clin. N. Amer. 14, 581 (1934). — WORTIS, S. B. and L. J. SHARP: Fractures of the spine. J. amer. med. Assoc. 117, 1585 (1941).

YAMAMOTO, H.: Röntgenphotographische Untersuchungen des Neugeborenen. IV. Mitteilung. Über die Knochenfraktur der Wirbelsäule und des Schlüsselbeins des Neugeborenen. Okoyama-Igakkai-Zarshi 48, 1215 (1936).

ZENO, L.: Über Brüche der Wirbelkörper. An. Cir. (Arg.) 1, 9 (1935). — ZIMMER, E. A. (1): Nicht erkannte Lage eines im Wirbelkanal steckenden Gewehrgeschosses. Ärztl. Sachverständ.ztg., Jg. 33, Nr. 6 (1927). — (2) Über Dornfortsatzbrüche. Bruns' Beitr. 161, 273 (1935). — (3): Vorgetäuschter Callus bei Wirbelkörperfractur. Röntgenprax. 7, 562 (1935). — ZOLLINGER, F.: Isolierte Dornfortsatzbrüche mit besonderer Berücksichtigung der Muskelzugfrakturen (Schipperkrankheit). Schweiz. med. Wschr. 1937 I, 485. — ZUKSCHWERDT, L. und AXTMANN: Wirbelveränderungen nach Wundstarrkrampf. Dtsch. Z. Chir. 238, 627 (1933). — ZWEIFEL, C. (1): Traumatische Veränderungen an der Randleiste des jugendlichen Wirbelkörpers. Fschr. Röntgenstr. 48, 61 (1933). — (2): Subchondrale Knochennekrose am jugendlichen Wirbelkörper nach Trauma. Schweiz. med. Wschr. 1933 II, 1294.

Sachverzeichnis.

(Vgl. auch Inhaltsverzeichnis.)

Abbau, Knochen 142, 254.
Abnorme Gelenke 121.
Abschlußplatten, Anatomie 22.
  Infraktion 241.
  juvenile Kyphose 125.
  Osteosclerose 91.
Abszeß, osteomyelitischer 199.
  bei Spondylitis tuberculosa 188.
Acranier 13.
Akromegalie 171.
Aktinomykose 208.
Akute Osteomyelitis 199.
ALBERS-SCHÖNBERGsche Krankheit 168.
Alterskyphose, rein 78, 107.
Amnioten 16.
Amphibien 16.
Amyloidtumoren 214.
Anämie 179.
Annulus fibrosus 8.
Anomalien 54, 231.
Anatomie, Röntgenanatomie 21.
  Gefäße 29.
  Gelenke und Bänder 27.
  knöcherne Elemente 22.
  Muskeln 30.
  Nerven 29.
  vergleichende 11.
Angeborene Blockwirbel 54.
  Plattwirbel 140.
Anpassung der Spannung 45.
Anuren 16.
Aortenaneurysma 228.
Aplasien 63.
Apophysen 11.
Arrosion 226.
Art der Belastung 106.
Arthropathia neuropathica 115.
Arthrosis deformans 78.
  außerhalb des Bruchgebietes 256.
  beginnende 124.
  Costovertebralgelenke 117.
  echte Gelenke 116, 117.
  Klinisches 124.
  Nearthrosen 121.
  posttraumatisch, außerhalb des Bruch-
    gebietes 256.

Arthrosis deformans bei Spondylose 120.
  ohne Spondylose 120.
  symphomatische 120.
  Verkalkung der Ligamenta flava 123.
Assimilation des Atlas 68.
Asymmetrie 44.
Atlanto-Epistrophealgelenk 52.
Atlas, Anatomie 21.
  Arthrosis def. 114, 116, 118.
  Beweglichkeit 45.
  Infraktion 243.
  Luxation 234, 239, 240.
  Luxationsstellung 234, 239, 240.
  Zertrümmerung 245.
Atrophie, s. Porose.
Aufnahmetechnik, Brustwirbelsäule 39.
  Halswirbelsäule 37.
  Lendenwirbelsäule 40.
  Orientierung 35.
  Unschärfe 35.
Aufnahmen in besonderen Richtungen 39.
Aufrechter Gang 46.
Aufriß 46.
Ausheilung von Wirbelbrüchen 250.
Austrocknung 75.

Bänder 21, 27.
Bandscheibe 104, 106, 107.
  Fibrose 77.
  Hernien bei Verletzung 238.
  Prolapse 91, 93.
  Spondylose bei Verletzungen 238.
  Zertrümmerung 246.
Bangspondylitis 206.
BASEDOW, Porose 155.
BECHTEREWsche Krankheit 180.
Beschwerden, subjektive 110.
Bewegliche Achse 41.
Beweglichkeit 50.
Beweglichkeitseinschränkung 111, 124.
Bewegung, aktive 45.
Bewegungsunschärfe 35.
Blasencarcinom, Metastasen 222.
Blastomykosen 209.
Blockwirbel 54
Blutkrankheiten 179.
Bogenteil 22.

Bogenteil, Ermüdungsschaden 248.
    Fortsatzfraktur 248.
    Interarticularportion 248.
    isolierter Bruch 248.
Bösartige Primärtumoren 214.
Bogenbruch, s. Bogenteil 248.
Bronchialcarcinom 222.
Brüche der Gelenkfortsätze 247.
Brustkrebs, Metastasen 220.
Brustwirbelsäule 39, 50.

Callus 250.
Caudaltyp 72.
Cervicalabschnitt 17.
Cervicothoracalgrenze, Variationen 68.
Chocktherapie 243.
Chondrodystrophie 173.
Chondrostei 13.
Chondrome 213.
Chordome 216.
Chronisch spezifische Entzündungen
    185ff.
Chronische Überanstrengung 103.
Costovertebralgelenke 117.
CUSHINGsche Krankheit 156.
Cyclostomen 13.

Deformierende Arthrose, s. Arthrosis
    deformans.
Degenerative Verbrauchskrankheit 80.
Degenerative Veränderungen 75ff.
    Arthrosis deformans 116.
    fossiler Mensch 141.
    juvenile Kyphose 125.
    Osteochondrose sensu strictiori 86.
    quartäre Säuger 144.
    quartäre Vertebraten 145.
    rezente Säuger 144.
    rezente Vertebraten 144.
    Spondylosis deformans 79.
    Verbreitung 141.
    Vertebra plana (CALVÉ) 137.
Dermoidcyten 213.
Differentialdiagnose 55, 161, 195.
Dipneusten 14.
Direkte Reizung 124.
Dornfortsatzbruch 248.
Dorsale Halswirbel 64.
Drehgleiten 100.
Drehung 46.
Druck auf Spinalnerven 125.

Echinokokken 210.
Echte Gelenke, s. Arthrosis deformans.
Einzelwirbel, Variationen 73.
Elfenbeinwirbel 172.
    Paget 173.
Embryologie 1.
    Bandscheiben 7.

Embryologie, membranöses Achsen-
    skelet 2.
    Verknöcherung 5.
    Wirbelbogen 10.
    Wirbelkörper 7.
Enosteome 213.
Enostaler Callus 250.
Entzündungen, generalisierte 180ff.
    spezifische, chronische 185ff.
Epilepsie 243.
Epiphysencharakter der Randleiste 9.
Epiphyseonekrosen 125ff.
Epistropheus 240.
Epistropheusbruch 38.
Ermüdungsschaden 248.
Erweiterung des Spinalkanals 226.
Exostosen 213.
Extravertebrale Substrate 221, 225.
Exzentrische Aufnahme 37.

Fachwerk 46.
Feder 44.
Fehlbildungen 53.
Fernaufnahmen 35, 36.
Fibrome 213.
Fibrosarkome 33, 218.
Fibröse Dysplasie der Knochen 159.
Fische 15.
Fischwirbel 131.
Flexionstypen 51.
Fluorvergiftung 171.
Form, allgemeine, der Wirbelsäule 47.
Form der Lumbosacralgegend 105.
Formvariationen 73.
Formveränderungen, Spondyl. tuberc.
    189.
Fraktur, Ausheilung 250.
    Dornfortsätze 248.
    frisch im Röntgenbild 252.
    isolierte 250.
    pathologische 256.
    Querfortsätze 250.
    unerkannte 253.
Frakturfolge, Infektion 258.
    Inoculation 258.
    Kontusionsinfektion 258.
    Spondylitis infectiosa 259.
    Spondylitis tuberculosa 195, 259.
Frakturlinie im Röntgenbild 251.
Funktionelle Segmentierung 42.

GAUCHERsche Krankheit 166.
Gefäße 5, 29.
Gelenk 27.
Generalisierte Hyperostose mit Pachy-
    dermie 170.
Generalisierte Knochenmetastasen 223.
Gerade Wirbelsäule 36.

Geschlossene Foramen transversarium 68.
Gleiten 101.
Grobsträhnigkeit bei Paget 185.
Gutartige Tumoren 211.

Halswirbel, dorsale 64.
Hämatom 252.
Hämorrhagische Aleukie 179.
Halbwirbel 63.
Halsrippe 68.
Halsteil, Luxation 239.
Halswirbelkörper 21.
Halswirbelsäule 39, 50, 109.
Haltung 46.
HAND-SCHÜLLER-CHRISTIANsche Krankheit 165.
Hauptprojektionen 35, 39, 40.
Heilung der Spondylitis tuberculosa 191.
Hemimetamere, Segmentverschiebung 64.
Hodengeschwülste 221.
Hoher Druck 43.
Holocephalen 14.
Hungerosteopathie malacie 164.
Hyperostose, generalisierte, mit Pachydermie 170.
Hyperparathyreoidismus, primärer 153.
Hyperostosen 167.

Ileosacralgelenke 197.
Impulsbelastung 49.
Inaktivitätsatrophie 147.
Indikation 97.
Infektionen 84, 198, 258.
Infraktionen, Abschlußplatten 241.
  oberste zwei Halswirbel 243.
  Stufe 241.
  durch tetanische Kontraktur 243.
  Überschiebungszone 241.
Innervation 30.
Inoculation 258.
Interartikularportion, Darstellung 61.
  Fraktur 248.
  Spondylolisthesis 248.
  Spondylolyse 59.
Intervertebralgelenke 27.
  Arthrosis deformans 117.
Intervertebralraum, Verschmälerung, Osteochondrose 90.
  Spondylitis 191.
Isolierte Brüche der Bogen 247.
Isolierte Frakturen der Wirbelkörper 241.

Jodölmyelographie 94.
Juvenile Kyphose 78, 125.
  Abschlußplatten 130.
  ältere Fälle 134.
  Ätiologie 136.

Juvenile Kyphose, floride 126, 130, 133.
  Invalidität 134.
  Kinder 130, 135.
  Klinisches 133.
  lumbale 136.
  Osteoporose 131.
  Pathologisch-Anatomisches 126.
  Röntgendiagnose 130.
  Skoliose 135.
  Spätbefunde 133.

KASCHIN-BECKsche Krankheit 156.
Keilwirbel, senile Porose 152.
  traumatischer 241.
Keilwirbelbildung 78.
Kindlicher Morbus SCHEUERMANN 130.
Kippsystem 234.
Kleine Infraktionen 241.
Klopfschmerz 111.
Knocheneinlagerungen 77.
Knöcherne Elemente 22.
Knöchernde Randleiste 130.
Knorpeldegeneration 76.
Knorpelfugen 10.
Knorpelige Randleiste 9.
Knorpelplatte 8.
Kombinierte Fehlbildungen 66.
Komplikationen, Fraktur 258.
  juvenile Kyphose 125.
  Spondylitis 193.
  rheumatische Erkrankungen 111.
Körpereigenes Trauma 102.
Kantenbrüche 241.
Kontusionsinfekt 258.
Kretinismus 155.
Kreuzbein 41.
Kyphose, juvenile, s. juvenile Kyphose.
  osteoporotische 152.
  senile, s. Alterskyphose.
Kyphoskoliose 236.

Lähmungen bei Spondylitis tuberculosa 190.
Lateralflexion 50.
Lebendige Kraft 49.
Lendenteil 18.
Lendenwirbelsäule 51.
  Röntgenbild 40.
Leukämie 179.
Ligamenta flava 29, 123.
  intercruralia 29.
  interspinalia 29.
  intertransversaria 29.
  longitudinale anterius 28.
  longitudinale posterius 29.
  nuchae 29.
  supraspinale 29.
Lipome 213.

Literatur 261.
Lokalisierte Infektionen der Wirbelsäule 185.
Luftmyelographie 96.
Lumbale Form der juvenilen Kyphose 70.
Lumbalisation 70.
Lumbosacralgrenze, Variationen 70.
  Übergangswirbel 71, 122.
Lungentumoren 222.
Luxation, Atlas 240.
  Halsteil 239.
  nichttraumatische, bei Entzündungen in der Halsgegend 241.
  osteochondrose 239.
  Subluxationsstellung 239.
Luxationsfraktur 239, 246.

Manifestation 68.
Marantische Porose 153.
Marmorknochenkrankheit 168.
Melitensis-Brucellose 206.
Melorrheotose 167.
Membranöses Achsenskelet 112.
Metastatische Tumoren 218.
  Blasencarcinome 222.
  Brustkrebs 220.
  generalisierte Knochenmetastasen 223.
  Hodengeschwulste 221.
  multiple Metastasen 223.
  Niere 222.
  Osteophytosis carcinomatosa 220.
  Prostatacarcinom 221.
  Schilddrüse 221.
  solitäre Metastasen 223.
Morbus Basedow 155.
  Cushing 156.
  Gaucher 166.
Muskulatur 30.
Myelographie 94.
Myelom s. Plasmocytom.
Mykosen 208.
Myositis ossificans progressiva 170.
Multiple Metastasen 223.

Nearthrosen 121, 122, 256.
Neigung nach der Seite 51.
Nerven 29.
Nervöse Störungen 84, 115.
Neugliederung 3.
Neurofibromatose 236.
Neurologische Symptome 111.
Nichtspezifische Infektion 198.
Nichttraumatische Luxationsstellung 241.
Nierentumoren, Metastasen 222.
Normalbild 35.
Nucleushernien 87.
Nucleus pulposus 8.

Occipitocervicalgrenze, Variationen 68.
Orientierung im Röntgenbild 35.
Osteoatrophie 258.
Osteodystrophia fibrosa generalisata (VON RECKLINGHAUSEN) 157.
  Knochencysten 158.
  Porose 158,
  Sklerosierung 158.
Osteochondrome 213.
Osteochondrose 75, 254, 257.
  Alterskyphose 115.
  Arthropathia neuropathica 115.
  Erwachsene 75.
  Gleiten 100.
  Halswirbelsäule 109.
  hintere Bandscheibenprolapse 93.
  Jugendliche und Kinder 125.
  Kinder, s. juvenile Kyphose.
  Klinisches 109.
  letzte Bandscheibe 109.
  Luxation 239.
  Myelographie 94.
  Osteosklerose der Abschlußplatten 91.
  SCHMORLsche Knoten in der Wirbelkörperspongiosa 92.
  sensu strictiori 86.
  Spondylolisthesis 99, 102.
  Uncovertebralgegend 109.
  Verschmälerung des Intervertebralraumes 90.
Osteofibrosis deformans juvenilis s. Fibröse Dysplasie.
Osteogenesis imperfecta 176.
  congenita (VROLICK) 176.
  tarda (LOBSTEIN) 178.
Osteoidosteom 213.
Osteologie 21.
Osteolysen bei Blutkrankheiten 180.
Osteomalacie 153, 163.
  MILKMANN-Syndrom 164.
Osteomyelitis 199.
  Abszeß 201.
  akute 199.
  chronische 201.
  Spondylitis tuberculosa 185.
  Sacroileitis 202.
  subakute 201.
Osteophytosis carcinomatosa 220.
Osteopoikilie 167.
Osteoporosen 131, 145, 236; s. Porose.
  einfache 149.
Osteoporotische Kyphose 152.
Osteopsathyrose 178.
Osteosarkom 215.
Osteosclerose 76, 167.
  Abschlußplatten 91.
  Akromegalie 171.
  Blutkrankheiten 179.

Osteosclerose, Elfenbeinwirbel 172.
Erbkrankheiten 167.
generalisierte Hyperostose 170.
Leukämien 179.
Marmorknochen 168.
Melorrheostose 167.
Myositis ossificans 170.
Störungen der inneren Sekretion 171.
tubuläre 167.
Vergiftungen 171.
Osteopoikilie 167.
Ostitis deformans (PAGET) 184.

Paarige Vorknorpelkerne 3.
Pathologische Fraktur 256.
Perabrodil-Myelographie 99.
Perichordaler Kern 4.
Periostaler Callus 250.
Myelographie 94.
Periostosen 167.
Phosphorvergiftung 171.
Plasmocytom 215.
Plattwirbel, angeborene 54ff., 125, 140.
Chondrodystrophie 175.
erworbene 140.
Knochenkrankheiten 141.
Platyspondylia chondrodystrophica 175.
Plexus venosus vertebralis 30.
Polycythämie 179.
Porose 145, 251.
allgemeine bei Verletzung 254.
Basedow 155.
im engeren Sinne 149.
Hungerosteopathie 164.
Hyperparathyreoidismus 157.
Hyperthyreose 155.
innersekretorische Störungen 155.
KASCHIN-BECK 156.
Kretinismus 155.
Marantische 153.
Morbus Cushing 156.
Osteofibrosis deformans juvenilis 156.
Osteogenesis imperfecta 176.
Osteomalacie 163.
präsenile, schmerzhafte 152.
Rachitis 160.
senile 149.
Stoffwechsel 160.
Primäre mesodermale membranöse
Wirbelbogen 3.
Primäre (konstitutionelle, statische) Ver-
krümmungen 232.
Bedeutung der Muskulatur 236.
ererbte Anlagen 235.
Kyphoscoliose 236.
Neurofibromatose 236.
Osteoporose 236.
schwächende Krankheiten 237.

Primäre (konstitutionelle, statische) Ver-
krümmungen, Sitzbuckel 232, 234.
Primäre scoliotische Komponente 234.
Primäre Wirbel 3.
Primäre Wirbelkörper 3.
Primäre Zwischenwirbelscheibe 3.
Processus uncinatus 22, 109.
Progressive ossificierende Myositis 170.
Promontorium 18, 38.
Prostatacarcinom 221.
Puffern 43.

Rachitis 160, 162, 163.
v. RECKLINGHAUSENsche Krankheit 160.
Renale Osteopathie 153.
Renaler Zwergwuchs 155.
Rheumatische Erkrankung als Kompli-
kation 111.
Riesenzellgeschwülste, gutartige 211.
Röntgenbild 108, 115.
Bewegungsunschärfe 35.
Lendenwirbelsäule 40.
Rückenmarkstumoren 225.
Erweiterung des Spinalkanals 226.
Rundzellensarkome EWINGS 215.

Sacrococcygealgrenze, Variationen 72.
Sacralisation 70.
Sacralteil 7.
Sagittalflexionen 50.
Sanduhrgeschwülste 225.
Sarkom 215.
SCHEUERMANNsche Krankheit, s. juvenile
Kyphose.
Schilddrüsentumoren 221.
Schleuderbruch 248.
Schmerzen 110.
Schmerzhafte präsenile Porose 152.
Schmetterlingswirbel 57.
SCHMORLsche Knorpelknötchen 77.
Schrägaufnahmen 37, 40, 41.
Schutz 41.
Schwanzwirbelsäule 18.
Schwere Osteochondrose sensu strictiori,
s. Osteochondrose.
Sekundäre Schäden 254.
Sekundäre Verkrümmungen der Wirbel-
säule 230.
Sekundäre Vascularisation 77.
Sekundäre Verkrümmung, Scoliosen 230.
Segmentierung der Wirbelsäule, ana-
tomische 3.
funktionelle 42.
Seitliche Halbwirbel 63.
Selachier 14, 15.
Seltene Infektionen 206.
Senile Porose, s. Porose.
Sitzbuckel 234.
Sclerosen, s. Osteosclerosen.

Sklerotom 1.
Skoliosen 231.
Solitäre Metastasen 223.
Spaltbildungen 57, 76.
  Bogenteile 57.
Spätrachitis 162.
Speicherkrankheiten 165 ff.
Spina bifida anterior 56.
  occulta 58.
Spondylarthritis ankylopoetica 180.
  Ausgang 183.
  Gelenkveränderungen 181.
  Klinisches 182.
  Röntgendiagnostik 184.
  Schub 182.
Sponylarthrosis deformans 116
Spondylitis, Bang 206.
  Brucellosen 206.
  infectiosa und tuberculosa 196.
  infectiosa 196, 201, 252.
  infectiosa posttraumatica 259.
  lymphogranulomatosa 207.
  Melitensis 206.
  posttraumatische 254.
  seltene Infektionen 206.
  syphilitica 197.
  typhosa 204, 259.
Spondylolisthesis 248 ff.
Spondylitis tuberculosa 185 ff.
  Abszeß 188.
  Blockwirbel 193.
  und Bruch 196, 259.
  Differentialdiagnose 196.
  Einschmelzung 193.
  erste Röntgenzeichen 192.
  Formveränderungen 190.
  Heilung 191.
  Ileosacralgelenke 197.
  Kinder 195.
  klinische Zeichen 191.
  Komplikation 194.
  Lähmungen 198.
  mykotica 208.
  Osteomyelitis 197.
  Verbreitung des Paravertebral-
    schattens 192.
  Verschmälerung des Bandscheiben-
    raumes 192.
  Verlauf 193.
  zeitliches 194.
  Zerstörung 196.
Spondylolysis interarticularis congenita
    59, 61, 102.
Spondylosis deformans 75, 79.
  Häufigkeit 82.
  Infektion 84.
  Klinisches 84.
  Lokalisation 82.

  lokalisierte, symptomatische 83.
Spondylosis deformans, 78.
  posttraumatische 84, 255.
  Tumoren 84.
  Uncovertebralgegend 82.
Spontanfraktur 256, 258.
Sporotrichose 209.
Sprengwirkung 245.
Sprue 165.
Stadium cartilagineum 3.
Streckung der Wirbelsäule 45, 46.
Strontiumvergiftung 171.
Stufe 43.
  bei Fraktur 241.
Stütz- und Bewegungsfunktion 41.
Subakute Osteomyelitis 201.
SUDECKsche Atrophie 147.
Syphilitische Spondylitis 197.
Syringomyelie 115.

Tabische Spondylopathie 115.
Teleostiern 15.
Tetanus 243.
Thoracalabschnitt 17.
Thoracale Form der Gelenke 70.
Thoracolumbalgrenze, Variationen 69.
Tomographie 34.
Traumatische Spondylose 254.
Traumen 83.
Treppenstufe im Röntgenbild 251.
Tuberkulose der Ileosacralgelenke 197.
Tubuläre Osteosclerose 167.
Tumoren 84, 206.
  bösartige, primäre 214.
  gutartige 211, 213.
  metastatische 218.
  des Rückenmarks 225.
Tunicaten 13.

Überdruckluft-Myelographie 98.
Überlastungsschaden 105.
Überschiebungszone 241, 251.
Überstreckung 245.
Umgürteter Nucleus pulposus 43.
Unpaare Knochenkerne 5.
Unregelmäßigkeit der Abschlußplatten
    130.
Unschärfe 35.

Variationen nach Form 73.
  nach Zahl und Ordnung 68, 69, 73.
Variationstypen 72,
Vascularisation 29.
Venae basivertebrales 30.
Ventral- und Dorsalflexion 50.
Verbreitung der Bruchspalten 252.
Verfärbungen 75.
Vergiftungen 171.

Vergleichende Anatomie 13, 17.
Verifikation 36.
Verkalkungen 228.
  außerhalb gelegene Organe 229.
  Bandscheiben 75.
  Lig. ileolumbale 229.
  Lig. nuchae 228.
Verknöcherung 5.
Verkrümmungen, angeborene 231.
  primäre 232.
  sekundäre 230.
Verletzung, Abbau 254.
  Bandscheiben 238.
  Callus 253.
  Differentialdiagnose 252.
  Formveränderung 254.
  generalisierte Knochenerkrankung 256.
  lokale, sekundäre Schäden 254.
  Umbau 254.
  traumatische Spondylose 254.
  Weichteile bei 255.
Verschmälerung des Intervertebralraumes 76, 90.
Vertebra plana osteonecrotica (CALVÉ) 137.
  Plattwirbel anderer Genese 140.
Verwachsungen 54.
Vitaminstoffwechselstörungen 160.
Vögel 16.

Wachstum 127.
Wachstumsstörungen 173.
  Chondrodystrophie 173.
  Osteogenesis imperfecta 176.
Wahrscheinlichkeit, entwicklungsgeschichtliche 105.
Wechseldrücke 106.
Wirbelbogen, Embryologie 10.

Wirbelgleiten 88, 100.
Wirbelkörper 22.
  Aplasien 63.
  Embryologie 7.
  isolierte Fraktur 241.
  bei Ostitis deformans (PAGET) 184.
  bei seniler Porose 149.
  Zertrümmerung 244.
Wirbelsäule 41.
  Abschnitte 16.
  Anatomie 27.
  Beweglichkeit 41.
  Entwicklung 1.
  funktionelle Segmentierung 42.
  Gefäße und Nerven 29.
  Gesamtform 30.
  klinisches Röntgenbild 34.
  Muskulatur 30.
  Orientierung im Röntgenbild 35.
  Physiologisches 41.
  Schutz 41.
  der Säuger 18.
  Statik 41.
  Stütze 41.

Xanthomatose 166.

Zerstörung bei Spondylitis tuberculosa 196.
  zeitlicher Verlauf 194, 253.
Zermürbung 76.
Zertrümmerung, Sprengwirkung 244.
  Überstreckung 245.
  Wirbelkörper 244.
  der zwei obersten Halswirbel 245.
Zwergwuchs, renaler 155.
Zwischenwirbelräume 78.